Empfehlungen des Arbeitsausschusses „Ufereinfassungen" Häfen und Wasserstraßen EAU 2004

Ernst & Sohn
A Wiley Company

Empfehlungen des Arbeitsausschusses „Ufereinfassungen" Häfen und Wasserstraßen EAU 2004

10. Auflage

Herausgegeben vom
Arbeitsausschuss „Ufereinfassungen"
der Hafenbautechnischen
Gesellschaft e.V.
und der Deutschen Gesellschaft
für Geotechnik e.V.

Ernst & Sohn
A Wiley Company

Herausgeber

Arbeitsausschuss „Ufereinfassungen"
der HTG und der DGGT

Hafenbautechnische Gesellschaft e. V. – HTG
Dalmannstraße 1
20457 Hamburg

Deutsche Gesellschaft
für Geotechnik e.v. – DGGT
Hohenzollernstraße 52
45128 Essen

Schriftleitung

Prof. Dr.-Ing. Victor Rizkallah
Trakehnerweg 3
30657 Hannover

Prof. Dr.-Ing. Werner Richwien
Institut für Grundbau und Bodenmechanik
Universität Duisburg-Essen
Universitätsstraße 15
45117 Essen

Titelbild: Container-Terminal Bremerhaven (Foto: bremenports)

Bibliografische Information Der Deutschen Bibliothek
Die Deutsche Bibliothek verzeichnet diese Publikation in der Deutschen Nationalbibliografie;
detaillierte bibliografische Daten sind im Internet über <http://dnb.ddb.de> abrufbar.

ISBN 3-433-02852-4

Satz: Manuela Treindl, Laaber
Druck: betz-druck GmbH, Darmstadt
Bindung: Litges & Dopf Buchbinderei GmbH, Heppenheim

Printed in Germany

Vorwort zur 10. Auflage

Mit der vorliegenden 10. Auflage der Empfehlungen der EAU ist die bereits mit der EAU 1996 begonnene vollständige Überarbeitung der Sammelveröffentlichung der Empfehlungen abgeschlossen. Das in EC 7 und DIN 1054 vorgegebene Konzept der Teilsicherheitsbeiwerte ist in die Berechnungsregeln der EAU eingearbeitet. Zugleich sind alle bis Mitte des Jahres 2004 erschienenen neuen Normen und Vornormen, die ebenfalls auf das Teilsicherheitskonzept umgestellt wurden, in den überarbeiteten Empfehlungen berücksichtigt worden. Wie bereits in der EAU 1996 können weitere Einzelheiten zur Umsetzung des Teilsicherheitskonzepts dem Abschnitt 0 entnommen werden.

Die Übernahme des Teilsicherheitskonzepts von DIN 1054 erforderte eine grundlegende Neufassung der in den Abschnitten 8.2 bis 8.4 enthaltenen Berechnungs- und Bemessungsregeln für Spundwandbauwerke sowie der Berechnungsregeln für Bohlen im Abschnitt 13. Durch umfangreiche Vergleichsrechnungen musste sichergestellt werden, dass der bewährte Sicherheitsstandard der EAU auch bei Nachweisen nach dem Teilsicherheitskonzept erhalten bleibt. Dies ist durch eine Anpassung der Teilsicherheitsbeiwerte und die Vorgabe von Umlagerungsfiguren für den Erddruck gelungen. Mit dem neuen Nachweiskonzept berechnete und bemessene Spundwandbauwerke haben somit Bauteilabmessungen wie bei Bemessung nach EAU 1990.

Die 10. Auflage der EAU erfüllt mit der nunmehr abgeschlossenen Einarbeitung des europäischen Normungskonzepts die Anforderungen an eine Notifizierung durch die EU-Kommission. Sie ist daher unter der Notifizierungsnummer 2004/305/D bei der EU-Kommission eingetragen.

Bestandteil der Notifizierung ist die Gleichwertigkeitsklausel, die Verträgen zugrundegelegt werden muss, bei denen die EAU oder einzelne Bestimmungen der EAU Vertragsbestandteil sind. Sie lautet:

„Produkte sowie Ursprungswaren aus anderen Mitgliedstaaten der Europäischen Gemeinschaft oder der Türkei oder einem EFTA-Staat, der Vertragspartei des EWR-Abkommens ist, die diesen technischen Spezifikationen nicht entsprechen, werden einschließlich der im Herstellerstaat durchgeführten Prüfungen und Überwachungen als gleichwertig behandelt, wenn mit ihnen das geforderte Schutzniveau – Sicherheit, Gesundheit und Gebrauchstauglichkeit – gleichermaßen dauerhaft erreicht wird."

An den Arbeiten zur EAU 2004 waren seit etwa Sommer 2000 alle Mitglieder des Arbeitsausschusses beteiligt, und zwar

Univ.-Prof. Dr.-Ing. Dr.-Ing. E. h. Victor Rizkallah, Hannover (Vorsitzender)
Dipl.-Ing. Michael Behrendt, Bonn (seit 2001)
Ir. Jakob Gerrit de Gijt, Rotterdam
Dr.-Ing. Hans Peter Dücker, Hamburg
Dr.-Ing. Michael Heibaum, Karlsruhe
Dr.-Ing. Stefan Heimann, Bremen/Berlin (seit 2002)
Dipl.-Ing. Wolfgang Hering, Rostock
Dipl.-Ing. Hans-Uwe Kalle, Hagen (seit 2002)
Prof. Dr.-Ing. Roland Krengel, Dortmund (seit 2004)
Dipl.-Ing. Karl-Heinz Lambertz, Duisburg (seit 2002)
Univ.-Prof. Dr.-Ing. habil. Dr. h.c. mult. Boleslaw Mazurkiewicz, Danzig
Dr.-Ing. Christoph Miller, Hamburg (seit 2002)
Dr.-Ing. Karl Morgen, Hamburg
Dr.-Ing. Friedrich W. Oeser, Hamburg
Dr.-Ing. Heiner Otten, Dortmund (bis 2002)
Dipl.-Ing. Martin Rahtge, Bremen (seit 2004)
Dipl.-Ing. Emile Reuter, Luxemburg (seit 2002)
Dipl.-Ing. Ulrich Reinke, Bremen (bis 2002)
Univ.-Prof. Dr.-Ing. Werner Richwien, Essen (stellvertretender Vorsitzender)
Dr.-Ing. Peter Ruland, Hamburg (seit 2002)
Dr.-Ing. Helmut Salzmann, Hamburg
Dr.-Ing. Roger Schlim, Luxemburg (bis 2002)
Univ.-Prof. Dr.-Ing. Hartmut Schulz, München
Dr.-Ing. Manfred Stocker, Schrobenhausen
Dipl.-Ing. Hans-Peter Tzschuke, Bonn (bis 2002)
Ir. Aad van der Horst, Gouda
Dr.-Ing. Hans-Werner Vollstedt, Bremerhaven

Die grundlegenden Überarbeitungen der EAU 2004 machten auch eine inhaltliche Diskussion mit Fachkollegen außerhalb des Ausschusses bis hin zur Einrichtung vorübergehender Arbeitskreise zu speziellen Themen erforderlich. Der Ausschuss bedankt sich bei allen Fachkollegen, die auf diese Weise wesentlich zur EAU 2004 beigetragen haben.

Außerdem sind zahlreiche Beiträge aus der Fachwelt sowie Empfehlungen anderer Ausschüsse und internationaler technisch-wissenschaftlicher Vereinigungen in die Empfehlungen eingeflossen.

Mit diesen Beiträgen und den Überarbeitungsergebnissen entspricht die EAU 2004 heutigem internationalem Standard. Damit stehen der Fachwelt in einer an die Europäische Normung angepassten und aktualisierten Fassung auch künftig wertvolle Hilfen für Entwurf, Ausschreibung, Vergabe, technische Bearbeitung, wirtschaftliche und umweltverträgliche Bauausführung, Bauüberwachung und Vertragsabwicklung zur Verfügung, sodass Hafen- und Wasserstraßenbauten nach neuestem Stand der Technik und nach einheitlichen Bedingungen hergestellt werden können.

Der Arbeitsausschuss dankt allen, die durch Beiträge und Anregungen zum erreichten Stand der vorliegenden Fassung beigetragen haben, und wünscht der EAU 2004 die gleiche Resonanz wie ihren früheren Auflagen.

Mein ganz besonderer Dank gilt vor allem meinem Kollegen Prof. Richwien, der mit viel Engagement und Einsatz gemeinsam mit seinen Mitarbeitern an der Universität Duisburg–Essen die umfangreichen Vorbereitungen und die Durchsicht der Kapitel übernommen hat. Erst dadurch wurde es möglich den Termin für die Drucklegung der 10. Auflage 2004 einzuhalten.

Ein weiterer Dank gilt dem Verlag Ernst & Sohn für die gute Zusammenarbeit, für die sorgfältige Bearbeitung der zahlreichen Abbildungen, Tabellen und Formeln sowie die wieder hervorragende Qualität in Druck und Aufmachung der EAU 2004.

Hannover, November 2004   Univ.-Prof. Dr.-Ing. Dr.-Ing. E. h.
                                       Victor Rizkallah

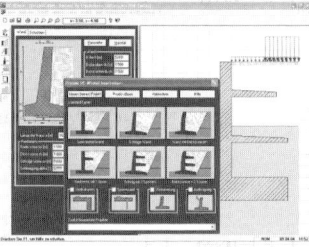

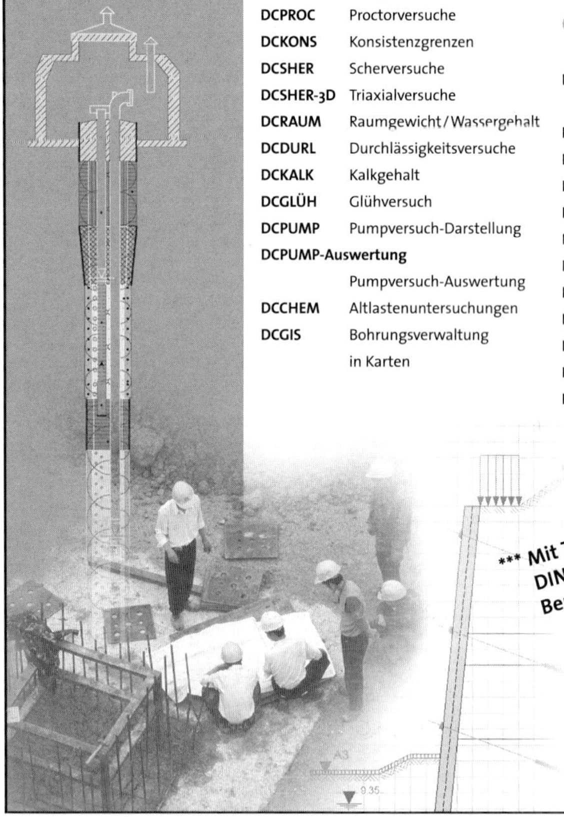

Inhaltsverzeichnis

XIII

XVI

Verzeichnis der Empfehlungen der 10. Auflage

XVIII

XX

Empfehlungen

0 Statische Berechnungen

0.1 Allgemeines

Die Empfehlungen des Arbeitsausschusses „Ufereinfassungen", die in über 50jähriger Arbeit des Ausschusses entstanden sind, legten bis einschließlich der 8. Auflage (EAU 1990) für erdstatische Berechnungen abgeminderte Bodenkennwerte, sogenannte „Rechenwertc" mit dem Vorwort „cal" zugrunde. Die Berechnungsergebnisse mit diesen Rechenwerten mussten dann die jeweils erforderlichen globalen Sicherheiten gemäß E 96, Abschn. 1.13.2a der EAU 1990 erfüllen. Dieses Sicherheitskonzept, in dem auch nach drei Lastfällen (E 18, Abschn. 5.4) unterschieden wurde, hatte sich im Laufe der Jahre bewährt.

Mit der EAU 1996 erfolgte die Umstellung auf das Konzept der Teilsicherheitsbeiwerte. Die europäische Entwicklung der Normen hat seither zu weitgehenden Änderungen der Vornormen geführt, auf die in der Ausgabe 2004 der EAU Bezug genommen wird.

Im Rahmen der Verwirklichung des Europäischen Binnenmarktes werden gegenwärtig die „Eurocodes (EC)" als harmonisierte Richtlinien für grundsätzliche Sicherheitsanforderungen an bauliche Anlagen erarbeitet. Dies sind die folgenden Normen:

DIN EN 1990, EC 0: Grundlagen der Tragwerksplanung,
DIN EN 1991, EC 1: Einwirkungen auf Tragwerke,
DIN EN 1992, EC 2: Entwurf, Berechnung und Bemessung von Stahlbetonbauten,
DIN EN 1993, EC 3: Entwurf, Berechnung und Bemessung von Stahlbauten,
DIN EN 1994, EC 4: Entwurf, Berechnung und Bemessung von Stahl-Beton-Verbundbauten,
DIN EN 1995, EC 5: Entwurf, Berechnung und Bemessung von Holzbauwerken,
DIN EN 1996, EC 6: Entwurf, Berechnung und Bemessung von Mauerwerksbauten,
DIN EN 1997, EC 7: Entwurf, Berechnung und Bemessung in der Geotechnik,
DIN EN 1998, EC 8: Auslegung von Bauwerken gegen Erdbeben,
DIN EN 1999, EC 9: Entwurf, Berechnung und Bemessung von Aluminiumkonstruktionen.

1

Sicherheitsnachweise sind grundsätzlich nach diesen Normen zu führen. Für Standsicherheitsnachweise nach EAU 2004 sind EC 0 bis EC 9, insbesondere aber EC 7 von Bedeutung. Bis zum Vorliegen der oben genannten europäischen Normen sind in Deutschland allerdings die nationalen DIN-Normen zu berücksichtigen. Ein Teil dieser DIN-Normen wurde bereits auf das Konzept mit Teilsicherheitsbeiwerten auf der Grundlage der DIN 1055-100 umgestellt. Hierzu gehören die Normen:

DIN 1054: Sicherheitsnachweise im Erd- und Grundbau,
DIN 4017: Berechnung des Grundbruchwiderstandes,
DIN 4018: Berechnung der Sohldruckverteilung unter Flächengründungen,
DIN 4019: Setzungsberechnungen,
DIN 4084: Böschungs- und Geländebruchberechnungen,
DIN 4085: Berechnung des Erddrucks.

Die bisherigen Ausführungsnormen werden durch neue europäische Normen mit der gemeinsamen Bezeichnung „Ausführung von besonderen geotechnischen Arbeiten" ersetzt:

Bisherige Ausführungsnorm	Neue Ausführungsnorm
DIN 4014: Bohrpfähle	DIN EN 1536: Bohrpfähle
DIN 4128: Verpresspfähle mit kleinem Durchmesser	
DIN 4125: Verpressanker	DIN EN 1537: Verpressanker
DIN 4126: Schlitzwände	DIN EN 1538: Schlitzwände
	DIN EN 12 063: Spundwandkonstruktionen
DIN 4026: Verdrängungspfähle	DIN EN 12 699: Verdrängungspfähle
DIN 4093: Einpressungen	DIN EN 12 715: Injektionen
	DIN EN 12 716: Düsenstrahlverfahren

Auf die in diesen Eurocodes und den nationalen Normen, insbesondere DIN 1054, enthaltenen quantitativen Aussagen über Berechnungsverfahren mit Teilsicherheitsbeiwerten wird in den EAU 2004 nunmehr Bezug genommen.

Soweit in den Empfehlungen Normen zitiert sind, geschieht dies ohne Angabe des jeweiligen Bearbeitungsstatus. Im Anhang I.3 sind die zitierten Normen mit dem jeweiligen Bearbeitungsstatus Oktober 2004 angegeben.

0.2 Sicherheitskonzept

0.2.1 Allgemeines

Das Versagen eines Bauwerks kann sowohl durch Überschreiten des Grenzzustands der Tragfähigkeit (GZ 1, Bruch im Boden oder in der Konstruktion, Verlust der Lagesicherheit) als auch des Grenzzustands der Gebrauchstauglichkeit (GZ 2, zu große Verformungen) eintreten. Nachweise gegen Grenzzustände (Sicherheitsnachweise) werden nach den Vorgaben von DIN EN 1991-1 für Einwirkungen bzw. Beanspruchungen und von DIN EN 1992–1999 für Einwirkungen bzw. Beanspruchungen und Widerstände geführt. DIN EN 1990 ist in DIN 1055-100 umgesetzt worden, DIN EN 1997-1 in DIN 1054. DIN EN 1997-1 lässt drei Möglichkeiten der Führung der Sicherheitsnachweise zu. Diese sind mit dem Begriff „Nachweisverfahren 1 bis 3" bezeichnet.

In DIN 1054 werden für die Nachweise des Grenzzustandes 1 (Grenzzustände der Tragfähigkeit) drei Fälle unterschieden:

GZ 1A: Grenzzustand des Verlustes der Lagesicherheit
GZ 1B: Grenzzustand des Versagens von Bauwerken und Bauteilen
GZ 1C: Grenzzustand des Verlustes der Gesamtstandsicherheit
       (nach Nachweisverfahren 3 von EC 7)

In DIN 1054 ist für geotechnische Nachweise des GZ 1B das Nachweisverfahren 2, für Nachweise des GZ 1C das Nachweisverfahren 3 umgesetzt worden. Für den Grenzzustand GZ 1A wird in DIN EN 1997-1 nur ein Verfahren angegeben. Die EAU 2004 macht von der Möglichkeit dieser Nachweisführung Gebrauch.

Die zu diesen 3 Fällen gehörenden Teilsicherheitsbeiwerte sind in den Tabellen E 0-1 und E 0-2 für die Lastfälle 1 bis 3 der DIN 1054 wiedergegeben. Beim Nachweis der Grenzzustände 1B und 1C nach DIN 1054 wird eine ausreichende Duktilität des aus Baugrund und Bauwerk bestehenden Gesamtsystems vorausgesetzt (DIN 1054, 4.3.4).

0.2.2 Bemessungssituationen bei geotechnischen Bauwerken

0.2.2.1 Einwirkungskombinationen

Einwirkungskombinationen (EK) sind Zusammenstellungen der an den Grenzzuständen des Bauwerks beteiligten, gleichzeitig möglichen Einwirkungen nach Ursache, Größe, Richtung und Häufigkeit. Es werden unterschieden:

3

a) Regel-Kombination EK 1:
Ständige sowie während der Funktionszeit des Bauwerks regelmäßig
auftretende veränderliche Einwirkungen.

b) Seltene Kombination EK 2:
Außer den Einwirkungen der Regel-Kombination seltene oder ein-
malige planmäßige Einwirkungen.

c) Außergewöhnliche Kombination EK 3:
Außer den Einwirkungen der Regel-Kombination eine gleichzeitig
mögliche außergewöhnliche Einwirkung insbesondere bei Katastro-
phen oder Unfällen.

0.2.2.2 Sicherheitsklassen bei Widerständen

Sicherheitsklassen (SK) berücksichtigen den unterschiedlichen Sicher-
heitsanspruch bei den Widerständen in Abhängigkeit von Dauer und
Häufigkeit der maßgebenden Einwirkungen. Es werden unterschieden:

a) Zustände der Sicherheitsklasse SK 1:
Auf die Funktionszeit des Bauwerkes angelegte Zustände.

b) Zustände der Sicherheitsklasse SK 2:
Bauzustände bei der Herstellung oder Reparatur des Bauwerkes und
Bauzustände durch Baumaßnahmen neben dem Bauwerk.

c) Zustände der Sicherheitsklasse SK 3:
Während der Funktionszeit einmalig oder voraussichtlich nie auftretende Zustände.

0.2.2.3 Lastfälle

Die Lastfälle (LF) ergeben sich für den Grenzzustand GZ 1 aus den Einwirkungskombinationen in Verbindung mit den Sicherheitsklassen bei
den Widerständen. Es werden unterschieden:

• Lastfall LF 1:
Regel-Kombination EK 1 in Verbindung mit Zustand der Sicherheitsklasse SK 1. Der Lastfall LF 1 entspricht der „ständigen Bemessungssituation" nach DIN 1055-100.

• Lastfall LF 2:
Seltene Kombination EK 2 in Verbindung mit Zustand der Sicherheitsklasse SK 1 oder Regel-Kombination EK 1 in Verbindung mit Zustand der Sicherheitsklasse SK 2. Der Lastfall LF 2 entspricht der
„vorübergehenden Bemessungssituation" nach DIN 1055-100.

- Lastfall LF 3:
  Außergewöhnliche Kombination EK 3 in Verbindung mit Zustand der Sicherheitsklasse SK 2 oder seltene Kombination EK 2 in Verbindung mit Zustand der Sicherheitsklasse SK 3. Der Lastfall LF 3 entspricht der „außergewöhnlichen Bemessungssituation" nach DIN 1055-100. Für Ufereinfassungen sind die Lastfalleinstufungen in E 18, Abschn. 5.4, geregelt.

0.2.2.4 Teilsicherheitsbeiwerte

0.2.2.4.1 Teilsicherheitsbeiwerte für Einwirkungen und Beanspruchungen

Tabelle 0-1. Teilsicherheitsbeiwerte für Einwirkungen bei den Grenzzuständen der Tragfähigkeit und der Gebrauchsfähigkeit für ständige und vorübergehende Situationen

Einwirkung bzw. Beanspruchung	Formelzeichen	Lastfall		
		LF 1	LF 2	LF 3
GZ 1A: Grenzzustand des Verlustes der Lagesicherheit				
Günstige ständige Einwirkungen (Eigengewicht)	$\gamma_{G,stb}$	0,90	0,90	0,95
Ungünstige ständige Einwirkungen (Auftrieb)	$\gamma_{G,dst}$	1,00	1,00	1,00
Strömungskraft bei günstigem Untergrund	γ_H	1,35	1,30	1,20
Strömungskraft bei ungünstigem Untergrund	γ_H	1,80	1,60	1,35
Ungünstige veränderliche Einwirkungen	$\gamma_{Q,dst}$	1,50	1,30	1,00
GZ 1B: Grenzzustand des Versagens von Bauwerken und Bauteilen				
Ständige Einwirkungen allgemein	γ_G	1,35	1,20	1,00
Wasserdruck bei bestimmten Randbedingungen[a]	$\gamma_{G,red}$	1,20	1,10	1,00
Ständige Einwirkungen aus Erdruhedruck	γ_{E0g}	1,20	1,10	1,00
Ungünstige veränderliche Einwirkungen	γ_Q	1,50	1,30	1,00
GZ 1C: Grenzzustand des Verlustes der Gesamtstandsicherheit				
Ständige Einwirkungen	γ_G	1,00	1,00	1,00
Ungünstige veränderliche Einwirkungen	γ_Q	1,30	1,20	1,00
GZ 2: Grenzzustand der Gebrauchstauglichkeit				

$\gamma_G = 1{,}00$ für ständige Einwirkungen bzw. Beanspruchungen
$\gamma_Q = 1{,}00$ für veränderliche Einwirkungen bzw. Beanspruchungen

[a] Entsprechend DIN 1054, Abschn. 6.4.1 (7), dürfen bei Ufereinfassungen, bei denen größere Verschiebungen schadlos aufgenommen werden können, die Teilsicherheitsbeiwerte γ_G für Wasserdruck wie angegeben herabgesetzt werden, wenn die Voraussetzungen nach Abschn. 8.2.0.3 gegeben sind.

0.2.2.4.2 Teilsicherheitsbeiwerte für Widerstände

Tabelle 0-2. Teilsicherheitsbeiwerte für Widerstände bei den Grenzzuständen der Tragfähigkeit für ständige und vorübergehende Situationen

Widerstand	Formel-zeichen	Lastfall		
		LF 1	LF 2	LF 3
GZ 1B: Grenzzustand des Versagens von Bauwerken und Bauteilen				
Bodenwiderstände				
Erdwiderstand	γ_{Ep}	1,40	1,30	1,20
Erdwiderstand bei der Ermittlung des Biegemomentes[a]	$\gamma_{Ep,red}$	1,20	1,15	1,10
Grundbruchwiderstand	γ_{Gr}	1,40	1,30	1,20
Gleitwiderstand	γ_{Gl}	1,10	1,10	1,10
Pfahlwiderstände				
Pfahldruckwiderstand bei Probebelastung	γ_{Pc}	1,20	1,20	1,20
Pfahlzugwiderstand bei Probebelastung	γ_{Pt}	1,30	1,30	1,30
Pfahlwiderstand auf Druck und Zug aufgrund von Erfahrungswerten	γ_P	1,40	1,40	1,40
Verpressankerwiderstände				
Widerstand des Stahlzuggliedes	γ_M	1,15	1,15	1,15
Herausziehwiderstand des Verpresskörpers	γ_A	1,10	1,10	1,10
Widerstände flexibler Bewehrungselemente				
Materialwiderstand der Bewehrung	γ_B	1,40	1,30	1,20
GZ 1C: Grenzzustand des Verlustes der Gesamtstandsicherheit				
Scherfestigkeit				
Reibungswinkel tan φ' des dränierten Bodens Kohäsion c' des dränierten Bodens	γ_φ	1,25	1,15	1,10
Scherfestigkeit c_u des undränierten Bodens	$\gamma_{c,}\,\gamma_{cu}$	1,25	1,15	1,10
Herausziehwiderstände				
Boden- bzw. Felsnägel, Ankerzugpfähle	$\gamma_N,\,\gamma_Z$	1,40	1,30	1,20
Verpresskörper von Verpressankern	γ_A	1,10	1,10	1,10
Flexible Bewehrungselemente	γ_B	1,40	1,30	1,20

[a] Abminderung ausschließlich bei der Ermittlung des Biegemomentes. Entsprechend DIN 1054, Abschn. 6.4.2 (6) dürfen bei Ufereinfassungen, bei denen größere Verschiebungen schadlos aufgenommen werden können, die Teilsicherheitsbeiwerte γ_{Ep} für Erdwiderstand wie oben angegeben herabgesetzt werden, wenn die Voraussetzungen nach Abschn. 8.2.0.2 gegeben sind.

0.2.3 Grenzzustand GZ 1: Grenzzustand der Tragfähigkeit

Der rechnerische Nachweis ausreichender Standsicherheit erfolgt grundsätzlich für den Grenzzustand 1 (GZ 1) mit Hilfe von Bemessungswerten (Index d) für Einwirkungen bzw. Beanspruchungen und Widerstände. Die Bemessungswerte ergeben sich aus den charakteristischen Werten (Index k) der Einwirkungen bzw. Beanspruchungen und Widerstände wie folgt:

- die charakteristische Einwirkungen bzw. Beanspruchungen werden mit Teilsicherheitsbeiwerten multipliziert,

  z. B. $E_{a,d} = E_{a,k} \cdot \gamma_G$ (Erddruckanteil aus ständigen Lasten)

- die charakteristische Widerstände werden durch die Teilsicherheitsbeiwerte dividiert,

  z. B. $E_{p,d} = E_{p,k} / \gamma_{Ep}$ (Erdwiderstand) im GZ 1B oder $c'_d = c'_k / \gamma_c$ (effektive Kohäsion) im GZ 1C.

Der charakteristische Wert einer Kenngröße ist der in Berechnungen zu verwendende oder eingeführte Wert einer i. Allg. streuenden physikalischen Größe, z. B. des Reibungswinkels φ' oder der Kohäsion c' bzw. c_u eines Bauteilwiderstandes, z. B. der Herausziehkraft eines Ankerpfahles oder der Erdwiderstandskraft vor dem Fuß einer Spundwand. Er ist der auf der sicheren Seite liegende vorsichtige Erwartungswert des Mittelwerts. Er wird nach DIN 1054 festgelegt.

Der Sicherheitsnachweis wird nach folgender Grundgleichung geführt:

$$E_d \leq R_d$$

E_d ist der Bemessungswert der Einwirkungen bzw. Beanspruchungen, der sich aus den charakteristischen Werten der Einwirkungen bzw. Beanspruchungen, multipliziert mit den jeweiligen Teilsicherheitsbeiwerten ergibt (z. B. Fundamentlast).

R_d ist der Bemessungswert der Widerstände, der sich als Funktion der charakteristischen Widerstände des Bodens oder von konstruktiven Elementen, dividiert durch die zugehörigen Teilsicherheitsbeiwerte, nach dem jeweiligen Berechnungsverfahren ergibt (z. B. Grundbruch nach DIN 4017).

Die anzusetzenden Teilsicherheitsbeiwerte sind den Tabellen E 0-1 und E 0-2 sowie den entsprechenden Baustoff- und Bauteilnormen zu entnehmen, soweit in den entsprechenden Empfehlungen der EAU 2004 keine anderen Teilsicherheitsbeiwerte angegeben werden.

0.2.3.1 Grenzzustand GZ 1A

Für Nachweise der Standsicherheit des Grenzzustandes GZ 1A wird wie folgt vorgegangen:

a) Im ersten Schritt werden aus den charakteristischen Einwirkungen die Bemessungswerte der Einwirkungen ermittelt. Dabei wird zwischen günstig und ungünstig wirkenden Einwirkungen unterschieden. Widerstände treten bei der Bestimmung einer Lagesicherheit (GZ 1A) nicht auf.

b) In einem zweiten Schritt werden die Bemessungswerte der günstig und ungünstig wirkenden Einwirkungen einander gegenübergestellt und die Einhaltung der jeweiligen Grenzzustandsbedingung nachgewiesen. Weiteres siehe DIN 1054.

0.2.3.2 Grenzzustand GZ 1B

Für Nachweise der Standsicherheit im Grenzzustand GZ 1B bietet sich folgendes Vorgehen an:

a) In einem ersten Schritt werden die charakteristischen Einwirkungen auf das gewählte statische System angesetzt und damit die charakteristischen Beanspruchungen (z. B. Schnittgrößen) ermittelt.

b) In einem zweiten Schritt werden die charakteristischen Beanspruchungen mit den Teilsicherheitsbeiwerten für Einwirkungen in Bemessungswerte der Beanspruchungen, die charakteristischen Widerstände zu Bemessungswerten der Widerstände umgerechnet.

c) In einem dritten Schritt werden die Bemessungswerte der Beanspruchungen den Bemessungswiderständen gegenübergestellt und gezeigt, dass die Grenzzustandsgleichung für den untersuchten Bruchmechanismus erfüllt ist.

Dieses Verfahren geht davon aus, dass in der Regel eine linear-elastische Berechnung möglich ist. Bei der Berechnung der Standsicherheit nichtlinearer Probleme im GZ 1B wird auf DIN 1054, Abschn. 4.3.2 (3) verwiesen. Danach dürfen die aus der ungünstigsten Kombination von ständigen und veränderlichen Einwirkungen ermittelten Beanspruchungen aufgrund eines ausreichend genauen Kriteriums in jeweils einen Anteil aus ständigen Einwirkungen und einen Anteil aus veränderlichen Einwirkungen aufgeteilt werden.

0.2.3.3 Grenzzustand GZ 1C

Für Nachweise der Standsicherheit des Grenzzustandes GZ 1C wird wie folgt vorgegangen:

a) Im ersten Schritt werden aus den charakteristischen Einwirkungen auf den zu untersuchenden Bruchmechanismus die Bemessungswerte der Einwirkungen ermittelt.

b) Im zweiten Schritt werden die charakteristischen Scherfestigkeiten und ggf. Bauteilwiderstände mit den Teilsicherheitsbeiwerten für Widerstände in Bemessungswiderstände umgerechnet.

c) Im dritten Schritt wird gezeigt, dass die Grenzzustandsgleichung mit den Bemessungswerten von Einwirkungen und Widerständen für den untersuchten Bruchmechanismus erfüllt ist.

0.2.4 Grenzzustand GZ 2: „Gebrauchstauglichkeit"

Verformungsnachweise sind für alle Bauteile vorzunehmen, deren Funktion durch Verformungen beeinträchtigt oder aufgehoben werden kann. Die Verformungen werden mit den charakteristischen Werten der Einwirkungen und Bodenreaktionen berechnet und müssen geringer als die für eine einwandfreie Funktion des Bauteils oder Gesamtbauwerks zulässigen Verformungen sein. Gegebenenfalls ist mit oberen und unteren Grenzwerten der charakteristischen Werte zu rechnen.

Insbesondere bei den Verformungsnachweisen muss der zeitliche Verlauf der Einwirkungen berücksichtigt werden, um auch kritische Verformungszustände während verschiedener Betriebs- und Bauzustände zu erfassen.

0.2.5 Geotechnische Kategorien

Die Mindestanforderungen an Umfang und Qualität geotechnischer Untersuchungen, Berechnungen und Überwachungsmaßnahmen werden nach EC 7 in drei geotechnischen Kategorien beschrieben, die eine geringe (Kategorie 1), eine normale (Kategorie 2) und eine hohe (Kategorie 3) geotechnische Schwierigkeit bezeichnen. Sie sind in DIN 1054, 4.2 wiedergegeben. Ufereinfassungen sind grundsätzlich in die Kategorie 2, bei schwierigen Baugrundverhältnissen in die Kategorie 3 einzuordnen. Ein Fachplaner für Geotechnik ist stets einzubeziehen.

0.2.6 Probabilistische Nachweisführung

Das Konzept der Teilsicherheitsbeiwerte nach EC 0 bzw. DIN 1054 ist, wenngleich aus der Idee eines probabilistischen Nachweiskonzeptes entstanden, seinem Wesen nach deterministischer Natur. Die Erfüllung der Grenzzustandsgleichung für einen Versagensmechanismus besagt lediglich, dass der untersuchte Mechanismus mit hinreichender Wahrscheinlichkeit nicht eintreten wird. Soll dagegen in einem Standsicherheitsnachweis eine Aussage über die Wahrscheinlichkeit des Eintretens eines Grenzzustandes enthalten sein, ist eine Nachweisführung auf probabilistischer Basis erforderlich. Standsicherheitsnachweise auf probabilistischer Basis können dann, wenn die Streuungen der Einwirkungen und der unabhängigen Parameter der Widerstände bekannt sind, was im Hafenbau häufig der Fall ist, zu wirtschaftlicheren Bauwerken führen als es die Anwendung eines deterministischen Nachweiskonzeptes erlaubt.

9

Die probabilistische Nachweisführung setzt voraus, dass die unabhängigen, die Einwirkungen bzw. Beanspruchungen und Widerstände beschreibenden Größen, für jeden zu betrachtenden Grenzzustand als Variablen ihrer Verteilungsdichten $f(R)$ und $f(E)$ in die Grenzzustandsgleichung eingeführt werden. Die Lösung der Grenzzustandsgleichung $f(Z)$ selbst stellt dann eine Funktion einer streuenden Größe dar:

$$f(Z) = f(R) - f(E)$$

Aus dem Integral der Funktion $f(Z)$ für negative Argumente Z errechnet sich die Versagenswahrscheinlichkeit P_f bzw. die Zuverlässigkeit $1 - P_f$ einer Konstruktion.

Der für das Versagen einer Konstruktion maßgebende Mechanismus wird bei einer größeren Zahl von zu untersuchenden Mechanismen zweckmäßig über eine Fehlerbaumanalyse gefunden ([213] und [214]). Hierbei werden die Mechanismen, für die Versagen nicht eintritt, systematisch ausgeschaltet, wobei Korrelationen der Mechanismen untereinander berücksichtigt werden [215].

0.3 Berechnungen von Ufereinfassungen

Ufereinfassungen sind grundsätzlich statisch möglichst einfach und hinsichtlich der Lastabtragung eindeutig auszubilden. Je ungleichmäßiger der Baugrund ist, um so mehr sind statisch bestimmte Ausführungen anzustreben, damit Zusatzbeanspruchungen aus ungleichen Verformungen, die nicht einwandfrei überblickbar sind, weitgehend vermieden werden. Dementsprechend sollten auch die Standsicherheitsnachweise möglichst einfach und klar gegliedert geführt werden.

Der Standsicherheitsnachweis einer Ufereinfassung muss insbesondere enthalten:

- Angaben zur Nutzung der Anlage,
- zeichnerische Darstellung des Bauwerks mit allen wichtigen geplanten Bauwerksabmessungen,
- kurze Beschreibung des Bauwerks insbesondere mit allen Angaben, die aus den Zeichnungen nicht klar erkennbar sind,
- Entwurfswert der Sohlentiefe,
- charakteristische Werte aller Einwirkungen,
- Bodenschichtung und zugehörige charakteristische Werte der Bodenkenngrößen,
- maßgebende freie Wasserstände, bezogen auf SKN, NN oder ein örtliches Pegelnull, sowie zugehörige Grundwasserstände, (Hochwasserfreiheit, Überflutungsfreiheit),
- Einwirkungskombinationen bzw. Lastfälle,
- geforderte bzw. eingeführte Teilsicherheitsbeiwerte,

- vorgesehene Baustoffe und deren Festigkeiten bzw. Widerstände,
- alle Daten über Bauzeiten und Art der Baudurchführung mit den maßgebenden Bauzuständen,
- Darstellung und Begründung des vorgesehenen Gangs der Nachweise,
- Angabe des verwendeten Schrifttums und sonstiger Berechnungshilfsmittel.

Bei den eigentlichen Standsicherheits- und Gebrauchstauglichkeitsnachweisen ist zu beachten, dass es im Grund- und Wasserbau viel mehr auf zutreffende Bodenaufschlüsse, Scherparameter, Lastansätze, die Erfassung auch hydrodynamischer Einflüsse und nichtkonsolidierter Zustände und ein günstiges Tragsystem, sowie auf ein wirklichkeitsnahes Rechenmodell ankommt als auf eine übertrieben genaue zahlenmäßige Berechnung.

Im Übrigen wird auf die Zusätzlichen Technischen Vertragsbedingungen ZTV-ING [216], ZTV-W (LB 215) für Wasserbauwerke aus Beton und Stahlbeton [118] und ZTV-W (LB 202) für technische Bearbeitung [164] hingewiesen.

1 Baugrund

1.1 Mittlere charakteristische Werte von Bodenkenngrößen (E 9)

1.1.1 Allgemeines

Die in Tabelle E 9-1 angegebenen Bodenkenngrößen sind auf der sicheren Seite liegende mittlere Erfahrungswerte eines größeren Bodenbereichs. Sie dürfen als charakteristische Werte im Sinne von DIN 1054 verwendet werden, weshalb sie mit dem Index k versehen sind. Ohne Nachweis sind für natürliche Sande die Tabellenwerte für geringe Festigkeit anzunehmen. Mittlere Festigkeit ist außer bei geologisch älteren Ablagerungen nur nach Verdichten zu erwarten. Für bindige Böden gelten ohne Nachweis die Werte für eine weiche Konsistenz.

Den Ausführungsentwürfen sind grundsätzlich örtlich ermittelte Werte von Bodenkenngrößen zugrunde zu legen (vgl. DIN 4020 und E 88, Abschn. 1.4). Diese können sowohl unter als auch über den Werten der Tabelle E 9-1 liegen.

Die wirksamen Scherparameter φ' und c' (Scherparameter des entwässerten Bodens, vgl. DIN 18 137, Teil 2) von bindigen Böden werden an ungestörten Bodenproben im direkten Scherversuch (DIN 18 137, Teil 3), gegebenenfalls auch im Dreiaxialversuch (DIN 18 137, Teil 2) ermittelt.

Nach [142] ist davon auszugehen, dass der Reibungswinkel φ' für nichtbindige Böden im ebenen Verformungszustand 9/8 des Reibungswinkels beträgt, der im Dreiaxialversuch gemessen wird. Dieser kann daher bei dicht gelagerten Böden für die Berechnung von langgestreckten Ufereinfassungen im Einvernehmen mit der Versuchsanstalt um bis zu 10 % erhöht werden.

Die charakteristischen Werte der Scherparameter φ'_k und c'_k für bindige Böden gelten für die Berechnung der Endstandsicherheit (konsolidierter Zustand = Endfestigkeit).

Die charakteristischen Werte der Scherparameter des unkonsolidierten Bodens $\varphi_{u,k}$ und $c_{u,k}$ sind die Scherparameter für den nicht konsolidierten Anfangszustand. Bei wassergesättigten Böden wird $\varphi_{u,k} = 0$ gesetzt.

1.2 Anordnung und Tiefe von Bohrungen und von Sondierungen (E 1)

1.2.1 Allgemeines

Ziel von Bohrungen und Sondierungen ist die Erkundung des Baugrundaufbaus und die Gewinnung von Bodenproben für bodenmechanische Laborversuche. Bohrungen und Sondierungen sind grundsätzlich in einem solchen Umfang durchzuführen, dass der Baugrund in allen planungsrelevanten Eigenschaften bekannt ist und für Laborversuche eine hinreichende Anzahl von geeigneten Bodenproben gewonnen wird.

Tabelle E 9-1. Charakteristische Werte von Bodenkenngrößen (Erfahrungswerte)

Nr.	1	2	3	4	5		6		7	8	9	10	11
	Bodenart	Bodengruppe nach DIN 18 196[1]	Sondierspitzenwiderstand	Festigkeit bzw. Konsistenz im Ausgangszustand	Wichte		Zusammendrückbarkeit[2] Erstbelastung[3] $E_s = v_e\,\sigma_{at}(\sigma/\sigma_{at})_e^w$		Scherparameter des entwässerten Bodens		Scherparameter des nicht entw. Bodens	Durchlässigkeitsbeiwert	Bemerkungen
			q_c		γ	γ'	v_e	w_e	φ'_k	c'_k	$c_{u,k}$	k_k	
			MN/m²		kN/m³	kN/m³			Grad	kN/m²	kN/m²	m/s	
3	Kies, eng gestuft	GE $U^{4)} < 6$	< 7,5 7,5–15 > 15	gering mittel groß	16,0 17,0 18,0	8,5 9,5 10,5	400 900	0,6 0,4	30,0–32,5 32,5–37,5 35,0–40,0			$2\cdot10^{-1}$ bis $1\cdot10^{-2}$	
4	Kies, weit oder intermittierend gestuft	GW, GI $6 \le U^{4)} \le 15$	< 7,5 7,5–15 > 15	gering mittel groß	16,5 18,0 19,5	9,0 10,5 12,0	400 1100	0,7 0,5	30,0–32,5 32,5–37,5 35,0–40,0			$1\cdot10^{-2}$ bis $1\cdot10^{-6}$	
5	Kies, weit oder intermittierend gestuft	GW, GI $U^{4)} > 15$	< 7,5 7,5–15 > 15	gering mittel groß	17,0 19,0 21,0	9,5 11,5 13,5	400 1200	0,7 0,5	30,0–32,5 32,5–37,5 35,0–40,0			$1\cdot10^{-2}$ bis $1\cdot10^{-6}$	
6	Kies, sandig mit Anteil $d < 0,06$ mm $< 15\,\%$	GU, GT	< 7,5 7,5–15 > 15	gering mittel groß	17,0 19,0 21,0	9,5 11,5 13,5	400 800 1200	0,7 0,6 0,5	30,0–32,5 32,5–37,5 35,0–40,0			$1\cdot10^{-5}$ bis $1\cdot10^{-6}$	
7	Kies-Sand-Feinkorngemisch $d < 0,06$ mm $> 15\,\%$	GŪ, GT̄	< 7,5 7,5–15 > 15	gering mittel groß	16,5 18,0 19,5	9,0 10,5 12,0	150 275 400	0,9 0,8 0,7	30,0–32,5 32,5–37,5 35,0–40,0			$1\cdot10^{-7}$ bis $1\cdot10^{-11}$	
8	Sand, eng gestuft, Grobsand	SE $U^{4)} < 6$	< 7,5 7,5–15 > 15	gering mittel groß	16,0 17,0 18,0	8,5 9,5 10,5	250 475 700	0,75 0,60 0,55	30,0–32,5 32,5–37,5 35,0–40,0			$5\cdot10^{-3}$ bis $1\cdot10^{-4}$	
9	Sand, eng gestuft, Feinsand	SE $U^{4)} < 6$	< 7,5 7,5–15 > 15	gering mittel groß	16,0 17,0 18,0	8,5 9,5 10,5	150 225 300	0,75 0,65 0,60	30,0–32,5 32,5–37,5 35,0–40,0			$1\cdot10^{-4}$ bis $2\cdot10^{-5}$	
10	Sand, weit oder intermittierend gestuft	SW, SI $6 \le U^{4)} \le 15$	< 7,5 7,5–15 > 15	gering mittel groß	16,5 18,0 19,5	9,0 10,5 12,0	200 400 600	0,70 0,60 0,55	30,0–32,5 32,5–37,5 35,0–40,0			$5\cdot10^{-4}$ bis $2\cdot10^{-5}$	

13

Tabelle E 9-1. (Fortsetzung)

Nr.	1	2	3	4	5		6		7	8	9	10	11
11	Sand, weit oder intermittierend gestuft	SW, SI U[+)] > 15	< 7,5 7,5–15 > 15	gering mittel groß	17,0 19,0 21,0	9,5 11,5 13,5	200 400 600	0,70 0,60 0,55	30,0–32,5 32,5–37,5 35,0–40,0			$1 \cdot 10^{-4}$ bis $1 \cdot 10^{-5}$	
12	Sand, $d < 0,06$ mm $< 15\,\%$	SU, ST	< 7,5 7,5–15 > 15	gering mittel groß	16,0 17,0 18,0	8,5 9,5 10,5	150 350 500	0,80 0,70 0,65	30,0–32,5 32,5–37,5 35,0–40,0			$2 \cdot 10^{-5}$ bis $5 \cdot 10^{-7}$	
13	Sand, $d < 0,06$ mm $> 15\,\%$	S$\overline{U}$, S$\overline{T}$	< 7,5 7,5–15 > 15	gering mittel groß	16,5 18,0 19,5	9,0 10,5 12,0	50 250	0,9 0,75	30,0–32,5 32,5–37,5 35,0–40,0			$2 \cdot 10^{-6}$ bis $1 \cdot 10^{-9}$	
14	Anorganische bindige Böden mit leicht plastischen Eigenschaften ($w_L < 35\,\%$)	UL		weich steif halbfest	17,5 18,5 19,5	9,0 10,0 11,0	40 110	0,80 0,60	27,5–32,5	0 2–5 5–10	5–60 20–150 50–300	$1 \cdot 10^{-5}$ bis $1 \cdot 10^{-7}$	
15	Anorganische bindige Böden mit mittel plastischen Eigenschaften ($50\,\% > w_L > 35\,\%$)	UM		weich steif halbfest	16,5 18,0 19,5	8,5 9,5 10,5	30 70	0,90 0,70	25,0–30,0	0 5–10 10–15	5–60 20–150 50–300	$2 \cdot 10^{-6}$ bis $1 \cdot 10^{-9}$	
16	Anorganische bindige Böden mit leicht plastischen Eigenschaften ($w_L < 35\,\%$)	TL		weich steif halbfest	19,0 20,0 21,0	9,0 10,0 11,0	20 50	1,0 0,90	25,0–30,0	0 5–10 10–15	5–60 20–150 50–300	$1 \cdot 10^{-7}$ bis $2 \cdot 10^{-9}$	
17	Anorganische bindige Böden mit mittel plastischen Eigenschaften ($50\,\% > w_L > 35\,\%$)	TM		weich steif halbfest	18,5 19,5 20,5	8,5 9,5 10,5	10 30	1,0 0,95	22,5–27,5	5–10 10–15 15–20	5–60 20–150 50–300	$5 \cdot 10^{-8}$ bis $1 \cdot 10^{-10}$	

Nr.	1	2	3	4	5	6	7	8	9	10	11
18	Anorganische bindige Böden mit stark plastischen Eigenschaften ($w_L > 50\%$)	TA		weich / steif / halbfest	17,5 / 18,5 / 19,5 7,5 / 8,5 / 9,5	6 / 20	1,0 / 1,0	20,0–25,0	5–15 / 10–20 / 15–25	5–60 / 20–150 / 50–300	$1 \cdot 10^{-9}$ bis $1 \cdot 10^{-11}$
19	Organischer Schluff, Organischer Ton	OU und OT		breiig / weich / steif	14,0 / 15,5 / 17,0 4,0 / 5,5 / 7,0	5 / 20	1,00 / 0,85	17,5–22,5	0 / 2–5 / 5–10	2 – <15 / 5–60 / 20–150	$1 \cdot 10^{-9}$ bis $1 \cdot 10^{-11}$
20	Torf [5]	HN, HZ		breiig / weich / steif / halbfest	10,5 / 11,0 / 12,0 / 13,0 0,5 / 1,0 / 2,0 / 3,0	[5]	[5]	[5]	[5]	[5]	$1 \cdot 10^{-5}$ bis $1 \cdot 10^{-8}$
21	Mudde [6] Faulschlamm	F		breiig / weich	12,5 / 16,0 2,5 / 6,0	4 / 15	1,0 / 0,9	[6]	0	<6 / 6–60	$1 \cdot 10^{-7}$ bis $1 \cdot 10^{-9}$

Erläuterungen:

1) Kennbuchstaben für die Haupt- und Nebenbestandteile:

G Kies	U Schluff	O Organische Beimengungen	F Mudde
S Sand	T Ton	H Torf (Humus)	

Kennbuchstaben für kennzeichnende bodenphysikalische Eigenschaften:

Korngrößenverteilung:	*Plastische Eigenschaften:*	*Zersetzungsgrad von Torfen:*
W weitgestufte Korngrößenverteilung	L leicht plastisch	N nicht bis kaum zersetzter Torf
E engestufte Korngrößenverteilung	M mittel plastisch	Z zersetzter Torf
I intermittierend gestufte Korngrößenverteilung	A ausgeprägt plastisch	

2) v_e: Steifebeiwert, empirischer Parameter
w_e: empirisch gefundener Parameter
σ: Belastung in kN/m²

3) σ_{at}: Atmosphärendruck (= 100 kN/m²); v_e-Werte bei Wiederbelastung bis zum 10-fachen höher, w_e geht gegen 1.

4) U Ungleichförmigkeit

5) Die Beiwerte der Zusammendrückbarkeit und die Scherparameter von Torf streuen so stark, dass eine Angabe von Erfahrungswerten nicht möglich ist.

6) Der wirksame Reibungswinkel von vollständig konsolidierter Mudde kann sehr hohe Werte annehmen, maßgebend ist aber stets der dem tatsächlichen Konsolidierungsgrad entsprechende Wert, der nur durch Laborversuche zuverlässig bestimmt werden kann.

Bei der Festlegung von Art und Anzahl von Bohrungen und Sondierungen sind geologische Kartierungen und ggf. vorliegende Ergebnisse von früheren Bohrungen und Sondierungen mit zu berücksichtigen. Baugrunderkundungen durch Bohrungen werden nach DIN 4020: Geotechnische Untersuchungen für bautechnische Zwecke durchgeführt. Kommen Pfahlbauwerke und Spundwandkonstruktionen in Betracht, sind auch DIN EN 1536, DIN EN 1538 und DIN EN 12 063 zu beachten.

Die Baugrunderkundungen können bei bekannten Baugrundverhältnissen mit einer orientierenden Erkundung durch Druck- oder Rammsondierungen, ggf. in Verbindung mit zerstörungsfreien oberflächengeologischen Messungen, begonnen werden. Sie ermöglichen die erste grobe Beurteilung der Bodenarten. Anhand der Ergebnisse solcher Sondierungen können das Hauptbohrprogramm und wenn nötig ein weiteres Sondierprogramm festgelegt werden. Bohrungen und Sondierungen können auch Hinweise auf mögliche Hindernisse im Baugrund geben, allerdings darf nicht auf einen hindernisfreien Baugrund geschlossen werden, wenn in den Bohrungen und Sondierungen Hindernisse nicht angetroffen werden.

Da Drucksondierungen in vielen Fällen wirtschaftlich und schnell ausgeführt werden können, ist es häufig zweckmäßig, das Bohrprogramm durch Drucksondierungen zu ergänzen und diese bereits in einer frühen Planungsphase vorab auszuführen. Über den Sondierwiderstand ist dann bereits für Vorentwürfe die Zuordnung zu den Werten der Tabelle E 9-1, Abschn. 1.1 möglich. Bezüglich der Ermittlung von Scherfestigkeit sowie Steifemoduln aus den Ergebnissen von Drucksondierungen wird auf DIN 4094-1 und auf [1], [2] und [106] verwiesen.

Oberflächengeophysikalischen Messungen können zusätzlich flächenhafte Informationen zu den geologischen Verhältnissen, zum Grundwasserspiegel und Hinweise auf große Hindernisse im Baugrund liefern. Sie sind bis in große Tiefen möglich, ihre Interpretation ist jedoch ohne Bohraufschlüsse nicht möglich.

1.2.2 Hauptbohrungen

Hauptbohrungen sollen vorzugsweise in der späteren Bauwerksachse (Uferkante) liegen. Ihre Tiefe muss bei unverankerten Wänden etwa bis zur doppelten Höhe des Geländesprungs bzw. bis in eine bekannte geologische Schicht reichen. Anhaltswert für den Bohrabstand ist etwa 50 m. Bei vielfach geschichteten, vor allem aber bei gebänderten Böden, werden zweckmäßig Bohrungen mit Gewinnung von Proben in fester Umhüllung nach DIN 4020 ausgeführt, auch zur Gewinnung von Bodenproben der Güteklasse 2 (DIN 4021) in günstigen Fällen der Güteklasse 1. Einzelne Hauptbohrungen können zur Messung des Wasserstands mit Piezometerrohren und Porenwasserdruck-Messinstrumenten ausgebaut werden.

1.2.3 Zwischenbohrungen

Die Zwischenbohrungen werden je nach Befund der Hauptbohrungen oder der vorgezogenen Sondierungen ebenfalls bis zur Tiefe der Hauptbohrungen oder bis zu einer Tiefe geführt, in der aufgrund der Hauptbohrungen oder Sondierungen eine bekannte, einheitliche Bodenschicht angetroffen wird. Anhaltswert für den Bohrabstand ist wieder etwa 50 m.

1.2.4 Sondierungen

Sondierungen werden im Allgemeinen nach dem Schema von Bild E 1-1 angesetzt. Sie werden bis zur gleichen Tiefe wie die Hauptbohrungen, mindestens aber so tief in eine bekannte tragfähige geologische Schicht geführt, dass deren Eigenschaften zuverlässig beurteilt werden können. Bezüglich der Geräte und der Durchführung der Sondierungen sowie ihrer Anwendung wird auf DIN 4094, Teil 1 und Teil 3, hingewiesen.

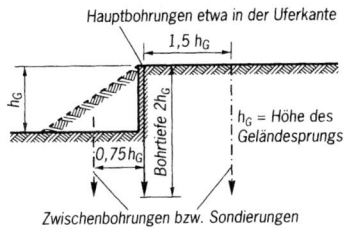

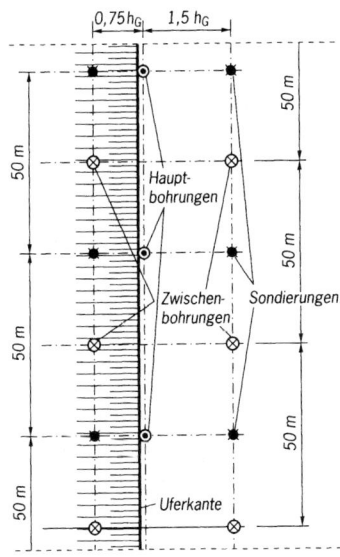

Bild E 1-1. Beispiel für die Anordnung der Bohrungen und der Sondierungen für Ufereinfassungen

17

Bei Drucksondierungen sollen auch die lokale Mantelreibung und der Porenwasserdruck gemessen werden können. In weichen bindigen Böden werden Flügelsondierungen nach DIN 4094-4 zur Bestimmung der undränierten Scherfestigkeit empfohlen (vgl. E 88, Abschn. 1.4).

Zur Kalibrierung der Sondierergebnisse können einzelne Sondierungen unmittelbar neben Bohrungen angesetzt werden. In diesem Fall müssen die Sondierungen vor den Bohrungen ausgeführt werden, um die Ergebnisse der Sondierungen nicht zu verfälschen.

1.3 Abfassung von Baugrunduntersuchungsberichten und Baugrund- und Gründungsgutachten für Ufereinfassungen (E 150)

1.3.1 Allgemeines

Ufereinfassungen sind grundsätzlich mindestens in die geotechnische Kategorie 2 (GK 2), bei schwierigen Baugrundverhältnissen in die geotechnische Kategorie 3 (GK 3) nach DIN 1054 einzuordnen. Ein Baugrundsachverständiger ist somit in jedem Fall einzubeziehen, und zwar bereits bei der Festlegung der erforderlichen Felduntersuchungen gemäß E 1, Abschn. 1.2.

Zu den Aufgaben des Baugrundsachverständigen gehört die Veranlassung von Baugrunduntersuchungen, ihre Überwachung sowie die Abfassung von Baugrunduntersuchungsberichten und Baugrund- und Gründungsgutachten.

Empfehlungen zu Art und Umfang der Baugrunduntersuchungen sind in E 1 enthalten.

Allgemeine Regelungen für die Erstellung von Baugrunduntersuchungsberichten und Gründungsgutachten enthalten DIN EN 1997-1, DIN 1054, DIN 4020 und [7].

1.3.2 Baugrunduntersuchungsbericht sowie Baugrund- und Gründungsgutachten für Ufereinfassungen

Der Baugrunduntersuchungsbericht sowie das Gründungsgutachten können entweder getrennt oder zusammen abgefasst werden.

Der Baugrunduntersuchungsbericht muss außer einer präzisen Angabe des Untersuchungsziels sowie einer Dokumentation der zur Verfügung gestellten Unterlagen über das Bauwerk vor allem enthalten:

- Angaben zu der Bauaufgabe wie Lage, Gründungstiefe, Lasten, statisches System,
- Angaben zu den allgemeinen geologischen und ggf. auch hydrogeologischen Verhältnissen,
- die Ergebnisse der Bohrungen und Sondierungen,
- die Ergebnisse der Laborversuche und ggf. durchgeführte Modellversuche,

- eine übersichtliche Zusammenstellung der Versuchsergebnisse,
- eine zusammenfassende Bewertung des Baugrunds.

Das Baugrund- und Gründungsgutachten muss vor allem enthalten:

- die Beurteilung des Baugrunds in Bezug auf die konkrete Baumaßnahme,
- die Festlegung der charakteristischen Bodenkennwerte und ggf. auch der Berechnungsverfahren,
- Angaben der Grundwasserstände bzw. von Bemessungswasserständen,
- sofern erforderlich, auch Angaben zu Rammhindernissen bzw. zur Art der Einbringung von Pfählen und Spundbohlen,
- ggf. Angaben zur Erdbebengefahr,
- generelle Gründungsvorschläge mit den Ergebnissen zugehöriger erdstatischer Überschlagsberechnungen bzw. Setzungsberechnungen,
- ggf. eine Angabe über die Festigkeit der anstehenden Böden beim Lösen (Bodenklassifizierung für Nassbaggerarbeiten DIN 18 311).

1.3.3 Wiedergabe der Ergebnisse von Feld- und Laborversuchen im Baugrunduntersuchungsbericht

1.3.3.1 Feldversuche

Die genaue Lage der ausgeführten Bodenaufschlüsse und der Felduntersuchungen ist in einem maßstäblichen Plan, der auch geplante Bauwerksumrisse enthält, einzutragen. Dabei sollen auch Bezugsmaße auf unveränderliche Festpunkte oder Bezugslinien angegeben werden. Der Zeitpunkt der Ausführung der Arbeiten und besondere Feststellungen bei der Bohrüberwachung sind zu vermerken.

Die angewandten Aufschluss- und Sondierverfahren sind im Baugrunduntersuchungsbericht zu erläutern, bei genormten Verfahren reicht der Bezug auf die jeweilige Norm. Muss von einem genormten Verfahren abgewichen werden, so ist dies zu begründen und die Vorgehensweise zu beschreiben.

Sofern dem Baugrunduntersuchungsbericht die Schichtenverzeichnisse der Bohrungen nach DIN 4022 nicht beigefügt werden, ist mindestens darauf zu verweisen, dass und wo diese eingesehen werden können. Letzteres gilt auch für die entnommenen Bodenproben.

Bei Entnahme von gekernten Bodenproben sollten auch Farbfotos dieser Bohrkerne beigefügt werden. Die Farbfotos können jedoch die Ansprache und Beurteilung der Bodenproben nicht ersetzen.

Die Ergebnisse von Sondierungen sind unter Beachtung von DIN 4094, Teil 1 bis 5, zu dokumentieren. Es empfiehlt sich, die Ergebnisse von Sondierungen neben benachbarten Bohrprofilen aufzutragen, und zwar unter Verwendung eines allgemein gültigen Bezugssystems für die Höhenangaben (z. B. NN = Normalnull oder SKN = Seekartennull).

1.3.3.2 Laborversuche

Die Ergebnisse von Laborversuchen sollen nach Bodenkennwerten (z. B. Körnungslinien, Ergebnissen der Kompressionsversuche, Ergebnisse der Scherversuche) geordnet vollständig dokumentiert und beschrieben werden, um jedem Leser eine Interpretation der Ergebnisse zu ermöglichen. Die jeweils angewendeten Versuchsanordnungen sind zu beschreiben. Sofern die Versuche genormt sind, reicht der Bezug auf die jeweilige Norm.

Die Ergebnisse von Kompressionsversuchen sind stets als Drucksetzungslinien und als Zeitsetzungslinien darzustellen, die Laststufen und die Konsolidierungsdauer sind anzugeben. Da die Versuchsgeräte des Kompressionsversuchs z. Zt. nicht genormt sind (DIN 18 135 ist aber in Vorbereitung), gehört zur Dokumentation der Ergebnisse auch die Angabe von Geräteabmessungen und Art des Einbaus des Bodens in die Geräte.

Die Ergebnisse von Scherversuchen sind in Übereinstimmung mit den einschlägigen Normen darzustellen.

Die Ergebnisse der Laborversuche werden schließlich in Tabellenform geordnet nach Bohrungen, Entnahmetiefe und Probennummer zusammengestellt.

1.3.3.3 Zusammenfassung der Untersuchungsergebnisse

Die Ergebnisse der Feld- und Laborversuche werden im Baugrunduntersuchungsbericht zu einer Bewertung des Baugrunds zusammengefasst. Körnungslinien werden zu Körnungsbändern der Hauptbodenarten zusammengefasst. Für die Hauptbodenarten werden Bandbreiten und charakteristische Werte der bodenmechanischen Parameter angegeben.

1.3.4 Inhalte und Aussagen im Baugrund- und Gründungsgutachten

Die im Baugrunduntersuchungsbericht zusammengestellten Ergebnisse bilden die Grundlagen für das vom Baugrundsachverständigen aufzustellende Baugrund- und Gründungsgutachten. Es umfasst stets die Beurteilung des Baugrunds sowohl in statisch-konstruktiver als auch in erdbautechnischer Hinsicht mit einer zusammenfassenden Beschreibung des geologischen Aufbaus, der Eigenschaften der festgestellten Bodenschichten und deren bodenphysikalischen Kennzahlen. Dazu gehören vor allem auch Angaben über die Kornverteilungen, die Lagerungsdichte der nichtbindigen Böden, die Zustandsform der bindigen Böden und die Beurteilung der im Baugrunduntersuchungsbericht angegebenen Scherparameter und Steifezahlen.

Im Baugrund- und Gründungsgutachten werden auch die für die erdstatischen Berechnungen maßgebenden charakteristischen Bodenparameter, wie beispielsweise die Wichten und Steifemoduln und insbesondere auch die Scherparameter festgelegt. Dabei sind das Zusammenwirken von Bauwerk und Boden und fallweise auch die zu wählenden Berechnungsverfahren zu berücksichtigen. Soweit erforderlich, stimmt der Baugrundsachverständige diese Werte vorher mit dem Bauherrn, dem Entwurfsbearbeiter, der bauausführenden Firma und der zuständigen Bauaufsichtsbehörde bzw. dem Prüfingenieur für Baustatik ab.

Im Zusammenhang mit der statisch konstruktiven Bearbeitung muss das Baugrundgutachten die erbohrten Wasser- bzw. Grundwasserstände enthalten sowie die daraus abgeleiteten Bemessungswasserstände.

Im Baugrund- und Gründungsgutachten sollten auch Angaben der Bodengruppen nach DIN 18 196 und der Bodenklassen nach DIN 18 300 enthalten sein.

In Erdbebengebieten gehört auch die Angabe der anzusetzenden Erschütterungszahlen zur Aufgabe des Baugrundsachverständigen, gegebenenfalls in Zusammenarbeit mit einem für das betreffende Gebiet Sachkundigen.

Eine wichtige Aufgabe des Baugrund- und Gründungsgutachtens ist auch die Beurteilung des anstehenden Baugrunds hinsichtlich des Einbringens von Pfählen und Spundbohlen. Sofern der Umfang der durchgeführten Untersuchungen eine Bewertung im Sinne von E 154, Abschn. 1.8 nicht zulässt, ist dies ausdrücklich zu vermerken. In diesem Fall sind zu einem späteren Zeitpunkt entsprechende ergänzende Untersuchungen durchzuführen.

Weiter gehört zum Baugrund- und Gründungsgutachten eine Bewertung von Rammhindernissen vor allem in Rammtrassen von Ufereinfassungen. Dabei sind neben den Ergebnissen von Bohrungen und Sondierungen vor allem auch geologische Erkenntnisse und ältere Kartierungen heranzuziehen, aus denen ggf. frühere Baumaßnahmen zu ersehen sind.

1.4 Ermittlung der Scherfestigkeit c_u des undränierten Bodens aus Feldversuchen (E 88)

1.4.1 Flügelsonden

Mit der Flügelsonde nach DIN 4094-4 kann die Scherfestigkeit des undränierten, steinfreien weichen bindigen Bodens gemessen werden. Der Messflügel wird entweder direkt in den Boden gepresst oder von einer Bohrlochsohle aus eingebracht. Erfahrungsgemäß liefert die Flügelsonde für weiche erstbelastete Böden und für leicht überkonsolidierte Böden zuverlässige Werte.

Aus der maximalen Scherspannung c_{fv} des Bodens beim erstmaligen Abscheren lässt sich unter Berücksichtigung von Korrekturfaktoren μ die Scherfestigkeit c_{fu} des undränierten Bodens ermitteln:

$$c_{fu} = \mu \cdot c_{fv}$$

Die Korrekturfaktoren μ für weiche erstbelastete Böden sind in Tabelle E 88-1 angegeben. DIN 4094, Teil 4 enthält auch Korrekturfaktoren für vorbelastete Böden.

Tabelle E 88-1. Korrekturfaktoren μ für weiche, erstbelastete Böden

I_p	0	30	60	90	120
μ	1,0	0,8	0,65	0,58	0,50

1.4.2 Drucksonden

Zwischen der Flügelscherfestigkeit c_{fu} und dem Sondierspitzendruck q_c bestehen beispielsweise folgende Beziehungen:

In Ton: $\qquad\qquad\qquad\qquad c_{fu} \approx \dfrac{1}{14} \cdot q_c$

In überkonsolidiertem Ton: $\quad c_{fu} \approx \dfrac{1}{20} \cdot q_c$

In weichem Ton: $\qquad\qquad\quad c_{fu} \approx \dfrac{1}{12} \cdot q_c$

1.4.3 Plattendruckversuche

Die c_u-Werte für oberflächennahe Bodenschichten können im Feld auch mit Hilfe von Plattendruckversuchen nach DIN 18 134, Plattendurchmesser mindestens 30 cm, ermittelt werden.
Der jeweilige c_u-Wert ergibt sich für wassergesättigten Boden zu

$$c_u = \frac{1}{6} \cdot p_{Bruch}$$

p_{Bruch} = mittlere Sohlnormalspannung beim Bruch des Bodens

Ergibt sich aus der Drucksetzungslinie des Versuchs kein ausgeprägter Bruchpunkt, wird p_{Bruch} einer Setzung von $^1/_{10}$ des Plattendurchmessers zugeordnet.
Plattendruckversuche liefern aber nur Messwerte bis in eine Tiefe von etwa dem 2-fachen Plattendurchmesser. Sie müssen daher zur Bestimmung der Scherfestigkeit des undränierten Bodens tieferliegender Schichten auf der Sohle von Schürfen oder auf Baugrubensohlen durchgeführt werden. Die Grundfläche einer Schürfe muss dann mindestens der 3-fache Plattendurchmesser im Quadrat sein.

1.4.4   Bohrlochaufweitungsversuche (Pressiometerversuche)

Die c_u-Werte können im Feld auch durch Bohrlochaufweitungsversuche (Pressiometerversuche) festgestellt werden. Für die Durchführung wird auf DIN 4094-5 verwiesen.

1.5   Untersuchung der Lagerungsdichte von nichtbindigen Uferwand-Hinterfüllungen (E 71)

1.5.1   Notwendigkeit der Untersuchung

An die Hinterfüllung von Uferwänden werden im Allgemeinen besondere Anforderungen gestellt, sei es weil Kranbahnen, Poller oder andere Bauwerke auf der Hinterfüllung flach gegründet werden oder weil in der Bemessung der Ufereinfassung solche Bodenkennwerte angenommen wurden, die eine besondere Festigkeit der Hinterfüllung voraussetzen. Diese Werte müssen durch geeignete Untersuchungen nachgewiesen werden.

Gleiches gilt, wenn Anker durch Setzungen und Sackungen der Hinterfüllung zusätzliche Beanspruchungen erleiden können.

Grundsätzlich sind die jeweiligen Anforderungen bereits beim Einbau und bei der Verdichtung der Hinterfüllung zu berücksichtigen (siehe auch E 175, Abschn. 1.6). Der Umfang der stichprobenartigen Untersuchungen und Nachprüfungen ist dann so festzulegen, dass eine eindeutige Bewertung möglich ist. Besondere Aufmerksamkeit ist stets den Bereichen zu widmen, in denen eine Verdichtung erfahrungsgemäß schwierig ist, also z. B. in unmittelbarer Nähe von Bauwerken und Gründungselementen.

1.5.2   Untersuchungsmethoden

Die Verdichtung der Hinterfüllung von Uferwänden mit nichtbindigem Boden kann anhand der Lagerungsdichte D nach DIN 18 126 überprüft werden, die Lagerungsdichte steht in einem direkten Bezug zu den bodenspezifischen Grenzwerten „lockerste Lagerung" und „dichteste Lagerung".

Die Lagerungsdichte D nach DIN 18 126 ist definiert als:

$$D = \frac{\max n - n}{\max n - \min n}$$

mit

$\max n$ = Porenanteil bei lockerster Lagerung im trockenen Zustand

$\min n$ = Porenanteil bei dichtester Lagerung

n = Porenanteil des zu prüfenden Bodens

Demgegenüber ist der Verdichtungsgrad D_{pr} (DIN 18 127) ein Verhältniswert, der angibt, wie groß die Verdichtung in situ im Verhältnis zu der mit einer bestimmten Verdichtungsleistung im Labor bestenfalls erreichbaren Verdichtung ist. Ein Bezug zu den vorgenannten Grenzwerten „lockerste Lagerung" und „dichteste Lagerung" ist zunächst nicht möglich, kann aber hergestellt werden, wenn aus dem Verdichtungsgrad D_{pr} die Lagerungsdichte D errechnet wird.

Zwischen der Lagerungsdichte D und dem Verdichtungsgrad D_{pr} besteht folgender Zusammenhang:

$$D = A + B \cdot D_{pr}$$

mit

$$A = \frac{\max n - 1}{\max n - \min n}$$

$$B = \frac{1 - n_{pr}}{\max n - \min n}$$

$$D_{pr} = \frac{\rho_d}{\rho_{pr}} = \frac{1 - n}{1 - n_{pr}}$$

ρ_d = Trockendichte
ρ_{pr} = Trockendichte bei optimalem Wassergehalt im Proctorversuch
n_{pr} = Porenanteil bei optimalem Wassergehalt im Proctorversuch

In den vorstehenden Gleichungen ist der Porenanteil n der dimensionslose Verhältniswert von Porenvolumen zum Gesamtvolumen des Bodens (DIN 18 125). In der internationalen Literatur wird statt des Porenanteils n meist die Porenzahl e als Bezugsgröße verwendet. Die Porenzahl e ist der dimensionslose Verhältniswert von Porenvolumen und Feststoffvolumen. Zwischen dem Porenanteil n und der Porenzahl e gilt die Beziehung:

$$e = \frac{n}{1 - n}$$

Die mit der Porenzahl e gebildete Maßzahl heißt bezogene Lagerungsdichte I_D.

$$I_D = \frac{\max e - e}{\max e - \min e}$$

mit

max e = Porenzahl bei lockerster Lagerung in trockenem
Zustand
min e = Porenzahl bei dichtester Lagerung
e = Porenzahl des zu prüfenden Bodens

Zwischen D und I_D gibt es keine direkte Beziehung, als Näherung für baupraktisch relevante Werte von e bzw. von n gilt $I_D \cong 1,1 \cdot D$. Die Lagerungsdichte D kann auch mit Hilfe von Druck- und Rammsonden (Prüftiefen > 1 m) ermittelt werden. DIN 4094, Teil 1 und 3 enthält für einige nichtbindige Böden Korrelationen zwischen dem Sondierwiderstand und der Lagerungsdichte D. Für besondere Verhältnisse können diese durch Vergleichsuntersuchungen ermittelt werden.

1.6 Lagerungsdichte von aufgespülten nichtbindigen Böden (E 175)

1.6.1 Allgemeines

Die Belastbarkeit einer Hafenfläche wird im Wesentlichen von der Lagerungsdichte und Festigkeit der obersten 1,5 bis 2 m des anstehenden Bodens bestimmt. Die Lagerungsdichte eines aufgespülten Bodens ist vor allem von folgenden Faktoren abhängig:

- Kornzusammensetzung, insbesondere Schluffgehalt des Spülmaterials. Zur Erzielung einer möglichst hohen Lagerungsdichte ist es wichtig, den Kornanteil < 0,06 mm auf höchstens 10 % zu begrenzen. Dies kann z. B. durch die Art der Schutenbeladung (E 81, Abschn. 7.3), den Grundriss des Spülfelds und seine Einrichtung und die Art des Einspülens und der Führung des Abflusswassers gewährleistet werden.
- Art der Gewinnung und weiterer Verarbeitung des Spülmaterials.
- Formgebung und Einrichtung des Spülfeldes.
- Ort und Art des Spülwasserabflusses.
- Beim Aufspülen über Wasser wird ohne zusätzliche Maßnahmen im Allgemeinen eine größere Lagerungsdichte erzielt als unter Wasser.
- Unter Tideeinfluss und dem Einfluss von Wellen wird der aufgespülte Sand oft bereits nach kurzer Zeit verdichtet und kann dann eine sehr hohe Lagerungsdichte einnehmen.

1.6.2 Einfluss des Aufspülmaterials

Bei Aufspülungen unter Wasser werden erfahrungsgemäß etwa folgende Lagerungsdichten D erzielt:

Feinsand mit verschiedenen Ungleichförmigkeitsgraden mit einer mittleren Korngröße $d_{50} < 0,15$ mm:

$D = 0,35$ bis $0,55$

Mittelsand mit verschiedenen Ungleichförmigkeitsgraden mit einer mittleren Korngröße $d_{50} = 0,25$ bis $0,50$ mm:

$D = 0,15$ bis $0,35$

Da die Kornzusammensetzung und der Schluffgehalt des Materials während der Ausführung aber nicht gleich bleiben, können die vorgenannten Erfahrungswerte nur ein grober Anhalt sein.
Die Lagerungsdichte kann unter Tide- und Welleneinfluss bereits nach kurzer Zeit deutlich zunehmen, die maßgebenden Zusammenhänge sind allerdings noch wenig untersucht.
Der freien Wahl des Aufspülmaterials sind im Allgemeinen durch wirtschaftliche und technische Forderungen Grenzen gesetzt.

1.6.3 Erforderliche Lagerungsdichte

Aufgespülte nichtbindige Böden in Hafenflächen sollten in Abhängigkeit von der jeweiligen Nutzung etwa folgende Lagerungsdichten D haben:

Tabelle E 175-1. Nutzungsabhängige erforderliche Lagerungsdichten D von Hafenflächen

Nutzungsart	D	
	Feinsand $d_{50} < 0,15$ mm	Mittelsand $d_{50} = 0,25$ bis $0,50$ mm
Lagerflächen	0,35–0,45	0,20–0,35
Verkehrsflächen	0,45–0,55	0,25–0,45
Bauwerksflächen	0,55–0,75	0,45–0,65

Grundsätzlich sind also bei gleicher Beanspruchung für Feinsand höhere Lagerungsdichten zu fordern als für Mittelsand.

1.6.4 Überprüfung der Lagerungsdichte

Die Lagerungsdichte des oberen Bereichs einer Aufspülung kann mit den gebräuchlichen Versuchen zur Dichtebestimmung nach DIN 4021, in der Regel durch Ersatzmethoden sowie durch Plattendruckversuche nach DIN 18 134 oder mit einer radiometrischen Einstichsonde ermittelt werden. In größeren Tiefen kann die Lagerungsdichte durch Druck- oder Rammsondierungen nach DIN 4094-1 und DIN 4094-3 oder mit einer radiometrischen Tiefensonde festgestellt werden.
Für die Überprüfung der Lagerungsdichte aufgespülter Sande ist die Drucksonde (CPT) besonders gut geeignet, daneben aber auch die Schwere Rammsonde (DPH), wenn etwa Flächen mit der Drucksonde nicht

Tabelle E 175-2. Beziehung zwischen der Lagerungsdichte D, dem Spitzendruck q_c der Drucksonde und den Rammsondenwiderständen bei Schlagzahl N_{10} für aufgespülte Sande (Erfahrungswerte für ungleichförmigen Feinsand und für gleichförmigen Mittelsand).

Nutzungsart		Lager-flächen	Verkehrs-flächen	Bauwerks-flächen
Lagerungsdichte D	Feinsand	0,35–0,45	0,45–0,55	0,55–0,75
	Mittelsand	0,20–0,35	0,25–0,45	0,45–0,65
Drucksonde CPT 15 q_c in MN/m²	Feinsand	2–5	5–10	10–15
	Mittelsand	3–6	6–10	> 15
Schwere Rammsonde DPH, N_{10}	Feinsand	2–5	5–10	10–15
	Mittelsand	3–6	6–15	> 15
Leichte Rammsonde DPL, N_{10}	Feinsand	6–15	15–30	30–45
	Mittelsand	9–18	18–45	> 45
Leichte Rammsonde DPL-5, N_{10}	Feinsand	4–10	10–20	20–30
	Mittelsand	6–12	12–30	> 30

erreicht werden können. Bei Erkundungstiefen von nur wenigen Metern kommt auch die Leichte Rammsonde (DPL) in Betracht. Die Werte nach Tabelle E 175-2 sind Erfahrungswerte für die Beziehung zwischen den jeweiligen Sondierergebnissen in Fein- und Mittelsanden und der Lagerungsdichte, sie gelten aber erst ab etwa 1,0 m unter dem Ansatzpunkt der Sondierung.

1.7 Lagerungsdichte von verklappten nichtbindigen Böden (E 178)

1.7.1 Allgemeines

Diese Empfehlung ist im Wesentlichen eine Ergänzung zu den Empfehlungen E 81, Abschn. 7.3 und E 73, Abschn. 7.4 sowie zu E 175, Abschn. 1.6.

Das Verklappen nichtbindiger Böden führt im Allgemeinen zu einer mehr oder weniger großen Entmischung des Materials. Verklappter nichtbindiger Boden kann durch Grund-, Gelände- oder Böschungsbruch aufgelockert werden, wenn die beim Verklappen entstehenden Böschungen zu steil werden. Stabil sind Böschungen mit einer Neigung von 1 : 5 oder flacher.

Auch verklappte nichtbindige Böden können unter Tide- und Welleneinfluss weiter verdichtet werden.

1.7.2 Einflüsse auf die erzielbare Lagerungsdichte

Die Lagerungsdichte von verklappten, nichtbindigen Böden ist vor allem von folgenden Einflüssen abhängig:

a) Kornzusammensetzung und Schluffgehalt des verklappten Materials. Im Allgemeinen ergibt ein ungleichförmiger Kornaufbau eine höhere Lagerungsdichte als ein gleichförmiger. Der Schluffgehalt soll 10 % nicht übersteigen.

b) Wassertiefe.
Mit zunehmender Wassertiefe verstärkt sich vor allem bei nichtbindigen Böden mit einer Ungleichförmigkeitszahl $U > 5$ das Entmischen, was zu einer geänderten Kornverteilung führt.

c) Strömung des Wassers im Verklappbereich.
Je größer die Strömung ist, um so größer ist die Entmischung und um so ungleichmäßiger setzt sich der Boden ab. Bezüglich des Verklappens in schlickhaltigem strömenden Wasser wird vor allem auf E 109, Abschn. 7.9 verwiesen.

d) Art des Verklappens.
Mit Schiffen mit Spaltklappen wird im Allgemeinen eine höhere Lagerungsdichte erreicht als mit Klappschuten mit Bodenklappen.

Wegen der sich teilweise aufhebenden Einflüsse kann die Lagerungsdichte von verklappten, nichtbindigen Böden sehr unterschiedlich sein. Die geostatische Überlagerung hat auf die Lagerungsdichte verklappter nichtbindiger Böden nur einen geringen Einfluss. Selbst bei großer Überlagerungshöhe wird die Lagerungsdichte im Allgemeinen wenig verändert. Bei geringeren Überlagerungshöhen liegt im Allgemeinen nur eine lockere Lagerung vor, sofern der Boden nicht anderweitig verdichtet ist.

1.8 Beurteilung des Baugrunds für das Einbringen von Spundbohlen und Pfählen und Einbringverfahren (E 154)

1.8.1 Allgemeines

Für das Einbringen von Spundbohlen und Pfählen und für die Auswahl der Einbringverfahren spielen zunächst Baustoff, Form, Größe, Länge und Einbauneigung der Spundbohlen und Pfähle eine entscheidende Rolle. Wesentliche Hinweise sind zu finden in:

- E 16, Abschn. 9.5, Ausbildung und Einbringen gerammter Pfähle aus Stahl.
- E 21, Abschn. 8.1.2, Ausbildung und Einbringen von Stahlbetonspundwänden.
- E 22, Abschn. 8.1.1, Ausbildung und Einbringen von Holzspundwänden.

- E 34, Abschn. 8.1.3, Stahlspundwand.
- E 104, Abschn. 8.1.12, Einrammen von kombinierten Stahlspundwänden.
- E 105, Abschn. 8.1.13, Beobachtungen beim Einbringen von Stahlspundbohlen, Toleranzen.
- E 118, Abschn. 8.1.11, Einrammen wellenförmiger Stahlspundbohlen.

Wegen der großen Bedeutung sei im Zusammenhang mit diesen Empfehlungen besonders darauf hingewiesen, dass bei der Wahl des Rammguts (Baustoff, Profil) neben statischen Erfordernissen und wirtschaftlichen Gesichtspunkten vor allem auch die Beanspruchungen beim Einbringen in den jeweiligen Baugrund zu beachten sind. Der Baugrunduntersuchungsbericht muss daher stets auch eine Bewertung des anstehenden Baugrunds hinsichtlich des Einbringens von Spundbohlen und Pfählen enthalten (siehe auch E 150, Abschn. 1.3).

1.8.2   Bericht und Gutachten über den Baugrund

Bereits Art und Umfang der Bodenaufschlüsse müssen so festgelegt werden, dass anhand der Ergebnisse eine Beurteilung des Baugrunds für das Einbringen möglich ist (siehe E 1, Abschn. 1.2). Um die Beurteilung des Bodens hinsichtlich des Rammens und des Vibrierens zu ermöglichen, müssen Bohrungen und Sondierungen dort angesetzt werden, wo später gerammt und vibriert wird. Sofern dies nicht möglich sein sollte, ist eine unmittelbare Aussage zum Einbringen und vor allem zu gegebenenfalls vorhandene Hindernissen nicht möglich.

Grundsätzlich geben Feld- und Laboruntersuchungen Auskunft über:

- Schichtung des Baugrunds,
- Kornform,
- Vorhandene Einschlüsse, wie Steine > 63 mm, Blöcke, alte Auffüllungen, Baumstämme oder sonstige Hindernisse und deren Tiefenlage,
- Scherparameter,
- Porenanteil, Porenzahl
- Wichte über und unter Wasser,
- Lagerungsdichte,
- Verdichtungsfähigkeit des Bodens beim Einbringen des Rammguts,
- Verkittung nichtbindiger Böden, Verokerung
- Vorbelastung und Schwelleigenschaften bindiger Böden,
- Höhe des Grundwasserspiegels beim Einbringen,
- Artesisch gespanntes Grundwasser in gewissen Schichten,
- Wasserdurchlässigkeit des Bodens,
- Grad der Wassersättigung bei bindigen Böden, vor allem bei Schluffen.

Die entsprechenden Erkenntnisse sind im Baugrunduntersuchungsbericht zu dokumentieren und vor allem auch mit Blick auf die Einbringung von Spundbohlen und Pfählen zu bewerten.

Die Scherparameter haben nur eine bedingte Aussagefähigkeit über das Verhalten des Baugrunds beim Einbringen von Spundbohlen und Pfählen. Beispielsweise kann ein felsartiger Kalkmergel aufgrund seiner Klüftigkeit verhältnismäßig geringe Scherparameter besitzen, aber rammtechnisch ein schwerer Boden sein.

Bei einer Schlagzahl der Schweren Rammsonde (DPH, DIN 4094-3) von $N_{10} > 30$ je 10 cm Eindringung oder $N_{30} > 50$ je 30 cm Eindringung mit der Bohrlochrammsonde (BDP, DIN 4094-2) muss mit zunehmend schwererer Rammung gerechnet werden. Im Allgemeinen kann davon ausgegangen werden, dass das Rammgut bis zu Tiefen, bei denen mit der DPH Schlagzahlen N_{10} von 80 bis 100 Schläge/10 cm Eindringtiefe erreicht werden, als schwere Rammung einbringbar ist. In Einzelfällen kann auch noch tiefer gerammt werden. Genauere Angaben siehe [5] und [6]. Bei nicht homogenen Böden können die Ergebnisse der Sondierungen stark streuen und zu falschen Rückschlüssen führen.

Drucksondierungen geben bei gleichförmigen Fein- und Mittelsanden in mindestens 5 m Tiefe einen guten Anhalt über Festigkeit und Lagerungsdichte nichtbindiger Böden (Näheres siehe DIN 4094-1). Auch daraus können Rückschlüsse auf die Schwere der Rammung abgeleitet werden.

1.8.3 Beurteilung der Bodenarten im Hinblick auf Einbringverfahren

1.8.3.1 Rammen

Leichte Rammung ist zu erwarten bei weichen oder breiigen Böden, wie Moor, Torf, Schlick, Klei usw. Außerdem ist auch in locker gelagerten Mittel- und Grobsanden sowie Kiesen ohne Steineinschlüsse im Allgemeinen eine leichte Rammung zu erwarten, es sei denn, dass verkittete Schichten eingelagert sind.

Mittelschwere Rammung ist bei mitteldicht gelagerten Mittel- und Grobsanden sowie bei feinkiesigen Böden und bei steifem Ton und Lehm zu erwarten.

Schwere bis schwerste Rammung ist in den meisten Fällen zu erwarten bei dicht gelagerten Mittel- und Grobkiesen, dicht gelagerten feinsandigen und schluffigen Böden, eingelagerten verkitteten Schichten, halbfesten bis festen Tonen, Geröll und Moräneschichten, Geschiebemergel, verwittertem und weichem bis mittelhartem Fels. Erdfeuchte oder trockene Böden haben beim Rammen einen größeren Eindringwiderstand als unter Auftrieb stehende. Gleiches gilt für nicht wassergesättigte bindige Böden, vor allem für Schluffe.

1.8.3.2 Vibrieren (Rütteln)

Beim Vibrieren wird die Mantelreibung und der Spitzenwiderstand des einzubringenden Profils stark herabgesetzt. Daher können die Rammelemente im Vergleich zum Rammen zügig auf Tiefe gebracht werden. Weiteres siehe E 202, Abschn. 8.1.22.

Besonders erfolgreich ist das Vibrieren in Kiesen und Sanden mit runder Kornform sowie in breiigen weichen Bodenarten mit geringer Plastizität. Für das Vibrieren wesentlich weniger geeignet sind Kiese und Sande mit kantiger Kornform oder stark bindige Böden. Besonders kritisch sind trockene Feinsande und steife Mergel- und Tonböden, da sie die Energie des Rüttlers zu einem großen Teil abfedern.

Wird der Baugrund beim Vibrieren verdichtet, kann sich sein Eindringwiderstand so stark vergrößern, dass die Profile nicht mehr auf Tiefe gebracht werden können. Diese Gefahr ist besonders bei engem Abstand der Bohlen bzw. Pfähle und beim Einrütteln in nichtbindigen Böden gegeben. In diesen Fällen muss das Rütteln abgebrochen werden, siehe E 202. Eventuell kommt auch der Einsatz von Hilfsmitteln nach Abschn. 1.8.3.4 in Frage.

Vor allem beim Vibrieren in nichtbindigen Böden kann es zu örtlichen Setzungen kommen, deren Größe und seitliche Reichweite von den Leistungsdaten des Vibrators, vom Rammgut, von der Dauer des Vibrierens und vom Boden abhängen. Bei Annäherung der Baumaßnahme an bestehende Bauwerke muss geprüft werden, ob diese durch diese Setzungen Schaden leiden können. Gegebenenfalls muss das Einbringverfahren angepasst werden bzw. ganz auf das Vibrieren verzichtet werden.

1.8.3.3 Einpressen

Voraussetzung für das Einpressen ist, dass im Boden keine Hindernisse vorhanden sind bzw. diese vor dem Einbau geräumt werden.

In hindernisfreie bindige Böden und lockere nichtbindige Böden können schlanke Profile im Allgemeinen hydraulisch eingepresst werden. In dicht gelagerten nichtbindigen Böden lassen sich Profile nur dann einpressen, wenn der Boden zuvor gelockert wird.

1.8.3.4 Hilfsmaßnahmen für das Einbringen

Besonders bei dicht gelagerten Sanden und Kiesen sowie bei harten und steifen Tonen kann das Einbringen durch Spülen erleichtert bzw. überhaupt erst ermöglicht werden.

Weitere Hilfsmaßnahmen können Lockerungsbohrungen oder örtlicher Bodenersatz mittels vorgezogener Großbohrungen und dergleichen sein. Bei felsartigen Böden kann durch gezielte Sprengungen der Boden so einbaufähig gemacht werden, dass bei entsprechender Profilwahl die Solltiefe erreicht werden kann. Weiteres siehe E 183, Abschn. 8.1.10.

1.8.4   Einbaugeräte, Einbauelemente, Einbauverfahren

Einbaugeräte, Einbauelemente und Einbauverfahren sind auf den zu durchfahrenden Baugrund abzustimmen, siehe E 104, Abschn. 8.1.12, E 118, Abschn. 8.1.11, E 202, Abschn. 8.1.22 und E 210, Abschn. 7.14. Langsam schlagende Freifallbäre, Explosionsbäre oder Hydraulikbäre sind für bindige und nichtbindige Böden geeignet. Der Schnellschlaghammer und der Vibrationsbär beanspruchen das Rammelement schonend, können aber im Allgemeinen nur bei nichtbindigen Böden mit runder Kornform besonders wirkungsvoll eingesetzt werden. Beim Einrammen in felsartigen Boden, auch bei vorhergehender Lockerungssprengungen, sind Schnellschlaghämmer oder schwere Rammbäre mit kleiner Fallhöhe vorzuziehen.

Unterbrechungen beim Einbringen des Rammguts, beispielsweise zwischen dem Vorrammen und dem Nachrammen, können – je nach Bodenart und Wassersättigung sowie Zeitdauer der Unterbrechung – das Weiterrammen erleichtern oder erschweren. Im Allgemeinen lässt sich durch vorgezogenen Versuche die jeweilige Tendenz erkennen.

Die Beurteilung des Baugrunds für das Einbringen von Spundbohlen und Pfählen setzt besondere Kenntnisse über das Einbringen und entsprechende Erfahrungen voraus. Informationen über Baustellen mit vergleichbaren Verhältnissen, insbesondere bezüglich des Baugrunds, können sehr nützlich sein.

**1.8.5   Erprobung des Einbauverfahrens und des Tragverhaltens
bei schwierigen Verhältnissen**

Bestehen bei großen Bauvorhaben Bedenken, dass Spundbohlen nicht ohne Beschädigungen bis in die statisch erforderliche Tiefe eingebracht werden können oder Pfähle die vorgesehene Einbindetiefe zur Aufnahme der Gebrauchslast nicht erreichen, müssen vorab Proberammungen und Probebelastungen durchgeführt werden. Dabei sollten mindestens zwei Proberammungen je Einbauverfahren angesetzt werden, um eine zutreffende Auskunft zu erhalten.

Eine Erprobung des Einbauverfahrens kann auch zur Prognose der Setzung des Bodens und der Ausbreitung und Auswirkung von Schwingungen durch das Einbringverfahren notwendig sein.

Stahlbau – Kalender Hrsg.: U. Kuhlmann

Jährliche Schwerpunkte:

Hallenbauten

DIN 18800-7; Interaktion
Bauwerk-Baugrund;
Kranbahnen und
Betriebsfestigkeit; Stahlhallen;
Fassaden; Windlasten auf
Bauwerke

Stahlbau-Kalender 2003

2003. VIII, 780 Seiten,
498 Abb. 184 Tab. Geb.
€ 129,-* / sFr 190,-
ISBN 3-433-01494-9

Schlanke Tragwerke

DASt-Richtlinie 019; Schweißen
im Stahlbau; Schlanke Stab-
tragwerke; Träger mit profilierten
Stegen; Maste und Türme;
Gerüstbau; Radioteleskope;
Membrantragwerke

Stahlbau-Kalender 2004

2004. IX, 802 S. 589 Abb.
167 Tab. Geb.
€ 129,-* / sFr 190,-
ISBN 3-433-01703-4

Verbindungen

Verbundbau-Kommentar DIN
18800; Mechanische
Verbundmittel; Betondübel;
Steifenlose Anschlüsse;
Klebeverbindungen; Zugstangen

**Neu ab Ausgabe 2005!
Durch Fortsetzungspreis
20,- € sparen!**

Stahlbau-Kalender 2005

2005. Ca. 700 S. ca. 450 Abb.
ca. 80 Tab. Geb.
€ 129,-* / sFr 190,-
Fortsetzungspreis:
Ca. € 109,-*/ sFr 161,-
ISBN 3-433-01721-2

Ernst & Sohn
Verlag für Architektur und
technische Wissenschaften GmbH & Co. KG

Ernst & Sohn
A Wiley Company
www.ernst-und-sohn.de

Für Bestellungen und Kundenservice:
Verlag Wiley-VCH
Boschstraße 12
69469 Weinheim
Telefon: (06201) 606-400
Telefax: (06201) 606-184
Email: service@wiley-vch.de

* Der €-Preis gilt ausschließlich für Deutschland
005614106_my Irrtum und Änderungen vorbehalten.

2 Erddruck und Erdwiderstand

2.0 Allgemeines

Für die Nachweise der Standsicherheit von Ufereinfassungen im Sinne dieser Empfehlungen gilt DIN 1054. Die Gesamt-Erddrucklasten werden nach DIN 4085 ermittelt, Nachweise der Geländebruchsicherheit werden nach DIN 4084, der Grundbruchnachweis nach DIN 4017 geführt, soweit nicht in den einschlägigen Empfehlungen Vereinfachungen angegeben sind.

Der Nachweis der Standsicherheit muss zeigen, dass weder im Grenzzustand 1B (GZ 1B) noch im Grenzzustand 1C (GZ 1C) nach DIN 1054 Versagen eintritt.

Bei Stützbauwerken, bei denen die Standsicherheit vom Erdwiderstand vor dem Bauwerk abhängt, muss in den Nachweisen eine Tieferlegung der Geländeoberfläche auf der Erdwiderstandsseite von 10 % der Wandhöhe bzw. bei gestützten Wänden von 10 % der Höhe unterhalb der untersten Stützung, höchstens jedoch 0,5 m, berücksichtigt werden. Diese Regel gilt nicht, wenn die Entwurfstiefe von Hafensohlen nach E 36, Abschn. 6.7 festgelegt wird.

Die in den nachfolgenden Abschnitten angegebenen Verfahren und Grundsätze zur Ermittlung von Erddruck und Erdwiderstand gelten allgemein, d. h. für die Ermittlung der Erddrücke mit charakteristischen Werten der Scherparameter. In Bildern und Formeln werden daher die Scherparameter ohne Index wiedergegeben, soweit nicht ausdrücklich der charakteristische Wert (Index k) oder der Bemessungswert (Index d) gemeint ist.

Die Berechnung und Bemessung von Spundwänden ist in Abschn. 8.2 behandelt.

2.1 Ansatz der Kohäsion in bindigen Böden (E 2)

Die Kohäsion in bindigen Böden darf bei der Ermittlung von Erddruck und Erdwiderstand berücksichtigt werden, wenn folgende Voraussetzungen erfüllt sind:

- Der Boden muss in seiner Lage ungestört sein. Bei Hinterfüllungen mit bindigem Material muss der Boden hohlraumfrei eingebaut sein.
- Der Boden muss dauernd gegen Austrocknen und Frost geschützt sein.
- Der Boden darf beim Durchkneten nicht breiig werden.

Treffen diese Forderungen nicht oder nur teilweise zu, darf Kohäsion nur berücksichtigt werden, wenn sie durch besondere Untersuchungen nachgewiesen ist.

2.2 Ansatz der scheinbaren Kohäsion (Kapillarkohäsion) im Sand (E 3)

Die scheinbare Kohäsion c_c (Kapillarkohäsion nach DIN 18 137, Teil 1) im Sand hat ihre Ursachen in der Oberflächenspannung des Porenzwickelwassers. Bei vollständiger Durchnässung oder Austrocknung des Bodens geht sie verloren. In der Regel ist sie deshalb bei der Ermittlung des Erddrucks und des Erdwiderstands nicht anzusetzen, sie ist dann eine innere Reserve für die Standsicherheit. Die scheinbare Kohäsion darf für Bauzustände berücksichtigt werden, wenn sichergestellt werden kann, dass sie im betreffenden Zeitraum durchgehend wirksam ist. Charakteristische Werte für die scheinbare Kohäsion enthält Tabelle E 3.

Tabelle E 3. Charakteristische Werte der scheinbaren Kohäsion

Bodenart	Bezeichnung nach DIN 4022-1	Scheinbare Kohäsion $c_{c,k}$ [kN/m²]
Kiessand	G, s	0–2
Grobsand	g S	2–4
Mittelsand	m S	4–6
Feinsand	f S	6–8

2.3 Ansatz der Erddruckneigungswinkel und der Adhäsion

In Abschn. 8.2.4 behandelt.

2.4 Ermittlung des Erddrucks nach dem CULMANN-Verfahren (E 171)

(siehe auch DIN 4085, Ziff. 6.3.1.7, Bilder 10 bis 12)

2.4.1 Lösung bei einheitlichem Boden ohne Kohäsion (Bild E 171-1)

Beim CULMANN-Verfahren wird das COULOMB-Krafteck (Bild E 171-1) um den Winkel $90° - \varphi'$ gegen die Lotrechte gedreht, wobei die Eigenlast G in die Böschungslinie fällt. Wird nun an den Anfang der Eigenlast G eine Parallele zur „Stellungslinie" angetragen, ist deren Schnittpunkt mit der zugehörigen Gleitlinie ein Punkt der CULMANNschen Erddrucklinie (Bild E 171-1).

Der Abstand dieses Schnittpunkts von der Böschungslinie, in Richtung der Stellungslinie gemessen, ist der jeweilige Erddruck für den untersuchten Gleitkeil beim gewählten Erddruckneigungswinkel δ_a. Diese Ermittlung wird nun für verschiedene Gleitfugen wiederholt. Das Maximum der CULMANNschen Erddrucklinie stellt den gesuchten maßgebenden Erddruck dar.

Das CULMANN-Verfahren kann bei einheitlichem Boden für jede beliebige Gestalt der Geländeoberfläche und dort vorhandene Auflasten benutzt

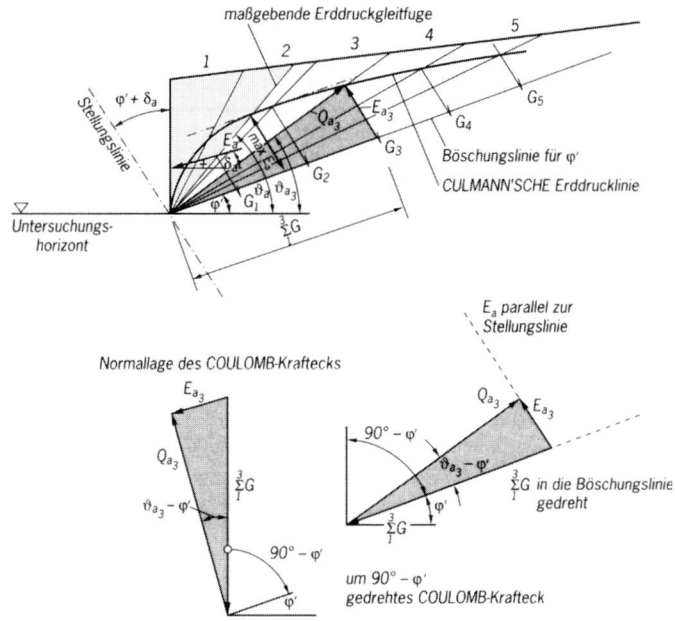

Bild E 171-1. Systemskizze zur Ermittlung des Erddrucks nach CULMANN bei einheitlichem Boden ohne Kohäsion

werden. Auch der jeweils vorhandene Grundwasserspiegel wird durch entsprechenden Ansatz der Gleitkeillasten mit γ bzw. γ' berücksichtigt. Gleiches gilt auch für eventuelle sonstige Änderungen der Wichte, solange φ' und δ_a gleich bleiben.

Die Erddrucklasten auf eine Wand werden dann abschnittsweise, von oben beginnend, ermittelt, und in Flächenlasten über die Abschnittshöhe aufgetragen. Zur Erddruckverteilung siehe auch Abschn. 8.2.

2.4.2 Lösung bei einheitlichem Boden mit Kohäsion (Bild E 171-2)

Im Fall mit Kohäsion wirkt in der Gleitfuge mit der Länge l neben der Bodenreaktionskraft Q auch die Kohäsionskraft $C' = c'_k \cdot l$. Im COULOMB-Krafteck wird C' vor der Eigenlast G angesetzt. Beim CULMANN-Verfahren wird auch C', um den Winkel $90° - \varphi'$ gedreht, an der Böschungslinie der Eigenlast G vorgesetzt. Die Parallele zur Stellungslinie wird durch den Anfangspunkt von C' geführt und mit der zugehörigen Gleitlinie zum Schnitt gebracht, womit der nun zugehörige Punkt der CULMANNschen Erddrucklinie gefunden wird. Nach Untersuchung mehrerer Gleitfugen ergibt sich der maßgebende Erddruck als maximaler Abstand der CULMANNschen Erddrucklinie, von der Verbindungslinie

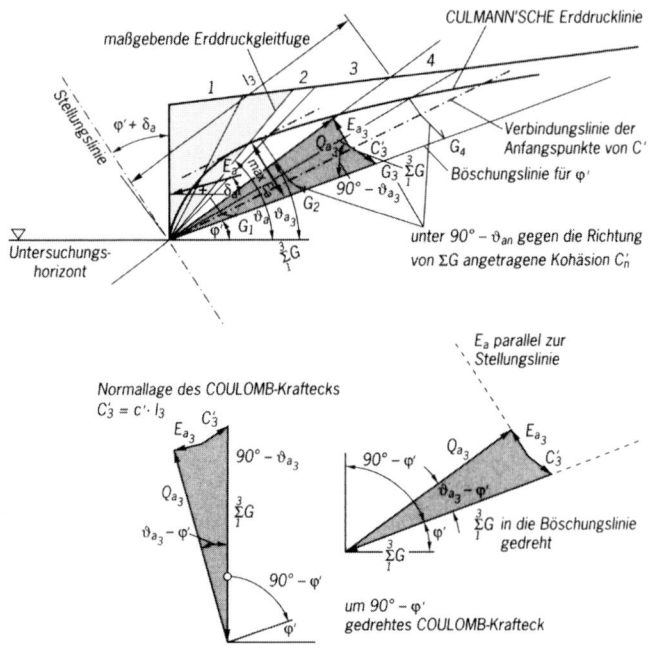

Bild E 171-2. Systemskizze zur Ermittlung des Erddrucks nach CULMANN bei einheitlichem Boden mit Kohäsion

der Anfangspunkte von C' in Richtung der Stellungslinie gemessen (Bild E 171-2).

Bei großen Werten der Kohäsion, insbesondere bei geböschtem Gelände, ist zu prüfen, ob gerade Gleitlinien zulässig sind, oft führen in diesen Fällen gekrümmte bzw. gebrochene Gleitlinien zu höheren Erddrucklasten (siehe auch E 198, Abschn. 2.5).

Die ermittelten Erddrucklasten werden wieder in Flächenlasten umgerechnet.

2.4.3 Lösung bei geschichtetem Boden (Bild E 171-3)

Bei geschichtetem Boden darf der Erddruck im Allgemeinen für eine durchgehende gerade Gleitlinie ermittelt werden. Ausnahmen bilden oben liegende Schichten mit großer Kohäsion, hier sind gebrochene bzw. gekrümmte Gleitlinien maßgebend (siehe E 198).

Bei unregelmäßiger Geländeform, zur Uferwand abfallendem Grundwasserspiegel oder wenn zusätzlich Lasten in die Erddruckberechnung einzubeziehen sind, darf der Erddruck nach einem der in DIN 4085 angegebenen Verfahren ermittelt werden.

Bild E 171-3a zeigt ein Beispiel für die Ermittlung der Resultierenden des aktiven Erddrucks auf eine Wand bei 3 Schichten und einer geraden Gleitlinie. In diesem Beispiel sind die inneren Erddruckkräfte an den Lamellengrenzen horizontal (siehe Bild E 171-3b) angesetzt. Maßgebend ist diejenige Gleitlinienkombination, für die die Erddrucklast E_a am größten wird (im Bild E 171-3 nicht untersucht). Für die Neigung der Erddruckresultierenden an der Stützwand ist ein gewichteter Erddruckneigungswinkel bzw. eine gewichtete Adhäsion zugrunde zu legen. Die Wichtung kann am einfachsten aus einer schichtweisen Ermittlung der Erddruckresultierenden erhalten werden. Zur Erddruckverteilung siehe Abschn. 8.2.

Die analytische Lösung für gerade Gleitlinien nach Bild E 171-3 lautet:

$$E_a = \left[\sum_{i=1}^{n} \left(V_i \frac{\sin(\vartheta_a - \varphi_i)}{\cos\varphi_i} - \frac{c_i \cdot b_i}{\cos\vartheta_a} \right) \right] \cdot \frac{\cos\overline{\varphi}}{\cos(\vartheta_a - \overline{\varphi} - \overline{\delta}_a + \alpha)}$$

mit

i = laufende Nr. der Lamellen

n = Anzahl der Lamellen

V_i = Gewichtskräfte unter Auftrieb einschließlich Auflasten der Lamellen

ϑ_a = Neigung der Gleitlinie gegen die Horizontale

φ_i = Reibungswinkel in der Gleitlinie in den Lamellen i

c_i = Kohäsion in den Lamellen i

b_i = Breite der Lamellen i

α = Wandneigung der Uferwand, Definition entsprechend DIN 4085

$\overline{\varphi}$ = Mittelwert des Reibungswinkels entlang der Gleitlinie:

$$\overline{\varphi} = \arctan \frac{\sum\limits_{i=1}^{n} V_i \cos\vartheta_a \cdot \tan\varphi_i}{\sum\limits_{i=1}^{n} V_i \cos\vartheta_a}$$

$\overline{\delta}_a$ = Mittelwert des Erddruckneigungswinkels über die Wandhöhe. Bei horizontalen Schichten und vergleichsweise geringen Auflasten darf $\overline{\delta}_a$ aus $\overline{\delta}_a = \frac{2}{3}\overline{\varphi}$ angenähert werden.

Für genauere Untersuchungen muss die Mittelwertbildung über den schichtweise berechneten Erddruck erfolgen.

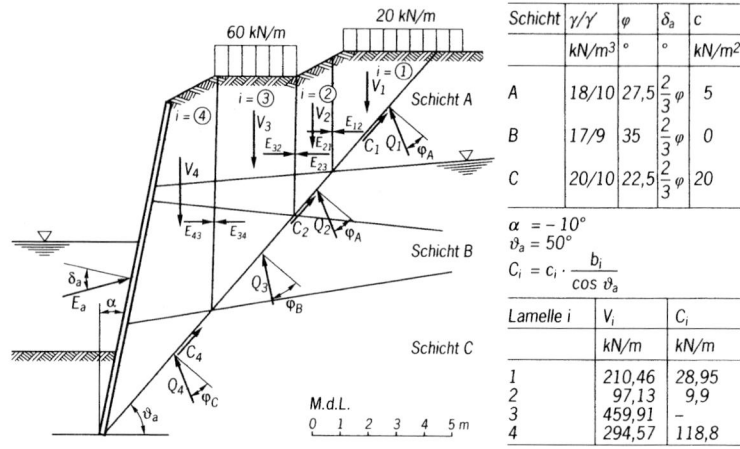

Schicht	γ/γ'	φ	δ_a	c
	kN/m³	°	°	kN/m²
A	18/10	27,5	$\frac{2}{3}\varphi$	5
B	17/9	35	$\frac{2}{3}\varphi$	0
C	20/10	22,5	$\frac{2}{3}\varphi$	20

$$\alpha = -10°$$
$$\vartheta_a = 50°$$
$$C_i = c_i \cdot \frac{b_i}{\cos \vartheta_a}$$

Lamelle i	V_i	C_i
	kN/m	kN/m
1	210,46	28,95
2	97,13	9,9
3	459,91	–
4	294,57	118,8

Bild E 171-3a. Beispiel für die Erddruckermittlung bei einem geschichteten Boden nach einem Lamellenverfahren. Geometrie und Ansatz der Kräfte

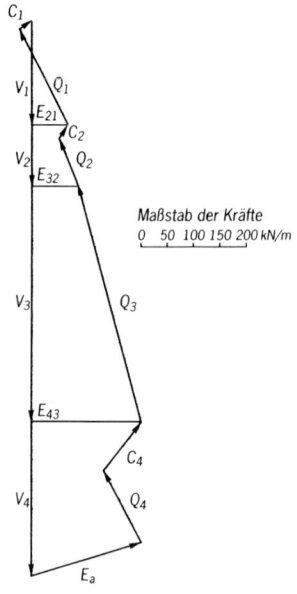

Bild E 171-3b. Krafteck der graphischen Ermittlung der Erddruckkraft bei Lamelleneinteilung

Bild E 171-3. Ermittlung des Erddrucks bei geschichtetem Boden

2.5 Ermittlung des Erddrucks bei einer gepflasterten steilen Böschung eines teilgeböschten Uferausbaus (E 198)

Ein Fall mit steiler Böschung liegt vor, wenn die Böschungsneigung β größer ist als der wirksame Reibungswinkel φ' des anstehenden Bodens. Die Standsicherheit der Böschung ist dann nur gewährleistet, wenn eine Kohäsion c' dauernd wirksam ist und eine Oberflächenerosion, z. B. durch eine dichte Grasnarbe oder ein Deckwerk dauerhaft verhindert wird. Der Nachweis der Sicherheit gegen Böschungsbruch erfolgt dann beispielsweise nach DIN 4084.

Wenn die Kohäsion nicht ausreichend ist, um in den jeweils maßgebenden Grenzzuständen 1B oder 1C die Standsicherheit der Böschung nachzuweisen, benötigt die Böschung eine Befestigung, beispielsweise eine Pflasterung, die in sich kraftschlüssig ist und mit der Uferwand ebenfalls kraftschlüssig verbunden sein muss. Die Böschungsbefestigung muss so bemessen sein, dass die Resultierende der angreifenden Einwirkungen überall in der inneren Kernweite des Befestigungsquerschnitts liegt.

Der Erddruck für den Böschungsbereich herunter bis zur Oberkante des Stützbalkens für die Böschungsbefestigung (Erddruckbezugslinie Bild E 198-1) kann bei nicht überwiegender Kohäsion

$$\frac{c'}{\gamma \cdot h} < 0,1$$

nach E171, Abschn. 2.4 berechnet werden, wobei die Eigenlast der Böschungsbefestigung unberücksichtigt bleibt.

Dabei muss neben dem aktiven Erddruck E_a auch ein eventuell vorhandener Wasserüberdruck mit berücksichtigt werden. Dieser ist in Bild E 198-1a) für eine dichte Pflasterung dargestellt. Bei durchlässiger Pflasterung ist er geringer. Die Lastansätze für eine Böschungsbefestigung sind in Bild E 198-1b) dargestellt. Die Reaktionskraft R_d zwischen der Böschungsbefestigung und der Uferwand ergibt sich aus dem Krafteck nach Bild E 198-1c).

Die Resultierende R_d muss in der Berechnung der Uferwand und ihrer Verankerungen voll berücksichtigt werden. Von der Erddruckbezugslinie (gedachte Schichtgrenze) nach unten kann im Fall überwiegender Kohäsion

$$\frac{c'}{\gamma \cdot h} \geq 0,1$$

der Erddruck E_{au} sinngemäß nach Bild E 171-3 ermittelt werden. Dabei ist zu beachten, dass die Erddrucklast E_{ao} und die Eigenlast der Böschungsbefestigung bereits in der Reaktionskraft R enthalten sind und von der Uferwand einschließlich Verankerung unmittelbar abgetragen

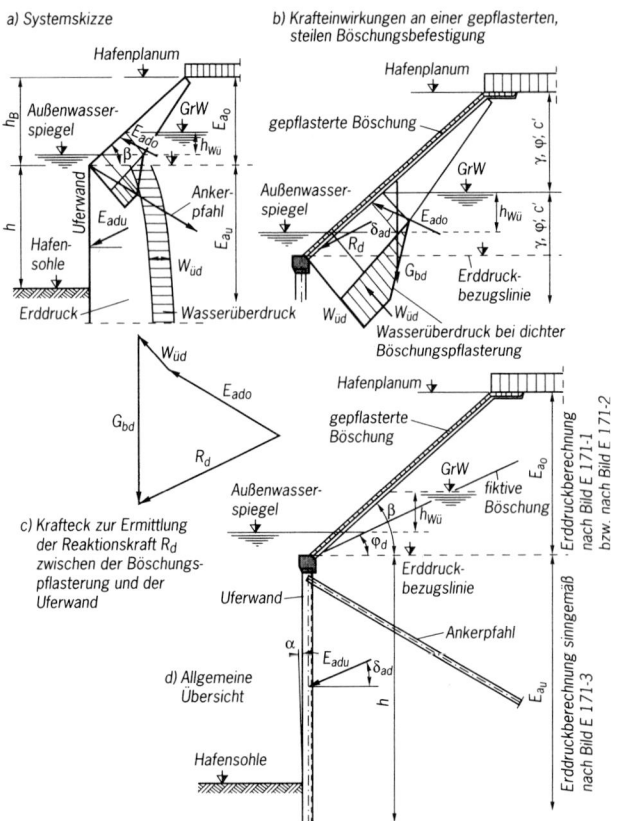

Bild E 198-1. Teilgeböschter Uferausbau mit einer gepflasterten steilen Böschung

werden. Der weitere Berechnungsgang erfolgt in Anlehnung an E 171, Abschn. 2.4. Näherungsweise kann die Erddrucklast E_{au} unterhalb der Erddruckbezugslinie von Bild E 198-1 auch mit einer um die fiktive Höhe

$$\Delta h = \frac{1}{2} \cdot h_{\mathrm{B}} \cdot \left(1 - \frac{\tan \varphi'}{\tan \beta} \right)$$

über die Erddruckbezugslinie hinausragenden Wand mit einer gleichzeitig unter dem fiktiven Winkel φ' geneigten fiktiven Böschung ermittelt werden (Bild E 198-2).

Im Fall überwiegender Kohäsion

$$\frac{c'}{\gamma \cdot h} \geq 0,1$$

40

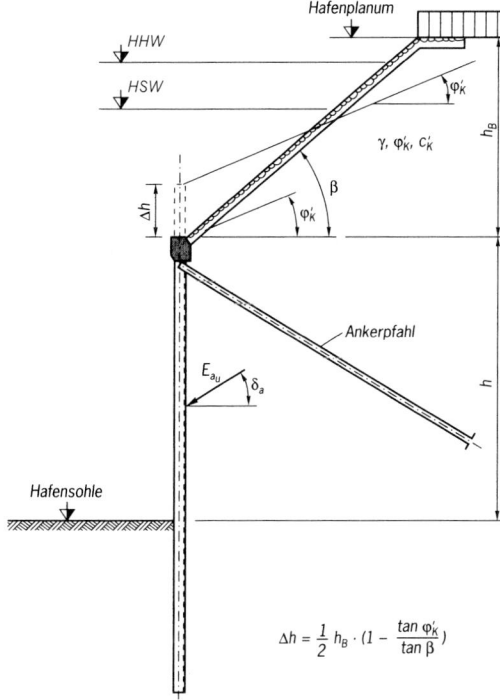

Bild E 198-2. Labels in figure: Hafenplanum, HHW, HSW, φ'_K, γ, φ'_K, c'_K, h_B, Δh, β, φ'_K, Ankerpfahl, E_{au}, δ_a, h, Hafensohle

$$\Delta h = \frac{1}{2} h_B \cdot (1 - \frac{\tan \varphi'_K}{\tan \beta})$$

Bild E 198-2. Näherungsansatz zur Ermittlung von E_{au}

führt die Berechnung mit geraden Gleitfugen entsprechend Bild E 171-2 bzw. E 171-3 zu einer zu geringen Erddrucklast E_a. In einem solchen Fall wird empfohlen, den Erddruck sowohl für den Teil oberhalb als auch unterhalb der Erddruckbezugslinie mit gekrümmten oder gebrochenen Gleitlinien zu ermitteln.

2.6 Ermittlung des aktiven Erddrucks bei wassergesättigten, nicht- bzw. teilkonsolidierten, weichen bindigen Böden (E 130)

2.6.1 Berechnung mit totalen Spannungen

Dieses Verfahren ist nur bei wassergesättigtem Boden anwendbar. In diesem Fall wird eine zusätzliche Auflast zunächst nur vom Porenwasser abgetragen, die wirksame Spannung σ' bleibt unverändert. Erst mit der danach einsetzenden Konsolidierung wird die Auflast auch auf das Korngerüst des Bodens übertragen.

Die Scherfestigkeit des Bodens zum Zeitpunkt der Belastung ist die Scherfestigkeit des undränierten Bodens c_u (DIN 18 137, Teil 1).

41

Bei lotrechter Wand ($\alpha = 0$) und horizontalem Gelände ($\beta = 0$) sowie für den Erddruckneigungswinkel $\delta_a = 0$ (wegen $\varphi_u = 0$) ist dann die waagerechte Komponente der Erddruckspannung:

$$e_{ah} = \sigma \cdot K_{agh} - c_u \cdot K_{ach}$$

Hier ist σ die totale Spannung, d. h. die Summe aus geostatischer Auflast und zusätzlicher Belastung. Da für den wassergesättigten Boden $\varphi_u = 0$ gilt, wird der Erddruckbeiwert $K_{agh} = 1$ und somit folgt:

$$e_{ah} = \sigma - 2 \cdot c_u$$

Dieser einfache Ansatz ist aber nur bei wassergesättigtem Boden gültig. Die Scherfestigkeit c_u des undränierten Bodens muss an Bodenproben der Güteklasse 1 nach DIN 4021 (Sonderproben) oder in Feldversuchen nach E 88, Abschn. 1.4 ermittelt werden.

2.6.2   Berechnung mit den wirksamen Scherparametern

Ist die Scherfestigkeit c_u des undränierten Bodens nicht bekannt oder wenn sie nicht ermittelt werden kann, muss der Erddruck aus einer zusätzlichen Belastung mit Hilfe der wirksamen Scherparameter berechnet werden.

Wesentlich für die Größe des Erddrucks sind die wirksame Spannung σ', die wirksamen Scherparameter φ' und c' sowie die Größe der zusätzlichen Auflast Δp, von der im Anfangszustand angenommen wird, dass sie dem Erddruck aus der wirksamen Spannung unvermindert überlagert wird:

$$e_{ah} = \sigma' \cdot K_{agh} - c' \cdot K_{ach} + \Delta p$$

K_{agh} und K_{ach} nach DIN 4085

Am Beispiel nach Bild E 130-1 ist die Erddruckverteilung für den Fall dargestellt, dass die gleichmäßig verteilte Auflast Δp landseitig unbegrenzt ausgedehnt ist, also ein ebener Spannungs- und Verformungszustand vorliegt. In der weichen bindigen Schicht ergibt sich jede Erddruckordinate aus dem Erddruck infolge der jeweiligen wirksamen Spannung σ' und der Kohäsion c', vermehrt um die unverminderte Auflast Δp.

Nach vollständiger Konsolidierung wird die Auflast Δp in voller Größe der wirksamen Spannung zugeschlagen. Zwischenzustände können berücksichtigt werden, indem über eine Bestimmung des Konsolidierungsgrads derjenige Anteil von Δp ermittelt wird, für den der Boden bereits konsolidiert ist. Dieser wird dann in der obigen Gleichung der wirksamen Spannung zugeschlagen, der noch nicht konsolidierte Anteil wird dem Erddruck unvermindert überlagert.

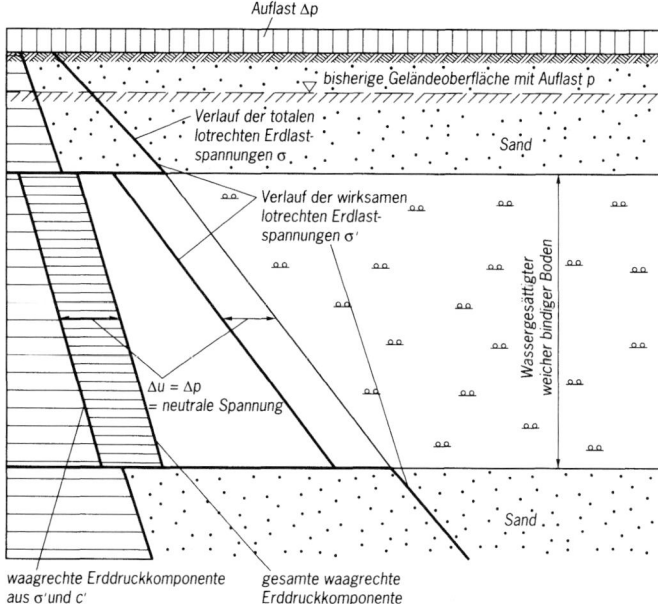

Bild E 130-1. Beispiel für die Ermittlung der waagerechten Komponente der Erddruckverteilung für den Anfangszustand mit Scherparametern des entwässerten Bodens

Liegt das Bauwerk teilweise im Grundwasser, ist der Verlauf der wirksamen Vertikalspannungen unter Berücksichtigung der Wichte unter Auftrieb zu ermitteln. Unterschiedliche Spiegelhöhen zwischen Außenwasser und Grundwasser erzeugen einen Wasserüberdruck, der zusätzlich zu berücksichtigen ist.

In schwierigen Fällen, zum Beispiel mit schrägen Schichten, ungleichmäßiger Geländeoberfläche, ungleichmäßigen Auflasten und dergleichen, kann mit einem graphischen Verfahren mit Variation der Gleitflächenneigungen ϑ_a gearbeitet werden. Hierbei ist zu beachten, dass Auflasten, für die der Boden im betrachteten Gleitfugenabschnitt nicht konsolidiert ist, eine zur Gleitfuge normale Porenwasserdruckkraft erzeugen (Bild E 130-2, z. B. Schicht 2).

Bei nicht gesättigtem Boden bewirkt eine zusätzliche Auflast von Anfang an auch eine Zunahme der wirksamen Spannung, eine Quantifizierung ist aber nur auf der Grundlage von Messungen möglich. Der unkonsolidierte Erddruck ist ein oberer, der für die volle Auflast konsolidierte Erddruck ein unterer Grenzwert für die tatsächliche Erddruckgröße.

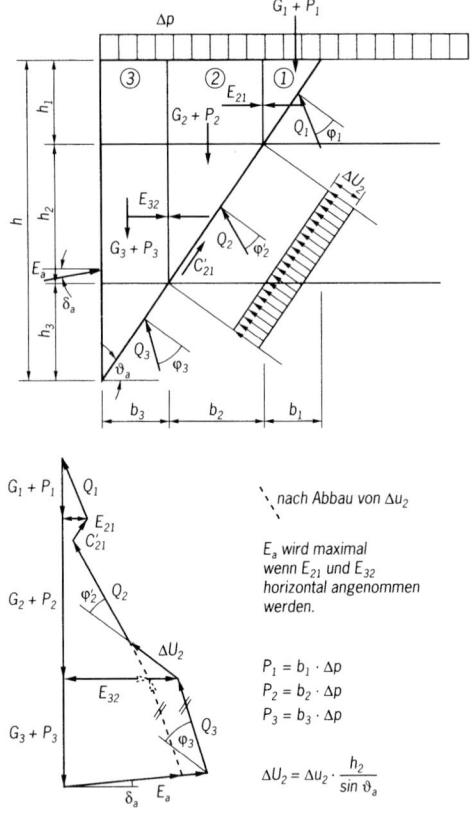

Bild E 130-2. Beispiel für eine graphische Erddruckermittlung bei einer unter einer Auflast nicht konsolidierten Schicht

2.7 Auswirkung artesischen Wasserdrucks unter Gewässersohlen auf Erddruck und Erdwiderstand (E 52)

Artesischer Wasserdruck tritt auf, wenn die Gewässersohle von einer wenig durchlässigen, bindigen Schicht auf einer grundwasserführenden nichtbindigen Schicht gebildet wird und zugleich der freie Niedrigwasserspiegel unter dem gleichzeitigen Standrohrspiegel des Grundwassers liegt. Die Auswirkungen des artesischen Wasserdrucks auf Erddruck und Erdwiderstand müssen im Entwurf berücksichtigt werden.

Der artesische Wasserdruck belastet die Deckschicht von unten und vermindert dadurch deren wirksame Eigenlast. Dadurch verringert sich der Erdwiderstand in der Deckschicht und im nichtbindigen Boden darunter.

Bei einem Höhenunterschied Δh zwischen dem Standrohrspiegel des Grundwassers und dem freien Wasserspiegel ergibt sich bei der Wichte γ_w des Wassers der artesischer Wasserdruck zu $\Delta h \cdot \gamma_w$.

2.7.1   Einfluss auf den Erdwiderstand

Ist unter einer Deckschicht mit der Dicke d_s und der Wichte unter Auftrieb γ' ein artesischer Wasserdruck wirksam, errechnet sich der Erdwiderstand wie folgt:

2.7.1.1   Fall mit überwiegender Eigenlast aus der Deckschicht
$(\gamma' \cdot d_s > \gamma_w \cdot \Delta h)$ **(Bild E 52-1)**

(1) Unter der Voraussetzung eines geradlinigen Abfalls des artesischen Wasserdrucks über die Dicke der Deckschicht wird der aus der Bodenreibung hergeleitete Erdwiderstand in der Deckschicht mit der verminderten Wichte $\gamma_v = \gamma' - \gamma_w \cdot \Delta h / d_s$ errechnet.

(2) Der Erdwiderstand in der Deckschicht infolge Kohäsion wird durch den artesischen Wasserdruck nicht vermindert.

(3) Der Erdwiderstand im Boden unter der Deckschicht wird für die Auflast $\gamma_v \cdot d_s$ berechnet.

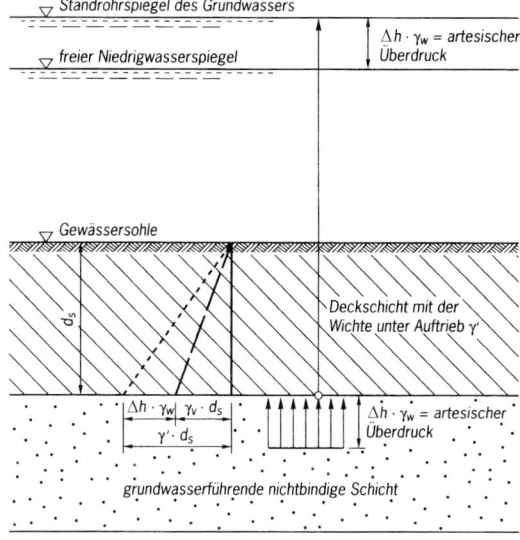

Bild E 52-1. Artesischer Druck im Grundwasser bei überwiegender Eigenlast aus der Deckschicht

2.7.1.2 Fall mit überwiegendem artesischem Wasserdruck ($\gamma' \cdot d_s > \gamma_w \cdot \Delta h$)

Dieser Fall kann z. B. in Tidegebieten eintreten. Bei Niedrigwasser löst sich dann die Deckschicht unter der Wirkung des von unten wirkenden artesischen Wasserdrucks vom nichtbindigen Untergrund und beginnt entsprechend dem Grundwasserzustrom langsam aufzuschwimmen. Beim anschließenden Hochwasser wird sie wieder auf ihre Unterlage gedrückt. Dieser Vorgang ist bei dicken Deckschichten im Allgemeinen ungefährlich. Wird die Deckschicht aber durch Baggerungen oder dergleichen geschwächt, können beulenartige Aufbrüche der Deckschicht eintreten, die zu örtlichen Störungen in der Umgebung des Aufbruchs, aber auch zu einer räumlich begrenzten Entlastung des artesischen Drucks führen.

Ähnliche Verhältnisse können auch bei umspundeten Baugruben eintreten. Es gelten dann folgende Berechnungsgrundsätze:

(1) Erdwiderstand aus Bodenreibung darf in der Deckschicht nicht angesetzt werden.

(2) Erdwiderstand in der Deckschicht aus Kohäsion c' des dränierten Bodens darf nur angesetzt werden, wenn Sohlenaufbrüche z. B. durch konstruktive Gegenmaßnahmen wie Auflasten verhindert werden.

(3) Der Erdwiderstand des Bodens unter der Deckschicht ist für eine in Unterkante Deckschicht angenommene unbelastete freie Oberfläche zu berechnen. Die Abminderung des Erdwiderstands durch den Strömungsdruck ist zu berücksichtigen, wenn eine vertikale Durchströmung auftreten kann.

Auf E 114, Abschn. 2.9 wird in diesem Zusammenhang hingewiesen. Die vorstehend behandelten Ansätze des Erdwiderstands gelten sowohl für Spundwandberechnungen als auch für Geländebruch- und Grundbruchuntersuchungen.

2.7.2 Einfluss auf den Erddruck

Durch den artesischen Wasserdruck wird auch der Erddruck abgemindert. Der Einfluss ist aber im Allgemeinen so gering, dass er vernachlässigt werden kann, zumal ein Ansatz des Erddrucks ohne Berücksichtigung dieses Einflusses auf der sicheren Seite liegt.

2.7.3 Einfluss auf den Wasserüberdruck

Im durchlässigen Untergrund unterhalb der Deckschicht kann der Wasserüberdruck gleich Null gesetzt werden. In der bindigen Deckschicht wird ein linearer Übergang von der artesischen zur Grundwasserdruckhöhe angesetzt. Bei Uferwänden, die in der Deckschicht enden, sind besondere Untersuchungen notwendig, um den Wasserüberdruck am Fuß der Wand zutreffend zu ermitteln. Dazu kann die Ermittlung eines Strom- und Potentialliniennetzes nach E 113, Abschn. 4.7 gehören.

2.8 Ansatz von Erddruck und Wasserüberdruck und konstruktive Hinweise für Ufereinfassungen mit Bodenersatz und verunreinigter oder gestörter Baggergrubensohle (E 110)

2.8.1 Allgemeines

Wenn Ufereinfassungen mit Bodenersatz nach E 109, Abschn. 7.9 ausgeführt werden, müssen – insbesondere bei schlickhaltigem Wasser – die Auswirkungen von Verunreinigungen der Baggergrubensohle und der hinteren Baggergrubenböschung auf Erdruck und Wasserdruck sorgfältig analysiert und bei Entwurf, Berechnung und Bemessung der Ufereinfassung berücksichtigt werden. Im Interesse der Wirtschaftlichkeit sollte vermieden werden, dass unkonsolidierte Zwischenzustände bemessungswirksam werden

2.8.2 Berechnungsansätze zur Ermittlung des Erddrucks

Neben der üblichen Bemessung des Bauwerks für die verbesserten Bodenverhältnisse und dem Nachweis des Geländebruchs nach DIN 4084 müssen die Rand- und Störeinflüsse aus der durch das Baggern vorgegebenen Gleitfuge nach Bild E 110-1 zusätzlich berücksichtigt werden. Hierbei sind für die Bemessung der Uferwand die Teilsicherheiten des Grenzzustands 1B nach DIN 1054 anzusetzen. Für den Nachweis des Geländebruchs ist Grenzzustand 1C mit den in DIN 1054 enthaltenen Teilsicherheitsbeiwerten für Einwirkungen und Widerstände zugrunde zu legen.

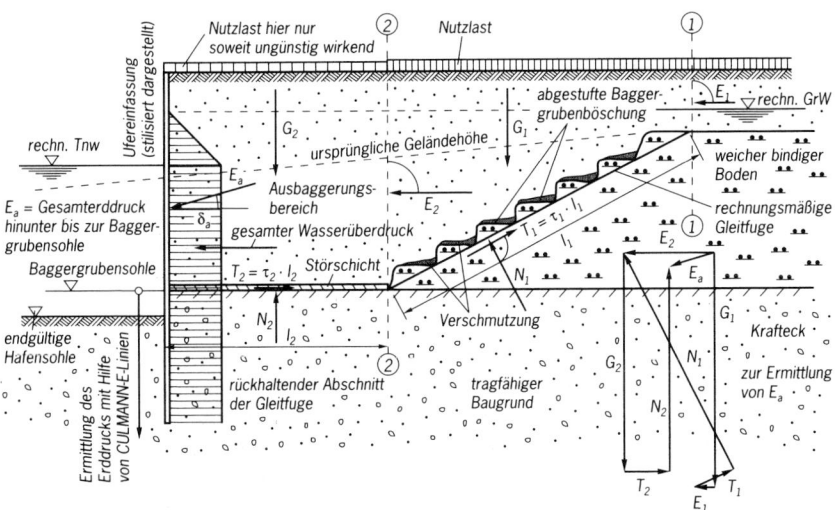

Bild E 110-1. Ermittlung des Erddrucks E_a auf die Ufereinfassung

47

Für den auf das Bauwerk bis hinunter zur Baggergrubensohle wirkenden Erddruck E_a sind dabei vor allem maßgebend:

(1) Länge und – sofern vorhanden – Neigung des rückhaltend wirkenden Abschnitts l_2 der durch die Baggergrubensohle vorgegebenen Gleitfuge.

(2) Dicke, Scherfestigkeit τ_2 und wirksame Bodenauflast der Störschicht auf l_2.

(3) eine eventuelle Verdübelung des Abschnitts l_2 durch Pfähle und dergleichen.

(4) Dicke des hinten anschließenden, weichen bindigen Bodens, seine Scherfestigkeit sowie Ausführung und Neigung der Baggergrubenböschung.

(5) Sandauflast und Nutzlast, vor allem auf der Baggergrubenböschung.

(6) Eigenschaften des Einfüllbodens.

Die Verteilung des Erddrucks E_a hinunter bis zur Baggergrubensohle richtet sich nach den Verformungen und der Bauart der Ufereinfassung. Der Erddruck unterhalb der Baggergrubensohle kann z. B. mit Hilfe von CULMANN-Linien ermittelt werden. Hierbei sind die Scherkräfte im Abschn. l_2 einschließlich etwaiger Verdübelungen mit zu berücksichtigen.

Die jeweils wirkende Scherspannung τ_2 in der Störschicht des Abschnitts l_2 kann für alle Bauzustände, für den Zeitpunkt der Ausbaggerung der Hafensohle und auch für etwaige spätere Hafen-Sohlenvertiefungen mit der Beziehung

$$\tau = (\sigma - u) \cdot \tan \varphi' \approx \sigma' \cdot \tan \varphi'$$

errechnet werden. σ' bedeutet darin die an der Untersuchungsstelle zum Untersuchungszeitpunkt wirksame lotrechte Auflastspannung, φ' ist der wirksame Reibungswinkel des Störschichtmaterials. Die Endscherfestigkeit nach voller Konsolidierung beträgt

$$\tau = \sigma_a' \cdot \tan \varphi'$$

wobei σ_a' die wirksame Auflastspannung des untersuchten Bereichs des Abschnitts l_2 bei voller Konsolidierung ($u = 0$) ist.

Für die Erfassung einer Verdübelung des Abschnitts l_2 durch Pfähle sind besondere Berechnungen erforderlich [11].

Bei einer ordnungsgemäß ausgeführten Baggerung der Böschung in größeren Stufen verläuft die maßgebende Gleitfuge durch die hinteren Stufenkanten und somit im ungestörten Boden (Bild E 110-1). In diesem Fall muss wegen der langen Konsolidierungsdauer weicher bindiger Böden die Scherfestigkeit in dieser Gleitfuge gleich der Anfangsscherfestigkeit des Bodens vor dem Aushub gesetzt werden. Weist der weiche bindige Boden Schichten verschiedener Anfangsscherfestigkeiten auf, müssen diese berücksichtigt werden.

Sollte die Baggergrubenböschung im weichen Boden sehr stark gestört, in kleinen Stufen bebaggert oder ungewöhnlich verschmutzt sein, muss an Stelle der Anfangscherfestigkeit des gewachsenen Bodens mit der Scherfestigkeit der gestörten Gleitschicht gerechnet werden. Diese ist meist kleiner als die Anfangsscherfestigkeit, sie ist daher in zusätzlichen Laborversuchen zu ermitteln.

Weil die Konsolidierung des weichen bindigen Bodens unterhalb der Baggergrubenböschung wegen der langen Konsolidierungswege sehr lange dauert, kann die Zunahme der Scherfestigkeit in diesem Bereich in den Nachweisen im Allgemeinen nur dann berücksichtigt werden, wenn der Boden mit engstehenden Dräns entwässert wird.

2.8.3 Berechnungsansätze zur Ermittlung des Wasserüberdrucks

Der gesamte Niveauunterschied zwischen dem Grundwasserspiegel im Bereich der Bezugslinie 1-1 (Bild E 110-1) bis zum gleichzeitig auftretenden tiefsten Außenwasserspiegel ist zu berücksichtigen. Dauernd wirksame Rückstauentwässerungen hinter der Ufereinfassung können zu einer Absenkung des Grundwasserspiegels im Einzugsbereich und damit zu einer Verminderung der gesamten Niveaudifferenz führen.

Der gesamte Wasserüberdruck kann in der üblichen angenäherten Form als Trapez angesetzt werden (Bild E 110-1). Er kann mit einem Strömungsnetz aber auch genauer berechnet werden, wobei in den Untersuchungsebenen der jeweils vorhandene, aus dem Strömungsnetz abgeleitete Porenwasserdruck anzusetzen ist (E 113, Abschn. 4.7 und E 114, Abschn. 2.9).

2.8.4 Hinweise für den Entwurf der Ufereinfassung

Untersuchungen an Baggersohlen haben ergeben, dass bis zu rd. 20 cm dicke Störschichten im Abschn. l_2 nach Bild E 110-1 während der üblichen Bauzeit bis zum Abbaggern der Hafensohle auch bei nur einseitiger Entwässerung für die jeweilige Auflastspannung bereits voll konsolidiert sind. Bei dickeren Störschichten ist eine volle Konsolidierung in diesem Zeitraum im Allgemeinen nicht zu erwarten. In diesen Fällen muss die Scherfestigkeit der Störschicht aus einer Abschätzung des Konsolidierungsgrads ermittelt werden. Damit aber teilkonsolidierte Zwischenzustände nicht bemessungswirksam werden, kann es erforderlich sein, gewisse Baumaßnahmen wie z. B. die Aus- oder Tieferbaggerung der Hafensohle und dergleichen zeitlich so zu planen, dass die Konsolidierung abgeschlossen ist, bevor die mit diesen Maßnahmen verbundenen Belastungen wirksam werden.

Verankerungskräfte werden am besten über Pfähle oder sonstige Tragglieder durch die Baggersohle hindurch ganz in den tragfähigen Baugrund unterhalb der Baggersohle abgeleitet. Oberhalb der Baggersohle eingeleitete Verankerungskräfte belasten den Gleitkörper zusätzlich. Über die statischen Notwendigkeiten hinaus soll der Abschn. l_2 nach Bild E 110-1 wenn möglich so lang gewählt werden, dass alle Bauwerkspfähle darin untergebracht werden können, damit ihre Biegebeanspruchungen bei aus der Hinterfüllung resultierenden Setzungen so klein wie möglich bleiben.

Wenn zu befürchten ist, dass bei starkem Schlickfall trotz aller Sorgfalt der Ausführung des Bodenersatzes nach E 109, Abschn. 7.9 dickere, weiche bindige Störschichten und/oder sehr locker gelagerte Sandzonen nicht zu vermeiden sind, können daraus starke Pfahldurchbiegungen und Beanspruchungen des Pfahlmaterials bis zur Streckgrenze resultieren. Zur Verhinderung von Sprödbrüchen sind in diesen Fällen nur Pfähle aus beruhigtem Stahl zu verwenden (E 67, Abschn. 8.1.6.1 und E 99, Abschn. 8.1.18.2).

Werden beim Nachweis der Standsicherheit des Gesamtsystems nach DIN 4084 Gründungspfähle zum Verdübeln der Gleitfuge im Abschn. l_2 nach Bild E 110-1 mit herangezogen [11], darf beim Spannungsnachweis für diese Pfähle die maximale Hauptspannung aus Axialkraft-, Querkraft- und Biegebeanspruchung 85 % der Streckgrenze nirgends überschreiten. Bei der Berücksichtigung der Verdübelung dürfen Pfahldurchbiegungen nur in der Größe angesetzt werden, die mit den sonstigen Bewegungen des Bauwerkes und seiner Teile in Einklang stehen, also nur solche von wenigen Zentimetern. Daher kann in nachgiebigen, weichen bindigen Böden (Bild E 110-1) eine wirkungsvolle Verdübelung nicht erreicht werden. Pfähle, bei denen aus Setzungen des Untergrunds oder des Einfüllbodens von vornherein mit Beanspruchungen bis zur Streckgrenze gerechnet werden muss, dürfen zum Verdübeln nicht herangezogen werden.

Will man vermeiden, dass Störschichten im Abschn. l_2 nach Bild E 110-1, in der Gleitfuge und in der Baggergrubenböschung zu vergrößerten Bauwerksabmessungen führen, müssen neben einer möglichst sauberen Baggergrubensohle vor allem ein ausreichend langer Abschn. l_2 und/oder eine entsprechend flache Neigung der Baggergrubenböschung angestrebt werden (vgl. hierzu die Auswirkungen im Krafteck in Bild E 110-1). Bei hinreichend geringer Störschichtdicke kann eine auf den gesäuberten Abschn. l_2 aufgebrachte Schotterschüttung zu einer wesentlichen Verbesserung des Scherwiderstands in diesem Bereich der Gleitfuge führen. Wenn ausreichend Zeit zur Verfügung steht, können auch enggestellte Dräns, die im weichen bindigen Boden bis hinter das Ende der Baggergrubenböschung ausgeführt werden, zu einer Entlastung des Bauwerks führen. Auch eine vorübergehende Verminderung der Nutzlast auf der Hinterfüllung über der Baggergrubenböschung und/oder ein vorübergehendes Absenken des Grundwasserspiegels bis hinter die

Bezugsebene 1-1 können zur Überwindung ungünstiger Anfangszustände mit benutzt werden.

Will man in Bereichen mit Kleiböden auf den rückhaltenden Abschn. l_2 nach Bild E 110-1 verzichten, darf bei sonst guter und sorgfältiger Ausführung des Bodenersatzes die Baggergrubenböschung nur etwa die Neigung 1 : 4 aufweisen, damit Zusatzbeanspruchungen auf das Bauwerk vermieden werden. Die Zusatzbeanspruchungen sind unabhängig von dieser Empfehlung rechnerisch nachzuweisen

2.9 Einfluss des strömenden Grundwassers auf Wasserüberdruck, Erddruck und Erdwiderstand (E 114)

2.9.1 Allgemeines

Wird ein Bauwerk umströmt, übt das strömende Grundwasser einen Strömungsdruck auf die Bodenmassen der Gleitkörper für Erddruck und Erdwiderstand aus und verändert damit die Größe dieser Kräfte.

Mit Hilfe eines Strömungsnetzes nach E 113, Abschn. 4.7.7 (Bild E 113-2) können die Gesamtauswirkungen der Grundwasserströmung auf E_a und E_p ermittelt werden. Hierzu werden alle auf die Gleitkörperbegrenzungen wirkenden Wasserdrücke bestimmt und im COULOMB-Krafteck für den Erddruck (Bild E 114-1a) und den Erdwiderstand (Bild E 114-1b) berücksichtigt. Diese Bilder geben für den allgemeinen Fall der ebenen Gleitlinie einen allgemeinen Überblick über die dabei anzusetzenden Kräfte. G_a und G_p sind darin die Eigenlasten der Gleitkeile für den gesättigten Boden. W_1 ist die jeweilige freie Wasserauflast auf den Gleitkörpern, W_2 die Resultierende im Gleitkörperbereich unmittelbar auf das Bauwerk wirkenden Wasserdruckfläche, W_3 die Resultierende der in der Gleitfuge wirkenden Wasserdruckfläche, ermittelt aus dem Strömungsnetz (E 113, Abschn. 4.7.7, Bild E 113-2). Q_a und Q_p sind die unter φ' zur Gleitflächennormalen wirkenden Bodenreaktionen und E_a bzw. E_p der unter dem Neigungswinkel δ_a bzw. δ_p zur Wandnormalen wirkende gesamte Erddruck bzw. Erdwiderstand unter Berücksichtigung der gesamten Strömungseinflüsse. Bei diesem Ansatz ist der Wasserüberdruck als Resultierende der Differenzfläche zwischen den von innen und von außen unmittelbar auf das Bauwerk wirkenden Wasserdruckflächen zu berücksichtigen. Das Ergebnis ist um so zutreffender, je besser das Strömungsnetz mit den Verhältnissen in der Natur übereinstimmt.

Da die Lösung nach Bild E 114-1 wohl die Gesamtwerte von E_a und E_p, nicht aber deren Verteilung liefert, empfiehlt sich in der praktischen Anwendung eine getrennte Berücksichtigung der waagerechten und der lotrechten Strömungsdruckeinflüsse. Hierbei werden die waagerechten Einflüsse dem Wasserüberdruck zugeschlagen, der auf die jeweilige Gleitfuge für den Erddruck bzw. den Erdwiderstand bezogen wird (Bild E 114-2). Die lotrechten Strömungsdruckeinflüsse werden den

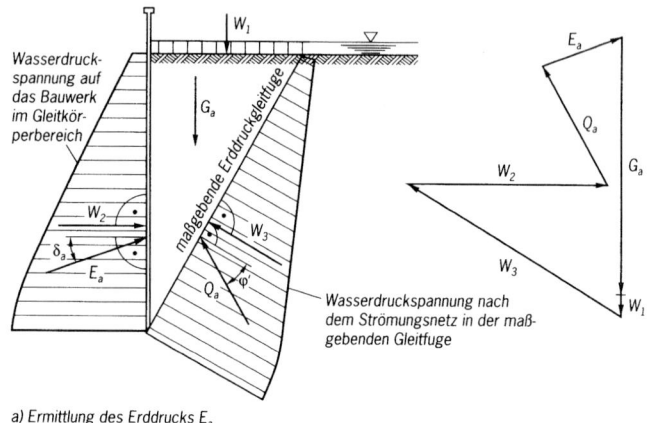

a) Ermittlung des Erddrucks E_a

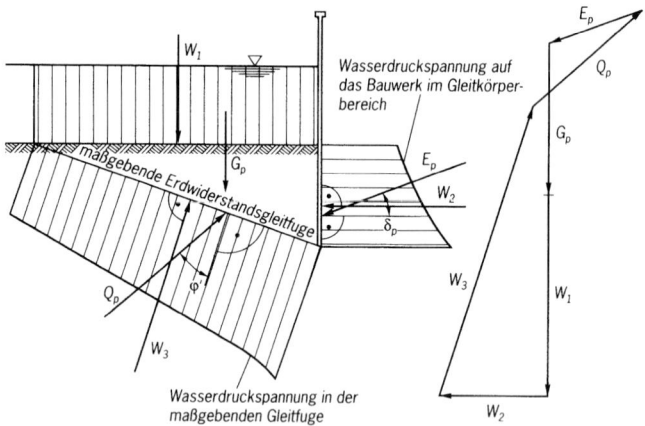

b) Ermittlung des Erdwiderstands E_p

Bild E 114-1. Ermittlung des Erddrucks E_a und des Erdwiderstands E_p unter Berücksichtigung des Einflusses strömenden Grundwassers

lotrechten Bodenspannungen aus der Eigenlast des Bodens, vermindert um den Auftrieb, zugeschlagen oder angenähert in einer veränderten, wirksamen Wichte berücksichtigt. Diese Berechnungsansätze werden im Folgenden näher behandelt.

2.9.2   Ermittlung des Wasserüberdrucks

Zur Erläuterung der Berechnung wird das Strömungsnetz nach E 113, Abschn. 4.7.7, Bild E 113-2 herangezogen und der Berechnungsgang in Bild E 114-2 gezeigt. Danach wird zunächst die Wasserdruck-

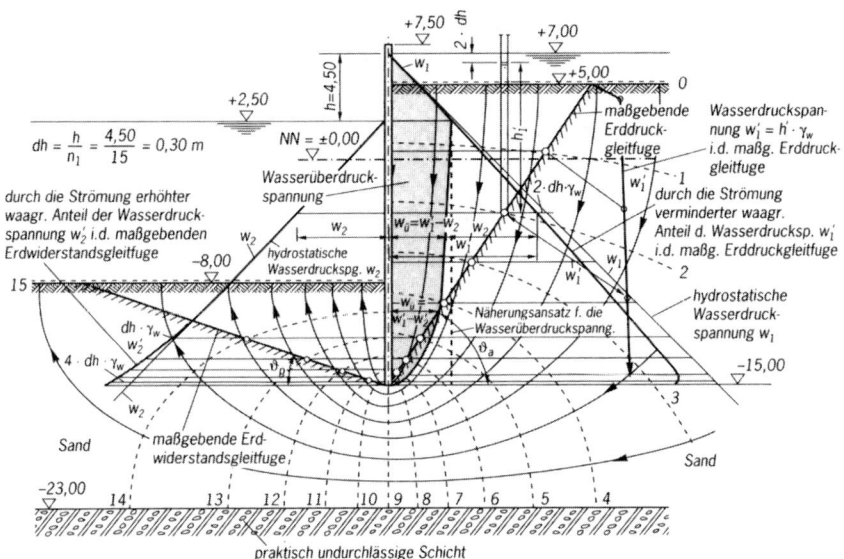

Bild E 114-2. Ermittlung der auf ein Spundwandbauwerk wirkenden Wasserüberdruckspannungen mit dem Strömungsnetz nach E 113, Abschn. 4.7.7

verteilung in den Gleitfugen für den Erddruck und den Erdwiderstand benötigt. Sie ist in Bild E 114-2 nur für die maßgebende Erddruckgleitfuge dargestellt. Sie wird jeweils für die Schnittpunkte der Äquipotentiallinien mit der untersuchten Gleitfuge ermittelt. Die Wasserdruckspannung entspricht jeweils dem Produkt aus der Wichte des Wassers und der Höhe der Wassersäule, die sich in dem am Untersuchungspunkt angesetzten Standrohr einstellt (Bild E 114-2, rechte Seite). Werden die so gewonnenen Wasserdruckspannungen in den betrachteten Schnittpunkten von einer lotrechten Bezugslinie aus waagerecht aufgetragen, ergibt sich die waagerechte Projektion der in der untersuchten Gleitfuge wirkenden Wasserdruckspannungen. Durch Überlagerung der von außen und innen wirkenden waagerechten Wasserdruckspannungsflächen ergibt sich dann die waagerecht wirkende Wasserüberdruckspannungsfläche auf das Bauwerk, worin die Strömungsdruckeinflüsse bereits enthalten sind.

Eine gute Näherungslösung kann auch mit einem Rechenansatz sinngemäß nach Abschn. 2.9.3.2 gefunden werden. Dabei wird berücksichtigt, dass durch die Umströmung der Wand ein Potentialabbau auf der aktiven Seite und eine Potentialzunahme auf der passiven Seite eintritt. Beide Einflüsse können im Ergebnis gleichwertig durch eine Verminderung bzw. Erhöhung der Wichte γ_w des Wassers um $\Delta\gamma_w$ ersetzt werden.

Die $\Delta\gamma_w$-Werte errechnen sich mit umgekehrten Vorzeichen mit den gleichen Formeln wie die $\Delta\gamma'$-Werte nach Abschn. 2.9.3.2. Sie führen zu einer Verminderung der hydrostatischen Wasserdruckverteilung auf der Landseite und einer entsprechenden Vergrößerung auf der Wasserseite. Die Differenz der so veränderten Wasserdruckflächen liefert dann gut zutreffend den auf die umströmte Spundwand wirkenden Wasserüberdruck.

In den meisten Fällen kann aber auf eine differenzierte Berechnung des Wasserüberdrucks verzichtet werden, wenn der Wasserüberdruck nach E 19, Abschn. 4.2 bzw. bei vorwiegend waagerechter Anströmung nach E 65, Abschn. 4.3 angesetzt wird. Bei größeren Wasserüberdrücken kann der Einfluss jedoch erheblich sein.

2.9.3 Ermittlung der Einflüsse auf Erddruck und Erdwiderstand bei vorwiegend lotrechter Durchströmung

2.9.3.1 Berechnung unter Benutzung des Strömungsnetzes

Zur Erläuterung der Berechnung wird wieder das Strömungsnetz nach E 113, Abschn. 4.7.7, Bild E 113-2 herangezogen.

Der Berechnungsgang ist in Bild E 114-3 im einzelnen dargestellt. Der Standrohrspiegeldifferenz je Netzfeld ist jeweils eine lotrechte Strömungskraft im Erdkörper äquivalent. Der Strömungsdruck nimmt auf der Erddruckseite von oben nach unten zu, auf der Erdwiderstandsseite von unten nach oben ab. Ist dh die Standrohrspiegeldifferenz der Äquipotentiallinien im Strömungsnetz und n die Anzahl der Felder ab der zugehörigen Rand-Äquipotentiallinie, ergibt sich auf der Erddruckseite aus dem Strömungsdruck eine lotrechte Zusatzspannung von $n \cdot \gamma_w \cdot dh$, und daraus eine Vergrößerung der waagerechten Komponente der Erddruckspannung um:

$$\Delta e_{ahn} = +n \cdot \gamma_w \cdot dh \cdot K_{ag} \cdot \cos\delta_a$$

Auf der Erdwiderstandsseite ist die entsprechende Verminderung der waagerechten Komponente der Erdwiderstandsspannung:

$$\Delta e_{phn} = -n \cdot \gamma_w \cdot dh \cdot K_{pg} \cdot \cos\delta_p$$

Dem verminderten Wasserdruck auf der Erddruckseite steht also eine Erddruckvergrößerung um etwa ein Drittel der Wasserdruckverminderung gegenüber. Auf der Erdwiderstandsseite ist wegen des wesentlich größeren K_p-Wertes die Abnahme des Erdwiderstand deutlich größer. Da der größte Teil dieser Abnahme aber in der Nähe des unteren Spundwandendes liegt, ist sie in der Regel der Einfluss auf nicht bemessungswirksam. Bei größeren Wasserspiegelunterschieden muss dies aber rechnerisch überprüft werden.

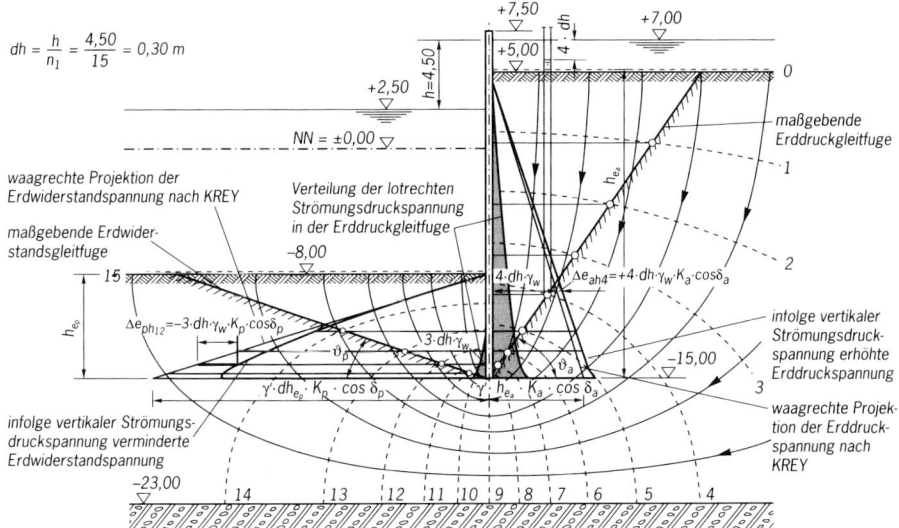

Bild E 114-3. Einfluss der lotrechten Strömungsdruckspannungen auf die Erddruck- und die Erdwiderstandsspannungen bei vorwiegend lotrechter Strömung, ermittelt mit dem Strömungsnetz nach E 113, Abschn. 4.7.7

Der Einfluss der waagerechten Komponente des Strömungsdrucks auf den Erddruck bzw. Erdwiderstand wird berücksichtigt, indem der Wasserüberdruck nach Abschn. 2.9.2, Bild E 114-2 unter Ansatz des Wasserdrucks auf die maßgebende Erddruck- bzw. Erdwiderstandsgleitfuge ermittelt wird.

2.9.3.2 Näherungsrechnung unter Ansatz geänderter wirksamer Wichten des Bodens auf der Erddruck- und auf der Erdwiderstandseite

Angenähert lässt sich bei vorwiegend vertikaler Umströmung einer Spundwand die Vergrößerung des Erddruckes bzw. die Verringerung des Erdwiderstandes infolge der senkrechten Komponenten der Strömungsdrücke durch entsprechende Änderungen der Wichten des Bodens erfassen.

Die Vergrößerung $\Delta\gamma'$ der Wichte auf der Erddruckseite und seine Verringerung auf der Erdwiderstandseite können bei ausschließlich vertikaler Umströmung und homogenem Baugrund nach [12] angenähert aus folgenden Gleichungen bestimmt werden:

- auf der Erddruckseite:

$$\Delta \gamma' = \frac{0,7 \cdot \Delta h}{h_{so} + \sqrt{h_{so} \cdot h_{su}}} \cdot \gamma_w$$

- auf der Erdwiderstandseite:

$$\Delta \gamma' = -\frac{0,7 \cdot \Delta h}{h_{su} + \sqrt{h_{so} \cdot h_{su}}} \cdot \gamma_w$$

In den obigen Gleichungen und in Bild E 114-4 bedeuten:

Δh = Wasserspiegel-Höhenunterschied (Potentialdifferenz)

h_{so} = durchströmte Bodenhöhe auf der Landseite der Spundwand bis zum Spundwandfußpunkt, in der ein Potentialabbau stattfindet

h_{su} = Rammtiefe bzw. Bodenschicht auf der Wasserseite der Spundwand, in der ein Potentialabbau stattfindet

γ' = Wichte des Bodens unter Auftrieb

γ_w = Wichte des Wassers

Die angegebenen Gleichungen gelten, wenn auch unterhalb des Spundwandfußes Boden ansteht, der bei Durchströmung in gleichem Maß zum Potentialabbau beiträgt wie der Boden vor und hinter der Spundwand (vgl. auch Abschn. 4.9.3)

Im übrigen gilt Abschn. 2.9.3.1 sinngemäß.

Bei horizontaler Zuströmung erhöht sich das Restpotential am Spundwandfuß erheblich, daher darf in diesen Fällen der Näherungsansatz nicht verwendet werden.

Hinweise auf die Ermittlung des Erddrucks und des Erdwiderstands bei geschichteten Böden sind in E 165, Abschn. 4.9.4 enthalten.

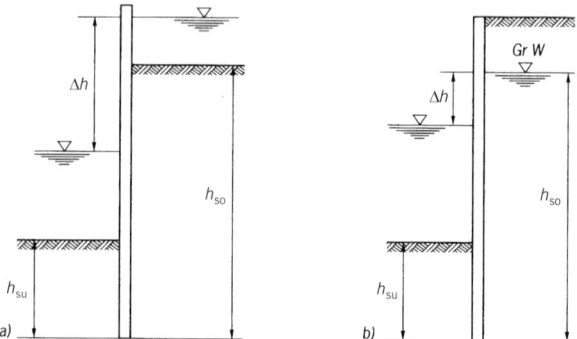

Bild E 114-4. Definitionsskizze für die angenäherte Ermittlung der durch den Strömungsdruck veränderten wirksamen Wichte des Bodens vor und hinter einem Spundwandbauwerk

2.10 Bestimmung des Verschiebungswegs für die Mobilisierung von Erdwiderstand in nichtbindigen Böden (E 174)

2.10.1 Allgemeines

Zur Mobilisierung des vollen Erdwiderstands sind im Allgemeinen erhebliche Verschiebungswege erforderlich. Sie sind hauptsächlich abhängig von der Einbindetiefe der drückenden Wandfläche, von der Festigkeit des Bodens sowie vom Verhältnis der Wandhöhe h zur Wandbreite b. Auf der Grundlage von großmaßstäblichen Modellversuchen [13–15] ist die Abschätzung des erforderlichen Verschiebungswegs für vorgegebene Wandlasten bzw. die des mobilisierten Teil-Erdwiderstands bei einem vorgegebenen Verschiebungsweg möglich.

Die allgemeinen Zusammenhänge wurden für den Erdwiderstand vor Trägern abgeleitet, werden im Rahmen dieser Empfehlung aber auch auf den Erdwiderstand vor Wänden übertragen.

2.10.2 Rechnungsansatz

Nach [13] gilt für eine Parallelverschiebung von Wänden (Bild E 174-1) die Beziehung:

$$E_{p(s)} = w_e \cdot E_p$$

Darin bedeuten:

E_p = Erdwiderstand nach DIN 4085

$E_{p(s)}$ = mobilisierter Teil-Erdwiderstand, abhängig vom Verschiebungsweg s

w_e = Wegbeiwert; $w_e = f\,(s/s_B)$

s = Verschiebungsweg

s_B = erforderlicher Verschiebungsweg zur Mobilisierung von E_p (Bruchverschiebung)

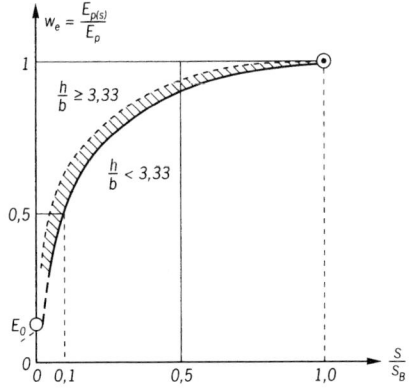

Bild E 174-1. Erdwiderstand $E_{p(s)}$ abhängig vom Verschiebungsweg s

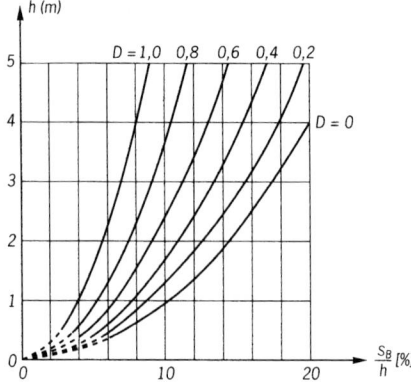

Bild E 174-2. Bruchverschiebung s_B abhängig von der Wandhöhe bzw. Einbindetiefe h und der Lagerungsdichte D für $h/b < 3,33$

Die Bruchverschiebung s_B ist nach [13] und [14] für Wände $h/b < 3,33$ (Bild E 174-2):

$$s_B = 100 \cdot (1 - 0,6\,D) \cdot \sqrt{h^3}$$

Für schmale Druckwände ($h/b \geq 3,33$) gilt nach [15]:

$$s_B = 40 \cdot \frac{1}{1 + 0,5\,D} \cdot \frac{h^2}{\sqrt{b}}$$

In diesen Ansätzen bedeuten:

D = Lagerungsdichte nach DIN 18 125
h = Wandhöhe oder Einbindetiefe der Wand
b = Wandbreite

2.10.3 Rechnungsgang

Für $h/b < 3,33$, den am häufigsten vorkommenden Fall, lässt sich mit Hilfe der Bilder E 174-1 und E 174-2 der zur Wandbelastung gehörige Verschiebungsweg s bzw. der zum zulässigen Verschiebungsweg gehörige mobilisierte Erdwiderstand $E_{p(s)}$ unmittelbar bestimmen.

Aus Bild E 174-2 ergibt sich mit der Wandhöhe bzw. Einbindetiefe h abhängig von D der Wert s_B/h und daraus die Bruchverformung s_B. Aus Bild E 174-1 kann dann bei vorgegebener Wanddruckkraft $E_{p(s)}$ der Wert s/s_B und somit die zu erwartende Verschiebung s oder bei vorgegebenem zulässigen Verschiebungsweg s der mobilisierte Erdwiderstand

$$E_{p(s)} = w_e \cdot E_p$$

ermittelt werden.

58

2.11 Maßnahmen zur Erhöhung des Erdwiderstands vor Ufereinfassungen (E 164)

2.11.1 Allgemeines

Die Erhöhung des Erdwiderstands vor Ufereinfassungen erfordert im Allgemeinen bauliche Maßnahmen unter Wasser. Hierfür kommen beispielsweise in Frage:

(1) Ersatz von anstehendem weichem bindigem Boden durch nichtbindiges Material (Bodenersatz).

(2) Verdichten von anstehendem, oder eingebrachtem, locker gelagertem, nichtbindigem Boden gegebenenfalls unter zusätzlicher Auflast.

(3) Dränierung von weichen bindigen Böden.

(4) Aufbringen einer Schüttung.

(5) Verfestigung des anstehenden Bodens.

(6) Kombination von Maßnahmen nach (1) bis (5).

Es sollten solche Maßnahme bevorzugt werden, die eine spätere Vertiefungen der Ufereinfassung z. B. durch Vorrammung einer Wand nicht oder möglichst wenig behindern.

Im einzelnen sei auf folgendes hingewiesen.

2.11.2 Bodenersatz

Beim Ersatz von weichem bindigem Baugrund durch nichtbindiges Material ist, soweit die Baumaßnahme selbst betroffen ist, E 109, Abschn. 7.9 zu beachten. Bei der Ermittlung des Erdwiderstands ist eine eventuelle Ablagerung von Störschichten in der Grenzfuge zu berücksichtigen. Hierzu gelten die entsprechenden Ausführungen in E 110, Abschn. 2.8 sinngemäß.

Der durch Bodenersatz verbesserte Bereich vor der Ufereinfassung wird in der Regel nach erdstatischen Gesichtspunkten festgelegt. Um den Erdwiderstand des eingebrachten Ersatzbodens voll ausnutzen zu können, muss der Erdwiderstandsgleitkörper vollständig im Bereich des Bodenaustauschs liegen.

2.11.3 Bodenverdichtung

Nichtbindige Böden können mit Tiefenrüttlern verdichtet werden. Der gegenseitige Abstand der Rüttelpunkte (Rasterweite) richtet sich nach dem anstehenden Baugrund und der angestrebten mittleren Lagerungsdichte. Die Rasterweite muss um so enger gewählt werden, je größer die Lagerungsdichte sein soll und je feinkörniger der zu verdichtende Boden ist. Als Anhaltspunkt für die Rasterweite kann ein Mittelwert von 1,80 m gelten. Die Verdichtung muss so tief geführt werden, dass die Baggergrubensohle erreicht und wirksam verdübelt wird.

Die Tiefenverdichtung soll den gesamten Bereich des Erdwiderstands-gleitkörpers vor dem Bauwerk erfassen und dabei die vom theoretischen Spundwandfußpunkt ausgehende, maßgebende Erdwiderstandsgleitfuge um ein ausreichendes Maß durchdringen. In Zweifelsfällen ist an ge-krümmten oder gebrochener Gleitfugen nachzuweisen, dass der Ver-dichtungsbereich ausreichend bemessen ist.

Bei der Verdichtung mit Tiefenrüttlern wird der Boden im Nahbereich des Rüttlers vorübergehend verflüssigt, unter der Wirkung der Bodenauf-last wird er dann verdichtet. Die Verdichtungswirkung ist also die Folge der Bodenauflast. Daher kann der oberflächennahe Bereich (rd. 2 bis 3 m Mächtigkeit) nur verdichtet werden, wenn während der Verdichtung eine vorübergehende Auflast durch Überschüttung eingebracht wird.

Die Tiefenverdichtung kann auch zur nachträglichen Verstärkung von Ufereinfassungen eingesetzt werden. Dabei ist aber sicherzustellen, dass durch die vorübergehende lokale Verflüssigung des Bodens kritische Zustände für die Standsicherheit des Bauwerks nicht entstehen. Erfah-rungsgemäß können insbesondere in locker gelagerten feinkörnigen, nichtbindigen Böden und in Feinsand weiträumige und lange andauern-de Verflüssigungszustände eintreten.

Eine Bodenverdichtung kann in Erdbebengebieten die Gefahr der Ver-flüssigung wirkungsvoll verringern. Sie ist dann aber vor der Errichtung des Bauwerks auszuführen.

2.11.4 Bodenauflast

Unter besonderen Verhältnissen, beispielsweise zur Sanierung einer vorhandenen Ufereinfassung, kann es zweckmäßig sein, die Stützung des Bauwerks durch Aufbringen einer Schüttung mit hoher Wichte und hohem Reibungswinkel im Erdwiderstandsbereich zu verbessern. Als Material kommen geeignete Metallhüttenschlacken oder Natursteine in Frage. Maßgebend ist deren Wichte unter Auftrieb. Bei Metallhütten-schlacken können Werte von $\gamma' \geq 18$ kN/m^3 erreicht werden. Der cha-rakteristische Wert des Winkels der inneren Reibung darf hierbei mit $\varphi'_k = 42,5°$ angenommen werden.

Bei anstehendem weichem Baugrund muss durch begrenzte Schüttdicke, geeignete Kornzusammensetzung des Schüttmaterials oder durch Ein-schalten einer Filterlage zwischen Schüttung und anstehendem Baugrund dafür gesorgt werden, dass das Schüttmaterial nicht versinkt.

Das einzubauende Material ist ständig auf bedingungsgemäße Beschaf-fenheit zu kontrollieren. Dies gilt insbesondere für die Wichte.

Bezüglich des erforderlichen Umfangs der Maßnahme gelten die Aus-führungen unter Abschn. 2.11.2 und 2.11.3 sinngemäß.

Zur Beschleunigung der Konsolidierung von weichen Schichten unter der Aufschüttung können zusätzlich Vertikaldränagen eingesetzt wer-den.

2.11.5 Bodenverfestigung

Stehen im Erdwiderstandsbereich gut durchlässige, nichtbindige Böden an (beispielsweise Kies, Kiessand oder Grobsand), können diese auch durch Injektion mit Zement verfestigt werden. Bei weniger durchlässigen, nichtbindigen Böden kommen für die Verfestigung vor allem Hochdruckinjektionen in Frage. Eine Verfestigung mit Chemikalien wie z. B. Wasserglas ist ebenso möglich, sofern das gewählte Verfestigungsmedium unter Beachtung der chemischen Eigenschaften des Porenwassers aushärten kann. In der Regel sind die Kosten einer chemischen Verfestigung allerdings zu hoch, so dass sie vor allem unter speziellen Randbedingungen und Termindruck in Frage kommen.

Voraussetzung für alle Arten von Injektionen ist eine ausreichende Auflast, die bei Fehlen einer ausreichenden Deckschicht vorweg aufgebracht und gegebenenfalls wieder entfernt werden muss.

Die erforderlichen Abmessungen des Verfestigungsbereichs können sinngemäß nach Abschn. 2.11.2 und 2.11.3 bestimmt werden. Zu berücksichtigen sind dabei aber auch spätere Ausbaggerungen für Hafenvertiefungen und ggf. erforderliche spätere Rammarbeiten. Eine Erfolgskontrolle der Verfestigung durch Kernbohrungen und/oder Sondierungen ist stets erforderlich.

2.12 Erdwiderstand vor Geländesprüngen in weichen bindigen Böden bei schneller Belastung auf der Landseite (E 190)

2.12.1 Allgemeines

Für die Ermittlung des Erdwiderstands vor einer Spundwand bei schnell aufgebrachter zusätzlicher Belastung auf der Landseite gelten die gleichen Grundsätze wie für die Ermittlung des Erddrucks für diesen Lastfall (E 130, Abschn. 2.6.2). Wie dort für den Erddruck ausgeführt, kann auch der Erdwiderstand je nach Situation mit totalen Spannungen bei Verwendung der Scherparameter (c_u, φ_u) des undränierten Bodens oder mit wirksamen Spannungen bei Verwendung der Scherparameter (c', φ') des dränierten Bodens berechnet oder graphisch bestimmt werden. Da der Erdwiderstand vom Porenwasserüberdruck beeinflusst wird, ist die Ermittlung mit den Scherparametern c_u und φ_u aus dem undränierten Dreiaxialversuch (DIN 18 137, Teil 2) vorzuziehen.

Für Erdwiderstand einerseits und Erddruck andererseits sind jedoch stets die der Belastungssituation angemessenen Scherparameter zu wählen.

2.12.2 Rechnerisches Verfahren

Bei einer schnell aufgebrachten Zusatzbelastung auf der Erddruckseite wird ein um den Betrag ΔE_p erhöhter Auflagerdruck der Wand auf den Erdwiderstandsgleitkeil erzeugt (Bild E 190-1b).

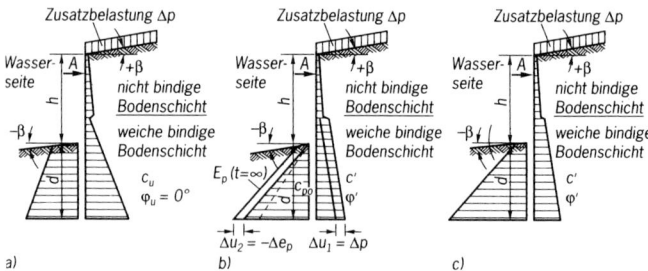

Bild E 190-1. Erddrücke auf eine Spundwand bei nichtkonsolidiertem, weichem bindigem Boden infolge schnell aufgebrachter, unbegrenzt ausgedehnter Geländeauflast
a) Ansatz mit Bodenkenngrößen von nicht entwässerten Bodenproben
b) Ansatz mit Bodenkenngrößen von entwässerten Bodenproben
c) Ansatz nach der Konsolidierung

Bei Berechnung mit c_u und φ_u (für wassergesättigten Boden ist $\varphi_u = 0$) kann der Erdwiderstand nach Bild E 190-1a ermittelt werden.

Für den Fall, dass nur die Scherparameter c' und φ' bekannt sind, wird der insgesamt zur Verfügung stehende Erdwiderstand $E_{p(t=\infty)}$ zum Zeitpunkt $t = 0$ (Zeitpunkt der Aufbringung der Zusatzbelastung) um den gleichförmig verteilt angenommenen Porenwasserüberdruck $\Delta u_2 = -\Delta e_p$ vermindert. Erst mit dem Abbau des Porenwasserüberdrucks wird wieder der wirksame Erdwiderstand maßgebend (Bild E 190-1c).

Der insgesamt zur Verfügung stehende Erdwiderstand $E_{p(t=\infty)}$ zum Zeitpunkt $t = 0$ wird dabei zweckmäßig so ermittelt, dass eine gleichmäßige Verteilung von Δu_2 (Bild E 190-1b) angenommen und die Spundwand als statisch bestimmtes System (Balken auf 2 Stützen) betrachtet wird. Die Größe von Δu_2 wird mit Hilfe $\Sigma M = 0$ um A bestimmt. Dabei muss die Rammtiefe der Wand zunächst angenommen und dann iterativ überprüft werden.

Der zum Zeitpunkt der Lastaufbringung ($t = 0$) zur Verfügung stehende Erdwiderstand $E_{p(t=0)}$ ist dann gleich dem Erdwiderstand $E_{p(t=\infty)}$ für den voll konsolidierten Zustand, abzüglich der Druckfläche $\Delta u_2 \cdot d$ aus dem Porenwasserdruck:

$$E_{p(t=0)} = E_{p(t=\infty)} - \Delta u_2 \cdot d$$

Für den Zeitpunkt $t = \infty$ ist $\Delta u_2 = 0$, und der Erdwiderstand nimmt den Wert für den voll konsolidierten Zustand an.

2.12.3 Graphisches Verfahren

Wenn die Scherparameter φ' und c' bekannt sind, lässt sich der für die Aufnahme einer schnellen landseitigen Zusatzbelastung verfügbare Erdwiderstand ΔE_p unter Vorgabe einer Gleitfuge, die für $\delta_p = 0$ und

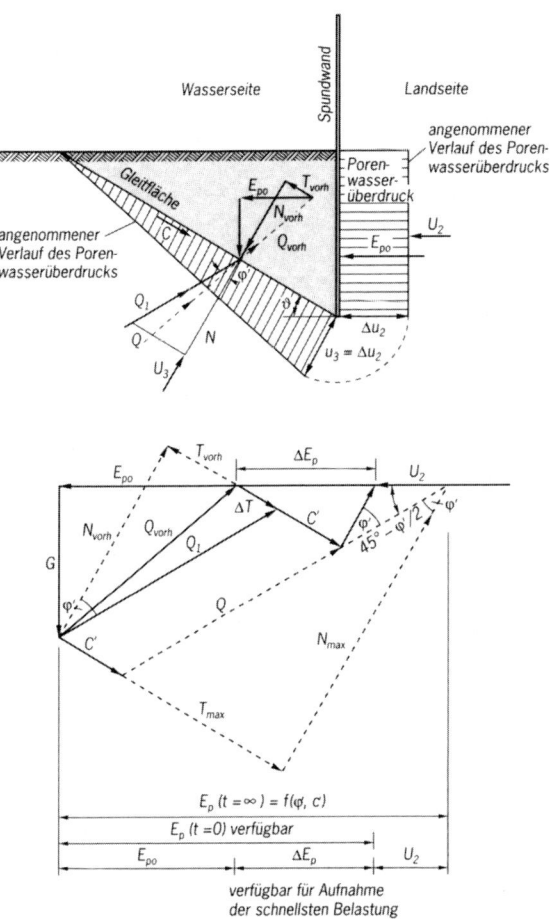

Bild E 190-2. Ermittlung des verfügbaren Erdwiderstandes bei nicht konsolidiertem, weichem bindigem Boden infolge schnell aufgebrachter zusätzlicher Belastung landseitig der Spundwand

$\alpha = \beta = 0$ unter $\vartheta_p = 45° - \varphi/2$ geneigt ist, graphisch bestimmen (Bild E 190-2).

Diese Lösung folgt der Vorstellung, dass aus vorangegangener Belastung der Erdwiderstand E_{p0} bereits mobilisiert ist, insgesamt aber der maximale Erdwiderstand $E_{p(t = \infty)}$ aus den wirksamen Parametern φ' und c' nach voller Konsolidierung zur Verfügung steht. Zum Zeitpunkt der zusätzlichen Lastaufbringung wird die Porenwasserdruckkraft U_2 (Bild E 190-2) erzeugt. Dabei muss stets eine genügend große Reservekraft

E_p zwischen E_{p0} und E_p vorhanden sein. E_{p0} ist die zur Aufnahme der Erd- und Wasserdruckkräfte vor der Zusatzbelastung erforderliche Fußstützkraft und wird aus der Gleichgewichtsbedingung ΣH oder $\Sigma M = 0$ um den Ankerpunkt ermittelt.

Zunächst wird unter der Annahme $\delta_p = 0$ aus dem Gewicht des Gleitkörpers G und dem bereits ausgenutzten Erdwiderstand E_{p0} an der Gleitfuge die resultierende vorhandene Gleitflächenkraft Q_{vorh} ermittelt (Bild E 190-2). Mit der Richtung φ' der mobilisierbaren Gleitflächenkraft Q_1 gegen die Normale ergibt sich die mobilisierbare Reibungskraft ΔT. Die Zusatzbelastung kann nur durch die Kohäsionskraft C und ΔT aufgenommen werden, wobei in der Gleitfuge aus Gleichgewichtsgründen die Porenwasserdruckkraft U_3 in einer solchen Größe erzeugt wird, dass der Kraftvektor von U_3 im Krafteck mit der Wirkungslinie der Erdwiderstandskraft endet. Dies bedingt fallweise eine nicht lineare Verteilung des Porenwasserüberdrucks in der Erdwiderstandsgleitlinie. Hieraus ergibt sich im Krafteck die verfügbare Reservekraft ΔE_p für die Aufnahme der Zusatzbelastung.

Wie aus Bild E 190-2 ersichtlich, wird mit diesem graphischen Verfahren praktisch dasselbe erreicht wie mit dem rechnerischen Verfahren: Der Erdwiderstand E_p, ermittelt aus den wirksamen Scherparametern φ' und c', wird um den Betrag U_2 vermindert. Bei $\varphi' = 30°$ ist genau $U_3 = U_2$. Bei abweichendem φ' ergeben sich geringe Unterschiede.

2.13 Auswirkungen von Erdbeben auf die Ausbildung und Bemessung von Ufereinfassungen (E 124)

2.13.1 Allgemeines

In fast allen Ländern, in denen mit Erdbeben gerechnet werden muss, bestehen vor allem für Hochbauten Vorschriften, Richtlinien bzw. Empfehlungen, in denen die bei der Ausbildung und Berechnung einzuhaltenden Forderungen mehr oder weniger detailliert festgelegt sind. Für die Bundesrepublik Deutschland wird hierzu auf DIN 4149 verwiesen; mit Bezug zu Hafenanlagen, z. B. auf [16].

Die Intensität der in den verschiedenen Gebieten zu erwartenden Erdbeben wird in den Vorschriften im Allgemeinen durch die Größe der auftretenden waagerechten Erdbebenbeschleunigung a_h ausgedrückt. Eine eventuell gleichzeitig wirksame lotrecht gerichtete Beschleunigung a_v ist im Allgemeinen im Vergleich zur Erdbeschleunigung g vernachlässigbar klein.

Die Beschleunigung a_h bewirkt nicht nur unmittelbar Bauwerkslasten, sondern hat auch einen Einfluss auf den Erddruck, den Erdwiderstand, den Wasserdruck und fallweise auch auf die Scherfestigkeit des Gründungsbodens. Letztere kann in ungünstigen Fällen vorübergehend ganz verloren gehen.

An die Nachweise müssen höhere Anforderungen gestellt werden, wenn ein Schaden zur Gefährdung von Menschenleben führen kann bzw. wenn durch Erdbebenschäden wichtige Versorgungseinrichtungen oder dergleichen zerstört werden können.

Die bei Erdbeben auftretenden Zusatzeinwirkungen werden beim eigentlichen Bauwerk in der Regel in der Weise erfasst, dass gleichzeitig mit den sonstigen Belastungen zusätzlich waagerechte Kräfte

$$\Delta H = \pm k_h \cdot V$$

jeweils im Schwerpunkt der beschleunigten Massen angesetzt werden.

Hierin sind:

$k_h =$ a_h/g = Erschütterungszahl = Verhältnis der waagerechten Erdbebenbeschleunigung zur Erdbeschleunigung

$V =$ Eigenlast des betrachteten Bauteils oder Gleitkörpers einschließlich des Porenwassers

Die Größe von k_h ist abhängig von der Stärke des Bebens, der Entfernung vom Epizentrum und vom anstehenden Baugrund. Die beiden erstgenannten Faktoren sind in den meisten Ländern durch Einteilung der gefährdeten Gebiete in Erdbebenzonen mit entsprechenden Werten für k_h berücksichtigt (DIN 4149). In Zweifelsfällen ist gegebenenfalls unter Einschaltung erfahrener Erdbebenfachleute eine Übereinkunft über die anzusetzende Größe von k_h herbeizuführen.

Bei hohen schlanken Bauwerken mit Resonanzgefahr, wenn also die Eigenschwingungs- und die Erdbebenperiode nahe beieinander liegen, müssen in den Berechnungen auch Trägheitskräfte berücksichtigt werden. Dies ist bei Ufereinfassungen im Allgemeinen aber nicht der Fall. Die Ausbildung und Bemessung von erdbebensicheren Ufereinfassungen muss daher vor allem so vorgenommen werden, dass auch die während eines Bebens auftretenden zusätzlichen waagerechten Kräfte bei verminderten Erdwiderständen sicher aufgenommen werden können.

2.13.2   Erdbebenauswirkungen auf den Baugrund

Bei Ufereinfassungen in Erdbebengebieten müssen auch die Bodenverhältnisse im tieferen Untergrund berücksichtigt werden. So sind z. B. die Erschütterungen eines Bebens dort am heftigsten, wo lockere, relativ dünne Ablagerungen auf festem Gestein ruhen.

Die nachhaltigsten Auswirkungen eines Erdbebens treten ein, wenn der Untergrund, insbesondere der Gründungsboden, durch das Beben verflüssigt wird, das heißt, vorübergehend seine Scherfestigkeit verliert. Dieser Fall tritt ein, wenn locker gelagerter, feinkörniger, nicht- oder schwachbindiger, wassergesättigter und wenig durchlässiger Boden (z. B. lockerer Feinsand oder Grobschluff) unter der Bebenwirkung in eine dichtere Lagerung übergeht (Setzungsfließen, Verflüssigung, Lique-faction). Die Verflüssigung tritt um so eher ein, je geringer der Über-lagerungsdruck ist und je größer die Intensität und die Dauer der Er-schütterungen sind.

Wenn die Gefahr der Verflüssigung nicht eindeutig auszuschließen ist, ist das tatsächliche Verflüssigungspotential zu untersuchen.

Zur Verflüssigung neigende lockere Bodenschichten können vorab ver-dichtet werden. Bindige Böden neigen nicht zur Verflüssigung.

2.13.3 Statische Erfassung der Erdbebenauswirkungen auf Erddruck und Erdwiderstand

Auch der Einfluss von Erdbeben auf Erddruck und Erdwiderstand wird im Allgemeinen nach COULOMB ermittelt, wobei aber die durch das Be-ben erzeugten Zusatzkräfte ΔH nach Abschn. 2.13.1 berücksichtigt wer-den. Daher dürfen die Eigenlasten der Erdkeile nicht mehr lotrecht an-gesetzt werden, sondern unter einem bestimmten, von der Lotrechten abweichenden Winkel. Dies wird am besten dadurch berücksichtigt, dass die Neigung der Erddruck- bzw. Erdwiderstandsbezugsfläche und die Neigung der Geländeoberfläche auf die neue Kraftrichtung bezogen werden [7]. Dabei ergeben sich fiktive Neigungswinkeländerungen für die Bezugsfläche ($\pm\Delta\alpha$) und für die Geländeoberfläche ($\pm\Delta\beta$).

$$k_\mathrm{h} = \tan \Delta\alpha \ \text{bzw.} = \tan \Delta\beta \ \text{(Bild E 124-1)}$$

Der Erddruck bzw. der Erdwiderstand werden dann an dem um den Winkel $\Delta\alpha$ bzw. $\Delta\beta$ gedreht gedachten System (Bezugsfläche und Geländeoberfläche) errechnet.

Sinngemäß kann dies nach Bild E 124-1 dadurch geschehen, dass bei der Berechnung des Erddrucks bzw. des Erdwiderstands mit einer Wand-neigung $\alpha \pm \Delta\alpha$ und der Geländeneigung $\beta \pm \Delta\beta$ gearbeitet wird.

Bei der Ermittlung des Erddrucks unterhalb des Wasserspiegels muss beachtet werden, dass sowohl die Masse des Bodens als auch die Masse des in den Poren des Bodens eingeschlossenen Wassers beschleunigt werden. Die Verminderung der Wichte des Bodens unter Wasser bleibt aber erhalten. Daher wird zweckmäßig im Bereich unterhalb des Grund-wasserspiegels mit einer größeren Erschütterungsziffer, der sogenann-ten scheinbaren Erschütterungsziffer k_h', gerechnet.

Im betrachteten Schnitt nach Bild E 124-2 sind:

$$\sum p_\mathrm{v} = p + \gamma_1 \cdot h_1 + \gamma_2' \cdot h_2 \ \text{und}$$

$$\sum p_\mathrm{h} = k_h \cdot [p + \gamma_1 \cdot h_1 + (\gamma_2' + \gamma_\mathrm{w}) \cdot h_2]$$

Die scheinbare Erschütterungsziffer k_h' für die Ermittlung des Erddrucks unterhalb des Wasserspiegels ergibt sich somit zu:

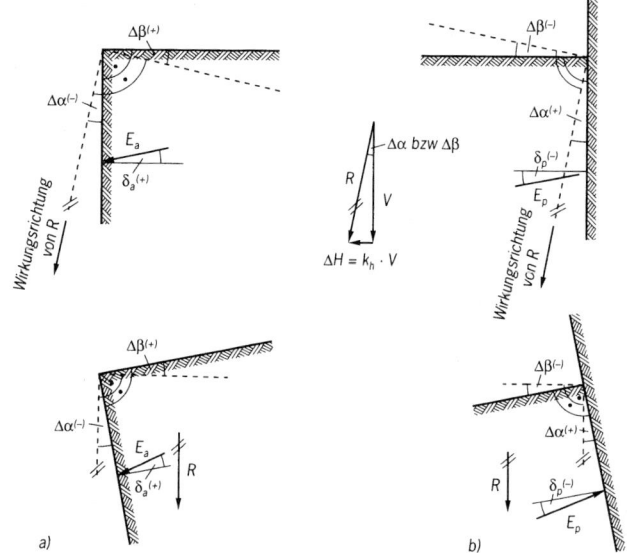

a)

b)

Bild E 124-1. Ermittlung der fiktiven Winkel $\Delta\alpha$ und $\Delta\beta$ und Darstellung der um die Winkel $\Delta\alpha$ bzw. $\Delta\beta$ gedrehten Systeme (mit Vorzeichen nach KREY)
a) zur Berechnung des Erddrucks
b) zur Berechnung des Erdwiderstands

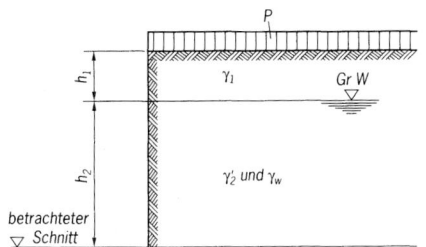

Bild E 124-2. Skizze für den Berechnungsansatz zur Ermittlung von k_h'

$$k_h' = \frac{\sum p_h}{\sum p_v} = \frac{p + \gamma_1 \cdot h_1 + (\gamma_2' + \gamma_w) \cdot h_2}{p + \gamma_1 \cdot h_1 + \gamma_2' \cdot h_2} \cdot k_h$$

Für die Erdwiderstandseite kann sinngemäß verfahren werden.

Für den Sonderfall, dass das Grundwasser in der Geländeoberfläche ansteht und eine Geländeauflast fehlt, ergibt sich mit $\gamma_w = 10$ kN/m^3 für die Erddruckseite:

$$k_h' = \frac{\gamma' + 10}{\gamma'} \cdot k_h = \frac{\gamma_r}{\gamma_r - 10} \cdot k_h \cong 2\, k_h$$

67

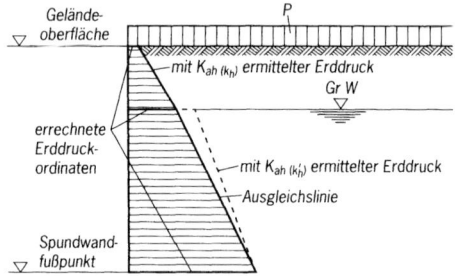

Bild E 124-3. Vereinfachter Erddruckansatz

Hierbei bedeuten:

γ' = Wichte des Bodens unter Auftrieb
γ_r = Wichte des wassergesättigten Bodens

Der so für die Erddruckseite ermittelte und ungünstig angesetzte Wert für k'_h wird üblicherweise zur Vereinfachung auch in Fällen mit tieferem Grundwasserstand und auch für Verkehrslasten der weiteren Berechnung zugrunde gelegt.

Mit den unter Anwendung von k_h und k'_h ermittelten Erddruckbeiwerten K_{ah} ergibt sich nach Bild E 124-3 in Höhe des Grundwasserspiegels rechnerisch ein Sprung in der Erddruckbelastung. Falls auf eine genauere Ermittlung des sich mit der Tiefe ändernden Wertes von k'_h und der Änderung auch des Wertes von K_{ah} verzichtet wird, kann der Erddruck vereinfacht gemäß Bild E 124-3 angesetzt werden.

In schwierigen Fällen, in denen Erddruck und Erdwiderstand nicht mit Tafelwerten berechnet werden können, ist es möglich, die Einflüsse sowohl der waagerechten als auch eventueller lotrechter Erdbebenbeschleunigungen auf Erddruck und Erdwiderstand mit einem erweiterten CULMANN-Verfahren zu ermitteln. In den Kraftecken müssen dann auch die auf die Untersuchungskeile jeweils mit der Erschütterungsziffer k_h ermittelten Kräfte aus den Erdbebenbeschleunigungen mit berücksichtigt werden. Eine solche Berechnung wird auch bei größeren waagerechten Beschleunigungen empfohlen, vor allem dann, wenn der Boden zum Teil unter dem Grundwasserspiegel liegt.

2.13.4 Ansatz des Wasserüberdrucks

Der Wasserüberdruck darf im Erdbebenfall bei Ufereinfassungen näherungsweise wie im Normalfall, d. h. entsprechend E 19, Abschn. 4.2 und E 65, Abschn. 4.3 angesetzt werden, denn die Auswirkungen des Erdbebens auf das Porenwasser sind bereits in der Erddruckermittlung mit der scheinbaren Erschütterungsziffer k'_h nach Abschn. 2.13.3. berücksichtigt. Es muss aber beachtet werden, dass die maßgebende Erddruckgleitfuge im Erdbebenfall unter einem flacheren Winkel gegen die Horizontale als im Normalfall verläuft. Bezogen auf die Gleitfuge kann dabei ein erhöhter Wasserüberdruck wirksam werden.

2.13.5 Verkehrslasten

Da ein gleichzeitiges Auftreten von Erdbeben, voller Verkehrslast und voller Windlast unwahrscheinlich ist, genügt es, die Lasten aus dem Beben nur mit den Einflüssen aus der halben Verkehrslast und der halben Windlast zu kombinieren (vgl. auch DIN 4149, Erläuterungen). Auch aus Wind herrührende Kranradlasten und der Anteil des Pollerzugs aus Wind dürfen daher entsprechend reduziert werden. Die Lasten aus der Fahr- und Drehbewegung von Kranen brauchen mit den Erdbebeneinflüssen nicht überlagert zu werden.

Nicht abgemindert werden dürfen jedoch Lasten, die mit großer Wahrscheinlichkeit über einen längeren Zeitraum in gleicher Größe einwirken, wie z. B. Lasten aus Tank- oder Silofüllungen und aus Schüttungen von Massengütern.

2.13.6 Sicherheiten

Erdbebenkräfte dürfen entsprechend DIN EN 1991-EC 1 als außergewöhnliche Bemessungssituation mit den dafür gültigen Teilsicherheitsbeiwerten für Einwirkungen und Widerstände unter Beachtung der Fälle B und C (GZ 1B und 1C) nach DIN EN 1997-1 berücksichtigt werden. Nach DIN 1054 gilt für Erdbebenlasten Lastfall 3.

2.13.7 Hinweise auf die Berücksichtigung der Erdbebeneinflüsse bei Ufereinfassungen

Unter Berücksichtigung obiger Ausführungen und der sonstigen Empfehlungen der EAU ist es auch in Erdbebengebieten möglich, Ufereinfassungen systematisch und ausreichend standsicher zu berechnen und zu gestalten. Ergänzende Hinweise für bestimmte Bauarten wie für Spundwandbauwerke (E 125, Abschn. 8.2.18), Ufermauern in Blockbauweise (E 126, Abschn. 10.9) und Pfahlrostkonstruktionen (E 127, Abschn. 11.8), sind in den angegebenen Empfehlungen enthalten. Erfahrungen aus dem Erdbeben des Jahres 1995 in Japan sind in [198] behandelt.

Weitere Folgerungen sind in [257] enthalten.

3 Geländebruch, Grundbruch und Gleiten

3.1 Einschlägige Normen

Für die Nachweise der Sicherheit gegen Gleiten, Grundbruch und Geländebruch sowie für die Ermittlung des Erddrucks gelten folgende Normen:

Gleiten: DIN 1054
Grundbruch: DIN 4017
Geländebruch: DIN 4084
Erddruck: DIN 4085

3.2 Sicherheit gegen hydraulischen Grundbruch (E 115)

Beim hydraulischen Grundbruch wird der Boden vor einem Bauwerksfuß durch die auf ihn von unten nach oben wirkende Strömungskraft des Grundwassers belastet. Dabei wird der Erdwiderstand reduziert. Ein Bruchzustand tritt ein, wenn der senkrechte Anteil S dieser Strömungskraft gleich oder größer ist als die Eigenlast G des unter Auftrieb stehenden Bodenkörpers zwischen Bauwerk und einer rechnerischen Bruchfuge. Dann wird der Bodenkörper angehoben und der Erdwiderstand geht ganz verloren.

Alle möglichen Bruchfugen des hydraulischen Grundbruchs gehen bei homogenem Baugrund vom Bauwerksfuß aus. Die durch Proberechnungen zu bestimmende Fuge mit der kleinsten Sicherheit ist für die Beurteilung maßgebend. In E 113, Abschn. 4.7.7.2, werden Hinweise zur Vorgehensweise bei geschichtetem Baugrund gegeben.

Nach DIN 1054, 11.5, ist für den von unten nach oben durchströmten Bruchkörper vor dem Wandfuß nachzuweisen, dass im Grenzzustand GZ 1A die folgende Bedingung gilt:

$$S'_k \cdot \gamma_H \leq G'_k \cdot \gamma_{G,stb}$$

Dabei ist

S'_k = der charakteristische Wert der Strömungskraft im durchströmten Bodenkörper

γ_H = der Teilsicherheitsbeiwert für die Strömungskraft im Grenzzustand GZ 1A nach DIN 1054, Tabelle 2

G'_k = der charakteristische Wert der Gewichtskraft unter Auftrieb des durchströmten Bodenkörpers

$\gamma_{G,stb}$ = der Teilsicherheitsbeiwert für günstige ständige Einwirkungen im Grenzzustand GZ 1A nach DIN 1054, Tabelle 2

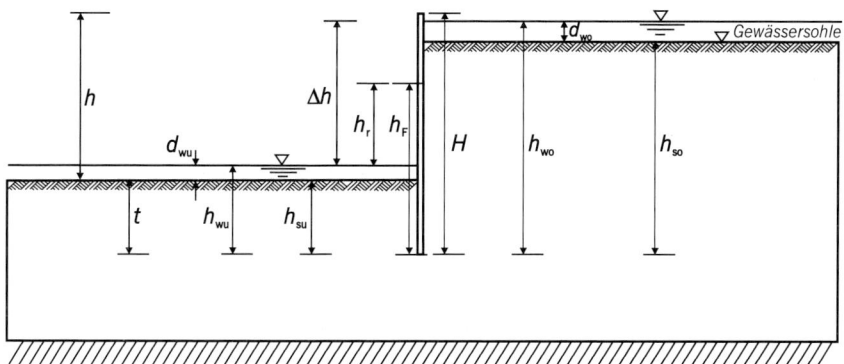

Bild E 115-1. Sicherheit gegen hydraulischen Grundbruch – kennzeichnende Abmessungen

Die Strömungskraft S'_k kann mit Hilfe eines Strömungsnetzes nach E 113, Abschn. 4.7.7, Bild E 113-2 oder nach E 113, Abschn. 4.7.5 ermittelt werden. S'_k ergibt sich als Produkt aus dem Volumen des hydraulischen Grundbruchkörpers mal der Wichte des Wassers γ_w und dem mittleren Strömungsgefälle in diesem Körper in der Lotrechten gemessen.

Wenn der Boden vor dem Fuß der Wand von unten nach oben durchströmt wird, ist die Strömungskraft in einem Bodenkörper zu betrachten, dessen Breite in der Regel gleich der halben Einbindetiefe der Wand angenommen werden darf (DIN 1054, 11.5 (4)). Bei genaueren Untersuchungen sind auch andere Begrenzungen des Bodenkörpers zu untersuchen.

In Bild E 115-2 ist die Vorgehensweise für den Ansatz nach TERZAGHI-PECK [17, S. 241], in Bild E 115-3 die Vorgehensweise nach BAUMGART-DAVIDENKOFF ([168] S. 61] dargestellt.

Im rechteckigen Bruchkörper mit einer Breite gleich der halben Einbindetiefe t des Bauwerks wird der charakteristische Wert der vertikalen Strömungskraft S'_k näherungsweise:

$$S'_k = \frac{\gamma_w (h_1 + h_r)}{2} \cdot \frac{t}{2}$$

mit

$h_r =$ wirksame Potentialdifferenz am Wandfußpunkt (Differenz der Standrohrspiegelhöhe am Spundwandfußpunkt gegenüber der Unterwasserspiegelhöhe)

$h_1 =$ wirksame Potentialdifferenz an der dem Wandfuß gegenüber liegenden Begrenzung des Grundbruchkörpers

71

Nach BAUMGART-DAVIDENKOFF ([168] S. 66) kann der Nachweis gegen hydraulischen Grundbruch auch vereinfacht wie folgt ermittelt werden, wobei nur ein Stromfaden der nach oben gerichteten Strömung unmittelbar vor dem vertikalen Bauteilumriss betrachtet wird:

$$(\gamma_w \cdot i) \cdot \gamma_H \leq \gamma' \cdot \gamma_{G,stb}$$

Dabei ist

γ' = Bodenwichte unter Auftrieb
γ_w = Wichte des Wassers
i = mittleres Potential in der betrachteten Strecke $(i = h_r / t)$

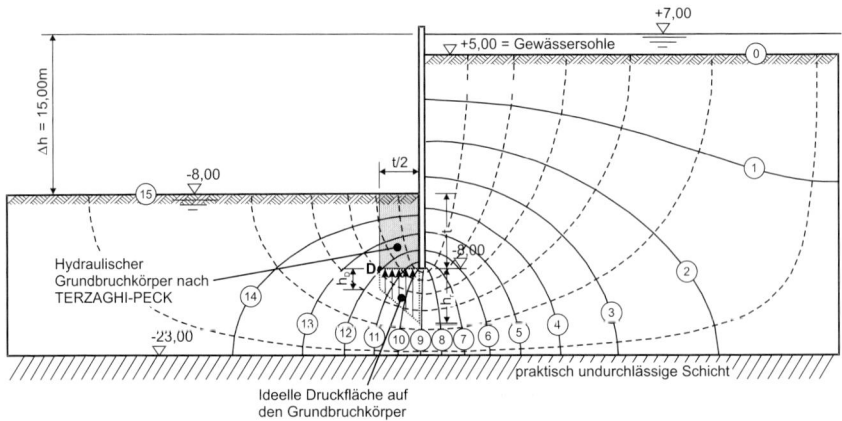

Bild E 115-2. Sicherheit gegen hydraulischen Grundbruch einer Baugrubensohle nach dem Verfahren von TERZAGHI-PECK, ermittelt mit dem Strömungsnetz nach E113, Abschn. 4.7.7

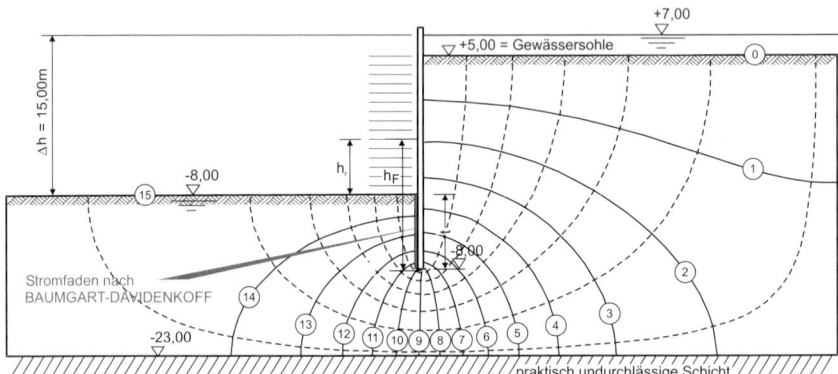

Bild E 115-3. Sicherheit gegen hydraulischen Grundbruch einer Baugrubensohle nach dem Verfahren von BAUMGART-DAVIDENKOFF

Die wirksame Potentialdifferenz h_r am Spundwandfußpunkt kann auch bei diesem Ansatz mit einem Strömungsnetz nach E 113, Abschn. 4.7.4 oder 4.7.5 ermittelt werden.

Für das lotrecht umströmte Spundwandbauwerk darf die Potentialhöhe über dem Spundwandfuß h_F nach [12] vereinfacht angesetzt werden:

$$h_F = \frac{h_{wu} \cdot \sqrt{h_{so}} + h_{wo} \cdot \sqrt{t}}{\sqrt{h_{so}} + \sqrt{t}}$$

daraus erhält man

$$h_f = h_F - h_{wu}$$

Hierin bedeuten:

h_r = Differenz der Standrohrspiegelhöhe am Spundwandfußpunkt gegenüber der Unterwasserspiegelhöhe

h_F = Standrohrspiegelhöhe am Spundwandfußpunkt

h_{so} = durchströmte Bodenhöhe auf der Oberwasserseite der Spundwand

h_{wo} = oberwasserseitige Wasserspiegelhöhe über dem Spundwandfuß

h_{wu} = unterwasserseitige Wasserspiegelhöhe über dem Spundwandfuß

t = Rammtiefe der Spundwand

Bei horizontaler Zuströmung erhöht sich das Restpotential am Spundwandfuß erheblich, daher darf in diesen Fällen der Näherungsansatz nicht verwendet werden!

Der Potentialabbau erfolgt über die Höhe der Spundwand nicht linear, daher ist eine Berechnung von h_r aus der Abwicklung des Strömungsweges entlang der Spundwand nicht zulässig! Hinweise auf die Ermitt-

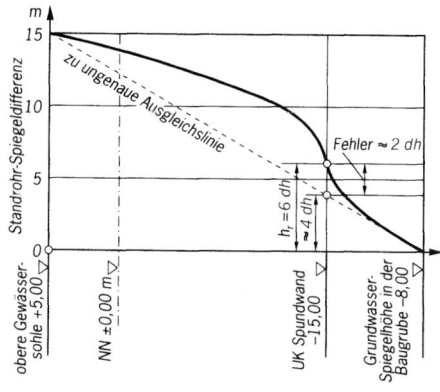

Bild E 115-4. Abfall der Potentialdifferenz entlang der Spundwand entsprechend dem Strömungsnetz nach Bild E 115-2

73

lung des Potentials am Spundwandfußpunkt und der Sicherheit gegen hydraulischen Grundbruch bei geschichtetem Baugrund enthält E 165, Abschn. 4.9.4.

Die Gefahr eines bevorstehenden hydraulischen Grundbruchs in einer Baugrube kann sich durch eine Vernässung des Bodens vor der Baugrubenwand andeuten, der Boden wirkt dann auch weich und federnd. In solchen Fällen sollte die Baugrube sofort mindestens teilweise geflutet oder vor der Wand sollte eine Bodenauflast aufgebracht werden. Erst anschließend dürfen Sanierungsmaßnahmen etwa entsprechend E 116, Abschn. 3.3, fünfter Absatz und folgende vorgenommen werden, wenn man es nicht vorzieht, mit örtlicher Bodenauflast in der Baugrube oder mit Entlastung des Strömungsdrucks von unten durch eine geeignete Grundwasserabsenkung zu arbeiten.

Im Allgemeinen wird die Sicherheit gegen hydraulischen Grundbruch für den Endzustand, d. h. nach der Ausbildung einer stationären Umströmung der Wand berechnet. In wenig durchlässigen Böden erfolgt die Reduzierung des Porenwasserdruckes im Boden aber oftmals viel langsamer als die extern auf den Boden einwirkenden Druckänderungen aus Wasserstandsänderungen (z. B. Tidehub, Wellen, Wasserspiegelsenkung) und Baugrubenaushub. Die Verzögerung ist umso größer, je geringer die Durchlässigkeit k und die Wassersättigung S des Bodens sind und je schneller die Druckänderung stattfindet [210]. Ein Vorgang ist „schnell", wenn die Einwirkgeschwindigkeit v_{zA} der äußeren Druckminderung (z. B. Wasserspiegelabsenkung in der Baugrube) größer ist als die maßgebende Wasserdurchlässigkeit k des Bodens ($v_{zA} > k$) [211]. Auch unter dem Grundwasserspiegel ist der Boden noch als ungesättigt. Insbesondere unmittelbar unter dem Grundwasserspiegel und bei geringer Wassertiefe ($h_w < 4$ bis 10 m) sind Sättigungsgrade des Bodens zwischen 80 % < S < 99 % häufig anzutreffen. Im natürlichen Porenwasser sind mikroskopisch kleine Gasblasen enthalten, die das physikalische Verhalten bei Druckänderungen erheblich verändern. Es kann nicht als ideale (inkompressible) Flüssigkeit betrachtet werden. Der Druckausgleich im Porenwasser ist deshalb stets mit einem Massentransport verbunden, d. h. einer zum geringeren Druckpotential gerichteten (instationären) Porenwasserströmung.

Bei schnellen Wasserstandsänderungen ist deshalb neben dem Nachweis ausreichender Sicherheit gegen hydraulischen Grundbruch im Endzustand mit stationärer Umströmung auch der Nachweis für den instationär auftretenden Porenwasserüberdruck $\Delta u(z)$ im Anfangszustand zu führen. Der Nachweis dient der Vermeidung von Grenzzuständen der Standsicherheit und der Gebrauchstauglichkeit. Die Gebrauchstauglichkeit kann durch unzulässige Auflockerungen (Bodenhebungen) der Aushubsohle oder unerwünschte Boden- und Wandverformungen (seitliche Wandbewegungen) beeinträchtigt werden [211].

Die Verteilung des instationären Porenwasserüberdrucks $\Delta u(z)$ über die Bodentiefe z kann nach Köhler [210] vereinfacht durch folgende Funktion beschrieben werden:

$$\Delta u(z) = \gamma_w \cdot \Delta h \cdot (1 - e^{-b \cdot t})$$

wobei gilt:

Δh = Wasserspiegelsenkung (bzw. auch Aushubtiefe)
γ_w = Wichte des Wassers
b = Porenwasserdruckparameter nach Bild E 115-5
z = Bodentiefe

Der Porenwasserduckparameter b (Dimension: 1/m) kann in Abhängigkeit von der maßgebenden Verlaufszeit t_A und der Wasserdurchlässigkeit k des Bodens aus Bild 115-5 entnommen werden.
Für eine beliebige Tiefe z ist das Eigengewicht G_{Br} des Bodenkörpers mit der Einheitsbreite 1, der Einheitslänge 1 und der Wichte γ':

$$G_{Br} = \gamma' \cdot z$$

Durch den Porenwasserüberdruck entwickelt sich im Boden ein vertikal nach oben gerichteter instationärer Wasserdruck auf den Bodenkörper

$$W_{instat} = (1 - e^{-bz}) \cdot \gamma_w \cdot \Delta h$$

Das Verhältnis von Gewicht und Wasserdruck ist in dem Schnitt am ungünstigsten, in dem der Porenwasserüberdruck ein Maximum hat. Dies ist der Fall in der Tiefe $z = z_{krit}$.

$$z_{krit} = \frac{1}{b} \cdot \ln\left(\frac{\gamma_w \cdot \Delta h \cdot b}{\gamma'}\right)$$

Für $z_{krit} < 0$ ist der Nachweis von vornherein erfüllt.
Liegt z_{krit} unterhalb des Spundwandfußes, so ist der Nachweis am Fußpunkt zu führen.
Ist die Bedingung

$$\gamma_w \cdot \Delta h \cdot b < \gamma'$$

erfüllt, so ist von vornherein eine ausreichende Sicherheit gegeben.
Für den Nachweis ausreichender Sicherheit gegenüber hydraulischem Grundbruch bei instationären Strömungsvorgängen ist mindestens Gleichgewicht nachzuweisen:

$$G_{Br} \geq W_{instat}$$

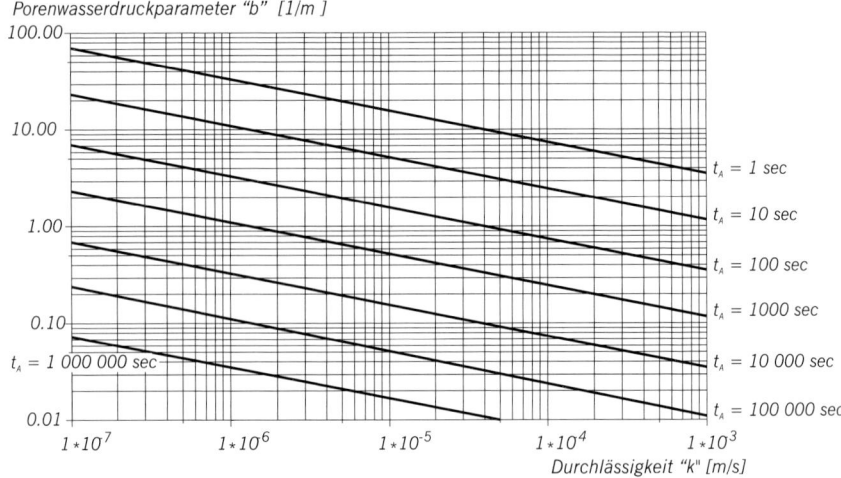

Porenwasserdruckparameter "b" [1/m]

Bild E 115-5. Parameter b zur Bestimmung der Strömungskraft bei instationärer Strömung in Abhängigkeit von der Verlaufszeit t_A

3.3 Piping (Erosionsgrundbruch) (E 116)

Die Gefahr von Piping ist dann gegeben, wenn durch eine Wasserströmung Boden an einer Gewässer- oder Baugrubensohle ausgespült werden kann. Der Vorgang beginnt, wenn der Austrittsgradient des die Uferwand umströmenden Wassers in der Lage ist, Bodenteilchen nach oben aus dem Boden herauszulösen. Dies setzt sich entgegen der Fließrichtung des Wassers in den Boden hinein fort und heißt daher auch rückschreitende Erosion. Im Boden bildet sich so ein Kanal etwa in Form einer Röhre („pipe"), der sich in Richtung Oberwasser entlang der Stromlinien mit den höchsten Gradienten fortpflanzt. Der höchste Gradient entsteht immer in der Kontaktfuge zwischen Bauwerk und Wand. Erreicht dieser Kanal freies Oberwasser, wird er durch Erosion in kürzester Zeit aufgeweitet und führt zu einem dem hydraulischen Grundbruch ähnlichen Versagenszustand. Dabei strömt ein Wasser/Bodengemisch mit hoher Geschwindigkeit in die Baugrube, bis zwischen Außenwasser und Baugrube ein Potentialausgleich hergestellt ist. Hinter der Wand ist ein tiefer Krater entstanden.

Voraussetzungen für Piping sind lockere Böden im Fußauflagerbereich der Wand oder dort vorhandene Schwachstellen (z. B. ungenügend wieder verschlossene Bohrlöcher) und lockere Zonen im unmittelbaren Kontaktbereich Wand/Boden hinter der Wand einerseits sowie ein hinreichendes Wasserdargebot (freier Wasserspiegel im Oberwasser) und ein relativ hoher hydraulischer Gradient andererseits.

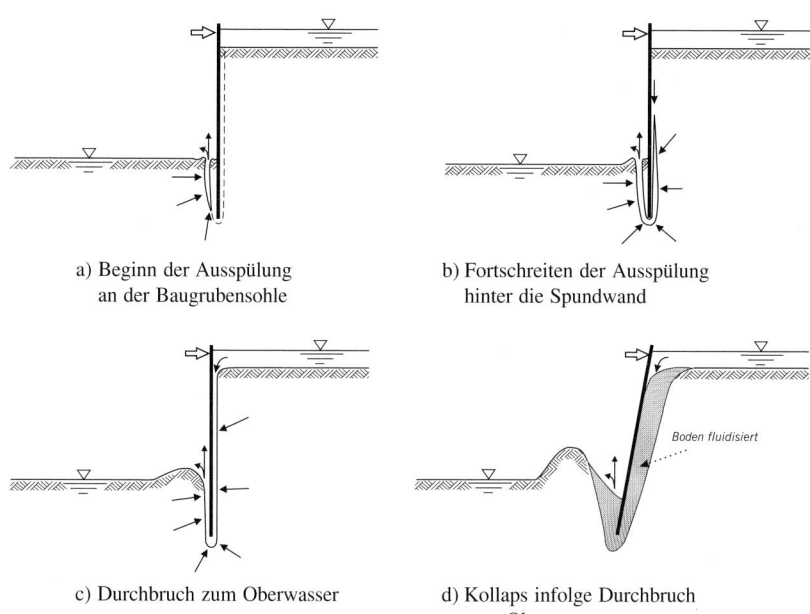

a) Beginn der Ausspülung
   an der Baugrubensohle

b) Fortschreiten der Ausspülung
   hinter die Spundwand

c) Durchbruch zum Oberwasser

d) Kollaps infolge Durchbruch
   zum Oberwasser

Bild E 116-1. Entwicklung von Piping an Uferwänden

Das Entstehen des Versagenszustandes in homogenem nichtbindigem Boden ist in Bild E 116-1 schematisch dargestellt.

Piping kündigt sich durch Quellbildung mit Bodenausspülungen auf der Unterwasserseite bzw. der Baugrubensohle an. In diesem früher Stadium kann die Schadensentwicklung noch durch einen ausreichend dick aufgebrachten Stufen- oder Mischkiesfilter, der die weitere Bodenausspülung verhindert, unter Kontrolle gebracht werden.

Wenn aber bereits ein fortgeschrittenes Stadium eingetreten ist (erkennbar an der Intensität der Wasserführung der bereits ausgebildeten Erosionskanäle) ist nicht mehr abzusehen, wann der Durchbruch zur Oberwassersohle eintritt. In diesem Fall muss für einen sofortigen Ausgleich zwischen Ober- und Unterwasserspiegel durch Ziehen von Wehröffnungen, Fluten der Baugrube oder dergleichen gesorgt werden. Erst anschließend können Sanierungsmaßnahmen vorgenommen werden. Infrage kommen verschiedene Maßnahmen wie z. B. der Einbau eines kräftigen Filters auf der Unterwasserseite, das Verpressen der erodierten Röhren von dort aus, die Verdichtung bzw. Verfestigung des Bodens im Gefahrenbereich mit Tiefenrüttlern bzw. mit Hochdruckinjektionen, eine Grundwasserabsenkung oder ein dichtes Abdecken der Oberwassersohle weit über den Gefahrenbereich hinaus.

Die Gefahr von Piping ist im Allgemeinen rechnerisch nicht zu erfassen, und muss wegen der Verschiedenheit der Konstruktionen und der Randbedingungen für jeden Einzelfall bewertet werden. Grundsätzlich gilt, dass die Piping-Gefahr um so größer ist, je größer unter sonst gleichen Verhältnissen der Spiegelunterschied zwischen Oberwasser und Unterwasser und je lockerer und feinkörniger der anstehende Boden ist. Besondere Gefahr kann auch von eingelagerten Sandbändern in ansonsten nicht erosionsgefährdeten Böden ausgehen. In bindigen Böden findet im Allgemeinen Piping nicht statt.

Auch wenn kein freies Oberwasser vorhanden ist, können sich Erosionskanäle von der Unterwasserseite her bilden, diese laufen sich dann aber im Allgemeinen im Untergrund tot, weil die aus dem Grundwasser nachfließenden Wassermengen die vollständige Ausbildung von Erosionskanälen nicht leisten können. Schneidet der Erosionskanal zufällig eine außerordentlich stark grundwasserführende Schicht an, kann das aus dieser Schicht nachfließende Wasser den Erosionsprozess erneut in Gang setzen.

Wenn Verhältnisse vorliegen, die Piping möglich erscheinen lassen, sind auf der Baustelle von vornherein Vorkehrungen zu dessen Verhinderung einzuplanen, um im Bedarfsfall sofort entsprechende Gegenmaßnahmen treffen zu können. Insbesondere ist es in diesen Fällen wichtig, dass Baugrubenwände tief genug in den Boden einbinden und somit der Gradient der Umströmung klein ist. Die Mindesteinbindetiefe von Wänden zur Vermeidung von Erosionsgrundbruch kann nach E 113, Abschn. 4.7.7 ermittelt werden.

Im Falle von Fehlstellen in den Wänden (z. B. Schlosssprengungen bei Spundwänden) wird der Sickerweg der Umströmung allerdings verkürzt und damit der Gradient dramatisch vergrößert. Insofern sind solche Fehlstellen insbesondere auch hinsichtlich eines hydraulischen Grundbruchs zu bewerten, sofern dieser unter den gegebenen Umständen grundsätzlich zu befürchten ist.

3.4 Nachweis der Sicherheit gegen Geländebruch von Bauwerken auf hohen Pfahlrosten (E 170)

3.4.1 Allgemeines

Der Nachweis der Sicherheit von Bauwerken auf hohen Pfahlrosten gegen Geländebruch kann mit Hilfe von DIN 4084 geführt werden.

3.4.2 Unterlagen

Für den Nachweis müssen vorliegen:

(1) Angaben über die Ausbildung und Abmessungen des Pfahlrosts, maßgebende Belastungen und Schnittkräfte, ungünstigste Wasserstände und Verkehrslasten.

(2) Bodenmechanische Kenngrößen des Baugrunds, insbesondere die Wichten (γ, γ') und die Scherparameter (φ', c') der anstehenden Bodenarten, die bei bindigen Böden auch für die Anfangsstandsicherheit (φ_u, c_u) zu ermitteln sind. Bei bindigen Böden sind gegebenenfalls auch zeitabhängige Einflüsse von Auflasten bzw. Abbaggerungen auf die Scherfestigkeiten zu berücksichtigen.

3.4.3 Ansatz der Einwirkungen (Lasten)

Es sind folgende Einwirkungen in ungünstigster Kombination zu berücksichtigen:

(1) Einwirkungen in oder auf dem Gleitkörper, insbesondere Einzellasten aus Verkehrslasten und sonstige äußere Lasten.

(2) Eigenlast des Gleitkörpers und Erdauflast auf diesem unter Berücksichtigung des Grundwasserspiegels (Wichte γ und γ').

(3) Wasserdrucklasten auf die Gleitflächen des untersuchten Bruchmechanismus aus dem Porenwasserdruck, ermittelt nach E 113, Abschn. 4.7.

3.4.4 Ansatz der Widerstände

(1) Die Widerstände (Axial- und Dübelkräfte) der in der Pfahljochebene stehenden Pfahlreihen werden gemäß Bild E 170-1 auf die Jochlänge verteilt. Sie sind mit den ungünstigsten Werten nach DIN 4084, Abschn. 6, anzusetzen.

(2) Der Erdwiderstand darf mit einem kinematisch verträglichen Erdwiderstandsneigungswinkel δ_p angesetzt werden. In besonderen Fällen muss dabei überlegt werden, ob der für die Mobilisierung des Erdwiderstands erforderliche Verschiebungsweg nicht bereits die Nutzung des Bauwerks beeinträchtigt. Bei Ansatz von Bemessungswerten für die Scherparameter ist dies aber im Allgemeinen nicht erforderlich. Außerdem muss der stützende Erdkörper dauernd vorhanden sein. Eventuell spätere Hafenvertiefungen müssen daher vorweg berücksichtigt werden.

(3) Die günstige Wirkung tiefer geführter stabilisierender Wände oder Schürzen darf in Rechnung gestellt werden.

(4) Auswirkungen von Erdbebeneinflüssen werden nach E 124, Abschn. 2.13 erfasst. Bei Nachweisen mit zusammengesetzten Bruchmechanismen mit geraden Gleitlinien nach DIN 4084 darf die Erdbebenkraft als horizontale Massenkraft angesetzt werden.

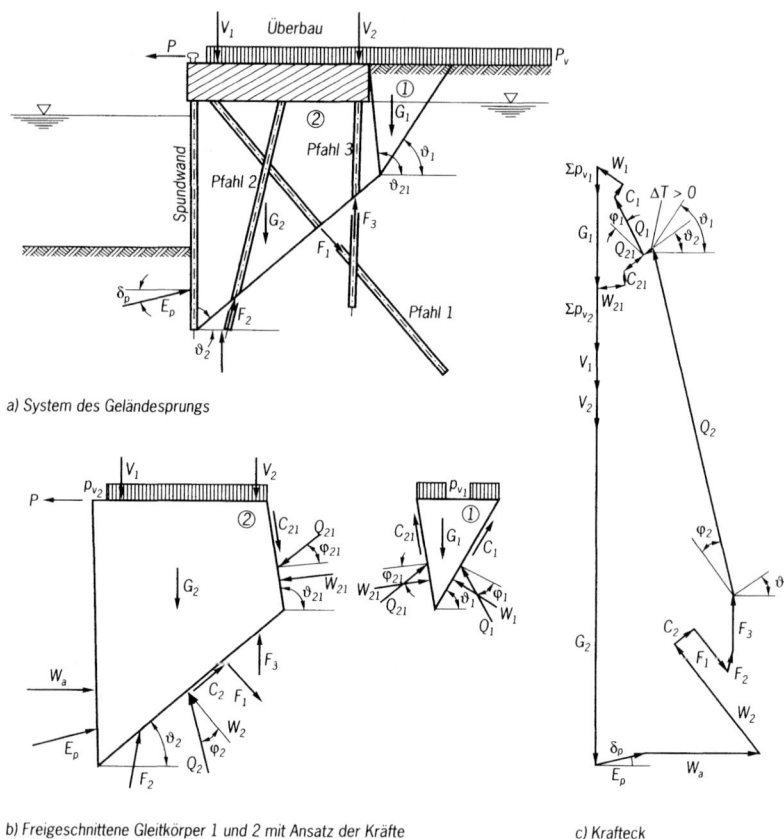

a) System des Geländesprungs

b) Freigeschnittene Gleitkörper 1 und 2 mit Ansatz der Kräfte

c) Krafteck

Bild E 170-1. Prinzipskizze für die Ermittlung der Sicherheit gegen Geländebruch eines hohen Pfahlrosts

80

4 Wasserstände, Wasserdruck, Entwässerungen

Für die nach diesem Abschn. ermittelten Lasten gilt die Zuordnung zu den Lastfällen nach E 18, Abschn. 5.4. Hinsichtlich der Teilsicherheitsbeiwerte ist Abschn. 5.4.4 zu beachten.

4.1 Mittlerer Grundwasserstand (E 58)

Die Zuordnung der maßgebenden hydrostatischen Belastungssituation infolge wechselnder Außen- und Grundwasserstände verlangt eine Analyse der geologischen und hydrologischen Verhältnisse des betreffenden Gebietes. Soweit vorhanden, sind langjährige Beobachtungsreihen auszuwerten, um Kenntnisse über die Sinkgeschwindigkeiten der Wasserstände zu erhalten. Der Grundwasserstand hinter einem Uferbauwerk wird entscheidend von der Bodenschichtung und der konstruktiven Ausbildung der Uferwand geprägt. In Tidegebieten folgt der Grundwasserstand bei durchlässigem Boden mehr oder weniger gedämpft der Tide. Die Annahme eines rechnungsmäßigen Grundwasserspiegels mit 0,3 m über Tidehalbwasser (T ½ w) in Tidegebieten bzw. MW in Nichttidegebieten kann als Näherung für Vorentwürfe benutzt werden. Im Rahmen der Ausführungsplanung sind die jeweiligen Grundwasser- und Strömungsverhältnisse zu untersuchen. Bei stärkerem Grundwasserzustrom vom Lande her liegt der mittlere Grundwasserspiegel höher. Wird gleichzeitig das Abströmen durch ein langgestrecktes Uferbauwerk stark behindert, kann er erheblich ansteigen. Schwachdurchlässige Böden können zu einem hochliegenden Schichtenwasserspiegel führen.

4.2 Wasserüberdruck in Richtung Wasserseite (E 19)

Die Größe des Wasserüberdrucks richtet sich nach den Außenwasserspiegelschwankungen, der Lage des Bauwerks, dem Grundwasserzustrom, der Durchlässigkeit des Gründungsbodens, der Durchlässigkeit des Bauwerkes und der Leistungsfähigkeit von etwa vorhandener Entwässerung der Hinterfüllung.

Der Wasserüberdruck $w_ü$ ergibt sich bei einer Höhendifferenz Δh zwischen dem maßgebenden Außenwasser- und dem zugehörigen Grundwasserspiegel bei der Wichte γ_w des Wassers zu:

$$w_ü = \gamma_w \cdot \Delta h$$

Bei Wellenhöhen über 0,5 m ist für den Außenwasserspiegel die Kote des Wellentals anzusetzen.

Der Wasserüberdruck kann bei vorhandener Durchlaufentwässerung oder durchlässigem Boden und unbehinderter Fußumströmung – wenn ein langgestrecktes Uferbauwerk, also ein ebener Strömungsfall und kein

Situation	Bild	Lastfälle gemäß E 18		
		1	2	3
1 Geringe Wasser-standsschwankun-gen ($h < 0{,}50$ m) mit Durchlauf-entwässerung oder durchlässigem Boden und Bauwerk		$\Delta h = 0{,}50$ m	$\Delta h = 0{,}50$ m	
2a Große Wasser-standsschwankun-gen ($h > 0{,}50$ m) mit Durchlauf-entwässerung oder gut durchlässigem Boden und Bauwerk		$\Delta h = 0{,}50$ m in häufiger Höhenlage	$\Delta h = 1{,}00$ m in un-günstiger Höhenlage	$\Delta h \geq 1{,}00$ m größter Außenwasser-spiegelabfall in 24 h und in ungünstiger Höhenlage
2b Große Wasser-standsschwankun-gen ohne Durch-laufentwässerung		$\Delta h = a + 0{,}30$ m	$\Delta h = a + 0{,}30$ m	–

Bild E 19-1. Wasserüberdruck auf Ufereinfassungen bei durchlässigem Boden im Nicht-Tidegebiet

nennenswerter Welleneinfluss vorliegen – nach den Bildern E 19-1 und E 19-2 angesetzt und entsprechend den Lastfällen 1–3 zugeordnet werden.

Die in den Bildern E 19-1 und E 19-2 angegebenen Wasserstände sind Nennwerte (Bemessungswerte).

Das Hinterfüllen von Uferwänden im Einspülverfahren führt ggf. zu extremen Wasserständen, die für den jeweiligen Bauzustand zu berücksichtigen sind.

Tidegebiet

Situation	Bild	Lastfälle gemäß E 18		
		1	2	3
3a Große Wasser-standsschwankun-gen ohne Entwässerung – Normalfall		$\Delta h =$ $a + 0{,}30\ \mathrm{m} + d$ $a = \dfrac{\mathrm{MThw} - \mathrm{MTnw}}{2}$ $d = \mathrm{MTnw}$ $- \mathrm{MSpTnw}$	–	–
3b Große Wasser-standsschwankun-gen ohne Entwässerung – Grenzfall extremer Niedrig-wasserstand		–	–	$\Delta h = a + 2\,b + d$ $a = \dfrac{\mathrm{MThn} - \mathrm{MTnw}}{2}$ $b = \dfrac{\mathrm{MSpTnw} - \mathrm{NNTnw}}{2}$ $d = \mathrm{MTnw}$ $- \mathrm{MSpTnw}$
3c Große Wasser-standsschwankun-gen ohne Entwässerung – Grenzfall abfließendes Hochwasser		–	–	$\Delta h =$ $0{,}30\ \mathrm{m} + 2\,a$
3d Große Wasser-standsschwankun-gen mit Entwässerung		$\Delta h = 1{,}00\ \mathrm{m}$ bei Außen-wasserstand in MSpTnw	$\Delta h =$ $0{,}30\ \mathrm{m}$ $+ b + d$	–

Bild E 19-2. Wasserüberdruck auf Ufereinfassungen bei durchlässigem Boden im Tidegebiet

83

Bei Überflutung des Ufers, bei geschichteten Böden, bei stark durchlässigen Spundwandschlössern und bei artesisch gespanntem Grundwasser sind besondere Untersuchungen erforderlich (E 52, Abschn. 2.7.3), ebenso, wenn durch eine Uferwand ein natürlicher Grundwasserstrom eingeengt oder abgesperrt wird.

Angaben zum Wasserdruck an Spundwandufern von Kanälen finden sich in Abschn. 6.4.2, Bild E 106-1.

Die entlastende Wirkung von Entwässerungseinrichtungen nach E 32, Abschn. 4.5; E 51, Abschn. 4.4 und E 53, Abschn. 4.6 darf nur in Ansatz gebracht werden, wenn ihre Wirksamkeit dauernd überwacht wird und die Entwässerungseinrichtung jederzeit wieder herstellbar ist.

4.3   Wasserüberdruck auf Spundwände vor überbauten Böschungen im Tidegebiet (E 65)

4.3.1   Allgemeines

Bei überbauten Böschungen (Bild E 65-1) ist ein teilweiser Wasserdruckausgleich mit vorwiegend waagerechter Fließbewegung möglich. An der Böschungsoberfläche tritt kein Wasserüberdruck auf, im dahinterliegenden Erdreich ist gegenüber dem freien Außenwasserspiegel ein Wasserüberdruck vorhanden, der von der Lage des betrachteten Punktes, den Bodenverhältnissen, der Größe und Häufigkeit der Wasserstandsschwankungen und dem Zustrom vom Land abhängt.

Der Wasserüberdruck ist jeweils auf die maßgebliche Erddruckgleitfuge zu beziehen. Hierzu ist die Kenntnis des zum Außenwasser abfallenden Grundwasserspiegels erforderlich.

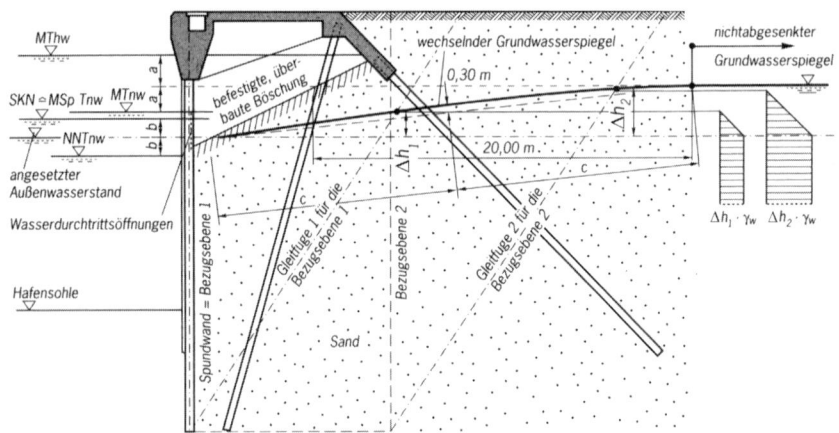

Bild E 65-1. Ansatz des Wasserüberdrucks bei einer überbauten Böschung für Lastfall 2

4.3.2   Näherungsansatz für den Wasserüberdruck

Mit Bezug zu E 19, Abschn. 4.2 und E 58, Abschn. 4.1 kann nach Erfahrungen im norddeutschen Tidegebiet bei etwa gleichmäßigem Sanduntergrund der in Bild E 65-1 dargestellte Näherungsansatz für den Wasserüberdruck gewählt werden. Er ist in Bild E 65-1 für Lastfall 2 angegeben, kann für die anderen Lastfällen sinngemäß angewendet werden. Die Böschungsbefestigung muss ausreichend durchlässig sein und darf keinen Grundwasserstau bewirken.

**4.4   Ausbildung von Durchlaufentwässerungen
bei Spundwandbauwerken (E 51)**

Durchlaufentwässerungen dürfen nur in schlickfreiem Wasser und bei ungefährlich niedrigem Eisengehalt des Grundwassers angewendet werden. Im anderen Fall würden sie rasch verschlicken oder verockern. Auch bei der Gefahr eines starken Muschelbewuchses sollten Durchlaufentwässerungen möglichst nicht angewendet werden. Im Falle sehr hoher Außenwasserstände sollten Durchlaufentwässerungen nicht angewendet werden, da sonst die Gefahr besteht, dass das eindringende Wasser auf der Binnenseite Schäden an im Boden eingebetteten Anlagen, aber auch sonstige Schäden durch Sackungen nichtbindigen Bodens hervorrufen kann.

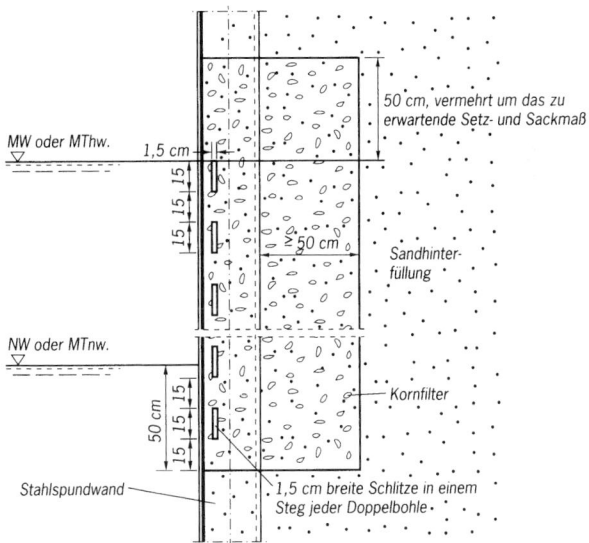

Bild E 51-1. Durchlaufentwässerung bei Wellenprofil-Spundwänden

Die Durchlaufentwässerungen müssen unter Mittelwasser liegen, damit sie nicht zuwachsen. Sie werden zweckmäßig mit Kornfiltern nach E 32, Abschn. 4.5 ausgeführt.

Für den Wasserdurchtritt werden in die Spundwandstege 1,5 cm breite und etwa 15 cm hohe Schlitze eingebrannt (Bild E 51-1). Die Enden der Schlitze sind auszurunden. Im Gegensatz zu Rundlöchern können sich diese Schlitze durch Kies nicht zusetzen. Im übrigen wird auf E 19, Abschn. 4.2, letzter Absatz, hingewiesen.

Durchlaufentwässerungen sind wesentlich billiger als Entwässerungen mit Rückstauverschluss (E 32). Sie bewirken in Tidegebieten aber erfahrungsgemäß nur eine geringe Verminderung des Wasserüberdrucks, da während Hochwasserständen durch die Entwässerungsschlitze zuviel Wasser hinter die Spundwand fließt. Aus diesem Grunde sind Durchlaufentwässerungen bei Kaischutzwänden, die gleichzeitig dem Hochwasserschutz dienen, nicht zulässig

Durchlaufentwässerungen werden vor allem in Fällen ohne Tide bei raschem Abfall des freien Wasserspiegels, bei starkem Grundwasser- oder bei Hangwasserzustrom sowie bei Bauwerksüberflutungen wirksam.

Im Rahmen der statischen Nachweise muss in der Regel auch der Fall des Versagens der Durchlaufentwässerung berücksichtigt werden. Hierbei darf die Spundwand nach E 18, Abschn. 5.4.3 für den Lastfall 3 bemessen werden. Auf diesen Nachweis kann verzichtet werden, wenn redundante Entwässerungssysteme, z. B. eine Pumpenanlage mit zwei voneinander unabhängigen Pumpen, vorgesehen sind.

4.5 Ausbildung von Entwässerungen mit Rückstauverschluss bei Uferanlagen im Tidegebiet (E 32)

4.5.1 Allgemeines

Wirksame Entwässerungen sind nur in nichtbindigen Böden möglich. Soll eine Entwässerung in schlickhaltigem Hafenwasser auf die Dauer wirksam bleiben und auch bei größerem Tidehub den Wasserüberdruck begrenzen, muss sie mit Sammelsträngen und mit betriebssicheren Rückstauverschlüssen ausgerüstet werden, die den Wasseraustritt aus dem Sammler in das Hafenwasser gestatten, den Rückstrom schlickhaltigen Wassers aber verhindern.

Dabei kommen einfache Rückstauklappen in Frage, vorzugsweise aber in Verbindung mit Entwässerungskammern.

4.5.2 Rückstauverschlüsse

Rückstauverschlüsse sollten so angeordnet werden, dass sie bei mittlerem Tideniedrigwasser (MTnw) noch zugänglich sind und ohne Schwierigkeiten bei den regelmäßigen Bauwerksbesichtigungen überprüft und stets leicht ausgebessert werden können. Die Überprüfung soll mindestens zweimal im Jahr vorgenommen werden und darüber hinaus vor jeder Baggerung und bei besonderer Veranlassung, wenn zum Beispiel das Ufer durch den Umschlag von schweren Lasten überlastet sein könnte, vor allem aber auch nach schwerem Wellengang.

Die Rückstauverschlüsse müssen so betriebssicher wie irgend möglich ausgebildet werden. Zur Wartung sind Kontrollschächte in angemessenen Abständen (max. 50 m) vorzusehen.

Der übliche Achsabstand einfacher Rückstauverschlüsse bei Spundwandentwässerungen beträgt 7 bis 8 m.

Bei schlickhaltigem Wasser kommen für die Bauwerksentwässerungen nur doppelt gesicherte Entwässerungen mit Rückstauverschluss in Frage. Leistungsfähige Dränagen hinter der Wand können den Erfolg der Entwässerung wesentlich verbessern. Als Sammler werden vorwiegend Kunststoffdränrohre verwendet.

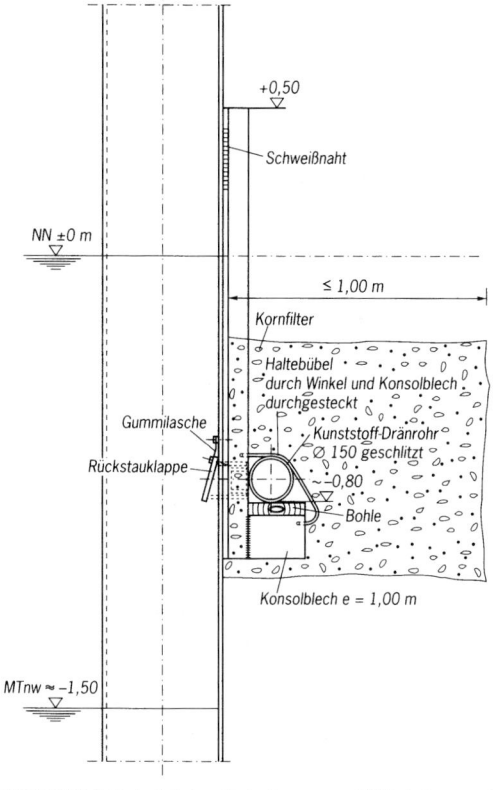

Bild E 32-1. Beispiel einer Entwässerung mit Rückstauverschluss bei Stahlspundwand mit Kunststoffdränrohr als Sammler

87

Weitere Einzelheiten siehe Bilder E 32-1 und E 32-2.

Bild E 32-2 zeigt eine Wasserdruckentlastung einer Kaianlage im Tidegebiet. Über zwei Vollsickerrohre DN 350 aus PE-HD (DIN 19 666), die über die gesamte Kailänge verlaufen, erfolgt die Wasserdruckentlastung. Die Rohre sind in einem Kornfilter nach Abschn. 4.5.3 eingebettet, gegenüber dem umgebenden Boden ist der Filter mit Filtervlies gesichert. Die Tiefe wurde so gewählt, dass die Vollsickerrohre ständig im Grundwasser liegen, damit besteht praktisch keine Verockerungsgefahr, weil kein Luftzutritt vorhanden ist. Die Auslauftiefe von –4,20 m NN ergibt sich hier durch die Tiefenlage des Filters und das Gefälle des Auslaufrohres zum Außenwasser.

Um auch das aus tieferliegenden Schichten zufließende Grundwasser zu fassen, sind im Abstand von 75 m Filterbrunnen angeordnet. Das gesammelte Grundwasser wird über Auslaufleitungen (Stahlrohr Ø 609, 6 × 20) etwa im Abstand 350 m zum Außenwasser geführt. Zwei

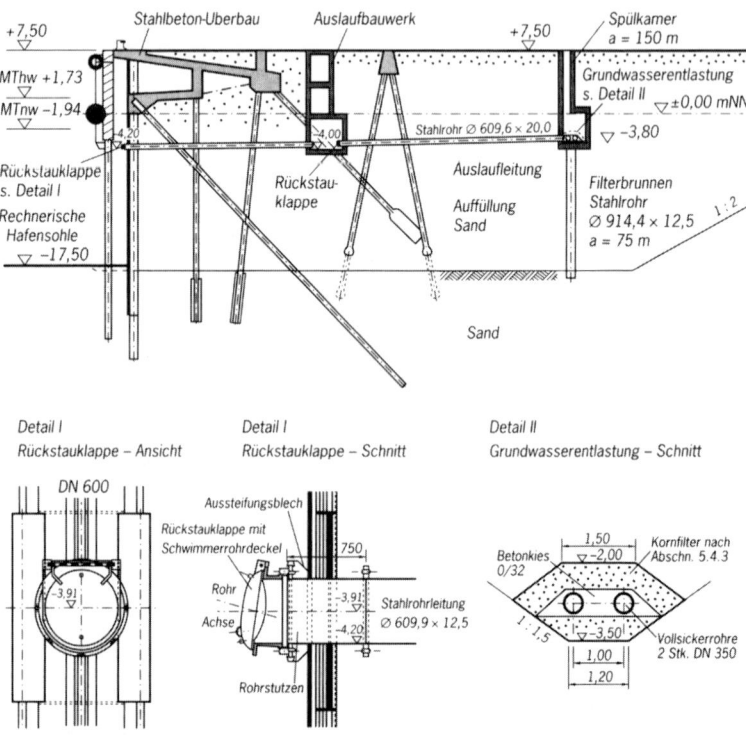

Bild E 32-2. Beispiel einer Entwässerung mit Rückstauverschluss für eine Kaianlage im Tidegebiet

Rückstauklappen mit justierbaren Schwimmhohldeckeln verhindern den Zufluss von schlickhaltigem Flusswasser. Dabei ist eine Klappe unmittelbar am Auslauf zum Außenwasser angeordnet, die zweite Klappe befindet sich vor Beschädigungen geschützt in einem Auslaufbauwerk.

4.5.3 Filter

Jeder Sammler muss gegen den zu entwässernden Boden durch einen sorgfältig aufgebauten Kiesfilter oder geotextilen Filter abgeschirmt werden. Auf Mischkiesfilter sollte nur zurückgegriffen werden, wenn eine Entmischung beim Einbau nicht auftreten kann.

4.6 Entlastung artesischen Drucks unter Hafensohlen (E 53)

4.6.1 Allgemeines

Die Entlastung artesischen Drucks unter Hafensohlen wird am besten mittels ausreichend leistungsfähiger Überlaufbrunnen vorgenommen. Ihre Wirksamkeit ist unabhängig vom Einsatz maschineller Anlagen. Der Auslauf der Brunnen wird bei Neubauten stets unter NNTnw gelegt. Da die Überlaufbrunnen zur Förderung des Wassers einen Druckunterschied benötigen, verbleibt unter der Deckschicht auch bei leistungsfähigen, engstehenden Brunnen in günstiger Lage noch ein artesischer Restdruck. Dieser ist in Berechnungen nach E 52, Abschn. 2.7 mit 10 kN/m^2 zu berücksichtigen.

4.6.2 Berechnung

Die Auslegung der Entlastungsbrunnen ist stets durch eine Absenkungsberechnung zu überprüfen (z. B. [217]). Diese muss von der Voraussetzung ausgehen, dass der Restwasserüberdruck von 10 kN/m^2 am hinteren Rande des Erdwiderstandgleitkeils eingehalten wird. Innerhalb des Gleitkeils ist der Restdruck dann entsprechend kleiner, was zu einer erwünschten Reserve führt.

Liegt der Auslauf ausnahmsweise über NNTnw, zum Beispiel bei Umbauten, muss mit einer Restdruckspiegelhöhe von 1,0 m über dem Auslauf gerechnet werden.

4.6.3 Ausbildung

Die Überlaufbrunnen werden am besten in Stahlkasten- und Stahlrohrpfählen, die in die vordere Begrenzungsspundwand oder dergleichen eingeschaltet werden, untergebracht. Sie können so ohne Schwierigkeiten und in sicherer Lage eingebracht werden und befinden sich für die Entlastung an günstigster Stelle.

In Tidegebieten liegt der Hafenwasserspiegel bei Hochwasser im Allgemeinen über dem artesischen Druckspiegel des Grundwassers. Bei einfachen Überlaufbrunnen strömt dann Hafenwasser in die Brunnen und in den Untergrund ein. Dieses führt bei schlickhaltigem Wasser zu einer raschen Verschlickung der Überlaufbrunnen, weil die Spülkraft in der jeweiligen Sohle des Brunnens bei abfließendem Wasser nicht ausreicht, um eine Schlickablagerung wieder abzubauen. Überlaufbrunnen müssen daher in solchen Fällen mit wirksamen Rückstauverschlüssen ausgerüstet werden. Hierfür haben sich Kugelverschlüsse gut bewährt. Sie müssen zwecks Überprüfung des Brunnens leicht abgenommen und wieder dichtschließend aufgesetzt werden können.

Darüber hinaus erhalten die Brunnen im Filterbereich zweckmäßig einen Einsatz, der das in den Brunnen fließende Grundwasser durch einen schmalen Schlitz zwischen Einsatzrohr und Brunnensohle zwingt. So können etwaige Ablagerungen mit größtmöglicher Räumkraft wieder abgetragen werden (Bild E 53-1). Baggerschlitze in der Sohlendeckschicht reichen bei schlickhaltigem Wasser zu einer dauernden Entlastung des artesischen Druckes nicht aus.

Sie setzen sich, wie nicht mit Rückstauverschlüssen versehene Brunnen, wieder zu.

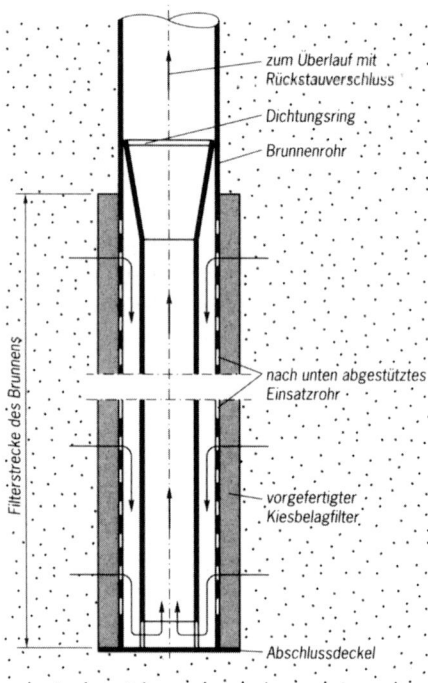

Bild E 53-1. Einlauf in einen Überlaufbrunnen

4.6.4 Filter

Um eine optimale Leistung zu erreichen, werden die Filter der Entlastungsbrunnen in eine möglichst durchlässige Schicht geführt. Es müssen beste, weitgehend gegen Korrosion und Verockerung gesicherte Filter verwendet werden. Die Brunnen müssen von einem erfahrenen Fachunternehmen eingebracht werden.

4.6.5 Überprüfung

Die Wirksamkeit der Anlage muss durch Beobachtungsbrunnen hinter der Ufermauer und bis unter die Deckschicht reichend, regelmäßig überprüft werden.

Wird die geforderte Entlastung nicht mehr erreicht, sind die Brunnen zu säubern und notfalls zusätzliche Brunnen einzubauen. Es müssen daher ausreichend viele Stahlkastenpfähle angeordnet werden, die von der Kaifläche aus zugänglich sind.

Im übrigen wird auf E 19, Abschn. 4.2, letzter Absatz hingewiesen.

4.6.6 Reichweite

Die Reichweite einer Entlastungsanlage ist im Allgemeinen so gering, dass schädliche Einflüsse der Wasserspiegelabsenkung zumindest in Tidegebieten nicht eintreten. In besonderen Fällen ist jedoch auch die Reichweite zu untersuchen. Sind schädliche Auswirkungen möglich, muss die Entlastung unterbleiben.

4.7 Berücksichtigung der Grundwasserströmung (E 113)

4.7.1 Allgemeines

Um Kaimauern und andere Wasserbauten und deren Teile, die im strömenden Grundwasser liegen, richtig planen und bemessen zu können, müssen die Auswirkungen des strömenden Grundwassers berücksichtigt werden, um Gefahren zu erkennen und zu vermeiden und andererseits zu technisch und wirtschaftlich optimalen Lösungen zu kommen.

Für die Berechnung der Grundwasserströmung kann laminare Strömung zugrunde gelegt werden, wenn das Fließgefälle $i = 1$ nicht wesentlich übersteigt und die Fließgeschwindigkeit geringer ist als ca. $6 \cdot 10^{-4}$ m/s (≈ 2 m/h). Weitere Zusammenhänge zwischen Gefälle, Fließgeschwindigkeit und Durchlässigkeit finden sich z. B. in [217]

Bei laminarer Strömung ist die Strömungsgeschwindigkeit v das Produkt aus Durchlässigkeit k und hydraulischem Gefälle i (DARCY'sches Gesetz)

$$v = k \cdot i$$

4.7.2 Voraussetzungen für die Ermittlung von Strömungsnetzen

Eine laminare Grundwasserströmung folgt der Potentialtheorie. Ihre Lösung lässt sich in zwei Kurvenscharen darstellen, die sich orthogonal schneiden und deren Netzweiten ein konstantes Verhältnis aufweisen (Bild E 113-2).

In diesem Strömungsnetz stellt die eine Kurvenschar die Stromlinien und die anderen die Äquipotentiallinien dar.

Die Stromlinien sind die Bahnen der Wasserteilchen, während die Potentiallinien solche gleicher Standrohrspiegelhöhen sind (Bild E 113-2).

4.7.3 Festlegen der Randbedingungen für ein Strömungsnetz

Der Rand des Strömungsnetzes kann eine Rand-Strom- oder eine Rand-Potential-Linie und, wenn das Grundwasser frei in die Luft austritt, eine freie Sickerlinie sein.

Rand-Stromlinien können sein: Die Grenze einer undurchlässigen Bodenschicht, die Grenzflächen eines undurchlässigen Bauwerkes, ein freier Grundwasserspiegel, wenn er einen gekrümmt abfallenden Verlauf zeigt (Sickerlinie) usw. (Bild E 113-1).

Rand-Potentiallinien können sein: Ein waagerechter Grundwasserspiegel, eine Gewässersohle, eine Eintrittsböschung usw. Zur Verdeutlichung zeigt Bild E 113-1 die Randbedingungen für einige kennzeichnende Ausführungsbeispiele.

4.7.4 Zeichnerische Verfahren zur Ermittlung des Strömungsnetzes

Ein Verfahren zur Ermittlung eines Strömungsnetzes ist das sogenannte zeichnerische Verfahren, das trotz aller heute leicht einsetzbaren Grundwassermodelle bei einfachen Fällen und für stationäre Verhältnisse immer noch einen schnellen Überblick über kritische Strömungszonen erlaubt. Dabei wird allerdings im Allgemeinen davon ausgegangen, dass der durchströmte Boden homogen ist.

Nach dem Festlegen aller Randbedingungen wird das Strömungsnetz gezeichnet. Dabei gelten folgende Regeln:

- Stromlinien stehen senkrecht auf Potentiallinien.
- Die gesamte Potentialdifferenz Δh zwischen dem höchsten und dem niedrigsten hydraulischen Potential wird in gleiche (äquidistante) Potentialschritte dh aufgeteilt (in Bild E 113-2 in 15 Schritte, d. h. je Schritt eine Potentialdifferenz von 4,50 m / 15 = 0,3 m).
- Alle Stromlinien verlaufen durch den jeweils zur Verfügung stehenden Fließquerschnitt, d. h. sie rücken bei Einengungen zusammen und bei Aufweitungen auseinander.
- Die Anzahl der Potentialschritte und Stromlinien wird so gewählt, dass durch benachbarte Potential- und Stromlinien krummlinig begrenzte Quadrate gebildet werden, um die geometrische Ähnlichkeit im gesamten Netz zu gewährleisten. Durch das Einzeichnen von In-

kreisen in den Quadraten kann die Genauigkeit überprüft werden (Bild E 113-2).

Hierbei muss so lange probiert werden, bis im gesamten Netz sowohl die Randbedingungen als auch die Forderung nach krummlinig begrenzten Quadraten ausreichend genau erfüllt sind. An den Rändern können unvollständige Stromröhren oder Potentialschritte in Kauf genommen werden. Sie gehen bei Berechnungen mit ihrem Querschnittsanteil ein (s. a. Abschn. 4.7.7.1).

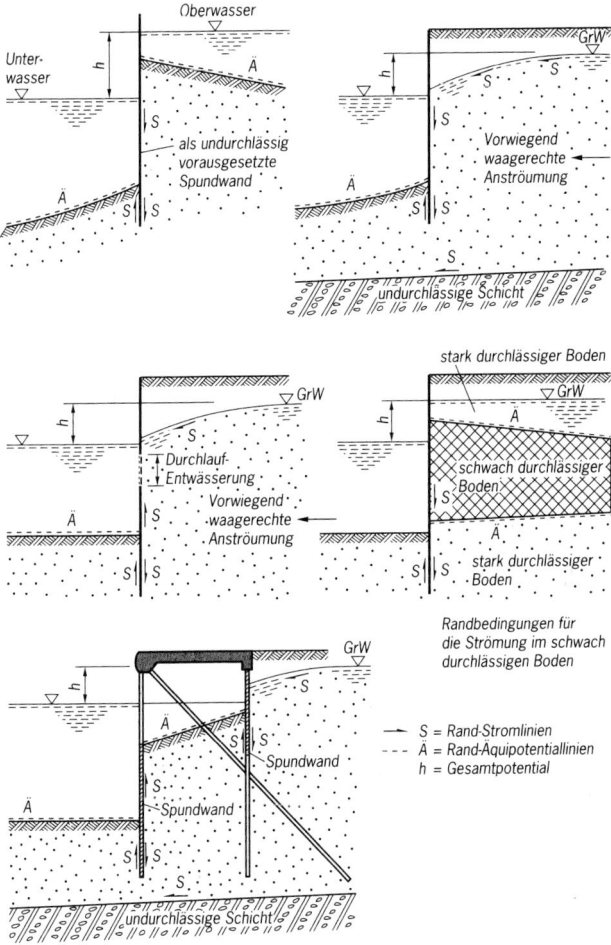

Bild E 113-1. Randbedingungen für Strömungsnetze kennzeichnender Beispiele mit Umströmung des Spundwandfußes

4.7.5 Einsatz von Grundwassermodellen

4.7.5.1 Physikalische und analoge Modelle

Physikalische Modelle nutzen die natürlichen Medien (Wasser, Sande, Kiese, Tone) in einem zu wählenden Modellmaßstab. Sie dienen heute überwiegend Forschungszwecken im 3D-Problem und besitzen für die Praxis keine Relevanz mehr.

Analoge Modelle nutzen solche Medien, deren Bewegung der Grundwasserströmung ähnlich ist. Beispiele dafür sind die Bewegung zähflüssiger Materialien zwischen zwei engstehenden Platten (Spaltmodelle), der elektrische Stromdurchgang durch leitendes Papier oder durch ein Netzwerk aus elektrischen Widerständen (elektrische Modelle). Ein weiteres Beispiel ist die Verformung dünner Häute durch Punktbelastung (Sickerlinie bei Brunnenabsenkung). Zu jedem Fall sind neben geometrischen auch kinematische Ähnlichkeitsfaktoren zur Umrechnung des jeweiligen Potentials (z. B. elektrische Spannung) in das hydraulische Potential (Wasserspiegelhöhe) notwendig. Auch diese Verfahren sind heute in der Praxis weitgehend verschwunden, und durch Grundwassermodelle auf leistungsfähigen Personalcomputern ersetzt.

4.7.5.2 Numerische Grundwassermodelle

Grundwassermodelle sind Rechenverfahren, bei denen das gesamte Potentialfeld in einzelne Elemente zerlegt (diskretisiert) und durch die Potentialhöhen einer ausreichenden Zahl von Stützstellen repräsentiert wird. Diese Stützstellen sind die Eckpunkte (Finite-Elemente-Verfahren) oder die Schwerpunkte (Finite-Differenzen-Verfahren) einzelner kleiner aber endlicher Flächen. Ränder und Unstetigkeiten (Brunnen, Quellen, Dräns, usw.) im Strömungsfeld müssen durch Knotenpunkte oder Elementlinien repräsentiert werden.

Für den Benutzer verbleiben die richtige Wahl von Randbedingungen und der geohydraulischen Parameter, vor allem bei der Anwendung von Programmen, die instationäre Zustände berücksichtigen können.

4.7.6 Berechnung von einzelnen hydraulischen Größen

Während bei Grundwassermodellen das gesamte hydraulische Potentialfeld und daraus die Verteilung der Gefälle, Geschwindigkeiten, Abflüsse usw. errechnet wird, gibt es Verfahren, die nur einzelne Größen ermitteln.

Als Beispiele seien genannt:

- Widerstandskoeffizientenverfahren nach CHUGAEV zur Ermittlung von Gefällen und Durchflüssen von Unterströmungen [168].
- Fragmentenverfahren nach PAVLOVSKY zur Berechnung der Unterströmung [167].
- Diagramme von DAVIDENKOFF und FRANKE zur Berechnung von Standrohrspiegelhöhen bei umspundeten Baugruben [166].

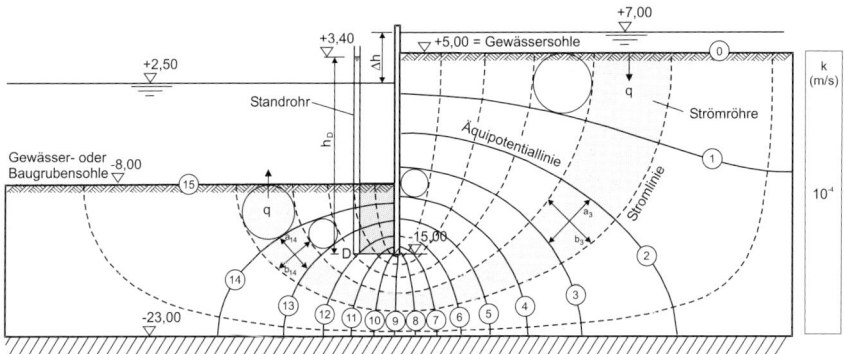

Bild E 113-2. Beispiel für ein Grundwasser-Strömungsnetz in homogenem Boden bei vertikaler Anströmung – Fall 1

4.7.7 Auswertung von Beispielen

4.7.7.1 Unterströmte Spundwand in homogenem Baugrund

Im Bild E113-2 ist in dem Strömungsnetz die Potentialdifferenz Δh von 4,50 m zwischen NN + 7 m und NN + 2,50 m in 15 Potentialschritte $dh = 0,30$ m aufgeteilt. In der Tiefe von NN – 23 m liegt eine wasserstauende Schicht, deren Oberkante den Modellrand (Randstromlinie) darstellt.

Folgende Kenngrößen des Potentialfelds lassen sich beispielhaft zeigen:

- Standrohrspiegelhöhe in Punkt D (Eckpunkt des Bruchkörpers nach Terzaghi – vgl. E 115, Abschn. 3.2):

$$h_D = 7,00 - 12/15 \cdot 4,50 \text{ m} = 3,40 \text{ m} (= 2,50 + 3/15 \cdot 4,50 \text{ m})$$

- Standrohrspiegelhöhe h_F am Fußpunkt der Spundwand

$$h_F = 7,00 \text{ m} - 9/15 \cdot 4,50 \text{ m} = 4,30 \text{ m} (= 2,50 \text{ m} + 6/15 \cdot 4,5 \text{ m})$$

- Hydraulisches Gefälle:

$$i_3 = dh/a_3 = 0,3/6,00 = 0,05; \quad i_{14} = dh/a_{14} = 0,30/4,3 = 0,07$$

Die Längen a_3 und a_{14} wurden aus dem Bild abgegriffen.

- Durchfluss:
Der Durchfluss in jeder Stromröhre ist gleich, da alle Rechtecke mathematisch ähnlich und so groß wie in einem Teilabschnitt zwischen zwei Potentiallinien sind. Der Durchfluss q ist das Produkt der Strömungsgeschwindigkeit v und der Durchströmten Fläche A.

95

Für die einzelne Stromröhre gilt:

$q = v \cdot A = k \cdot i \cdot A$, im ebenen Fall: $q_i = k \cdot i \cdot b_i$

$q_i = k \cdot \mathrm{d}h/a_{14} \cdot b_{14} = k \cdot \mathrm{d}h/a_3 \cdot b_3 = k \cdot \mathrm{d}h \cdot b/a$

b/a ist beim quadratischen Netz = 1.

Der Gesamtdurchfluss ergibt sich aus der Anzahl der Stromröhren, unvollständige Stromröhren werden entsprechend ihrem Querschnitt berücksichtigt.

In Bild E 113-2 besitzt die Randstromlinie nur ca. 10 % des Querschnitts einer vollständigen Stromröhre. Daher ist der Durchfluss:

$$q = 6{,}1 \cdot (10^{-4} \cdot 0{,}3 \cdot 1) = 1{,}83 \cdot 10^{-4} \ \mathrm{m^3/(s \cdot m)}$$

Die Berechnung des hydraulischen Grundbruchs am Spundwandfuß erfolgt nach E 115, Abschn. 3.2.

$h_1 = h_D - h_{wu}$ $\qquad h_1 = 3{,}4 - 2{,}5 = 1{,}1$ m

$h_r = h_F - h_{wu}$ $\qquad h_r = 4{,}3 - 2{,}5 = 1{,}8$ m

Nach TERZÁGHI erhält man für die vertikale Strömungskraft

$$S'_k = \frac{\lambda_w \cdot (h_1 + h_r)}{2} \cdot \frac{t}{2} = \frac{10 \cdot (1{,}1 + 1{,}8)}{2} \cdot \frac{7}{2} = 50{,}75 \ \mathrm{kN/m}$$

Der Bodenkörper hat ein Gewicht unter Auftrieb von

$$G'_k = \frac{\gamma_B \cdot t^2}{2} = 10 \cdot 24{,}5 = 245 \ \mathrm{kN/m}$$

Mit den Teilsicherheitsbeiwerten nach DIN 1054 (Abschn. 0) ist für den Lastfall 1 eine ausreichende Sicherheit gegen hydraulischen Grundbruch selbst bei ungünstigem Untergrund vorhanden:

$S'_k \cdot \gamma_H \le G'_k \cdot \gamma_{G, stb}$

$50{,}75 \cdot 1{,}8 < 245 \cdot 0{,}9$

$91{,}35 < 220{,}5$

4.7.7.2 Umströmte Spundwand im geschichteten Baugrund

Die Randbedingungen von Bild E 113-2 werden beibehalten, jedoch liegt eine 2 m dicke horizontale Schicht in unterschiedlicher Tiefenlage, deren Durchlässigkeit wesentlich geringer ist. Strom- und Potentiallinien sind mit einem Grundwassermodell errechnet.

In Bild E 113-3 erkennt man die Konzentration der Potentiallinien in den geringer durchlässigen Schichten, was im Fall 2a die Sicherheit gegen hydraulischen Grundbruch wesentlich reduziert, im Fall 2b erhöht. Für die Berechnung des Grundbruchs ist der maßgebende Wasserdruck

W_{St} jeweils an der Unterkante der wasserstauenden Schicht zu berücksichtigen.

Voraussetzung für diese Potentialverteilung ist, dass sich die gering durchlässige Schicht ausreichend weit vor und hinter der Wand erstreckt. Anderenfalls wird die Potentialverteilung von der Umströmung und nicht von der Durchströmung dieser Schicht bestimmt. Insbesondere bei wasserstauenden Schichten auf der Zuflussseite ist sorgfältig zu prüfen, ob die Schicht eine genügend große Ausdehnung hat und nicht in einer Entfernung endet, die ein Umströmen der Schicht erlaubt, wodurch der Wasserdruck unter der wasserstauenden Schicht der Abflussseite erheblich höher ist. Im Zweifelsfällen ist die Schicht auf der Zuflussseite zu vernachlässigen.

Zur Berechnung des hydraulischen Grundbruchs nach E 115, Abschn. 3.2, muss bei geschichtetem Boden der maßgebliche Schnitt bzw. Bruchkörper gesucht werden. Liegt eine weniger durchlässige Schicht über einer durchlässigen, so ist im Allgemeinen die Unterkante der weniger durchlässigen Schicht der maßgebliche Schnitt bzw. die Unterkante des maßgeblichen Bruchkörpers. Die maßgeblichen Druckhöhen bzw. Gradienten lassen sich aus dem Potentialnetz ermitteln:

Für eine hochliegende geringdurchlässige Schicht (Fall 2a) gilt in Bild E 113-3:

- Standrohrspiegelhöhe in Punkt D (Unterkante der geringdurchlässigen Schicht):

$$h_D = 7,00 - 11/15 \cdot 4,50 \text{ m} = 3,70 \text{ m} \ (= 2,50 + 4/15 \cdot 4,50 \text{ m})$$

- Mittleres hydraulisches Gefälle am Spundwandfuß:

$$i = \frac{\Delta h}{\Delta l} = \frac{3,70 - 2,50}{2,00} = 0,60$$

Für eine tiefliegende geringdurchlässige Schicht (Fall 2b) gilt in Bild E 113-3:

- Standrohrspiegelhöhe in Punkt D (Eckpunkt des untersuchten Bruchkörpers):

$$h_D = 7,00 - 12/15 \cdot 4,50 \text{ m} = 3,4 \text{ m} \ (= 2,50 + 3/15 \cdot 4,50 \text{ m})$$

- Standrohrspiegelhöhe im Wandfußpunkt:

$$h_F = 7,00 - 9/15 \cdot 4,50 \text{ m} = 4,30 \text{ m} \ (= 2,50 + 6/15 \cdot 4,50 \text{ m})$$

- Charakteristischer Wert der Strömungskraft im durchströmten Bodenkörper mit der Breite von 3,0 m:

$$S'_k = [(3,4 - 2,5) + (4,3 - 2,5)] /2 \cdot 10 \cdot 3,0 = 40,50 \text{ kN/m}$$

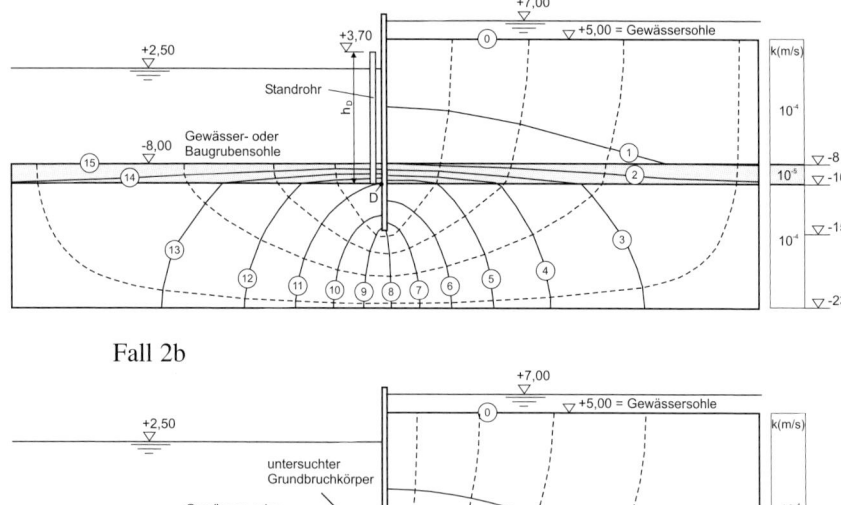

Bild E 113-3. Potentialnetze im geschichteten Baugrund bei vertikaler Anströmung. Gering durchlässige Schicht hochliegend (Fall 2a) bzw. tiefliegend (Fall 2b)

4.7.7.3 Umströmung der Spundwand bei horizontaler Zuströmung

Bild E 113-4 zeigt die Auswirkung der Annahmen zum Randpotential: Bei horizontaler Zuströmung des Grundwassers (Fall 3, Geländeoberkante und Grundwasser am rechten Modellrand auf Höhe NN + 7 m statt Oberflächenwasser). Der rechte vertikale Modellrand ist hier eine Randpotentiallinie.

Je nach Schichtenfolge ändern sich die Wasserdruckverteilung an der Wand und die Gefahr des hydraulischen Grundbruchs. Das Ergebnis wird ferner sehr stark beeinflusst vom Abstand zwischen umströmter Wand und der Randpotentiallinie mit dem maximalen Wasserstand.

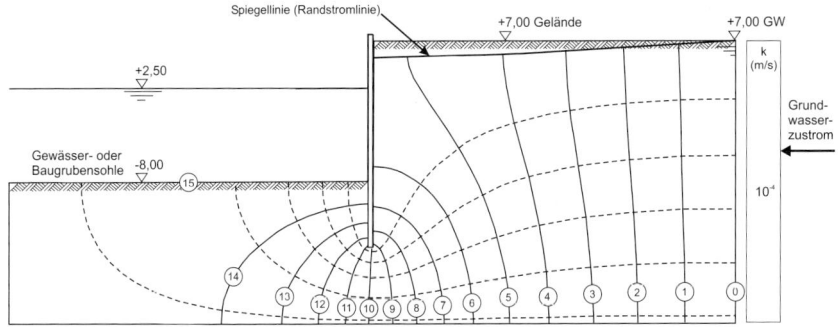

Bild E 113-4. Potentialnetz bei horizontaler Zuströmung (Fall 3)

4.8 Vorübergehende Sicherung von Ufereinfassungen durch Grundwasserabsenkung (E 166)

4.8.1 Allgemeines

Die Standsicherheit von Ufereinfassungen kann für eine begrenzte Zeit erhöht werden, indem landseitig der Ufereinfassung eine Grundwasserabsenkung vorgenommen wird.

Vorweg ist aber zu untersuchen und sicherzustellen, dass das Bauwerk selbst oder sonstige Bauwerke im Einflussbereich der Grundwasserabsenkung durch die geplante Absenkung nicht gefährdet werden. Hierzu sei vor allem auch auf eine mögliche Erhöhung der negativen Mantelreibung der Pfahlgründungen hingewiesen.

Die Erhöhung der Standsicherheit durch eine Grundwasserabsenkung ist zurückzuführen auf:

- die Verminderung des Wasserüberdrucks, wobei sogar eine stützende Wirkung von der Wasserseite her erreicht werden kann, und
- die Erhöhung der wirksamen Massenkräfte des Erdwiderstandgleitkörpers durch Verminderung des Strömungsdrucks von unten beziehungsweise umgekehrt durch einen Strömungsdruck und eine Wasserauflast von oben.

Diesen positiven Einflüssen stehen negative gegenüber, die jedoch wesentlich geringere Auswirkungen haben:

- die Erhöhung des Erddrucks auf das Bauwerk infolge Erhöhung des Bodengewichts durch Wegfall des Auftriebs im abgesenkten Bereich und
- fallweise eine Erhöhung des Erddrucks durch von oben nach unten wirkenden Strömungsdruck.

99

4.8.2 Fall mit hoch anstehendem weichem bindigem Boden

Steht ab Geländeoberkante auf großer Tiefe wenig durchlässiger weicher Boden an, der von gut durchlässigem, nichtbindigem Boden unterlagert wird (Bild E 166-1), ist der Boden für die Zusatzmasse aus dem entfallenden Auftrieb für die Absenktiefe Δh zunächst nicht konsolidiert. Da in diesem Stadium für die Zusatzlast der Erddruckbeiwert $K_{ag} = 1$ und bei bindigem Boden $\gamma - \gamma' = \gamma_w$, ist, ist dann der Zusatzerddruck in Höhe des abgesenkten Grundwasserspiegels zu Beginn der Konsolidierung $\Delta e_{ah} = \gamma_w \cdot \Delta h \cdot 1$.

Der verminderte Wasserüberdruck wird daher im Anfangsstadium voll durch den vergrößerten Erddruck im weichen Boden kompensiert. Mit zunehmender Konsolidierung sinkt aber auch hier der Zusatzerddruck auf den Wert

$$\Delta e_a = \gamma_w \cdot \Delta h \cdot K_{ag} \cdot \cos \delta_a$$

Auf der Erdwiderstandsseite wirkt sich eine durch die Grundwasserabsenkung bedingte Vergrößerung der Wasserauflast, vermehrt um Strömungsdruck, vor allem unter liegenden, nichtbindigen Boden günstig aus (Bild E 166-1). Im darüber liegenden bindigen Boden muss auch der Konsolidierungszustand entsprechend berücksichtigt werden.

4.8.3 Fall nach Abschn. 4.8.2, aber mit oberer starker Wasserzufuhr

Ist abweichend von Bild E 166-1 über dem weichen bindigen Boden hinter der Ufereinfassung eine stark wasserführende nichtbindige Schicht vorhanden, tritt bei der Grundwasserabsenkung im darunter liegenden einheitlichen bindigen Boden eine vorwiegend vertikale Potentialströmung zur unteren durchlässigen Schicht hin ein. Dabei ist für den Wasserdruck in Oberkante der bindigen Schicht die Standrohrspiegelhöhe in der obenliegenden, stark durchlässigen Schicht und für den Wasserdruck in Unterkante der bindigen Schicht die Standrohrspiegelhöhe in der unteren nichtbindigen Schicht maßgebend. Die Veränderungen von Erddruck und Erdwiderstand richten sich nach den jeweiligen Strömungsverhältnissen bzw. der Wasserauflast, wobei auch hier die Konsolidierungszustände sinngemäß nach Abschn. 4.8.2 berücksichtigt werden müssen.

4.8.4 Folgerungen für die Bauwerksicherung

Die Wirksamkeit einer Bauwerkssicherung durch Grundwasserabsenkung ist im stationären Endzustand stets gewährleistet, im Anfangszustand aber stark abhängig von den Bodenverhältnissen. Bei Anwendung müssen daher auch der Anfangszustand und die Zwischenzustände sorgfältig überlegt und berücksichtigt werden. Dann kann das Verfahren bei überlasteten Ufereinfassungen und vor allem zum Ausgleich einer Vertiefung der Hafensohle vor einer Ufereinfassung mit Erfolg ange-

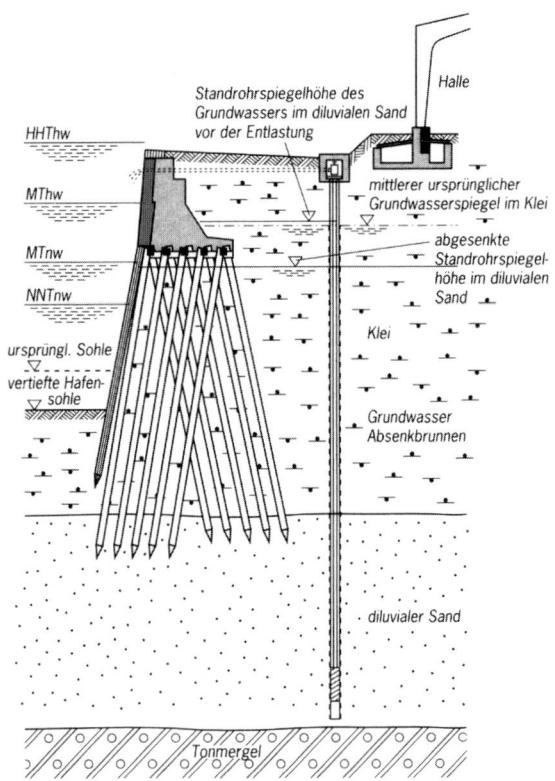

Bild E 166-1. Ausgeführtes Beispiel einer Kaimauersicherung durch Grundwasserabsenkung

wendet werden. Dadurch kann die letztlich erforderliche, im Allgemeinen aber wesentlich teurere endgültige Verstärkung des Bauwerks zu einem späteren, möglicherweise wirtschaftlich günstigen Zeitpunkt vorgenommen werden.

4.9 Hochwasserschutzwände in Seehäfen (E 165)

4.9.1 Allgemeines

Hochwasserschutzwände haben im Allgemeinen die Aufgabe, Hafengelände gegen Überflutung zu schützen. Sie werden aber auch angewendet, wenn ein Hochwasserschutz mit Deichen nicht möglich ist.
Die besonderen zusätzlichen Anforderungen an derartige Wände werden in folgenden Abschnitten erläutert.

101

4.9.2 Maßgebende Wasserstände

4.9.2.1 Maßgebende Wasserstände für Hochwasser

(1) Außenwasserstand und Sollhöhe

Die Sollhöhenbestimmung einer Hochwasserschutzwand erfolgt unter Berücksichtigung des maßgebenden Ruhewasserspiegels (Bemessungswasserstand entsprechend dem rechnungsmäßigen HHThw) zuzüglich Freibordzuschlägen für örtliche Seegangseinflüsse (Wellen) und ggf. Windstau.

Wegen des größeren Wellenauflaufs an Wänden ist die Krone von Hochwasserschutzwänden höher als bei Deichen, es sei denn, dass ein kurzzeitiges Überlaufen der Wände in Kauf genommen werden kann. Grundsätzlich sind Wände gegen Überlaufen weniger empfindlich als Deiche. Allerdings muss sichergestellt sein, dass überlaufendes Wasser hinter der Wand keinen Kolk hervorrufen kann und schadlos abgeführt werden kann (siehe Abschn. 4.9.6.1).

(2) Zugehöriger Binnenwasserstand

Der zugehörige Binnenwasserstand ist allgemein in der Geländeoberkante anzusetzen, sofern nicht andere mögliche Wasserstände – wie beispielsweise bei Böschungen – ungünstiger sind (Bild E 165-1). Bei den Wasserständen nach Abschn. 4.9.2.1 (1) und (2) kann der Standsicherheitsnachweis für die Wand nach Lastfall 3 geführt werden, sofern eine Sonderbeanspruchung gemäß Abschn. 4.9.5 berücksichtigt wird.

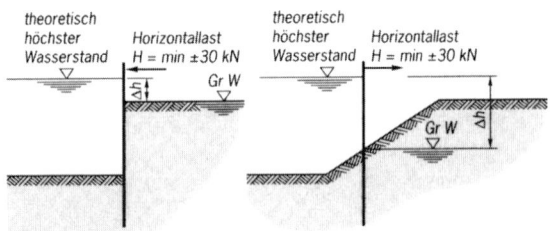

Bild E 165-1. Maßgebende Wasserstände bei Hochwasser

4.9.2.2 Maßgebende Wasserstände für Niedrigwasser

(1) Außenwasserstände

Als Regelniedrigwasser ist im Lastfall 1 das mittlere Tideniedrigwasser (MTnw) zu berücksichtigen.

Außergewöhnlich niedrige Außenwasserstände, die nur einmal im Jahr auftreten, sind dem Lastfall 2 zuzuordnen.

Das niedrigste jemals gemessene Niedrigwasser (NNTnw) bzw. ein in Zukunft noch zu erwartender niedriger Außenwasserstand ist in Lastfall 3 einzustufen.

(2) Zugehörige Binnenwasserstände
Im Allgemeinen ist der Binnenwasserstand in OK Gelände anzusetzen, sofern nicht ein niedrigerer Wasserstand durch genauere strömungstechnische Untersuchungen zugelassen werden kann oder durch bauliche Maßnahmen, beispielsweise Dränagen, dauerhaft sichergestellt wird. Bei Ausfall der Dränage muss jedoch noch eine Sicherheit ≥ 1,0 (Katastrophenfall) vorhanden sein. Im Einzelfall kann der maßgebende Binnenwasserstand – bei genauer Kenntnis der örtlichen Gegebenheiten – auch anhand der Beobachtungen von Grundwasserpegeln bestimmt werden.

(3) Ablaufendes Hochwasser
Bei ablaufendem Hochwasser können Wasserspiegeldifferenzen auftreten, die der Situation bei Niedrigwasser entsprechen (Überdruck von der Landseite), jedoch zu einer höheren Belastung der Wand führen, wie z. B. bei einem Wasserstand über Gelände auf der Binnenseite (Bild E 165-2).

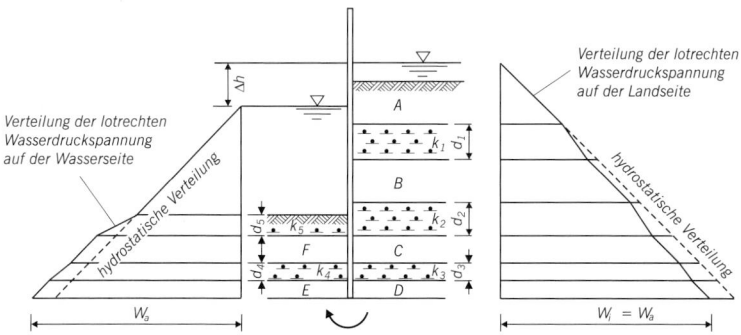

Bild E 165-2. Beispiel für den Abbau von Δh (A, B, C, D, E, F sind stark durchlässige Schichten)

4.9.3 Wasserüberdruck- und Ansatz der Wichte bei Bemessung von HWS-Wänden

4.9.3.1 Ansätze bei nahezu homogenen Böden
Der Verlauf der Wasserüberdruckkoordinaten kann mit Hilfe eines Potentialströmungsnetzes nach E 113, Abschn. 4.7 oder in Anlehnung an E 114, Abschn. 2.9.2 ermittelt werden. Die Veränderung der wirksamen Wichte durch das fließende Grundwasser kann nach E 114, Abschn. 2.9.3.2 berücksichtigt werden.

4.9.3.2 Ansätze bei geschichteten Böden

Üblicherweise treten waagerechte oder nur wenig geneigte Schichtgrenzen auf, so dass die nachfolgenden Ausführungen hierauf beschränkt bleiben.

Unterschiedliche Durchlässigkeiten zweier Schichten sind zu berücksichtigen, wenn das Verhältnis der Durchlässigkeiten größer als ca. 5 ist. Der Abbau des Wasserdrucks infolge von vorwiegend vertikaler Strömung findet ab einem Durchlässigkeitsverhältnis von $k_1/k_2 > 5$ fast gänzlich in den Schichten mit den geringen Durchlässigkeiten statt, sofern keine wesentlichen Störungen vorliegen und die Aufbruchsicherheit gewährleistet ist.

Der Strömungswiderstand in den relativ durchlässigen Schichten kann dabei vernachlässigt werden. Bei etwa waagerechten Schichten mit stark differierender Durchlässigkeit darf zur Ermittlung der Wasserdruckordinaten eine reine Vertikalströmung angesetzt werden, wenn sichergestellt ist, dass der Zustrom nur auf der Oberfläche oder in der obersten durchlässigen Schicht erfolgt. Ein Grundwasserzustrom in tiefer liegenden Schichten führt zu einer völlig anderen Druckverteilung, ggf. sogar zu Horizonten mit gespanntem Grundwasser. Für den Ansatz einer Wasserdruckverteilung nach Bild E 165-2 muss außerdem sichergestellt sein, dass die wenig durchlässigen Schichten eine ausreichende horizontale Ausdehnung haben, so dass ein Umströmen dieser Schichten ausgeschlossen ist, und dass die Wasserzufuhr ausschließlich von der obersten durchlässigen Schicht (A) erfolgt.

Der anteilige Abbau von Δh in den wenig durchlässigen Schichten ΔW_i ist proportional der jeweiligen Schichtdicke d_i und umgekehrt proportional der Durchlässigkeit k_i [m/s]. Ein Potentialabbau bei der Umströmung des Spundwandfußes wird wegen der dort anstehenden stärker durchlässigen Schicht nicht berücksichtigt.

$$\Delta W_i = \gamma_w \cdot \Delta h \cdot \frac{d_i}{k_i} \cdot \frac{1}{\sum \frac{d_i}{k_i}}$$

Unter den obigen Voraussetzungen verändert sich die wirksame Wichte des durchströmten Bodens praktisch nur in den wenig durchlässigen Schichten, und zwar um den Betrag:

$$\left| \Delta \gamma_i \right| = \gamma_w \cdot \Delta h \cdot \frac{1}{k_i} \cdot \frac{1}{\sum \frac{d_i}{k_i}}$$

Bei Strömung von oben nach unten wird γ erhöht ($+\Delta \gamma$), bei Strömung von unten nach oben wird γ erniedrigt ($-\Delta \gamma$).

Tritt infolge der Wanddurchbiegung zwischen der Wand und einer wenig durchlässigen Schicht ein Spalt auf, wird diese Schicht als voll durchlässig betrachtet.

Besonders zu beachten ist die Entlastung von γ, wenn auf der Wasserseite die oberste wenig durchlässige Schicht sehr nahe oder ganz an der Geländeoberfläche liegt. Dabei kann $\Delta\gamma_i$ gleich dem γ_i werden, was zu einem Aufschwimmen der obersten Schicht führt. Diese darf dann nur mit dem Erdwiderstands aus Kohäsion zur Stützung der HWS-Wand herangezogen werden, sollte zur Erhöhung der Sicherheit aber besser ganz vernachlässigt werden.

4.9.4   Mindesteinbindetiefe der HWS-Wand

Die Mindesteinbindetiefe der HWS-Wand ergibt sich aus der statischen Berechnung und dem erforderlichen Nachweis der Geländebruchsicherheit. Dabei ist die Wichteverminderung nach Abschn. 4.9.3.2 im Erdwiderstandsbereich zu berücksichtigen. Außerdem ist zu beachten, dass:

- das Baugrund- sowie das Ausführungsrisiko in Bezug auf mögliche Undichtheiten (Schlossschäden) zu berücksichtigen sind, wobei
- schon eine Fehlstelle in der HWS-Wand zum Versagen des ganzen Bauwerks führen kann und
- eine Eignungsprüfung für den Bemessungslastfall Hochwasser nicht möglich ist,
- der Rammtiefenzuschlag unter Berücksichtigung einer eventuell ungünstig wirkenden Böschung gemäß E 56, Abschn. 8.2.9 zu ermitteln ist.

Daher sollte im Hochwasserlastfall der Strömungsweg im Boden folgende Werte nicht unterschreiten:

- Bei homogenen Böden mit relativ durchlässigem Bodenaufbau und bei Spaltbildung infolge Wanddurchbiegung das 4-fache der Differenz zwischen dem Bemessungswasserstand und der landseitigen Geländeoberkante (unabhängig vom tatsächlichen Binnenwasserstand).
- Bei geschichtetem Boden mit Durchlässigkeitsunterschieden von mehr als 2 Zehnerpotenzen das 3fache der Differenz zwischen dem Bemessungswasserstand und Geländeoberkante (unabhängig vom tatsächlichen Binnenwasserstand). Horizontale Sickerwege dürfen nicht angerechnet werden, wenn Hohlräume entstehen können.

4.9.5   Sonderbeanspruchung einer HWS-Wand

Abgesehen von den üblichen Nutzlasten sind Lasten aus Stoß von treibenden Gegenständen bei Hochwasser und aus dem Anprall von Landfahrzeugen mit mindestens 30 kN zu berücksichtigen (s. Bild E 165-1).

Bei gefährdeter Lage mit ungünstigen Strömungs- und Windverhältnissen beziehungsweise guter Zugänglichkeit ist die Anpralllast jedoch wesentlich höher anzusetzen. Eine Verteilung der Lasten durch geeignete konstruktive Maßnahmen ist zulässig, wenn dadurch die Funktionsfähigkeit der HWS-Wand nicht beeinträchtigt wird.
Für Sonderbeanspruchungen darf der Standsicherheitsnachweis nach Lastfall 3 geführt werden.

4.9.6 Konstruktive Maßnahmen, Anforderungen

4.9.6.1 Flächensicherung auf der Landseite der HWS-Wand
Zur Vermeidung von landseitigen Auskolkungen, die im Hochwasserfall durch überschlagendes Wasser hervorgerufen werden können, ist eine Flächensicherung vorzusehen. Ihre Breite sollte mindestens der freien landseitigen Wandhöhe entsprechen.

4.9.6.2 Verteidigungsstraße
Die Anordnung einer HWS-Verteidigungsstraße mit Asphalt-Fahrbahn, nahe an der HWS-Wand, wird empfohlen. Sie sollte mindestens 2,50 m breit sein und kann gleichzeitig der Flächensicherung nach Abschn. 4.9.6.1 dienen.

4.9.6.3 Entspannungsfilter
Unmittelbar an der HWS-Wand soll landseitig ein etwa 0,3 bis 0,5 m breiter Entspannungsfilter angeordnet werden, damit sich unter der Verteidigungsstraße kein größerer Sohlenwasserdruck aufbauen kann.
Bei Spundwandbauwerken genügt es, die landseitigen Täler mit entsprechendem Filtermaterial (z. B. Metallhüttenschlacke 35/55) aufzufüllen.

4.9.6.4 Dichtheit der Spundwand
Der über Gelände stehende Bereich der Spundwand erhält im Allgemeinen eine künstliche Schlossdichtung nach E 117, Abschn. 8.1.20.

4.9.7 Hinweis für HWS-Wände in Böschungen
Für die Bemessung von HWS-Wänden in oder in der Nähe von Böschungen sind im Allgemeinen die Niedrigwasserstände im Außenwasser maßgebend.
Mit der Erhöhung der Lasten aus binnenseitigem Wasserüberdruck und erhöhten Wichten auch aus Strömungsdruck geht außen eine Verminderung des Erdwiderstands einher. Die veränderten Wasserstände führen häufig auch zu einer Verminderung der Sicherheit gegen Geländebruch. Bei geschichteten Böden (bindige Zwischenschichten), die nicht durch ausreichend lange Spundbohlen vernadelt sind, ist neben dem üblichen

Nachweis des Böschungsbruchs auch die Standsicherheit des Boden-
keils vor der HWS-Wand nachzuweisen.
Die Außenböschung ist durch Packlagen oder gleichwertige Maßnahmen gegen Auskolkung zu schützen. Die Sicherheit gegen Gelände- bzw.
Böschungsbruch ist nach DIN 4084 mindestens für den Lastfall 2 nachzuweisen. Regelmäßige Kontrollen dieser Böschungen sind zu veran-
lassen.

4.9.8 Leitungen im Bereich von HWS-Wänden

4.9.8.1 Allgemeines

Leitungen im Bereich von HWS-Wänden können aus mehreren Gründen Schwachstellen darstellen. Hierzu seien vor allem erwähnt:

- undichte Flüssigkeitsleitungen vermindern durch Ausspülungen den
  sonst vorhandenen Sickerweg im Boden,
- Aufgrabungen zum Auswechseln schadhafter Leitungen vermindern
  die stützende Wirkung des Erdwiderstands und verkürzen ebenfalls
  den Sickerweg,
- außer Betrieb genommene Leitungen können unkontrollierte Hohlräume hinterlassen.

4.9.8.2 Leitungen parallel zu einer HWS-Wand

Leitungen parallel zu einer HWS-Wand sollen in einem hinreichend
breiten Schutzstreifen beiderseits der HWS-Wand (> 15 m) nicht angeordnet werden. Vorhandene Leitungen sollten verlegt oder außer Betrieb genommen werden. Dabei entstandene oder verbleibende Hohlräume müssen sicher verfüllt werden.
Im Schutzstreifen verbleibenden Leitungen ist besondere Aufmerksamkeit zu widmen:

- wegen denkbarer Leitungsarbeiten ist bei der Bestimmung des Erdwiderstands und insbesondere der Sickerwege ein bis Unterkante Rohr-
  leitung reichender Aushubgraben zu berücksichtigen,
- ein Grabenverbau ist für den in der Wandberechnung angesetzten Erdwiderstand zu bemessen,
- Leitungen, die Flüssigkeiten führen, müssen beim Eintritt in den und
  beim Austritt aus dem Schutzstreifen durch geeignete Absperrvor-
  richtungen verschließbar gemacht werden,
- Leitungsarbeiten in der sturmflutgefährdeten Jahreszeit sind möglichst
  zu vermeiden.

4.9.8.3 Leitungskreuzungen mit einer HWS-Wand

Auch Leitungsführungen durch eine HWS-Wand sind potentielle
Schwachstellen und daher möglichst zu vermeiden. Daher sollen:

- die Leitungen möglichst über die HWS-Wand geführt werden, insbesondere Hochdruck- oder Hochspannungsleitungen,
- Einzelleitungen im Erdreich außerhalb des Schutzstreifens zusammengefasst und als Gesamtleitung oder Leitungsbündel durch die HWS-Wand geführt werden und
- Leitungskreuzungen möglichst rechtwinklig zur Wand angelegt werden.

Dem unterschiedlichen Setzungsverhalten von Leitungen und HWS-Wand ist durch konstruktive Maßnahmen Rechnung zu tragen (flexible Durchführungen, Rohrgelenke). Starre Durchführungen sind nicht zulässig.
Die Ausbildung von Leitungskreuzungen hängt im einzelnen von der Art der Leitung ab.

- Kabelkreuzungen
Informatikkabel und E-Kabel dürfen nicht direkt durchgeführt, sondern müssen im Schutz eines Mantelrohrs verlegt werden. Die Kabel sind in geeigneter Weise gegen das Mantelrohr abzudichten.

- Druckleitungskreuzungen
Druckleitungen (Gas, Wasser …) sind im gesamten Schutzstreifen durch ein Mantelrohr derart zu sichern, dass sie bei einem Bruch der Druckleitung ausgewechselt werden können, ohne dass im Schutzstreifen Aufgrabungen erforderlich werden. Das Mantelrohr sollte dem Betriebsdruck mit gleicher Sicherheit standhalten wie die Druckleitung. Dies gilt ebenso für die beiderseits der HWS-Wand anzuordnende Abdichtung zwischen Druckleitung und Mantelrohr. Für die Abdichtung sind nur dauerbeständige Materialien zu verwenden.

- Kanal- oder Sielkreuzungen
Besteht die Gefahr, dass im Hochwasserfall durch Kanäle oder Siele Wasser in den Polder gedrückt wird, sind geeignete doppelte Absperrmöglichkeiten vorzusehen. Hierzu wird entweder je ein Schacht mit Schieber oder Schütz beidseitig der HWS-Wand angeordnet, oder beide Bauwerke und ein Teil der HWS-Wand werden zu einem Bauwerk mit doppelter Schieber- oder Schützensicherung zusammengefasst. Bei geringer Gefährdung kann einer der beiden Verschlüsse auch als Rückstauklappe ausgeführt werden.

- Innerhalb des Schutzstreifens sollen Ver- und Entsorgungsleitungen mit den Einwirkungen nach Lastfall 3 berechnet werden. Der Nachweis der Standsicherheit ist dabei nach Lastfall 2 zu führen. Die Widerstandsfähigkeit gegen Sandschliff, Korrosion und sonstige chemische Angriffe ist besonders zu beachten.

- Deichscharte
Deichscharte werden in Verbindung mit der HWS-Wand sinngemäß nach den bewährten Ausbildungsgrundsätzen der Scharte von Seedeichen ausgeführt. Auch hier gelten die vorgenannten Lastfälle.

- Außer Betrieb gesetzte Leitungen
Innerhalb des Schutzstreifens sollen außer Betrieb gesetzte Leitungen rückgebaut werden. Ist dies nicht möglich, sind die Leitungshohlräume sicher zu verfüllen.

5 Schiffsabmessungen und Belastungen der Ufereinfassungen

5.1 Schiffsabmessungen (E 39)

5.1.1 Seeschiffe

Bei der Berechnung und Bemessung von Ufereinfassungen und von Fenderungen und Dalben kann mit den in den folgenden Tabellen beschriebenen beispielhaften mittleren Schiffsabmessungen gerechnet werden. Zu berücksichtigen ist dabei, dass es sich um mittlere Werte handelt, deren Größe um bis zu 10 % über- oder unterschritten werden kann. Die Werte wurden aus dem Lloyds Register of Ships, April 2001 sowie weiteren unveröffentlichten Auswertungen aus Japan und Bremen weitgehend statistisch ermittelt und basieren daher auf einer sehr umfangreichen Datengrundlage.

Definitionen der gebräuchlichen Angaben zu den Schiffsgrößen:
- Die Schiffsvermessung erfolgt auf der Grundlage der Brutto-Raumzahl (BRZ), einer dimensionslosen Größe, englisch GRT (Gross Register Tonnage). Diese ist aus dem Gesamtvolumen des Schiffes abgeleitet. Die früher übliche Messeinheit Brutto-Registertonne (BRT; eine Registertonne entsprach 100 cubic feet, d. h. 2,83 m^3) ist entsprechend einer internationalen Vereinbarung seit dem Jahr 1994 nicht mehr zugelassen.
- Die Tragfähigkeit (dwt, dead weight tonnage) wird in metrischen Tonnen angegeben und gibt die maximale Ladekapazität eines vollausgerüsteten, betriebsfertigen Schiffes an. Es besteht kein mathematischer Zusammenhang zwischen der Tragfähigkeit und der Schiffsvermessung.
- Die Wasserverdrängung gibt das tatsächliche Gewicht des Schiffes einschließlich der maximalen Zuladung in metrischen Tonnen an.
- Containerschiffe werden oftmals nach ihrer Stellplatzkapazität beurteilt, die in Stück TEU (Twenty feet Equivalent Unit) angegeben wird. Ein TEU ist die kleinste vorhandene Containerlänge mit 20 feet Länge, entsprechend 6,10 m.

5.1.1.1 Fahrgastschiffe (Tabelle E 39-1.1)

Schiffs-vermessung	Trag-fähigkeit	Wasser-verdrän-gung G	Länge über alles	Länge zwischen den Loten	Breite	Max. Tiefgang
BRZ	dwt	t	m	m	m	m
70 000	–	37 600	260	220	33,1	7,6
50 000	–	27 900	231	197	30,5	7,6
30 000	–	17 700	194	166	26,8	7,6
20 000	–	12 300	169	146	24,2	7,6
15 000	–	9 500	153	132	22,5	5,6
10 000	–	6 600	133	116	20,4	4,8
7 000	–	4 830	117	103	18,6	4,1
5 000	–	3 580	104	92	17,1	3,6
3 000	–	2 270	87	78	15,1	3,0
2 000	–	1 580	76	68	13,6	2,5
1 000	–	850	60	54	11,4	1,9

5.1.1.2 Massengutfrachter (Tabelle E 39-1.2)

Schiffs-vermessung	Trag-fähigkeit	Wasser-verdrän-gung G	Länge über alles	Länge zwischen den Loten	Breite	Max. Tiefgang
	dwt	t	m	m	m	m
–	250 000	273 000	322	314	50,4	19,4
–	200 000	221 000	303	294	47,1	18,2
–	150 000	168 000	279	270	43,0	16,7
–	100 000	115 000	248	239	37,9	14,8
–	70 000	81 900	224	215	32,3	13,3
–	50 000	59 600	204	194	32,3	12,0
–	30 000	36 700	176	167	26,1	10,3
–	20 000	25 000	157	148	23,0	9,2
–	15 000	19 100	145	135	21,0	8,4
–	10 000	13 000	129	120	18,5	7,5

5.1.1.3 Stückgutfrachter (General Cargo) (Tabelle E 39-1.3)

Schiffs- vermes- sung	Trag- fähigkeit	Wasser- verdrän- gung G	Länge über alles	Länge zwischen den Loten	Breite	Max. Tiefgang
	dwt	t	m	m	m	m
–	40 000	51 100	197	186	28,6	12,0
–	30 000	39 000	181	170	26,4	10,9
–	20 000	26 600	159	149	23,6	9,6
–	15 000	20 300	146	136	21,8	8,7
–	10 000	13 900	128	120	19,5	7,6
–	7 000	9 900	115	107	17,6	6,8
–	5 000	7 210	104	96	16,0	6,1
–	3 000	4 460	88	82	13,9	5,1
–	2 000	3 040	78	72	12,4	4,5
–	1 000	1 580	63	58	10,3	3,6

Bei den Stückgutfrachtern zeichnet sich ein Trend zu größeren Einheiten nicht ab. Im Bedarfsfall können die Maßangaben nach Abschn. 5.1.1.2 sinngemäß verwendet werden.

5.1.1.4 Containerschiffe (Tabelle E 39-1.4)

Trag-fähig-keit	Wasser-verdrän-gung G	Länge über alles	Länge zwi-schen den Loten	Breite	Max. Tief-gang	Anzahl Con-tainer	Gene-ration
dwt	t	m	m	m	m	TEU	
100 000	133 000	326	310	42,8	14,5	7 100	6.
90 000	120 000	313	298	42,8	14,5	6 400	6.
80 000	107 000	300	284	40,3	14,5	5 700	5.
70 000	93 600	285	270	40,3	14,0	4 900	5.
60 000	80 400	268	254	32,3	13,4	4 200	4.
50 000	67 200	250	237	32,3	12,6	3 500	3.
40 000	53 900	230	217	32,3	11,8	2 800	3.
30 000	40 700	206	194	30,2	10,8	2 100	2.
25 000	34 100	192	181	28,8	10,2	1 700	2.
20 000	27 500	177	165	25,4	9,5	1 300	2.
15 000	20 900	158	148	23,3	8,7	1 000	1.
10 000	14 200	135	126	20,8	7,6	600	1.
7 000	10 300	118	109	20,1	6,8	400	1.

Die Breite der Containerschiffe ergibt sich jeweils aus der Anzahl der Reihen an Containern, die an Deck maximal nebeneinander stehen können. Zu berücksichtigen ist, dass die Datenlage des Jahres 2001 Grundlage der Tabelle ist. Zu diesem Zeitpunkt waren weltweit nur 20 Containerschiffe mit 90 000 dwt oder mehr in Fahrt.

Die Größe der Containerschiffe unterliegt allerdings einer sehr dynamischen Entwicklung. Es ist damit zu rechnen, dass in absehbarer Zeit Schiffe mit bis zu 12 000 TEU Ladungsvermögen in Fahrt sein werden. Diese Schiffe haben bei einer Tragfähigkeit von etwa 160 000 dwt eine Wasserverdrängung von rd. 220 000 t und Abmessungen von (Länge/Breite/Konstruktionstiefgang) 400 m/53 m/16 m.

5.1.1.5 Fährschiffe (Tabelle E 39-1.5)

Trag-fähigkeit	Wasser-verdrän-gung G	Länge über alles	Länge zwischen den Loten	Breite	Max. Tiefgang
dwt	t	m	m	m	m
40 000	30 300	223	209	31,9	8,0
30 000	22 800	201	188	29,7	7,4
20 000	15 300	174	162	26,8	6,5
15 000	11 600	157	145	25,0	6,0
10 000	7 800	135	125	22,6	5,3
7 000	5 500	119	110	20,6	4,8
5 000	3 900	106	97	19,0	4,3
3 000	2 390	88	80	16,7	3,7
2 000	1 600	76	69	15,1	3,3
1 000	810	59	54	12,7	2,7

Die Abmessungen der Fährschiffe sind stark abhängig vom Einsatzgebiet und vom Einsatzzweck. Die nachfolgende angegebenen Abmessungen sollten daher nur für Voruntersuchungen verwendet werden.

5.1.1.6 Ro-Ro-Schiffe (Tabelle E 39-1.6)

Trag-fähigkeit	Wasser-verdrän-gung G	Länge über alles	Länge zwischen den Loten	Breite	Max. Tiefgang
dwt	t	m	m	m	m
30 000	45 600	229	211	30,3	11,3
20 000	31 300	198	182	27,4	9,7
15 000	24 000	178	163	25,6	8,7
10 000	16 500	153	141	23,1	7,5
7 000	11 900	135	123	21,2	6,6
5 000	8 710	119	109	19,5	5,8
3 000	5 430	99	90	17,2	4,8
2 000	3 730	85	78	15,6	4,1
1 000	1 970	66	60	13,2	3,2

5.1.1.7 Öltanker (Tabelle E 39-1.7)

Trag-fähigkeit	Wasser-verdrän-gung G	Länge über alles	Länge zwischen den Loten	Breite	Max. Tiefgang
dwt	t	m	m	m	m
300 000	337 000	354	342	57,0	20,1
200 000	229 000	311	300	50,3	17,9
150 000	174 000	284	273	46,0	16,4
100 000	118 000	250	240	40,6	14,6
50 000	60 800	201	192	32,3	11,9
20 000	25 300	151	143	24,6	9,1
10 000	13 100	121	114	19,9	7,5
5 000	6 740	97	91	16,0	6,1
2 000	2 810	73	68	12,1	4,7

5.1.1.8 LNG – Gastanker (Tabelle E 39-1.8)

Trag-fähigkeit	Kapazität	Wasser-verdrän-gung G	Länge über alles	Länge zwischen den Loten	Breite	Max. Tiefgang
dwt	m^3	t	m	m	m	m
100 000	155 000	125 000	305	294	50,0	12,5
70 000	110 000	100 000	280	269	45,0	11,5
50 000	77 000	75 000	255	245	38,0	10,5
20 000	30 500	34 000	195	185	30,0	8,5
10 000	15 000	19 000	148	135	26,0	7,0

5.1.1.9 LPG – Gastanker (Tabelle E 39-1.9)

Trag-fähigkeit	Kapazität	Wasser-verdrän-gung G	Länge über alles	Länge zwischen den Loten	Breite	Max. Tiefgang
dwt	m^3	t	m	m	m	m
70 000	105 000	90 000	260	250	38,0	14,0
50 000	65 000	65 000	230	220	35,0	13,0
20 000	20 000	27 000	170	160	25,0	10,5
10 000	10 000	15 000	130	130	21,0	9,0
5 000	5 000	8 000	110	100	18,0	6,8
2 000	2 000	3 500	90	75	13,0	5,5

5.1.2 Fluss-See-Schiffe (Tabelle E 39-2)

Schiffs-vermes-sung	Trag-fähigkeit	Wasser-verdrän-gung G	Länge über alles	Breite	Max. Tiefgang
BRZ	dwt	t	m	m	m
999	3 200	3 700	94,0	12,8	4,2
499	1 795	2 600	81,0	11,3	3,6
299	1 100	1 500	69,0	9,5	3,0

5.1.3 Binnenschiffe (Tabelle E 39-3)

Schiffsbenennung	Trag-fähig-keit	Wasser-verdrän-gung G	Länge	Breite	Tief-gang
	t	t	m	m	m
Motorgüterschiffe:					
Großes Rheinschiff	4 500	5 200	135,0	11,4	4,5
2600-Tonnen-Klasse	2 600	2 950	110,0	11,4	2,7
Rheinschiff	2 000	2 385	95,0	11,4	2,7
Europaschiff	1 350	1 650	80,0	9,5	2,5
Dortmund-Ems-Kanal-Schiff	1 000	1 235	67,0	8,2	2,5
Groß-Kanal-Maß-Schiff	950	1 150	82,0	9,5	2,0
Groß-Plauer-Maß-Schiff	700	840	67,0	8,2	2,0
BM-500-Schiff	650	780	55,0	8,0	1,8
Kempenaar	600	765	50,0	6,6	2,5
Prahm	415	505	32,5	8,2	2,0
Peniche	300	405	38,5	5,0	2,2
Groß-Saale-Maß-Schiff	300	400	52,0	6,6	2,0
Groß-Finow-Maß-Schiff	250	300	41,5	5,1	1,8
Schubleichter:					
Europa IIa	2 940	3 275	76,5	11,4	4,0
	1 520	1 885			2,5
Europa II	2 520	2 835	76,5	11,4	3,5
	1 660	1 990			2,5
Europa I	1 880	2 110	70,0	9,5	3,5
	1 240	1 480			2,5
Trägerschiffsleichter:					
Seabee	860	1 020	29,7	10,7	3,2
Lash	376	488	18,8	9,5	2,7
Schubverbände:					
Mit 1 Leichter Europa IIa	2 940	3 520[1]	110,0	11,4	4,0
	1 520	2 130[1]			2,5
Mit 2 Leichtern Europa IIa	5 880	6 795[1]	185,0	11,4	4,0
			110,0	22,8	4,0
	3 040	4 015[1]			2,5
Mit 4 Leichtern Europa IIa	11 760	13 640[2]	185,0	22,8	4,0
	6 080	8 080[2]			2,5

[1] Schubboot 1480 kW; ca. 245 t Wasserverdrängung.
[2] Schubboot 2963–3333 kW; ca. 540 t Wasserverdrängung.

Tabelle E 39-3.1. Klassifizierung der europäischen Binnenwasserstraßen.

Nach ECE-Resolution Nr. 30 v. 12. 11. 1992 – TRANS/SC 3/R.153 – gilt für europäische Wasserstraßen folgende Klassifizierung:

Typ der Binnenwasserstraße	Klasse der Binnenwasserstraße	Motorschiffe und Schleppkähne: Typ des Schiffes: Allgemeine Merkmale					Schubverbände: Art des Schubverbandes: Allgemeine Merkmale					Brücken durchfahrtshöhe [m][2]	Graphisches Symbol auf der Karte
		Bezeichnung	max. Länge L [m]	max. Breite B [m]	Tiefgang d [m][7]	Tonnage T [t]	Formation	Länge L [m]	Breite B [m]	Tiefgang d [m][7]	Tonnage T [t]	[m]	
1	2	3	4	5	6	7	8	9	10	11	12	13	14
	I	Penische	38,5	5,05	1,8–2,2	250–400						4,0	
	II	Kempenaar	50–55	6,6	2,5	400–650						4,0–5,0	
	I	Gross Finow	41	4,7	1,4	180						3,0	
	II	BM-500	57	7,5–9,0	1,6	500–630						3,0	
	III	[6]	67–70	8,2–9,0	1,6–2,0	470–700		118–132[1]	8,2–9,0[1]	1,6–2,0	1000–1200	4,0	
	IV	Johann Wolker	80–85	9,50	2,50	1000–1500		85	9,50[5]	2,50–2,80	1250–1450	5,25 od. 7,00[4]	
	Va	Große Rheinschiffe	95–110	11,40	2,50–2,80	1500–3000		96–110[1]	11,40	2,50–4,50	1600–3000	5,25 od. 7,00 od. 9,10[4]	
	Vb							172–185[1]	11,40	2,50–4,50	3200–6000	7,00 od. 9,10[4]	
	VIa							95–110[1]	22,80	2,50–4,50	3200–6000	7,00 od. 9,10[4]	
	VIb	[3]	140	15,00	3,90			185–195[1]	22,80	2,50–4,50	6400–12000	7,00 od. 9,10[4]	
	VIc							270–280[1] 195–200[1]	22,80 33,00–34,20[1]	2,50–4,50 2,50–4,50	9600–18000 9600–18000	9,10[4]	
	VII							285	33,00–34,20[1]	2,50–4,50	14500–27000	9,10[4]	

Typ der Binnenwasserstraße (linke Randspalte):
westlich der Elbe / östlich der Elbe – von regionaler Bedeutung – von internationaler Bedeutung

118

Fußnoten zur Tabelle E 39-3.1:

1) Die erste Zahl berücksichtigt die bestehende Situation, während die zweite sowohl zukünftige Entwicklungen als auch – in einigen Fällen – die bestehende Situation darstellt.

2) Berücksichtigt einen Sicherheitsabstand von etwa 30 cm zwischen dem höchsten Fixpunkt des Schiffes oder seiner Ladung und einer Brücke.

3) Berücksichtigt die Abmessungen von Fahrzeugen mit Eigenantrieb, die im Ro-/Ro- und Containerverkehr erwartet werden. Die angegebenen Abmessungen sind annähernde Werte.

4) Für die Beförderung von Containern ausgelegt:
   – 5,25 m für Schiffe, die zwei Lagen Container befördern,
   – 7,00 m für Schiffe, die drei Lagen Container befördern,
   – 9,10 m für Schiffe, die vier Lagen Container befördern.
   – 50 % der Container können leer sein, sonst Ballastierung erforderlich.

5) Einige vorhandene Wasserstraßen können aufgrund der größten zulässigen Länge von Schiffen und Verbänden der Klasse IV zugeordnet werden, obwohl die größte Breite 11,40 m und der größte Tiefgang 4,00 m beträgt.

6) Schiffe, die im Gebiet der Oder und auf den Wasserstraßen zwischen Oder und Elbe eingesetzt werden.

7) Der Tiefgangswert für eine bestimmte Bundeswasserstraße ist entsprechend den örtlichen Bedingungen festzulegen.

8) Auf einigen Abschnitten von Wasserstraßen der Klasse VII können auch Schubverbände eingesetzt werden, die aus einer größeren Anzahl von Leichtern bestehen. In diesem Fall können die horizontalen Abmessungen die in der Tabelle angegebenen Werte übersteigen.

5.1.4 Wasserverdrängung

Die Wasserverdrängung G [t] wird als das Produkt aus Länge zwischen den Loten, Breite, Tiefgang, Völligkeitsgrad c_B und Dichte ρ_w [t/m^3] des Wassers gefunden. Der Völligkeitsgrad wechselt bei Seeschiffen etwa zwischen 0,50 und 0,80, bei Binnenschiffen etwa zwischen 0,80 und 0,90 und bei Schubleichtern zwischen 0,90 und 0,93.

5.2 Ansatz des Anlegedrucks von Schiffen an Ufermauern (E 38)

In der Entwurfsbearbeitung brauchen keine Havariestöße, sondern nur die üblichen Anlegedrücke berücksichtigt zu werden. Die Größe dieser Anlegedrücke richtet sich nach den Schiffsabmessungen, der Anlegegeschwindigkeit, der Fenderung und der Verformung von Schiffswand und Bauwerk.

Falls das Versagen des Uferbauwerks infolge einer Havarie (z. B. Schiffsstoß) zu besonderen Risiken, z. B. auch für eine unmittelbar dahinter liegende sonstige bauliche Anlage führt, sind im Einzelfall weitergehende Überlegungen anzustellen und die zu treffenden Maßnahmen zwischen Planer, Bauherr und Genehmigungsbehörden abzustimmen.

Um den Ufermauern eine ausreichende Belastbarkeit gegen normale Anlegedrücke zu geben, andererseits aber unnötig dicke Abmessungen zu vermeiden, wird empfohlen, die Vorderwand so zu bemessen, dass an jeder Stelle eines Baublockes eine Einzeldrucklast in der Größe der maßgebenden Trossenzuglast, und zwar bei Kaimauern in Seehäfen nach E 12, Abschn. 5.12.2 mit den Werten der Tabelle E 12-1, in Binnenhäfen nach E 102, Abschn. 5.13.2 mit 100 kN angreifen kann, ohne dass die Gesamtbeanspruchungen die zulässigen Grenzen übersteigen.

Diese Einzellast kann entsprechend der Fenderung verteilt werden; ohne Fenderung wird eine Verteilung auf eine quadratische Fläche mit 0,50 m Seitenlänge empfohlen. Bei Uferspundwänden ohne massive Aufbauten brauchen nur die Gurte und die Gurtbolzen für diese Drucklast bemessen zu werden.

Die Anlegedrücke bei Dalben sind in E 128, Abschn. 13.3 behandelt.

5.3 Anlegegeschwindigkeiten von Schiffen quer zum Liegeplatz (E 40)

Beim Anfahren von Schiffen quer zu einem Liegeplatz wird empfohlen, bei der Bemessung entsprechender Fenderkonstruktion folgende Anlegegeschwindigkeiten zu berücksichtigen, die der spanischen ROM [197] entsprechen:

Anlegegeschwindigkeit [m/sec]

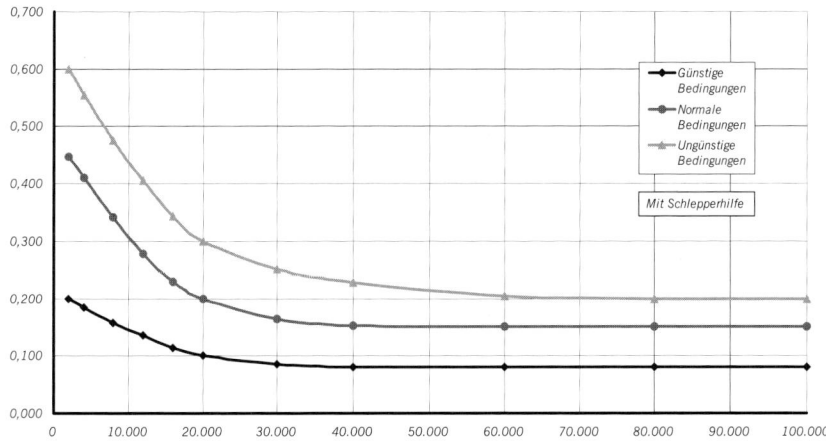

Bild E 40-1. Anlegegeschwindigkeiten mit Schlepperhilfe

Wasserverdrängung [t]

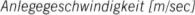

Anlegegeschwindigkeit [m/sec]

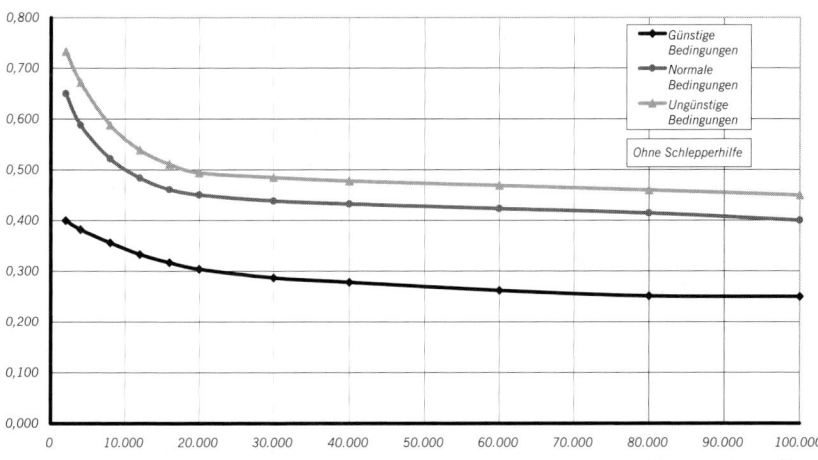

Bild E 40-2. Anlegegeschwindigkeiten ohne Schlepperhilfe

Wasserverdrängung [t]

5.4 Lastfälle (E 18)

Für den Nachweis der Standsicherheit und die Zuordnung der Teil-sicherheitsbeiwerte werden in der DIN 1054, Abschn. 6.3.3. Lastfälle definiert. Diese ergeben sich aus den Einwirkungskombinationen in Verbindung mit den Sicherheitsklassen bei den Widerständen. Für Ufer-einfassungen gelten dabei folgende Einstufungen:

121

5.4.1 Lastfall 1

Belastungen aus Erddruck (bei nichtkonsolidierten, bindigen Böden getrennt für den Anfangs- und Endzustand) und aus Wasserüberdruck bei häufig auftretenden ungünstigen Außen- und Innenwasserständen (vgl. E 19, Abschn. 4.2), Erddruckeinflüsse aus den normalen Nutzlasten, aus normalen Kranlasten und Pfahllasten, unmittelbar einwirkende Auflasten aus Eigengewicht und normaler Nutzlast.

5.4.2 Lastfall 2

Wie Lastfall 1, jedoch mit begrenzter Kolkbildung durch Strömung oder Schiffsschrauben, soweit gleichzeitig möglich, mit Wasserüberdruck bei selten auftretenden ungünstigen Außen- und Innenwasserständen (vgl. E 19, Abschn. 4.2), Wasserüberdruck bei regelmäßig zu erwartender Überflutung der Ufereinfassung, mit dem Sogeinfluss vorbeifahrender Schiffe, mit Belastung und Erddruck aus außergewöhnlichen örtlichen Auflasten; Kombination von Erd- und Wasserdrücken mit Wellenlasten aus häufig auftretenden Wellen (vgl. E 136, Abschn. 5.6.4); Kombinationen von Erd- und Wasserüberdrücken mit kurzfristigen horizontalen Zug-, Druck- und Stoßlasten wie Pollerzug, Fenderdruck bzw. Kranseitenstoß, Lasten aus vorübergehenden Bauzuständen.

5.4.3 Lastfall 3

Wie Lastfall 2, jedoch mit außergewöhnlichen Bemessungssituationen wie außerplanmäßigen Auflasten auf größerer Fläche, eine ungewöhnlich große Abflachung einer Unterwasserböschung vor einem Spundwandfuß, eine ungewöhnliche Kolkbildung durch Strömung oder Schiffsschrauben, Wasserüberdrücke nach extremen Wasserständen (vgl. E 19, Abschn. 4.2 bzw. E 165, Abschn. 4.9) Wasserüberdruck nach einer außergewöhnlichen Überflutung der Ufereinfassung, Kombinationen von Erd- und Wasserdrücken mit Wellenlasten aus selten auftretenden Wellen (vgl. E 136, Abschn. 5.6.4); Kombination von Erd- und Wasserdrücken mit Treibgutstoß gemäß Abschn. 4.9.5, alle Lastkombinationen in Verbindung mit Eisgang bzw. Eisdruck.

5.4.4 Extremfall

Für den Extremfall kann es in begründeten Sonderfällen angemessen sein, die Teilsicherheitsbeiwerte für Einwirkungen und Widerstände gleich $\gamma_F = \gamma_R = 1,00$ zu setzen. Beispiele hierfür sind das Zusammentreffen extremer Wasserstände bei gleichzeitigen extremen Wellenlasten aus Sturzbrechern gemäß E 135, Abschn. 5.7.3, extreme Wasserstände bei gleichzeitigem restlosem Ausfall einer Entwässerung/Drainage (vgl. E 165, Abschn. 4.9.2), Kombinationen aus drei gleichzeitig wirkenden kurzfristigen Ereignissen wie z. B. Hochwasser (HHThw, vgl. E 165,

Abschn. 4.9.2), selten auftretenden Wellen (vgl. E 136, Abschn. 5.6.4) und Treibgutstoß (vgl. E 165, Abschn. 4.9.5).

5.5 Lotrechte Nutzlasten (E 5)

In diesem Abschn. sind alle quantitativen Lastangaben (Einwirkungen) charakteristische Werte.

5.5.1 Allgemeines

Lotrechte Nutzlasten (veränderliche Lasten im Sinne der DIN EN 1991-1) sind im Wesentlichen Belastungen aus Lagergut und Verkehrsmittel. Die Lasteinflüsse schienen- oder straßengebundener ortsveränderlicher Krane müssen gesondert berücksichtigt werden, sofern sie sich auf das Uferbauwerk auswirken. Letzteres ist bei Ufereinfassungen in Binnenhäfen im Allgemeinen nur an solchen Uferstrecken der Fall, die ausdrücklich für Schwerlastverladung mit ortsveränderlichen Kranen vorgesehen sind. In Seehäfen werden neben den schienengebundenen Kaikranen zunehmend Mobilkrane für den allgemeinen Umschlag – also nicht nur für Schwerlasten – eingesetzt.

Für die dynamischen Einflüsse der Belastungen sind drei verschiedene Grundfälle (Tabelle E 5-1) zu unterscheiden:

Im Grundfall 1 werden die Tragglieder der Bauwerke unmittelbar durch die Verkehrsmittel befahren und/oder durch die Stapellasten belastet, z. B. bei Pierbrücken (Tabelle E 5-1a).

Im Grundfall 2 belasten die Verkehrsmittel und die Stapellasten eine mehr oder weniger hohe Bettungsschicht, die die Lasten entsprechend verteilt an die Tragglieder des Uferbauwerks weitergibt. Diese Ausbildungsform wird beispielsweise bei überbauten Böschungen mit lastverteilender Bettungsschicht auf der Pierplatte angewendet (Tabelle E 5-1b).

Im Grundfall 3 belasten die Verkehrsmittel und die Stapellasten nur den Erdkörper hinter der Ufereinfassung, die aus den Nutzlasten demnach nur mittelbar über einen erhöhten Erddruck zusätzlich belastet wird. Kennzeichnend hierfür sind reine Uferspundwände oder teilgeböschte Ufer (Tabelle E 5-1c).

Zwischen den drei Grundfällen gibt es auch Übergangsfälle, wie z. B. bei Pfahlrostkonstruktion mit kurzer Rostplatte.

Wenn vollständige und zuverlässige Berechnungsgrundlagen zur Verfügung stehen, sollten die Nutzlasten in der im Normalfall zu erwartenden Größe angesetzt werden. Eventuell später erforderlich werdende Nutzlasterhöhungen lassen sich im Rahmen der zulässigen Grenzen umso eher aufnehmen, je höher der Eigenlastanteil und je besser die Lastverteilung im Bauwerk sind. Vorteile in dieser Hinsicht bieten Tragsysteme nach Grundfall 2 und besonders nach Grundfall 3.

Tabelle 5-1. Lotrechte Nutzlasten

Grundfall	Verkehrslasten[1]				Lagerflächen außerhalb des Verkehrsbandes
	Eisenbahn	Straßen			
		Fahrzeug	straßengebundene Krane	leichter Verkehr	
a) GRF 1	Lastannahmen nach RIL 804 bzw. DIN-Fachbericht 101 dynamischer Beiwert: Die 1,0 überschreitenden Anteile können auf die Hälfte verringert werden.	Lastannahmen nach DIN 1055 bzw. DIN-Fachbericht 101	Gabelstaplerlasten nach DIN 1055 Pratzenlasten von 2600 kN für Mobilkrane	5 kN/m²	Lasten nach der tatsächlich zu erwartenden Nutzung entsprechend Abschn. 5.5.6.
b) GRF 2	Wie 1, jedoch weitere Abminderung des dynamischen Beiwertes bis 1,0 bei Bettungshöhe $h = 1,00$ m. Bei Bettungshöhe $h \geq 1,50$ m gleichmäßig verteilte Flächenlast von 20 kN/m²				
c) GRF 3	Lasten wie bei GRF 2 mit einer Bettungshöhe von mehr als 1,50 m				

[1] Kranlasten sind nach E 84, Abschn. 5.14 anzusetzen.

Bezüglich der Zuordnung der jeweiligen Lasten zu den Lastfällen 1, 2 und 3 wird auf E 18, Abschn. 5.4 verwiesen.

5.5.2 Grundfall 1

Die Verkehrslasten der Eisenbahn entsprechen dem Lastbild 71 des DIN Fachberichts 101. Für den Straßenverkehr sind die Lastannahmen nach DIN 1055 bzw. DIN-Fachbericht 101 anzusetzen. Dabei ist im Allgemeinen vom Lastmodell 1 auszugehen. In den angegebenen dynamischen Beiwerten für Eisenbahnbrücken, mit denen die Verkehrslasten zu vervielfachen sind, können im Allgemeinen wegen der langsamen Befahrung die 1,0 überschreitenden Anteile auf die Hälfte verringert werden. Für Straßenbrücken ist im Lastmodell 1 bereits eine langsame Befahrung (Stausituation) vorausgesetzt und somit keine Reduktion zulässig. Bei Pierbrücken in Seehäfen sind Lasten aus Gabelstaplern gemäß DIN 1055 und Pratzendrücke für Mobilkrane von 2600 kN anzusetzen, sofern im Einzelfall nicht höhere Ansätze erforderlich sind (vgl. Tabelle E 84, Abschn. 5.14.3).

Außerhalb des Verkehrsbands sind die tatsächlich zu erwartenden Auflasten aus Lagergut anzusetzen, wegen späterer möglicher Nutzungsänderungen aber mindestens 20 kN/m^2 (vgl. Abschn. 5.5.6). Wenn durch die Art der Anlage nur leichter Verkehr möglich bzw. zu erwarten ist, genügt eine Nutzlast von 5 kN/m^2.

5.5.3 Grundfall 2

Im Wesentlichen wie Grundfall 1. Die dynamischen Beiwerte für Eisenbahnbrücken können jedoch je nach Bettungshöhe linear weiter abgemindert und schließlich ganz außer acht gelassen werden, wenn die Bettungshöhe mindestens 1,00 m – bei eingepflasterten Gleisen ab Schienenoberkante gerechnet – beträgt. Es ist aber eine feldweise Belastung zu berücksichtigen.

Ist die Bettungshöhe mindestens 1,50 m, kann die gesamte Verkehrslast durch eine gleichmäßig verteilte Flächenlast entsprechend den tatsächlich zu erwartenden Nutzlasten, jedoch nicht weniger als durch 20 kN/m^2 ersetzt werden. Bei leichtem Verkehr genügt eine Nutzlast von 5 kN/m^2.

5.5.4 Grundfall 3

Lasten wie bei Grundfall 2 mit einer Bettungshöhe von mehr als 1,50 m.

5.5.5 Lastansätze unmittelbar hinter dem Kopf der Ufereinfassung

Bei Betrieb mit schweren straßengebundenen Kranen oder ähnlich schweren Fahrzeugen und schweren Baugeräten, wie Raupenbagger und dergleichen, die knapp hinter der Vorderkante des Uferbauwerks entlangfahren, ist für die Bemessung der obersten Teile des Uferbauwerks einschließlich einer etwaigen oberen Verankerung anzusetzen:

a) Nutzlast = 60 kN/m^2 von Hinterkante Wandkopf landeinwärts auf 2,0 m Breite oder

b) Nutzlast = 40 kN/m^2 von Hinterkante Wandkopf landeinwärts auf 3,50 m Breite.

In a) und b) sind Einflüsse aus einer Pratzenlast $P = 2600$ kN erfasst, sofern der Abstand zwischen Achse Uferbauwerk und Achse Pratze mindestens 2 m beträgt.

5.5.6 Lastansätze außerhalb des Verkehrsbandes

Außerhalb des Verkehrsbandes werden in Anlehnung an [140] folgende Nutzlasten zugrunde gelegt, wobei für die Containerlasten 300 kN Bruttolast für 40′-Container und 200 kN für 20′-Container berücksichtigt sind.

- Leichter Verkehr (PKW)   5 kN/m^2
- Allgemeiner Verkehr (LKW)   10 kN/m^2

- Stückgut 20 kN/m^2
- Container:
  - leer, in 4 Lagen gestapelt 15 kN/m^2
  - gefüllt, in 2 Lagen gestapelt 35 kN/m^2
  - gefüllt, in 4 Lagen gestapelt 55 kN/m^2
- Ro-Ro-Belastung $30–50 \text{ kN/m}^2$
- Mehrzweckanlagen 50 kN/m^2
- Offshore Nachschubbasen $50–150 \text{ kN/m}^2$
- Papier   abhängig von der
- Holzprodukte   Schütt-/Stapelhöhe,
- Stahl   Rechenwerte der
- Kohle   Wichten nach
- Erz   DIN 1055

Weitere Angaben über Materialkennwerte von Schütt- und Stapelgut können auch den Tabellen der ROM 02.-90 [197] entnommen werden. Für die Erddruckberechnung auf Stützbauwerke können die unterschiedlichen Lasten im Verkehrs- und Containerbereich in der Regel zu einer durchschnittlichen Flächenlast von 30 bis 50 kN/m^2. zusammengefasst werden.

5.6 Ermittlung des „Bemessungsseegangs" für See- und Hafenbauwerke (E 136)

5.6.1 Allgemeines

Die Wellenbelastung von See- und Hafenbauwerken resultiert im Wesentlichen aus dem winderzeugten Seegang, dessen Bedeutung für die Bemessung entsprechend der lokalen Randbedingungen zu überprüfen ist. Im Küstenbereich ist in der Regel nicht allein der örtlich generierte Seegang bemessungsrelevant, da geringe Wassertiefen und Windwirklängen den Wellenenergieeintrag begrenzen. Vielmehr ist der örtlich generierte Seegang (Windsee) in Kombination mit dem auf offener See außerhalb des Projektgebietes erzeugten und auf die Küste zu laufenden Seegang (Dünung) gemeinsam als maßgebend zu betrachten.

Die nachfolgenden Darstellungen beschränken sich auf grundlegende Prozesse und vereinfachte Ansätze zur Ermittlung hydraulischer Randbedingungen und Bauwerksbelastungen. Detaillierte Hinweise hierzu finden sich u. a. in den EAK 2002 [46].

Das Einschalten eines im Küsteningenieurwesen tätigen, erfahrenen Instituts oder Ingenieurbüros zur Ermittlung der Wellenverhältnisse im Planungsgebiet und der spezifischen Bauwerksbelastungen wird empfohlen. Vor der Ausführungsplanung ist die Notwendigkeit weitergehender physikalischer oder numerischer Untersuchungen genau zu prüfen.

5.6.2 Beschreibung des Seegangs

Der natürliche Seegang kann grundsätzlich als unregelmäßige zeitliche Abfolge von Wellen unterschiedlicher Höhe (oder Amplitude), Periode (oder Frequenz) und Richtung beschrieben werden und stellt eine zeitliche und räumliche Überlagerung (Superpositionsprinzip) verschiedener kurz- und langperiodischer Seegangskomponenten dar. Unter direktem Windeinfluss entsteht unregelmäßiger kurzperiodischer (kurzkämmiger) Seegang, der auch als Windsee bezeichnet wird. Langperiodischer unregelmäßiger Seegang entsteht durch die Überlagerung von Wellenkomponenten einheitlicher Richtung, bei der eine Sortierung der Wellen durch verschiedene Wechselwirkungen stattfindet und der Seegang nicht mehr dem direkten Windeinfluss ausgesetzt ist.

Der in einem Projektgebiet vorherrschende natürliche unregelmäßige Seegang setzt sich aus dem lokal auftretenden kurzperiodischen Seegang (Windsee) und dem langperiodischen Seegang (Dünung) zusammen, der außerhalb des Projektgebietes originär als Windsee entstanden ist.

Im Hinblick auf die Berücksichtigung des tatsächlich vorhandenen und bemessungsrelevanten Seegangs als Belastungsgröße in bestehenden Bemessungsverfahren ist zunächst eine Parametrisierung des unregelmäßigen Seegangs erforderlich, da i.d.R. nur einzelne charakteristische Seegangsparameter (s. Abschn. 5.6.3) in den Berechnungen berücksichtigt werden können. Diese Parametrisierung des unregelmäßigen Seegangs kann sowohl

(1) im Zeitbereich (direkte kurzzeitstatistische Auswertung der Zeitreihe) durch Ermittlung und Darstellung kennzeichnender Wellenparameter (Wellenhöhen und -perioden) als arithmetische Mittelwerte als auch

(2) im Frequenzbereich (Fourieranalyse) durch Ermittlung und Darstellung als Wellenspektrum, wobei der Energieinhalt des Seegangs als Funktion der Wellenfrequenz erfasst wird,

erfolgen [46]. Durch die Parametrisierung des bemessungsrelevanten Seegangs gehen auswertungsbedingt die vollständigen Informationen über die Wellenzeitreihe, dessen Statistik und das Wellenspektrum verloren. Bei der Planung und Bemessung von See- und Hafenbauwerken sind in Abhängigkeit der Lage des Projektgebietes die Ergebnisse der Seegangsuntersuchungen aus der Zeitbereichs- und Frequenzbereichsanalyse zu berücksichtigen. In den meisten Fällen ist die Parametrisierung des bemessungsrelevanten Seegangs und Charakterisierung durch einzelne Parameter der Wellenhöhe, -periode und -richtung i.d.R. ausreichend. Bei komplexen Wind- und Wellenverhältnissen und insbesondere in Flachwasserbereichen, in denen Wellenbrechen auftritt, kann es erforderlich sein, weitere lokale seegangscharakterisierende Parameter zu

ermitteln, um die in die Bemessungsverfahren eingehenden Belastungsgrößen zuverlässig zu definieren [46].

5.6.3 Ermittlung der Seegangsparameter

5.6.3.1 Allgemeines

Seegangsparameter sind Kennwerte, die bestimmte Eigenschaften des
zeitlich und örtlich veränderlichen unregelmäßigen Seegangs beschreiben und quantifizieren. Je nach Auswerteverfahren (vgl. Abschn. 5.6.2)
sind dies

(1) im Zeitbereich Mittelwerte von einzelnen Parametern, wie Wellenhöhen oder -perioden oder deren Kombinationen und
(2) im Frequenzbereich markante Frequenzen oder integrale Größen aus
der spektralen Dichte des Seegangsspektrums.

Die Wellenverhältnisse im Planungsgebiet müssen auf der Grundlage
von Messungen oder Beobachtungen über einen ausreichend langen
Zeitraum hinsichtlich der theoretischen Eintrittswahrscheinlichkeiten
analysiert werden. Dazu sind je nach Aufgabenstellung die aus der kurz-
zeitstatistischen Analyse resultierenden signifikanten Wellenparameter,
wie Wellenhöhen, -perioden und -anlaufrichtungen nach ihren jahres-
zeitlichen Häufigkeiten oder den langjährigen Maximalwerten zu ermitteln, um hieraus bemessungsrelevante Aussagen ableiten zu können.
Liegen derartige Messungen nicht vor, müssen empirisch-theoretische
oder numerische Methoden zur Ermittlung der Wellenparameter aus
Winddaten Anwendung finden (Hindcasting), die an möglicherweise
verfügbaren Wellenmesswerten zu verifizieren sind.
Die Parametrisierung des natürlichen Seegangs erfolgt auf der Grundlage, dass zwischen den Höhen einzelner in einer Messung erfassten
Wellen eines natürlichen Seegangs statistische Zusammenhänge bestehen, die nach Longuet-Higgens [26] unter der Voraussetzung eines
engbandigen Wellenspektrums und einer Vielzahl verschiedener Wellen durch die Rayleigh-Verteilung beschrieben werden können (vgl.
Abschn. 3.7.4 in EAK, 2002 [46] und CEM [225]).

Im Tiefwasser $\left(d \geq \dfrac{L}{2} \right)$ stimmen auf Messdaten basierende Wellen-
höhenverteilungen auch bei breitbandigeren Wellenspektren sehr gut mit
der Rayleigh-Verteilung überein.

Im Flachwasser $\left(d \leq \dfrac{L}{20} \right)$ kommt es aufgrund der auf die Wellen einwirkenden Flachwassereffekte (s. Abschn. 5.6.5) zu größeren Ab-
weichungen zwischen der gemessenen Wellenhöhenverteilung und der
theoretischen Rayleigh-Verteilung. Das Wellenspektrum im Flach-

wasserbereich ist nicht mehr schmalbandig und die zugehörige Wellen-höhenverteilung kann von der Rayleigh-Verteilung aufgrund des auf-tretenden Wellenbrechens maßgeblich abweichen.

Abweichungen von der Rayleigh-Verteilung nehmen mit größeren Wellenhöhen zu und mit der Verkleinerung der spektralen Bandbreite ab. Die Rayleigh-Verteilung neigt dazu, große Wellenhöhen in allen Wassertiefenbereichen zu überschätzen.

Nachfolgend wird auf die Ermittlung der Seegangsparameter im Zeit- und Frequenzbereich und deren Beziehungen eingegangen.

5.6.3.2 Seegangsparameter im Zeitbereich

Die aufgezeichneten Wellenhöhen und -perioden eines Beobachtungs-zeitraums werden bei der Zeitbereichsauswertung durch stochastische Größen der Häufigkeitsverteilung beschrieben. Hinsichtlich der Wellen-höhen kann dabei in guter Näherung die Rayleigh-Funktion zur Beschrei-bung der Wahrscheinlichkeit $P(H)$ für das Auftreten einer Welle mit der Höhe H (Einzelwahrscheinlichkeit) bzw. die Wahrscheinlichkeit $P(H)$ für das Auftreten einer Anzahl von Wellen bis zu einer Höhe von H (Summenwahrscheinlichkeit) verwendet werden:

$$P(H) = 1 - e^{-\frac{\pi}{4}\left(\frac{H}{H_m}\right)^2}$$

Unterschreitungswahrscheinlichkeit

$$P(H < H_s) = 1 - \exp\left[-2 \cdot \left(\frac{H}{H_s}\right)^2\right]$$

Bild E 136-1 ist modifiziert von und nach Oumeraci [229]. Es bedeuten:

n = prozentuale Häufigkeit der Wellenhöhen H im Beobachtungszeitraum

H_m = Mittelwert aller Wellenhöhen einer Seegangsaufzeichnung,

H_d = häufigste Wellenhöhe

$H_{1/3}$ = Mittelwert der 33 % höchsten Wellen

$H_{1/10}$ = Mittelwert der 10 % höchsten Wellen

$H_{1/100}$ = Mittelwert der 1 % höchsten Wellen

H_{max} = maximale Wellenhöhe

Aus der Häufigkeitsverteilung der Wellenhöhen ergeben sich näherungs-weise nach [24] und [26] folgende Relationen unter der Annahme der theoretischen Wellenhöhenverteilung des Seegangs, die der Rayleigh-Verteilung entspricht. Diese theoretischen Verhältniswerte stehen in guter

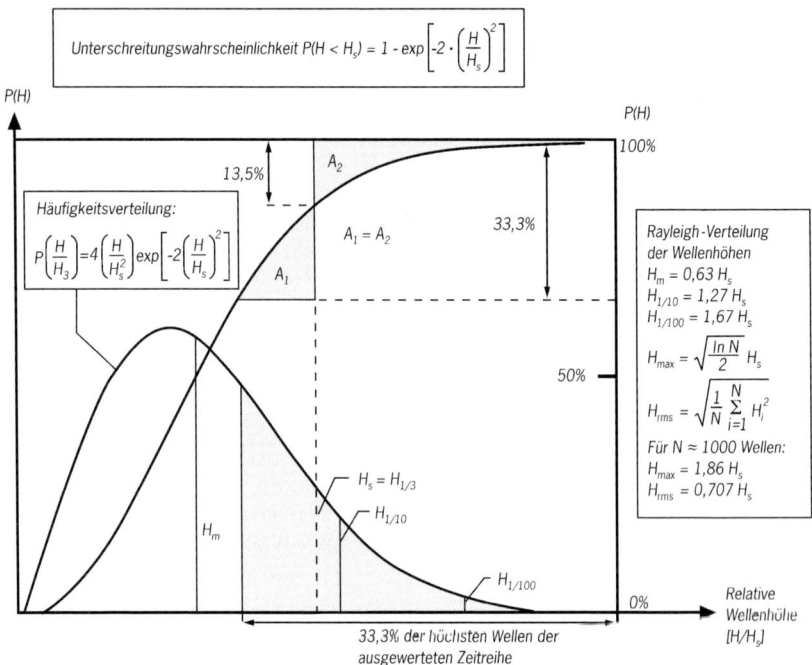

Bild E 136-1. Rayleigh-Verteilung der Wellenhöhen eines natürlichen Seegangs (schematisch)

Übereinstimmung mit ermittelten Verhältniswerten aus Seegangsmessungen trotz einer evtl. größeren Bandbreite des Wellenspektrums als von der Rayleigh-Verteilung vorausgesetzt:

$$H_m = 0{,}63 \cdot H_{1/3}$$
$$H_{1/10} = 1{,}27 \cdot H_{1/3}$$
$$H_{1/100} = 1{,}67 \cdot H_{1/3}$$

Die maximale Wellenhöhe H_{max} ist prinzipiell abhängig von der Anzahl der erfassten Wellen innerhalb des zur Verfügung stehenden Messzeitraumes. Nach Longuet-Higgins [46] ergibt sich unter Verwendung des Ansatzes

$$H_{max} = 0{,}707 \cdot \sqrt{\ln(n)} \cdot H_{1/3}$$

für $n = 1.000$ Wellen eine maximale Wellenhöhe $H_{max} = 1{,}86\, H_{1/3}$. Für die Ingenieurpraxis kann die maximale Wellenhöhe mit

$$H_{max} = 2 \cdot H_{1/3}$$

hinreichend abgeschätzt werden.

130

Ein weiterer in der Praxis geläufiger Seegangsparameter ist die Wellenhöhe H_{rms} *(rms = root mean square)*. Bei Rayleigh-verteiltem Seegang ergibt sich die Beziehung $H_{rms} = 0{,}7 \cdot H_{1/3}$.
Ähnlich den Verhältniswerten der Wellenhöhen können die Wellenperioden im Zeitbereich auf der Grundlage von Naturmessungen abgeschätzt werden [46].
Die tatsächlichen Verhältniswerte der Wellenhöhen und -perioden hängen u. a. von der tatsächlichen Wellenhöhenverteilung, der konkreten Form des Seegangsspektrums und der Messdauer ab und können insbesondere im Flachwasser aufgrund der konkreten Verteilung der Wellen und deren Asymmetrie von den o. g. theoretischen Werten abweichen. Geringe Messzeiten von z. B. 5 oder 10 Minuten können zu erheblichen Fehlern bei der Bestimmung von Verhältniswerten führen, so dass die EAK 2002 für die Durchführung und Auswertung von Seegangsmessungen eine Messzeit von mindestens 30 Minuten vorschlägt, um die statistischen Gesetzmäßigkeiten zu erfassen.

5.6.3.3 Seegangsparameter im Frequenzbereich
Bei der Parametrisierung des unregelmäßigen Seegangs im Frequenzbereich wird die Zeitreihe der Seegangsaufzeichnung durch Überlagerung der einzelnen Wellenkomponenten in ein Energiedichtespektrum und die zugehörigen Wellenphasen in ein entsprechendes Phasenspektrum umgewandelt (Fourier-Transformation). Die gemeinsame Darstellung des Seegangsspektrums für alle Wellenrichtungen wird als „Eindimensionales Spektrum" bezeichnet und bei getrennter Darstellung für verschiedene Wellenrichtungen als „Richtungsspektrum" ermittelt.
Aus dem Seegangsspektrum können u. a. folgende charakteristische Seegangsparameter als Funktion der Frequenz f [Hz] unter Berücksichtigung spektraler Momente n-ter Ordnung

$$m_n = \int S(f) \cdot f^n \, \mathrm{d}f \quad \text{mit } n = 0, 1, 2 \dots$$

auch als Funktion der Wellenanlaufrichtung angegeben werden:

H_{m0} = charakteristische Wellenhöhe $= 4 \, m_0^{1/2}$ mit m_0 als Flächeninhalt des Wellenspektrums
T_{01} = mittlere Periode $= m_0/m_1$
T_{02} = mittlere Periode $= m_0/m_2$
T_{p} = Peakperiode = Wellenperiode bei maximaler Energiedichte

Die Wellenperioden T_{01} und T_{02} stehen in Abhängigkeit von der Form des Wellenspektrums in einem festen Verhältnis und beschreiben die Bandbreite des Wellenspektrums.

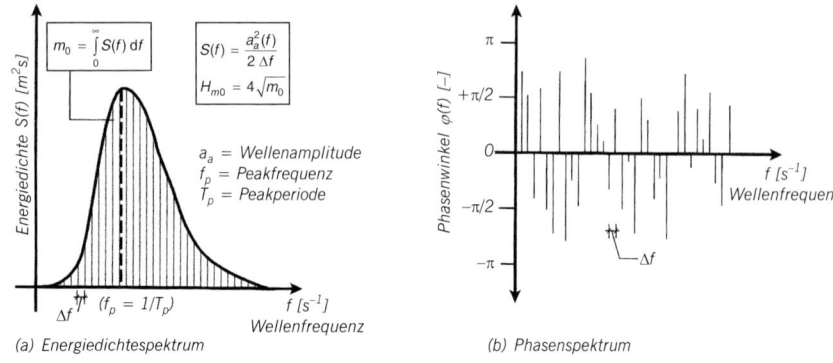

(a) Energiedichtespektrum   (b) Phasenspektrum

Bild E 136-2. Parameter eines Wellenspektrums – Definitionsskizzen [229]

Mit Hilfe des Wellenspektrums können insbesondere langperiodische Wellenkomponenten wie z. B. Dünungswellen, bauwerksbedingt transformierte Wellenkomponenten oder flachwasserbedingte Veränderungen des Spektrums identifiziert werden, die ggf. für die Definition der hydraulischen Randbedingungen zur Bemessung von See- und Hafenbauwerken von Bedeutung sein können.

5.6.3.4 Zusammenhänge zwischen Seegangsparameter im Zeit- und Frequenzbereich

Für ingenieurpraktische Anwendungen wurde zur Charakterisierung des unregelmäßigen Seegangs die „signifikante Wellenhöhe" H_s eingeführt [228]. Für die Ingenieurpraxis wird unter der Voraussetzung eines Rayleigh-verteilten Seegangs angenommen, dass die „signifikante Wellenhöhe" H_s durch die Wellenhöhe $H_{1/3}$ des Zeitbereiches oder die Wellenhöhe H_{m0} des Frequenzbereiches bestimmt werden kann.

$$H_s = H_{1/3} = H_{m0}$$

Weiterhin können theoretisch die Wellenperioden T_m (Zeitbereich) und T_{02} (Frequenzbereich) gleichgesetzt werden. Für weitere Zusammenhänge zwischen Seegangsparametern im Zeit- und Frequenzbereich, die immer auch in Abhängigkeit vom jeweiligen Wellenspektrum variieren können, wird auf die EAK 2002 verwiesen.

5.6.4 Bemessungskonzepte und Festlegung der Bemessungsparameter

Als Bemessungsseegang wird das Seegangsereignis verstanden, welches zu der maßgebenden Belastung eines Bauwerks oder Bauwerkteils führt oder dessen Wirkung charakteristisch beschreibt und sich als maßgebende Kombination verschiedener Einflussgrößen ergibt.

132

Hinsichtlich der Auslegung von Bauwerken wird zwischen
- der konstruktiven Bemessung als Nachweis der Standfestigkeit für ein extremes Ereignis und
- der funktionellen Bemessung, die die Wirkung und den Einfluss des Bauwerks auf die Umgebung behandelt,
unterschieden (s. Abschn. 3.7 in EAK 2002 [46]).

Die Unregelmäßigkeit des Seegangs und dessen Beschreibung als Eingangsgröße in entsprechenden Bemessungsverfahren ist entscheidend für die Ermittlung der tatsächlich auftretenden Belastungsgrößen. Der Bemessungsseegang kann in Abhängigkeit des zu bemessenden Bauwerks und des anzuwendenden Bemessungsverfahrens

- als charakteristische Einzelwelle eingehen, um daraus eine konkrete Belastung zu ermitteln (deterministisches Verfahren; möglicher Anwendungsfall: Belastung einer Hochwasserschutzwand), oder
- als charakteristische Wellenzeitreihe berücksichtigt werden, wobei als Ergebnis eine Zeitreihe der auftretenden Bauwerksbelastungen erzeugt wird, die statistisch ausgewertet und hinsichtlich der Maximal- und Gesamtbelastung bewertet werden können (stochastisches Verfahren, möglicher Anwendungsfall: räumlich aufgelöste Bauwerksstrukturen – z. B. Offshoregründungen), oder
- als vollständige statistische Verteilung einfließen, wobei daraus unter Berücksichtigung verschiedener Grenzzustände des Bauwerks eine Versagenswahrscheinlichkeit des Bauwerks ermittelt werden kann (probabilistisches Verfahren).

In der Ingenieurpraxis kommen jedoch vorwiegend deterministische Bemessungsverfahren zur Anwendung, auf die im Folgenden weiter eingegangen werden soll. In den EAK 2002 werden Hinweise gegeben, wie auf der Grundlage regelmäßiger Wellen die vorhandene Unregelmäßigkeit des Seegangs bei Untersuchungen, Berechnungen und bei der Bemessung berücksichtigt werden kann.

Da sowohl Wellen- als auch Windmessungen selten die geplante Nutzungsdauer, bzw. die mit extremen Seegangssituationen verbundenen Wiederkehrintervalle erfassen, sollte eine Extrapolation der verfügbaren Wellendaten auf einen größeren Zeitraum (häufig 50 oder 100 Jahre) durch Ansatz einer geeigneten theoretischen Verteilung (z. B. Weibull) erfolgen. Eine Extrapolation über das Dreifache des Messzeitraumes hinaus sollte dabei nicht erfolgen. Die theoretische Wiederkehrperiode und damit die Parameter der Bemessungswelle H_d sind unter Berücksichtigung des potenziellen Schadens bzw. des zugelassenen Risikos gegen Überflutung oder Zerstörung des Bauwerkstyps (Art des Versagens), aber auch der Datengrundlage und anderer Aspekte festzulegen (konstruktive Planung).

Tabelle E 136-1. Empfehlung zur Festlegung der Bemessungswellenhöhe

Bauwerk	$H_d / H_{1/3}$
Wellenbrecher	1,0 bis 1,5
Geböschte Molen	1,5 bis 1,8
Senkrechte Molen	1,8 bis 2,0
Hochwasserschutzwände	1,8 bis 2,0
Kaimauern mit Wellenkammer	1,8 bis 2,0
Baugrubenumschließungen	1,5 bis 2,0

Hinsichtlich der funktionellen Planung müssen teilweise erheblich kürzere Wiederkehrintervalle zu Grunde gelegt werden, um durchschnittlich zu erwartende Nutzungseinschränkungen und Gefährdungssituationen abschätzen zu können.

Bei hohen Sicherheitsforderungen sollte das Verhältnis der Bemessungswellenhöhe H_d zur signifikanten Wellenhöhe $H_{1/3}$ mit 2,0 angesetzt werden. Zur Erarbeitung sicherer und wirtschaftlicher Lösungen ist jedoch eine genaue Analyse der tatsächlichen Belastungen und der Stabilitätseigenschaften des Bauwerks durch hydraulische Modellversuche empfehlenswert.

Liegen der verwendeten Häufigkeitsverteilung dabei langfristige Beobachtungszeiträume bzw. entsprechende Extrapolationen (ca. 50 Jahre), oder entsprechende theoretische bzw. numerische Ermittlungen zu Grunde, so kann die damit ermittelte Bemessungswelle als seltene Welle gemäß Abschn. 5.4.3 im Lastfall 3 eingestuft werden. Bei kürzeren Beobachtungs- bzw. Ermittlungszeiträumen sollte die ermittelte Bemessungswelle als häufig auftretende Welle definiert und eine Einstufung gemäß Abschn. 5.4.2 in Lastfall 2 erfolgen.

5.6.5 Umformung des Seegangs

Nur in Ausnahmen sind die Wellenbedingungen in unmittelbarer Nähe zu den zu bemessenden Strukturen bekannt. In der Regel ist daher der Seegang vom Tiefwasser auf den Planungsabschnitt an der Küste zu transformieren. Beim Einlaufen der Wellen in das Flachwasser bzw. beim Auftreffen auf Hindernissen werden verschiedene Effekte wirksam:

(1) Shoalingeffekt

Durch Grundberührung der Welle werden die Wellengeschwindigkeit und damit die Wellenlänge verringert. Nach einer lokalen, geringfügigen Verringerung steigt daher die Wellenhöhe beim Einlaufen in das Flachwasser aus Gründen des Energiegleichgewichts ständig an (bis zum Brechpunkt). Dieser Effekt wird als Shoaling bezeichnet [28].

(2) Bodenreibung und Perkolation
Durch Reibungsverluste und Austauschprozesse an der Sohle wird die Wellenhöhe verringert. Der Einfluss ist normalerweise für Bemessungszwecke vernachlässigbar [23].

(3) Refraktion
Bedingt durch die unterschiedliche Grundberührung bei schräg zur Küste (genauer: zu den Tiefenlinien) erfolgendem Wellenangriff lenken die Wellen aufgrund des lokal verschiedenen Shoaling-Effektes zur Küste ein, so dass je nach Form der Küstenlinie die einwirkende Wellenenergie verringert oder auch, z. B. durch Fokussierung von Wellenenergie an einer Landzunge, vergrößert werden kann.

(4) Wellenbrechen
Generell können Wellen brechen, wenn entweder die Grenzsteilheit überschritten wird (Parameter H/L), oder aber die Wellenhöhe ein bestimmtes Maß gegenüber der Wassertiefe erreicht hat (Parameter H/d). Die Höhe von in flaches Wasser einlaufenden Tiefwasserwellen wird beim Überschreiten der zugehörigen Grenzwassertiefe durch den Brechvorgang beschränkt. Im Allgemeinen liegt der Verhältniswert der Brecherhöhe H_b zur Grenzwassertiefe d_b zwischen

$0{,}8 < H_b/d_b < 1{,}0$ (Brecherkriterium)

wobei in Sonderfällen auch höhere Werte beobachtet wurden [33]. Infolge der unterschiedlichen Wellenhöhen in einem Seegangsspektrum erfolgt das Brechen der Wellen meist über eine so genannte Brandungszone, deren Lage und Ausdehnung u. a. durch die Unterwassertopographie und den Tideeinfluss bestimmt wird.
Das Verhältnis der Brecherhöhe H_b zur Wassertiefe d_b ist genau betrachtet eine Funktion der Strandneigung α und der Steilheit der Tiefwasserwelle H_0/L_0. Diese Parameter sind in der Brecherkennzahl ξ zusammengefasst, die näherungsweise den Brechertyp regelmäßiger Wellen (d. h. Reflexionsbrecher, Sturzbrecher oder Schwallbrecher) angibt. Nähere Einzelheiten können der Literatur [34, 35, 46] entnommen werden.
Die Brecherkennzahl ξ kann sowohl auf die Tiefenwasserwellenhöhe H_0 (ξ_0) als auch auf die Wellenhöhe am Brechpunkt H_b (ξ_b) bezogen werden (s. Tabelle E 136-2). Es gelten die folgenden Beziehungen:

α = Neigungswinkel der Sohle [°]
H/L_0 = Wellensteilheit
H = lokale Wellenhöhe
L_0 = Länge der Welle im Tiefwasser

$$\xi = \frac{\tan \alpha}{\sqrt{H/L_0}} = \text{Brecherkennwert}$$

Tabelle E 136-2. Festlegung der Brechertypen (die Werte beruhen auf Untersuchungen mit Böschungsneigungen von 1 : 5 bis 1 : 20)

Brecherform	ξ_0	ξ_b
Reflexionsbrecher	> 3,3	> 2,0
Sturzbrecher	0,5 bis 3,3	0,4 bis 2,0
Schwallbrecher	< 0,5	< 0,4

Durch stark reflektierende Strukturen sowie Einflüsse aus der Vorlandgeometrie kann der Brechvorgang erheblich beeinflusst werden. Entsprechende Brecherkriterien werden dann benötigt (siehe z. B. Abschn. 5.7.3).

(5) Diffraktion
Diffraktion tritt auf, wenn Wellen auf Hindernisse (Bauwerke aber auch z. B. der Küste vorgelagerte Inseln) treffen. Nach der Umlenkung vor dem Hindernis laufen die Wellen in den Bauwerksschatten hinein, so dass ein Energietransport entlang des Wellenkamms stattfindet, wodurch die Wellenhöhe im Allgemeinen verringert wird. An bestimmten Stellen außerhalb des Wellenschattens können durch Überlagerung von Diffraktionswellen nahe beieinander liegender Hindernisse (u. a.) auch Erhöhungen auftreten [21].

(6) Bauwerksbedingte Reflexionen
Auf das Ufer oder auf Bauwerke zulaufende Wellen werden in einem bestimmten Maß reflektiert, welches wesentlich von den Eigenschaften der reflektierenden Berandungen (u. a. Neigung, Rauheit, Porosität) und der Wassertiefe vor dem Bauwerk abhängt. Nichtbrechende Wellen werden bei senkrechtem Wellenangriff an einem vertikalen Bauwerk nahezu vollständig zurückgeworfen, so dass sich theoretisch eine stehende Welle mit doppelter Höhe der einlaufenden Welle bildet. Der Reflexionskoeffizient bei geböschten Bauwerken ist zusätzlich stark von der Wellensteilheit abhängig und damit für die im Wellenspektrum enthaltenen Wellen veränderlich.
Da die o. g. Einflüsse von vielen auch bauwerks- bzw. ortsspezifischen Faktoren abhängen, ist eine allgemeingültige Festlegung nicht möglich. Näheres siehe [46, 218, 229].

5.7 Wellendruck auf senkrechte Uferwände im Küstenbereich (E 135)

5.7.1 Allgemeines

Der Wellendruck bzw. die Wellenbewegung auf der Vorderseite einer Ufereinfassung ist in Rechnung zu stellen:

- bei Blockmauern im Sohlen- und im Fugenwasserdruck,
- bei überbauten Böschungen mit nicht hinterfüllter Vorderwand beim Ansatz des wirksamen Wasserüberdrucks von beiden Seiten der Wand,
- bei nicht hinterfüllten Spundwänden,
- bei Hochwasserschutzwänden,
- bei den Beanspruchungen im Bauzustand,
- bei hinterfüllten Bauwerken allgemein auch wegen des abgesenkten Außenwasserspiegels im Wellental.

Außerdem werden die Uferwände über Trossenzüge, Schiffstöße und Fenderdrücke aus der Schiffsbewegung infolge von Wellen belastet.

Beim Ansatz des Wellendrucks auf senkrechte Uferwände sind drei Belastungsarten zu unterscheiden, und zwar:

(1) Die Wand wird durch nicht brechende Wellen belastet.
(2) Die Wand wird durch am Bauwerk brechende Wellen belastet.
(3) Die Wand wird durch Wellen belastet, die bereits vor dem Bauwerk gebrochen sind.

Welche dieser drei Belastungsarten maßgebend ist, hängt von der Wassertiefe, vom Seegang und von den morphologischen und topographischen Verhältnissen im Bereich des Bauwerks ab.

Für die verschiedenen Belastungsarten werden in den nachfolgenden Abschnitten Belastungsansätze erläutert. Ergänzend wird darauf hingewiesen, dass die Belastungen aus stehenden, brechenden oder bereits gebrochenen Wellen eines natürlichen Seegangs können nach GODA [26] und [46] ermittelt werden. Zur Erfassung von dynamischen Druckbelastungen kann dabei der empirisch ermittelte dynamische Druckerhöhungsbeiwert nach TAKAHASHI [224] verwendet werden. Nachteilig an diesem Verfahren ist, dass nur landwärts gerichtete Belastungskomponenten erfasst werden.

5.7.2 Belastung durch nicht brechende Wellen

Ein Bauwerk mit senkrechter oder annähernd senkrechter Vorderwand in einer Wassertiefe, die so groß ist, dass die höchsten ankommenden Wellen nicht brechen, wird durch den infolge Reflexion auf der Wasserseite erhöhten Wasserüberdruck beim Wellenberg bzw. von der Landseite her erhöhten Wasserüberdruck beim Wellental beansprucht.

Durch Überlagerung der ankommenden Wellen mit den zurücklaufenden bilden sich stehende Wellen. In Wirklichkeit treten rein stehende

Wellen nicht auf; die Unregelmäßigkeit der Wellen führt zu gewissen Wellenstoßbelastungen, die aber meist gegenüber den nachstehenden Lastansätzen vernachlässigbar sind, so dass diese als quasi statisch aufgefasst werden. Die Wellenhöhe verdoppelt sich infolge Reflexion, wenn die Wellen auf eine senkrechte oder annähernd senkrechte Wand treffen und keine Verluste auftreten (Reflexionskoeffizient $\kappa_R = 1,0$). Eine Abminderung der Wellenhöhen aus Teilreflexion ($\kappa_R < 0,9$) sollte an senkrechter Wand nur bei Nachweis durch großmaßstäblichen Modellversuch berücksichtigt werden. Im Übrigen sind die in der EAK aufgeführten Reflexionskoeffizienten zu beachten.

Für die Berechnung bei rechtwinkligem Wellenangriff wird das Verfahren von SAINFLOU [20] nach Bild E 135-1 empfohlen. Dieses Verfahren liefert bei steilen Wellen geringfügig zu große Belastungen, während die Belastungen aus sehr langperiodischen, flachen Wellen unterschätzt werden. Nähere Angaben und weitere Bemessungsverfahren z. B. von MICHE-RUNDGREN sind in CEM [225] und EAK 2002 [46] zu finden.

In Bild E 135-1 bedeuten:

H = Höhe der anlaufenden Welle

L = Länge der anlaufenden Welle

h = Höhendifferenz zwischen dem Ruhewasserspiegel und der mittleren Spiegelhöhe im Reflexionsbereich vor der Wand

$$= \frac{\pi \cdot H^2}{L} \cdot \coth \frac{2 \cdot \pi \cdot d}{L}$$

Δh = Differenzhöhe zwischen dem Ruhewasserspiegel vor der Wand und dem Grundwasser- bzw. rückwärtigen Hafenwasserspiegel

d_s = Wassertiefe beim Grundwasser- bzw. rückwärtigen Hafenwasserspiegel

γ = Wichte des Wassers

p_1 = Druckerhöhung (Wellenberg) bzw. -verringerung (Wellental) am Fußpunkt des Bauwerks infolge Wellenwirkung

$$= \gamma \cdot H / \cos h \frac{2 \cdot \pi \cdot d}{L}$$

p_0 = maximale Wasserüberdruckordinate in Höhe des landseitigen Wasserspiegels entsprechend Bild E 135-1c)

$$= (p_1 + \gamma \cdot d) \cdot \frac{H + h - \Delta h}{H + h + d}$$

p_x = Wasserüberdruckordinate in Höhe des Wellentals entsprechend Bild E 135-1d)

$$= \gamma \cdot (H - h + \Delta h)$$

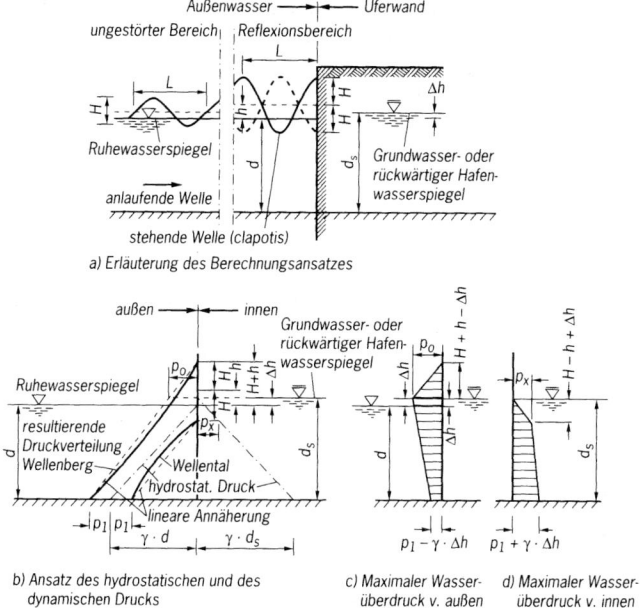

Bild E 135-1. Dynamische Druckverteilung an einer lotrechten Wand bei vollständiger Reflexion der Wellen in Anlehnung an SAINFLOU [20] sowie Wasserüberdrücke bei Wellenberg und Wellental

Die Übertragung des Verfahrens auf den Fall des schrägen Wellenangriffs ist in [30] behandelt. Danach sollten auch bei spitzem Wellenanlaufwinkel besonders für langgestreckte Bauwerke die Ansätze für rechtwinkligen Wellenangriff verwendet werden.

5.7.3 Belastung durch am Bauwerk brechende Wellen

An einem Bauwerk brechende Wellen können extrem hohe Aufschlagdrücke von 10 000 kN/m² und mehr ausüben. Diese Druckspitzen sind allerdings örtlich begrenzt und wirken nur mit sehr kurzer Dauer (1/100 s bis 1/1000 s).

Das Brechen hoher Wellen unmittelbar am Bauwerk sollte wegen der dabei auftretenden großen Druckstöße und dynamischen Belastungen durch geeignete Anordnung und Ausbildung des Bauwerks möglichst vermieden werden. Falls dies nicht möglich ist, werden für die endgültige Bemessung Modelluntersuchungen in möglichst großem Maßstab empfohlen. Weitere Hinweise bzgl. Bemessung bei Druckschlägen siehe EAK 2002, Abschn. 4.3.23 [46] und CEM [225].

Bei einfachen Geometrien kann das nachfolgende Berechnungsverfahren angesetzt werden.

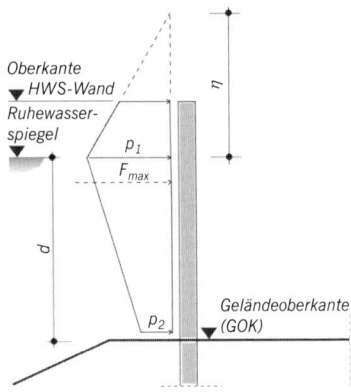

Bild E 135-2. Belastung durch Sturzbrecher [218, 220]

Aus Versuchen im hydraulischen großmaßstäblichen Modell an einem Caissonbauwerk auf einer Schüttsteinunterlage wurde der nachfolgend beschriebene Näherungsansatz für die Druckschlagbelastung an senkrechten Wänden entwickelt [218, 220].

Die Ermittlung der als maximal statisch anzusetzende Horizontalkraft F_{max} auf die Uferwand ergibt sich nach Bild E 135-2 zu:

$$F_{max} = \varphi \cdot 8,0 \cdot \rho \cdot g \cdot H_b^2 \ [\text{kN/m}]$$

Der Angriffspunkt dieser Kraft liegt geringfügig unterhalb des Ruhewasserspiegels. Ein Näherungsansatz zur Belastungsminderung infolge Wellenüberschlags wird in [218] erläutert.

- **Brecherwellenhöhe H_b**

  Auf der Grundlage eines für relativ steile Böschungen [218, 219] entwickelten wellensteilheitsbedingten Brecherkriteriums ergibt sich:

$$H_b = L_b \cdot [0.1025 + 0.0217\,(1 - \chi_R)\,/\,(1 - \chi_R)]\ \tanh\,(2\ \pi d_b\,/\,L_b)]$$

χ_R = Reflexionskoeffizient der Uferwand
d_b = Wassertiefe am Brechpunkt
L_b = Wellenlänge der brechenden Welle = $L_0 \tanh (2\ \pi\ d_b\,/\,L_b)]$

Bei einem Reflexionskoeffizienten von 0,9 und der Annahme, dass die Wassertiefe d_b und die Wellenlänge L_b näherungsweise gleich den entsprechenden Werten auf dem Vorland (Wassertiefe d an der Wand und Wellenlänge L_d) sind, ergibt sich:

$H_b \cong 0,1 \cdot L_0 \cdot [\tanh (2\ \pi d\,/\,L_d)]^2$
L_0 = Wellenlänge im Tiefwasser = $1,56 \cdot T_p^2$
T_p = Peakperiode im Wellenspektrum
L_d = Wellenlänge in der Wassertiefe $d \cong \cdot L_0 \cdot [\tanh (2\ \pi d/L_0)^{3/4}]^{2/3}$

- **Stoßfaktor** φ

  Die nachfolgend aufgeführten Stoßfaktoren wurden aus Berechnungen zur dynamischen Wechselwirkung der impulsartigen, zeitlich variierenden Wellendruckschlagbelastung mit den Beanspruchungs- und Verformungsbedingungen des Bauwerkes und des Baugrundes abgeleitet [218].

  Der Stoßfaktor φ ergibt sich in Abhängigkeit von der Höhenlage des Nachweisschnittes zu $\varphi = M_{dyn} / M_{stat}$ (Wandmoment bei stoßartiger Belastung/Wandmoment bei quasistatischer Belastung) [218, 220, 221].

  Wände mit nachgiebiger Stützung im Erdkörperbereich (z. B. frei auskragende Wände [s. beispielhaft Bild E 135-2] bzw. tiefer als 1,50 m unter GOK abgestützte Wände) [222]:

  $\varphi = 1,2$ für alle Nachweise oberhalb 1,50 m unter GOK

  $\varphi = 0,8$ für alle Nachweise tiefer als 1,50 m unter GOK

  Wände mit starrer Stützung (z. B. Betonwände auf Kaianlagen) bzw. höher als 1,50 m unter GOK abgestützte Wände:

  $\varphi = 1,4$ für alle Nachweise oberhalb 1,50 m unter GOK

  $\varphi = 1,0$ für alle Nachweise tiefer als 1,50 m unter GOK

- **Druckordinate p_1** in Höhe des Ruhewasserspiegels

  $p_1 = F_{max} / [0{,}625 \cdot d_b + 0{,}65 \cdot H_b]$

  $\eta =$ Höhe der Druckfigur (Differenzhöhe zwischen Oberkante Wellendruckbelastung und Ruhewasserspiegel) $= 1{,}3 \cdot H_b$

- **Druckordinate p_2** in Höhe Geländeoberkante

  $p_2 = 0{,}25 \cdot p_1$

5.7.4 Belastung durch bereits gebrochene Wellen

Eine näherungsweise Ermittlung der Lasten aus bereits gebrochenen Wellen ist nach [21] möglich. Dabei wird angenommen, dass die gebrochene Welle mit der gleichen Höhe und Geschwindigkeit nach dem Brechvorgang weiterläuft, wodurch die tatsächlichen Belastungen jedoch überschätzt werden. Zur genaueren Erfassung der tatsächlichen Belastungen wird daher in der EAK 2002 eine Korrektur der Rechenwerte, basierend auf dem Verfahren von CAMFIELD [226] vorgeschlagen, welches hier nicht dargestellt wird.

5.7.5 Zusätzliche Lasten infolge von Wellen

Wenn ein Bauwerk auf durchlässiger Bettung keinen dichten Abschluss auf der Wasserseite, z. B. durch eine Dichtungswand, besitzt, ist außer dem Wasserdruck auf die Wandflächen der Einfluss der Wellen auf den Sohlenwasserdruck zu berücksichtigen. Entsprechendes gilt für den Wasserdruck in Blockfugen.

5.8   Lasten aus Schwall- und Sunkwellen infolge Wasserein- bzw. -ableitung (E 185)

5.8.1   Allgemeines

Schwall- und Sunkwellen entstehen in Gewässern durch vorübergehende oder vorübergehend verstärkte Wasserein- bzw. -ableitung. Schwall- und Sunkwellen treten jedoch nur bei im Verhältnis zur sekundlichen Einleitungs- bzw. Ableitungsmenge kleinen benetzten Gewässerquerschnitten wesentlich in Erscheinung. Der Berücksichtigung von Schwall- und Sunkwellen und ihrer Wirkungen auf Ufereinfassungen kommt daher im Allgemeinen nur in Schifffahrtskanälen größere Bedeutung zu. In diesen Fällen sind die Wirkungen der Wasserstandsänderungen auf Böschungen, Gewässerauskleidungen, Uferdeckwerke und andere Anlagen zu berücksichtigen.

5.8.2   Ermittlung der Wellenwerte

Schwall- und Sunkwellen sind Flachwasserwellen im Bereich

$$\frac{d}{L} < 0,05$$

Wellenlänge hängt von der Dauer der Wasserein- bzw. -ableitung ab. Die Wellenfortschrittsgeschwindigkeit kann überschläglich mit

$$c = \sqrt{g \cdot (d \pm 1,5\,H)} \quad [\text{m/s}] \quad \begin{cases} + \text{ für Schwall} \\ - \text{ für Sunk} \end{cases}$$

angesetzt werden.

Darin sind:

g = Erdbeschleunigung
d = Wassertiefe
H = Anhebung bei Schwall bzw. Absenkung bei Sunk gegenüber dem Ruhewasserspiegel

Bei kleinem Verhältnis H/d kann

$$c = \sqrt{g \cdot d}$$

gesetzt werden.

Die Wasserspiegelanhebung beziehungsweise -absenkung ergibt sich überschläglich zu

$$H = \pm \frac{Q}{c \cdot B}$$

worin

Q = sekundliche Wassereinleitungs- bzw. -ableitungsmenge und
B = mittlere Wasserspiegelbreite sind

Die Wellenhöhe kann sich durch Reflexionen oder nachfolgende Schwall- oder Sunkwellen vergrößern oder verkleinern. Besonders bei gleichmäßigen Kanalquerschnitten und glatter Kanalauskleidung ist die Wellendämpfung gering, so dass die Wellen vor allem bei kurzen Haltungen mehrmals hin- und herlaufen können.
In Schifffahrtskanälen ist die häufigste Ursache der Schwall- und Sunkerscheinungen die Ein- bzw. Ableitung von Schleusungswasser. Zur Vermeidung extremer Schwall- und Sunkerscheinungen wird die Schleusungswassermenge in der Regel auf 70 bis höchstens 90 m³/s begrenzt.
Schleusungen im zeitlichen Abstand der Reflexionszeit oder einem Vielfachen davon können, insbesondere in Kanalstrecken, zu einer Überlagerung der Wellen und damit zu einer Erhöhung der Schwall- und Sunkmaße führen.

5.8.3 Lastansätze

Bei den Lastannahmen für Ufereinfassungen ist die hydrostatische Last aus der Höhe der Schwall- oder Sunkwelle und ihrer möglichen Überlagerung durch reflektierte oder nachfolgende Wellen, sowie mit gleichzeitig möglichen Wasserspiegelschwankungen, z. B. aus Windstau, Schiffswellen, in der jeweils ungünstigsten Zusammensetzung zu berücksichtigen. Wegen der langperiodischen Gestalt der Schwall- und Sunkwellen ist bei durchlässigen Deckwerken der daraus herrührende Einfluss auf das Strömungsgefälle des Grundwassers gleichfalls zu überprüfen.
Dynamische Wirkungen der Schwall- und Sunkwellen können wegen der meist geringen Strömungsgeschwindigkeiten, die bei diesen Wellen auftreten, vernachlässigt werden.
Die so ermittelten Lasten sind charakteristische Werte, die mit Teilsicherheitsbeiwerten des Lastfalls 2 (siehe E 18, Abschn. 5.4.2) nach DIN 1054 zu multiplizieren sind.

5.9 Auswirkungen von Wellen aus Schiffsbewegungen (E 186)

5.9.1 Allgemeines

Vom fahrenden Schiff gehen an Bug und Heck Wellen verschiedener Art aus, die je nach den örtlichen Gegebenheiten zu unterschiedlichen

143

Beanspruchungen der Ufer bzw. deren Sicherungen führen. Das fahrende Schiff bewirkt zunächst eine Wasserspiegelanspannung vor dem Bug, deren Abmessung in Fahrtrichtung gesehen mehrere Schiffslängen betragen kann. Direkt vor dem Schiffsbug tritt ein weiterer lokaler Aufstau auf. Im Bereich des Schiffes wird der bisher ungestörte Gewässerquerschnitt um den Schiffsquerschnitt reduziert. Die Strömung um das Schiff muss nun in einem verminderten Abflussquerschnitt stattfinden. Dies bedingt hydraulisch eine Beschleunigung des Abflusses. Die Erhöhung der Umströmungsgeschwindigkeit gegenüber der Schiffsgeschwindigkeit durchs Wasser wird Rückströmung genannt. Diese ist aus energetischen Gründen wiederum mit einer Absenkung des Wasserspiegels neben dem Schiff verbunden. Diese Absenkung reduziert den Abflussquerschnitt zusätzlich und führt zu einer weiteren Absenkung. Am Heck des Schiffes findet wieder ein Ausgleich der Abflussverhältnisse statt, was durch eine Wasserspiegelanhebung – die Heckquerwelle – gekennzeichnet ist. Die gesamte Absunkmulde längsseits des Schiffes hat den Charakter einer langen Welle und wird als Primärwelle bezeichnet. Ihre Wellenlänge entspricht der Schiffslänge. Die Absunkmulde reicht in Kanälen über die gesamte Kanalbreite. Im seitlich unbegrenzten Fahrwasser klingt die Absunkmulde (rückströmungswirksamer Abflussquerschnitt) mit zunehmender Entfernung vom Schiff ab. Die Breite der Absunkmulde beträgt in erster Näherung ein Vielfaches der Schiffslänge (siehe [129]).

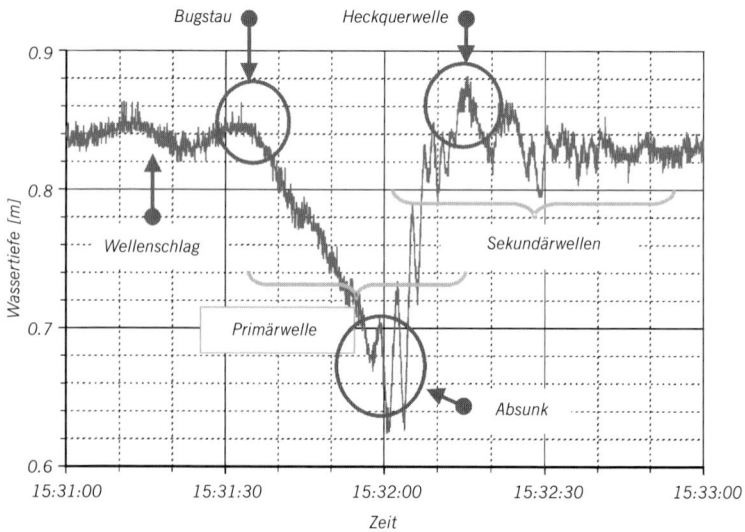

Bild E 186-1. Wasserspiegeländerung bei Fahrt eines Schiffes im begrenzten Fahrwasser

Am Bug des Schiffes entstehen gleichzeitig regelmäßig kurzperiodische Wellen, die als Sekundärwellen bezeichnet (Bild E 186-1) werden. Dies sind zum einen Divergenzwellen, die sich mit einem Winkel schräg zur Schiffsachse ausbreiten, zum anderen Querwellen, die annähernd senkrecht zur Schiffsachse orientiert sind (Bilder E 186-2 und E 186-3). Die Überlagerung beider Systeme erzeugt eine Interferenzlinie, die abhängig von der Fahrgeschwindigkeit einen charakteristischen Winkel zur Schiffsachse aufweist. Bei üblichen unterkritischen Schiffsgeschwindigkeiten beträgt dieser Winkel ca. 19°. Mit Annäherung an die Stauwellengeschwindigkeit, erreicht er maximal 90°. Die Stauwellengeschwindigkeit ist die Wellengeschwindigkeit von Flachwasserwellen. Binnenschiffe erreichen diese Geschwindigkeit in der Regel nicht, insbesondere nicht bei eingeschränkten Tiefen- und Breitenverhältnissen. Ihre Schiffsgeschwindigkeit ist durch die kritische Schiffsgeschwindigkeit begrenzt. Bei ihr geht die Strömung um das Schiff vom strömenden in den schiessenden Abflusszustand über. Sichtbare Anzeichen dafür sind die hecklastige Vertrimmung des Schiffes und das Auftreten einer brechenden Heckwelle. Wegen der Begrenzung der Schiffsgeschwindigkeit bleibt der o. g. Winkel von ca. 19° für die Ausbreitung der Interferenzwellen meist auch in der Nähe der kritischen Schiffsgeschwindigkeit erhalten.

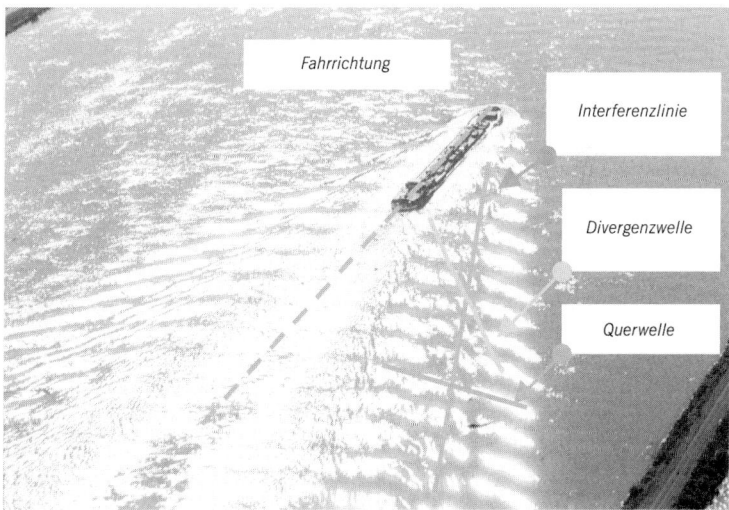

Bild E 186-2. Luftbild mit dem Wellenbild auf der Wasseroberfläche um ein fahrendes Binnenschiff; Sekundärwellen und Schraubenstrahl sind zu erkennen

145

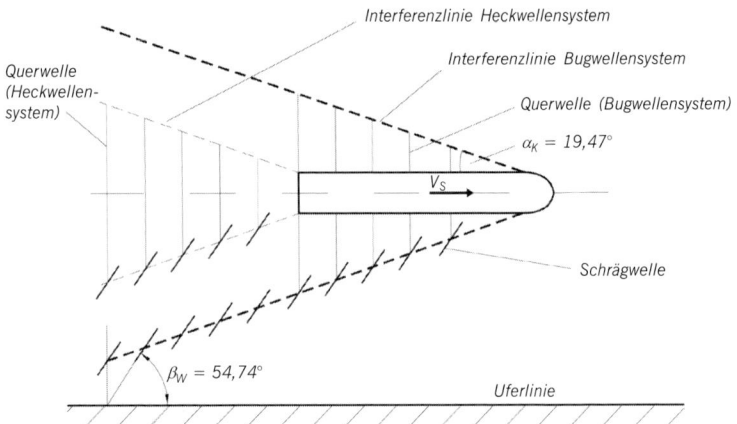

Bild E 186-3. Wellenbild, schematisch

5.9.2 Wellenhöhen

Die Auswirkungen des Schiffswellensystems auf Böschungen und Uferdeckwerke ist besonders in begrenztem Fahrwasser zu berücksichtigen.
Die maßgebenden Bemessungslasten ergeben sich dabei aus der Druck-
zu- und -abnahme im Bereich der Absunkmulde des Primärwellensystems
und der Wellenbrechung der Wellen aus dem Primär- (Heckwelle) und
Sekundärwellensystem (Schrägwellen und Heckquerwellen) beim Übergang in den Flachwasserbereich an der Böschung, und zwar abhängig
von der Wellenlaufrichtung. Die erforderliche Steingröße der Uferböschung ergibt sich i.d.R. aus der Belastung durch brechende Heckquerwellen. Stauwelle und Wasserspiegelabsenkung beeinflussen durch
ihre hydrostatischen Druckänderungen die Porenwasserdrücke im Untergrund und führen via temporärem Drucküberschuss im Untergrund
zu einer Destabilisierung der Ufersicherung. Sie bestimmen somit i.d.R.
die erforderliche Dicke des Deckwerkes [129]. Bei möglichen Reflexionen, beispielsweise in kurzen Abzweigungen mit senkrechtem Abschluss (Schleusenvorhäfen), können die Stau- oder Absenkungshöhe
sich bis zum doppelten Wert vergrößern. Genauere Werte können in
Modellversuchen ermittelt werden. Der Zeitverlauf des Aufstaus bzw.
der Absenkung ist gegebenenfalls bei durchlässigen Ufereinfassungen
mit seinem Einfluss auf die Grundwasserbewegung zu berücksichtigen.
Auf die möglichen Auswirkungen auf selbsttätig arbeitende Verschlüsse, beispielsweise von Deichsielen (Auf- und Zuschlagen der Tore infolge
der plötzlichen Druckänderungen) sowie auf Schleusentore wird hingewiesen.

Der Aufstau vor dem Schiff kann als so genannte „Einzelwelle", das
heißt als Welle mit nur einem Scheitel über dem Ruhewasserspiegel

aufgefasst werden. Die Stauhöhe ist im Allgemeinen gering und überschreitet selten 0,2 m über dem Ruhewasserspiegel.
Die Höhe der Wellen auf der Interferenzlinie kann nach [129] wie folgt abgeschätzt werden

$$H_{Sek} = A_W \frac{v_S^{8/3}}{g^{4/3}(u')^{1/3}} f_{cr}$$

mit

A_W = Wellenhöhenbeiwert, abhängig von Schiffsform,
Schiffsabmessungen Abladetiefe und Wassertiefe
A_W = 0,25 für konventionelle Binnenschiffe und Schlepper
A_W = 0,35 für leere, einspurige Schubverbände
A_W = 0,80 für vollbeladene, mehrspurige Schubverbände
f_{cr} = Geschwindigkeitsbeiwert
f_{cr} = 1 gültig für $v_S/v_{krit} < 0,8$
g = Erdbeschleunigung
H_{Sek} = Sekundärwellenhöhe
u' = Abstand Schiffswand – Uferlinie

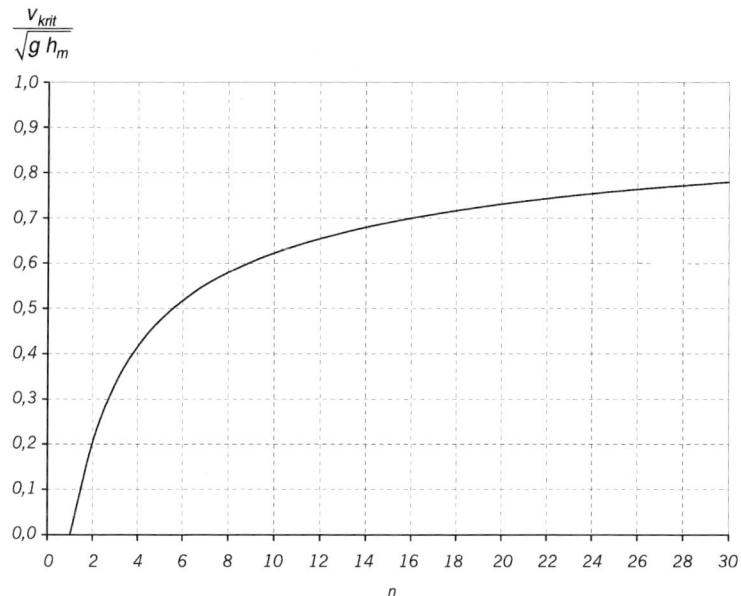

Bild E 186-4. Abhängigkeit der kritischen Schiffsgeschwindigkeit v_{krit} von der mittleren Wassertiefe h_m, der Erdbeschleunigung g und des Querschnittverhältnisses n für Kanäle

147

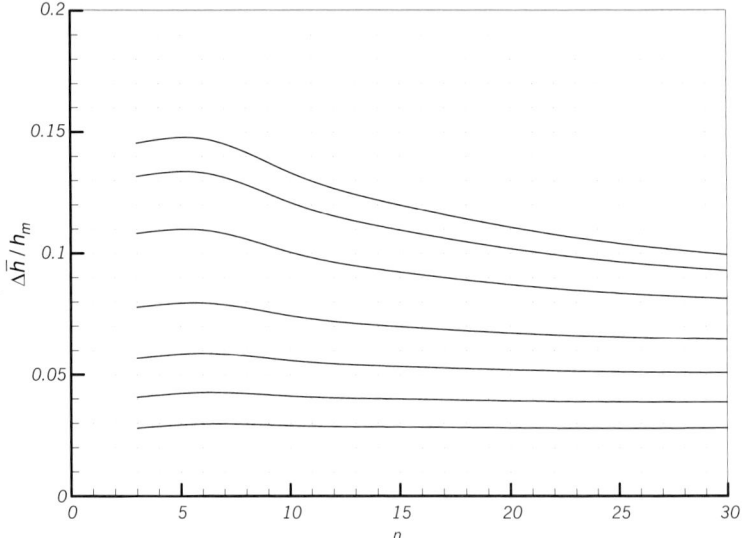

Bild E 186-5. Abhängigkeit der mittleren Wasserspiegelabsenkung $\Delta\bar{h}$ von der mittleren Wassertiefe h_m und der relativen, d. h. auf v_{krit} bezogenen Schiffsgeschwindigkeit v_s bei verschiedenen Querschnittsverhältnissen

Die Wasserspiegelabsenkung korrespondiert mit der Rückströmung unter und neben dem eingetauchten Schiffskörper und ist in Form und Größe von der Schiffsform, dem Schiffsantrieb, der Fahrgeschwindigkeit des Schiffs und den Fahrwasserbedingungen abhängig (Verhältnis n des rückströmungswirksamen Gewässerquerschnitts zum eingetauchten Hauptspantquerschnitt des Schiffs, Ufernähe und -form). Die maximale Absenkung überschreitet auch bei Erreichen der kritischen Schiffsgeschwindigkeit selten ca. 15 % der Wassertiefe. Die Bilder E 186-4 und E 186-5 ermöglichen eine auf der sicheren Seite liegende Abschätzung des Absunkmaßes in Abhängigkeit von n und der kritischen Schiffsgeschwindigkeit. Absunk und Wellenhöhe verändern sich mit dem Abstand vom Schiff und vor allem in Ufernähe (siehe u. a. [129]). Die ermittelten Größtwerte können als Bemessungswerte angesetzt werden.

5.10 Wellendruck auf Pfahlbauwerke (E 159)

5.10.1 Allgemeines

Bei der Berechnung von Pfahlbauwerken sind die aus der Wellenbewegung herrührenden Lasten sowohl hinsichtlich der Belastung des Einzelpfahls als auch des gesamten Pfahlbauwerks zu berücksichtigen, sofern die örtliche Situation dies erfordert. Die Überbauten sollten möglichst oberhalb des Kamms der Bemessungswelle angeordnet wer-

148

den. Andernfalls können große Horizontal- und Vertikallasten aus dem unmittelbaren Wellenangriff auf die Überbauten einwirken, deren Ermittlung nicht Gegenstand dieser Empfehlung ist, da für solche Fälle zuverlässige Werte nur aus Modelluntersuchungen gefunden werden können. Die Höhe des Kamms der Bemessungswelle ist unter Berücksichtigung des gleichzeitig auftretenden höchsten Ruhewasserspiegels, gegebenenfalls auch des Windstaus, des Gezeiteneinflusses und des Anhebens und des Aufsteilens der Wellen im Flachwasser zu ermitteln.

Für schlanke Bauteile eignet sich das Überlagerungsverfahren nach MORISON, O'BRIEN, JOHNSON und SCHAAF [38], während für breitere Bauwerke Verfahren auf der Grundlage der Diffraktionstheorie [39] verwendet werden.

Gegenstand dieser Empfehlung ist das Überlagerungsverfahren nach MORISON [21], welches für nichtbrechende Wellen gilt. Für brechende Wellen wird unter Abschn. 5.10.5 in Ermangelung genauer Rechenansätze ein Behelfsverfahren vorgeschlagen.

Das Verfahren nach MORISON liefert brauchbare Werte, wenn für den Einzelpfahl

$$\frac{D}{L} = 0,05$$

ist.

Darin sind:

D = Pfahldurchmesser oder bei nicht kreisförmigen Pfählen charakteristische Breite des Bauteils (Breite quer zur Anströmrichtung)

L = Länge der „Bemessungswelle" nach E 136, Abschn. 5.6 in Verbindung mit Tabelle E 159-1, Nr. 3

Dieses Kriterium ist meistens erfüllt.

Für die Ermittlung der Wellenlasten wird auf [42] und [21] verwiesen, in denen Tabellen und Diagramme für die Rechendurchführung enthalten sind. Die Diagramme in [21] bauen auf der Stromfunktion-Theorie auf und sind für Wellen unterschiedlicher Steilheiten bis an die Grenze zum Brechen hin anwendbar, während die Diagramme in [42] nur unter den Voraussetzungen der linearen Wellentheorie gültig sind.

Für Offshorebauwerke gelten andere Bemessungsverfahren, z. B. nach API (American Petroleum Institute).

5.10.2 Berechnungsverfahren nach MORISON [38]

Die Wellenlast auf einen Einzelpfahl setzt sich aus den Anteilen

- Strömungsdruckkraft und
- Beschleunigungskraft (Trägheitskraft)

zusammen, die getrennt bestimmt und phasengerecht überlagert werden müssen.
Die horizontale Gesamtlast je Längeneinheit ergibt sich nach [21], [41] und [43] für einen vertikalen Pfahl zu:

$$p = p_D + p_M = C_D \cdot \frac{1}{2} \cdot \frac{\gamma_W}{g} \cdot D \cdot u \cdot |u| + C_M \cdot \frac{\gamma_W}{g} \cdot F \cdot \frac{\partial u}{\partial t}$$

Für einen Pfahl mit Kreisquerschnitt ist danach:

$$p = C_D \cdot \frac{1}{2} \cdot \frac{\gamma_W}{g} \cdot D \cdot u \cdot |u| + C_M \cdot \frac{\gamma_W}{g} \cdot \frac{D^2 \cdot \pi}{4} \cdot \frac{\partial u}{\partial t}$$

In diesen Formeln bedeuten:

p_D	=	Strömungsdruckkraft infolge des Strömungs-widerstands je Längeneinheit des Pfahls
p_M	=	Trägheitskraft infolge der instationären Wellenbewegung je Längeneinheit des Pfahls
p	=	Gesamtlast je Längeneinheit des Pfahls
C_D	=	Widerstandsbeiwert des Strömungsdrucks
C_M	=	Widerstandsbeiwert der Strömungsbeschleunigung
g	=	Erdbeschleunigung
γ_W	=	Wichte des Wassers
u	=	Horizontale Komponente der Geschwindigkeit der Wasserteilchen am betrachteten Pfahlort
$\frac{\partial u}{\partial t} \approx \frac{du}{dt}$	=	Horizontale Komponente der Beschleunigung der Wasserteilchen am betrachteten Pfahlort
D	=	Pfahldurchmesser oder (bei nicht kreisförmigen Pfählen) charakteristische Breite des Bauteils
F	=	Querschnittsfläche des umströmten Pfahles im betrachteten Bereich in Strömungsrichtung

Die Geschwindigkeit und die Beschleunigung der Wasserteilchen werden aus den Wellengleichungen errechnet. Diesen können unterschiedliche Wellentheorien zugrunde liegen. Für die lineare Wellentheorie sind die erforderlichen Beziehungen in Tabelle E 159-1 zusammengestellt. Für die Anwendung von Theorien höherer Ordnung wird auf [21], [44] und [46] verwiesen.

Tabelle E 159-1. Lineare Wellentheorie. Physikalische Beziehungen [28]

	Flachwasser $\dfrac{d}{L} \leq \dfrac{1}{20}$	Übergangsbereich $\dfrac{1}{20} < \dfrac{d}{L} < \dfrac{1}{2}$	Tiefwasser $\dfrac{d}{L} \geq \dfrac{1}{2}$
1. Profil der freien Oberfläche	Allgemeine Gleichung $\eta = \dfrac{H}{2} \cdot \cos\vartheta$		
2. Wellengeschwindigkeit	$c = \dfrac{L}{T} = \dfrac{g}{\omega}\,kd = \sqrt{gd}$	$c = \dfrac{L}{T} = \dfrac{g}{\omega}\tanh(kd) = \sqrt{\dfrac{g}{k}\tanh(kd)}$	$c = \dfrac{L}{T} = \dfrac{g}{\omega} = \sqrt{\dfrac{g}{k}}$
3. Wellenlänge	$L = c \cdot T = \dfrac{g}{\omega}\,kdT = \sqrt{gd} \cdot T$	$L = c \cdot T = \dfrac{g}{\omega}\tanh(kd) \cdot T = \sqrt{\dfrac{g}{k}\tanh(kd)} \cdot T$	$L = c \cdot T = \dfrac{g}{\omega}\,T = \sqrt{\dfrac{g}{k}} \cdot T$
4. Geschwindigkeit der Wasserteilchen			
a) horizontal	$u = \dfrac{H}{2} \cdot \sqrt{\dfrac{g}{d}} \cdot \cos\vartheta$	$u = \dfrac{H}{2} \cdot \omega \cdot \dfrac{\cosh[k(z+d)]}{\sinh(kd)} \cdot \cos\vartheta$	$u = \dfrac{H}{2} \cdot \omega \cdot e^{kz} \cdot \cos\vartheta$
b) vertikal	$w = \dfrac{H}{2} \cdot \omega \cdot \left(1 + \dfrac{z}{d}\right)\sin\vartheta$	$w = \dfrac{H}{2} \cdot \omega \cdot \dfrac{\sinh[k(z+d)]}{\sinh(kd)} \cdot \sin\vartheta$	$w = \dfrac{H}{2} \cdot \omega \cdot e^{kz} \cdot \sin\vartheta$
5. Beschleunigung der Wasserteilchen			
a) horizontal	$\dfrac{\partial u}{\partial t} = \dfrac{H}{2} \cdot \omega \cdot \sqrt{\dfrac{g}{d}} \cdot \sin\vartheta$	$\dfrac{\partial u}{\partial t} = \dfrac{H}{2} \cdot \omega^2 \cdot \dfrac{\cosh[k(z+d)]}{\sinh(kd)} \cdot \sin\vartheta$	$\dfrac{\partial u}{\partial t} = \dfrac{H}{2} \cdot \omega^2 \cdot e^{kz} \cdot \sin\vartheta$
b) vertikal	$\dfrac{\partial w}{\partial t} = -\dfrac{H}{2} \cdot \omega^2 \cdot \left(1 + \dfrac{z}{d}\right)\cos\vartheta$	$\dfrac{\partial w}{\partial t} = \dfrac{H}{2} \cdot \omega^2 \cdot \dfrac{\sinh[k(z+d)]}{\sinh(kd)} \cdot \cos\vartheta$	$\dfrac{\partial w}{\partial t} = \dfrac{H}{2} \cdot \omega^2 \cdot e^{kz} \cdot \cos\vartheta$

In Tabelle E 159-1 bedeuten:

$$\vartheta = \frac{2\,\pi \cdot x}{L} - \frac{2\,\pi \cdot t}{T} = k\,x - \omega\,t \quad \text{(Phasenwinkel)}$$

$$k = \frac{2\,\pi}{L}\,;\; \omega = \frac{2\,\pi}{T}\,;\; c = \frac{\omega}{k}$$

t = Zeitdauer
T = Wellenperiode
c = Wellengeschwindigkeit
k = Wellenzahl
ω = Wellenkreisfrequenz

5.10.3 Ermittlung der Wellenlasten an einem senkrechten Einzelpfahl

Da die Geschwindigkeiten und entsprechend die Beschleunigungen der Wasserteilchen unter anderem eine Funktion des Abstands des betrachteten Orts vom Ruhewasserspiegel sind, ergibt sich das Wellenlastbild entsprechend Bild E 159-1 aus der Berechnung der Wellendrucklast für verschiedene Werte von z.

Der Koordinatennullpunkt liegt in Höhe des Ruhewasserspiegels, kann in der Abszisse aber beliebig gewählt werden.

z = Ordinate des untersuchten Punktes
  ($z = 0$ = Ruhewasserspiegel)
x = Abszisse des untersuchten Punktes
η = Zeitlich veränderliche Höhe des Wasserspiegels, bezogen auf den Ruhewasserspiegel (Wasserspiegelauslenkung)
d = Wassertiefe unter dem Ruhewasserspiegel
D = Pfahldurchmesser
H = Wellenhöhe
L = Wellenlänge

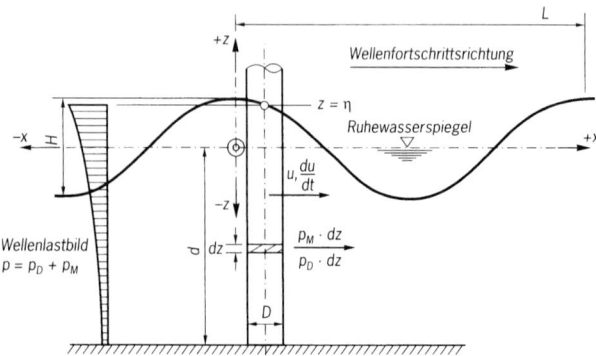

Bild E 159-1. Wellenangriff auf einen lotrechten Pfahl

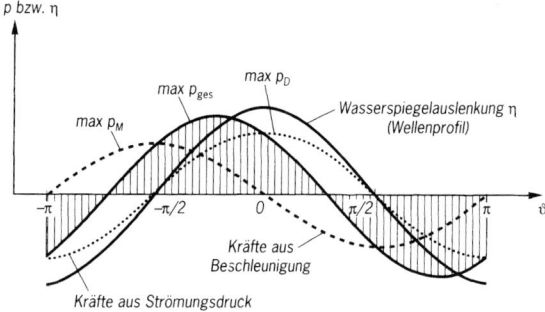

Bild E 159-2. Veränderung der Kräfte aus Strömungsdruck und Beschleunigung über eine Wellenperiode

Es ist zu beachten, dass die Komponenten der Wellenlast max p_D und max p_M phasenverschoben auftreten. Die Berechnung ist also für unterschiedliche Phasenwinkel durchzuführen und die Maximalbelastung durch eine phasengerechte Überlagerung der Komponenten aus Strömungsgeschwindigkeit und Strömungsbeschleunigung zu ermitteln. So ist beispielsweise bei Anwendung der linearen Wellentheorie die Beschleunigungskraft um 90° ($\pi/2$) phasenverschoben gegenüber der Strömungsdruckkraft, die phasengleich zum Wellenprofil liegt (Bild E 159-2).

5.10.4   Beiwerte C_D und C_M

5.10.4.1   Widerstandsbeiwert für den Strömungsdruck C_D

Der Widerstandsbeiwert für den Strömungsdruck C_D wird aus Messungen ermittelt. C_D ist abhängig von der Form des umströmten Körpers, der REYNOLDSschen Zahl Re, der Oberflächenrauhigkeit des Pfahls und dem Ausgangsturbulenzgrad der Strömung [42, 43, 47]. Entscheidend für die Strömungsdruckkraft ist die Lage des Ablösungspunkts der Grenzschicht. Bei Pfählen, an denen der Ablösungspunkt durch Ecken oder Abreißkanten vorgegeben ist, ist der C_D-Wert praktisch konstant (Bild E 159-3).

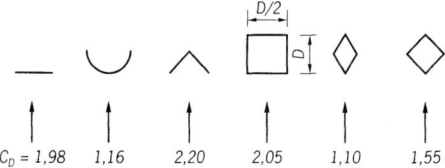

Bild E 159-3. C_D-Werte von Pfahlquerschnitten mit stabilen Ablösepunkten [41]

153

Bei Pfählen ohne stabilen Ablösungspunkt, beispielsweise bei Kreis-zylinderpfählen, ergeben sich dagegen Unterschiede zwischen einem unterkritischen Bereich der REYNOLDSschen Zahl mit einer laminaren Grenzschicht und einem überkritischen Bereich mit turbulenter Grenzschicht.

Da in der Natur im Allgemeinen aber hohe REYNOLDSsche Zahlen vorhanden sind, wird bei glatten Oberflächen empfohlen, einen gleich bleibenden Wert von $C_D = 0,7$ anzunehmen [21, 42]. Weitere Angaben finden sich in [162].

Bei rauen Oberflächen ist mit größeren C_D-Werten zu rechnen, vgl. z. B. [48].

5.10.4.2 Widerstandsbeiwert C_M für die Strömungsbeschleunigung

Mit der Potentialströmungstheorie erhält man für den Kreiszylinderpfahl den Wert $C_M = 2,0$, während aufgrund von Versuchen für den Kreisquerschnitt auch C_M-Werte bis 2,5 festgestellt worden sind [49].

Im Normalfall kann mit dem theoretischen Wert $C_M = 2,0$ gearbeitet werden. Im Übrigen wird auf [21], [48] und [162] hingewiesen.

5.10.5 Kräfte aus brechenden Wellen

Zurzeit existiert noch kein brauchbarer Rechenansatz, nach dem die Kräfte aus brechenden Wellen zutreffend ermittelt werden können. Man behilft sich daher für diesen Wellenbereich ebenfalls mit der MORISON-Formel, jedoch unter der Annahme, dass die Welle als Wasserpaket mit hoher Geschwindigkeit ohne Beschleunigung auf den Pfahl wirkt. Dabei wird der Trägheitsbeiwert $C_M = 0$ gesetzt, während der Strömungsdruckbeiwert auf $C_D = 1,75$ erhöht wird [21].

5.10.6 Wellenbelastung bei Pfahlgruppen

Bei der Ermittlung der Wellenbelastung von Pfahlgruppen ist der für den jeweiligen Pfahlstandort maßgebende Phasenwinkel ϑ zu berücksichtigen.

Mit den Bezeichnungen nach Bild E 159-4 ergibt sich die horizontale Gesamtbelastung für ein Pfahlbauwerk aus N Pfählen zu:

$$\text{ges } P = \sum_{n=1}^{N} P_n(\vartheta_n)$$

Darin sind:

N = Anzahl der Pfähle

$P_n(\vartheta_n)$ = Wellenlast eines Einzelpfahls n unter Berücksichtigung des Phasenwinkels $\vartheta = k \cdot x_n - \omega \cdot t$

x_n = Abstand des Pfahls n von der y-z-Ebene

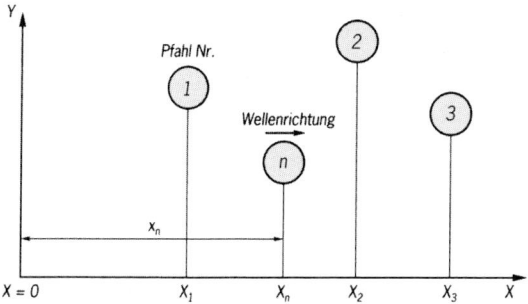

Bild E 159-4. Angaben für eine Pfahlgruppe (im Grundriss) (nach [21])

Es muss beachtet werden, dass bei Pfählen, die dichter als etwa vier Pfahldurchmesser zusammenstehen, eine Erhöhung der Belastung für die in Wellenrichtung nebeneinander stehenden Pfähle und eine Abminderung der Belastung bei hintereinander liegenden Pfählen eintritt. Für diesen Fall werden die in Tabelle E 159-2 zusammengestellten Korrekturfaktoren für die Belastung vorgeschlagen [49]:

Tabelle E 159-2. Multiplikator bei kleinen Pfahlabständen

$\dfrac{\text{Pfahlmittenabstand } e}{\text{Pfahldurchmesser } D}$	2	3	4
Für Pfähle in Reihen parallel zum Wellenkamm	1,5	1,25	1,0
Für Pfähle in Reihen senkrecht zum Wellenkamm	0,7[1]	0,8[1]	1,0

[1] Abminderung gilt nicht für den vordersten, dem Wellenangriff direkt ausgesetzten Pfahl.

5.10.7 Geneigte Pfähle

Bei geneigten Pfählen ist zusätzlich zu beachten, dass der Phasenwinkel ϑ für die Ortskoordinaten x_0, y_0, z_0 der einzelnen Pfahlabschnitte d_s verschieden ist.

Damit ist der Druck auf den Pfahl am betrachteten Ort mit den Koordinaten x_0, y_0 und z_0 nach Bild E 159-5 zu ermitteln.

Die örtliche Kraft infolge Strömung und Beschleunigung der Wasserteilchen $p \cdot d_s$ auf das Pfahlelement d_s ($p = f[x_0, y_0, z_0]$) kann nach [21] der Horizontalkraft auf einen senkrechten Ersatzpfahl an der Stelle (x_0, y_0, z_0) gleichgesetzt werden. Bei größerer Pfahlneigung ist aber zu überprüfen, ob die Belastungsermittlung unter Berücksichtigung der senkrecht zur Pfahlachse wirkenden Komponenten der resultierenden Geschwindigkeit

155

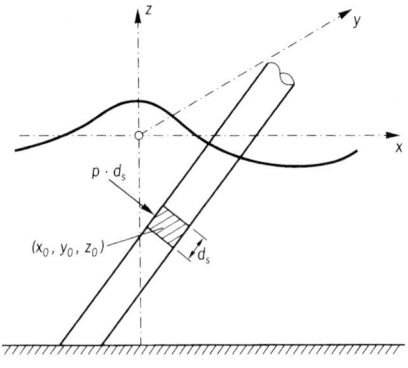

Bild E 159-5. Zur Berechnung der Wellenlasten auf einen geneigten Pfahl [21]

$$v = \sqrt{u^2 + w^2}$$

und der resultierenden Beschleunigung

$$\frac{\partial v}{\partial t} = \left(\frac{\partial u}{\partial t}\right)^2 + \left(\frac{\partial w}{\partial t}\right)^2$$

ungünstigere Werte liefert.

5.10.8 Sicherheitsbeiwerte

Die Bemessung von Pfahlbauwerken gegen Wellenangriff ist stark abhängig von der Wahl der „Bemessungswelle" (E 136, Abschn. 5.6 in Verbindung mit Tabelle E 159-1, Nr. 3). Von Einfluss sind weiter die verwendete Wellentheorie und die dieser zugeordneten Beiwerte C_D und C_M. Das gilt insbesondere für Pfahlbauwerke in flachem Wasser. Zur Berücksichtigung derartiger Unsicherheiten wird in Anlehnung an [21] empfohlen, die errechneten Lasten mit erhöhten Teilsicherheitsbeiwerten zu multiplizieren.

Hieraus folgt, dass bei seltenem Auftreten der „Bemessungswelle", also im Normalfall mit Tiefwasserbedingungen, die daraus ermittelte Wellenlast auf Pfähle mit einem Teilsicherheitsbeiwert $\gamma_d = 1{,}5$ zu vergrößern ist. Bei häufigem Auftreten der „Bemessungswelle", was unter Flachwasserbedingungen meist der Fall ist, wird als Teilsicherheitsbeiwert $\gamma_d = 2{,}0$ empfohlen.

Hinsichtlich der Möglichkeit des Ansatzes der Beiwerte C_D und C_M in Abhängigkeit von der REYNOLDS- und der KEULEGAN-CARPENTER-Zahl und einer entsprechenden Abminderung des Teilsicherheitsbeiwerts wird auf [162] und [46] verwiesen.

Kritische Schwingungen können bei Pfahlkonstruktionen gelegentlich auftreten, besonders wenn Ablösewirbel quer zur Anströmrichtung wirken oder die Eigenfrequenz des Bauwerks in der Nähe der Wellenperiode liegt und dadurch Resonanzerscheinungen auftreten. Hierbei können regelmäßige Wellen, die niedriger als die „Bemessungswelle" sind, ungünstiger wirken. In solchen Fällen sind besondere Untersuchungen erforderlich.

5.11 Windlasten auf vertäute Schiffe und deren Einflüsse auf die Bemessung von Vertäu- und Fendereinrichtungen in Seehäfen (E 153)

5.11.1 Allgemeines

Diese Empfehlung gilt als Ergänzung zu den Vorschlägen und Hinweisen, die sich mit der Planung, dem Entwurf und der Bemessung von Fender- und Vertäueinrichtungen befassen, insbesondere zu: E 12, Abschn. 5.12; E 111, Abschn. 13.2 und E 128, Abschn. 13.3. Die Belastungen für Vertäueinrichtungen – wie Poller oder Sliphaken mit den zugehörigen Verankerungen, Gründungen, Stützbauwerken usw. –, die sich nach dieser Empfehlung ergeben, ersetzen die Lastgrößen nach E 12, Abschn. 5.12 nur dann, wenn die Einflüsse aus Dünung, Wellen und Strömung am Schiffsliegeplatz vernachlässigt werden können. Sonst müssen letztere besonders nachgewiesen und zusätzlich berücksichtigt werden.

E 38, Abschn. 5.2 wird von dieser Empfehlung nicht berührt. Bei der Ermittlung der dort behandelten „normalen Anlegedrücke" bleibt daher der Bezug auf E 12, Abschn. 5.12.2 ohne Einschränkung gültig.

5.11.2 Maßgebende Windgeschwindigkeit

Wegen der Massenträgheit der Schiffe ist nicht die kurzzeitige (Größenordnung Sekunde) Spitzenböe für die Ermittlung von Trossenzugkräften maßgeblich, sondern der mittlere Wind in einem Zeitraum T. Für Schiffe bis 50,000 dwt sollte T zu 0,5 min und für größere Schiffe T zu 1,0 min gewählt werden. Die Windstärke des über den Zeitraum von einer Minute gemittelten maximalen Windes liegt in der Regel bei 75 % des Sekundenwertes. Für die Ermittlung der maßgebenden Windgeschwindigkeit ist es empfehlenswert Windmessungen zu verwenden. Liegen solche nicht in unmittelbarer Nähe vor können unter Berücksichtigung der Orographie die Windmessungen aus weiter entfernten Messstationen mittels Interpolations- oder numerischer Berechnungsverfahren herangezogen werden. Die Zeitreihe der Windmessungen sollte zur Erstellung einer Extremwertstatistik genutzt werden. Für den Bemessungswert wird ein Wiederkehrintervall von 50 Jahren empfohlen.

Sofern für den Bereich des Schiffsliegeplatzes keine anderen, spezifischen Angaben über die Windverhältnisse vorliegen, können als maßgebende Windgeschwindigkeiten v für alle Windrichtungen die Werte nach DIN 1055, Teil 4 angesetzt werden.

Diese Ausgangsgröße kann nach Windrichtungen differenziert werden, sofern hierüber genaue Daten zur Verfügung stehen.

5.11.3 Windlasten auf das vertäute Schiff

Die angegebenen Lasten sind charakteristische Werte.

Windlastkomponenten:

$$W_t = (1 + 3,1 \sin\alpha) \cdot k_t \cdot H \cdot L_{ü} \cdot v^2$$
$$W_l = (1 + 3,1 \sin\alpha) \cdot k_l \cdot H \cdot L_{ü} \cdot v^2$$

Ersatzlasten für $W_t = W_{tb} + W_{th}$:

$$W_{tb} = W_t \cdot (0,50 + k_e)$$
$$W_{th} = W_t \cdot (0,50 - k_e)$$

Kräfteschema:

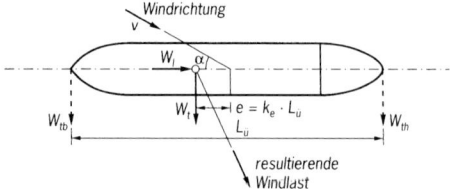

Bild E 153-1. Ansatz der Windlasten auf das vertäute Schiff

Darin bedeuten:

H	=	größte Freibordhöhe des Schiffs (in Ballast bzw. leer)
$L_{ü}$	=	Länge über alles
v	=	maßgebende Windgeschwindigkeit
W_i	=	Windlastkomponenten
k_t und k_l =		Windlastkoeffizienten
k_e	=	Exzentrizitätskoeffizient

Die Last- bzw. Exzentrizitätskoeffizienten können nach internationalen Erfahrungen gem. den Tabellen E 153-1 und E 153-2 angesetzt werden. Zu genaueren Daten verschiedener Schiffstypen ist auf die Tabellen in [232] hinzuweisen.

5.11.4 Belastung von Vertäu- und Fendereinrichtungen

Für die Ermittlung der Vertäu- und Fenderkräfte ist ein statisches Berechnungssystem einzuführen, das durch das Schiff, die Trossen und die Vertäu- bzw. Fenderbauwerke gebildet wird. Die Elastizität der Trossen, die von Material, Querschnitt und Länge abhängig ist, ist ebenso zu berücksichtigen wie die Neigung der Trossen in horizontaler und vertikaler Richtung bei variablen Belastungs- und Wasserstandsverhältnissen.

Tabelle E 153-1. Last- und Exzentrizitätskoeffizienten für Schiffe bis 50 000 dwt

α [°]	k_t [kN · s^2/m^4]	k_e [I]	k_l [kN · s^2/m^4]
	Schiffe bis zu 50 000 dwt		
0	0	0	$9{,}1 \cdot 10^{-5}$
30	$12{,}1 \cdot 10^{-5}$	0,14	$3{,}0 \cdot 10^{-5}$
60	$16{,}1 \cdot 10^{-5}$	0,08	$2{,}0 \cdot 10^{-5}$
90	$18{,}1 \cdot 10^{-5}$	0	0
120	$15{,}1 \cdot 10^{-5}$	−0,07	$-2{,}0 \cdot 10^{-5}$
150	$12{,}1 \cdot 10^{-5}$	−0,15	$-4{,}1 \cdot 10^{-5}$
180	0	0	$-8{,}1 \cdot 10^{-5}$

Tabelle E 153-2. Last- und Exzentrizitätskoeffizienten für Schiffe über 50 000 dwt

α [°]	k_t [kN · s^2/m^4]	k_e [I]	k_l [kN · s^2/m^4]
	Schiffe über 50 000 dwt		
0	0	0	$9{,}1 \cdot 10^{-5}$
30	$11{,}1 \cdot 10^{-5}$	0,13	$3{,}0 \cdot 10^{-5}$
60	$14{,}1 \cdot 10^{-5}$	0,07	$2{,}0 \cdot 10^{-5}$
90	$16{,}1 \cdot 10^{-5}$	0	0
120	$14{,}1 \cdot 10^{-5}$	−0,08	$-2{,}0 \cdot 10^{-5}$
150	$11{,}1 \cdot 10^{-5}$	−0,16	$-4{,}0 \cdot 10^{-5}$
180	0	0	$-8{,}1 \cdot 10^{-5}$

Bei allen Stütz- und Lagerpunkten des statischen Systems ist die Elastizität der Vertäu- und Fenderbauwerke zu erfassen. Verankerte Spundwände und Bauwerke mit Schrägpfahlgründung können dabei als starre Elemente betrachtet werden. Zu beachten ist, dass sich das statische System verändern kann, wenn bei bestimmten Lastsituationen einzelne Leinen lose fallen oder Fender unbelastet bleiben. Alle unter Zugrundelegung der Windlasten nach Abschn. 5.11.3 ermittelten charakteristischen Vertäu- und Fenderlasten sind zur Abdeckung von dynamischen und anderen nicht erfassbaren Einflüssen mit einem Teilsicherheitsbeiwert $\gamma_d = 1{,}25$ zu multiplizieren.
Die windabschirmende Wirkung von Bauwerken und Anlagen darf in angemessener Weise berücksichtigt werden.

5.12 Anordnung und Belastung von Pollern für Seeschiffe (E 12)

5.12.1 Anordnung
Mit Rücksicht auf möglichst einfache und klare statische Verhältnisse wird bei Ufermauern und Pfahlrostmauern aus Beton oder Stahlbeton der Pollerabstand gleich der normalen Blocklänge von rd. 30 m gewählt.

Der Poller wird im Allgemeinen in Blockmitte gesetzt. Sollen je Bau-block 2 Poller stehen, werden sie symmetrisch zur Blockachse in den äußeren Viertelspunkten angeordnet. Bei kürzeren Blocklängen ist sinn-gemäß zu verfahren. Der Abstand der Poller von der Uferlinie ist in E 6, Abschn. 6.1.2 angegeben.

Die Poller können als Einzel- oder als Doppelpoller ausgebildet wer-den. Sie können gleichzeitig mehrere Trossen aufnehmen. Sie sollten so konstruiert sein, dass eine Reparatur oder ein Auswechseln leicht mög-lich ist.

5.12.2 Belastung

Da die aufgelegten Trossen im Allgemeinen nicht gleichzeitig voll ge-spannt sind und sich die Trossenkräfte in ihrer Wirkung zum Teil ge-genseitig aufheben, können – unabhängig von der Anzahl der aufgeleg-ten Trossen – sowohl bei Einzel- als auch bei Doppelpollern nach Tabelle E 12-1 folgende Pollerzuglasten angesetzt werden:

Tabelle E 12-1. Festlegung der Pollerzuglasten

Wasserverdrängung t	Pollerzuglast kN
bis 2 000	100
bis 10 000	300
bis 20 000	600
bis 50 000	800
bis 100 000	1 000
bis 200 000	1 500
> 200 000	2 000

Die angegebenen Lasten sind charakteristische Werte. Für die Bemes-sung des Pollers sind die Teilsicherheiten für Belastung und Material-festigkeit lastfallunabhängig mit $\gamma_Q = 1,3$ und $\gamma_M = 1,1$ anzusetzen. Die Bemessung der Verankerung des Pollers ist mit der 1,5-fachen Last durch-zuführen. Bei Großschiffsliegeplätzen mit starker Strömung sollten, beginnend für Schiffe von 50 000 t Wasserverdrängung, die Pollerzug-lasten nach Tabelle E 12-1 um 25 % erhöht werden.

5.12.3 Richtung der Pollerzuglast

Die Pollerzuglast kann nach der Wasserseite hin in jedem beliebigen Winkel wirken. Eine Pollerzuglast zur Landseite hin wird nicht ange-setzt, es sei denn, dass der Poller auch für eine dahinter liegende Ufer-einfassung benötigt wird oder dass er als Eckpoller besondere Aufgaben zu erfüllen hat. Bei der Berechnung des Uferbauwerks wird die Poller-zuglast üblicherweise waagerecht wirkend angesetzt.

Bei der Berechnung des Pollers selbst und seiner Anschlüsse an das Uferbauwerk sind auch nach oben gerichtete Schrägneigungen bis zu 45° mit entsprechender Pollerzuglast zu berücksichtigen.

5.13 Anordnung, Ausbildung und Belastungen von Pollern in Binnenhäfen (E 102)

Diese Empfehlung ist soweit der DIN 19 703 „Schleusen der Binnenschifffahrtsstraße – Grundsätze für Abmessungen und Ausrüstung" angepasst, als deren Grundsätze auf Ufereinfassungen übertragen werden können.

Für die Festmacheeinrichtungen wird zusammenfassend der Begriff Poller gebraucht. Darunter fallen Kantenpoller, Nischenpoller, Dalbenpoller, Haltekreuze, Haltebügel, Festmacheringe und dergleichen.

5.13.1 Anordnung und Ausbildung

In Binnenhäfen sollen Schiffe mit 3 Trossen, so genannten Drähten, am Ufer festgemacht werden, und zwar mit dem Vorausdraht, dem Laufdraht und dem Achterdraht. Hierfür sind am Ufer ausreichend Poller vorzusehen.

Poller müssen auf und oberhalb der Hafenbetriebsebene angeordnet werden, wobei sie mit der Oberkante über HHW hinausreichen sollen (Bild E 102-1). Der Durchmesser solcher Poller soll größer als 15 cm sein. Wenn der Poller nicht hinreichend über HSW hinausreicht, ist durch eine Quersprosse das Abgleiten der Sprosse zu verhindern. Außer den Pollern an der Oberkante des Ufers müssen in Flusshäfen – entspre-

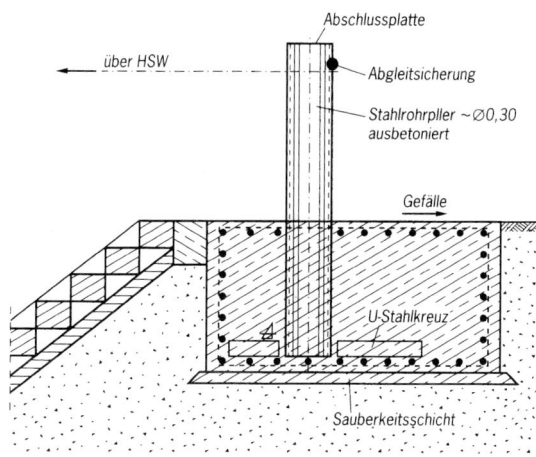

Bild E 102-1. Pollerfundament auf der Hafenbetriebsebene
(Bemessung nach statischen Erfordernissen)

161

chend den örtlichen Wasserstandsschwankungen – weitere Poller in verschiedenen Höhenlagen angeordnet werden. Nur dann können bei jedem Wasserstand und jeder Freibordhöhe die Schiffe vom Schiffspersonal ohne Schwierigkeiten festgemacht werden.

Die Poller in unterschiedlichen Höhen liegen bei senkrechten Uferwänden jeweils in einer Reihe lotrecht übereinander. Die Lage der Reihen richtet sich nach der Lage derSteigeleitern. Um ein Überspannen der Leitern zu vermeiden, wird neben jeder Steigeleiter links und rechts im Achsabstand von etwa 0,85 bis 1,00 m bei Massivwänden und einem Doppelbohlenabstand bei Spundwänden zur Leiterachse je eine Pollerreihe angeordnet. Der Abstand der Steigeleitern bzw. der Pollerreihen sollte etwa 30 m betragen. Bei Stahlspundwänden wird das genaue Achsmaß durch das Systemmaß der Bohlen, bei Massivwänden durch die Blocklänge bestimmt.

Der unterste Poller wird etwa 1,50 m über NNW, im Tidegebiet über MSpTnw angeordnet (bei Binnenschifffahrtsschleusen maximal 1,0 m über niedrigstem Unterwasserstand). Der lotrechte Abstand zwischen diesem und der Oberkante der Uferwand wird durch weitere Poller im Abstand von 1,30 bis 1,50 m (im Grenzfall bis 2,00 m) unterteilt.

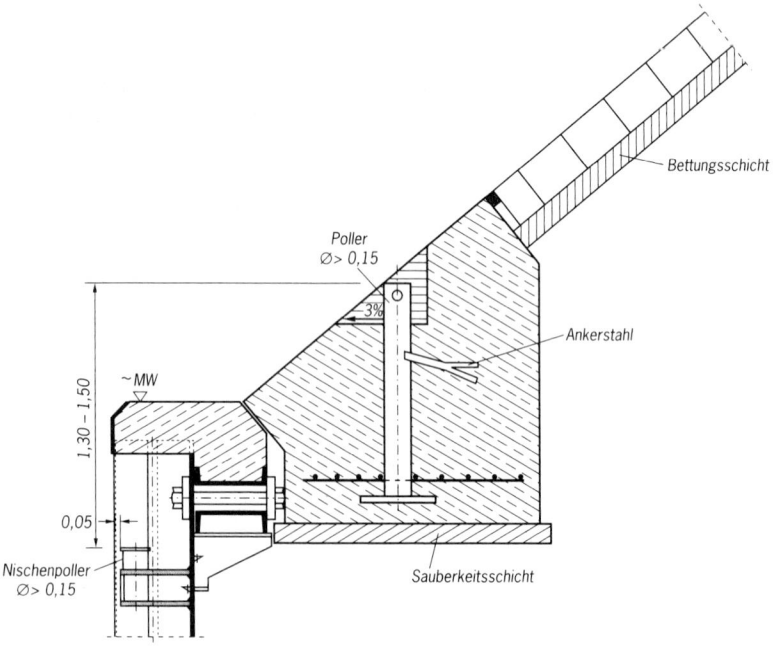

Bild E 102-2. Pollerfundament bei einem teilgeböschten Ufer (beispielhafte Darstellung, Bemessung nach statischen Erfordernissen)

Bei Uferbauten aus Stahlbeton werden die Poller in Nischen angeordnet, deren Gehäuse, mit Anschlussankern versehen, einbetoniert werden. Bei Stahlspundwänden können die Poller angeschraubt oder angeschweißt werden. Die Vorderkante des Pollerzapfens soll 5 cm hinter der Vorderkante der Uferwand liegen. Damit die Schiffstrossen leicht aufgelegt und wieder abgenommen werden können, ist seitlich hinter und über dem Pollerzapfen ein entsprechender Abstand zu halten. Um eine Beschädigung der Trossen und der Uferkonstruktion zu vermeiden, sind die Übergangskanten zur Flucht der Uferwand abzurunden.

Bei teilgeböschten und geböschten Ufern werden die Poller beidseitig neben den Treppen (Bild E 102-2) angeordnet. Die Treppen befinden sich in der Verlängerung der Leitern.

Bei dieser Anordnung wird das Pollerfundament zweckmäßig unter der Treppe hindurch gemeinsam für beide Poller ausgeführt.

5.13.2 Belastung

Die auftretenden Trossenzuglasten sind in erster Linie von der Schiffsgröße, der Geschwindigkeit und dem Abstand vorbeifahrender Schiffe, der Fließgeschwindigkeit des Wassers am Liegeplatz und vom Quotienten des Wasserquerschnitts zu dem eingetauchten Schiffsquerschnitt abhängig.

Für die Belastung sind 200 kN je Poller und 300 kN für deren Verankerung als charakteristische Belastung anzusetzen. Für die Bemessung des Pollers sind die Teilsicherheiten für Belastung und Materialfestigkeit lastfallunabhängig mit $\gamma_Q = 1,5$ und $\gamma_M = 1,1$ anzusetzen.

Das Abbremsen fahrender Schiffe an Pollern ist untersagt und bleibt daher bei den Lastansätzen (Einwirkungen) unberücksichtigt.

5.13.3 Richtung der Trossenzuglasten

Trossenzuglasten können nur von der Wasserseite her auftreten. Sie laufen meist in einem spitzen Winkel und nur selten rechtwinklig zum Ufer. Rechnerisch muss aber jeder mögliche Winkel zur Längs- und Höhenrichtung des Ufers berücksichtigt werden.

5.13.4 Berechnung

Die Standsicherheitsnachweise sind für die einseitig angreifende Trossenzuglast in ungünstiger Beanspruchungsrichtung zu führen. Die Standsicherheitsnachweise können auch durch Probebelastungen erbracht werden.

5.14 Kaibelastung durch Krane und anderes Umschlagsgerät (E 84)

Nachstehende Lastangaben sind charakteristische Werte, die mit den Teilsicherheitsbeiwerten der in Betracht kommenden Lastfälle (siehe E 18, Abschn. 5.4) nach DIN 1054 zu multiplizieren sind.

5.14.1 Übliche Stückguthafenkrane

5.14.1.1 Allgemeines

Die üblichen Stückguthafenkrane werden in Deutschland überwiegend als Vollportal-Wippdrehkrane über 1, 2 oder 3 Eisenbahngleise, zuweilen aber auch als Halbportalkrane gebaut. Die Tragfähigkeit bewegt sich zwischen 7 und 50 t bei einer Ausladung von 20 bis 45 m.

Die Drehachse des Kranaufbaus soll im Interesse einer guten Ausnutzung der ab Drehmitte zählenden Ausladung möglichst nahe der wasserseitigen Kranschiene liegen. Jedoch ist zu beachten, dass zur Vermeidung von Kollisionen zwischen Kran und krängendem Schiff weder die Kranführerkanzel noch das rückwärtige Gegengewicht über eine Ebene herausragen, die, ausgehend von der Kaikante, nach oben zum Land hin ca. um 5° geneigt ist.

Der Abstand der wasserseitigen Kranschiene von Ufermauervorderkante richtet sich nach E 6, Abschn. 6.1. Der Eckstand beträgt bei den kleinen Kranen etwa 6 m. Im Minimum sollten 5,5 m nicht unterschritten werden, da sich sonst zu hohe Ecklasten ergeben und die Krane mit einem zu hohen Zentralballast ausgestattet werden müssen. Die Länge über Puffer beträgt, abhängig von der Krangröße, rd. 7 bis 22 m. Ergibt sich eine zu hohe Radlast, können durch Vergrößerung der Radzahl geringere Radlasten erreicht werden. Es gibt heute jedoch auch Stückgutumschlaganlagen, deren Kranbahnen für besonders hohe Radlasten gebaut werden.

Stückguthafenkrane werden in der Regel in die Hubklasse H 2 und in die Beanspruchungsgruppe B 4 oder B 5 nach DIN 15 018, Teil 1 eingestuft. Außerdem wird auf die F.E.M. 1001 hingewiesen [154]. Bei der Berechnung der Kranbahn sind die lotrechten Radlasten aus Eigenlast, Nutzlast, Massenkräften und aus Windlasten anzusetzen (DIN 15 018, Teil 1). Lotrechte Massenkräfte aus der Fahrbewegung oder aus dem Anheben oder Absetzen der Nutzlast sind durch Ansatz eines Schwingbeiwerts zu berücksichtigen, der bei Hubklasse H 2 etwa 1,2 beträgt. Die Gründung der Kranbahn kann ohne Berücksichtigung eines solchen Schwingbeiwerts bemessen werden. Alle Kranausleger sind um 360° schwenkbar. Entsprechend ändert sich die jeweilige Ecklast. Bei erhöhten Windlasten und Kran außer Betrieb kann für die Bemessung der Ufermauern und der Kranbahnen notfalls mit Lastfall 3 gerechnet werden.

5.14.1.2 Vollportalkrane

Das Portal leichter Hafenkrane mit kleinen Tragfähigkeiten hat entweder vier oder drei Stützen, von denen jede ein bis vier Laufräder besitzt. Die Anzahl der Laufräder ist jeweils von der zulässigen Radlast abhängig. Stückgut-Schwerlastkrane weisen mindestens sechs Räder je Stütze auf. Bei geraden Uferstrecken beträgt der Mittenabstand der Kranschienen mindestens 5,5 m, im Allgemeinen aber 6, 10 bzw. 14,5 m, je nachdem ob das Portal 1, 2 oder 3 Gleise überspannt. Die Maße 10 m bzw. 14,5 m ergeben sich aus dem theoretischen Mindestmaß von 5,5 m für ein Gleis, zu dem dann ein- bzw. zweimal der Gleisabstand von 4,5 m hinzuzufügen ist.

5.14.1.3 Halbportalkrane

Das Portal dieser Krane hat nur zwei Stützen, die auf der wasserseitigen Kranschiene laufen. Landseitig stützt es sich über einen Sporn auf eine hochliegende Kranbahn ab, wodurch die freie Zufahrt zu jeder Stelle der Kaifläche möglich wird. Für die Anzahl der Laufräder unter den beiden Stützen und dem Sporn gelten die Ausführungen nach Abschn. 5.14.1.2.

5.14.2 Containerkrane

Die eigentlichen Containerkrane werden als Vollportalkrane mit Kragarmen und Laufkatze (Verladebrücken) ausgebildet, deren Stützen in der Regel acht bis dreizehn Laufräder aufweisen. Die Kranschienen bestehender Container-Umschlaganlagen haben im Allgemeinen einen Mittenabstand von 15,24 m (50′) oder von 18,0 m. Für neue Anlagen wird häufig eine Spurweite von 30,48 m (100′) gewählt. Der lichte Stützenabstand = Freiraum zwischen den Ecken in Längsrichtung der Kranbahn beträgt 17 m bis 18,5 m bei einem Maß über den Puffern von etwa 27,5 m (Bild E 84-1). Dabei sollte in der Regel davon ausgegangen werden, dass drei Containerkrane Puffer an Puffer arbeiten. Wird es, bedingt durch Umschlag von 20′ Containern, erforderlich, ein kleineres Maß über den Puffern anzuwenden, ist ein kleinster Eckabstand bis zu 12 m möglich. Das Maß über den Puffern beträgt dann 22,5 m. Der Eckabstand ist hierbei nicht gleich dem Portalstützenabstand. Für die Tragfähigkeit der Krane werden 45t bis 75t, in Ausnahmefällen bis 105 t, einschließlich Lastaufnahmemittel (Spreader) gewählt. Die maximale Ecklast wird insbesondere von der Bauart und der Ausladung beeinflusst. Die bisher übliche Ausladung von 38 m bis 41 m entsprechend den Schiffsbreiten der Panmax-Schiffe reicht für die sogenannten Post-Panmax-Schiffe, die wegen ihrer Breite den Panamakanal nicht mehr passieren können, nicht aus. Für diesen Schiffstyp sind Ausladungen von mindestens 44,5 m erforderlich. Die maximalen Ecklasten für Containerkrane in Betrieb erreichen für Panmax-Schiffe bis zu 4500 kN, für Post-Panmax-Schiffe bis zu 9000 kN.

Die Tendenz in der Containerbrückenentwicklung geht allerdings zu Ausladungen, mit denen 22 bis 23 Containerreihen auf den Schiffen bedient werden können. Damit ergeben sich Ausladungen von bis zu 66 m, gemessen ab wasserseitiger Schiene. Es wird empfohlen, zur Erfassung genauer Planungsdaten Erkundigungen bei den Terminalbetreibern einzuholen, da die große Zahl an möglichen Lösungsansätzen eine genauere Angabe von Daten nicht zulässt.

5.14.3 Lastangaben für Hafenkrane

Die Stützkonstruktion ist stets ein portalartiger Unterbau, entweder mit drehbarem und höhenverstellbarem Ausleger oder mit starrem Kragarm, der u. U. für die Außerbetriebsstellung hochklappbar ist. Das Portal steht meist auf vier Eckpunkten, unter denen je nach Größe der Ecklast mehrere Räder in Schwingen angeordnet sind. Die Ecklast wird auf alle Räder des Eckpunktes möglichst gleichmäßig verteilt. Ergänzend zu den Ausführungen in Abschn. 5.14.1 und 5.14.2 sind in Tabelle E 84-1 generelle Last- und Maßangaben zusammengestellt.

Tabelle E 84-1. Maße und charakteristische Lasten von Dreh- und Containerkranen

	Drehkrane	Containerkrane u. a. Umschlagsgeräte
Tragfähigkeit [t]	7–50	10–80
Eigengewicht [t]	180–350	200–2000
Portalspannweite [m]	6–19	9–45
Lichte Portalhöhe [m]	5–7	5–13
Max. vertikale Ecklast [kN]	800–3000	1200–9000
Max. vertikale Radaufstandslast [kN/m]	250–600	250–750
Horizontale Radlast quer zur Schienenrichtung in Schienenrichtung		bis etwa 10 % der Vertikallast bis etwa 15 % der Vertikallast der abgebremsten Räder
Pratzenlast[1) [kN]		Mobilkrane bis 4800

[1) Voraussetzung ist eine sonst lastenfreie Zone von 40 m²; die Pratzenlast kann auf 10 m² verteilt angesetzt werden.

5.14.4 Hinweise

Weitere Angaben zu Hafenkranen finden sich in den AHU Empfehlungen und Berichten [185] E 1, E 9, B 6 und B 8, in der ETAB [45] Empfehlung E 25 sowie in der VDI-Richtlinie 3576 [184].

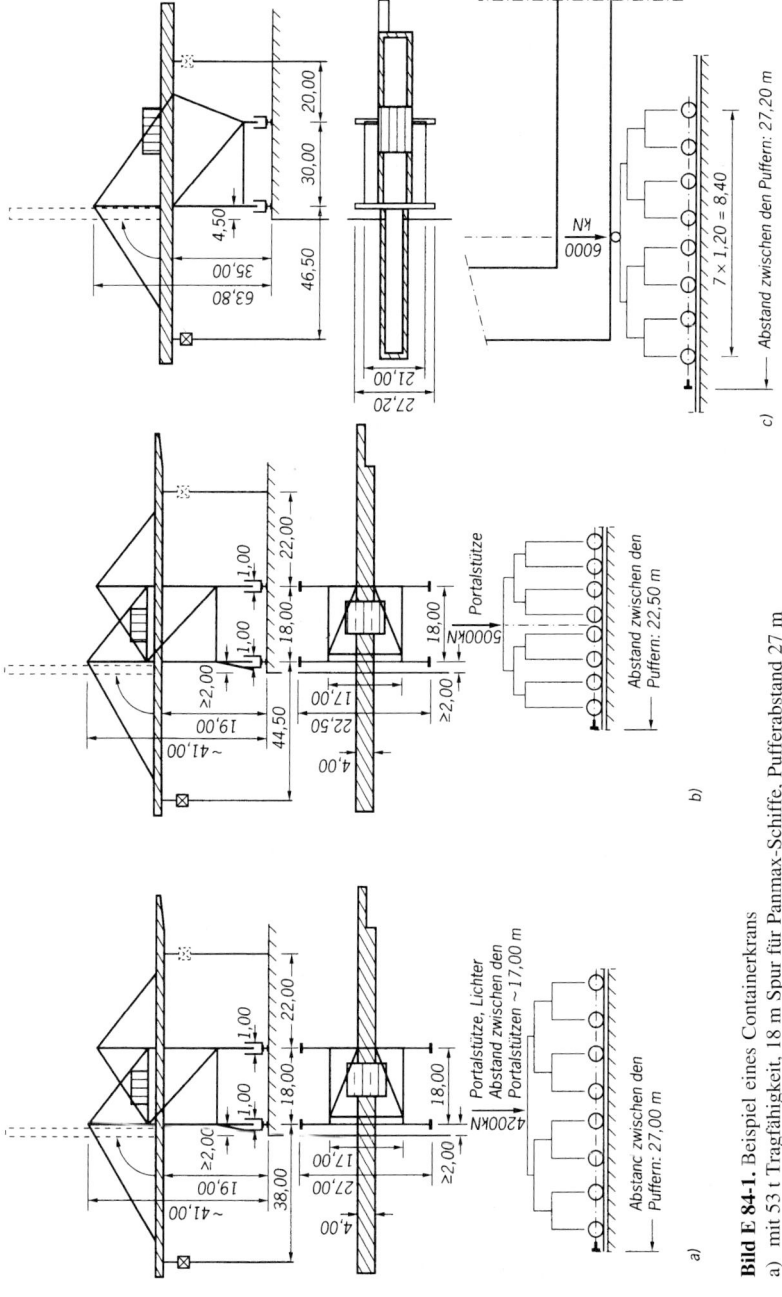

Bild E 84-1. Beispiel eines Containerkrans

a) mit 53 t Tragfähigkeit, 18 m Spur für Panmax-Schiffe, Pufferabstand 27 m
b) mit 53 t Tragfähigkeit, 18 m Spur für Post-Panmax-Schiffe, Pufferabstand 22.5 m
c) mit 53 t Tragfähigkeit, 30 m Spur für Post-Panmax-Schiffe, Pufferabstand 27.2 m

167

5.15 Eisstoß und Eisdruck auf Ufereinfassungen, Fenderungen und Dalben im Küstenbereich (E 177)

5.15.1 Allgemeines

Lasten auf wasserbauliche Anlagen durch Einwirkungen von Eis können auf verschiedene Weise entstehen:

a) als Eisstoß durch auftreffende Eisschollen, die von der Strömung oder durch Wind bewegt werden,

b) als Eisdruck, der durch nachschiebendes Eis auf eine am Bauwerk anliegende Eisdecke oder durch die Schifffahrt wirkt,

c) als Eisdruck, der von einer geschlossenen Eisdecke infolge Temperaturdehnungen auf das Bauwerk wirkt,

d) als Eisauflasten bei Eisbildung am Bauwerk oder als Auf- oder Hublasten bei Wasserspiegelschwankungen.

Die Größe möglicher Lasteinwirkungen hängt unter anderem ab von:

- Form, Größe, Oberflächenbeschaffenheit und Elastizität des Hindernisses, auf das die Eismasse auftrifft,
- Größe, Form und Fortschrittsgeschwindigkeit der Eismassen,
- Art des Eises und der Eisbildung,
- Salzgehalt des Eises und die davon abhängige Eisfestigkeit,
- Auftreffwinkel,
- maßgebende Festigkeit des Eises (Druck-, Biege- und Scherfestigkeit),
- Belastungsgeschwindigkeit,
- Eistemperatur.

Soweit möglich empfiehlt es sich, die maßgebenden Lastwerte für Ufereinfassungen einschließlich Pfahlbauwerken mit den Ansätzen für ausgeführte Anlagen, die sich bewährt haben, oder mit Eisdruckmessungen vor Ort zu überprüfen.

Die im Folgenden ermittelten Eislasten sind charakteristische Werte. Wegen der meist geringen Eintrittswahrscheinlichkeit kann in der Regel als Teilsicherheitsbeiwert 1,0 angesetzt werden.

Auf Erläuterungen in [46] und [148] wird hingewiesen. Hinweise aus weiteren internationalen Regelwerken (USA, Kanada, Russland u. a.) finden sich in [231].

5.15.2 Eislasten auf Ufereinfassungen

Für die Ermittlung der waagerechten Eislasten auf Flächenbauwerke kann im norddeutschen Küstenraum im Allgemeinen von der Annahme einer Eisdicke von 50 cm und einer Eisdruckfestigkeit $\sigma_0 = 1,5$ MN/m^2 bei Temperaturen um den Gefrierpunkt ausgegangen werden. Hieraus ergibt sich der Ansatz:

a) 250 kN/m als mittlere waagerecht wirkende Linienlast in der jeweils ungünstigen Höhenlage der in Betracht kommenden Wasserstände, wobei vorausgesetzt wird, dass die aus der Eisdruckfestigkeit errechnete maximale Last von 750 kN/m im Mittel nur auf $^1/_3$ der Bauwerkslänge wirksam wird (Kontaktbeiwert $k = 0,33$).

b) 1,5 MN/m^2 als örtliche Flächenlast.

c) 100 kN/m als mittlere waagerecht wirkende Linienlast in der jeweils ungünstigsten Höhenlage der in Betracht kommenden Wasserstände bei Buhnen und Uferdeckwerken im Tidegebiet, wenn infolge von Wasserspiegelschwankungen eine gebrochene Eisdecke entsteht.

Das gleichzeitige Wirken von Eiseinflüssen mit Wellenlasten und/oder Schiffsstoß ist nicht anzunehmen.

5.15.3 Eislasten auf Pfähle von Pfahlbauwerken oder auf Einzelpfähle

5.15.3.1 Grundlagen für die Eislastermittlung

Die auf Pfähle wirkenden Eislasten hängen von der Form, der Neigung und Anordnung der Pfähle sowie von der für den Bruch des Eises maßgebenden Druck-, Biege- oder Scherfestigkeit des Eises ab. Ferner ist die Größe der Belastung abhängig von der Belastungsart, ob vorwiegend ruhend oder Stoßbelastung durch aufprallende Eisschollen. Bei Nordsee-Eis (Wattenmeereis) kann im Allgemeinen davon ausgegangen werden, dass die mittlere Druckfestigkeit den Wert $\sigma_0 = 1,5$ MN/m^2 nicht überschreitet, bei Ostsee-Eis $\sigma_0 = 1,8$ MN/m^2 und bei Süßwassereis $\sigma_0 = 2,5$ MN/m^2. Die Werte gelten für eine spezifische Dehnungs-

Tabelle E 177-1. Gemessene maximale Eisdicken als Richtwerte für die Bemessung

Nordsee	max h [cm]	Ostsee	max h [cm]
Helgoland	30 bis 50	Nord-Ostsee-Kanal	60
Wilhelmshaven	40	Flensburg (Außenförde)	32
Leuchtturm „Hohe Weg"	60	Flensburg (Innenförde)	40
Büsum	45	Schleimünde	35
Meldorf (Hafen)	60	Kappeln	50
Tönning	80	Eckernförde	50
Husum	37	Kiel (Hafen)	55
Hafen Wittdün	60	Lübecker Bucht	50
		Wismar Hafen	50
		Wismar – Bucht	60
		Rostock – Warnemünde	40
		Stralsund – Palmer Ort	65
		Saßnitz – Hafen	40
		Koserow – Usedom	50

geschwindigkeit $\dot{\varepsilon} = 0{,}003$ s^{-1}, bei der die Eisdruckfestigkeit nach Versuchen [108] ihren Größtwert erreicht.
Soweit keine genaueren Eisfestigkeitsuntersuchungen vorliegen, können die Biegezugfestigkeit σ_B mit etwa $^1/_3$ σ_0 und die Scherfestigkeit τ mit etwa $^1/_6$ σ_0 angenommen werden. Für die Eisdicken h gelten für die deutsche Nord- und Ostseeküste Richtwerte gemäß Tabelle E 177-1.
An der deutschen Nordseeküste wird die Eislast bei freistehenden Pfählen häufig je nach den örtlichen Verhältnissen in 0,5 bis 1,5 m Höhe über MThw angesetzt
Die nachstehenden Ansätze gelten für schlanke, bis zu 2 m breite Bauteile bei ebenem Eis. Im Falle des Auftretens von Presseisrücken sind die im Folgenden aufgeführten Eislasten zu verdoppeln.

5.15.3.2 Eislast auf lotrechte Pfähle

Die waagerechte Eislast aus der Wirkung von Treibeis ergibt sich auf der Grundlage der Untersuchungen nach [108], unabhängig von der Querschnittsform des Pfahls zu:

$$P_p = 0{,}36\ \sigma_0 \cdot d^{0{,}5} \cdot h^{1{,}1}$$

Darin sind:

σ_0 = Eisdruckfestigkeit in MN/m^2 bei der spezifischen Dehnungsgeschwindigkeit $\dot{\varepsilon} = 0{,}003$ s^{-1}

d = Breite des Einzelpfahls [cm]

h = Dicke des Eises [cm]

P_p = Eislast [kN]

Sofern der Fall der beginnenden Eisbewegung bei fest anliegendem Eis zu berücksichtigen ist, werden folgende Lastansätze maßgebend:
bei rundem oder halbrundem Pfahl:

$$P_i = 0{,}33\ \sigma_0 \cdot d^{0{,}5} \cdot h^{1{,}1}\ [\text{kN}]$$

bei rechteckigem Pfahl:

$$P_i = 0{,}39\ \sigma_0 \cdot d^{0{,}68} \cdot h^{1{,}1}\ [\text{kN}]$$

oder bei keilförmiger Pfahlausbildung:

$$P_i = 0{,}29\ \sigma_0 \cdot d^{0{,}68} \cdot h^{1{,}1}\ [\text{kN}]$$

5.15.3.3 Eislast auf geneigte Pfähle

Bei geneigten Pfählen kann das Brechen der Eisschollen durch Abscheren oder Biegen früher als das Zerdrücken des Eises eintreten. Nach [109] ist die jeweils kleinere Eislast maßgebend. Bei Pfählen mit einer Neigung steiler als 6 : 1 ($\beta \geq$ ca. $80°$) ist die Eislast nach Abschn. 5.15.3.2 zu berechnen.

Beim Scherbuch beträgt die waagerechte Eislast:

$$P_s = c_{fs} \cdot \tau \cdot k \cdot \tan \beta \cdot d \cdot h \; [\text{kN}]$$

Darin sind:

P_S = waagerechte Last beim Scherbruch [kN]
τ = Scherfestigkeit [MN/m²]
c_{fs} = Formbeiwert nach Tabelle E 177-2 [l]
k = Kontaktbeiwert, im Allgemeinen etwa 0,75 [l]
β = Neigungswinkel des Pfahls gegen die Waagerechte [°]
d = Pfahlbreite [cm]
h = Eisdicke [cm]

Beim Biegebruch beträgt die waagerechte Eislast:

$$P_b = c_{fb} \cdot \sigma_B \cdot \tan \beta \cdot d \cdot h \; [\text{kN}]$$

Darin sind:

P_b = waagerechte Eislast beim Biegebruch [kN]
σ_B = Biegezugfestigkeit [MN/m²]
c_{fb} = Formbeiwert nach Tabelle E 177-3 [1]

Tabelle E 177-2. Formbeiwert c_{fs} für Rundpfahl, Rechteckpfahl oder keilförmige Schneide mit 2 α = Schneidenwinkel, in der Horizontalebene gemessen.

Schneidenwinkel 2 α [°]	Formbeiwert c_{fs}
45	0,29
60	0,22
75	0,18
80	0,17 (= Rundpfahl)
90	0,16
105	0,14
120	0,13
180	0,11 (= Rechteckpfahl)

Tabelle E 177-3. Formbeiwert c_{fb} für Rundpfahl, Rechteckpfahl oder keilförmige Schneide mit 2 α = Schneidenwinkel, in der Horizontalebene gemessen.

Schneiden-winkel 2 α [°]	Formbeiwert c_{fb} bei Neigungswinkel β [°]				
	45	60	65	70	75
45	0,019	0,024	0,028	0,037	0,079
60	0,017	0,020	0,022	0,026	0,038
ab 75	0,017	0,019	0,020	0,021	0,027

5.15.3.4 Waagerechte Eislast auf Pfahlgruppen

Die Eislast auf Pfahlgruppen ergibt sich aus der Summe der Eislasten auf die Einzelpfähle. Im Allgemeinen genügt der Ansatz der Summe der Eislasten, welche auf die dem Eisgang zugekehrten Pfähle wirken.

5.15.4 Eisauflast

Die Eisauflast ist entsprechend den örtlichen Verhältnissen anzusetzen. Ohne näheren Nachweis kann eine Mindesteisauflast von 0,9 kN/m^2 als ausreichend angesehen werden [110]. Neben der Eisauflast kommt der Ansatz der üblichen Schneelast mit 0,75 kN/m^2 in Betracht. Dagegen brauchen Verkehrslasten, die bei stärkerer Eisbildung nicht wirken, in der Regel nicht gleichzeitig angesetzt zu werden.

5.15.5 Vertikallasten bei steigendem oder fallendem Wasserspiegel

Auf eingefrorene Bauwerke oder Pfähle wirken bei steigendem oder fallendem Wasserspiegel vertikale Zusatzkräfte aus ein- bzw. austauchendem Eis. Für Überschlagsrechnungen kann seitlich am Bauwerk anhaftendes Eis mit einer Streifenbreite b = 5 m und der Eisdicke h und das unter dem Baukörper etwa vorhandene Eis mit seinem vollen Volumen berücksichtigt werden. Das so ermittelte Eisvolumen V_E liefert mit der Wichte des Eises γ_E = ca. 9 kN/m^3 bei sinkendem Wasserspiegel die vertikal nach unten wirkende Last $P = V_E \cdot \gamma_E$ und mit der Differenz der Wichten von Wasser und Eis $\Delta\gamma_E$ = 1 kN/m^3 die vertikal nach oben wirkende Last $P = V_E \cdot \Delta\gamma_E$ bei steigendem Wasserspiegel als Auftrieb.

5.15.6 Ergänzende Hinweise

Die oben genannten Empfehlungen für Eislasten auf Bauwerke sind grobe Annahmen, die für deutsche Verhältnisse gelten, also nicht für arktische Gebiete.

Für geschützte Bereiche (Buchten, Hafenbecken usw.) und in Seehäfen mit deutlichem Tideeinfluss und erheblichem Schiffsverkehr können stark abgeminderte Werte gelten.

Soweit Maßnahmen zur Verringerung der Eislast eingesetzt werden, wie rechtzeitiges Brechen oder Sprengen des Eises, Beeinflussen der Strömung, Einsatz von Luftsprudelanlagen, Beheizung oder andere Wärmeeinleitungen u. ä., oder bei geringer Größe des Eisfeldes, sind entsprechende Minderungen der Lastansätze möglich.

Eisbildung und Eislasten sind auch sehr stark von Windrichtung, Strömung und Scherzonenausbildung im Eis abhängig. Dies ist beispielsweise bei der Anordnung von Hafeneinfahrten und bei der Ausrichtung von Hafenbecken besonders zu berücksichtigen. Bei engen Hafenbecken können aus Temperaturänderungen im Eis erhebliche Eislasten aus Verspannung auftreten. In Anlehnung an [111] kann mit Rücksicht auf die im norddeutschen Küstenraum im Allgemeinen nicht sehr niedrigen

Eistemperaturen davon ausgegangen werden, dass der thermische Eisdruck 400 kN/m² nicht überschreitet.

Im Einzelfall, wenn es auf eine genauere Festlegung der Eislasten ankommt, sollten Fachleute zu Rate gezogen und gegebenenfalls auch Modellversuche ausgeführt werden.

Falls die Eislasten bei Dalben die Lasten aus Schiffstoß oder Pollerzug wesentlich überschreiten, sollte geprüft werden, ob solche Dalben für die höheren Eislasten zu bemessen sind oder ob selten auftretende Überbeanspruchungen aus Wirtschaftlichkeitsgründen hingenommen werden können.

5.16 Eisstoß und Eisdruck auf Ufereinfassungen, Pfeiler und Dalben im Binnenbereich (E 205)

5.16.1 Allgemeines

Die Angaben in der Empfehlung E 177, Abschn. 5.15 sind weitgehend auf den Binnenbereich anwendbar. Dies gilt sowohl für die allgemeinen Aussagen als auch für die Lastansätze, da diese von den jeweiligen Bauwerksabmessungen, der Eisdicke und den Festigkeitseigenschaften des Eises abhängig sind.

Da der Wärmehaushalt der Gewässer heute meist von Kühl- und Abwassereinleitungen beeinflusst ist, kann bei Binnenwasserstraßen und Binnenhäfen davon ausgegangen werden, dass extreme Kältesituationen selten auftreten, was die Wahrscheinlichkeit der Eisbildung und Eisstärke erheblich verringert.

Gemäß E 177, Abschn. 5.15.1 sind die ermittelten Eislasten charakteristische Werte, auf die Teilsicherheitsbeiwerte von 1,0 anzusetzen sind.

5.16.2 Eisdicken

Die Eisdicken können nach [109] aus der Summe der in einer Eisperiode täglich auftretenden Kältegrade – der so genannten „Kältesumme" – abgeleitet werden. So ist z. B. nach BYDIN [107] $h = \sqrt{\Sigma |t_\mathrm{L}|}$, worin h die Eisdicke in cm und $\Sigma |t_\mathrm{L}|$ die Summe der Absolutbeträge der mittleren täglichen Minustemperaturen der Luft in °C sind.

Sofern keine genaueren Erhebungen oder Messergebnisse vorliegen, kann im Allgemeinen von einer rechnerischen Eisdicke $h \le 30$ cm ausgegangen werden, wenn die unter Abschn. 5.16.1 genannten Bedingungen vorliegen.

5.16.3 Eisfestigkeiten

Die Eisfestigkeiten sind von der Eistemperatur t_E abhängig, wobei die mittlere Eistemperatur gleich der Hälfte der Eistemperatur an der Oberfläche gesetzt werden kann, weil an der Unterseite stets 0 °C erreicht werden.

Für mäßige Eistemperaturen kann die Druckfestigkeit von Süßwasser-Eis nach E 177, Abschn. 5.15.3.1 zu $\sigma_0 = 2{,}5$ MN/m^2 angenommen werden.

Sinkt die mittlere Eistemperatur unter -5 °C, so nimmt die Druckfestigkeit nach [148] um etwa 0,45 MN/m^2 je Minusgrad zu.

Bei Eistemperaturen über -5 °C kann die Eisdruckfestigkeit auch nach [109] zu

$$\sigma_0 = 1{,}1 + 0{,}35 \; |t_E| \; [\text{MN/m}^2]$$

bestimmt werden.

5.16.4   Eislasten auf Ufereinfassungen und andere Bauwerke größerer Ausdehnung

Allgemein gilt entsprechend E 177, Abschn. 5.15.2:

$$p_0 = 10 \cdot \sigma_0 \cdot h \; [\text{kN/m}]$$

Darin sind:

p_0 = Eislast [kN/m]
k = Kontaktbeiwert, im Allgemeinen etwa 0,33
σ_0 = Eisdruckfestigkeit [MN/m^2]
h = Dicke des Eises [cm]

Auf geböschte Flächen kann nach [109] die horizontale Eislast

$$p_h = 1{,}0 \cdot \sigma_B \cdot h \cdot \tan\beta \; [\text{kN/m}]$$

angesetzt werden, wobei

σ_B = Biegezugfestigkeit des Eises [MN/m^2]
$\tan\beta$ = Böschungsneigung [1]

sind.

5.16.5   Eislasten auf schmale Bauwerke (Pfähle, Dalben, Brücken- und Wehrpfeiler, Eisabweiser)

Die Ansätze für lotrechte oder geneigte Pfähle nach E 177, Abschn. 5.15.3.2 und 5.15.3.3 gelten unter Berücksichtigung der maßgebenden Eisfestigkeiten in gleicher Weise für den Binnenbereich. Sie sind für Pfeilerkonstruktionen und Eisabweiser unter Berücksichtigung der Querschnitts- und Oberflächenform sowie -neigung gleichfalls anwendbar.

5.16.6   Eislast auf Bauwerksgruppen

Es gelten die Hinweise in E 177, Abschn. 5.15.3.4.

Für Einbauten im Gewässer wird zur Vermeidung von Behinderungen der Eisabfuhr nach [109] ein Abstand von mindestens

$$l = \frac{1,1 \cdot \sigma \cdot d}{v^2}$$

empfohlen.

Darin sind:

l = Pfeilerabstand [m]

σ = $10 \cdot \dfrac{P}{d \cdot h}$ Bei maßgebender Eislast P [kN] nach Abschn. 5.16.5

v = Treibgeschwindigkeit des Eises [m/s]

d = Pfeilerdurchmesser [cm]

Im Übrigen können die Möglichkeiten für Eisaufschiebungen nach [148] abgeschätzt werden.
Eisaufschiebungen bewirken nicht in jedem Fall Erhöhungen der Eislast, wenn die Bruchbedingungen des nachschiebenden Eises maßgebend sind; Änderungen der Lastverteilung und Lastangriffshöhen sind zu beachten, ebenso Zusatzlasten aus Wasseraufstau sowie Strömungsänderungen durch Querschnittseinschränkungen.

5.16.7 Vertikallasten bei steigendem oder fallendem Wasserspiegel
Es gelten die Angaben in E 177, Abschn. 5.15.5.

5.16.8 Ergänzende Hinweise
Die Hinweise in E 177, Abschn. 5.15.6 sind zu beachten. Anhaltswerte für thermischen Eisdruck in Abhängigkeit von der Ausgangstemperatur und dem stündlichen Temperaturanstieg können [148] entnommen werden. Bei mäßigen Temperaturen bleibt der thermische Eisdruck unter 200 kN/m^2.

5.17 Belastung der Ufereinfassungen und Dalben durch Reaktionskräfte aus Fendern (E 213)
Die Ermittlung der durch die Fender aufnehmbaren Energie erfolgt durch die deterministische Berechnung entsprechend E 60, Abschn. 6.14.
Über die entsprechenden Diagramme bzw. Tabellen der Hersteller zum ausgewählten Fendertyp sowie die berechnete aufzunehmende Energie lässt sich die Reaktionskraft eines Fenders ermitteln, die maximal auf die Ufereinfassung oder den Fenderdalben einwirkt. Diese Reaktionskraft ist als charakteristischer Wert zu verstehen.
Im Normalfall führt die Reaktionskraft nicht zu zusätzlicher Belastung der Uferwand, und es ist nur die lokale Lastableitung zu untersuchen, es sei denn, für Fender werden spezielle Konstruktionen, z. B. separat aufgehängte Fendertafeln o. ä., angeordnet.

6 Querschnittsgestaltung und Ausrüstung von Ufereinfassungen

6.1 Querschnittsgrundmaße von Ufereinfassungen in Seehäfen (E 6)

6.1.1 Gehstreifen (Leinenpfad)

Der Gehstreifen (Leinenpfad) vor der wasserseitigen Kranschiene wird benötigt für das Aufstellen der Poller, das Auflagern des Landgangs (Gangway), als Weg und Arbeitsraum für die Festmacher, als Zuweg zu den Schiffsliegeplätzen und zur Aufnahme des wasserseitigen Teils des Kranfußes. Es kommt ihm demnach im Hafenbetrieb eine besondere Bedeutung zu. Bei der Wahl seiner Breite müssen die entsprechenden Unfallverhütungsvorschriften berücksichtigt werden.

Mit der aus diesen Gründen zu fordernden größeren Breite rückt der Kran von der Uferkante ab, was zwar eine größere Ausladung erfordert und den Umschlagbetrieb verteuert, aber auch dem Umstand Rechnung trägt, dass heute in steigendem Maße Schiffe anlegen, deren Aufbauten über den Schiffsrumpf hinausragen und damit die Hafenkrane gefährden, vor allem, wenn noch eine Krängung des Schiffes hinzukommt. Aus diesem Grund muss die äußere Begrenzung des drehbaren Kran-

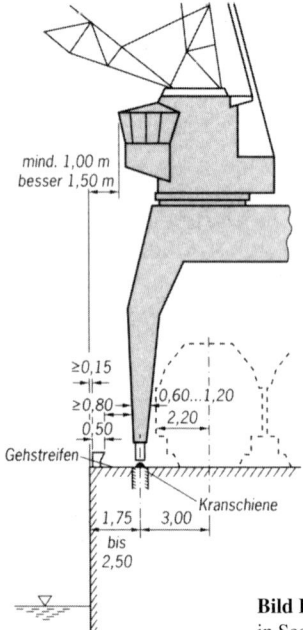

Bild E 6-1. Querschnittsgrundmaße von Ufereinfassungen in Seehäfen (die Versorgungskanäle sind nicht dargestellt)

176

gehäuses in jeder Stellung mindestens 1,00 m, besser jedoch 1,50 m hinter der Lotrechten durch Vorderkante Uferwand liegen (Bild E 6-1). Allenfalls kann dieses Maß von Vorderkante Reibeholz, Reibepfahl oder Fenderung ab gerechnet werden.

An Kaikanten mit Anlege- und Umschlagbetrieb sind Geländer nicht erforderlich. Jedoch sind solche Kaikanten mit einem geeigneten Schrammbord oder Gleitschutz entsprechend E 94, Abschn. 8.4.6 zu versehen. Die nicht dem Anlege- und Umschlagbetrieb dienenden Kaikanten, die aber für Personen öffentlich zugänglich sind, sollten mit einem Geländer ausgerüstet werden.

6.1.2 Kantenpoller

Bei Kantenpollern, die unmittelbar an der Uferkante angeordnet sind, können Schwierigkeiten beim Auflegen und Abheben der Trossen auftreten, wenn die Schiffe dicht an der Uferwand liegen. Poller müssen daher mit ihrer Vorderkante mindestens 0,15 m hinter der Kaimauervorderkante liegen. Die Pollerkopfbreite wird zweckmäßig mit 0,50 m berücksichtigt. Das Kranlaufwerk neuzeitlicher Hafenkrane kann etwa 0,60 bis 1,20 m breit angesetzt werden.

6.1.3 Übrige Ausrüstung

Für die Anlage neuer Häfen und den Umbau bestehender Anlagen werden unter Berücksichtigung aller in Betracht kommenden Einflüsse die in Bild E 6-1 eingetragenen Maße empfohlen. Das Abstandsmaß 1,75 m zwischen Kranschiene und Uferkante ist dabei als Mindestmaß aufzufassen. Es sollte bei Neubau- und Vertiefungsmaßnahmen von Liegeplätzen durch Vorbau 2,50 m betragen, vor allem, wenn wasserseitig sehr breite Kranlaufwerke Sicherheitsgesichtspunkte beim Festmachen bzw. beim Zu- und Abgang über die Gangway berühren.

Der Eisenbahnbetrieb erfordert die Einhaltung eines Sicherheitsmaßes gegenüber dem Kran auch bei unabhängigen vorderen Kranlaufwerken; daher muss die Achse des ersten Gleises mindestens 3,00 m hinter der vorderen Kranlaufschiene liegen. Allerdings sind Eisenbahnanlagen an Kaikanten nur noch in Ausnahmefällen üblich.

6.1.4 Kaikopfausbildung an Containerumschlaganlagen

Aufgrund der Sicherheitsanforderungen sowie hoher Anforderungen an die Produktivität von Containerumschlaganlagen wird hier ein größerer Abstand zwischen Kaivorderkante und Achse der wasserseitiger Kranschiene empfohlen. Es sollte möglich sein, in diesem Bereich Gangways u. ä. parallel zum Schiff abzulegen sowie Service- und Lieferfahrzeuge abzustellen und so die Bereiche Umschlag und Schiffsservice voneinander zu trennen. Eine größere erforderliche Auslage der Containerkräne wird dabei bewusst in Kauf genommen.

Wird im Containerumschlag ein automatischer Transport der Container zwischen Containerbrücken und Lagerfläche gewählt, ist eine Trennung des Serviceverkehrs von und zu den Schiffen und des Umschlags aus Sicherheitsgründen unerlässlich. In diesem Falle wird die Kaivorderkante soweit vor die wasserseitige Kranschiene gelegt, dass alle Servicefahrspuren in diesem Bereich verlaufen, oder es wird hier eine Fahrspur angeordnet und eine weitere neben die Schiene im Portalbereich der Containerkräne. Der Umschlagbereich wird durch einen Zaun vom Servicebereich getrennt.

6.2 Oberkante der Ufereinfassungen in Seehäfen (E 122)

6.2.1 Allgemeines
Bestimmend für die Oberkante der Ufereinfassungen ist die Höhenlage der Betriebsebene des Hafens. Beim Festlegen der Höhenlage sind folgende Haupteinflussgrößen zu beachten:

(1) Wasserstände und deren Schwankungen, insbesondere Höhen und Häufigkeiten von möglichen Sturmfluten, Windstau, Gezeitenwellen, Auswirkung eines evtl. Oberwasserzuflusses und weitere Einflüsse nach Abschn. 6.2.2.2.
(2) Mittlere Höhe des Grundwasserspiegels mit Häufigkeit und Größe der Spiegelschwankungen.
(3) Schifffahrtsbetrieb, Hafeneinrichtungen und Umschlagvorgänge, Nutzlasten.
(4) Geländebeschaffenheit, Untergrund, Aufhöhungsmaterial und ein eventueller Massenausgleich.
(5) Konstruktive Möglichkeiten für die Ufereinfassungen.
(6) Belange des Umweltschutzes.

Je nach den Anforderungen an den Hafen in betrieblicher, wirtschaftlicher und ausführungstechnischer Hinsicht müssen die Gewichte dieser Haupteinflussgrößen als Entscheidungshilfen variiert werden, um das Optimum zu erreichen.

6.2.2 Höhen und Häufigkeit der Hafenwasserstände
Hierbei ist grundsätzlich zu unterscheiden zwischen Dockhäfen und offenen Häfen mit oder ohne Tide.

6.2.2.1 Dockhäfen
Bei hochwassersicheren Dockhäfen wird die Betriebsebene des Hafens so hoch über dem festgesetzten Mittleren Betriebswasserstand angeordnet, wie es erforderlich ist:

(1) gegen Überfluten des Hafengeländes beim höchsten möglichen Betriebswasserstand,

(2) für eine genügend hohe Lage des Hafengeländes über dem höchsten zum Mittleren Betriebswasserstand gehörenden Grundwasserstand im Hafengelände und

(3) für einen zweckmäßigen Güterumschlag.

Das Planum soll im Allgemeinen 2,00 bis 2,50 m, mindestens aber 1,50 m, über dem Mittleren Betriebswasserstand liegen.

6.2.2.2 Offene Häfen

Für die Wahl einer geeigneten Hafenbetriebsebene sind Höhe und Häufigkeit des Hochwassers maßgebend.

Bei der Planung sind so weit wie möglich Häufigkeitslinien für Überschreitungen des Mittleren Hochwasserstands heranzuziehen. Hierbei sind neben den Haupteinflussgrößen nach Abschn. 6.2.1 (1) folgende Einflüsse zu beachten:

- Windstau im Hafenbecken,
- Schwingungsbewegungen des Hafenwassers durch atmosphärische Einflüsse (Seiches),
- Wellenauflauf entlang des Ufers (sogenannter Macheffekt),
- Resonanz des Wasserspiegels im Hafenbecken,
- säkuläre Hebungen des Wasserspiegels und
- langfristige Küstenhebungen bzw. -senkungen.

Liegen keine oder nur wenige Wasserstandsmessungen vor, müssen noch während der Entwurfsarbeiten möglichst viele Messungen an Ort und Stelle durchgeführt und in Verbindung gebracht werden zu bekannten Häufigkeitslinien von Hochwasserständen in nächstgelegenen Gebieten.

6.2.3 Auswirkungen von Höhe und Veränderungen des Grundwasserspiegels im Gelände

Die mittlere Höhe des Grundwasserspiegels und seine örtlichen Änderungen nach Jahreszeit, Häufigkeit und Größe müssen berücksichtigt werden, insbesondere im Hinblick auf zu erstellende Rohrleitungen, Kabel, Straßen, Eisenbahnen, Geländenutzlasten usw., in Verbindung mit den Untergrundverhältnissen. Hierbei muss wegen der nötigen Vorflut auch der Verlauf des Grundwasserspiegels zum Hafenwasser hin beachtet werden.

6.2.4 Höhe der Betriebsebene in Abhängigkeit von der Umschlagart

(1) *Stückgut- und Containerumschlag*

Generell muss ein hochwasserfreies Gelände angestrebt werden. Ausnahmen sollten nur in besonderen Fällen zugelassen werden.

(2) *Massengutumschlag*

Wegen der Verschiedenheit der Umschlagverfahren und Lagerungsarten sowie der Empfindlichkeit der Güter und Anfälligkeit der Geräte kann eine allgemeine Empfehlung hier nicht gegeben werden. Es sollte jedoch auch wegen der Umweltproblematik angestrebt werden, dass ein hochwasserfreies Gelände zur Verfügung steht.

(3) *Spezialumschlagausrüstungen*

Bei Schiffen mit Seitenpforten für den truck-to-truck-Umschlag, Heck- bzw. Bugklappen für den roll-on/roll-off-Umschlag oder anderen Spezialausrüstungen muss die Oberkante der Ufereinfassung je nach Schiffstyp und fester oder beweglicher Übergangsrampe gewählt werden. Die Höhe der Ufereinfassung muss hier aber nicht prinzipiell mit der allgemeinen Geländehöhe gleich sein. Tideeinflüsse können hier speziell angepasste Höhenlagen im Nutzungsbereich von Rampen erfordern. Ggfs müssen schwimmende Anlagen vorgesehen werden. Auf jeden Fall sind die in Frage kommenden Schiffstypen bezüglich ihrer Anforderungen besonders zu betrachten.

(4) *Umschlag mit Bordgeschirr*

Um auch bei tiefliegendem Schiff noch ausreichende Arbeitshöhe unter dem Kranhaken zu haben, sind die Kaihöhen im Allgemeinen niedriger als beim Umschlag mit Kaikranen zu wählen.

6.3 Querschnittsgrundmaße von Ufereinfassungen in Binnenhäfen (E 74)

6.3.1 Betriebsebene

Die Betriebsebene in Binnenhäfen soll normalerweise über dem höchsten Hochwasserstand liegen. Bei Fließgewässern mit großen Wasserstandsschwankungen ist dieses Ziel oftmals nur mit erheblichem Aufwand zu erreichen. Bei Umschlagplätzen für feste Massengüter, insbesondere Schüttgut, kann ein gelegentliches Überfluten in Kauf genommen werden. Die Gefahr der Verunreinigung der Gewässer beim Überfluten muss berücksichtigt werden. In Umschlaghäfen an Binnenkanälen mit kleineren Wasserstandsschwankungen sollte die Betriebsebene mindestens 2,00 m über dem normalen Kanalwasserstand angeordnet werden.

6.3.2 Uferfront

Ufer in Binnenhäfen sollen möglichst geradlinig sein und eine möglichst glatte Vorderfläche (E 158, Abschn. 6.6) aufweisen. Wellenförmige Spundwände sind bis auf Ausnahmefälle (E 176, Abschn. 8.4.15) als Uferbefestigung uneingeschränkt geeignet. Es muss sichergestellt sein, dass das zum Wasser hin äußerste Konstruktionsteil des Krans nicht in die Flucht oder über die Vorderkante der Uferbefestigung ragt. Dabei ist von einer Kranstützenbreite von 0,60 bis 1,00 m auszugehen.

6.3.3 Lichtraumprofil

Bei der Anordnung von Kranbahnen und der Konstruktion von Umschlagkränen sind die erforderlichen seitlichen und oberen Sicherheitsabstände einzuhalten, wie sie in den geltenden Vorschriften festgelegt sind (EBO, BOA, UVV Eisenbahnen, TAB.-E 25), siehe Bild E 74-1.

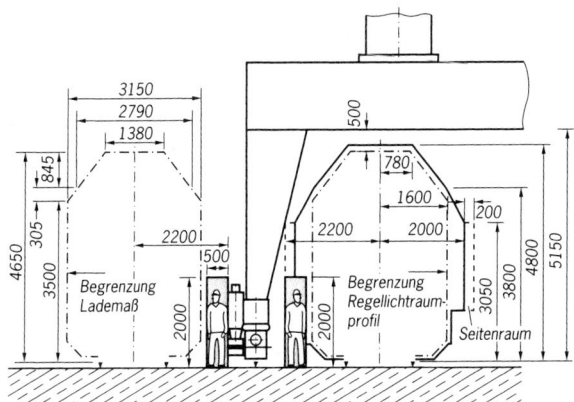

Bild E 74-1. Seitlicher und oberer Sicherheitsabstand bei Eisenbahnen

Für Straßenfahrbahnen unter Kranportalen wird die in Bild E 74-2 dargestellte Empfehlung gegeben (EBO, EBA, UVV, E25 in [45]).

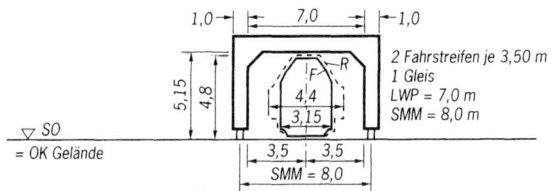

Bild E 74-2. Empfohlene Spurmittenmaße (SMM) und Lichte Weiten (LWP) für Kranportale über Straßenfahrbahnen und eingedeckten Gleisen

6.3.4 Anordnung der wasserseitigen Kranschiene

Ziel ist es, die wasserseitige Kranschiene möglichst nahe an die Uferkante zu legen. Damit wird der Ausleger des Kranes auf ein Mindestmaß beschränkt und wertvolle Lagerfläche in Ufernähe gewonnen. Der erforderliche Gehstreifen ist landseitig der Kranportalstütze anzuordnen (Bild E 74-1). Andernfalls wären zwischen Kranportal und Uferkante 0,80 m Gehstreifen vorzusehen. Als senkrechte Ufereinfassung kommen je nach den Gegebenheiten in Frage:

– Stahlbetonstützwand,
– Spundwand,
– Kombination Spundwand und Stahlbetonstützwand auf Bohrpfählen.

Bei Stahlbetonstützwänden ergeben sich keine Probleme unter Beachtung der Vorgaben in Abschn. 6.3.2.

Bei Spundwänden ist anzustreben, die Kranschiene in Spundwandachse zu planen (Bild E 74-3).

Wegen der notwendigen geometrischen Vorgaben (Abschn. 6.3.2) kann eine außermittige Auflagerung der Kranschiene notwendig werden (Bild E 74-4).

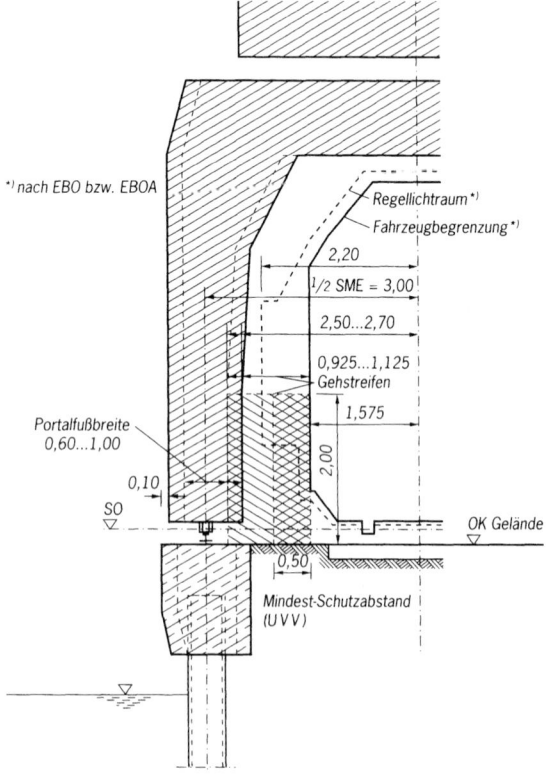

Bild E 74-3. Querschnittsgrundmaße bei Spundwandbauwerken in Binnenhäfen (Kranschiene in Spundwandachse)

RI + P

Prof. Dr.-Ing. Victor Rizkallah
+ Partner Ingenieurges. mbH
Herrenhäuser Kirchweg 19
D-30167 Hannover

Telefon: ++49-511-708850
Telefax: ++49-511-708800
Mail: info@rizkallah.de
www.rizkallah.de

Ingenieurleistungen für Erd- und Grundbau, Spezialtiefbau

- Gründungsberatung für Flächen- und Pfahlgründungen
- Beratung bei der Sicherung von Baugruben/Nachbarbauwerken

Ingenieurleistungen im Hafenbau

- Erdstatische Berechnung von Spundwänden und Deichen
- Beratung bei der Sanierung von Spundwandkonstruktionen und Kaianlagen

Deponiebau/Altlasten/Baggergutentsorgung

- Untersuchung auf Kontamination
- Bewertung des Gefährdungspotentials

Beurteilung von Schäden an Bauwerken

- Beweissicherung mit Fotodokumentation / Bauschadensanalysen

Qualitätsüberwachung

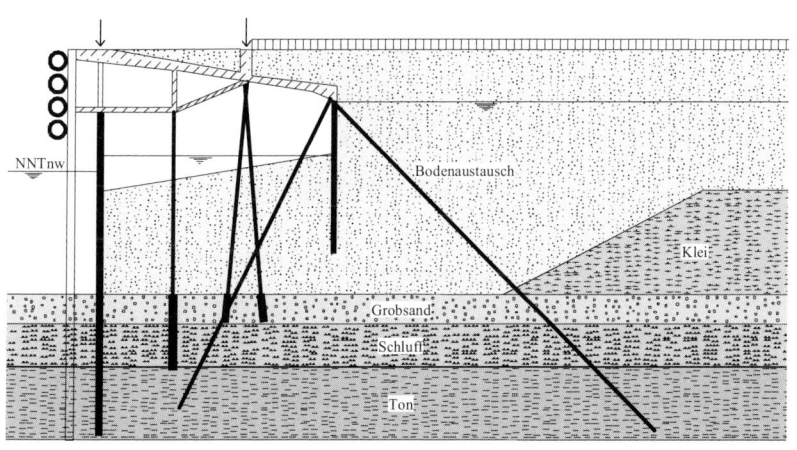

Bauphysik – Kalender

Hrsg.: E. Cziesielski

Jährliche Schwerpunkte:

Schimmelpilzbefall in Gebäuden

U.a. Flachdachrichtlinie; Wärmeübertragung erdreichberührter Bauteile; Feuchte-, Luft-, Salz-, Wärmetransport; Schimmelpilze - Berechnungen und Gegenmaßnahmen; Beheizung von Wärmebrücken; Trockenlegung von Bauteilen

Bauphysik-Kalender 2003

2003. 723 S. 577 Abb.
236 Tab. Geb.
€ 129,-* / sFr 190,-
ISBN 3-433-01510-4

Zerstörungsfreie Prüfungen im Bauwesen

Zerstörungsfreie Prüfungen - Merkblätter, Verfahren; ZfPBau Kompendium der BAM; Instandsetzung von feuchte- und salzgeschädigtem Mauerwerk; Risse in Putz und Mauerwerk

Bauphysik-Kalender 2004

2004. VI, 723 S. 680 Abb.
159 Tab. Geb.
€ 129,-* / sFr 190,-
ISBN 3-433-01705-0

Nachhaltiges Bauen im Bestand

DIN 18195 Abdichtungen; Photogrammetrische Verfahren; Bauwerksabdichtungen; Tageslicht- und Sonnenschutzsysteme

Bauphysik-Kalender 2005

2005. Ca. 650 S. ca. 550 Abb.,
ca. 50 Tab. Geb.
€ 129,-* / sFr 190,-
Fortsetzungspreis:
€ 109,-* / sFr 161,-
ISBN 3-433-01722-0

**Neu ab Ausgabe 2005!
Durch Fortsetzungspreis
20,- € sparen!**

Ernst & Sohn
Verlag für Architektur und
technische Wissenschaften GmbH & Co. KG

Ernst & Sohn
A Wiley Company
www.ernst-und-sohn.de

Für Bestellungen und Kundenservice:
Verlag Wiley-VCH
Boschstraße 12
69469 Weinheim
Telefon: (06201) 606-400
Telefax: (06201) 606-184
Email: service@wiley-vch.de

* Der €-Preis gilt ausschließlich für Deutschland
005514106_my Irrtum und Änderungen vorbehalten.

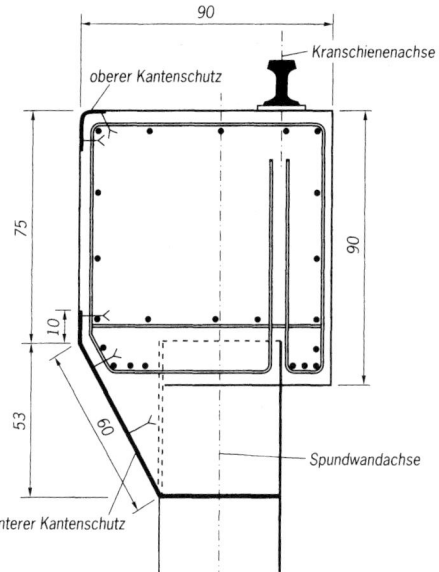

Bild E 74-4. Kranschiene außermittig Spundwandachse (Beispiel)

Die kombinierte Lösung (Stahlspundwand/Stahlbetonwand mit Anlegepfählen) bietet den Vorteil der getrennten Lasteinleitung. Außerdem ist es möglich, die Kranschiene ufernah zu verlegen, ohne dass Schiffsstöße auf den Kran einwirken können. Für den Zugang zum Schiff können Treppen optimal angeordnet werden, Bild E 74-5 und Empfehlung E 42 in [45].

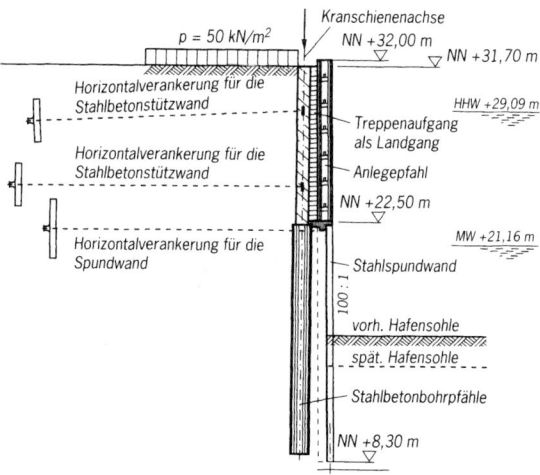

Bild E 74-5. Verankerte Spundwand mit Anlegepfählen/Stahlbetonwand (Beispiel)

183

6.3.5 Festmacheeinrichtungen

An der Wasserseite der Ufereinfassungen sind ausreichende Festmacheeinrichtungen für die Schiffe anzuordnen (E 102, Abschn. 5.13).

6.4 Spundwandufer für Binnenschiffe an Kanälen (E 106)

6.4.1 Allgemeines

In Fällen, in denen Kanäle in räumlich beengtem Gelände neu angelegt oder erweitert werden müssen, sind Ufereinfassungen aus verankerten Stahlspundwänden häufig die technisch beste und, einschließlich der verminderten Grunderwerbs- und Unterhaltungskosten, auch die wirtschaftlichste Lösung. Dies gilt vor allem für Dichtungsstrecken. Zur Ergänzung der abdichtenden Wirkung können die Spundwandschlösser nach E 117, Abschn. 8.1.20 gedichtet werden.

Bild E 106-1 zeigt ein kennzeichnendes Ausführungsbeispiel.

Falls es die schifffahrtsbetrieblichen Belange zulassen, wird aus Gründen des Korrosionsschutzes und der Landschaftsgestaltung die Spundwandoberkante unterhalb des Wasserspiegels vorgesehen. Hinsichtlich der Querschnittsgestaltung wird auf [52] hingewiesen.

6.4.2 Nachweis der Standsicherheit

Der Nachweis der Standsicherheit und Bemessung des Bauwerks und seiner Teile wird nach den einschlägigen Empfehlungen durchgeführt. Besonders wird auf E 19, Abschn. 4.2 und E 18, Abschn. 5.4 hingewiesen. Als lotrechte Nutzlast wird abweichend von E 5, Abschn. 5.5 eine gleichmäßig verteilte Geländenutzlast von 10 kN/m^2 angesetzt (charakteristischer Wert) (Bild E 106-1).

Hingewiesen wird auch auf E 41, Abschn. 8.2.10 und auf E 55, Abschn. 8.2.8.

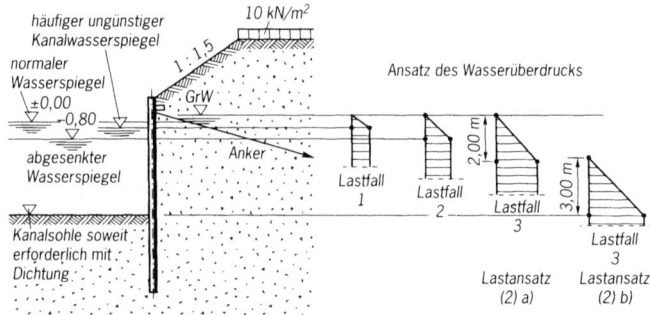

Bild E 106-1. Querschnitt für das Spundwandufer der Normalstrecke eines Binnenschifffahrtskanals mit den wichtigsten Lastansätzen

184

6.4.3 **Lastansätze**

Die den Lastfällen zugeordneten Lasten sind charakteristische Werte, die mit den Teilsicherheitsbeiwerten von DIN 1054 zu multiplizieren sind.

Im Lastfall 1 ist mit dem Wasserüberdruck zu rechnen, der sich bei häufig auftretenden ungünstigen Kanal- und Grundwasserständen ergibt. Oft wird der Grundwasserspiegel in Höhe von Oberkante Spundwand angesetzt. Bei einem zur Spundwand hin abfallenden Grundwasserspiegel wird der Wasserüberdruck auf die für die Spundwandberechnung maßgebende Erddruckgleitfuge bezogen (E 65, Abschn. 4.3, Bild E 65-1 und E 114, Abschn. 2.9, Bild E 114-2).

Im Lastfall 2 wird eine Absenkung des Kanalwasserspiegels vor der Spundwand um 0,80 m durch vorbeifahrende Schiffe berücksichtigt. Im Lastfall 3 sind folgende Belastungen anzusetzen:

(1) In Kanalbereichen, in denen der Kanal planmäßig entleert wird (z. B. zwischen zwei Sperrtoren), ist der Kanalwasserspiegel in Höhe Kanalsohle und der Grundwasserspiegel entsprechend den örtlichen Gegebenheiten anzusetzen.

(2) In den übrigen Bereichen (Normalstrecken) braucht ein völliges Leerlaufen des Kanals bei gleichzeitig nicht abgesenktem Grundwasserspiegel nicht berücksichtigt zu werden.

Sind die örtlichen Verhältnisse ausnahmsweise so, dass bei einer ernstlichen Beschädigung des Kanals ein rascher und starker Abfall des Kanalwasserspiegels zu erwarten ist, müssen die beiden folgenden Belastungsfälle untersucht werden:

– der Kanalwasserspiegel liegt 2,00 m tiefer als der Grundwasserspiegel,

– der Kanalwasserspiegel wird in Höhe Kanalsohle und der Grundwasserspiegel 3,00 m höher angesetzt.

(3) Bei Ufereinfassungen, die einen Bruch oder Einsturz von Brücken, Verladeanlagen usw. nach sich ziehen können, ist die Spundwand für den Lastfall „leergelaufener Kanal" zu bemessen oder durch konstruktive Maßnahmen besonders zu sichern.

In den statischen Untersuchungen kann die planmäßige Kanalsohle bzw. Aushubsohle (z. B. Unterkante Sohlensicherungen) als Rechnungssohle angesetzt werden. Eine Tieferbaggerung bis zu 0,30 m unter Sollsohle ist bei Beachtung der EAU und voller Einspannung der Wand im Boden fallweise ohne besondere Berechnung vertretbar (E 36, Abschn. 6.7). Keinesfalls gilt dies für unverankerte Wände und verankerte Wände mit freier Fußauflagerung. Sind in Ausnahmefällen größere Abweichungen zu erwarten und besteht starke Kolkgefahr durch Schiffsschrauben, ist die Berechnungssohle mindestens 0,50 m unter der Sollsohle anzusetzen.

6.4.4 Einbindetiefe

Steht bei gedichteten Dammstrecken in erreichbarer Tiefe wasser-undurchlässiger Boden an, wird die Uferspundwand so weit nach unten verlängert, dass sie in die undurchlässige Schicht einbindet; wodurch die Sohlendichtung eingespart werden kann.

6.5 Teilgeböschter Uferausbau in Binnenhäfen mit großen Wasserstandsschwankungen (E 119)

6.5.1 Gründe für den teilgeböschten Ausbau

Das Anlegen, Festmachen, Liegen und Ablegen unbemannter Fahrzeuge muss bei jedem Wasserstand ohne Benutzung von Ankern möglich sein, ebenso das gefahrlose Betreten der Fahrzeuge durch das Hafen- und Betriebspersonal. Dies ist wegen der Wasserstandsschwankungen nur in senkrechten Uferbereichen möglich. Vollgeböschte Ufer sind daher als Umschlagplatz nicht geeignet und kommen nur in Verbindung mit Dalben als Liegeplatz in Frage.

An den Umschlagplätzen sind senkrechte Ufer mit einer hochwasser-freien Betriebsebene erforderlich. Beim Umschlag von Massengütern ist im oberen Bereich des Ufers eine senkrechte Ausbildung nicht notwendig und häufig auch nicht erwünscht.

Daher bietet sich in Binnenhäfen mit großen Wasserstandsschwankungen das teilgeböschte Ufer an. Es besteht aus einer senkrechten Uferwand für den unteren Teil und einer sich anschließenden oberen Böschung (Bilder E 119-1 und E 119-2 als Beispiele).

6.5.2 Entwurfsgrundsätze

Für den Umschlagbetrieb an einem teilgeböschten Ufer ist die Höhenlage des Übergangs vom senkrechten in das geböschte Ufer von großer Bedeutung. Der Übergang sollte so hoch liegen, dass er nicht länger als 60 Tage (im langjährigen Mittel) überstaut wird.

Dies entspricht beispielsweise am Niederrhein einer Höhenlage des Knickpunktes von etwa 1 m über MW (Bild E 119-1). Innerhalb eines Hafenbeckens soll stets eine einheitliche Höhenlage des Knickpunktes gewählt werden.

Bei Ufern mit höher gelegenem Hafenplanum ist die Spundwandoberkante zur Vermeidung betrieblich und statisch ungünstiger Verhältnisse so zu wählen, dass die Böschungshöhe auf maximal 6 m begrenzt wird (Bild E 119-2).

An Liege- und an Koppelplätzen ohne Umschlagbetrieb für unbemannte Fahrzeuge in Flusshäfen mit stark wechselnden Wasserständen sind zur Markierung, zum sicheren Festmachen und zum Schutz der Böschung im senkrechten Uferabschnitt Leitpfähle im Abstand von etwa 40 m

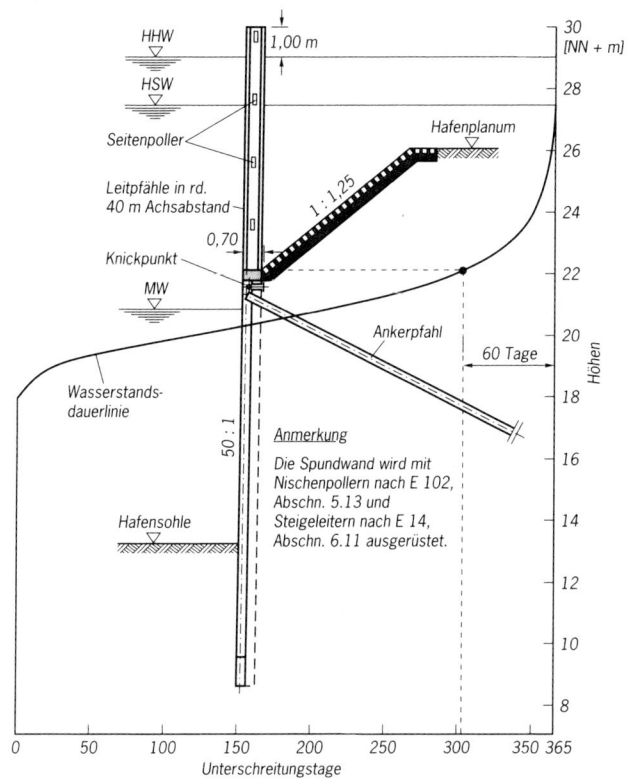

Bild E 119-1. Teilgeböschtes Ufer bei Schiffsliegeplätzen, vor allem für Schubleichter bei nicht hochwasserfreiem Hafenplanum

zweckmäßig. Sie werden ohne wasserseitigen Überstand 1,00 m über HHW hinausragend ausgebildet (Bild E 119-1).

Der senkrechte Uferabschnitt wird im Allgemeinen als einfach verankerte, im Boden eingespannte Spundwand ausgeführt.

Den oberen Abschluss soll ein 0,70 m breiter Stahl- oder Stahlbetonholm bilden (Bilder E 119-1 und E 119-2), der ausreicht, um auch im Bereich der Leiternischen als sicher begehbare Berme genutzt werden zu können. Bei dieser Breite besteht – bei ordnungsgemäßer Wartung der Fahrzeuge – andererseits noch keine Gefahr, dass sich Schiffe oder Leichter bei fallenden Wasserständen aufsetzen.

Im Bereich von Leitpfählen ist die Berme hinter diesen durchlaufend auszubilden.

Die wasserseitige Kante des Stahlbetonholms ist nach E 94, Abschn. 8.4.6 durch ein Stahlblech gegen Beschädigungen zu schützen.

187

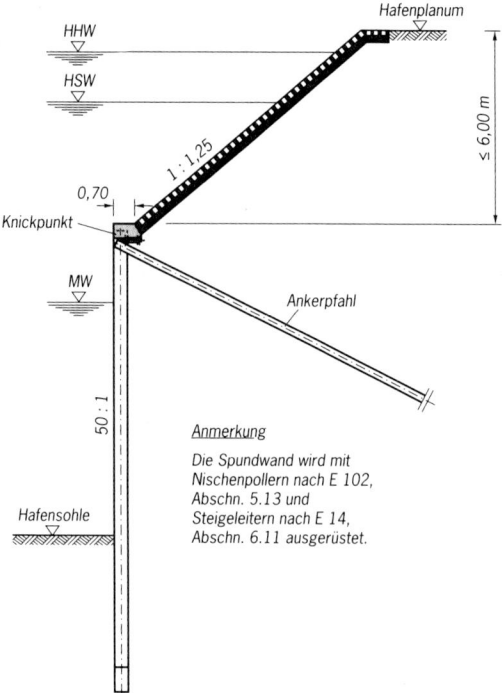

Bild E 119-2. Teilgeböschtes Ufer bei hochwasserfreiem Hafenplanum

Die Böschung soll wegen der erforderlichen guten Begehbarkeit der Treppen nicht steiler als 1 : 1,25 sein. Angewendet werden hauptsächlich Neigungen von 1 : 1,25 bis 1 : 1,50.
Poller werden beim teilgeböschten Ufer nach E 102, Abschn. 5.13 ausgeführt.

6.6 Gestaltung von Uferflächen in Binnenhäfen nach betrieblichen Gesichtspunkten (E 158)

6.6.1 Anforderungen
Die Anforderungen an die Gestaltung der Uferflächen ergeben sich vorwiegend aus Schifffahrts- und Umschlagbedingungen, aber, was den oberen Abschluss anbelangt, teilweise auch aus dem Eisenbahn- und Straßenbetrieb.
Um einen einwandfreien Schifffahrtsbetrieb zu gewährleisten, müssen die Schiffe sicher und leicht am Ufer fest- und losgemacht werden und ruhig liegen können, so dass auch Einflüsse aus vorbeifahrenden Schif-

fen oder Schiffsverbänden ohne nachteilige Wirkungen bleiben und bei Wasserstandswechseln die Festmachedrähte oder -leinen gut gefiert werden können. Die Ufereinfassung soll beim Anlegen der Schiffe auch als Leiteinrichtung dienen. Für den Personenverkehr zwischen Land und Schiff muss ein direkter Übergang oder ein sicheres Auslegen eines Landstegs möglich sein (E 42 in [45]). Beim Betrieb mit Schubleichtern werden verhältnismäßig große Massen bewegt. Außerdem sind Schubleichter kastenförmig mit eckigen Begrenzungen ausgebildet. Deshalb ergibt sich verstärkt die Forderung nach möglichst ebenen Vorderflächen der Ufereinfassungen. Für den Umschlagbetrieb sind die Voraussetzungen zu schaffen, das Schiff schnell und sicher be- und entladen zu können. Dabei soll das Schiff möglichst wenig Bewegungen ausführen. Andererseits muss es aber im Bedarfsfall einfach zu verholen sein. Wirtschaftliche und betriebliche Gesichtspunkte bestimmen den Uferquerschnitt. Für den Kranführer ist die Übersichtlichkeit sehr wichtig.

6.6.2 Planungsgrundsätze

Wegen der Länge der Schiffe und der Schiffsverbände, aber auch wegen der besseren Führung für die Schiffe sind lange gerade Uferstrecken anzustreben. Falls Richtungsänderungen nicht zu vermeiden sind, sollten sie in Form von Knicken (Polygon) und nicht kontinuierlich (Kreisbogen) angelegt werden. Der Abstand der Knickpunkte ist so zu wählen, dass die Zwischengeraden den Schiffs- oder Verbandslängen angepasst sind. Die Form der Schiffe und deren Betrieb zwingen zu möglichst glatten Uferwänden ohne herausragende Einrichtungen und Nischen, in welche die Schiffe stoßen können. Die Vorderfläche kann geböscht, teilgeböscht, geneigt oder senkrecht sein. In der Längsrichtung soll sie aber möglichst glatt sein.

6.6.3 Uferquerschnitte

(1) *Böschungen*

Böschungsflächen sind in sich möglichst eben zu gestalten. Zwischenpodeste sind wenn möglich zu vermeiden. Treppen sollen rechtwinklig zur Uferlinie angelegt werden. Poller und Halteringe dürfen nicht über die Böschungsfläche hinausragen. Sind bei hohen Uferböschungen Zwischenbermen unvermeidlich, dürfen sie nicht im Bereich häufigen Wasserstandwechsels, sondern darüber, in der Hochwasserzone, angeordnet werden. Entsprechend ist auch der Knickpunkt beim Übergang vom geböschten zum senkrechten Ufer zu legen (vgl. E 119, Abschn. 6.5.2). Bei geböschten Ufern ist die sichere Führung der Schiffe nur in Verbindung mit Festmachedalben in ausreichend engem Abstand gewährleistet.

(2) *Senkrechte Ufer*
Senkrechte oder wenig geneigte Ufereinfassungen in Massivbauweise eignen sich vor allem bei Herstellung in trockener Baugrube. Sie bieten eine glatte Vorderfläche. Beim Bau im oder am Wasser können beispielsweise auch Schlitz- oder Bohrpfähle angewendet werden. Allerdings genügen diese nach Freilegung im Allgemeinen noch nicht den betrieblichen Anforderungen. Maßnahmen zur Herstellung einer glatten Fläche im Schiffsberührungsbereich – sinngemäß nach E 176, Abschn. 8.4.15 – sind dann erforderlich.
Die Spundwandbauweise stellt für eine Ufereinfassung eine bewährte und wirtschaftliche Lösung dar. Unter Umständen kann es bei besonderen Beanspruchungen aus dem Schifffahrtsbetrieb notwendig werden, anstelle der Wellenform eine glatte Oberfläche zu fordern (siehe E 176, Abschn. 8.4.15).

(3) *Teilgeböschte Ufer*
Auch teilgeböschte Ufer sind durchaus zum Umschlag zu empfehlen. Bei der Lage der Kranbahn an der Böschungsoberkante ist in diesem Fall aber eine größere Reichweite des Kranauslegers erforderlich.

6.7 Solltiefe und Entwurfstiefe der Hafensohle (E 36)

6.7.1 Solltiefe in Seehäfen

Die Solltiefe ist die Wassertiefe unter einer bestimmten Bezugshöhe, deren Einhaltung angestrebt wird.
Beim Festlegen der Solltiefe der Hafensohle vor Ufermauern müssen folgende Faktoren berücksichtigt werden:

(1) Der Tiefgang des größten anlegenden, voll abgeladenen Schiffs, wobei auch der Salzgehalt des Hafenwassers und die Krängung des Schiffes berücksichtigt werden müssen.

(2) Der Sicherheitsabstand zwischen Schiffsboden und Solltiefe soll im Allgemeinen eine Mindesthöhe von 0,50 m aufweisen.

Die Wassertiefe rechnet dabei vom Niedrigwasser (NW) und in Tidegebieten vom mittleren Springtideniedrigwasser (MSpTnw). (Ein eventuelles Seekartennull wird aus dem mittleren Springtideniedrigwasser abgeleitet, jedoch nur in Abständen von mehreren Jahren amtlich neu festgesetzt.) Bei besonderen Verhältnissen muss gegebenenfalls ein noch niedrigerer rechnungsmäßiger Niedrigwasserspiegel zugrunde gelegt werden.

6.7.2 Solltiefe in Binnenhäfen

Die Solltiefe des Hafens und der Hafeneinfahrt ist so zu wählen, dass die Schiffe mit der auf der Wasserstraße möglichen größten Abladetiefe verkehren können. Bei Binnenhäfen an Flüssen soll die Wassertiefe in der Regel 0,30 m größer sein als in der anschließenden Wasserstraße, um Gefahren für Schiffe in allen Wasserstandssituationen zu vermeiden.

6.7.3 Entwurfstiefe vor Uferwänden

Soll vor Uferwänden wegen Schlick-, Sand-, Kies- oder Geröllablagerungen gebaggert werden, muss die Baggerung bis unter die nach Abschn. 6.7.1 und 6.7.2 festgelegte planmäßige Solltiefe der Hafensohle ausgeführt werden (Bild E 36-1).

Die Entwurfstiefe setzt sich zusammen aus der Solltiefe der Hafensohle, der Unterhaltungsbaggerzone bis zur planmäßigen Baggertiefe, zuzüglich Baggertoleranz und anderer Zuschläge für besondere Verhältnisse. Die Baggertiefe wird durch folgende Faktoren bestimmt, wobei auch auf Empfehlung E 139, Abschn. 7.2 verwiesen wird:

(1) Umfang des Schlickfalls, des Sandtriebs, der Kies- oder Geröllablagerungen je Baggerperiode.

(2) Tiefe unter der Solltiefe der Hafensohle, bis zu welcher der Boden entfernt oder gestört werden darf.

(3) Kosten jeder Störung im Umschlagbetrieb, verursacht durch Baggerarbeiten.

(4) Ständiges oder nur zeitweises Vorhalten der erforderlichen Baggergeräte.

(5) Kosten der Baggerarbeiten in bezug auf die Höhe der Unterhaltungsbaggerzone.

(6) Mehrkosten einer Uferwand mit tieferer Hafensohle.

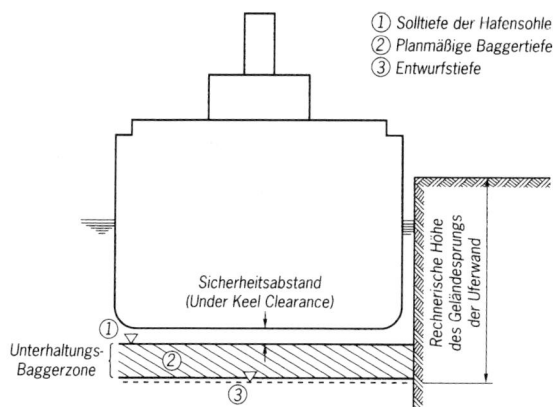

Bild E 36-1. Ermittlung der Entwurfstiefe

191

Wegen der Wichtigkeit aller vorher genannten Faktoren muss der Spielraum für Baggerungen vor Ufermauern sorgfältig festgelegt werden. Einerseits kann ein zu kleiner Spielraum hohe Kosten für die Unterhaltungsbaggerungen und mehr Betriebsstörungen zur Folge haben, andererseits verursacht ein größerer Spielraum höhere Baukosten und gegebenenfalls zusätzliche Sedimentation.

Es ist zweckmäßig, die Hafensohle erst durch mindestens zwei mit Zeitabstand ausgeführte Baggerschnitte herzustellen. Dabei muss eine maximale Schnittdicke von 3 m eingehalten werden.

Zur generellen Orientierung werden in Tabelle E 36-1 für verschiedene Wassertiefen die Höhen der Unterhaltungsbaggerzonen unter der Solltiefe der Hafensohle mit den zugehörenden Mindesttoleranzen angegeben.

Ausschuss Baggertechnik beachten; vgl. Abschn. 7.2.3.1.

Tabelle E 36-1. Höhen der Unterhaltungsbaggerzone und Mindesttoleranzen; Anhaltswerte in [m]

Wassertiefe unter dem niedrigsten Wasserstand m	Höhe der Unterhaltungsbaggerzone m	Mindesttoleranz* m	Rechnerische Entwurfstiefe m
5	0,5	0,2	5,7
10	0,5	0,3	10,8
15	0,5	0,4	15,9
20	0,5	0,5	21,0
25	0,5	0,7	26,2

*) abhängig vom Baggergerät

Mit der Festlegung der rechnerischen Entwurfstiefe nach Tabelle E 36-1 sind die nach DIN EN 1997-1 geforderten Zuschläge bereits berücksichtigt (siehe auch Abschn. 2.0).

Im Falle größerer Sohlenerosion ist die Entwurfstiefe zu vergrößern, oder es sind geeignete Maßnahmen zur Verhinderung der Erosion zu treffen.

6.8 Verstärkung von Ufereinfassungen zur Vertiefung der Hafensohle in Seehäfen (E 200)

6.8.1 Allgemeines

Die Entwicklung der Schiffsabmessungen hat zur Folge, dass zuweilen eine Vertiefung der Hafensohle vor bestehenden Uferbauwerken erforderlich wird. Hinzu treten dann oft auch größere Kran- und Nutzlasten. Die Möglichkeit, die Hafensohle in derartigen Fällen zu vertiefen, hängt ab von:

a) der Konstruktionsart des Uferbauwerks,
b) der Verformung des Uferbauwerks seit seiner Herstellung,
c) dem baulichen Zustand des Uferbauwerks,
d) dem Maß der erforderlichen Vertiefung, besonders in Bezug auf die Entwurfstiefe der Hafensohle,
e) der Möglichkeit, die zugelassenen Nutzlasten hinter dem Uferbauwerk zu verringern,
f) der zu erwartenden Lebensdauer des Uferbauwerks nach eventueller Verstärkung,
g) der Verfügbarkeit der früher durchgeführten statischen Nachweise mit allen dazugehörigen Belastungen, rechnerischen Bodenwerten und Wasserständen und der Konstruktionszeichnungen,
h) den Kosten einer Verstärkung im Vergleich zu den Kosten anderer Lösungen (z. B. Neubau anderswo).

Für a) und b) wird insbesondere auf E 193, Abschn. 15 hingewiesen. In bezug auf g) kann es nützlich sein, neue Bodenuntersuchungen durchzuführen, um z. B. das Konsolidierungsmaß der bindigen Böden festzustellen und die rechnerischen Bodenwerte zu prüfen und zu ermäßigen oder zu erhöhen.

Mit den neuen Belastungen, Wasserständen, Bodenwerten und der vergrößerten rechnungsmäßigen Tiefe kann dann ein statischer Nachweis für den Entwurf eines verstärkten Uferbauwerks erstellt werden.

Wenn für die vorhandene Wand keine rechnerischen Nachweise und Konstruktionszeichnungen mehr vorhanden sind, wird empfohlen, die Ausführung einer erforderlichen Sohlenvertiefung mit einer Verringerung der Nutzlasten zu verbinden. Das Verformungsverhalten des Uferbauwerks spielt in diesem Fall eine wichtige Rolle und ist daher besonders zu berücksichtigen.

6.8.2 Ausbildung von Bauwerksverstärkungen

Für eine erforderliche Verstärkung von Kaimauern zur Vertiefung der Hafensohle gibt es zahlreiche Möglichkeiten. Bei kombinierten Wänden ist darauf zu achten, dass auch die Füllbohlen eine ausreichende Einbindelänge haben. In den nachfolgenden Abschnitten sind beispielhaft einige Lösungen, abhängig von den unter Abschn. 6.8.1 genannten Faktoren, dargestellt.

6.8.2.1 Maßnahmen zur Erhöhung des Erdwiderstands

Hierzu wird auf E 164, Abschn. 2.11 und E 109, Abschn. 7.9, hingewiesen:

a) Ersatz von weichem, bindigem Boden durch nichtbindiges Material mit hoher Wichte und Scherfestigkeit vor dem Bauwerk (Bild E 200-1).

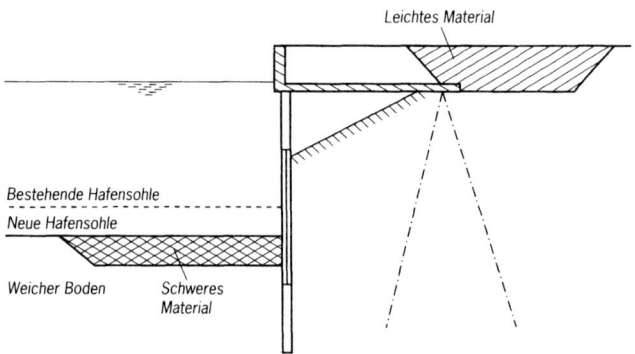

Bild E 200-1. Bodenersatz vor und/oder hinter dem Bauwerk

Der Übergang muss filterstabil ausgeführt sein. Die Baumaßnahmen sind besonders aufmerksam zu überwachen, gegebenenfalls sind auch Wandvermessungen während der Bauausführungen anzuordnen, um ein wasserseitiges Ausweichen des Bauwerks während der Ausbaggerung zu erkennen. In solchen Fällen kann das Uferbauwerk durch Abbagern der Hinterfüllung entlastet werden.

Setzungen vor dem Uferbauwerk sind zu erwarten, da der Boden in der Regel für die höheren Auflasten nicht konsolidiert ist.

b) Bodenverdichtung bei nichtbindigem Boden (Bild E 200-2).

c) Bodenverfestigung bei durchlässigem, nichtbindigem Boden durch Injektionen (Bild E 200-2).

6.8.2.2 Maßnahmen zur Verringerung des aktiven Erddrucks

a) Herstellung einer Stahlbetonrostplatte auf Pfählen (Bild E 200-3).

b) Ersatz der Hinterfüllung durch ein leichteres Material; hierzu wird auf E 187, Abschn. 7.11 hingewiesen.

c) Verfestigung einer gut durchlässigen nichtbindigen Hinterfüllung durch Injektionen (Bild E 200-2).

6.8.2.3 Maßnahmen am Uferbauwerk

a) Anwendung von Zusatzankern, schräg oder horizontal (Bild E 200-4).

b) Tieferrammen und Aufstocken der vorhandenen Ufereinfassung (Bild E 200-5).

c) Einrammen einer neuen Spundwand unmittelbar vor dem Uferbauwerk. Die Spundwand kann dann auf verschiedene Weise verankert werden:

- durch einen neuen Überbau auf Pfählen über der bestehenden Rostplatte (Bild E 200-6),
- durch Schrägankerpfähle oder Horizontalanker (Bild E 200-7).

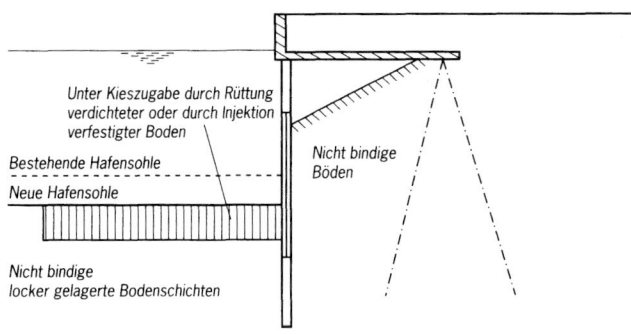

Bild E 200-2. Bodenverfestigung oder Bodenverdichtung vor dem Bauwerk

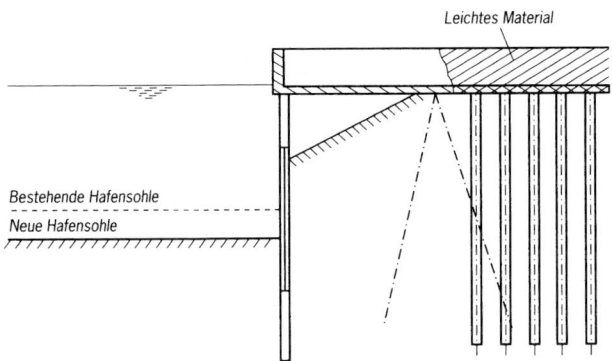

Bild E 200-3. Sicherung durch eine Entlastungskonstruktion auf Pfählen

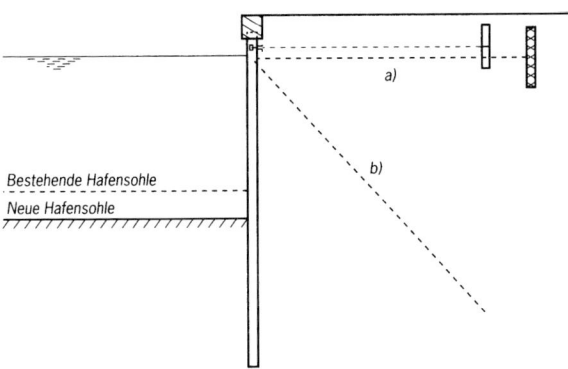

Bild E 200-4. Anwendung von Zusatzankern horizontal (a) oder schräg (b)

195

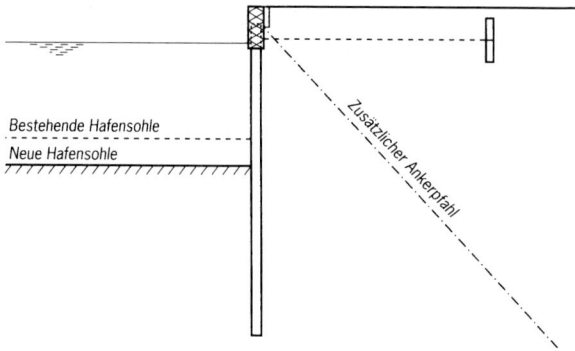

Bild E 200-5. Tieferrammen und Aufstocken der vorhandenen Ufereinfassung und Zusatzverankerung

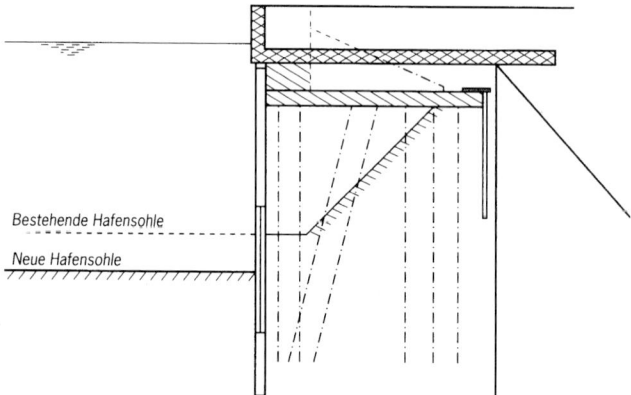

Bild E 200-6. Vorbau einer Spundwand und eines neuen Überbauwerks

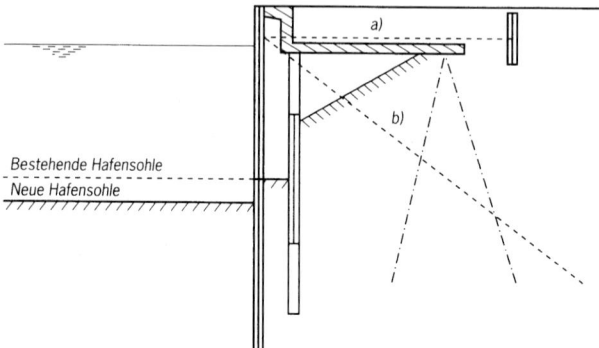

Bild E 200-7. Vorbau einer Spundwand und einer Zusatzverankerung (a) oder (b)

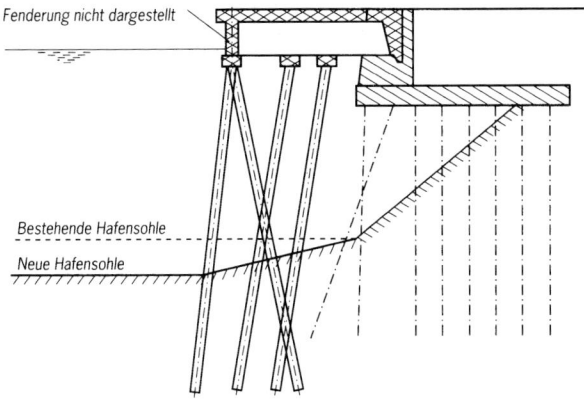

Bild E 200-8. Vorbau auf Pfählen mit Unterwasserböschung

d) Vorbau mit Stahlbetonrostplatte auf Pfählen, sofern genügend Raum vorhanden ist. Hier wird besonders auf E 157, Abschn. 11.5 (Bild E 157-1) hingewiesen. Als zusätzlicher Vorteil entsteht auf diese Weise eine größere Kaifläche, was dem Güterumschlag zugute kommt (Bild E 200-8).

6.9 Umgestaltung von Ufereinfassungen in Binnenhäfen (E 201)

6.9.1 Anlass für die Umgestaltung

Es gilt generell zunächst sinngemäß alles, was in E 200, Abschn. 6.8 zu Uferbauwerksverstärkungen in Seehäfen ausgesagt worden ist. Jedoch sind die Gründe für die Umgestaltung von Ufereinfassungen in Binnenhäfen häufig andere. Meistens ist die Erosion der Flusssohle der Anlass für eine Tieferlegung der Hafensohle in seitlichen Stichbecken. An Kanälen und stauregelten Flüssen kann auch der Ausbau für eine größere Abladetiefe eine Vertiefung erfordern. Im Einzelfall kann eine Vergrößerung der Kran- und Nutzlasten zu einer Umgestaltung führen.

Bei geböschten Ufern führt eine Senkung der Flusssohle zu einer Verringerung der Hafenbeckenbreite und des Wasserquerschnitts. Daraus, wie auch aus der zunehmenden Länge der Kranausleger, ergibt sich im Allgemeinen die Notwendigkeit für einen teilgeböschten oder senkrechten Ausbau. Hafensohlenvertiefungen oder höhere Verkehrslasten führen zu höheren Belastungen einzelner Bauteile, die dann unter Umständen nicht mehr ausreichend bemessen sind.

6.9.2   Möglichkeiten der Umgestaltung

Generell besteht die Möglichkeit, eine neue Ufereinfassung vor der alten oder anstelle der alten zu errichten. Oftmals genügt es aber bereits, gewisse Teile des Ufers zu erneuern oder zu verstärken bzw. andere konstruktive Maßnahmen auszuführen. So kann z. B. eine Spundwand tiefer gerammt und oben eine neue Konstruktion aufgeständert werden. Erhöhte Ankerkräfte können durch zusätzliche Anker aufgenommen werden. Bei nichtbindigen Böden führt eine Verdichtung der Hafensohle zu einer Erhöhung des Erdwiderstands. Die Standsicherheit einer Böschung kann durch Vernadelung mit dem Untergrund mittels Einbringen von Rammelementen verbessert werden.

6.9.3   Ausführungsbeispiele

In den Bildern E 201-1 bis E 201-6 sind typische Beispiele für Umgestaltungen von Ufereinfassungen in Binnenhäfen dargestellt. Die Höhen beziehen sich auf NN.

- Uferausbau durch Ersatz eines geböschten Ufers durch ein teilgeböschtes Ufer (Bild E 201-1).
- Uferausbau durch Tieferrammen und Aufstocken der vorhandenen Uferspundwand (Bild E 201-2).
- Uferausbau durch Zusatzverankerung einer vorerst verbleibenden Spundwand (Bild E 201-3).
- Uferausbau durch Vorrammen einer neuen Spundwand (Bild E 201-4).
- Uferausbau durch Einrütteln von nichtbindigem Boden zur Erhöhung des Erdwiderstands vor der Spundwand (Bild E 201-5).
- Uferausbau durch Böschungsvernadelung (Bild E 201-6).

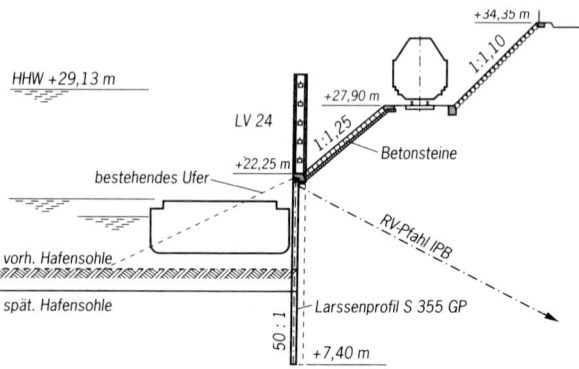

Bild E 201-1. Uferausbau durch Ersatz eines geböschten Ufers durch ein teilgeböschtes Ufer

198

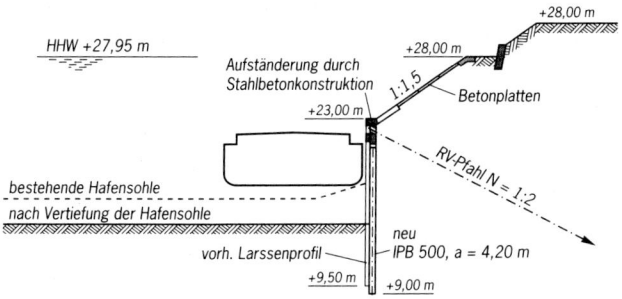

Bild E 201-2. Uferausbau durch Tieferrammen und Aufstockung der vorhandenen Uferspundwand

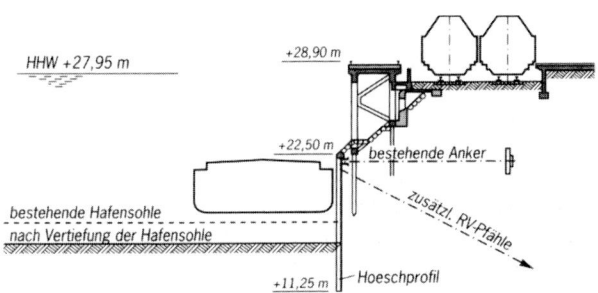

Bild E 201-3. Uferausbau durch Zusatzverankerung einer verbleibenden Spundwand

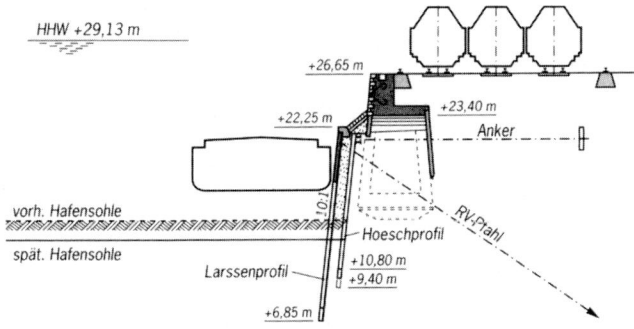

Bild E 201-4. Uferausbau durch Vorrammen einer neuen Spundwand

199

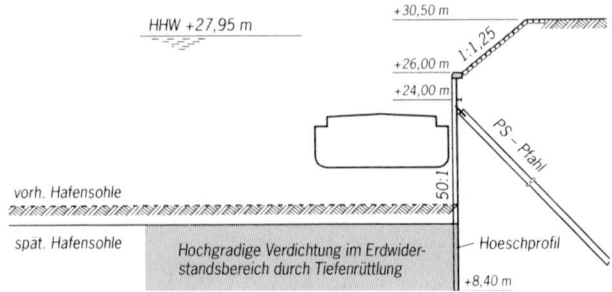

Bild E 201-5. Uferausbau durch Rütteln des nichtbindigen Bodens im Erdwiderstandsbereich vor der Spundwand

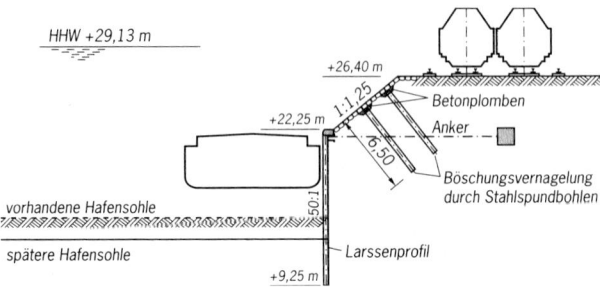

Bild E 201-6. Uferausbau mit Böschungssicherung durch Vernagelung

6.10 Ausrüstung von Großschiffsliegeplätzen mit Sliphaken (E 70)

Sliphaken an Stelle von Pollern werden nur in Ausnahmefällen an besonderen Großschiffsliegeplätzen vorgesehen, bei denen ein Festmachen nach einem definierten Vertäuplan erfolgt. Der Schwenkbereich liegt hier entsprechend dem Vertäuplan weitgehend fest. Schwere Sliphaken für Lasten von 30–3000 kN mit manueller bzw. oelhydraulischer Auslösevorrichtung und mit Fernbedienung gewährleisten auch bei schweren Trossen ein einfaches Festmachen und rasches Lösen der Trossen.

Bild E 70-1 zeigt das Beispiel eines Sliphakens von 1250 kN Größtlast mit manueller Lösevorrichtung. Er kann mit mehreren Trossen belegt werden und gibt sie sowohl bei Volllast als auch bei geringer Belastung durch das Betätigen eines Handgriffs mit kleiner Zugkraft frei.

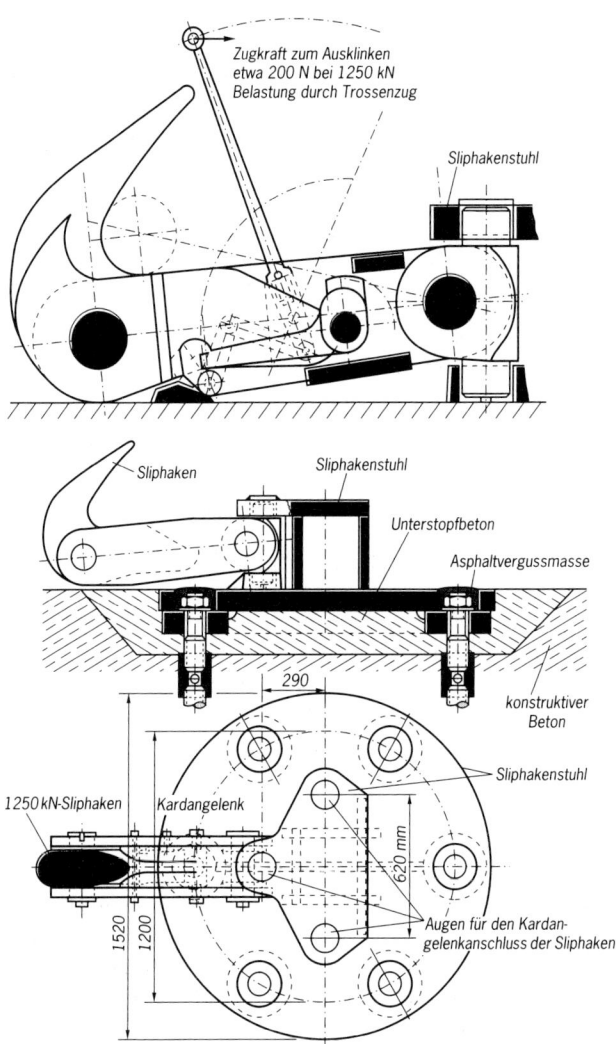

Bild E 70-1. Beispiel eines Sliphakens

Die Sliphaken werden mit einem Kardangelenk an einem Sliphaken-stuhl befestigt. Die Anzahl der Sliphaken richtet sich nach dem jeweils zu berücksichtigenden Trossenzug gemäß E 12, Abschn. 5.12 und nach den gleichzeitig zu bedienenden Haupt-Trossenrichtungen. Auf einem Sliphakenstuhl können mehrere Sliphaken installiert werden.

Die Schwenkbereiche sind so zu wählen, dass bei allen in Frage kommenden Betriebsfällen ein Klemmen der Haken vermieden wird. Der Schwenkbereich reicht bis 180° in der Horizontalen und 45° zur Vertikalen.

Das Auflegen der schweren Schlepptrossen wird erleichtert, wenn der Sliphaken mit einem Spill kombiniert wird.

6.11 Anordnung, Ausbildung und Belastung von Steigeleitern (E 14)

6.11.1 Anordnung

Steigeleitern dienen nur in Ausnahmefällen als Zugang oder zum Verlassen von Schiffen. Sie dienen vor allem als Zugang zu den Festmacheeinrichtungen und für Notfälle, um ins Wasser gestürzten Personen das Anlandkommen zu ermöglichen. Soweit es sich um fachkundige und geübte Personen des Schiffs- und Betriebspersonals handelt, ist die Benutzung von Steigeleitern im Falle großer Wasserstandsschwankungen auch bei größeren Höhenunterschieden zuzumuten.

Die Steigeleitern in Uferwänden aus Stahlbeton werden in etwa 30 m Abstand angeordnet. Die Lage der Leiter im Normalblock richtet sich nach der Pollerlage, da die Benutzung der Leitern nicht durch Trossen behindert werden darf. Werden Blockfugen angeordnet, empfiehlt es sich, die Leitern im Bereich der Blockfugen einzubauen. Bei geringeren Blocklängen als 30 m ist sinngemäß zu verfahren. Bei Uferkonstruktionen aus Spundbohlen empfiehlt es sich, die Steigeleitern in Bohlentälern anzubringen.

Beidseitig neben jeder Leiter sollen Festmacheeinrichtungen angeordnet werden (E 102, Abschn. 5.13.1).

6.11.2 Ausbildung

Um das Ersteigen der Leiter vom Wasser aus auch unter NNW bzw. NNTnw noch zu ermöglichen, muss die Leiter bis 1,00 m unter NNW bzw. NNTnw geführt werden. Damit die Leitern leicht montiert und ausgewechselt werden können, wird die unterste Leiterhalterung als Steckvorrichtung ausgebildet, in die die Leiterwangen von oben eingeschoben werden können. Der Übergang der Leiter zum Ufergelände muss so ausgebildet werden, dass ohne Gefahr ein- und ausgestiegen werden kann. Gleichzeitig darf jedoch der Verkehr auf dem Uferbauwerk nicht gefährdet werden. Diese Doppelaufgabe wird am besten in der Weise gelöst, dass der Kantenschutz im Bereich der Leiter landseitig verschwenkt wird. Außerdem wird mindestens bei hochwasserfreien Ufereinfassungen ein Haltebügel von 40 mm Durchmesser, der 30 cm über Oberkante Uferfläche reicht, in 55 cm Achsabstand hinter der Uferflucht angeordnet (Bild E 14-1). Sollten die Haltebügel beim Umschlag hinderlich sein, sind geeignete andere Ausstieghilfen vorzusehen. Eine be-

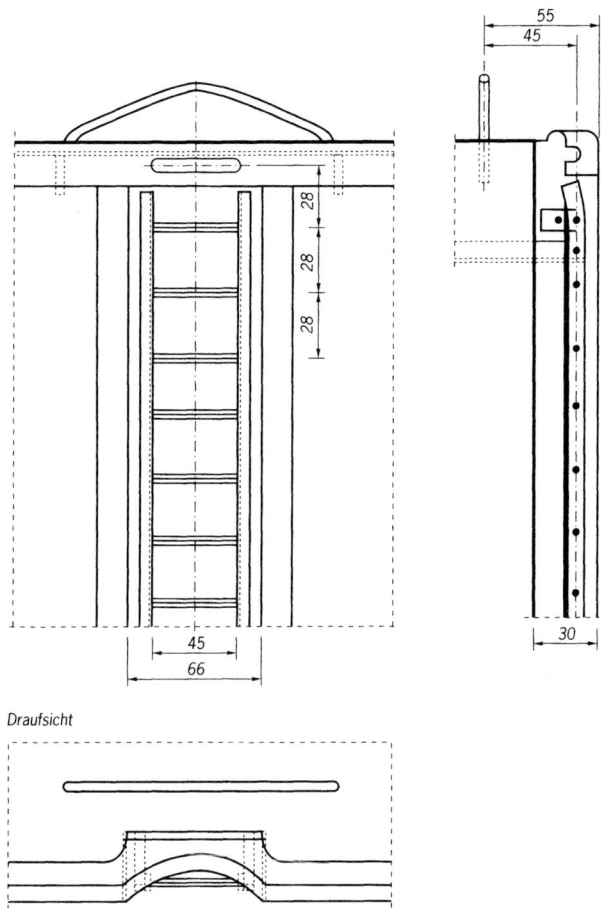

55
45

28
28
28

45
66

30

Draufsicht

Bild E 14-1. Steigeleiter bei Stahlholmen (Maße in cm)

währte Konstruktion dieser Art zeigt Bild E 14-2. Die oberste Sprosse liegt bei dieser Lösung 15 cm unter der Oberkante der Ufermauer. Die Leitersprossen liegen mit ihrer Achse mind. 10 cm hinter Vorderkante Uferbauwerk und bestehen aus Quadratstahl 30/30 mm, der so eingebaut wird, dass eine Kante nach oben zeigt. Dadurch wird die Rutschgefahr bei Vereisung oder Verschmutzung vermindert. Die Sprossen werden mit 30 cm Achsabstand in Leiterwangen befestigt, deren lichtes Maß mindestens 45 cm beträgt.
Im übrigen wird auf DIN 19 703 verwiesen.

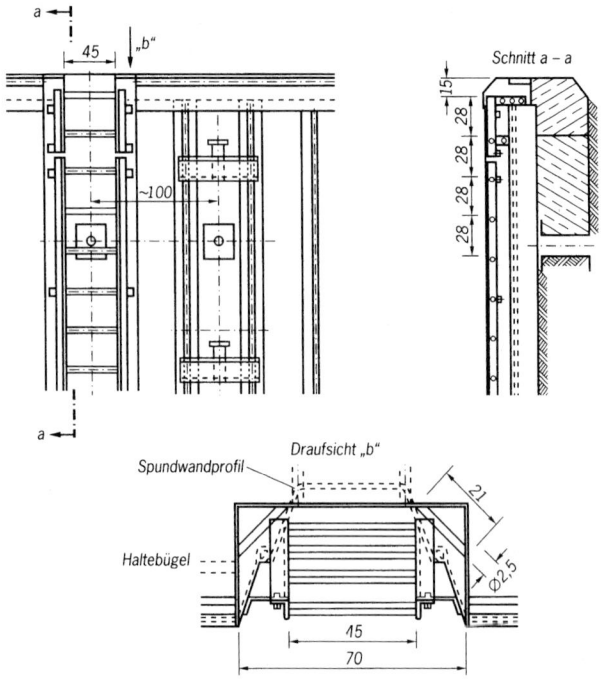

Bild E 14-2. Steigeleiter in Stahlbetonholmen (Maße in cm)

6.12 Anordnung und Ausbildung von Treppen in Seehäfen (E 24)

6.12.1 Anordnung

Treppen werden in Seehäfen angewendet, wenn der öffentliche Verkehr es erfordert. Die Treppen müssen auch von Personen, die mit den Verhältnissen in Häfen nicht vertraut sind, ohne Gefahr benutzt werden können. Die obere Ausmündung der Treppe ist so zu legen, dass der Personen- und der Hafenumschlagverkehr sich möglichst wenig stören. Der Treppenzugang muss übersichtlich sein und die reibungslose Abwicklung des Personenverkehrs gestatten. Das untere Treppenende muss so angeordnet werden, dass die Schiffe leicht und sicher anlegen können und dass der Verkehr zwischen Schiff und Treppe gefahrlos ist.

6.12.2 Ausbildung

Treppen sollen 1,50 m breit sein, so dass sie bei Seeschiffsmauern noch vor der wasserseitigen Kranbahn enden und die Befestigung der im Abstand von 1,75 bis 2,50 m von der Uferkante liegenden Kranschiene

204

nicht behindern. Die Treppensteigung ist nach der bekannten Gleichung $2\,s + a = 59$ bis 65 cm zu wählen (Steigung s, Auftritt a). Betonstufen erhalten einen rauhen Hartbetonüberzug, die Trittkanten einen Kantenschutz aus Stahl.

6.12.3 Podeste

Bei großem Tidehub liegen die Podeste jeweils 0,75 m über MTnw, Tmw und MThw. Je nach der Höhe des Bauwerks können weitere Podeste erforderlich sein. Zwischenpodeste sind nach höchstens 18 Stufen anzuordnen, die Podestlänge soll 1,50 m betragen bzw. gleich der Treppenlaufbreite sein.

6.12.4 Geländer

Die Treppenwandung wird mit einem Handlauf ausgerüstet, der mit der Oberkante 1,10 m über der vorderen Stufenkante liegt. Sofern der sonstige Hafenbetrieb es gestattet, werden die Treppen mit einem 1,10 m hohen Geländer umgeben, das auch abnehmbar ausgeführt werden kann.

6.12.5 Festmacheeinrichtungen

Die Uferwand neben dem untersten Treppenpodest wird mit Haltekreuzen ausgerüstet (E 102, Abschn. 5.13). Außerdem wird knapp unter jedem Podest ein Nischenpoller bzw. Haltekreuz angeordnet. Nischenpoller werden bei massiven Kaimauern bzw. Kaimauerteilen, Haltekreuze im Allgemeinen bei Spundwandbauwerken angewendet.

6.12.6 Treppen in Spundbauwerken

Treppen in Spundwandbauwerken werden häufig aus Stahl hergestellt. Die Spundwand wird so gerammt, dass eine ausreichend große Nische entsteht, in die die Treppe eingesetzt wird.
Die Treppe ist in geeigneter Weise (z. B. Reibepfähle) gegen Unterfahren zu schützen.

6.13 Ausrüstung von Ufereinfassungen in Seehäfen mit Ver- und Entsorgungsanlagen (E 173)

6.13.1 Allgemeines

Versorgungsanlagen dienen dazu, vorhandene öffentliche Einrichtungen und Installationen, aber auch im Hafen ansässige Betriebe sowie die festmachenden Schiffe und dergleichen mit den notwendigen Stoffen, Energien usw. zu versorgen. Entsorgungsanlagen dienen der Ableitung von anfallendem Schmutzwasser und von Betriebsstoffen.
Bei der Planung dieser Anlagen ist zu berücksichtigen, dass sie in unmittelbarer Nähe und zum Teil in den Ufereinfassungen selbst angeordnet werden müssen.

Für die Leitungen sind in unter der Erde befindlichen Baukörpern, wie Kranbahnbalken und dergleichen, ausreichende Durchbrüche vorzusehen. Deshalb muss, um unnötige Kosten zu vermeiden, schon bei der Planung eine Abstimmung aller Beteiligten stattfinden. Für eventuelle spätere Erweiterungen sind Reservedurchbrüche anzuordnen.

Zu den Versorgungsanlagen gehören:

- Wasserversorgungsanlagen,
- Elektrische Energieversorgungsanlagen,
- Fernmelde- und Fernsteuerungsanlagen,
- Sonstige Anlagen.

Zu den Entsorgungsanlagen gehören:

- Regenwasser-Entwässerung,
- Schmutzwasser-Entwässerung,
- Benzin- und Ölabscheider.

Die jeweilige Entsorgungsordnung ist zu beachten.

6.13.2 Wasserversorgungsanlagen

Die Wasserversorgungsanlagen dienen der Versorgung mit Trink- und Brauchwasser und stehen im Brandfall auch für Löschzwecke zur Verfügung.

6.13.2.1 Trink- und Brauchwasserversorgung

Für das Trink- und das Brauchwasserversorgungsnetz im Hafen werden aus Sicherheitsgründen für einen Hafenabschnitt mindestens zwei voneinander unabhängige Einspeisungen verlangt, wobei die Leitungen zur Sicherstellung der ständigen Durchströmung als Ringnetze angelegt werden.

In Abständen von 100 bis 200 m werden Hydranten angeordnet. Ein üblicher Abstand der Wasserentnahmehydranten zur Schiffsversorgung in Kailängsrichtung ist 60 m. An Kaimauern und in befestigten Kran- und Gleisbereichen werden Unterflurhydranten gesetzt, damit der Betrieb nicht behindert wird. Die Hydranten sind so anzuordnen, dass auch bei aufgesetztem Standrohr keine Quetschgefahr durch schienengebundene Krane und Fahrzeuge besteht

Bei Verwendung von Unterflurhydranten ist besonders zu beachten, dass die Anschlusskupplung vor Verschmutzung, auch bei einer eventuellen Überflutung der Kaianlage, geschützt wird. Durch einen zusätzlichen Absperrschieber sollte der Hydrant von der Versorgungsleitung trennbar sein. Die Hydranten müssen stets zugänglich sein. Sie sind in Bereichen anzuordnen, in denen eine Lagerung von Gütern aus betrieblichen Gründen nicht möglich ist.

Die Rohrleitungen werden im Allgemeinen mit einer Erddeckung von 1,5 bis 1,8 m verlegt. Aus Gründen der Frostsicherheit sollen sie von der Kaimauervorderfläche einen Abstand von mindestens 1,5 m haben. In Belastungsbereichen mit Gleisen der Hafenbahn werden die Leitungen in Schutzrohren verlegt.

Bei Kaimauern mit Betonüberbauten können die Leitungen in die Betonkonstruktion eingelegt werden, wobei ein unterschiedliches Verformungsverhalten der einzelnen Baublöcke sowie das unterschiedliche Setzungsverhalten von tief- oder flachgegründeten Bauwerken zu beachten ist. Bei der Trinkwasserversorgung müssen Kreuzungen mit Gleisen in Kauf genommen werden. Wenn Ringleitungen landseitig des Überbaus verlegt werden, sind zwischen Ringleitung und den an der Kaivorderkante liegenden Hydranten entwässerbare Stichleitungen anzuordnen. Nicht ständig betriebene Stichleitungen sind bezüglich der Trinkwasserhygiene nachteilig.

Zur Vermeidung großer Aufbrüche von Betriebsflächen im Fall eines Rohrbruchs werden die Leitungen möglichst nicht unter bewehrten Betonflächen, sondern unter gepflasterten Leitungsstreifen verlegt.

6.13.2.2 Separate Löschwasserversorgung

Im Falle von hohen Brandlasten in einem Hafenabschnitt empfiehlt es sich häufig, das Trink- und das Brauchwasserversorgungsnetz durch ein unabhängiges Löschwasserversorgungsnetz zu ergänzen. Das Löschwasser wird dabei mittels Pumpen unmittelbar dem Hafenbecken entnommen. Die zugehörigen Pumpenräume können in Kammern der Kaimauern unter Flur angeordnet werden, so dass sie den Umschlag nicht behindern.

An besonderen Anschlussstellen ist es ferner möglich, das Löschwasserversorgungsnetz über die Pumpen der feuerwehreigenen Feuerlöschboote einzuspeisen.

Bei Spundwandkaimauern können die Pumpensaugrohre in den Spundwandtälern angeordnet werden, wobei das Löschwasser über mobile Einsatzpumpen der Feuerwehr entnommen werden kann. Diese Saugrohre sind dabei ausreichend gegen Schiffsstoß geschützt. Gleiches ist auch bei Betonüberbauten in ausgesparten Schlitzen möglich.

Für die Leitungsnetze gelten hier im übrigen die gleichen Anforderungen wie bei der Trink- und Brauchwasserversorgung.

6.13.3 Elektrische Energieversorgungsanlagen

Die elektrischen Energieversorgungsanlagen dienen der Versorgung der Verwaltungsgebäude, Hafenbetriebe, Krananlagen, der Beleuchtungsanlagen von Gleisflächen, Straßen, Betriebsflächen, Plätzen, Kais, Anlegern und Dalben usw. mit elektrischer Energie.

Im Hoch- und im Niederspannungsversorgungsnetz des Hafens werden, abgesehen von provisorischen Bauzuständen, nur Kabel eingesetzt. Diese werden im Boden mit einer Erddeckung von ca. 0,8 bis 1,0 m, in Kaimauern und Betriebsflächen in einem Kunststoffrohrsystem mit überfahrbaren Betonziehschächten verlegt. Solche Rohrsysteme haben den Vorteil, dass die Kabelanlagen ohne Unterbrechung des Hafenbetriebs verstärkt oder erweitert werden können.

Im Falle häufiger Überflutungen der Kaianlage ist es oft zweckmäßig, die Kraftsteckdosen in hohen, überflutungsfreien Ständern anzuordnen. Im Kaimauerkopf werden Kraftsteckdosen im Allgemeinen in 100 bis 200 m Abstand angeordnet. Sie müssen überfahrbar und mit einem Entwässerungsrohr versehen sein. Diese Steckdosen dienen unter anderem dem Stromanschluss für Schweißmaschinen zur Ausführung kleinerer Reparaturen an Schiffen und Kranen sowie als Anschluss für eine Notbeleuchtung.

Für die Versorgung der Krananlagen müssen in den Kaibereichen Schleifleitungskanäle, Kabelablagerinnen und Kraneinspeiseschächte angeordnet werden. Die Entwässerung und Belüftung dieser Anlagen ist besonders wichtig. Bei Kaimauern mit Betonüberbauten können diese Anlagen in die Betonkonstruktion mit einbezogen werden.

Es wird besonders darauf hingewiesen, dass die elektrischen Versorgungsnetze mit Potentialausglcichanlagen versehen werden müssen, damit verhindert wird, dass an Kranschienen, Spundwänden oder sonstigen leitfähigen Teilen im Bereich der Kaimauer durch Fehler in elektrischen Anlagen (z. B. eines Krans) unzulässig hohe Berührungsspannungen auftreten. Solche Potentialausgleichanlagen sollten etwa alle 60 m angeordnet werden.

Bei in den Kaimauerüberbau einbezogenen Kranbahnen werden die Potentialausgleichleitungen aus Kostengründen üblicherweise ohne Schutzrohr bei der Herstellung des Überbaus mit einbetoniert. In Bereichen, in denen unterschiedliche Setzungen zu erwarten sind, ist die Verlegung aber im Schutzrohr, vorzunehmen.

6.13.4 Sonstige Anlagen

Hierzu zählen alle nicht unter Abschn. 6.13.2 und 6.13.3 genannten Versorgungsanlagen, wie sie beispielsweise an Werftkaimauern erforderlich sind. Hierzu seien genannt: Gas-, Sauerstoff-, Pressluft- und Azetylenleitungen, ferner Dampf- und Kondensatleitungen in Kanälen. Bei der Anordnung und Verlegung sind die einschlägigen Vorschriften, insbesondere die Sicherheitsbestimmungen, einzuhalten.

Fernmeldeanschlüsse werden üblicherweise in Abständen von 70 bis 80 m auf den Kaivorderkanten zur Verfügung gestellt. Allerdings geht aufgrund der zunehmenden Verbreitung des Mobilfunks die Nutzung immer mehr zurück.

6.13.5 Entsorgungsanlagen

6.13.5.1 Regenwasser-Entwässerung

Das im Kaimauerbereich und auch landseitig davon anfallende Regenwasser wird unmittelbar durch die Kaimauer in den Hafen geleitet. Hierzu sind die Kai- und Betriebsflächen mit einem Entwässerungssystem auszurüsten, bestehend aus Einläufen, Quer- und Längskanälen und einem Sammelkanal mit Auslauf in den Hafen. Die Einzugsgebiete richten sich nach den örtlichen Gegebenheiten. Es ist anzustreben, möglichst wenige Ausläufe in der Ufereinfassung anzuordnen. Bei der Ausformung der Ausläufe ist die Gefahr der Beschädigung durch Schiffsanprall zu beachten.

Falls bei außergewöhnlich hohen Wasserständen die Deichentwässerung den HW-Schutz beeinträchtigt, sind im Entwässerungssystem entsprechende Verschlüsse vorzusehen.

Bei Kai- und Betriebsflächen, auf denen die Gefahr eines Auslaufens von gefährlichen oder giftigen Stoffen sowie von Löschwasser in das Entwässerungssystem besteht, sind die Ausläufe mit Schiebern auszurüsten, um durch ein Schließen der Schieber das Auslaufen der Stoffe in den Hafen zu verhindern.

6.13.5.2 Schmutzwasser-Entwässerung

Eine Übernahme von Schmutzwasser aus Seeschiffen ist nicht üblich, weil ein eventueller Regress bei den Folgen der Übernahme kontaminierten Abwassers nur schwer beweisbar und verfolgbar ist. Das im Hafengebiet anfallende Schmutzwasser wird in einem besonderen Schmutzwasser-Entwässerungssystem in die städtische Kanalisation geleitet. Eine Einleitung in das Hafenwasser ist nicht statthaft. In der Ufereinfassung liegt daher nur in Ausnahmefällen eine Schmutzwasserleitung.

6.13.5.3 Benzin- und Ölabscheider

Benzin- und Ölabscheider werden überall dort angeordnet, wo sie auch bei Anlagen außerhalb des Hafengebiets gefordert werden.

6.13.5.4 Entsorgungsordnung für Schiffsabfall

Entsprechend der MARPOL-Konvention soll in den Häfen die Möglichkeit vorhanden sein, Schiffsabfall, wie öl- und chemikalienhaltige Flüssigkeiten, fester Schiffsabfall (Kombüsen- und Verpackungsabfall) und sanitäre Abwässer zu beseitigen.

6.14 Fenderungen für Großschiffe (E 60)

6.14.1 Allgemeines

Um Schiffen ein gefahrloses Anlegen an Uferbauwerken zu ermöglichen, ist es heute üblich, diese mit Fenderungen auszurüsten. Sie dämpfen den Schiffsstoß beim Anlegen und vermeiden Beschädigungen an Schiff und Bauwerk während der Liegezeit. Vor allem für Großschiffe sind Fender unentbehrlich. Zwar sind nach wie vor Holzfenderungen, Gummireifen u. ä. als Fender-Ersatz häufig anzutreffen, aber andere, moderne Fenderungen setzen sich mehr und mehr durch. Wesentliche Gründe dafür sind:

- Der Fendergebrauch erhöht die Lebensdauer der Uferbauwerke (vgl. E 35, Abschn. 8.1.8.4).
- Die Schiffskosten nehmen immer mehr zu, Schiffe verlangen daher eine gute Fenderung.
- Die Schiffsgrößen nehmen zu, damit auch die Windangriffsflächen.
- Die Anforderungen der Umschlagmittel an ein liegendes Schiff werden höher.
- Die Belastbarkeit der Schiffsaußenhaut wird immer weiter reduziert.

6.14.2 Prinzip der Fenderung

Eine Fenderung ist im Prinzip die Zwischenlage zwischen Schiff und Uferbauwerk. Diese Zwischenlage absorbiert einen Anteil der kinetischen Energie eines anlegenden Schiffes. Im Falle von Energie-verzehrenden Fendern wird von diesen der größte Anteil der Energie absorbiert. Natürlich nehmen aber auch das Uferbauwerk selbst und die Schiffshaut durch ihre Elastizität/Plastizität einen Teil der Energie auf. Die Energieaufnahme E_f eines Fenders wird durch seine Arbeitskennlinie charakterisiert, die die Beziehung zwischen Fenderverformung d und Fender-Reaktionskraft R beschreibt (siehe Bild E 60-1). Die Fläche unter der Kurve stellt die Energie-Absorption E_f dar.

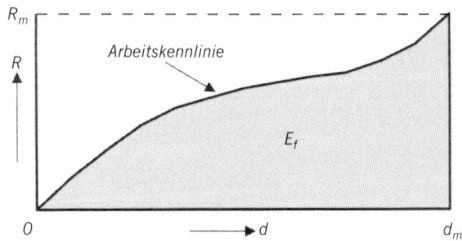

Bild E 60-1. Energieaufnahme eines Fenders

210

Bei allen Fenderkonstruktionen, die sich gegen ein starres Hafenbauwerk abstützen, steigt die Reaktionskraft des Bauwerkes beim Erreichen des vom Fender aufnehmbaren Arbeitsvermögens in der Regel sprunghaft an. Eine ausreichende Sicherheit gegen die Fenderreaktionskräfte ist daher bei der Bemessung des Bauwerkes zu berücksichtigen.

Die Abmessungen und Eigenschaften (z. B. Kraft- und Arbeitskennlinien) der verschiedenen Elastomere-Fenderelemente kann den Druckschriften der Lieferfirmen entnommen werden. Es muss jedoch besonders darauf geachtet werden, dass die dort genannten Kurven nur zutreffen, wenn die Fender nicht seitlich ausknicken können und wenn unter Dauerbelastung nicht zu große Kriechbewegungen auftreten.

Werden Fender an ausreichend flexiblen Bauteilen und anderen Stützkonstruktionen (z. B. Dalben) verwendet, so ist nicht nur das Arbeitsvermögen des Fenders, sondern auch das dieser Bauteile zu berücksichtigen, ggf. in einem Gesamtsystem.

6.14.3 Grundsätze zur Bemessung von Fendern

Die Konstruktion und Bemessung eines Fendersystems erfordert die gleiche Sorgfalt, wie sie für die gesamte sonstige Konstruktion notwendig ist. Bereits bei der Planung des Uferbauwerkes muss das richtige Fendersystem berücksichtigt werden. Umfangreiche Hinweise zur Bemessung und Konstruktion von Fendern gibt [232].

Die grundsätzlichen Anforderungen an das Fendersystem sind:
- Anlegen des Schiffes ohne Beschädigungen,
- Liegen des Schiffes ohne Beschädigungen,
- möglichst lange und sichere Einsatzzeiten des Fendersystems,
- Vermeidung von Schäden an der Kaikonstruktion.

Folgende Bearbeitungsschritte sollten daher eingehalten werden:
- Zusammenstellung der funktionalen Anforderungen,
- Zusammenstellung der operativen Anforderungen,
- Einschätzung der örtlichen Bedingungen,
- Einschätzung der Randbedingungen der Konstruktion,
- Ermittlung der Energie, die durch das Fendersystem aufgenommen werden muss,
- Auswahl eines geeigneten Fendersystems,
- Bestimmung der Reaktionskraft und möglicher Reibungskräfte,
- Überprüfung, ob die auftretenden Kräfte im Uferbauwerk und in der Schiffshaut aufgenommen werden können,
- Sicherstellung, dass alle konstruktiven Details im Uferbauwerk aufgenommen werden können, insbesondere Befestigungsvorrichtungen, Einbauteile, Ketten u. a., ohne dass Schäden am Schiff oder am Uferbauwerk durch vorstehende Befestigungsteile oder andere Konstruktionsteile auftreten.

Zur Auswahl stehen Fender und Fendersysteme diverser Hersteller. Häufig bieten die Hersteller nicht nur Standardprodukte an, sondern liefern auch speziell an die jeweiligen Situationen angepasste Systeme. Zur Vergleichbarkeit der verschiedenen angebotenen Fender sollten die Qualitäts- und Systemangaben der Hersteller den Testverfahren in [232] entsprechen.

Fenderungen erfordern zum Teil erhebliche Unterhaltungsaufwendungen. Es empfiehlt sich daher, vor Einbau von Bauwerksfenderungen sorgfältig zu prüfen, ob und in welchem Maße Schiff oder Bauwerk tatsächlich gefährdet sind und welche besonderen Anforderungen daraus für die Auswahl des Fendersystems resultieren.

Bei der Bemessung einer Kaimauer oder einer Pieranlage usw. sowie der Fender-Halterungen sind nicht nur die Anlegedrücke allein zu berücksichtigen. Durch waagerechte und lotrechte Bewegungen der Schiffe beim An- oder Ablegen, den Lösch- und Ladevorgängen, bei Dünung oder Wasserstandsschwankungen usw. können – falls diese Bewegungen nicht durch Abrollen geeigneter Rundfender aufgenommen werden – Reibungskräfte in lotrechter und/oder waagerechter Richtung auftreten. Falls niedrigere Werte nicht nachgewiesen werden, ist bei trockenen Elastomere-Fendern zur Sicherheit mit einem Reibungsbeiwert $\mu = 0,9$ zu rechnen. Polyäthylen-Oberflächen haben zur Schiffshaut eine geringere Reibung. Hierfür sollte ein Reibungsbeiwert von $\mu = 0,3$ angenommen werden.

Große Schiffe lassen heute Drücke zwischen Fender und Schiffshaut von max. 200 kN/m^2 zu. Diese Flächenpressung wird von allen gängigen Fendertypen eingehalten. Bei der Auswahl der Fenderart ist hierauf zu achten. Spezialschiffe, z. B. Marineschiffe, erfordern weichere Fender.

6.14.4 Nachweisverfahren für Fender

Die üblicherweise angewandte Methode zur Bemessung von Fendern ist das deterministische Nachweisverfahren. Grundlage ist die Energiegleichung

$$E = \frac{1}{2} \cdot G \cdot v^2$$

mit

E = kinetische Energie des Schiffes [kNm]
G = Masse des Schiffes, d. h. Wasserverdrängung [t] gemäß Abschn. 5.1
v = Anlegegeschwindigkeit [m/s]

Die zu absorbierende Anlegeenergie kann für einen Anlegewinkel von 0° wie folgt ermittelt werden:

$$E_d = \frac{1}{2} \cdot G \cdot v^2 \cdot C_e \cdot C_m \cdot C_s \cdot C_c$$

Darin sind

E_d = zu absorbierende Anlegeenergie [kNm]
G = Masse des Schiffes, d. h. Wasserverdrängung [t] gemäß Abschn. 5.1
v = Anlegegeschwindigkeit, senkrecht zur Uferwand gemessen [m/s]
C_e = Exzentrizitätsfaktor [1]
C_m = virtueller Massenfaktor [1]
C_s = Faktor für die Nachgiebigkeit des Schiffes [1]
C_c = Dämpfungsfaktor des Uferbauwerks [1]

Die einzelnen Faktoren sind wie folgt definiert:

Masse des Schiffes/Wasserverdrängung G
Für die Energieberechnung wird die Masse des Schiffes benötigt, d. h. die Wasserverdrängung.
Häufig wird die Schiffsgröße mit dem Maß der Tragfähigkeit in „Dead Weight Tonnage" (dwt) angegeben. Für Fahrgastschiffe, Kreuzfahrtschiffe und Autofähren erfolgt die Größenangabe mit der Brutto-Raumzahl (BRZ). Die Größe von Gastankern wird häufig in m³ angegeben. Ein exakter mathematischer Zusammenhang zwischen „Dead Weight Tonnage" (dwt) bzw. „BRZ" und Wasserverdrängung besteht jedoch nicht.
Im Abschn. 5 sind Hinweise für mittlere Schiffsgrößen angegeben. Sofern keine spezifischen Angaben vorliegen, kann von den dort angegebenen Werten der Wasserverdrängung ausgegangen werden.

Anlegegeschwindigkeit v
Die Anlegegeschwindigkeit ist die wesentliche Größe in der Berechnung der aufzunehmenden Energie. Sie wird als Maß rechtwinklig zum Fendersysteme bzw. zum Uferbauwerk angegeben. Üblicherweise liegen keine gemessenen Werte für die Anlegegeschwindigkeit vor. In der Regel kann von den Werten nach Abschn. 5.3 ausgegangen werden.
Messungen in Japan haben für Schiffe mit mehr als 50 000 dwt Anlegewinkel von in der Regel weniger als 5° ergeben. Um in Berechnungen auf der sicheren Seite zu liegen, wird empfohlen, von einem Anlegewinkel von 6° für diese Schiffe auszugehen. Für kleinere Schiffe, vor allem beim Anlegen ohne Schlepper, sollte von 10 bis 15° ausgegangen werden.
Zu beachten ist, dass die Werte der Anlegegeschwindigkeit mit ihrem Quadrat in die Energieberechnung eingehen. Daraus wird deutlich, dass die Ermittlung der zutreffenden Anlegegeschwindigkeit sehr sorgfältig erfolgen muss. Die Berechnung der aufzunehmenden Energie kann für den allgemeinen Fall der Schräganfahrung analog zur Ermittlung des erforderlichen Arbeitsvermögens eines Anlegedalbens gemäß Abschn.

13.3.2.2 erfolgen und durch den dort nicht zu berücksichtigenden Dämpfungsfaktor eines Uferbauwerkes C_c angepasst werden.

Exzentrizitätsfaktor C_e
Der Exzentrizitätsfaktor berücksichtigt, dass der erste Fenderkontakt eines Schiffes in der Regel nicht mit dem in der Schiffsmitte liegenden Fender erfolgt. Die Ermittlung des Exzentrizitätsfaktors ergibt sich aus [232] mit dem Ansatz (siehe auch E 128, Abschn. 13.3.2.2)

$$C_e = \frac{k^2}{k^2 + r^2}$$

mit

k = Massenträgheitsradius des Schiffes und
r = Abstand des Massenschwerpunktes des Schiffes vom Auftreffpunkt am Fender

Der Massenträgheitsradius kann bei großen Schiffen mit hohem Völligkeitsgrad im Allgemeinen mit $0{,}25 \cdot l$ angesetzt werden, wobei l die Länge zwischen den Loten ist.
Falls keine genauere Daten vorliegen, sowie für einfache Überschlagsrechnungen, kann $C_e = 0{,}5$ angenommen werden. Für Bemessung von Dalbenfendern kann $C_e = 0{,}7$ angesetzt werden.
Bei Ro/Ro-Schiffen, die mit Bug oder Heck anlegen, sollte für die kopfseitigen Fender $C_e = 1{,}0$ angesetzt werden.

Virtueller Massenfaktor C_m
Der virtuelle Massenfaktor berücksichtigt, dass zusammen mit dem Schiff eine erhebliche Wassermenge bewegt wird, die zusätzlich zur Masse des Schiffes in der Energieberechnung zu berücksichtigen ist. Zur Ermittlung des Faktors gibt es diverse Ansätze, siehe dazu [232].
Die Auswertung und der Vergleich diverser Ansätze aus der Literatur für C_m ergibt Durchschnittswerte zwischen 1,45 und 2,18.

Es wird empfohlen [232], folgende Werte zu verwenden:
• bei großen Kielfreiheiten $(0{,}5 \cdot d)$ $C_m = 1{,}5$
• bei kleinen Kielfreiheiten $(0{,}1 \cdot d)$ $C_m = 1{,}8$
mit t Tiefgang des Schiffes [m].

Bei Kielfreiheiten zwischen $0{,}1 \cdot d$ und $0{,}5 \cdot d$ kann linear interpoliert werden.

Faktor für die Nachgiebigkeit des Schiffes C_s
Der Faktor für die Nachgiebigkeit des Systems berücksichtigt das Verhältnis der Elastizität des Fendersystems zu dem der Schiffshaut, da auch in dieser ein Teil der Anlegeenergie aufgenommen wird. Folgende Werte werden in der Regel benutzt:

- für weiche Fender und kleinere Schiffe $C_s = 1,0$,
- für harte Fender und größere Schiffe $0,9 < C_s < 1,0$

(z. B. für Großtanker: 0,9)

Auf der sicheren Seite liegend kann allgemein ein Wert von 1,0 angenommen werden.

Dämpfungsfaktor des Uferbauwerks C_c
Der Dämpfungsfaktor berücksichtigt die Art des Uferbauwerks. Bei einer geschlossenen Struktur (z. B. senkrechte Spundwand) wird durch das zwischen Schiff und Wand herausgedrückte Wasser bereits ein erheblicher Energieanteil aufgenommen. Dieser hängt dabei von verschiedenen Einflüssen ab:

- Struktur des Uferbauwerks,
- Kielfreiheit,
- Anlegegeschwindigkeit,
- Anlegewinkel,
- Bautiefe des Fendersystems,
- Schiffsquerschnitt.

Die Erfahrung hat gezeigt, dass folgende Werte für C_c angesetzt werden können:

- bei offenen Uferwandkonstruktionen: $C_c = 1,0$
- bei geschlossenen Uferwandkonstruktionen und bei parallelem Anlegen: $C_c = 0,9$

Geringere Werte als 0,9 sollten nicht angesetzt werden.
Bereits bei einem Anlegewinkel von 5° kann sich die Dämpfung erheblich verringern, d. h. in diesem Falle sollte von dem Wert 1,0 ausgegangen werden.

Elektronische Berechnungsprogramme
Von Herstellern werden zur Berechnung auch Computerprogramme angeboten. Bei diesen Programmen ist jedoch wegen der Vergleichbarkeit der Ergebnisse darauf zu achten, dass die eingeführten Faktoren in der richtigen Größe berücksichtigt werden.

Zusatzfaktoren für außergewöhnliche Anlegemanöver
Es muss dem Beurteilungsvermögen des planenden Ingenieurs überlassen bleiben, mögliche außergewöhnliche Erschwernisse beim Anlegen dadurch zu berücksichtigen, dass ein Zusatzfaktor für außergewöhnliche Anlegemanöver in die Berechnung eingeführt wird. Hierzu wird auf [232] verwiesen. Es wird empfohlen, diesen Faktor in einer Spanne von etwa 1,1 bis max. 2,0 zu wählen. Außergewöhnlich Erschwernisse können z. B. vorliegen, wenn häufig Gefahrgüter umgeschlagen werden. In der Tabelle E 60-1 sind Anhaltswerte für Zusatzfaktoren angegeben.

Tabelle E 60-1. Zusatzfaktoren für außergewöhnliche Anlegemanöver

Schiffstyp	Schiffsgröße	Zusatzfaktor
Tanker, Massengut	groß	1,25
	klein	1,75
Container	groß	1,5
	klein	2,0
Stückgut		1,75
Ro/Ro, Fähren		$\geq 2,0$
Schlepper, Arbeitsschiffe		2,0

Auswahl der Fender

Mit der ermittelten Energie lassen sich aus den einschlägigen Herstellerunterlagen die benötigten Fender auswählen. Es wird jedoch empfohlen, für eine detaillierte Planung die Beratungsleistungen der Hersteller in Anspruch zu nehmen, weil sich zahlreiche Konstruktionsdetails nicht aus den Herstellerunterlagen entnehmen lassen. Dies betrifft in besonderem Maße konstruktive Details zu Fenderaufhängungen.

6.14.5 Ausführungsarten von Fendersystemen

Am internationalen Markt sind diverse Fendersysteme erhältlich. Die Typen und Ausführungsarten sind den Katalogen der Hersteller zu entnehmen.

Am gebräuchlichsten sind zylindrische Fender, die in vielen unterschiedlichen Größen am Markt erhältlich sind. An Kaimauern, die erheblichen Wasserstandsschwankungen infolge der Tide ausgesetzt sind, haben sich Schwimmfender gut bewährt. Für Fähranleger werden häufig Sonderlösungen gewählt, bei denen mit PE belegte Gleitplatten auf konischen oder in Längsachse beanspruchten zylindrischen Fendern befestigt sind. Auf die Zusammenstellung unterschiedlicher Fendertypen in [232] wird hingewiesen. Weitere Hinweise mit Angaben zu Vor- und Nachteilen sind ebenfalls [232] zu entnehmen. Zu beachten ist, dass die Bezeichnungen der Hersteller für gleiche Typen unterschiedlich sein können. Testverfahren von Materialien und Fendern sollten den Angaben in [232] entsprechen, um die Gleichwertigkeit der Produkte unterschiedlicher Hersteller bewerten zu können.

Als Materialien für Fender werden heute fast ausschließlich Elastomereprodukte oder andere synthetische Produkte verwendet. Mit Ausnahme von Dalben und seltenen Sonderkonstruktionen geben nur diese Produkte die Gewähr, dass die beim Anlegen auftretenden Energien berechnungsgemäß und schadlos in die tragende Konstruktion eingeleitet werden können.

Aus diesem Grunde sind früher übliche Fenderungen z. B. aus Buschwerk, Autoreifen oder Holz (Streichbalken, Reibehölzer, Reibepfähle) nicht als Fender zu bezeichnen, weil sie aufgrund ihrer nicht ausreichend definierten Materialeigenschaften nicht zur planmäßigen Energieaufnahme herangezogen werden können. Diese Materialien können lediglich für konstruktive Maßnahmen, z. B. Kantenschutz oder Leiteinrichtungen, eingesetzt werden.

6.14.5.1 Elastomere-Fender

Allgemeines
Elastomere-Elemente werden in vielen Häfen zur Abfenderung, der Schiffsstöße bzw. zur Aufnahme der Anlegedrücke an Liegeplätzen verwendet (Bild E 60-1). Da sie in der Regel aus seewasser-, öl- und alterungsbeständigem Material bestehen und auch bei gelegentlicher Überlastung nicht zerstört werden, haben sie eine lange Lebensdauer.
Für Fenderzwecke werden von der Industrie Elastomere-Elemente in verschiedenen Formen, Größen und spezifischer Wirkungscharakteristik hergestellt, sodass es möglich ist, jede einschlägige Aufgabe – von der einfachen Fenderung, für die Kleinschifffahrt bis zu Fender-Konstruktionen für Großtanker und Massengutfrachter – zu lösen. Auf die Sonderbeanspruchung der Fenderung in Fährbetten, Schleusen, Trockendocks und dergleichen wird besonders hingewiesen.
Elastomere werden entweder allein als Material für Fender benutzt, an denen die Schiffe unmittelbar anlegen, oder sie dienen als passend gestaltete Puffer hinter Fenderpfählen, Fenderwänden oder Fenderschürzen. Gelegentlich werden auch beide Anwendungsarten kombiniert. Hierbei kann mit den im Handel erhältlichen Elastomeren und den aus ihnen hergestellten Elementen jeweils das Energieaufnahmevermögen und die Federsteifigkeit erreicht werden, die für den betreffenden Fall am günstigsten sind (E 111, Abschn. 13.2).

Zylinderfender
Häufig werden dickwandige Zylinder aus Elastomeren verwendet. Diese können verschiedenste Durchmesser von 0,125 m bis über 2 m erhalten. Sie besitzen nach Verwendungsart variable Federcharakteristiken. Zylinder mit kleineren Durchmessern werden mit Seilen, Ketten oder Stangen waagerecht oder lotrecht, gegebenenfalls auch schräg angeordnet. Im letztgenannten Fall werden sie vorwiegend als „Girlande" zum Kantenschutz vor eine Kaimauer, einen Molenkopf oder dergleichen – gehängt.
Zylinderfender werden in der Regel waagerecht liegend eingebaut. Wegen der sonst auftretenden Durchbiegung und der Einreißgefahr bei Beanspruchungen dürfen sie nicht mit Seilen oder Ketten direkt an die Kaimauer gehängt werden. Sie werden auf starre Stahlrohre oder Stahl-

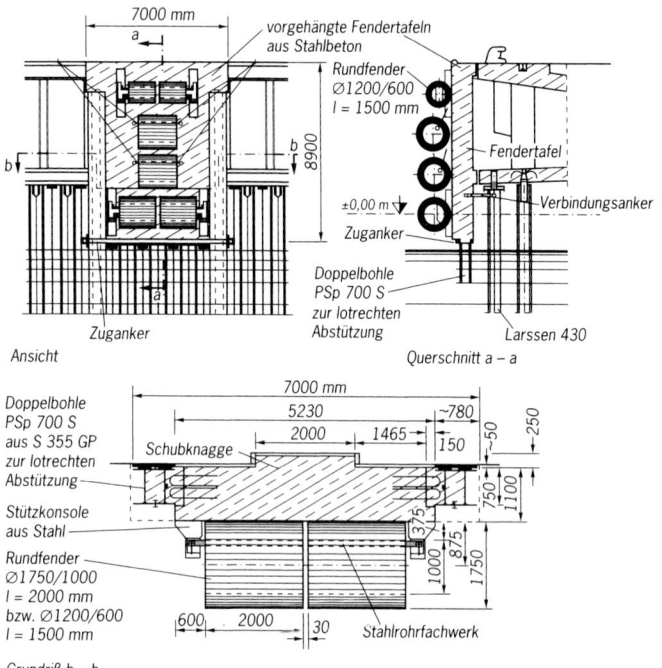

Bild E 60-2. Beispiel einer Fenderanlage mit zylindrischen Fendern

rohr-Fachwerkträger und dergleichen gezogen. Letztere werden dann mit Ketten oder Stahlseilen an die Kaimauer gehängt oder auf Stahlkonsolen, die neben den Fendern angeordnet werden, gelagert (Bild E 60-2).

Axial belastete Zylinderfender und konische Fender
Zylindrische Fender können auch in Längsrichtung tragend eingebaut werden. In diesem Fall kommen wegen der Knickgefahr jedoch nur kürzere Längen in Betracht. Falls dann die Reaktionswege bei der Zusammendrückung nicht ausreichen, lassen sich mehrere Elemente nebeneinander anordnen. Um ein Ausknicken einer solchen Reihe zu verhindern, können beispielsweise zwischen den einzelnen Elementen Stahlbleche mit geeigneter Führung, angeordnet werden (Bild E 60-3). Während der Zusammendrückung des Fenders steigt die Reaktionskraft schnell an, um dann nach Überschreiten infolge Ausweichens der Form wieder abzufallen.
Eine Sonderform stellen die konischen Fender dar, die gegenüber einem Ausknicken erheblich weniger anfällig sind. Die Energie- und Verformungscharakteristiken sind ähnlich wie bei den axial belasteten Zylinderfendern.

218

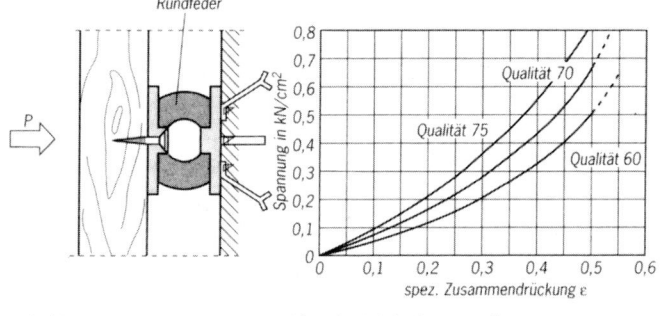

Rundfeder

Spannung in kN/cm²

Qualität 70
Qualität 75
Qualität 60

spez. Zusammendrückung ε

a) Ausführungsbeispiel in belastetem Zustand

b) Charakteristische Spannungs-Zusammendrückungs-Diagramme

Bild E 60-3. Generelle Angaben für in Längsrichtung belastete Rundfender aus Elastomerequalität mit 60, 70 und 75 (ShA) nach DIN 53 505

Trapezfender
Um die Arbeitskennlinie von Fendern günstiger zu gestalten, wurden Spezialformen unter Verwendung von besonderen Einlagen entwickelt, beispielsweise von einvulkanisierten Geweben, Federstählen oder Stahlplatten. Solche Bauteile müssen beim Einvulkanisieren metallisch blank gestrahlt und völlig trocken sein. Diese häufig in Trapezform hergestellten Fender haben Bauhöhen von etwa 0,2 bis 1,3 m. Sie werden mit Dübeln und Schrauben an der Kaimauer befestigt (Bild E 60-4).

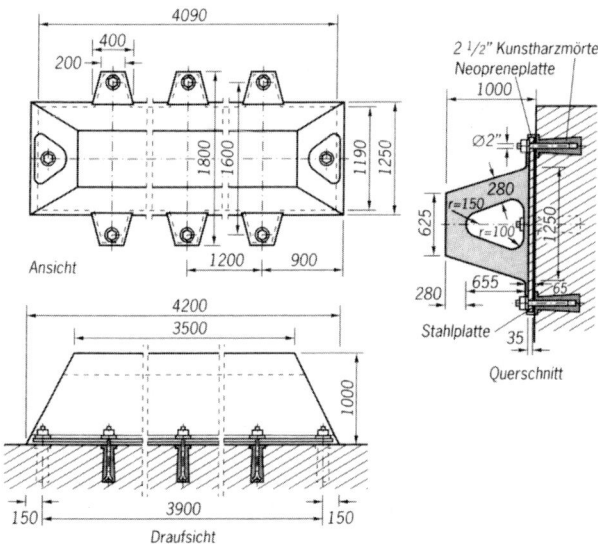

Bild E 60-4. Beispiel eines Trapezfenders

219

Schwimmfender
Schwimmfender bieten vor allem in Tidegewässern den großen Vorteil, dass Schiffe praktisch genau in der Wasserlinie und damit etwa auch im Schwerpunkt abgefendert werden. Sie werden als schaumgefüllte oder als luftgefüllte Fender angeboten
Luftgefüllte Fender sind mit einem Ausblasventil versehen, das im Falle der Überbeanspruchung das Platzen des Fenders verhindert. Dieses Ventil ist regelmäßig zu warten.
Schaumgefüllte Fender können aufgrund des Herstellverfahrens praktisch in beliebigen Größen und Charakteristika hergestellt werden. Sie besitzen einen Kern aus geschlossenporigem Polyethylenschaum und einen Mantel aus Polyurethan, der mit Gewebe bewehrt ist. Der Mantel ist leicht reparierbar. Auf die Materialeigenschaften des Mantels sollte sorgfältig geachtet werden, weil die Beanspruchung bei der Verformung sehr hoch ist.

Fender aus Gummiabfällen
In verschiedenen Seehäfen werden gebrauchte Autoreifen, meist mit Gummiabfällen gefüllt, als Fender flach vor Ufermauern gehängt. Sie wirken polsterartig. Ein nennenswertes Arbeitsvermögen besitzen sie nicht.
Häufiger werden mehrere ausgestopfte Lkw-Reifen – meist 5 bis 12 Stück – über einen Stahldorn gezogen, der an den Enden je eine aufgeschweißte Rohrhülse zum Anlegen der Fang- und Halteseile erhält. Mit diesen wird der Fender drehbar vor die Kaimauer gehängt. Die Reifen werden mit kreuzweise angeordneten Elastomereplatten ausgelegt und dadurch gegen den Stahldorn abgestützt. Die dann noch verbleibenden Resträume werden mit Elastomere-Füllmaterial versehen (Bild E 60-5). Solche Fender – gelegentlich auch in einfacherer Ausführung mit Holzdorn – sind preisgünstig. Sie haben sich, wenn die Anforderungen an die aufzunehmende Anfahrenergie gering blieben, im Allgemeinen bewährt, obwohl das Arbeitsvermögen und damit der auftretende Anlegedruck nicht zuverlässig angegeben werden können.
Nicht zu verwechseln mit diesen Behelfslösungen sind die genau bemessenen, einwandfrei auf einer Achse drehbar gelagerten Fender aus meist sehr großen Spezialreifen, die entweder mit Gummiabfällen ausgestopft oder mit Luftfüllung kompressibel wirken. Fender dieser Ausführung werden an exponierten Stellen – etwa den Einfahrten in Schleusen oder Trockendocks sowie bei engen Hafeneinfahrten auch im Tidebereich – waagerecht und/oder lotrecht zur Führung der Schiffe – die hier stets vorsichtig navigieren müssen – mit Erfolg angewendet.
An Erzverladeanlagen in der Nähe von Tagebauen werden gelegentlich Reifen von Transportfahrzeugen als Fender verwendet. In diesen Fällen wird das Energieaufnahmevermögen durch Versuche ermittelt.

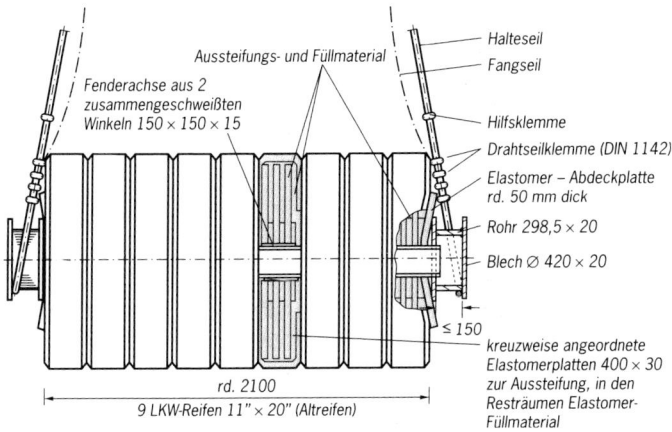

Bild E 60-5. Beispiel eines Lkw-Reifenfenders

Labels in figure:
Aussteifungs- und Füllmaterial
Fenderachse aus 2 zusammengeschweißten Winkeln 150 × 150 × 15
Halteseil
Fangseil
Hilfsklemme
Drahtseilklemme (DIN 1142)
Elastomer – Abdeckplatte rd. 50 mm dick
Rohr 298,5 × 20
Blech Ø 420 × 20
≤ 150
kreuzweise angeordnete Elastomerplatten 400 × 30 zur Aussteifung, in den Resträumen Elastomer-Füllmaterial
rd. 2100
9 LKW-Reifen 11" × 20" (Altreifen)

6.14.5.2 Fender aus Naturstoffen

In Ländern, in denen geeignetes Rohmaterial zur Verfügung steht und/oder Devisen eingespart werden sollen, kommen Buschhängefender in Betracht. Stehen Elastomerfender zur Verfügung, haben Buschhängefender allerdings keine Bedeutung mehr, da sie höhere Investitions- und Unterhaltungskosten erfordern als Elastomerfender. Infolge von Schiffsbetrieb, Eis- und Wellengang usw. sind Buschhängefender einem natürlichen Verschleiß unterworfen. Die Fenderabmessungen werden den größten anlegenden Schiffen angepasst. Sofern nicht besondere Umstände größere Abmessungen erfordern, werden die in Tabelle E 60-2 angegebenen Fendermaße empfohlen:

Tabelle E 60-2. Fenderabmessungen

Schiffsgröße dwt	Fenderlänge m	Fenderdurchmesser m
bis 10 000	3,0	1,5
bis 20 000	3,0	2,0
bis 50 000	4,0	2,5

6.14.6 Konstruktive Hinweise

Fender sind in regelmäßigem Abstand entlang der Kaianlage anzuordnen. Der Abstand der Fender untereinander richtet sich nach der Konstruktion des Fendersystems und den erwarteten Schiffen. Ein wesentliches Kriterium ist dabei der Radius des Schiffes zwischen dem Bug und dem Mittelflach. Dieser Radius definiert bei vorgegebenem Fenderabstand, bei welchem Vorbaumaß der Fender bei voller Eindrückung der Bug die Uferwand zwischen zwei Fendern berührt. Fallweise muss dann der Fenderabstand angepasst werden.

In der Regel sollten die Fender keinen größeren Abstand als 30 m voneinander haben.

Der Vorbau der Fender kann nicht beliebig groß gewählt werden. Häufig beeinflusst das maximale Lastmoment von Kränen das Vorbaumaß der Fender.

Schwierigkeiten bereitet es, ein für große und kleine Schiffe gleichermaßen geeignetes Fendersystem zu entwerfen. Während für ein großes Schiff ein entsprechend ausgelegter Fender ausreichend „weich" ist, kann dieser für ein kleines Schiff eine zu geringe Nachgiebigkeit haben. Dadurch können sich Schäden am Schiff ergeben. Außerdem ist die Höhenlage der Fender in Bezug auf den Wasserspiegel bei kleinen Schiffen von größerer Bedeutung als bei großen. In Tidegewässern können hier Schwimmfender erhebliche Vorteile bieten.

Wenn an Großschiffsliegeplätzen auch Container-Feederschiffe oder Binnenschiffe abgefertigt werden, besteht für diese die Gefahr des Unterhakens unter fest angebrachten Fendern. Außerdem können Krängungen

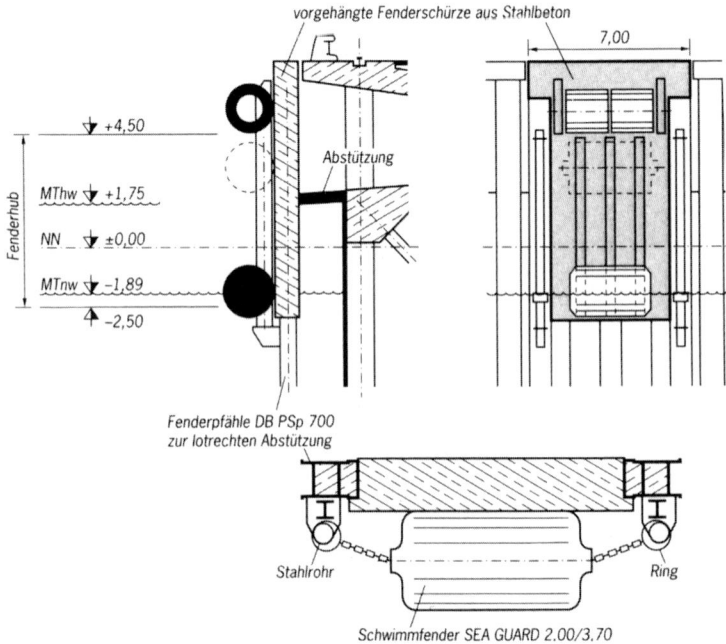

Bild E 60-6. Beispiel einer Schwimmfenderanlage an einem Großschiffsliegeplatz mit Anlegemöglichkeit für Feeder- und Binnenschiffe

kleiner Schiffe aus Ladevorgängen bei Niedrigwasser zu Beschädigungen der Aufbauten und der Ladung durch die oberen Fenderlagen führen. Bei einer Neuentwicklung für die Containerkaje in Bremerhaven sind vor Fendertafeln Schwimmfender angebracht worden, die sich mit Hilfe seitlicher Führungsrohre mit der Tide auf- und abwärts bewegen. Das Beispiel dieser Lösung, zeigt Bild E 60-6. Die Fenderkonstruktion besteht hier aus einer oberen fest angeordneten Fenderlage aus Rollenfendern Ø 1,75 m und dem beweglichen Schwimmfender Ø 2,0 m vor einer festen Fenderschürze. Die Durchmesser sind so gewählt, dass auch bei niedrigen Wasserständen eine ausreichende Krängung kleinerer Schiffe möglich ist.

6.14.7 Ketten

Ketten in Fendersystemen sollten mindestens für die 3- bis 5-fache rechnerische Kraft ausgelegt werden.

6.14.8 Leiteinrichtungen und Kantenschutz

6.14.8.1 Allgemeines

Neben den eigentlichen Fenderungen, die zur Aufnahme von Energie speziell bemessen sind, gibt es eine Vielzahl von Bauelementen, die lediglich konstruktiv angeordnet werden, z. B. als Leiteinrichtungen in Durchfahrten und Schleusen, als Kantenschutzeinrichtungen oder als nicht besonders bemessene Anlegevorrichtungen für kleinere Fahrzeuge. Hierzu zählen Reibepfähle, Reibehölzer, Gleitleisten, Kantenschutzprofile.

6.14.8.2 Reibeleisten und -pfähle aus Holz

Zu beachten ist der Befall von Hölzern in Salzwasser und Brackwasser durch die sog. Bohrmuschel (Teredo navalis). Dieser Befall kann innerhalb von wenigen Jahren zur Totalzerstörung von Hölzern in Hafenanlagen führen. Dabei ist die Zerstörung der Hölzer von außen praktisch nicht sichtbar. Die Bohrmuschel befällt im Wesentlichen weiche Hölzer, z. B. Nadelholz, aber auch heimisches Hartholz, z. B. Eiche, und auch tropische Hölzer. In Salz- und Brackwasser mit mehr als 5 ‰ Salzgehalt ist von der Verwendung von Holz in tragenden Konstruktionen immer abzuraten. Für die Verwendung z. B. als Reibepfähle muss der Bohrmuschelbefall berücksichtigt werden. Im Zweifelsfall sollten synthetische Produkte, z. B. Recyclingfabrikate, bevorzugt werden.

6.14.8.3 Kantenschutzprofile

Kantenschutzprofile sind Vollprofile oder häufig von Fenderprofilen abgeleitet, z. B. von zylindrischen Elastomerefendern. Aufgrund ihrer geringen Größe oder ihrer Profilform haben sie kein nennenswertes Energieaufnahmevermögen.

6.14.8.4 Gleitleisten und Gleitplatten aus Polyethylen

Um beim Anlegen und Liegen von Schiffen an Ufereinfassungen die Reibungsbeanspruchungen zu vermindern, werden neben anderen Reibeelementen wie Streichbalken, Reibehölzern, Reibepfählen usw. auch Gleitleisten oder Gleitplatten aus Kunststoff, häufig, aus Polyethylen (PE) angewendet. Diese Bauglieder müssen die aus Druck- und Reibung angreifenden Lasten ohne Bruch aufnehmen und über ihre Halterungen in das Hafenbauwerk übertragen können. Hierzu müssen sie fallweise durch zusätzliche Tragglieder gestützt werden. Für die Anwendung als Gleitleisten im Wasser- und Seehafenbau haben sich Polyethylenmassen mittlerer Dichte nach DIN EN ISO 1872 (HDPE) und hoher Dichte nach DIN 16 972 (UHMW-PE) als geeignet erwiesen. Als übliche Lieferformen werden Rechteck-Vollprofile mit Querschnitten von 50 × 100 mm bis zu 200 × 300 mm und Profillängen bis zu 6000 mm angewendet. Auch Sonderprofilquerschnitte und -längen können geliefert werden. HDPE wird in Formen gegossen und ist bei niedrigen Temperaturen (unter –6 °C) sprödbruchanfällig. UHMW-PE wird profilgerecht geschnitten und hat daher glatte Kanten.

Um die Reibungskräfte klein zu halten, sollten Gleitleisten aus einem Material bestehen, das einen möglichst kleinen Reibungsbeiwert bei geringen Abrieb- und Verschleißraten aufweist, z. B. ultrahochmolekulares Polyethylen (UHMW-PE).

Die Formstücke müssen stets frei von Lunkern sein und so hergestellt und verarbeitet werden, dass sie verzugs- und spannungsfrei sind. Die Güte der Verarbeitung lässt sich durch Abnahmeprüfungen zur Kontrolle der erforderlichen Eigenschaftswerte sowie durch zusätzliche Warmlagerversuche von herausgeschnittenen Proben der Profile überprüfen.

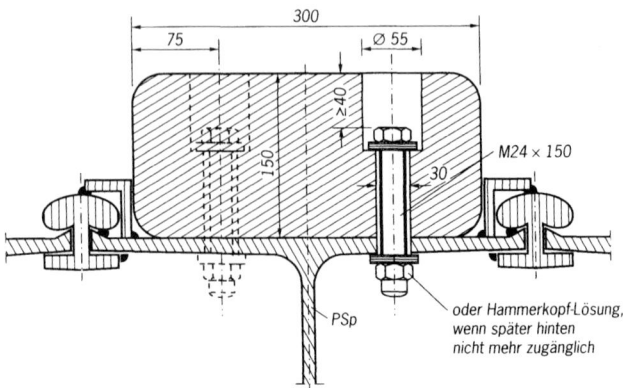

Bild E 60-7. Gleitleiste unmittelbar auf einer Peiner Spundwand befestigt

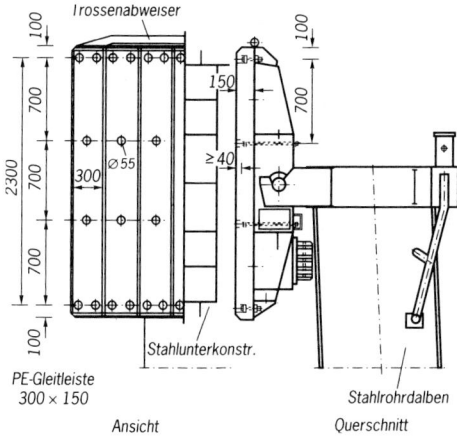

Bild E 60-8. Ausrüstung der Fenderschürze eines Stahlrohrdalbens mit Gleitleisten

Regenerate von PE-Massen mittlerer Dichte dürfen wegen der dabei abgeminderten Werkstoffeigenschaften nicht eingesetzt werden.

Die Bilder E 60-7 und E 60-8 zeigen Befestigungs- und Konstruktionsbeispiele. Die Köpfe von Befestigungsbolzen sollen mindestens 40 mm hinter der Anfahrfläche der Gleitleisten enden. Auswechselbare Schrauben sollten mindestens 22 mm und einbetonierte mindestens 24 mm dick und feuerverzinkt sein.

6.15 Fenderungen in Binnenhäfen (E 47)

Die Anlegefläche der Ufereinfassungen in Binnenhäfen besteht im Allgemeinen aus Beton, Stahlspundbohlen oder vorgeblendetem Naturstein. Sie ist entweder lotrecht oder geringfügig zur Landseite hin geneigt (1 : 20 bis 1 : 50).

Zum Schutz von Ufereinfassung und Schiffskörper werden vom Schiffspersonal in der Regel etwa 1 m lange Reibehölzer verwendet, um eine Berührung des Schiffskörpers mit der Uferwand zu vermeiden.

Es wird empfohlen, von der Ausrüstung der Ufereinfassung mit Reibepfählen oder Reibehölzern abzusehen.

6.16 Gründung von Kranbahnen bei Ufereinfassungen (E 120)

6.16.1 Allgemeines

Die Gründungsart einer Kranbahn im Bereich einer Ufereinfassung hängt vor allem von den jeweils örtlich vorhandenen Baugrundverhältnissen ab. Diese sind bei großer Spurweite auch in der Achse der landseitigen

225

Kranbahn zu erkunden (E 1, Abschn. 1.2). In vielen Fällen – insbesondere bei schweren Bauwerken in Seehäfen – ist es aus konstruktiven Gründen zweckmäßig, die wasserseitige Kranbahn gemeinsam mit der Uferwand tief zu gründen, während die landseitige Kranbahn – abgesehen von überbauten Böschungen, Pierplatten und dergleichen – im Allgemeinen unabhängig von der Ufereinfassung gegründet wird.

Im Gegensatz hierzu wird in Binnenhäfen auch die wasserseitige Kranbahn häufig unabhängig von der Ufereinfassung gegründet. Hierdurch werden spätere Umbaumaßnahmen erleichtert, die beispielsweise bei veränderten Betriebsverhältnissen durch neue Krane oder Umbauten an der Ufereinfassung eintreten können.

Auch die Eigentumsverhältnisse bei Uferwand, Kranbahn und Kran können eine Trennung der Bauwerke erforderlich machen. Dabei ist eine optimale Gesamtlösung in technischer und wirtschaftlicher Hinsicht anzustreben.

Für die Ausbildung langer Kranbahnbalken ohne Fugen wird auf E 72, Abschn. 10.2.4 verwiesen. Kranbahnbalken sind schon mit einer Länge von über 1000 m fugenlos hergestellt worden.

6.16.2 Ausbildung der Gründung/Toleranzen

Je nach den örtlichen Baugrundverhältnissen, der Empfindlichkeit der jeweiligen Krane gegenüber Setzungen und Verschiebungen, den auftretenden Kranlasten usw. können die Kranbahnen flach oder müssen tief gegründet werden.

Zu beachten sind hierbei die zulässigen Maßabweichungen der Kranbahn, bei denen zu unterscheiden ist zwischen Abweichungen bei der Herstellung (Montagetoleranzen) und Abweichungen im Laufe des Betriebs (Betriebstoleranzen).

Während die Montagetoleranzen bei Hafenkranen im Wesentlichen die Verlegung und Befestigung der Kranschienen betreffen, müssen die zulässigen Betriebstoleranzen bei der Wahl der Gründungsart abhängig vom Baugrund berücksichtigt werden.

Für die Betriebstoleranzen können – abhängig von der Bauart der Kranportale – folgende Anhaltswerte zugrunde gelegt werden:

- Höhenlage einer Schiene (Längsgefälle) $2\,\%_0$ bis $4\,\%_0$
- Höhenlage der Schienen zueinander   max. $6\,\%_0$ der Spurweite (Quergefälle)
- Neigung der Schienen zueinander $3\,\%_0$ bis $6\,\%_0$ (Schränkung)

In diesen Betriebstoleranzen sind eventuelle Montagetoleranzen mit enthalten.

Beim Einsatz spezieller Umschlageinrichtungen, z. B. Containerkräne, können erheblich kleinere Toleranzen vorgeschrieben sein, z. B. für die

226

Höhenlage einer Schiene (Längsgefälle) $\leq$ 1 ‰. Es wird empfohlen, auf jeden Fall den Kranhersteller in die Planung einzubeziehen. Hinsichtlich der Beziehung zwischen Kranbahn und Kransystem wird auf [53] verwiesen.

6.16.2.1 Flach gegründete Kranbahnen

(1) Streifenfundamente aus Stahlbeton
Bei setzungsunempfindlichen Böden können die Kranbahnbalken als flach gegründete Streifenfundamente aus Stahlbeton hergestellt werden. Der Kranbahnbalken wird dann als elastischer Balken auf elastischer Bettung berechnet. Hierbei sind die maximal zulässigen Bodenpressungen nach DIN 1054 für setzungsempfindliche Bauwerke zu beachten. Außerdem ist in einer Setzungsberechnung nachzuweisen, dass die für den jeweiligen Kran maximal zulässigen ungleichmäßigen Setzungen – die von der Kranbaufirma anzugeben sind – nicht überschritten werden.
Für die Bemessung des Balkenquerschnitts gilt DIN 1045. Es sind die Beanspruchungen aus lotrechten und waagerechten Radlasten – in Kranbahnachse auch aus Bremsen – nachzuweisen.
Bei Kranbahnen mit geringen Spurweiten – z. B. für Vollportalkrane, die nur ein Gleis überspannen – sind Zerrbalken oder Verbindungsstangen als Spursicherungsriegel etwa in einem Abstand gleich der Spurweite einzubauen. Bei großen Spurweiten werden beide Kranbahnen unabhängig voneinander ausgebildet und gegründet, wobei die Krane einseitig mit Pendelstützen ausgerüstet werden müssen.
Für die Ausbildung der Schienenbefestigung wird auf E 85, Abschn. 6.17 hingewiesen.
Setzungsbeträge bis zu 3 cm können im Allgemeinen noch durch den Einbau von Schienen-Unterlagsplatten oder durch Spezial-Schienenstühle aufgenommen werden. Bei größeren Setzungsbeträgen ist in der Regel eine Tiefgründung wirtschaftlicher, da nachträgliche Regulierungen und dadurch bedingter Stillstand des Umschlagbetriebs oft viel Zeit und aufwendige Kosten erfordern.

(2) Schwellengründungen
Kranschienen auf Schwellen in Schotterbett werden wegen ihrer verhältnismäßig einfachen Nachrichtemöglichkeiten vor allem bei großen Setzungen und in Bergsenkungsgebieten angewendet. Auch große Lageänderungen können durch Regulieren nach Höhe, Seitenlage und Spurweite kurzfristig ausgeglichen werden. Schwellen, Schwellenabstand und Kranschiene werden nach der Theorie des elastischen Balkens auf elastischer Bettung und nach den Vorschriften für den Eisenbahnoberbau berechnet. Es können Holz-, Stahl-, Stahlbeton- oder Spannbetonschwellen verwendet werden. Bei Anlagen für das Verladen von Stück-

erz, Schrott und dergleichen werden – wegen der geringeren Gefahr von Beschädigungen durch herabfallende Stücke – Holzschwellen bevorzugt.

6.16.2.2 Tief gegründete Kranbahnen

Bei setzungsempfindlichen Böden oder Hinterfüllungen größerer Mächtigkeit ist, sofern keine Bodenverbesserung durch Bodenaustausch, Einrüttelung und dergleichen vorgenommen wird, eine Tiefgründung zweckmäßig. Letztere führt bei ausreichend tiefer Gründung auch zu einer Entlastung der Ufereinfassung.

Bei der Tiefgründung von Kranbahnen können grundsätzlich alle üblichen Pfahlarten angewendet werden. Insbesondere die Pfähle der wasserseitigen Kranbahn werden wegen der Durchbiegung der Uferwand auf Biegung beansprucht. Ebenso können einseitig größere Nutzlasten erhebliche waagerechte Zusatzlasten hervorrufen.

Alle auf die Kranbahn wirkenden waagerechten Lasten sind entweder durch den mobilisierten Erdwiderstand vor dem Kranbahnbalken, durch Schrägpfähle oder durch eine wirksame Verankerung aufzunehmen.

Bei Tiefgründung auf Pfählen ist der Kranbahnbalken als elastischer Balken auf elastischer Stützung zu berechnen.

6.17 Befestigung von Kranschienen auf Beton (E 85)

Die Kranschienen sind längsbeweglich aufzulagern und spannungsfrei einzubauen. Es werden für den jeweiligen Verwendungszweck erprobte Kranschienenlagerungen angeboten.

Für eine einwandfreie Lagerung von Kranschienen auf Beton gibt es folgende Möglichkeiten:

6.17.1 Lagerung der Kranschiene auf einer durchgehenden Stahlplatte über einer durchlaufenden Betonbettung

Bei der durchlaufenden Lagerung wird die Unterlagsplatte in geeigneter Weise untergossen oder auf einem erdfeuchten, verdichtet eingebrachten Splittbeton gelagert. Die Kranschiene wird auf der Unterlagsplatte in Längsrichtung nur geführt, in lotrechter Richtung aber so verankert, dass auch negative Auflagerspannungen, die sich aus der Wechselwirkung von Bettung und Schiene ergeben, aufgenommen werden können.

Für die Berechnung von Größtmoment und Verankerungskraft sowie der größten Betondruckspannung kann das Bettungszahlverfahren angewendet werden.

Bild E 85-1 zeigt ein Ausführungsbeispiel für eine schwere Kranbahn. Hier wurde der Bettungsbeton zwischen Winkelstählen eingestampft, abgezogen und oben mit einer Ausgleichsschicht ≥ 1 mm aus Kunstharz oder einem dünnen Bitumenanstrich versehen.

Wird zwischen Beton und Unterlagsplatte eine elastische Zwischenschicht angeordnet, sind Schiene und Verankerung für diese weichere Bettung zu berechnen, was zu größeren Abmessungen führen kann. Die Schienen sind zu verschweißen, um Schienenstöße weitgehend zu vermeiden. An Bewegungsfugen von Ufermauerblöcken sind kurze Schienenbrücken anzuwenden.

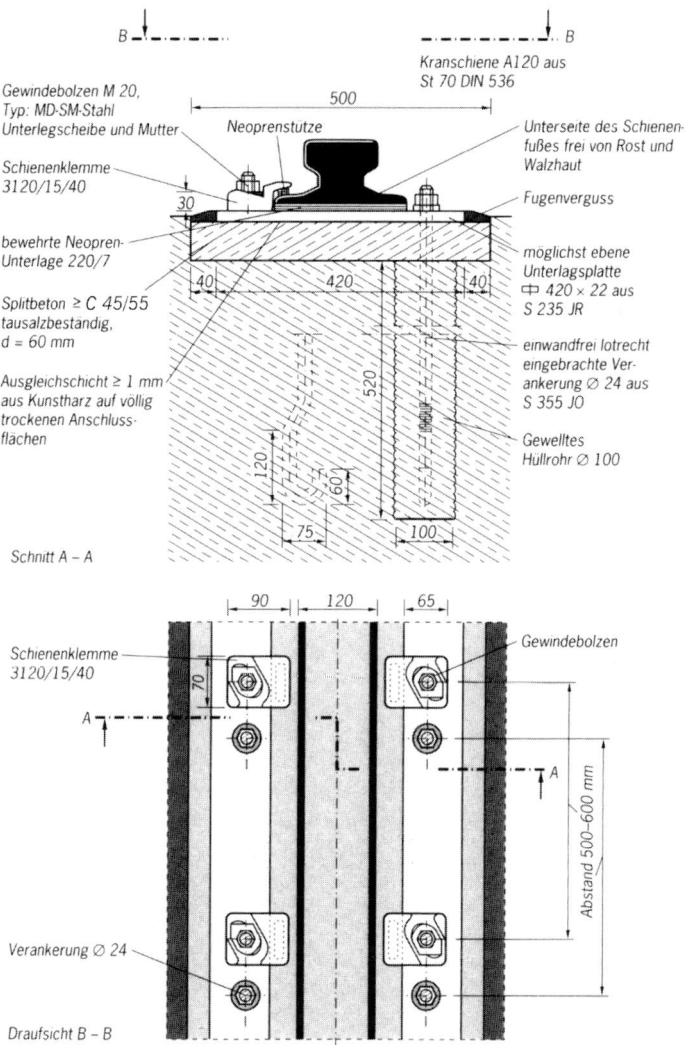

Bild E 85-1. Schwere Kranbahn auf durchgehender Betonbettung (Ausführungsbeispiel)

229

6.17.2   Brückenartige Ausführung der Laufbahn mit zentrierter Lagerung auf örtlichen Unterlagsplatten

Hierbei werden Unterlagsplatten besonderer Ausführung angewendet, die in Längsrichtung eine mittige Einleitung der lotrechten Kräfte gewährleisten. Außerdem führen sie die in Längsrichtung verschieblich gelagerte Schiene. Weiter müssen sie ein Kippen der bei dieser Ausführung als Tragbalken möglichst hoch gewählten Schiene verhindern. Sie müssen sowohl die aus negativen Auflagerkräften als auch die aus angreifenden waagerechten Kräften herrührenden abhebenden Kräfte aufnehmen.

Laufbahnen dieser Art in leichter Ausführung werden bei den normalen Stückgut-Kranbahnen und in Binnenhäfen bevorzugt auch bei Massengut-Kranbahnen angewendet. In schwerer Ausführung sind sie vor allem bei den Bahnen für Schwerlastkrane, überschwere Uferentlader, Entnahmebrücken und dgl. zu empfehlen. Als Laufschienen werden bei leichten Anlagen die Profile S 49 und S 64 eingesetzt. Bei schweren Anlagen werden nach DIN 536 Teil 1 und 2, PRI 85 oder MRS 125 oder überschwere Spezialschienen aus St 70 oder St 90 angewendet.

Ein kennzeichnendes Ausführungsbeispiel für eine leichte Anlage zeigt Bild E 85-2. Hier wird die Schiene S 49 bzw. S 64 nach Art des K-Oberbaues der Deutschen Bahn AG mit waagerechten Unterlagsplatten gelagert. Schiene, Unterlagsplatten, Anker und Spezialdübel werden fertig zusammengebaut auf die Schalung oder eine besondere Stützkonstruktion aus Stahl mit Justiermöglichkeiten gesetzt und unverschieblich befestigt. Der Beton wird dann unter Rüttelhilfe so eingebracht, dass die Unterlagsplatten ein sattes Auflager erhalten. Gelegentlich wird zwischen Lagerplatte und Unterkante Schiene eine etwa 4 mm dicke Kunststoff-Zwischenlage angeordnet (Bild E 85-2). Bei gewölbten Unterlagsplatten ist durch konstruktive Maßnahmen dafür zu sorgen, dass die Kunststoff-Zwischenlage nicht abrutschen kann.

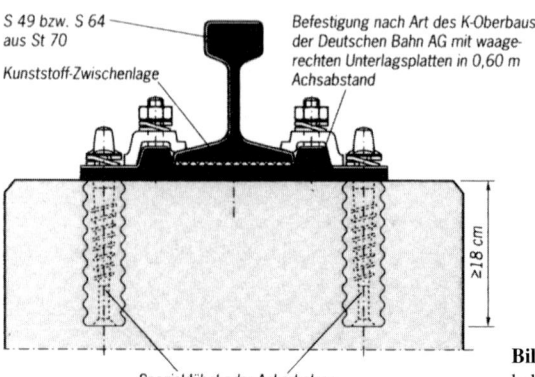

S 49 bzw. S 64
aus St 70

Kunststoff-Zwischenlage

Befestigung nach Art des K-Oberbaus der Deutschen Bahn AG mit waagerechten Unterlagsplatten in 0,60 m Achsabstand

≥18 cm

Spezialdübel oder Ankerbolzen

Bild E 85-2. Leichte Kranbahn auf Einzelstützen

Bild E 85-3 zeigt eine schwere Kranbahn, bei der das Auflager der Schiene in Längsrichtung nach oben gewölbt ist, sodass die Schiene auf der Wölbung aufliegt. Die Unterlagsplatte ist mit einem schwindfreien Material unterstopft bzw. untergossen. Die Unterlagsplatten werden auch mit Langlöchern in Querrichtung versehen, damit gegebenenfalls Spurveränderungen ausgeglichen werden können. Diese Lagerung ist vor allem für Hochstegschienen vorzusehen.

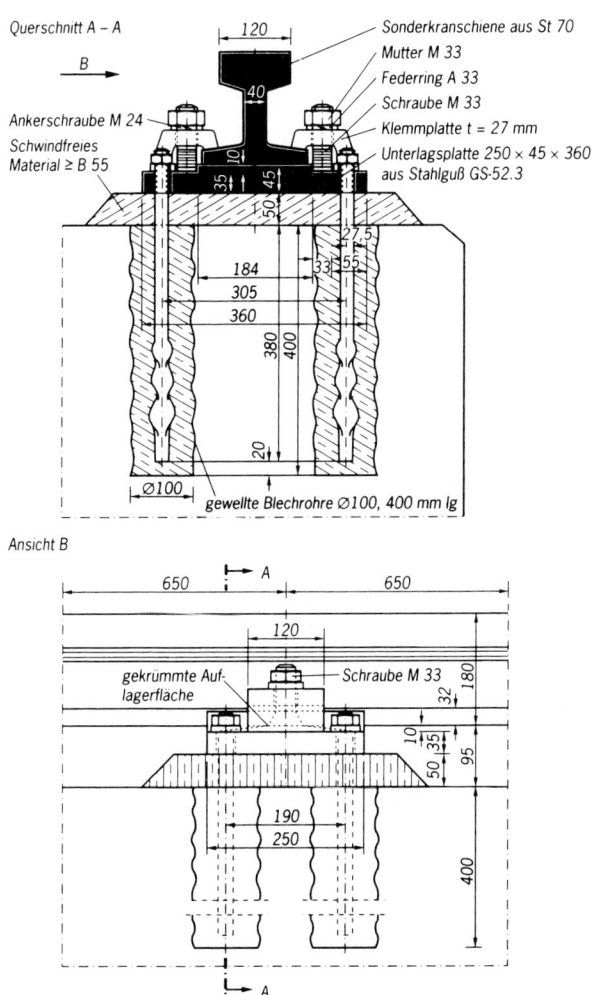

Bild E 85-3. Schwere Kranbahn auf unterstopften Einzelstützen

Eine diskontinuierliche Auflagerung kann auch bei sehr hohen Radlasten vorgesehen werden. Für Kranschienen mit kleinem Widerstandsmoment, z. B. A 75 bis A 120 oder S 49, empfiehlt sich jedoch bei Lasten über ca. 350 kN eine durchgehende Auflagerung, da sonst die Platten- oder Tragkörperabstände zu gering werden.

6.17.3 Brückenartige Ausführung der Laufbahn mit Auflagerung auf Schienentragkörpern

Bei Verwendung von Schienentragkörpern – auch Schienenstühle genannt – liegt ein Durchlaufträger auf unendlich vielen Stützen vor. Um die Elastizität der Schiene mit auszunutzen, wird am Schienenstuhl eine elastische Platte zwischen Schienenfuß und Auflager angeordnet, beispielsweise aus Neoprene oder dergleichen bis 12 N/mm^2 Auflagerpressung und für höhere Werte Kautschuk-Gewebeplatten bis 8 mm dick. Diese führt auch zur Verminderung von Stößen und Schlägen auf Räder und Fahrgestelle der Krane.

Die Oberseite der Schienentragkörper ist gewölbt und bewirkt dadurch eine mittige Krafteinleitung in den Beton. Dieses „Wölblager", das über der Oberkante des Betons liegt, und ein gewisses Nachgeben der Federringe des Befestigungs-Kleineisenzeugs ermöglichen der Schiene ein freies Arbeiten in Längsrichtung. Dadurch können Längsbewegungen infolge Temperaturänderungen sowie Pendelbewegungen aufgenommen werden (Bild E 85-4). Die Schienentragkörper können durch flexible Formgebung allen gewünschten Erfordernissen angepasst werden. So bieten die Tragkörper u. a. die Möglichkeit einer nachträglichen Schienen-Regulierbarkeit von

$$\Delta s = \pm 20 \text{ mm (in Querrichtung) und } \Delta h = +50 \text{ mm (in der Höhe)}$$

oder auch das Anbringen seitlicher Taschen zur Aufnahme von Kantenschutzwinkeln für überfahrbare Schienenstränge.

Die Schienentragkörper werden gemeinsam mit der Schiene montiert, wobei nach dem Ausrichten und Fixieren eine zusätzliche Längsbewehrung durch besondere Öffnungen der Tragkörper gezogen und mit der aufgehenden Anschlussbewehrung der Unterkonstruktion verbunden wird (Bild E 85-4). Die Betongüte richtet sich nach statischen Erfordernissen. Es ist jedoch mindestens C 20/25 erforderlich. Da die Schiene in der Höhe nicht mühelos durch Unterstopfen nachrichtbar ist, sollte die Konstruktion nur dort verwendet werden, wo nennenswerte Setzungen ausgeschlossen werden können.

Wenn mit Setzungen und/oder waagerechten Verschiebungen der Kranschiene gerechnet werden muss, bei denen ein Nachrichten der Schiene erforderlich wird, muss dies bereits bei der Planung durch eine entsprechende konstruktionsabhängige Wahl der Ausführungsart, z. B. spezielle Tragkörper, berücksichtigt werden.

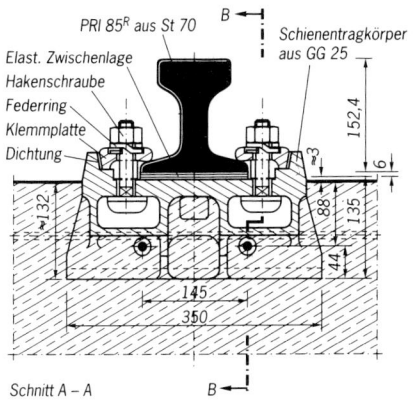

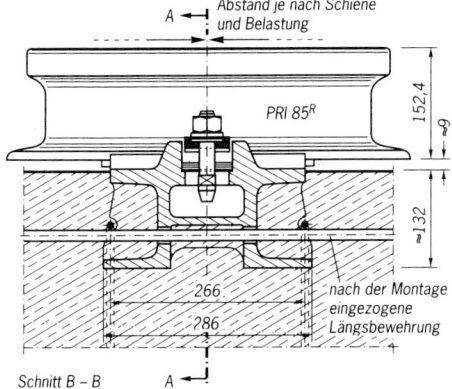

Bild E 85-4. Beispiel einer schweren Kranbahn auf Schienentragkörpern

6.17.4 Überfahrbare Kranbahnen

Die Belange des Hafenbetriebs erfordern es häufig, die Kranschienen versenkt in der Kaifläche anzuordnen, so dass sie von den straßengebundenen Verkehrsmitteln und Hafenumschlaggeräten ohne Schwierigkeiten überfahren werden können. Dabei müssen gleichzeitig auch die sonst an Kranbahnen zu stellenden Anforderungen eingehalten werden.

(1) Überfahrbare Ausführung einer schweren Kranbahn
Hierfür zeigt Bild E 85-5 ein erprobtes Ausführungsbeispiel. Die Bettung der Laufschienenkonstruktion auf dem zuerst hergestellten Kranbahnbalkenteil besteht aus Splittbeton > C 45/55, der über eine Flachstahlleiste (Leiterlehre) waagerecht abgezogen wird. Zur Lastverteilung liegt die auf der Unterseite mit einem dünnen Bitumenanstrich versehene Schiene auf einer Unterlagsplatte, die auf einer Ausgleichsschicht

233

> 1 mm aus Kunstharz gebettet ist. Diese Unterlagsplatte ist mit der Befestigungskonstruktion nicht verbunden, um eine Lastabtragung aus den Längsbewegungen von Schiene und Unterlagsplatte auf die Bolzen zu vermeiden. Um die genaue Lage der Bolzen besser gewährleisten zu können, sind nachträglich eingesetzte Bolzen zu bevorzugen. Diese Lösung muss jedoch bereits beim Bewehren des Kranbahnbalkens berücksichtigt werden, wobei zwischen den Bewehrungsstäben ausreichend Platz für die einzubetonierenden Blech- oder Kunststoffrohre gelassen werden muss. Gegebenenfalls können die Löcher für die Bolzen aber auch nachträglich eingebohrt werden. Um auch Horizontalkräfte quer zur Schienenachse abtragen und die Schiene in genauer Lage halten zu können, werden in Achsabständen von ca. 1 m zwischen dem Fuß der Schienenkonstruktion und der angrenzenden seitlichen Kanten des Aufbetons ca. 20 cm breite Knaggen aus Kunstharzmörtel eingebracht.
Der Mastixverguss im Kopfbereich des mit Bügeln an den sonstigen Kranbahnbalken angeschlossenen bewehrten Aufbetons erhält in den oberen 2 cm zweckmäßig einen dauerelastischen Zweikomponentenverguss. Weitere Einzelheiten können Bild E 85-5 entnommen werden.

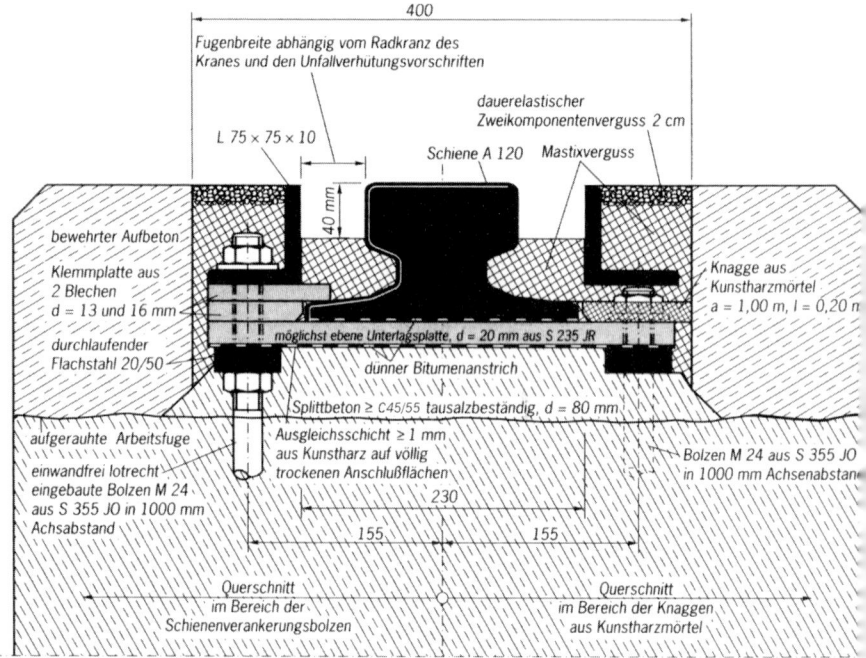

Bild E 85-5. Ausführungsbeispiel einer überfahrbaren schweren Kranbahn (die Bewehrung ist nicht dargestellt)

234

(2) Überfahrbare Ausführung einer leichten Kranbahn
Ein erprobtes Ausführungsbeispiel hierfür zeigt Bild E 85-6.
Auf dem eben abgezogenen Kranbahnbalken aus Stahlbeton werden in
Achsabständen von ca. 60 cm waagerechte Rippenplatten mit Dübeln
und Schwellenschrauben befestigt. Die Kranschiene, beispielsweise S 49,
wird nach Vorschrift der Deutschen Bahn AG durch Klemmplatten und
Hakenschrauben mit den Rippenplatten verbunden. Zum Ausgleich geringer Höhendifferenzen in der Betonoberfläche können Ausgleichs-
platten, beispielsweise Stahlbleche, Kunststoffplatten oder dergleichen,
unter dem Schienenfuß eingebaut werden.
Als Widerlager für seitlich anstoßende Stahlbeton-Großflächenplatten
wird ein durchgehender stählerner Abschluss eingebaut. Dieser besteht
aus einem parallel zum Schienenkopf verlaufenden Winkel L 80 · 65 · 8
aus S 235 JR, unter dem im Abstand von je drei Rippenplatten 80 mm
lange U80-Profilabschnitte geschweißt sind, die zur Befestigung an den
Hakenschrauben unten mit Langlöchern versehen sind. Im Bereich der
dazwischenliegenden Rippenplatten wird der Winkel durch 8 mm dicke
Bleche ausgesteift. Über den Befestigungsmuttern erhält er im waagerechten Schenkel Aussparungen, die nach Anziehen der Muttern durch
2 mm dicke Bleche abgedeckt werden. Damit der dann folgende Mastixverguss unten einen ausreichenden Halt hat, wird am Schenkelende des
Winkels entlang dem Schienenkopf eine Leiste angeschweißt.
Zur Befestigung des Hafenplanums angeordnete Stahlbeton-Großflächenplatten, beispielsweise System Stelcon, werden lose gegen den stähler-
nen Abschluss gelegt. Dabei empfiehlt es sich, hier Gummiplatten un-
terzulegen, die ein Kippen verhindern und gleichzeitig ein Gefälle und
damit eine Entwässerung von der Kranschiene weg ermöglichen.

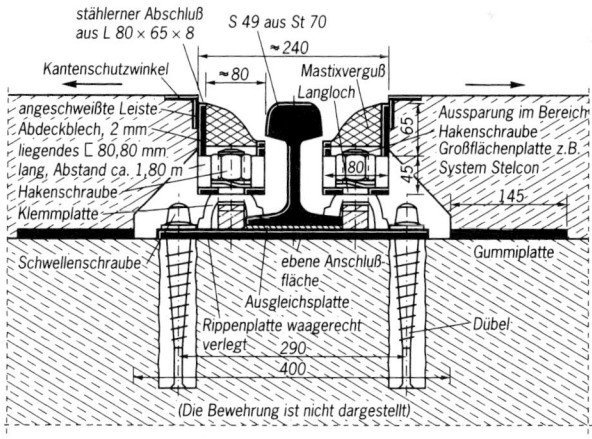

Bild E 85-6. Ausführungsbeispiel einer überfahrbaren leichten Kranbahn

235

6.17.5   Hinweis zur Berücksichtigung der Schienenabnutzung

Bei allen Kranlaufschienen muss bereits im Entwurf die für das vorgesehene Lebensalter zu erwartende Abnutzung berücksichtigt werden. In der Regel genügt bei guter Schienenauflagerung ein Höhenabzug von 5 mm. Außerdem ist im Betrieb zur Erhöhung der Lebensdauer – je nach Ausführung – eine mehr oder weniger häufige Wartung und Kontrolle der Befestigungen zu empfehlen.

6.18   Anschluss der Dichtung der Bewegungsfuge in einer Stahlbetonsohle an eine tragende Umfassungsspundwand aus Stahl (E 191)

Stahlbetonsohlen mit Bewegungsfugen, beispielsweise in einem Trockendock oder dergleichen, werden gegen große gegenseitige Verschiebungen in lotrechter Richtung durch eine Verzahnung in Form eines Eselsrückens gesichert. Dabei sind nur geringfügige gegenseitige lotrechte Verschiebungen möglich. Der Übergang der Sohle zu einer lotrecht tragend angeschlossenen Umfassungsspundwand aus Stahl wird

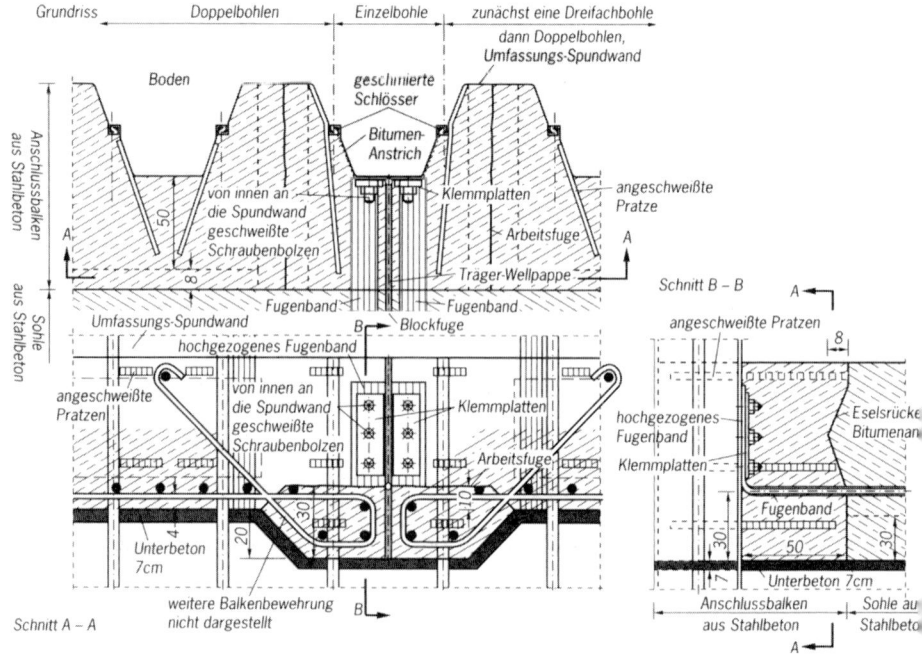

Bild E 191-1. Anschluss der Sohlendichtung einer Bewegungsfuge an eine U-förmige Spundwand (Beispiel)

236

mit einem fest an die Spundwand angeschlossenen verhältnismäßig schmalen Stahlbetonbalken herbeigeführt, an den die durch die Bewegungsfuge getrennten Sohlplatten ebenfalls mit einem Eselsrücken verzahnt gelenkig angeschlossen werden.
Die Sohlplattenfuge mit Verzahnung wird auch im Anschlussbalken ausgeführt.
Die Bewegungsfuge der Sohlplatte wird von unten durch ein Fugenband mit Schlaufe abgedichtet. Dieses Band endet bei den wellenförmigen Stahlspundwänden aus U-Profilen nach Bild 191-1 an einem Wellenberg einer eigens hierzu einzubauenden Einzelbohle.
Bei Z-förmigen Profilen nach Bild E 191-2 endet das Fugenband auf einem über das gesamte Wellental geschweißten Anschlussblech. Im Anschlussbereich wird das Band hochgezogen und angeklemmt.
Die Rundschlösser der Anschlussbohlen (Einzelbohle bei U-Profil, Doppelbohle bei Z-Profil) sind vor dem Einbringen mit einem Gleitmittel großzügig einzuschmieren.
Weitere Einzelheiten sind in den Bildern E 191-1 und E 191-2 vermerkt.

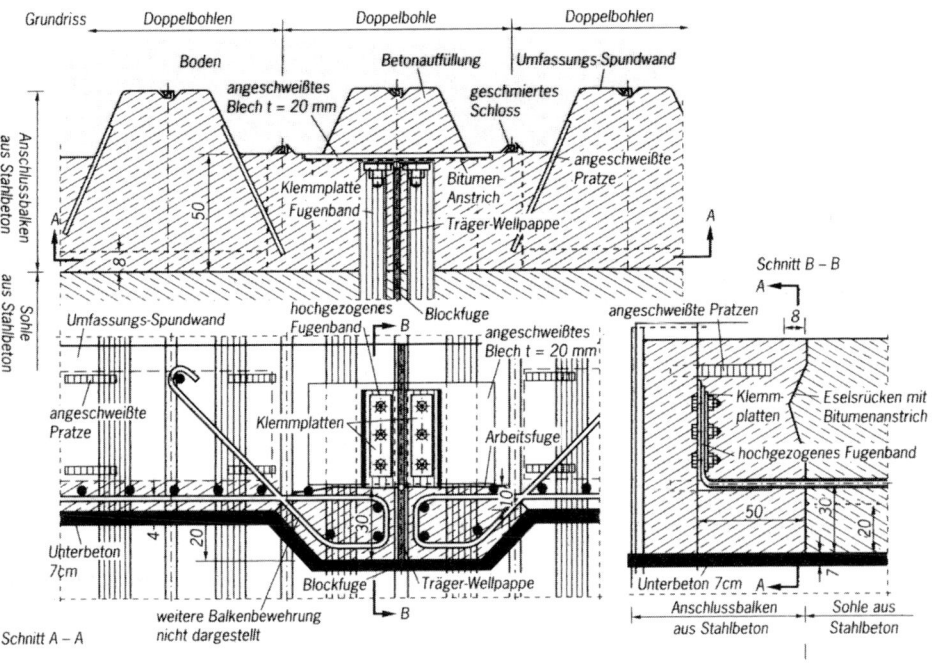

Bild E 191-2. Anschluss der Sohlendichtung einer Bewegungsfuge an eine Z-förmige Spundwand (Beispiel)

237

6.19 Anschluss einer Stahlspundwand an ein Betonbauwerk (E 196)

Der Anschluss einer Stahlspundwand an ein – ggf. bestehendes – Betonbauwerk ist immer eine Sonderkonstruktion und muss an die bestehenden Verhältnisse angepasst und dementsprechend konstruiert werden. Die einwandfreie Ausführbarkeit ist dabei besonders zu beachten.

Der Anschluss soll möglichst dicht sein und gegenseitige lotrechte Bewegungen der Bauwerke zulassen. Grundsätzlich ist eine möglichst einfache Lösung anzustreben. Bild E 196-1 zeigt solche Ausführungsbeispiele für eine Spundwand aus U-Bohlen. Bild E 196-1a zeigt den Anschluss an ein erst zu erstellendes Betonbauwerk. Hier sorgt eine durch die Schalung gesteckte und dann mit angeschweißten Pratzen versehene coupierte Einzelbohle, die in das Betonbauwerk bei dessen Herstellung ausreichend tief einbetoniert wird, für den erforderlichen Anschluss.

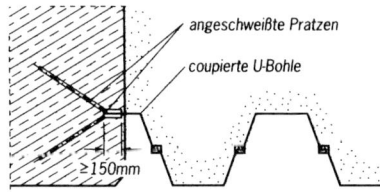

a) Anschluss an ein erst zu erstellendes Betonbauwerk

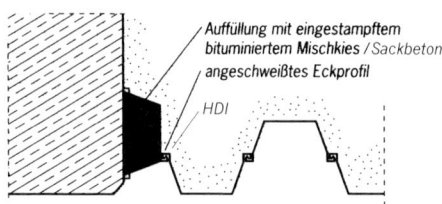

b) Anschluss an ein vorhandenes Betonbauwerk

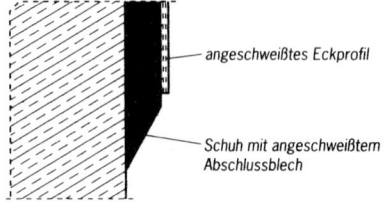

Bild E 196-1. Anschluss einer Spundwand aus U-Bohlen an ein Bauwerk

238

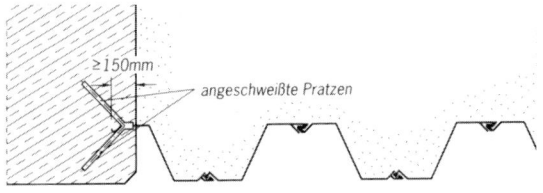

a) Anschluss an ein erst zu erstellendes Betonbauwerk

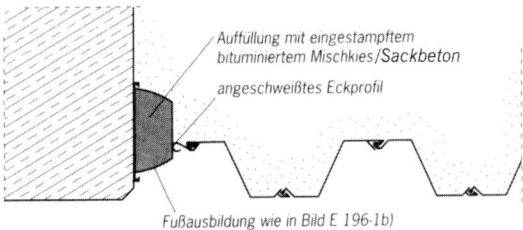

b) Anschluss an ein vorhandenes Betonbauwerk

Bild E 196-2. Anschluss einer Spundwand aus Z-Bohlen an ein Betonbauwerk

Das Anschlussschloss muss vorher in geeigneter Weise behandelt werden (s. E 117, Abschn. 8.1.20). Wenn eine Stahlspundwand an ein bereits bestehendes Betonbauwerk möglichst dicht angeschlossen werden soll, ist beispielsweise eine Lösung nach Bild E 196-1b empfehlenswert. Anstelle von bituminiertem Mischkies hat sich auch eine Verfüllung mit kleinen Säcken mit Frischbeton (Sackbeton) bewährt. Zur weiteren Sicherung ist es sinnvoll, den Bodenbereich in der Umgebung des Anschlusses mit dem Hochdruck-Injektionsverfahren zu verfestigen Sinngemäße Ausführungsbeispiele für eine Spundwand mit Z-Bohlen zeigt Bild E 196-2.

Sind hohe Anforderungen an die Wasserdichtheit und/oder Beweglichkeit des Anschlusses zu stellen, z. B. wenn Sickerungen in Dammstrecken von Wasserstraßen die Standsicherheit beeinträchtigen können, sind besondere Fugenkonstruktionen mit Fugenbändern vorzusehen, die mit Klemmplatten an die Spundwand und an einen Festflansch in der Betonkonstruktion angeschlossen werden (Bild E 196-3). Die Einbindetiefen der Spundwand sind je nach Vorhandensein geringdurchlässiger Bodenschichten oder der zulässigen Sickerweglänge festzulegen. Die möglichen Bewegungen der Bauteile gegeneinander sind bei dieser Lösung sorgfältig zu prüfen.

Auf DIN 18 195, Teile 1 bis 4 sowie 6, 8, 9 und 10 wird besonders hingewiesen.

239

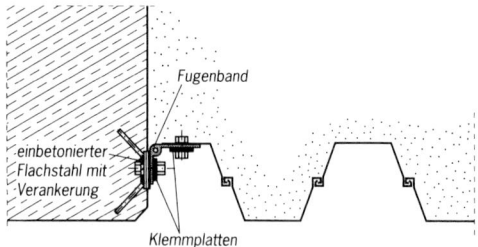

Bild E 196-3. Anschluss einer Spundwand aus U-Bohlen an ein Betonbauwerk bei hohen Anforderungen an die Dichtheit des Anschlusses

6.20 Schwimmende Landeanlagen in Seehäfen (E 206)

Für Landeanlagen an Bundeswasserstraßen gilt das Merkblatt „Schwimmende Landebrücken" des BMV. Es kann sinngemäß auch für Seehäfen angewendet werden, wobei jedoch die folgenden Hinweise zu beachten sind.

6.20.1 Allgemeines

In Seehäfen werden für den Fährverkehr zur Personenbeförderung, als Liegeplätze für Hafenfahrzeuge sowie für die Sportschifffahrt schwimmende Anlagen vorgehalten, die aus einem oder mehreren Schwimmkörpern (Pontons) bestehen und durch eine Brücke oder eine feste Treppenanlage mit dem Ufer verbunden sind. Die Pontons werden dabei in der Regel durch gerammte Führungspfähle gehalten, während die Zugangsbrücke an Land ein festes und auf dem Ponton ein bewegliches Lager erhält.

Besteht die Anlage aus mehreren Pontons, wird die durchgehende Begehbarkeit durch Übergangsklappen zwischen den Pontons gewährleistet.

6.20.2 Entwurfsgrundsätze

Bei der Festlegung des Standortes einer schwimmenden Anlage sind Strömungsrichtungen und Strömungsgeschwindigkeiten sowie Welleneinwirkungen zu beachten.

Im Tidebereich sollten HHThw und NNTnw als Bemessungswasserstände zugrunde gelegt werden. Dabei sollte die Neigung des Zugangssteges bei mittleren Tideverhältnissen nicht steiler als 1 : 6 und bei extremen Wasserständen nicht steiler als 1 : 4 sein.

An die Betriebsbereitschaft der Anlage – speziell für den öffentlichen Personenverkehr – sind hohe Anforderungen zu stellen, z. B. also auch bei Eisgang. Hierfür müssen sowohl bauliche als auch organisatorische Maßnahmen vorgesehen werden.

Die Schotteinteilung der Pontons sollte so gewählt werden, dass bei Ausfall einer Zelle durch Havarie oder andere Umstände der Ponton nicht sinkt. Die Zellen sollten einzeln belüftet werden, z. B. mit Schwanenhalsrohren. Zur einfachen Kontrolle der Dichtigkeit empfiehlt es sich, die Zellen mit Peilrohren auszustatten, die von Deck aus zugänglich sind. Im Einzelfall kann auch der Einsatz von Alarmanlagen zweckmäßig sein, die auf unerkannte Wassereinbrüche hinweisen. Aus arbeitsschutztechnischen Gründen sollte jede Zelle direkt vom Deck oder durch maximal ein Schott zugänglich sein.

Auch eine porendichte Ausschäumung der Zellen kann in Betracht kommen.

Für den Wasserablauf ist eine Balkenbucht (Überhöhung im Pontondeck) erforderlich.

Um im Havariefall ein schnelles Ausschwimmen des Pontons zu gewährleisten, empfiehlt es sich, für die Zugangsbrücke eine Abhängemöglichkeit vorzusehen, beispielsweise durch 2 jeweils neben die Brücke gerammte Pfähle mit zwischengehängter Traverse.

Der erforderliche Mindestfreibord der Pontons ist abhängig von der zulässigen Krängung, den zu erwartenden Wellenhöhen und der beabsichtigten Nutzung. Während bei kleineren Anlagen, z. B. für die Sportschifffahrt, ein Mindestfreibord bei halbseitiger Belastung von 0,20 m ausreichend ist, ergeben sich bei großen Stahlpontons erheblich größere Freibordhöhen. Die folgende Aufstellung zeigt Anhaltswerte auf:

Stahlponton 30 m lang, 3 bis 6 m breit: Freibordhöhe 0,8 bis 1,0 m
Stahlponton 30 bis 60 m lang, 12 m breit: Freibordhöhe 1,2 bis 1,45 m

Die Freibordhöhen sind insbesondere bei einer Nutzung der Anlage für den öffentlichen Personenverkehr den Aus- und Einstiegshöhen der Schiffe anzupassen.

6.20.3   Lastannahmen und Bemessung

Grundsätzlich ist die Lage des Pontons auf ebenem Kiel nachzuweisen, wobei im Bedarfsfall Ballast-Ausgleich vorzusehen ist.

Für Haupt- und Verkehrslasten gelten folgende Festlegungen:

Bei den Schwimmstabilitäts- und Krängungsberechnungen (hier halbseitige Belastung) ist eine Verkehrslast von 5 kN/m^2 anzusetzen.

Im Rahmen der Schwimmstabilitätsuntersuchungen ist ergänzend eine hydrodynamische Betrachtung anzustellen und gegebenenfalls durch Versuche zu bestätigen. Dabei sind Krängungsursachen wie z. B. Staudruck, Strömungsdruck und Wellen zu betrachten. Die Krängung des Pontons sowie Neigung der Übergänge zwischen aneinandergekoppelten Pontons und die Neigung der Übergangsklappen sind nachzuweisen. In Abhängigkeit von den Pontonabmessungen, der Krängungsbeschleunigung und dem gegenseitigen Versatz mehrerer Pontons darf die Krängung maximal 5° betragen; dabei liegt die Obergrenze der Schwingbreiten bei 0,25 bis 0,30 m. Größere Krängungswinkel sind im Rahmen einer Einzelfallbetrachtung zu überprüfen.

Der Schiffsanlegestoß als Belastung durch anlegende Schiffe ist grundsätzlich mit 300 kN und 0,3 m/s, bei großen Anlagen (über 30 m Pontonlänge) mit 300 kN und 0,5 m/s anzusetzen.

Beim Schiffsanlegestoß kann eine dämpfende Wirkung für Pontons in Ansatz gebracht und nachgewiesen werden durch

- Fenderung auf der Außenhaut,
- Federkonsolen und Gleitleisten und
- „weiche Führungsdalben" (z. B. gekoppelte Rohrpfähle).

Umfassende Werke über Spannbeton

Wolfgang Rossner /
Carl-Alexander Graubner
Spannbetonbauwerke
Teil 3
2002. Ca. 750 Seiten,
ca. 180 Abbildungen.
Gb., ca. € 209,–* / sFr 309,–
ISBN 3-433-02831-1

Das vorliegende Werk stellt den 3. Teil des Handbuchs Spannbetonbauwerke dar. Wie schon die ersten beiden Teile umfasst es eine Beispielsammlung zur Bemessung von Spannbetonbauwerken. Die behandelten Beispiele stammen aus den Bereichen des Straßen- und Eisenbahnbrückenbaus sowie des Hoch- und Industriebaus und decken hinsichtlich Vorspanngrad und Verbundart das gesamte Gebiet des Spannbetons ab. Das Werk basiert auf Grundlage der neuen DIN 1045, Teile 1 bis 4 und berücksichtigt weiterhin sämtliche bisher erschienen nationalen Anwendungsdokumente.

Günter Rombach
Spannbetonbau
2003. 552 Seiten,
400 Abbildungen,
65 Tabellen.
Gb., € 119,–* / sFr 176,–
ISBN 3-433-02535-5

Bei der Bemessung und Konstruktion von Spannbetonbauwerken wurde in den letzten Jahren einiges verändert: mit der DIN 1045-1 wurden einheitliche Bemessungsverfahren für Stahl- und Spannbetonkonstruktionen beliebiger Vorspanngrade eingeführt. Die externe und verbundlose Vorspannung hat in manchen Bereichen die klassische Verbundvorspannung verdrängt. Die Vorspannung wird neben dem Brückenbau zunehmend im Hochbau eingesetzt.Diese Neuerungen wurden zum Anlass genommen, den Spannbeton in diesem Werk umfassend darzustellen. Ausgehend von den zeitlosen Grundlagen werden die Hintergründe der neuen Bemessungsverfahren erläutert. Weiterhin wird auf Probleme bei der Konstruktion und Ausführung von Spannbetonkonstruktionen eingegangen.

Ernst & Sohn
Verlag für Architektur und
technische Wissenschaften GmbH & Co. KG

Für Bestellungen und Kundenservice:
Verlag Wiley-VCH
Boschstraße 12
69469 Weinheim
Telefon: (06201) 606-400
Telefax: (06201) 606-184
Email: service@wiley-vch.de

Ernst & Sohn
A Wiley Company
www.ernst-und-sohn.de

Änderungen vorbehalten.

07833036_my

* Der €-Preis gilt ausschließlich für Deutschland

7   Erdarbeiten und Baggerungen

7.1   Baggerarbeiten vor Uferwänden in Seehäfen (E 80)

Es werden die technischen Möglichkeiten und Bedingungen behandelt, die bei der Planung und Ausführung von Hafenbaggerungen vor Uferwänden berücksichtigt werden müssen.

Stets zu unterscheiden ist zwischen Neubaggerungen und Unterhaltungsbaggerungen.

Die Baggerungen bis zur Entwurfstiefe nach E 36, Abschn. 6.7 werden i. Allg. mit Greifbaggern, Hydraulikbaggern, Eimerkettenbaggern, Schneidkopfsaugbaggern, Schneidradbaggern, Grundsaugern oder Laderaumsaugbaggern ausgeführt. Ergänzend dazu werden Eggen und Wasserstrahlgeräte eingesetzt. Beim Einsatz von Schneidkopfsaugbaggern, Grundsaugern oder Laderaumsaugbaggern vor Uferwänden müssen diese Bagger über Einrichtungen verfügen, die ein genaues Einhalten der planmäßigen Baggertiefe gewährleisten. Schneidkopfbagger mit großer Schneidkopfleistung und hoher Saugkraft sind wegen der Gefahr des Entstehens von Übertiefen und Störungen der unter dem Schneidkopf liegenden Böden weniger geeignet. Das Freibaggern mittels Saugbagger ohne Schneidkopf muss in jedem Fall abgelehnt werden.

Für das Baggern der letzten Meter vor einer Uferwand ist auch von Bedeutung, dass sowohl Eimerkettenbagger und Schneidkopfbagger als auch Laderaumsaugbagger selbst bei günstigen Baggerverhältnissen und entsprechender Ausrüstung die theoretische Solltiefe unmittelbar vor einer Uferwand nicht genau herstellen können. Es verbleibt, wenn der Boden nicht nachrutschen kann, ein etwa 3 bis 5 m breiter Keil. Ob und wieweit dieser Restkeil beseitigt werden muss, hängt von der Fenderung der Uferwand und vom Völligkeitsgrad der anlegenden Schiffe ab. Ein stehen gebliebener Restkeil kann nur mit Greifbaggern oder mit Hydraulikbaggern abgetragen werden. Unter Umständen müssen bei bindigen Böden die Spundwandtäler noch freigespült werden.

Bei einer Hafenbaggerung mit schwimmendem Gerät wird in der Regel in Schnitten gearbeitet, die abhängig vom Typ und der Größe der Baggergeräte zwischen 2 und 5 m liegen. Maßgebend für selektives Baggern kann bei Wechsel der Bodenarten auch die gewünschte Verwendung des Bodens sein.

Es wird empfohlen, nicht erst nach vollständiger Baggerung, sondern auch zwischendurch die Vorderkante der Uferwand genau einzumessen, um den Beginn einer eventuell zu großen Bewegung des Bauwerks nach der Wasserseite hin rechtzeitig feststellen zu können. Erforderlichenfalls wird die Spundwand nach jedem Baggerschnitt vermessen.

Bezüglich der Kontrollen der durch das Ausbaggern freigelegten Flächen der Uferwand durch Taucher auf Schlossschäden in Spundwänden und dergleichen wird auf E 73, Abschn. 7.4.4 verwiesen.

Wirtschaftlich und wenig störend für den Hafenbetrieb kann ein Arbeitsvorgang nach Bild E 80-1 sein.

Nach dem Herstellen einer Übertiefe (Stadium 2) durch ein Nassbaggergerät wird der vor der Wand liegende Schlick mit Greifbaggern oder einer Egge in die Übertiefe der Hafensohle umgesetzt (Stadium 3). Die Übertiefe sollte möglichst schon bei der Neubaggerung hergestellt werden.

Vor jeder Baggerung, bei der die rechnerische Gesamttiefe unter der Solltiefe der Hafensohle voll ausgenutzt werden darf, muss die Standsicherheit der Ufermauer – vor allem bei einer vorhandenen Entwässerung – überprüft und, soweit erforderlich, wieder hergestellt werden. Außerdem ist das Verhalten der Uferwand vor, während und nach dem Baggern zu beobachten.

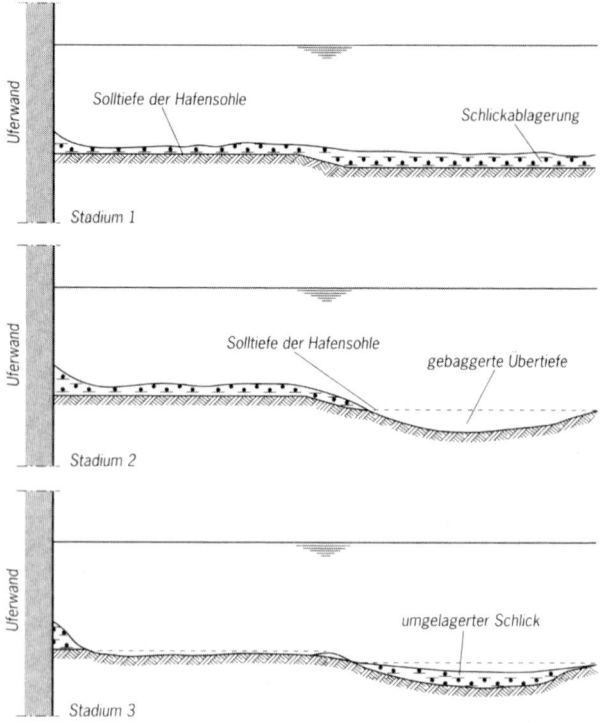

Bild E 80-1. Baggerarbeiten vor lotrechten Spundwänden in Seehäfen
Stadium 1: Vorgefundene Situation
Stadium 2: Situation nach Baggerung
Stadium 3: Situation nach der Bearbeitung mit einer Egge oder mit einem Greifbagger

7.2 Bagger- und Aufspültoleranzen (E 139)

7.2.1 Allgemeines

Die geforderten Baggertiefen und Aufspülhöhen sind innerhalb eindeutig definierter zulässiger Abweichungen (Toleranzen) herzustellen. Liegen die Höhen zwischen einzelnen Stellen der hergestellten Baugrubensohle oder des aufgespülten Geländes außerhalb der genehmigten Toleranz, sind ergänzende Maßnahmen erforderlich. Die Vorgabe zu kleiner Toleranzen kann zu unverhältnismäßig hohen Mehrkosten der Baggerarbeiten führen. Das Festlegen der Toleranzen für Bagger- und Aufspülarbeiten ist daher in erster Linie eine Kostenfrage. Der Auftraggeber muss daher sorgfältig abwägen, wie viel ihm jeweils daran gelegen ist, eine bestimmte Genauigkeit zu erreichen. Neben Abweichungen von der planmäßigen Höhe (vertikale Toleranzen) sind bei Baggerungen für Rinnen – beispielsweise für Bodenaustausch, Düker und Tunnel – auch horizontale Toleranzen zu beachten. Auch hier muss fast immer ein Optimum gefunden werden zwischen den Mehrkosten für größere Bagger- und Auffüllmengen bei größeren Toleranzen und den Mehrkosten infolge von Leistungsverlusten der Geräte bei genauerem Arbeiten sowie den Kosten für eventuell erforderliche Zusatzmaßnahmen.

Die Genauigkeit der Baggerung ist bei Binnenwasserstraßen im Allgemeinen größer als bei Wasserwegen für die Seeschifffahrt, bei denen Tide, Welleneinfluss, Versandungen und/oder Schlickablagerungen eine große Rolle spielen.

Von der nautischen Seite werden bei Wasserstraßen normalerweise Mindesttiefen gefordert.

7.2.2 Baggertoleranzen

Baggertoleranzen sind unter Berücksichtigung folgender Aspekte festzulegen:

a) Qualitätsanforderungen an die Genauigkeit herzustellender Tiefen, die sich aus der Zielsetzung einer Baggerung ergeben, z. B.:

- regelmäßig wiederkehrende Unterhaltungsbaggerung zur Beseitigung von Sedimentablagerungen zur Erhaltung der Schiffbarkeit,
- Herstellung oder Vertiefung eines Liegeplatzes vor einer Kaimauer oder einer Fahrrinne zur Verbesserung der Schiffbarkeit,
- Herstellung einer Gewässersohle zur Aufnahme eines konstruktiven Bauwerkes (Düker- oder Tunnelbauwerke, Sohlensicherungen etc.),
- Baggerung zur Beseitigung nicht tragfähiger Böden im Rahmen eines Bodenaustausches,

- Baggerung zur Entfernung schadstoffbelasteter Bodenablagerungen zur Verbesserung der Gewässerökologie.

Jede dieser Zielsetzungen erfordert spezielle und deutlich unterschiedliche Genauigkeiten der Baggerung. Dies hat Einfluss auf die Wahl des Gerätes und wirkt sich damit auf den Preis der Baggerung aus.

b) Daneben sind konstruktive Randbedingungen, der Umfang einer Baggerung und die Beschaffenheit des zu baggernden Bodens zu berücksichtigen, wie z. B.:

- die Standsicherheit nahe gelegener Unterwasserböschungen, Molen, Kaimauern und dergleichen,
- die Tiefe unter der projektierten Hafensohle, bis zu der der Baugrund gestört werden darf,
- horizontale oder vertikale Abmessungen der Baggerung. Länge und Breite des Baggerfeldes, Mächtigkeit der zu baggernden Schicht und die Gesamt-Baggermenge,
- Bodenbeschaffenheit, Bodenart, Korngröße, Kornverteilung, Scherfestigkeit des zu baggernden Bodens,
- Verwendung des gebaggerten Bodens,
- eine etwaige Kontamination mit spezieller Unterbringung des gebaggerten Bodens.

Vor allem der letzte Punkt gewinnt zunehmende Bedeutung durch die i.d.R. extrem hohen Kosten der Behandlung und Ablagerung kontaminierter Böden und kann daher die Einhaltung sehr enger Toleranzen erfordern.

c) Weiterhin spielen örtliche Gegebenheiten eine maßgebliche Rolle, die sich auf den Einsatz und die Steuerung des Nassbaggergerätes sowie auf die generelle Arbeitsstrategie der Nassbaggerung auswirken. Als Beispiele seien genannt:

- die Wassertiefe,
- die Erreichbarkeit des Baggerortes für das Baggergerät,
- tidebedingte Wasserstandsänderungen mit wechselnden Strömungen,
- eventueller Wechsel von Salz- und Süßwasser,
- Wetterbedingungen (Wind- und Strömungsverhältnisse),
- Wellen, Seegang, Dünung,
- Beeinträchtigung des Baggerprozesses durch Schiffsverkehr,
- räumliche Enge durch ankernde Schiffe bzw. zwischen Liegeplätzen,
- der Umfang regelmäßig wiederkehrender Ablagerungen (Sand oder Schlick), ggf. schon während der Baggerarbeiten.

d) Nicht zuletzt kommt es auch auf das einzusetzende Baggergerät selbst und seine Ausstattung an:

- die Gerätetechnik und Gerätegröße sowie deren vom Boden und der Baggertiefe abhängige Abgrabungsgenauigkeit,
- die Instrumentierung an Bord des Baggers (Art der Positionsbestimmung, Tiefenmessung, Leistungsmessung, Qualität der Überwachungs- und Dokumentationstechnik des gesamten Baggerprozesses),
- Erfahrung und Qualifikation des Baggerpersonals,
- die Größe des speziellen Leistungsverlustes eines eingesetzten Baggergerätes aufgrund einzuhaltender Toleranzen und der daraus resultierenden Kosten.

Letztlich ist zu berücksichtigen, dass das Ergebnis einer Baggerung und die dabei erreichte Genauigkeit im Allgemeinen durch Peilung kontrolliert und dokumentiert werden. Daher sind die durch Peilung ermittelten Ist-Werte immer eine Kombination aus der tatsächlich erreichten Baggergenauigkeit und der Peilgenauigkeit. Insofern sind bei der Festlegung von Baggertoleranzen auch die Grenzen des für die Kontrolle einer Baggerung eingesetzten Peilsystems zu berücksichtigen.

Das Festlegen einer optimalen und damit auch wirtschaftlichen Baggertoleranz stellt somit ein vielschichtiges Problem dar. Bei großen Baggerarbeiten ist es daher unerlässlich, die Einflüsse der verschiedenen Faktoren sorgfältig gegeneinander abzuwägen. Da zum Zeitpunkt der Ausschreibung oft noch nicht genau bekannt ist, welches Baggergerät eingesetzt wird, kann es vorteilhaft sein, von den Bietern nicht nur die Preisangabe für die in der Ausschreibung geforderte Genauigkeit zu verlangen, sondern ihnen zu gestatten, auch den Preis für eine jeweils von ihnen selbst vorgeschlagene und gewährleistete Genauigkeiten zu benennen (Sondervorschlag und Sonderangebot für die Baggerarbeiten). Der Auftraggeber kann dann aufgrund der Submissionsergebnisse die insgesamt optimale Wahl treffen.

Zur allgemeinen Orientierung werden in Tabelle E 139-1 von verschiedenen Baggertypen einhaltbare vertikale Baggerabweichungen in cm angegeben, die vor allem niederländischen Erfahrungen entsprechen [55]. Auf die Angabe von horizontalen Toleranzen wird bewusst verzichtet, weil diese sich bei Böschungen (und nur da sind sie relevant, siehe E 138, Abschn. 7.5) aus der geforderten Böschungsneigung in Verbindung mit der Vertikaltoleranz ergeben. Weiterhin sollten die Horizontaltoleranzen in Verbindung mit den Erfordernissen und den verfügbaren Geräten zur Positionsbestimmung fallweise festgelegt werden. Die Kontrolllotungen sind mit Geräten auszuführen, mit denen die wirkliche Bodenoberfläche und nicht etwa die Oberfläche einer darüber befindlichen Schwebschicht

Tabelle E 139-1. Richtwerte für vertikale Baggerabweichungen in cm [55]

Baggergerät	Nichtbindige Böden			Bindige Böden		Zuschläge für		
	Sand	Kies	Fels	Schlick	Ton	Wassertiefe 10–20 m	Strömung 0,5–1,0 m/s	Ungeschützte Gewässer
Greifbagger	40–50	40–50	–	30–45	50–60	10	10	20
Eimerkettenbagger	20–30	20–30	–	20–30	20–30	5	10	10
Schneidkopfsaugbagger	30–40	30–40	40–50	25–40	30–40	5	10	10
Schneidradsaugbagger	30–40	30–40	40–50	25–40	30–40	5	10	10
Umweltsaugbagger	10–20	–	–	10–20	–	5	5	–
Tieflöffelbagger	25–50	25–50	40–60	20–40	35–50	10	10	10
Laderaumsaugbagger (Hopper)	40–50	40–50	–	30–40	50–60	10	10	10

Anmerkungen zu den Daten:
– Richtwerte positiver und negativer Abweichungen in cm für normale Verhältnisse (z. B. 50 = +/-0,5 m),
– die von-Werte gelten für Arbeiten, bei denen es auf möglichst große Genauigkeit ankommt,
– die bis-Werte gelten für Arbeiten, für die der Einsatz von Großgeräten zweckmäßig erscheint,
– die angegebenen Werte werden normalerweise nur mit einer Wahrscheinlichkeit von 5 % über- oder unterschritten,
– größere Genauigkeiten sind mit entsprechend höherem Aufwand erzielbar.

gemessen wird. Bei Echoloten ist eine geeignete Frequenz zu wählen. Vorzugsweise wird eine 2-Frequenz-Lotung ausgeführt.

7.2.3 Aufspültoleranzen

7.2.3.1 Allgemeine Hinweise

Die Toleranzen für Aufspülarbeiten sind weitgehend von der Genauigkeit abhängig, mit welcher die Setzungen des Untergrunds und die Setzungen und Sackungen des Aufspülmaterials vorausgesagt werden können. Einwandfreie Bodenaufschlüsse und bodenmechanische Untersuchungen sind auch aus diesem Grund von großer Bedeutung. Ausgleicharbeiten sind aber immer nötig, wozu bei Sand meistens Planierraupen eingesetzt werden.

Beim Aufspülen einer gering mächtigen Sandlage auf einem weichen Untergrund muss für das Festlegen der Aufspültoleranzen auch bekannt sein, ob der aufgespülte Sand mit Baugeräten befahren werden soll. Erst bei einer Aufspülhöhe, bei der Baustellenverkehr möglich ist, ist die Angabe von Toleranzen praktisch relevant.

7.2.3.2 Toleranzen unter Berücksichtigung der Setzungen

Wenn nur geringe Setzungen des Untergrunds und des Aufspülmaterials zu erwarten sind, wird im Allgemeinen eine +Toleranz, bezogen auf eine bestimmte Einbauhöhe, gefordert.

Bei zu erwartenden größeren Setzungen ist der geschätzte Setzungsbetrag von vornherein in der Ausschreibung zu benennen und in den Vorgaben für die Aufspülung zu berücksichtigen.

7.3 Aufspülen von Hafengelände für geplante Ufereinfassungen (E 81)

7.3.1 Allgemeines

Soweit es sich um das unmittelbare Hinterfüllen von Ufereinfassungen handelt, ist E 73, Abschn. 7.4 maßgebend.

Um gut belastungsfähige Hafenflächen hinter geplanten Ufereinfassungen zu erhalten, soll nichtbindiges Material, wenn möglich mit einem breiten Körnungsbereich, eingebracht werden. Beim Aufspülen über Wasser wird ohne zusätzliche Maßnahmen bei sonst gleichen Bedingungen eine größere Lagerungsdichte erzielt als unter Wasser (E 175, Abschn. 1.6).

Bei allen Aufspülarbeiten, insbesondere aber in Tidegebieten, ist für einen guten Abfluss des Spülwassers und des ggf. während der Tide zugeflossenen Wassers zu sorgen.

Der Spülsand soll möglichst wenig Schluff- und Tonanteile enthalten. Wie viel zulässig ist, hängt nicht nur von der vorgesehenen Ufereinfassung und von der geforderten Qualität des geplanten Hafengeländes ab, sondern auch vom Zeitpunkt, zu dem das Gelände weiter bebaut werden oder genutzt werden soll. In dieser Hinsicht ist das Gewinnungs- und Spülverfahren von wesentlicher Bedeutung. Weitere Bestimmungs- faktoren können durch Schadstoffbelastungen im Aufhöhungsmaterial und daraus resultierender Beeinträchtigung des Grundwassers durch austretendes Porenwasser gegeben sein. Die oberen zwei Meter der Aufspülung müssen sich gut verdichten lassen, um eine ausreichende Lastverteilung unter Straßen u. a. sicherzustellen.

Wenn auf dem Hafengelände setzungsempfindliche Anlagen stehen sollen, sind Schluff- und Toneinlagerungen zu vermeiden, und es soll für den Spülsand ein Gehalt an Feinteilen < 0,06 mm von höchstens 10 % zugelassen werden. Häufig muss der Auffüllboden aus wirtschaftlichen Gründen in unmittelbarer Nähe gewonnen werden oder es muss ein Material verwendet werden, das beispielsweise bei Baggerungen im Hafen gewonnen wird. Dabei wird das Baggergut oft mittels Schneid- kopfbagger oder Grundsaugbagger gelöst und unmittelbar auf das ge- plante Hafengelände gespült. Besonders in diesem Fall sind vorher Baugrunduntersuchungen an der Entnahmestelle unerlässlich. Mittels Bohrkernen sind im Gewinnungsgebiet durchlaufende ungestörte Boden- profile zu entnehmen, wobei auch das Vorkommen dünner bindiger Schluff- oder Tonschichten festzustellen ist. In Verbindung mit Druck- sondierungen oder Bohrlochrammsondierungen (Standard-Penetrations- Test) sowie durch kerngeophysikalische Messungen kann dabei ein sehr guter Überblick über die Variationen im Schluff- und Tongehalt erreicht werden (E 1, Abschn. 1.2). Enthält der zur Verfügung stehende Spül- sand größere Schluff- und Tonanteile, muss das Spülverfahren darauf abgestimmt werden. Von Bedeutung ist, ob der Spülsand unmittelbar von der Entnahmestelle in das zukünftige Hafengelände gespült, mit einem Laderaumsaugbagger gebaggert und gespült oder mit einem Eimer- kettenbagger oder Saugbagger gewonnen und zuerst in Schuten geladen wird. Dabei kann bei einer Schutenbeladung eine gewisse Reinigung des Sandes erreicht werden, weil beim Überlaufen der Schuten Ton- und Schluffanteile abfließen. Wenn sich örtlich im Oberflächenbereich der fertigen Aufspülung, z. B. am Spülfeldauslauf, Schluff oder Ton abgesetzt hat, ist dieses Material in der Regel bis zu einer Tiefe von 1,5 bis 2,0 m zu beseitigen und durch Sand zu ersetzen (siehe hierzu auch E 175, Abschn. 1.6). Bei Einlagerungen von Schluff- oder Tonschichten kann es sonst lange dauern, bis das überschüssige Porenwasser abge- flossen ist und solche bindigen Schichten konsolidiert sind. Durch an- gemessene Spülfeldunterhaltung bzw. durch geeignete Steuerung des Spülstromes kann die Entstehung bindiger Schichten im Spülfeld ver- hindert werden. Auch kann durch Vertikaldräns (E 93, Abschn. 7.7) die Konsolidierung beschleunigt werden. Es empfiehlt sich, nach dem Auf- spülen baldmöglichst Abzuggräben zu ziehen.

250

Ohne besondere Hilfsmaßnahme können im Spülverfahren mit Nass-baggergeräten vorgegebene Böschungsneigungen unter dem Wasserspie-gel nicht hergestellt oder Flächen unter Wasser auch nur annähernd waagerecht ausgeführt werden. Als natürliche Böschungsneigung stellt sich bei Mittelsand in stehendem Wasser 1 : 3 bis 1 : 4, in Tiefen ab 2 m unter dem Wasserspiegel fallweise auch bis 1 : 2 ein. Bei Anströmung sind die Böschungen i. Allg. flacher.

7.3.2 Aufspülen von Hafengelände auf einem Untergrund über dem Wasserspiegel

Hierzu wird auf Bild E 81-1 hingewiesen. Die Spülfeldbreite und -län-ge sowie die Lage der Ausläufe (sog. Mönche) sind vor allem bei mit Schluff oder Ton verunreinigtem Sand von großer Bedeutung.

Breite, Länge und Ausläufe müssen so festgelegt werden, dass das mit Schwebstoffen und Feinkornanteilen befrachtete Spülwasser so schnell wie möglich abgeführt wird, insbesondere aber keine Totwasserbereiche entstehen. Um dies zu erreichen, muss möglichst ohne Unterbrechung gespült werden. Sind Unterbrechungen der Spülarbeiten nicht zu ver-meiden, ist nach jeder Unterbrechung (beispielsweise Wochenende) zu prüfen, ob sich eine Feinkornschicht abgelagert hat. Sie ist vor dem weiteren Spülen zu beseitigen. Soll das mit Schwebstoffen und Feinkorn-anteilen befrachtete Spülwasser in das Gewässer zurückgeleitet werden, sind Einleitbedingungen der Genehmigungsbehörden zu beachten. Ggf. sind Absetzbecken anzuordnen und die abgetrennten Schluffanteile ei-ner gesonderten Verwendung zuzuführen.

Soll der Spüldeich das spätere Ufer bilden, empfiehlt sich vor allem ein Sanddeich mit Folienabdeckung im Zuge des Spülprozesses.

Damit sich in unmittelbarer Nähe der Uferlinie möglichst grobkörniger Sand ablagert wird empfohlen, jeweils eine Spülleitung auf dem wasser-seitigen Spüldeich oder in dessen unmittelbarer Nähe anzuordnen und so die Aufspülung entlang dem Spüldeich vorauslaufen zu lassen (Bild E 81-1). Die mögliche Grundbruchgefahr ist dabei zu beachten.

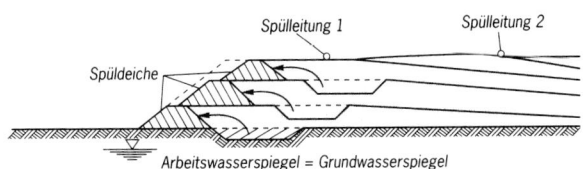

Bild E 81-1. Aufspülen von Hafengelände auf einem Untergrund über dem Wasserspiegel

251

7.3.3 Aufspülen von Hafengelände auf einem Untergrund unter dem Wasserspiegel

7.3.3.1 Grobkörniger Spülsand (Bild E 81-2)

Grobkörniger Spülsand kann ohne weitere Maßnahmen gespült werden. Die Neigung der natürlichen Spülböschung ist abhängig von der Grobkörnigkeit des Spülsandes und den herrschenden Wasserströmungen. Das Spülmaterial außerhalb der theoretischen Unterwasserböschungslinie wird später weggebaggert (E 138, Abschn. 7.5).

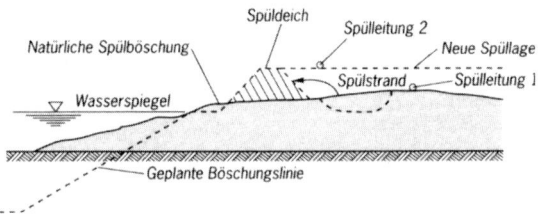

Bild E 81-2. Aufspülen von Hafengelände auf einen Untergrund unter dem Wasserspiegel

Der im ersten Arbeitsgang aufgespülte nichtbindige Boden soll bei Grobsand etwa 0,5 m, bei Grob- bis Mittelsand mindestens 1,0 m über den maßgebenden Arbeitswasserspiegel reichen. Darüber wird zwischen Spüldeichen weitergearbeitet. In Tidegebieten müssen evtl. tideabhängige Spülvorgänge vorgesehen werden.

7.3.3.2 Feinkörniger Spülsand (Bild E 81-3)

Feinkörniger Spülsand wird durch Einspülen oder Verklappen zwischen Unterwasserdeichen aus Steinschüttmaterial eingebracht. Diese Ausführungsweise ist auch dann zu empfehlen, wenn beispielsweise wegen der Schifffahrt nicht genügend Raum für eine natürliche Spülböschung zur Verfügung steht. Eine Steinschüttung ist aber ungeeignet, wenn im Endzustand eine Kaje geplant ist und das Steinschüttmaterial somit wieder entfernt werden muss.

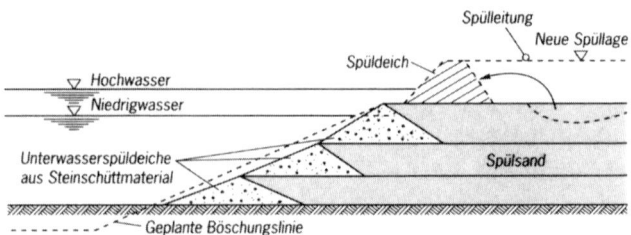

Bild E 81-3. Unterwasserspüldeiche aus Steinschüttmaterial. Der feinkörnige Auffüllsand wird eingespült oder verklappt

Das Standardwerk zum Leitungstunnelbau

Dietrich Stein

Grabenloser Leitungsbau

Dietrich Stein
Grabenloser Leitungsbau
2003. XXII, 1144 Seiten,
968 Abbildungen,
329 Tabellen.
Gebunden.
€ 199,-* / sFr 294,-
ISBN 3-433-01778-6

Ernst & Sohn
Verlag für Architektur und
technische Wissenschaften GmbH & Co. KG

Für Bestellungen und Kundenservice:
Verlag Wiley-VCH
Boschstraße 12
69469 Weinheim
Telefon: (06201) 606-400
Telefax: (06201) 606-184
Email: service@wiley-vch.de

Ernst & Sohn
A Wiley Company
www.ernst-und-sohn.de

Der grabenlose Leitungsbau macht es möglich, Kabel- und Rohrleitungen für die sichere Versorgung mit Wasser, Gas, Fernwärme, Elektrizität und Telekommunikation sowie eine umweltfreundliche Abwasserentsorgung unabhängig vom Leitungsdurchmesser sowie den geologischen und hydrogeologischen Randbedingungen zu verlegen. In diesem Buch werden erstmals die zur Verfügung stehenden Verfahren umfassend beschrieben. Es wurde darauf Wert gelegt, neben der Beschreibung von Arbeitsweise und -ablauf sowie Ausrüstung insbesondere auch die jeweiligen Einsatzbereiche und Anwendungsgrenzen nach neuesten Erkenntnissen darzustellen. Die vielfältigen Fachinformationen dieses Standardwerks helfen bei der Planung und Ausführung von Leitungsbaumaßnahmen und erlauben eine wirtschaftlich und technisch optimale Auswahl der Verfahrenstechnik für den jeweiligen Anwendungsfall in Abhängigkeit der zahlreichen örtlichen und systembedingten Gegebenheiten. Das Arbeiten mit diesem Buch wird zu einem unentbehrlichen Hilfsmittel im beruflichen Alltag.

* Der €-Preis gilt ausschließlich für Deutschland
002444106_my Irrtum und Änderungen vorbehalten.

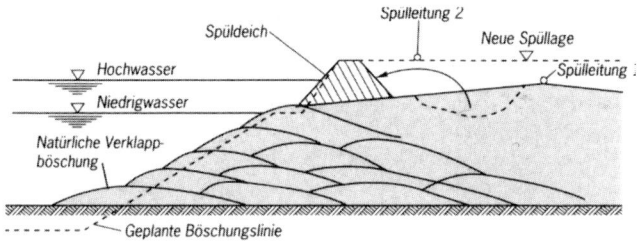

Bild E 81-4. Unterwasseraufbau von Deichen aus Grobsand durch Verklappen

Auch ist es möglich, das Ufer vorauslaufend mit verklapptem Sand aufzubauen (Bild E 81-4), der hinterspült wird. Beim Verklappen soll möglichst grober Sand benutzt werden. Starke Strömungen können aber zu Abtrieb führen. Der verklappte Sand außerhalb der theoretischen Unterwasserböschungslinie wird später weggebaggert (E 138, Abschn. 7.5). Einige Laderaumsaugbagger bieten die Möglichkeit, Sand im sog. Rainbow-Verfahren aufzuspülen. Bei dieser Methode wird das Spülgut über eine Düse versprüht (Jet). Strömungen können vor allem bei feinkörnigem Material zu erheblichem Abtrieb führen.

7.3.3.3 Flächengewinnung ohne großflächiges Entfernen vorhandener Sedimentablagerungen oder Weichschichten

Sollen bestehende, nicht mehr genutzte Hafenbecken im Rahmen von Umstrukturierungsmaßnahmen verfüllt und die dabei entstehenden Flächen hafenwirtschaftlich genutzt werden, so kann es sinnvoll und wirtschaftlich sein, vorhandene Sedimentablagerungen größerer Mächtigkeit im Hafen zu belassen und durch das Verfüllmaterial zu überlagern.

In solchen Fällen ist im Bereich des geplanten Abschlussbauwerkes (Böschung oder Kaimauer) ein örtlich begrenzter Bodenaustausch bis zur belastbaren Sohle im statisch erforderlichen Umfang vorzunehmen. In diesem Bereich wird dann aus tragfähigem, möglichst grobem Material eine Unterwasserverwallung hergestellt.

In dem dahinter liegenden Hafenbecken verbleibt das Sediment auf der Sohle und wird in möglichst dünnen Lagen (max. 1 m) gleichmäßig im Spülverfahren abgedeckt. Die Lagendicke ist so zu bemessen, dass örtliche Verwerfungen und Grundbrüche, auch infolge ungleichmäßiger Auflast, vermieden werden.

Für den Sandeinbau ist der Einsatz spezieller Einspülpontons erforderlich, die im Bereich der Aufhöhungsfläche gezielt bewegt und positioniert werden können.

Die erforderlichen Konsolidierungszeiten zwischen dem Aufbringen einzelner Lagen richten sich nach den bodenmechanischen Eigenschaften der anstehenden Sedimente. Erforderlich sind mit Rücksicht auf die

Tragfähigkeit der anstehenden Sedimente im Allgemeinen mehrere Schüttlagen, unter deren Auflast die Sedimente jeweils konsolidieren können.

Diese Baumaßnahme setzt vorab sorgfältige bodenmechanische Untersuchungen und während der Bauausführung begleitende Messungen voraus. Zur Beschleunigung der Setzungen können Zusatzmaßnahmen in Form von Vertikaldräns und Vorbelastungen erforderlich werden.

Bei den immer häufiger erforderlich werdenden Flächengewinnungsmaßnahmen in Gewässern stehen oft mehrere Meter mächtige Weichschichten mit geringer Tragfähigkeit an, die weder aus wirtschaftlichen noch aus ökologischen Gründen ausgetauscht werden können. Hier muss zunächst ein die zu gewinnende Landfläche umfassendes Ringbauwerk (Polder) geschaffen werden, welches bis auf die tragfähigen Bodenschichten hinabreicht. Es kann als Spundwand oder als Damm ausgebildet werden. Innerhalb dieses Ringbauwerkes kann – wie bei Hafenbecken auch – lagenweise Sand im Spülverfahren eingebaut werden.

Die heute verfügbare Geräte-, Steuerungs- und Lagebestimmungstechnik ermöglicht gleichmäßige Einbauschichtstärken herunter bis zu 10 cm [243].

7.4 Hinterfüllen von Ufereinfassungen (E 73)

7.4.1 Allgemeines

Um spätere starke Setzungen der Hinterfüllung und hohe Belastungen der Bauwerke zu vermeiden, kann es vorteilhaft sein, vor dem Rammen von Wänden und Pfählen und der Ausführung sonstiger wichtiger Bauarbeiten im Einflussbereich des Bauwerks ggf. vorhandene, nicht tragfähige, bindige Bodenschichten soweit wie möglich zu entfernen, so dass der später einzubringende Füllboden auf tragfähigem Baugrund ruht. Geschieht dies nicht, sind die Auswirkungen der bindigen Schichten auf Hinterfüllung und Bauwerk – bei dickeren Störschichten auch für ihren nichtkonsolidierten Zustand – zu berücksichtigen (E 109, Abschn. 7.9).

7.4.2 Hinterfüllen im Trockenen

Im Trockenen hergestellte Uferbauwerke sollen, soweit möglich, auch im Trockenen hinterfüllt werden. Die Hinterfüllung soll in waagerechten, dem verwendeten Verdichtungsgerät angepassten Schichten eingebracht und gut verdichtet werden. Als Füllboden wird, wenn möglich, Sand oder Kies verwendet. Nichtbindige Hinterfüllungen müssen eine Lagerungsdichte $D \geq 0{,}5$ aufweisen. Sonst sind erhöhte Unterhaltungsarbeiten an Straßen, Gleisen und dergleichen zu erwarten. Die Lagerungsdichte D ist nach E 71, Abschn. 1.5 zu ermitteln.

Wird für das Hinterfüllen ungleichförmiger Sand verwendet, bei dem der Gewichtsanteil $< 0{,}06$ mm kleiner als 10 % ist, soll nach der vorgesehen Verdichtung bei Drucksondierungen ab einer Tiefe von 0,6 m ein Spitzenwiderstand von mindestens 6 MN/m² festgestellt werden. Bei einwandfreier Hinterfüllung und Verdichtung ergeben sich ab 0,6 m Tiefe im Allgemeinen mindestens 10 MN/m². Die Drucksondierungen sollten, wenn möglich, während der Hinterfüllungsarbeiten laufend durchgeführt werden.

Bei Hinterfüllen im Trockenen kommen auch bindige Bodenarten, wie Geschiebemergel, sandiger Lehm, lehmiger Sand und in Ausnahmefällen auch steifer Ton oder Klei in Frage. Bindige Hinterfüllungsböden müssen möglichst gleichartig sein, in dünnen Lagen eingebracht und besonders gut verdichtet werden, damit sie eine gleichmäßig dichte Masse ohne verbleibende Hohlräume bilden. Mit geeigneten Verdichtungsgeräten, z. B. Rüttelwalzen, kann dies ohne Schwierigkeiten erreicht werden. Über den bindigen Schichten ist eine ausreichende Sandabdeckung vorzusehen.

Wenn das hinterfüllte Bauwerk sich nicht ausreichend verformen kann, ist für die Bemessung ein erhöhter Erddruck anzusetzen. In Zweifelsfällen sind besondere Untersuchungen erforderlich.

7.4.3   Hinterfüllen unter Wasser

Unter Wasser darf als Füllboden nur Sand oder Kies oder sonstiger geeigneter, nichtbindiger Boden verwendet werden. Eine mitteldichte Lagerung kann erreicht werden, wenn sehr ungleichförmiges Material so eingespült wird, dass es sich als Geschiebe ablagert. Höhere Lagerungsdichten sind aber im Allgemeinen nur durch Verdichtung mit Tiefenrüttlern zu erzielen. Bei gleichförmigem Material kann durch Einspülen allein im Allgemeinen nur eine lockere Lagerung erreicht werden.

Für die Qualität und Gewinnung des Einfüllsands wird auf E 81, Abschn. 7.3.1 und auf E 109, Abschn. 7.9.3 hingewiesen.

Das Spülwasser muss schnell abgeführt werden. Sonst würde ein stark erhöhter Wasserüberdruck auftreten, der größere Bauwerksbelastungen und -bewegungen verursachen kann. Vor allem, wenn mit verunreinigtem Material oder Schlickfall zu rechnen ist, muss so hinterfüllt werden, dass keine Gleitflächen vorgebildet werden, die zu einer Verminderung des Erdwiderstands bzw. zu einer Erhöhung des Erddrucks führen. Auf E 109, Abschn. 7.9.5 wird besonders hingewiesen. Die Entwässerungsanlage einer Ufereinfassung darf beim Hinterspülen nicht zum Abziehen des Spülwassers benutzt werden, damit sie nicht verschmutzt oder beschädigt wird.

Damit die Hinterfüllung sich gleichmäßig setzen und der vorhandene Untergrund sich der größeren Auflast anpassen kann, sollte eine möglichst große Zeitspanne zwischen die Beendigung des Hinterfüllens und den Beginn des wasserseitigen Ausbaggerns liegen.

7.4.4 Ergänzende Hinweise

Spundwände weisen gelegentlich Rammschäden an Schlössern auf, die bei Wasserüberdruck stark durchströmt werden. Hierbei wird Hinterfüllungsmaterial ausgespült und Boden vor der Spundwand auf- oder abgetragen, so dass Hohlräume hinter und Aufhöhungen oder Kolke vor der Wand entstehen können. Der Umfang solcher Schäden kann durch Hinterspülen erheblich vergrößert werden. Solche Mängel sind am Nachsacken des Bodens hinter der Wand zu erkennen. Auch bei nichtbindigen Böden können im Laufe der Zeit größere Hohlräume entstehen, die auch bei sorgfältiger Überwachung nicht rechtzeitig erkannt werden. Solche Hohlräume brechen oft erst nach jahrelangem Betrieb ein und haben schon verschiedentlich größere Sach- und Personenschäden verursacht. Mit Rücksicht auf sonstige Einflüsse, wie Erddruckumlagerung, Konsolidierung der Hinterfüllung und dergleichen, empfiehlt es sich, die Uferwand zuerst zu hinterfüllen und erst anschließend – mit ausreichendem Zeitabstand – in Stufen freizubaggern (E 80, Abschn. 7.1). Während der wasserseitigen Baggerung soll das Bauwerk zwischen Wasserspiegel und Baggergruben- bzw. Hafensohle so früh wie möglich durch Taucher auf Rammschäden untersucht werden. Im übrigen wird auf die Möglichkeiten der Beobachtung beim Rammen von Spundwänden nach E 105, Abschn. 8.1.13 besonders hingewiesen.

7.5 Baggern von Unterwasserböschungen (E 138)

7.5.1 Allgemeines

Unterwasserböschungen werden in vielen Fällen so steil ausgeführt, wie es aus Standsicherheitserwägungen verantwortet werden kann. Dabei wird die Böschungsneigung vor allem aufgrund von Gleichgewichtsuntersuchungen festgelegt. Hierbei sind Wellenschlag und Strömung sowie die dynamischen Einflüsse aus dem Baggervorgang selbst und aus Schiffsverkehr zu beachten, um Beeinträchtigungen der Sicherheit der Böschung auch während und nach dem Baggern zu vermeiden. Die Erfahrung zeigt, dass gerade in diesem Stadium häufig Böschungsbrüche eintreten. Die hohen Kosten, die dann für das Wiederherstellen der planmäßigen Böschung aufzuwenden sind, rechtfertigen vorausgehende sorgfältige Bodenaufschlüsse und bodenmechanische Untersuchungen als Grundlage für das Vorbereiten und die Ausführung derartiger Baggerarbeiten.

Durch Grundwasserentzug mittels Brunnen, die unmittelbar hinter der Böschung eingebracht werden, ist es in nichtbindigen Böden möglich, die Standsicherheit während des Baggerns zu erhöhen.

7.5.2 Auswirkungen der Bodenverhältnisse

Art und Umfang der Bodenuntersuchungen müssen vor allem auf die Ermittlung der Bodenkennwerte, die den Baggerprozess beeinflussen, gerichtet sein.

Folgende bodenmechanische Parameter sind von besonderer Bedeutung:

Bei nichtbindigen Böden:	*Bei bindigen Böden:*
• Körnungslinie	• Kornaufbau
• Wichte	• Wichte
• Porenvolumen	• Kohäsion
• kritische Lagerungsdichte	• Reibungswinkel
• Durchlässigkeit	• undränierte Scherfestigkeit
• Reibungswinkel	• Konsistenzzahl
• Spitzenwiderstände von Drucksondierungen oder SPT-Werte (Schlagzahl der Bohrlochrammsondierung)	• Spitzenwiderstände von Drucksondierungen oder SPT-Werte (Schlagzahl der Bohrlochrammsondierung)
• geoelektrische Widerstandsmessungen	• in-situ-Dichte und -Feuchte aus kerngeophysikalischen Messungen

Die genaue Kenntnis dieser Bodenkennwerte erlaubt die Wahl eines geeigneten Baggers, das Festlegen einer angemessenen Arbeitsmethode und die Prognose der erzielbaren Baggerleistung.

Eine ausreichende Kenntnis über den Schichtenaufbau des Bodens kann mit Schlauchkernbohrungen gewonnen werden. Mit Farbfotos unmittelbar nach der Entnahme bzw. nach dem Öffnen der Schläuche sollten die so gewonnenen Bodenaufschlüsse zusätzlich dokumentiert werden.

Besondere Probleme können beim Baggern in lockerem Sand eintreten, wenn dessen Lagerungsdichte kleiner als die kritische Dichte ist. Durch kleine Einwirkungen wie beispielsweise Erschütterungen, und lokale Spannungsänderungen im Boden während des Baggerns,können große Mengen von Sand in Bewegung geraten (fließen). Eine latente Fließempfindlichkeit des anstehenden Bodens muss rechtzeitig festgestellt werden, um Gegenmaßnahmen zu treffen, wie z. B. Verdichten des Bodens im Einflussbereich der zu baggernden Unterwasserböschung oder entsprechend flacherer Böschungsneigungen. Letzteres allein ist allerdings häufig nicht ausreichend.

Bereits eine verhältnismäßig dünne Schicht locker gelagerten Sands in der zu baggernden Bodenmasse kann zu einem Fließbruch während des Baggerns führen.

7.5.3 Baggergeräte

Unterwasserböschungen werden mit Baggergeräten ausgeführt, deren Typ und Kapazität abhängig sind von

- Art, Menge und Schichtdicke des zu baggernden Bodens sowie
- Baggertiefe und Abtransport des Baggerguts.

Für das Böschungsbaggern kommen folgende Baggertypen in Betracht:
- Eimerkettenbagger,
- Schneidkopfbagger,
- Schneidradbagger,
- Laderaumsaugbagger,
- Greiferbagger,
- Löffelbagger.

Das Gerät muss den Einsatzbedingungen entsprechend ausgewählt werden. Auch die Verfügbarkeit des Gerätes ist ausschlaggebend. Grundsaugbagger verursachen durch ihre Arbeitsweise leicht unkontrollierbare Böschungsbrüche. Sie kommen daher für das gezielte Baggern planmäßiger Unterwasserböschungen im Allgemeinen nicht in Frage. Unterschneidungen müssen unbedingt vermieden werden. Mit großen Schneidkopf-/Schneidradbaggern können Böschungen bis zu einer Tiefe von rd. 30 m hergestellt werden, mit großen Eimerkettenbaggern solche bis zu rd. 34 m; Löffelbagger erreichen bis zu 20 m. Mit dem Löffelbagger wird vor allem bei schweren Böden gearbeitet. Sind nur kleine Mengen zu baggern oder sind Baggerungen nach E 80, Abschn. 7.1 auszuführen, eignen sich auch Greiferbagger.

7.5.4 Ausführung der Baggerarbeiten

7.5.4.1 Grobe Baggerarbeiten

Oberhalb bis dicht unterhalb des Wasserspiegels wird zunächst eine vorgezogene Baggerung durchgeführt, bei der beispielsweise mit einem Greiferbagger dieser Teil der Böschung profilgerecht hergestellt wird. Vor dem Baggern der weiteren Unterwasserböschung wird in einem solchen Abstand von der Böschung gebaggert, dass das Baggergerät mit möglichst hoher Leistung arbeiten kann, ohne dass die Gefahr eines Böschungsbruchs im zukünftigen Ufer auftritt. Aus den während des Baggerns durchgeführten Beobachtungen über das Gleiten des Bodens und die hierdurch entstehenden Böschungsneigungen ergeben sich Hinweise über den einzuhaltenden Sicherheitsabstand zwischen Baggergerät und geplanter Böschung. Nach Abschluss der groben Baggerarbeiten bleibt ein Bodenstreifen über der Unterwasserböschung übrig, der nach einem im einzelnen festzulegenden Verfahren entfernt werden muss (Bilder E 138-1 und E 138-2).

7.5.4.2 Böschungsbaggerarbeiten

Entlang den herzustellenden Böschungen muss so gebaggert werden, dass Böschungsbrüche in engen Grenzen und unter Kontrolle gehalten werden.

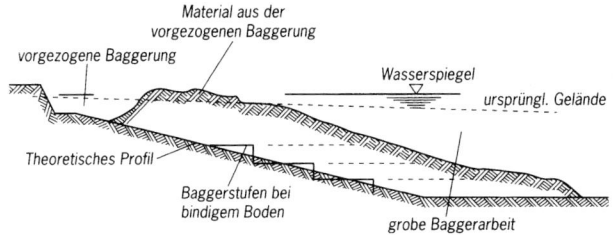

Bild E 138-1. Herstellen einer Unterwasserböschung mit Eimerkettenbagger

(1) Eimerkettenbaggerung
Früher wurden sowohl für die Vorbaggerungen als auch für das Baggern der Böschungen ausschließlich Eimerketten- und Greiferbagger eingesetzt. Mit kleinen Eimerkettenbaggern kann schon ab einer Tiefe von rd. 3 m unter der Wasseroberfläche gebaggert werden.
Der Eimerkettenbagger arbeitet zweckmäßig parallel zur Böschung, wobei in der Regel schichtweise abgetragen wird. Eine voll- oder halbautomatische Steuerung der Bewegung der Baggerleiter ist möglich und zu empfehlen.
Die Böschung wird stufenweise gebaggert. Die Bodenart ist maßgebend dafür, wieweit die Stufen die theoretische Böschungslinie anschneiden dürfen (Bild E 138-1).
In bindigen Böden werden die Stufen im Allgemeinen in die planmäßige Böschungslinie gebaggert. In nichtbindigen Böden darf die planmäßige Böschungslinie aber nicht angeschnitten werden. Die eventuelle Beseitigung des überstehenden Bodens ist abhängig von den Toleranzen, die in Abhängigkeit von den Bodenverhältnissen und den unter E 139, Abschn. 7.2.2 aufgeführten Randbedingungen festzulegen sind.
Die Höhe der Stufen ist u. a. von der Bodenbeschaffenheit abhängig und liegt im Allgemeinen zwischen 1 und 2,5 m.
Die Genauigkeit, mit der Böschungen auf diese Weise hergestellt werden können, ist unter anderem abhängig von der geplanten Böschungsneigung, der Bodenart und außerdem von den Fähigkeiten und Erfahrungen der Mannschaft, die das Baggergerät bedient.
Bei Böschungsneigungen 1 : 3 bis 1 : 4 und bindigen Böden kann mit einer senkrecht zur theoretischen Böschungslinie gemessenen Genauigkeit von ±50 cm gearbeitet werden. Bei nichtbindigem Boden soll die Toleranz, abhängig von der Baggertiefe, +25 bis +75 cm betragen.

(2) Schneidkopf- oder Schneidradbaggerung
Heute sind neben dem Eimerkettenbagger auch Schneidkopf- und Schneidradbagger geeignet, Unterwasserböschungen herzustellen, und das oft besser und preisgünstiger. Ist in wirtschaftlicher Entfernung kein Spülfeld vorhanden, kann gebaggerter Sand beispielsweise mit Hilfe von

259

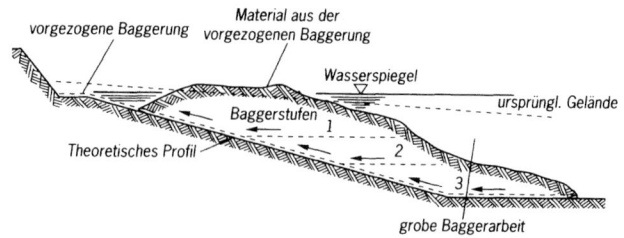

Material aus der
vorgezogene Baggerung vorgezogenen Baggerung

Wasserspiegel

Baggerstufen

Theoretisches Profil

ursprüngl. Gelände

grobe Baggerarbeit

Bild E 138-2. Herstellen einer Unterwasserböschung mit Schneidkopf- oder Schneidradbagger

Zusatzeinrichtungen in Schuten verladen werden. Dabei lagert sich gröberes Korn in den Schuten ab, während feineres Material – soweit zulässig – mit dem überlaufenden Wasser abfließt und ggf. von der Strömung abtransportiert wird.

Beim Baggern bewegt sich der Schneidkopfbagger vorzugsweise an der Böschung entlang. Wie beim Eimerkettenbagger wird auch hier schichtweise gearbeitet. Empfehlenswert ist eine rechnergesteuerte Bewegung des Baggers und der Baggerleiter.

In Bild E 138-2 ist angedeutet, wie ein Schneidkopf bzw. -rad parallel zur theoretischen Böschungslinie nach oben arbeitet, nachdem ein waagerechter Baggerschnitt ausgeführt wurde. Auf diese Weise können Unterwasserböschungen mit großer Genauigkeit hergestellt werden. Wenn die Baggerleiter durch Rechner gesteuert wird, sind Toleranzen T_h quer zur Böschung von +25 cm bei kleinen und von +50 cm bei großen Schneidkopfbaggern ausreichend. Wird ohne besondere Steuerung gearbeitet, gelten die gleichen Toleranzen wie bei der Eimerkettenbaggerung. Vorausgesetzt ist, dass der Boden nicht zum Fließen neigt.

7.6 Kolkbildung und Kolksicherung vor Ufereinfassungen (E 83)

7.6.1 Allgemeines

Kolke können durch natürliche Strömungen oder durch schiffsbedingte Erosionseffekte, wie

● natürliche Gefälle- oder Driftströmungen,
● schiffsbedingte Wellenbildung, Rückströmung, Propellerstrahlströmung,

hervorgerufen werden.

Im Hafenbau, im Bereich der Schiffsliegeplätze, wird insbesondere der Propellerstrahl als erodierendes Element wirksam, wobei sohlnahe Geschwindigkeiten von 4 bis 8 m/s möglich sind. Demgegenüber liegen die Strömungsgeschwindigkeiten natürlicher Fluss- oder Driftströmungen sowie der schiffsbedingten Rückströmung nur zwischen 1 und 2 m/s.

Die Erosionen infolge schiffsbedingter Wellenbildung wirken sich an den Böschungen aus. Eine entsprechende Sicherung ist nach den Grundsätzen des Küstenwasserbaues, vgl. E 186, Abschn. 5.9, zu gestalten. Kolke infolge der natürlichen Strömung des Wassers treten vorwiegend dort auf, wo es durch Landzungen, enge Durchflussöffnungen usw. zu erosiven Strömungen kommen kann.

Mit der für die Hafensohle als maßgebend zu betrachtenden Propellerstrahlbelastung ist vorwiegend dort zu rechnen, wo Schiffe selbständig an- oder ablegen. Dazu gehören besonders Fähren, Ro/Ro- und Containerschiffe.

Die durch den Antriebspropeller oder durch Bugstrahlruder ausgelösten Kolke sind zwar örtlich begrenzt, sie bilden aber wegen der hohen und turbulenten Strahlgeschwindigkeiten eine besonders zu beachtende Gefährdung nahegelegener Wasserbauwerke, wie Fährbetten, Kaianlagen und Schleusen.

7.6.2 Schiffsbedingte Strahlerzeugung

7.6.2.1 Strahlerzeugung durch die Heckschraube

Die vom rotierenden Propeller erzeugte Strahlgeschwindigkeit, die sog. induzierte Strahlgeschwindigkeit (tritt direkt hinter dem Propeller auf), kann nach [170] berechnet werden:

$$v_0 = 1,6 \cdot n \cdot D \cdot \sqrt{k_T} \tag{1.1}$$

n = Drehzahl des Propellers [l/s]
D = Durchmesser des Propellers [m]
k_T = Schubbeiwert des Propellers [1], $k_T = 0,25 \ldots 0,50$

Für einen mittleren Wert des Schubbeiwertes erhält man vereinfacht:

$$v_0 = 0,95 \cdot n \cdot D \tag{1.2}$$

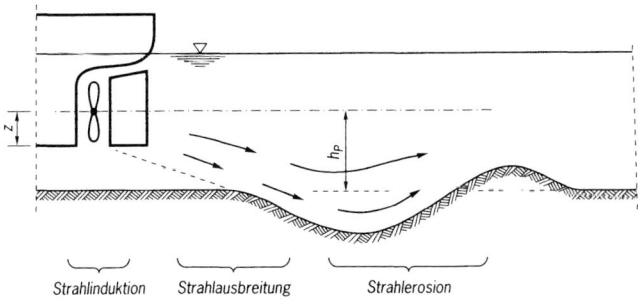

Strahlinduktion　Strahlausbreitung　Strahlerosion

Bild E 83-1. Strahlerzeugung durch die Heckschraube

261

Ist statt der Drehzahl die Leistung P des Propellers bekannt, kann die induzierte Strahlgeschwindigkeit auch nach folgendem Ansatz berechnet werden:

$$v_0 = C_P \left[\frac{P}{\rho_0 \cdot D^2} \right]^{1/3} \tag{1.3}$$

P = Propellerleistung [kW]

ρ_0 = Dichte des Wassers [t/m³]

C_P = $0,87 \cdot \left[\left(\frac{k_T}{k_Q} \right) \cdot \sqrt{k_T} \right]^{1/3}$ = 1,48 für freien Propeller (ohne Düse) [1],
= 1,17 für Propeller in einer Düse [1]

k_Q = Momentenbeiwert eines Propellers

k_T/k_Q = 7,5 (Näherungswert)

Im weiteren Verlauf weitet sich der erzeugte Strahl durch turbulente Austausch- und Vermischungsprozesse kegelförmig auf und verliert mit zunehmender Lauflänge an Geschwindigkeit.

Die in Sohlnähe auftretende maximale Geschwindigkeit, die in erster Linie für die Kolkbildung verantwortlich ist, kann folgendermaßen berechnet werden, vgl. auch [170]:

$$\frac{\max v_{Sohle}}{v_0} = E \cdot \left(\frac{h_P}{D} \right)^a \tag{2}$$

E = 0,71 für Einschrauber mit Zentralruder, nach [170],
= 0,42 für Einschrauber ohne Zentralruder, nach [170]
- -
= 0,42 für Zweischrauber mit Mittelruder,
gültig für $0,9 < h_P/D < 3,0$ nach [170]
= 0,52 für Zweischrauber mit Zweifach-Rudern,
den Propellern jeweils nachgeordnet,
gültig für $0,9 < h_P/D < 3,0$ nach [170]

a = −1,00 für Einschrauber
= −0,28 für Zweischrauber

h_P = Höhe der Propellerachse über der Sohle [m]
= $z + (h - t)$

z = $\left(\frac{D}{2} \right) + 0,1 \dots 0,15$ [m]

h = Wassertiefe [m]

t = Tiefgang des Schiffes [m]

262

Die für die Strahlgeschwindigkeit maßgebende Drehzahl des Propellers richtet sich nach der Maschinenleistung, die beim An- oder Ablegemanöver gefahren wird. Nach praktischen Erfahrungen liegt die Propellerdrehzahl bei Hafenmanövern zwischen

- „Voraus ganz langsam", ca. 30 % der Nenndrehzahl und
- „Voraus halb", ca. 65–80 % der Nenndrehzahl.

Für die Bemessung von Sohlsicherungssystemen sollte nach bisherigen deutschen Erfahrungen [233] und unter Einbeziehung von Sicherheitsgesichtspunkten eine Drehzahl von 75 % der Nenndrehzahl gewählt werden. Dies entspricht 42 % der Nennleistung (vgl. dazu [234]). Im Fall besonders kritischer Örtlichkeiten (hohe Wind- oder Strömungsbelastung für das Schiff, nautisch ungünstige Fahrwasser, Manöver unter der Bedingung von Eisgang) oder bei Standprobeläufen in Werften ist mit der Nenndrehzahl, ggf. sogar mit erhöhten Drehzahlen bei Maximalleistungen zu rechnen. Diese Bedingungen sind mit dem zukünftigen Betreiber der Anlage, speziell mit der Hafenverwaltung, zu klären.

7.6.2.2 Strahlerzeugung durch das Bugstrahlruder

Das Bugstrahlruder besteht aus einem Propeller, der, quer zur Schiffslängsachse angeordnet, in einem Rohr arbeitet. Es dient zum Ausführen von Manövern aus dem Stand und ist deshalb im Bereich des Bugs – seltener am Heck – installiert. Beim Einsatz des Bugstrahlruders in Kainähe trifft der erzeugte Strahl direkt auf die Kaiwand und wird dort allseitig umgelenkt. Kritisch für die Uferwand ist der zur Sohle gerichtete Strahlanteil, der beim Auftreffen auf die Sohle unmittelbar im Wandbereich Kolkungen hervorruft (vgl. Bild E 83-2).
Die Geschwindigkeit am Bugstrahlruderaustritt $v_{O,B}$ kann nach [170] gem. Gl. (3) berechnet werden:

$$v_{0,B} = 1,04 \cdot \left[\frac{P_B}{\rho_0 \cdot D_B^2} \right]^{1/3} \tag{3}$$

P_B = Leistung des Bugstrahlruders [kW]
D_B = Innendurchmesser der Bugstrahlruderöffnung [m]
ρ_0 = Dichte des Wassers [t/m³]

Bei Bugstrahlrudern großer Containerschiffe (P_B = 2.500 kW und D_B = 3,00 m) ist mit Strahlgeschwindigkeiten von 6,5 bis 7,0 m/s zu rechnen.
Die Geschwindigkeit des auf die Sohle treffenden Strahlanteils max v_{Sohle}, die für die Erosionen verantwortlich ist, berechnet sich zu:

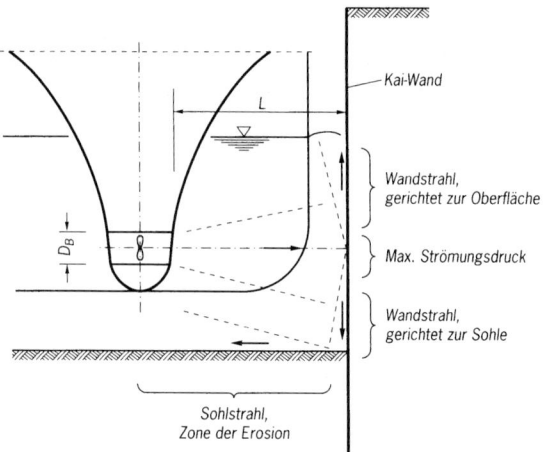

Bild E 83-2. Strahlbelastung der Hafensohle durch das Bugstrahlruder

$$\frac{\max v_{\text{Sohle}}}{v_{0,\text{B}}} = 2,0 \cdot \left(\frac{L}{D_{\text{B}}}\right)^{-1,0} \tag{4}$$

L = Abstand zwischen Bugstrahlruderöffnung und Kaiwand [m]
(vgl. Bild E 83-2)

Das Bug- bzw. Heckstrahlruder wird normalerweise mit voller Leistung betrieben.

7.6.3 Schutzmaßnahmen gegen Kolkgefahr

Als Maßnahmen zur Abwendung von Gefährdungen von Ufereinfassungen infolge Kolkbildung kommen in Frage:

1) Kolkzuschlag am Bauwerk.
2) Abdecken der Sohle mit Steinschüttung in loser oder vergossener Form.
3) Abdecken der Sohle mit flexiblen Verbundsystemen.
4) Monolithische Betonplatten, z. B. in Fährbetten.
5) Strahllenkende Gestaltung von Kaiwänden.

Zu 1):
In diesem Fall wird auf das Einbringen einer Schutzschicht verzichtet und der sich ausbildende Kolk in Kauf genommen. Zur Sicherheit des Bauwerkes wird die rechnerische Gründungssohle in eine Tiefe gelegt, die eine entsprechende Kolktiefe (Kolkzuschlag) berücksichtigt.

Martin Ziegler
Geotechnische Nachweise
nach der neuen DIN 1054
Reihe: Bauingenieur-Praxis
2004. 269 Seiten,
250 Abbildungen.
Broschur.
€ 49,90* / sFr 75,-
ISBN 3-433-01708-5

Ernst & Sohn
Verlag für Architektur und
technische Wissenschaften GmbH & Co. KG

Für Bestellungen und Kundenservice:
Verlag Wiley-VCH
Boschstraße 12
69469 Weinheim
Telefon: +49(0) 6201 / 606-400
Telefax: +49(0) 6201 / 606-184
E-Mail: service@wiley-vch.de

A Wiley Company

www.ernst-und-sohn.de

Beispielsammlung nach neuen Geotechnik-Normen

Zu den wichtigsten Regelungen der neuen Normen in der Geotechnik sind in dem vorliegenden Buch Beispiele vorgeführt und erläutert. Ausgehend vom neuen Sicherheitskonzept werden die Einwirkungen und Widerstände sowie die wichtigsten Regelungen zum Baugrund und seiner Untersuchung vorgestellt. Diese Beispielsammlung behandelt alltägliche Aufgaben aus der Geotechnik und ermöglicht ein schnelles Einarbeiten in die Nachweisführung nach den neuen Geotechnik-Normen.

Über den Autor:

Univ.-Prof. Dr.-Ing. Martin Ziegler ist Inhaber des Lehrstuhls für Geotechnik an der RWTH Aachen. Davor war er viele Jahre in unterschiedlichen Bereichen bei einer großen Baufirma tätig.

* Der €-Preis gilt ausschließlich für Deutschland
003736036_my Irrtum und Änderungen vorbehalten.

Das Kompendium der Geotechnik

Teil 1:
Geotechnische Grundlagen
6. Auflage 2000. 802 Seiten,
Gb. € 169,–*/ sFR 250,–
ISBN 3-433-01445-0

Teil 2:
Geotechnische Verfahren
6. Auflage 2001. 879 Seiten.
Gb. € 169,–*/ sFR 250,–
ISBN 3-433-01446-9

Teil 3:
Gründungen
6. Auflage 2001. 751 Seiten.
Gb. € 169,–*/ sFR 250,–
ISBN 3-433-01447-7

Inhalt:
– Internationale Vereinbarungen
– Ermittlung charakteristischer
  Werte
– Baugrunduntersuchungen im
  Feld
– Eigenschaften von Boden und
  Fels
– Stoffgesetze
– Spannungen und Setzungen im
  Boden
– Plastizitätstheoretische Behand-
  lung geotechnischer Probleme
– Bodendynamik und Erdbeben
– Erddruckermittlung
– Numerische Verfahren
– Geodätisch-photogrammetrische
  Überwachung von Hängen
– Geotechnische Messverfahren
– Phänomenologie natürlicher
  Böschungen
– Eisdruck
– Böschungsgleichgewicht im Fels

Inhalt:
– Baugrundverbesserung
– Injektionen
– Unterfangungen und
  Unterfahrungen
– Bodenvereisung
– Verpreßanker
– Bohrverfahren
– Rammen, Ziehen, Pressen,
  Rütteln
– Gründungen im offenen
  Wasser
– Böschungsherstellung
– Grundwasserströmung –
  Grundwasserhaltung
– Abdichtungen
– Herstellung von
  Geländeeinschnitten
– Rohrvortrieb
– Erdbau
– Geokunststoffe in der
  Geotechnik und im Wasserbau
– Böschungssicherung mit
  ingenieurbiologischen
  Bauweisen

Inhalt:
– Flachgründungen
– Pfahlgründungen
– Senkkästen
– Baugrubensicherung
– Pfahlwände, Schlitzwände,
  Dichtwände
– Spundwände für Häfen und
  Wasserstraßen
– Stützbauwerke und
  konstruktive Hangsicherungen
– Maschinenfundamente
– Gründungen in
  Bergbaugebieten

Vorzugspreis
bei Abnahme
von Teil 1 bis 3
€ 439,– * / sFr 649,–
ISBN 3-433-01448-5

Ernst & Sohn
Verlag für Architektur und
technische Wissenschaften GmbH & Co. KG

A Wiley Company
www.ernst-und-sohn.de

Für Bestellungen und Kundenservice:
Verlag Wiley-VCH
Boschstraße 12
69469 Weinheim
Telefon: +49(0) 6201 / 606-400
Telefax: +49(0) 6201 / 606-184
E-Mail: service@wiley-vch.de

* Der €-Preis gilt ausschließlich für Deutschland
006214106...my Irrtum und Änderungen vorbehalten.

Die als Folge von Schiffsmanövern zu erwartende Kolktiefe vor Kaianlagen wurde in [233] auf der Basis von Modellversuchen untersucht. In Übereinstimmung mit anderen Kolkvorgängen zeigte sich dabei, dass die Kolktiefe nach Überschreitung der Grenzbelastung des maßgebenden Korns der Hafensohle, erodibles Material vorausgesetzt, zunächst bei Steigerung der Strahlgeschwindigkeit sehr schnell zunimmt und dann nur noch langsamer wächst.

Für einen Kolk infolge Bugstrahlruder wurde nach [233] beispielsweise der Ansatz gefunden.

$$\frac{T_K}{d_{85}} = C_M \cdot 3{,}05 \cdot \left(\frac{v_{Sohle}}{\sqrt{d_{85} \cdot g \cdot \Delta'}} \right)^{2{,}25} \tag{5}$$

T_K = Kolktiefe [m]
d_{85} = maßgebendes Korn der Hafensohle [m]
v_{Sohle} = Sohlgeschwindigkeit nach Gl. (4) [m/s]
Δ' = relative Dichte des Sohlmaterials unter Wasser [kg/m^3]
C_M = 1,0 für stationäre Strahlbelastung
 = 0,3 für Strahlbelastung bei Ablegemanövern [1]

Wegen der Komplexität der Kolkprozesse ist dieser Ansatz nur als grobe Orientierung aufzufassen.

Zu 2):
Die Steinschüttung in loser Form (Natursteine und Reststoffe wie z. B. Schlacken) stellt eine der am häufigsten verwendeten Schutzsysteme dar. Zu stellende Forderungen sind:

- Ausreichende Stabilität gegenüber dem Propellerstrahlangriff,
- Einbau so, dass die Sohle sicher abgedeckt ist. Das bedeutet einen 2- bis 3-lagigen Einbau der Schüttsteine,
- filtergemäßer Einbau, d. h., Einbau auf einem Korn- oder Textilfilter, welcher auf den anstehenden Untergrund abgestimmt ist (vgl. [128] und [149]),
- unterströmungs- und somit erosionssicherer Anschluss an das feste Bauwerk, besonders bei Spundwandausführung der Kaiwand.

Der Nachweis der Strömungsstabilität gelingt nach [170] gemäß nachstehendem Ansatz:

$$d_{erf} \geq \frac{v_{Sohle}^2}{B^2 \cdot g \cdot \Delta'} \tag{6}$$

d_{erf} = erforderlicher Durchmesser der Befestigungssteine [m]
 (obere Lage)

v_{Sohle} = Sohlgeschwindigkeit nach Gl. (4) [m/s]
B = Stabilitätsbeiwert [1], nach [170]
 = 0,90 für Heckpropeller ohne Zentralruder
 = 1,25 für Heckpropeller mit Zentralruder
 = 1,20 für Bugstrahlruder
g = 9,81 (Erdbeschleunigung) [m/s^2]
Δ' = relative Dichte des Sohlmaterials unter Wasser [1]
 = $(\rho_s - \rho_0)/\rho_0$
ρ_s, ρ_0 = Dichte des Schüttmaterials bzw. des Wassers [t/m^3]

Bei Sohlgeschwindigkeiten von über 4 bis 5 m/s werden Steinschüttungen problematisch, da die zugeordneten Durchmesser mit d_{erf} = 0,7 bis 1,0 m so groß werden, dass sie nicht mehr ohne weiteres zu handhaben sind. Für hohe Sohlgeschwindigkeiten stellen Steinschüttungen in vergossener Form eine gute Alternative dar. Dabei ist zu unterscheiden zwischen Vollverguss und Teilverguss.

Bei Vollverguss wird das gesamte Hohlraumvolumen der Steinschüttung mit Vergussstoff gefüllt, und es entsteht eine einer unbewehrten Betonsohle vergleichbare Deckschicht. Üblicherweise wird der Verguss so eingebracht, dass die Steinspitzen noch herausragen, um zur Energiedissipationen von Strömungen beizutragen. Bei einem Wasserüberdruck unter der Deckschicht müssen Deckschichten mit Vollverguss mit darauf abgestimmtem Gewicht ausgeführt werden. Zwischen der vollvergossenen Deckschicht und dem Untergrund wird eine geotextile Trennschicht angeordnet, um Bodeneintrag in die Steinlage zu verhindern, so dass der Hohlraum im Steingerüst vollständig mit Vergussstoff gefüllt werden kann.

Bei Teilverguss wird nur soviel Verguss in das Steingerüst eingebracht, dass die einzelnen Steine in ihrer Lage fixiert werden, die Steinschüttung jedoch eine ausreichende Durchlässigkeit besitzt, um einen Wasserüberdruck unter der Deckschicht zu verhindern. Wie bei losen Steinschüttungen, ist zwischen Untergrund und Deckschicht ein Filter anzuordnen.

Durch die Verklammerungswirkung sind teilvergossene Steinschüttungen bis zu Geschwindigkeiten von 6 bis 8 m/s stabil (vgl. dazu [235]).

Für zum Teilverguss vorgesehene Steinschüttungen sind i. Allg. die Steinklassen II und III [97] zu verwenden. In den meisten Fällen ist ein Verguss der obersten 50 bis 60 cm der Steinschüttung ausreichend.

Der Teilverguss der Steinschüttung erfolgt gleichmäßig über die Fläche, damit möglichst jeder Stein von der Verklammerung erfasst wird. Die Vergussstoffmenge ist so zu wählen, dass ein Mindestporenvolumen von 10 bis 20 % erhalten bleibt, um Wasserüberdrücke unter der vergossenen Steinschüttung zu vermeiden.

Teilverguss kann in einer Schichtstärke bis ca. 60 cm in einem Arbeitsgang kontrolliert eingebracht werden. Soll die Steinschüttung in größerer Mächtigkeit vergossen werden, muss in Schichten eingebaut werden.

Eine ausreichend widerstandsfähige Kolkabdeckung wird i. Allg. mit einer Vergussstoffmenge von 150 bis 200 l/m^2 (bezogen auf 60 cm Schichtdicke) erreicht. Ein Bemessungsvorschlag zur Dimensionierung von Kolkschutzschichten wird in [235] gegeben.

Im Anschluss an eine Uferwand muss ein ca. 1 m breiter Streifen voll vergossen werden.

Für den Verguss sind gut haftende und unter Wasser einbaufähige Mörtel bzw. Betone mit Erosionsstabilisatoren oder Kolloidalmörtel erforderlich. Für einen Vollverguss kann auch Bitumen als Vergussstoff gewählt werden. Das Verfahren und das Material muss den Anforderungen der ZTV-W LB 210 [132] entsprechen. Ausführende Firmen sollen ISO-zertifiziert sein. Für den jeweiligen Einsatz sind Eignungsprüfungen unter den lokalen Bedingungen durchzuführen.

Bei vergossenen Deckschichten muss der Anschluss an Bauwerke oder Bauteile so ausgeführt sein, dass kein Spalt auftreten kann, durch den Bodenmaterial ausgespült wird.

Vergossenes Deckwerk besitzt nur eine begrenzte Flexibilität, daher muss – zur Vermeidung von Kolken – im Rand- bzw. Übergangsbereich zur unbefestigten Sohle durch Verringerung der Vergussstoffmenge auf ca. 60–80 l/m^2 oder durch Anschluss flexibler Sicherungselemente eine Anpassungsfähigkeit an Bodendeformationen geschaffen werden.

Zu 3):
Unter Verbundsystemen sind Systeme zu verstehen, bei denen durch Verkopplung einzelner Grundelemente ein flächiger Belag entsteht. Wichtiges Grundprinzip ist dabei, dass die Verkopplung flexibel gestaltet wird, um eine gute Anpassung an Randkolke und somit eine Stabilisierung derselben zu erreichen. Nachstehende technische Ausführungen sind bekannt:

- Seil- oder kettenverkoppelte Betonelemente,
- ineinandergreifende Betonformsteine,
- Bruchsteingefüllte Maschendrahtbehälter
  (Stein- oder Schottermatratzen oder Gabionen),
- mörtelgefüllte Geotextilmatten,
- Geotextilmatten mit fest verbundenen Betonsteinen.

Diese Systeme haben bei ausreichender Dimensionierung sehr gute Stabilitätseigenschaften, wobei ein verallgemeinerungsfähiger strömungsmechanischer Bemessungsansatz wegen der individuellen Vielfalt der angebotenen Systeme nur für Sonderfälle vorliegt (vgl. [170]).

Die Dimensionierung erfolgt somit oft nach Erfahrungswerten der Hersteller.

Bei ausreichender Flexibilität der Verkopplung zeigen diese Systeme ein gutes Randkolkverhalten, d. h. entstehende Randkolke werden vom System selbständig stabilisiert und damit die rückschreitende Erosion verhindert.

Die Drahtschottermatratzen haben allerdings bei gleichermaßen guten Stabilitäts- und Randkolkeigenschaften den Nachteil, dass das Maschendrahtgewebe anfällig gegenüber Korrosion, Sandschliff und mechanischer Beschädigung ist. Bei Zerstörung des Maschendrahtes verlieren die Gabionen ihre strömungsmechanische Stabilität. Die Matratzenelemente oder Gabionen müssen miteinander zugfest verbunden sein.

Zu 4):

Eine Unterwasserbetonsohle, die in ihrer Höhe viel genauer hergestellt werden kann als eine Steinschüttung, bildet für begrenzte Areale (Fährbetten, Standprobenplätze) einen sehr wirksamen Erosionsschutz. Durch die homogene Struktur sorgfältig hergestellten Betons wird die auf die Sohle vom Propeller lokal übertragene Schubkraft auf ein große Fläche verteilt, so dass selbst bis zu sehr hohen Strahlbelastungen die Sohle stabil bleibt.

Nachteilig ist, dass die starre Betonsohle ungleichmäßigen Setzungen nicht folgen kann und es zu Brüchen kommen kann. Auch kann die Sohle entstehende Randkolke nicht selbständig stabilisieren, so dass dafür spezielle Lösungen erforderlich sind. In Fährbetten haben sich als Abschluss der Unterwasserbetonsohle Herdwände bewährt. Die Unterwasserbetonsohlen werden – je nach Strömungsbelastung und Einbautechnologie – in Stärken von 0,3 bis 1,0 m eingebaut. Der fachgerechte Einbau von Unterwasserbeton ist ein technologisch komplizierter und kostenaufwendiger Prozess (Tauchereinsatz, schlechte Sichtverhältnisse, Unterwasserschalung, entmischungsfreier Einbau des Betons usw.). Eine Betonsohle als Erosionsschutz ist wirtschaftlich, wenn sie im Trockenen, z. B. im Schutz eines Fangedamms eingebaut werden kann.

Zu 5):

Die Rückverlegung der Spundwand zur Schaffung eines Wasserpolsters zwischen Kaivorderkante und Schiffswand, ggf. in Kombination mit der Anordnung von Strahllenkern, bieten effiziente Möglichkeiten zur Vermeidung bzw. Minimierung der Sohlbelastung. Diese Maßnahmen sind besonders zur Kolkreduzierung bei Strahlerosion infolge des Bugstrahlruders geeignet (vgl. Bild 83-3). Nach [236] ist folgende Kolkreduktion bei Anordnung einer geneigten Spundwand in Kombination mit einem Strahllenker am Fußpunkt der Wand zu erwarten (gültig für $L/D_B \sim 4$ und $h_{P,B} / D_B \sim 2$):

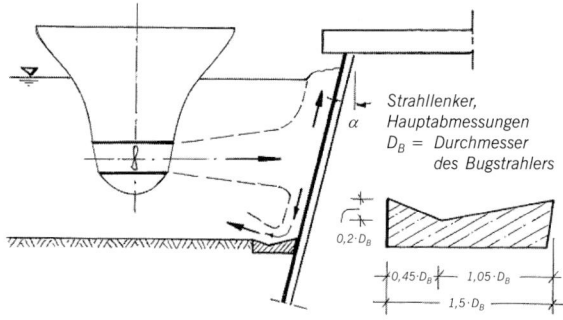

Strahllenker,
Hauptabmessungen
D_B = Durchmesser
des Bugstrahlers

Bild E 83-3. Strahllenkende Maßnahmen an einer Kaiwand zur Kolkreduktion, Mindestabmessungen [236]

$$T_{K,\alpha,m,SL} = C_{SL} \cdot (1 + 0{,}005 \cdot \alpha) \cdot C_\alpha \cdot T_K \tag{7}$$

T_K = Kolktiefe infolge Bugstrahls ohne strahllenkende Maßnahmen
$T_{K,\alpha,m,SL}$ = Kolktiefe infolge Bugstrahls mit strahllenkenden Maßnahmen
α = Neigung der Spundwand
C_α = Strahlteilungsverhältnis bei Wandneigung
C_{SL} = Kolkreduktion bei Anordnung eines Strahllenkers

	$\alpha = 0°$	$\alpha = 10°$	$\alpha = 20°$	$\alpha = 30°$
C_α	1,00	0,78	0,58	0,38
C_{SL}	0,25	0,20	0,10	0,05

Bei geeigneten Maßnahmen zur Strahllenkung, d. h. beispielsweise Neigung der Wand um $\alpha = 10°$ und Anordnung eines Strahllenkers an der Sohle, kann mit einer Kolkreduktion nach Gl. (7) auf rund 16 % der Kolkung an der ungeschützten Sohle gerechnet werden. Eine Sohlsicherung kann in diesem Fall entfallen.

7.6.4 Abmessungen von Befestigungen

Die Abmessungen einer Befestigung sollte unter strömungsmechanischen Aspekten so gewählt werden, dass im Randbereich die Strahlgeschwindigkeiten soweit abgebaut sind, dass keine Gefahr einer Unterspülung der Befestigung durch entstehende Randkolke besteht. Je nach der spezifischen Abnahmefunktionen, vgl. Gl. (2) für Heckantrieb und Gl. (4) für Bugstrahlruder, führt eine derartige Betrachtungsweise zu sehr großen Befestigungsflächen, was mit erheblichen Kosten verbunden sind.

269

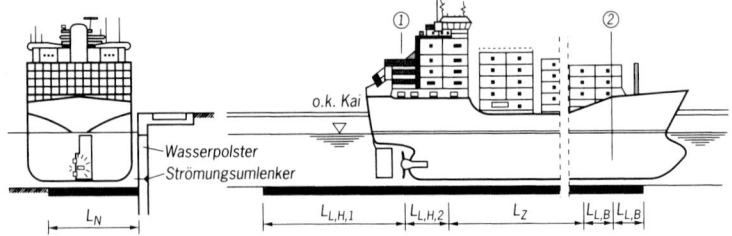

① Heckwärtige Extremposition des Schiffes
② Bugwärtige Extremposition des Schiffes

Bild E 83-4. Abmessungen der Befestigungsflächen vor einem Kai

Aus wirtschaftlichen Überlegungen und unter Beachtung des Grundsatzes, dass nicht die Sohle sondern das Bauwerk (Kaiwand o. ä.) zu schützen ist, werden die Befestigungsflächen so gestaltet, dass zumindest die intensiven Strömungsbelastungen durch die Befestigung abgefangen werden. Außerdem sind die Mindestabmessungen der Befestigung so zu wählen, dass der Bereich des statisch wirksamen Erdwiderstandskeils am Fußpunkt der Kaiwand nicht unzulässig durch Randkolke reduziert wird. Als erste Näherung und Mindestabmessungen werden folgende Werte empfohlen, vgl. Bild E 83–4, wobei zu beachten ist, dass dabei am Rand noch mit 70 … 80 % der maximalen Sohlgeschwindigkeit zu rechnen ist. Bei erosionsanfälliger Hafensohle ist die Befestigung mit einer geeigneten Randsicherung abzuschließen, die sich flexibel dem entstehenden Randkolk anpassen kann und diesen so stabilisiert.

Für Einschrauber:

- Normal zum Kai:
  $L_N = (3 … 4 \cdot D) + \Delta RS$
  D = Propellerdurchmesser

- Längs zum Kai:
  $L_{L,H,1} = (6 … 8 \cdot D) + \Delta RS$
  $L_{L,H,2} = 3 \cdot D + \Delta RS$
  $L_{L,B} = (3 … 4 \cdot D_B) + \Delta RS$
  ΔRS = Zuschlag für die Randsicherung, ca. 3 … 5 m

Für Zweischrauber:

Wegen der Anordnung von zwei Schrauben nebeneinander sind die o. g. Werte, die dem Durchmesser zuzuordnen sind, zu verdoppeln.
Die Gesamtausdehnung der Befestigung längs zum Kai hängt von der erwarteten Variation der Liegeplatzpositionen ab. Für Liegeplätze mit genau definierten Schiffspositionen kann in Betracht gezogen werden, die Zwischenlänge L_Z unbefestigt zu belassen.

Für stark frequentierte Liegeplätze, z. B. Fähranleger, und bei besonders setzungsempfindlichen Kaikonstruktionen, sollte über die o. g. Empfehlung (Mindestabmessungen) hinausgehend die Ausdehnung der Befestigung durch Analyse des Ausbreitungsverhaltens des Propellerstrahls genauer untersucht werden.

7.7 Vertikaldräns zur Beschleunigung der Konsolidierung weicher bindiger Böden (E 93)

7.7.1 Allgemeines

Durch Vertikaldräns können die Konsolidierungssetzungen (primäre Setzungen) weicher, bindiger, wenig wasserdurchlässiger Schichten wesentlich beschleunigt werden; nicht aber die bei einigen Böden auftretenden sekundären Setzungen, die ohne Änderung des Porenwasserdrucks vor allem auf das Kriechen des Bodens zurückzuführen sind.

Vertikaldräns werden vor allem in weichen bindigen Böden mit gutem Erfolg eingesetzt. Weil die waagerechte Wasserdurchlässigkeit dieser Böden im Allgemeinen größer ist als die lotrechte, werden die Entwässerungswege deutlich verkürzt. In geschichteten Böden wechselnder Wasserdurchlässigkeit (z. B. lagenweise Klei- und Wattsandschichten) werden die gering durchlässigen Schichten über die angrenzenden Schichten höherer Durchlässigkeit entwässert. Hierdurch wird die Konsolidierung zusätzlich beschleunigt.

Wenn sekundäre Setzungen einen wesentlichen Teil der Gesamtsetzungen ausmachen, oder wie bei Torf Setzungen aus einer stofflichen Umsetzung zu erwarten sind, sind Vertikaldräns in der Regel nicht zweckmäßig.

7.7.2 Anwendung

Vertikaldräns werden bei Schüttungen von Massengütern, Deichen, Dämmen oder Geländeaufhöhungen auf weichen bindigen Böden eingesetzt. Dadurch wird die Konsolidierungsdauer verkürzt und der anstehende Boden erhält früher die für die vorgesehene Nutzung erforderliche Tragfähigkeit. Vertikaldräns werden auch zur Stabilisierung von Böschungen oder Geländesprüngen eingesetzt und wenn seitliche Fließbewegungen aus Aufschüttungen begrenzt werden sollen.

Beim Einsatz von Vertikaldräns muss auch geprüft werden, ob die Ausbreitung eventuell im Boden vorhandener Schadstoffe erleichtert oder ermöglicht wird.

7.7.3 Entwurf

Beim Entwurf einer Vertikaldränage sind folgende Aspekte zu berücksichtigen:

- Durch eine Auflast größer als die Summe aller zukünftigen Lasten können auch spätere sekundären Setzungen in gewissem Umfang vorweggenommen werden.
- Die primären Setzungen können nach der Konsolidierungstheorie (TERZAGHI), sekundäre Setzungen nach KEVERLING BUISMAN und nach der kombinierten Setzungsformel von KOPPEJAN [56] abgeschätzt werden. Wegen der vereinfachten Berechnungsansätze und wegen der Inhomogenität des Baugrunds sind die Abschätzungen für wahrscheinliche Bandbreiten der bodenmechanischen Parameter durchzuführen. Der Verlauf der Konsolidierung muss stets durch Setzungsmessungen und Messungen des Porenwasserdrucks in situ überprüft werden. Nur aus diesen Messungen ist das Abklingen der Setzungen und die verfügbare Scherfestigkeit sicher abzuleiten.
- In vielen Fällen sind die beobachteten Setzungen bei einer Vertikaldränage größer, als unter gleichartigen Verhältnissen in nichtdränierten Böden, weil der Stagnationsgradient der Konsolidierung im Falle einer Vertkaldränage kleiner ist als ohne.
- Beim Einsatz von Vertikaldräns sind die Folgen für die hydrologischen Randbedingungen zu bewerten.
- Bei gespanntem Wasserspiegel unter der zu konsolidierenden Schicht müssen die Dräns mindestens rd. 1 m oberhalb der unterlagernden Schicht enden.

Für die Festlegung des optimalen Dränabstands ist der Baugrundaufbau vorab sorgfältig zu erkunden. Vor allem die Wasserdurchlässigkeit der anstehenden Bodenarten kann aber nur aus Probebelastungen zuverlässig bestimmt werden.

Für die Bemessung der Dräns sind folgende Kriterien entscheidend:

(1) Die Eintrittsfläche in den Drän muss groß genug sein.
(2) Die Dräns müssen genügend Durchflusskapazität besitzen.
(3) Dicke und (waagerechte und senkrechte) Wasserdurchlässigkeit der zu entwässernden bindigen Bodenschichten.
(4) Wasserdurchlässigkeit angrenzender Bodenschichten.
(5) Gewünschte Beschleunigung der Konsolidierungszeit.
(6) Kostenaufwand.

In den meisten Fällen ist das Kriterium (1) ausschlaggebend. Auch ist die jeweils zur Verfügung stehende Konsolidierungszeit von besonderer Bedeutung.
Durch frühzeitige bodenmechanische Untersuchungen kann mit Hilfe von Setzungs-, Wasserstands- und Porenwasserdruckmessungen die zweckmäßigste und wirtschaftlichste Art, Anordnung und Ausführung der Dräns gefunden werden. Dabei müssen die Bedingungen der späteren Bauausführung berücksichtigt werden; bei der Bauausführung ver-

ursachte Verschmutzungen der Dränwandungen können den Wassereintritt in die Dräns und damit deren Leistungsfähigkeit entscheidend herabsetzen.

Dies gilt auch für den Wasserabfluss nach unten in eine wasserführende Schicht oder für den seitlichen Abfluss in einer oben aufgebrachten Sand- oder Kiesschicht. Im Allgemeinen können Sanddräns $\varnothing$ 25 cm in 2,5 bis 4,0 m Achsabstand angeordnet werden, Kunststoffdräns im Allgemeinen mit einem kleineren Achsabstand.

Kunststoffdräns werden im Allgemeinen in Breiten von ca. 10 cm geliefert. Beim Entwurf sind die produktspezifischen Angaben der Hersteller zu berücksichtigen.

Für die Wahl des Dräntyps (Sand- oder Kunststoffdräns) sind folgende Aspekte maßgebend:

- Beim Einbringen von Kunststoffdräns kann die Kontaktfläche Boden/ Drän verschmieren. Hierdurch wird der Wassereintrittswiderstand in den Drän erhöht. Der günstige Einfluss von dünnen, waagerechten Sandlagen kann nicht wirksam werden.
- Die Vertikaldräns erleiden dieselben Setzungen wie die Bodenschichten, in denen sie eingebaut sind. Bei großen Setzungen können sie abknicken, wodurch ihre Funktion erheblich beeinträchtigt werden kann. Versuche mit geknickten Vertikaldräns können Auskunft geben über die Verringerung des Abflussvermögens des Dräns bei starker Zusammendrückung der dränierten Schicht

7.7.4 Ausführung

Dräns können gebohrt, gespült, gerüttelt oder gerammt werden. Am häufigsten verwendet werden flache oder runde Kunststoffdräns, die meist im Stech- oder Rüttelverfahren eingebracht werden. Um den Geräteeinsatz und die Sandanfuhr auf dem meist weichen Gelände zu erleichtern, und um zu verhindern, dass das Bohrgut die Geländeoberfläche verschmutzt, wird, bevor die Bohrarbeiten anlaufen, auf dem Gelände eine mindestens 0,5 m dicke, gut durchlässige Sandschicht aufgebracht. Diese ist zugleich Sammler und Vorflut für das aus den Dräns abgeführte Wasser. Es ist jedoch zu beachten, dass eine zu dicke und ggf. verfestigte Sandschicht das Einbringen von Kunststoffdräns stark erschweren kann. Wässeriges Bohrgut wird in Rinnen zu Stellen abgeführt, an denen Ablagerungen unschädlich sind.

Im Falle kontaminierten Untergrunds sind Einbringverfahren zu vermeiden, bei denen Bohr- oder Spülgut anfällt. Außerdem darf eine ggf. vorhandene dichtende Schicht nicht durchstoßen werden. Um für die Nutzung dränierten Geländes Zeit zu gewinnen, ist es sinnvoll, die Dräns frühzeitig einzubringen und durch Bodenauffüllung auf dem Gelände den Untergrund bereits vorzukonsolidieren.

7.7.4.1 Gebohrte Sanddräns

Bei gebohrten Sanddräns werden je nach Bodenart verrohrte oder unverrohrte Bohrlöcher mit Durchmessern von etwa 15 bis 30 cm niedergebracht und mit Sand verfüllt. Dabei wird das Bohrrohr ggf. gezogen. Gebohrte Sanddräns haben den Vorzug, dass sie den Untergrund am wenigsten stören, das ist vor allem bei sensitiven Böden wichtig. Zudem beeinflussen sie die für den Erfolg maßgebende Durchlässigkeit des Bodens in waagerechter Richtung am wenigsten. Sie sind unter Wasserüberdruck zügig zu bohren. Bei fehlender Verrohrung sind sie einwandfrei klar zu spülen und unter Wasserüberdruck ohne Unterbrechung zu verfüllen, damit die Lochwand nicht abbröckelt und die Füllung nicht verunreinigt wird. Es ist auch sorgfältig darauf zu achten, dass die Sanddräns nicht durch seitliche Einschnürungen durch eindringenden Boden unterbrochen werden.

Das Verfüllmaterial muss so gewählt werden, dass das Konsolidierungswasser unbehindert ein- und abfließen kann. Der Anteil an Feinsand ($\leq$ 0,2 mm) sollte nicht höher als 20 % sein.

7.7.4.2 Gespülte Sanddräns

Für gespülte Sanddräns gilt Abschn. 7.7.4.1 sinngemäß. Sie sind schnell und kostengünstig herzustellen, haben aber den Nachteil, dass durch Feinkornablagerungen an der Sohle und an den Dränwandungen leicht Verringerungen der Dränleistung eintreten können. Hierauf ist bei der Ausführung besonders zu achten. Auch werden beim Durchfahren von Sandschichten große Spülwassermengen benötigt, weil das Spülwasser über die Wandungen abfließen kann. Nach dem Klarspülen und dem Ausbau des Geräts ist unverzüglich mit der Sandverfüllung zu beginnen. Sie ist ohne Unterbrechung zügig zu vollenden.

7.7.4.3 Gerammte Sanddräns

Wirkt sich die Bodenverdrängung beim Rammen auf die Tragfähigkeit des Untergrunds (Sensitivität) und seine Durchlässigkeit in waagerechter Richtung nicht nachteilig aus, können gerammte Sanddräns angewendet werden. Hierbei wird beispielsweise ein Rohr von 30 bis 40 cm Durchmesser an seinem unteren Ende mit einem Pfropfen aus Kies und Sand versehen und mit einem Innenbär bis zur gewünschten Tiefe in den weichen Untergrund getrieben. Nach Herausschlagen des unteren Abschlusses wird Sand geeigneter Kornverteilung (wie bei den gebohrten Dräns) in das Rohr eingefüllt und unter gleichzeitigem Hochziehen des Rohrs in den Untergrund geschlagen. Hierdurch entsteht ein Sanddrän, dessen Volumen ungefähr zwei- bis dreimal dem Volumen des Rammrohrs entspricht, wobei der Boden im Umfeld des Rammrohrs aber nachhaltig gestört wird. Eine ggf. vorhandene Strukturfestigkeit des anstehenden Bodens geht dabei verloren. Verschmierte Zonen, die beim Einrammen des Rohrs entstanden sein können, werden durch das Einrammen des Sands und die damit verbundene Oberflächenvergrößerung des Dräns mindestens teilweise wieder aufgerissen. Der Abfluss in eine untere wasserführende Schicht und in die aufgebrachte Sandschicht ist bei dieser Ausführungsart einwandfrei möglich.

7.7.4.4 Kunststoffdräns

Kunststoffdräns werden durch ein Nadelgerät in den weichen Boden eingeführt. Sie können ohne Wasser in den weichen Boden eingebracht werden, wodurch eine Verschmierung der Dränwandungen weitgehend vermieden wird.

7.7.5 Ausführungskontrollen

Die Wirksamkeit von Vertikaldränagen hängt weitgehend von der Sorgfalt ihrer Ausführung ab. Um Fehlschläge zu vermeiden, ist die jeweils eingebrachte Sandmenge zu kontrollieren und die Wirkung der Dräns rechtzeitig durch Füllversuche mit Wasser, Wasserstandsmessungen in einzelnen Dräns, Porenwasserdruckmessungen zwischen den Dräns, Drucksondierungen oder Wasserdruckmessungen und Beobachtung der Setzungen der Geländeoberfläche zu überprüfen.

7.8 Sackungen nichtbindiger Böden (E 168)

7.8.1 Allgemeines

Sackungen sind ein bestimmter Bestandteil der Volumenverminderung einer nichtbindigen Bodenmasse, z. B. von Sand.

Insgesamt werden Volumenverminderungen verursacht durch:

(1) Kornumlagerungen im Sinne einer Erhöhung der Lagerungsdichte.
(2) Zusammendrückungen des Korngerüsts.
(3) Kornbrüche und Kornabsplitterungen in Bereichen mit großen örtlichen Spannungsspitzen an Kornberührungsstellen.

Die genannten Auswirkungen können allein schon durch Belastungserhöhungen ausgelöst werden. Die Kornumlagerungen nach (1) treten vor allem bei Erschütterungen, Verminderungen der Strukturwiderstände und/oder der Reibungseinflüsse zwischen den Körnern auf.
Die Volumenverminderungen infolge der letztgenannten beiden Einflüsse werden als Sackungen bezeichnet. Sie treten ein, wenn bei sehr starkem Durchnässen oder Austrocknen nichtbindiger Böden die sogenannte Kapillarkohäsion zwischen den Körnern, das ist der Reibungseinfluss aus der Oberflächenspannung im Porenzwickelwasser, sich stark vermindert oder ganz verschwindet. Tritt dies beispielsweise im Zusammenhang mit einem aufsteigenden Grundwasserspiegel ein, wirken auf

die Körner auch noch Einflüsse aus den Veränderungen der Menisken zwischen den Körnern im jeweiligen Grundwasserspiegel.

7.8.2 Sackungsmaß

Wird erdfeuchter Sand belastet und beispielsweise durch aufsteigendes Grundwasser völlig durchnässt, zeigt sich ein Lastsenkungsdiagramm nach Bild E 168-1.

Die Sackungen nichtbindiger Böden sind abhängig von der Kornzusammensetzung, der Kornform, der Kornrauhigkeit, dem Anfangswassergehalt, dem Spannungszustand im Boden und vor allem von der Anfangslagerungsdichte. Je lockerer der Boden gelagert ist, desto größer sind die Sackungen. Sie erreichen bei sehr locker gelagerten, gleichförmigen Feinsanden bis zu 8 % der Schichtdicke. Aber auch nach hochgradiger Verdichtung können sie noch 1 bis 2 % der Schichtdicke betragen.

Die Sackungen sind im Allgemeinen bei rundkörnigen Böden größer als bei scharfkantigen nichtbindigen Böden. Gleichförmige Sande zeigen ein größeres Sackungsmaß als ungleichförmige, wobei der Unterschied allerdings nur bei sehr lockerer und bei lockerer Lagerung erkennbar ist.

Bekannt sind in diesem Zusammenhang seit langem die Zusammenbrüche von Grobschluff, wenn er stark durchnässt wird.

Die Sackungsgefahr von Sanden nimmt mit Zunahme bindiger Anteile rasch ab.

Versuche nach [57] haben gezeigt, dass Sande mit gleichem Anfangswassergehalt und gleicher Anfangsdichte bei Belastung und Durchfeuchtung Setzungen und Sackungen erfahren, deren Summe mit genügender Genauigkeit unabhängig von der Größe der Belastung angenommen werden kann. Bei kleinen Belastungen sind demnach die Setzungen klein und die Sackungen groß.

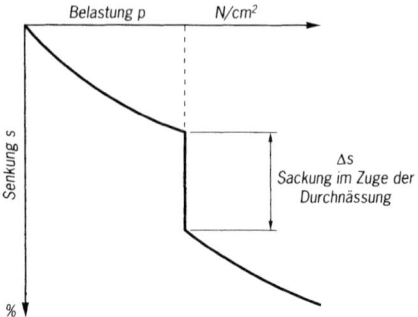

Bild E 168-1. Lastsenkungsdiagramm eines erdfeuchten Sands bei Durchnässung

7.8.3   Auswirkung von Sackungen auf Bauwerke und Gegenmaßnahmen

Sackungen treten im Wesentlichen beim erstmaligen Durchnässen nichtbindiger Böden auf. Bei weiterer Durchnässung nach einer wiederholten Grundwasserabsenkung sind sie gering.

Zur Vermeidung bzw. Verminderung von Sackungen durch Überfluten
bzw. Vernässen bei aufsteigendem Grundwasser oder bei völligem Austrocknen sind die Sande vorab weitgehend zu verdichten. Die erzielte
Lagerungsdichte kann durch Probenentnahme oder mit Ramm-, Druck-
oder radiometrischen Sonden (E 71, Abschn. 1.5) überprüft werden.
Gegebenenfalls sind Sackungen, die zu Schäden führen können, durch
starke Wasserzugabe während des Einbauens oder bei Bodenersatz im
Schutz einer Grundwasserabsenkung durch ein zwischenzeitliches An-
steigenlassen des Grundwasserspiegels vorwegzunehmen.

7.9   Ausführung von Bodenersatz für Ufereinfassungen (E 109)

7.9.1   Allgemeines

Bei Ufereinfassungen in Gebieten mit dicken, weichen bindigen Bodenschichten ist ein Bodenaustausch nur dann wirtschaftlich, wenn der erforderliche Auffüllsand in genügender Qualität und Menge kostengünstig
zur Verfügung steht. Ein Bodenaustausch empfiehlt sich auch, wenn
aufgrund der Bodenuntersuchungen mit Hindernissen zu rechnen ist,
die zu Rammschäden an der Spundwand führen können. Die Tiefe der
Baggergrube muss so festgelegt werden, dass die Standsicherheit der
Ufereinfassung immer gewährleistet ist. Dazu kann es nötig sein, alle
weichen bindigen Schichten hinunter bis zum tragfähigen Baugrund
abzutragen.

Beim Baggern unter Wasser lagert sich der Bodenverlust beim Baggern
als Schlickschicht auf der Baggersohle ab. Hinzu kommt der Schlickfall
aus dem Gewässer. Würde dieser Schlick an der Baggersohle verbleiben und durch den Austauschboden überschüttet werden, würde er im
Boden eine Schicht mit großer Setzung und geringer Festigkeit bilden.
Der Schlick an der Baggersohle ist also vor dem Einbau des Austauschbodens möglichst vollständig zu entfernen.

Der vollständige Aushub anstehender weicher bindiger Schichten ist
ebenfalls erforderlich, wenn die Ufereinfassung nur geringe Setzungen
vertragen kann.

Schon im Vorentwurfstadium sind zur Ermittlung der Bagger- und
Bodeneinbaukosten ausreichende Bodenaufschlüsse und bodenmechanische Untersuchungen erforderlich. Nur dann können die Abmessungen und die Tiefe der Baggergrube, das einzusetzende Gerät und seine
Leistungsfähigkeit zutreffend ermittelt werden.

Für die Kostenermittlung ist auch die Dicke der zu erwartenden Schlickschicht aus Bodenverlusten beim Baggern und aus Geschiebe- und

Sinkstoffführung so zutreffend wie möglich zu erkunden (Material, und Menge je nach den Fließgeschwindigkeiten im Verlauf der verschiedenen Tiden und abhängig von den Jahreszeiten). Auf der Grundlage einer solchen Ermittlung kann der Einbau des Austauschbodens systematisch geplant und ausgeführt werden, sodass Schlickablagerungen auf ein Mindestmaß begrenzt bleiben.

Bei Großbauwerken sollte im Baugebiet vorab eine ausreichend große Probegrube gebaggert und laufend beobachtet werden.

Hingewiesen sei in fließenden Gewässern auch auf die Erosions- und Kolkgefahr für den eingebrachten Sand. Baugerüste und dergleichen müssen tief einbinden, wenn nicht schützende Abdeckungen aufgebracht werden.

7.9.2   Bodenaushub

7.9.2.1   Wahl des einzusetzenden Baggers

Für den Abtrag von bindigem Boden werden im Allgemeinen Eimerkettenbagger, Schneidkopfbagger, Schneidradbagger oder Tieflöffelbagger eingesetzt. Wenn eine Schicht mit Hindernissen ausgebaggert werden muss (beispielsweise Boden mit Gerölleinlagen), darf ein Saugbagger nur dann eingesetzt werden, wenn er mit Spezialpumpen mit genügend großen Durchtrittsweiten ausgerüstet ist, da sonst die Hindernisse liegen bleiben und bei späteren Rammarbeiten eine kaum zu durchrammende Lage bilden.

Bei allen Baggerarbeiten sind Bodenverluste nicht zu vermeiden, diese zur bilden als Sediment eine Störschicht auf der Baggergrubensohle (Bild E 109-2). Insbesondere beim Aushub mit Eimerkettenbaggern (Bild E 109-1) ist aus dem Baggerbetrieb (übervolle Eimer, unvollständiges Entleeren der Eimer in der Ausschüttanlage, Überfließen der Baggerschuten) mit einem hohen Sedimentaufkommen zu rechnen. Daher muss bei Erreichen der Baggergrubensohle mit geringerer Schnitthöhe gearbeitet und mindestens ein Sauberkeitsschnitt geführt werden, um sicherzustellen, dass die sedimentierte Schlickschicht weitestgehend entfernt wird. Dabei muss mit schlaffer Unterbucht sowie mit geringer Eimer- und Schergeschwindigkeit gefahren werden. Die Schuten können voll beladen werden, jedoch muss ein Überfließen mit Bodenverlusten unbedingt vermieden werden.

Beim Einsatz von Schneidkopf- und Schneidradbaggern entsteht eine gewellte Baggergrubensohle nach Bild E 109-2, deren Störschicht dicker ist als beim Eimerkettenbagger.

Durch eine besondere Schneidkopfform, eine niedrige Drehzahl, kurze Vorschübe sowie eine langsame Schergeschwindigkeit kann die Störschichtdicke verringert werden. Die Störschicht muss unmittelbar vor Aufbringen des Austauschbodens beseitigt werden.

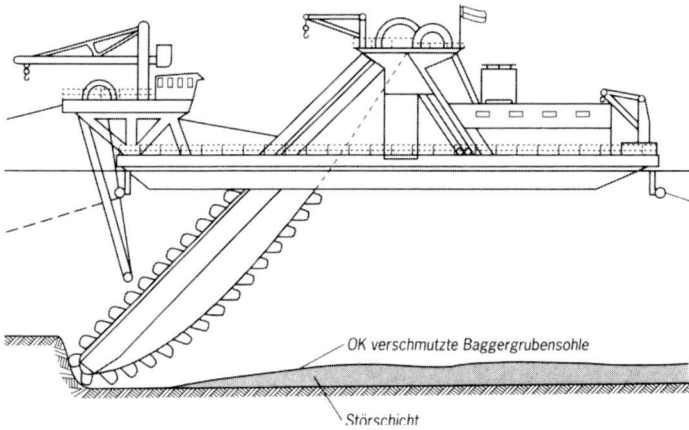

Bild E 109-1. Störschicht beim Aushub mit Eimerkettenbagger

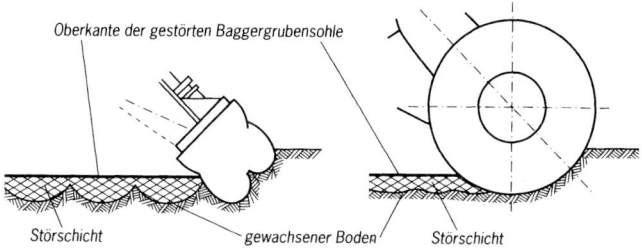

Bild E 109-2. Störschichtbildung beim Aushub mit Schneidkopf- bzw. Schneidradsaugbagger

7.9.2.2 Ausführung und Kontrolle der Baggerarbeiten

Um ein plangemäßes Baggern gewährleisten zu können, muss die Baggergrube – den Abmessungen des gewählten Baggers angepasst – großzügig angelegt und entsprechend gekennzeichnet werden. Dabei müssen geeignete Vermessungsverfahren und Positionierungseinrichtungen angewendet werden, mit denen der Arbeitsbereich vom Baggerpersonal sowohl am Tage als auch bei Nacht deutlich und unverwechselbar erkannt werden kann.

Die Markierung der Baggerschnittbreite an den Seitendrähten des Baggers allein ist nicht ausreichend.

Der Aushub wird in Stufen durchgeführt, die am Baggergrubenrand der mittleren Profilneigung entsprechen. Die Höhe dieser Stufen ist von Art und Größe der Geräte und von der Bodenart abhängig. Auf ein genaues Einhalten der Schnittbreiten ist zu achten, da zu breit ausgeführte Schnitte örtlich zu übersteilen Böschungen und damit zu Böschungsrutschungen führen können.

Die ordnungsgemäße Ausführung der Baggerung kann durch moderne Vermessungsverfahren (z. B. Echolot in Verbindung mit Global Positioning System – GPS) gut überwacht werden. Auch eventuelle Profiländerungen, die unter Umständen auf Rutschungen in der Unterwasserböschung zurückzuführen sind, lassen sich dadurch rechtzeitig erkennen. Zur Überwachung von Rutschungen an Unterwasserböschungen haben sich Inklinometermessungen am Rand der Baggergrube bewährt.

Eine letzte Messung ist unmittelbar vor Beginn des Sandeinbaus durchzuführen. Dabei ist auch die Beschaffenheit der Baggergrubensohle durch die Entnahme von Bodenproben zu überprüfen. Hierfür hat sich ein aufklappbares Sondierrohr mit einem Mindestdurchmesser von 100 mm und einer Fangvorrichtung (Federverschluss) bewährt (Sedimentbohrer). Dieses Rohr wird je nach den Erfordernissen 0,5 bis 1,0 m oder auch tiefer in die Baggergrubensohle getrieben. Nach dem Ziehen und Öffnen des Rohrs kann anhand des im Rohr enthaltenen Kerns der in der Baggergrubensohle anstehende Boden beurteilt werden.

7.9.3 Qualität und Gewinnung des Einfüllsandes

Es ist für die Planung eines Bodenaustauschs notwendig, die in Aussicht genommenen Sandgewinnungsgebiete vor Aufnahme der eigentlichen Arbeiten durch Bohrungen und Sondierungen zu beproben. Der Einfüllsand darf nur geringe Schluff- und Tonanteile sowie keine größeren Steinansammlungen enthalten.

Ist der zur Verfügung stehende Einfüllsand stark verunreinigt und/oder steinig, aber ansonsten brauchbar, darf er zur Vermeidung von lokalen Anhäufungen von Feinmaterial und Steinen nicht eingespült sondern muss verklappt werden.

Damit kontinuierlich, rasch und wirtschaftlich verfüllt werden kann, müssen ausreichend große Vorkommen von geeignetem Sand in vertretbarer Entfernung vorgehalten werden. Bei der Ermittlung der erforderlichen Einfüllmengen ist der Bodenabtrieb mit zu berücksichtigen. Er wird um so größer, je feiner der Sand, je größer die Fließgeschwindigkeit über sowie in der Baggergrube, je kleiner die Einbaumengen je Zeiteinheit sind und je tiefer die Baggergrubensohle liegt.

Für die Sandgewinnung sind leistungsfähige Laderaumsaugbagger oder Schutenbelader mit Großraumschuten zu empfehlen, damit neben hohen Fördermengen gleichzeitig ein Reinigen des Sands erreicht wird. Der Reinigungseffekt kann durch richtige Beschickung der Schuten und längere Überlaufzeiten verstärkt werden. Vom Einfüllsand sind laufend Proben aus den Schuten zu entnehmen und auf die im Entwurf technisch geforderte Beschaffenheit, insbesondere auf den maximal zugelassenen Schlickgehalt hin, zu untersuchen. Die Sandgewinnung mit Laderaumsaugbaggern führt i. Allg. zu besserer Sandqualität, da Feinanteile ausgewaschen werden.

7.9.4 Säubern der Baggergrubensohle vor dem Sandeinfüllen

Unmittelbar vor Beginn des Einfüllens muss die Baggergrubensohle im erforderlichen Umfang gesäubert werden. Hierfür können – wenn die Ablagerungen nicht zu fest sind – Schlicksauger eingesetzt werden. Wenn jedoch eine längere Zeit zwischen dem Ende der Baggerarbeiten und dem Beginn des Schlicksaugens liegt, kann der Schlick bereits so verfestigt sein, dass ein nochmaliger Sauberkeitsschnitt ausgeführt werden muss.

Gut bewährt hat sich das Wasserstrahlverfahren, auch Wasserinjektionsverfahren genannt. Dabei werden mit einer unter einem schwimmenden Gerät beweglich aufgehängten Traverse unter geringem Druck von ca. 1 bar große Wassermengen durch Düsen gegen die Baggersohle gepumpt. Der Abstand zur Sohle wird dabei möglichst gering gehalten und beträgt 0,3 bis 0,5 m. Abgesetzter Schlick wird durch dieses Verfahren vollständig resuspendiert.

Das Wasserstrahlverfahren muss unmittelbar vor dem Verfüllen mit Sand durchgeführt werden, bis die Schlickfreiheit der Sohle nachgewiesen ist.

Die Sauberkeit der Baggergrubensohle ist ständig zu überprüfen. Hierfür kann das unter Abschn. 7.9.2.2 beschriebene Sondierrohr verwendet werden. Wenn nur mit weichen Ablagerungen zu rechnen ist, kann für die Entnahme der Proben auch ein entsprechend ausgebildeter Greifer – auch ein Handgreifer kommt in Frage – eingesetzt werden. Eine Kombination von Schlicksondierungen und Echolotpeilungen mit unterschiedlichen Frequenzen ist eine gute Kontrollmöglichkeit.

Wenn eine ausreichend saubere Sohle nicht gewährleistet werden kann, ist durch andere geeignete Maßnahmen die Verzahnung zwischen dem anstehenden tragfähigen Boden und dem Einfüllsand im erforderlichen Umfang herzustellen. Dies kann bei bindigem, tragfähigem Baugrund am besten durch eine ausreichend dicke, sehr rasch einzubauende Grobschotterschicht erreicht werden.

Auf der Erdwiderstandsseite kann eine solche Sicherung besonders wichtig werden. Da dort im Allgemeinen nicht gerammt wird, kann an Stelle von Schotter besser Bruchsteinmaterial verwendet werden.

Bei anstehenden nichtbindigen Böden und geringer Tiefenlage der Baggersohle kann eine Verzahnung zwischen dem Einfüllboden und dem Untergrund auch durch Verdübeln mit Mehrfach-Rüttelkernen (Tiefenrüttelung mit einer Einheit von 2 bis 4 Rüttlern) erreicht werden.

7.9.5 Einfüllen des Sands

Die Baggergrube kann durch Verklappen oder Verspülen des Sands bzw. durch beides gleichzeitig, verfüllt werden. Vor allem bei stark sinkstoffführendem Wasser ist hierfür von vornherein ein ununterbrochen Tag und Nacht laufender Einsatz von sorgfältig aufeinander abgestimmten Großgeräten bis in alle Einzelheiten zu planen und durchzuführen. Winterarbeiten mit Ausfalltagen durch zu tiefe Temperaturen, Eisgang, Sturm und Nebel sollten vermieden werden. Die Sandgewinnung sollte zum Ziele haben, möglichst groben Sand zu fördern. Erfahrungsgemäß lässt sich dies am besten durch sog. Hopperbagger erreichen, während Grundsauger weniger geeignet sind.

Das Einfüllen des Sands soll dem Ausbaggern des schlechten Bodens zeitlich und räumlich so schnell wie möglich folgen, damit zwischenzeitlich eintretende unvermeidbare Ablagerungen von Sinkstoffen (Schlick) auf ein Mindestmaß beschränkt werden. Andererseits darf aber auch kein Vermischen zwischen dem auszuhebenden und dem einzubringenden Boden infolge eines zu geringen Abstands zwischen Bagger- und Verfüllbetrieb eintreten. Diese Gefahr ist vor allem in Gewässern mit stark wechselnder Strömung (Tidegebiet) vorhanden und dort besonders zu beachten.

Eine gewisse Verunreinigung des einzubringenden Sands durch laufenden Schlickfall ist nicht zu vermeiden. Sie kann jedoch durch hohe Einfüllleistungen auf ein Minimum reduziert werden. Der Einfluss des zu erwartenden Verschmutzungsgrads auf die bodenmechanischen Kennzahlen des Einfüllsands ist entsprechend zu berücksichtigen. Im übrigen muss der Sand so eingefüllt werden, dass möglichst keine durchgehenden Schlickschichten entstehen. Bei starkem Schlickfall kann dies nur durch einen kontinuierlichen, leistungsfähigen Betrieb, der auch an Wochenenden nicht unterbrochen wird, erreicht werden.

Gut bewährt hat es sich, während des Sandeinfüllens die Sandoberfläche mit dem Wasserstrahlverfahren zu bearbeiten. Damit können Schlickeinlagen im Sand weitgehend vermieden werden. Dabei eintretende Sandverluste sind zu berücksichtigen.

Sollten dennoch Unterbrechungen und damit größere Schlickablagerungen eintreten, ist der Schlick vor dem weiteren Sandeinfüllen zu beseitigen oder später durch geeignete Maßnahmen unschädlich zu machen. Während etwaiger Unterbrechungen ist zu prüfen, ob und wo sich die Oberflächenhöhe der Einfüllung verändert hat.

Um einen gegenüber den Entwurfsgrundlagen erhöhten Erddruck auf die Ufereinfassung zu vermeiden, muss die Baggergrube so verfüllt werden, dass während des Einfüllens entstehende, verschlickte Böschungsflächen entgegengesetzt zu den Gleitflächen des auf die Ufereinfassung wirkenden Erddruckgleitkörpers geneigt sind. Gleiches gilt sinngemäß für die Erdwiderstandsseite.

Bezüglich der Erläuterung der Bauphasen kann z. B. auf den PIANC-Bericht der 3. Wellenkommission, Teil A, Hafenschutzwerke, hingewiesen werden [171].

7.9.6 Kontrolle der Sandeinfüllung

Während des Sandeinfüllens sind ständig Lotungen durchzuführen und deren Ergebnisse aufzutragen. Hierdurch können die Veränderungen der Einfülloberfläche aus dem Einfüllvorgang selbst und infolge wechselnder Strömungseinwirkungen in einem gewissen Umfang festgestellt werden. Gleichzeitig lassen diese Aufzeichnungen erkennen, wie lange eine Oberfläche etwa unverändert vorhanden oder der Sinkstoffablagerung besonders wirksam ausgesetzt war, so dass rechtzeitig Maßnahmen zur Beseitigung gebildeter Störschichten eingeleitet werden können.

Nur bei zügigem, ununterbrochenen Verspülen und/oder Verklappen kann auf die Entnahme von Proben aus dem jeweiligen unmittelbaren Einfüllbereich verzichten werden.

Nach Abschluss der Einfüllarbeiten – gegebenenfalls aber auch zwischenzeitlich – muss die Einfüllung durch Kernbohrungen oder gleichwertige andere Verfahren aufgeschlossen und überprüft werden. Diese Bohrungen sind bis in den unter der Baggergrubensohle anstehenden Boden abzuteufen.

Ein Abnahmeprotokoll bildet die verbindliche Grundlage für die endgültige Berechnung und Bemessung der Ufereinfassung und eventuell erforderlich werdender Anpassungsmaßnahmen.

7.10 Berechnung, Bemessung und Ausführung geschütteter Molen und Wellenbrecher (E 137)

7.10.1 Allgemeines

Molen unterscheiden sich von Wellenbrechern vor allem durch eine andere Art der Nutzung. Erstere sind befahr- oder mindestens begehbar. Ihre Krone liegt daher im Allgemeinen höher als die eines Wellenbrechers, welcher auch unter dem Ruhewasserspiegel enden kann. Auch haben Wellenbrecher nicht immer einen Landanschluss.

Bei einer Ausführung von Molen und Wellenbrechern in geschütteter Bauweise sind neben einer sorgfältigen Ermittlung der Wind- und Wellenverhältnisse, der Strömungen und eines eventuellen Sandtriebs zutreffende Aufschlüsse des Baugrunds unerlässlich. Der Einfachheit halber wird in den weiteren Ausführungen nur noch von geschütteten Wellenbrechern gesprochen werden.

Lage und Querschnitt von großen geschütteten Wellenbrechern werden nicht nur von ihrem Zweck, sondern auch durch die bauliche Ausführbarkeit bestimmt.

7.10.2 Baugrunderkundungen, Standsicherheitsnachweise, Setzungen und Sackungen sowie bauliche Hinweise

Der Baugrundaufbau in der Aufstandsfläche von geschütteten Wellenbrechern ist durch ausreichende bodenmechanische Felduntersuchungen, wie Sondierungen und Bohrungen, zu erkunden. Zusätzlich können flächendeckende geophysikalische Erkundungen im Bedarfsfall sinnvoll sein. Gemeinsam mit den Ergebnissen von bodenmechanischen Laborversuchen bilden sie die Grundlage für die konstruktive Gestaltung und die Standsicherheitsnachweise.

Locker gelagerte nichtbindige Böden in der Aufstandsfläche müssen vorab verdichtet werden, gering tragfähige Böden sind auszutauschen. In Frage kommt auch die Verdrängung weicher bindiger Schichten durch bewusste Überschreitung der Tragfähigkeit, so dass die Schüttung in den Untergrund eindringt oder die Sprengung unter der Schüttung, wobei der Boden verdrängt wird. Bei beiden Verfahren ist aber mit größeren Setzungsunterschieden des fertigen Bauwerks zu rechnen, weil die so erreichte Verdrängung nie gleichmäßig ist.

Schlickschichten werden durch eine Schüttung vor Kopf verdrängt, die entstehende Schlickwalze ist abzubaggern, weil sie sonst in die Schüttung eingetragen werden könnte und deren Eigenschaften nachhaltig negativ beeinflusst.

Für geschüttete Wellenbrecher sind die Grund- und Geländebruchsicherheit nachzuweisen. Dabei wird die Wellenwirkung mit dem charakteristischen Wert der Bemessungswelle erfasst. In Erdbebenzonen ist zusätzlich die Gefahr der Bodenverflüssigung zu bewerten.

Die Summe von Setzungen aus Schüttungsauflast, Sackungen unter Welleneinwirkung und Eindringung der Schüttung in den Untergrund bzw. von Boden in die Schüttung kann mehrere Meter betragen und muss bei der Festlegung der Höhe durch ein überhöhtes Profil kompensiert werden. Geschüttete Wellenbrecher sind durchlässig und werden daher durchströmt. Bei nicht homogenem Aufbau ist die Filtersicherheit der angrenzenden Schichten zu gewährleisten.

7.10.3 Festlegung der Bauwerksgeometrie

Die wesentlichen Eingangsparameter für die Festlegung des Wellenbrecherquerschnitts sind:

- Bemessungswasserstände,
- signifikante Wellenhöhen, Wellenperioden und die Angriffsrichtung der Wellen,
- Baugrundverhältnisse,
- verfügbare Baumaterialien.

Die Kronenhöhe wird so festgelegt, dass auch nach Abklingen der Setzungen ein Überschlagen der Wellen auf ein Minimum reduziert wird.

Es wird vorgeschlagen, die Kronenhöhe bei Wellenbrechern auf etwa folgende Höhe festzulegen:

$$R_c = 1,2 \, H_S + s$$

Es bedeutet:

R_c = Freibordhöhe (Kronenhöhe über Ruhewasserspiegel)
H_S = signifikante Wellenhöhe $H_{1/3}$ des Bemessungsseeganges
s = Summe aus erwarteter Endsetzung, Sackung und Eindringung

Bei $R_c < H_S$ ist ein beträchtlicher Wellenüberlauf hinzunehmen.
Bei $R_c = 1,5 \cdot H_S$ ist der Wellenüberlauf fast ausgeschlossen.
Der Überlauf q kann nach [207] und [206] berechnet werden.

Die Steingröße der Deckschicht wird aus erprobten Erfahrungsgleichungen, z. B. nach Hudson, errechnet. Das Verfahren von Hudson ist im nächsten Abschn. beschrieben.

Häufig reicht die Blockgröße, die wirtschaftlich aus Steinbrüchen gewonnen werden kann, für die Deckschicht nicht aus. Dann kann auf Betonformsteine, z. B. auf die in Tabelle E 137-1 erwähnten und auf Bild E 137-1 dargestellten gebräuchlichen Formsteine zurückgegriffen werden.

Anhaltswerte für die seeseitige Böschung enthält Tabelle E 137-1.

Mindestkronenbreite: $B_{min} = (3 \text{ bis } 4) \, D_m$

B_{min} = Mindestbreite der Krone des Wellenbrechers in [m]
D_m = mittlerer Durchmesser des Einzelsteins oder Blocks der Deckschicht in [m]

$$D_m = \sqrt[3]{\frac{W}{\rho_s}} \quad \text{bzw.} \quad D_m = \sqrt[3]{\frac{W_{50}}{\rho_s}}$$

Da feinkörniges Material in den überwiegenden Fällen erheblich billiger ist als das grobe Deckschichtmaterial, zeigen die meisten Wellenbrecher den klassischen Aufbau aus
• Kern,
• Filterschicht und
• Deckschicht
gemäß Bild E 137-2.

Es ist aber auch z. B. bei weiten Transportwegen möglich, dass der Preisunterschied zwischen Kern- und Deckschichtmaterial verschwindet. Dann kann man, besonders bei einem Einbau mit Seegerät, den Wellenbrecher aus einheitlichen Blockgrößen aufbauen.

Besonders bei grobkörnigen Kernen ist auf einen Fußfilter Wert zu legen.

Um auf der Krone von Molen fahren zu können, werden die Kronensteine häufig durch ein Kronenbauwerk aus Beton überdeckt. Kronenmauern auf geschütteten Wellenbrechern werden für die Abweisung von Überschlags- und Spritzwasser und für die Zugänglichkeit von Molen sehr häufig angewendet. Sie bilden einen Fremdkörper, an dem die erheblichen Setzungen und Setzungsunterschiede sichtbar werden. Verkantungen und Risse in den Kronenmauern treten daher regelmäßig auf.

7.10.4 Bemessen der Deckschicht

Die Standsicherheit der Deckschicht hängt bei gegebenen Wellenverhältnissen von der Größe, der Masse und der Form der Konstruktionselemente sowie von der Neigung der Deckschicht ab.

In langjährigen Versuchsreihen hat HUDSON die nachfolgende Gleichung für die erforderlichen Blockmasse entwickelt [21, 172, 174]. Sie hat sich in der Praxis bewährt und lautet:

$$W = \frac{\rho_s \cdot H^3_{Bem,d}}{K_D \cdot \left(\frac{\rho_s}{\rho_w} - 1\right)^3 \cdot \cot \alpha}$$

Darin bedeuten:

W =   Blockmasse [t]
ρ_s =   Dichte des Blockmaterials [t/m^3]
ρ_w =   Dichte des Wassers [t/m^3]
$H_{Bem,d}$ =   Höhe des mit dem Teilsicherheitsbeiwert multiplizierten charakteristischen Werts der „Bemessungswelle" [m]
α =   Böschungswinkel der Deckschicht [°]
K_D =   Form- und Standsicherheitsbeiwert [l]

Die vorgenannte Gleichung gilt für eine aus Steinen mit etwa einheitlicher Masse aufgebaute Deckschicht. Die gebräuchlichsten Form- und Standsicherheitsbeiwerte K_D von Bruch- und Formsteinen für geneigte Wellenbrecher-Deckschichten nach [21] sind in der Tabelle E 137-1 zusammengefasst. Bild E 137-1 zeigt Beispiele für gebräuchliche Formsteine.

Bei der Wahl der Art der Deckschichtelemente ist bei möglichen Setzungs- oder Sackungsbewegungen nach Abschn. 7.10.2 zu beachten, dass abhängig von der Elementform zusätzliche Zug-, Biege-, Schub- und Torsionsbeanspruchungen auftreten können. Wegen der hohen schlagartigen Beanspruchung sollten bei größeren Dolossen die K_D-Werte halbiert werden.

Tabelle E 137-1. Empfohlene K_D-Werte für die Bemessung der Deckschicht bei einer zugelassenen Zerstörung bis zu 5 % und nur geringfügigem Wellenüberlauf (Auszug teilweise aus [21]).

Art der Deckschichtelemente (Beispiele)	Anzahl der Lagen	Art der Anordnung	Wellenbrecherflanke K_D[1]		Wellenbrecherkopf K_D		Neigung
			brechende Wellen[5]	nicht brechende Wellen[5]	brechende Wellen	nicht brechende Wellen	
Glatte, abgerundete Natursteine	2	zufällig	1,2	2,4	1,1	1,9	1 : 1,5 bis 1 : 3
	3	zufällig	1,6	3,2	1,4	2,3	1 : 1,5 bis 1 : 3
Scharfkantige Bruchsteine	2	zufällig	2,0	4,0	1,9	3,2	1 : 1,5
	3	zufällig	2,2	4,5	1,6	2,8	1 : 2
	2	speziell gesetzt[2]	5,8	7,0	1,3	2,3	1 : 3
					2,1	4,2	1 : 1,5 bis 1 : 3
					5,3	6,4	1 : 1,5 bis 1 : 3
Tetrapode	2	zufällig	7,0	8,0	5,0	6,0	1 : 1,5
					4,5	5,5	1 : 2
					3,5	4,0	1 : 3
Antifer Block	2	zufällig	8,0	–	–	–	1 : 2
Accropode	1	zufällig	12,0	15,0	9,5	11,5	bis 1 : 1,33
Coreloc	1	zufällig	16,0	16,0	13,0	13,0	bis 1 : 1,33
Tribar	2	zufällig	9,0	10,0	8,3	9,0	1 : 1,5
					7,8	8,5	1 : 2
					6,0	6,5	1 : 3
Tribar	1	gleichmäßig gesetzt	12,0	15,0	7,5	9,5	1 : 1,5 bis 1 : 3
Dolos	2	zufällig	15,8[3]	31,8[3]	8,0	16,0	1 : 2[4]
					7,0	14,0	1 : 3

[1] Für Neigung von 1 : 1,5 bis 1 : 5.

[2] Längsachse der Steine senkrecht zur Oberfläche.

[3] K_D-Werte nur für Neigung 1 : 2 experimentell bestätigt. Bei höheren Anforderungen (Zerstörung < 2 %) sind die K_D-Werte zu halbieren.

[4] Steilere Neigungen als 1 : 2 werden nicht empfohlen.

[5] Brechende Wellen treten zunehmend auf, wenn die Ruhewassertiefe vor dem Wellenbrecher die Wellenhöhe unterschreitet.

287

Für die Bemessung einer aus abgestuften Natursteingrößen bestehenden Deckschicht wird nach [21] für Bemessungswellenhöhen bis zu rd. 1,5 m folgende abgeänderte Gleichung empfohlen:

$$W_{50} = \frac{\rho_s \cdot H^3_{Bem,d}}{K_{RR} \cdot \left(\dfrac{\rho_s}{\rho_w} - 1\right)^3 \cdot \cot \alpha}$$

Darin bedeuten:

W_{50} = Masse eines Steins mittlerer Größe [t]
K_{RR} = Form- und Standsicherheitsbeiwert
   K_{RR} = 2,2 für brechende Wellen
   K_{RR} = 2,5 für nichtbrechende Wellen

Die Masse der größten Steine soll dabei $3,5 \cdot W_{50}$ und das der kleinsten mindestens $0,22 \cdot W_{50}$ betragen. Wegen der komplexen Vorgänge sollten nach [21] im Fall eines schrägen Wellenangriffs auf das Bauwerk die Blockmassen im Allgemeinen nicht abgemindert werden.

Im übrigen wird nach [172] für alle Wellenhöhen empfohlen, in der Hudson-Gleichung den charakteristischen Wert der „Bemessungswelle" mindestens mit $H_{Bem} = H_s$ anzusctzen, wobei dieser Wert in der Regel mit Hilfe der Extremalwertstatistik auf einen längeren Zeitraum (z. B. 100jährliche Wiederkehr) extrapoliert ist. Für die Extrapolation müssen ausreichende Wellenmessdaten zur Verfügung stehen.

Die Bedeutung der Bemessungswelle für das Bauwerk ist daran zu erkennen, dass die erforderliche Masse der Einzelblöcke W proportional mit der 3. Potenz der Wellenhöhe ansteigt.

Wirtschaftliche Überlegungen können dazu führen, bei der Planung eines geschütteten Wellenbrechers von den Kriterien für eine weitestgehende Zerstörungsfreiheit der Deckschicht abzugehen, wenn eine extreme Belastung durch Seegang sehr selten auftritt, oder im Landanschlussbereich, wenn seeseitig alsbald Verlandungen in einem solchen Umfang eintreten, dass die Deckschicht nicht mehr nötig ist. Der sparsamere Weg sollte dann gegangen werden, wenn die kapitalisierten Instandsetzungskosten und die zu erwartenden Kosten für das Beseitigen eintretender sonstiger Schäden im Hafenbereich niedriger sind als der erhöhte Kapitalaufwand bei einer Auslegung der Blockgewichte für eine selten eintretende, besonders hoch festgelegte Bemessungswelle. Dabei sind aber auch die generellen Instandsetzungsmöglichkeiten am Ort mit der zu erwartenden Ausführungsdauer jeweils besonders zu berücksichtigen.

Weitere Berechnungsansätze finden sich in [40] und [172]. Über den Einfluss der Größe, Einbaudicke und Trockenrohdichte der verwendeten Wasserbausteine auf die Stabilität einer eingebundenen Deckschicht gegenüber Strömungs- und Wellenbelastungen enthält [208] grundlegende Ausführungen und Vorschläge zur Ermittlung technisch gleichwertiger Deckschichten.

Im Bericht der PIANC-Arbeitsgruppe 12 des ständigen Technischen Komitees II für den Küsten- und Seebereich [172] sind zur Ermittlung der Deckschichten von geschütteten Wellenbrechern neben der Hudson-Formel insbesondere die van der Meer-Formel behandelt.

Diese Gleichungen berücksichtigen die Brecherform der Wellen (Sturzbrecher und Reflexionsbrecher), die nach der Irribarren-Zahl aus der Höhe und der Periode der Welle errechnet wird. Sie berücksichtigen aber auch die Sturmdauer, den Zerstörungsgrad und die Porosität des Wellenbrechers. Die Formeln wurden aus Modellversuchen mit Wellen

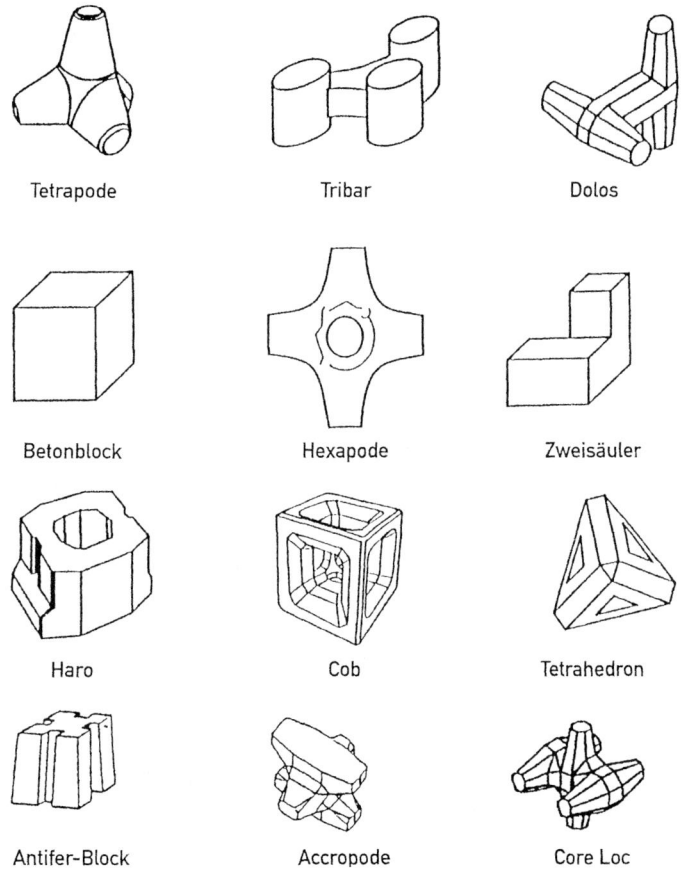

Tetrapode	Tribar	Dolos
Betonblock	Hexapode	Zweisäuler
Haro	Cob	Tetrahedron
Antifer-Block	Accropode	Core Loc

Bild E 137-1. Beispiele für gebräuchliche Formsteine

289

abgeleitet, die in der Verteilung von Wellenhöhe und Wellenlänge einem natürlichen Wellenspektrum entsprechen. Hudson dagegen verwandte bei seinen Versuchen 1958 [202] und [203] nur regelmäßige (reguläre) Wellen. Die Berechnungsmethode nach van der Meer setzt die Kenntnis vieler Detailbeziehungen voraus, wie [172] entnommen werden kann. Die Ergebnisse von Berechnungen der Deckschichtgrößen nach Hudson und van der Meer unterscheiden sich in Grenzfällen erheblich. Es wird daher empfohlen, bei großen Molen- oder Wellenbrecherbauten in hydraulischen Modellversuchen in einem anerkannten Hydraulischen Institut den gewählten Querschnitt als Ganzes zu untersuchen. Damit kann auch die Wirkung der Kronenmauer auf die Gesamtstabilität des Wellenbrechers beurteilt werden.

7.10.5 Aufbau der Wellenbrecher
In der Praxis haben sich nach den Empfehlungen von [21] Wellenbrecher in 3-Schichten-Abstufungen nach Bild E 137-2 bewährt.

Darin sind:

W = Masse der Einzelblöcke [t]

H_{Bem} = Höhe der „Bemessungswelle" [m]

Eine einlagige Schicht aus Bruchsteinen sollte nicht angewendet werden.

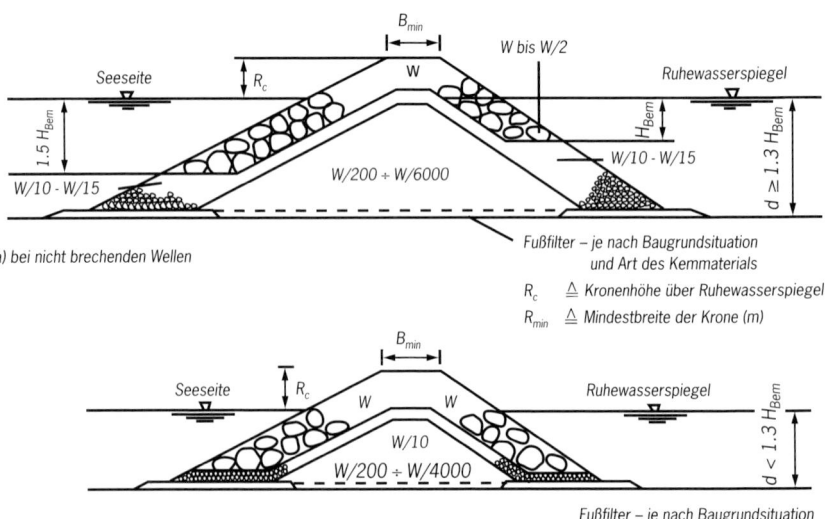

Bild E 137-2. Filterförmiger Wellenbrecheraufbau in drei Abstufungen

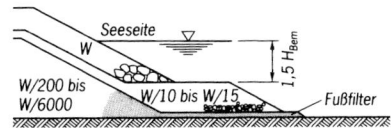

Bild E 137-2a. Seeseitige Fußsicherung – Wellenbrecher

Ganz allgemein wird empfohlen, die Böschung an der Seeseite nicht steiler als 1 : 1,5 auszubilden.

Besondere Sorgfalt ist der Stützung der Deckschicht zu widmen, vor allem, wenn diese auf der Seeseite nicht bis zum Böschungsfuß hinabgeführt wird. Nach den Erfordernissen der Standsicherheit der Böschung ist eine ausreichende Berme vorzusehen (Bild E 137-2a). Auch gegenüber dem Untergrund sind die Filtergesetze einzuhalten. Das kann vor allem unter den großstückigen Außenschichten an den Fußpunkten häufig zweckmäßig durch eine besondere Filterschicht (Kornfilter, Geotextil, Sandmatte, geotextile filterfähige Container) erreicht werden, weil diese eine höhere Verlegesicherheit haben.

7.10.6 Bauausführung und Geräteeinsatz

7.10.6.1 Allgemeines

Der Bau von geschütteten Molen und Wellenbrechern erfordert oft den Einbau großer Materialmengen in verhältnismäßig kurzer Zeit unter schwierigen örtlichen Bedingungen aus Witterung, Tide, Seegang und Strömung. Die gegenseitige Abhängigkeit der einzelnen Arbeitsgänge unter solchen Baubedingungen erfordert eine besonders sorgfältige Planung von Bauablauf und Geräteeinsatz.

Der entwerfende Ingenieur und der ausführende Unternehmer sollten sich über die während der Bauzeit zu erwartenden Wellenhöhen genau unterrichten. Dazu benötigen sie Angaben über den vorherrschenden Seegang während des Bauvorganges, nicht nur über sehr seltene Wellenereignisse. Die Dauer der z. B. in einem Jahr auftretenden Wellenhöhe H_s und H_{max} kann nach Bild E 137-3 abgeschätzt werden [175].

Eine zuverlässige Beschreibung des Wellenklimas durch eine Wellenhöhendauerlinie setzt lange Beobachtungszeiträume voraus.

Der Entwurf eines Wellenbrechers muss eine Ausführung ermöglichen, die auch bei plötzlichem Auftreten von Stürmen größere Schäden vermeidet – z. B. Schichtaufbau mit wenigen Abstufungen.

Bei der Festlegung der Leistungsfähigkeit der Baustelle bzw. bei der Wahl der Gerätegrößen müssen realistische Ansätze für den möglichen Arbeitsausfall durch Schlechtwetter berücksichtigt werden.

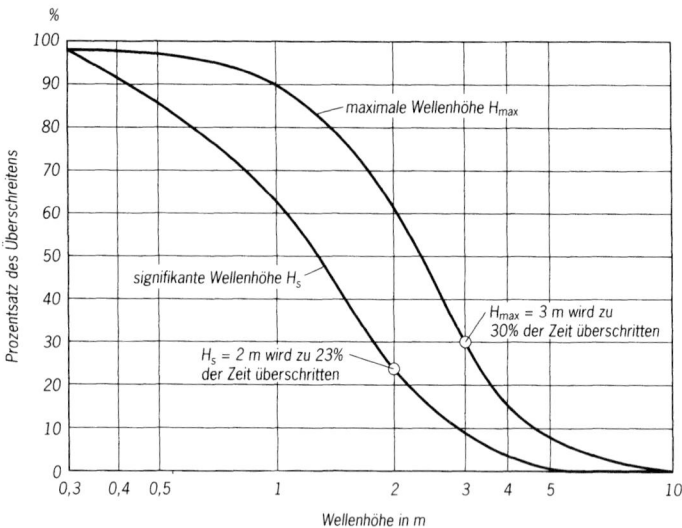

Bild E 137-3. Wellenhöhendauerlinie. Dauer des Überschreitens bestimmter, in einem Jahr auftretender Wellenhöhe, z. B. $H_s = 2$ m; $H_{max} = 3$ m

Die Schüttarbeiten werden je nach örtlicher Bauaufgabe

(1) mit schwimmenden Geräten,
(2) mit Landgeräten im Vorbauverfahren,
(3) mit festen Gerüsten, Hubinseln und dergleichen,
(4) mit Seilbahnen,
(5) in Kombination aus (1) bis (4) durchgeführt.

An besonders exponierten Stellen mit gravierendem Einfluss von Wind, Tide, Seegang und Strömung werden bevorzugt Bauverfahren mit festen Gerüsten, Hubinseln und dergleichen eingesetzt. Dieses gilt in verstärktem Maße, wenn auf oder in der Nähe der Baustelle kein Schutzhafen vorhanden ist.

7.10.6.2 Bereitstellung von Schütt- und sonstigem Einbaumaterial
Die Bereitstellung von Schütt- und Einbaumaterial erfordert eine umsichtige Planung je nach den Gewinnungs- und Transportmöglichkeiten, die Beschaffung des Grobmaterials ist häufig das dominierende Problem.

7.10.6.3 Einbau des Materials mit schwimmenden Geräten
Für den Einbau mit schwimmenden Geräten muss der Querschnitt des Wellenbrechers auf die Geräte abgestimmt werden. Klappschuten benötigen stets genügend Wassertiefe. Deckschuten erlauben ein seitli-

ches Abschieben auch bei geringeren Wassertiefen. Bei den heutigen computergesteuerten Ortungsverfahren können auch mit schwimmendem Gerät Genauigkeiten erzielt werden, die in früheren Zeiten nur Landgeräte erreichten.

7.10.6.4 Einbau des Schüttmaterials mit Landgeräten

Die Arbeitsebene der Landgeräte sollte in der Regel oberhalb der Einwirkung von normalem Seegang und Brandung liegen. Die Mindestbreite dieser Arbeitsebene ist auf die Bedürfnisse der zum Einsatz kommenden Baugeräte abzustimmen.

Beim Einbau mit Landgeräten erfolgt beim Vor-Kopf-Schütten der Antransport mit Hinterkippern. Diese Bauweise erfordert deshalb im Allgemeinen einen aus dem Wasser ragenden Kern mit einer überbreiten Krone. Der als Fahrbahn dienende Kern muss vor Aufbringen der Deckschichten häufig in einer bestimmten Schichtdicke wieder abgetragen werden, damit eine ausreichende Verzahnung und die hydraulische Homogenität wiederhergestellt werden.

Bei geringer Breite der Arbeitsebene ist ein Portalkran als Einbaugerät häufig von Vorteil, da Material für vorlaufende Arbeiten unter ihm hindurch transportiert werden kann.

Schüttsteine, die zum Einbau durch den Kran bestimmt sind, werden meist in Stein-Skips auf Plattformanhängern, LKW mit besonderer Ladefläche oder auf Tiefladern herangefahren.

Bei geringer Fahrbahnbreite werden Anhänger eingesetzt, die, ohne zu wenden, zurückgefahren werden können. Große Steine und Betonfertigteile werden mit Mehrschalengreifern oder Spezialzangen versetzt. Elektrische oder elektronische Anzeigegeräte im Führerhaus des Einbaukrans erleichtern den profilgerechten Einbau auch unter Wasser.

Besonders wenn „vor Kopf" gearbeitet wird, sollten Kernschüttung und -abdeckung mit nur geringer Längenentwicklung rasch aufeinander folgen, um ein Fortspülen ungeschützten Kernmaterials zu vermeiden, mindestens aber gering zu halten.

Weiteres kann [173] entnommen werden.

7.10.6.5 Einbau des Materials mit festen Gerüsten, Hubinseln und dergleichen

Der Einbau von einem festen Gerüst, einer Hubinsel und dergleichen aus, aber auch mit einer Seilbahn, kommt vor allem für die Überbrückung einer Zone mit ständig starker Brandung in Betracht.

Im übrigen gilt Abschn. 7.10.6.4 sinngemäß.

Beim Einsatz einer Hubinsel hängt der Einbaufortschritt im Allgemeinen von der Leistungsfähigkeit des Einbaukrans ab. Hierfür sollte daher ein Gerät eingesetzt werden, das bei der erforderlichen Reichweite auch große Tragfähigkeit aufweist.

Der Entwurf sollte klarstellen, welche Querschnittsteile des Wellenbrechers bei sehr ruhiger See einzubauen sind und welche noch bei einem bestimmten Wellengang eingebracht werden dürfen. Dies gilt sowohl für das Kernmaterial als auch für die Betonfertigteile der Deckschicht. Betonfertigteile können beim Absetzen bereits bei geringer Dünung durch ihre großen Massen unter Wasser Stoßbewegungen erleiden, die zu Rissen und zum Bruch führen können.

7.10.6.6 Setzungen und Sackungen

Gleichmäßige und geringe Setzungen von geschütteten Wellenbrechern werden durch Überhöhen berücksichtigt. Erst nach dem Abklingen der Setzungen, das immer durch Setzungspegel zu kontrollieren ist, sollte der Kronenbeton in nicht zu langen Baublöcken eingebaut werden. Werden große Setzungsunterschiede erwartet, sollte auf Kronenmauern verzichtet werden, weil deren Setzungen später zu einer optisch unbefriedigenden Gesamterscheinung des Wellenbrechers führen, ohne dass die Funktion oder die Standsicherheit gefährdet wäre.

7.10.6.7 Abrechnung der eingebauten Mengen

Da das Setzungs- und Sackungsverhalten solcher Bauwerke nur schwer vorausgesagt werden kann, empfiehlt es sich, für die Abrechnung nach Zeichnung hinsichtlich der Formgebung der Mole und der Einbauschichten von vornherein gut einhaltbare Toleranzen (±) zur Kompensation des Setzungs- und ggf. Eindringvolumens (siehe Abschn. 7.10.2, 6. Absatz) und in Abhängigkeit vom gewählten technischen Verfahren festzulegen.

Ferner sollte die Ausschreibung definitiv festlegen, ob nach eingebauten Mengen oder Aufmaß abgerechnet wird. Bei Abrechnung nach eingebauten Mengen sind Setzungspegel mit auszuschreiben.

Wenn der Untergrund aufgrund der Baugrunduntersuchungen besondere Schwierigkeiten bei der Abrechnung der eingebauten Mengen erwarten lässt, empfiehlt sich, sofern keine andere speziell auf diese Untergrundverhältnisse abgestimmte Lösung möglich ist oder auch bei geplanter Verdrängung bindiger Schichten (vgl. Abschn. 7.10.2, 3. Absatz) die Abrechnung auf Gewichtsgrundlage [173]. Das Aufmaßverfahren (höchste Punkte einer Steinschicht oder Verwendung einer Kugel/Halbkugel am Fuß einer Messlatte) ist anzugeben.

7.11 Leichte Hinterfüllungen bei Spundwandbauwerken (E 187)

Wenn leichte, wasserunlösliche und dauerbeständige Hinterfüllmassen wirtschaftlich beschafft werden können oder geeignete, nichtverrottbare, ungiftige industrielle Nebenprodukte und dergleichen zur Verfügung stehen, können sie gelegentlich als Hinterfüllmaterial angewendet werden. Sie können die Wirtschaftlichkeit eines Spundwandbauwerks erhöhen, wenn bei geringem Gewicht gleichzeitig die Zusammendrückbarkeit und das Sackmaß gering sind und die Durchlässigkeit sich nicht mit der Zeit vermindert. Durch das geringe Gewicht können die Momentenbeanspruchung und die Ankerkraft, abhängig von der vorhandenen Scherfestigkeit im eingebauten Zustand, verkleinert werden.

Wenn eine Konstruktion mit leichtem Hinterfüllmaterial in Betracht gezogen wird, sollten stets konventionelle Lösungen vergleichsweise untersucht und die Auswirkungen leichter Hinterfüllungen in positiver und negativer Hinsicht für das Gesamtbauwerk überprüft werden (beispielsweise verminderte Sicherheit gegen Gleiten und Geländebruch, Setzungen der Geländeoberfläche, Brandgefahr und dergleichen).

7.12 Bodenverdichtung mittels schwerer Fallgewichte (E 188)

Vor allem gut wasserdurchlässige Böden können mittels schwerer Fallgewichte wirkungsvoll verdichtet werden. Dieses Verfahren ist auch bei schwach bindigen sowie bei nicht wassergesättigten bindigen Böden anwendbar, weil das kompressible Porenfluid durch die Schlagwirkung die Bodenstruktur aufreißt und so zusätzliche Entwässerungsmöglichkeiten geschaffen werden. Bei besonders hohen Schlageinwirkungen sind auch bei wassergesättigten bindigen Böden Verdichtungserfolge nachgewiesen.

Um den Erfolg einer Verdichtung vorab zu bewerten, muss der zu verdichtende Boden sorgfältig bodenmechanisch untersucht werden. In nicht oder nur schwer verdichtbaren Zonen muss ein Bodenaustausch erfolgen. Das Verfahren sollte vorweg in einem Versuchsfeld erkundet werden, um die Tiefenwirkung sowie die Wirtschaftlichkeit und gegebenenfalls auch die Umweltverträglichkeit (Schlaglärm und Erschütterungen von Nachbarbauwerken oder benachbarten Bauteilen wie Kanälen, Dränagen usw.) festzustellen. Aufgrund der Ergebnisse eines Versuchsfelds können Zielgrößen für die zu erreichende Lagerungsdichte festgelegt werden. Für die Überprüfung der erreichten Lagerungsdichte wird auf E 175, Abschn. 1.6.4 verwiesen.

Für die Verdichtung von Böden unter dem freien Wasserspiegel mit schweren Fallgewichten liegen ebenfalls Erfahrungen vor.

7.13 Konsolidierung weicher bindiger Böden durch Vorbelastung (E 179)

7.13.1 Allgemeines

Für Hafenerweiterungen stehen häufig nur Flächen mit weichen bindigen Bodenarten nicht genügender Tragfähigkeit zur Verfügung. Diese lassen sich aber in vielen Fällen durch eine Vorbelastung so verbessern, dass spätere Setzungen aus der Hafennutzung die zulässigen Setzungstoleranzen nicht überschreiten. Dabei wird auch die Scherfestigkeit der weichen Schichten dauerhaft verbessert [112–114].

Durch die Vorbelastung werden unter bestimmten Bedingungen auch Horizontalverformungen vorweggenommen, so dass beispielsweise Pfahlgründungen keine unzulässig hohen seitlichen Drücke und Verformungen mehr erleiden [115, 116].

Die Setzungen können außer durch eine Vorbelastung auch mit einer Vakuumbelastung vorweggenommen werden (vgl. Abschn. 7.13.7). Dazu werden innerhalb eines definierten Bodenvolumens von einer standsicheren Arbeitsebene aus Vertikaldräns eingebracht. Diese binden nicht in eine unten liegende wasserführende Schicht ein, sondern enden ca. 0,5 bis 1,0 m oberhalb. Anschließend wird der Bodenkörper an der Geländeoberfläche durch eine Kunststoffdichtungsbahn über einer Sandschicht abgeschlossen und ein Unterdruck in dem so abgeschlossenen Bodenblock aufgebracht. Dabei wird über die Vertikaldräns Porenwasser und Luft abgesaugt und damit eine Konsolidation der Weichschichten eingeleitet. Die Wirkung kann erhöht werden durch eine an den Seiten eingebrachte vertikale mineralische Dichtwand. Ebenso ist das Einbringen von Vertikaldräns in Schlitzen, die in einen Horizontaldrän münden, möglich. Nach Verfüllung des Schlitzes mit gering durchlässigem Material kann an den Horizontaldräns ein Unterdruck angelegt werden.

7.13.2 Anwendung

Ziel der Vorbelastung ist es, Setzungen der weichen Bodenschicht aus der späteren Nutzung vorwegzunehmen (Bild E 179-1). Der dafür erforderliche Zeitraum ist abhängig von der Dicke der weichen Schichten, deren Wasserdurchlässigkeit und der Höhe der Vorbelastung. Vorbelastungen sind nur wirkungsvoll, wenn genügend Zeit für die Konsolidierung zur Verfügung steht. Sinnvoll ist es, die Vorbelastung so hoch wie möglich und so rechtzeitig vorzunehmen, dass die Setzungen bereits vor Beginn der Bauarbeiten für die eigentliche Ufereinfassung vollständig abgeklungen sind. Dies ist aber nicht immer möglich.

Bei Vorbelastungen sind nach Bild E 179-1 zu unterscheiden:

a) Der Teil der Vorbelastungsschüttung, der als Erdbauwerk hergestellt werden soll (Dauerschüttung). Er erzeugt die Auflastspannung p_0.

b) Die darüber hinausgehende Vorbelastungsschüttung, die vorübergehend als zusätzliche Auflast mit der Vorbelastungsspannung p_v wirkt.

c) Die Summe beider Schüttungen (Gesamtschüttung), welche die Gesamtspannung $p_s = p_0 + p_v$ ergibt.

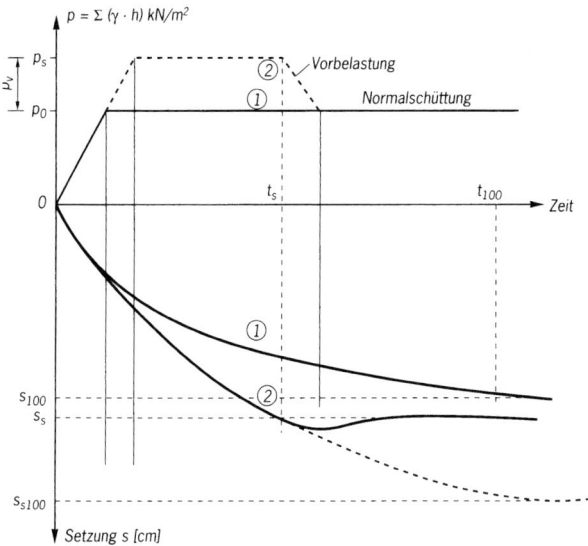

Bild E 179-1. Abhängigkeit der Setzungen von der Zeit und den Auflasten (Prinzip)

7.13.3 Tragfähigkeit des anstehenden Bodens

Die Höhe der Vorbelastung wird durch die Tragfähigkeit des anstehenden weichen Untergrunds begrenzt. In vielen Fällen ist es zunächst nur möglich, in einem ersten Schritt eine Schicht geringer Höhe aufzubringen und die Konsolidierung unter dieser Auflast abzuwarten. Im nächsten Schritt kann dann eine weitere Vorbelastungsschicht aufgebracht werden.

Die maximale Schütthöhe h einer Vorbelastung kann mit

$$h = \frac{4\,c_\mathrm{u}}{\gamma}$$

abgeschätzt werden. Mit der Konsolidierung wächst die Scherfestigkeit c_u und damit die zulässige Schütthöhe h für weitere Vorbelastungen. Gelegentlich – insbesondere bei Schüttungen unter Wasser – wird mit der Überschüttung ein Verdrängen des anstehenden weichen bindigen Bodens unter der Schüttung angestrebt bzw. in Kauf genommen. Dabei wird angenommen, dass vor Kopf der Schüttung eine Walze, bestehend aus dem anstehenden Boden entsteht, die dann durch Baggerung zu entfernen ist. Dieses Verfahren führt erfahrungsgemäß nur bei sehr weichen Sedimenten zum Erfolg und birgt insbesondere hinsichtlich des unplanmäßigen Überschüttens von Sedimenten kaum absehbare Ausführungsrisiken.

7.13.4 Schüttmaterial

Das Material der Dauerschüttungen muss gegen den vorhandenen weichen Untergrund filtersicher sein. Gegebenenfalls sind vor dem Aufbringen der Dauerschüttung Filterschichten oder Geotextilien aufzubringen. Im übrigen richtet sich die geforderte Qualität des Dauerschüttmaterials nach dem Verwendungszweck.

7.13.5 Bestimmung der Höhe der Vorbelastungsschüttung

7.13.5.1 Grundlage

Die Anforderungen an die Vorbelastungsschüttung ergeben sich im Wesentlichen aus der zur Verfügung stehenden Bauzeit. Grundlage der Dimensionierung ist der Konsolidierungsbeiwert c_v. Die Ermittlung des Konsolidierungsbeiwerts c_v ist allerdings nur durch Probeschüttungen zuverlässig möglich. Werden c_v-Werte aus der Zeitsetzungslinie von Kompressionsversuchen abgeleitet, können die Konsolidierungszeiten erfahrungsgemäß nur grob abgeschätzt werden. Solche Werte dürfen daher nur für Vorüberlegungen verwendet werden, die spätere Überprüfung durch Setzungsmessungen während der Ausführung ist unabdingbar. Wenn der Steifemodul E_s und die mittlere Durchlässigkeit k des anstehenden Bodens bekannt sind, lässt sich c_v auch berechnen:

$$c_v = \frac{k \cdot E_s}{\gamma_w}$$

Bei Verwendung dieser Gleichung ist zu berücksichtigen, dass auch der Durchlässigkeitsbeiwert k mit erheblichen Streuungen behaftet sein kann, so dass auch dieses Verfahren nur bedingt und nur für Vorüberlegungen empfohlen werden kann.

Am zuverlässigsten ist eine Ermittlung des Konsolidierungsbeiwerts c_v aus einer vorweg durchgeführten Probeschüttung. Dabei wird der Setzungsverlauf und möglichst auch der Porenwasserdruckverlauf gemessen. c_v kann dann unter Verwendung von Bild E 179-2 nach folgender Formel berechnet werden:

$$c_v = \frac{H^2 \cdot T_v}{t}$$

Darin bedeuten:

T_v = bezogene Konsolidierungszeit
t = Zeit
H = Dicke der einseitig entwässerten weichen Bodenschicht

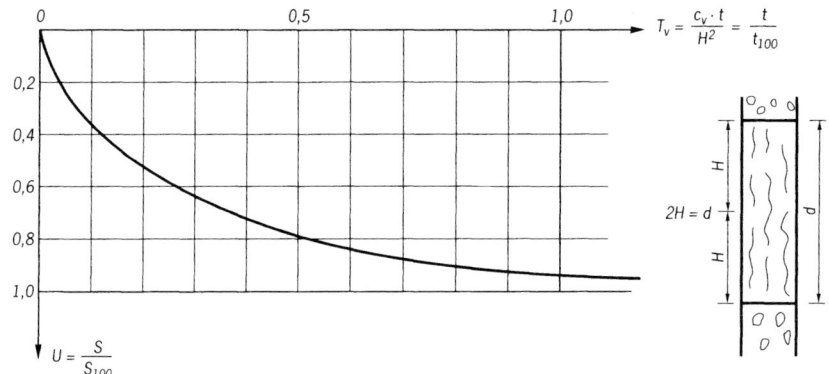

Bild E 179-2. Beziehung zwischen dem Zeitfaktor T_v und dem Konsolidierungsgrad U

Für $U = 95\,\%$, also nahezu vollständige Konsolidierung, ist $T_v = 1$ und damit:

$$c_v = \frac{H^2}{t_{100}}$$

7.13.5.2 Dimensionierung der Vorbelastungsschüttung

Für die Dimensionierung der Vorbelastungsschüttung müssen die Dicke der weichen Bodenschicht und der c_v-Wert bekannt sein. Ferner muss die Konsolidierungszeit t_s (Bild E 179-1) vorgegeben sein (Bauzeitenplan). Man ermittelt $t_s/t_{100} = T_v$ mit $t_{100} = H^2/c_v$ und mit Hilfe von Bild E 179-2 den erforderlichen Konsolidierungsgrad $U = s/s_{100}$ unter Vorbelastung. Die 100 %-Setzung s_{100} der Dauerschüttung p_0 wird mit Hilfe einer Setzungsberechnung nach DIN 4019 bestimmt. Die Höhe der Vorbelastung p_v (Bild E 179-1) ergibt sich dann nach [114] zu

$$p_v = p_0 \cdot \left(\frac{A}{U} - 1\right)$$

A ist das Verhältnis der Setzung s_s nach Wegnahme der Vorbelastung zur Setzung s_{100} der Dauerschüttung: $A = s_s/s_{100}$.
A muss gleich oder größer als 1 sein, wenn eine vollständige Vorwegnahme der Setzungen erreicht werden soll (Bild E 179-3).
So errechnet sich beispielsweise bei einer beidseitig entwässerten Schicht mit einer Dicke $d = 2\,H = 6$ m, einem c_v-Wert $= 3$ m^2/Jahr sowie einer vorgegebenen Konsolidierungszeit von $t_s = 1$ Jahr:

$$t_{100} = \frac{3^2}{3} = 3 \text{ Jahre}$$

$$t_s/t_{100} = 0,33$$
$$U = 0,66 \, [1]$$

Bei $A = 1,05$ ist, wie auch aus Bild E 179-3 ersichtlich,

$$p_v = p_0 \cdot \left(\frac{1,05}{0,66} - 1 \right) = 0,6 \cdot p_0$$

Es ist zu beachten, dass p_v durch die Tragfähigkeit des anstehenden Bodens begrenzt wird (vgl. Abschn. 7.13.3).

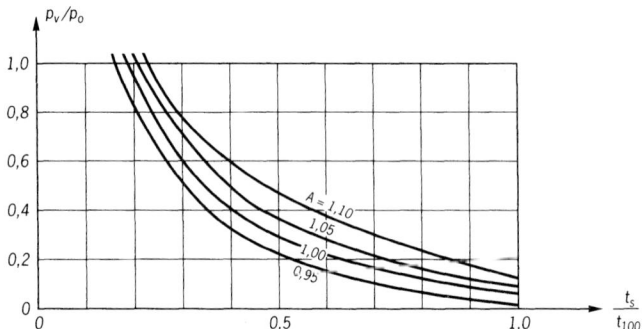

Bild E 179-3. Bestimmung der Vorbelastung p_v abhängig von der Zeit t_s

7.13.6 Mindestflächenausdehnung der Vorbelastungsschüttung

Um Vorbelastungsmaterial zu sparen, wird im Allgemeinen die zu verfestigende Bodenschicht abschnittsweise vorbelastet. Der Ablauf der Vorbelastung richtet sich nach dem Bauzeitenplan. Um eine möglichst gleichmäßig verteilte wirksame Spannungsausbreitung in der weichen Schicht zu erreichen, darf die Fläche der Schüttung nicht zu klein sein. Als Anhalt gilt, dass die geringste Seitenabmessung der Vorbelastungsschüttung das Zwei- bis Dreifache der Summe der Dicken von weicher Schicht und Dauerschüttung betragen soll.

7.13.7 Entwurf von Vakuumverfahren mit Vertikaldräns

Beim Entwurf einer Baugrundverbesserung durch Vakuum-Konsolidierung sind folgende Gesichtspunkte zu beachten:

- Die Erhöhung der Scherfestigkeit wird bei den herkömmlichen Vorbelastungen durch eine zusätzliche Auflast (totale Spannungen) bewirkt. Im Gegensatz dazu wird beim Vakuumverfahren die Konsolidierung durch eine Verringerung des Porenwasserdrucks bewirkt, die totalen Spannungen bleiben unverändert.

- Beim Aufbringen der Arbeitsebene (gleichzeitig Dränschicht) kann es Schwierigkeiten geben, wenn die Tragfähigkeit des anstehenden Bodens eine Schichtdicke von mindestens rd. 0,8 m nicht zulässt.
- Innerhalb der Dränschicht wird das anfallende Wasser mit Hilfe einer Horizontaldränage gefasst und abgeführt.

Spezielle Pumpen, die gleichzeitig Wasser und Luft abpumpen bzw. absaugen, werden an die Dränschicht angeschlossen und erreichen i.d.R. ein max. Vakuum von 75 % des atmosphärischen Druckes (ca. 0,75 bar). In der Berechnung der totalen, effektiven und neutralen Spannungen im Boden ist der atmosphärische Druck P_a wie folgt zu berücksichtigen:

$$\sigma = z \cdot \gamma + h \cdot \gamma_r + P_a$$

$$u = z \cdot \gamma_w + P_a$$

$$\sigma' = \sigma - u = z \cdot \gamma' + h \cdot \gamma_r$$

Nachdem der Vakuumblock hergestellt und eingeschaltet ist, reduziert sich die neutrale Spannung u um den atmosphärischen Druck P_a und die totale Spannung σ bleibt indes unverändert. Infolge dessen nimmt die effektive Spannung σ' im Boden während des Vakuums zu und es gilt:

$$\sigma'_{Vakuum} = \sigma' + P_a$$

Dabei nimmt die effektive Spannung im Boden isotrop um den atmosphärischen Druck zu.

Der atmosphärische Druck P_a wird durch die Pumpleistung n um

$$\Delta\sigma = n \cdot P_a$$

reduziert. Daraus folgt während der Konsolidierung eine Erhöhung der Scherfestigkeit $\Delta\tau$ nach dem Konsolidierungsgrad um:

$$\Delta\tau = U_t \cdot (\tan\varphi' \cdot \Delta\sigma)$$

mit

$$\Delta\sigma = \text{aufgebrachter Unterdruck}$$

$$U_t = 1 - \frac{\Delta u_t}{\Delta\sigma} \quad \text{Konsolidationsgrad zum Zeitpunkt } t$$

mit Δu_t = Porenwasserüberdruck zur Zeit t

Die Endsetzungen sowie der Setzungsverlauf können mit der Konsolidationstheorie von Terzaghi und Barron berechnet werden. Die Scherfestigkeit bindiger Böden nach Konsolidierung entspricht derjenigen unter einer äquivalenten Sandauflast. Die vorübergehende Festigkeit nichtbindiger Böden infolge des Unterdrucks geht nach dem Abschalten der Absauganlage verloren.

7.13.8 Ausführung von Vakuumverfahren mit Vertikaldräns

Zunächst wird auf den anstehenden Boden eine Arbeitsebene (Dicke > rd. 0,8 m) aufgebracht. Von dieser aus werden Vertikaldräns (üblich sind 5 cm äquivalenten Kreisdurchmesser, es können auch Band- und Runddräns kombiniert eingesetzt werden) bis rd. 0,5 bis 1,0 m oberhalb der unterliegenden Schicht eingebracht.

Zur Aufrechterhaltung des Vakuums ist es unbedingt notwendig, dass ein hydraulischer Kontakt zu wasserführenden Sandzwischenlagen im Untergrund vermieden oder verhindert wird (z. B. durch tiefgehende Schlitzgräben oder Schlitzwände). Insofern sind bei inhomogenen Baugrundverhältnissen baubegleitend indirekte Aufschlüsse (z. B. Drucksondierungen) notwendig, um die Absetztiefen vorauseilend festzulegen.

Bei stark wechselndem Baugrundaufbau können zusätzlich auch Probeeinbringungen ohne Dränmaterial in einem weiten Raster (z. B. 10 · 10 m) vorgenommen werden, aus denen zusammen mit den indirekten Aufschlüssen die Absetztiefen festgelegt werden. Der Geräteführer kann bei den Probeeinbringungen den erhöhten Eindringwiderstand von Sandzwischenlagen oder der Oberkante der anstehender Sande erkennen.

Eventuelle Fehlstellen in der bedeckenden undurchlässigen Membran sind schwierig zu lokalisieren und zu reparieren. Als Dränage/Überschüttung sollte deshalb kein steiniges, scharfkantiges Material verwendet werden. Zum Schutz der Membran kann auch ein Überstau mit Wasser vorgesehen werden.

In Sonderfällen kann die undurchlässige Weichschicht selbst die Funktion der vakuumhaltenden Membran erfüllen. Dazu werden die Vertikaldräns ca. 1,0 m unterhalb der Weichschichtoberkante durch einen Horizontaldrän hydraulisch miteinander verbunden.

Die Setzungen, der Porenwasserunterdruck im Boden und die Horizontalverformungen am Randbereich des Vakuumblocks müssen über die gesamte Zeit beobachtet werden, da generell Setzungen und Konsolidationsgrad nur unscharf prognostiziert werden können. Durch die Setzungs- und Spannungsbeobachtung können die Berechnungsmodelle durch die tatsächlichen Verhältnisse kalibriert werden, um zuverlässige Restsetzungsgrößen berechnen zu können.

Die Horizontalverformungen des Gesamtsystems sind in der Blockmitte annähernd null. Die Beobachtung der Horizontalverformungen sind in sehr kompressiblen Böden schwierig und mit Inklinometern nicht zuverlässig möglich. Die Dicke eines Vakuumblocks wird durch die Wirtschaftlichkeitsüberlegungen einerseits und die möglichen Ausführungstiefen von Vertikaldräns (i.d.R. 40 bis 50 m) begrenzt.

7.13.9 Kontrolle der Konsolidierung

Die Konsolidierung kann durch Setzungs- und Porenwasserdruckmessungen kontrolliert werden. An den Rändern der Schüttung können
Inklinometermessungen Überschreitungen der Baugrundtragfähigkeit
anzeigen.

Für die Beendigung der Vorbelastung wird meist ein Grenzwert der
Setzungsgeschwindigkeit (z. B. in mm pro Tag oder in cm pro Monat)
vorgegeben.

7.13.10 Sekundärsetzungen

Die von der Konsolidierung unabhängigen Sekundärsetzungen werden
nur in sehr geringem Umfang durch Vorbelastung vorweggenommen
(beispielsweise bei hochplastischen Tonen). Sind Sekundärsetzungen
größeren Ausmaßes zu erwarten, sind besondere zusätzliche Untersuchungen erforderlich.

7.14 Verbesserung der Tragfähigkeit weicher bindiger Böden durch Vertikalelemente (210)

7.14.1 Allgemeines

Häufig werden für die Gründung von Erdbauwerken auf weichen, bindigen Böden vermörtelte oder unvermörtelte Schottersäulen oder Sandsäulen ausgeführt, die auf tiefliegende tragfähige Schichten abgesetzt
werden.

Die Säulen übernehmen die Vertikallasten und leiten sie in den tragfähigen Untergrund ab, dabei werden sie durch den umgebenden
Boden gestützt. Der Boden muss daher mindestens eine Festigkeit von
$c_u > 15$ kN/m^2 haben. Vermörtelte Stopfsäulen bedürfen der Stützung
nur im Einbauzustand.

Sehr weiche organische bindige Böden können eine Stützung in der erforderlichen Größenordnung nicht gewährleisten und daher sind die
vorgenannten Gründungssysteme in diesen Böden nur ausführbar, wenn
die seitliche Stützung anderweitig erfolgt, z. B. durch Geokunststoffe.

Schotter- und Sandsäulen haben auch Dräneigenschaften wie Vertikaldräns (vgl. E 93, Abschn. 7.7.1) und bewirken somit auch eine Erhöhung der Anfangsscherfestigkeit des anstehenden Bodens.

7.14.2 Entwurf von pfahlartigen Gründungssystemen

Ein seit langem angewandtes und anerkanntes Verfahren zur Baugrundverbesserung ist die Tiefenrüttelung (Rütteldruckverfahren). Allerdings
ist die Anwendung auf nichtbindige, verdichtungsfähige Böden beschränkt. Bereits geringe Schluffkornanteile können eine Verdichtung
unter der Rüttlerwirkung verhindern, weil die feinkörnigen Bodenteilchen
nicht durch Schwingung voneinander getrennt werden können.

Für diese Böden wurde die Rüttelstopfverdichtung entwickelt. Die Bodenverbesserung wird hier zum einen durch die Verdrängung des anstehenden Bodens erreicht, zum anderen durch die in den anstehenden Boden eingearbeiteten Säulen aus verdichtetem, grobkörnigen Material. Auch Rüttelstopfverdichtungen benötigen die Stützwirkung des umgebenden Bodens, als Maß für die Anwendbarkeit gilt i.d.R. die undränierte Scherfestigkeit c_u größer als 15 kN/m^2.

Die rasterartig angeordneten Tragelemente binden in tragfähige tiefere Bodenschichten ein. Die Lasteinleitung in die Tragelemente erfolgt über eine Sandschicht über den Köpfen der Tragelemente. Diese Sandschicht ist somit Bestandteil des Tragsystems und wird i. Allg. Tragschicht genannt.

Die Wirkungsweise des Tragsystems beruht darauf, dass für diese Tragschicht im Bereich der Köpfe der Tragelemente eine steife Auflagerung erzeugt wird. Daraus resultiert eine Spannungskonzentration über den Tragelementen und eine Entlastung des umgebenden bindigen Bodens (Gewölbebildung).

Eine Erhöhung der Tragwirkung der Tragschicht wird erreicht, wenn über den Tragelementen eine Geokunststoffbewehrung eingebaut wird, die sich wie eine Membran über die Weichschichten spannt. Um u. a. eine ausreichende Sicherheitsreserve gegen Durchstanzen durch die Tragschicht zu erhalten, ist der Einbau einer Geokunststofflage als Mindestbewehrungslage zu empfehlen.

Beim Entwurf eines mit Geokunststoffen bewehrten Erdbauwerkes auf pfahlartigen Gründungselementen sollten folgende Gesichtspunkte berücksichtigt werden:

- Der Pfahldurchmesser beträgt i.d.R. 0,6 m und der Abstand zwischen den in einem regelmäßigen Raster angeordneten Pfählen beträgt ca. 1,0 bis 2,5 m.
- Die Geokunststoffbewehrung liegt i. Allg. 0,2 bis 0,5 m oberhalb der Säulenköpfe. Zusätzliche Bewehrungslagen werden im Abstand von 0,2 bis 0,3 m oberhalb der bereits eingebauten Lage angeordnet. Dadurch wird der Versagenszustand „Gleiten eines Geokunststoff auf einem Geokunststoff" vermieden.
- Der analytische Nachweis der Standsicherheiten für die Bauphasen und den Endzustand kann auf Grundlage von DIN 4084 mit Kreisgleitflächen oder mit Starrkörperbruchmechanismen geführt werden. Dabei ist die räumliche Situation der Säulengründung in ein ebenes Ersatzsystem mit wandartigen Scheiben unter Wahrung des Flächenverhältnisses umzurechnen. Die zusätzlichen Widerstände aus den „geschnittenen" Pfählen und aus der Geokunststoffbewehrung können berücksichtigt werden.

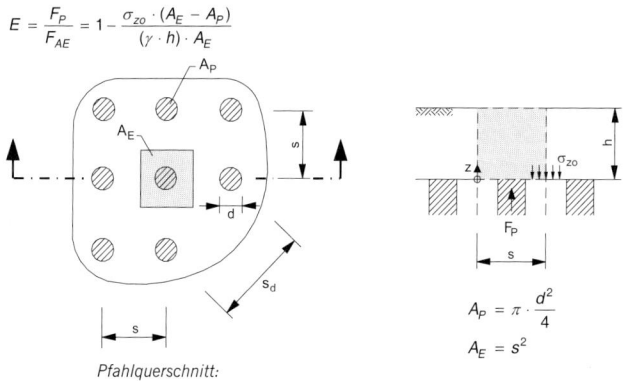

$$E = \frac{F_P}{F_{AE}} = 1 - \frac{\sigma_{zo} \cdot (A_E - A_P)}{(\gamma \cdot h) \cdot A_E}$$

$$A_P = \pi \cdot \frac{d^2}{4}$$

$$A_E = s^2$$

Pfahlquerschnitt:
Einem Pfahl im Quadratraster zugeordnete Einflussfläche

Bild E 210-1. Belastung auf die Pfähle [241]

- Die Belastung auf die Pfahlelemente und den umgebenden setzungs-empfindlichen Weichboden ist abhängig vom Grad der Lastumlagerung E in der Tragschicht. Aus den Lastumlagerungswerten E kann die Kraft F_P, die von einem Pfahl infolge Gewölbewirkung aufgenommen werden muss, unter Beachtung der Einflussflächen A_E, wie folgt angegeben werden:

$$E = \frac{F_P}{F_{AE}} = 1 - \frac{\sigma_{zo} \cdot (A_E - A_P)}{(\gamma \cdot h) \cdot A_E}$$

Es gilt für:

Rechteckraster   Dreieckraster

$$F_p = E \cdot (\gamma \cdot h + p) \cdot s_x \cdot s_y \qquad F_p = E \cdot (\gamma \cdot h + p) \cdot \frac{1}{2} s_x \cdot s_y$$

Die Lastumlagerung E kann mit Hilfe eines Gewölbeschalenmodells rechnerisch ermittelt werden, wobei angenommen wird, dass eine Spannungsumlagerung nur innerhalb einer begrenzten Zone oberhalb der Weichschicht erfolgt. Nähere Angaben dazu sind in [241] erläu-tert. Die Lastumlagerung in der Tragschicht ist dabei direkt von der Scherfestigkeit des Tragschichtmaterials abhängig.
- Durch die Membranwirkung der Geokunststofflage kann zudem eine weitere Entlastung der Weichschichten erzielt werden.
- Näheres zur Berechnung in [241, 242].
- Die Membranwirkung der Geokunststoffbewehrung wird begünstigt, wenn die Bewehrung möglichst dicht über den fast starren Pfählen verlegt wird. Um ein Abscheren des Geokunststoffes zu vermeiden ist eine konstruktive Ausgleichsschicht über den Pfahlköpfen vorzusehen, um ein direktes Aufliegen auf den Pfahlköpfen zu vermeiden.

305

7.14.3 Ausführung von pfahlartigen Gründungssystemen

Zur Herstellung der Pfahlelemente muss ein ausreichend tragfähiges Arbeitsplanum vorhanden sein, um den erforderlichen Geräteeinsatz zu ermöglichen. Dies kann durch eine oberflächennahe Bodenverbesserung oder durch einen Bodenaustausch der oberen Bodenschicht erfolgen. Als Pfahlelemente sind folgende unterschiedliche Ausführungsformen möglich:

(1) Bohrpfähle nach DIN EN 1536 oder Verdrängungspfähle nach DIN EN 12 699.

(2) Rüttelstopfsäulen und vermörtelte oder teilvermörtelte Stopfsäulen.

Rüttelstopfsäulen werden mit Schleusenrüttlern hergestellt. Nach Erreichen der Solltiefe oder des tragfähigen Baugrundes wird der Schleusenrüttler um einige Dezimeter gehoben und aus einer Schleusenkammer grobkörniges Material durch Druckluft oder Wasser ausgetrieben. Anschließend wird der Rüttler wieder abgesenkt, wodurch das Zugabematerial verdichtet wird. Der anstehende Boden wird dabei verdrängt und ebenfalls verdichtet. Dieser Vorgang wiederholt sich in mehreren Tiefenstufen, bis von unten nach oben ein verdichtetes Pfahlelement entsteht.

Um ein Ausfließen des Pfahlmaterials in den umgebenden Boden zu verhindern wird empfohlen Rüttelstopfsäulen nur in bindigen Böden mit einer undränierten Scherfestigkeit von $c_u \geq 15$ kN/m^2 auszuführen.

Bei vermörtelten oder teilvermörtelten Stopfsäulen wird das gleiche Einbauverfahren angewendet wie bei der Rüttelstopfsäule. Das grobkörnige Material wird jedoch beim Einbau mit einer Zementsuspension vermischt oder komplett aus Beton hergestellt. Es gilt auch hier: die undränierte Scherfestigkeit c_u sollte größer 15 kN/m^2 sein. Bei Zwischenschichten breiiger Konsistenz sind $8 < c_u < 15$ kN/m^2 zulässig, sofern die Dicke der Zwischenschicht 1,0 m nicht überschreitet.

Bei der Bodenverdrängung entsteht ein Porenwasserüberdruck, der jedoch wegen der Entwässerungswirkung der Tragelemente beschleunigt abgebaut wird. Bei voll- oder teilvermörtelten Stopfsäulen oder Betonrüttelsäulen ist die Entwässerungswirkung stark eingeschränkt bis gar nicht vorhanden.

7.14.4 Entwurf von Geokunststoff ummantelten Säulen

In sehr weichem bindigem Boden mit $c_u < 15$ kN/m^2 sind die vorgenannten Gründungssysteme nicht geeignet. In diesem Fall kann die seitliche Stützung des Bodens durch zusätzliche Maßnahmen bewirkt werden, z. B. durch einen geotextilen Schlauch, in den Sand eingefüllt wird („Geokunststoff ummantelte Säulen").

Beim Entwurf eines Erdbauwerkes nach diesem Verfahren sind folgende Gesichtspunkte zu berücksichtigen:

- Die Geokunststoff ummantelte Säule ist ein flexibles Tragelement, welches sich horizontalen Verformungen anpassen kann.
- Praktische Erfahrungen in Feld und in Labor haben gezeigt, dass eine Durchstanzgefahr nicht besteht, da das Setzungsverhalten der ummantelten Säule und des umgebenden Bodens gleich ist.
- Durch eine Überlast größer als die Summe aller späteren Belastungen können die Restsetzungen beschleunigt werden (Überschütten).
- Die Sandsäulen werden in einem gleichmäßigen Raster angeordnet (i.d.R. Dreiecksraster). Der Abstand zwischen den Säulen beträgt je nach Säulenraster ca. 1,5 m bis ca. 2,0 m.
- Der Durchmesser der Säulen liegt i.d.R. bei 0,8 m.
- Oberhalb der Geokunststoff ummantelten Säulen empfiehlt sich i.d.R. die Anordnung einer horizontalen Geokunststoff-Bewehrungslage. Diese dient der Erhöhung der Standsicherheiten während kritischer Bauphasen sowie zur Reduzierung der Spreizverformungen.
- Die Spannungskonzentration über den Säulen führt zu einer Erhöhung der Gesamtscherfestigkeit in den Säulen und zur Reduzierung in den umgebenden Weichschichten. Die Scherfestigkeitswirkung ist durch die Einführung von sog. Ersatzscherparametern nach [238] und unter Ansatz des Porenwasserüberdruckes aus der Auflast zu berücksichtigen.
- Die Bemessung der Geokunststoffummantelung kann in Anlehnung an [239] so vorgenommen werden, dass die Kurzzeitfestigkeit F_K des Geokunststoffes durch verschiedene Faktoren A_i und den Sicherheitsbeiwert γ abgemindert und den berechneten Zugkräften im Geokunststoff gegenübergestellt wird.

$$F_d = \frac{F_K}{A_i \cdot A_{i+1} \cdot \gamma}$$

Die Berechnung der jeweiligen Zugkraft im Geokunststoff basiert auf der Stauchung bzw. Setzung einer Einzelsäule infolge der effektiven Spannungskonzentration über der Säule und der horizontalen Stützung des anteiligen umgebenden Weichbodens. Dadurch entsteht eine volumenbeständige Ausbauchung der Säule über die Tiefe, die wiederum eine Dehnung des Geokunststoffes bewirkt. Nähere Angaben und Berechnungsverfahren sind in [238] und [240] enthalten.

- Durch Porenwasserdruckmessungen sowie Spannungsmessungen in und über den Weichschichten während und nach der Bauausführung kann ggf. der tatsächliche Konsolidationszustand kontrolliert werden. Die Säule verhält sich im Übrigen in Ihrer Wirkungsweise bezüglich der Konsolidationseigenschaft wie ein Vertikaldrän mit größerem Durchmesser.

7.14.5 Ausführung von Geokunststoff ummantelten Säulen

Der Säuleneinbau erfolgt im Bodenverdrängungsverfahren oder im Bodenaushubverfahren. Während beim Bodenaushubverfahren eine offene Verrohrung unter Rüttelwirkung bis auf den tragfähigen Baugrund eingebracht wird und danach ein Bodenaushub im Rohr erfolgt, wird beim Bodenverdrängungsverfahren der Weichboden durch ein Stahlrohr mit konisch verschließbaren Klappen beim Einrütteln verdrängt. Nach Einbringen der Verrohrung wird eine vorkonfektionierte, entweder rundgewebte oder werkseitig mit einer Naht zu einem Schlauch gefertigte Geokunststoffummantelung eingehängt. Im Anschluss wird zunächst die Säule mit einem dränierfähigen Material (z. B. Sand, Kies, Schotter) locker verfüllt und die Verrohrung unter Rüttelwirkung wieder gezogen. Dadurch wird das Säulenmaterial verdichtet.

Bei Anwendung der wirtschaftlicheren Bodenverdrängung kann die Anfangsscherfestigkeit des Weichbodens erhöht werden. Dies ist ggf. durch Messungen der undränierten Scherfestigkeiten vor und nach dem Säuleneinbau zu kontrollieren.

Bei kontaminiertem Untergrund empfiehlt es sich, das Bodenverdrängungsverfahren anzuwenden, da hier ein Bodenaushub vermieden wird. Bei der Bodenverdrängung ist mit kurzzeitig erhöhtem Porenwasserüberdruck nach der Säulenherstellung zu rechnen, der jedoch über die Dränwirkung der Säule schnell abgebaut wird. Zudem entsteht durch die Bodenverdrängung eine vorübergehende Anhebung der Weichschichtoberkante. Die Anhebung der Geländeoberfläche summiert sich mit zunehmender Anzahl von eingebauten Säulenreihen [244].

Die Säuleneinbringung erfolgt entweder von einer Arbeitsebene oberhalb der zuvor selbst eingebrachten Säulen oder schwimmend von einem Arbeitsponton.

7.15 Einbau mineralischer Sohldichtungen unter Wasser und ihr Anschluss an Ufereinfassungen (E 204)

7.15.1 Begriff

Eine mineralische Unterwasserdichtung besteht aus natürlichem, feinkörnigem Boden, der so zusammengesetzt bzw. aufbereitet ist, dass er entweder ohne zusätzliche Stoffe zur Erzielung der Dichtungswirkung eine sehr geringe Durchlässigkeit besitzt oder durch geeignete Additive die gewünschten Eigenschaften erhält (Dichtungen aus vollvergossenen Schüttsteindeckwerken werden in Abschn. 12.1.3 behandelt).

7.15.2 Einbau im Trockenen

Mineralische Dichtungen, die im Trockenen eingebaut werden, werden in [155] ausführlich behandelt. Neu hinzugekommen sind geosynthetische Tondichtungsbahnen [245, 237].

7.15.3 Einbau im Nassen

7.15.3.1 Allgemeines

Bei Vertiefungen oder Erweiterungen von gedichteten Hafenbecken oder Wasserstraßen ist es häufig erforderlich, Sohldichtungen unter Wasser, gegebenenfalls auch unter laufendem Schiffsverkehr, einzubauen. Für den dabei vorübergehend auftretenden Fall des Fehlens einer Dichtung sind Maßnahmen gegen die nachteiligen Auswirkungen des in den Untergrund eintretenden Wassers hinsichtlich der Standsicherheit der betroffenen Bauwerke und der Beeinflussung des Grundwassers in bezug auf seine Qualität und die Lage des Grundwasserspiegels zu treffen. An das einzubauende Dichtungsmaterial sind, abhängig vom Einbauverfahren, besondere Anforderungen zu stellen.

7.15.3.2 Anforderungen

Unter Wasser eingebaute mineralische Dichtungsstoffe können nicht oder nur begrenzt mechanisch verdichtet werden. Sie müssen daher homogen aufbereitet und in einer solchen Konsistenz eingebaut werden, dass eine gleichmäßige Dichtungswirkung von vornherein gewährleistet ist, das eingebrachte Material sich Unebenheiten des Planums anpasst, ohne zu reißen, den Erosionskräften aus der Schifffahrt auch während des Einbaus standhält und in der Lage ist, die Dichtheit der Anschlüsse an den Ufereinfassungen zu gewährleisten, auch wenn Verformungen dieser Bauwerke auftreten.

Wenn die Dichtungen auf Böschungen hergestellt werden sollen, muss die Einbaufestigkeit auch groß genug sein, um die Standsicherheit auf der Böschung zu gewährleisten.

Für den Einbau von mineralischen Dichtungen muss ein ausreichender Widerstand nachgewiesen werden:

- gegen die Gefahr des Zerfalls des frisch eingebrachten Dichtungsmaterials unter Wasser,
- gegen Erosion aus der Rückströmung des den Baustellenbedingungen angepassten Schiffsverkehrs,
- gegen das Durchbrechen der Dichtung in Form von dünnen Röhren bei grobkörnigem Untergrund (Piping),
- gegen Abgleiten auf bis 1 : 3 geneigten Böschungen und
- gegen die Beanspruchungen beim Beschütten der Dichtung mit Filtern und Wasserbausteinen.

Dichtungen aus natürlichen Erdstoffen ohne Zusatzmittel erfüllen im Allgemeinen diese Anforderungen, wenn das Dichtungsmaterial folgende Bedingungen erfüllt (geotextile Tondichtungsbahnen sind gesondert zu betrachten):

Sandanteil (0,063 mm $\leq d$)	$< 20\,\%$
Tonanteil ($d \leq 0,002$ mm)	$> 30\,\%$
Durchlässigkeit	$k \leq 10^{-9}$ m/s
Undränierte Scherfestigkeit	15 kN/m$^2 \leq c_u \leq 25$ kN/m^2
Dicke (bei 4 m Wassertiefe)	$d \geq 0,20$ m

Bei mit bestimmten Additiven und einem Zementanteil aufbereiteten Mischungen, die nach dem Einbau eine Verfestigung erfahren, darf die Flexibilität der Dichtung im Endzustand nicht beeinträchtigt werden, was durch Versuche nachzuweisen ist, z. B. nach [156].

Beim Einbau von mineralischen Dichtungen in größeren Wassertiefen, auf kiesigem Boden, bei großen Porenweiten des Untergrundes oder bei steileren als 1 : 3 geneigten Böschungen sowie bei der Bemessung des Dichtungsmaterials hinsichtlich Selbstheilung bei Spaltenbildung und Dichtungswirkung von Stumpfstößen, sind besondere Untersuchungen erforderlich (siehe [157, 158]).

Hinsichtlich der Eignungs- und Überwachungsprüfungen siehe [132].

Für die heute nur einlagigen weichen mineralischen Dichtungen stehen mehrere, z. T. patentrechtlich geschützte Verfahren zur Verfügung [237]. Bei allen Verfahren empfiehlt es sich, das Verlegegerät auf Stelzen zu positionieren.

7.15.4 Anschlüsse

Der Anschluss von mineralischen Sohldichtungen an Bauwerke erfolgt im Allgemeinen durch einen Stumpfstoß, wobei der Dichtungsstoff in der Regel mit geeigneten, der Form der Fuge (z. B. dem Spundwandprofil) angepassten Geräten angepresst wird. Zuvor wird eine dem Fugenverlauf entsprechende Menge Dichtungsstoff mittels geeigneter Geräte eingebracht. Da die Dichtungswirkung über die Kontaktnormalspannung zwischen Dichtungsstoff und Fuge (siehe hierzu [157, 158]) zustande kommt, ist der Anpressvorgang sehr sorgfältig vorzunehmen.

Die Kontaktlänge zwischen einer mineralischen Dichtung und einer Spundwand oder einem Bauteil soll bei einer undränierten Scherfestigkeit des Dichtungsmaterials unter $c_u = 25$ kN/m^2 mindestens 0,5 m, bei höherer Festigkeit mindestens 0,8 m betragen. Die Festigkeit einer mineralischen Dichtung soll im Anschlussbereich an Wände $c_u = 50$ kN/m^2 nicht übersteigen. Der Anschluss einer geosynthetischen Dichtungsbahn erfolgt mittels eines Dichtungskeils aus geeignetem Dichtungsmaterial mit einer Kontaktlänge zu der Dichtungsbahn von mindestens 0,8 m.

Gerüste im Bauwesen

Nather, F. / Lindner, J. / Hertle, R.
Handbuch des Gerüstbaus
Verfahrenstechnik im
Ingenieurbau
2004. Ca. 400 S., ca. 200 Abb.
Gebunden.
Ca. € 129,-* / sFr 190,-
ISBN 3-433-01323-3
Erscheint: März 2005

* Der €-Preis gilt ausschließlich für Deutschland
001654106_my Irrtum und Änderungen vorbehalten.

Ernst & Sohn
Verlag für Architektur und
technische Wissenschaften GmbH & Co. KG

Für Bestellungen und Kundenservice:
Verlag Wiley-VCH
Boschstraße 12
69469 Weinheim
Telefon: (06201) 606-400
Telefax: (06201) 606-184
Email: service@wiley-vch.de

Ernst & Sohn
A Wiley Company
www.ernst-und-sohn.de

Gerüste werden im Bauwesen, im Anlagen-, Fahrzeug-
und Schiffbau in vielfältiger Weise verwendet. Funktions-
bedingt sind Arbeits-, Schutz- und Traggerüste zu unterscheiden. Die rasante Entwicklung in den letzten 40 Jahren
betraf nicht nur Systemgerüste und hochspezialisierte Verbindungstechnik, sondern war auch entscheidend für die
Planung und den Bau gewaltiger Brücken und Tunnel. Dies
erfordert eine umfassende, systematische Darstellung des
Gerüstbaus. Das vorliegende Handbuch fasst Werkstoffe,
Verbindungstechnik, Konstruktion, Bemessung, Versuchs-
wesen und Kalkulation für alle Gerüstarten zusammen,
wobei die Entwicklung innerhalb der EU berücksichtigt
wird. Eigene Kapitel sind den Freivorbau-, Vorschub- und
Verlegegeräten im Brückenbau und den modernen Her-
stellungsverfahren im Hochbau gewidmet, weitere be-
schäftigen sich mit den häufig notwendigen Versuchen
und der Geschichte des Gerüstbaus und des Baubetriebs.
Anhand von Beispielen werden Schadensfälle, die wesentlich die Entwicklung des Gerüstbaus beeinflusst haben, analysiert. Aus den Erfahrungen in der Entwicklung und Ferti-
gung von Gerüstbauteilen werden Hinweise und Hilfen für
zukünftige Entwicklungen gegeben. Damit dient das
Handbuch als Nachschlagewerk für Tragwerksplanung,
Gerüstbau, Prüfung, Bauausführung, Entwicklung.

8 Spundwandbauwerke

8.1 Baustoff und Ausführung

8.1.1 Ausbildung und Einbringen von Holzspundwänden (E 22)

8.1.1.1 Anwendungsbereich

Holzspundwände sind nur zweckmäßig, wenn rammgünstiger Untergrund vorhanden ist, die erforderlichen Widerstandsmomente nicht zu groß sind, bei Dauerbauwerken die Bohlen unterhalb der Fäulnisgrenze enden und die Gefahr des Befalls durch Holzbohrtiere nicht besteht oder der Befall verhindert werden kann, und wenn andere Baustoffe wegen der örtlichen Gegebenheiten nicht in Betracht kommen.
Die DIN 1052 – Holzbauwerke ist sinngemäß anzuwenden. Verbindungsmittel aus Stahl sind mindestens in feuerverzinkter Ausführung oder mit gleichwertigem Korrosionsschutz vorzusehen.

8.1.1.2 Abmessungen

Holzspundbohlen werden vorwiegend aus harzreichem Kiefernholz, jedoch auch aus Fichten- und Tannenholz hergestellt. Die normalerweise in Betracht kommenden Maße und die Ausbildung der Bohlen sowie der Spundung sind aus Bild E 22-1 zu ersehen. Bei Keil- oder Rechteckspundung wird die Feder im Allgemeinen einige Millimeter länger ausgeführt als die Nut, damit sie sich beim Rammen gut einpresst.
Für die Eckausbildung werden dicke Vierkanthölzer, sogenannte „Bundpfähle", verwendet, in welche die Nuten für die anschließenden Bohlen dem Eckwinkel entsprechend eingeschnitten werden.

8.1.1.3 Rammen

Gerammt werden meist Doppelbohlen, die durch Spitzklammern verbunden sind. Sie werden stets staffelförmig bzw. fachweise (vgl. E 118, Abschn. 8.1.11) gerammt, um die Bohlen zu schonen und die Dichtheit der Wand zu erhöhen. Dabei wird die vorauszurammende Federseite meist am Fuß der Bohle abgeschrägt, wodurch ein Anpressen an die bereits stehende Wand erreicht wird. Der Fuß wird als Schneide ausgebildet, die bei schwer rammbarem Untergrund durch eine 3 mm dicke Stahlblechummantelung verstärkt wird. Der Bohlenkopf wird stets durch einen 20 mm dicken konischen Flachstahlring gegen Aufspalten gesichert.

8.1.1.4 Dichtung

Holzspundwände dichten sich in gewissem Grade durch Quellen des Holzes. Bei Baugrubenumschließungen im freien Wasser kann wie bei anderen Spundwänden mit Hilfe von Asche, feiner Schlacke, Sägespä-

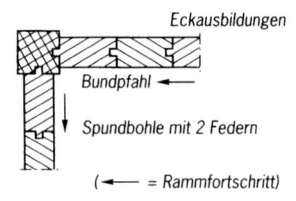

Eckausbildungen

Bundpfahl ◄───

Spundbohle mit 2 Federn

(◄─── = Rammfortschritt)

Bundpfahl ◄───

a) Querschnitte

Faustregel für Bohlendicke d
d (cm) = 2 × l (m)

Bohlenbreite b = ca. 25 cm

Bohlenlänge l ≤ 15 m

Stülpwand

Stülpwand

d < 6 cm

d < 6 cm

Gratspundung

d/3

d ≥ 6 cm

Rechteckspundung

d = 10...30 cm

Keilspundung

d = 10...30 cm

Einzelheiten der Spundung

d/3

a = d/3, jedoch ≤ 5 cm

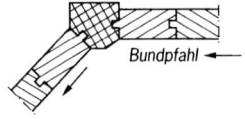

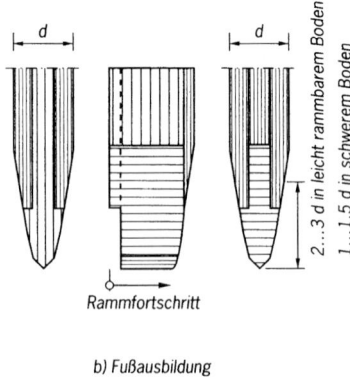

2...3 d in leicht rammbarem Boden

1...1,5 d in schwerem Boden

Rammfortschritt

b) Fußausbildung

geschmiedeter Ring rd. 2 cm dick

Spitzklammern

Rammfortschritt
c) Doppelbohle

Bild E 22-1. Holzspundbohlen

nen und ähnlichen umweltverträglichen Stoffen, die während des Auspumpens der Baugrube an der Außenseite der Bohlen in das Wasser gestreut werden, nachgedichtet werden. Größere Undichtigkeiten können vorübergehend durch Vorbringen von Segeltuch beseitigt, auf die Dauer jedoch nur durch Taucher mit Holzleisten und Kalfatern geschlossen werden.

8.1.1.5 Schutz des Holzes

Da einheimisches Holz im Allgemeinen nur unter Wasser ausreichend gegen Fäulnis geschützt ist, müssen Holzspundwände, die dauernd eine tragende Aufgabe im Bauwerk erfüllen, unter dem Grundwasserspiegel und im freien Wasser unter Niedrigwasser liegen. Im Tidegebiet dürfen sie bis zum Tidemittelwasser reichen. Andernfalls müssen die Hölzer mit einem umweltverträglichen Imprägniermittel geschützt werden. Dies gilt auch für Gebiete mit Bohrmuschelbefall (Teredo navalis), also in Gebieten mit Salzgehalt des Wassers über 9 ‰. Widerstandsfähiger sind unter solchen Verhältnissen tropische Harthölzer. Die Daten tropischer Harthölzer sind in Tabelle E 22-1 aufgeführt.

8.1.2 Ausbildung und Einbringen von Stahlbetonspundwänden (E 21)

8.1.2.1 Anwendungsbereich

Stahlbetonspundwände kommen nur in Betracht, wenn die Bohlen ohne Beschädigung und dichtschließend in den Boden eingebracht werden können. Ihre Anwendung sollte aber auf Bauwerke beschränkt bleiben, bei denen es auf hohe Anforderungen an die Dichtung nicht ankommt, beispielsweise bei Buhnen und dergleichen.

8.1.2.2 Beton

Bei der Auswahl der Betone für Stahlbetonspundbohlen sind die jeweiligen Expositionsklassen unter Beachtung der Umgebungsbedingungen (DIN 1045-1, Abschn. 6.2) zu berücksichtigen.

8.1.2.3 Bewehrung

Die Überdeckung der tragenden Bewehrung sollte im Süß- und Salzwasser als Mindestmaß c_{min} = 50 mm und als Nennmaß c_{nom} = 60 mm betragen und damit größer als nach DIN 1045 sein. Die Stahlbetonspundbohlen werden im übrigen nach DIN 1045 bemessen, wobei für die Lastfälle: Anheben der Bohle beim Entformen bzw. Hochheben vor der Ramme zu beachten ist. Die Bohlen erhalten im Allgemeinen eine tragende Längsbewehrung aus BSt 500 S. Außerdem erhalten die Bohlen eine als Wendel ausgebildete Querbewehrung aus BSt 500 S oder M oder aus Walzdraht ⌀ 5 mm. Die Anordnung im Einzelnen zeigt Bild E 21-1.

Tabelle E 22-1. Kennwerte tropischer Harthölzer

Name der Holzarten	Wissenschaftlicher Name	Mittlere Wichte	Feuchtigkeit	Abs. Druckfestigkeit	E-Modul	Abs. Biegefestigkeit	Scherfestigkeit	Dauerhaftigkeit nach TNO*)		Teredobeständigkeit
								in feuchten Böden, in Wasser oder Wasserwechselzone	der Witterung ausgesetzt	
		kN/m^3		MN/m^2	MN/m^2	MN/m^2	MN/m^2	Jahre	Jahre	
Demerara Greenheart	Ocotea rodiaei	10,5	trocken / nass	92 / 72	21 500 / 20 000	185 / 107	21 / 12	25	50	Ja, aber etwas weniger als Basralocus
Opepe (Belinga)	Sarcocephalus	7,5	trocken / nass	63 / 50	13 400 / 12 900	103 / 92	14 / 12	25	50	Basralocus
Azobe (Ekki Bongossi)	Lophira procera	10,5	trocken / nass	94 / 60	19 000 / 15 000	178 / 119	21 / 11	25	50	Ja, aber begrenzt
Manbarklak (Kakoralli)	Eschweilera longipes	11	trocken / nass	72 / 52	20 000 / 18 900	160 / 120	13 / 11	15–25	40–50	Ja
Basralocus Angelique	Dicorynia paraensis	8,0	trocken / nass	62 / 39	15 500 / 12 900	122 / 80	11,5 / 7	25	50	Ja
Jarrah	Eucalyptus marginata	10	trocken / nass	57 / 35	13 400 / 9 900	103 / 66	13 / 9	15–25	40–50	Ja, aber begrenzt
Yang	Dipterocarpus Afzelia	8,5	trocken / nass	54 / 39	14 600 / 12 300	109 / 80	11 / 10	10–15	25–40	Nein
Afzelia (Apa Doussie)	Afzelia africana	7,5	trocken / nass	66 / 30	13 000 / 9 900	106 / 66	13 / 9	15–25	40–50	Nein

*) TNO = Nijverheisorganisatie voor Toegepast Natuurwetenschaappelijk Onderzock

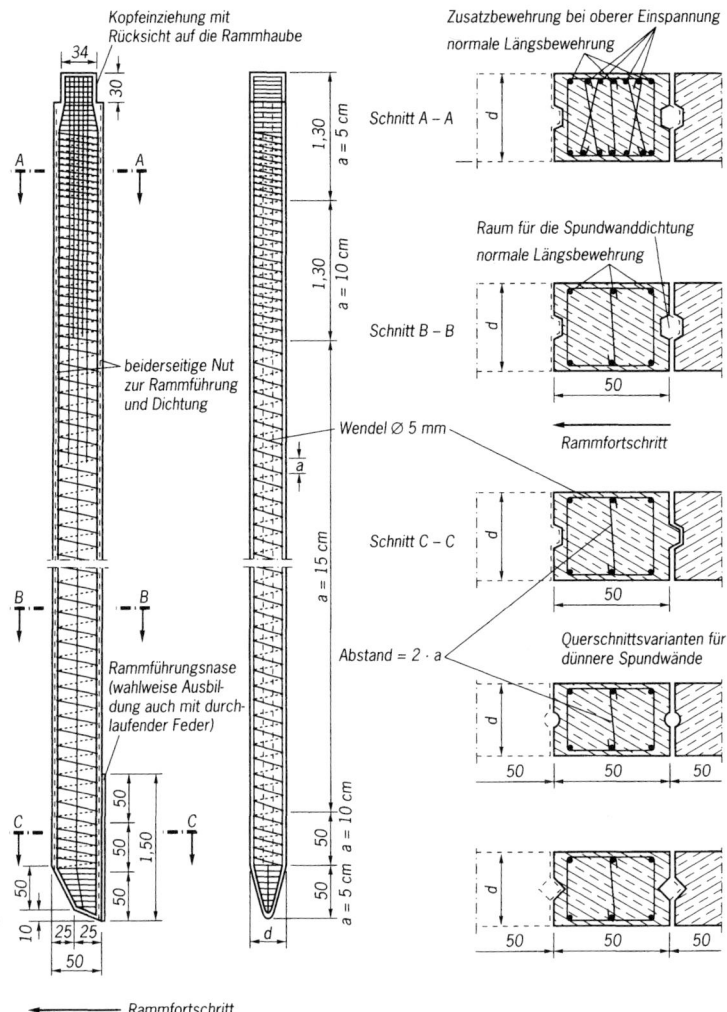

Bild E 21-1. Spundbohlen aus Stahlbeton

8.1.2.4 Abmessungen

Rammbohlen erhalten eine Mindestdicke von 14 cm, sollen aber aus Gewichtsgründen im Allgemeinen nicht dicker als 40 cm sein. Die Dicke richtet sich neben den Rammbedingungen nach den statischen und baulichen Erfordernissen. Die normale Bohlenbreite beträgt 50 cm, doch wird die Bohle am Kopf möglichst auf 34 cm Breite eingezogen, um sie

315

der normalen Rammhaube anzupassen. Die Bohlen werden bis zu 15 m, in Ausnahmefällen bis zu 20 m lang ausgeführt. Gebräuchliche Nutenformen sind in Bild E 21-1 dargestellt. Die Breite der Nuten wird bis zu $^{1}/_{3}$ der Spundbohlendicke, jedoch nicht größer als 10 cm gewählt. Auf der Seite des Rammfortschritts wird die Nut durchlaufend bis zum unteren Bohlenende geführt. Auf der gegenüberliegenden Seite erhält der Fuß eine zur Nut passende, etwa 1,50 m lange Feder. An diese schließt sich nach oben wieder eine Nut an (Bild E 21-1). Die Feder muss den Bohlenfuß beim Einbringen führen. Sie kann vom Fuß bis zum oberen Bohlenende durchgeführt werden und trägt dann zur Dichtung bei. Sie darf in nichtbindigem Boden aber in dieser Form nur angeordnet werden, wenn der Baugrund so beschaffen ist, dass sich hinter jeder Fuge nach geringfügigen Auswaschungen selbsttätig ein Filter aufbaut, so dass ein Auslaufen von Boden verhindert wird.

8.1.2.5 Rammen

Der Bohlenfuß wird auf der Seite des Rammfortschritts etwa unter 2 : 1 abgeschrägt, wodurch sich die Bohle an die bereits gerammte Wand andrückt. Diese Ausbildung wird auch bei Bohlen, die eingespült werden, beibehalten. Das Einbringen wird erleichtert, wenn die Bohlen auch in der Querrichtung schneidenartig auslaufen. Die Bohlen werden stets als Einzelbohlen gerammt, und zwar bei Ausbildung mit Nut und Feder mit der Nutseite voraus. Wird mit Fallbären gerammt, ist eine Rammhaube zu verwenden. Es soll mit möglichst schweren, langsam schlagenden Bären mit geringer Fallhöhe gearbeitet werden. Eine ähnliche Wirkung lässt sich bei Einsatz von entsprechend gewählten Hydraulikbären erzielen, deren Schlagenergien in Anpassung an den jeweiligen Rammenergiebedarf kontrolliert regelbar sind.

Bei feinsandigen und schluffigen Böden wird die Rammung durch Spülhilfe erleichtert.

8.1.2.6 Dichtung gegen Ausfließen von Boden

Erhält die Spundbohle nur eine kurze Feder, wird eine besondere Fugendichtung im Nutenhohlraum vorgesehen. Bevor diese eingebracht wird, sind die Nuten stets mit einer Spüllanze zu säubern. Der Nutenraum wird dann mit einer guten Betonmischung nach dem Kontraktorverfahren verfüllt. Bei großen Nuten kann auch ein Jutesack heruntergelassen werden, der mit plastischem Beton gefüllt ist. Weiter kommt eine Dichtung mit bituminiertem Sand und Steingrus in Frage. In jedem Fall ist die Dichtung so einzubringen, dass sie ohne Fehlstellen den gesamten Nutenraum auffüllt.

Die Dichtung wird am besten bei einem C-förmigen Spezialprofil erreicht, mit dem ein entsprechend großer Hohlraum gewonnen wird. Ein solches Profil ist auch für eine eventuelle Vorspannung günstig.

Die erreichbare Dichtung ist aber besonders bei anstehenden nicht-bindigen, feinkörnigen Böden, vor allem bei Wasserspiegelschwan-kungen infolge Tide, begrenzt, wobei an die Dichtung nicht zu hohe Anforderungen gestellt werden können (s. Abschn. 8.1.2.1). Ein späte-res Nachdichten einer Stahlbetonspundwand ist nur mit großem Kosten-aufwand möglich.

8.1.3 Stahlspundwand (E 34)

8.1.3.1 Allgemeines

Die Stahlspundwand erweist sich in statischer und rammtechnischer Hinsicht oft als geeignete Lösung (vgl. E 106, E 119, E 200, E 201, Abschn. 6.4, 6.5, 6.8 und 6.9), von der auch örtliche Überbeanspruchun-gen ohne Gefährdung der Gesamtstandsicherheit aufgenommen werden können. Die Instandsetzung von Havarieschäden ist oft in einfacher Weise möglich. Die Dichtheit der Spundwand lässt sich durch Maßnah-men nach Empfehlung E 117, Abschn. 8.1.20 erreichen.
Korrosion und Korrosionsschutzmaßnahmen sind in Empfehlung E 35, Abschn. 8.1.8 behandelt.

8.1.3.2 Wahl des Profils und der Stahlgüte

Maßgebend für die Wahl der Bauart und des Profils sind neben den statischen Erfordernissen und den wirtschaftlichen Gesichtspunkten außerdem die Art des Einbringens unter den vorliegenden Verhältnis-sen, die Beanspruchungen beim Einbau und im Betriebszustand, die vertretbare Durchbiegung, die Dichtheit der Schlossverbindung sowie die zu fordernde, zulässige geringste Wanddicke, wobei insbesondere auch mögliche mechanische Angriffe auf die Spundwand durch Anlege-manöver von Schiffen und Schiffsverbänden und durch Sandschliff (E 23, Abschn. 8.1.9) zu berücksichtigen sind.
Einwandfreies Einbringen der Wand und bei Dauerbauwerken ihre aus-reichende Lebensdauer müssen gewährleistet sein.
Bei großen erforderlichen Widerstandsmomenten sind kombinierte Stahlspundwände (E 7, Abschn. 8.1.4) häufig wirtschaftlich. Auch Profil-verstärkungen durch aufgeschweißte Lamellen oder angeschweißte Schlossstähle sowie die Wahl einer höherfesten, schweißgeeigneten Stahlsorte mit Mindeststreckgrenzen oberhalb der in Tabelle E 67-1, Abschn. 8.1.6.2, angegebenen Werte können dann in Betracht kommen. Die Wahl höherfester Stähle ist mit dem Herstellerwerk bei der Bestel-lung besonders zu vereinbaren. Im übrigen ist die Empfehlung E 67, Abschn. 8.1.6, zu beachten.

8.1.4 Kombinierte Stahlspundwände (E 7)

8.1.4.1 Allgemeines

Kombinierte Stahlspundwände werden durch wechselweise Anordnung verschiedenartiger Profile oder Rammelemente gebildet. Es wechseln lange und schwere als Tragbohlen bezeichnete Profile mit kürzeren und leichteren als Zwischenbohlen bezeichnete miteinander ab. Die gebräuchlichsten Wandformen und Wandelemente sind in E 104, Abschn. 8.1.12 eingehend beschrieben.

8.1.4.2 Statisches System

Zur Aufnahme der senkrechten Belastungen werden gewöhnlich nur die Tragbohlen herangezogen.

Die unmittelbar auf die Zwischenbohlen wirkenden waagerechten Lasten müssen in die Tragbohlen übergeleitet werden.

Erfahrungsgemäß sind unverschweißte Zwischenbohlen mit 10 mm Wanddicke aus Z-Profilen bei einem lichten Tragbohlenabstand von 1,50 m und solche aus U-Profilen bei einem lichten Tragbohlenabstand von 1,80 m bis zu einer Wasserüberdrucklast von 40 kN/m^2 standfest. Voraussetzung hierfür ist eine weitgehende Entlastung der Zwischenbohlen vom Erddruck, wofür eine ausreichend dicht gelagerte volle Hinterfüllung erforderlich ist.

Bei darüber hinausgehenden Abständen und/oder Lasten sind die Beanspruchungen nachzuweisen. In solchen Fällen können horizontale Zwischengurte als zusätzliche Stützelemente eingesetzt werden.

Bei Einhaltung eines lichten Tragbohlenabstandes von max. 1,80 m und einer Mindesteinbindetiefe von 5,00 m kann im Erdwiderstandsbereich vereinfachend der volle passive Erddruck angesetzt werden, auch wenn die Zwischenbohlen eine geringere Einbindetiefe als die Tragbohlen aufweisen.

Bei größeren lichten Tragbohlenabständen bzw. geringeren Einbindetiefen ist gemäß DIN 4085: 02/87, Abschn. 5.13.2 zu überprüfen, ob anstelle des räumlichen Erdwiderstandes vor den schmalen Druckflächen der Tragpfähle der durchlaufende, ebene Erdwiderstand nach Abschn. 5.2.2 der DIN maßgebend wird.

Bei kombinierten Spundwänden ist im Fall der außermittigen Anordnung der Zwischenbohlen deren Berücksichtigung als Teil eines Verbundquerschnitts (E 103, Abschn. 8.1.5) nur dann sinnvoll, wenn eine Verschiebung der Schwerachse durch Verstärkung der Tragbohlen auf der gegenüberliegenden Seite weitgehend vermieden wird.

8.1.4.3 Ausbildungshinweise

Die Materialgüte und Herstellung der Tragelemente sind durch Abnahmeprüfzeugnisse 3.1 B nach DIN EN 10 204 zu belegen. Dabei sind bei handelsüblichen allgemeinen Baustählen gemäß DIN EN 10 025 Werkzeugnisse im Allgemeinen ausreichend, bei besonderen Stahlsorten sind Bescheinigungen entsprechend DIN EN 10 204 3.1 B (Abnahmeprüfzeugnis B) vorzulegen. Im Bedarfsfall sind geringere Form- und Maßabweichungen gegenüber der Norm besonders zu vereinbaren. Weiterhin müssen bei Rohren aus Feinkornbaustählen nach DIN EN 10 219 und aus thermomechanisch behandelten Stählen vorhandene bauaufsichtliche Zulassungen im Hinblick auf den beabsichtigten Verwendungszweck beachtet werden.

Tragelemente aus Rohren werden zur Verbindung mit den Zwischenbohlen mit entsprechenden Schlossprofilen kraftschlüssig verschweißt. Hierbei muss die Schlossverbindung die Toleranzen nach E 67, Abschn. 8.1.6 einhalten und die Lasten aus den Zwischenbohlen auf die Rohre sicher übertragen. An den Kreuzungsstellen mit Rund- und Schraubenliniennähten müssen Schlossprofile satt am Rohrmantel aufliegen. Entsprechend sind Rohrnähte bzw. Schlossprofile an den Kreuzungsstellen auszubilden. Für Schweißverbindungen von Schlössern mit Rohren aus Feinkornbaustählen ist eine Verfahrensprüfung nach DIN EN 288-3 der ausführenden Firma erforderlich.

Tragende Rohre mit innenliegenden Schlössern kommen besonders dann zum Einsatz, wenn ein geräuscharmes und erschütterungsfreies Abteufen mittels Drehbohrverfahren erforderlich ist und Hindernisse zu beseitigen sind.

Die Stahlsorte der Rohre soll DIN EN 10 025 entsprechen und alle Anforderungen erfüllen, die sonst an Spundwandstähle gestellt werden.

Die Tragrohre der Rohrspundwand werden im Werk in voller Länge als spiralnahtgeschweißte oder aus einzelnen längsnahtgeschweißten Einzelschüssen gefertigt, die durch Rundnähte miteinander verbunden sind. Unterschiedliche, nach innen abgestufte Wanddicken sind bei LN-geschweißten Rohren möglich. Für das Fügen kommen Voll- oder Halbautomaten an Längs-, Schraubenlinien- und Rundnähten in Frage.

Längs- und Schraubenliniennähte sind einer Ultraschallprüfung zu unterziehen, bei der beim Prüfvorgang farblich gekennzeichnete Fehlerbereiche von Hand instandgesetzt werden. Reparierte Schweißnähte können bei einer erneuten Ultraschall-Prüfung durch ein zugeschaltetes Druckerprotokoll dokumentiert werden.

Rundnähte zwischen den einzelnen Rohrschüssen und Quernähte zwischen den Coilenden von SN-Rohren sind durch Röntgenaufnahmen nachzuweisen [127, S. 132–134].

Die Zwischenbohlen bestehen im Allgemeinen aus Doppelbohlen in Z-Form oder aus Dreifachbohlen in U-Form. Sie werden bei Rohrtragpfählen meist in der Wandachse und bei Tragpfählen aus Kasten- oder Trägerprofilen in der wasserseitigen Schlossverbindung angeordnet, wobei sich besonders bei Tragelementen aus Rohren keine glatte Anlegefläche für die Schifffahrt ergibt.

8.1.4.4 Einbau

Eine kombinierte Spundwand muss besonders sorgfältig ausgeführt werden. Die Tragelemente (Kasten-, Träger- oder Rohrpfähle) werden meist eingerammt. Beim Einbringen der Tragelemente sind die Empfehlungen E 104, Abschn. 8.1.12 und E 202, Abschn. 8.1.22 zu beachten. Nur dann kann sichergestellt werden, dass die Tragelemente innerhalb der zulässigen Toleranzen im planmäßigen Abstand und ohne Verdrehung parallel zueinander stehen, so dass die Zwischenbohlen mit dem geringsten Risiko von Schlossschäden eingebracht werden können.

Beim Einbringen von Rohren können etwaige Hindernisse durch Ausbaggern im Inneren des Rohres beseitigt werden. Voraussetzung ist allerdings, dass im Rohrinneren keine Konstruktionselemente weiter vorstehen als z. B. innenliegende Schlosskammern (s. Abschn. 8.1.4.3). Außerdem sollte der Innendurchmesser der Tragrohre mindestens 1200 mm betragen, um geeignetes Baggergerät einsetzen zu können. In hindernisreichen Böden empfiehlt sich das Einbringen im Vibrationsverfahren, um rechtzeitig Hinweise auf Hindernisse zu erhalten.

8.1.4.5 Statische Nachweise

Bei Tragrohren kann der Nachweis der Sicherheit gegen Beulen entfallen, wenn die Tragrohre mit nichtbindigem Material bis obenhin aufgefüllt werden.

Für das Abtragen der Axiallast aus dem Rohr in den Baugrund wird auf E 33, Abschn. 8.2.11 verwiesen. Bei großen Axiallasten und großen Rohrdurchmessern kann es erforderlich sein, im Rohrfuß ein Blechkreuz oder dergleichen einzuschweißen, um den Spitzenwiderstand voll zu aktivieren, was gegebenenfalls durch Probebelastung nachzuweisen ist. Voraussetzung für eine einwandfreie Pfropfenbildung ist aber in jedem Fall eine ausreichende Verdichtungswilligkeit des Bodens im Pfahlfußbereich (vgl. E 16, Abschn. 9.5). Eventuelle Rammhindernisse sind in solchen Fällen vorher, beispielsweise durch Bodenersatz, auszuräumen. Weiterhin besteht die Möglichkeit, durch innenliegende, der Rohrwandung angepasste Knaggen, die sich auf einen künstlich eingebauten Pfropfen (Betonplombe) abstützen, den erforderlichen Spitzenwiderstand zu erzeugen.

8.1.5 Schubfeste Schlossverbindung bei Stahlspundwänden (Verbundwände) (E 103)

8.1.5.1 Allgemeines

In statischer Hinsicht wird zwischen Wänden ohne schubfeste Schlossverbindung und solchen mit schubfester Schlossverbindung, sogenannten „Verbundwänden", unterschieden.

Bei der Ermittlung der Querschnittswerte von Verbundwänden werden alle Bohlen in Rechnung gesetzt. Der Verbundquerschnitt darf aber nur als einheitlicher Querschnitt gerechnet werden, wenn die volle Schubkraftaufnahme in den Schlössern nachgewiesen wird. Verbundwände in Wellenform bestehen aus Spundbohlen in Winkelform, bei denen in der Halbwelle wenigstens eine U-förmige Einzelbohle angeordnet ist. In diesem Fall wird der einheitliche Querschnitt bereits bei Schubkraftübertragung in jedem zweiten Schloss erreicht. Bei zwei Einzelbohlen je Halbwelle liegen die Schlösser abwechselnd auf der Wandachse (der neutralen Achse) und außen in den Flanschen. Der einheitliche Querschnitt wird hierbei nur erreicht, wenn alle Schlösser auf der Wandachse schubfest verbunden sind. Die Schlösser in den Flanschen sind in der Bauausführung die Fädelschlösser. Bei Verbundwänden können alle auf der Wandachse liegenden Schlösser werkseitig zusammengezogen und für die Übertragung der Schubkräfte im Werk entsprechend vorbereitet werden, und zwar:

- durch Verschweißen der Schlossfugen gemäß Abschn. 8.1.5.2 und 8.1.5.3 oder
- durch Verpressen der Schlösser, wobei aber nur ein Teilverbund erreicht werden kann, da sich die Schlösser an den Pressstellen bei Lastaufnahme um wenige Millimeter verschieben. Das Maß des Teilverbundes ist abhängig von der Anzahl der Pressstellen je Stab, die das Verformungsverhalten bzw. den Verschiebungsweg maßgeblich beeinflussen.

8.1.5.2 Berechnungsgrundlagen bei der Verschweißung

Der in den Schlossverschweißungen aus dem Haupttragsystem und den darauf wirkenden belastenden und stützenden Einflüssen herrührende Schubfluss wird nach der Formel

$$T_{\mathrm{d}} = V_{\mathrm{d}} \cdot \frac{S}{I}$$

ermittelt. Darin bedeuten:

V_{d} = Bemessungswert der Querkraft. Für Spundwände, bei denen gemäß E 77, Abschn. 8.2.2 der Momentenanteil aus Erddruck abgemindert werden darf, kann vereinfacht mit der Querkraftfläche gerechnet werden, die sich ohne Erddruckumlagerung ergibt. Bei einem der Umlagerung entsprechenden Ansatz des Erddrucks wird mit der daraus sich ergebenden Querkraftfläche gerechnet [MN]

S = Statisches Moment des anzuschließenden Querschnittsteiles, bezogen auf die Schwerachse der Verbundwand [m^3]

I = Trägheitsmoment der Verbundwand [m^4]

Bei unterbrochenen Nähten ist der Schubfluss nach 4.9 der EN 1993-1-8 entsprechend höher anzusetzen.
Der Nachweis der Schweißnähte ist nach Abschn. 4.5.4 der EN 1993-1-8 zu führen, wobei der plastische Nachweis – Annahme eines gleichmäßigen Schubflusses – nach (1) des Abschn. 4.9 der EN 1993-1-8 zulässig ist. Für Stahlsorten mit Streckgrenzen, die nicht von Tabelle 4.1 der EN 1993 abgedeckt werden, darf der β_w-Wert linear interpoliert werden.

8.1.5.3 Anordnung und Ausführung der Schweißnähte
Die Schlossverschweißungen sollen so angeordnet und ausgeführt werden, dass eine möglichst kontinuierliche Aufnahme der Schubkräfte erreicht wird. Dazu bietet sich eine durchlaufende Naht an. Wird eine unterbrochene Naht gewählt, soll – wenn nicht bereits nach Abschn. 8.1.5.2 statisch eine längere Verschweißung erforderlich ist – die Mindestlänge 200 mm betragen. Um die Nebenspannungen in Grenzen zu halten, sollten die Unterbrechungen der Naht ≤ 800 mm sein.
In Bereichen mit stärkerer Auslastung der Spundwand, und dabei vor allem im Bereich von Ankeranschlüssen und auch dem der Einleitung der Ersatzkraft C am Fuß der Wand, sind stets durchlaufende Nähte anzuwenden (Bild E 103-1).
Über die statischen Belange hinaus müssen die Einflüsse aus Rammbeanspruchungen und Korrosion beachtet werden. Um den Rammbeanspruchungen gewachsen zu sein, sind folgende Maßnahmen erforderlich:

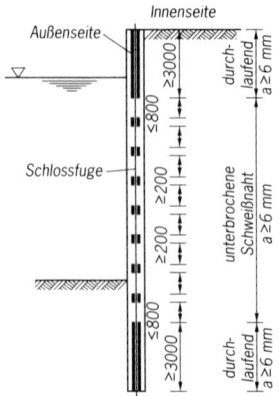

Bild E 103-1. Prinzipskizze für die Schlossverschweißung bei Wänden aus beruhigtem, sprödbruchunempfindlichem Stahl, leichter Rammung und nur geringer Korrosion im Hafen- und Grundwasser

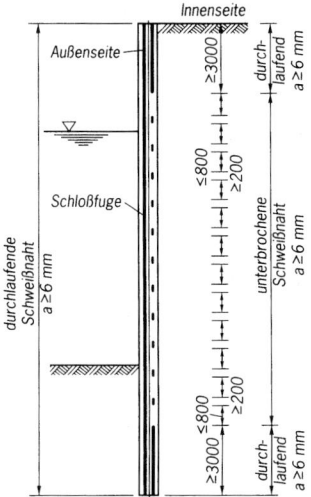

Bild E 103-2. Prinzipskizze für die Schlossverschweißung bei Wänden aus beruhigtem, sprödbruchunempfindlichem Stahl, schwerer Rammung oder stärkerer Korrosion von außen im Hafenwasserbereich

(1) Am Kopf- und Fußende sind die Schlösser beidseitig zu verschweißen.

(2) Die Länge der Verschweißung ist abhängig von der Bohlenlänge und von der Schwierigkeit der Rammung.

(3) Bei Wänden für Ufereinfassungen sollen diese Nahtlängen ≥ 3000 mm sein.

(4) Außerdem sind bei leichter Rammung weitere Nähte nach Bild E 103-1 und bei schwerer Rammung solche nach Bild E 103-2 erforderlich.

In Gebieten mit stärkerer Korrosion von außen im Hafenwasserbereich wird auf der Außenseite bis zum Spundwandfußpunkt eine durchlaufende Schweißnaht mit einer Dicke von $a \geq 6$ mm angeordnet (Bild E 103-2). Tritt eine stärkere Korrosion sowohl im Hafenwasser als auch im Grundwasser auf, muss auch auf der Wandinnenseite eine durchlaufende Naht mit $a \geq 6$ mm ausgeführt werden.

8.1.5.4 Wahl der Stahlsorte

Da der Umfang der Schweißarbeiten bei den Verbundwänden verhältnismäßig groß ist, sind die Bohlen aus Stahlsorten herzustellen, die eine volle Eignung zum Schmelzschweißen besitzen. Im Hinblick auf die Ansatzstellen nicht nur bei den teilweise unterbrochenen Nähten sind beruhigte, sprödbruchunempfindliche Stähle nach E 99, Abschn. 8.1.18.2 zu verwenden.

8.1.5.5 Berechnungsgrundlagen für das Pressen der Schlösser

Der an den Pressstellen aus dem Haupttragsystem und den darauf wirkenden belastenden und stützenden Einflüssen herrührenden Bemessungswert des Schubflusses wird analog Abschn. 8.1.5.2 ermittelt. Der Nachweis der Pressstellen erfolgt nach 5.2.2 und 6.4 von EN 1993-5, wobei die Widerstände der Pressstellen nach DIN EN 10 248 bestimmt werden.

8.1.5.6 Anordnung und Ausführung der Pressstellen

Ein Pressstellenabstand ist bei Doppelpressstellen von bis zu 400 mm üblich und sollte gemäß EN 1993-5, Abschn. 6.4 nicht 700 mm überschreiten. Es ist jeweils zu prüfen, ob die Anzahl der Pressstellen pro Breiteneinheit für die Größe der Gesamtschubkraft in einem zusammenhängenden Höhenbereich ausreicht. Hierbei kann der übliche Pressstellenabstand dem Schubfluss durch entsprechend geringere Abstände angepasst werden. Dies sollte im Vorfeld der Spundbohlenfertigung mit dem jeweiligen Hersteller abgestimmt werden.

8.1.5.7 Anschweißen von Verstärkungslamellen

Verstärkungslamellen müssen – um ein Unterrosten zu vermeiden – stets auf ihrem vollen Umfang mit der Tragbohle verschweißt werden. Sie sollten zur Verringerung des Sprungs im Trägheitsmoment verjüngt werden. Die Schweißnahtdicke a soll in Fällen ohne Korrosion mindestens 5 mm und bei stärkerer Korrosion mindestens 6 mm betragen. Führt eine Lamelle über ein im Bohlenrücken befindliches Schloss hinweg, muss dieses im Bereich der Lamelle mit mindestens 500 mm Vorlage durchlaufend verschweißt werden, und zwar auf der der Lamelle gegenüberliegenden Seite mit $a \geq 6$ mm und unter der Lamelle in sonst gleicher Weise so dick, wie es das ebene Anlegen der Lamelle ohne Nacharbeiten gestattet. Sonst können die Lamellenanschlussnähte beim Rammen ernsthaft gefährdet werden.

Will man auf das Verschweißen des Schlosses verzichten, ist die Verstärkungslamelle zu teilen und jedes Teilstück für sich auf dem Bohlenflansch anzuschweißen.

8.1.6 Gütevorschriften für Stähle und Maßtoleranzen von Stahlspundbohlen (E 67)

Diese Empfehlung gilt für Stahlspundbohlen, Kanaldielen und Stahlrammpfähle, im Folgenden kurz Stahlspundbohlen genannt. Es gelten die DIN EN 10 248-1 und -2 sowie DIN EN 10 249-1 und -2.

Werden Stahlspundbohlen in Dickenrichtung beansprucht, beispielsweise bei speziellen Abzweigbohlen oder bei Abzweigbohlen für Kreis- und Flachzellen (s. E 100, Abschn. 8.3.1.2), sind zur Vermeidung von Terrassenbrüchen Stahlsorten mit entsprechenden Eigenschaften beim Spundbohlenhersteller zu bestellen, vgl. EN 1993-1-10.

8.1.6.1 Bezeichnung der Stahlsorten

Für warmgewalzte Stahlspundbohlen werden in Normalfällen Stahlsorten mit den Bezeichnungen S 240 GP, S 270 GP und S 355 GP gemäß Abschn. 8.1.6.2 und 8.1.6.3 verwendet.

Die Güte der Stähle mit Streckgrenzen bis 355 N/mm^2 soll mit einem Abnahmeprüfzeugnis 3.1 B nach DIN EN 10 204 – und höherwertige Stähle mit Abnahmeprüfzeugnis 3.1 B unter Angabe der 14 Legierungselemente (wie z. B. für S 355 J2 G3 nach DIN EN 10 025) belegt werden. In Sonderfällen, z. B. zur Aufnahme großer Biegemomente, können unter Beachtung der Empfehlung E 34, Abschn. 8.1.3, auch Stahlsorten mit höheren Mindeststreckgrenzen bis zu 500 N/mm^2 eingesetzt werden. Die höhere Stahlgüte ist dann durch Werkszeugnis, Abnahmeprüfzeugnis oder Abnahmeprüfprotokoll entsprechend DIN EN 10 204 nachzuweisen. Beim Einsatz von Stahlsorten mit Mindeststreckgrenzen oberhalb 355 N/mm^2 sollte in der BRD eine allgemeine bauaufsichtliche Zulassung für Spundbohlen in diesen Stahlsorten vorliegen.

Für kaltgeformte Stahlspundbohlen kommen die Stahlsorten S 235 JRC, S 275 JRC und S 355 JRC in Betracht.

In Sonderfällen, wie beispielsweise in Abschn. 8.1.6.4 genannt, werden vollberuhigte Stähle nach DIN EN 10 025 verwendet.

8.1.6.2 Charakteristische mechanische und technologische Eigenschaften

Tabelle E 67-1. Charakteristische mechanische Eigenschaften von Stahlsorten für warmgewalzte Spundbohlen

Stahlsorte	Mindest-zugfestigkeit [N/mm^2]	Mindest-streckgrenze [N/mm^2]	Mindest % Dehnung auf Messlänge von $L_0 = 5,65 \cdot \sqrt{S_0}$	Bisherige Bezeichnung
S 240 GP	340	240	26	St Sp 37
S 270 GP	410	270	24	St Sp 45
S 320 GP	440	320	23	–
S 355 GP	480	355	22	St Sp S
S 390 GP	490	390	20	–
S 430 GP	510	430	19	–

Die mechanischen Eigenschaften für die Stähle S 235 JRC, S 275 JRC und S 355 JRC werden in DIN EN 10 025 beschrieben.

8.1.6.3 Chemische Zusammensetzung

Für den Nachweis der chemischen Zusammensetzung ist die Schmelzenanalyse verbindlich. Ein Nachweis der Werte für die Stückanalyse muss für die Abnahmeprüfung besonders vereinbart werden. Die Stückanalyse dient zur nachträglichen Kontrolle in Zweifelsfällen.

Tabelle E 67-2. Chemische Zusammensetzung der Schmelz-/Stückanalyse für warmgewalzte Stahlspundbohlen

Stahlsorte	Chemische Zusammensetzung % max. für Schmelze/Stück				
	C	Mn	Si	P und S	N[*)][**)]
S 240 GP	0,20/0,25	–/–	–/–	0,040/0,050	0,009/0,011
S 270 GP	0,24/0,27	–/–	–/–	0,040/0,050	0,009/0,011
S 320 GP	0,24/0,27	1,60/1,70	0,55/0,60	0,040/0,050	0,009/0,011
S 355 GP	0,24/0,27	1,60/1,70	0,55/0,60	0,040/0,050	0,009/0,011
S 390 GP	0,24/0,27	1,60/1,70	0,55/0,60	0,040/0,050	0,009/0,011
S 430 GP	0,24/0,27	1,60/1,70	0,55/0,60	0,040/0,050	0,009/0,011

[*)] Überschreitung der festgelegten Werte ist zulässig, vorausgesetzt, dass für jede Erhöhung um 0,001 % N der P-max. Gehalt um 0,005 % vermindert wird; der N-Gehalt der Schmelzanalyse darf jedoch nicht höher als 0,012 % sein.

[**)] Der Höchstwert für Stickstoff gilt nicht, wenn die chemische Zusammensetzung einen Mindestgesamtgehalt von Al von 0,020 % aufweist, oder wenn genügend N-bindende Elemente vorhanden sind. Die N-bindenden Elemente sind in der Prüfbescheinigung anzugeben.

8.1.6.4 Schweißeignung, Sonderfälle

Eine uneingeschränkte Eignung der Stähle zum Schweißen kann nicht vorausgesetzt werden, da das Verhalten eines Stahls beim und nach dem Schweißen nicht nur vom Werkstoff, sondern auch von den Abmessungen und der Form sowie den Fertigungs- und Betriebsbedingungen des Bauteils abhängt. Generell sind beruhigte Stähle vorzuziehen (E 99, Abschn. 8.1.18.2 (1)).

Die Eignung zum Lichtbogenschweißen kann unter Beachtung der allgemeinen Schweißvorschriften bei allen Spundwandstahlsorten vorausgesetzt werden. Bei der Wahl höherfester Stähle S 390 GP und S 430 GP sind für das Schweißen die Angaben der bauaufsichtlichen Zulassung einzuhalten. Das Kohlenstoffäquivalent CEV sollte mit Rücksicht auf die Schweißeignung die Werte der Stahlsorte S 355 gemäß DIN EN 10 025, Tabelle 4 nicht überschreiten. Der Einsatz unberuhigter Stähle ist grundsätzlich zu vermeiden.

In Sonderfällen, beim Zusammentreffen ungünstiger Bedingungen für die Schweißung infolge äußerer Einflüsse (z. B. bei plastischen Verformungen infolge schwerer Rammung, bei niedrigen Temperaturen) oder Eigenart der Konstruktion, räumlichen Spannungszuständen und bei nicht vorwiegend ruhenden Belastungen gemäß E 20, Abschn. 8.2.6.1 (2) sind im Hinblick auf die dann zu fordernde Sprödbruchunempfindlichkeit und die Alterungsunempfindlichkeit vollberuhigte Stähle nach DIN EN 10 025 der Gütegruppen J2 G3 oder K2 G3 zu verwenden.

Die Schweißzusatzwerkstoffe sind in Anlehnung an DIN EN 499, DIN EN 756 und DIN EN 440 bzw. nach den Angaben des Lieferwerks auszuwählen (E 99, Abschn. 8.1.18.2 (2)).

8.1.6.5 Schlossformen und -verhakungen

Beispiele bewährter Schlossformen von Stahlspundbohlen sind in Bild E 67-1 dargestellt. Die Nennmaße a und b, die von den Lieferfirmen erfragt werden können, werden rechtwinklig zur ungünstigsten Verschiebungsrichtung gemessen. Die minimale Schlossverhakung, die aus a minus b berechnet wird, muss den im Bild angegebenen Werten entsprechen. In kurzen Teilabschnitten dürfen diese Mindestwerte um

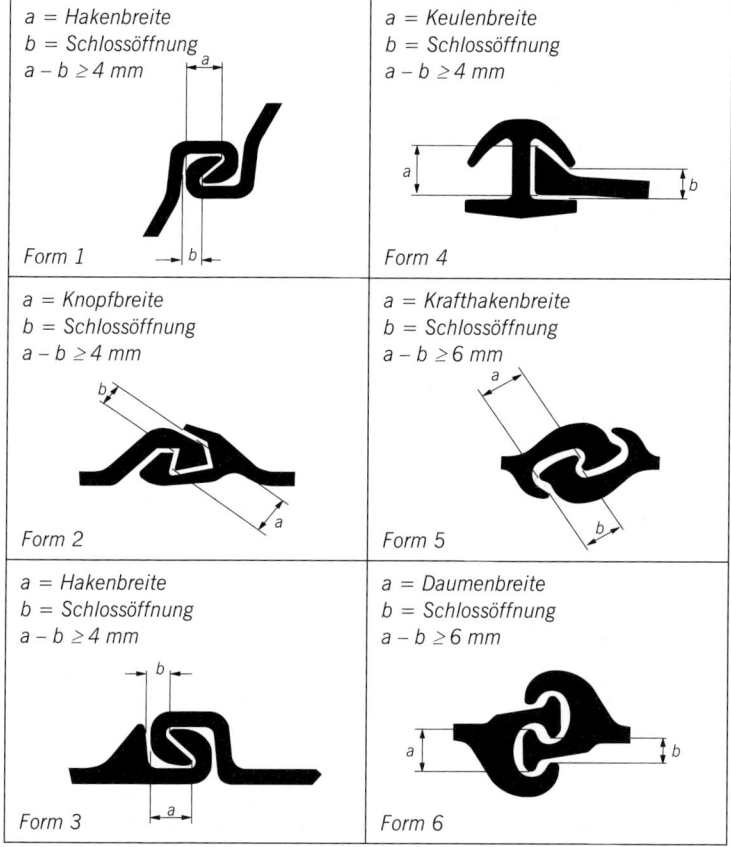

a = Hakenbreite b = Schlossöffnung $a - b \geq 4$ mm **Form 1**	a = Keulenbreite b = Schlossöffnung $a - b \geq 4$ mm **Form 4**
a = Knopfbreite b = Schlossöffnung $a - b \geq 4$ mm **Form 2**	a = Krafthakenbreite b = Schlossöffnung $a - b \geq 6$ mm **Form 5**
a = Hakenbreite b = Schlossöffnung $a - b \geq 4$ mm **Form 3**	a = Daumenbreite b = Schlossöffnung $a - b \geq 6$ mm **Form 6**

Bild E 67-1. Bewährte Schlossformen und Verhakungen für Stahlspundbohlen nicht mehr als 1 mm unterschritten werden. Bei den Formen 1, 3, 5 und 6 muss die geforderte Verhakung auf beiden Schlossseiten vorhanden sein.

8.1.6.6 Zulässige Maßabweichungen der Schlösser

Beim Walzen der Spundbohlen bzw. der Schlossstähle treten Abweichungen von den Nennmaßen ein. Die zulässigen Schlosstoleranzen sind in Tabelle E 67-3 zusammengestellt.

Tabelle E 67-3. Zulässige Schlosstoleranzen

Form	Nennmaße (nach Profilzeichnungen)	Toleranzen der Nennmaße		
		Bezeichnung	plus [mm]	minus [mm]
1	Hakenbreite a	Δa	2,5	2,5
	Schlossöffnung b	Δb	2	2
2	Knopfbreite a	Δa	1	3
	Schlossöffnung b	Δb	3	1
3	Knopfbreite a	Δa	$(1,5 \dots 2,5^{*})$	0,5
	Schlossöffnung b	Δb	4	0,5
4	Keulenhöhe a	Δa	1	3
	Schlossöffnung b	Δb	2	1
5	Krafthakenbreite a	Δa	1,5	3,5
	Schlossöffnung b	Δb	3	1,5
6	Daumenbreite a	Δa	2	3
	Schlossöffnung b	Δb	3	2

[*] Vom Profil abhängig.

8.1.7 Übernahmebedingungen für Stahlspundbohlen und Stahlpfähle auf der Baustelle (E 98)

Werden bei Bauwerken Stahlspundwände oder Stahlpfähle angewendet, kommt es neben einer sorgfältigen und fachgerechten Bauausführung vor allem auch auf eine einwandfreie Lieferung des verwendeten Materials bis an den Einbauort an. Um dies sicherzustellen, ist eine besondere Übernahme des Materials auf der Baustelle erforderlich. Neben der internen Werkskontrolle der Lieferfirma kann fallweise eine Werksabnahme vereinbart werden. Bei Versand nach Übersee wird häufig eine Inspektion vor der Verschiffung durchgeführt.

Bei der Übernahme auf der Baustelle muss jede ungeeignete Bohle zurückgewiesen werden, bis sie in einen verwendbaren Zustand nachgearbeitet worden ist, sofern sie nicht ganz ausgeschieden wird. Basis der Übernahme auf der Baustelle sind:

DIN EN 10 248-1 und -2 für warmgewalzte Spundbohlen bzw.
DIN EN 10 249-1 und -2 für kaltgeformte Spundbohlen.
DIN EN 10 219 -1 und -2 für kaltgefertigte geschweißte Hohlprofile

Bezüglich der Schlosstoleranzen gilt zusätzlich E 67, Abschn. 8.1.6.6. Bezüglich der Grenzabweichung der Gradheit bei kombinierten Spundwänden gilt für Tragbohlen und Tragrohre zusätzlich E 104, Abschn. 8.1.12.4, Abs. 1.
Für eine sorgfältige Handhabung der Lagerung der Bauteile auf der Baustelle wird auf DIN EN 12 063, Abschn. 8.3 verwiesen.

8.1.8 Korrosion bei Stahlspundwänden und Gegenmaßnahmen (E 35)

8.1.8.1 Allgemeines
Stahl im Kontakt mit Wasser unterliegt dem natürlichen Vorgang der Korrosion, die von zahlreichen chemischen, physikalischen und gelegentlich biologischen Parametern beeinflusst wird. Über die Höhe der Spundwand bilden sich unterschiedliche Korrosionszonen (Bild E 35-1) aus, die durch den Korrosionstyp (Flächen-, Mulden- oder Narbenkorrosion) und durch die Intensität der Korrosion charakterisiert sind.
Als Maß für die Korrosion wird der Wanddickenverlust [mm] oder – bezogen auf die Standzeit – die Abrostungsgeschwindigkeit [mm/a] herangezogen.
Typische Mittel- und Maximalwerte der Wanddickenverluste sind in den Diagrammen der Bilder E 35-3 und E 35-4 dargestellt, die sich aus zahlreichen Wanddickenmessungen an Spundwänden und Pfählen bzw. Dalben in Nord- und Ostsee sowie im Binnenland ergeben und den Korrosionszonen nach Bild E 35-1 zuzuordnen sind. Aufgrund der Vielzahl der Einflussparameter ist die Streubreite der Wanddickenverluste sehr groß.

8.1.8.2 Einfluss der Korrosion auf Tragsicherheit, Gebrauchsfähigkeit und Dauerhaftigkeit
Der Einfluss der Korrosion auf die Tragsicherheit, Gebrauchsfähigkeit und Dauerhaftigkeit ist für ungeschützte Stahlspundwände folgendermaßen zu untersuchen:

(1) Durch Korrosion vermindert sich der Bemessungswert des Bauteilwiderstandes entsprechend den unterschiedlichen Wanddickenverlusten der einzelnen Korrosionszonen (Bild E 35-1). Je nach dem Verlauf der Biegemomente kann dadurch die Tragfähigkeit und die Gebrauchsfähigkeit des Bauwerkes herabgesetzt werden (EN 1993-5, Abschn. 4 bis 6).
Für Tragsicherheits- und Gebrauchsfähigkeitsnachweise nach EN 1993-5 ist das Widerstandsmoment und die Querschnittsfläche der Spundbohlen proportional zu den Mittelwerten der Wanddicken-

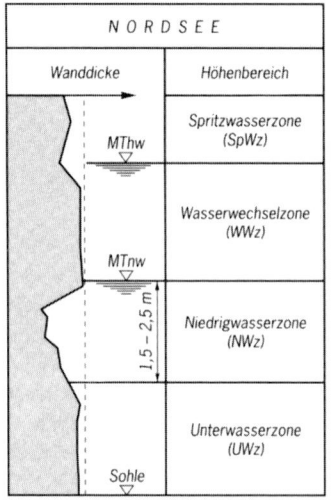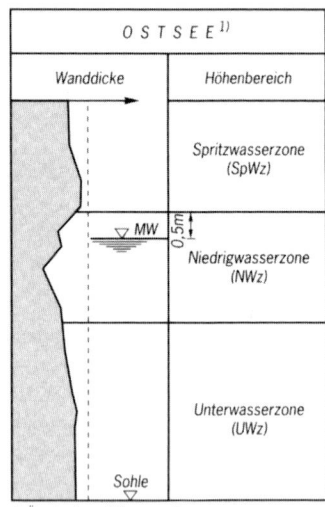

1) Übertragbar auf Binnengewässer

Bild E 35-1. Qualitative Darstellung der Korrosionszonen bei Stahlspundwänden an Beispielen von Nord- und Ostsee

verluste für Süßwasser nach Bild E 35-3a bzw. für Meerwasser nach Bild E 35-4a abzumindern.

Ungeschützte Spundwände sind möglichst so zu gestalten, dass der Bereich größter Biegemomente außerhalb der Zone größter Korrosion liegt.

(2) Nach den Erfahrungen der letzten 10 bis 20 Jahre kann die Dauerhaftigkeit von Spundwänden (EN 1993-5, Abschn. 4) besonders im Meerwasser der Nord- und Ostsee teilweise schon nach einer Standzeit von 20 bis 30 Jahren als Folge von Durchrostungen eingeschränkt sein [246]. Bei Durchrostungen kann der hinterfüllte Boden ausspülen, wodurch Hohlräume hinter der Spundwand entstehen und Sackungsschäden zu erwarten sind. Damit sind häufig erhebliche Sicherheitsrisiken und Nutzungsbeschränkungen verbunden. Durchrostungen treten bei U-Profilen häufig in der Mitte der Bergbohle und bei Z-Profilen am Übergang vom Flansch zum bergseitigen Steg auf (Bild E 35-2).

Grundlage zur Beurteilung der Dauerhaftigkeit (Abschätzung der Standzeit bis zum Entstehen erster Durchrostungen) sind die Maximalwerte der Wanddickenverluste für Süßwasser nach Bild E 35-3b bzw. für Meerwasser nach Bild E 35-4b.

Neue, ungeschützte Spundwände sollten für die Bemessungswerte der mittleren und maximalen Wanddickenverluste nach den vereinfachen-

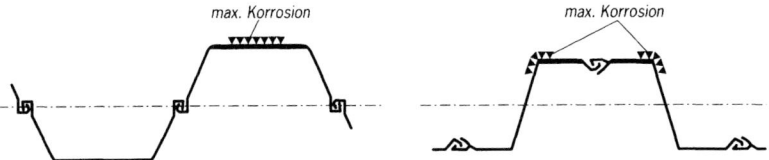

Bild E 35-2. Bereiche möglicher Durchrostungen an U- und Z-Bohlen in der Niedrigwasserzone (Meerwasser)

den Diagrammen (Bilder E 35-3 und E 35-4) geplant und bemessen werden, sofern keine Angaben aus Wanddickenmessungen an Nachbarbauwerken vorliegen. Zur Vermeidung von unwirtschaftlichen Konstruktionen wird empfohlen, die Messwerte oberhalb der Regressionskurven nur zu benutzen, wenn sie durch örtliche Erfahrungen erforderlich werden.

Für ältere, ungeschützte Spundwände sollten die Bemessungswerte stets aus Wanddickenmessungen mit Ultraschall bestimmt werden, um die örtlichen Korrosionseinflüsse auf die Mittel- und Maximalwerte der Wanddickenverluste zu erfassen. Angaben zur Durchführung, Auswertung und zu Fehlermöglichkeiten dieser Messungen finden sich in [247] und [176].

8.1.8.3 Bemessungswerte der Wanddickenverluste in verschiedenen Medien

Die folgenden Angaben können dem Entwurf und der Ausführungsplanung neuer Spundwandbauwerke sowie der Überprüfung vorhandener Spundwände im Sinne von Bemessungswerten zugrunde gelegt werden, sofern keine örtlichen Erfahrungen vorliegen.

(1) Süßwasser

Die Bemessungswerte der Wanddickenverluste an Spundwänden im Süßwasser sind den Regressionskurven in Bild E 35-3 in Abhängigkeit vom Alter des Bauwerks zu entnehmen. Der grau unterlegte Bereich stellt den Streubereich der untersuchten Bauwerke dar.

(2) Meerwasser der Nord- und Ostsee

Die Bemessungswerte der Wanddickenverluste an Spundwänden im Meerwasser der Nord- und Ostsee sind in Bild E 35-4 in Abhängigkeit vom Alter des Bauwerks dargestellt. Die grau unterlegte Fläche stellt den Streubereich dar.

Die sich aus den Diagrammen ergebenden Abrostungsgeschwindigkeiten für Süß- und Meerwasser sind mit den international bekannten Werten vergleichbar [151].

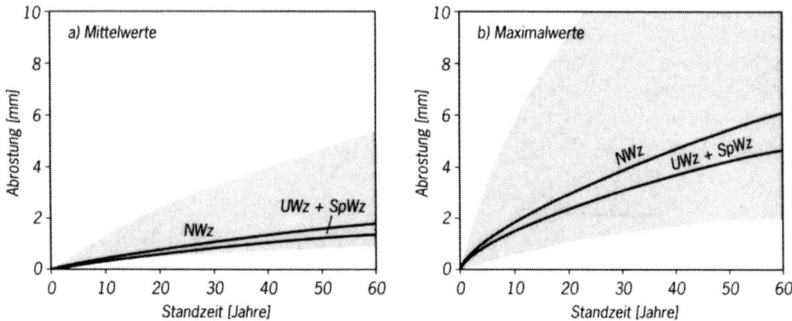

Bild E 35-3. Korrosionsbedingte Dickenabnahme im Süßwasserbereich

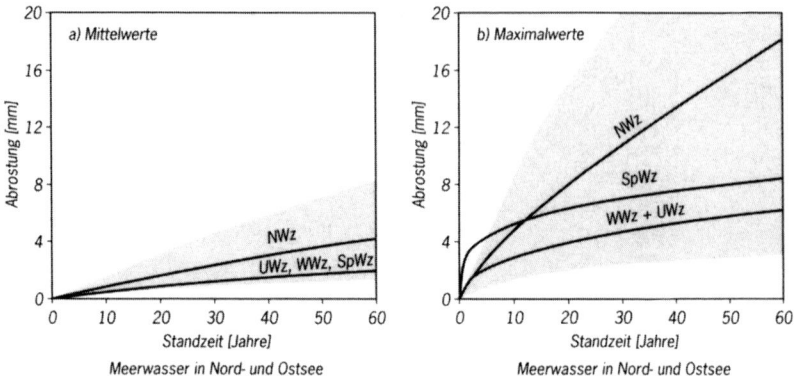

Bild E 35-4. Korrosionsbedingte Dickenabnahme im Meerwasserbereich

(3) Brackwasser
In den Brackwasserzonen vermischen sich das Süßwasser des Binnenlandes mit dem Meerwasser der Nord- bzw. Ostsee. Die Bemessungswerte der Wanddickenverluste sind – je nach der Lage des Bauwerks in der Brackwasserzone – aus den Angaben für Meerwasser (Bild E 35-4) und Süßwasser (Bild E 35-3) zu interpolieren.

(4) Atmosphärische Korrosion
Die atmosphärische Korrosion – also die Korrosion oberhalb der Spritzwasserzone (Bild E 35-1) – ist bei Wasserbauwerken mit Abrostungsgeschwindigkeiten um 0,01 mm/a gering. Bei Einwirkung von Tausalzen sowie bei Lagerung und Umschlag stahlaggressiver Stoffe sind höhere Werte zu erwarten.

(5) Korrosion im Boden
Bei Stahlspundwänden, die in natürlich gewachsene Böden einbinden, ist die zu erwartende beidseitige Abtragungsgeschwindigkeit mit 0,01 mm/a sehr gering.
Die gleiche Korrosionsbelastung ergibt sich, wenn die Spundwand mit Sand so hinterfüllt ist, dass auch die Wellentäler der Spundwand vollständig eingeerdet sind.
Aggressive Böden bzw. aggressive Grundwasser sind von der Oberfläche der Spundwand möglichst fernzuhalten. Dazu zählen u. a. Humusböden und kohlehaltige Böden wie z. B. Waschberge. Die Aggressivität von Böden und Grundwasser kann nach DIN 50 929 bewertet werden. In Böden kann die Korrosion auch durch die Aktivität stahlaggressiver Bakterien gefördert werden [249] und [250]. Damit ist zu rechnen, wenn organische Stoffe an die Hinterseite der Spundwand gelangen, sei es durch zirkulierendes Wasser (z. B. im Bereich von Hausmülldeponien oder in Abwasserverrieselungsgebieten) oder durch Böden mit hohem organischen Gehalt. In solchen Fällen ist mit erhöhten Abtragungsgeschwindigkeiten bei typischerweise ungleichmäßigem Abtrag zu rechnen.

8.1.8.4 Korrosionsschutz
Schon bei der Planung sollten hinsichtlich des Korrosionsschutzes folgende Faktoren berücksichtigt werden:

- geplante Nutzungen und Gesamtnutzungsdauer des Bauwerks,
- allgemeine und spezifische Korrosionsbelastung am Standort des Bauwerks,
- Erfahrungen über die Korrosionserscheinungen an Nachbarbauwerken,
- Möglichkeiten der korrosionsschutzgerechten Gestaltung und Bemessung,
- Bei Wirtschaftlichkeitsbetrachtungen [105] sollten stets auch die Kosten für eine vorzeitige Sanierung ungeschützter Spundwände (z. B. Vorplattung) beachtet werden.

Da nachträgliche Schutzmaßnahmen oder Vollerneuerungen nur sehr schwierig durchführbar sind, ist bei der Planung und Ausführung des Schutzsystems besondere Sorgfalt notwendig.
Je nach Art und Intensität der Korrosion können spezifisch angepasste Schutzmaßnahmen erforderlich sein.

(1) Korrosionsschutz durch Beschichtungen
Beschichtungen können nach den bisher vorliegenden Erfahrungen den Korrosionsbeginn um mehr als 20 Jahre verzögern.
Voraussetzung ist das Strahlen bis Normreinheitsgrad Sa 2½ sowie die Wahl eines geeigneten Beschichtungssystems. Hinweise zur Auswahl

eines Beschichtungssystems in Abhängigkeit von den Umgebungsbedingungen sowie zur Oberflächenvorbereitung, zu Laborprüfungen, zur Ausführung und Überwachung der Beschichtungsarbeiten sowie zur Instandsetzung von Beschichtungssystemen finden sich in DIN EN ISO 12 944. In ZTV-W 218 [177] finden sich zusätzliche Hinweise auf bauvertragliche Regelungen.

Unter Berücksichtigung des Gesundheits- und Umweltschutzes werden teerhaltige Systeme von lösungsmittelarmen bzw. lösungsmittelfreien Beschichtungssystemen auf der Basis von Epoxid- bzw. Polyurethanharzen oder entsprechenden Kombinationen mit Teerersatzstoffen und Kohlewasserstoffharzen abgelöst. Sie sollten bereits in der Werkstatt komplett aufgebracht werden, so dass vor Ort lediglich Transport- und Montagebeschädigungen auszubessern sind.

Bei der Planung des Beschichtungssystems sollte die Möglichkeit einer nachträglichen Installierung des kathodischen Korrosionsschutzes berücksichtigt werden. Auf eine entsprechende Verträglichkeit der Beschichtungsstoffe ist zu achten.

Sollen Stahlspundwände zum Schutz vor Sandschliff durch Beschichtungen geschützt werden, ist der Abriebswert (A_w) des Beschichtungsstoffes zu beachten [153].

(2) Kathodischer Korrosionsschutz

Die Korrosion unter der Wasserlinie kann auf elektrolytischem Wege durch Einbau einer kathodischen Schutzanlage mit Fremdstrom oder Opferanoden weitgehend ausgeschaltet werden.

Eine zusätzliche Beschichtung oder Teilbeschichtung ist wegen der guten Stromverteilung und des geringen späteren Strombedarfs wirtschaftlich und meist unerlässlich.

Kathodische Schutzanlagen sind besonders geeignet zum Schutz von Spundwandbereichen, z. B. dem Tideniedrigwasserbereich, bei denen eine Erneuerung von Schutzbeschichtungen oder die Sanierung von Korrosionsschäden bei ungeschützten Spundwänden nicht oder nur unter hohem technischem und Kostenaufwand möglich ist. Spundwandbauwerke mit kathodischem Korrosionsschutz erfordern besondere konstruktive Maßnahmen. Sie sollten deshalb schon in der Planungsphase berücksichtigt werden [178].

(3) Legierungszusätze

Aufgrund vorliegender Erfahrungen bringt ein Kupferzusatz beim Stahl für den Bereich unter Wasser keine Erhöhung der Lebensdauer. Allerdings kann ein Zusatz von Kupfer in Verbindung mit Nickel und Chrom sowie Phosphor und Silizium zu einer Verlängerung der Lebensdauer in der Spritzwasserzone und darüber führen, insbesondere in tropischen Gebieten mit salzreicher bewegter Luft.

Bei den verschiedenen Spundwandstählen nach DIN EN 10 248 und den Stahlsorten nach DIN EN 10 025 (Baustähle) und DIN EN 10 028 sowie DIN EN 10 113 (höherfeste Feinkornbaustähle) konnten im Korrosionsverhalten keine Unterschiede festgestellt werden. Wird die höhere Festigkeit durch Zusatz von Niob, Titan und Vanadium erzielt, hat dies einen positiven Effekt auf das Korrosionsverhalten.

(4) Korrosionsschutz durch Überdimensionierung
Zur Verlängerung der Nutzungsdauer können im Hinblick auf Tragfähigkeitsüberschreitungen Profile mit größeren Widerstandsmomenten oder Stahlsorten höherer Festigkeiten nach E 67, Abschn. 8.1.6.1, gewählt werden. Profile mit größeren Wanddicken bieten einen verbesserten Schutz gegen Durchrostung.

(5) Konstruktive Maßnahmen
- Spundwandbauwerke mit kathodischem Korrosionsschutz erfordern besondere konstruktive Maßnahmen [59].
- Hinsichtlich des Korrosionsangriffs sind Konstruktionen ungünstig, bei denen die Spundwand auf ihrer Rückseite nicht oder nur teilweise hinterfüllt ist.
- Oberflächenwasser sollte so gefasst und abgeleitet werden, dass es nicht unmittelbar hinter die Spundwand gelangen kann. Dies gilt insbesondere für Kajen mit Umschlag aggressiver Stoffe (Dünger, Getreide, Salze usw.).
- Freistehende offene Pfähle sind auf der gesamten Umfangsfläche, geschlossene Pfähle, wie z. B. Kastenpfähle dagegen im Wesentlichen auf der Außenfläche dem Korrosionsmedium ausgesetzt. Die Innenflächen des Pfahles sind geschützt, wenn der Pfahl mit Sand verfüllt wird.
- Bei freistehenden Spundwänden, z. B. bei Hochwasserschutzwänden, ist die Beschichtung der Spundwand ausreichend tief in den Bodenbereich vorzusehen, Setzungen sind zu berücksichtigen.
- Bei der Verlegung von Rundstahlankern wird eine Sandbettung empfohlen, inhomogenes Auffüllmaterial ist zu vermeiden. Eine Beschichtung oder Konservierung ist grundsätzlich nicht notwendig. Die Bemessung nach E 20, Abschn. 8.2.6.3 erlaubt eine gewisse Abrostung. Wird eine Beschichtung aufgebracht, darf sie nicht beschädigt werden, da dadurch Lochfraßkorrosion begünstigt wird. Die Ankeranschlüsse von Rundstahlankern sind sorgfältig abzudichten.
- Bei Schiffsliegeplätzen sollten Spundwände stets durch Reibehölzer/-pfähle und feststehende Fendersysteme vor dauerndem Scheuern durch Pontons oder Schiffe sowie deren Fender so geschützt werden, dass ein direkter Kontakt zwischen Spundwandoberfläche und Schiff bzw. Pontons ständig vermieden wird. Andernfalls ist mit erhöhten Dickenabnahmen und Korrosion zu rechnen, die die Angaben der Bilder E 35-3 und E 35-4 deutlich übersteigen.

- Am Übergang von Stahl zu Stahlbeton (z. B. an Betonholmen) ist grundsätzlich Korrosion zu erwarten. Einzelheiten dazu finden sich in [248]. Zur Sicherung von Stahlholmen ist E 95, Abschn. 8.4.4 zu beachten.

8.1.9 Sandschliffgefahr bei Spundwänden (E 23)

Bei starkem Sandschliff kommen vor allem Wände aus Stahlbeton- oder aus Spannbetonbohlen in Betracht.

Werden Stahlspundwände eingesetzt, müssen sie Beschichtungen erhalten, die dem am Einsatzort herrschenden Sandschliff auf Dauer standhalten. Nach DIN EN ISO 12 944 Teil 2 Anhang B wird die mechanische Beanspruchung durch Sandschliff je nach der Menge des transportierten Sandes und der Strömung hierfür in drei Gruppen unterschieden.

Die Beurteilung der erforderlichen Abriebfestigkeit der Beschichtung wird nach einem in der „Richtlinie für die Prüfung von Beschichtungsstoffen für den Korrosionsschutz im Stahlwasserbau" [153] beschriebenen Verfahren durchgeführt.

8.1.10 Rammhilfe für Stahlspundwände durch Lockerungssprengungen (E 183)

8.1.10.1 Allgemeines

Sind schwere Rammungen zu erwarten, sollte stets geprüft werden, welche Rammhilfen eingesetzt werden können, um den Baugrund so vorzubereiten, dass ein wirtschaftlicher Rammfortschritt erreicht wird und gleichzeitig Überbelastungen der Rammgeräte und -elemente vermieden werden und der Energieaufwand verringert wird. Letzteres hat gleichzeitig weniger Rammlärm und Rammerschütterungen zur Folge. Auch soll dabei sichergestellt werden, dass die erforderliche Rammtiefe erreicht wird.

Bei felsartigen Böden werden häufig Lockerungssprengungen angewendet.

Durch sie wird der Fels entlang der geplanten Spundwandtrasse so zerstückelt, dass ein lotrechter schottergefüllter Graben entsteht, in den die Spundbohlen vorzugsweise eingerüttelt werden können. Die Auflockerung soll bis zum geplanten Spundwandfuß reichen und das Spundwandprofil aufnehmen. Außerhalb des Grabens bleibt der Fels standfest.

8.1.10.2 Sprengverfahren

Für das Erreichen des Sprengziels bei minimalen Erschütterungen hat sich die Grabensprengung mit Kurzzeitzündung und geneigten Bohrlöchern bewährt, wie sie im Bild E 183-1 dargestellt ist. Gräben bis 1 m Breite sind so herstellbar [80].

Die Sprengfolge beginnt mit dem Keileinbruch (s. Längsschnitt rechter Teil im Bild E 183-1). Er löst die Verspannung des Gebirges, indem er eine zweite freie Fläche zusätzlich zur Grabenoberfläche schafft, gegen die der Fels geworfen werden kann. Dadurch verbessert sich die Sprengwirkung und führt so zu geringeren Sprengerschütterungen als bei senkrechten Bohrlöchern.

Nach dem Keileinbruch detonieren die weiteren Sprengladungen in Intervallen von i.d.R. 25 ms hintereinander. Dadurch schaffen die früher detonierenden Sprengstoffladungen Platz für die späteren. Zudem prallen die Detonationen so aufeinander, dass der Fels entlang Bohrtrasse im Graben mehrfach gegeneinander geworfen und zur Schottergröße verkleinert wird.

Der Sprengstoff wirkt v-förmig (Öffnungswinkel 90°) in Richtung der freien Fläche (s. Querschnitt Bild E 183-1). Damit die geplante Spundwand trotz der verengten Spitze des Ausbruchstrichters ihre Tiefe erreicht, müssen die Sprenglöcher bis unter den geplanten Spundwandfuß gebohrt werden. Oberhalb des Ausbruchstrichters entsteht ein schottergefüllter Graben. In diesen schottergefüllten Graben lassen sich anschließend die Spundbohlen schonend einrütteln.

Der Bohrlochabstand a entspricht etwa der mittleren Grabenbreite. Der Graben ist wenige dm breiter als die Höhe des aufzunehmenden Spundwandprofils. Übliche Bohrlochabstände bei geneigtem Bohren liegen bei 0,5 bis 1,0 m.

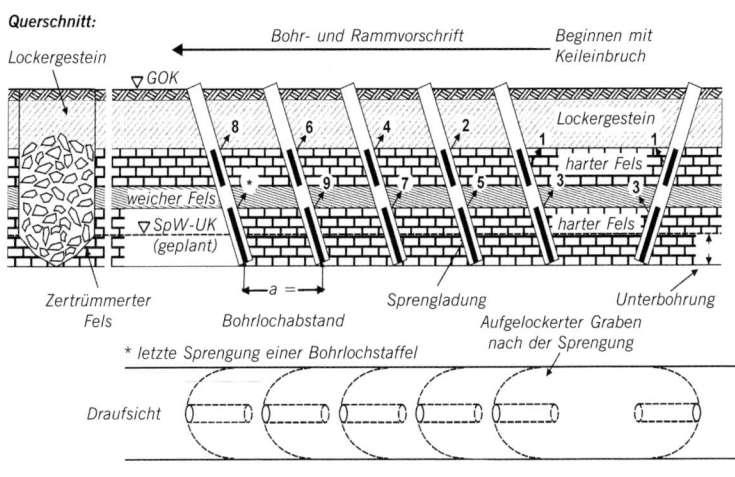

Bild E 183-1. Prinzip der Grabensprengung mit geneigten Bohrlöchern

Bei wechselhaftem Fels sollten die einzelnen Sprengstoffladungen für eine optimale Sprengwirkung gezielt in den harten Felspartien platziert werden. Prinzipiell ist jeder Fels sprengbar. Entscheidend für das Erreichen des Sprengziels ist die Wahl der geeigneten Sprengmethode, die Zündfolge, die Anordnung der Sprengladung, die Art des Sprengstoffes (möglichst wasserfest, hochbrisant) und ganz besonders die exakte Lage, der Abstand und die Richtungsgenauigkeit der Bohrlöcher.

8.1.10.3 Hinweise für die Ausführung

Folgende grundlegende Hinweise für Ausführung der Sprengarbeiten sollten berücksichtigt werden.

(1) Es ist erforderlich, vor Beginn der Arbeiten den Baugrund mittels Probebohrungen und Probesprengungen zu testen, um Auskunft über den optimalen Bohrlochabstand und Besatz der Sprenglöcher zu erhalten. Dabei kann beispielsweise aus Laufzeitkurven von Ultraschallmessungen vor und nach dem Sprengen der aufgelockerte Bereich abgeschätzt werden.

Da das Rütteln der Spundwand schonender als das Rammen ist, sollte Rammung nur in Ausnahmefällen zugelassen werden. Dabei sind jeweils die Grenzfrequenz oder die Eindringungsgrenze zu beachten. Bei Rammschwierigkeiten muss umgehend nachgesprengt werden, wobei die Spundwand anzuheben ist. Lockerungssprengungen lassen einen Graben entstehen, in dem ohne Verdichtungseffekt gerüttelt werden kann. Bei Spaltsprengung ist nur ein Einrammen möglich. Beim Vorbohren mit Bodenaustausch durch Kiesauffüllung können Verdichtungseffekte beim Einrütteln auftreten.

(2) Das Einbringen der Bohlen muss zügig nach der Sprengung erfolgen, da die Auflockerung im Grabenbereich durch die Auflast und ggf. strömendes Wasser (hydraulische Verdichtung) wieder abnimmt.

(3) Die Auflockerung des bereits gesprengten Bereichs kann vor der Spundwandrammung mit Hilfe der Schweren Rammsonde (DPH) überprüft werden. Sehr hohe Schlagzahlen ($N_{10} > 100$) weisen darauf hin, dass Schwierigkeiten bei der Spundwandrammung zu erwarten sind.

(4) Als Beweissicherung sollten die auftretenden Sprengerschütterung an den nächstgelegenen Objekten mit Erschütterungsmessgeräten nach DIN 45 669 lückenlos gemessen werden. Dies kann durch den Auftragnehmer im Rahmen einer Eigenüberwachung erfolgen.

(5) Bohrtagebücher sind zu führen. Dort sollen für jedes Bohrloch die Schichtgrenzen anhand des Bohrfortschritts, des Farbumschlags und der Siebrückstände festgehalten werden. Beispiele von solchen Bohr-

tagebüchern sind in den UVV Sprengarbeiten [254] gegeben. Ferner sollen der Anpressdruck, die Spülverluste und die Wasserführung aufgezeichnet werden, um Hinweise auf Klüfte, Hohlräume und Bohrlochverengungen zu erhalten. Schließlich sind jedes Mal die Bohrlochneigung und Bohrlochtiefe festzuhalten. Diese Aufzeichnungen sollen dem verantwortlichen Sprengberechtigten vor dem Beladen der Bohrlöcher vorliegen, damit er die Sprengstoffladungen im Bohrloch optimal verteilen kann.

(6) Die Bohrgenauigkeit sollte stichprobenartig, jedoch besonders am Anfang der Bohrarbeiten durch Messungen nachgewiesen werden. Hierfür stehen präzise Bohrlochvermessungssysteme zur Verfügung (z. B. BoreTrack). Eine Bohrgenauigkeit von 2 % ist realisierbar. Die Achse der Bohrlöcher und der Spundwand müssen auch mit zunehmender Tiefe in einer Ebene liegen, so dass die Spundbohlen stets in die durch das Sprengen aufgelockerte Zone eingebracht werden.

(7) Es sollte nur mit Wasserspülung gearbeitet werden An der Wasserspülung sind der Farbumschlag und das Bohrklein erkennbar, während beim Bohren mit Luftspülung nur eine gleichmäßig schmutzige Staubwolke entsteht. Auch dringt bei Luftspülung die unter Hochdruck eingeblasene Luft in weichere Schichten und bestehende Klüfte ein und schafft unerwünschte Wegsamkeiten. Diese wiederum können während der Sprengung zu Ausbläsern fern von der gewünschten Sprengstelle führen und so den Sprengerfolg verhindern.

(8) Weiche bindige Böden und nichtbindige Böden sollten verrohrt erbohrt werden, da bei den geneigten Bohrlöchern ansonsten die Gefahr des Nachfalls im Bohrloch besteht.

(9) Auf der Grundlage der Dokumentation für die ersten Sprengungen sollen die Sprengparameter systematisch optimiert werden. Gesonderte Probesprengungen sind dann nicht erforderlich. Eine strenge Koordination der Bohr- und Rammarbeiten und ein laufender Austausch der Informationen über die erreichten Leistungen ist notwendig und verbessert den Erfolg der Arbeiten. Unter Umständen sind teileingebrachte Bohlen nachträglich zu untersprengen.

(10) Die maximale Sprengstoffmenge pro Zündstufe ist vor den Sprengarbeiten auf der Grundlage von Erschütterungsberechnungen festzulegen. Sie soll nicht überschritten werden.

(11) Die statischen Berechnungen gehen von einem im festen Fels eingespannten Spundwandfuß aus. Daher darf der Graben nicht zu breit werden.

8.1.11 Einrammen wellenförmiger Stahlspundbohlen (E 118)

8.1.11.1 Allgemeines

Das Einrammen von Stahlspundbohlen ist ein weitverbreitetes, bewährtes Bauverfahren. Das verhältnismäßig einfach erscheinende Verfahren darf jedoch nicht dazu verleiten, die Rammarbeiten ohne genügende Fachkenntnis und mit mangelnder Sorgfalt auszuführen. Das Ziel der Bauaufgabe, die Stahlspundbohlen so in den Boden einzubringen, dass der Verwendungszweck der Wand nicht beeinträchtigt und mit einem Höchstmaß an Sicherheit eine geschlossene Spundwand erreicht wird, sollte sowohl der Bauleiter als auch die Mannschaft an der Ramme nie aus dem Auge verlieren.

An die Bauausführung sind um so höhere Anforderungen zu stellen, je schwieriger die Bodenverhältnisse, je größer die Bohlenlänge und die Einrammtiefe und je tiefer die spätere Abbaggerung vor der Wand sind. Sehr ungünstig kann es sich auswirken, wenn lange Rammelemente nacheinander auf ihre ganze Länge in den Boden gerammt werden, da dann die Einfädelhöhe sehr gering und daher die Schlossführung zu Beginn des Rammens nicht ausreichend ist.

Für die rammtechnische Beurteilung des Bodens geben Bohrungen und bodenmechanische Untersuchungen sowie Druck- und Rammsondierungen einen gewissen Anhalt (siehe E 154, Abschn. 1.8). In kritischen Fällen sind Proberammungen erforderlich, bei denen an einzelnen Stellen mit Hilfe geeigneter Messeinrichtungen auch die auftretenden Gesamtabweichungen von der Soll-Lage der Bohlen festgestellt werden sollten, wenn es auf möglichst geringe Abweichungen ankommt.

Erfolg und Güte des Einbringens der Rammelemente hängen wesentlich davon ab, wie gerammt wird. Dies setzt voraus, dass der beauftragte Unternehmer neben geeignetem, zuverlässig arbeitendem Gerät auch selbst über ausreichende Erfahrung und qualifizierte Fach- und Aufsichtskräfte verfügt und Gerät und Personal richtig einsetzen kann. Sämtliche Einrichtungen zum Einbringen der Spundbohlen müssen DIN EN 996 entsprechen.

8.1.11.2 Rammelemente

Bei den wellenförmigen Spundwänden, gebildet aus U- oder Z-Profilen, werden im Allgemeinen Doppelbohlen gerammt. Auch Dreifach- oder Vierfach-Bohlen können fallweise technisch und wirtschaftlich vorteilhaft angewendet werden.

Die derart zusammengezogenen Bohlen sollen möglichst durch Pressen oder Verschweißen der mittleren Schlösser zu einem einheitlichen Element verbunden werden. Das Aufnehmen und Aufstellen der Rammelemente sowie das Rammen werden dadurch erleichtert und ein Mitziehen bereits gerammter Elemente weitgehend ausgeschaltet. Das Rammen von Einzelbohlen sollte möglichst vermieden werden. Aus rammtechnischen Gründen kann es bei schwierigem Untergrund, felsartigen Böden und/oder großer Einrammtiefe notwendig werden, von vornherein Spundbohlen mit einer größeren Wanddicke oder einer höheren Stahlsorte als statisch erforderlich zu wählen. Auch sind der Bohlenfuß und gegebenenfalls auch der Bohlenkopf zuweilen zu verstärken, was z. B. für das Einrammen in Böden mit Steineinlagerungen und felsartigen Böden besonders zu empfehlen ist.

Für die Übernahme von Stahlspundbohlen auf der Baustelle wird auf E 98, Abschn. 8.1.7 verwiesen.

8.1.11.3 Rammgeräte

Größe und Leistungsfähigkeit der Rammgeräte sind von den Rammelementen, deren Stahlsorte, Abmessungen und Gewichten, von der Einrammtiefe, den Untergrundverhältnissen und dem gewählten Rammverfahren abhängig. Die Geräte müssen so beschaffen sein, dass die Rammelemente mit der nötigen Sicherheit und Schonung gerammt und dabei ausreichend geführt werden, worauf vor allem bei langen Bohlen und bei großer Einrammtiefe zu achten ist.

Als schlagende Rammbäre kommen Freifallbäre, Explosionsbäre, Schnellschlaghämmer und Hydraulikbäre in Betracht. Weiterhin werden Vibrationsbäre eingesetzt (siehe E 154, Abschn. 1.8.3.2 und E 202, Abschn. 8.1.22) sowie Spundwandpressen (siehe E 154, Abschn. 1.8.3.3).

Der Wirkungsgrad eines freifallenden Bären hängt vom Verhältnis des Fallgewichts zum Gewicht des Rammelementes mit Haube ab. Es sollte ein Verhältnis von 1 : 1 angestrebt werden.

Schnellschlaghämmer beanspruchen das Rammelement schonend und sind bei nichtbindigen Böden besonders gut geeignet. Universell einsetzbar, speziell bei bindigen Böden, sind im Allgemeinen langsam schlagende, schwere Bäre.

Folgende Faktoren sollten bei der Wahl der Schlagramme berücksichtigt werden:

- Gesamtgewicht des Hammers,
- Kolbengewicht, Einzelschlagenergie, Beschleunigungsart,
- Energieübertragung, Krafteinleitung (Haube und Führung),
- Rammgut: Gewicht, Länge, Neigung, Querschnitt, Konstruktion,
- Baugrund (siehe E 154).

Ein guter Wirkungsgrad einer schlagenden Rammung wird durch optimale Abstimmung dieser Faktoren erreicht. Universell einsetzbar sind i. Allg. Hydraulikbäre, deren Schlagenergien in Anpassung an den jeweiligen Rammenergiebedarf und Baugrund (auch Fels) kontrolliert regelbar sind.

Beim schlagenden Rammen sind Rammhauben, abgestimmt auf das Rammgerät und das Rammgut, unbedingt erforderlich. Um die Einwirkung von Rammerschütterungen und Lärm einschätzen zu können wird empfohlen entsprechende Voruntersuchungen (zum Beispiel durch Einsatz von Prognosemodellen) durchzuführen. Gegebenenfalls sind Proberammungen sinnvoll. In der DIN 4150 Teil 2 und Teil 3 werden Anhaltswerte für die Belästigung von Personen und Schäden an Gebäuden gegeben, siehe auch [7]. Hinsichtlich des Lärmschutzes beim Rammen wird auf E 149, Abschn. 8.1.14 verwiesen.

8.1.11.4 Rammen der Bohlen

Beim Rammen ist folgendes zu beachten:
Der Rammschlag soll im Allgemeinen mittig in Achsrichtung des Rammelements eingeleitet werden. Der einseitig wirkenden Schlossreibung kann erforderlichenfalls durch eine gewisse Korrektur des Aufschlagpunkts begegnet werden.

Die Rammelemente müssen entsprechend ihrer Steifigkeit und Rammbeanspruchung so geführt werden, dass ihre Sollstellung im Endzustand erreicht wird. Hierzu muss die Ramme selbst ausreichend stabil sein, einen festen Stand haben, und der Mäkler muss stets gleichlaufend zur Neigung des Rammelements stehen. Die Rammelemente sollten mindestens an zwei Punkten mit möglichst großem Abstand geführt werden. Dabei ist eine starke untere Führung sowie das Ausfuttern der Rammelemente in dieser Führung besonders wichtig. Auch das vorauseilende Schloss muss gut geführt werden. Beim Freirammen ohne Mäkler ist darüber hinaus für einen einwandfreien Sitz des Hammers auf dem Rammelement durch gut passende Freireiter-Führungen zu sorgen. Bei schwimmendem Rammen müssen die Bewegungen des Rammschiffs weitgehend eingeschränkt werden.

Das erste Rammelement muss besonders sorgfältig in die Falllinie der Wandebene gestellt werden. Beim Rammen der weiteren Rammelemente im tiefen Wasser ist eine gute Schlossführung von vornherein gegeben. Bei schwierigen Untergrundverhältnissen und bei großer Einrammtiefe ist ein Rammverfahren mit zweiseitiger Schlossführung der Rammelemente zu empfehlen, wenn nicht ohnehin erforderlich. Letzteres ist der Fall, wenn ein normales fortlaufendes Rammen durch zunehmenden Rammwiderstand und Abweichen der Rammelemente von der Soll-Lage nicht zum Erfolg führt. In solchen Fällen sollte staffelweise gerammt werden (z. B. Vorrammen mit einem leichteren und Nachrammen mit einem schwereren Gerät) oder fachweise, wobei mehrere Rammelemente aufgestellt und dann in nachstehender Reihenfolge eingerammt werden: 1-3-5-2-4. Auch beim Herstellen geschlossener Spundwandkästen kann staffelweises Rammen empfohlen werden.

Spundbohlen in U-Form neigen zum Voreilen des Bohlenkopfs, solche in Z-Form zum Voreilen des Bohlenfußes. Durch staffelweises bzw. fachweises Rammen kann dies verhindert werden. Beim normalen fortlaufenden Rammen kann bei U-Bohlen auch der in Rammrichtung vorauseilende Schenkel um wenige Millimeter aufgebogen werden, so dass sich das Systemmaß etwas vergrößert. Bei Z-Bohlen kann der in Rammrichtung vorauseilende Steg zum Wellental hin geringfügig eingedrückt werden. Kann das Voreilen durch diese Maßnahmen nicht verhindert werden, müssen Keilbohlen eingeschaltet werden. Bei diesen ist auf eine rammtechnisch günstige Konstruktion zu achten, bei der das Pflügen der Stege im Boden vermieden wird. Hierzu muss der wellenförmige Teil des Rammelements an Kopf und Fuß die gleiche Form haben und der anschließende mit einem eingeschweißten Keil versehene Flansch in Rammrichtung liegen (Bild E 118-1 a).
Sowohl bei U- als auch bei Z-Bohlen kann das Anschrägen der Bohlenfüße zu Schlossschäden führen und ist deshalb zu unterlassen.

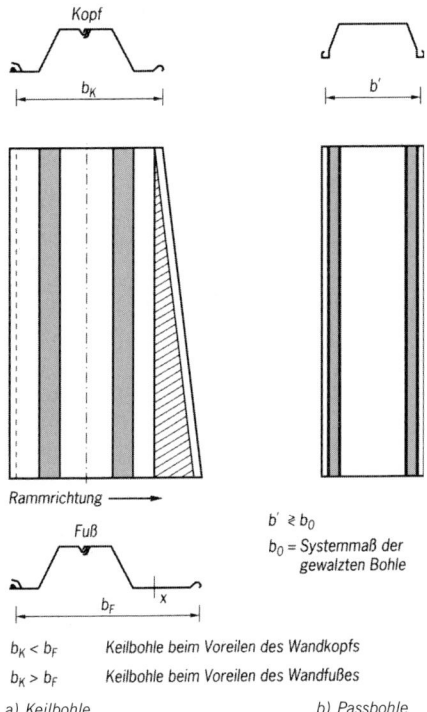

$b' \gtreqqless b_0$

b_0 = Systemmaß der gewalzten Bohle

$b_K < b_F$ Keilbohle beim Voreilen des Wandkopfs

$b_K > b_F$ Keilbohle beim Voreilen des Wandfußes

a) Keilbohle   b) Passbohle

Bild E 118-1. Prinzipskizzen für Keil- und Passbohlen

Müssen die Achsmaße bestimmter Wandstrecken möglichst genau eingehalten werden, ist die Breitentoleranz der Bohlen zu beachten. Erforderlichenfalls sind Passbohlen (Bild E 118-1 b) einzuschalten. Rammhilfen können durch Lockerungssprengungen nach E 183, Abschn. 8.1.10, Lockerungsbohrungen, Bodenaustausch oder durch Spülen nach E 203, Abschn. 8.1.23 erreicht werden. Felsuntergrund kann durch Bohrungen perforiert und dadurch so entspannt werden, dass die Spundbohlen eingerammt werden können.

Der Energieaufwand für das Rammen ist umso geringer und der Rammfortschritt umso größer, je sorgfältiger die Rammelemente gestellt und geführt werden, und je besser Rammbär und Rammverfahren auf die örtlichen Verhältnisse abgestimmt sind. Die Mindesteindringtiefe pro Schlag beim schlagenden Rammen ist gemäß Herstellerangaben einzuhalten.

8.1.12 Einrammen von kombinierten Stahlspundwänden (E 104)

8.1.12.1 Allgemeines

Bei den meist erheblichen Längen, vor allem der Tragbohlen, ist mit größtmöglicher Sorgfalt zu rammen. Nur dann kann mit einem befriedigenden Erfolg, mit planmäßiger Tiefenlage und unversehrten Schlossverbindungen gerechnet werden.

8.1.12.2 Wandformen

Kombinierte Stahlspundwände (E 7, Abschn. 8.1.4) bestehen aus Tragbohlen oder Tragrohren und Zwischenbohlen.

Als Tragbohlen eignen sich vor allem gewalzte oder geschweißte I-Träger oder I-förmige Stahlspundbohlen. Zur Erhöhung des Widerstandsmoments können zusätzlich Lamellen auf- bzw. Schlossstähle angeschweißt werden. Auch können zu einem Kastenpfahl zusammengeschweißte I-Träger oder Doppelbohlen verwendet werden. Weiter kommen Sonderkonstruktionen in Frage, wie beispielsweise Tragpfähle als geschweißte Kastenpfähle aus U- oder Z-Profilen, die durch Stegbleche miteinander verbunden sind.

Als Tragrohre eignen sich LN- oder SN-geschweißte Rohre mit aufgeschweißten Eckprofilen oder Einzelbohlen (vgl. E 7, Abschn. 8.1.4). In Sonderfällen werden Schlosskammern bündig mit der Rohraußenkante in die Rohrwandung geschweißt.

Als Zwischenbohlen werden im Allgemeinen wellenförmige Stahlspundbohlen als Doppel- oder als Dreifachbohlen verwendet. Konstruktive und statische Gründe können eine Teilaussteifung der Dreifachbohlen erfordern. Auch andere geeignete Konstruktionen kommen in Frage, wenn sie die einwirkenden Kräfte ordnungsgemäß in die Tragbohlen überleiten und diese unversehrt eingebracht werden können.

8.1.12.3 Formen der Wandelemente

Wenn Zwischenbohlen mit den Schlossformen 1, 2, 3, 5 oder 6 nach E 67, Abschn. 8.1.6 bzw. DIN EN 10 248-2 verwendet werden, sind an die Tragbohlen entsprechende Schlossstähle oder Bohlenabschnitte schubfest anzuschweißen, wobei die äußeren und die inneren Nähte mindestens 6 mm dick sein sollten. Die einzelnen Zwischenbohlenteile sind durch Verschweißen oder Pressen ihrer Schlösser gegen Verschieben zu sichern.

Werden Zwischenbohlen mit der Schlossform 4 nach E 67, Abschn. 8.1.6 verwendet, sind auch dieser Schlossform entsprechende Tragbohlen zu wählen. Schlossstähle der Form 4 werden in der Regel auf die Zwischenbohlen oder fallweise auch auf die Tragbohlen gezogen.

Bei Zwischenbohlen mit seitlich aufgezogenen Schlossstählen werden diese bei größerer Einrammtiefe nur am oberen Ende verschweißt, sodass die Drehbeweglichkeit weitgehend erhalten bleibt und die Schlossreibung beim Rammvorgang verringert wird. Die Länge der Schweißnaht muss auf die Bohlenlänge, die Einrammtiefe, die Bodenverhältnisse und auf etwa zu erwartende Rammschwierigkeiten abgestellt werden. Sie liegt im Allgemeinen zwischen 200 und 500 mm. Bei besonders langen Bohlen und/oder schwerer Rammung empfiehlt sich zusätzlich eine Sicherungsschweißung am Fuß. Ist die Einrammtiefe nur gering, genügt im Allgemeinen eine kürzere Transportsicherung am Kopf der Bohlen.

Es ist darauf zu achten, dass die Rammhaube die äußeren Schlossstähle überdeckt, aber nur teilweise, damit sie noch ausreichend Spiel zwischen den Tragbohlen hat, wenn die Zwischenbohlen mit ihrer Oberkante noch unter die der Tragbohlen eingerammt werden müssen.

Werden die Schlossstähle auf die Tragbohlen gezogen, sind sie mit diesen schubfest zu verschweißen ($a \geq 6$ mm), wenn unter Verzicht auf die größere Drehbeweglichkeit ein höheres Trägheits- und Widerstandsmoment erreicht werden soll.

Bestehen die Tragbohlen aus U- oder Z-Profilen, die durch Stegbleche miteinander verbunden sind, so sind die Stegbleche außen durchlaufend und an den Enden des Tragpfahls innen auf mindestens 1000 mm mit den U- oder Z-Profilen zu verschweißen. Die Schweißnahtdicke muss mindestens 8 mm betragen. Außerdem müssen die Tragpfähle an Kopf und Fuß durch Breitflachstähle zwischen den Stegblechen ausgesteift werden, um die Rammenergie ohne Beschädigung der Tragpfähle ableiten zu können.

Bei großen Rammtiefen und besonders großen Längen der Tragbohlen sind für diese Kastenpfähle oder Doppelbohlen aus Breitflansch- oder Kastenspundwandprofilen zu wählen, da sie eine erwünschte größere Steifigkeit über die z-Achse und eine größere Torsionssteifigkeit aufweisen. Der auftretende erhöhte Rammaufwand muss dabei in Kauf genommen werden.

8.1.12.4 Allgemeine Anforderung an die Wandelemente

Die Tragbohlen müssen über die sonst üblichen Forderungen nach E 98, Abschn. 8.1.7 hinaus gerade sein, wobei das Stichmaß in der Regel ≤ 1 ‰ der Bohlenlänge sein soll. Sie dürfen außerdem keine Verdrehung aufweisen und müssen bei großer Länge und gleichzeitig großer Rammtiefe ausreichend biege- und torsionssteif sein.

Der Kopf der Tragbohle muss eben und winkelrecht bearbeitet und so ausgebildet werden, dass der Rammschlag mit Hilfe einer kräftigen, gut angepassten Rammhaube eingeleitet und über den gesamten Bohlenquerschnitt abgetragen wird. Werden am Fuß der Bohle Verstärkungen, z. B. Flügel, zur Erhöhung der Tragfähigkeit in axialer Richtung angebracht, ist auf ihre symmetrische Anordnung zu achten, damit die Resultierende des Rammwiderstands in der Schwerachse der Tragbohle liegt und die Tragbohle nicht verläuft. Dabei sollen die Flügel so hoch über dem Bohlenfuß enden, dass beim Rammen eine gewisse Führung der Tragbohle erreicht wird.

Die Zwischenbohlen sollen so ausgebildet werden, dass sie sich Lageveränderungen möglichst gut anpassen und damit Abweichungen der Tragbohlen von der Soll-Lage im erforderlichen Maße folgen können. Bei Zwischenbohlen mit außenliegenden Schlössern nach E 67, Abschn. 8.1.6 (Bild E 67-1) (Z-Form) ist eine bessere Anpassung durch freies Drehen an größere Lageveränderungen der Tragbohlen von der Soll-Lage möglich. Bei Zwischenbohlen mit Schlössern auf der Achse (U-Form) ist eine Anpassung nur durch Deformation des Profils möglich. Sie müssen im übrigen gleichzeitig so gestaltet sein, dass später auch der waagerechte Durchhang unter der Belastung in erträglichen Grenzen bleibt.

Die Schlossverbindungen müssen gut gängig und ausreichend tragfähig sein (vgl. E 67, Abschn. 8.1.6). Es ist besonders darauf zu achten, dass zusammengehörende Schlösser richtig zueinander liegen und nicht verdreht sind.

8.1.12.5 Ausführen der Rammung

Es muss so gerammt werden, dass die Tragbohlen gerade, senkrecht bzw. in der vorgeschriebenen Neigung, parallel zueinander und in den planmäßigen Abständen eingebracht werden. Voraussetzung hierfür ist eine gute Führung der Bohlen, zweckmäßig ist eine Führung in zwei Ebenen (oben und unten), beim Einstellen und Rammen. Außerdem ist ein geeignetes, der Länge und dem Gewicht der Bohlen angepasstes schweres, ausreichend steifes und gerades Führungs- und Rammgerät, das einen festen Stand und ausreichende Stabilität besitzt, erforderlich. Sämtliche Vorrichtungen zum Einbringen der Wandelemente müssen DIN EN 996 entsprechen.

Bei Baustellen mit extremen Witterungsbedingungen und hohem Seegang haben sich Hubinseln gut bewährt. Die Position ist ständig zu überprüfen, da sich Hubinseln infolge von Rammerschütterungen dejustieren können. Auch den Witterungsbedingungen angepasste, ausreichend groß ausgelegte Arbeitspontons mit Führungspfählen und schwerem Rammgerät, sind geeignet. Auf Grund der Gewichte der Tragbohlen und der erforderlichen Rammbären werden die Tragbohlen zuerst mit dem Vibrator gestellt und anschließend mit einem schweren Gerät auf Endtiefe gebracht. Die Zwischenbohlen können anschließend der Reihe nach eingesetzt und eingebracht werden.

Beim Rammen von Tragrohren ist auch einem Verdrehen, z. B. durch Führen der Schlösser, entgegenzuwirken.

Weiter wird ein befriedigendes Ergebnis durch eine unverschiebliche Führungszange in möglichst tiefer Lage gefördert, wobei auf der Zange die Abstände der Tragbohlen – unter Berücksichtigung etwaiger Breitentoleranzen – durch aufgeschweißte Rahmen festgelegt sind. Außerdem soll der Bohlenkopf über die Rammhaube am Mäkler geführt werden, sodass dadurch die Bohle oben stets in Soll-Lage gehalten wird. Dabei ist zu beachten, dass das Spiel zwischen Bohle und Haube sowie zwischen Haube und Mäkler so gering wie möglich ist und bleibt.

Die Rammfolge der Tragbohlen ist so festzulegen, dass der Bohlenfuß an seinem Umfang gleichmäßig und niemals nur einseitig verdichteten Boden antrifft. Dies wird erreicht, wenn in nachstehender Reihenfolge gerammt wird:

1-7-5-3-2-4-6 (Großer Pilgerschritt)

Mindestens sollte aber als Reihenfolge eingehalten werden:

1-3-2-5-4-7-6 (Kleiner Pilgerschritt)

Im Allgemeinen werden die Tragbohlen in einem Zuge auf volle Tiefe gerammt. Die Zwischenbohlen können anschließend der Reihe nach eingesetzt und gerammt werden.

Bei größeren Wassertiefen oder größeren freien Höhen kann auch unter Einsatz von lotrechten Führungen gerammt werden. Hierzu können z. B. Führungsgestelle aus Stahlkonstruktionen verwendet werden, die im Bedarfsfall in der Höhe und in der Breite den jeweiligen Verhältnissen angepasst werden können. Sie sind seitlich mit Schlossteilen versehen, die zu den Tragbohlen passen. Um eine fluchtgerechte Wand zu erreichen, muss zusätzlich eine waagerechte Führung über dem Wasserspiegel vorgesehen werden.

Bei spülfähigem, steinfreiem Boden können die Trag- und gegebenenfalls auch die Zwischenbohlen mit Spülhilfe gerammt werden. Hierbei sind die Spüleinrichtungen symmetrisch anzuordnen und seitlich gut zu führen. Durch sorgfältiges Handhaben ist einem Abweichen der Bohlen aus der Soll-Lage zu begegnen.

Die Sicherheit, eine fehlerfreie, geschlossene Wand zu erhalten, wird verbessert, wenn vor dem Rammen ein Graben so tief wie möglich hergestellt und damit die geführte Höhe der Wand vergrößert und ihre Einrammtiefe verkleinert wird.

Sind Geröll- oder feste Bodenschichten zu durchörtern, so empfiehlt sich ein Bodenaustausch. Bei Landbaustellen kommt auch das Schlitzwandverfahren mit eingestellter und nachgerammter Spundwand in Betracht.

8.1.13 Beobachtungen beim Einbringen von Stahlspundbohlen, Toleranzen (E 105)

8.1.13.1 Allgemeines

Beim Einbringen sind Lage, Stellung und Zustand der Einbauelemente laufend zu beobachten und das Erreichen der Soll-Stellung durch geeignete Messungen zu kontrollieren. Neben der richtigen Ausgangsstellung sind auch Zwischenstationen, besonders nach den ersten Metern der Rammung zu prüfen. Dadurch sollen selbst geringfügige Abweichungen von der Soll-Lage (Neigung, Ausweichen, Verdrehen) oder Verformungen des Kopfes sofort erkannt und schon frühzeitig Korrekturen angebracht und, wenn erforderlich, geeignete Gegenmaßnahmen eingeleitet werden.

Die Eindringungen, Flucht und Stellung der Elemente sind häufig und besonders sorgfältig zu beobachten, wenn schwerer Baugrund mit Hindernissen ansteht. Zieht ein Einbauelement nicht mehr, d. h. bei ungewöhnlich kleinen Eindringungen soll das Rammen sofort abgebrochen werden. Wird eine fortlaufende Rammung ausgeführt, können zunächst die folgenden Bohlen eingebracht werden. Später kann dann versucht werden, die hochstehende Bohle tiefer zu rammen. Bei ungewöhnlichen Eindringungen von Tragbohlen wird ein Ziehen und erneutes Rammen unter besonderen Vorkehrungen erforderlich. Einbauelemente, die kurz vor Erreichen der rechnerischen Tiefe nur noch sehr schwer ziehen, so dass die Gefahr von Beschädigungen im Fußbereich besteht, sollten nicht weitergerammt werden. Einzelne, kürzere aber unversehrte Elemente sind einer zeichnungsgemäßen, aber möglicherweise beschädigten Wand vorzuziehen. Geringere erreichte Endtiefen dürfen nicht das Gesamtkonzept (z. B. Umläufigkeit) und die Standsicherheit beeinträchtigen.

Wird aufgrund beobachteter Besonderheiten, wie beispielsweise starkes Verdrehen oder Schiefstellen der Einbauelemente, vermutet, dass sie Schaden erlitten haben, sollte versucht werden, die Bohlen nach teilweisem Freibaggern und Ziehen in Augenschein zu nehmen und den Baugrund auf Rammhindernisse hin zu untersuchen.

8.1.13.2 Schlossschäden, Signalgeber

Das Herauslaufen eines Einbauelementes aus dem Schlossverbund (Schlosssprengung) kann im Allgemeinen, besonders jedoch bei zunehmenden Eindringwiderständen, durch Beobachtungen nicht festgestellt werden.

Da Schlossschäden auch bei sorgfältigem Rammen nicht auszuschließen sind, ist eine Überprüfung, zur Erhöhung der Sicherheit sinnvoll. Diese kann erfolgen durch in Augenscheinnahme der Schlösser im sichtbaren Bereich bzw. durch den Einsatz von Schlosssprungdetektoren. Es gibt verschiedene Systeme, die sowohl kontinuierlich über die Schlosslänge bzw. lokale Ergebnisse aufzeigen (siehe Bild E 105-1). Bei der Methode a) wird beim Einbringen kontinuierlich gemessen, ob die Schlossverbindung noch intakt ist. Erreicht bei Methode b) das Schloss der Fädelbohle den Signalgeber, wird ein Kontakt registriert und elektrisch angezeigt, während bei Methode c) ein Federstift ausgelöst wird und einmalig mechanisch angezeigt wird.

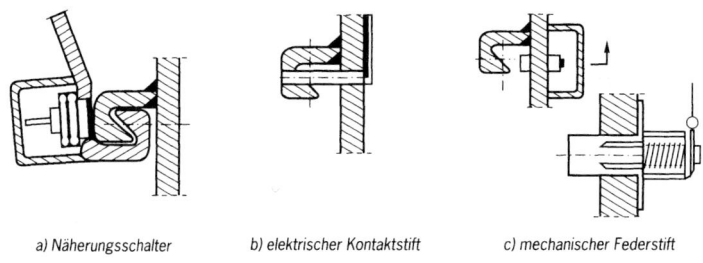

a) Näherungsschalter   b) elektrischer Kontaktstift   c) mechanischer Federstift

Bild E 105-1. Signalgeber

8.1.13.3 Rammabweichungen und Toleranzen

Mit zunehmender Rammtiefe werden die Abweichungen von der Vertikalität größer. Für die Abweichungen der Bohlen sollen in Übereinstimmung mit DIN EN 12 063 folgende Toleranzen bereits bei der Planung einkalkuliert werden:

± 1,0 % bei normalen Bodenverhältnissen und Landrammung,
± 1,5 % der Einrammtiefe bei Wasserrammung,
± 2,0 % der Einrammtiefe bei schwierigem Baugrund.

Die Vertikalität ist am oberen Meter der Rammelemente zu messen. Hierbei darf die Abweichung des Spundbohlenkopfes senkrecht zur Wand bei Landrammung 75 mm und bei Wasserrammung 100 mm nicht überschreiten.

Für kombinierte Wände sind hohe Anforderungen an die genaue Stellung der Tragelemente zu stellen. Daher sind die Toleranzen im Einzelfall stets zu vereinbaren. Das Beispiel für Maßabweichungen bei einer kombinierten Spundwand in DIN EN 12 063, Bild 6 ist für die Festlegung der Toleranzen dienlich.

8.1.13.4 Messungen, Gerät

Die richtige Ausgangsstellung und auch Zwischenstadien der Einbauelemente können z. B. mit zwei Theodoliten einwandfrei nachgeprüft werden, von denen je einer zur Kontrolle der Stellung in der y- bzw. z-Richtung dient. Diese Methode sollte für das Einbringen der Tragpfähle von kombinierten Wänden generell vorgeschrieben werden. Nach Abschluss des Rammens und Ausbau der Führungen ist jeder Tragpfahl in der eingebrachten Lage zu vermessen, um daraus die notwendigen Folgerungen für das Einbringen der Füllbohlen ziehen zu können.

Wird mit Wasserwaagen gearbeitet, sind ausreichend lange Waagen (mind. 2,0 m), gegebenenfalls mit Richtscheit, einzusetzen. Besser allerdings ist die Kontrolle mittels Theodolit. Die Kontrolle ist an verschiedenen Stellen zu wiederholen, um örtliche Unregelmäßigkeiten auszugleichen.

8.1.13.5 Aufzeichnungen

Für das Aufzeichnen der Rammbeobachtungen wird auf DIN EN 12 699, Abschn. 10 verwiesen, der in der Aufzählung der Angaben den Mustervordrucken der nicht mehr gültigen DIN 4026:1975 entspricht. Bei schwierigen Rammungen sollte außerdem für die ersten 3 Elemente sowie für jedes 20. Element die Rammkurve über die gesamte Einbringung aufgezeichnet werden.

Moderne Rammgeräte zeichnen die Rammergebnisse auf Datenträger auf, die über EDV und geeignete Software in kürzester Zeit Aussagen über die Rammergebnisse liefern. Vor allem bei schweren Rammungen in wechselhaften Böden ist dieses Verfahren zu empfehlen.

8.1.14 Lärmschutz, Schallarmes Rammen (E 149)

8.1.14.1 Allgemeines über Schallpegel und Schallausbreitung

Die Schallemission einer Maschine wird über die Schallleistung oder über den Schalldruckpegel in einem definierten Abstand charakterisiert. Die Schallleistung ist die pro Zeiteinheit abgestrahlte Schallenergie der Maschine. Sie ist unabhängig von den Umgebungsbedingungen und damit eine maschineneigene Kenngröße, die nach empfindungsorientierten Kriterien (z. B. dem menschlichen Hörvermögen) bewertet wird. Hauptbewertungsgröße ist der A-bewertete Schallleistungspegel als zehnfacher Logarithmus des Verhältnisses der Schallleistung zur Bezugsleistung ($P_0 = 1 \text{ pW} = 1 \cdot 10^{-12} \text{ W}$). Die A-Bewertung reflektiert dabei einen Filter für den Frequenzgang des menschlichen Hörempfindens.

Die Kennzeichnung der Bewertungsart erfolgt entweder über den Index L_{WA} oder über einen Zusatz in der Maßeinheit dB(A).

Der Schalldruckpegel als zehnfacher Logarithmus des Verhältnisses des Schalldruckes der Maschine zu einem Bezugsdruck (in Luft: $p_0 = 20$ µPa) ist eine vom Messabstand und den akustischen Umgebungsbedingungen abhängige Größe

Weitere wichtige Kenngrößen zur Einschätzung der Schallemission einer Maschine können die Schallverteilung über verschiedene Frequenzbänder (Terz-, Oktav-, Schmalband), eventuelle zeitliche Schwankungen und Richtcharakteristiken sein.

Aufgrund der logarithmischen Berechnung in der Akustik kann leicht nachvollzogen werden, dass bei einer Verdopplung der Anzahl der Schallquellen der Schalldruckpegel um 3 dB(A) ansteigt. Untersuchungen zeigen für das menschliche Hörempfinden dagegen, dass dieses erst eine Erhöhung des Schalldruckpegels um 10 dB(A) als Lärmverdopplung empfindet. Die Zunahme des Gesamtschalldruckpegels bei Überlagerung einer Anzahl gleich starker Quellen zeigt Bild E 149-1a. Unterschiedlich starke Quellen haben einen wesentlich differenzierteren Einfluss auf den Gesamtpegel. Ist der Abstand der Schalldruckpegel zweier Quellen größer als 10 dB(A), so hat die leisere Quelle tatsächlich keinen Einfluss mehr auf den Gesamtpegel (siehe Bild E 149-1b).

Hieraus folgt, dass Maßnahmen gegen den Lärm nur dann wirkungsvoll sein können, wenn zunächst die lautstärksten Einzelpegel gemindert werden. Die Beseitigung schwächerer Einzelpegel bringt nur einen geringen Effekt für die Lärmminderung.

Bei idealer Freifeldausbreitung in den unendlichen Halbkugelraum verringert sich der Schalldruck einer punktuellen Schallquelle bei jeder

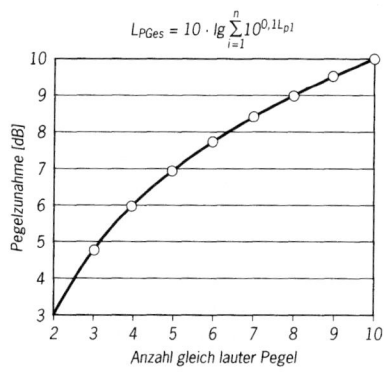

$$L_{PGes} = 10 \cdot \lg \sum_{i=1}^{n} 10^{0,1 L_{pi}}$$

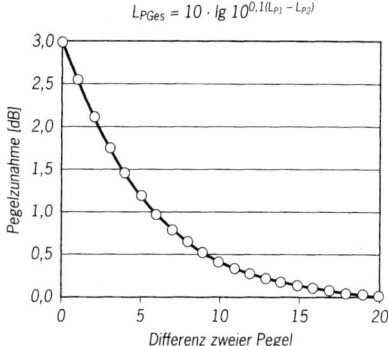

$$L_{PGes} = 10 \cdot \lg 10^{0,1(L_{P1} - L_{P2})}$$

Bild E 149-1a. Pegelzunahme beim Zusammenwirken mehrerer gleich lauter Pegel

Bild E 149-1b. Pegelzunahme bei zwei unterschiedlich lauten Pegeln

Verdoppelung der Entfernung um jeweils 6 dB(A) aufgrund der geometrisch bedingten Ausbreitung der Schallenergie auf die vierfache Fläche.

$$\Delta L_P = -20 \cdot \lg \frac{S}{S_0}$$

S = Entfernung 1 zur Schallquelle [m]
S_0 = Entfernung 2 zur Schallquelle [m]
ΔL_P = Veränderung des Schalldruckes [dB]

Zusätzlich hierzu wird der Schall in größeren Entfernungen über gewachsenem unebenem Gelände aufgrund von Luft- und Bodenabsorption sowie – wenn vorhanden – durch Bewuchs oder Bebauung um bis zu 5 dB(A) gedämpft.

Umgekehrt muss beachtet werden, dass die einfache Schallreflexion an einem Bauwerk in der Nähe der Schallquelle oder an betonierten bzw. asphaltierten Flächen je nach Absorptions- und Streuungsgrad der Oberfläche zu einer Erhöhung des Schallpegels von bis zu 3 dB(A) führen kann. Bei mehreren reflektierenden Flächen kann jede durch eine gedachte Spiegelschallquelle mit gleicher Lautstärke wie die Originalschallquelle ersetzt und die resultierende Pegelerhöhung unter Beachtung der Rechenregeln für das Zusammenwirken mehrerer Schallquellen (s. Bild E 149-1a) ermittelt werden.

Bei der Schallausbreitung über größere Entfernungen muss außerdem beachtet werden, dass die Schallpegelabnahme durch meteorologische Einflüsse, wie Windströmungen und Temperaturschichtung, sowohl positiv, d. h. im Sinne einer größeren Pegelabnahme, als auch negativ verändert werden kann. So führt z. B. ein positiver Temperaturgradient (Zunahme der Lufttemperatur in der Höhe = Bodeninversion) aufgrund der Beugung der Schallstrahlen zurück auf den Boden an Orten ab etwa 200 m Entfernung von der Schallquelle zu einer Verstärkung des Pegels. Diesen Effekt findet man insbesondere auch über Wasserflächen, die i. Allg. kälter sind als die sich schneller erwärmende Umgebungsluft und daher – wie auch die nach Sonnenuntergang rasch auskühlende Erdoberfläche – zu einem positiven Temperaturgradienten führen.

Im Zusammenwirken mit der Bodenreflexion kann die Krümmung der Schallstrahlen ferner bewirken, dass die Ausbreitung des Schalls auf einen Korridor zwischen dem Boden und der Inversionsschicht beschränkt bleibt, wodurch die geometrische Ausbreitungsdämpfung auf die Hälfte vermindert wird.

Der Einfluss des Windes ist vergleichbar mit dem der Temperatur. Auch hier ist die geringere Pegelabnahme in Mitwindrichtung auf eine Änderung der horizontalen Windgeschwindigkeit mit zunehmender Höhe und der damit verbundenen Beugung der Schallstrahlen nach unten zurückzuführen. Besonders ausgeprägt ist dieser Effekt an bewölkten oder nebeligen Tagen zu beobachten, wenn der Wind mit einer Geschwindigkeit von bis zu 5 m/s noch als laminare Luftströmung betrachtet werden kann. Hingegen können Turbulenzen und vertikale Luftzirkulationen, die vor allem am Tage durch die Sonneneinstrahlung ausgelöst werden, durch Streuung und Brechung der Schallstrahlen eine höhere Pegelminderung bewirken.

8.1.14.2 Vorschriften und Richtlinien

Besonders zu beachten sind folgende Vorschriften:

- Allgemeine Verwaltungsvorschrift zum Schutz gegen Baulärm – Geräuschimmissionen. Die Bundes- und Landesvorschriften zum Schutz gegen Baulärm, CARL HEYMANNS Verlag KG, Köln 1971.
- Allgemeine Verwaltungsvorschrift zum Schutz gegen Baulärm – Emissionsmessverfahren. CARL HEYMANNS Verlag KG, Köln 1971 [180].
- Richtlinie 79/113/EWG des Rates vom 19.12.1978 zur Angleichung der Rechtsvorschriften der Mitgliedsstaaten betreffend die Ermittlung des Geräuschemissionspegels von Baumaschinen und Baugeräten (Abl. EG1979 Nr. L 33 S. 15) [181].
- 15. Verordnung zur Durchführung des BImSchG vom 10.11.1986 (Baumaschinen-LärmVO) [182].
- Richtlinie 2000/14/EG des Europäischen Parlaments und des Rates vom 8. Mai 2000 zur Angleichung der Rechtsvorschriften der Mitgliedstaaten über umweltbelastende Geräuschemissionen von zur Verwendung im Freien vorgesehenen Geräten und Maschinen (ABl. Nr. L 162 vom 3.7.2000 S. 1; ber. ABl. Nr. L 311 vom 12.12.2000 S. 50).
- ISO 9613-1, Ausgabe: 1993-06, Acoustics – Attenuation of sound during propagation outdoors- Part 1: Calculation of the absorption of sound by atmosphere.
- DIN ISO 9613-2, Ausgabe: 1999-10, Akustik – Dämpfung des Schalls bei der Ausbreitung im Freien – Teil 2: Allgemeines Berechnungsverfahren (ISO 9613-2: 1996).
- Dritte Verordnung zum Gerätesicherheitsgesetz, 3. GSGV – Maschinenlärminformationsverordnung vom 18. Januar 1991 (BGBl. 15. 146; 1992 S. 1564; 1993 S. 704).
- VDI-Richtlinie 2714 [01/88] Schallausbreitung im Freien – Berechnungsverfahren.

Weiterhin sind die jeweiligen in der Kompetenz der Ländergesetzgebung liegenden übergeordneten Verordnungen zur Regelung der einzuhaltenden Nacht- und Feiertagsruhezeiten sowie die Gesetze und Vorschriften zum personenbezogenen Arbeitsschutz (UVV, GDG i.V.m. 3. GSGV) zu berücksichtigen.

Die zulässigen Geräuschimmissionen im Einwirkungsbereich einer Lärmquelle sind gestaffelt nach der Schutzbedürftigkeit der vom Baulärm beeinträchtigten Gebiete festgelegt. Die Schutzbedürftigkeit ergibt sich dabei entsprechend der im Bebauungsplan festgesetzten oder – wenn kein B-Plan aufgestellt ist oder die vorhandene Nutzung erheblich von der im B-Plan vorgesehenen abweicht – der tatsächlichen baulichen Nutzung der Gebiete.

Nach AVV Baulärm darf der von der Baumaschine am Immissionsort erzeugte Wirkpegel um 5 bzw. 10 dB(A) abgemindert werden, wenn die durchschnittliche tägliche Betriebsdauer weniger als 8 bzw. 2,5 Stunden beträgt. Auf der anderen Seite ist ein Lästigkeitszuschlag von 5 dB(A) zu addieren, wenn in dem Geräusch deutlich hörbare Töne wie Pfeifen, Singen, Heulen oder Kreischen hervortreten.

Überschreitet der so ermittelte Beurteilungspegel des von der Baumaschine hervorgerufenen Geräusches den zulässigen Immissionsrichtwert um mehr als 5 dB(A), sollen Maßnahmen zur Minderung des Lärms angeordnet werden. Hiervon kann allerdings abgesehen werden, wenn durch den Betrieb der Baumaschinen infolge nicht nur gelegentlich einwirkender Fremdgeräusche keine zusätzlichen Gefahren, Nachteile oder Belästigungen eintreten.

Das Emissionsmessverfahren dient dazu, Geräusche von Baumaschinen zu erfassen und vergleichen zu können. Hierzu werden die Baumaschinen während verschiedener Betriebsvorgänge unter definierten Randbedingungen einer detailliert vorgeschriebenen Messprozedur unterzogen. Im Zuge der Harmonisierung der EG-Vorschriften wird die Schallemission einer Baumaschine als Schallleistungspegel L_{WA} bezogen auf eine Halbkugeloberfläche von 1 m^2 angegeben. Vielfach gebräuchlich ist auch noch die Verwendung des Schalldruckpegels L_{PA}, bezogen auf einen Radius von 10 m um das Zentrum der Schallquelle oder im Zusammenhang mit dem Arbeitsschutz auch am Bedienerplatz.

Für die Zulassung bzw. das Inverkehrbringen verschiedener Baumaschinen sind Emissionsrichtwerte bestimmt, deren Überschreitung nach dem Stand der Technik vermeidbar ist. Für Rammgeräte sind bislang noch keine verbindlichen Richtwerte festgelegt.

8.1.14.3 Passive Lärmschutzmaßnahmen

Beim passiven Lärmschutz wird die Ausbreitung der Schallwellen durch geeignete Maßnahmen behindert. Schallschirme behindern die Ausbreitung in bestimmten Richtungen. Zu beachten ist, dass der Schirm keine Undichtigkeiten oder offene Fugen aufweist. Außerdem ist der Schirm auf der der Schallquelle zugewandten Seite mit einem schallabsorbierenden Material auszukleiden, da sonst Reflexionen und sogenannte stehende Wellen die Wirkung des Schirms verringern könnten. Die Wirksamkeit eines Schallschirms richtet sich nach der wirksamen Schallschirmhöhe und -breite und dem Abstand von der abzuschirmenden

Schallquelle. Grundsätzlich sollte der Schirm so nah wie möglich an der Schallquelle errichtet werden.

Bei der sogenannten Kapselung durch Schallmäntel, Schallschürzen oder Schallschutzkamine wird die Lärmquelle vollständig mit schallabsorbierendem Material umgeben. Durch eine schalldämpfende Ummantelung der Ramme und der Bohle kann der Schallpegel verringert werden. Allerdings erschweren Kapselungen zur Verminderung von Rammgeräuschen den Arbeitsablauf erheblich. Da die Beobachtung des Rammvorganges durch die Kapselung unmöglich wird und dadurch eine erhöhte Unfallgefahr entsteht, ist diese Art des passiven Lärmschutzes nur sehr bedingt einsetzbar. Kapselungen sind teuer, sie belasten das Arbeitsgerät durch erhebliches Zusatzgewicht und sind reparaturanfällig. Wenn eine Abschirmung nicht zu umgehen ist, ist eine U-förmige aufgehängte Abschirmmatte aus Noppenfolie, die Bär und Rammgut überdeckt, vorzuziehen und ermöglicht dem Rammführer den Rammvorgang einzusehen. Für die abgeschirmte Richtung können bis zu 8 dB(A) erreicht werden.

Schallkamine wurden bisher nur bei der Rammung kleinerer Rammeinheiten verwendet.

8.1.14.4 Aktive Lärmschutzmaßnahmen

Die wirkungsvollste und in der Regel auch preisgünstigste Maßnahme zur Reduzierung der Lärmbelästigung sowohl am Arbeitsplatz als auch in der Nachbarschaft ist der Einsatz von Baumaschinen mit geringer Geräuschemission. Im Vergleich zur Schlagramme kann durch den Einsatz von Vibrationsbären der Schallpegel beträchtlich verringert werden. Das hydraulische Einpressen von Spundbohlen sowie das Einbringen von Tragbohlen im Bohrdrehverfahren können in jedem Fall als geräuscharm eingestuft werden. Die Möglichkeit des Einsatzes dieser lärmarmen Rammverfahren ist jedoch maßgeblich von der Beschaffenheit des vorhandenen Baugrunds abhängig.

Zu den aktiven Maßnahmen zählen auch die Bauverfahren, die das Einbringen von Spundwänden oder Pfählen in den Untergrund erleichtern und somit den Energieaufwand beim Rammen verringern. Hierzu zählen neben Lockerungsbohrungen bzw. -sprengungen und Spülhilfen auch der Bodenaustausch im Bereich der zu rammenden Elemente sowie das Einstellen der Spundbohlen in suspensionsgestützte Schlitze. Voraussetzung für die Anwendung dieser Maßnahmen ist allerdings, dass die Boden- und die baulichen Verhältnisse die in Betracht kommende(n) Lärmschutzmaßnahme(n) zulassen.

8.1.14.5 Planung einer Rammbaustelle

Bereits während der Planung muss angestrebt werden, die durch die spätere Baumaßnahme zu erwartende Umweltbelästigung auf ein mögliches Mindestmaß zu beschränken. Besonders kostenintensiv und oftmals bei der Kalkulation nicht berücksichtigt sind die unter Umständen notwendigen Abschirmungsmaßnahmen. Die Zusage und das Einhalten nur kurzer Bauzeiten mit stärkeren Störungen und dafür ausreichend langen lärmarmen oder lärmfreien Zeiten – z. B. während der Mittagszeit – sollte angestrebt werden. Ist hierfür ein gewisser Leistungsabfall in Kauf zu nehmen und daher von vornherein einzukalkulieren, so ist dieses in der Ausschreibung gesondert deutlich zu erwähnen.

8.1.15 Rammen von Stahlspundbohlen und Stahlpfählen bei tiefen Temperaturen (E 90)

Bei Temperaturen über 0 °C und normalen Rammbedingungen können Stahlspundbohlen aller Stahlsorten unbedenklich gerammt werden.

Muss bei tieferen Temperaturen gerammt werden, ist besondere Sorgfalt bei der Handhabung der Rammelemente sowie bei der Rammung geboten.

Bei rammtechnisch günstigen Böden kann noch bis etwa –10 °C gerammt werden, insbesondere, wenn S 355 GP und höherfeste Stähle verwendet werden.

Voll beruhigte Stähle nach DIN EN 10 025 sind jedoch zu wählen, wenn eine schwierige Rammung mit hohem Energieaufwand zu erwarten ist und dickwandige Profile oder geschweißte Rammelemente eingesetzt werden.

Liegen noch tiefere Temperaturen vor, sind Stahlsorten mit besonderer Kaltverformbarkeit zu verwenden.

8.1.16 Sanierung von Schlossschäden an eingerammten Stahlspundwänden (E 167)

8.1.16.1 Allgemeines

Beim Rammen von Stahlspundbohlen oder durch andere äußere Einwirkungen können Schlossschäden auftreten. Die Gefahr ist jedoch umso geringer, je sorgfältiger und umsichtiger die Empfehlungen beachtet werden, die sich mit dem Entwurf und der Bauausführung von Spundwandbauwerken befassen. Auf folgende Empfehlungen wird hierzu besonders hingewiesen: E 34, Abschn. 8.1.3, E 73, Abschn. 7.4, E 67, Abschn. 8.1.6, E 98, Abschn. 8.1.7, E 104, Abschn. 8.1.12 und E 118, Abschn. 8.1.11.

In diesen Empfehlungen sind auch zahlreiche Möglichkeiten angesprochen, die sich mit einer Vorsorge befassen, um das Risiko von Schlossschäden einzuschränken.

Wenn trotzdem Schäden auftreten, ist es ein Vorteil des Baustoffs Stahl, dass diese mit verhältnismäßig einfachen Mitteln behoben werden können und die Sanierungsmöglichkeiten sehr anpassungsfähig sind.

8.1.16.2 Sanierung von Schlossschäden

Sind bereits aus dem Rammverhalten Schlossschäden in einem größeren Bereich zu erwarten und kann die Spundwand beispielsweise aus zeitlichen Gründen nicht wieder gezogen werden, kommt vor allem ein Sanieren durch großflächiges Verfestigen des Bodens hinter der Wand in Frage. Hierbei hat sich insbesondere bei der Sanierung von kombinierten Stahlspundwänden das Hochdruck-Injektions-Verfahren (HDI) bewährt (vgl. Bild E 167-5). Bei Dauerbauwerken sollten die Schlossschäden aber auch in der nachfolgenden Art zusätzlich gesichert werden.

Einzelne Schlossschäden werden nachträglich örtlich saniert. Es sind konstruktive Lösungen zu erarbeiten, die sich in der Regel nicht nur auf das Abdichten der Schlösser erstrecken sollten, sondern auch die für den Lastabtrag erforderliche Wirkung wieder herstellen. Dies gilt insbesondere für Wellenspundwände.

Die Art der Abdichtung von Schlosssprengungen hängt vor allem von der Größe der Schlossöffnung und vom Spundwandprofil ab. In der Vergangenheit wurden verschiedene Methoden angewendet. Saniert wird im Allgemeinen von der Wasserseite aus. Kleinere Schlossöffnungen können durch Holzkeile geschlossen werden. Größere Schäden können beispielsweise mit einem schnellbindenden Material – wie Blitzzement oder Zweikomponentenmörtel –, das in Säcken eingebracht wird, vorübergehend abgedichtet werden. Für eine Sicherung auf Dauer ist aber das völlige Überbrücken der Öffnung mit Stahlteilen erforderlich. Dies gilt insbesondere bei über die Kaiflucht hinausragenden Teilen einer schadhaften Spundwand. Für eine ausreichende und sichere Befestigung der vorgesetzten Stahlteile an der Spundwand ist dabei zu sorgen.

Außerdem ist der Schadenbereich auszubetonieren, um ein späteres Ausspülen von Boden sicher zu verhindern. Der eingebrachte Beton ist eventuell zu bewehren, um ihn gegen Schiffsstoß unempfindlicher zu machen. Im Sohlbereich wird das Einbringen einer zusätzlichen Schutzschicht, z. B. von Schotter empfohlen, um Auskolkungen zu verhindern.

Die Arbeiten sind weitgehend unter Wasser und daher immer mit Taucherhilfe auszuführen. An die Fachkunde und die Zuverlässigkeit der Taucher sind daher sehr hohe Anforderungen zu stellen.

Die eingebauten Dichtungselemente müssen mindestens 0,5, besser aber 1,0 m unter die Entwurfstiefe (E 36, Abschn. 6.7) vor der Ufereinfassung reichen. In diesem Maß sollen auch zu erwartende Auskolkungen durch Strömungen im Hafenwasser oder infolge Schraubeneinwirkungen berücksichtigt werden.

Anzustreben ist eine möglichst glatte Oberfläche der Spundwand auf der Wasserseite. Aus diesem Grunde sind beispielsweise vorstehende Bolzen nach dem Ausbetonieren der Schadenstelle abzubrennen, wenn sie ihre Aufgabe als Schalungselement erfüllt haben. Die Stahlbleche und die Spundwand sind durch Ankerelemente – sogenannte Steinklauen – mit dem Beton zu verbinden.

Bei Spundwandsanierungen ist der häufig auf der Landseite vorhandene Gurt sowie eine eventuell vorhandene Spundwandentwässerung einschließlich Kiesfilter zu berücksichtigen.

Die in den Bildern E 167-1 bis E 167-5 skizzierten Lösungen für das Sanieren von Unterwasserbereichen stellen ausgeführte Beispiele dar, erheben aber keinen Anspruch auf Vollständigkeit. Schlossschäden an kombinierten Spundwänden werden – soweit noch möglich – durch Hinterrammen von Zwischenbohlen (Bild E 167-4) und sonst von der Wasserseite aus nach Bild E 167-3 saniert.

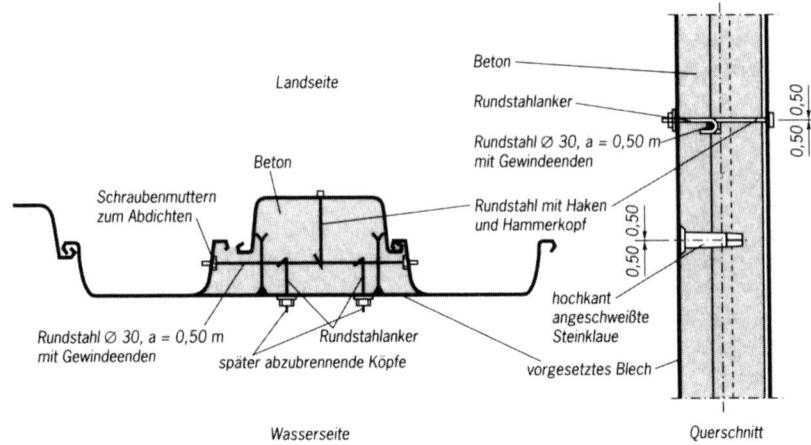

Bild E 167-1. Ausgeführtes Beispiel der Schadenbeseitigung bei einem kleinen Spalt

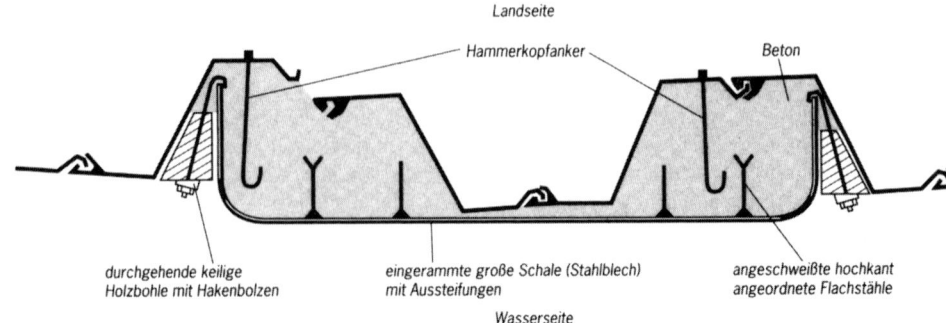

Bild E 167-2. Ausgeführtes Beispiel der Schadenbeseitigung bei einem großen Spalt

358

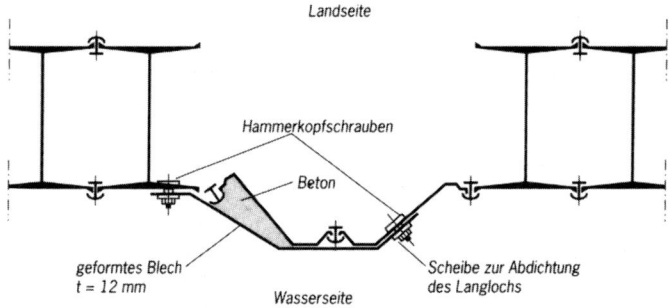

Bild E 167-3. Ausgeführtes Beispiel der Schadenbeseitigung bei einem Spalt in einer kombinierten Spundwand

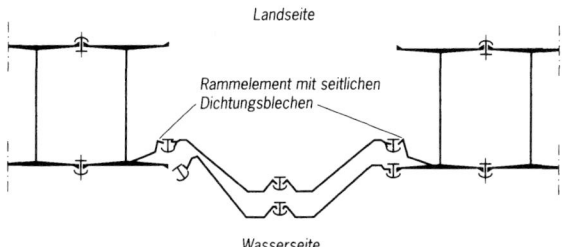

Bild E 167-4. Ausgeführtes Beispiel bei der Schadenbeseitigung durch Hinterrammung mit einem Rammelement bei einem Spalt in einer kombinierten Spundwand

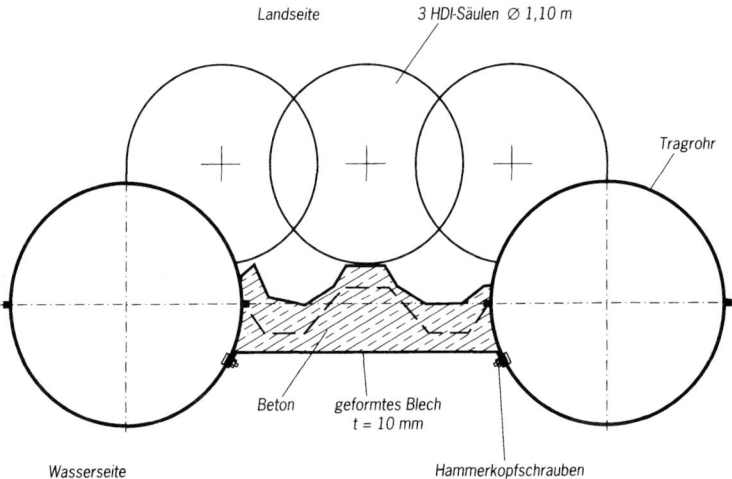

Bild E 167-5. Ausgeführtes Beispiel der Schadenbeseitigung einer Schlosssprengung in einer kombinierten Rohrspundwand

Die Sanierungen nach den Bildern E 167-1 bis E 167-3 setzen voraus, dass eine Behinderung der Sanierungsarbeiten durch ausfließenden Boden nicht vorliegt, weil entweder kein Überdruck hinter der Wand herrscht oder die vorstehend beschriebenen temporären Abdichtungsmaßnahmen ausreichend stabilisierend wirken.

Sind solche temporären Abdichtungsmaßnahmen aus bodenmechanischen, technischen, wirtschaftlichen oder sonstigen Gründen nicht möglich, können, wie in Bild E 167-4 dargestellt, Rammelemente eingebaut werden, die alle erforderlichen Funktionen in sich vereinigen.

Bei Hinterrammung, beispielsweise nach Bild E 167-4 wird das Rammelement beim wasserseitigen Ausbaggern durch den Überdruck hinter der Wand gegen die intakten Teile der Spundwand gedrückt. Das gilt sowohl für kombinierte Wände als auch für Wellenspundwände.

Bei Vorrammung ist durch geeignete Maßnahmen sicherzustellen, dass der Fuß des Rammelements stets gegen die Tragbohle gedrückt wird, er also so nahe an der Tragbohle wie möglich verläuft. Vor dem Ausbaggern ist der Kopf des Rammelements an der Tragbohle zu befestigen, z. B. mit Hammerkopfschrauben. Dem Tragvermögen des Rammelements zwischen diesem oberen festen Auflager und dem unteren nachgiebigeren Erdauflager ist die Höhe des ersten Baggerschnitts anzupassen. Nach dessen Ausführung ist nun im freigelegten Bereich das Rammelement an der Tragbohle zu befestigen usw.

Während der Baggerarbeiten sind ständig Taucheruntersuchungen der sanierten Bereiche erforderlich. Mögliche örtliche Undichtigkeiten können durch entsprechend ausgedehnte Injektionen gedichtet werden.

8.1.17 Ausbildung von Rammgerüsten (E 140)

8.1.17.1 Allgemeines

Sofern Rammarbeiten nicht von vorhandenem oder aufgespültem Gelände aus durchgeführt werden können, kommen folgende Möglichkeiten in Frage:

(1) Rammen von einem Rammgerüst aus und

(2) Rammen von einer Hubinsel aus.

8.1.17.2 Ausbildung des Rammgerüsts

Das Rammgerüst kann sowohl mit Stahl-, Holz- oder Stahlbetonpfählen hergestellt werden. Bei seiner Ausbildung ist – besonders aus wirtschaftlichen Gründen – folgendes zu beachten:

(1) Das Rammgerüst kann schwimmend gerammt werden. Die dabei zu erwartenden Ungenauigkeiten sind in der Konstruktion zu berücksichtigen. Gelegentlich ist eine Vorbaurammung – von einem vorhandenen Planum oder einem Rammgerüst aus – angebracht.

(2) Die Länge des Rammgerüsts ist auf den Rammfortschritt und auf Nachfolgearbeiten, für die das Rammgerüst von Nutzen sein kann, abzustimmen. Es wird mit dem nicht mehr benötigten und wiedergewonnenen Konstruktionsmaterial laufend weiter vorgestreckt. Die nicht mehr benötigten Gerüstpfähle werden gezogen. Falls dies auch bei Einsatz von Spüllanzen und Vibrationsgeräten nicht möglich ist, werden sie unterhalb der vorhandenen und der später geplanten Hafensohle gekappt. Hierbei sind die Baggertoleranzen und eventuell geplante spätere Hafenvertiefungen zu berücksichtigen. Beim Ziehen der Gerüstpfähle sind Rückwirkungen auf das Bauwerk zu beachten.

(3) Für das Rammgerüst sollten statisch einfache Systeme und Konstruktionen gewählt werden, sodass ein mehrfaches Wiederverwenden der Bauteile ohne größeren Abfall möglich ist.

(4) Bei an der Hafensohle anstehendem gleichförmigem Feinsand ist die Kolkgefahr besonders zu beachten. Daher sollten hier die Rammtiefen von vornherein reichlich gewählt werden. Darüber hinaus ist die Sohle im Bereich der Gerüstpfähle während der Bauarbeiten laufend zu beobachten. Dies gilt vor allem bei stärkerer Strömung und eingefülltem Sand, beispielsweise bei Gründungen mit Bodenersatz. Entstehende Kolke sind dann umgehend mit Mischkies zu verfüllen.

(5) Die Pfähle des Rammgerüsts sind – je nach vorhandener Bodenart – in ausreichendem Abstand von den Bauwerkpfählen einzubringen, um zu vermeiden, dass sie beim Rammen der Bauwerkpfähle mitziehen. Bei bindigen Bodenschichten sind die durch das spätere Ziehen der Gerüstpfähle entstehenden Hohlräume im Boden – falls erforderlich – mit geeignetem Material zu verfüllen.

(6) In Landnähe liegende Rammgerüste können aus einer Pfahlreihe und einem an Land liegenden Auflager für die Fahrträger bestehen. Ohne Landverbindung werden die Rammgerüste mit zwei oder mehreren Pfahlreihen abgestützt. Dabei können auch Bauwerkpfähle mitbenutzt werden.

8.1.17.3 Lastansätze

Für die Gründung des Rammgerüstes sind die Eigenlasten sowie die Betriebsbedingungen u. a. entsprechend DIN EN 996, Abschn. 4.1 zu berücksichtigen.

Neben den Lasten aus der Ramme und der Rammbrücke sowie – wenn vorhanden – dem Turmdrehkran sind für das Rammgerüst (Gerüstpfähle und Verbände) die Strömungsdrucklast, Wellenschlag und Eisdrucklast anzusetzen. Sofern das Rammgerüst nicht vor Schiffberührung – z. B. von Pontons oder ähnlichen Geräten, mit denen die Rammelemente herangebracht werden – durch zusätzliche Maßnahmen (Schutzdalben)

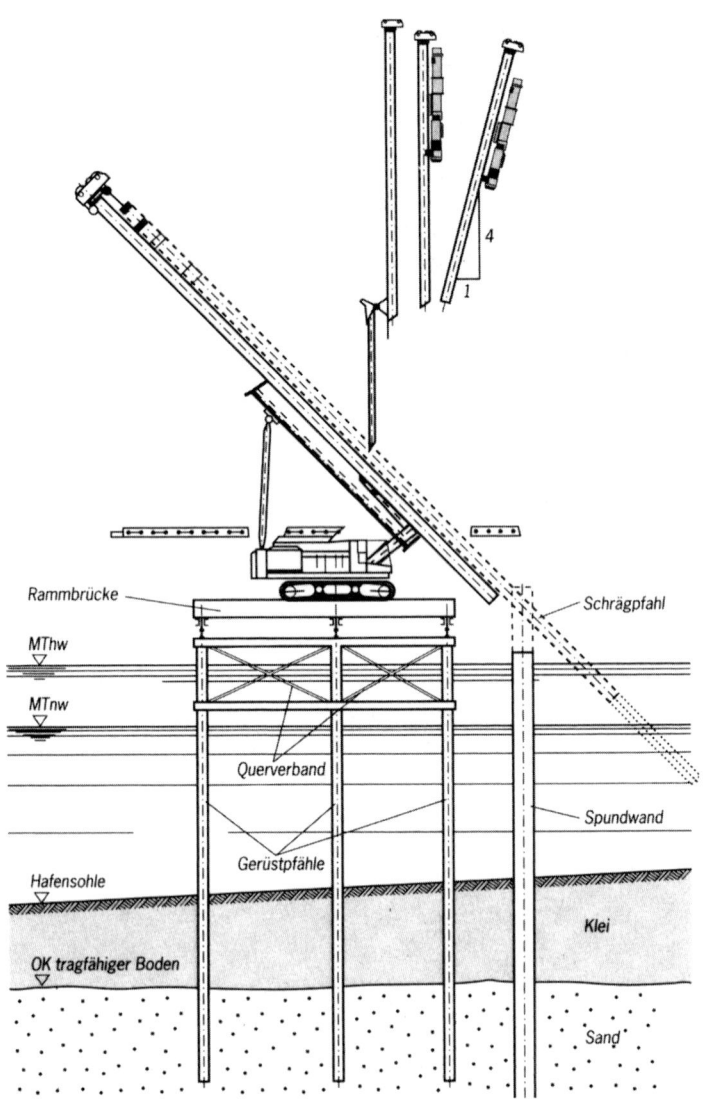

Bild E 140-1. Rammgerüst für Senkrecht- und Schrägrammung

gesichert ist, sind Schiffsstoßlasten und gegebenenfalls auch Pollerzuglasten von jeweils 100 kN in der Bemessung des Rammgerüsts und seiner Pfähle auch in ungünstigst möglicher Lage zu berücksichtigen. Auf DIN EN 996 wird hingewiesen.

8.1.18   **Ausbildung geschweißter Stöße an Stahlspundbohlen und Stahlrammpfählen (E 99)**
Diese Empfehlung gilt für Schweißstöße an Stahlspundbohlen und Stahlrammpfählen jeder Bauart.

8.1.18.1 Allgemeine Angaben
Die Bemessung der Stöße erfolgt nach EN 1993-1-8. Konstruktion und Herstellung müssen mindestens den Anforderungen der DIN EN 12 063 bzw. DIN EN 12 699 entsprechen; für höhere Anforderungen wird auf DIN 18 800, Teil 7 sowie DIN EN 729-3 verwiesen. Bei Schweißarbeiten auf der Baustelle sind Wind- und Wetterschutzmaßnahmen vorzusehen. Die Schweißstellen sind von jeglicher Art Verunreinigung zu säubern, trocken zu halten und gegebenenfalls vorzuwärmen.

8.1.18.2 Werkstoffe

(1) Grundwerkstoffe
Als Werkstoffe können Spundwandstahlsorten nach E 67 und die Stähle nach DIN EN 10 025 verwendet werden, deren Schweißeignung in E 67, Abschn. 8.1.6.4 erläutert ist.
Die eingesetzten Stahlsorten müssen grundsätzlich durch ein Abnahmeprüfzeugnis 3.1 B nach DIN EN 10 204 belegt sein, aus dem sowohl die mechanischen und technologischen Eigenschaften als auch die chemische Zusammensetzung hervorgehen (E 67, Abschn. 8.1.6.1).

(2) Schweißzusatzwerkstoffe
Die Schweißzusatzwerkstoffe sind unter Berücksichtigung der Vorschläge des Lieferwerks der Bohlen und Pfähle vom Schweißfachingenieur der ausführenden und für die Arbeiten zugelassenen Firma zu wählen. Es sind im Allgemeinen basische Elektroden bzw. Zusatzwerkstoffe mit hohem Basizitätsgrad zu verwenden (Fülldraht, Pulver).

8.1.18.3 Einstufung der Schweißstöße

(1) Grundsätzliches
Der Stumpfstoß soll den Stahlquerschnitt der Bohlen und Rammpfähle möglichst vollwertig mit 100 % ersetzen. Der Prozentsatz der Stoßdeckung ist aber abhängig von der Bauart der Elemente, dem Kantenversatz an den Stoßenden und den Gegebenheiten auf der Baustelle (Tabelle E 99-1).
Wird mit dem Stumpfnahtquerschnitt der Stahlquerschnitt der Bohlen bzw. Pfähle nicht erreicht und ist aus statischen Gründen ein vollwertiger Stoß notwendig, sind Laschen oder Zusatzprofile anzuwenden.

(2) Stoßdeckung
Die Stoßdeckung wird in Prozent ausgedrückt und ist das Verhältnis zwischen Stumpfnahtquerschnitt zum Stahlquerschnitt der Bohlen bzw. Pfähle.

363

Tabelle E 99-1. Stoßdeckung in %

Bauart der Spundbohlen bzw. Pfähle	Stoßdeckung in % Zulage	
	in der Werkstatt	unter der Ramme
a) Rohre, endkalibrierte Stoßenden, durchgeschweißte Wurzel	100	100
b) Pfähle aus I-förmigen Profilen, Kastenspundbohlen, Querschnittsschwächung durch das Ausnehmen der Kehlen	80–90	80–90
c) Bohlen		
Einzelbohlen	100	100
Doppelbohlen Schlossbereich nur mit einseitiger Schweißung U-Bohlen Z-Bohlen	90 80	~ 80 ~ 70
d) Kastenpfähle aus Einzelprofilen Einzelprofil stoßen, dann Zusammenbau Kastenpfahl stoßen	100 70–80	50–70

8.1.18.4 Ausbildung der Schweißstöße

(1) Vorbereitung der Stoßenden
Der Zuschnitt des zu verschweißenden Profils ist winkelrecht zur Stabachse in eine Ebene zu legen, eine Versetzung im Stoß ist zu vermeiden. Auf eine Kongruenz der Querschnitte und bei Spundbohlen auch auf gute Gängigkeit der Schlösser ist besonders zu achten. Breiten- und Höhenunterschiede sollen innerhalb ±2 mm liegen, sodass ein max. Schweißkantenversatz von 4 mm nicht überschritten wird.
Bei Hohlpfählen, die aus mehreren Profilen zusammengeschweißt werden, empfiehlt es sich, die benötigte Pfahllänge zunächst in voller Länge herzustellen und mit entsprechender Kennzeichnung dann in Verarbeitungslängen (z. B. für den Transport, für das Rammen usw.) zu trennen. Die für den Stumpfstoß vorgesehenen Enden sind auf rd. 500 mm Länge auf Dopplungen zu prüfen.

(2) Schweißnahtvorbereitung
In der Werkstatt werden Stumpfnähte im Allgemeinen als V- oder als Y-Naht ausgebildet. Die Naht ist an beiden Teilen des Stumpfstoßes entsprechend vorzubereiten.
Muss an gerammten Stahlspundbohlen oder Stahlrammpfählen ein Stumpfstoß ausgeführt werden, ist zunächst ein Trennschnitt unter dem

Kopfende des gerammten Elements gemäß E 91, Abschn. 8.1.19 auszuführen. Das Aufsatzstück wird für eine Stumpfnaht mit oder ohne Kapplage vorbereitet.

(3) Ausführung der Schweißung
Alle zugänglichen Seiten des gestoßenen Profils werden voll angeschlossen. Soweit möglich, werden die Wurzeln ausgeräumt und mit Kapplagen gegengeschweißt.
Wurzellagen, die nicht mehr zugänglich sind, erfordern eine hohe Passgenauigkeit der zu stoßenden Profile und eine sorgfältige Nahtvorbereitung.
Die Schweißnahtfolge ist von verschiedenen Faktoren abhängig. Es ist besonders darauf zu achten, dass Überlagerungen von Beanspruchungen aus dem Schweißvorgang mit denen des Betriebszustands vermieden werden.

8.1.18.5 Besondere Einzelheiten

(1) Stöße sind möglichst in einen niedrig beanspruchten Querschnitt zu legen und um mindestens 1 m zu versetzen.

(2) Beim Stoßen von I-förmigen Profilen sind die Kehlbereiche des Stegs auszunehmen. Die Ausnehmung soll in der Form einem zum Flansch offenen Halbkreis mit einem Durchmesser von 35–40 mm entsprechen und ausreichen, den Flansch mit Kapplage voll durchzuschweißen. Die Wandungen der Ausnehmungen müssen nach Fertigstellen der Schweißung kerbfrei bearbeitet werden. An den Flanschnähten sind im Bereich des Stumpfstoßes grundsätzlich Ein- und Auslaufbleche vorzusehen, wodurch ein sauberer Nahtabschluss am Flansch erreicht wird. Nach dem Abtrennen der Bleche ist der Flanschrand kerbfrei nachzuschleifen.

(3) Sind zur Stoßdeckung aus statischen Gründen Flanschlaschen erforderlich, sollen folgende Regeln eingehalten werden:
   a) Die Laschen sollen um nicht mehr als 20 % dicker sein als die überlaschten Profilteile, höchstens jedoch 25 mm dick.
   b) Die Laschen sollen in ihrer Breite so ausgelegt werden, dass sie auf den Flanschen rundum ohne Endkrater verschweißt werden können.
   c) Die Enden der Laschen sollten vogelzungenförmig auslaufen, wobei das Ende unter einer Neigung von 1 : 3 auf $^1/_3$ der Laschenbreite verjüngt wird.
   d) Vor dem Auflegen der Lasche ist die Stumpfnaht blecheben abzuschleifen.
   e) Zerstörungsfreie Prüfungen müssen vor dem Auflegen der Laschen abgeschlossen sein.

(4) Werden Stumpfstöße im Betrieb entsprechend E 20, Abschn. 8.2.6, nicht vorwiegend ruhend beansprucht, sind Überlaschungen tunlichst zu vermeiden.

(5) Sind Stumpfstöße planmäßig vorgesehen, z. B. aus Gründen des Transports oder der Rammtechnik, sollten nur beruhigte Stähle verwendet werden.

(6) Stumpfstöße unter der Ramme sind aus wirtschaftlichen Gründen und wegen etwaiger Witterungseinflüsse, die sich auf die Schweißung nachteilig auswirken können, soweit wie möglich zu beschränken.

(7) Sind bei Spundwandbauwerken schweißtechnisch bedingte Undichtigkeiten vorhanden, durch die der dahinterliegende Boden ausfließen kann, ist für eine werkstoffgerechte Abdichtung solcher Stellen zu sorgen (E 117, Abschn. 8.1.20).

8.1.19 Abtrennen der Kopfenden gerammter Stahlprofile für tragende Schweißanschlüsse (E 91)
Erhalten gerammte Stahlspundbohlen oder Stahlpfähle an ihrem Kopfende tragende Schweißanschlüsse (z. B. Schweißstöße, tragende Kopfausrüstungen und dergleichen), dürfen diese nicht in Bereichen mit Rammverformungen angebracht werden. In solchen Fällen sind die Kopfenden unterhalb der Verformungsgrenze abzutrennen oder die Schweißnähte außerhalb des Verformungsbereichs anzuordnen.
Durch diese Maßnahme soll verhindert werden, dass sich etwaige Versprödungen auf die tragenden Schweißanschlüsse nachteilig auswirken.

8.1.20 Wasserdichtheit von Stahlspundwänden (E 117)

8.1.20.1 Allgemeines
Wände aus Stahlspundbohlen sind wegen des erforderlichen Spielraums in den Schlossverbindungen nicht absolut wasserdicht, was im Allgemeinen aber auch nicht erforderlich ist. Der Grad der Dichtheit ist bei den werksseitig eingezogenen Schlössern (W-Schlössern) meistens geringer als bei den Baustellen-Fädelschlössern (B-Schlösser), die sich im Einrammbereich zum Teil mit Boden zusetzen. Eine fortschreitende Selbstdichtung (natürliche Dichtung) infolge Korrosion mit Verkrustung sowie bei sinkstoffführendem Wasser durch das Ablagern von Feinteilen kann im Allgemeinen im Laufe der Zeit erwartet werden. Eine Abschätzung der Durchlässigkeiten von Spundwandfugen kann entsprechend Anhang E der DIN EN 12 063 erfolgen. Bei den Lieferfirmen von Stahlspundbohlen können für die verschiedenen künstlichen Dichtungen nach

Abschn. 8.1.20.3 die entsprechenden Sickerwiderstände erfragt werden. Sind sehr strenge Anforderungen an die Dichtigkeit vorgeschrieben, müssen wirklichkeitsnahe Versuche durchgeführt werden. Bei breiter Streuung der Resultate ist dabei ein Sicherheitsfaktor auf den Mittelwert zu berücksichtigen.

8.1.20.2 Unterstützung der natürlichen Dichtung

Der natürliche Dichtungsvorgang kann – wenn nötig – bei einseitigem Wasserüberdruck und frei im Wasser stehenden Wänden, z. B. bei einer Baugrubenumspundung, durch Einschütten von umweltverträglichen Dichtungsstoffen, wie beispielsweise Kesselschlacke usw., unterstützt werden, soweit die Schlossfugen ständig unter Wasser stehen und die Dichtungsstoffe unmittelbar an den Schlossfugen ins Wasser geschüttet werden.

Beim Leerpumpen von Baugruben sind anfangs besonders hohe Pumpleistungen erforderlich, damit eine möglichst hohe Spiegeldifferenz zwischen Außen- und Innenwasser eintritt.

Dabei legen sich die Schlösser gut ineinander. Außerdem wird dadurch ein genügend starker Wasserzufluss nach dem Baugrubeninnern und damit ein wirksames Einspülen der Dichtungsstoffe in die Schlossfugen erreicht. Die Kosten für das Dichten bzw. das Pumpen sind dabei aufeinander optimal abzustimmen. Bei wechselseitigem Wasserüberdruck und bei Bewegungen der Spundwand im freien Wasser durch Wellenschlag oder Dünung usw. führt das Einspülverfahren jedoch zu keinem bleibenden Erfolg.

8.1.20.3 Künstliche Dichtungen

Spundwandschlösser lassen sich sowohl vor als auch nach dem Einbau künstlich dichten.

(1) Dichtungsverfahren vor dem Einbau der Spundbohlen

a) Verfüllen der Schlossfugen mit einer dauerhaften und umweltverträglichen, ausreichend plastischen Masse, und zwar der W-Schlösser im Werk und der B-Schlösser im Werk oder auf der Baustelle.

b) Eine deutliche Verbesserung der Wasserdichtheit wird durch Applizieren der B-Schlösser im Werk mit einer extrudierten Polyurethandichtung erreicht.

Bei diesem Verfahren können auch später nicht mehr zugängliche B-Schlösser gedichtet werden, z. B. unterhalb der Baugruben- oder Gewässersohle. Bezüglich der Lage der gedichteten Fuge wird auf c) verwiesen.

Bei beiden Dichtungsarten ist die erzielbare Dichtheit der Schlösser abhängig vom Wasserüberdruck und vom Einbringverfahren. Rammen beansprucht die Dichtung wenig, da die Bewegung der

Bohle im Schloss nur in einer Richtung stattfindet. Bei Vibration ist die Beanspruchung größer, abhängig von der vorhandenen Einbringgeschwindigkeit. Es ist dabei nicht auszuschließen, dass infolge Reibung und Temperaturentwicklung die Dichtung beschädigt wird.

c) Schlossfugen der W-Schlösser werden dicht geschweißt, und zwar im Werk oder auf der Baustelle. Um beim Einbauvorgang Risse in der Dichtnaht zu vermeiden, sind Zusatznähte erforderlich, z. B. beidseitig am Kopf und am Fuß des Einbauelements sowie Gegennähte im Bereich der Dichtnaht. Die Dichtnaht muss auf der richtigen Seite der Spundwand liegen, z. B. bei Trockendocks und Schleusen auf der Luft-/Wasserseite.

d) Speziell für Abdichtungen an Dammstrecken von Wasserstraßen mit höchsten Anforderungen an die Wasserdichtigkeit kann die aus der Altlastensanierung bekannte Methode: „Spundwand mit kleinen Bohrpfählen" im Bereich der B-Schlösser angewandt werden. W-Schlösser werden vor dem Einbau dicht geschweißt. Die Bohrpfähle mit ca. 0,1 bis 0,3 m Durchmesser werden verrohrt erstellt. Vor dem Erstarren der Bohrmasse erfolgt das Einrammen der Spundbohlen. Der Grenzbereich dieses Verfahrens liegt bei ca. 15 m Abteufung der Bohrungen. Eine Kombination der B-Schlösser mit dem Verfahren nach b) kann zweckmäßig sein.

(2) Dichtungsverfahren nach dem Einbau der Spundwand

a) Verstemmen der Schlossfugen mit Holzkeilen (Quellwirkung), mit Gummi- oder Kunststoffschnüren, rund oder profiliert, mit einer quell- und abbindefähigen Stemmasse, z. B. Fasermaterial mit Zement versetzt.

Die Schnüre werden mit einem stumpfen Meißel eingestemmt. Handliche Lufthämmer haben sich dabei bewährt.

Die Verstemmarbeiten können auch bei wasserführenden Schlössern ausgeführt werden. B-Schlösser lassen sich im Allgemeinen besser dichten als gepresste W-Schlösser.

Vor dem Verstemmen ist die Schlossfuge von anhaftenden Bodenteilen zu säubern.

b) Die Schlossfugen werden dichtgeschweißt. In der Regel sind es nur die B-Schlösser, da die W-Schlösser bereits vor dem Einbau der Bohlen dichtgeschweißt wurden, siehe Abschn. 8.1.20.3 (1) c).

Ein unmittelbares Verschweißen der Fuge ist bei trockenen und entsprechend gesäuberten Fugen möglich. Wasserführende Fugen sollten mit einem Flach- und Profilstahl abgedeckt werden, der mit zwei Kehlnähten an die Spundwand geschweißt wird. Mit diesem Verfahren kann eine völlig wasserdichte Spundwand hergestellt werden.

c) Am fertigen Bauwerk können an den zugänglichen Fugen oberhalb des Wasserspiegels jederzeit Kunststoffdichtungen eingebaut oder PU-Schaum über Schlag- oder Schraubnippel in die Schlosskammer injiziert werden. Dabei ist darauf zu achten, dass die Flanken der Kunststoffdichtung auf trockener Oberfläche aufgebracht werden. Das kann erreicht werden, wenn zuvor eine provisorische Dichtung der Fugen hergestellt wird.

Bei Kastenspundwänden mit Doppelschlössern kann auch durch Auffüllen der geleerten Zellen mit einem geeigneten abdichtenden Material, z. B. mit Unterwasserbeton, eine Abdichtung erreicht werden.

Besonders erwähnt sei, dass in wenig wasserdurchlässigen Schichten nicht gedichtete Schlösser wie senkrechte Dräns wirken. Bei größeren Wasserspiegelunterschieden und vor allem bei möglichen Welleneinwirkungen sind die Schlösser besonders sorgfältig zu dichten, wenn hinter der Spundwand Feinsand oder Grobschluff anstehen, die mangels Bindigkeit durch die Spielräume der Schlösser leicht ausgewaschen werden können.

8.1.20.4 Abdichten von Durchdringungsstellen

Abgesehen von der Dichtheit der Schlösser ist auf ein ausreichendes Abdichten der Durchdringungsstellen von Ankern, Gurtbolzen und dergleichen besonders zu achten.

Blei- oder Gummischeiben sind jeweils zwischen Spundwand und Unterlagsplatten sowie zwischen Unterlagsplatte und Mutter anzuordnen. Um die Dichtungsscheiben nicht zu beschädigen, muss der Anker mittels Spannschloss und der Gurtbolzen mit der Mutter auf der Gurtseite angespannt werden.

Die Löcher in der Spundwand für die Gurtbolzen und gegebenenfalls auch für die Anker sind sauber zu entgraten, damit die Unterlagsplatte satt anliegt.

8.1.21 Ufereinfassungen in Bergsenkungsgebieten (E 121)

8.1.21.1 Allgemeines

Bei der Planung sind die zu erwartenden Bodenbewegungen und ihre Veränderungen im Laufe der Zeit zu berücksichtigen. Hier sind zu unterscheiden:

a) Bewegungen in senkrechter Richtung, Senkungen und
b) Bewegungen in waagerechter Richtung.

Da die Bewegungen in der Regel zeitlich unterschiedlich aufeinanderfolgen, können sich Senkungen, Schiefstellungen, Verdrehungen, Zerrungen oder Pressungen auch in wechselnder Folge ergeben.

Bei örtlichen Senkungen bleibt der Grundwasserspiegel in seiner Höhenlage im Allgemeinen unverändert. Dies gilt auch für den Wasserspiegel in Schifffahrtskanälen.

Vor einer Bauabsicht ist – sofern der geplante oder laufende Abbau bekannt ist – das den Bergbau führende Unternehmen möglichst frühzeitig zu unterrichten. Es ist ihm die Planung vorzulegen und ihm anheim zu stellen, Sicherungsmaßnahmen vorzuschlagen und einbauen zu lassen oder Kosten zur Beseitigung von eventuellen Schäden aus dem Abbau zu übernehmen. Schadensstellen und -umfang sind aber im Allgemeinen nicht eindeutig voraussehbar. Wenn das zuständige Bergbauunternehmen nicht bereit ist, Maßnahmen gegen etwaige Bergschäden von vornherein zu übernehmen oder sie nicht für nötig hält, kann dem Bauherrn nicht empfohlen werden, irgendeinen Mehraufwand für Sicherungen vorweg zu tätigen. Es wäre aber falsch, besonders bergschädenanfällige oder schwer instandsetzbare Ausführungsarten zu wählen, wenn in späterer Zeit Bergbaueinwirkungen zu erwarten sind. Hierzu sei erwähnt, dass massive Ufereinfassungen durch Zerrungen und Pressungen sowie durch Verdrehungen häufig stark beschädigt wurden. Dagegen wurden nennenswerte Schäden an Bauwerken aus wellenförmigen Stahlspundbohlen bisher nicht festgestellt. Solche Bauwerke können daher für Ufereinfassungen in Bergsenkungsgebieten generell empfohlen werden. Hierbei sind für Planung, Entwurf, Berechnung und Bauausführung vor allem die folgenden Hinweise zu berücksichtigen.

8.1.21.2 Hinweise für die Planung

Die Größe der zu erwartenden Bodenbewegungen ist vom zuständigen Bergbauunternehmen zu erfragen. Hieraus folgt die Festlegung der Höhenkoten und der Lastannahmen.

Die Bewegungen in senkrechter Richtung können es notwendig machen, die Oberkante der Ufereinfassung um das voraussichtliche Senkungsmaß höher anzuordnen. Dies ist im Allgemeinen wirtschaftlicher, als die Wand nach der Senkung aufzuhöhen. Wenn über die Länge der Uferwand unterschiedliche Bergsenkungen zu erwarten sind – worüber die Markscheider recht zuverlässige Voraussagen geben können – ist bei nicht vorgesehenem späterem Aufhöhen die Oberkante der Uferwand unterschiedlich hoch – entsprechend dem voraussichtlichen örtlichen Senkungsmaß – also mit Gefälle auszuführen. Dabei ergibt sich im Endzustand eine weitgehend waagerechte Oberkante. Häufig ist es aber zweckmäßiger, die Ufereinfassung erst in späteren Jahren aufzuständern. Hier sollten jedoch schon beim Entwurf die damit verbundenen Lasterhöhungen für Spundwand und Verankerung berücksichtigt werden, um nachträgliche, meist sehr aufwendige Verstärkungen zu vermeiden. Auch der Ansatz des Wasserüberdruckes ist für alle Stadien der Aufständerung genau zu erfassen und zu berücksichtigen.

Zerrungen und Pressungen in Richtung der Ufereinfassung wirken sich bei wellenförmigen Spundwänden im Allgemeinen nicht schädlich aus, da der Ziehharmonika-Effekt ein Anpassen des Bauwerkes an die Bodenbewegungen ermöglicht. Pressungen quer zur Ufereinfassung bewirken eine vernachlässigbar geringe Verschiebung der Wand zur Wasserseite. Zerrungen quer zur Ufereinfassung führen nur dann zu größeren Überbeanspruchungen der Anker, wenn sich durch überlange Anker eine unnötig große Standsicherheit in der tiefen Gleitfuge ergibt. Dies kann auch bei überlangen, sehr festsitzenden Ankerpfählen der Fall sein. Die Hafensohle vor der Uferwand soll nicht tiefer als vorübergehend unbedingt nötig ausgebaggert werden, damit die freie Höhe der Uferwand jeweils so klein wie möglich bleibt.

8.1.21.3 Hinweise für Entwurf, Berechnung und Bauausführung

Die Uferspundwand erfordert über die Berücksichtigung der Zwischenzustände und des Endzustands hinaus im Allgemeinen keine Überbemessung, es sei denn, eine solche würde vom Bergbauunternehmen gefordert und bezahlt. Letzteres gilt auch für den Stahlbetonholm und seine Bewehrung, sofern er nach der Bergsenkung noch über Wasser bleibt. Etwaige Schadensstellen können dann leichter abgebrochen und ausgebessert werden.

Um eine möglichst geringe Empfindlichkeit der Konstruktion gegen Bergbaueinwirkungen zu erhalten, soll der Überankerteil der Spundwand klein und damit Verankerung und Gurt möglichst knapp unter der Oberkante der Spundwand angeordnet werden, weshalb – vor allem bei zu erwartenden Zerrungen – von einer Abminderung der Spundwandmomente infolge Erddruckumlagerung abgesehen werden sollte.

Für die Uferspundwand können die Stahlsorten nach E 67, Abschn. 8.1.6 gewählt werden, für Gurt und Holm die Stahlsorten S 235 J2G3, S 235 J2G4 und S 355 J2G3 nach DIN EN 10 025. Letzteres gilt auch für die Verankerung. Wird sie als Rundstahlverankerung ausgeführt, sind Ankeraufstauchungen im Gewindebereich zulässig, wenn die Forderungen gemäß E 20, Abschn. 8.2.6.3 erfüllt werden. Aufgestauchte Rundstahlanker bieten die Vorteile, dass sie über einen größeren Dehnweg und eine größere Biegeweichheit verfügen als Rundstahlanker ohne Aufstauchung im Gewindebereich und sind außerdem leichter im Einbau und billiger.

Beim Liefern der Spundbohlen ist auf das Einhalten der Schlosstoleranzen nach E 67, Abschn. 8.1.6 besonders zu achten.

Die Bewegungsmöglichkeiten der Spundwand werden in waagerechter Richtung nicht beeinträchtigt, wenn die Schlossfugen beispielsweise aus Gründen der Wasserdichtheit verschweißt werden. Das Schlossverschweißen behindert jedoch die lotrechte Bewegungsmöglichkeit der

Spundwand. Diese kann aber noch ausreichend erhalten bleiben, wenn nicht alle Schlossfugen der Baustellenfädelschlösser verschweißt werden. Um auch in diesen Fugen die Wasserdichtheit sicherzustellen, erhalten sie vor dem werksseitigen Zusammenziehen eine elastische, profilierte Dichtungsmasse eingelegt, die lotrechte Bewegungen nicht behindert.

Zugängliche Schlossfugen können auch auf der Baustelle abgedichtet werden, indem beispielsweise vor der Fuge eine elastische Dichtungsmasse eingebaut wird, die durch eine Blechkonstruktion, die senkrechte Bewegungen nicht behindert, gestützt wird. Bei den übrigen Bauteilen sind Schweißkonstruktionen möglichst zu vermeiden, wenn sie die Bewegungsmöglichkeiten der Spundwand beeinträchtigen.

Obige Überlegungen gelten sinngemäß auch für das Zusammenspiel von Bauteilen aus Stahlbeton mit der Spundwand. Insbesondere darf durch massive Bauteile die Verformungsmöglichkeit der Spundwand nicht eingeschränkt werden. Uferwand und Kranbahn sind getrennt voneinander auszubilden und zu gründen, damit unabhängige Setzungs- und Regulierungsmöglichkeiten gegeben sind. Gleiches gilt für einen Stahlbetonholm, dessen Bewegungsfugen je nach Größe der zu erwartenden unterschiedlichen Senkungen in etwa 8 bis 12 m Abstand angeordnet werden. Wird die Kranbahn nicht mit Schwellenrost gemäß E 120, Abschn. 6.16.2.1 (2) gegründet, sondern aus Stahlbeton hergestellt, sind die Stahlbetonbalken zur Spurhaltung durch kräftige Zerrbalken miteinander zu verbinden.

Auf Schleifleitungskanäle wird zweckmäßig verzichtet und besser mit Schleppkabeln gearbeitet.

Gurte aus 2 U-Stählen sind anderen Ausführungen vorzuziehen, da die Gurtbolzen bei dieser Ausbildung Verformungen leichter mitmachen können. Sie sind reichlich zu bemessen und derart herzustellen, dass später keine Gurtverstärkungen erforderlich werden.

Für die Beweglichkeit in Längsrichtung der Wand sollen in den Stößen der Gurte und Stahlholme Langlöcher angeordnet werden. Ersatzweise sind vergrößerte Löcher auszuführen und diese sorgfältig mittels Zirkelbrenner herzustellen. Sie sind, soweit erforderlich, nachzuarbeiten, um Kerben, die Anrisse im Stahl auslösen können, zu vermeiden bzw. zu beseitigen.

Muss eine Wand nachträglich aufgeständert werden, sollte dies bereits beim Entwurf der Holmkonstruktion berücksichtigt werden (einfache Demontage).

Ankeranschlüsse in einem Holmgurt sind zu vermeiden.

Zu empfehlen sind waagerechte oder flachgeneigte Verankerungen, damit unterschiedliche Setzungen von Verankerungen und Wand im Zuge der Bergsenkungen möglichst geringe Zusatzspannungen auslösen. Die Ankeranschlüsse sind einwandfrei gelenkig auszubilden. Die Endgelenke sind möglichst im wasserseitigen Tal des Spundwandprofils anzuordnen, damit sie zugänglich sind und leicht beobachtet werden können.

8.1.21.4 Bauwerksbeobachtungen

Uferbauwerke in Bergsenkungsgebieten bedürfen regelmäßiger Beobachtungen und Kontrollmessungen. Wenn auch der Bergbau für etwaige Schäden aufzukommen hat, bleibt doch der Eigentümer der Anlage für deren Sicherheit verantwortlich.

8.1.22 Einrütteln wellenförmiger Stahlspundbohlen (E 202)

8.1.22.1 Allgemeines

Zum Einrütteln werden Vibrationsbäre eingesetzt. Diese erzeugen durch gegenläufig synchron rotierende Unwuchten vertikal gerichtete Schwingungen. Der Vibrator ist durch Klemmzangen fest mit dem Rammgut zu verbinden, wodurch der Boden zum Mitschwingen angeregt wird. Dabei können im Boden die Einbringwiderstände wie Mantelreibung und Spitzenwiderstand erheblich reduziert werden.

Eine gute Kenntnis über das Zusammenwirken von Vibrationsbär, Rammgut und Boden ist für die Planung des Einsatzes eine wichtige Voraussetzung.

In E 118, Abschn. 8.1.11.3 und E 154, Abschn. 1.8.3.2 wird auf Boden- und Rammguteinflüsse hingewiesen.

Die Auswirkung von Vibration beim Einbringen von Gründungselementen ist nicht gleichzusetzen mit der Einbringung durch schlagendes Rammen bezüglich Tragfähigkeit, Setzungsverhalten und Bodeneigenschaften. Insbesondere bei kombinierter Druck- und Zugbeanspruchung sind Probebelastungen zu empfehlen.

8.1.22.2 Begriffe, Kenndaten für Vibrationsbäre

Wesentliche Begriffe und Kenndaten sind:

(1) Antriebsart
- elektrisch,
- hydraulisch,
- elektrohydraulisch.

(2) Antriebsleistung P [kW]
Sie bestimmt letztlich die Leistungsfähigkeit der Bäre. Es sollten mindestens 2 kW pro 10 kN Fliehkraft zur Verfügung stehen.

(3) Wirksames Moment M [kg m]
Dieses ist das Produkt aus der Gesamtmasse m der Unwuchten, multipliziert mit dem Abstand r des Schwerpunktes der einzelnen Unwucht von ihrer Drehachse.

$M = m \cdot r$ [kg · m]

Für die Schwingweite bzw. Amplitude ist das wirksame Moment mitbestimmend.

(4) Drehzahl n [U min⁻¹]

Die Drehzahl der Unwuchtwellen beeinflusst die Fliehkraft quadratisch. Elektrische Vibratoren arbeiten mit konstanter, hydraulische mit stufenlos einstellbarer Drehzahl.

(5) Fliehkraft (Erregerkraft) F [kN]

Sie ist das Produkt aus dem wirksamen Moment und dem Quadrat der Winkelgeschwindigkeit.

$$F = M \cdot 10^{-3} \cdot \omega^2 \text{ [kN]} \quad \text{mit} \quad \omega = \frac{2 \cdot \pi \cdot n}{60} \text{ [s}^{-1}\text{]}$$

Für die Praxis ist die Fliehkraft eine Vergleichsgröße unterschiedlicher Geräte. Hierbei ist jedoch auch zu berücksichtigen, bei welcher Drehzahl und welchem wirksamen Moment die optimale Fliehkraft erreicht wird.

Die moderne Generation der Vibratoren bietet die Möglichkeit der stufenlos regelbaren Drehzahl und des verstellbaren statischen Momentes während des Betriebs. Diese Geräte haben den Vorteil, dass sie mit einer Schwingungsamplitude von Null resonanzfrei angefahren werden können. Erst nach Erreichen der vorgewählten Drehzahl werden die Unwuchten ausgefahren und eingeregelt. Damit werden die unerwünschten An- und Auslaufspitzen vermieden.

(6) Schwingweite S, Amplitude $\bar{x}$ [m]

Die Schwingweite S ist die gesamte vertikale Verschiebung der vibrierenden Einheit im Verlauf einer Umdrehung der Unwuchten. Die Amplitude $\bar{x}$ ist die halbe Schwingweite.

In den Gerätelisten der Hersteller ist die angegebene Amplitude – irrtümlich wird häufig der Wert von S für $\bar{x}$ angegeben – der Quotient aus wirksamem Moment (kg m) und der Masse (kg) des schwingenden Vibrators.

$$\bar{x} = \frac{M}{m_{\text{Bärdyn}}} \text{ [m]}$$

Die für die Praxis erforderliche „Arbeits-Amplitude" $\bar{x}_{A}$ ist dagegen eine unbekannte Größe. Hierbei ist der Divisor die gesamte mitschwingende Masse.

$$\bar{x}_{A} = \frac{M}{m_{\text{dyn}}} \text{ [m]}$$

Dabei ist $m_{dyn} = m_{Bärdyn} + m_{Rammgut} + m_{Boden}$. Bei Prognosen sollte m_{Boden} mit $\geq 0{,}7$ $(m_{Bär\,dyn} + m_{Rammgut})$ angesetzt werden.

Eine rechnerische „Arbeits-Amplitude" von $\bar{x}_A \geq 0{,}003$ m ist anzustreben.

(7) Beschleunigung a [m/s²]

Die Beschleunigung des Rammguts wirkt auf das Korngerüst des umgebenden Bodens. Die Korngerüst-Lagerung soll beim Einrütteln ständig bewegt werden, um im Idealfall dem sogenannten „pseudoflüssigen" Zustand nahezukommen.

Das Produkt aus der „Arbeits-Amplitude" und dem Quadrat der Winkelgeschwindigkeit ergibt die Beschleunigung „a" des Rammguts.

$$a = \bar{x} \cdot \omega^2 \text{ [m/s}^2\text{]} \quad \text{mit} \quad \omega = \frac{2 \cdot \pi \cdot n}{60} \text{ [s}^{-1}\text{]}$$

Erfahrungsgemäß sollte $a \geq 100$ m/s^2 sein.

8.1.22.3 Verbindung zwischen Gerät und Rammelement

Mit den Klemmbacken muss eine weitgehend starre Verbindung zwischen Bär und Rammgut erreicht werden. Es wird meist mit hydraulischen Klemmbacken angeklemmt. Da bei der Vibration wie beim Rammen der Bär in der Schwerlinie des Rammguts angeordnet werden soll, ist bei Doppelbohlen eine Doppelklemmzange sinnvoll. Zur optimalen Einleitung der Energie in das Rammgut sollten folgende Aspekte berücksichtigt werden:

- Profil,
- Klemmverfahren,
- Eindringwiderstände, insbesondere die Schlossreibung.

Entsprechend sind Anzahl und Position der Klemmbacken sowie die Klemmkraft zu wählen.

8.1.22.4 Kriterien für die Wahl des Vibrationsgeräts

Für idealisierte (einheitliche, umlagerungsfähige und wassergesättigte) Böden sollte ein Bär mindestens für je m Rammtiefe mit 15 kN und je 100 kg Rammgutmasse mit 30 kN Fliehkraft ausgewählt werden.

$$F = 15 \cdot \frac{t + 2 \cdot m_{Rammgut}}{100} \text{ [kN]}$$

Darin bedeutet:

t = Rammtiefe [m]
$m_{Rammgut}$ = Rammgutmasse [kg]

Alternativ kann zur Abschätzung des Eindringverhaltens auf die Angaben der Gerätehersteller bzw. auf rechnergestützte Prognosemodelle zurückgegriffen werden (siehe [251–253]). Bei größeren Bauvorhaben ist ein Kalibrierversuch zu empfehlen.

8.1.22.5 Allgemeine Erfahrungen

(1) Die Wirkung und Auswirkungen der Vibration können kaum vorbestimmt werden.
Wenn die Vibration wirksam ist und Eindringgeschwindigkeiten von ≥ 1 m/min eintreten, sind schädliche Einflüsse unwahrscheinlich. Bei Eindringgeschwindigkeiten von ≤ 0,5 m/min sollten begleitende Messungen durchgeführt werden. Kurzzeitige verringerte Eindringgeschwindigkeiten (z. B. durch verfestigte Schichten) können auftreten.
Liegen Bauwerke im Einflussbereich der Vibration, so sollte vorher eine Prognose erstellt werden, um ein Gerät und Verfahren zu bestimmen das gewährleistet, dass die Schwingungen die Anhaltswerte der DIN 4150 Teil 2 und Teil 3 nicht überschreiten. Damit sind jedoch Schäden bedingt durch Setzungen nicht ausgeschlossen.

(2) In wenig umlagerungsfähigen oder in trockenen Böden kann mit Spülhilfe (E 203, Abschn. 8.1.23) gearbeitet werden.
Lockerungsbohrungen im geringen Vorlaufabstand oder Bodenaustausch sind ebenso als Hilfsmittel zu erwägen.

(3) Der in E 154, Abschn. 1.8.3.2, angeführte Verdichtungseffekt kann eher bei hohen Drehzahlen eintreten. In diesen Fällen kann es zweckmäßig sein, die Arbeiten mit einem gleichwertigen, jedoch mit geringerer Drehzahl laufenden Vibrator weiterzuführen. Die Ermittlung von a nach Abschn. 8.1.22.2 (7) ist hierfür eine Orientierungshilfe.

(4) Bezüglich der erzielbaren Dichtheit künstlich vorgedichteter Schlösser wird besonders auf E 117, Abschn. 8.1.20.3 (1) b) hingewiesen.

(5) Für die Ausführung gilt sinngemäß die E 118, Abschn. 8.1.11. Vibrationsprotokolle sollten mindestens die Zeit von je 0,5 m Eindringung beinhalten. Alternativ kann das Protokoll auch durch elektronische Datenerfassung erstellt werden.

(6) Das Einrütteln ist im Allgemeinen eine lärmarme Einbringmethode. Höhere Lärmpegel können bei mangelhafter Vibrationswirkung infolge Mitschwingens der Wand und Rammzange durch Gegeneinanderschlagen entstehen. Intensiv kann das Mitschwingen bei hochstehenden Wänden, staffelweiser oder fachweiser Einbringung auftreten. Der Einsatz einer Einbringhilfe nach Abschn. 8.1.22.5 (2) oder gepolsterter Rammzangen kann Abhilfe schaffen.

(7) Auch bei Einsatz moderner Hochfrequenzvibratoren mit variablen Unwuchten ist im Nahbereich von Bauwerken die Gefahr von Setzungen zu beachten.

(8) Zu beachten ist, dass geringe Eindringgeschwindigkeiten zum Erhitzen und somit auch zum Verschweißen der Schlösser führen können. Bei einer kurzzeitig verringerten Eindringgeschwindigkeit kann eine Wasserkühlung der Bohle insbesondere im Schlossbereich eine Überhitzung vermeiden.

8.1.23 Spülhilfe beim Einbringen von Stahlspundbohlen (E 203)

8.1.23.1 Allgemeines
In den Empfehlungen E 104, Abschn. 8.1.12.5, E 118, Abschn. 8.1.11.4, E 149, Abschn. 8.1.14.4, E 154, Abschn. 1.9.3.4 und E 202, Abschn. 8.1.22 wird auf die Einbringhilfe „Spülen mit Wasser" hingewiesen. Zusammenfassend kann die Spülhilfe bei den Einbringverfahren Rammen, Vibrieren und Pressen eingesetzt werden, um:

a) das Einbringen generell zu ermöglichen,
b) eine Überlastung der Geräte und Überbeanspruchungen der Rammelemente zu vermeiden,
c) die erforderliche Einbindetiefe zu erreichen,
d) Bodenerschütterungen zu reduzieren und
e) die Kosten durch Verkürzung der Einbringzeiten und -energien zu senken und/oder den Einsatz leichterer Geräte zu ermöglichen.

Je nach Bodenstruktur und Festigkeit wird mit verschiedenen Wasserdrücken gespült.

8.1.23.2 Niederdruckspülverfahren
Über Spülrohre wird ein Wasserstrahl an den Fuß des Rammelements geleitet. Durch das eingepresste Wasser wird der Untergrund gelockert und das gelöste Material im Spülstrom abtransportiert. Im Wesentlichen wird hierbei der Spitzenwiderstand reduziert. Je nach Bodenstruktur werden durch abströmendes, aufsteigendes Wasser auch die Mantel- und die Schlossreibung vermindert. Die Grenzen des Verfahrens sind durch die Festigkeit des Untergrunds, die Anzahl der Spüllanzen und die Größe des Wasserdrucks sowie die zulaufende Wassermenge gegeben. Um die erforderlichen Parameter festzustellen, wird empfohlen, vor Anwendung des Verfahrens Proberammungen durchzuführen.

(1) Kenndaten
• Spüllanzen $\varnothing$ 45 bis 60 mm,
• Spüldruck an der Pumpe 5 bis 20 bar,

- Erforderliche Düsenwirkungen können durch Verengung der Lanzenspitzen oder spezielle Spülköpfe erreicht werden,
- Wasserbedarf bis ca. 1000 l/min, geliefert durch Kreiselpumpen.

Das Niederdruckspülverfahren wird eingesetzt bei rolligen, dichtgelagerten Böden, besonders trockenen Gleichkornböden oder in Sandböden, die mit Kies vermischt sind.
Je nach Schwere der Einbringung werden die Spüllanzen neben dem Rammgut eingespült oder direkt am Rammgut befestigt.
Durch das Einbringen relativ großer Wassermengen können Minderungen der Bodenkennwerte sowie Setzungen eintreten.

(2) Neuere Erfahrungen
Ein besonderes Niederdruckspülverfahren (15 bis 40 bar), das den Spülvorgang mit dem Einvibrieren des Rammguts verbindet, wird seit einiger Zeit mit Erfolg angewendet. Es ermöglicht das Einbringen von Spundbohlen in sehr kompakte Böden, die ohne diese Rammhilfe nur sehr schwer rammbar wären.
Wegen seiner Umweltverträglichkeit wird das Niederdruckspülverfahren auch in Wohngebieten und Innenstädten angewendet.
Der Erfolg hängt ab von der richtigen Abstimmung der Spülung und der Wahl des Vibrators für den anstehenden Boden.
Der Vibrator sollte entsprechend E 202, Abschn. 8.1.22 gewählt und mit verstellbarem wirksamem Moment sowie stufenloser Drehzahlregelung ausgestattet sein.
Üblicherweise werden zwei bis vier Lanzen $\varnothing$ 1/2'' bis 1'' am Rammgut (Doppelbohle) befestigt. Die Lanzenspitze endet plangleich mit dem Bohlenfuß. Optimal ist der Einsatz je einer Pumpe pro Lanze. Das Spülen beginnt gleichzeitig mit dem Abvibrieren, um eine Verstopfung der Lanzenöffnung durch eindringendes Bodenmaterial zu vermeiden.
Werden Eindringgeschwindigkeiten von $\geq$ 1 m/Minute erreicht, kann die Spülung bis zum Erreichen der statisch erforderlichen Einbindetiefe beibehalten werden. Im Allgemeinen gelten dann auch die vorher ermittelten Bodenkennwerte für die Spundwandberechnung. Die Neigungswinkel sollten allerdings auf $\delta_a = + \frac{1}{2}\,\varphi$ bzw. $\delta_p = -\frac{1}{2}\,\varphi$ begrenzt werden Das Übertragen hoher vertikaler Kräfte erfordert Probebelastungen.

8.1.23.3 Hochdruck-Vorschneid-Technik (HVT)
Kenndaten:
- Spüllanzen (Präzisionsrohre), z. B. $\varnothing$ 30 × 5 mm
- Spüldruck 250 bis 500 bar (an der Pumpe)
- Spezialdüsen im eingeschraubten Düsenhalter (im Allgemeinen Rundstrahldüsen $\varnothing$ 1,5 bis 3 mm; fallweise können auch Flachstrahldüsen zweckmäßig sein)
- Wasserbedarf 30 bis 60 l/min je Düse, durch Kolbenpumpen geliefert.

Die Hochdruck-Vorschneid-Technik (HVT) kann das Einbringen der Spundbohlen in wechselhaft feste Böden ermöglichen. Wegen der relativ geringen Wassermenge ist sie auch eine zweckmäßige Rammhilfe bei ungünstigen Verhältnissen. In festgelagerten, hochvorbelasteten bindigen Böden ist sie besonders geeignet, z. B. bei Schluff- und Tongesteinen sowie mürben Sandsteinen.

Eine wirtschaftliche Anwendung wird nur erreicht, wenn der Bauablauf auf das Wiedergewinnen der Spüllanzen abgestellt wird. Hierbei werden die Lanzen in auf der Bohle aufgeschweißten Rohrschellen geführt, und die Lanzenspülköpfe an der Spundbohle so befestigt, dass die Düse ca. 5 bis 10 mm über der Bohlenunterkante liegt.

Die HVT ist auf die örtlichen Gegebenheiten besonders gut abzustimmen. Während der laufenden Baumaßnahmen sind intensive Beobachtungen erforderlich, um Feinabstimmungen durchzuführen. Es kann z. B. erforderlich werden, die Düsen wegen ungewöhnlicher Abnutzung häufig auszuwechseln und wegen Veränderungen im Boden die Lanzenzahl, die Lanzenanordnung oder die Düsendurchmesser neu auf die Verhältnisse abzustimmen. Zur Begrenzung des Neigungswinkels des Erddrucks und des Erdwiderstands beim Einbringen mit Spülhilfe siehe Abschn. 8.1.23.2.

8.1.24 Einpressen wellenförmiger Stahlspundbohlen (E 212)

8.1.24.1 Allgemeines

Die heute vermehrt aufgestellte Forderung nach geringer Lärmemission und Erschütterungsfreiheit während des Einbringens von Stahlspundbohlen kann durch das statische Einpressen der Bohlen erfüllt werden. Diese Methode ist bei sensiblen Umweltbedingungen und setzungsempfindlichen Nachbarbauwerken oft die einzige Möglichkeit die wirtschaftliche Spundwandbauweise anzuwenden.

Zurzeit sind die reinen Einbringkosten häufig noch höher als bei der Rammung oder Vibration, werden jedoch vermehrt durch den Entfall evtl. notwendiger Zusatzmaßnahmen gemäß E 149, Abschn. 8.1.14 in der Gesamtbetrachtung relativiert.

8.1.24.2 Pressgeräte

Man unterscheidet zwischen freireitenden, mäklergeführten und selbstschreitenden Pressen.

Freireitende Pressgeräte benötigen zum Einpressen der Spundbohlen ein Führungsgerüst mit zwei Ebenen, mäklergeführte Maschinen sollten einen Führungsrahmen als untere Führung verwenden.

Beide Geräte weisen mehrere Pressstempel in Richtung der Wandachse nebeneinander angeordnet auf und pressen die Spundbohlen staffelweise ein.

Aufgrund des geringen Platzbedarfs werden häufig selbstschreitende Pressen eingesetzt, die die Spundbohlen fortlaufend einbringen. Sie arbeiten direkt über der Geländeoberkante auf den bereits eingebrachten Bohlen sitzend ohne weitere Führungseinrichtungen oder Trägergerät. Hierbei wird die einzupressende Spundbohle durch die im Presskopf befindlichen Presszylinder sowohl ausgerichtet als auch abgeteuft. Bei selbstschreitenden Pressen werden die Reaktionskräfte über die abgeteuften Nachbarbohlen aktiviert. Bei den mäklergeführten Pressen liefert das Baggergerät und, wie bei freireitenden Pressen, die abzuteufenden Bohlen die Reaktionskraft.

An einigen Gerätetypen können Einbringhilfen, z. B. Spülhilfen (E 203, Abschn. 8.1.23.2) oder Bohreinrichtungen befestigt und betrieben werden.

8.1.24.3 Presselemente

Die meisten der heute auf dem Markt vorhandenen Maschinen können aufgrund der Pressstempelanordnung nur einzelne Spundbohlen der U- oder Z-Form einpressen. Freireitende und mäklergeführte Pressgeräte können daneben lose eingezogene Doppel-, Drei- oder Vierfachspundbohlen verwenden, die als Einzelbohle abgeteuft werden, während bei selbstschreitenden Pressen nur Einzelbohlen eingesetzt und eingepresst werden.

Um die Schlossreibungswiderstände in rolligen Böden zu minimieren sollten die Schlosskammern der Spundbohlen möglichst mit einem Verdrängungsmaterial, wie Heißbitumen oder ähnlich, in den freien Rammschlössern verfüllt sein.

Bei der Wahl der Spundbohlen sollte neben den statischen Erfordernissen ebenfalls die Beanspruchung beim Einpressen berücksichtigt werden.

8.1.24.4 Einpressen von Spundbohlen

Die Empfindlichkeit des Verfahrens hinsichtlich auftretender Reibungswiderstände und Beanspruchungen der Bohlen erfordert besondere Aufmerksamkeit während des Pressvorganges.

Die verfügbaren maximalen Presskräfte sind etwa 1500 kN groß. Da bei selbstschreitenden Pressen die Reaktionskräfte über die Nachbarbohlen aktiviert werden, sollte der Dauerpressdruck den Wert von ca. 800 kN nicht überschreiten, um die Bewegungen in der bereits eingebrachten Wand gering zu halten.

Durch den Einsatz von Einbringhilfen wie Niederdruckspülungen (siehe E 203) oder Lockerungsbohrungen wird das Einpressen von Spundbohlen sogar in schwierigen Böden möglich. Zur Begrenzung des Neigungswinkels des Erddrucks und des Erdwiderstands beim Einbringen mit Spülhilfe siehe Abschn. 8.1.23.2. Die Beseitigung bzw. Zerkleinerung von Hindernissen im Boden ist stets erforderlich.

8.2 Berechnung und Bemessung der Spundwand

8.2.0 Allgemeines

Die charakteristischen Einwirkungen und Widerstände zur Berechnung der Spundwandbeanspruchungen werden als Grenzzustand 1B gemäß DIN 1054 angesetzt. Die Einwirkungen aus Wasserdruck sind nach E 19, Abschn. 4.2, E 113, Abschn. 4.7 und E 114, Abschn. 2.9 zu ermitteln. Für die Anwendung von modifizierten Teilsicherheitsbeiwerten werden in E 214, Abschn. 8.2.0.1 Hinweise gegeben.

Für den Nachweis der Tragfähigkeit ist der Grenzzustand GZ 1B zu untersuchen, dabei sind die Nachweise gegen folgende Versagensarten des Stützbauwerkes zu führen:

- Bruch des Bodens im Erdwiderstandsbereich infolge der Horizontalkraftbeanspruchung aus dem Bodenauflager $B_{h,d}$.
  (Nachweisformat $B_{h,d} \leq E_{ph,d}$ siehe DIN 1054, Abschn. 10.6.3)

- Axiales Versinken der Spundwand im Baugrund infolge der Vertikalkraftbeanspruchung V_d.
  (Nachweisformat $V_d \leq R_{1,d}$ siehe E 4, Abschn. 8.2.4.6)

Der Nachweis der Standsicherheit für die tiefe Gleitfuge erfolgt ebenfalls im GZ 1B, der Nachweis der Sicherheit gegen Geländebruch hingegen im GZ 1C.

Ändert sich das statische System im Verlauf des Baufortschritts oder durch nachträglich durchgeführte Maßnahmen, so sind alle erforderlichen Spundwandnachweise neu zu führen. Wird während eines Bauzustandes z. B. eine Betonsohle vor der Spundwand eingebracht, die anschließend als Stützung wirksam ist, stellt dieses Auflager für nachfolgende Lastfälle eine grundlegende Änderung des statischen Systems und der Art und Wirkungsrichtung des Bodenauflagers dar.

Der Tragfähigkeitsnachweis für die Elemente von Spundwandbauwerken aus Stahl ist nach E 20, Abschn. 8.2.6 zu führen.

Die Tragfähigkeitsnachweise für Spundwände aus Stahlbeton oder Holz sind nach DIN 1045-1 bzw. DIN EN 1995-1 zu führen.

Die Gebrauchstauglichkeit im Grenzzustand GZ 2 umfasst Zustände, die das Bauwerk unbrauchbar werden lassen, ohne dass dabei die Tragfähigkeit verloren geht. Bei Uferbauwerken muss dieser Nachweis dahingehend geführt werden, dass die Wandverformung – ggf. unter Berücksichtigung der Ankerdehnung und der daraus resultierenden Setzungen hinter der Wand – für das Bauwerk und die Umgebung unschädlich ist.

8.2.0.1 Teilsicherheitsbeiwerte für Beanspruchungen und Widerstände (E 214)

Bei der Berechnung von Spundwandbauwerken sowie den Ankerwänden und -platten von Rundstahlverankerungen sind für Nachweise im GZ 1B folgende Teilsicherheitsbeiwerte maßgebend:

- γ_G und γ_Q für Einwirkungen gemäß Tabelle E 0-1,
- $\gamma_{G,red}$ für Wasserdruckeinwirkungen nach E 216, Abschn. 8.2.0.3,
- γ_{Ep} und γ_{Gl} für Widerstände gemäß Tabelle E 0-2,
- $\gamma_{Ep,red}$ für den Erdwiderstand nach E 215, Abschn. 8.2.0.2.

8.2.0.2 Ermittlung der Bemessungswerte für das Biegemoment (E 215)

Bei Vorliegen bestimmter Randbedingungen darf bei der Ermittlung der Biegemomente ein reduzierter Teilsicherheitsbeiwert $\gamma_{Ep,red}$ für den Erdwiderstand gemäß Tabelle E 215-1 angesetzt werden:

Tabelle E 215-1. Reduzierte Teilsicherheitsbeiwerte $\gamma_{Ep,red}$ für den Erdwiderstand bei Ermittlung der Biegemomente

GZ 1B	LF 1	LF 2	LF 3
$\gamma_{Ep,red}$	1,20	1,15	1,10

Es sind folgende Fälle zu unterscheiden:

- Unterhalb der rechnerischen Geländeoberfläche vor dem Stützbauwerk – im weiteren Verlauf „Berechnungssohle" genannt – stehen Böden an, für die folgende Klassifizierungsmerkmale gelten:

  (1) Nichtbindiger Boden muss mindestens eine mittlere Festigkeit nach Tabelle A3 der DIN 1055-2 aufweisen, damit reduzierte Teilsicherheitsbeiwerte $\gamma_{Ep,red}$ angesetzt werden können:

Benennung	Lagerungsdichte D		Spitzenwiderstand
	$U \leq 3$	$U > 3$	q_c [MN/m^2]
• geringe Festigkeit	$0,15 \leq D < 0,30$	$0,20 \leq D < 0,45$	$5,0 \leq q_c < 7,5$
• mittlere Festigkeit	$0,30 \leq D < 0,50$	$0,45 \leq D < 0,65$	$7,5 \leq q_c < 15$
• hohe Festigkeit	$0,50 \leq D < 0,75$	$0,65 \leq D < 0,90$	$15 \leq q_c < 25$

  (2) Bindiger Boden muss mindestens eine steife Zustandsform nach DIN 18 122, Teil 1 aufweisen, damit reduzierte Teilsicherheitsbeiwerte $\gamma_{Ep,red}$ angesetzt werden können:

Zustandsform	Konsistenzzahl I_C
weich	$0{,}50 \leq I_C < 0{,}75$
steif	$0{,}75 \leq I_C < 1{,}00$
halbfest bis fest	$1{,}00 \leq I_C < 1{,}25$

Die Umlagerung des aktiven Erddrucks nach E 77, Abschn. 8.2.2.1 erfolgt bis zu der Berechnungssohle.

- Ab einer Kote, die tiefer liegt als die Berechnungssohle, stehen Böden von mindestens mittlerer Festigkeit bzw. steifer Konsistenz an. Erst unterhalb dieser Tiefenkote – im weiteren Verlauf „Trennebene" genannt – dürfen die reduzierten Teilsicherheitsbeiwerte angesetzt werden. Die weichen bzw. gering festen Bodenschichten zwischen Berechnungssohle und Trennebene dürfen nur als Auflast p_0 auf die Trennebene angesetzt werden. Die Umlagerung des aktiven Erddrucks nach E 77, Abschn. 8.2.2.1 erfolgt in diesem Fall bis zur Trennebene statt bis zur Berechnungssohle (Bild E 215-1).

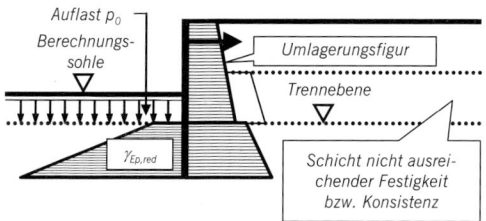

Bild E 215-1. Lastbild für die Ermittlung der Biegemomente mit reduzierten Teilsicherheitsbeiwerten bei Böden mit nicht ausreichender Festigkeit bzw. Konsistenz zwischen Berechnungssohle und Trennebene

- Wenn auf die Anwendung der herabgesetzten Teilsicherheitsbeiwerte $\gamma_{Ep,red}$ verzichtet wird, ist die Erddruckumlagerungsfigur entsprechend Bild E 215-2 bis auf die Tiefe der Berechnungssohle zu führen.

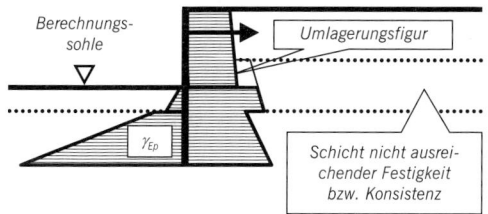

Bild E 215-2. Lastbild für die Ermittlung der Biegemomente mit nicht reduzierten Teilsicherheitsbeiwerten bei Böden mit nicht ausreichender Festigkeit bzw. Konsistenz unterhalb der Berechnungssohle

383

- Stehen unterhalb der Berechnungssohle ausschließlich Böden geringerer Festigkeit bzw. Konsistenz an, als für die Anwendung von $\gamma_{Ep,red}$ erforderlich ist, muss die Berechnung der Biegemomente mit nicht herabgesetzten Teilsicherheitsbeiwerten γ_{Ep} durchgeführt werden. Die Umlagerung des aktiven Erddrucks nach E 77, Abschn. 8.2.2.1 erfolgt in diesem Fall bis zur Berechnungssohle.

8.2.0.3 Teilsicherheitsbeiwert für den Wasserdruck (E 216)

Bei Vorliegen der unten genannten Randbedingungen darf eine Reduzierung des Teilsicherheitsbeiwertes γ_G für den Wasserdruck (ständige Einwirkung im GZ 1B nach Tabelle E 0-1) in Anlehnung an DIN 1054, Abschn. 6.4.1 (7) im LF 1 und LF 2 vorgenommen werden. Die Teilsicherheitsbeiwerte $\gamma_{G,red}$ sind Tabelle E 216-1 zu entnehmen:

Tabelle E 216-1. Reduzierte Teilsicherheitsbeiwerte $\gamma_{G,red}$ für Wasserdruckeinwirkungen

GZ 1B	LF 1	LF 2	LF 3
$\gamma_{G,red}$	1,20	1,10	1,00

Die Reduzierung der Teilsicherheitsbeiwerte für Wasserdruckeinwirkungen darf nur vorgenommen werden, wenn mindestens eine der drei folgenden Bedingungen erfüllt ist:

- Es liegen fundierte Messwerte über die höhenmäßige und zeitliche Abhängigkeit zwischen Grund- und Außenwasserständen als Absicherung des in die Berechnung eingehenden Wasserdruckes sowie als Basis zur Einstufung in die Lastfälle LF 1 bis LF 3 vor.
- Bandbreite und Auftretenshäufigkeit der tatsächlichen Wasserstände und damit des Wasserdrucks werden auf der sicheren Seite liegend numerisch modelliert. Diese Prognosen sind beginnend mit der Herstellung der Spundwand mit der Beobachtungsmethode zu überprüfen. Stellen sich dabei größere Messwerte ein als vorhergesagt, müssen die der Bemessung zugrunde gelegten Werte durch geeignete Maßnahmen wie Drainagen, Pumpenanlagen etc. gewährleistet werden.
- Es liegen geometrische Randbedingungen vor, die den auftretenden Wasserstand auf einen Maximalwert begrenzen, wie dies z. B. bei den Spundwandoberkanten von Hochwasserschutzwänden durch Begrenzung der Stauhöhe der Fall ist.
  Hinter der Spundwand eingebaute Drainagen stellen im Sinne dieser Festlegung keine eindeutige geometrische Begrenzung des Wasserstandes dar.

Was Sie schon immer über Baustatik wissen wollten!

Karl-Eugen Kurrer
Geschichte der Baustatik
2002. 539 Seiten,
403 Abbildungen
Gb., € 89,–* / sFr 131,–
ISBN 3-433-01641-0

Was wissen Bauingenieure heute über die Herkunft der Baustatik? Wann und welcherart setzte das statische Rechnen im Entwurfsprozess ein? Beginnend mit den Festigkeitsbetrachtungen von Leonardo und Galilei wird der Herausbildung einzelner baustatischer Verfahren und ihrer Formierung zur Disziplin der Baustatik nachgegangen. Erstmals liegt der internationalen Fachwelt ein geschlossenes Werk über die Geschichte der Baustatik vor. Es lädt den Leser zur Entdeckung der Wurzeln der modernen Rechenmethoden ein.

* Der €-Preis gilt ausschließlich für Deutschland

Ernst & Sohn
Verlag für Architektur und
technische Wissenschaften GmbH & Co. KG

Für Bestellungen und Kundenservice:
Verlag Wiley-VCH
Boschstraße 12
69469 Weinheim
Telefon: (06201) 606-400
Telefax: (06201) 606-184
Email: service@wiley-vch.de

04517036_.my   Änderungen vorbehalten.

Ernst & Sohn
A Wiley Company
www.ernst-und-sohn.de

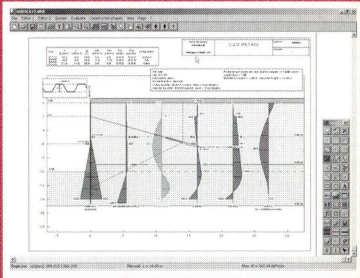
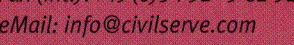

8.2.1 Unverankerte Spundwandbauwerke (E 161)

8.2.1.1 Allgemeines

Unverankerte, im Boden voll eingespannte Spundwände können – in Abhängigkeit von der Biegesteifigkeit der Wand – wirtschaftlich sein, wenn es sich um einen verhältnismäßig kleinen Geländesprung handelt. Sie können auch bei größeren Geländesprüngen eingesetzt werden, wenn der Einbau einer Verankerung oder einer anderen Kopfabstützung sehr aufwendig ist und wenn in Hinsicht auf die Gebrauchstauglichkeit die relativ großen Kopfverschiebungen als unschädlich eingestuft werden können.

8.2.1.2 Entwurf, Berechnung und Bauausführung

Um die erforderliche Standsicherheit von unverankerten – d. h. zu 100 % im Boden eingespannten Spundwänden – zu erreichen, sind an Entwurf, Berechnung und Bauausführung die folgenden Anforderungen zu stellen. In Zweifelsfällen muss eine verankerte Spundwand gewählt werden, bei der die Standsicherheit nicht ausschließlich von der Einspannung im Boden abhängt.

- Alle Einwirkungen sind möglichst genau zu erfassen, z. B. auch der Verdichtungserddruck bei Hinterfüllungen nach DIN 4085. Dies gilt speziell für diejenigen Einwirkungen, die im oberen Bereich der Spundwand angreifen, da diese den Bemessungswert des Biegemomentes und die erforderliche Einbindetiefe maßgeblich beeinflussen.
- Die eindeutige Einstufung in die Lastfälle LF 1 bis LF 3 unter Einschluss z. B. ungewöhnlich tief ausgebildeter Kolke und besonderer Wasserüberdrücke muss möglich sein.
- Die Berechnungstiefe der Sohle darf im Erdwiderstandsbereich keinesfalls unterschritten werden. Deshalb ist sie unter Einschluss der erforderlichen Zusatztiefen für die evtl. Bildung von Kolken und für Baggerarbeiten anzusetzen.
- Die statische Berechnung unverankerter – d. h. voll im Boden eingespannter – Spundwände darf nach dem Ansatz von BLUM [61] durchgeführt werden, wobei der aktive Erddruck in klassischer Verteilung unter Berücksichtigung von E 4, Abschn. 8.2.4 angesetzt werden muss, weil bei diesem System keine Erddruckumlagerung möglich ist.
- Die rechnerisch erforderliche Einbindetiefe unter Berücksichtigung von E 56, Abschn. 8.2.9 muss in der Bauausführung unbedingt erreicht werden.
- Im Gebrauchszustand – d. h. mit charakteristischen Einwirkungen – ist zusätzlich zu den Schnittgrößen auch die Verformung der freistehenden Spundwand zu berechnen. Die auftretenden Verformungswerte sind auf ihre Verträglichkeit mit dem Bauwerk und dem Untergrund

zu untersuchen, z. B. im Hinblick auf Bildung von Spalten in bindigen Böden auf der Erddruckseite, die sich mit Wasser füllen können. Ebenso ist die Verträglichkeit der Verformungen mit dem gesamten sonstigen Bauvorhaben zu überprüfen. Diese Vorgehensweise ist besonders für größere Geländesprünge wichtig.

Frei stehende, hinterfüllte Spundwände sind hinsichtlich der Verformungen unkritisch, weil die Verformungen bereits beim Verfüllen auftreten und daher meistens unschädlich im Hinblick auf die später anschließenden Baumaßnahmen sind.

- Die Verschiebung der Wand ist abhängig vom Grad der Inanspruchnahme des Erdwiderstands. Hier spielen auch die elastischen Durchbiegungen der voll im Boden eingespannten Wand eine große Rolle.
- Die Neigung der Spundwand gegen die Senkrechte ist beim Einbringen im Allgemeinen so zu wählen, dass bei Ansatz der maßgeblichen Einwirkungen und demzufolge bei der größten Durchbiegung ein optisch unvorteilhafter Überhang des Wandkopfes vermieden wird.
- Der Kopf der unverankerten Spundwand soll zumindest bei Dauerbauwerken mit einem die Einwirkungen verteilenden Holm bzw. Gurt aus Stahl oder Stahlbeton versehen werden, um ungleichmäßige Verformungen so weit wie möglich zu verhindern.

8.2.2 Berechnung einfach verankerter, im Boden eingespannter Spundwandbauwerke (E 77)

8.2.2.1 Erddruck

Für die im Hafenbau übliche, relativ nachgiebige Verankerung von Stützbauwerken ohne Vorspannung hat sich der Ansatz des aktiven Erddrucks bewährt.

Die mit der sog. klassischen Verteilung ermittelte Erddruckkraft – jedoch vermindert um den Anteil der Kohäsion – darf für die Spundwandnachweise über die Höhe H_E umgelagert werden. Eine Erddruckumlagerung ist nicht zulässig, wenn sich bei in Abzug gebrachtem Kohäsionsanteil gegenüber dem nicht umgelagerten Erddruckverlauf kleinere Beanspruchungen der Verankerung ergeben. Dies ist z. B. beim Herstellverfahren ‚Abgrabung' bei wechselnden Bodenschichten möglich, wenn für bindige Schichten im Bereich der Umlagerungshöhe H_E der umzulagernde Gesamterddruck durch den Abzug des Kohäsionsanteils erheblich reduziert wird und so die umgelagerten Erddruckordinaten im Verankerungsbereich kleiner sind als ohne Umlagerung.

Das Größenverhältnis der Ankerkopflage a in Bezug auf die Umlagerungshöhe H_E dient als Kriterium zur Fallunterscheidung bei der Auswahl der Umlagerungsfiguren (E 77, Abschn. 8.2.2.3). Die Strecken H_E und a sowie die nicht umgelagerte Erddruckverteilung $e_{a,k}$ infolge Bodeneigenlast und ggf. Kohäsion sowie großflächiger Geländeauflasten sind in den Bildern E 77-1 und E 77-2 definiert. In Bild E 77-2 ist beispielhaft eine Überbaukonstruktion mit der Bauhöhe $H_{\ddot{U}}$ und einer Stahlbetonplatte zur Erddruckabschirmung angeordnet.

Es gelten folgende Bezeichnungen:
- H_G Höhe des gesamten Geländesprunges
- $H_{\ddot{U}}$ Höhe einer Überbaukonstruktion von OK Gelände bis UK Abschirmplatte
- H_E Höhe des Erddruckumlagerungsbereiches oberhalb der Berechnungssohle bzw. der Trennebene nach E 215, Abschn. 8.2.0.2. Bei einem Überbau mit Abschirmplatte beginnt die Höhe H_E in UK Abschirmplatte.
- a Abstand des Ankerkopfes A vom oberen Beginn der Umlagerungshöhe H_E

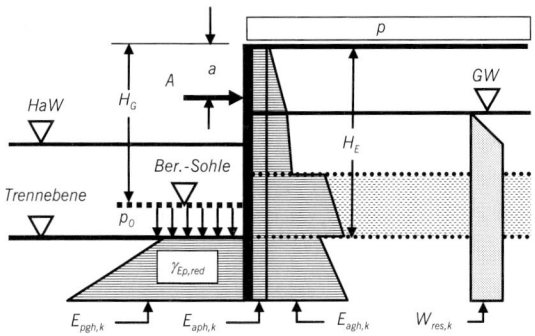

Bild E 77-1. Beispiel 1: Umlagerungshöhe H_E und Ankerpunktlage a bei Ermittlung der Biegemomente mit $\gamma_{Ep,red}$

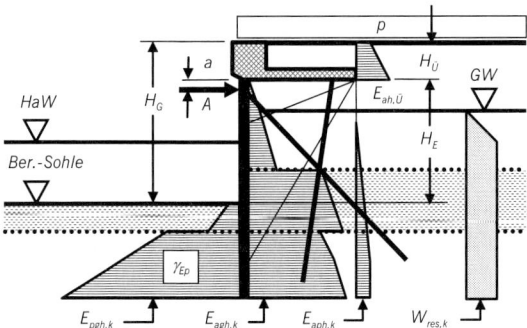

Bild E 77-2. Beispiel 2: Umlagerungshöhe H_E und Ankerpunktlage a bei Ermittlung der Biegemomente mit γ_{Ep}

387

Unterhalb der Berechnungssohle bzw. der Trennebene nach E 215, Abschn. 8.2.0.2 wird auf der Einwirkungsseite die nicht umgelagerte Verteilung des aktiven Erddrucks angesetzt.

8.2.2.2 Erdwiderstand

Die zu erwartende Bodenreaktion wird bei einer Spundwandberechnung mit dem Ansatz von BLUM [61] entgegen dem tatsächlichen Verlauf mit einem linearen Anstieg in die Berechnung eingeführt. Gleichzeitig wird eine für diesen Ansatz aus Gleichgewichtsgründen erforderliche Ersatzkraft C angesetzt.

Das für die Ermittlung der Einbindelänge erforderliche charakteristische Bodenauflager $B_{h,k}$ wird dabei durch den mobilisierten Erdwiderstand $E_{ph,mob}$ gebildet, der einen zum charakteristischen Erdwiderstand $E_{ph,k}$ affinen Verlauf aufweisen muss und nicht umgelagert werden darf.

8.2.2.3 Erddruckumlagerung

Die Erddruckumlagerung ist in Abhängigkeit von zwei Herstellverfahren zu wählen:

- Verfahren ‚Abgrabung vor der Wand' (Fall 1 bis 3, Bild E 77-3)
- Verfahren ‚Verfüllung hinter der Wand' (Fall 4 bis 6, Bild E 77-4)

Dabei werden jeweils drei Bereiche des Ankerkopfabstandes a unterschieden:

- $0 \leq a \leq 0,1 \cdot H_E$
- $0,1 \cdot H_E < a \leq 0,2 \cdot H_E$
- $0,2 \cdot H_E < a \leq 0,3 \cdot H_E$

In den Bildern E 77-3 und E 77-4 gilt – neben den Bezeichnungen der Bilder E 77-1 und E 77-2 – für die Größe des Mittelwerts e_m der Erddruckverteilung über die Umlagerungshöhe H_E der Ausdruck

$$e_m = e_{ahm,k} = \frac{E_{ah,k}}{H_E}$$

Die Lastfiguren der Bilder E 77-3 und E 77-4 erfassen alle Ankerkopflagen a im Bereich von $a \leq 0,30 \cdot H_E$. Für tiefer angeordnete Verankerungen gelten diese Umlagerungsfiguren nicht, sondern es sind für den jeweiligen Einzelfall zutreffende Erddruckverläufe zu ermitteln.

Liegt die Geländeoberfläche in geringem Abstand unter dem Anker, darf der Erddruck entsprechend dem Wert $a = 0$ umgelagert werden.

Die Lastfiguren Fall 1 bis Fall 3 gelten nur unter der Voraussetzung, dass sich der Erddruck infolge ausreichender Wandverformung auf die steiferen Auflagerbereiche umlagern kann. Dadurch bildet sich zwischen

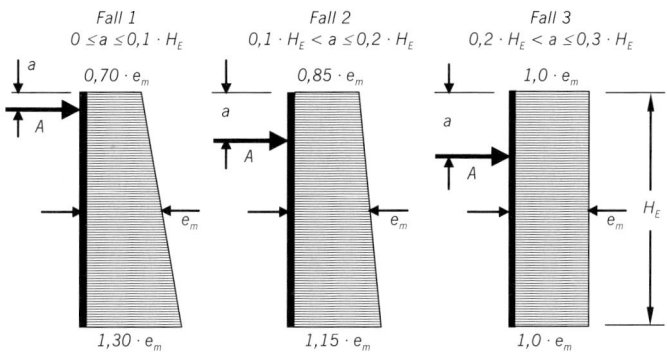

Bild E 77-3. Erddruckumlagerung für das Herstellverfahren ‚Abgegrabene Wand‘

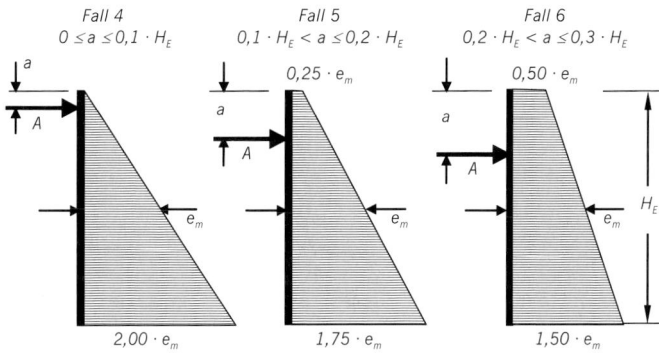

Bild E 77-4. Erddruckumlagerung für das Herstellverfahren ‚Hinterfüllte Wand‘

Ankerpunkt und Bodenauflager ein ‚vertikales Erddruckgewölbe‘ aus. Fall 1 bis Fall 3 dürfen demzufolge nicht angesetzt werden, wenn

- die Spundwand zwischen Gewässersohle und Verankerung größtenteils hinterfüllt und anschließend vor ihr nicht so tief gebaggert wird, dass dadurch eine ausreichende zusätzliche Durchbiegung entsteht (Anhaltswert für eine ausreichende Baggertiefe ist ca. ein Drittel der Umlagerungshöhe $H_{E,0}$ des ursprünglich vorh. Systems entsprechend Bild E 77-5);
- hinter der Spundwand bindiger Boden ansteht, der noch nicht ausreichend konsolidiert ist;

389

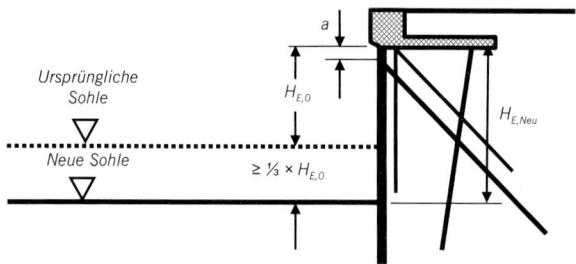

Bild E 77-5. Erforderliche zusätzliche Baggertiefe für eine Erddruckumlagerung nach dem Herstellverfahren ‚Abgegrabene Wand'

- die Stützwand mit zunehmender Biegesteifigkeit die für eine Gewölbebildung erforderlichen Wanddurchbiegungen nicht aufweist, wie z. B. bei Stahlbetonschlitzwänden. In diesem Fall ist zu prüfen, ob die Verschiebung des Fußauflagers infolge der Mobilisierung des Erdwiderstands für die Erddruckumlagerung nach dem Verfahren ‚Abgrabung' Fall 1 bis Fall 3 ausreicht.

Ist der Ansatz der Lastfiguren Fall 1 bis Fall 3 aus den vorgenannten Gründen nicht zulässig, darf der zu dem vorliegenden a/H_E-Wert gehörende Fall 4 bis Fall 6 des Herstellverfahrens ‚Hinterfüllte Wand' zugrunde gelegt werden.

8.2.2.4   Bettung

Eine einfach verankerte Spundwand kann auch unter Ansatz einer horizontalen Bettung als Bodenauflager berechnet werden [67], [68], [69], [70] und [71]. Dabei ist zu beachten, dass die Bodenreaktionsspannung $\sigma_{h,k}$ in der Berechnungssohle infolge charakteristischer Einwirkungen nicht größer sein darf als die charakteristischen – d. h. maximal möglichen – Erdwiderstandsspannungen $e_{ph,k}$ (DIN 1054, Gl. (47) und (48)).

8.2.3   Berechnung doppelt verankerter Spundwände (E 134)

Im Unterschied zu E 133, Abschn. 8.4.7, in der die mit Hilfsverankerungen zusammenhängenden Problemstellungen erfasst sind, werden in E 134 doppelt verankerte Spundwandbauwerke behandelt, d. h. es liegen zwei Verankerungslagen in verschiedenen Höhen vor.

Die gesamten Einwirkungen auf die Spundwand durch Erd- und Wasserdruck werden den beiden Ankerlagen A_1 und A_2 sowie dem Bodenauflager B zugewiesen. Wegen der Verteilung der Einwirkungen auf das vorliegende statische System wird der überwiegende Teil der Gesamtverankerungskraft vom unteren Anker A_2 aufgenommen.

Besteht die Verankerung aus Rundstahlankern, werden beide Ankerlagen zweckmäßig zu einer gemeinsamen Ankerwand geführt und in gleicher Höhe angeschlossen, wobei als Ankerrichtung beim Nachweis der Standsicherheit für die tiefe Gleitfuge die Richtung der Resultierenden aus den Ankerkräften A_1 und A_2 angesetzt wird. Bei nicht in einer Ankerwand zusammengeführten Verankerungen (z. B. mit Verpressankern nach DIN EN 1537) sind beide Anker unabhängig voneinander in den Standsicherheitsnachweis mit einzubeziehen.

8.2.3.1 Erddruck und Erdwiderstand

Aktiver Erddruck und Erdwiderstand sind wie bei der einfach verankerten Wand zu berücksichtigen.

8.2.3.2 Lastfiguren

Die in E 77, Abschn. 8.2.2 für die einfach verankerte Spundwand angegebenen Lastfiguren gelten für die Ermittlung der Schnittgrößen, Auflagerkräfte und Einbindelänge der zweifach verankerten Spundwand sinngemäß. Die zur Festlegung der Lastfigur benötigte Höhe der Ankerkopflage a zur Ermittlung des a/H_E-Wertes ist hierbei die mittlere Kote zwischen den beiden Ankerlagen A_1 und A_2. Der Erddruck wird dann analog zu den einfach verankerten Spundwänden über die Höhe H_E bis zur Berechnungssohle bzw. der Trennebene umgelagert.

8.2.3.3 Berücksichtigung von Verformungen vorheriger Aushubphasen

Da bereits eingetretene Durchbiegungen von Spundwänden wegen des Nachrutschens des Bodens auf der Erddruckgleitfläche nur teilweise reversibel sind, müssen die Einflüsse der Bauzustände auf die Beanspruchungen im Endzustand dann berücksichtigt werden, wenn sie für den Nachweis der Gebrauchstauglichkeit maßgebend werden. Dies kann z. B. der Fall sein bei der Berücksichtigung der Wanddurchbiegung in Höhe des Ankerpunktes A_2, die bei einer vorübergehend nur im Punkt A_1 verankerten Spundwand als Stützensenkung für das statische System im Endzustand zu berücksichtigen ist.

8.2.3.4 Bettung

Die zweifach verankerte Spundwand kann wie bei der einfach verankerten Spundwand auch unter Verwendung horizontaler Bettungskräfte als Bodenauflager berechnet werden (E 77, Abschn. 8.2.2.4).

8.2.3.5 Vergleichsberechnung

Für die Gestaltung des Wandkopfes und für die Bemessung der oberen Ankerlage A_1 muss vergleichsweise auch eine Berechnung nach E 133, Abschn. 8.4.7 „Hilfsverankerung am Kopf von Stahlspundwandbauwerken" durchgeführt werden. Ergeben sich hierbei größere Beanspruchungen, ist dieses Ergebnis für die Bemessung maßgebend.

8.2.4   Ansatz der Erddruckneigungswinkel und die Spundwandnachweise in vertikaler Richtung (E 4)

Bei der Ermittlung des aktiven und passiven Erddrucks (Erdwiderstand) und bei den Nachweisen für die statische Berechnung von Spundwänden müssen realistische Erddruckneigungswinkel angesetzt werden (Vorzeichenregelung siehe E 56, Abschn. 8.2.9, Bild E 56-1).

Die Größe der jeweils gewählten bzw. zulässigen Erddruckneigungswinkel hängt von dem physikalisch größtmöglichen Reibungswinkel zwischen Baustoff und Baugrund (Wandreibungswinkel) und den Relativverschiebungen der Spundwand gegenüber dem Boden ab.

Die Erddruckneigungswinkel haben auch großen Einfluss auf die Spundwandnachweise in vertikaler Richtung, für die folgende Gleichgewichts- und Grenzzustandsbedingungen erfüllt werden müssen:

- Vertikales Gleichgewicht   nach Abschn. 8.2.4.3
- Vertikale Tragfähigkeit   nach Abschn. 8.2.4.6

Bei unbehandelten Spundwandoberflächen können die Erddruckneigungswinkel in den im Folgenden genannten Grenzen gewählt werden. Bei vorbehandelten Oberflächen, im Baugrund vorhandenen Schmierschichten, mittels Spülhilfe eingebrachten Bohlen (E 203, Abschn. 8.1.23) etc. müssen die Ober- und Untergrenzen ggf. angemessen herabgesetzt werden.

Bzgl. der bei anderen Bauformen von Stützbauwerken wie z. B. Schlitz- oder Bohrpfahlwänden anzusetzenden Erddruckneigungswinkel siehe auch DIN 4085.

8.2.4.1   Neigungswinkel $\delta_{a,k}$ des aktiven Erddrucks

Unter Zugrundelegung ebener Gleitflächen darf der Neigungswinkel $\delta_{a,k}$ des aktiven Erddrucks in den Grenzen

$$-\,^2/_3 \cdot \varphi_k' \leq \delta_{a,k} \leq +\,^2/_3 \cdot \varphi_k'$$

angesetzt werden.

8.2.4.2   Neigungswinkel $\delta_{p,k}$ des Erdwiderstands

Unter Zugrundelegung ebener Gleitflächen darf der Neigungswinkel $\delta_{p,k}$ des Erdwiderstands für Reibungswinkel $\varphi_k' \leq 35°$ und für waagerechtes Gelände in den Grenzen

$$-\,^2/_3 \cdot \varphi_k' \leq \delta_{p,k} \leq +\,^2/_3 \cdot \varphi_k'$$

angesetzt werden, andernfalls müssen gekrümmte Gleitflächen zugrunde gelegt werden.

Unter Zugrundelegung gekrümmter Gleitflächen darf der Neigungswinkel $\delta_{p,k}$ des Erdwiderstands in den Grenzen

392

$$-\varphi_k' \leq \delta_{p,k} \leq +\varphi_k'$$

angesetzt werden.
Der Ansatz mit ebenen Gleitflächen in den dort genannten Grenzen ist
zur Vereinfachung der Berechnung zulässig, weil die bei der Ermittlung
des charakteristischen Erdwiderstands $E_{ph,k}$ zu verwendenden K_{ph}-Werte
sich für den jeweiligen Grenzwert min $\delta_{p,k}$ bei den Verfahren mit ebener und gekrümmter Gleitfläche nicht wesentlich unterscheiden.

8.2.4.3 Vertikales Gleichgewicht als Grundlage für den Ansatz von min $\delta_{p,k}$

(1) Nachweisformat
Durch den folgenden Nachweis wird sichergestellt, dass sich der für die
Berechnung gewählte Neigungswinkel $\delta_{p,k}$ des Erdwiderstands auch tatsächlich einstellen kann. Daher darf der Neigungswinkel $\delta_{p,k}$ nur mit
einem Wert angesetzt werden, für den auch die Gleichgewichtsbedingung
$\Sigma V = 0$ nach DIN 1054, Abschn. 10.6.3 (5) erfüllt ist. Danach muss für
jede Einwirkungskombination die minimale charakteristische Gesamt-
vertikalbeanspruchung V_k mindestens so groß sein wie die nach oben
gerichtete Vertikalkomponente $B_{v,k}$ des zu mobilisierenden, charakteristischen Bodenauflagers B_k. Das Nachweisformat dieser Gleichgewichtsbedingung lautet

$$V_k = \sum V_{k,i} \geq B_{v,k}$$

Der Nachweis ist mit den gleichen Neigungswinkeln zu führen, mit denen zuvor die Berechnungen des Erddrucks und des Erdwiderstands
durchgeführt wurden.

(2) Veränderliche Vertikalkraftbeanspruchungen $V_{Q,k}$
Vertikalkomponenten $V_{Q,k}$ von Beanspruchungen infolge veränderlicher
Einwirkungen Q dürfen in der Gleichgewichtsbedingung nicht angesetzt werden, wenn sie günstig wirken, d. h. keine nennenswerten
Bodenauflagerkomponenten $B_{v,k}$ hervorrufen. Dies gilt zum einen für
Beanspruchungen, die unmittelbar am Wandkopf auftreten, z. B. die
wasserseitigen Auflagerkräfte $F_{Qv,k}$ des Überbaus infolge der Einwirkungen aus Kran und Stapellasten. Zum anderen gilt dies auch für die
Vertikalkomponenten $A_{Qv,k}$ derjenigen Ankerkraftanteile, die infolge
horizontaler, veränderlicher Einwirkungen im Wandkopfbereich bzw.
oberhalb der Ankerlage auftreten, z. B.

- Kranseitenstoß und Sturmverriegelung,
- Pollerzug,
- Erddruck infolge veränderlicher Einwirkungen.

(3) Für den Nachweis anzusetzende Größe der Ersatzkraft C
Bei den Nachweisen in vertikaler Richtung muss beachtet werden, dass

393

sich bei der Berechnung nach dem Ansatz von BLUM [61] eine zu große Ersatzkraft C_{BLUM} ergibt, weil der für das Bodenauflager B_k mobilisierte Erdwiderstand bis zum theoretischen Spundwandfußpunkt TF in voller Größe wirkend angesetzt wird. Bei Berücksichtigung des tatsächlichen Verlaufs der stützenden Bodenreaktion B_k tritt die Ersatzkraft C nur in etwa halber rechnerischer Größe auf. Gleichzeitig ist das zugehörige Bodenauflager B_k um eben diesen Wert geringer (vgl. E 56, Abschn. 8.2.9, Bild E 56-1).

Um diesen Fehler auszugleichen, werden die Horizontalkomponenten der Ersatzkraft und des Bodenauflagers ($C_{h,k,BLUM}$ und $B_{h,k}$) für die Berechnung der zugehörigen Vertikalkomponenten um jeweils ½ · $C_{h,k,BLUM}$ vermindert. Die verbleibende charakteristische Ersatzkraft ½ · $C_{h,k,BLUM}$ wird im Folgenden mit $C_{h,k}$ bezeichnet. Dies gilt sinngemäß auch für Abschn. 8.2.4.6 „Vertikale Tragfähigkeit", in dem die Vertikalkomponenten der verbleibenden charakteristischen Ersatzkraftanteile aus ständigen und veränderlichen Einwirkungen mit $C_{Gv,k}$ und $C_{Qv,k}$ bezeichnet werden.

(4) Charakteristische Vertikalkraftkomponenten $V_{k,i}$
Die Komponentenrichtung ist entsprechend der Neigungswinkel δ anzusetzen: positiv nach unten, negativ nach oben:

- $V_{G,k}$ = Σ $F_{G,k}$
  infolge *ständiger* Axial-Einwirkungen F am Wandkopf

- $V_{Av,k}$ = $A_{v,k,MIN}$
  infolge der Ankerkraft $A_{v,k,MIN}$ = $A_{Gv,k}$ – $A_{Qv,k}$

- $V_{Eav,k}$ = Σ ($E_{ah,k,n}$ · $\tan\delta_{an,k}$)
  infolge des Erddrucks E_{ah} mit n Schichten
  bis zur Tiefe des theoretischen Fußpunkts TF

- $V_{Cv,k}$ = $C_{h,k}$ · $\tan\delta_{C,k}$
  infolge der Ersatzkraft $C_{h,k}$

(5) Charakteristische, nach oben gerichtete Komponente $B_{v,k}$
  der Bodenauflagerkraft B_k
- $B_{v,k}$ = | Σ ($B_{hr,k}$ · $\tan\delta_{pr,k}$) – $C_{h,k}$ · $\tan(\delta_{p,k\ im\ Theor.\ Fußpunkt})$ |
  infolge des Bodenauflagers B_k mit r Schichten bis zur Tiefe des theoretischen Fußpunkts TF einschl. Korrekturterm

8.2.4.4 Neigungswinkel $\delta_{C,k}$ der Ersatzkraft C_k

Für im Boden voll eingespannte Spundwände nach dem Berechnungsverfahren mit dem Ansatz von BLUM [61] wird zur Aufnahme der Ersatzkraft C die Bodenreaktion unterhalb des theoretischen Fußpunkts TF auf der Einwirkungsseite herangezogen. Die zur Aufnahme dieser Reaktionskraft zusätzlich erforderliche Tiefe ist nach E 56,

Abschn. 8.2.9 als Zuschlag Δt_1 zur Einbindetiefe t_1 zu berechnen. Die bei dieser Ermittlung anzusetzende Wirkungsrichtung der Ersatzkraft C ist unter dem Winkel $\delta_{C,k}$ gegen die Horizontale geneigt.

Der Neigungswinkel $\delta_{C,k}$ muss für jede Belastungskombination bei der Überprüfung des vertikalen Gleichgewichtes nach Abschn. 8.2.4.3 ermittelt werden.

Bei der üblichen Modellvorstellung einer Parallelverschiebung der Wand oder des Kippens um Kopf- oder Fußpunkt bewegen sich der aktive und der passive Gleitkeil relativ zur Wand, während mit dem Auftreten der Ersatzkraft C keine Ausbildung eines Bruchkörpers verbunden ist. Daher ist der Neigungswinkel der Ersatzkraft im Regelfall $\delta_{C,k} = 0$ zu setzen. Bei Auftreten anderer Relativverschiebungen darf der Neigungswinkel $\delta_{C,k}$ der Ersatzkraft C_k in den Grenzen

$$- {}^2/_3 \cdot \varphi_k' \le \delta_{C,k} \le + {}^1/_3 \cdot \varphi_k'$$

angesetzt werden.

8.2.4.5 Einfluss großer Vertikalkräfte auf die Neigungswinkel

Nach unten gerichtete Vertikalkräfte auf die Stützwand rufen eine Relativverschiebung zwischen Spundwand und Boden hervor, deren Verschiebungswert von der Größe der Vertikalkraft und der Festigkeit des Baugrundes unter dem Spundwandfuß abhängt. Wenn dabei eine andere Relativverschiebung zwischen Baugrund und Spundwand auftritt als diejenige, die sich bei der üblichen Ausbildung der Gleitkörper von Erddruck und Erdwiderstand einstellt, kann dies zu einer Änderung der anzusetzenden Neigungswinkel führen. Dies muss bei den Nachweisen nach Abschn. 8.2.4.3 und 8.2.4.6 berücksichtigt werden:

- Der charakteristische Neigungswinkel $\delta_{p,k}$ des Erdwiderstands kann negative Werte bis zu dem in Abschn. 8.2.4.2 genannten Grenzwert annehmen. Mit abnehmenden Werten von $\delta_{p,k}$ ergeben sich größere Werte für K_{ph} und damit auch für das mobilisierbare Bodenauflager B_k.
- Der charakteristische Neigungswinkel $\delta_{C,k}$ der Ersatzkraft C_k kann negative Werte bis zu dem in Abschn. 8.2.4.4 genannten Grenzwert annehmen, wenn die nach unten gerichtete Verschiebung der Spundwand gegenüber dem Baugrund signifikant ist. Die Änderung der Wirkungsrichtung hat keinen Einfluss auf den aus der Spundwandberechnung folgenden rechnerischen Wert $C_{h,k,BLUM}$ der Ersatzkraft.
- Wenn aufgrund der Baugrundeigenschaften im Fußaufstandsbereich Relativverschiebungen zwischen Baugrund und Spundwand in der Art zu erwarten sind, dass der Erddruckneigungswinkel $\delta_{a,k}$ negative Werte annehmen kann, ist dies im Rahmen der Baugrunduntersuchung anzugeben. Die Verminderung des Neigungswinkels $\delta_{a,k}$ hat eine Vergrößerung der Erddruckkraft zur Folge.

- Wenn es für die Beanspruchung der Spundwand durch große Vertikalkräfte erforderlich ist, mit $E_{av,k}$ eine weitere widerstehende Vertikalkraftkomponente anzusetzen und die damit verbundene Relativverschiebung für die Gebrauchstauglichkeit des Bauwerks unschädlich ist, darf bis zu dem in Abschn. 8.2.4.1 genannten Grenzwert ein negativer Erddruckneigungswinkel $\delta_{a,k}$ angesetzt werden.

Nach oben gerichtete Vertikalkräfte in einer Spundwand – z. B. infolge von Druckschrägpfählen, schräg nach oben verlaufenden Rundstahlankern oder Pollerschrägzug – verändern die Relativverschiebung zwischen Wand und Boden. Die Erddruckkraft $E_{ah,k}$ wird dabei bis zum Erreichen des positiven Grenzwertes für $\delta_{a,k}$ nach Abschn. 8.2.4.1 vermindert.

Zur Erzielung des vertikalen Gleichgewichts muss auch der Neigungswinkel $\delta_{p,k}$ geändert werden. Dies wirkt sich bis zum Erreichen des positiven Grenzwertes für $\delta_{p,k}$ nach Abschn. 8.2.4.2. in einem deutlich geringeren Wert für die Erdwiderstandskraft $E_{ph,k}$ aus. Die entsprechenden Auswirkungen sind bei den Nachweisen nach Abschn. 8.2.4.3 und 8.2.4.6 zu berücksichtigen.

8.2.4.6 Vertikale Tragfähigkeit

(1) Nachweisformat
Bei dem Nachweis der Sicherheit gegen Versagen der Spundwand durch Versinken im Baugrund nach DIN 1054, Abschn. 10.6.6 müssen alle nach unten gerichteten Beanspruchungen und der axiale Widerstand mit ihren Bemessungswerten berücksichtigt werden: im GZ 1B darf die Gesamtbeanspruchung V_d höchstens so groß sein wie der axiale Widerstand $R_{1,d}$. Das Nachweisformat der Grenzzustandsbedingung lautet

$$V_d = \sum V_{d,i} \leq R_{1,d}$$

(2) Bemessungswert V_d der Vertikalbeanspruchung
Der Bemessungswert der nach unten gerichteten Vertikalkraft V_d beinhaltet die Einzelkomponenten der verschiedenen Einwirkungsarten nach Abschn. 8.2.4.3 (4). Die charakteristischen Teilbeanspruchungen werden hier jedoch – innerhalb jeder Einwirkungskombination nach Ursachen getrennt – mit den zugehörigen Teilsicherheitsbeiwerten nach Tab. E 0-1 infolge der ständigen (*G*) und veränderlichen (*Q*) Einwirkungen vergrößert:

- $V_{F,d} = \sum (V_{F,G,k} \cdot \gamma_G + V_{F,Q,k} \cdot \gamma_Q)$
  infolge *maximaler* vertikaler Einwirkungen *F* am Wandkopf.

- $V_{Av,d} = \sum (V_{Av,G,k} \cdot \gamma_G + V_{Av,Q,k} \cdot \gamma_Q)$
  infolge der *maximalen* Ankerkraftkomponente A_v.

- $V_{Eav,d} = \Sigma\, (V_{Eav,n,G,k} \cdot \gamma_G + V_{Eav,n,Q,k} \cdot \gamma_Q)$
  infolge des Erddrucks E_a mit n Schichten bis zur Tiefe des theoretischen Fußpunkts TF. Die Vertikalkraftkomponente $E_{av,d}$ des Erddrucks wird als Wandreibungskraft den Beanspruchungen $V_{d,i}$ zugeordnet, wenn die Erddruckkraft $E_{a,d}$ mit positiven Neigungswinkeln $\delta_{a,k}$ nach unten wirkt. Wenn $\delta_{a,k}$ negativ ist, werden $E_{av,n,G,k}$ und $E_{av,n,Q,k}$ als entlastende Kräfte in 1,0-facher Größe von den Vertikalbeanspruchungen subtrahiert.

- $V_{Cv,d} = \Sigma\, (V_{Cv,G,k} \cdot \gamma_G + V_{Cv,Q,k} \cdot \gamma_Q)$
  infolge der Ersatzkraft C. Die Vertikalkraftkomponente $C_{v,d}$ infolge ständiger und veränderlicher Einwirkungen wird als Wandreibungskraft den Beanspruchungen $V_{d,i}$ zugeordnet, wenn die Ersatzkraft C infolge eines positiven Neigungswinkels $\delta_{C,k}$ nach unten wirkt.

(3) Bemessungswert des axialen Widerstandes
Der Bemessungswert $R_{1,d}$ des axialen Widerstandes besteht aus der Summe der charakteristischen Teilwiderstände, dividiert durch den Teilsicherheitsbeiwert γ_P:

$$R_{1,d} = \frac{\Sigma\, R_{1k,i}}{\gamma_P}$$

Der Teilsicherheitsbeiwert γ_P nach Tab. E 0-2 beträgt für die mit dem Ansatz von Erfahrungswerten nach Absatz (4) zu ermittelnden Widerstandsanteile in allen Lastfällen $\gamma_P = 1,40$.
Probebelastungen für die Tragelemente der Spundwand (E 33, Abschn. 8.2.11.2) erlauben demgegenüber hinreichend genaue Aussagen über die anteilige Größe des Fußwiderstands $R_{1b,k}$, des Mantelwiderstands $R_{1s,k}$ und damit des effektiven Gesamtwiderstands $R_{1,k}$, der für eine horizontal mit dem Ansatz von BLUM beanspruchte Spundwand in axialer Richtung verfügbar ist. Für den mit Probebelastungen ermittelten Widerstand $R_{1,k}$ gilt der Teilsicherheitsbeiwert $\gamma_{Pc} = 1,20$.

(4) Charakteristische Werte der Teilwiderstände R_{1i} im GZ 1B
Für den Ansatz eines Fußwiderstands R_{1b} sind die geometrischen und konstruktiven Voraussetzungen nach E 33, Abschn. 8.2.11.2 zu erfüllen.
Die erforderliche axiale Spundwandverschiebung zur Mobilisierung eines Fußwiderstands R_{1b} ist größer als diejenige zur Mobilisierung eines Mantelwiderstands $R_{1s,k}$. Bei Ansatz eines Spitzenwiderstands $q_{b,k}$ dürfen auch die Bodenauflagerkraft B_k und Ersatzkraft C_k mit nach oben gerichteten, d. h. negativen Neigungswinkeln δ berücksichtigt werden. Die Vertikalkomponenten $B_{v,k}$ und $V_{Cv,k}$ dieser Kräfte werden daher den axialen Teilwiderständen $R_{1,i}$ zugeordnet.

- $R_{1b,k}$ Fußwiderstand infolge Spitzenwiderstand $q_{b,k}$
- $R_{1Bv,k} = |\,B_{v,k}\,|$ Wandreibungswiderstand infolge des mobilisierten Bodenauflagers B_k nach Abschn. 8.2.4.3 (5)
- $R_{1Cv,k} = |\,V_{Cv,k}\,|$ Wandreibungswiderstand infolge der Ersatzkraft C_k für negative Neigungswinkel $\delta_{C,k}$
- $R_{1s,k}$ Mantelwiderstand infolge Mantelreibung $q_{s,k}$

Mantelwiderstand $R_{1s,k}$ ist nur bei einem die erforderliche Spundwandlänge überschreitenden Wert unterhalb der rechnerischen Unterkante möglich, wobei deren Ermittlung mit Hilfe der Einbindelänge nach E 56, Abschn. 8.2.9 erfolgt. Der Ansatz einer zusätzlichen Mantelreibung auf beiden Seiten der Wand bis zu deren rechnerischen Unterkante ist zur Abtragung von Vertikalkräften nicht zulässig. In diesem Bereich wirken bereits die Wandreibungswiderstände $B_{v,k}$ und $C_{v,k}$ sowie die Erddruckkomponenten $E_{av,k}$.

8.2.5   **Berücksichtigung von abfallenden Böschungen vor Spundwänden und ungünstigen Grundwasserströmungen im Erdwiderstandsbereich aus nichtbindigem Boden (E 199)**

8.2.5.1   **Einfluss abfallender Böschungen auf den Erdwiderstand**
Die Größe des Erdwiderstands bei abfallenden Böschungen ist abhängig vom negativen Neigungswinkel β der Geländeoberfläche. Schon geringe negative Neigungen ergeben eine deutliche Reduzierung des Erdwiderstands.

8.2.5.2   **Einfluss ungünstiger Grundwasserströmungen auf den Erdwiderstand**
Der Einfluss einer Umströmung der Spundwand infolge unterschiedlicher Wasserstände vor und hinter der Wand muss bei der Berechnung und Bemessung berücksichtigt werden (E 114, Abschn. 2.9.3.2).
Unabhängig davon ist der Nachweis der Sicherheit der Sohle gegen einen hydraulischen Grundbruch im GZ 1A nach E 115, Abschn. 3.2 zu führen.
Eine evtl. Gefährdung der Standsicherheit durch einen Erosionsgrundbruch der Sohle infolge der Durchströmung ist nach E 116, Abschn. 3.3 zu untersuchen und ggf. durch die dort genannten Maßnahmen auszuschließen.

8.2.6 Tragfähigkeitsnachweis für die Elemente von Spundwandbauwerken (E 20)

8.2.6.1 Uferwand

(1) Vorwiegend gleich bleibende Beanspruchung
Die Tragfähigkeitsnachweise für alle Bauarten von Spundwänden sind nach DIN EN 1993-5, Abschn. 5 zu führen. Danach lautet das Nachweisformat der Sicherheit gegen Bruch des Spundwandprofils mit dem Bemessungswert S_d der Schnittgrößen und dem Bemessungswert R_d des Profilwiderstandes

$$S_d \leq R_d$$

DIN EN 1993-5 verweist hinsichtlich der Berechnungsverfahren und -methoden auf DIN EN 1997-1, die Vorgehensweise nach DIN 1054 und somit auch die darauf beruhende Vorgehensweise der EAU entspricht DIN EN 1997-1.
Verweise in DIN EN 1993-5 auf DIN EN 1993-1 sind mit entsprechenden Verfahren nach DIN 18 800 umzusetzen.
Schrägpfähle und alle Konstruktionsteile der Spundwandkopf- und Pfahlkopfausbildungen für den Anschluss an Gurte, Holme oder Stahlbetonüberbauten werden nach DIN 18 800 bemessen.
Die in DIN 18 800 zu verwendenden Bemessungswerte werden mit Hilfe der Annahmen, Grundlagen und Berechnungen von Abschn. 8.2.0 bis 8.2.5 ermittelt.

(2) Vorwiegend wechselnde Beanspruchung
Nicht hinterfüllte, frei im Wasser stehende Spundwände werden durch Wellenschlag vorwiegend wechselnd beansprucht. Dabei tritt über die Verkehrsdauer der Wand eine große Zahl von Lastspielen auf, sodass der Nachweis der Betriebsfestigkeit nach DIN 19 704-1 zu führen ist. Ergänzend wird auf DIN 18 800, Teil 1, El. (741) hingewiesen.
Um nachteilige Einflüsse aus der Kerbwirkung, zum Beispiel von konstruktiven Schweißnähten, Heftnähten, unvermeidlichen Unregelmäßigkeiten in der Oberfläche aus dem Walzvorgang, Lochkorrosion und dergleichen, zu vermeiden, sind in solchen Fällen beruhigte Stähle nach DIN EN 10 025 zu verwenden (siehe E 67, Abschn. 8.1.6.4).

8.2.6.2 Ankerwand, Gurte, Holme und Ankerkopfgrundplatten

(1) Vorwiegend gleich bleibende Beanspruchung
Für den Tragfähigkeitsnachweis von Ankertafeln und eingespannten Ankerspundwänden gilt Abschn. 8.2.6.1 (1). Gurte, Holme, Aussteifungen und Ankerkopfgrundplatten werden nach DIN 18 800 berechnet. Hierbei ist ggf. bei Gurten und Holmen eine Erhöhung der Teilsicherheits-

beiwerte der Widerstände nach E 30, Abschn. 8.4.2.3 zu berücksichtigen. Die Tragfähigkeit der Spundwandprofile gegenüber der Einleitung von Ankerkräften muss nach DIN EN 1993-5, Abschn. 6.4.3 nachgewiesen werden.
Bezüglich der im Abschn. 6.4.3 evtl. enthaltenen Verweise auf andere DIN EN siehe Abschn. 8.2.6.1 (1).

(2) Vorwiegend wechselnde Beanspruchung
Für den Tragfähigkeitsnachweis gilt Abschn. 8.2.6.1 (2). Für geschraubte Gurt- und Holmstöße sind Passschrauben mindestens der Festigkeitsklasse 4.6 zu verwenden. Der Nachweis der Betriebsfestigkeit ist nach DIN 18 800, Teil 1, Abschn. 8.2.1.5, El. (811) zu führen.

8.2.6.3 Rundstahlanker und Gurtbolzen
Die Bemessungsgrundlage für Rundstahlanker und Gurtbolzen ist DIN EN 1993-5, Abschn. 6.2, jedoch modifiziert mit der Verwendung von k_t^* statt k_t und der Kernquerschnittsfläche A_{Kern} statt der Spannungsquerschnittsfläche A_s (damit liegt der berechnete Bemessungswert des Profilwiderstands auf der sicheren Seite).
Bezüglich der im Abschn. 6.2 evtl. enthaltenen Verweise auf andere DIN EN siehe Abschn. 8.2.6.1 (1).

(1) Vorwiegend ruhende Beanspruchung
Werkstoffe für Rundstahlanker und Gurtbolzen sind in E 67, Abschn. 8.1.6.4 aufgeführt.
Das Nachweisformat für die Grenzzustandsbedingung der Tragfähigkeit nach DIN EN 1993-5 lautet

$$Z_d \leq R_d$$

Die Bemessungswerte sind mit den folgenden Größen zu ermitteln:

Z_d Bemessungswert der Ankerkraft $Z_d = Z_{G,k} \cdot \gamma_G + Z_{Q,k} \cdot \gamma_Q$
R_d Bemessungswiderstand des Ankers $R_d = \text{Min} \; [F_{tg,Rd}; F^*_{tt,Rd}]$
$F_{tg,Rd}$ $A_{Schaft} \cdot f_{y,k} / \gamma_{M0} = A_{Schaft} \cdot f_{y,k} / 1{,}10$
$F^*_{tt,Rd}$ $k_t^* \cdot A_{Kern} \cdot f_{ua,k} / \gamma_{Mb} = 0{,}55 \cdot A_{Kern} \cdot f_{ua,k} / 1{,}25$
A_{Schaft} Querschnittsfläche im Schaftbereich
A_{Kern} Kernquerschnittsfläche im Gewindebereich
$f_{y,k}$ Streckgrenze
$f_{ua,k}$ Zugfestigkeit
γ_{M0} Teilsicherheitsbeiwert nach DIN EN 1993-5 im Ankerschaft
γ_{Mb} wie vor, jedoch im Gewindequerschnitt
k_t^* Kerbfaktor

Der in DIN EN 1993-5 vorgesehene Kerbfaktor $k_t = 0{,}80$ wird bei der Ermittlung des Bemessungswertes des Widerstandes im Gewindeteil auf $k_t^* = 0{,}55$ reduziert. Damit werden evtl. Zusatzbeanspruchungen infolge des Ankereinbaues unter nicht idealen Einbaubedingungen des rauen Baustellenbetriebes und daraus resultierender unvermeidlicher Biegebeanspruchungen des Gewindeteils berücksichtigt. Unbeschadet davon ist es weiterhin erforderlich, konstruktive Maßnahmen zur ausreichend frei drehbaren Lagerung des Ankerkopfes vorzusehen. Die in DIN EN 1993-5 geforderten Zusatznachweise für die Gebrauchstauglichkeit sind wegen des gewählten Wertes für den Kerbfaktor k_t* und den üblichen Aufstauchverhältnissen zwischen Schaft- und Gewindedurchmesser bereits implizit in der Grenzzustandsbedingung $Z_d \leq R_d$ enthalten und brauchen daher nicht geführt zu werden. Rundstahlanker können geschnittene, gerollte oder warm gewalzte Gewinde nach E 184, Abschn. 8.4.8 aufweisen.

Voraussetzung für die ordnungsgemäße Bemessung ist eine konstruktiv richtige Ausbildung des Ankeranschlusses. Hierfür sind die Anker mit Gelenken auszurüsten und anzuschließen. Die Anker sind überhöht einzubauen, sodass evtl. Setzungen oder Sackungen nicht zu Zusatzbeanspruchungen führen.

Aufstauchungen der Enden von Ankerstangen für die Gewindebereiche und Hammerköpfe sowie Rundstahlanker mit Gelenkaugen sind zulässig,

- wenn die Gütegruppen J2 G3, J2 G4, K2 G3 und K2 G4 – jedoch keine thermomechanisch gewalzten Stähle der Gruppen J2 G4 und K2 G4 – eingesetzt werden (E 67, Abschn. 8.1.6.1 ist zu beachten);
- wenn andere Stahlsorten – wie z. B. S 355 J0 – eingesetzt werden und durch begleitende Prüfungen sichergestellt wird, dass nach dem Normalisierungsvorgang des Schmiedeprozesses die geforderten Festigkeitswerte nach DIN EN 10 025 nicht unterschritten werden;
- wenn die Aufstauchungen, Hammerköpfe und Gelenkaugen durch Fachfirmen ausgeführt werden und sichergestellt wird, dass in allen Bereichen des Rundstahlankers die mechanischen und technologischen Werte entsprechend der gewählten Stahlsorte vorhanden sind, dass durch den Bearbeitungsprozess der Faserverlauf nicht beeinträchtigt wird und schädliche Gefügestörungen sicher vermieden werden.

Bei Rundstahlverankerungen braucht der in DIN EN 1993-5, Abschn. 6.2.2 geforderte Lastfall „Ausfall eines Ankers" nicht berücksichtigt zu werden, weil der oben dargestellte Tragfähigkeitsnachweis mit dem gegenüber DIN EN 1993-5 reduzierten Kerbfaktor k_t* geführt wird und die Rundstahlanker somit eine ausreichende Traglastreserve aufweisen, um evtl. Bruchschäden infolge beim Einbau auftretender Zusatzbeanspruchungen zu vermeiden.

Rundstahlanker dürfen ohne konservierende Beschichtung eingebaut werden, wenn im Grundwasser und Baugrund keine bzw. nur eine geringe Stahlaggressivität vorliegt.

In jedem Falle müssen die Rundstahlanker nach dem Einbau auf ganzer Länge und in einer ausreichend dicken Sandschicht im Auffüllboden allseitig eingebettet werden.

Falls eine Beschichtung der Rundstahlanker zu Konservierungszwecken erforderlich ist, sind auf der Baustelle Maßnahmen vorzusehen, um diese Beschichtung nicht zu beschädigen. Treten trotzdem Beschädigungen auf, muss die Beschichtung so saniert werden, dass deren Ursprungsqualität wieder hergestellt ist.

Die vorgenannten Maßnahmen verringern die Gefahr von anodischen Bereichen an den Rundstahlankern und die daraus evtl. entstehende Lochkorrosion.

Für die Ausführung und Bemessung von Spundwandverankerungen mit Verpressankern gilt DIN 1054 mit DIN EN 1537.

(2) Vorwiegend schwellende Beanspruchung

Anker werden im Allgemeinen vorwiegend ruhend beansprucht. Vorwiegende Schwellbeanspruchungen treten bei Ankern nur in seltenen Sonderfällen auf (Abschn. 8.2.6.1 (2)), bei Gurtbolzen jedoch häufiger. Bei Schwellbeanspruchungen dürfen nur voll beruhigte Stahlsorten nach DIN EN 10 025 verwendet werden.

Für den Nachweis der Betriebsfestigkeit gilt DIN 18 800, Teil 1, Abschn. 8.2.1.5 mit dem Abgrenzungskriterium nach Abschn. 7.5.1.

Ist die statische Grundlast gleich oder kleiner als die Wechsellastamplitude, wird empfohlen, die Anker bzw. Gurtbolzen bis über den Wert der Spannungsamplitude kontrolliert und bleibend vorzuspannen. Dadurch wird vermieden, dass die Anker oder Gurtbolzen spannungslos werden und beim wiederholten Ansteigen der Schwellbeanspruchung durch die schlagartige Belastung zu Bruch gehen.

Eine nicht genau erfassbare Vorspannung wird Ankern und Gurtbolzen in vielen Fällen schon während des Einbauvorganges aufgebracht. In solchen Fällen ohne kontrollierte Vorspannung darf im Gewinde der Anker bzw. Gurtbolzen, unabhängig von Lastfall und Stahlgüte, unter Außerachtlassung der Vorspannung nur eine Spannung $\sigma_{R,d} = 80$ N/mm^2 angesetzt werden.

In jedem Fall muss dafür gesorgt werden, dass sich die Muttern der Gurtbolzen bei wiederholten Spannungsänderungen nicht lockern können.

8.2.6.4 Stahlkabelanker

Stahlkabelanker werden nur bei vorwiegend ruhender Beanspruchung eingesetzt. Sie sind so zu bemessen, dass für den Bemessungswert N_d der Ankerzugkraft im LF 1 und LF 2 die Bedingung $N_d = N_{Bruch} / 1,50$ und im LF 3 die Bedingung $N_d = N_{Bruch} / 1,30$ erfüllt ist.

Der mittlere Elastizitätsmodul von patentverschlossenen Stahlkabelankern soll den Wert $E = 150\,000$ MN/m^2 nicht unterschreiten, was vom Lieferwerk mit einer Toleranz von $\pm\,5\,\%$ gewährleistet werden muss.

8.2.7 Berücksichtigung von Längskräften bei Spundwandprofilen (E 44)

Spundwände werden im Allgemeinen vorwiegend auf Biegung beansprucht. Wirkt zusätzlich eine Druckkraft in der Wandachse, ist der entsprechende Tragfähigkeitsnachweis ebenfalls nach DIN EN 1993-5 zu führen.

Durch eine evtl. ausmittige Einleitung von vertikalen Einwirkungen am Wandkopf kann die Biegemomentenbeanspruchung der Spundwand durch gewollte oder ungewollte Ausmittigkeiten günstig oder auch ungünstig beeinflusst werden.

Beim Stabilitätsnachweis unter Längskraftbeanspruchung kann als Knicklänge im Regelfall mit hinreichender Genauigkeit der Abstand der den Verlauf des Feldbiegemomentes begrenzenden beiden Nulldurchgänge angesetzt werden.

Ist im Bereich der für die Profilbemessung maßgeblichen Biegemomente mit starker Korrosion zu rechnen, sind dort verminderte Querschnittswerte anzusetzen.

8.2.8 Wahl der Einbindetiefe von Spundwänden (E 55)

Für die Spundwandeinbindetiefe können neben den entsprechenden Tragfähigkeitsnachweisen und dem erforderlichen Zuschlag nach E 56, Abschn. 8.2.9 auch konstruktive, ausführungstechnische, betriebliche und wirtschaftliche Belange maßgebend sein. Vorhersehbare spätere Vertiefungen der Hafensohle und eine evtl. Gefahr durch die Bildung von Kolken unterhalb der Berechnungssohle müssen genauso berücksichtigt werden wie die erforderliche Sicherheit gegen Geländebruch, Grundbruch, hydraulischen Grundbruch und Erosionsgrundbruch.

Durch die letztgenannten Anforderungen ist im Allgemeinen eine solche Mindesteinbindetiefe der Spundwand gegeben, dass zumindest eine teilweise Einspannung vorliegt – abgesehen von speziellen Gründungen im Fels. Auch wenn eine freie Auflagerung rein theoretisch bereits ausreichen würde, empfiehlt es sich oft, die Einbindetiefe zu vergrößern, weil dies auch wirtschaftlich vorteilhaft sein kann. Der Profilwiderstand wird über die Spundwandlänge gleichmäßiger ausgenutzt, und daher ist eine zumindest teilweise Einspannung der Spundwand im Boden nach dem Ansatz von BLUM [61] zweckmäßig.

Wenn mit der Spundwand auch Vertikalbeanspruchungen in den Baugrund abzutragen sind, müssen nicht alle Bohlen in den tragfähigen Baugrund geführt werden, sondern es kann ausreichend sein, die Einbindelänge nur eines Teils der Rammeinheiten so groß zu wählen, dass sie als Vertikaltragpfähle wirksam sind, wenn mit dieser Teilmenge der Nachweis der Tragfähigkeit gegen das Versinken im Baugrund geführt werden kann.

8.2.9   Ermittlung der Einbindetiefe für voll bzw. teilweise im Boden eingespannte Spundwände (E 56)

Wird eine Spundwand nach dem Verfahren von BLUM [61] berechnet, setzt sich bei voller Einspannung im Boden (Einspanngrad $\tau_1 = 100\,\%$) die gesamte Einbindelänge unterhalb der Berechnungssohle aus der Einbindetiefe t_1 bis zum theoretischen Fußpunkt und dem Tiefenzuschlag Δt_1 zusammen ('Rammtiefenzuschlag'). Die Zusatzlänge Δt_1 ist erforderlich, um den Bemessungswert der im theoretischen Fußpunkt TF tatsächlich wirkenden Horizontalkomponente $C_{h,d}$ der Ersatzkraft C als eine über die Tiefe Δt_1 verteilte Bodenreaktionskraft aufzunehmen. Sofern der weiter unten aufgeführte, genauere Nachweis zur Ermittlung von Δt_1 nicht geführt wird, darf der Tiefenzuschlag bei voll im Boden eingespannten Spundwänden vereinfachend mit

$$\Delta t_1 = \frac{t_1}{5}$$

angesetzt werden, jedoch nur dann, wenn kein erheblicher Wasserdruckanteil innerhalb der Einwirkungen vorhanden ist.

Der Bemessungswert $C_{h,d}$ der verbleibenden Ersatzkraft nach dem Ansatz nach BLUM [61] mit der Korrektur nach E 4, Abschn. 8.2.4.3 (3) ist

$$C_{h,d} = \sum (C_{Gh,k} \cdot \gamma_G + C_{Qh,k} \cdot \gamma_Q)$$

bzw. ist bei reduziertem Teilsicherheitsbeiwert für den Wasserdruckanteil und Trennung nach den Ersatzkraftanteilen

$$C_{h,d} = \sum (C_{Gh,k} \cdot \gamma_G + C_{Gh,W,k} \cdot \gamma_{G,red} + C_{Qh,k} \cdot \gamma_Q)$$

Die anzusetzenden Ersatzkraftanteile sind:

$C_{Gh,k}$ infolge ständiger Einwirkungen G,
$C_{Gh,W,k}$ infolge der ständigen Einwirkung Wasserdruck und
$C_{Qh,k}$ infolge veränderlicher Einwirkungen Q.

Die zugehörenden Teilsicherheitsbeiwerte sind:

γ_G für ständige Einwirkungen,
$\gamma_{G,red}$ für Wasserdruck bei einer zulässigen Reduzierung und
γ_Q für veränderliche Einwirkungen.

Der charakteristische Wert $E_{phC,k}$ des Bodenauflagers für die Ersatzkraft $C_{h,d}$ ergibt sich im Bruchzustand als Größe der Erdwiderstandskraft auf der Ersatzkraftseite unterhalb des theoretischen Fußpunkts TF zu

$$E_{phC,k} = \Delta t_1 \cdot e_{phC,k}$$

Der charakteristische Wert der Erdwiderstandsspannung $e_{phC,k}$ auf der Ersatzkraftseite in Höhe von TF ist

$$e_{phC,k} = \sigma_{z,C} \cdot K_{phg,C} \qquad \text{bei nichtbindigen Böden bzw.}$$

$$e_{phC,k} = \sigma_{z,C} \cdot K_{pgh,C} + c'_k \cdot K_{phc,C} \qquad \text{bei bindigen Böden}$$

(unter Berücksichtigung des jeweiligen Konsolidierungszustandes infolge der Scherparameter $c_{u,k}$ bzw. φ'_k und c'_k).
Die vertikale Bodenspannung $\sigma_{z,C}$ ist in Höhe des Fußpunkts TF auf der Ersatzkraftseite zu ermitteln.
Der Bemessungswert $E_{phC,d}$ des Bodenauflagers zur Aufnahme der Ersatzkraft $C_{h,d}$ ergibt sich mit dem Teilsicherheitsbeiwert γ_{Ep} für den Erdwiderstand zu

$$E_{phC,d} = \frac{E_{phC,k}}{\gamma_{Ep}}$$

Das Nachweisformat für die Einhaltung der Grenzzustandsbedingung bei Aufnahme der Ersatzkraft $C_{h,d}$ als Bodenreaktion lautet

$$C_{h,d} \leq E_{phC,d}$$

In Weiterentwicklung des Ansatzes von LACKNER [73] folgt aus der Grenzzustandsbedingung die Größe des erforderlichen Tiefenzuschlages Δt_1 unterhalb des theoretischen Fußpunkts TF von im Boden voll eingespannten Wänden zu

$$\Delta t_1 \geq \frac{C_{h,d} \cdot \gamma_{Ep}}{e_{phC,k}}$$

Mit der vorstehenden Gleichung für den Tiefenzuschlag bei voller Einspannung im Boden (Einspanngrad $\tau_1 = 100\,\%$) wird auch der Tiefenzuschlag für die nur teilweise im Boden eingespannte Spundwände ermittelt, d. h. für einen beliebigen Einspanngrad aus der möglichen Bandbreite von $\tau_1 = 100\,\%$ bis $\tau_0 = 0\,\%$ (freie Auflagerung im Boden). Der hier mit τ_{1-0} bezeichnete Einspanngrad einer teilweise eingespannten Spundwand ergibt sich zu $\tau_{1-0} = 100 \cdot (1 - \varepsilon / \max \varepsilon)\,[\%]$ mit dem Endtangentenwinkel ε der Biegelinie für den gewählten theoretischen Fußpunkt TF und dem Endtangentenwinkel $\max \varepsilon$ bei freier Auflagerung im Boden. Die zu dem Einspanngrad τ_{1-0} gehörende Einbindetiefe wird mit t_{1-0} und der Tiefenzuschlag mit Δt_{1-0} bezeichnet.
Bei teilweiser Einspannung im Boden treten gegenüber voller Einspannung kleinere Werte für die Ersatzkraftkomponente $C_{h,d}$ auf und damit sind auch Tiefenzuschläge $\Delta t_{1-0} < \Delta t_1$ verbunden. Im Fall der freien Auflagerung der Spundwand im Boden ($\tau_0 = 0\,\%$) gilt $C_{h,d} = 0$ und $\Delta t_0 = 0$.

Es ist ein erforderlicher Mindestwert Δt_{MIN} für die zusätzliche Einbindetiefe einzuhalten, der in Abhängigkeit von dem vorliegenden Einspanngrad ($100\ \% \geq \tau_{1\text{-}0} \geq 0\ \%$) definiert ist:

$$\Delta t_{MIN} = \frac{\dfrac{\tau_{1\text{-}0}}{100} \cdot t_{1\text{-}0}}{10}$$

Im Bild E 56-1 bedeuten:

t erforderliche Gesamteinbindetiefe $t = t_1 + \Delta t_1$ für die im Boden voll eingespannte Spundwand [m]

TF theoretischer Fußpunkt der Spundwand (Lastangriffspunkt der Ersatzkraft C) [m NN]

t_1 Abstand zwischen TF und Berechnungssohle [m]

Δt_1 Tiefenzuschlag für die Aufnahme der Ersatzkraft $C_{h,d}$ über eine Bodenreaktionskraft unterhalb von TF [m]

$\sigma_{z,C}$ vertikale Bodenspannung in TF auf der Ersatzkraftseite [kN/m²]

$\delta_{p,k}$ Neigungswinkel des Erdwiderstands [°]

$K_{pgh,C}$ Erdwiderstandsbeiwert im TF auf der Ersatzkraftseite für den Neigungswinkel $\delta_{C,k}$ [1]

$\delta_{C,k}$ Neigungswinkel der Ersatzkraft C [°]

$\delta_{C,k}$ wird in den Grenzen nach E 4, Abschn. 8.2.4.4 aufgrund des Nachweises des vertikalen Gleichgewichts nach E 4, Abschn. 8.2.4.3 festgelegt.

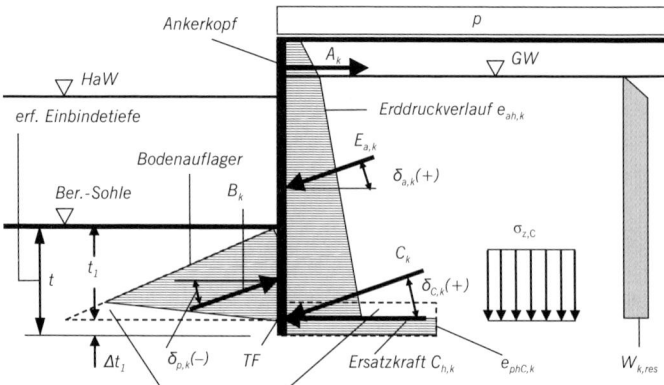

Korrigierter Erdwiderstandsverlauf nach E 4, Abschn. 8.2.4.3 (3)

Bild E 56-1. Einwirkungen, Auflager- und Bodenreaktion einer im Boden voll eingespannten Spundwand zur Ermittlung der zusätzlichen Einbindetiefe Δt_1

8.2.10 Gestaffelte Einbindetiefe bei Stahlspundwänden (E 41)

8.2.10.1 Anwendung

Häufig werden die Rammeinheiten einer Spundwand – im Allgemeinen Doppelbohlen – aus rammtechnischen und bei eingespannten Wänden auch aus wirtschaftlichen Gründen abwechselnd verschieden tief eingerammt. Das zulässige Maß dieser Staffelung – d. h. der Unterschied der Einbindelänge – hängt von der Beanspruchung der längeren Bohlen im Fußbereich und von baulichen Gesichtspunkten ab. Aus rammtechnischen Gründen ist bei wellenförmigen Spundbohlen eine Staffelung innerhalb einer Rammeinheit nicht zu empfehlen.

Im Bereich des Bodenauflagers einer gestaffelten Spundwand bildet sich im Bruchzustand – ähnlich wie vor Ankerplatten mit geringem Abstand – unter Beachtung der geometrischen Randbedingungen nach E 7, Abschn. 8.1.4.2 ein einheitlich durchlaufender Erdwiderstandsgleitkörper aus. Die Bodenreaktion kann daher bei der Ermittlung der Beanspruchungen ohne Berücksichtigung der Staffelung bis zum Fuß der tieferen Bohlen in voller Größe angesetzt werden. In Unterkante der kürzeren Bohlen muss das an dieser Stelle vorhandene Biegemoment von den längeren Bohlen allein aufgenommen werden können. Bei wellenförmigen Stahlspundwänden wird man deshalb immer nur direkt benachbarte Rammeinheiten – mindestens Doppelbohlen – staffeln (Bilder E 41-1 und E 41-2), um die Beanspruchungen der tiefer hinab reichenden Bohlen zu begrenzen.

Als Staffelmaß ist ein Wert von 1,0 m üblich, für das sich erfahrungsgemäß ein statischer Nachweis der längeren Spundbohlen erübrigt. Bei größerer Staffelung ist die Tragfähigkeit der tiefer einbindenden Spundbohlen bzgl. der Mehrfachbeanspruchung infolge des Biegemoments mit Längs- und Querkraft nachzuweisen.

8.2.10.2 Im Boden eingespannte Spundwände

- Bei nach dem Ansatz von BLUM [61] voll im Boden eingespannten Spundwänden ($\tau_1 = 100\ \%$) darf das gesamte Staffelmaß s zur Stahlersparnis ausgenutzt werden: die längeren Spundwandbohlen werden bis in die Tiefe der nach E 56, Abschn. 8.2.9 ermittelten rechnerischen Wandunterkante geführt (Bild E 41-1), die kürzeren enden um das Staffelmaß s höher.
- Bei teilweise im Boden eingespannten Wänden ($100\ \% > \tau_{1-0} > 0\ \%$) darf die Stahlersparnis nur mit der Größe des jeweils vorliegenden Einspanngrades vorgenommen werden. Eine entsprechende Stahlersparnis wird erzielt, indem die längeren Spundwandbohlen um ein bestimmtes Teilstaffelmaß s_U unter die Tiefenkote der rechnerischen Wandunterkante geführt werden, die kürzeren Bohlen enden um das Staffelmaß s höher.

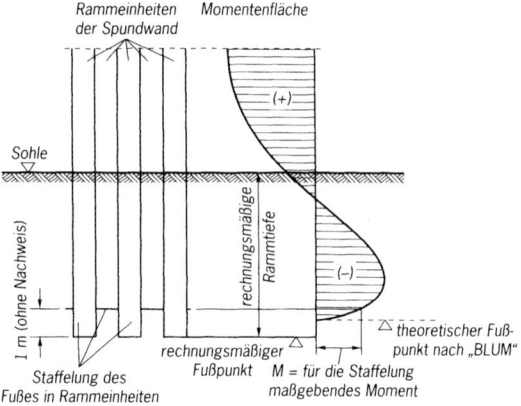

Bild E 41-1. Staffelung des Spundwandfußes bei einer voll im Boden eingespannten Spundwand

Das Teilstaffelmaß s_U hängt von dem Einspanngrad τ_{1-0} [%] ab und beträgt $s_U = (100 - \tau_{1-0}) \cdot s / (2 \cdot 100)$.

8.2.10.3 Im Boden frei aufgelagerte Spundwand

Bei freier Auflagerung der Spundwand im Boden führt das Staffelmaß s – wegen der auch für den Einspanngrad $\tau_0 = 0$ % geltenden Gleichung für das Teilstaffelmaß s_U aus Abschn. 8.2.10.2 – nicht mehr zu einer Stahlersparnis, sondern nur zu einer Vergrößerung des mobilisierbaren Bodenauflagers B, die jedoch rechnerisch nicht anzusetzen ist.

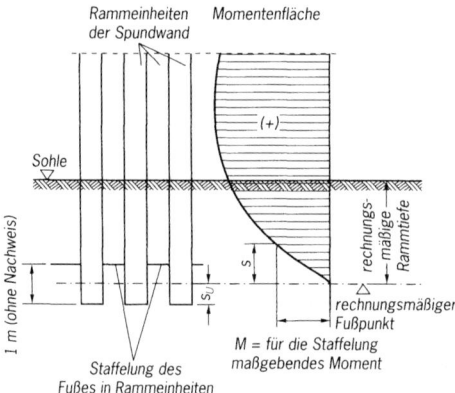

Bild E 41-2. Staffelung des Spundwandfußes bei einer frei im Boden aufgelagerten Spundwand

Die längeren Bohlen müssen hierbei nach Bild E 41-2 um das Teilstaffel-maß $s_U = s/2$ unter die rechnerische Wandunterkante geführt werden. Wird das Staffelmaß s größer als 1,0 m ausgeführt, muss der Nachweis der Tragfähigkeit des tiefer einbindenden Spundwandprofils nach Bild E 41-2 erfolgen.

Bei Spundwänden aus Stahlbeton oder aus Holz gilt dasselbe, wenn die Spundung ausreichend tragfähig ist, um das Zusammenwirken der kür-zeren und der längeren Bohlen zu gewährleisten.

8.2.10.4 Kombinierte Spundwand

Bei Spundwänden, die aus Trag- und Zwischenbohlen zusammenge-setzt sind (E 7, Abschn. 8.1.4), muss bei einer Umströmung der Wand der vorhandene Wasserüberdruck dahingehend berücksichtigt werden, dass die erforderliche Sicherheit gegen hydraulischen Grundbruch (E 115, Abschn. 3.2) vor den kürzeren Zwischenbohlen gewährleistet ist. Bei einer evtl. Gefährdung infolge der Bildung von Kolken sind entspre-chende Zuschläge zu der Bohlenlänge vorzusehen.

Stehen im Sohlenbereich weiche oder breiige Bodenschichten an, ist die Einbindetiefe der kurzen Bohlen bzw. der Zwischenbohlen durch be-sondere Untersuchungen zu ermitteln.

8.2.11 Vertikalbeanspruchung von Spundwänden (E 33)

8.2.11.1 Allgemeines

Spundwände können neben ihrer Funktion als durch horizontale Ein-wirkungen auf Biegung beanspruchte Stützbauwerke auch durch verti-kale Einwirkungen in ihrer Achsrichtung beansprucht werden, wenn sie genügend tief in den tragfähigen Baugrund einbinden und während des Einbringens aufgrund der aufzuwendenden Rammenergie als ausreichend tragfähig eingestuft werden.

Der Nachweis der Vertikaltragfähigkeit ist nach E 4, Abschn. 8.2.4.6 zu führen. Bei den hier behandelten und auf Biegung beanspruchten Spund-wänden ist eine zu Pfählen analoge Tragwirkung mit Ansatz von Mantel-widerstand $R_{1s,k}$ erst unterhalb der rechnerischen Wandunterkante zu-lässig, d. h. wenn die gewählte Einbindelänge $gew\ t$ größer ist als die erforderliche Einbindelänge $erf\ t = t_{1-0} + \Delta t_{1-0}$.

Im Allgemeinen erhöht sich bei Stahlspundwänden im Laufe der Zeit der axiale Widerstand gegenüber dem Versinken im Baugrund infolge der fortschreitenden Verkrustung der Stahloberflächen.

8.2.11.2 Fuß- und Mantelwiderstand der Spundwand gegen Versinken infolge Vertikalbeanspruchung

Der axiale Widerstand der Spundwand bzw. der Spundwandtragelemente zur Aufnahme von Vertikalbeanspruchungen im Baugrund besteht aus dem Fußwiderstand $R_{1b,k}$ infolge eines Spitzendrucks $q_{b,k}$ und – wenn nach E 4, Abschn. 8.2.4.6 (4) die gewählte Einbindetiefe größer ist als die erforderliche Einbindetiefe – einem Mantelwiderstand $R_{1s,k}$ infolge einer Mantelreibung $q_{s,k}$.

Der charakteristische Widerstand $R_{1,k}$ ist in Anlehnung an DIN 1054, Abschn. 10.5.2 bzw. Abschn. 8.4 zu bestimmen, und der Bemessungswert $R_{1,d}$ ergibt sich daraus mit dem Teilsicherheitsbeiwert γ_P zu

$$R_{1,d} = \frac{R_{1,k}}{\gamma_P}$$

Bei der Mobilisierung axialer Widerstände ist zu beachten, dass der Mantelwiderstand R_{1s} bereits nach geringen Relativverschiebungen wirksam ist, der Fußwiderstand R_{1b} dagegen im Prinzip große Verschiebungen erfordert, es sei denn, die Rammelemente werden bereits beim Einbringen aufgrund örtlicher Erfahrungen als ausreichend fest eingestuft. Wenn aufgrund der Geometrie des gewählten Profils keine Pfropfenbildung innerhalb der Tragelemente zu erwarten ist, sind vom Baugrundgutachter über die Angabe des Wertes für einen anzusetzenden Spitzenwiderstand $q_{b,k}$ hinaus auch Aussagen über die dafür erforderliche Einbindetiefe in den tragfähigen Baugrund und die für Spitzenwiderstand wirksame Querschnittsfläche zu treffen.

Zum Erzielen einer Pfropfenbildung können entsprechende Flach- bzw. Profilstähle in solcher Art und Weise in den Fußquerschnitt eingeschweißt werden, dass eine in der Berechnung angesetzte Pfropfenbildung auch bodenmechanisch gesichert ist. Die Stahlprofile sind so im Fußbereich anzuordnen, dass sie den Einbringvorgang möglichst wenig stören, dass sie aber gleichzeitig unbeschädigt auf Solltiefe gebracht werden können, um die auftretenden Vertikalbeanspruchungen mit ausreichender Sicherheit in den Baugrund zu übertragen.

Bei kastenförmigen Profilen darf der Spitzendruck $q_{b,k}$ auf die von der Umhüllenden des Wandquerschnitts begrenzte Fläche angesetzt werden. Bei Spundwänden aus wellenförmigen Profilen mit einem mittleren Stegabstand > 400 mm ist die Aufstandsfläche abzumindern. Der Fußwiderstand dieser Wellenspundwände kann u. U. mit dem von WEISSENBACH [256] auf der Grundlage der Untersuchungen von RADOMSKI weiterentwickelten Verfahren ermittelt werden, worin unterschiedliche Öffnungswinkel der verschiedenen Wellenprofiltypen über einen von der Geometrie abhängigen Formfaktor berücksichtigt werden. Die mit diesem Ansatz ermittelte Tragfähigkeit wurde bei Probebelastungen z. T. nicht erreicht, sodass für die Ermittlung des Fußwiderstands von Wellenspundwänden das auf der sicheren Seite liegende Verfahren des mit Spitzendruck beaufschlagten und n-fach vergrößerten Stahlquerschnitts angewendet werden sollte, d. h. $A_b = n \cdot A_s$ mit $n = 6$–8.

Bei kombinierten Spundwänden mit Tragbohlen aus gewalzten I-Profilen können zum Erzielen der Pfropfenbildung im Bedarfsfall die erwähnten Flach- oder Profilstähle in den Fuß eingeschweißt werden, wenn die lichte Weite zwischen den Flanschen der Tragbohlen den Wert von 400 mm übersteigt.

8.2.11.3 Widerstand des Baugrundes gegen axiale Zugbeanspruchung

Hier gelten bzgl. der Wandreibungswiderstände sinngemäß dieselben Voraussetzungen wie bei Druckbeanspruchungen. Infolge der ungünstigen Auswirkungen von Zugbeanspruchungen entsprechend E 4, Abschn. 8.2.4.5 sollten Zugbelastungen bei Uferspundwänden möglichst vermieden werden.

8.2.12 Horizontale Einwirkungen auf Stahlspundwände in Längsrichtung des Ufers (E 132)

8.2.12.1 Allgemeines

Kombinierte und wellenförmige Stahlspundwände sind gegen horizontale Einwirkungen in Längsrichtung des Ufers verhältnismäßig nachgiebig. Treten solche Einwirkungen auf, ist nachzuweisen, dass die dadurch hervorgerufene Horizontalkraftbeanspruchung parallel zur Uferlinie von der Spundwand aufgenommen werden kann oder ob dafür zusätzliche Maßnahmen erforderlich sind.

In vielen Fällen lassen sich Beanspruchungen von Spundwandbauwerken in ihrer Ebene infolge der Einwirkungen aus Erd- und Wasserdruck dadurch vermeiden, dass die Konstruktion entsprechend gewählt wird. Dies kann bei Kaimauerecken z. B. durch eine kreuzweise Verankerung nach E 31, Abschn. 8.4.11 erfolgen. Ufermauern oder Molenköpfe mit Wandabschnitten in Form eines Kreisbogens können mit radial angeordneten Rundstahlankern an einer im Kreismittelpunkt angeordneten Herzstückplatte verankert werden. Von dieser zentralen Platte aus verlaufen weitere Rundstahlanker zu einer rückwärtig eingebrachten Ankerwand aus Spundwandprofilen. Die Ankerkraftresultierende der hier angeschlossenen Anker muss dieselbe Wirkungsrichtung aufweisen wie die resultierende Ankerkraft der radial verlaufenden Anker, damit an der Herzstückplatte keine Umlenkkräfte auftreten.

8.2.12.2 Übertragung von Horizontalkräften in die Spundwandebene

Die Übertragung kann mit vorhandenen Konstruktionselementen wie Holm und Gurt stattfinden, wenn diese entsprechend ausgebildet sind. Andernfalls muss sie durch zusätzliche Maßnahmen sichergestellt werden, wie z. B. durch den Einbau von Diagonalverbänden hinter der Wand. Für kleinere Längskräfte genügt ggf. auch ein Verschweißen der Schlösser im oberen Bereich.

Die parallel zur Uferlinie gerichteten Einwirkungskomponenten aus Trossenzug treten jeweils an den Festmache-Einrichtungen auf, die größten Einwirkungen aus Wind an den Verriegelungspunkten der Kräne und die infolge der Schiffsreibung an den Fenderungen. Der Lastangriffspunkt dieser Reibungskräfte kann an jeder beliebigen Stelle der Wandflucht auftreten. Dies trifft auch für die Horizontalbeanspruchungen infolge der Kranbremsung zu, die vom Überbau in den Wandkopf übertragen werden müssen. Die Längsbeanspruchungen können über eine größere Verteilungsstrecke in die Spundwandebene geleitet werden, wenn die Ausbildung der verteilenden Konstruktionselemente entsprechend gewählt wird.

Hierzu sind bei Stahlgurten die Flansche der Gurte mit dem landseitigen Spundwandrücken zu verschrauben oder zu verschweißen (Bild E 132-1). Die Längskraftübertragung kann auch durch Knaggen erreicht werden, die an den Gurt geschweißt werden und sich gegen die Stege der Spundwand abstützen (Bild E 132-2).

Bei einem Gurt aus zwei U-Profilen kann der Gurtbolzen nur dann zur Übertragung von Längskräften herangezogen werden, wenn die beiden Gurte am landseitigen Bohlenrücken durch eine senkrecht eingeschweißte, gebohrte Platte verbunden werden, die die Kraft aus dem Gurtbolzen durch Lochleibungsdruck übernimmt, wobei der Bolzen auf Abscheren beansprucht wird (Bild E 132-3).

Beim Auftreten von parallel zur Spundwandebene gerichteten Beanspruchungen sind Holme und Gurte einschließlich ihrer Stöße auf Biegung mit Längskraft und Querkraft zu bemessen.

Zur Übertragung von Horizontalkraftbeanspruchungen in Richtung der Uferlinie von einem Stahlbetonholm auf den Spundwandkopf muss dieser ausreichend in den Holm einbinden. Die Bemessung des Stahlbetonquerschnitts muss entsprechend aller in diesem Bereich auftretenden globalen und lokalen Beanspruchungen erfolgen.

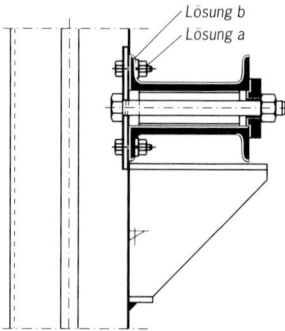

Bild E 132-1. Übertragung von Längskräften mit Passschrauben in den Gurtflanschen (Lösung a) oder mit Schweißnähten (Lösung b)

412

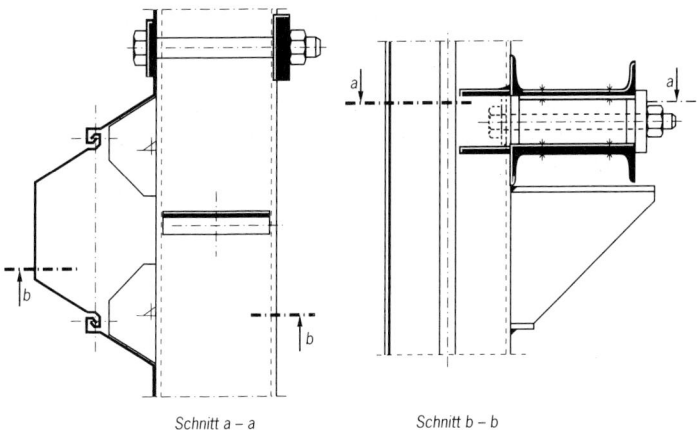

Schnitt a – a   Schnitt b – b

Bild E 132-2. Übertragung von Längskräften mit an den Gurt geschweißten Knaggen

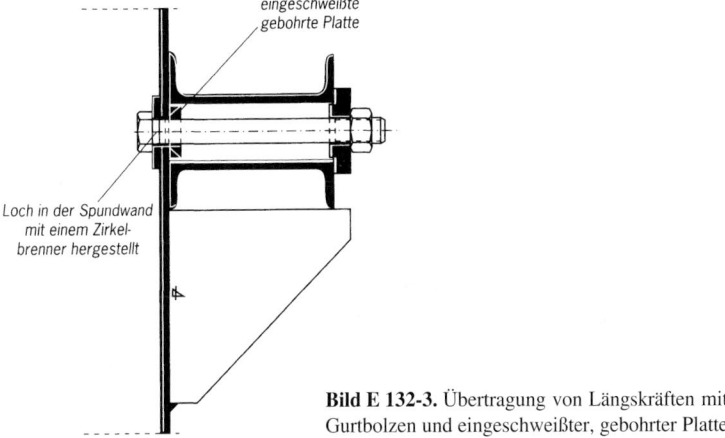

eingeschweißte
gebohrte Platte

Loch in der Spundwand
mit einem Zirkel-
brenner hergestellt

Bild E 132-3. Übertragung von Längskräften mit
Gurtbolzen und eingeschweißter, gebohrter Platte

8.2.12.3 Übertragung der parallel zur Spundwandflucht wirkenden Horizontalkräfte von der Wandebene in den Baugrund

Waagerechte Längskräfte in der Spundwandebene werden durch Reibung an den landseitigen Spundwandflanschen und durch Widerstand vor den Spundwandstegen in den Boden übertragen. Letzterer kann aber nicht größer sein als die Reibung im Boden auf die Länge des Spundwandtals.

Die Kraftaufnahme kann daher bei nichtbindigen Böden insgesamt über Reibung berechnet werden, wobei ein angemessener Mittelwert der Reibungsfaktoren zwischen Boden und Stahl sowie zwischen Boden und

413

Boden angesetzt wird. Diese Kraftüberleitung ist bei den nichtbindigen Böden umso günstiger, je größer der Reibungswinkel und die Festigkeit des Hinterfüllbodens sind, bei bindigen Böden wächst die Größe der Kraftüberleitung mit der vorhandenen Scherfestigkeit und Konsistenz. Bei der Kraftüberleitung der parallel zur Spundwandebene im Holm oder Gurt wirkenden Horizontalkräfte in den Baugrund treten zusätzliche – quer zur Haupttragrichtung der Spundwand wirkende – Biegemomentbeanspruchungen auf. Die Biegemomente können mit dem Berechnungsmodell einer eingespannten oder frei aufgelagerten Ankerwand berechnet werden. An die Stelle der widerstehenden Bodenreaktion infolge des mobilisierten Erdwiderstands tritt in diesem Fall jedoch die oben angegebene mittlere Wandreibungskraft bzw. ein entsprechender Scherwiderstand.

Als Tragelemente zur Aufnahme dieser Zusatzbeanspruchungen sind in der Regel nur schubfest verschweißte Doppelbohlen einzusetzen. Unverschweißte Bohlen können nur als Einzelbohlen berücksichtigt werden.

Bei der Aufnahme von waagerechten Kräften in Längsrichtung des Ufers werden die Spundbohlen durch Biegung in zwei Ebenen beansprucht. Bei der Überlagerung der hierbei auftretenden Spannungen darf nach DIN 18 800 nur der Bemessungswert der Vergleichsspannung $\sigma_{v,d}$ angesetzt werden, der unter den dort ebenfalls genannten Randbedingungen für die einzelnen Eckspannungen den Wert der Grenznormalspannung $\sigma_{R,d}$ um 10 % überschreiten, d. h. gerade die Streckgrenze $f_{y,k}$ erreichen.

Durch die Inanspruchnahme von Reibungswiderständen in waagerechter Richtung darf in der Berechnung für die Spundwand nur noch ein verminderter Erddruckneigungswinkel $\delta_{a,k,red}$ angesetzt werden. Dabei darf die Größe der Resultierenden der Vektoraddition der beiden orthogonal aufeinander stehenden Reibungswiderstände den maximal möglichen Wert des Wandreibungswiderstandes der Spundwand gegenüber dem Boden nicht überschreiten.

8.2.13 **Berechnung von im Boden eingespannten Ankerwänden (E 152)**

Infolge von Hindernissen im Baugrund, wie Kanäle, Versorgungsleitungen und dergleichen, ist es gelegentlich nicht möglich, die Rundstahlanker mittig zu der Ankerwand zu führen und dort anzuschließen. Die Rundstahlanker müssen dann höher gelegt und im Kopfbereich der Ankerwand angeschlossen werden.

Die Berechnung der Ankerwand ist in solchen Fällen wie für eine unverankerte Spundwand im Grenzzustand GZ 1B durchzuführen. Die Ankerkraft A_k der zu verankernden, vorderen Spundwand geht hierbei als charakteristischer Wert F_k der am Ankerwandkopf einwirkenden Zugkraft in die Berechnung ein.

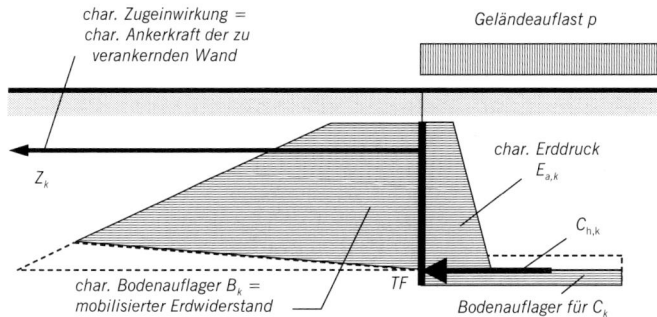

char. Zugeinwirkung = char. Ankerkraft der zu verankernden Wand

Z_k

Geländeauflast p

char. Erddruck $E_{a,k}$

$C_{h,k}$

char. Bodenauflager B_k = mobilisierter Erdwiderstand

TF

Bodenauflager für C_k

Bild E 152-1. Einwirkungen, Bodenreaktion und Ersatzkraft einer im Boden voll eingespannten Ankerwand für Standsicherheitsnachweise im GZ 1B

Die Teilsicherheitsbeiwerte für die Einwirkungen Erddruck und evtl. Wasserdruck werden nach E 214, Abschn. 8.2.0.1 angesetzt, der Beiwert für die Zugkraft F_k ergibt sich als Quotient von Bemessungswert A_d und charakteristischem Wert A_k der Ankerkraft, die beide der Berechnung der vorderen Spundwand zu entnehmen sind. Der erforderliche Tiefenzuschlag Δt_1 zur Einbindetiefe wird nach E 56, Abschn. 8.2.9 ermittelt.

Die Spundbohlen der Ankerwand werden bei dieser Bauweise gegenüber einer mittig belasteten Ankertafel wesentlich länger und weisen größere Profilquerschnitte auf.

Eine Staffelung der Ankerwand nach E 42, Abschn. 8.2.14 ist nur am unteren Ende zulässig und kann bei hohen Ankerwänden ohne besonderen Nachweis bis zu 1,0 m ausgeführt werden.

Bei vorwiegend waagerechter Grundwasseranströmung muss die Ankerwand mit Wasserdurchtrittsöffnungen versehen werden, wenn der auf die Wand einwirkende Wasserdruck verringert werden soll. Der dabei entstehende Wasserdruck ist bei der Spundwandberechnung der Ankerwand zu berücksichtigen.

8.2.14 Gestaffelte Ausbildung von Ankerwänden (E 42)

Zur Materialeinsparung können Ankerwände wie Uferspundwände gestaffelt ausgeführt werden. Die Staffelung darf gleichzeitig am unteren und oberen Ende vorgenommen werden. Das Staffelmaß sollte im Allgemeinen jedoch nicht mehr als jeweils 0,5 m betragen. Bei Staffelung an beiden Enden können alle Doppelbohlen dieselbe Länge aufweisen, indem diese 0,5 m kürzer als die Höhe der Ankerwand gewählt und dann abwechselnd so gerammt werden, dass von zwei benachbarten Doppelbohlen die eine mit dem oberen Ende auf Sollhöhe von OK Ankerwand, die andere mit dem unteren Ende auf Sollhöhe von UK Ankerwand liegt.

415

Eine größere Staffelung als 0,5 m ist nur bei tief liegenden Ankerwänden zulässig, wenn die Tragfähigkeit des Bodenauflagers und die Profiltragfähigkeit bzgl. der Schnittgrößen Biegemoment, Querkraft und Längskraft nachgewiesen wird. Die zuvor genannten Nachweise sind jedoch auch schon bei einer Staffelung von 0,5 m erforderlich, wenn die gesamte Ankerwandhöhe kleiner als 2,5 m ist. In diesem Fall ist auch nachzuweisen, dass die Biegemomente von den tiefer hinabreichenden Enden in die benachbarten Bohlen übergeleitet werden.

Bei Stahlbeton- und bei Holzbohlen kann sinngemäß verfahren werden, wenn die Spundung ausreichend tragfähig ist, um das Zusammenwirken aller Bohlen zu gewährleisten.

8.2.15 Gründung von Stahlspundwänden in Fels (E 57)

8.2.15.1 Wenn Fels eine dickere verwitterte Übergangszone mit einer nach der Tiefe zunehmenden Festigkeit aufweist, oder wenn weiches Gestein ansteht, lassen sich Stahlspundbohlen erfahrungsgemäß so tief in den Fels einrammen, dass eine Fußstützung erzielt wird, die mindestens für freie Auflagerung ausreichend ist.

8.2.15.2 Um das Einrammen der Spundbohlen in den Fels zu ermöglichen, müssen diese je nach Profilart und Gestein am Wandfuß und ggf. auch am Kopf entsprechend hergerichtet bzw. verstärkt werden. Mit Rücksicht auf die erforderliche große Rammenergie empfiehlt es sich, für den Spundwandwerkstoff die Stahlgüte S 355 GP (E 67, Abschn. 8.1.6) zu wählen. Es ist sehr zweckmäßig, mit schweren Rammbären und mit entsprechend kleiner Fallhöhe zu arbeiten. Eine ähnliche Wirkung lässt sich bei Einsatz von Hydraulikbären erzielen, deren Schlagenergie in Anpassung an den jeweiligen Rammenergiebedarf kontrolliert regelbar ist (E 118, Abschn. 8.1.11.3).

Steht gesunder, harter Fels bis zur Oberfläche an, sind Proberammungen und Felsuntersuchungen unerlässlich. Gegebenenfalls müssen für die Fußsicherung und die Bohlenführung besondere Maßnahmen getroffen werden. Durch Bohrungen von 105 mm bis 300 mm Durchmesser, die in einem Abstand entsprechend der Bohlenbreite der Spundwand abgeteuft werden, kann der Untergrund perforiert und so entspannt werden, dass die Spundbohlen eingerammt werden können.

Der gleiche Effekt kann bei wechselhaft festen Gesteinen und dergleichen mit der Hochdruck-Vorschneide-Technik erreicht werden (E 203, Abschn. 8.1.23.3).

8.2.15.3 Sind größere Einrammtiefen im Fels erforderlich, bieten sich gezielte Sprengungen an, die den Fels im Bereich der Spundwand auflockern und rammfähig machen. Bei der Wahl des Profils und der Stahlsorte muss auf mögliche Ungleichmäßigkeiten des Baugrunds und der daraus resultierenden Rammbeanspruchungen Rücksicht genommen werden. Bezüglich Lockerungssprengungen wird auf E 183, Abschn. 8.1.10 verwiesen. Das Vorbohren hat den Vorteil, dass die Gesteinseigenschaften des ungestörten Zustandes erhalten bleiben. Dadurch ergeben sich gegenüber dem Sprengen positive Auswirkungen auf die untere Stützkraft der Spundwand. Außerdem ist die erforderliche Vorbohrtiefe kürzer als die zu sprengende Tiefe.

8.2.16 Uferspundwände in nicht konsolidierten, weichen bindigen Böden, insbesondere in Verbindung mit unverschieblichen Bauwerken (E 43)

Aus verschiedenen Gründen müssen Häfen und Industrieanlagen mit den zugehörigen Ufereinfassungen auch in Gebieten mit schlechtem Baugrund errichtet werden. Vorhandene alluviale, bindige Böden – ggf. mit moorigen Zwischenlagen – werden hierbei durch Aufhöhungen des Geländes zusätzlich belastet und dadurch in einen nicht konsolidierten Zustand versetzt. Die dann auftretenden Setzungen und waagerechten Verschiebungen erfordern besondere bauliche Maßnahmen und eine möglichst zutreffende statische Behandlung.

In nicht konsolidierten, weichen bindigen Böden dürfen Spundwandbauwerke nur dann „schwimmend" ausgeführt werden, wenn sowohl die Nutzung als auch die Standsicherheit des Gesamtbauwerks und seiner Teile die dabei auftretenden Setzungen und waagerechten Verschiebungen bzw. deren Unterschiede gestatten. Um dies beurteilen und die erforderlichen Maßnahmen treffen zu können, müssen die zu erwartenden Setzungen und Verschiebungen errechnet werden.

Wird eine Uferwand in nicht konsolidierten, weichen bindigen Böden im Zusammenhang mit einem praktisch unverschieblich gegründeten Bauwerk, beispielsweise mit einem stehend gegründeten Pfahlrostbauwerk, ausgeführt, sind folgende Lösungen anwendbar:

8.2.16.1 Die Spundwand wird in lotrechter Richtung frei verschieblich verankert oder abgestützt, sodass der Anschluss an das Bauwerk auch bei den größten rechnerisch auftretenden Verschiebungen noch tragfähig und voll wirksam bleibt.

Diese Lösung bereitet, abgesehen von der Setzungs- und Verschiebungsberechnung, keine Schwierigkeiten. Sie kann jedoch bei Pfahlrostbauten aus betrieblichen Gründen im Allgemeinen nur bei einer hinten liegenden Spundwand angewendet werden. Die an der Abstützung auftretende lotrechte Reibungskraft muss in der Pfahlrostberechnung berücksichtigt werden. Bei den Ankeranschlüssen einer vorderen Spundwand genügen Langlöcher nicht, vielmehr muss dann eine frei verschiebliche Verankerung ausgeführt werden.

8.2.16.2 Die Spundwand wird durch Tieferführen einer ausreichenden Anzahl von Rammeinheiten in dem tragfähigen, tief liegenden Baugrund gegen lotrechte Bewegungen aufgelagert. Hierbei muss die Tragfähigkeit der Spundwand gegenüber den folgenden Vertikalbeanspruchungen von den tiefer geführten Rammeinheiten allein sichergestellt werden:

(1) Eigenlast der Wand,
(2) an Spundwand hängender Boden infolge negativer Mantelreibung und Haftfestigkeit,
(3) axiale Einwirkungen auf die Spundwand.

Bei vorne liegender Spundwand ist diese Lösung technisch und betrieblich zweckmäßig. Da sich der bindige Boden während des Setzungsvorgangs an der Spundwand aufhängt, wird der Erddruck kleiner. Treten auch im stützenden Boden vor dem Spundwandfuß Setzungen auf, vermindert sich infolge negativer Mantelreibung allerdings auch der charakteristische Erdwiderstand und damit das mögliche Bodenauflager. Dies muss in der Spundwandberechnung berücksichtigt werden.
Bei der Berechnung der aus der Bodensetzung herrührenden lotrechten Beanspruchung der Spundwand wird die negative Mantelreibung und Haftfestigkeit für den Anfangs- und Endzustand berücksichtigt.

8.2.16.3 Die Spundwand wird, abgesehen von der Verankerung oder Abstützung gegen waagerechte Kräfte, an dem Bauwerk so aufgehängt, dass die unter Abschn. 8.2.16.2 genannten Einwirkungen in das Bauwerk und von dort in den tragfähigen Baugrund übertragen werden.
Bei dieser Lösung werden die Spundwand und ihre obere Aufhängung nach den Angaben in Abschn. 8.2.16.2 berechnet.

8.2.16.4 Liegt der tragfähige Boden in bautechnisch erreichbarer Tiefe, wird die gesamte Wand bis in den tragfähigen Boden geführt. Der Erdwiderstand in dieser Schicht wird mit den üblichen Erddruckneigungswinkeln sowie den Teilsicherheitsbeiwerten nach Tabelle E 0-2 berechnet. Bei Berechnung der Bodenreaktion des darüber liegenden Bodens geringerer Festigkeit bzw. Konsistenz darf nur ein reduzierter charakteristischer Erdwiderstand angesetzt werden. Der Nachweis der Gebrauchstauglichkeit im GZ 2 muss geführt werden.

8.2.17 Auswirkungen von Erdbeben auf die Ausbildung und Bemessung von Ufereinfassungen (E 124)
Im Abschn. 2.13 behandelt.

8.2.18 Ausbildung und Bemessung einfach verankerter Spundwandbauwerke in Erdbebengebieten (E 125)

8.2.18.1 Allgemeines

Anhand der Baugrundaufschlüsse und der bodenmechanischen Untersuchungen muss zunächst sorgfältig geprüft werden, welche Auswirkungen die während des maßgebenden Erdbebens auftretenden Erschütterungen auf die Scherfestigkeit des Baugrundes haben können. Das Ergebnis dieser Untersuchungen kann für die Gestaltung des Bauwerks maßgebend sein. Beispielsweise dürfen bei Baugrundverhältnissen, bei denen mit Bodenverflüssigung (Liquefaction) nach E 124, Abschn. 2.13, gerechnet werden muss, keine Verankerungen durch eine hoch liegende Ankerwand bzw. Ankerplatten gewählt werden, es sei denn, der stützende Verankerungs-Erdkörper wird im Zuge der Baumaßnahmen ausreichend verdichtet und damit die Gefahr der Verflüssigung beseitigt. Bezüglich der Größe der anzusetzenden Erschütterungszahl k_h und sonstiger Einwirkungen sowie der Bemessungswerte für Beanspruchungen und Widerstände und der dafür geforderten Sicherheiten wird auf E 124, Abschn. 2.13 verwiesen.

8.2.18.2 Spundwandberechnung

Unter Berücksichtigung der nach E 124, Abschn. 2.13.3, 2.13.4 und 2.13.5 ermittelten Spundwandbeanspruchungen und Auflagerreaktionen kann die Berechnung nach E 77, Abschn. 8.2.2, durchgeführt werden, jedoch ohne Umlagerung des Erddrucks.

Der mit fiktiven Neigungswinkeln für Bezugs- und Geländeoberfläche ermittelte charakteristische aktive Erddruck und der Erdwiderstand werden allen Berechnungen und Nachweisen zugrunde gelegt, obwohl Versuche gezeigt haben, dass der Anstieg der Erddruckvergrößerung aus einem Beben nicht linear mit der Tiefe zunimmt, sondern in Oberflächennähe größer ist. Deshalb ist die Verankerung mit angemessenen Reserven zu bemessen.

8.2.18.3 Spundwandverankerung

Der Nachweis der Standsicherheit der Verankerung in der tiefen Gleitfuge ist nach E 10, Abschn. 8.4.9 zu führen. Hierbei sind die zusätzlichen waagerechten Kräfte, die durch die Beschleunigung des zu verankernden Erdkörpers und des darin enthaltenen Porenwassers bei verminderter Verkehrslast auftreten, zu berücksichtigen.

8.3 Berechnung und Bemessung von Fangedämmen

8.3.1 Zellenfangedämme als Baugrubenumschließungen und als Ufereinfassungen (E 100)

8.3.1.1 Allgemeines

Zellenfangedämme werden aus Flachprofilen mit hoher Schlosszugfestigkeit hergestellt. Diese beträgt je nach Stahlsorte und Profilart 2 bis 5,5 MN/m. Zellenfangedämme bieten den Vorteil, allein durch eine geeignete Zellenfüllung ohne Gurt und Verankerung standsicher ausgebildet werden zu können, selbst wenn bei felsigem Untergrund ein Einbinden der Wände in den Baugrund nicht möglich ist. Zellenfangedämme können wirtschaftlich sein, wenn große Wassertiefen, d. h. hohe Geländesprünge, mit größeren Bauwerkslängen zusammentreffen und wenn eine Aussteifung oder Verankerung nicht möglich oder mit wirtschaftlich vertretbarem Aufwand nicht ausführbar ist. Der Mehrbedarf an Spundwandfläche kann in diesen Fällen u. U. durch die Gewichtsersparnis des leichteren und kürzeren Spundwandprofils und durch den Wegfall der Gurte und Anker aufgewogen werden.

8.3.1.2 Zellenkonstruktionen für Fangedämme

Man unterscheidet Zellenfangedämme mit
- Kreiszellen (Bild E 100-1a),
- Flachzellen (Bild E 100-1b),
- speziellen Festpunktzellen innerhalb des Fangedammes (z. B. ,Kleeblatt'-Zelle),
- Monozellen.

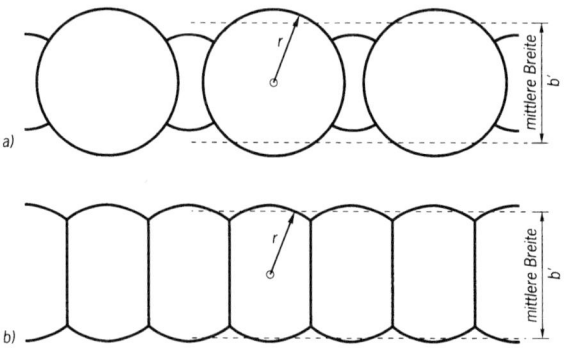

Bild E 100-1. Schematische Grundrisse von Zellenfangedämmen
a) Kreiszellenfangedamm
b) Flachzellenfangedamm

(1) Kreiszellen, die durch schmale, bogenförmige Zwickelwände verbunden werden, haben den Vorteil, dass jede Zelle für sich aufgestellt und verfüllt werden kann und daher für sich allein standsicher ist. Die zum Abdichten erforderlichen Zwickelwände können nachträglich eingebaut werden. Sie werden über Abzweigbohlen an die standsicheren Kreiszellen angeschlossen. Abzweigbohlen bestehen in der Regel aus speziell geformten Walzprofilen oder aus geschweißten bzw. geschraubten Profilen, bei denen sich der Abzweigwinkel in den Knotenpunkten zwischen 30° und 38° variieren lässt. Für geschweißte Abzweigbohlen sind zur Vermeidung von Terrassenbrüchen nur Stahlsorten mit entsprechenden Eigenschaften zu verwenden (s. hierzu E 67, Abschn. 8.1.6.1).

Um die unvermeidbaren Zusatzbeanspruchungen an den Abzweigbohlen gering zu halten, sollten der lichte Abstand der Kreiszellen sowie der Radius der Zwickelwände möglichst klein gehalten werden. Gegebenenfalls können in der Zwickelwand geknickte Bohlen angeordnet werden.

Hinweise zur Berechnung finden sich in [188].

(2) Flachzellen mit geraden Seitenwänden, die kontinuierlich aneinandergereiht werden, müssen dann angewendet werden, wenn bei großen Kreisdurchmessern der Bemessungswert der Ringzugkraft größer wird als der maßgebende Bemessungswert der Flachprofil-Widerstände.

Wegen fehlender Stabilität der Einzelzelle müssen Flachzellen stufenweise verfüllt werden, wenn nicht andere Stabilisierungsmaßnahmen getroffen werden. Aus diesem Grund sind die Endbereiche des Fangedamms als standsichere Kopfbauwerke auszubilden. Bei langen Bauwerken empfehlen sich Zwischenfestpunkte, insbesondere wenn Havariegefahr besteht, weil sonst im Schadensfall weitreichende Zerstörungen auftreten können. Flachzellenfangedämme weisen je lfd. m unter sonst gleichen Voraussetzungen einen größeren Stahlbedarf als Kreiszellenfangedämme auf.

(3) Mono-Zellen sind einzeln angeordnete Kreiszellen, die als Gründungskörper für den Einsatz im offenen Wasser verwendet werden können. Zu nennen sind hier Molenköpfe, Führungs- und Fenderpunkte in Hafeneinfahrten oder auch die Verwendung als Fundament-Basis für Schifffahrtszeichen (Leuchtfeuer, u. ä.).

8.3.1.3 Berechnung von Zellenfangedämmen

(1) Nachweis gegen Versagen des Zellenfangedammes im GZ 1B
Der Nachweis der Sicherheit gegen das Versagen von Fangedämmen erfolgt nach DIN 1054 im GZ 1B und ist in den Bildern E 100-2, E 100-3

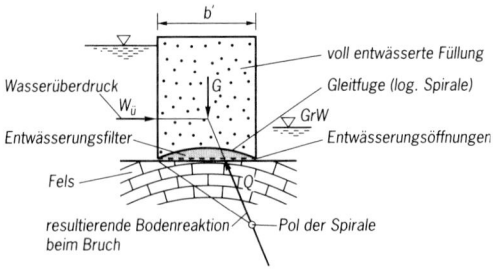

Bild E 100-2. Frei auf Fels stehender Fangedamm mit Entwässerung

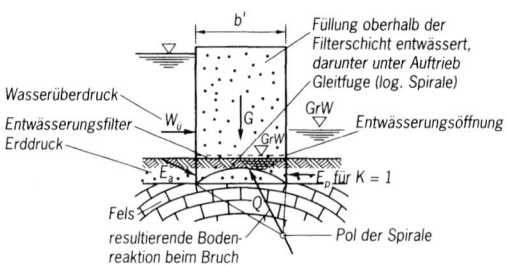

Bild E 100-3. Auf überlagertem Fels stehender Fangedamm mit Entwässerung

und E 100-4 dargestellt. Als rechnerische Breite des Zellenfangedammes ist die mittlere Breite b' nach Bild E 100-1 einzusetzen. Sie ergibt sich durch Umwandlung des tatsächlichen Grundrisses in ein flächengleiches Rechteck.

Steht ein Fangedamm auf Fels (Bild E 100-2), tritt im Bruchzustand zwischen den Wandfüßen des Fangedamms eine nach oben gekrümmte Bruchfläche auf. Die erzeugende Kurve dieser Gleitfläche kann in erster Näherung durch eine logarithmische Spirale für den charakteristischen Wert des Reibungswinkels φ_k angenähert werden, wobei der Pol der Spirale den Bezugspunkt für die Ermittlung der beanspruchenden und widerstehenden Fangedamm-Momente darstellt.

Alle Einwirkungen und Widerstände werden mit charakteristischen Werten ermittelt, erst für die Bemessungswerte der Fangedamm-Beanspruchungen und -Widerstände werden Teilsicherheitsbeiwerte in die Berechnung eingeführt.

Zur Ermittlung des Bemessungswertes der Momentenbeanspruchung infolge der horizontalen Einwirkungen $W_ü$, E_a und veränderlichen äußeren Einwirkungen, wie z. B. aus Pollerzug, werden die charakteristischen Werte der Einzelmomente mit den Teilsicherheitsbeiwerten γ_G und γ_Q für Einwirkungen multipliziert und aufsummiert.

422

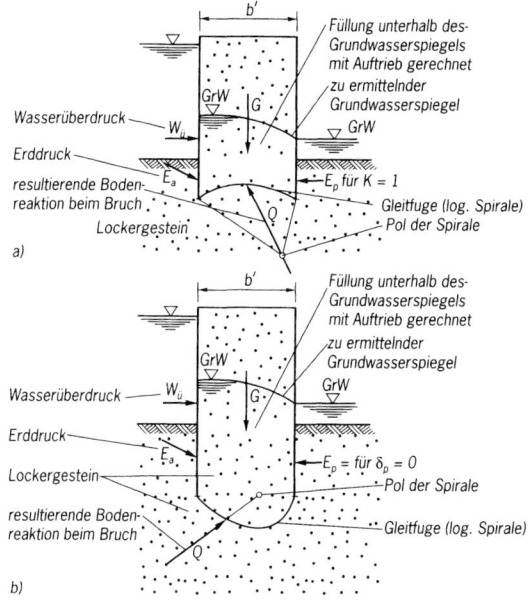

Bild E 100-4. In tragfähiges Lockergestein einbindender Fangedamm mit Entwässerung
a) bei flacher Einbindung
b) Zusatzuntersuchung bei tiefer Einbindung

Der Bemessungswert des widerstehenden Momentes infolge der vertikalen Einwirkung G (Eigenlast der Fangedammfüllung) wird ermittelt, indem das charakteristische Moment (M_{kG}^{R}) durch den Teilsicherheitsbeiwert γ_{Gl} des Widerstandes gegen Gleiten dividiert wird.

$$M_{Ed} = M_{kG} \cdot \gamma_G + M_{wü} \cdot \gamma_G + M_{kQ} \cdot \gamma_Q \leq \frac{M_{kG}^{R}}{\gamma_{Gl}}$$

wobei:

M_{kG} = charakteristischer Wert des Einzelmomentes aus Erddruckbelastung

$M_{wü}$ = charakteristischer Wert des Einzelmomentes aus Wasserüberdruckbelastung

M_{kQ} = charakteristischer Wert des Einzelmomentes aus veränderlicher, äußerer Belastung

M_{kG}^{R} = charakteristischer Wert des Einzelmomentes aus Eigenlast der Fangedammfüllung

Dabei sind die Teilsicherheitsbeiwerte des GZ 1B nach Abschn. 0.2.2.4 für Einwirkung und Widerstände in Abhängigkeit vom jeweiligen Lastfall anzusetzen.

Der Nachweis gegen das Versagen ist erfüllt, wenn der um den Pol der ungünstigsten Gleitlinie drehende Bemessungswert der Momentenbeanspruchung infolge der Einwirkungen kleiner als oder gleich dem Bemessungswert des Momentenwiderstandes um denselben Pol ist. Die ungünstigste Gleitlinie für den Nachweis ist diejenige logarithmische Spirale, die den kleinsten Bemessungswert des Widerstandes ergibt.

Steht der Fangedamm auf Fels und wird dieser von anderen Bodenschichten überlagert (Bild E 100-3) oder bindet der Fangedamm in tragfähiges Lockergestein ein (Bild E 100-4), werden die Einwirkungen um den zusätzlichen Erddruck dieser Bodenschicht und der Widerstand um den zusätzlichen Erdwiderstand vergrößert. Dieser Erdwiderstand ist mit Rücksicht auf die geringen Formänderungen nur in verminderter Größe anzusetzen – in der Regel mit $K_p = 1,0$ – und bei tieferer Einbindung in das Lockergestein mit K_p für $\delta_p = 0$.

Die hauptsächliche Einwirkung auf Fangedämme ist in der Regel der Wasserüberdruck $W_{ü}$. Dieser ergibt sich als Differenz der Wasserdrücke $W_a - W_i$ auf die äußere und innere Fangedammwand und wird bis zur Unterkante der äußeren, d. h. lastseitigen Wand angesetzt. Der maßgebliche Wasserstand W_i innerhalb der Fangedammumschließung muss dabei nicht immer der Sohlenhöhe entsprechen.

Der erforderliche Widerstand des Fangedammes gegen das Versagen kann bei der Gründung in Lockergestein vergrößert werden durch

- das Verbreitern des Fangedamms,
- die Wahl eines Verfüllmaterials mit größerer Wichte und größerem Reibungswinkel,
- eine Zellenentwässerung,
- eine tiefere Einbindung der Fangedammbohlen in den Baugrund (Nach dem Aufstellen aller Spundwandprofile der Zelle sollte das Einbringen der einzelnen Bohlen jedoch nur schrittweise erfolgen, z. B. durch einen mehrfach um die Zelle herumlaufenden Rammvorgang, bei dem der Rammtiefenzuwachs pro Umlauf einen geringen Wert annimmt (s. hierzu auch Abschn. 8.3.1.5 (3)).

Wenn die Querschnittsgeometrie des Fangedammes nach der Tieferrammung und das vorliegende Bodenprofil es zulassen, muss der Nachweis gegen das Versagen nicht nur mit einer nach oben gekrümmten Bruchfläche (Bild E 100-4a) sondern darf auch mit einer nach unten gekrümmten Bruchfläche geführt werden (Bild E 100-4b).

Im letzteren Fall ist die Lage der Spirale so zu wählen, dass ihr Mittelpunkt unterhalb der Wirkungslinie von E_p für $\delta_p = 0$ liegt (Bild E 100-4).

Mit dem vorstehenden Nachweis ist sowohl die Sicherheit gegen das Versagen infolge Kippen als auch infolge Gleiten nachgewiesen.

(2) Nachweis gegen Versagen des Spundwandprofils im GZ 1B infolge der Ringzugkraft

Bei der Fangedammberechnung kann angenommen werden, dass die Beanspruchungen infolge der äußeren Einwirkungen wie Wasser- und gegebenenfalls Erddruck durch die monolithische Blockwirkung der Fangedammfüllung aufgenommen werden. Für den Nachweis gegen das Versagen der Flachprofils genügt in diesem Fall die Untersuchung des Zellenquerschnittes in Höhe der Baugruben- oder Gewässersohle, da dort im Allgemeinen die maßgebende Ringzugkraft auftritt.

Es kann jedoch u. U. erforderlich sein, den Nachweis zur Aufnahme der Ringzugkraft in mehreren Ebenen zu führen, wenn tiefliegende bindige Schichten vorhanden sind, in die der Fangedamm einbindet. In diesem Bereich können durch den sprunghaft größeren Wert des Erddrucks bzw. den kleineren Wert des Erdwiderstandes sowie durch einen evtl. auftretenden Porenwasserdruck größere Ringzugkräfte auftreten als in Höhe der Sohle. Die Ringzugkräfte ($F_{ts,Ek}$) werden nach der Kesselformel $Z = \Sigma\, p_i \cdot r$ ermittelt. Als Innendruck $\Sigma\, p_{i,k}$ ist der Erdruhedruck mit $K_0 = 1 - \sin\varphi_k$ anzusetzen. Ein evtl. innerhalb der Zelle wirkender Wasserüberdruck erzeugt einen zusätzlichen Anteil zur Ringzugkraft. Der Bemessungswert der Ringzugkräfte ($F_{ts,Ed}$) in den einzelnen Wandelementen darf vereinfachend nach ENV 1993-5, Abschn. 5.2.5 (20) wie folgt ermittelt werden.

In der gemeinsamen Wand:

$$F_{tc,Ed} = \sum p_{a,d} \cdot r_a \cdot \sin\varphi_a + \sum p_{m,d} \cdot r_m \cdot \sin\varphi_m$$

In der Hauptzellenwand:

$$F_{tm,Ed} = \sum p_{m,d} \cdot r_m$$

In der Zwickelwand:

$$F_{ta,Ed} = \sum p_{a,d} \cdot r_a$$

Der Bemessungswert der Ringzugkräfte ($F_{tc,Ed}$, $F_{tm,Ed}$, $F_{ta,Ed}$) wird berechnet, indem die mit den charakteristischen Werten der Einwirkungen bestimmten Beanspruchungsanteile infolge Wasser- und Erddruck und veränderlicher Einwirkungen ($\Sigma\, p_a$, $\Sigma\, p_m$) mit den zugehörigen Teilsicherheitsbeiwerten der Einwirkungen (nach Abschn. 0.2.2.4) multipliziert werden.

Zusätzliche Ringzugkraftanteile ergeben sich evtl. aus Abschn. 8.3.1.3

Der Nachweis der Spundwandprofile sowie der geschweißten Abzweigbohlen erfolgt nach DIN EN 1993-5, Abschn. 5.2.5.

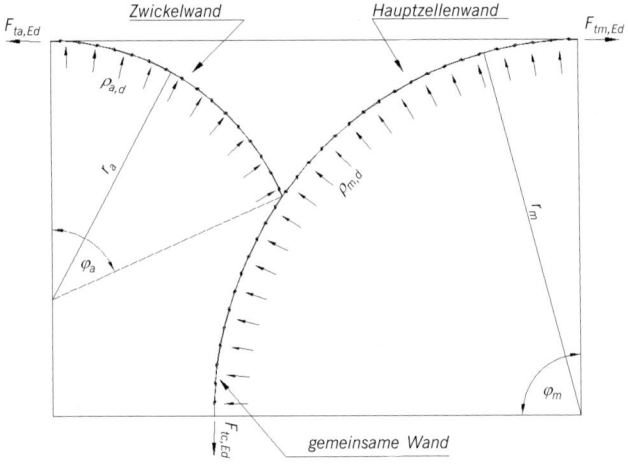

Bild E 100-5. Ringzugkräfte (F_{ts}) in den einzelnen Wandelementen eines Kreiszellenfangedammes

Für die Spundwandprofile ist demnach der Nachweis erbracht, wenn die widerstehende Zugfestigkeit des Stegs und des Schlosses ($F_{ts,Rd}$) größer oder gleich den Bemessungswerten der Ringzugkraft ($F_{tc,Ed}$, $F_{tm,Ed}$, $F_{ta,Ed}$) ist.

$$F_{ts,Rd} \geq F_{tc,Ed} \quad \text{bzw.} \quad F_{tm,Ed} \quad \text{bzw.} \quad F_{ta,Ed}$$

wobei

$$F_{ts,Rd} = \beta_R \cdot \frac{R_{k,S}}{\gamma_{MO}} \quad \text{(Schloss)}$$

und

$$F_{ts,Rd} = t_w \cdot \frac{f_{yk}}{\gamma_{MO}} \quad \text{(Steg)}$$

mit

$R_{k,S}$ = charakteristischer Wert der Schlosszugfestigkeit
f_{yk} = Mindeststreckgrenze des Stahls nach E 67, Abschn. 8.1.6.2
t_w = Stegdicke des Flachprofiles
γ_{MO} = Teilsicherheitsbeiwert für den Spundwandwerkstoff
β_R = Abminderungsfaktor für Schlosszugfestigkeit
  (empfohlener Wert nach EN 1993-5: 2002 ist $\beta_R = 0,8$)

Für die Abzweigprofile ist unter Voraussetzung, dass diese in Anlehnung an DIN EN 12 063 verschweißt werden, der Nachweis erbracht, wenn die widerstehende Zugfestigkeit des Abzweigprofiles ($\beta_T \cdot F_{ts,Rd}$ *für Schloss und Steg*) größer oder gleich dem Bemessungswert der Ringzugkraft ($F_{tm,Ed}$) ist.

$$\beta_T \cdot F_{ts,Rd} \geq F_{tm,Ed} = \sum p_{m,d} \cdot r_m$$

Hierbei kann der Abminderungsfaktor β_T gemäß DIN EN 1993-5, Abschn. 5.2.5 (14) zu

$$\beta_T = 0,9 \cdot \left(1,3 - 0,8 \frac{r_a}{r_m} \right) \cdot (1 - 0,3 \tan \varphi_d)$$

gesetzt werden. Für φ_d ist der Bemessungsreibungswinkel des Verfüllmaterials der Kreiszelle zu wählen.

(3) Nachweis gegen Versagen des Zellenfangedammes im GZ 1B infolge Grundbruch
Für Fangedämme, die nicht auf Fels stehen, ist der Nachweis der Grundbruchsicherheit nach DIN 4017 auf der Grundlage der DIN 1054 zu führen, wobei die mittlere Breite b' als Fangedammbreite einzusetzen ist. Auf Abschn. 8.3.1.3. (5) wird hingewiesen.

(4) Nachweis gegen Versagen des Zellenfangedammes im GZ 1C infolge Geländebruch
Gegebenenfalls ist auch der Nachweis gegen Versagen infolge Geländebruch nach DIN 4084 zu führen. Dies trifft beispielsweise für hinterfüllte Fangedämme zu, die Teil eines Uferbauwerks sind. Für den Nachweis ist die Gleitfläche durch die lastseitige, ideelle Begrenzung der Fangedammbreite zu legen, die mit dem o. g. Wert für die mittlere Breite b' übereinstimmt.
Auf Abschn. 8.3.1.3. (5) wird hingewiesen.

(5) Zusätzliche Nachweise bei Auftreten einer Wasserströmung
- Bei den in den Punkten (1) bis (4) geforderten Nachweisen ist ein evtl. vorhandener Strömungsdruck zu berücksichtigen.
- Der Nachweis gegen Versagen des Baugrundes infolge eines hydraulischen Grundbruches ist zu führen.
- Der Nachweis gegen Versagen des Baugrundes infolge eines Erosionsgrundbruches ist zu führen.
- Bei Fangedämmen auf geklüftetem Fels oder veränderlich festen Gesteinen sind besondere Abdichtungsmaßnahmen am Spundwandfuß erforderlich, um die zuvor genannten Versagensfälle auszuschließen.

8.3.1.4 Bauliche Maßnahmen

Zellenfangedämme dürfen nur auf tragfähigem Baugrund errichtet werden. Weiche Bodenschichten, insbesondere wenn sie im unterem Bereich des Fangedamms anstehen, setzen die Standsicherheit durch Ausbildung von Zwangsgleitflächen entscheidend herab. Diese Böden sollten im Inneren des Fangedamms gegen Verfüllsand ausgetauscht oder müssen durch Vertikaldränagen entwässert werden. Werden keine dieser Maßnahmen ergriffen, erhöht sich nach dem Verfüllen die Ringzugkraft infolge des auftretenden Porenwasserüberdruckes, was sich nachteilig auf den Nachweis gegen das Versagen des Spundwandprofils auswirkt. Für die Zellenfüllung darf kein feinkörniger Boden nach DIN 18 196 verwendet werden.

Bei Baugrubenumschließungen sollte der Füllboden besonders gut wasserdurchlässig sein, um das Absenkziel für die Wasserhaltung sicher zu gewährleisten.

Um die Abmessungen des Fangedamms zu minimieren und um eine ausreichende Standsicherheit zu gewährleisten, sollte daher ein Boden mit großer Wichte γ bzw. γ' und großem innerem Reibungswinkel φ'_k verwendet werden. Beide Bodenkennwerte können durch Einrütteln des Verfüllbodens vergrößert werden.

(1) Zellenfangedämme als Baugrubenumschließung

Bei Baugrubenumschließungen mit der Gründungssohle auf Fels muss das Wasser im Fangedamm mit einer durch Beobachtungsbrunnen kontrollierbaren Entwässerungsanlage jederzeit soweit abgesenkt werden können, dass es die Nachweise zur Standsicherheitsberechnung erfüllt. Entwässerungsöffnungen im luftseitigen Sohlenbereich, Filteranordnung in Höhe der Baugrubensohle und eine gute Durchlässigkeit der Gesamtfüllung sind unerlässlich.

Die Durchlässigkeit der unter Zugspannung stehenden Spundwandschlösser ist erfahrungsgemäß gering, sodass hier keine besonderen Maßnahmen getroffen werden müssen.

Der mit dem äußerem Wasserdruck belastete Teil der Baugrubenumschließung muss eine ausreichende Wasserdichtigkeit aufweisen. In manchen Fällen kann es sinnvoll sein, auf der dem Wasser zugewandten Fangedammseite zusätzliche Abdichtungsmaßnahmen vorzusehen, z. B. durch Unterwasserbeton.

(2) Zellenfangedämme als Uferbauwerk

Bei Uferbauwerken steht die Zellenfüllung weitgehend unter Wasser. Eine tiefliegende Entwässerung ist somit nicht anwendbar. Bei stärkeren und schnell eintretenden Wasserspiegelschwankungen kann zur Vermeidung eines größeren Wasserüberdrucks jedoch die Anordnung einer Entwässerung der Zellenfüllung und der Bauwerkshinterfüllung von Vorteil sein (Bild E 100-6). In solchen Fällen ist die planmäßige

Wirksamkeit der Entwässerungsmaßnahmen von ausschlaggebender Bedeutung für die Lebensdauer des Uferbauwerkes.

Der Überbau ist so auszuführen und zu bemessen, dass
- die Gefahr einer lokalen Beschädigung der Fangedammzellen infolge Schiffsstoß vermieden wird. Dies kann z. B. durch lastverteilende Bauteile erreicht werden;
- die anzusetzende Größe der globalen Einwirkung aus Schiffstoß durch entsprechende Maßnahmen soweit reduziert wird – z. B. mit Fenderungen hohen Arbeitsvermögens –, dass die Standsicherheit der Fangedammzellen nicht gefährdet ist (Bild E 100-6).

Bauteile mit großen vertikalen Einwirkungen – z. B. aus Kranbetrieb – können separat gegründet werden, z. B. mit einer zusätzlichen Pfahlgründung, die neben oder auch innerhalb des Fangedamms angeordnet werden kann. Dadurch kann eine Vergrößerung der Ringzugkraft und eine größere Ausmitte der Einwirkungsresultierenden vermieden werden. Die Pfähle sind zur Lastabtragung bis in die tragfähigen Schichten unterhalb der Sohle des Fangedamms zu führen, sodass ihre Einwirkun-

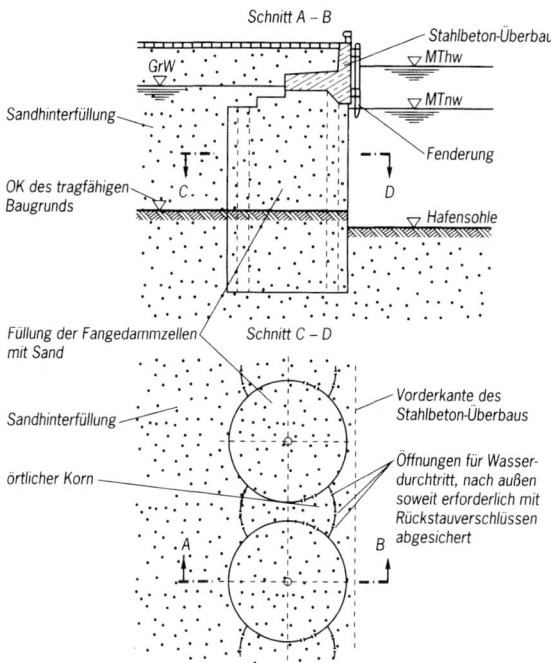

Bild E 100-6. Schematische Darstellung einer Ufereinfassung in Kreiszellenfangedammbauweise mit Entwässerung

gen beim Nachweis gegen Versagen des Zellenfangedamms nicht berücksichtigt werden.

8.3.1.5 Bautechnik

(1) Verwendung von Fangedämmen
Fangedämme lassen sich in Abhängigkeit vom Verwendungszweck sowohl in Land- wie auch in Seebauweise herstellen. Allgemein wird der als Hochwasserschutzelement oder als Element der Baugrubenumschließung zu nutzende Fangedamm im Trockenen gebaut. Der ausschließlich als Ufereinfassung einzusetzende Fangedamm wird hingegen meist schwimmend oder von einer Hubinsel aus in das Wasser hineingebaut.

- Landbauweise
  Der klassische Einsatzfall für die Landbauweise von Fangedämmen ist auf der Wehr- oder Kraftwerksbaustelle an einem aufzustauenden Fluss zu finden. Im Überflutungsgebiet wird zu Zeiten geringeren Abflusses der Fangedamm auf trockenem Untergrund errichtet, um in seinem Schutze die Baugrube auszuheben und das Bauwerk zu erstellen. Die Fangedammelemente (je nach Bauart, Kasten- oder Zellenfangedamm; Spundwandwellen- oder -flachprofile) werden an Führungen aufgestellt und abhängig vom Untergrund bis zu mehrere Meter tief eingerammt. Der Innenraum des Kasten- oder Zellenfangedammes wird mit nichtbindigem Boden gefüllt, anschließend hochgradig verdichtet und wenn möglich entwässert.
  Wird der Fangedamm als Umschließung für die Baugrube genutzt, ist er entsprechend tief zu rammen. Ein Verfüllen der Zellen ist in diesem Falle nicht, bzw. nur bedingt erforderlich, der anstehende Boden stellt die Füllung dar. Es kann aber trotzdem die Verbesserung des Bodens im Fangedamm durch Verdichtung mit Tiefenrüttlern oder der Einbau von Vertikaldräns zum Abbau des Porenwasserdruckes und damit zur Erhöhung der Standsicherheit, notwendig werden.

- Seebauweise
  Grundsätzlich unterscheidet sich die Seebauweise von der Landbauweise dadurch, dass hier alle Arbeitsvorgänge schwimmend oder von einer Hubplattform aus eingeleitet werden müssen. Für den Bau von Kastenfangedämmen sind vorab Rammgerüste herzustellen oder es werden Hubplattformen und Arbeitspontons notwendig. Zellenfangedämme erfordern den Aufbau von Arbeitstischen im Wasser. Möglich ist dabei auch die Vormontage einer gesamten Zelle um einen an Land stehenden Montagetisch herum. Mit Hilfe eines Schwimmkranes wird die Zelle mit dem Montagetisch aufgenommen und in Position gebracht. Die mühsame Montage der einzelnen Bohlenelemente in der oftmals bewegten See entfällt auf diese Weise.

Allgemein werden auf die Fangedämme Kopfbauwerke in Form von Winkelstützmauern oder von Wellenkammern aufgesetzt, in die die gesamten Ausrüstungselemente integriert werden, die zum Anlegen von Seeschiffen notwendig sind.

Der Erfolg oder das Misslingen bei der Erstellung von Uferbauwerken aus Zellenfangedämmen ist wesentlich durch die Vorbereitung der Arbeiten geprägt. Da die einzelne Zelle ohne Füllung ein sehr empfindliches, nicht tragfähiges und leicht zerstörbares Element darstellt, folgen einige Anmerkungen zum Flachprofil, zum Aufbau des Rammtisches und zur Rammtechnik.

(2) Durchmesser von Kreiszellen
Unabhängig von der statischen Berechnung ist der tatsächliche Durchmesser einer Kreiszelle von der Anzahl der Einzelbohlen sowie deren Walztoleranzen und dem Spiel in den einzelnen Schlössern abhängig. Er kann somit zwischen zwei Werten schwanken, die für die Größe des Führungsringes von Wichtigkeit sind. Für dessen Herstellung muss zwangsläufig ein Mindestdurchmesser bestimmt werden.

(3) Einbringen von Flachbohlen
Das ordnungsgemäße Einbringen der Bohlen erfordert mindestens zwei, bei großen Fangedammhöhen auch drei Führungsringe. Diese werden um den Einbringtisch gelegt, der allgemein als ein räumliches Fachwerk ausgebildet ist, das an mehreren eingerammten Pfählen oder an auf dem tragfähigen Seeboden abgesetzten Pfahlböcken aufgehängt ist. Die Bohlen werden in der Gesamtheit um den Einbringtisch aufgestellt und die Ringe entsprechend gespannt. Anschließend erfolgt das gestaffelte Einbringen der Bohlen jeweils um etwa 50 cm pro Umlauf mittels Vibratoren oder Schnellschlagbären. Auch das Absenken der gesamten Zelle durch den Einsatz einer Vielzahl von Vibratoren, die jeweils mehrere Bohlen gleichzeitig überspannen, ist möglich.

Vor Beginn des Einbringens werden alle Schlösser, ggf. mit Hilfe von Tauchern, in ihren Verbindungen überprüft.

Bei sehr hohen Zellen kann es erforderlich werden, die Bohlen in der Länge zu teilen, um sie besser handhaben zu können. Da grundsätzlich nur Zugkräfte aus dem Innendruck bzw. nach unten gerichtete Wandreibungskräfte aus dem Erddruck aufzunehmen sind, kann eine entsprechende Staffelung vorgesehen werden, ohne dass Tragfähigkeitsverluste eintreten.

Eine für die Standsicherheit der Kreiszelle kritische Situation kann auftreten, wenn sie aufgestellt und der Rammtisch nach dem Einbringen der Bohlen bereits wieder abgebaut ist. Äußere Einwirkungen – z. B. infolge Wellendruck – können dann die Kreiszelle zum Einsturz bringen. Es werden daher die Schlösser im Kopfbereich der Zelle verschweißt und schnellstmöglich eine Basisfüllung bis zu etwa 1/3 der Höhe eingebracht. Es wird empfohlen, zeitgleich mit dem Entfernen des Rammtisches den gesamten Kreiszellenfangedamm zu verfüllen.

8.3.2 Kastenfangedämme als Baugrubenumschließungen und als Uferbauwerke (E 101)

8.3.2.1 Allgemeines

Bei Kastenfangedämmen sind die beiden parallel angeordneten Stahlspundwände entsprechend den Baugrundverhältnissen sowie nach hydraulischer und statischer Erfordernis in den Untergrund einzubringen bzw. einzustellen und gegenseitig zu verankern. Steht der Kastenfangedamm auf Fels, sind mindestens zwei Ankerlagen vorzusehen. Querwände bzw. Festpunktblöcke nach Bild E 101-1 können im Hinblick auf die Bauausführung zweckmäßig sein. Bei langen Dauerbauwerken sind sie auch zur Begrenzung von Havarieschäden erforderlich. Aus dem Abstand der Querwände bzw. Festpunktblöcke ergeben sich die einzelnen Bauabschnitte, in denen der Fangedamm einschließlich der Verankerung und Füllung fertiggestellt wird.

Bezüglich der Füllung gilt E 100, Abschn. 8.3.1.4. Bei den Nachweisen gegen das Versagen eines Fangedamms mit großen äußeren Einwirkungen aus Wasserdruck, wie z. B. Baugrubenumschließungen im freien Wasser, ist die dauerhaft wirksame Entwässerung seiner Bodenfüllung zur Minimierung seiner Abmessungen von entscheidender Bedeutung. Die Verfüllung wird nach der Baugrubenseite hin entwässert. Hierfür reichen Durchlaufentwässerungen nach E 51, Abschn. 4.4 aus.

Auch bei Verwendung von Fangedämmen als Ufereinfassung kann eine Entwässerung zweckmäßig sein. Diese Fangedämme werden nach der Hafenseite hin entwässert. Besteht eine Verschmutzungsgefahr, sind stets Entwässerungen mit Rückstauverschlüssen nach E 32, Abschn. 4.5.2 anzuwenden.

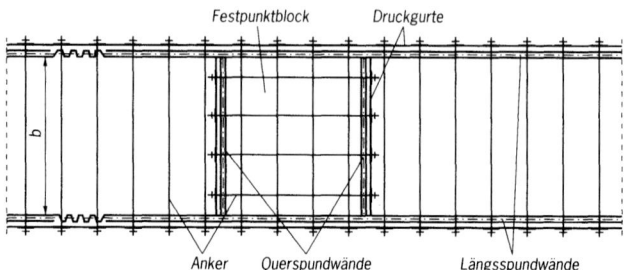

Bild E 101-1. Grundriss eines Kastenfangedammes mit in sich verankerten Festpunktblöcken

Im Folgenden wird die äußere Spundwand von Fangedämmen, mit den Einwirkungen aus Wasser- und Erddruck sowie die veränderlichen Einwirkungen, als lastseitige Wand bezeichnet, die lastabgewandte Spundwand je nach Fangedamm-Verwendungszweck als Luft-, Baugruben- oder Hafenseite.

8.3.2.2 Berechnung

(1) Nachweis gegen Versagen des Kastenfangedammes im GZ 1B
Als rechnerische Breite des Kastenfangedammes wird der Achsabstand b zwischen den beiden Spundwandachsen angesetzt. Für die Nachweise von Kastenfangedämmen gelten analoge Grundsätze wie für Zellenfangedämme – vgl. E 100, Abschn. 8.3.1.3 (1). Im Gegensatz zu Bild E 100-4a und 4b darf der Erdwiderstand E_p vor der luftseitigen Spundwand wegen ihrer größeren Durchbiegungsmöglichkeit entsprechend einer üblichen verankerten Spundwand nach E 4, Abschn. 8.2.4 unter einem Neigungswinkel $\delta_p > 0$ angesetzt werden. Für die Lage der zu untersuchenden Gleitlinien gelten folgende Angaben:

- Luftseitige Spundwand
  - Bei einer im Boden frei aufgelagerten Spundwand wird die logarithmische Spirale der Gleitfläche zum Fußpunkt dieser Wand geführt.
  - Bei einer eingespannten Spundwand wird die logarithmische Spirale der Gleitfläche zum Querkraftnullpunkt geführt.

- Lastseitige Spundwand
  - Der Ansatzpunkt der logarithmischen Spirale liegt hier im Allgemeinen auf derselben Höhe wie bei der luftseitigen Spundwand.
  - Ist die lastseitige Wand kürzer als die luftseitige, muss die Gleitlinie an der lastseitigen Wand zum vorhandenen Fußpunkt geführt werden.

Wegen der tieferen Einbindung der Spundwände in den Baugrund wird bei einem Kastenfangedamm im Allgemeinen eine nach unten gekrümmte Gleitfläche maßgebend.
Der Widerstand gegen Versagen des Kastenfangedammes kann durch eine oder mehrere der folgenden Maßnahmen vergrößert werden:

- Verbreitern des Fangedamms,
- Wahl eines Verfüllmaterials mit größeren Bodenkennwerten γ, γ' und φ_k',
- Verdichten der Fangedammverfüllung, evtl. einschließlich des Untergrundes,
- Tieferführen der Fangedammspundwände, wenn dadurch eine nach unten gekrümmte Gleitfläche erzwungen werden kann, mit der die Grenzzustandsbedingung gegen das Versagen des Bodens erfüllt wird,

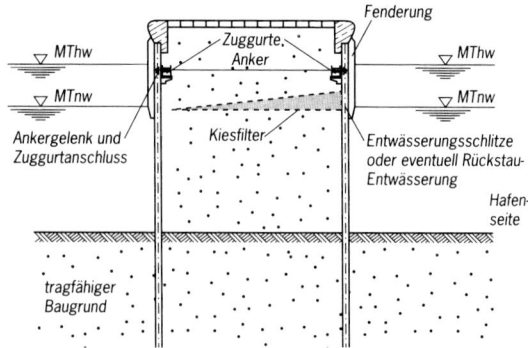

Bild E 101-2. Schematische Darstellung eines Molenbauwerkes in Kastenfangedamm-bauweise

- zusätzliche Ankerlagen (es sollte hierbei jedoch untersucht werden, ob der erschwerte Einbau dieser Lage – z. B. unter Wasser mit Taucher-hilfe – sinnvoll ist).

(2) Nachweise gegen Versagen der Spundwände und der Verankerung im GZ 1B
Bei einem verfüllten Fangedamm beruht die Lastabtragung in den Bau-grund auf seiner Wirkungsweise als kompakter Bodenblock. Die Momen-tenbeanspruchung infolge der horizontalen Einwirkungen (Wasserdruck und Erddruck) bzgl. des Drehpoles werden über die als Monolith wir-kende Fangedammfüllung mittels vertikaler Bodenspannungen in den tragfähigen Untergrund abgeleitet. Die Bodenspannungen sind über die Fangedammbreite linear veränderlich und weisen an der lastabgewandten, d. h. der luft- bzw. hafenseitigen Spundwand ihren Höchstwert auf. Auf diese Spundwand wirkt wegen der lotrechten Auflastspannung ein er-höhter aktiver Erddruck. Diese Erddruckerhöhung kann aufgrund von Erfahrungen im Allgemeinen durch das Vergrößern des mit $\delta_a' = +^2/_3\ \varphi_k'$ berechneten aktiven Erddrucks um 25 % ausreichend genau berücksich-tigt werden. Als weitere Einwirkung auf die luftseitige Spundwand ist der Wasserüberdruck zu nennen, der sich aus einer evtl. Wasserspiegel-differenz zwischen dem Absenkziel innerhalb der Verfüllung und dem luft- bzw. hafenseitigen Wasserstand ergibt.
Wird die Fangedammfüllung im Spülverfahren eingebaut und verdich-tet, kann der Erddruck bis zum hydrostatischen Druck infolge der Ver-füllungseffektes anwachsen.
Bei Nutzung des gewachsenen Bodens als Fangedammfüllung kann es nach dem Herstellen der Baugrube oder der Hafensohle jedoch auch zur Bildung von Nebengleitfugen innerhalb der Füllung kommen. Eine Umlagerung des Erddrucks nach E 77, Abschn. 8.2.2 ist dann zulässig.

Die luftseitige Wand wird unter Berücksichtigung aller Einwirkungen als verankerte Spundwand berechnet. Bindet die Spundwand in tragfähiges Lockergestein ein, kann der stützende Erdwiderstand mit Neigungswinkeln nach E 4, Abschn. 8.2.4 ermittelt werden. Die Ermittlung der Bemessungswerte der Beanspruchungen kann bei einfacher Verankerung der Spundwand nach E 77, Abschn. 8.2.2 und bei doppelter Verankerung nach E 134, Abschn. 8.2.3 vorgenommen werden.

Die lastseitige Spundwand kann mit einem anderen Profil und kürzer als die luftseitige bzw. hafenseitige Spundwand ausgeführt werden, wenn dies für die einzelnen Bauzustände nachgewiesen wird bzw. wenn die Anforderungen an die Wasserdichtigkeit und Begrenzung der Wasserumläufigkeit erfüllt sind.

Bei der Berechnung der Bemessungswerte der Beanspruchungen der lastseitigen Wand sind verschiedene Einwirkungen und Widerstände zu berücksichtigen:

- Einleitung der Ankerkraft der luftseitigen Wand (bzw. der Ankerkräfte bei zweifacher Verankerung),
- äußerer Wasserdruck,
- äußerer aktiver und gegebenenfalls auch passiver Erddruck,
- Schiffstoß, Trossenzug und sonstige horizontale Einwirkungen,
- Stützung durch die Bodenverfüllung.

Die Bodenstützung über die Wandhöhe muss in Verteilung und Größe so angesetzt werden, dass die Gleichgewichtsbedingung $\Sigma H = 0$ erfüllt ist. Falls die lastseitige Wand eine Einspannung erhält, ist die Ersatzkraft C in dieser Gleichgewichtsbetrachtung mit zu berücksichtigen.

$$\Sigma \text{ (char. Einwirkungen auf die Wand)} = \Sigma \text{ (Bodenstützung der Wand)}$$

Die Bodenstützung über die Wandhöhe muss in Verteilung und Größe so angesetzt werden, dass die Gleichgewichtsbedingung $\Sigma H = 0$ erfüllt ist.

(3) Nachweis gegen Versagen des Kastenfangedammes im GZ 1B auf der tiefen Gleitfuge
Die Standsicherheit der Verankerung in der tiefen Gleitfuge ist nach E 10, Abschn. 8.4.9 nachzuweisen. Hierbei kann der Verlauf der tiefen Gleitfuge bei einfacher Verankerung näherungsweise wie folgt angenommen werden:

- Lastseitige Wand vom Fußpunkt einer frei aufgelagert angenommenen Ersatzankerwand (Bild E 101-3).
- Luftseitige Wand
  – Freie Auflagerung
    … zum Fußpunkt der Spundwand
  – Einspannung
    … zum Querkraftnullpunkt im Einspannbereich

Der obere Ansatzpunkt für die tiefe Gleitfuge kann tiefer gewählt werden, wenn Folgendes nachgewiesen wird:

- Der Bemessungswert des durch die Einwirkungen oberhalb des gedachten Trennschnittes hervorgerufenen Bodenauflagers muss kleiner als oder gleich dem Bemessungswert des Teilerdwiderstandes im Fangedamm oberhalb des Trennschnittes sein.
- Der Bemessungswert der Wandbeanspruchungen in diesem Bereich infolge der o. g. Einwirkungen muss kleiner als oder gleich dem Bemessungswert des Profilwiderstandes sein.

Der obere Ansatzpunkt für die tiefe Gleitfuge kann nur dann näherungsweise als Querkraftnullpunkt einer eingespannten Ankerwand gewählt werden, wenn folgende Voraussetzungen vorliegen:

- Die Bemessungswerte des durch die Einwirkungen hervorgerufenen Bodenauflagers und auch die Ersatzkraft C auf den beiden sich gegenüberliegenden Seiten der Spundwand müssen im Rahmen des vorliegenden Gesamtsystems als Erdwiderstand darstellbar sein. Diese Werte müssen kleiner als oder gleich den Bemessungswerten der Erdwiderstände innerhalb und außerhalb des Fangedamms auf den beiden Seiten der Spundwand sein.
- Der Bemessungswert der Wandbeanspruchungen in diesem Bereich infolge der Wirkung als eingespannte Ankerwand muss kleiner als oder gleich dem Bemessungswert des Profilwiderstandes sein.

Bei mehrfacher Verankerung kann ebenfalls mit einer Ersatzankerwand gerechnet werden, wobei aber der gedachte Trennschnitt unterhalb des untersten Ankers in solcher Weise angeordnet werden muss, dass kein Versagen des untersten Ankers auftreten kann.

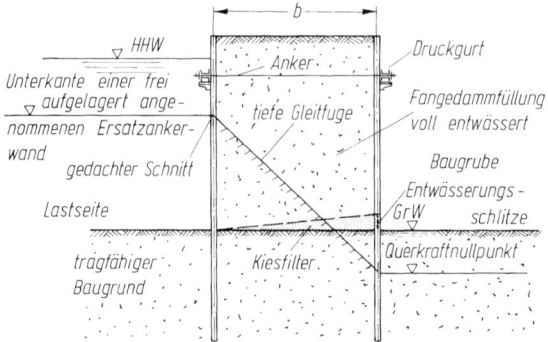

Bild E 101-3. Nachweis der Standsicherheit der Verankerung für die tiefe Gleitfuge nach E 10, Abschn. 8.4.9

(4) Grundbruchsicherheit
Siehe E 100, Abschn. 8.3.1.3 (3).

(5) Geländebruch
Siehe E 100, Abschn. 8.3.1.3 (4).

(6) Zusätzliche Nachweise bei Auftreten einer Wasserströmung
Siehe E 100, Abschn. 8.3.1.3 (5).

8.3.2.3 Bauliche Maßnahmen

Siehe E 100, Abschn. 8.3.1.4.
Außerdem wird für die einzelnen Bauteile auf die einschlägigen Empfehlungen der EAU hingewiesen. Dies gilt besonders für die Verankerung und deren ordnungsgemäßen Einbau.

(1) Baugrubenumschließung
Siehe E 100, Abschn. 8.3.1.4 (1), jedoch ohne die Angaben bzgl. zugbeanspruchter Schlossverbindungen.
Die Entwässerungsschlitze im Sohlenbereich der luft- bzw. hafenseitigen Spundwand werden bei Wellenprofilen zweckmäßig in den Stegen der Spundwandprofile angeordnet.
Die Gurte zum Übertragen der Ankerkräfte werden – soweit schifffahrtsbetriebliche Gründe nicht dagegen sprechen – auf den Außenseiten der Spundwände als Druckgurte angeordnet. Bei dieser Lösung entfallen die Gurtbolzen, und es ergeben sich Vorteile beim Einbau der Anker. Die lastseitige, d. h. wasserseitige Ankerdurchführung muss abgedichtet werden.

(2) Uferbauwerke, Wellenbrecher und Molen
Die Ausführungen in E 100, Abschn. 8.3.1.4 (2) gelten hier sinngemäß (Bild E 101-2).

8.3.2.4 Allgemeine Hinweise zur Herstellung von Kastenfangedämmen

(1) Verwendung von Kastenfangedämmen
Analog E 100, Abschn. 8.3.1.5 (1).

(2) Besonderheiten bei der Herstellung von Kastenfangedämmen
- Besondere Sorgfalt ist auf die Herstellung einer evtl. vorhandenen unteren Verankerung zu legen. Da sich diese im Allgemeinen unter Wasser befindet und nur mit Taucherhilfe eingebaut werden kann, sind möglichst einfache, aber gleichzeitig wirksame Anschlüsse an die Spundwand zu wählen.
- Vor dem Verfüllen des Fangedammes sollte die Sohlfläche im Fangedamm gereinigt werden, um dort keinen erhöhten Erddruck und somit auch keine erhöhten Beanspruchungen der unteren Ankerlage hervorzurufen.

8.3.3 Schmale Trennmolen in Spundwandbauweise (E 162)

8.3.3.1 Allgemeines

Schmale Trennmolen in Spundwandbauweise sind Kastenfangedämme, bei denen der Abstand der Spundwände nur wenige Meter beträgt und somit erheblich geringer ist als bei einem üblichen Kastenfangedamm (E 101, Abschn. 8.3.2). Diese Trennmolen werden vorwiegend durch Wasserüberdruck, Schiffsstoß, Eisstoß, Pollerzug und dergleichen belastet.

Die Spundwände werden im Kopfbereich gegenseitig auf Zug verankert und zur gemeinsamen Übertragung der äußeren Einwirkungen zusätzlich auch druckfest ausgesteift.

Der Raum zwischen den Spundwänden wird mit Sand oder Kiessand von mindestens mitteldichter Lagerung verfüllt.

8.3.3.2 Berechnungsansätze für die Trennmole als unverankertes System im GZ 1B

Für die Aufnahme der senkrecht zur Trennmolenachse angreifenden äußeren Einwirkungen und zu deren Abtragung in den Baugrund wird die Trennmole als ein freistehendes, im Boden voll eingespanntes Bauwerk betrachtet, bestehend aus zwei parallelen, gekoppelten Spundwänden. Der Einfluss der Bodenverfüllung infolge der Silowirkung zwischen den beiden Spundwänden wird bei der Ermittlung der Systemsteifigkeit vernachlässigt. Die beiden Spundwände werden im Kopfbereich überwiegend gelenkig miteinander verbunden. Es kann auch eine biegesteife Verbindung vorgesehen werden, die jedoch zu großen Biegemomenten am Kopf der Spundwände und somit zu aufwendigen Anschlusskonstruktionen führt. Außerdem treten dadurch Spundwand-Längskräfte auf, die u. U. bei der unter Zug stehenden Spundwand den mobilisierbaren Erdwiderstand vermindern.

Der passive, mobilisierbare Erdwiderstand kann nicht in voller Größe angesetzt werden, weil dieser teilweise zur Aufnahme des Erddrucks und eines evtl. Wasserüberdrucks aus der Molenverfüllung herangezogen werden muss. Dieser Anteil muss im Vorwege ermittelt und von dem insgesamt mobilisierbaren Erdwiderstand abgezogen werden.

Da beide Spundwände infolge der äußeren Einwirkungen eine weitgehend parallele Biegelinie aufweisen, kann das am Gesamtsystem auftretende Biegemoment im Verhältnis der Biegesteifigkeiten der beiden Spundwände aufgeteilt werden. Die Grenzzustandsbedingungen nach EC 3-5 sind getrennt für jede der beiden Spundwände mit den auf sie entfallenden Bemessungswerten der Biegemomentenanteile und der Profilwiderstände zu führen.

8.3.3.3 Berechnungsansatz für die gegenseitig verankerten Spundwände

Die einzelnen Spundwände werden durch Erddruck aus der Verfüllung und der Auflast auf der Trennmole sowie durch äußere Einwirkungen belastet. Außerdem sind Wasserüberdrücke zu berücksichtigen, wenn in der Trennmole der Wasserspiegel höher stehen kann als vor den Spundwänden. Generell sollte als Wasserüberdruckansatz auch ein Sunklastfall angesetzt werden, der eine Überflutung der Mole mit anschließendem, kurzfristigen Absinken des äußeren Wasserstandes berücksichtigt. Durch den deutlich langsamer sinkenden Innenwasserstand wird u. U. ein großer Wasserüberdruck hervorgerufen. Die gegenseitige Verankerung der Molenspundwände ist für die Zugbeanspruchung infolge der zuvor genannten Einwirkungen zu bemessen.

Die der Bemessung der Spundwände zugrunde liegenden, maßgebenden Biegemomentenbeanspruchungen entsprechen im Allgemeinen der bereits den im Abschn. 8.3.3.2 ermittelten und auf zwei Profile aufgeteilten Gesamtbeanspruchung des voll im Boden eingespannten Spundwandbauwerks.

8.3.3.4 Konstruktion

Gurtung, Verankerung und Aussteifung müssen nach den einschlägigen Empfehlungen berechnet, ausgebildet und eingebaut werden.

Besondere Bedeutung kommt den Lasteinleitungspunkten zur Aufnahme der äußeren Einwirkungen auf die Trennmole zu. Der Nachweis parallel zur Molenachse auftretender Einwirkungen ist gemäß E 132, Abschn. 8.2.12 zu führen.

Querwände bzw. Festpunktblöcke sind entsprechend E 101, Abschn. 8.3.2 vorzusehen.

8.4 Verankerungen, Aussteifungen

Alle Verankerungselemente sind so zu bemessen, dass ihre Tragfähigkeit der vollen inneren Tragfähigkeit der Anker entspricht.

8.4.1 Ausbildung von Spundwandgurten aus Stahl (E 29)

8.4.1.1 Anordnung

Die Gurte haben die Auflagerkräfte aus der Spundwand und bei den Ankerwänden deren Widerstandskräfte in die Anker zu übertragen. Außerdem sollen sie die Spundwand aussteifen und das Ausrichten der Wand erleichtern.

Im Allgemeinen werden diese Gurte als Zuggurte auf der Innenseite der Uferspundwand angeordnet. Bei Ankerwänden werden sie in der Regel als Druckgurte hinter der Wand angebracht.

8.4.1.2 Ausbildung

Gurte sollen kräftig ausgeführt und reichlich bemessen werden. Schwerere Gurte aus S 235 JRG2 (früher St 37-2) sind leichteren aus S 355 J2G3 (früher St 52-3) vorzuziehen. Die Stöße, Aussteifungen, Bolzen und Anschlüsse müssen stahlbau- und schweißtechnisch einwandfrei gestaltet werden. Tragende Schweißnähte müssen wegen der Korrosionsgefahr mindestens 2 mm dicker als statisch erforderlich ausgeführt werden. Die Gurte werden zweckmäßig aus zwei gespreizt angeordneten U-Stählen hergestellt, deren Stege senkrecht zur Spundwand stehen (E 132, Abschn. 8.2.12.2, Bilder E 132-1, E 132-2 und E 132-3). Die U-Stähle werden – soweit möglich – symmetrisch zum Anschlusspunkt der Anker so angeordnet, dass sich die Anker frei bewegen können. Das Maß der Spreizung der beiden U-Stähle wird durch Aussteifungen aus U-Stählen oder aus Stegblechen gesichert. Bei schweren Verankerungen und bei unmittelbarem Anschluss der Anker an den Gurt sind im Bereich der Anker verstärkende Aussteifungen der U-Stähle des Gurts nötig.

Stöße werden an Stellen mit möglichst geringer Beanspruchung angeordnet. Ein voller Querschnittsstoß ist nicht erforderlich, doch müssen die rechnerischen Schnittkräfte gedeckt werden.

8.4.1.3 Befestigung

Die Gurte werden entweder auf angeschweißten Stützkonsolen gelagert oder – besonders bei beschränktem Arbeitsraum unter den Gurten – an der Spundwand aufgehängt. Die Ausbildung und Befestigung muss so sein, dass auch die lotrechten Gurtbelastungen einwandfrei in die Spundwand abgeleitet werden. Konsolen erleichtern den Einbau der Gurte. Aufhängungen dürfen den Gurt nicht schwächen und werden deshalb an den Gurt geschweißt oder an die Unterlagsplatten der Gurtbolzen angeschlossen.

Wird die Ankerkraft (über Gelenke) unmittelbar in den innen angeordneten Zuggurt eingeleitet, muss dieser besonders sorgfältig an die Wand angeschlossen werden. Die Ankerkraft wird durch kräftige Gurtbolzen aus der Spundwand in den Gurt eingeleitet. Sie liegen in der Mitte zwischen den beiden U-Stählen des Gurts und geben ihre Last über Unterlagsplatten ab, die zweckmäßig an den Gurt geheftet werden. Die Gurtbolzen erhalten Überlängen, damit sie zum Ausrichten der Spundwand gegen den Gurt mitbenutzt werden können.

8.4.1.4 Schräganker

Der Anschluss von Schrägankern muss auch in lotrechter Richtung gesichert werden.

440

8.4.1.5 Zusatzgurt

Eine besonders stark verrammte Spundwand kann mit einem zusätzlichen Gurt ausgerichtet werden, der im Bauwerk bleibt.

8.4.2 Tragsicherheitsnachweise von Spundwandgurten aus Stahl (E 30)

Gurte und Gurtbolzen sollen mindestens für die Kraft bemessen werden, die der Tragfähigkeit der gewählten Verankerung entspricht. Darüber hinaus müssen sie so bemessen werden, dass sämtliche sonst angreifenden waagerechten und lotrechten Einwirkungen aufgenommen und in die Anker oder in die Spundwand (Ankerwand) abgeleitet werden können. Zu berücksichtigen sind:

8.4.2.1 Waagerechte Einwirkungen

(1) Die waagerechte Teilkraft des Ankerzuges, dessen Bemessungswert der Spundwandberechnung entnommen werden kann. Mit Rücksicht auf etwaige spätere Vertiefungen vor der Uferwand empfiehlt es sich, die Gurte etwas stärker, und zwar für den bei dem gewählten Ankerdurchmesser zulässigen Ankerzug zu bemessen.

(2) Bemessungswerte von unmittelbar angreifenden Trossenzügen

(3) Der Bemessungswert des Schiffsstoßes in Abhängigkeit von der Schiffsgröße, dem Anlegemanöver, den Strömungs- und Windverhältnissen. Eisstoß kann vernachlässigt werden.

(4) Zwangskräfte, die infolge des Ausrichtens der Spundwand entstehen.

8.4.2.2 Lotrechte Einwirkungen

(1) Die Eigenlast der Gurtstähle und ihrer Aussteifungen, Gurtbolzen und Unterlagsplatten.

(2) Die anteilige Bodenauflast, gerechnet ab Rückseite der Spundwand bis zur Lotrechten durch Hinterkante Gurt.

(3) Die anteilige Nutzlast der Uferwand zwischen Hinterkante Spundwandholm und der Lotrechten durch Hinterkante Gurt.

(4) Die lotrechte Teilkraft des Erddrucks, der von der Unterkante Gurt bis Oberkante Gelände auf die lotrechte Fläche durch Hinterkante Gurt wirkt. Der Erddruck wird hierbei mit ebenen Gleitflächen für $\vartheta_a = +\varphi'$ errechnet.

(5) Bei Zug- und Druckgurten die lotrechte Teilkraft eines schrägen Ankerzugs nach Abschn. 8.4.2.1 (1).

Die unter (1) bis (5) genannten Einwirkungen sind mit ihren Bemessungswerten für den GZ 1B anzusetzen.

8.4.2.3 Ansatz der Einwirkungen

In der statischen Berechnung der Gurte werden im Allgemeinen von denwaagerechten Einwirkungen die Teilkraft des Ankerzugs nach Abschn. 8.4.2.1 (1) und die Trossenzüge nach Abschn. 8.4.2.1 (2) zahlenmäßig erfasst, die lotrechten Einwirkungen nach Abschn. 8.4.2.2 dagegen sämtlich. Um die Beanspruchungen aus Schiffsstoß und dem Ausrichten der Wand wenigstens indirekt zu berücksichtigen, empfiehlt es sich, die Teilsicherheitsbeiwerte für die Widerstandsgrößen um 15 % zu vergrößern. Bei mehreren übereinanderliegenden Gurten werden die lotrechten Einwirkungen anteilig auf die Gurte verteilt. Um den sicheren Anschluss der Gurtkonsolen zu gewährleisten, werden die Einwirkungen dafür in Hinterkante Gurt angesetzt.

8.4.2.4 Berechnungsweise

Die zahlenmäßig erfassten Einwirkungen werden in Teilkräfte senkrecht und parallel zur Spundwandebene (Hauptträgheitsachsen der Gurte) zerlegt. In der Berechnung ist anzunehmen, dass die Gurte für die Aufnahme der senkrecht zur Spundwandebene wirkenden Kräfte an den Ankern, und für die parallel dazu wirkenden Einwirkungen an den Stützkonsolen oder den Aufhängungen aufgelagert sind. Wenn die Anker an die Spundwand angeschlossen sind, wirkt im Anschlussbereich der Anker die Pressung der Wand an den Gurt ausreichend stützend, sodass es hier wie auch allgemein bei Druckgurten ausreicht, die Gurte an der Rückseite aufzuhängen. Das Stütz- und Feldmoment aus dem Bemessungswert der Spundwandauflagerkraft wird mit Rücksicht auf die Endfelder im Allgemeinen nach der Formel $q \cdot l^2/10$ errechnet.

8.4.2.5 Gurtbolzen

Die Gurtbolzen werden nach den gleichen Grundsätzen bemessen wie die Spundwandverankerung (s. E 20, Abschn. 8.2.6.1), jedoch mit Rücksicht auf die Korrosionsgefahr und die Beanspruchung beim Ausrichten der Wand reichlich. Bei doppelter Verankerung sollen mit Rücksicht auf den Schiffsstoß die Bolzen des oberen, statisch nur gering belasteten Gurtes mindestens 32 mm (1¼″), besser aber 38 mm (1½″) dick ausgeführt werden. Die Unterlagsplatten der Gurtbolzen sind so zu bemessen, dass ihre Tragfähigkeit der der Gurtbolzen entspricht.

8.4.3 Spundwandgurte aus Stahlbeton bei Verankerung durch Stahlrammpfähle (E 59)

8.4.3.1 Allgemeines

Bei Uferwänden sind häufig Verankerungen mit 1 : 1 geneigten Stahlrammpfählen zweckmäßig und besonders wirtschaftlich.

Dies gilt in verstärktem Maß bei hochliegenden Störschichten, die andere Verankerungen erschweren oder unmöglich machen, und bei sonst etwa erforderlichen umfangreichen Bodenbewegungen.

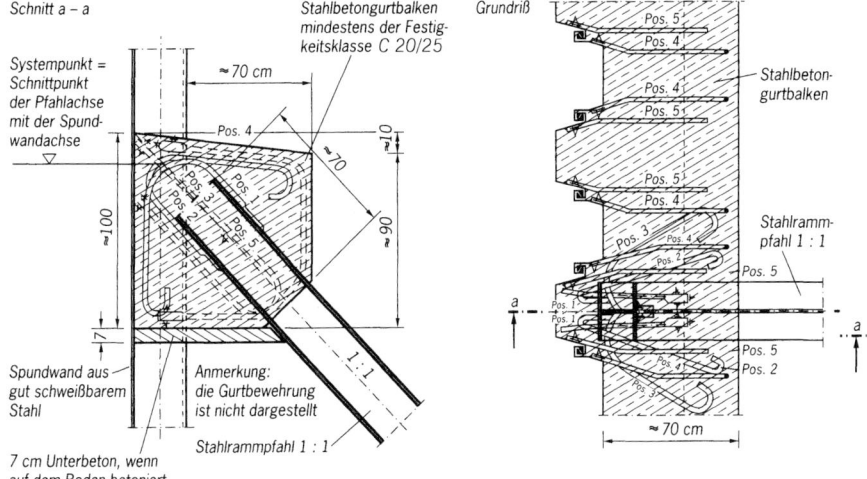

Bild E 59-1. Stahlbetongurt einer Stahlspundwand

Wenn die Stahlpfähle früher als die Spundwand gerammt werden und die Spundbohlen beim Rammen vor- oder nacheilen, befinden sich die Pfähle nicht immer in planmäßiger Lage zur Spundwand.

Ungenauigkeiten dieser Art stören jedoch kaum, wenn die Spundwandgurte aus Stahlbeton hergestellt werden und in den Bewehrungsplänen die örtlichen Baumaße bereits berücksichtigt sind (Bild E 59-1).

Wird der Stahlbetongurt in größerem Abstand über dem vorhandenen Gelände hergestellt, ist es zweckmäßig, die Spundwand mit einem Hilfsgurt aus Stahl auszurichten und diesen solange vorzuhalten, bis die Pfähle angeschlossen und der Stahlbetongurt tragfähig ist.

8.4.3.2 Ausführung der Spundwandgurte

Stahlbetongurte werden mit Hilfe von Rund- oder Vierkantstählen, die an die Spundwandstege geschweißt werden (Bild E 59-1, Pos. 4 und 5), im Allgemeinen gleichmäßig und nur an den Dehnungsfugen verstärkt, an die Spundwand angeschlossen. In gleicher Weise wird die Ankerkraft in die Stahlpfähle übergeleitet (Bild E 59-1, Pos. 1 bis 3).

Für die an die Spundwand und die Stahlpfähle geschweißten Anschlussstähle wird im Allgemeinen S 235 J2G3 (früher St 37-3) verwendet. Sie werden an den Anschlussstellen flachgeschmiedet. Gleichermaßen finden den Rundstähle aus BSt 500 S Anwendung.

Die Schweißarbeiten dürfen nur von geprüften Schweißern unter der Aufsicht eines Schweißfachingenieurs ausgeführt werden. Es dürfen nur Werkstoffe verwendet werden, deren Schweißeignung bekannt und

443

gleichmäßig gut ist und die miteinander verträglich sind (E 99, Abschn. 8.1.18).

Der Beton soll mindestens die Festigkeitsklasse C 20/25 aufweisen, mit einem Kornaufbau im günstigen Bereich zwischen den Sieblinien *A* und *B*. Für die Bewehrung wird im Allgemeinen BSt 500 S gewählt.

8.4.3.3 Ausführung der Pfahlanschlüsse

Stehen stark setzungsempfindliche Bodenarten in größerer Dicke an oder sind höhere nicht verdichtete Hinterfüllungen auszuführen, ist der Pfahlanschluss zweckmäßig gelenkig auszubilden.

Bei günstigeren Bodenverhältnissen ohne größere zu erwartende Setzungen bzw. Sackungen werden die Stahlpfähle zweckmäßig in den Stahlbetongurt eingespannt. Auch bei setzungsempfindlichen Böden geringerer Mächtigkeit oder gut verdichteten Hinterfüllungen mit nichtbindigem Boden kann ein derartiger Anschluss zu einer wirtschaftlichen Lösung führen. Zur Berücksichtigung verbleibender Bodensetzungen oder -sackungen und von Einspannwirkungen auch aus der Durchbiegung der Spundwand ist in diesen Fällen, gleichzeitig mit den sonstigen waagerechten und lotrechten Einwirkungen auf den Gurt, auch das Einspannmoment des Stahlpfahls anzusetzen. Dieses ist bei stark nachgiebigem Untergrund für die Streckgrenze $f_{y,k}$ unter Berücksichtigung des charakteristischen Wertes der im Pfahl wirkenden Normalkraft N_k zu berechnen und ungünstig wirkend anzusetzen.

Führen die Pfähle nur auf kürzeren Strecken durch setzungsempfindliche Böden oder sind nur geringe Aufschütthöhen vorhanden, kann das zusätzliche Anschlussmoment entsprechend kleiner angesetzt werden.

Die Einleitung der Schnittkräfte des Stahlpfahls an seiner Anschlussstelle in den Stahlbetongurt ist in letzterem nachzuweisen. Dabei ist die kombinierte Beanspruchung des Pfahlkopfs durch Normalkraft, Querkraft und Biegemoment zu beachten. Im Bedarfsfall können zur besseren Aufnahme dieser Kräfte seitlich an den Stahlpfahl Verstärkungsbleche geschweißt werden. An diese können dann die sonst als Schlaufen auszubildenden Verankerungsstähle angeschlossen werden. Die bei dieser Lösung neben dem Stahlpfahlsteg entstehenden Kammern müssen besonders sorgfältig ausbetoniert werden.

Bei allen Uferwänden mit Pfahlverankerungen, die größeren, unkontrollierbaren Biegebeanspruchungen ausgesetzt sind, und bei deren Anschluss an das Uferbauwerk dürfen für die Pfähle und ihre Anschlüsse nur sprödbruchunempfindliche, besonders beruhigte Stähle wie S 235 J2G3 (früher St 37-3) oder S 355 J2G3 (früher St 52-3) verwendet werden.

8.4.3.4 Berechnung

Die Gurtbelastungen sind sinngemäß nach E 30, Abschn. 8.4.2 anzusetzen. Als waagerechte Einwirkung wird die Horizontalkomponente der

Ankerkraft nach der Spundwandberechnung, im Systempunkt = Schnittpunkt der Spundwandachse mit der Pfahlachse wirkend, berücksichtigt. Der Gurt einschließlich seiner Anschlüsse an die Spundwand wird gleichmäßig gestützt berechnet. Eigenlast, lotrechte Auflasten, Pfahlkräfte, Biegemoment und Querkraft der Stahlrammpfähle sind als Einwirkungen zu betrachten und werden als Bemessungswerte eingeführt.

Die Schnittkräfte am Pfahlanschluss aus den Bodenauflasten des Pfahls im Bereich der Hinterfüllung oder der setzungsempfindlichen Schichten werden an einem im Gurt und im tragfähigen Boden eingespannt angenommenen Ersatzbalken errechnet. Das am Pfahlanschluss wirkende Einspannungsmoment und die dort auftretende Querkraft brauchen aber nur beim Anschluss des Gurts an die Spundwand berücksichtigt, in der Spundwand selbst aber nicht weiter verfolgt zu werden, wenn eine Abschirmung der Spundwandbelastung durch die Stahlpfähle nicht berücksichtigt worden ist.

Eine Schwächung des Pfahlquerschnitts an der Einspannstelle in den Gurt zur Verminderung des Anschlussmomentsund der damit zusammenhängenden Querkraft ist nicht zulässig, weil solche Schwächungen – vor allem bei unsachgemäßer Ausführung – leicht zu Pfahlbrüchen führen können.

Wird statt des starren Anschlusses der Pfähle eine Gelenkausbildung gewählt, müssen auch in dieser die durch Sackungen oder Setzungen des Bodens im Pfahlanschluss auftretenden zusätzlichen Schnittkräfte nachgewiesen und sicher aufgenommen werden.

Der Tragsicherheitsnachweis ist für die Bemessungswerte der Schnittgrößen E_d zu führen, die lastfallabhängig, wie in Abschn. 8.2.0.2 angegeben, abgemindert werden dürfen.

Bei Berücksichtigung eines Anschlussmoments und der zugehörigen Querkraft unter Ausnutzung der Streckgrenze $f_{y,k}$ im Stahlpfahl darf auch in den Anschlusselementen mit der Streckgrenze $f_{y,k}$ gearbeitet werden. Der Stahlbetongurt erhält aus konstruktiven Gründen Mindestabmessungen nach Bild E 59-1. Um Ungleichmäßigkeiten in den angreifenden Kräften und in den Pfahlverankerungen zu berücksichtigen, werden die Bewehrungsstahlquerschnitte um mindestens 20 % größer als errechnet eingelegt.

8.4.3.5 Bewegungsfugen

Stahlbetongurte können mit oder ohne Bewegungsfugen hergestellt werden. Die Ausbildung richtet sich nach E 72, Abschn. 10.2.4 und 10.2.5. Bezüglich der Arbeitsfugen wird auf Abschn. 10.2.3 verwiesen. Werden Bewegungsfugen angeordnet, sind sie so auszubilden, dass die Längenänderungen der Blöcke nicht behindert werden.

Zur gegenseitigen Stützung der Baublöcke in waagerechter Richtung werden die Bewegungsfugen verzahnt, ggf. verdübelt. Bei Pfahlrost-

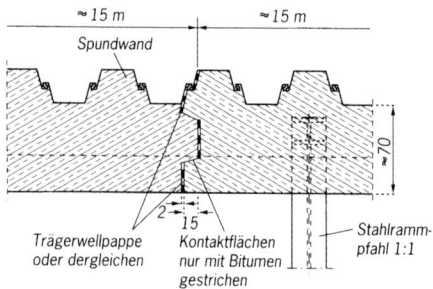

Bild E 59-2. Fugenverzahnung eines Stahlbetongurts

mauern wird die waagerechte Verzahnung in der Rostplatte untergebracht. Fugenspalten sind gegen ein Auslaufen der Hinterfüllung zu sichern.

**8.4.3.6 Kopfausrüstung von Stahlankerpfählen zur Krafteinleitung
in einen Stahlbetonüberbau**

Die Kopfausrüstung von Ankerpfählen muss so angeordnet, gestaltet
und bemessen sein, dass die Ankerkraft in der Anschlusskonstruktion
im Rahmen zulässiger Beanspruchbarkeiten aufgenommen werden kann.
Dabei sollen Zusatzbeanspruchungen aus Biegung und Querkraft des
Ankerpfahls im Anschlussbereich möglichst klein gehalten werden.
Hierzu muss der Pfahl etwa auf den doppelten Betrag seiner Höhe in
den bewehrten Beton einbinden (Bild E 59-3). Die Anschlussstähle und
ihre Schweißnahtanschlüsse werden so ausgelegt, dass etwa der volle
Querschnitt des Ankerpfahls angeschlossen wird.

Die Beanspruchungen im Stahlbeton-Überbau sind bei nachgiebigem
Baugrund unter den Ankerpfählen im Rahmen zulässiger Beanspruch-
barkeiten nach Lastfall 3 nachzuweisen, und zwar nicht nur für die volle
Ankerpfahlkraft, sondern auch für die Belastungen durch die Querkraft
und das Biegemoment am Ankerpfahlanschluss bei Beanspruchung des
Pfahls bis zur Streckgrenze.

In Bild E 59-3 ist eine günstige Anschlusslösung mit sogenannten „Rundkopfbolzen" – wie sie bislang schon bei Pollerverankerungen eingebaut
wurden – dargestellt. Hierbei wird ein Ende des Rundstahls so auf-
gestaucht, dass am Kopf ein Teller von bis zum dreifachen Durchmesser des Rundstahldurchmessers entsteht. Das an den Zugpfahl anzu-
schweißende Ende des Rundstahls wird abgeflacht, um eine gute
Schweißung zu ermöglichen.

Es kann aber auch die Endverankerung im Beton dadurch erreicht werden, dass an Rund- und Quadratankerstangen Querstäbe oder Platten in
entsprechender Größe angeschweißt werden.

446

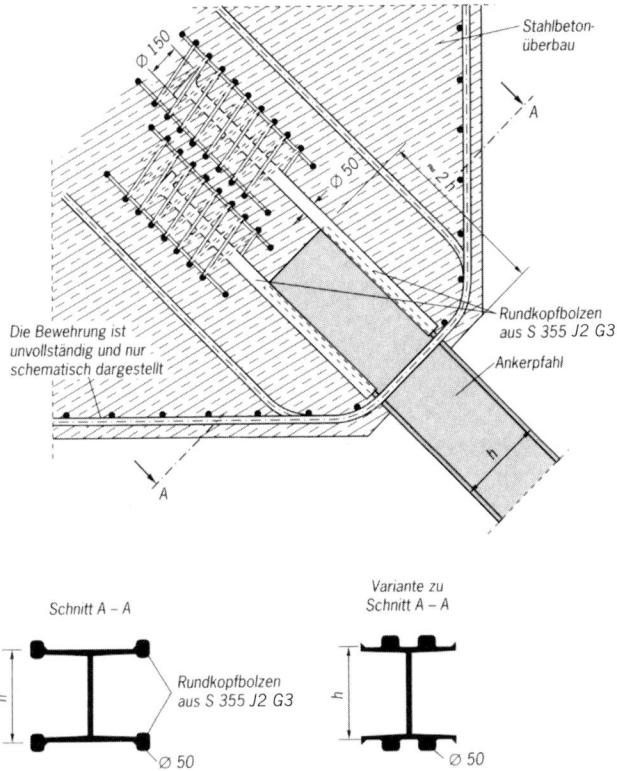

Schnitt A – A

Variante zu
Schnitt A – A

Rundkopfbolzen
aus S 355 J2 G3

Bild E 59-3. Beispiel eines Ankerpfahlanschlusses an einen Stahlbetonüberbau mittels sogenannter Rundkopfbolzen

8.4.4 Stahlholme für Stahlspundwände bei Ufereinfassungen (E 95)

8.4.4.1 Allgemeines
Stahlholme werden nach konstruktiven, statischen, betrieblichen und einbautechnischen Gesichtspunkten ausgebildet. Im übrigen gilt E94, Abschn. 8.4.6.1 sinngemäß.

8.4.4.2 Konstruktive und statische Forderungen
Der Holm dient zur Abdeckung der Spundwand (Bild E 95-1). Bei entsprechender Biegesteifigkeit (Bild E 95-2) kann er auch zur Übernahme von Kräften beim Ausrichten des Spundwandkopfes und zu Aufgaben im Betriebszustand herangezogen werden.

Der Spundwandkopf kann nur ausgerichtet werden, wenn die Spundwand während des Ausrichtens genügend freisteht, um sich verformen zu können.

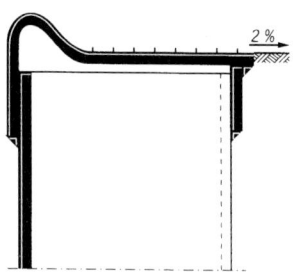

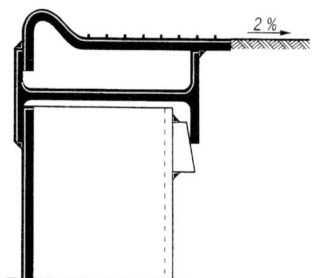

Bild E 95-1. Gewalzte oder gepresste Stahlholme mit Wulst, an die Spundwand geschweißt

Bild E 95-2. Verschweißter Holmgurt mit hohem Widerstandsmoment, sonst wie Bild E 95-1

Bei geringerem Abstand zwischen Holm und Gurt wird die Spundwand vorwiegend mit dem Gurt ausgerichtet.

Im Betriebszustand wirkt der Holm bei ungleichmäßigen Belastungen am Spundwandkopf lastverteilend, und er verhindert ungleichmäßige wasserseitige Auslenkungen.

Eine Regelausbildung eines Holmes zeigt Bild E 95-1.

Je größer der Abstand zum Gurt ist, umso wichtiger ist ein ausreichend hohes Trägheitsmoment des Holms. Einen verstärkten Holm bzw. Holmgurt zeigt Bild E 95-2.

Schiffsstöße sind beim Bemessen der Holme zu beachten. Damit sie sich nicht durchbiegen oder ausbeulen, werden Holme nach Bild E 95-1 bei breiten Wellentälern mit Aussteifungen versehen, die an Holm und Spundwand geschweißt werden.

Dient der Holm auch noch als Gurt, ist dieser Holmgurt gemäß E 29, Abschn. 8.4.1 und E 30, Abschn. 8.4.2 auszubilden und zu bemessen.

8.4.4.3 Betriebliche Forderungen

Die Oberkante des Holms muss so beschaffen sein, dass darüber geführte Trossen nicht beschädigt werden oder den Kaikopf beschädigen. Es ist ferner darauf zu achten, dass Trossen und Leinen (z. B. auch dünne Wurfleinen) nicht in Zwischenräume, Spalten o. ä. geraten können. Zum Schutze gegen Abgleiten des Personals sollte ein Teil des Holms etwas über die Kaioberfläche hinausragen.

Waagerecht liegende Holmbleche sind möglichst mit Warzen, Riffeln oder dergleichen zu versehen (Bilder E 95-1 und E 95-2).

Bei starkem Fahrzeugverkehr empfiehlt sich eine Ausbildung mit aufgeschweißter Schiene als Kantenschutz.

Ist gemäß E 74, Abschn. 6.3.4, Bild E 74-3 eine wasserseitige Kranschiene vorhanden, wird diese in den Kantenschutz mit einbezogen.

448

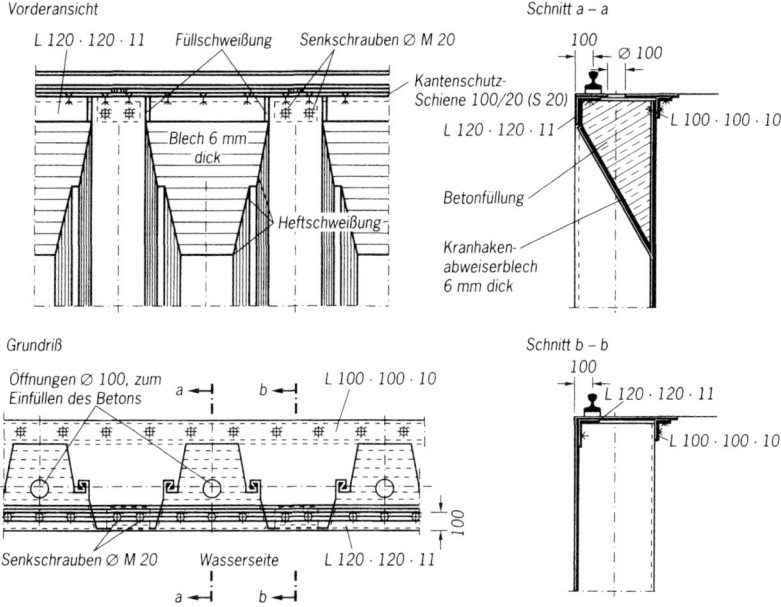

Bild E 95-3. Sonderausführung eines Stahlspundwandholms mit Kranhakenabweiser

Die Anfahrseite des Holms muss glatt sein. Unvermeidbare Kanten sind möglichst abzufasen. Die Konstruktion ist außerdem so zu gestalten, dass Schiffe nicht unterhaken und Holmteile durch Kranhaken möglichst nicht abgerissen werden können (Bild E 95-3).

8.4.4.4 Lieferung und Einbau

Die Stahlholmteile sind unverzogen und maßgerecht zu liefern. Bei der werkstattmäßigen Bearbeitung sind die Toleranzen für die Profilbreite und -höhe der Spundwandprofile und die Abweichungen beim Rammen zu beachten. Soweit erforderlich, sind die Holme auf der Baustelle anzupassen und auszurichten. Holmstöße werden als Vollstöße ausgebildet. Nach dem Einbau des Holms ist, wenn dieser ausreichend hoch über HHW und wellenschlagfrei liegt, im Bereich des Spundwandkopfs Sand in dichter Lagerung einzubringen und im Bedarfsfall zu erneuern, um Setzungen zu vermindern und die Bodenseite der Spundwand und des Holms vor Korrosion zu schützen.

Sofern der Holm überflutet oder überströmt werden kann, im Bereich des Wellenschlags liegt oder planmäßig unter dem Wasserspiegel angeordnet ist und der Wasserspiegel durch vorbeifahrende Schiffe abgesenkt werden kann, besteht die Gefahr, dass sandiges Hinterfüllungs-

449

material ausgespült wird, wenn ein dichter Anschluss zwischen dem Stahlholm und der Oberkante der Spundwand im Allgemeinen nicht vorhanden ist.

Um ein derartiges Ausspülen von sandigem Material zu verhindern, ist in den genannten Fällen ein dichter Abschluss zwischen Stahlholm und Spundwand beispielsweise durch Hinterfüllen des Spundwandkopfes mit Beton herzustellen. Dabei sollte der lotrechte Flansch des Holms bzw. des Holmwinkels ausreichend tief in den Beton einbinden und der Beton durch angeschweißte Pratzen oder Bolzen in seiner Lage zusätzlich gesichert werden. Außerdem ist das Hinterfüllungsmaterial im Bereich des Pflasters mit einem ausreichend dicken Kornfilter in abgestimmter Zusammensetzung abzudecken.

8.4.5 Stahlbetonholme für Stahlspundwände bei Ufereinfassungen (E 129)

8.4.5.1 Allgemeines

Für die Ausbildung von Stahlbetonholmen sind statische, konstruktive, betriebliche sowie einbautechnische Gesichtspunkte maßgebend.

8.4.5.2 Statische Forderungen

Der Holm dient in vielen Fällen nicht nur zur Abdeckung der Spundwand, sondern gleichzeitig als Aussteifung und damit auch zur Übernahme von waagerechten und lotrechten Belastungen. Dient er als Holmgurt auch zur Übertragung der Ankerkräfte, muss er entsprechend kräftig ausgebildet werden, zumal, wenn er zusätzlich noch eine unmittelbar aufgesetzte Kranbahn zu tragen hat.

Bezüglich des Ansatzes der waagerechten und lotrechten Einwirkungen gilt E 30, Abschn. 8.4.2 sinngemäß. Hinzu kommen in Bereichen mit Pollern oder sonstigen Festmacheeinrichtungen, die auf diese wirkenden Lasten (E 153, Abschn. 5.11, E 12, Abschn. 5.12 und E 102, Abschn. 5.13), sofern letztere nicht durch Sonderkonstruktionen aufgenommen werden. Darüber hinaus sind, wenn ein Stahlbetonholm mit einer unmittelbar aufgesetzten Kranbahn ausgerüstet wird (Bild E 129-2), auch noch die lotrechten und die waagerechten Kranradlasten aufzunehmen (E 84, Abschn. 5.14).

In der statischen Berechnung wird der Stahlbetonholm sowohl in waagerechter als auch in lotrechter Richtung zweckmäßig als auf der Spundwand elastisch gebetteter biegsamer Balken betrachtet. Dabei kann bei schweren Holmen für Seeschiffskaimauern für die waagerechte Richtung im Allgemeinen ein Bettungsmodul $k_{s,bh} = 25$ MN/m^3 als Anhalt dienen. Der Bettungsmodul für die senkrechte Richtung $k_{s,bv}$ hängt weitgehend vom Profil und von der Länge der Spundwand sowie von der Holmbreite ab. $k_{s,bv}$ muss daher für jedes Bauwerk besonders ermittelt werden, bei überschläglichen Berechnungen kann mit $k_{s,bv} = 250$ MN/m^3

gerechnet werden. Für die endgültige Dimensionierung sind Grenzbetrachtungen anzustellen, wobei die Bemessung für den ungünstigsten Fall erfolgen muss. Angeschlossene Verankerungen des Spundwandbauwerks oder der Pollerfundamente sind gesondert zu berücksichtigen. Ein besonderes Augenmerk ist der Aufnahme der Beanspruchungen aus Schwinden und Temperatur zu widmen, da die Längenänderungen des Holms durch die angeschlossene Spundwand und durch die Bodenhinterfüllung stark behindert werden können.

Um Ungleichmäßigkeiten in der Abstützung durch die Spundwand und etwaige Verankerungen zu berücksichtigen, werden die Bewehrungsstahlquerschnitte – entsprechend E 59, Abschn. 8.4.3 – um mindestens 20 % größer als errechnet eingelegt.

Bezüglich Betongruppe, Bewehrung und Gestaltung wird auf E 72, Abschn. 10.2 verwiesen.

Die in der Spundwandebene aufzunehmenden lotrechten Lasten werden im Allgemeinen mittig in den Spundwandkopf eingeleitet. Hierzu wird im Stahlbetonholm unmittelbar über der Spundwand eine ausreichende Spaltzugbewehrung eingelegt. Für wellenförmige Stahlspundwände kann der Betonbalken entsprechend bauaufsichtlich zugelassener Schneidenlagerung ausgeführt werden. Bei großen Einzellasten, z. B. aus einer Kranbahn, sollte eine Scheibenwirkung der Spundwand durch entsprechende Schlossverschweißungen sichergestellt werden. Geometrische Vorgaben (siehe E 74, Abschn. 6.3) können eine außermittige Auflagerung der Kranschiene notwendig machen.

Die sichere Überleitung aller Schnittkräfte im Übergangsbereich Wand-Holm ist nachzuweisen.

8.4.5.3 Konstruktive und betriebliche Forderungen

Der Spundwandkopf ist vor dem Betonieren, soweit erforderlich, auszurichten. Hierzu kann der planmäßig vorgesehene Stahlgurt dienen oder ein Hilfsgurt aus Stahl. Das Ausrichten des Spundwandkopfs mit diesen Elementen ist allerdings nur möglich, wenn die Wand im Bauzustand ausreichend weit aus dem mehr oder weniger nachgiebigen Boden herausragt. Mit Hilfe des Stahlbetonholms ist es dann möglich, dem Spundwandbauwerk am Kopf eine gute Flucht zu geben. Um im Bedarfsfall auch vor dem Spundwandkopf eine ausreichende Betonüberdeckung zu erhalten, sind die waagerechten Abmessungen des Stahlbetonholms entsprechend groß zu wählen. Im Allgemeinen soll der planmäßige Überstand des Betons über die Spundwand je nach Ausbildung sowohl zur Boden- als auch zur Wasserseite hin rd. 15 cm und die Höhe des Betonholms mindestens 50 cm betragen (Bilder E 129-1 und E 129-2). Die Spundwand soll dabei rd. 10 bis 15 cm in den Betonholm einbinden.

Ein Stahlbetonholm sollte ausreichend hoch über dem Wasserspiegel angeordnet werden, damit die Spundwand unmittelbar unter dem Betonholm zugänglich ist, um diesen Bereich regelmäßig kontrollieren und einen eventuell vorhandenen Korrosionsschutz erneuern zu können.

Bei Uferbauwerken, die aufgrund ihrer Lage an Gewässern mit erhöhter Korrosionsgefahr (Salzwasser, Brackwasser) errichtet werden, ist es zur Vermeidung von Korrosionsschäden sinnvoll, den Stahlbetonholm vollständig hinter der Spundwand anzuordnen. Die Spundwand wird dabei bis zur Oberkante der Kaje hochgezogen. Auf diese Weise wird die erhöhte Korrosion am Übergangsbereich von Stahl zu Beton auf der Wasserseite wirkungsvoll vermieden.

Um ein Unterhaken des Schiffskörpers zu vermeiden, wird bei Ausbildungen ähnlich Bild E 129-2 der Holm an der Wasserseite unten mit einem unter 2 : 1 oder steiler abgeknickten Breitflachstahl versehen, dessen untere Kante an die Spundwand geschweißt wird.

Wenn man auf die Betonüberdeckung zur Wasserseite hin verzichtet, wird im Allgemeinen auf der Wasserseite der Spundwand ein Breitflachstahl angeordnet (Bild E 129-1). Er wird an den Spundwandrücken geschweißt, da diese Lösung im Allgemeinen wirtschaftlicher ist als eine geschraubte Verbindung. Über den Spundwandtälern sind dann Ankerpratzen anzubringen, um den Breitflachstahl mit dem Beton einwandfrei zu verbinden. Der Breitflachstahl wird im oberen Bereich abgekantet (Bild E 129-1). Unregelmäßigkeiten in der Flucht des Spundwandkopfs bis zu etwa 3 cm können durch Unterfuttern ausgeglichen werden.

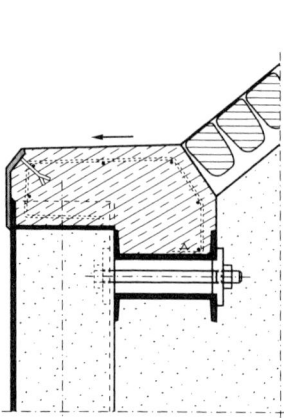

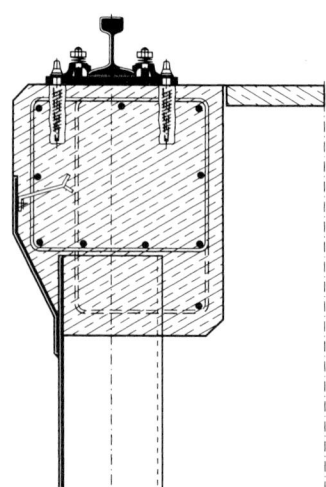

Bild E 129-1. Stahlbetonholm für eine Wellenspundwand ohne wasserseitige Betonüberdeckung bei einem teilgeböschten Ufer

Bild E 129-2. Stahlbetonholm für eine Wellenspundwand mit beidseitiger Betonüberdeckung und unmittelbar aufgesetzter Kranbahn

Der Holm wird – mindestens bei Anlagen mit Seeschiffsverkehr – mit einem Kanten- und Gleitschutz nach E94, Abschn. 8.4.6, bzw. DIN 19 703 versehen. Auch die dort gebrachten Hinweise sind sinngemäß zu beachten.

Bei der Ausbildung der Bügelbewehrung ist dafür zu sorgen, dass eine einwandfreie Verbindung der durch die Spundwand getrennten Betonquerschnitte erreicht wird. Zu diesem Zweck sollen die Bügel entweder an die Spundwandstege geschweißt oder durch in die Spundwand gebrannte Löcher gesteckt bzw. in Schlitze gelegt werden. Bei der bauaufsichtlich zugelassenen Bauweise „Schneidenlagerung" sind solche Maßnahmen nicht erforderlich. Wird über der Spundwandoberkante zum Abtragen der lotrechten Lasten eine Spaltzugbewehrung angeordnet, deren Bügel unmittelbar über der Stirnfläche der Spundwand liegen, soll durch zusätzliche Bügel, die beispielsweise beiderseits der Spundwand in den Wellentälern angeordnet werden, für einen einwandfreien Zusammenhalt des Holms auch auf der Unterseite gesorgt werden.

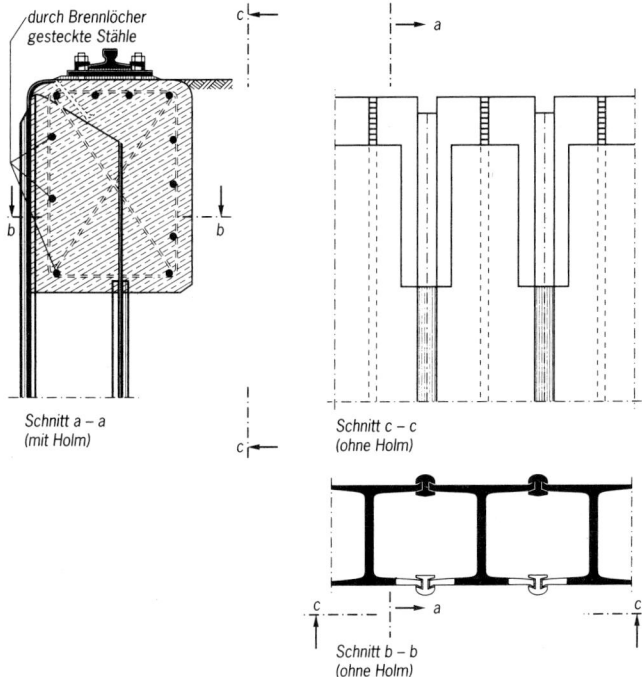

Bild E 129-3. Stahlbetonholm für eine Kastenspundwand ohne wasserseitige Betonüberdeckung mit unmittelbar aufgesetzter Kranbahn

453

Auch Stahlbetonholme für Kastenspundwände können ohne vordere
Betonüberdeckung ausgeführt werden (Bild E 129-3). Die Bewehrung
wird dabei in die Zellen der Spundwand eingeführt. Hierzu werden die
Stege und Flansche entsprechend ausgeschnitten und soweit erforderlich mit Brennlöchern versehen.
Bei kombinierten Spundwänden kann sinngemäß verfahren werden.
Stahlbetonholme können – wenn erforderlich örtlich verstärkt – auch
zur Gründung von Pollern herangezogen werden. Bild E 129-4 zeigt
hierzu ein Beispiel für eine schwere Seeschiffskaimauer. Große Trossen-
zugkräfte werden, um die Ankerdehnung und damit die Biegemomente
im Holm klein zu halten, in solchen Fällen am besten mit schweren
Rundstahlankern aufgenommen.
Vorgespannte Stahlkabelanker sind wegen möglicher späterer Aushubarbeiten hinter dem Holm weniger günstig.

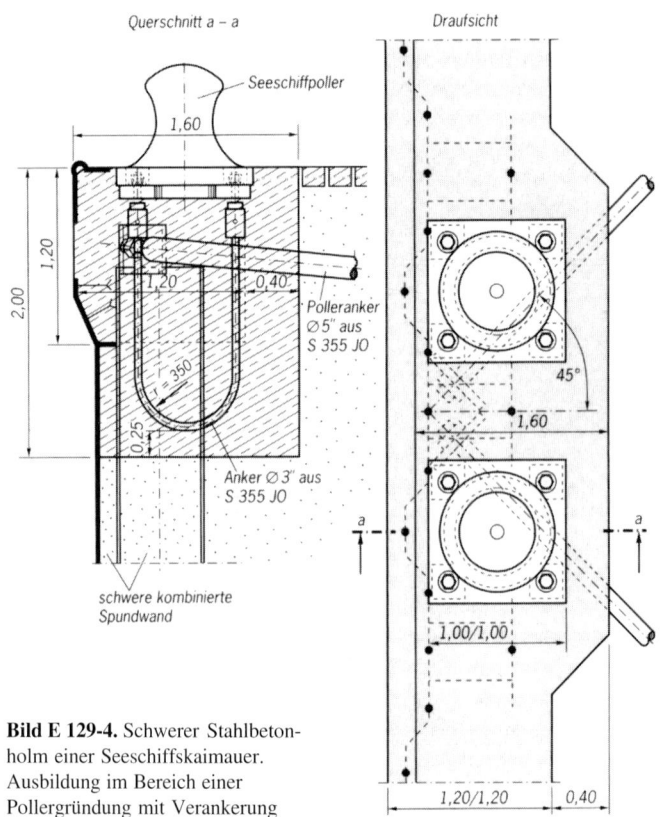

Bild E 129-4. Schwerer Stahlbeton-
holm einer Seeschiffskaimauer.
Ausbildung im Bereich einer
Pollergründung mit Verankerung

8.4.5.4 Dehnungsfugen

Unter Berücksichtigung aller auftretenden Einwirkungen aus Lastbeanspruchungen und Zwang (Schwinden, Kriechen, Setzungen, Temperatur) können Stahlbetonholme fugenlos ausgebildet werden (siehe E 72, Abschn. 10.2.4). Dabei sind die rechnerischen Rissbreiten unter Beachtung der Umweltbedingungen zu begrenzen (siehe Abschn. 10.2.5). Werden planmäßig Bewegungsfugen vorgesehen, sollten die Blocklängen so festgelegt werden, dass keine nennenswerten Zwangskräfte in Blocklängsrichtung auftreten. Andernfalls sind die Zwangskräfte unter Beachtung der Unterkonstruktionen bzw. des Untergrundes entsprechend zu berücksichtigen.

Auch die Fugen selbst müssen örtlich so ausgebildet werden, dass die Längenänderungen des Stahlbetonholms an dieser Stelle nicht durch die Spundwand beeinträchtigt werden. Hierzu bieten sich, beispielsweise bei Wellenspundwänden, folgende Lösungen an:

(1) Die Dehnungsfuge wird unmittelbar über dem Steg der Spundwand angeordnet, der mit elastischen Stoffen umkleidet wird, damit die erforderlichen Bewegungen möglich sind.

(2) Die Dehnungsfuge wird über einem Wellental der Spundwand angeordnet. Die Bohle bzw. die Bohlen dieses Wellentals dürfen dann nur geringfügig in den Stahlbetonholm einbinden und müssen zur Sicherung der Bewegungsmöglichkeit mit einer kräftigen plastischen

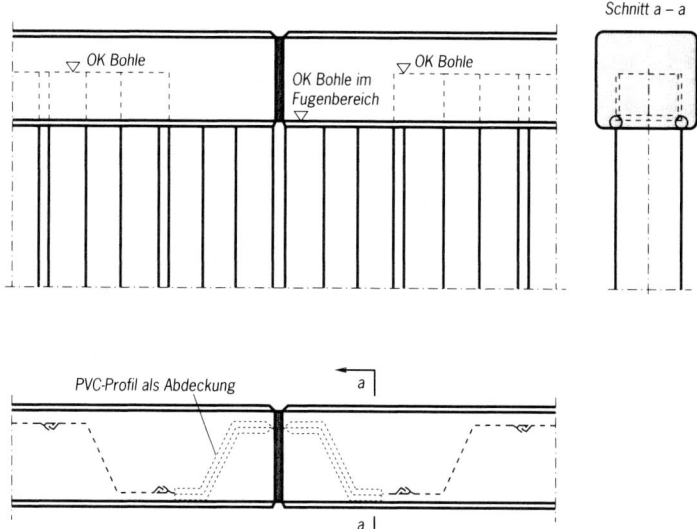

Bild E 129-5. Dehnungsfuge eines Stahlbetonholms

Schicht umgeben werden, die gleichzeitig auch die Dichtheit im Bereich der Fuge sicherstellt.

Ein Beispiel für eine Fugenausbildung in Fällen ohne das Erfordernis einer Querkraftübertragung ist in Bild E 129-5 dargestellt. Kräftige Stahlbetonholme erhalten an den Dehnungsfugen eine Verzahnung zur Übertragung waagerechter Kräfte. Eine gewisse Verdübelung bei schwächeren Holmen kann mit Hilfe eines Stahldorns erreicht werden.

8.4.6 Oberer Stahlkantenschutz für Stahlbetonwände und -holme bei Ufereinfassungen (E 94)

8.4.6.1 Allgemeines

Die Kanten von Ufereinfassungen aus Stahlbeton erhalten wasserseitig zweckmäßig einen sorgfältig ausgebildeten Schutz aus Stahl. Dieser soll sowohl die Kante als auch die darübergeführten Trossen gegen Beschädigungen aus dem Schiffsbetrieb schützen und den Leinenverholern und sonstigem Personal ein sicheres Arbeiten auf dem Hafengelände ohne Abgleitgefahr gestatten. Der Kantenschutz muss so ausgeführt werden, dass Schiffe nicht unterhaken können. Gleiches gilt für Kranhaken (E 17, Abschn. 10.1.2).

Werden in Binnenhäfen Ufereinfassungen bei Hochwasser überflutet und besteht die Gefahr, dass sich dann Schiffe aufsetzen, darf der Kantenschutz keine Wülste oder Leisten aufweisen.

8.4.6.2 Ausführungsbeispiele

Bild E 94-1 zeigt eine bei Ufereinfassungen in Häfen, aber auch bei Binnenschiffsschleusen häufig angewandte Ausführung.

Bei Ufereinfassungen, insbesondere solchen mit Güterumschlag, kann das Niederschlagswasser aber ohne Schwierigkeit auch nach der Landseite hin abgeführt werden, wobei dann die Entwässerungsschlitze nach Bild E 94-1 entfallen.

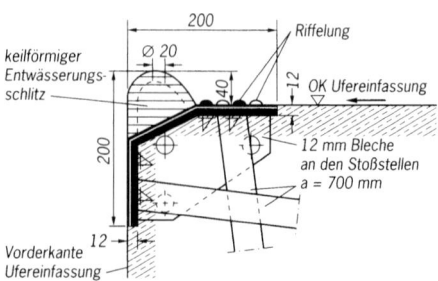

Bild E 94-1. Kantenschutz mit Entwässerungsschlitz

Der Stahlkantenschutz nach Bild E 94-1 kann auch mit Öffnungswinkeln ≠ 90° geliefert werden, sodass er einer schrägen Ober- oder Vorderfläche der Ufereinfassung angepasst werden kann. Er wird im Allgemeinen in Längen von etwa 2500 mm geliefert. Die Teilstücke werden vor dem Einbau verschweißt.

Die Ausführung nach Bild E 94-2 zeigt ein in den Niederlanden entwickeltes und dort häufig mit Erfolg angewendetes Sonderprofil. Es weist eine vermehrte Blechdicke und verstärkte Stahlpratzen auf, sodass der beim Betonieren auftretende obere Hohlraum nicht verpresst zu werden braucht. Die oberen Entlüftungsöffnungen müssen nach dem Einbetonieren aber verschlossen werden, um Korrosionsangriffe auf der Innenseite möglichst klein zu halten.

Die Ausführungen nach den Bildern E 94-3 und E 94-4 haben sich bei zahlreichen deutschen Ufereinfassungen bewährt.

Alle Ausführungen nach den Bildern E 94-1 bis E 94-4 müssen sorgfältig ausgerichtet in der Schalung versetzt und befestigt werden. Die Ausführungen nach den Bildern E 94-3 und E 94-4 müssen im Zuge des Betonierens der Kaimauer satt einbetoniert werden. Die Innenfläche des Kantenschutzes ist hier vorher von anhaftendem Rost zu säubern.

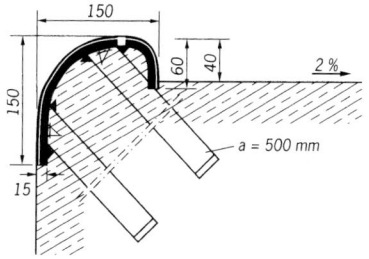

Bild E 94-2. In den Niederlanden gebräuchlicher Kantenschutz mit Sonderprofil

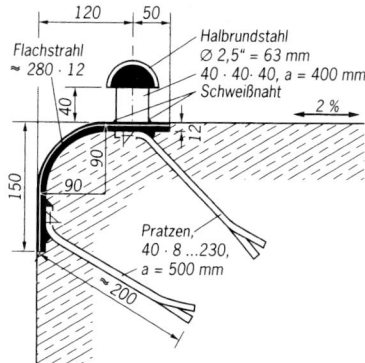

Bild E 94-3. Kantenschutz mit abgerundetem Blech, in Seehäfen mit und in Binnenhäfen ohne Fußleiste

457

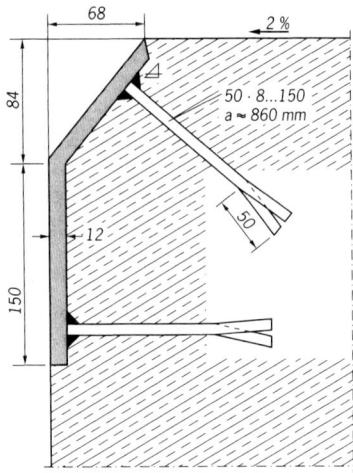

Bild E 94-4. Kantenschutz mit abgewinkeltem Blech ohne Fußleiste für nicht hochwasserfreie Ufer in Binnenhäfen

8.4.7 Hilfsverankerung am Kopf von Stahlspundwandbauwerken (E 133)

8.4.7.1 Allgemeines

Aus statischen und wirtschaftlichen Gründen wird die Verankerung einer Uferspundwand, vor allem bei Wänden mit hohem Geländesprung, im Allgemeinen nicht am Kopf der Wand, sondern in einem gewissen Abstand unterhalb des Kopfes angeschlossen. Dadurch verringert sich bei der einfach verankerten Wand die Spannweite und damit auch das Feldmoment und das Einspannmoment im Boden. Außerdem tritt eine erhöhte Erddruckumlagerung ein.

Der Überankerteil erhält in solchen Fällen häufig am Kopf eine zusätzliche Hilfsverankerung, auch wenn diese nach der üblichen Spundwandstatik (E 77, Abschn. 8.2.2) ohne Belastung bleibt. Sie hat die Aufgabe, die Lage des biegsamen oberen Spundwandendes im Endstadium der Bauausführung und bei örtlich großen Zusatzbelastungen im Betriebszustand zu sichern. Die Hilfsverankerung wird jedoch im statischen Hauptsystem des Spundwandbauwerks nicht berücksichtigt.

8.4.7.2 Gesichtspunkte für die Anordnung

Die Höhe des Überankerteils, für den zweckmäßig ein Hilfsanker angeordnet wird, ist von verschiedenen Faktoren abhängig, wie z. B. von der Biegesteifigkeit der Spundwand, von der Größe der Nutzlasten in waagerechter und lotrechter Richtung, von betrieblichen Anforderungen an die Flucht des Spundwandkopfes und dergleichen.

Wird eine Ufereinfassung durch Krane belastet, sollte möglichst nahe am Kopf eine Hilfsverankerung angeordnet werden, sofern nicht besser der Anschluss des Hauptankers entsprechend hoch gelegt wird. Auch Belastungen des Überankerteils durch Haltekreuze erfordern in der Regel eine Hilfsverankerung. Die Verankerung für große Pollerzugkräfte wird zwar ebenfalls hoch angeschlossen, aber im Allgemeinen zur Hauptankerwand geführt und in das System der Hauptverankerung einbezogen.

8.4.7.3 Ausbildung, Berechnung und Bemessung der Hilfsverankerung

Für die Hilfsverankerung werden im Allgemeinen Rundstahlanker verwendet, die an ihren Enden gelenkig angeschlossen werden. Für die Berechnung der Hilfsverankerung wird ein Ersatzsystem zugrundegelegt, bei dem der Überankerteil in Höhe des Hauptankers als eingespannt betrachtet wird. Auf dieses System wirkt die Belastung entsprechend der Statik für das Hauptsystem. Dabei muss die auf den Überankerteil wirkende Belastung sowohl von der Hilfsverankerung als auch vom Hauptanker voll aufgenommen werden.

Die Hilfsverankerung ist fallweise auch mit den Lastansätzen nach E 5, Abschn. 5.5.5 zu berechnen.

Auch für die Ausbildung, Berechnung und Bemessung des Hilfsankergurts gelten E 5, Abschn. 5.5 und vor allem auch Abschn. 5.5.5, E 20, Abschn. 8.2.6 sowie E 29, Abschn. 8.4.1 und E 30, Abschn. 8.4.2. Im Hinblick auf das Ausrichten des Uferspundwandkopfes und zur Aufnahme von leichteren Havariestößen wird der Hilfsankergurt stärker als rechnerisch erforderlich im Allgemeinen wie der Hauptankergurt ausgebildet.

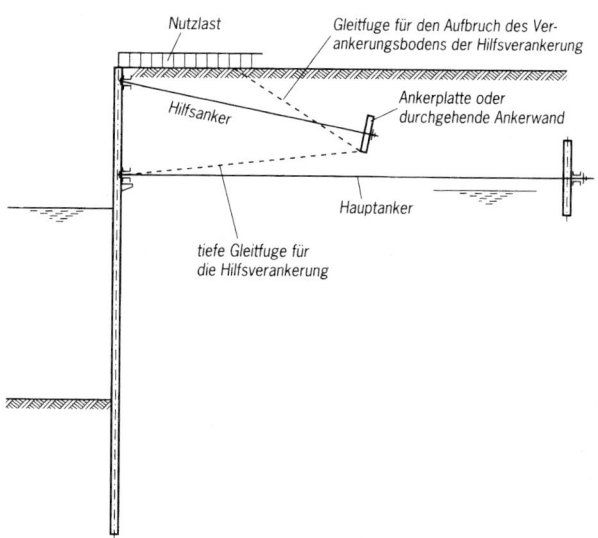

Bild E 133-1. Einfach verankertes Spundwandbauwerk mit Hilfsverankerung

459

Wird zum Anschluss der Hilfsverankerung der Spundwandholm mit herangezogen, sind E 95, Abschn. 8.4.4 bzw. E 129, Abschn. 8.4.5 mit zu beachten.

Die Standsicherheit der Hilfsverankerung ist sowohl gegen Aufbruch des Verankerungsbodens als auch für die tiefe Gleitfuge, die zum Ansatzpunkt des Hauptankers führt (Bild E 133-1), nachzuweisen. Im übrigen gilt hierzu E 10, Abschn. 8.4.9 sinngemäß.

8.4.7.4 Bauausführung

Die Hafensohle vor der Uferspundwand wird zweckmäßig erst nach dem Einbau der Hilfsverankerung freigebaggert. Wird zeitlich in umgekehrter Folge verfahren, kann sich der Spundwandkopf unkontrolliert bewegen, sodass ein späteres Ausrichten nur mit der Hilfsverankerung allein nicht immer zu dem gewünschten Erfolg führt.

8.4.8 Gewinde von Spundwandankern (E 184)

8.4.8.1 Gewindearten

Folgende Gewindearten werden angewendet:

(1) Geschnittenes Gewinde (spanabhebendes Gewinde) (Bild E 184-1)
Der Gewindeaußendurchmesser ist gleich dem Durchmesser des Rundstahls bzw. der Aufstauchung.

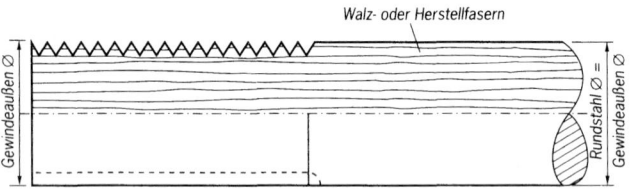

Bild E 184-1. Geschnittenes Gewinde

(2) Gerolltes Gewinde (spanloses, in kaltem Zustand hergestelltes Gewinde) (Bild E 184-2)
Bei den Stählen S 235 JRG2 (früher St 37-2) und S 355 J2G3 (früher St 52-3) muss, um ein normgerechtes Gewinde zu erhalten, vor dem Gewinderollen der Rundstahl beziehungsweise eine eventuelle Aufstauchung im erforderlichen Umfang abgedreht oder vorgeschält werden. Bei Ankern mit gerolltem Gewinde kann der Rundstahl- oder Aufstauchdurchmesser etwas kleiner gewählt werden als bei einem Anker mit geschnittenem Gewinde, ohne dass die Tragfähigkeit abnimmt.

Bei den geschilderten Maßnahmen ergibt sich, abhängig von der Vorbearbeitung, ein Gewindeaußendurchmesser, der größer ist als der Durchmesser des Ausgangsmaterials.

Gezogene Stähle (bis Ø 36 mm) brauchen nicht vorbearbeitet zu werden.

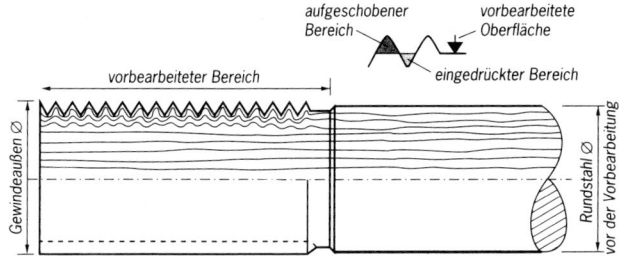

Bild E 184-2. Gerolltes Gewinde

(3) Warmgewalztes Gewinde (spanloses Gewinde) (Bild E 184-3)
Der Gewindestab erhält beim Warmwalzen zwei gegenüberliegende
Reihen von Gewindeflanken aufgewalzt, die sich zu einem durchgehen-
den Gewinde ergänzen. Beim warmgewalzten Gewinde entfällt der zu-
sätzliche Arbeitsgang des Gewinderollens oder -schneidens. Beim
Gewindestab ist der Nenndurchmesser maßgebend. Die tatsächlichen
Querschnittsabmessungen weichen davon leicht ab. Für Endveranke-
rungen und Stoßausbildungen sind zugehörige Elemente zu verwenden.

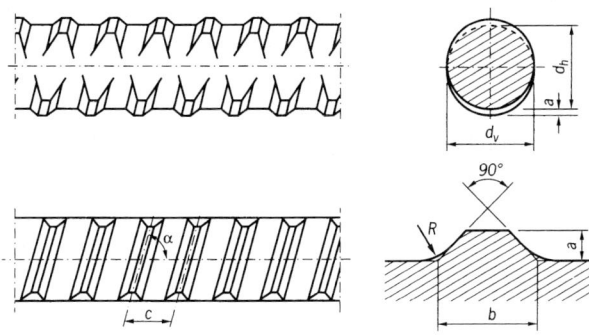

Bild E 184-3. Warm gewalztes Gewinde

8.4.8.2 Geforderte Sicherheiten
Bezüglich des Nachweises der Tragsicherheit und besonderer Fertigungs-
hinweise wird auf E 20, Abschn. 8.2.6.3 verwiesen.

8.4.8.3 Weitere Hinweise zu den Gewindearten
- Die gerollten Gewinde besitzen eine hohe Profilgenauigkeit.
- Beim Rollen des Gewindes entsteht eine Kaltverformung. Dadurch
  tritt eine Erhöhung der Festigkeit und der Streckgrenze von Gewindegrund und Gewindeflanken ein, die sich bei zentrischer Belastung
  günstig auswirkt.

- Der Gewindegrund und die Gewindeflanken bei gerollten Gewinden sind besonders glatt und besitzen daher bei dynamischer Belastung eine hohe Dauerfestigkeit.
- Die Fertigungszeiten für gerollte Gewinde sind geringer als die für geschnittene, jedoch wird dieser Vorteil durch das erforderliche Abdrehen oder Vorschälen mehr als aufgehoben, sofern nicht mit Ziehgüte gearbeitet wird.
- Der Faserverlauf des Stahls wird bei gerollten oder warm gewalzten Gewinden nicht unterbrochen.
- Gerollte Gewinde mit größeren Durchmessern werden vor allem bei zentrisch belasteten Ankern mit dynamischer Beanspruchung angewendet.
- Gegenüber dem geschnittenen Gewinde ergibt sich beim gerollten Gewinde eine Gewichtsersparnis beispielsweise von 14 % bei Ankerstangen $\varnothing$ 2'' und von 8 % bei $\varnothing$ 5''.
- Bei Rundstahlankern mit gerolltem Gewinde sind keine Muttern, Muffen oder Spannschlösser mit gerolltem Innengewinde erforderlich, zumal beim Innengewinde stets eine geringere Beanspruchung als beim Außengewinde auftritt. Bei der Belastung des Innengewindes werden Ringzugkräfte mobilisiert, die zu einer Abstützung führen. Es kann daher ohne Bedenken die Kombination: gerolltes Außengewinde und geschnittenes Innengewinde gewählt werden.

8.4.9 Nachweis der Standsicherheit von Verankerungen in der tiefen Gleitfuge (E 10)

8.4.9.1 Standsicherheit für die tiefe Gleitfuge bei Verankerungen mit Ankerwänden

Die Berechnung der Standsicherheit in der tiefen Gleitfuge erfolgt auf der Grundlage der von KRANZ [74] vorgeschlagenen Vorgehensweise, wobei ein Schnitt hinter der Stützwand, in der tiefen Gleitfuge und hinter der Ankerwand geführt wird. Die tiefe Gleitfuge ist stets nach oben gekrümmt und wird durch eine Gerade angenähert. Mit dem Nachweis wird die erforderliche Ankerlänge bestimmt. Den Kräfteansatz zeigt Bild E 10-1.

Symbole in Bild E 10-1 und Kräfte am Bruchkörper:

ϑ Neigung der tiefen Gleitfuge

G_k totale charakteristische Gewichtskraft des Gleitkörpers *FDBA*, ggf. zuzüglich Nutzlast

$E_{a,k}$ charakteristischer aktiver Erddruck (ggf. erhöhter aktiver Erddruck)

$U_{a,k}$ charakteristische Wasserdruckkraft im Schnitt *AF* zwischen Boden und Stützwand

U_k charakteristische Wasserdruckkraft auf die tiefe Gleitfuge *FD*,

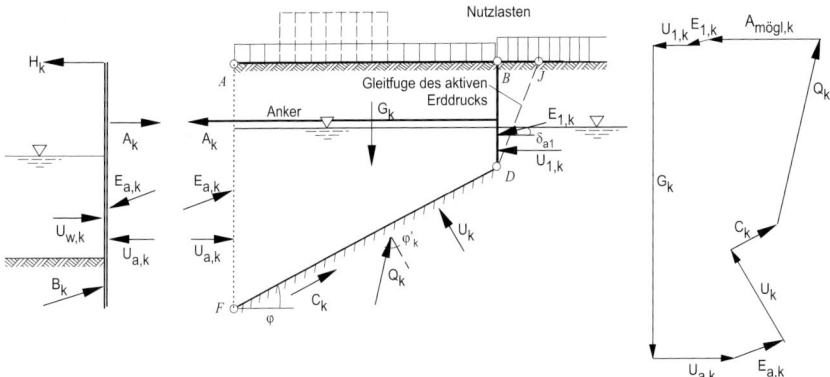

Bild E 10-1. Nachweis der Standsicherheit in der tiefen Gleitfuge

Q_k charakteristische resultierende Kraft in der tiefen Gleitfuge aus Normalkraft und maximal möglicher Reibungskraft (daher unter Winkel φ'_k gegen die Gleitfugennormale geneigt)

C_k charakteristische Scherkraft in der tiefen Gleitfuge aus Kohäsion – Ihre Größe ergibt sich aus dem charakteristischen Wert der Kohäsion und der Länge der tiefen Gleitfuge

$U_{1,k}$ charakteristische Wasserdruckkraft auf die Ankerwand DB

$E_{1,k}$ charakteristischer aktiver Erddruck mit Nutzlast auf die Ankerwand DB

A_k charakteristische Ankerkraft

Für den Nachweis muss bei der charakteristischen Ankerkraft zwischen dem Anteil $A_{G,k}$ aus ständigen Einwirkungen und dem Anteil $A_{Q,k}$ aus veränderlichen Einwirkungen unterschieden werden

Der Nachweis ist sowohl für ausschließlich ständige Lasten als auch für ständige und veränderliche Lasten zu führen. Im zweiten Fall sind die Anteile aus den veränderlichen Lasten in ungünstigster Laststellung zu berücksichtigen. Die sich aus diesen Anteilen ergebende Kraft $A_{Q,k}$ ist getrennt auszuweisen.

Die Standsicherheit in der tiefen Gleitfuge ist gegeben, wenn gilt:

$$A_{G,k} \cdot \gamma_G \leq \frac{A_{\text{mögl},k}}{\gamma_{Ep}}$$

wobei $A_{\text{mögl},k}$ aus dem Krafteck mit ausschließlich ständigen Lasten ermittelt wird, und

$$A_{G,k} \cdot \gamma_G + A_{Q,k} \cdot \gamma_Q \leq \frac{A_{\text{mögl},k}}{\gamma_{Ep}}$$

463

wobei $A_{mögl,k}$ aus dem Krafteck mit ständigen und veränderlichen Lasten ermittelt wird.

Teilsicherheitsbeiwerte nach DIN 1054:
γ_G der Teilsicherheitsbeiwert für ständige Einwirkungen
γ_Q der Teilsicherheitsbeiwert für veränderliche Einwirkungen
γ_{Ep} der Teilsicherheitsbeiwert für Erdwiderstand

Dem Nachweis liegt die Modellvorstellung zugrunde, dass durch die Einleitung der Ankerkraft in den Boden ein Bruchkörper hinter der Stützwand entsteht, der durch die Stützwand, die Ankerwand und die tiefe Gleitfuge begrenzt ist. Dabei wird der maximal mögliche Scherwiderstand in der tiefen Gleitfuge ausgenutzt, während der Grenzwert für die Fußauflagerkraft nicht erreicht wird. $A_{mögl,k}$ ist die charakteristische Ankerkraft, die von dem Gleitkörper *FDBA* bei voller Ausnutzung der Scherfestigkeit des Bodens höchstens aufgenommen werden kann. Die Sicherheitsdefinition über die Ankerkraft hat daher eine Stellvertreterfunktion für die Ausnutzung der Scherfestigkeit des Bodens.
Wie bei allen sonstigen Erddruckansätzen wird die Gleichgewichtsbedingung für die angreifenden Momente nicht berücksichtigt, also über die Art der Kraftverteilung nichts ausgesagt. Die Gleitfuge wird durch die Verbindungsgerade DF mit ausreichender Genauigkeit als maßgebende Gleitfuge ersetzt.
Will man bei zur Spundwand abfallendem Grundwasserspiegel den Einfluss des strömenden Grundwassers auf die Standsicherheit in der tiefen Gleitfuge berücksichtigen, benötigt man ein Strömungsnetz nach E 113, Abschn. 4.7 zur Ermittlung der Wasserdrücke auf die Stützwand, die Ankerwand und die tiefe Gleitfuge.

8.4.9.2 Standsicherheit bei nicht konsolidierten, wassergesättigten bindigen Böden
Die Untersuchung wird wie in Abschn. 8.4.9.1 vorgenommen. Der Erddruck ist für den nicht konsolidierten, wassergesättigten Fall nach E 130, Abschn. 2.6 zu ermitteln. In der tiefen Gleitfuge wirkt die charakteristische Kohäsionskraft $C_{u,k}$. Der Reibungswinkel ist bei nicht konsolidierten, wassergesättigten, erstbelasteten, bindigen Böden mit $\varphi_u = 0$ anzusetzen.

8.4.9.3 Standsicherheit bei wechselnden Bodenschichten
Die Berechnung wird durchgeführt (Bild E 10-2), indem der Bodenkörper zwischen Spundwand und Ankerwand durch gedachte lotrechte Trennfugen, die durch die Schnittpunkte der tiefen Gleitfuge mit den Trennlinien der Schichten gelegt werden, in so viele Teilkörper zerlegt wird, wie Schichten von der tiefen Gleitfuge geschnitten werden. Nun wird das Verfahren wie in Bild E 10-2 dargestellt nacheinander auf alle Teil-

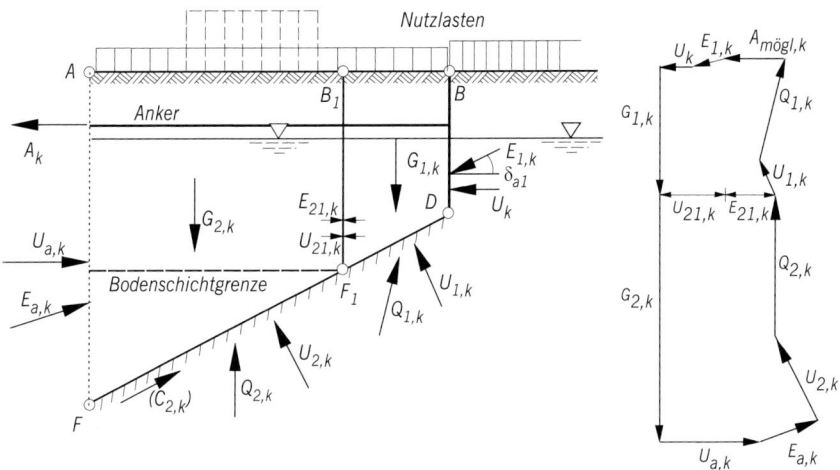

Bild E 10-2. Nachweis der Standsicherheit in der tiefen Gleitfuge bei geschichtetem Boden

körper angewendet. Ist in einzelnen Schichten Kohäsion vorhanden, wird sie in der tiefen Gleitfuge bei den entsprechenden Teilkörpern berücksichtigt. (Im Krafteck in Bild E 10-2 ist eine Kohäsion nicht berücksichtigt.) Die Erddruckkräfte in den vertikalen Schnitten werden mit oberflächenparalleler Wirkungsrichtung angenommen

Kräfte am Bruchkörper (charakteristische Werte) in Bild 10-2:

$G_{1,k}$ totale Gewichtskraft des Gleitkörpers F_1DBB_1, ggf. zuzüglich Nutzlast
$G_{2,k}$ totale Gewichtskraft des Gleitkörpers FF_1B_1A
$E_{a,k}$ aktiver Erddruck (über alle Bodenschichten)
$U_{a,k}$ Wasserdruckkraft zwischen Boden und Stützwand AF
A_k Ankerkraft
$U_{1,k}$ Wasserdruckkraft auf die tiefe Gleitfuge im Abschn. F_1D
$U_{2,k}$ Wasserdruckkraft auf die tiefe Gleitfuge im Abschn. FF_1
$E_{1,k}$ aktiver Erddruck mit Nutzlast auf die Ankerwand DB
U_k Wasserdruckkraft auf die Ankerwand DB
$U_{21,k}$ Wasserdruckkraft auf die lotrechte Trennfuge F_1B_1
$E_{21,k}$ Erddruckkraft in der lotrechten Trennfuge F_1B_1

Die Standsicherheit in der tiefen Gleitfuge wird wie in Abschn. 8.4.9.1 angegeben ermittelt.

8.4.9.4 Standsicherheit bei unterer Einspannung der Spundwand

Das Verfahren kann mit hinreichender Genauigkeit auch auf den Fall der unteren Einspannung angewendet werden, wenn als rechnungsmäßiger Spundwandfußpunkt, zu dem die tiefe Gleitfuge geführt wird, der Querkraftnullpunkt im Einspannbereich angenommen wird. Dieser Punkt liegt an der Stelle des größten Einspannmoments. Seine Lage kann daher der Spundwandberechnung entnommen werden.

Der Erddruck ist in diesem Fall nur bis zum rechnungsmäßigen Spundwandfußpunkt zu ermitteln, die vorhandene Ankerkraft ist der Spundwandstatik für die eingespannte Wand zu entnehmen.

8.4.9.5 Standsicherheit bei eingespannter Ankerwand

Ist die Ankerwand unten eingespannt, ist sinngemäß nach Abschn. 8.4.9.4 die tiefe Gleitfuge zu dem rechnungsmäßigen Fußpunkt in Höhe des Querkraftnullpunkts im Einspannbereich der Ankerwand zu führen.

8.4.9.6 Standsicherheit bei Ankerplatten

Bei einzelnen Ankerplatten ist für den Nachweis in der tiefen Gleitfuge eine Ersatzankerwand um das Maß $1/2 \cdot a$ vor den Ankerplatten anzunehmen, wobei mit a der lichte Abstand zwischen den Ankerplatten bezeichnet wird.

8.4.9.7 Sicherheit gegen Aufbruch des Verankerungsbodens

Um den Aufbruch des Verankerungsbodens und damit das nach oben gerichtete Nachgeben der Ankerplatte oder Ankerwand zu vermeiden, muss nachgewiesen werden, dass die Bemessungswerte der widerstehenden waagerechten Kräfte von Unterkante Ankerplatte oder Ankerwand bis Oberkante Gelände mindestens gleich oder größer sind als die Summe aus dem waagerechten Anteil des Bemessungswertes der Ankerkraft, dem waagerechten Anteil des Bemessungswertes des Erddrucks auf die Ankerwand und einem etwaigen Wasserüberdruck auf diese.

Erddruck- und Erdwiderstand an der Ankerwand oder an mit Abstand angeordneten Ankerplatten werden nach DIN 4085 ermittelt. Eine Nutzlast muss ungünstig, d. h. im Regelfall nur hinter der Ankerwand oder Ankerplatte, angesetzt werden. Desgleichen sind in Frage kommende, ungünstig hohe Grundwasserstände zu berücksichtigen. Der Erdwiderstand vor der Ankerwand darf nur mit einem Neigungswinkel errechnet werden, der der Summe aller angreifenden lotrechten Kräfte einschließlich Eigenlast und Erdauflast entspricht (Bedingung $\Sigma V = 0$ an der Ankerwand).

Bei frei aufgelagerten Ankerplatten und -wänden wird der Ankeranschluss im Allgemeinen in der Mitte der Höhe der Platte oder der Wand angeordnet. Weiteres siehe auch E 152, Abschn. 8.2.13 und E 50, Abschn. 8.4.10.

8.4.9.8 Standsicherheit bei Zugpfählen und Verpressankern – eine Ankerlage

Alternativ zu Ankerwänden oder Ankerplatten erfolgt die Verankerung von Stützwänden mit Ankern, die die Zugkraft über Mantelreibung in den Boden abtragen. Im Wesentlichen gibt es drei Gruppen:

- Ankerpfähle mit und ohne Mantelverpressung nach Abschn. 9.2,
- Verpresspfähle kleinen Durchmessers nach DIN EN 14 199 und DIN EN 1536,
- Verpressanker nach DIN EN 1537.

Die erforderliche Länge dieser Anker wird nach Bild E 10-3 ermittelt. Die Analogie zu Verankerungen mit Ankerwänden wird hergestellt, indem ein vertikaler Schnitt durch den Boden in der Mitte der Krafteinleitungsstrecke des Ankers als Ersatzankerwand angenommen wird. Bei Verpressankern wird die nominelle Verpresskörperlänge als Krafteinleitungsstrecke angesehen. Die Erddruckkraft $E_{1,k}$ auf die Ersatzankerwand ist stets oberflächenparallel anzusetzen.

Wenn der Ankerabstand größer als $\frac{1}{2} \cdot l_r$ ist, muss die mögliche Ankerkraft $A_{\text{mögl,k}}$ im Verhältnis des Ankerabstands a_A zu diesem rechnerischen Maximalwert abgemindert werden auf die mögliche Ankerkraft $A_{\text{mögl,k}}*$:

$$A_{\text{mögl,k}}* = A_{\text{mögl,k}} \cdot \frac{\frac{1}{2} \cdot l_r}{a_A}$$

Der Nachweis liegt in der Regel auf der sicheren Seite, wenn der hinter dem Fußpunkt der Ersatzankerwand noch mobilisierbare Herausziehwiderstand nicht angesetzt wird. Eine genauere Betrachtung ist erforderlich, wenn die Mindestverankerungslänge l_r vom aktiven Gleitkeil bis zum Ende des Ankers reicht ($l_w = l_r$) [22].

Dieser Nachweis stellt eine erhebliche Vereinfachung dar. Eine genauere, aber auch aufwändigere Betrachtung ist möglich, indem durch Variation der Gleitflächenneigung die ungünstigste Gleitfuge unter Berücksichtigung des hinter dem Fußpunkt der Ersatzankerwand noch mobilisierbaren Herausziehwiderstands gesucht wird (in Anlehnung an DIN 4084, [227]). Dabei ist der charakteristische Wert der Herausziehkraft anzusetzen, der von der hinter der Gleitfuge liegenden Kraftübertragungslänge auf den unbeeinflussten Boden übertragen wird.

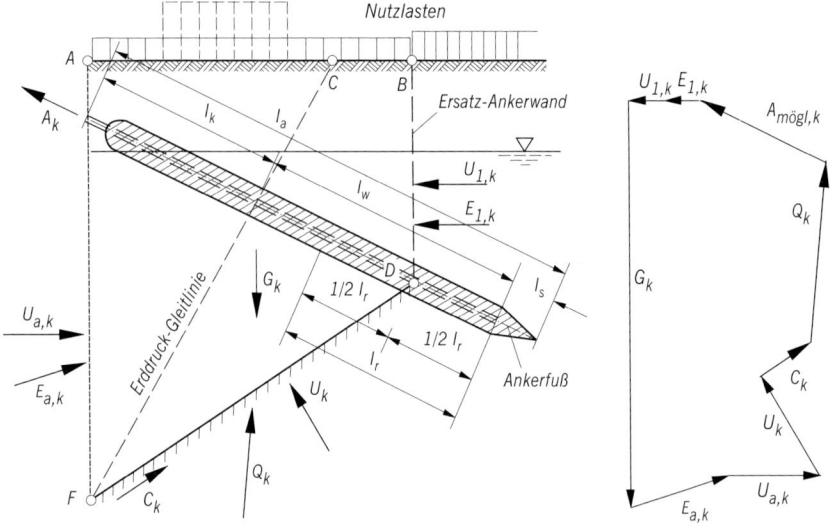

Bild E 10-3. Nachweis der Standsicherheit in der tiefen Gleitfuge bei Pfählen und Verpressankern (Als Beispiel: VM-Pfahl)

Symbole in Bild E 10-3 (die Kräfte auf den Bruchkörper sind in Bild E 10-1 erläutert):

l_a Länge des Pfahls oder Ankers

l_s Länge des Pfahlfußes (nur bei VM-Pfählen)

l_r die aus dem Bemessungswert der Ankerkraft A_d und dem Bemessungswert der Mantelreibung T_d des Pfahls ermittelte erforderliche Mindestverankerungslänge bzw. die Verpresskörperlänge eines Verpressankers ($l_r = A_d / T_d$)

T_d Bemessungswert der Mantelreibung, ermittelt aus dem Bemessungswert des Herausziehwiderstandes $R_{S,d}$ und der Krafteintragungslänge l_0 im Zugversuch ($T_d = R_{S,d} / l_0$)

l_k die obere Ankerpfahllänge, die statisch nicht wirksam ist. Sie beginnt am Ankerpfahlkopf und endet beim Erreichen der Erddruckgleitfuge oder in Oberkante des tragfähigen Bodens, sofern diese tiefer liegt

l_w die statisch wirksame Verankerungslänge. Sie reicht von der Erddruckgleitfuge bzw. von der Oberkante des tragfähigen Bodens bis zum Ankerende (ohne Pfahlfuß). Dabei muss grundsätzlich gelten $l_w \geq l_r$ und für VM-Pfähle zusätzlich $l_w \geq 5{,}00$ m

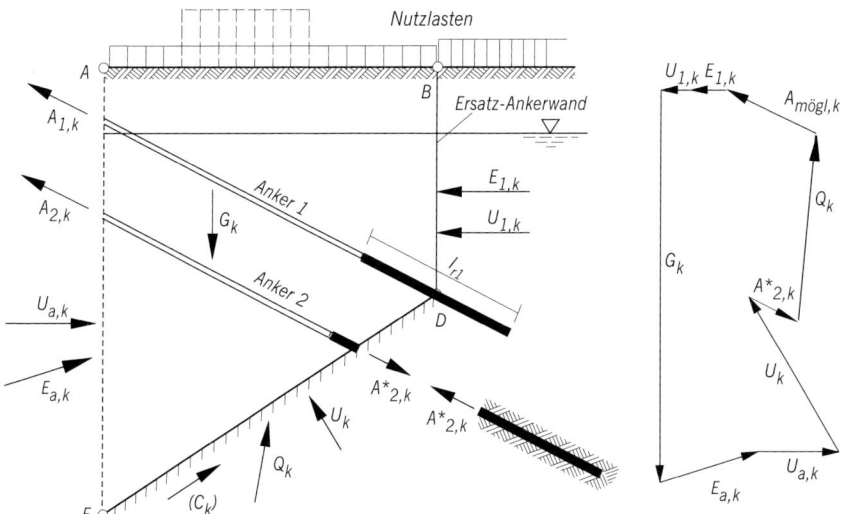

Bild E 10-4. Nachweis der Standsicherheit in der tiefen Gleitfuge bei mehrfacher Verankerung

8.4.9.9 Standsicherheit bei Zugpfählen und Verpressankern – mehrere Ankerlagen

Bei mehrlagiger Verankerung ist jeweils eine Gleitfuge durch jeden der Mittelpunkte der Krafteinleitungsstrecken zu führen, sofern nicht eine genauere Betrachtung erfolgt. Schneidet die tiefe Gleitfuge bei mehrlagiger Verankerung einen Anker vor oder in der Krafteinleitungsstrecke, so darf die Kraft, die hinter der Gleitfuge im unbewegten Boden übertragen werden kann, berücksichtigt werden (Kraft $A^*_{2,k}$ in Bild E 10-4). Die freigeschnittene Ankerkraft $A^*_{2,k}$ darf aus einer gleichmäßigen Verteilung der Ankerkraft $A_{2,k}$ über die Krafteinleitungsstrecke l_r ermittelt werden.

Für den Nachweis muss zwischen den ständigen Anteilen ($A_{G,k}$) und den veränderlichen Anteilen ($A_{Q,k}$) der Ankerkraft unterschieden werden.

Die Standsicherheit in der tiefen Gleitfuge ist gegeben wenn gilt:

$$\sum A_{G,k} \cdot \gamma_G \leq \frac{A_{\text{mögl,k}}}{\gamma_{Ep}}$$

wobei $A_{\text{mögl,k}}$ aus dem Krafteck mit ausschließlich ständigen Lasten ermittelt wird, und

469

$$\sum A_{G,k} \cdot \gamma_G + \sum A_{Q,k} \cdot \gamma_Q \leq \frac{A_{mögl,k}}{\gamma_{Ep}}$$

wobei $A_{mögl,k}$ aus dem Krafteck mit ständigen und veränderlichen Lasten ermittelt wird.

mit

$\sum A_{G,k}$ = Summe aller ständigen Anteile der charakteristischen Ankerkräfte

$\sum A_{Q,k}$ = Summe aller veränderlichen Anteile der charakteristischen Ankerkräfte (Sicherheitsbeiwerte γ_i wie in Abschn. 8.4.9.1 angegeben)

8.4.9.10 Sicherheit gegen Geländebruch

Der Nachweis der Standsicherheit in der tiefen Gleitfuge und bei Ankerwänden und -tafeln der Nachweis einer ausreichenden Sicherheit gegen Aufbruch des Verankerungsbodens ersetzen die allgemein zu fordernde Geländebruchuntersuchung nach DIN 4084.

Unabhängig von der Standsicherheit in der tiefen Gleitfuge ist die Sicherheit gegen Geländebruch nach DIN 4084 dann nachzuweisen, wenn ungünstige Bodenschichten (Weichschichten unterhalb der Verankerungszone) oder hohe Lasten hinter der Ankerwand bzw. Ersatzankerwand anstehen oder wenn besonders lange Anker verwendet werden. Hinweise enthält auch DIN 1054, Abschn. 10.6.7 und 10.6.9.

8.4.10 Spundwandverankerungen in nicht konsolidierten weichen bindigen Böden (E 50)

8.4.10.1 Allgemeines

Liegen Untergrundverhältnisse vor, deren Auswirkungen auf die Ausbildung und Berechnung von Uferspundwänden in E 43, Abschn. 8.2.16 behandelt worden sind, so sind auch bei den Verankerungen dieser Wände besondere Maßnahmen erforderlich, um nachteilige Auswirkungen der Setzungsunterschiede zu vermeiden.

Auch eine Uferspundwand, die schwimmend ausgebildet wird, steht mit ihrem Fuß im Allgemeinen in einer Bodenschicht, die steifer ist als die oberen Schichten. Es ist daher auch in solchen Fällen mit einer Bewegung des den Anker umgebenden Erdreichs gegenüber der Uferspundwand zu rechnen. Sie wirkt sich um so stärker aus, je mehr der Boden sich setzt und je weniger die Spundwand sich nach unten verschiebt. So kann eine starke Schrägstellung des Ankeranschlusses an der Uferspund-

470

wand eintreten. Neigungen von 1 : 3 ursprünglich waagerecht eingebauter Anker sind bereits an Kaimauern mittlerer Höhe gemessen worden. Wird der Anker landseitig an ein stehend gegründetes Bauwerk angeschlossen, gilt sinngemäß das gleiche.

Bei schwimmend gegründeten Ankerwänden sind die Setzungsunterschiede zu den Ankern im Allgemeinen gering.

Wie Beobachtungen an ausgeführten Bauwerken gezeigt haben, wird der Ankerschaft selbst von weichem Boden bei der Setzung nach unten mitgenommen. Er schneidet kaum in den Boden ein, so dass er sich im Anschlussbereich an ein stehend gegründetes Bauwerk auch erheblich krümmen muss.

Bei den vorliegenden Verhältnissen wechseln im Allgemeinen die Setzungen des Untergrunds im gesamten Verankerungsbereich, sodass auch über die Ankerlänge größere Setzungsunterschiede auftreten können. Daher muss sich der Ankerschaft biegen können, ohne dabei gefährdet zu werden. Hier sind Rundstahlanker mit aufgestauchten Gewinden zu empfehlen, da sich diese durch einen größeren Dehnweg und eine größere Biegeweichheit gegenüber Ankern ohne Aufstauchung auszeichnen.

8.4.10.2 Stahlkabelanker

Diese Forderung wird beispielsweise durch Stahlkabelanker erfüllt. Sie sind für alle praktischen Fälle ausreichend biegsam, ohne dass die zulässige Beanspruchbarkeit herabgesetzt werden muss. Mit Rücksicht auf die Korrosion sollen aber nur patentverschlossene Stahlkabelanker oder als Daueranker zugelassene Vorspannanker angewendet werden. Wichtig ist, die Stahlkabelenden am Übergang in den Seilkopf oder in ein Betontragglied oder dergleichen einwandfrei zu isolieren. Stahlkabelanker müssen wegen der großen Ankerdehnung vorspannbar und bei Verankerung an schwimmenden Ankerwänden an einem Ende auch nachspannbar ausgebildet werden. Dieses Ende liegt zweckmäßig auf der Wasserseite. Dort endet der Stahlkabelankerschaft in einem Seilkopf, in dem der Kabeldrahtbesen mit Weißmetall vergossen wird. An den Seilkopf schließt sich ein mit durchlaufendem Gewinde versehener kurzer Rundstahlanker an, der durch die Spundwand gesteckt wird und wasserseitig über ein Kippgelenk an die Spundwand angeschlossen wird. An dem überstehenden Gewindeende wird die Spannvorrichtung angesetzt. Nach dem Vor- bzw. Nachspannen wird das überschüssige Gewindeende abgebrannt.

Gelenkiger Ankeranschluss siehe E 20, Abschn. 8.2.6.3. Um dem Ankerende eine ausreichende Bewegungsfreiheit für die zu erwartende große Drehbewegung um den Gelenkpunkt zu geben, müssen die U-Stähle des Gurtes weit gespreizt werden. Häufig übersteigt aber die erforderliche Spreizung das baulich tragbare Maß, sodass der Anker unterhalb des Gurtes angeschlossen werden muss. Durch Verstärkungen an der

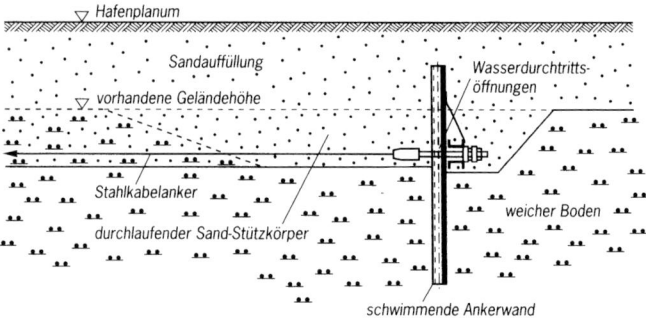

Bild E 50-1. Schwimmende Ankerwand mit ausmittigem Ankeranschluss

Spundwand oder durch Zusatzkonstruktionen am Gurt muss dann für einen einwandfreien Kraftfluss in die Anker gesorgt werden.

8.4.10.3 Schwimmende Ankerwand

Bei einer schwimmenden Ankerwand genügt im Allgemeinen der übliche Abstand der beiden U-Stähle, wobei der Anker zwischen diesen hindurchgeführt und hinter der Ankerwand mittels Kippgelenk an den Druckgurt angeschlossen wird (Bild E 50-1).

Endet der Stahlkabelanker landseitig im Stahlbetongurt einer schwimmend ausgeführten Ankerwand oder dergleichen, wird er dort, zu einem Kabeldrahtbesen aufgeflochten, einbetoniert. Wird an einem stehend gegründeten Bauteil verankert, muss auch hier gelenkig angeschlossen werden, denn auch ein Stahlkabelanker darf nicht stärker als unter 5° abgelenkt werden.

8.4.10.4 Gurt

In den hier behandelten Fällen muss mit besonders weichen und wenig tragfähigen Zonen im Untergrund gerechnet werden, auch wenn sie nicht erbohrt sein sollten. Um diese Störschichten zu überbrücken, müssen die Gurte der Uferspundwand und der Ankerwand stark überbemessen werden. Im Allgemeinen sollen, auch wenn statisch nicht erforderlich, als Gurt U-400 aus S 235 JRG2 (früher St 37-2), bei größeren Bauwerken aus S 355 J2G3 (früher St 52-3), ausgeführt werden. Stahlbetongurte müssen mindestens das gleiche Tragvermögen aufweisen. Sie werden in Blöcke von 6,00 bis 8,00 m Länge unterteilt. Ihre Fugen werden gegen waagerechte Bewegungen verzahnt (E 59, Abschn. 8.4.3).

8.4.10.5 Verankerung an Pfahlblöcken oder Ankerwänden

Die Ausbildung der hinteren Verankerung hängt davon ab, ob eine größere Verschiebung des Uferwandkopfs in Kauf genommen werden kann. Ist eine Verschiebung nicht zulässig, muss an Pfahlböcken oder dergleichen verankert werden. Erscheint eine Verschiebung ungefährlich, ist die Verankerung an einer schwimmend gegründeten Ankerwand möglich. Hierbei müssen vor der Ankerwand die waagerechten Pressungen so gering bleiben, dass unzulässige Verschiebungen vermieden werden. Liegen örtliche Erfahrungen nicht vor, sind hinsichtlich der Teilmobilisierung des Erdwiderstandes bodenmechanische Untersuchungen und Berechnungen – gegebenenfalls in Verbindung mit Probebelastungen – erforderlich.

8.4.10.6 Ausbildung

Wird das Gelände bis zum Hafenplanum mit Sand aufgefüllt, wird die in Bild E 50-1 dargestellte Ausbildung empfohlen. Der weiche Boden vor der Ankerwand wird dabei bis knapp unter den Ankeranschluss ausgekoffert und durch ein verdichtetes Sandpolster von ausreichender Breite ersetzt. Die Anker können in Gräben verlegt werden, die entweder mit Sand verfüllt oder mit geeignetem Aushubboden sorgfältig ausgestampft werden. Die Ankerwand wird dann ausmittig angeschlossen, sodass sowohl in der Sandauffüllung als auch im Bereich des weichen Bodens die zulässige waagerechte Beanspruchbarkeit nicht überschritten wird. Hierbei kann in beiden Bereichen ausreichend genau mit gleichmäßig verteilten Pressungen gerechnet werden. Die Größe der Pressung ergibt sich aus den Gleichgewichtsbedingungen, bezogen auf den Ankeranschluss.
Bei dieser Lösung werden auch Ungleichmäßigkeiten in der Ankerwandbettung ausgeglichen.
Um Wasserüberdruck zu vermeiden, müssen in der Ankerwand Wasserdurchtrittsöffnungen angeordnet werden.

8.4.10.7 Standsicherheit

Die Standsicherheit für die tiefe Gleitfuge muss hier besonders sorgfältig überprüft werden. Die üblichen Untersuchungen nach E 10, Abschn. 8.4.9 für den Endzustand reichen in diesem Fall nicht aus. Die Scherfestigkeit muss auch für den nicht konsolidierten Zustand ermittelt und der Berechnung zugrundegelegt werden (Anfangsfestigkeit). Liegen die Scherdehnungen der weichen bindigen Böden im Dreiaxialversuch nach DIN 18 137-2 über 10 %, so ist entsprechend DIN 4084 eine Reduzierung des Ausnutzungsgrades vorzunehmen.

8.4.11 Ausbildung und Berechnung vorspringender Kaimauerecken mit Rundstahlverankerung (E 31)

8.4.11.1 Unzweckmäßige Ausbildung

An Kaimauerecken sollten die Uferspundwände nicht durch Anker gehalten werden, die schräg von Uferwand zu Uferwand führen und somit nicht, wie üblich, normal zur Wandachse anschließen. Andernfalls können Schäden entstehen, weil die Ankerkräfte hohe zusätzliche Zugbeanspruchungen in den Gurten erzeugen, deren Höchstwert am letzten Schrägankeranschluss auftritt. Da wellenförmige Spundbohlen gegen waagerechte Beanspruchungen in der Wandebene verhältnismäßig nachgiebig sind, ist für die Übertragung der Zugkräfte aus den Gurten über die Spundbohlen in den Baugrund eine beträchtliche Länge der Uferwände erforderlich.

Besonders gefährdet sind dabei die Gurtstöße. Auf E 132, Abschn. 8.2.12 wird hierzu besonders hingewiesen.

8.4.11.2 Empfohlene kreuzweise Verankerung

Die unter Abschn. 8.4.11.1 genannten Zugkräfte treten in den Gurten nicht auf, wenn eine kreuzweise Verankerung nach Bild E 31-1 angewendet wird. Damit die Anker sich nicht gegenseitig stören, müssen Ankerlagen und Gurte um die Ankerdicke am Spannschloss, vermehrt um ein zusätzliches Spiel, in der Höhe versetzt angeordnet werden. Kantenpoller erhalten eine unabhängige Zusatzverankerung.

8.4.11.3 Gurte

Die Gurte an der Uferspundwand werden als Zuggurte in Stahl ausgebildet und der Form der Uferwand angepasst. Die Gurte an den Ankerwänden werden aus Stahl oder aus Stahlbeton als Druckgurte hergestellt. Die Übergänge von den Gurten des Eckblocks zu den Gurten der Uferwände und der Ankerwände sowie die Kreuzung der Ankerwandgurte werden so gestaltet, dass die Gurte sich unabhängig bewegen können. Vor den Ankerwänden erhalten Gurte und Holme einen Laschenstoß mit Langlöchern.

8.4.11.4 Ankerwände

Die Lage der Ankerwände und ihre Ausbildung im Eckblock richten sich nach der der Uferwände. Die Ankerwände werden an der Ecke bis zur Uferwand durchgeführt (Bild E 31-1), werden aber zweckmäßig in der Endstrecke gestaffelt bis zur Hafensohle gerammt, damit in Havariefällen der Hinterfüllungsboden an der besonders gefährdeten Ecke nur bis zu den Ankerwänden auslaufen kann. Auch wenn anstelle von Ankerwänden einzelne Ankerplatten, z. B. aus Stahlbeton, angewendet werden, empfiehlt sich diese Maßnahme.

8.4.11.5 Holzauskleidung

Schiff und Kaimauerecke werden geschont, wenn die Spundwandtäler an der Ecke mit geeigneten Wasserbauhölzern ausgefuttert werden. Diese Futter sollen etwa 5 cm vor die äußere Spundwandkante vorragen (Bild E 31-1).

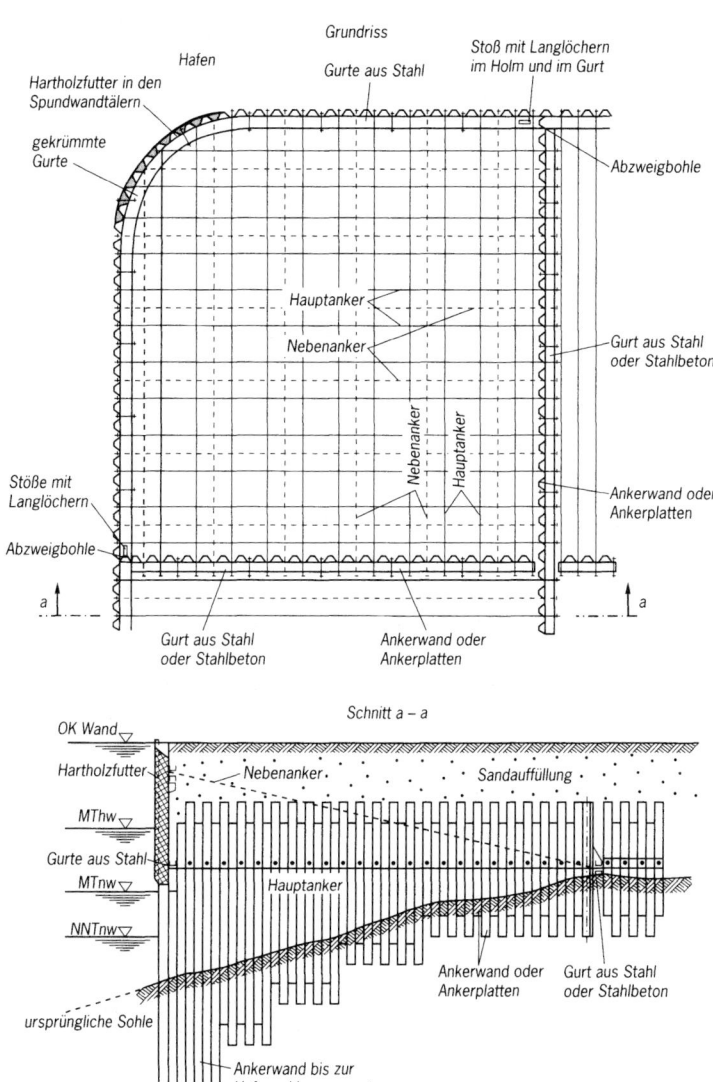

Bild E 31-1. Verankerung vorspringender Kaimauerecken in Spundwandkonstruktion in Seehäfen

8.4.11.6 Ausrundung und Stahlbetonverstärkung der Mauerecke
Da vorspringende Kaimauerecken durch den Schiffsverkehr besonders
gefährdet sind, sollen sie möglichst ausgerundet und gegebenenfalls auch
durch eine kräftige Stahlbetonwand verstärkt werden.

8.4.11.7 Sicherung durch einen vorgesetzten Dalben
Wenn der Schiffsverkehr es erlaubt, soll jede Kaimauerecke durch einen
vorgesetzten elastischen Dalben geschützt werden.

8.4.11.8 Standsicherheitsnachweis
Der Standsicherheitsnachweis für die Verankerung wird für jede Uferwand getrennt nach E 10, Abschn. 8.4.9 geführt. Ein besonderer Nachweis für den Eckblock ist nicht nötig, wenn entsprechend Bild E 31-1
die Verankerungen der Uferwände bis zur anderen Spundwand durchgeführt werden.
In sich geschlossene Molenköpfe werden nach anderen Grundsätzen
gestaltet und berechnet.

**8.4.12   Ausbildung und Berechnung vorspringender Kaimauerecken
            mit Schrägpfahlverankerung (E 146)**

8.4.12.1 Allgemeines
Vorspringende Ecken von Kaimauern sind durch den Schiffsverkehr
besonders gefährdet. Sie haben nach E 12, Abschn. 5.12.2 als Endpunkt
von Großschiffsliegeplätzen in vielen Fällen auch hochbelastete Poller
aufzunehmen. In Seehäfen werden sie im jeweils erforderlichen Umfang auch mit Fenderungen – die ein höheres Arbeitsvermögen als in
den angrenzenden Kaimauerabschnitten aufweisen – ausgerüstet. Insgesamt sollen sie robust und möglichst steif ausgeführt werden.
Da solche Kaimauerecken vorteilhaft auch mit Schrägpfahlverankerung
ausgeführt werden können, wird in Ergänzung zur Lösung mit Rundstahlverankerung nach E 31, Abschn. 8.4.11 hier die Lösung mit Pfahl-
verankerung behandelt.

8.4.12.2 Ausbildung des Eckbauwerks
Die zweckmäßigste Ausbildung von Kaimauerecken mit Schrägpfahlverankerung kann aufgrund der örtlichen Gegebenheiten und der späteren hafentechnischen Nutzung sehr unterschiedlich sein. Sie ist weitgehend abhängig von der konstruktiven Gestaltung der anschließenden
Kaimauern, dem zu überbrückenden Geländesprung und dem eingeschlossenen Winkel. Ausführungstechnisch wird die zu wählende Konstruktion durch die vorhandene Wassertiefe und den anstehenden Baugrund entscheidend beeinflusst.

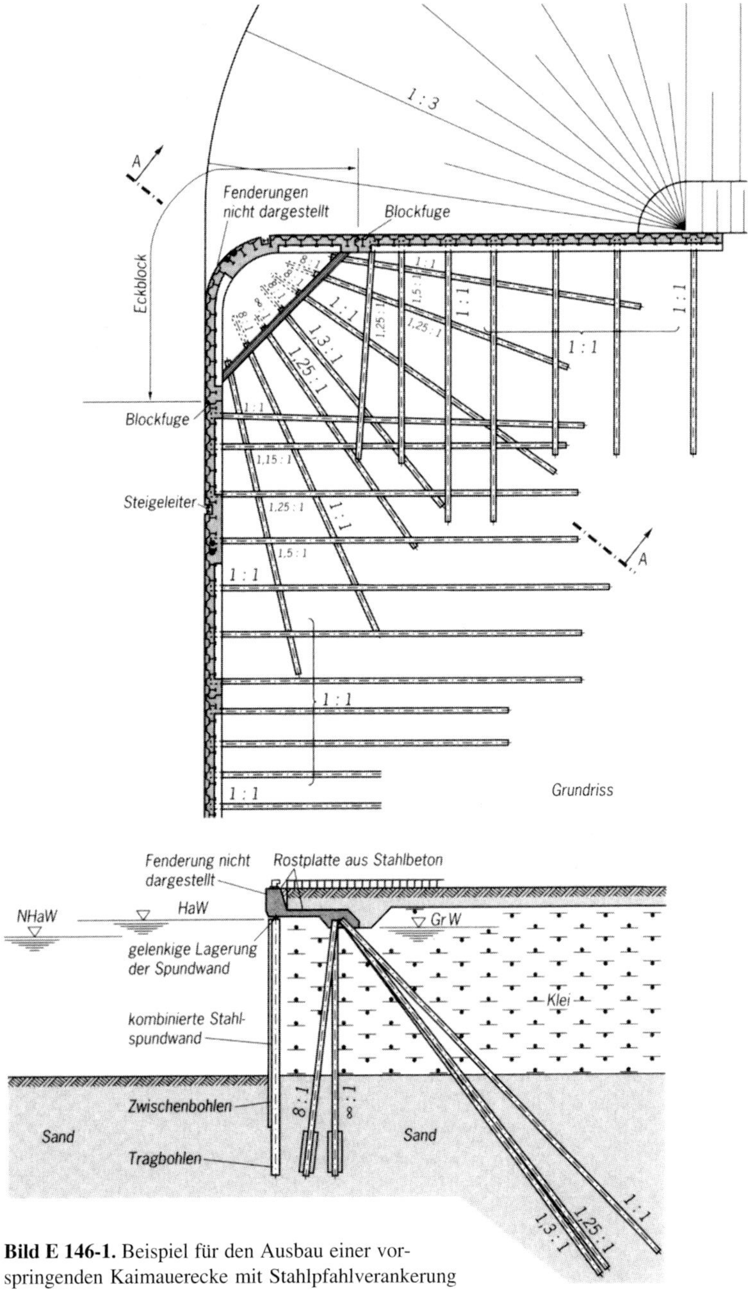

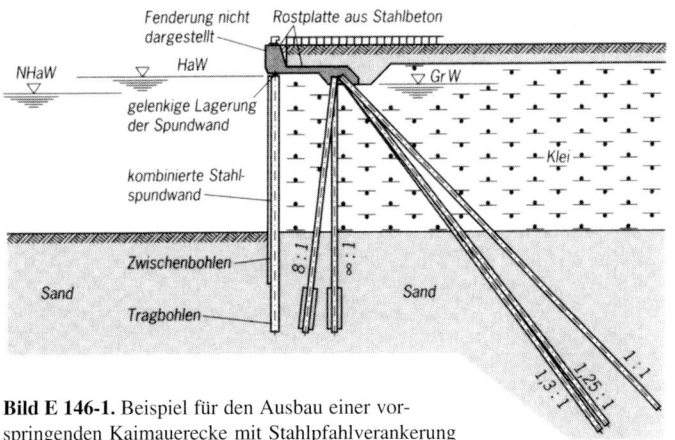

Fenderungen
nicht dargestellt

Blockfuge

1 : 3

A

Eckblock

Blockfuge

Steigeleiter

1.3 : 1

1.25 : 1

1 : 1

1.15 : 1

1.25 : 1

1.5 : 1

1 : 1

1.25 : 1

1 : 1

1 : 1

1 : 1

1.5 : 1

1 : 1

1 : 1

A

Grundriss

Fenderung nicht
dargestellt

Rostplatte aus Stahlbeton

NHaW

HaW

Gr W

gelenkige Lagerung
der Spundwand

kombinierte Stahl-
spundwand

Klei

Sand

Zwischenbohlen

Tragbohlen

1 : 8

1 : 8

Sand

1 : 1

1.25 : 1

1.3 : 1

Bild E 146-1. Beispiel für den Ausbau einer vor-
springenden Kaimauerecke mit Stahlpfahlverankerung

477

Um ein ordnungsgemäßes Einbringen der an den Ecken sich überschnei-
denden Schrägpfähle zu gewährleisten, müssen bestimmte Forderungen
bezüglich des gegenseitigen Abstands der Pfähle an allen Überschnei-
dungsstellen eingehalten werden. Während die lichten Abstände sich
kreuzender Pfähle oberhalb der anstehenden Sohle noch verhältnismäßig
klein gehalten werden können (etwa 25 bis 50 cm), sollten bei langen
Pfählen – vor allem bei festgelagerten, schwer rammbaren Böden – die
lichten Abstände unter der Sohle an allen Kreuzungspunkten mindestens
1,0 m, besser aber 1,5 m betragen. Bei steinhaltigen, aber noch ramm-
fähigen Böden, bei denen ein stärkeres Verlaufen langer Pfähle wahr-
scheinlich ist, sollte der Abstand in größerer Tiefe jedoch mindestens
2,5 m betragen.

Bei der Errechnung der lichten Abstände der Pfähle sind vorhandene
Stahlflügel stets mit zu berücksichtigen.

Um diese Forderungen erfüllen zu können, müssen die Abstände und
die Neigungen der Pfähle entsprechend variiert werden. Letztere sollten
wegen des unterschiedlichen Tragverhaltens verschieden geneigter Pfähle
einer zusammengehörenden Pfahlgruppe aber nicht zu sehr voneinander
abweichen.

Sollten im Bereich der Kaimauerecke auch hoch belastete Poller oder
sonstige Ausrüstungsteile, wie Abspannkonstruktionen von Förderbän-
dern und dergleichen, tief zu gründen sein, empfiehlt sich in den meisten Fällen die Ausbildung eines besonderen Eckblocks aus Stahlbeton
mit tief gegründeter Rostplatte. Letztere wird dann auf der Spundwand
gelenkig gelagert. Dies gilt auch allgemein für Kaimauerecken, bei denen eine ordnungsgemäße Lage der Pfähle durch veränderte Pfahlneigungen und -abstände sonst nicht erreicht werden kann. Bei solchen
Eckausbildungen werden die im Eckbereich erforderlichen Zugpfähle
zweckmäßig im rückwärtigen Teil der Rostplatte angeordnet. Sie liegen
dadurch in einer anderen Ebene als die Zugpfähle der angrenzenden
Kaimauerabschnitte, wodurch störende Überschneidungen der Pfähle
wesentlich leichter vermieden werden können. Infolge der dabei benötigten zusätzlichen Druckpfähle am hinteren Plattenrand und der erforderlichen Rostplatte sind solche Ausführungen aber kostenaufwendiger.
Sie bieten jedoch die Gewähr einer ordnungsgemäßen Bauausführung.
Bild E 146-1 zeigt hierfür ein kennzeichnendes ausgeführtes Beispiel.
Die Abschn. 8.4.11.5 und 8.4.11.7 in E 31 sind auch für Kaimauerecken
mit Schrägpfahlverankerung gültig.

8.4.12.3 Verwendung maßstabgetreuer Modelle

Um spätere Rammschwierigkeiten auszuschließen, sollte bereits während der Projektbearbeitung schwierigerer Eckausbildungen ein kleines,
aber noch ausreichend genaues maßstabgetreues Modell zur Überprüfung angefertigt werden. Mit einem größeren Modell – etwa im Maß-

stab 1 : 10 – sollte später auch auf der Baustelle gearbeitet werden. Dabei müssen alle Pfähle nach der tatsächlichen eingebrachten Lage angeordnet werden, um bei den weiteren Pfählen etwa erforderliche Korrekturen in Lage und Neigung richtig vornehmen zu können.

8.4.12.4 Nachweis der Standsicherheit der Eckblöcke

Bei den Eckausbildungen mit Schrägpfahlverankerung ist die Standsicherheit der Verankerung für alle Pfähle im gesamten Eckbereich zu führen. Hierzu wird auf Abschn. 9 hingewiesen. Hierbei ist jede Wand der Ecke für sich zu betrachten. Bei Ecken mit zusätzlichen Belastungen, beispielsweise aus Eckstationen, Pollern, Fendern und sonstigen Ausrüstungsteilen, ist nachzuweisen, dass die Pfähle in der Lage sind, zusätzlich auch diese Kräfte einwandfrei aufzunehmen.

Wenn sich in der Bauausführung größere Pfahländerungen ergeben sollten, sind deren Einflüsse in einer Zusatzberechnung nachzuweisen.

8.4.13 Hohes Vorspannen von Ankern aus hochfesten Stählen bei Ufereinfassungen (E 151)

8.4.13.1 Bei Ufereinfassungen, vor allem bei Spundwandbauwerken, aber auch zum nachträglichen Sichern sonstiger Bauwerke, wie von Pfahlrostmauern und dergleichen, werden üblicherweise Anker aus den Stahlsorten S 235 JRG2 (früher St 37-2), S 235 J2G3 (früher St 37-3) oder aus S 355 J2G3 (früher St 52-3) angewendet. In besonderen Fällen kann es aber nützlich sein, Anker hoch vorzuspannen, was jedoch nur sinnvoll ist, wenn diese aus hochfesten Stählen bestehen.

Das hohe Vorspannen von Ankern aus hochfesten Stählen kann unter anderem für folgendes zweckmäßig oder erforderlich sein:

- zur Begrenzung von Verschiebungen, insbesondere bei Bauwerken mit langen Ankern, mit Rücksicht auf vorhandene empfindliche Bauwerke oder beim Anschluss nachträglich vorgerammter Spundwände und
- zum Erreichen einer Lastabtragung mit ausgeprägter Erddruckumlagerung (stark verringertes Feldmoment bei vergrößerter Ankerkraft), wobei vorausgesetzt werden muss, dass sich das Bauwerk in mindestens mitteldicht gelagertem nichtbindigem oder in bindigem steifem Boden befindet.

Bei Dauerankern aus hochfesten Stählen ist dem einwandfreien Korrosionsschutz in allen Fällen eine besondere Bedeutung beizumessen. Gegebenenfalls vorhandene Zulassungen, beispielsweise für Verpressanker nach DIN EN 1537 sind zu beachten.

8.4.13.2 Auswirkungen einer hohen Ankervorspannung auf den Erddruck

Eine Ankervorspannung verringert stets die Verschiebung der Uferwand vor allem in ihrem oberen Teil nach der Wasserseite hin. Dies kann bei hoher Vorspannung eine verstärkte Umlagerung des aktiven Erddrucks nach oben begünstigen. Hierbei kann sich die Resultierende des Erddrucks vom unteren Drittelspunkt der Wandhöhe h über der Gewässersohle bis auf etwa 0,55 h nach oben verlagern, wobei die aufzunehmende Ankerkraft entsprechend anwächst. Besonders ausgeprägt ist diese Erddruckumlagerung bei Uferwänden mit Überankerteil.

Falls bei Verwendung voll ausgelasteter, hochfester Verankerungsstähle ein von der klassischen Verteilung nach COULOMB abweichendes Erddruckbild erreicht werden soll, müssen die Anker durch Vorspannen auf etwa 80 % der rechnerischen Ankerkraft für Lastfall 1 festgelegt werden.

8.4.13.3 Zeitpunkt des Vorspannens

Mit dem Vorspannen der Anker darf erst begonnen werden, wenn die jeweiligen Vorspannkräfte ohne nennenswerte unerwünschte Bewegungen des Bauwerks oder seiner Teile aufgenommen werden können. Dies setzt entsprechende Hinterfüllungszustände voraus und ist in der Planung der Bauzustände und im Ansatz des jeweiligen Kräfteverlaufs im Bauwerk zu berücksichtigen.

Die Anker müssen erfahrungsgemäß kurzzeitig über den vorgesehenen Wert hinaus vorgespannt werden, da beim Spannen der Nachbaranker durch Nachgeben des Bodens und der Konstruktion ein Teil der Vorspannkraft wieder verloren geht. Dies kann weitgehend vermieden werden, wenn die Anker in mehreren Stufen vorgespannt werden, was aber die Baudurchführung erschweren kann.

Die Spannkräfte sind schon während der Bauausführung stichprobenartig zu kontrollieren, um gegebenenfalls eine Korrektur der planmäßigen Vorspannung durchführen zu können.

Für Verpressanker gilt vor allem DIN EN 1537.

8.4.13.4 Ergänzende Hinweise

Bei hoher Ankervorspannung in begrenzten Uferabschnitten ist die dadurch örtlich unterschiedliche Bewegungsmöglichkeit der Ufereinfassung zu beachten. Die vorgespannten Bereiche wirken als Festpunkte, auf welche erhöhter räumlicher Erddruck wirkt, und sind dafür ausreichend zu bemessen. Die Ankerkräfte sind in solchen Bereichen stets nachzuprüfen.

Ein Ende des Vorspannankers sollte – soweit irgend möglich – dauernd zugänglich ausgeführt und konstruktiv so ausgebildet werden, dass im Bedarfsfall die Vorspannkraft bzw. die damit verbundene Vordehnung auch nachträglich kontrolliert und korrigiert werden kann. Im übrigen ist ein gelenkiger Anschluss der Ankerenden anzustreben.

Da Poller nur zeitweise belastet werden, sollen ihre Anker nicht aus hochfestem Stahl vorgespannt ausgeführt werden, sondern als praktisch schlaff eingebaute kräftige Rundstahlanker aus S 235 JRG2 (früher St 37-2), S 235 J2G3 (früher St 37-3) oder aus S 355 J2G3 (früher St 52-3). Letztere weisen bei Belastung nur eine geringe Dehnung auf. Bei Verwendung hoch vorgespannter Anker aus hochfesten Stählen würden sich Schwierigkeiten bei Erdarbeiten hinter den Pollerköpfen aus betrieblichen Gründen, wie zur Verlegung von Leitungen verschiedener Art, ergeben.

8.4.14 Gelenkiger Anschluss gerammter Stahlankerpfähle an Stahlspundwandbauwerke (E 145)

8.4.14.1 Allgemeines

Der gelenkige Anschluss gerammter Stahlankerpfähle an ein Spundwandbauwerk ermöglicht die erwünschte, weitgehend unabhängige gegenseitige Verdrehung der Bauteile und führt dadurch zu klaren und einfachen statischen Verhältnissen und zu wirtschaftlich günstigen Anschlusskonstruktionen.

Verdrehungen im Anschlussbereich der Spundwand entstehen zwangsläufig infolge von Durchbiegung an der Spundwand. Sie können aber auch am Kopf des Stahlankerpfahls auftreten, besonders dann, wenn außer einer gewissen Abwärtsbewegung des aktiven Erddruckgleitkeils auch noch starke Setzungen und/oder Sackungen im gewachsenen oder aufgefüllten Erdreich hinter der Spundwand stattfinden. In solchen Fällen ist der gelenkige Anschluss dem in E 59, Abschn. 8.4.3 beschriebenen eingespannten vorzuziehen.

Die Anschlussteile müssen nach den Grundsätzen des Stahlbaus konstruktiv einwandfrei und wirksam ausgebildet werden.

8.4.14.2 Hinweise zur Ausbildung der Gelenkanschlussteile

Die Gelenkigkeit kann durch einfach oder doppelt angeordnete Gelenkbolzen bzw. durch plastische Verformung eines dafür geeigneten Bauteils (Fließgelenk) erreicht werden. Auch eine Kombination von Bolzen und Fließgelenk ist möglich.

(1) Planmäßige Fließgelenke sind so anzuordnen, dass sie einen ausreichenden Abstand von Stumpf- und Kehlnähten haben und somit ein Fließen von Schweißnahtverbindungen ausgeschlossen wird. Flankenkehlnähte sollen in der Kraftebene bzw. in der Ebene des Zugelements liegen, damit ein Abschälen sicher vermieden wird. Andernfalls ist durch sonstige Maßnahmen ein Abschälen zu verhindern.

(2) Jede quer zur planmäßigen Zugkraft des Ankerpfahls angeordnete Schweißnaht kann als metallurgische Kerbe wirksam werden.

(3) Nicht beanspruchungs- und schweißgerecht angebrachte Montage-
nähte in schwierigen Zwangslagen erhöhen die Versagenswahrscheinlichkeit.

(4) Bei schwierigen Anschlusskonstruktionen auch mit gelenkigem
Anschluss empfiehlt es sich, den wahrscheinlichen Fließgelenk-
querschnitt bei Einwirkung der planmäßigen Normalkräfte im Zusammenwirken mit möglichen Zusatzbeanspruchungen und dergleichen zu untersuchen (E 59, Abschn. 8.4.3). Bei Bemessung mit
Fließgelenken ist DIN 18 800 zu beachten.

(5) Kerben aus plötzlichen Steifigkeitssprüngen, beispielsweise bei
Brennkerben im Pfahl und/oder metallurgischen Kerben aus Quer-
nähten, sowie sprunghafte Vergrößerungen von Stahlquerschnitten,
beispielsweise durch aufgeschweißte, sehr dicke Laschen, sollen –
vor allem in möglichen Fließbereichen der auf Zug beanspruchten
Ankerpfähle – vermieden werden, da sie verformungslose Brüche
auslösen können.

Einige kennzeichnende Ausführungsbeispiele gelenkiger Anschlüsse von
Stahlankerpfählen sind in den Bildern E 145-1 bis E 145-7 dargestellt.

8.4.14.3 Bauausführung

Die Stahlankerpfähle können abhängig von den örtlichen Verhältnissen
und von der Konstruktion zeitlich sowohl vor als auch nach der Spundwand gerammt werden. Ist die Lage des Anschlusses abhängig von der
Geometrie des Spundwandsystems, wie beispielsweise beim Anschluss
im Tal einer wellenförmigen oder an der Tragbohle einer kombinierten
Stahlspundwand, ist darauf zu achten, dass die Abweichung des oberen
Pfahlendes von seiner planmäßigen Lage möglichst gering ist. Dies wird
am besten erreicht, wenn die Ankerpfähle nach der Spundwand gerammt
werden. Die Anschlusskonstruktion muss aber stets so gestaltet werden,
dass gewisse Abweichungen und Verdrehungen ausgeglichen und aufgenommen werden können.

Wird der Stahlpfahl unmittelbar über dem oberen Ende der Spundwand
bzw. durch ein Fenster in der Spundwand gerammt, ermöglicht die
Spundwand eine wirksame Führung bei seinem Einbauvorgang. Ein
Rammfenster kann auch in der Weise erreicht werden, dass das obere
Ende der zu verankernden Doppelbohle zunächst durchgebrannt und
angehoben und später wieder abgesenkt und verschweißt wird.

Stahlpfähle, die nicht bis zu ihrem oberen Ende in den Boden einbinden,
erlauben ein gewisses Ausrichten des Pfahlkopfs für den Anschluss.

Je nach der Ausführung des Anschlusses ist bei der Ermittlung der Pfahllänge eine Zugabe für das Abbrennen des obersten eventuell im Gefüge
gestörten Pfahlendes nach dem Rammen bzw. für das Rammen selbst
vorzusehen.

Schlitze für Anschlusslaschen sollen sowohl bei den Bohlen der Spundwand als auch bei den Ankerpfählen möglichst erst nach dem Rammen
angebracht werden.

8.4.14.4 Konstruktive Ausbildung des Anschlusses

Der gelenkige Anschluss wird bei wellenförmigen Spundwänden – vor
allem bei solchen mit der Schlossverbindung in der Schwerachse – im
Allgemeinen im Wellental oder bei kombinierten Spundwänden am Steg
der Tragbohlen angeordnet.

Bei kleineren Zugkräften – insbesondere in einer freien Kanalstrecke –
kann der Stahlpfahl auch am Holmgurt, der am Kopf der Spundwand
befestigt wird (Bild E 145-1), oder an einem Gurt hinter der Spundwand
mittels Lasche und Fließgelenk angeschlossen werden. Auf die Gefährdung durch Korrosion ist dabei besonders zu achten. Auf E 95, Abschn.

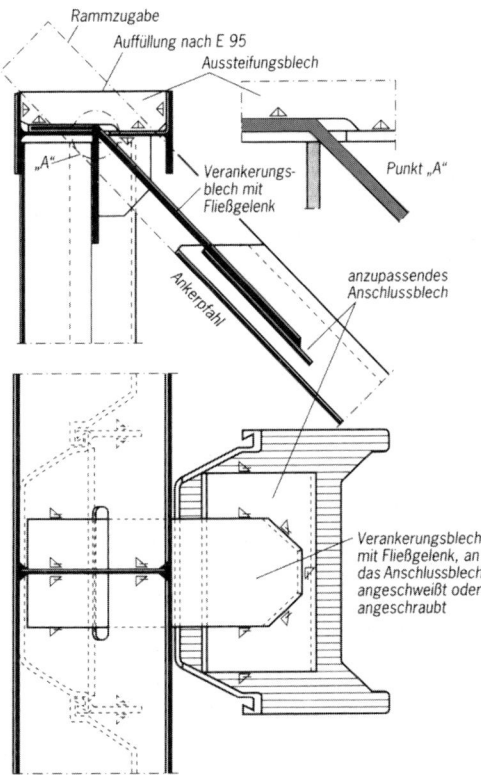

Bild E 145-1. Gelenkiger Anschluss eines leichten Stahlankerpfahls an eine leichte Stahlspundwand durch Lasche und Fließgelenk

8.4.4 wird bei Ufereinfassungen mit Güterumschlag und an Liegestellen besonders hingewiesen.

Zwischen dem Anschluss im Wellental bzw. am Steg und dem oberen Pfahlende werden häufig Zugelemente aus Rundstahl (Bild E 145-3), bzw. Flach- oder Breitflachstahl (Zuglaschen) angeordnet (Bilder E 145-4 und E 145-5). Beim Rundstahlanschluss mit Gewinde sowie mit Unterlagsplatte, Gelenkscheibe und Mutter kann die Anschlusskonstruktion auch angespannt werden.

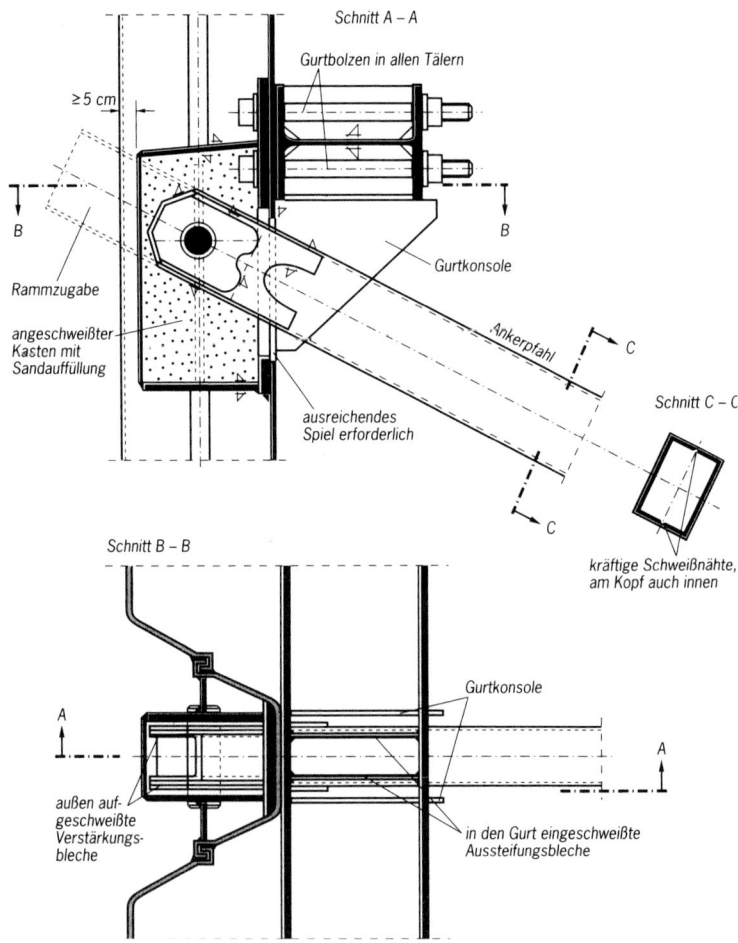

Bild E 145-2. Gelenkiger Anschluss eines Stahlankerpfahls an eine schwere Stahlspundwand durch Gelenkbolzen

Neben dem gelenkigen Anschluss im Wellental der Spundwand, im Holmgurt oder im Steg der Tragbohle kann in besonderen Fällen ein weiteres Gelenk im Anschlussbereich des Ankerpfahlendes angeordnet werden. Diese Lösung – in Bild E 145-5 für den Fall mit doppelten Tragbohlen dargestellt – kann, etwas variiert, auch bei Einfachtragbohlen angewendet werden. Die Schlitze (Brennöffnungen) in den Flanschen der Tragbohlen sind ausreichend tief unter die Anschlusslaschen zu führen, damit genügend Bewegungsfreiheit für Pfahlverformungen geschaffen wird

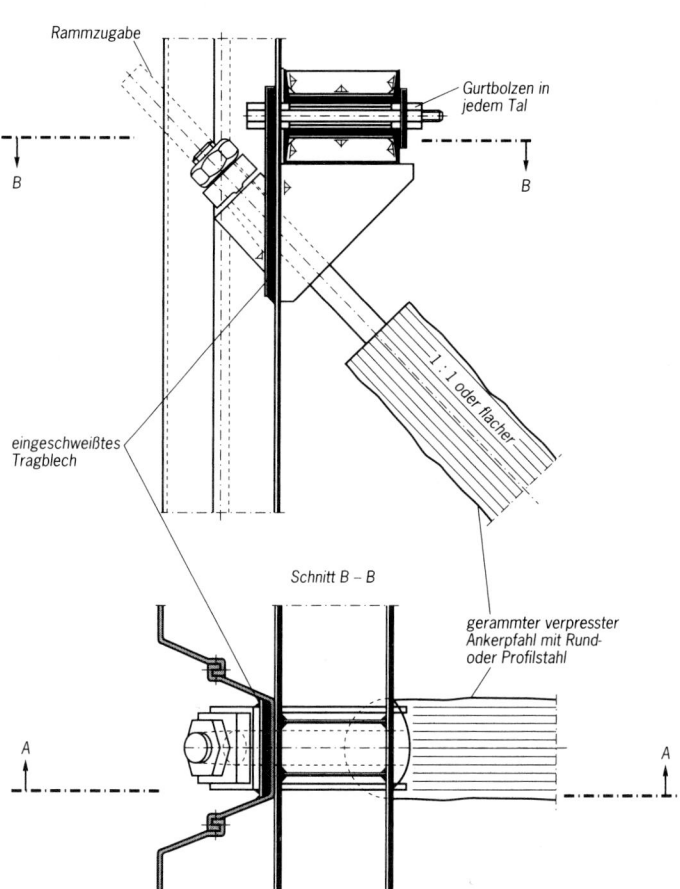

Bild E 145-3. Gelenkiger Anschluss eines gerammten verpressten Ankerpfahls an eine schwere Stahlspundwand

und Zwangskräfte, die durch ungewollte Einspannungen infolge Aufsetzens der Laschen entstehen können, mit Sicherheit ausgeschlossen werden können. Es ist ferner sicherzustellen, dass durch Verkrustungen, Versinterungen und Korrosion im Bereich der Anschlusskonstruktion die beabsichtigte Gelenkwirkung nicht beeinträchtigt wird. Dies ist im Einzelfall zu überprüfen und bei der konstruktiven Ausbildung zu berücksichtigen.

Der Ankerpfahl kann aber auch durch eine Öffnung im Wellental einer Spundwand gerammt und dort über eine eingeschweißte Stützkonstruktion gelenkig angeschlossen werden (Bild E 145-2).

Liegt der Anschluss im wasserseitigen Wellental einer Spundwand, müssen alle Konstruktionsteile mindestens 5 cm hinter der Spundwandflucht enden. Außerdem ist die Durchdringungsstelle zwischen Pfahl

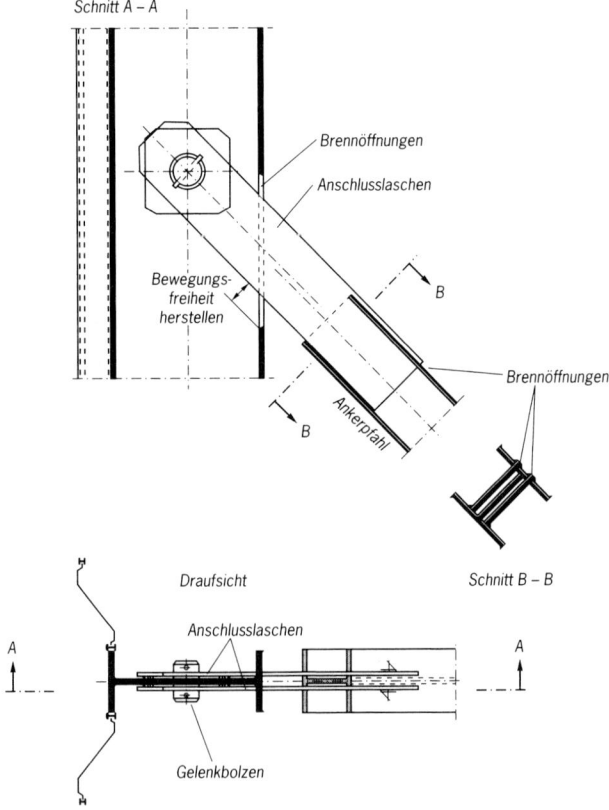

Bild E 145-4. Gelenkiger Anschluss eines Stahlankerpfahls an eine kombinierte Stahlspundwand mit Einzeltragbohlen durch Gelenkbolzen

und Spundwand sorgfältig gegen Auslaufen und/oder Ausspülen von Boden zu sichern (z. B. mit einem zusätzlichen äußeren Schutzkasten nach Bild E 145-2).

Je nach der gewählten Konstruktion sollten Anschlusslösungen bevorzugt werden, die weitgehend in der Werkstatt vorbereitet werden können und ausreichende Toleranzen aufweisen. Umfangreiche Einpassarbeiten auf der Baustelle erfordern hohe Kosten und sind daher möglichst zu vermeiden.

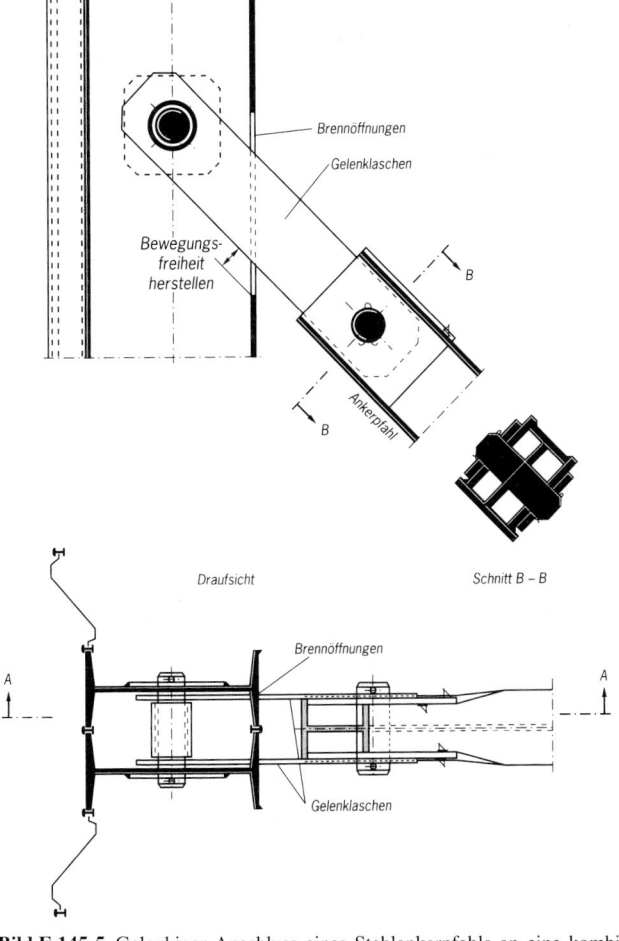

Bild E 145-5. Gelenkiger Anschluss eines Stahlankerpfahls an eine kombinierte Stahlspundwand mit Doppeltragbohlen durch Laschengelenk

487

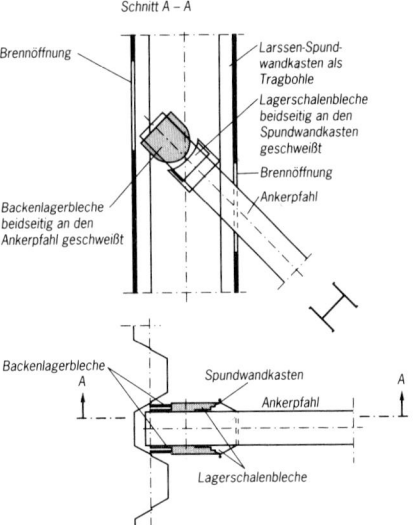

Bild E 145-6. Gelenkiger Anschluss eines Stahlankerpfahls an eine kombinierte Stahlspundwand durch Backenlager/Lagerschalen

Diese Bedingungen erfüllt z. B. der im Bild E 145-6 dargestellte Anschluss weitgehend. Alle tragenden Nähte an der Tragbohle werden im Werk in Wannenlage geschweißt. Diese Lösung sollte aber nur angewendet werden, wenn die Backenlagerbleche erst nach dem Rammen der Ankerpfähle eingebaut werden. Außerdem muss die Länge des Tragpfahles exakt festliegen; bei eventuellem Aufstocken oder Kappen des Pfahles kann der Anschluss nicht ausgeführt werden.

Bei der Lösung nach Bild E 145-7 wird die Verbindung von Ankerpfahl und Spundwand durch Schlaufen hergestellt, die einen in die Spundwand eingeschweißten Rohrgurt umschließen. Hierbei ist zu beachten, dass die freie Verdrehbarkeit des Anschlusses durch Reibung zwischen Schlaufen und Rohr behindert wird. Die Schlaufen sind daher so zu dimensionieren, dass für die dadurch bedingte ungleichmäßige Lastverteilung ausreichende Tragreserven vorhanden sind. Da im Regelfall mit Durchbiegungen der Ankerpfähle und – hiermit in Zusammenhang stehend – auch mit Verschiebungen der Pfahlköpfe zu rechnen ist, muss der Anschluss so ausgebildet werden, dass neben der Ankerzugkraft auch Querkräfte übertragen werden können. Dieses kann durch eine konsolartige Verlängerung der Pfähle, die bis auf den Rohrgurt geführt wird, oder durch andere geeignete Maßnahmen erreicht werden.

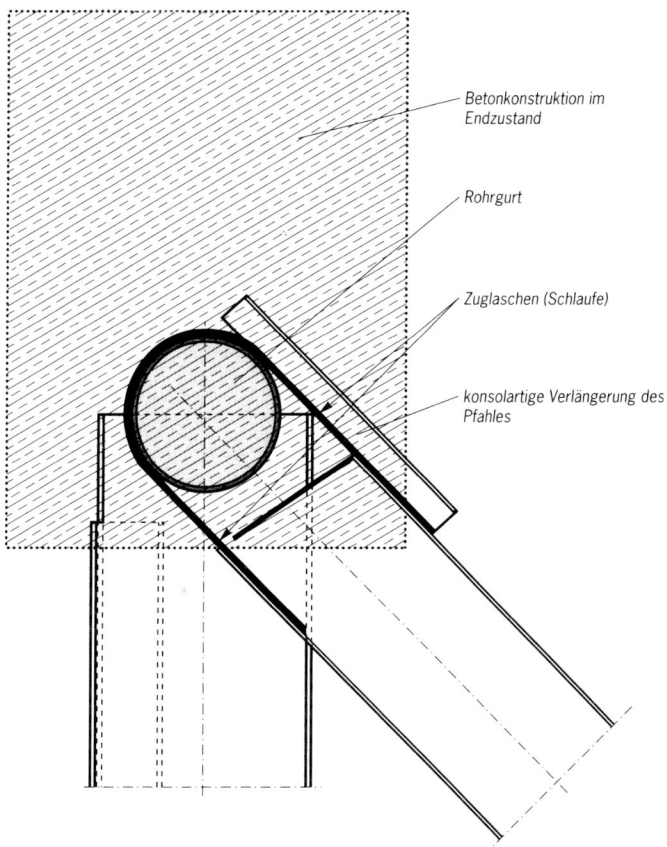

Betonkonstruktion im
Endzustand

Rohrgurt

Zuglaschen (Schlaufe)

konsolartige Verlängerung des
Pfahles

Bild E 145-7. Anschluss eines Stahlankerpfahles an eine kombinierte Spundwand durch Schlaufen

8.4.14.5 Tragsicherheitsnachweis für den Anschluss

Maßgebend für den Anschluss ist zunächst die aus der Spundwandberechnung sich ergebende Ankerkraft. Es empfiehlt sich aber, alle Ankeranschlussteile für die Schnittgrößen zu bemessen, die vom gewählten Ankersystem übertragen werden können. Belastungen von der Wasserseite, wie Schiffstoß, Eisdruck oder durch Bergsenkungen usw. können die im Stahlpfahl vorhandene Zugkraft zeitweise abbauen oder sogar in eine Druckkraft umwandeln. Wenn erforderlich, sind entsprechende Nachweise für den Anschluss und für die Knickbeanspruchung eines am Kopf freistehenden Pfahls oder des Pfahlanschlusses zu führen. Fallweise ist auch Eisstoß zu berücksichtigen.

Wenn möglich, soll der Anschluss im Schnittpunkt von Spundwand- und Pfahlachse angeordnet werden (Bilder E 145-1, -2, -4, -5, -6 und -7). Bei größeren Abweichungen sind Zusatzmomente in der Spundwand anzusetzen.

Die der Pfahlkraft entsprechenden lot- und waagerechten Teilkräfte sind auch in den Anschlusskonstruktionen an die Spundwand und – wenn nicht jedes tragende Wandelement verankert wird – im Gurt und seinen Anschlüssen zu berücksichtigen. Muss mit einer lotrechten Belastung durch Bodeneinflüsse gerechnet werden, ist auch sie in den Auflagerkräften und beim Tragsicherheitsnachweis der Anschlüsse zu erfassen. Dies ist immer der Fall, wenn Durchbiegungen der Ankerpfähle zu erwarten sind. Bei Änderungen des Öffnungswinkels zwischen Ankerpfahl und Spundwand sind beim Tragsicherheitsnachweis auch die dadurch bedingte Änderung der Zugkräfte im Bereich der Anschlusskonstruktion sowie die hierdurch ausgelösten Querkräfte zu berücksichtigen.

Bei Anschlüssen im Wellental ist durch eine ausreichend breite Unterlagsplatte die waagerechte Teilkraft in die Bohlenstege einzuleiten (Bild E 145-3). Die Schwächung des Spundwandquerschnitts ist zu beachten. Fallweise können dabei Spundwandverstärkungen im Anschlussbereich erforderlich werden.

Bei den Anschlusskonstruktionen, insbesondere im Bereich des oberen Ankerpfahles, ist auf einen stetigen Kraftfluss der Zugkräfte und auf eine sichere Übertragung der Querkräfte zu achten. Wenn bei schwierigen, hochbelasteten Anschlusskonstruktionen der Kraftfluss nicht einwandfrei überblickt werden kann, sollten die rechnerisch ermittelten Abmessungen und Beanspruchungen stets durch mindestens zwei bis zum Bruch geführte Probebelastungen an Werkstücken im Maßstab 1 : 1 überprüft werden.

8.4.15 Gepanzerte Stahlspundwand (E 176)

8.4.15.1 Notwendigkeit

Die zunehmende Größe der Schiffsgefäße, der Verkehr von Schiffsverbänden und die veränderte Art der Fortbewegung haben zu erhöhten betrieblichen Anforderungen an Ufer in Binnenhäfen und an Wasserstraßen geführt. Um auch dabei Schäden an Spundwandbauwerken zu vermeiden, ist für diese eine möglichst glatte Oberfläche zu fordern (E 158, Abschn. 6.6).

Bei größeren Breiten der Doppelbohlen wächst die Schadenanfälligkeit durch eine Verkleinerung des Anfahrwinkels und den größeren Abstand der Bohlenrücken. Die Forderung nach einer weitgehend glatten Oberfläche wird durch eine Panzerung der Spundwand erreicht, bei der in oder über die Spundwandtäler Bleche geschweißt werden (Bild E 176-1).

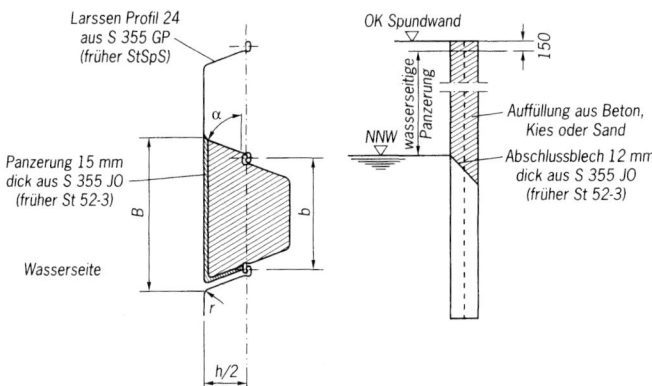

Bild E 176-1. Panzerung eines U-förmigen Spundwand-Wellenprofils

8.4.15.2 Anwendungsbereich

Wegen der dann erforderlichen technischen und wirtschaftlichen Aufwendungen wird eine Panzerung aber nur für Uferstrecken empfohlen, die besonderen Belastungen ausgesetzt sind. Dies sind in Binnenhäfen Ufer mit sehr schwerem Verkehr, insbesondere mit Schubleichtern und Großmotorschiffen sowie Ufer in stark gefährdeten Bereichen, beispielsweise bei Richtungsänderungen im Grundriss und bei Leitwerken in Schleuseneinfahrten.

8.4.15.3 Höhenlage

Die Spundwandpanzerung ist für den Höhenbereich des Ufers erforderlich, in dem vom niedrigsten bis zum höchsten Wasserstand eine Schiffsberührung der Spundwand möglich ist (Bild E 176-1).

8.4.15.4 Konstruktion

Die konstruktive Ausbildung der Panzerung und deren Abmessungen sind vorrangig von der Öffnungsweite B des Spundwandtals abhängig. Diese wird bestimmt vom Systemmaß b der Wand, von der Neigung α des Bohlenschenkels, von der Profilhöhe h der Wand und vom Radius r zwischen Schenkel und Rücken der Spundwand (Bild E 176-1).

8.4.15.5 Bohlenform und Herstellungsart der Panzerung

Bei der Ausbildung der Panzerung ist zu unterscheiden, ob es sich um Spundbohlen in Z- oder in U-Form handelt. Ferner ist von Bedeutung, ob die Panzerung werkseitig und damit vor dem Rammen, oder auf der Baustelle nach dem Rammen angebracht wird.

Bei Z-Bohlen und Herstellung der Panzerung auf der Baustelle werden die Bleche bis an die Schlösser in voller Breite aufgelagert. Sie schützen durch ihr Herausragen aus der Flucht auch die Schlösser (Bild E 176-2).

491

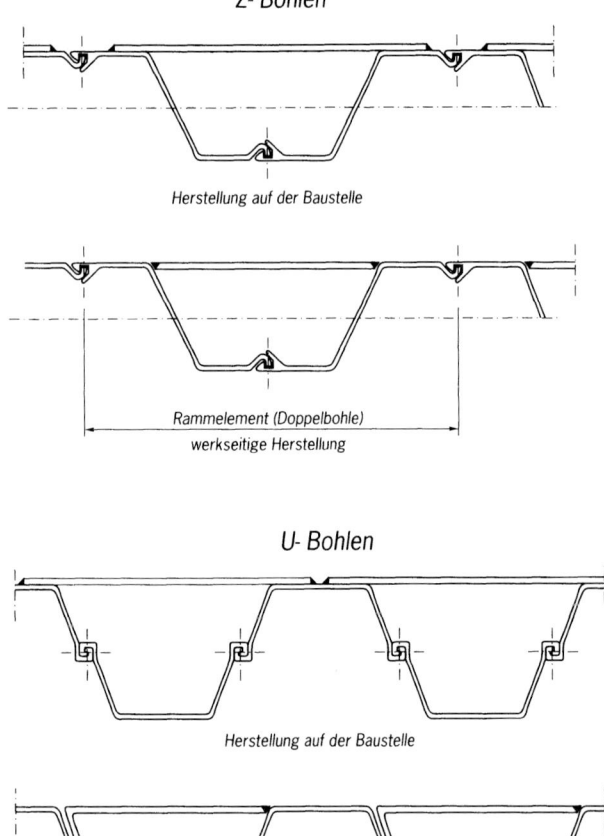

Z- Bohlen

Herstellung auf der Baustelle

Rammelement (Doppelbohle)
werkseitige Herstellung

U- Bohlen

Herstellung auf der Baustelle

Rammelement (Doppelbohle)
werkseitige Herstellung

Bild E 176-2. Herstellungsart der Panzerung bei Z- und bei U-Bohlen

Bei Z-Bohlen kann ein werkseitiges Herstellen nach Bild E 176-2 nicht empfohlen werden, da dann wegen mangelnder Elastizität der Doppelbohlen das Rammen nachteilig beeinflusst werden kann.

Der nachträgliche Einbau von Panzerungen ist auch bei U-Bohlen möglich, wobei eine völlig glatte Uferfläche erzielt werden kann (Bild E 176-2).

Beim Einbau auf der Baustelle sind bei beiden Profilarten Anpress- und Anpassarbeiten nicht zu vermeiden. Es entsteht dann eine einheitlich starre Uferkonstruktion, die gegenüber einer Wand aus Einzelelementen an Elastizität eingebüßt hat.

Die beste Lösung für den Einbau und Betrieb ergibt die Wand aus U-Bohlen mit werkseitiger Herstellung der Panzerung.

8.4.15.6 Einzelangaben zum werkseitigen Einbau der Panzerung bei U-Bohlen

Bei werkseitigem Einbau wird die Panzerung am Schloss der Talbohle und am Rücken der Bergbohle befestigt. Außerdem muss aus rammtechnischen Gründen auch das Schloss der Doppelbohle verschweißt werden, sodass eine starre Verbindung entsteht. Nur dann können die Anschlussnähte der Panzerung den Rammvorgang ohne Schaden überstehen. Für elastische Verformungen stehen dabei noch der Bohlenrücken und der freie Schenkel der Bergbohle zur Verfügung (Bild E 176-2).

Die Panzerbleche können geschweißt oder gebogen ausgeführt werden (Bild E 176-3). Die geschweißte Ausführung ergibt die geringere Breite des verbleibenden Spalts, weil bei der gebogenen für die Kaltverformung Grenzen für den Mindestradius gegeben sind. Die Spaltbreite bei der geschweißten Ausführung beträgt ca. 20 mm. Bei einem Systemmaß von 1,0 m der Doppelbohle wird dann eine glatte Wand zu ca. 98 % erreicht.

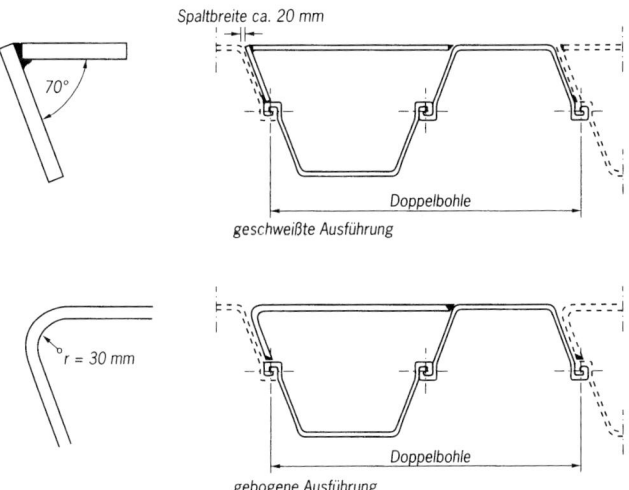

Bild E 176-3. Werkseitig hergestellte Panzerung

Ansicht – Doppelbohle
mit Stoßpanzer als Leiter

Detail – Trittkasten

ca. 450

Vierkantstahl ⌀ 25

Bild E 176-4. Stoßpanzerung mit Trittnischen

8.4.15.7 Bemessung

Bei der statischen Berechnung der Spundwand wird die Panzerung nicht berücksichtig. Die Blechdicke ergibt sich aus der Stützweite entsprechend der Öffnungsweite der Spundwandtäler.

Da die Stützweite der Stoßpanzerung immer größer ist als die Rückenbreite des Bohlenbergs, werden die Panzerbleche stärker als die Bohlenrücken sein. Um Blechdicken $\geq$ 15 mm zu vermeiden, ist ein Verfüllen des verbleibenden Raumes zwischen Panzerung und Doppelbohle zu empfehlen.

8.4.15.8 Verfüllung

Zum Verfüllen des Raumes zwischen Panzerung und Doppelbohle wird im Allgemeinen als unterer Abschluss ein Bodenblech eingeschweißt (Bild E 176-1). Als Verfüllmaterial kommen Sand, Kies oder Beton in Frage.

8.4.15.9 Steigeleitern und Festmacheinrichtungen

Im Bereich von Steigeleitern und Nischenpollern wird die Stoßpanzerung der Spundwand in der Regel unterbrochen. Falls auch hier eine weitgehend glatte Oberfläche erhalten bleiben soll, kommt an der Leiterbohle eine Panzerung mit Trittnischen (Bild E 176-4) oder die Anordnung eines durchgehenden Trittnischenkastens (Bild E 176-5) in Betracht, hinter dem ein Zwischenraum zum Verfüllen nach Abschn. 8.4.15.8 verbleibt, sofern eine solche Lösung technisch sinnvoll ist und wirtschaftlich vertretbar erscheint. Die Anordnung von Nischenpollern in einer gepanzerten Wand zeigt Bild E 176-6. Den Anforderungen nach E 14, Abschn. 6.11 und E 102, Abschn. 5.13 wird dabei entsprochen.

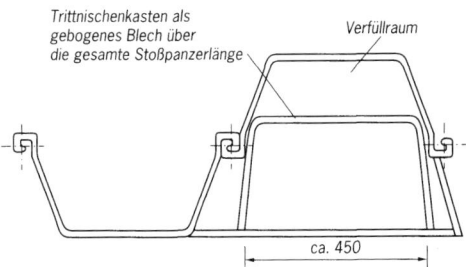

Bild E 176-5. Stoßpanzerung mit eingebautem Trittnischenkasten

8.4.15.10 Kosten

Die Mehrkosten für die gepanzerte Spundwand gegenüber einer ungepanzerten sind vor allem abhängig vom Verhältnis der Länge der Panzerung zu der Gesamtlänge der Spundbohle und vom Profil. Die Lieferkosten des

495

Wandmaterials erhöhen sich durch die Panzerung um 25 bis 40 %. Bei U-Bohlen ist es kostengünstiger und technisch besser, eine Panzerung von vornherein einzuplanen und werkseitig einbauen zu lassen.

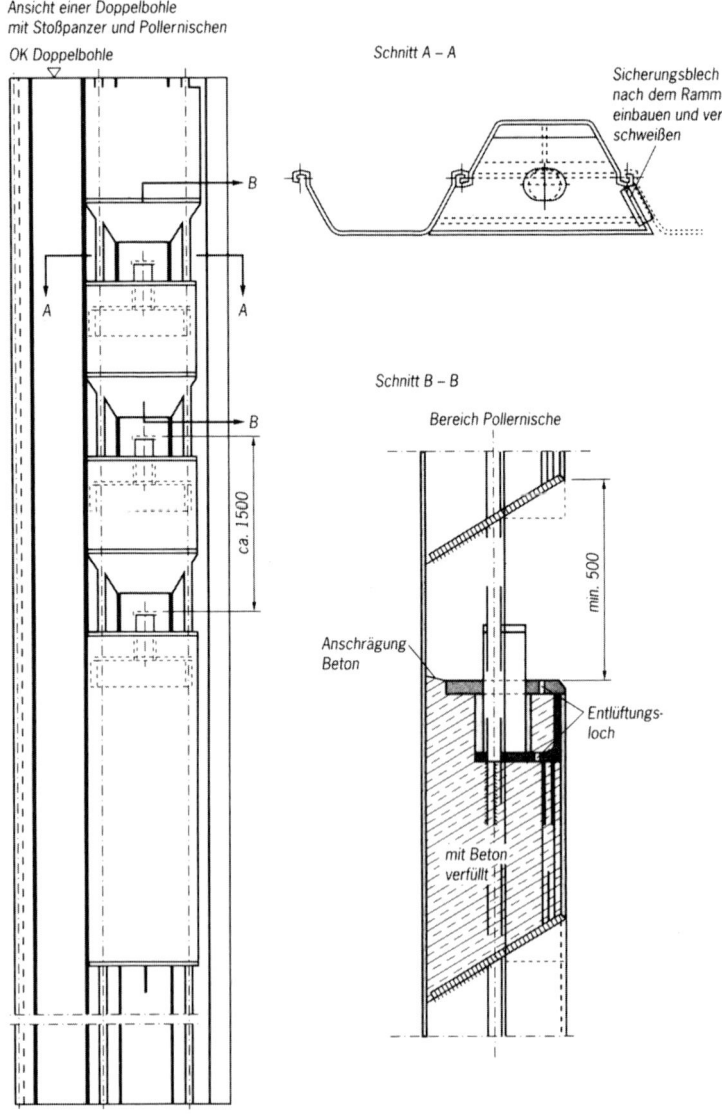

Bild E 176-6. Stoßpanzerung mit Nischenpollern

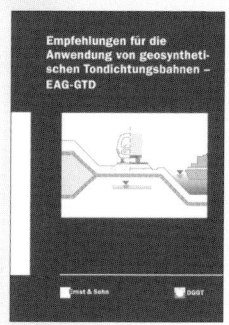

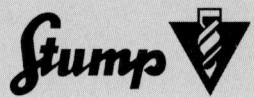

9 Ankerpfähle und Anker

9.1 Allgemeines

Senkrechte Konstruktionen als Ufereinfassungen, z. B. Kaimauern, müssen in der Regel mit entsprechenden Verankerungselementen zur Kipp- und Gleitsicherheit, zur Aufnahme der Horizontalkräfte aus Erd- und Wasserdruck sowie den Kräften aus dem Überbau, Pollerzug und Schiffstoß, ausgestattet werden. Bei kleineren Geländesprüngen können diese Kräfte gegebenenfalls durch entsprechende Ausbildungen des Pfahlrostes über Pfahlböcke abgeleitet werden. Größere Geländesprünge, wie sie in den modernen See- und Binnenhäfen vorkommen, verlangen besondere Verankerungselemente.

Den unter diesem Abschn. aufgeführten Empfehlungen zur statischen Berechnung liegt das Sicherheitskonzept des Nachweises der rechnerischen Tragfähigkeit in Grenzzuständen mit Hilfe von Teilsicherheitsbeiwerten zugrunde (vgl. Abschn. 0.1).

9.2 Verankerungselemente

Es stehen im Wesentlichen die nachfolgend beschriebenen Bauelemente zur Verfügung:

- Verdrängungspfähle,
- Mikropfähle,
- Sonderpfähle.

9.2.1 Verdrängungspfähle

9.2.1.1 Stahlpfähle sind Walzerzeugnisse, die als Doppel-T-Profile in großen Längen geliefert werden können. Sie zeichnen sich durch gute Anpassung an die jeweiligen statischen, geotechnischen und einbringungstechnischen Verhältnisse aus. Sie können als „nackte" Pfähle gerammt oder gerüttelt werden und sind relativ unempfindlich gegen Rammhindernisse und schwere Rammung. Wenn die örtlichen Bodenverhältnisse dies erfordern, können sie am Pfahlkopf aufgestockt werden. Stahlpfähle lassen sich über Anschweißkonstruktionen problemlos mit anderen Bauwerksteilen aus Stahl oder Stahlbeton verbinden.

Verwendet werden sollten die Stahlgüten S 235 JRG2 oder S 355 JRG3 nach DIN EN 10 025.

Es können ebenfalls warmgewalzte Breitflanschträger verwendet werden, deren Stahlgüte der Euronorm 53/Ausgabe 62 bzw. DIN EN 10 025 entsprechen.

9.2.1.2 Spannbetonfertigpfähle werden als Fertigpfähle in den Boden gerammt.

9.2.1.3 **Verpressmantelpfähle (VM-Pfähle)** bestehen aus Stahlprofilen, wie in Abschn. 9.2.1.1 beschrieben. Die Pfähle weisen jedoch zum Zweck des Einbringens von Verpressmörtel am Pfahlfuß eine spezielle Fußausbildung auf. Als Pfahlspitze dient dabei ein Schneidschuh aus einer kastenförmigen, geschweißten Blechkonstruktion.

Der VM-Pfahl erzeugt im Boden als „Vollverdränger" einen prismatischen Hohlraum um das gesamte Stahlprofil des gerammten Pfahls, der parallel zu der Rammung mit Zementsuspension verpresst bzw. im oberen Schaftbereich nur verfüllt wird. Die Suspension wird in einer am Pfahl angebrachten Verpressleitung bis zur Pfahlspitze geführt, tritt dort aus und gelangt in den zu verfüllenden Hohlraum, den der Schneidschuh hinterlassen hat.

Der im Hohlraum zu Zementstein erhärtete Verpressmörtel wirkt als Verbundmedium zwischen Stahlpfahl und Baugrund zur Sicherstellung des Mantelreibungswiderstandes, der je nach Baugrund den 3- bis 5-fachen Wert gegenüber dem „nackten" Stahlpfahl annehmen kann. Als zusätzlicher Effekt der Bodenverdrängung durch das Rammen tritt eine räumliche Verspannung des Baugrundes ein, die zu einer weiteren Traglaststeigerung als Ankerpfahl führt. VM-Pfähle werden in der Regel in Neigungen zwischen 2 : 1 und 1 : 1 hergestellt.

9.2.1.4 **Rüttelinjektionspfähle (RI-Pfähle)** weisen einige Gemeinsamkeiten mit den VM-Pfählen aus. Als Fußausbildung zur Aufweitung des Doppel-T-Pfahlquerschnittes werden hier umlaufend angeschweißte, ca. 20 mm dicke Flachstähle als Steg- und Flanschaufdoppelung verwendet. Diese Verdrängungselemente erzeugen im Boden einen der Blechdicke entsprechenden Hohlraum um den eingerüttelten Pfahl, der während des Einrüttelns ähnlich wie beim VM-Pfahl mit Zement-Suspension verpresst wird, um den Mantelwiderstand zu erhöhen.

RI-Pfähle können in Neigungen zwischen lotrecht und 1 : 1 eingerüttelt werden. Bei gerüttelten Schrägpfählen ist es schwierig, einen befriedigenden Wirkungsgrad zu erzielen. Dieser kann als „Pfahlfußeindringung pro Zeiteinheit, bezogen auf die aufgebrachte Rüttelenergie" definiert werden. Es sind Maßnahmen zu treffen, möglichst wenig Energie auf dem Weg vom Rüttler durch den Pfahl in den Baugrund zu verlieren. Hierzu wird der schräg liegende RI-Pfahl gegen den Boden mit ca. 100 kN Längsdruckkraft „vorgespannt". Auf diese Weise hält der Pfahl ständig kraftschlüssigen Kontakt zum Baugrund und die aufgebrachte Energie kann wirkungsvoller umgesetzt werden.

9.2.2 **Mikropfähle/Kleinbohrpfähle (Durchmesser ≤ 300 mm)**

9.2.2.1 **Bohrverpresspfähle** stellen eine Alternative zu den VM-Pfählen dar. Hier wird ein Vollstab aus Rundstahlankermaterial im Bohrverfahren auf Tiefe gebracht. Dadurch ergibt sich der Vorteil einer erschütterungs- und lärmreduzierten Einbringung. Die Bohrspitze erzeugt im Boden einen Hohlraum, der sofort unter Druck mit Zementsuspension verfüllt wird. Eine definierte untere Teillänge wird als Verpresskörper aus Zementstein bis zu Durchmessern von 50 cm oder größer hergestellt.

9.2.2.2 **Rohrverpresspfähle** stellen eine weitere Alternative zu den VM-Pfählen dar. Hier wird ein Stahlrohr mit Außengewinde schussweise bohrend mit Außenspülung auf Tiefe gebracht. Das Verfahren bietet somit ebenfalls den Vorteil einer erschütterungs- und lärmreduzierten Einbringung. Das Stahlrohr dient im Bauzustand als Bohrrohr und im Endzustand als Zugelement. Das Außengewinde dient zum Koppeln der Ankerschüsse, zur Ausbildung des Pfahlkopfanschlusses und zur Sicherstellung der Haftrauhigkeit im Fußbereich. Der Pfahlfuß wird als hinterschnittene Fußaufweitung ausgebildet, indem die Bohrspitze mit radialem Spülstrahl entsprechend der Fußlänge mehrmals axial herausgezogen und wieder eingebohrt wird. In dem dadurch entstandenen Hohlraum wird anschließend der Verpresskörper aus Zementstein hergestellt.
Die Rohre haben Wanddicken von 12 bis 28 mm und Außendurchmesser von 73 bis 114 mm.

9.2.2.3 **Ortbetonpfähle** als nicht vorgespannte Mikroverpresspfähle weisen Schaft-Größtdurchmesser von 150 bis 300 mm auf. Sie werden im Bohrverfahren eingebracht, erhalten eine durchgehende Längsbewehrung aus Betonstahl und werden mit Beton oder Zementmörtel verfüllt. Der eigentliche Verpressvorgang für den kraftschlüssigen Verbund mit dem Baugrund erfolgt über das Aufbringen von Druckluft auf den freien Ortbetonspiegel. Bei entsprechenden technischen Vorkehrungen – wie Nachverpressröhrchen und Manschettenrohre – ist eine anschließende Nachverpressung möglich.

9.2.2.4 **Verbundpfähle** als nicht vorgespannte Mikropfähle mit kleinem Durchmesser weisen Schaft-Größtdurchmesser von 300 mm bzw. Schaft-Mindestdurchmesser von 100 mm auf. Sie werden im Bohr- oder auch Rammverfahren eingebracht („Rammverpresspfahl" mit kleinem Querschnitt), haben ein durchgehendes, vorgefertigtes Tragglied aus Stahl und werden mit Zementsuspension verfüllt. Der Verpressvorgang erfolgt über erhöhten Flüssigkeitsdruck auf das Verpressgut. Bei entsprechenden technischen Vorkehrungen ist auch hier mit Nachverpressröhrchen und Manschettenrohren eine Nachverpressung möglich (DIN EN 1536 bzw. DIN EN 14 199).

9.2.3 Sonderpfähle/Anker

9.2.3.1 Klappankerpfähle sind komplett vorgefertigte Stahlzugelemente, die aus einem Stahlpfahlprofil und einer Ankertafel bestehen. Beim Einbau als Ankerpfahl werden sie kraftschlüssig über Wasser an der Spundwand montiert. Die Ankertafeln werden auf der Gewässersohle abgesetzt und verfüllt. Die Einbauneigung liegt zwischen 0° und 45°. Im Unterschied zu einem Schrägpfahl wird jedoch der Pfahlwiderstand nicht durch den Pfahlmantelreibungswiderstand gebildet, sondern durch die vektorielle Addition von vertikalem Bodengewicht und horizontalem Erdwiderstand auf und vor der tiefliegenden Ankertafel.

Bei der Vorfertigung wird der Stahlpfahlkopf zur späteren Verbindung von Ankerpfahl und Uferwand mit einer rotationsfähigen Stahlkonstruktion versehen. Die jeweils benachbarten Tragbohlen der zu verankernden Spundwand werden zur Aufnahme dieses Pfahlkopfes mit einem dazu kompatiblen Stahlbauanschluss ausgestattet, in dem der Klappankerpfahl frei drehbar gelagert werden kann. Am Pfahlfuß wird rechtwinklig zur Pfahlachse über eine Anschlusskonstruktion die Ankertafel angeschweißt. Diese besteht vorzugsweise aus Wellenspundwandprofilen. Zum Einbau des Ankerpfahles wird dieser mit einem Hebegerät aufgenommen. Der Pfahlkopfanschluss wird mit der Spundwand gelenkig und kraftschlüssig verbunden. Anschließend wird der noch immer im Kran hängende Pfahlfuß abgesenkt, wobei sich der Pfahlschaft um den Gelenkpunkt dreht und der Pfahlfuß mit der festen Ankertafel in seine Position auf der Gewässersohle abgesetzt wird. Nach diesem „Klappvorgang" befindet sich der Pfahl in seiner Endposition. Die geotechnischen Verhältnisse lassen sich weiter verbessern, wenn die Ankertafel mit einem Unterwasserrüttler bis zur halben Höhe in die Gewässersohle eingerüttelt wird. Anschließend erfolgt das Aufspülen des Verfüllbodens, wobei folgende Verfahrensweise zwingend erforderlich ist: die ersten Verfüllmengen müssen direkt vor und auf der Ankertafel eingebracht werden. Dadurch kann nämlich bereits ein Pfahlwiderstandsanteil mobilisiert werden.

9.2.3.2 Düsenstrahlpfähle sind Bohrpfähle mit einem aufgeweiteten Fußbereich. Sie sind herstellungstechnisch eine Aufeinanderfolge der Bauweisen von Bohrpfahl- und Düsenstrahl-Verfahren. Ein doppelwandiges Mantelrohr mit verlorener Bohrspitze wird auf Tiefe gebohrt. In dieses Mantelrohr wird ein HEM-Walzprofil als Zugglied eingestellt. Nach Abstoßen der Bohrspitze wird das Mantelrohr gezogen. Während des Zurückziehens des doppelwandigen Mantelrohres erzeugt ein radialer Hochdruck-Düsenstrahl in Höhe der Rohrunterkante einen relativ großen Mörtelinjektionskörper. Mit diesem Pfahltyp sind Pfahlwiderstände von bis zu 4 bis 5 MN erzielt worden.

9.2.3.3 Rundstahlanker (verlegt)

Wenn auf dem Gelände hinter der Uferwand zum Herstellzeitpunkt weder eine Bebauung noch umfangreiche Kabel- und Rohrtrassen vorhanden sind, kann auch eine Rundstahlverankerung mit rückliegenden Ankertafeln verlegt werden. Aufgestauchte Hammerköpfe und Gewindeenden, Ankerstühle, Muffen und Spannschlösser sowie Ankertafeln aus Wellenspundwänden oder Stahlbetonfertigteilen ermöglichen eine bautechnisch variable Lösung der verschiedensten Problemstellungen. Die Einbauneigung der Rundstahlanker wird im Allgemeinen durch den zunehmenden Umfang der Erdarbeiten auf ca. 8° bis 10° begrenzt. Auch für spezielle Bauwerke wie Molenköpfe, Kaimauerspitzen und -höfte sind horizontale Rundstahlverankerungen geeignet, wobei sie zwischen den gegenüberliegenden Uferwänden durchgeankert werden können. Eine Schrägpfahllösung würde dabei erhebliche geometrische Probleme bei der Anordnung und Unterbringung der Pfähle aufwerfen.

9.2.3.4 Verpressanker nach DIN EN 1537

Es können auch vorgespannte Verpressanker zum Einsatz kommen (Einstabanker St 1080/1230 oder St 950/1050 bzw. Litzenanker St 1570/1770). Voraussetzung ist der einwandfreie Korrosionsschutz, da es sich um hochwertige Spannstähle handelt.

9.3 Sicherheit der Verankerung (E 26)

Die Sicherheit von Verankerungen mit Ankerelementen, die die Zugkraft über Mantelreibung in den Boden leiten, ist nach DIN 1054 nachzuweisen. Die Standsicherheit in der tiefen Gleitfuge ist nach E 10, Abschn. 8.4.9 nachzuweisen. Hinsichtlich Einbau, Prüfung und Überwachung von Verpressankern gilt DIN EN 1537.

9.4 Herausziehwiderstand der Pfähle (E 27)

9.4.1

Als charakteristischer Herausziehwiderstand gilt jene Last, bei der das Herausziehen des Pfahls beginnt. Zeichnet sie sich in der Last-Hebungslinie nicht deutlich ab, wird diejenige Last als charakteristischer Herausziehwiderstand zugrunde gelegt, bei der die Pfahlhebung (in der Pfahlachse) den Bestand und die Verwendung des Bauwerks noch nicht gefährdet. Bei Ufereinfassungen kann die bleibende Hebung dabei im Allgemeinen rd. 2 cm betragen. Der charakteristische Herausziehwiderstand lässt sich als „Grenzlast der Verschiebung" über das Kriechmaß k_s entsprechend DIN EN 1537 bestimmen. Das Kriechmaß soll 2 mm nicht überschreiten.

9.4.2 Der Herausziehwiderstand für Verpressanker – sowohl für vorübergehende Zwecke als auch für dauernde Verankerungen – wird nach DIN EN 1537 festgelegt. Der Herausziehwiderstand für Rammpfähle und für Verpresspfähle wird nach DIN 1054 festgelegt.

9.4.3 Für Vorentwürfe kann der Herausziehwiderstand näherungsweise auch mit Werten aus Drucksondierungen ermittelt werden, wenn sowohl der Spitzendruck als auch die örtliche Mantelreibung mit geeigneten Sonden gemessen werden. Dabei müssen auch die in der Nähe ausgeführten Bohrungen berücksichtigt werden, um festzustellen, auf welche Bodenart sich die Sondierergebnisse jeweils beziehen. Anhaltswerte für die charakteristischen Pfahlwiderstände können DIN 1054 Anhang B und C entnommen werden.

Für VM-Pfähle dürfen bei Vorentwürfen die angegebenen Mantelreibungsspannungen mit Faktoren, die zwischen 2 und 4 schwanken können, erhöht werden.

9.4.4 Bei Pfahlgruppen muss beim Festlegen des Herausziehwiderstandes des Einzelpfahls auch die Gruppenwirkung berücksichtigt werden.

9.4.5 Wird der Herausziehwiderstand bei der Probebelastung nicht erreicht, gilt die beim Versuch angewendete größte Zugkraft als charakteristischer Herausziehwiderstand.

9.4.6 Für die Abschätzung von Bruchlasten – als Asymptote der Lastverschiebungskurve – kann unter bestimmten Voraussetzungen das sogenannte „Hyperbelverfahren" [5, 6] benutzt werden, wobei zu beachten ist, dass dieses Verfahren auch zu groben Fehleinschätzungen führen kann – insbesondere bei dicht gelagerten nichtbindigen Böden und bei bindigen Böden mit halbfester bis fester Konsistenz [189].

9.5 Ausbildung und Einbringen gerammter Pfähle aus Stahl (E 16)

9.5.1 Ausbildung

Bei geeignetem Untergrund können Stahlpfähle mit angeschweißten Stahlflügeln ausgerüstet und so in ihrer Tragfähigkeit verbessert werden. Flügelpfähle sollten nur in hindernisfreien und vorzugsweise nichtbindigen Böden angewendet werden und müssen ausreichend tief in den tragfähigen Boden einbinden. Stehen bindige Schichten an, so sollten die Flügel unterhalb dieser Schichten liegen und offene Rammkanäle z. B. durch Verpressen verschlossen werden. Solche Flügel müssen so gestaltet und angeordnet werden, dass sie das Rammen nicht zu sehr erschweren und ihrerseits den Rammvorgang heil überstehen. Die Gestaltung der Flügel und ihre Anschlusshöhe müssen daher den jeweiligen Bodenverhältnissen sorgfältig angepasst werden. Hierbei ist zu beachten, dass wassergesättigte, bindige Böden beim Rammen wohl verdrängt, nicht aber verdichtet werden. Bei nichtbindigen Böden kann sich durch die Rammerschütterung vor allem im Flügelbereich ein hochverdichteter fester Pfropfen bilden, der die Tragfähigkeit entsprechend erhöht, aber gleichzeitig das Einrammen erschwert. Deshalb muss der Baugrund vor der Bauausführung solcher Flügelpfähle sorgfältig erbohrt sowie mit Drucksonden und bodenmechanischen Laborversuchen erkundet werden. Bei schwerem Untergrund oder großer Pfahllänge sind daher rammgünstige, gegen Biegebeanspruchung unempfindliche Pfahlquerschnitte zu verwenden. In nichtbindigem Boden sollen die Flügel von Flügelpfählen mind. 2 m lang sein, damit die erforderliche Bodenverspannung (Pfropfenbildung) in den Zellen erzielt wird. Die lichten Abstände der Zellenwände sollten kleiner als 30 bis 40 cm sein, um die Pfropfenbildung sicherzustellen (vgl. auch [7]).

Die Flügel werden symmetrisch zur Pfahlachse und im Allgemeinen knapp über dem Pfahlfußende beginnend angeordnet, so dass am Fußende noch eine mind. 8 mm dicke Schweißnaht zwischen Flügel und Pfahl angebracht werden kann. Auch das obere Flügelende muss eine entsprechend kräftige Quernaht aufweisen. Die Nähte werden anschließend auch auf beiden Seiten des Flügels in Pfahllängsrichtung auf rd. 500 mm Länge ausgeführt. Dazwischen genügen einzelne Schweißraupen (unterbrochene Schweißnaht).

Die Anschlussfläche der Flügel soll mit Rücksicht auf Zwangskräfte ausreichend breit sein (i. Allg. mind. 100 mm). Querschnitt und Stellung der Flügel sollen die Zellenbildung begünstigen. Je nach Bodenverhältnissen können die Flügel auch höher am Pfahlschaft liegend angeordnet werden.

9.5.2 Einrammen

Beim Einrammen flach geneigter Pfähle muss eine sichere Führung gewährleistet sein. Grundsätzlich sind langsam schlagende Rammbären schnellschlagenden wegen längerer Krafteinwirkung aber auch aus Umweltaspekten (Lärm, Erschütterung) vorzuziehen. Schnellschlagende Rammbären können jedoch bei nichtbindigen Böden, wegen ihrer „Rüttelwirkung" zu einer Erhöhung der Tragfähigkeit führen. Bei der Bemessung des Bärgewichts ist der Energieverlust infolge Schräglage zu berücksichtigen. Das freie, unter die Rammführung reichende Pfahlende darf nur so lang sein, dass die zulässigen Biegespannungen des Pfahls während des Einbaus nicht überschritten werden. Die Folgen evtl. Spülhilfe sind zu berücksichtigen. Weiteres in [78].

9.5.3 Einbindelänge

Der Widerstand flach geneigter Ankerpfähle gegen Herausziehen (Grenzzugkraft), bzw. die erforderliche Einbindelänge der Pfähle in den tragfähigen Baugrund, können mit den in DIN 1054, Anhang C angegebenen Richtwerten für die Grenzmantelreibung abgeschätzt werden. Die Mantelreibung ist auf die äußere, abgewickelte Pfahlmantelfläche zu beziehen. Diese Werte müssen durch ausreichende Baugrunduntersuchungen, wie z. B. durch Spitzendrucksondierungen, überprüft werden. Hierbei ist vorausgesetzt, dass die Pfähle keinen nennenswerten Erschütterungen ausgesetzt sind. Der endgültige Widerstand gegen Herausziehen muss in jedem Fall durch eine ausreichende Anzahl von Probebelastungen festgelegt werden.

Aus Setzungen des Bodens entstehen infolge negativer Mantelreibung Schubkräfte an den Seiten- oder Mantelflächen der Pfähle, bei Schrägpfählen sind die zusätzlich auftretenden Verformungen und Beanspruchungen in den Pfählen sowie deren Auswirkung auf die Pfahlanschlusskonstruktion zu berücksichtigen.

9.6 Ausbildung und Belastung von gerammten Verpressmantelpfählen (VM-Pfählen) (E 66)

9.6.1 Allgemeines

Ein VM-Pfahl ist ein Stahlrammpfahl, der unter gleichzeitigem Verpressen mit Mörtel in den Boden gerammt wird und geeignet ist, große Zug- bzw. Druckkräfte aufzunehmen. VM-Pfähle unterscheiden sich hinsichtlich Herstellung und Tragverhalten von Ankern im Sinne der DIN EN 1537, sie sind aber mit Pfählen nach DIN EN 14 199 vergleichbar.

Anwendung und Ausführung setzen die genaue Kenntnis der Bodenverhältnisse und -werte, vor allem im tragfähigen Gründungsbereich voraus. Besonders geeignet sind nichtbindige Böden mit verhältnismäßig großem Porenvolumen. Die Eignung des Untergrunds ist vor allem zur Aufnahme einer Zugbelastung im Hinblick auf die Mantelreibung und die Bewegung der Pfähle unter Dauerlast, insbesondere bei bindigen Böden, sorgfältig nachzuweisen. VM-Pfähle können oberhalb und unterhalb des Grundwasserspiegels hergestellt werden. Zur Verankerung von Uferwänden sind VM-Pfähle besonders zu empfehlen, weil sie durch innige Verzahnung der erhärteten Verpressmörtel mit dem Baugrund eine gute Auslastung der hohen inneren Tragfähigkeit des Stahlpfahles erlauben. Die dauerhafte Umweltverträglichkeit von Verpressmörtel mit Grundwasser/Boden muss gewährleistet sein. Dieses ist in der Regel bei Zement-Mischungen gegeben. Die Gefährdung des Verpressmörtels durch aggressive Stoffe im Grundwasser oder Boden ist aufgrund von Untersuchungen gemäß DIN 4030 zu überprüfen.

9.6.2 Berechnung der Pfähle

Die Tragfähigkeit der VM-Pfähle hängt im Wesentlichen von folgenden Faktoren ab:
Statisch wirksame Verpresslänge, Umfang des Pfahlschuhs, Bodenart und Überdeckungshöhe.
Der Umfang des Pfahlschuhs ist als Umfang des Verpresskörpers anzusetzen. Die Mantelreibungsfläche bestimmt sich somit als Produkt aus Pfahlschuhumfang und statisch wirksamer Verpresslänge.
Die Rammverpresslänge und die Ankerneigung sollten so gewählt werden, dass die statisch wirksame Verankerungslänge l_w möglichst in einheitlicher, tragfähiger Schicht liegt. Dieses erleichtert die Festlegung der in die Bemessung einfließenden Werte (bei unterschiedlich tragfähigen Schichten müssen die Werte der geringer tragfähigen Schicht angesetzt werden, um den sogenannten Reißverschlusseffekt zu verhindern).
Für die Ermittlung der rechnerischen Grenzbelastung im Vorentwurfsstadium kann bei der Mantelreibung mit den Werten nach DIN 1054, Anhang C gerechnet werden.
Diese Werte müssen aber durch Probebelastungen überprüft werden. Die einem Projekt zugrundegelegte Grenzzuglast nach E 27, Abschn. 9.4 und die zulässige Belastung nach E 26, Abschn. 9.3 müssen in jedem Fall durch ausreichende Probebelastungen überprüft werden. Für Verpresspfähle ist nach DIN 1054 eine Mindestanzahl von 2 Probebelastungen, mindestens jedoch 3 % der Pfähle, vorgeschrieben.
Wenn die Verpresslänge gleich der Pfahllänge ist, d. h. auch auf der Länge l_k verpresst wird, beträgt der charakteristische Herausziehwiderstand für den Ansatz im Standsicherheitsnachweis:

$$Q_k' = Q_k \cdot \frac{l_w}{l_k + l_w}$$

wobei Q_K die im Versuch ermittelte Grenzzuglast ist (siehe auch E 10, Bild E 10-3).

9.6.3 Bauausführung

Der Querschnitt des Pfahlschuhs wird auf die jeweilige Schaftform des Pfahls abgestimmt. Im Allgemeinen bewegen sich die Maße für den Querschnitt zwischen 450 und 2000 cm^2, für den Umfang zwischen 0,80 und 1,60 m.
Der Abstand der Pfähle kann den Erfordernissen entsprechend gewählt werden. Allerdings muss beachtet werden, dass ein einwandfreier Einbau gewährleistet ist. Deshalb soll der Achsabstand mind. 1,60 m betragen. Bei der Verankerung von Spundwänden, bei denen die Ankerpfähle unmittelbar im Wellental der Spundwand angeschlossen werden, be-

trägt der Abstand ein Vielfaches der Doppelbohlenbreite. Die räumliche und zeitliche Folge des Pfahlherstellens sind so aufeinander abzustimmen, dass das Abbinden des Verpressmörtels benachbarter Pfähle nicht gestört wird. Die Tragfähigkeit der VM-Pfähle ist vor allem auch von der ordnungs- und sachgemäßen Bauausführung abhängig. Der Einbau darf daher nur Firmen übertragen werden, die Erfahrungen und Gewähr für eine sorgfältige Ausführung bieten. Besondere Bedeutung kommt der Verpressung zu. Die Leistung der Misch- und Verpressanlage ist auf die Leistung des Rammgerätes abzustimmen. Der Pfahl hat am unteren Ende seines Schafts einen seitlich etwas überstehenden geschlossenen, keilförmigen Fuß von der Länge l_s. Dieser Pfahlschuh wird je nach dem Pfahltyp mit dem Schaft fest verschweißt oder lösbar aufgesetzt. Er erzeugt beim Einrammen in den Boden einen Freiraum, der ständig unter Druck mit Verpressmasse aufgefüllt wird. Für die Zuführung der Verpressmasse zum Pfahlschuh ist am Pfahlschaft ein Stahlrohr oder ein Plastikschlauch zu befestigen. Unterbrechungen des Rammoder Verpressvorganges sollen vermieden werden, damit ein Abbinden der Verpressmasse vor dem Beenden der Pfahlherstellung ausgeschlossen werden kann.

Die Verpressmasse besteht aus Zement, Feinsand, Wasser, Trass und üblicherweise einem Quellmittel. Die Wahl der Verpressmassenzusammmensetzung ist abhängig von der jeweiligen Bodenart sowie von der Lagerungsdichte des Baugrunds. Verpressmassen, die nur aus Zementstein bestehen, geben höhere Haftungs- und Reibungskräfte zwischen Trägern und Verpresskörper sowie Verpresskörper und Erdreich ab. Ihre Anwendung sollte aber auf wenig durchlässige Schichten begrenzt werden.

Der Verbrauch an Verpressmasse je m Pfahl ist von folgenden Faktoren abhängig: Theoretischer Hohlquerschnitt, Lagerungsdichte und Porenvolumen des Untergrunds sowie Verpressdruck. Das Verhältnis des Verbrauchs an Verpressmasse zum theoretischen Hohlraum wird als Verbrauchsfaktor bezeichnet. Im Allgemeinen ist zu erwarten, dass der Verbrauchsfaktor mind. 1,2 beträgt. Er kann jedoch auch wesentlich höher liegen. Werte bis 2,0 sind nicht ungewöhnlich. Wenn der Verbrauchsfaktor unter 1,2 liegt, ist eine Überprüfung der Pfähle vorzunehmen.

Probebelastungen gemäß DIN EN 1997-1 sind nach DIN 1054 auszuführen. Die Probebelastung darf erst nach genügendem Erhärten der Verpressmasse durchgeführt werden.

9.7 Bauausführung und Prüfung (E 207)

Die Herstellung der verschiedenen Pfahltypen erfolgt unter Berücksichtigung der entsprechenden Normen:

- Großbohrpfähle: DIN EN 1536 „Bohrpfähle"
- Verdrängungspfähle: DIN EN 12 699 „Verdrängungspfähle"
- Mikropfähle: DIN 4128 bzw. DIN EN 14 199 „Mikropfähle"

Sind die genannten Normen nicht zutreffend, sind in der Regel Allgemeine Bauaufsichtliche Zulassungen oder Zustimmung im Einzelfall erforderlich.

9.8 Verankerungen mit Pfählen kleiner Durchmesser (E 208)

Die Tragfähigkeit (charakteristischer Wert) richtet sich in der Regel nach der äußeren Tragfähigkeit, d. h. nach dem anstehenden Baugrund. Sie liegt je nach Durchmesser zwischen 300 und 900 kN. Im Einzelfall sind auch höhere Tragfähigkeiten erzielbar. Vor der Festlegung der äußeren Tragfähigkeit sind in der Regel Probebelastungen durchzuführen.

9.9 Anschlüsse von Ankerpfählen an Stahlbeton- und Stahlkonstruktionen

Hierzu siehe E 59, Abschn. 8.4.3.

9.10 Abtragung von Horizontallasten über Pfahlböcke, Schlitzwandscheiben, Rahmen und Großbohrpfähle (E 209)

9.10.1 Vorbemerkungen

Die geschlossene Lösung für die Verankerung von Horizontallasten an landseitigen Pfahlböcken ist im Abschn. 11, Pfahlrostkonstruktionen, enthalten, aus der an sich alle Zwischenstufen bis hin zu einfachen Pfahlböcken abgeleitet werden können, und zwar sowohl mit, als auch ohne oberer Abschirmplatte, dann mit zwischengeschaltetem Zugglied, z. B. einem Rundstahlanker.

In besonderen Fällen sind jedoch Vereinfachungen möglich, die unter Abschn. 9.10.2 erläutert werden.

Darüber hinaus können unter speziellen Voraussetzungen Verankerungen an senkrechten Konstruktionen zweckmäßig und wirtschaftlich sein. Beispielhaft werden dazu Schlitzwandscheiben und Großbohrpfähle unter Abschn. 9.10.3 beschrieben.

9.10.2 Pfahlbockverankerungen in besonderen Fällen

Die verhältnismäßig hohen Druckpfahllasten werden aus wirtschaftlichen Gründen häufig durch Ortbetonrammpfähle abgetragen. Falls diese typische Spitzendruckpfähle sind, kann von einer daraus entstehenden Einwirkung auf die Uferwand abgesehen werden, wenn die Absetztiefe bis zu einer unter 1 : 2 ansteigenden Geraden reicht, die im Querkraft-

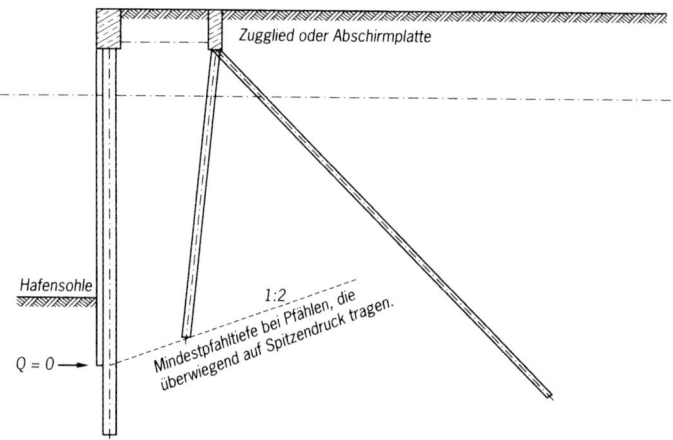

Zugglied oder Abschirmplatte

Hafensohle

$Q = 0$

1:2
Mindestpfahltiefe bei Pfählen, die
überwiegend auf Spitzendruck tragen.

Bild E 209-1. Verankerung bei einfachen Pfahlböcken

nullpunkt der Uferwand beginnt. Der Einfluss auf die Uferwand ist in diesem Fall vernachlässigbar gering. Dieses Prinzip gilt sowohl für einfache Pfahlböcke gemäß Bild E 209-1, als auch bei mehreren Reihen von Druckpfählen gemäß Bild E 209-2.

Werden die Pfahllasten über Mantelreibung und Spitzendruck abgetragen, erzeugen die Pfahlkräfte Erddrücke, also Einwirkungen, auf die Uferwand, die dann noch, wie üblich, mit Teilsicherheitsbeiwerten zu multiplizieren sind. Die Größe der Einwirkungen hängt insbesondere

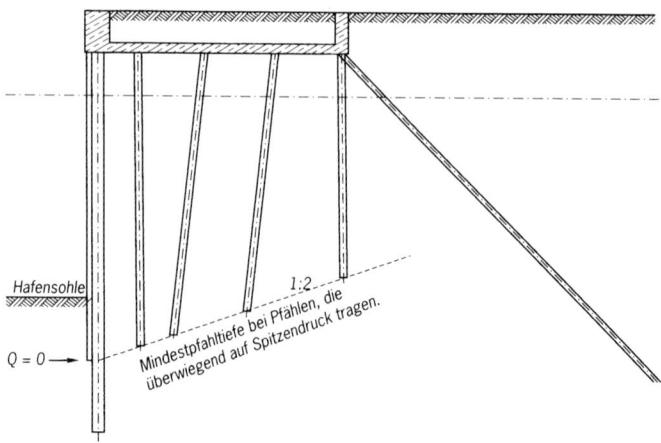

Hafensohle

$Q = 0$

1:2
Mindestpfahltiefe bei Pfählen, die
überwiegend auf Spitzendruck tragen.

Bild E 209-2. Pfahlbockverankerung bei mehreren Druckpfählen von den Baugrundeigenschaften und den Pfahlneigungen ab. Sie ist unter Beachtung der DIN 4085 zu ermitteln.

Gegebenenfalls sind die Einwirkungen des Spitzendrucks auf den Erddruck nach DIN 4085 zu berücksichtigen.

Bezüglich der Bemessung der Druckpfähle sei darauf hingewiesen, dass – je nach Bauverfahren und Zeitpunkt der Druckpfahlherstellung in Bezug zur Herstellung der Uferwand – infolge der Uferwanddurchbiegung Momente in den Druckpfählen entstehen, und zwar in Abhängigkeit von ihrem Abstand zur Uferwand. Andererseits ergibt sich aber u. U. auch ein günstiger Einfluss auf das ganze Uferbauwerk durch eine Verbesserung des Bodenreibungswinkels hinter der Uferwand infolge der Verdichtungswirkung beim Rammen der Druckpfähle.

9.10.3 Spezielle Verankerungen

Im Allgemeinen wird die Aufnahme von Ankerkräften einer Uferwand am wirtschaftlichsten sein, wenn die Ankerkräfte auf kürzestem Wege in die Verankerungselemente eingeleitet werden. Liegen günstige Bodenverhältnisse vor, ist dies die Horizontalverankerung an Ankertafeln, bei tieferliegenden tragenden Bodenschichten eine solche an Pfahlböcken oder die Direktverankerung der Uferwand an Schrägpfählen.

Wenn aber ungünstige Bodenverhältnisse für die Rammung der Uferwände und Pfahlböcke vorliegen, und zwar z. B. in Form von Hindernissen oder Felsformationen im Untergrund, werden u. U. spezielle Bauweisen erforderlich.

Stellvertretend für solche Bauweisen steht die Schlitzwandtechnik.

Für eine Uferwandkonstruktion in Schlitzbauweise lässt sich dabei über querverlaufende Schlitzwandscheiben prinzipiell auch ohne zusätzliche Verankerungen Standsicherheit erzielen.

Ausführungsbeispiele sind bekannt. Es ist aber darauf hinzuweisen, dass es hierfür noch keine allgemein anerkannten Berechnungsverfahren gibt. In einigen Fällen wurde die landseitige Schlitzwandscheibe durch Großbohrpfähle ersetzt.

10 Uferwände, Ufermauern und Überbauten aus Beton

10.1 Entwurfsgrundlagen für Uferwände, Ufermauern und Überbauten (E 17)

10.1.1 Allgemeine Grundsätze

Beim Entwurf von Uferbauwerken aus Beton, Stahlbeton oder Spannbeton sind die Gesichtspunkte der Dauerhaftigkeit und der Robustheit besonders wichtig. Die vorgesehene Nutzungsdauer ist dabei zu berücksichtigen. Diese kann bei Hafenbauwerken geringer sein als bei Bauwerken des allg. Ingenieurbaus oder des Verkehrswasserbaus. Ufereinfassungen sind Angriffen durch wechselnde Wasserstände, betonschädliche Wässer und Böden, Eisangriff, Schiffstoß (Anlegedruck bzw. Havarieschiffsstoß), chemischen Einflüssen aus Umschlag- und Lagergütern usw. ausgesetzt. Es genügt daher nicht, die Stahlbetonteile von Ufereinfassungen allein nach statischen Anforderungen zu bemessen.

Maßgebend sind zusätzlich die Forderungen nach einfacher Bauausführung ohne schwierige Schalungen, nach einem günstigen Einbinden von Spundwänden, Pfählen und dergleichen. Dies führt zu statisch-konstruktiven Maßnahmen, die über die Mindestanforderungen der DIN 1045 hinausgehen können. Sie sind zwischen Entwurfsbearbeiter, Prüfingenieur für Baustatik und zuständiger Bauaufsichtsbehörde abzustimmen.

Mit nachstehenden Regelungen wird den Beanspruchungen im Wasserbau und den daraus folgenden erhöhten Anforderungen bei Bau und Unterhaltung wasserberührter Bauteile Rechnung getragen.

10.1.2 Kantenschutz

Betonmauern werden in den Maueroberkanten mit 5 auf 5 cm angefast oder entsprechend abgerundet bzw. bei Umschlagbetrieb wasserseitig durch Stahlwinkel gesichert, wobei gegebenenfalls E 94, Abschn. 8.4.6 zu beachten ist. Ein zum Schutz der Mauer und als Sicherung gegen Abgleiten der Verholmannschaften angebrachter, besonderer Kantenschutz muss so gestaltet werden, dass das Wasser leicht abfließen kann.

Bei Ufermauern mit vorderer Stahlspundwand und Stahlbetonüberbau wird der Stahlbetonquerschnitt etwa 15 cm vor die Vorderflucht der Spundwand vorgezogen. Die wasserseitige Unterkante des Stahlbetonüberbaus sollte jedoch mindestens 1 m über Tidehochwasser bzw. den mittleren Wasserstand gelegt werden, um die an dieser Stellen andernfalls verstärkt auftretende Korrosion zu vermeiden. Der Übergang wird etwa unter 2 : 1 ausgeführt, damit Schiffe und Lastaufnahmemittel nicht unterhaken können und erhält zweckmäßig einen abgekanteten Stahlblechschutz, der sowohl an der Spundwand als auch an der aufgehenden Betonwand fluchtgerecht anschließt.

Zugpfahl **TITAN**
Preisgünstiger bei gleicher Leistung
Rückverankerung mit Zugpfählen TITAN
nach DIN 1054-100, 10.4.4, nach DIN 4128

- vollvermörtelt
- schlaff
- Pfahlkopf einbetoniert

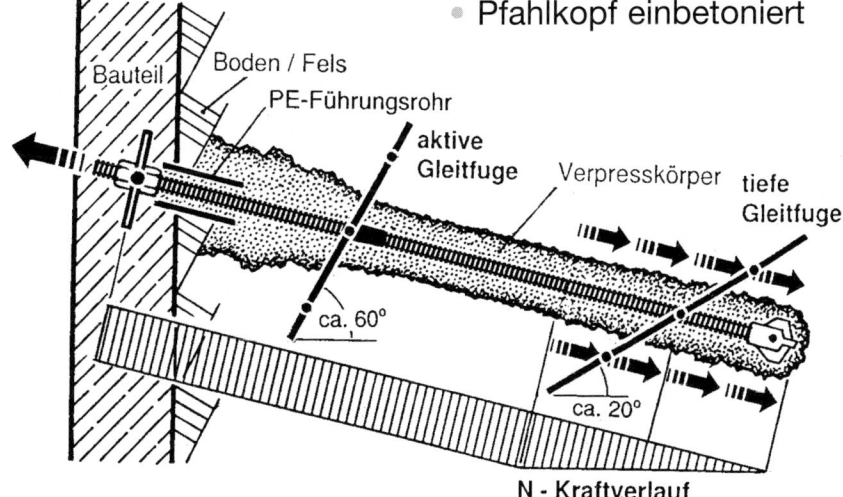

N - Kraftverlauf

FRIEDR. ISCHEBECK GMBH
POSTFACH 13 41 · D-58242 ENNEPETAL · TEL. (0 23 33) 83 05-0 · FAX (0 23 33) 83 05-55
E-MAIL: info@ischebeck.de · INTERNET: http://www.ischebeck.de

Beton-Kalender -
Kompendien für den Betonbau.

10.1.3 Verblendung

Bei einwandfreiem Beton kann auf eine Verblendung des Betons verzichtet werden. Wenn eine Verblendung als Schutz gegen besondere mechanische oder chemische Beanspruchung bzw. aus gestalterischen Gründen zweckmäßig ist, empfiehlt sich die Verwendung von Basalt, Granit oder Klinkern. Quadersteine oder Platten als vorderer oberer Abschluss der Mauer müssen gegen Verschieben und gegen Abheben gesichert werden.

10.1.4 Fertigteile

Fertigteile sind geeignet, Herstellungsschwierigkeiten bei Bauteilen unter Wasser oder in der Wasserwechselzone bzw. Qualitätsverminderungen in diesen Bereichen zu verhindern. Die in diesem Fall unvermeidlichen Arbeitsfugen sind, vor allem wenn sie an statisch hoch beanspruchten Stellen liegen, besonders sorgfältig auszubilden und in der Ausführung ständig zu überwachen.

10.2 Bemessung und Konstruktion von Stahlbetonbauteilen bei Ufereinfassungen (E 72)

10.2.1 Vorbemerkung

Den unter diesem Abschn. aufgeführten Empfehlungen zu statischen Berechnungen liegt das Sicherheitskonzept nach DIN 1055-100 zugrunde.

Zur Sicherstellung einer ausreichenden Zuverlässigkeit werden rechnerische Nachweise in den Grenzzuständen der Tragfähigkeit und Gebrauchstauglichkeit geführt und die Tragwerke unter Beachtung von konstruktiven Regeln und von Angaben zur Sicherstellung der Dauerhaftigkeit entworfen.

Im Allgemeinen gelten DIN 1045-1, DIN 1045-2 und DIN 1045-3 und die dort aufgeführten mitgeltenden Vorschriften.

10.2.2 Beton

Die Festigkeits- und Formänderungskennwerte sind DIN 1045-1, Abschn. 9.1 zu entnehmen. Die Betoneigenschaften sind unter Beachtung von DIN 1045-2 nach DIN EN 206-1 festzulegen.

Bei der Auswahl der Betone sind die zutreffenden Expositionsklassen unter Beachtung der Umgebungsbedingungen (DIN 1045-1, Abschn. 6.2) maßgebend. Über die Expositionsklassen regeln sich die Mindestanforderungen für die Betongüte, die Betondeckung und die Nachweise zur Begrenzung der Rissbreiten.

Die Expositionsklasse bei chemischem Angriff durch natürliche Böden und Grundwasser richtet sich nach DIN EN 206-1, Tabelle 2 in Verbindung mit DIN 4030.

Bei großer Ausdehnung der Betonbauteile (vgl. Abschn. 10.2.4) und bei großen Querschnitten ist auf eine schwindarme Betonrezeptur und eine Rezeptur mit geringer Hydratationswärmeentwicklung zu achten. Wichtig ist ein möglichst dichter Beton, eine intensive Nachbehandlung und eine ausreichende Betonüberdeckung der Stahleinlagen.

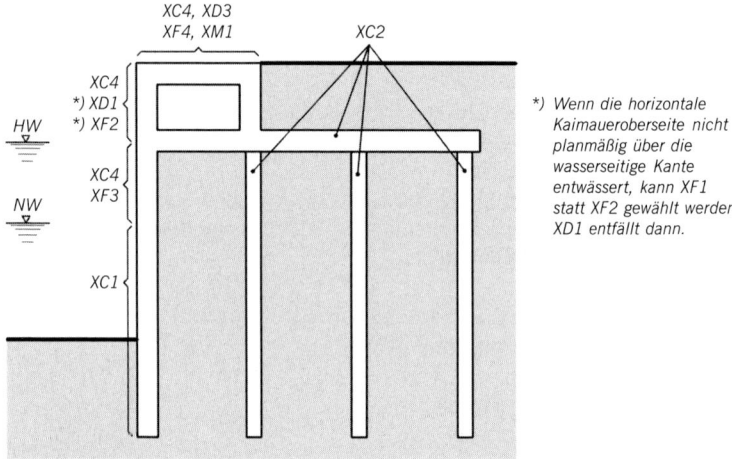

Bild E 72-1. Beispiel für die Expositionsklassen einer Kaimauer im Süßwasser mit Tideeinfluss

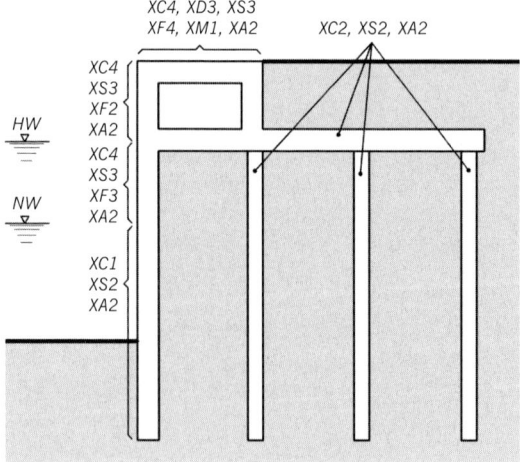

Bild E 72-2. Beispiel für die Expositionsklassen einer Kaimauer im Meerwasser

Sie ist größer zu wählen als nach DIN 1045 und sollte mindestens c_{min} = 50 mm, das Nennmaß sollte c_{nom} = 60 mm betragen. Hinsichtlich der Beschränkung der Rissbreite unter Gebrauchslast ist Abschn. 10.2.5 zu beachten.

Die in Abhängigkeit der Expositionsklassen zu wählenden Festigkeitsklassen, die Mindestzementgehalte, die maximalen Wasser-Zement-Werte sowie weitere Anforderungen ergeben sich aus der ZTV-W, LB 215 [118] und bei massigen Bauteilen (kleinste Abmessungen ≥ 80 cm) nach der DAfStb-Richtlinie „Massige Bauteile aus Beton".

Für Bauteile, bei denen die in DIN 1045 unter den jeweiligen Expositionsklassen aufgeführte Beanspruchung nicht in vollem Umfang gegeben ist, sind besondere Vereinbarungen der Baubeschreibung zu entnehmen (Sonderregelung).

Für typische Bauteile von Uferbauwerken sind in den nachstehenden Bildern Zuordnungen zu den Expositionsklassen sowohl für Meerwasser als auch für Süßwasser vorgenommen.

10.2.3 Arbeitsfugen

Arbeitsfugen sind so weit wie möglich zu vermeiden. Unvermeidbare Arbeitsfugen sind vor Beginn der Betonierarbeiten planerisch festzulegen und so auszubilden, dass alle auftretenden Beanspruchungen aufgenommen werden können.

Die Dauerhaftigkeit des Bauteils darf durch die Arbeitsfuge nicht beeinträchtigt werden. Hierzu ist eine sorgfältige Planung und Vorbereitung der Arbeitsfugen (siehe auch DIN 1045-3, Abschn. 8.2) und gegebenenfalls eine Nachbearbeitung (z. B. Verpressen) erforderlich. Die Örtlichkeit muss für diese Arbeiten geeignet sein.

10.2.4 Bauwerke mit großen Längenabmessungen

Linienbauwerke können mit oder ohne Bewegungsfugen hergestellt werden. Die Entscheidung über Lage und Anzahl der Bewegungsfugen ist auf der Grundlage einer Optimierung unter den Gesichtspunkten der Wirtschaftlichkeit, der Dauerhaftigkeit und der Robustheit des Bauwerkes zu treffen. Dabei sind die Einflüsse des Baugrundes, der Unterkonstruktion und der konstruktiven Ausbildung zu berücksichtigen.

Werden Uferbauwerke fugenlos ausgebildet, sind neben den Einwirkungen aus der Belastung auch die zusätzlichen Einwirkungen aus Zwang (Schwinden, Kriechen, Setzungen, Temperatur) rechnerisch zu berücksichtigen. Sofern nicht durch genauere Berechnung nachgewiesen, ist voller Zwang anzusetzen. Dem Nachweis der Begrenzung der Rissbreiten unter Last- und Zwangbeanspruchung kommt dann eine besondere Bedeutung zu, um Schäden durch zu große Rissbildung zu vermeiden (siehe auch Abschn. 10.2.5).

Bezüglich der Arbeitsfugen wird auf Abschn. 10.2.3 verwiesen.

Bewegungsfugen sind so auszubilden, dass die Längenänderungen der Blöcke nicht behindert werden. Zur gegenseitigen Stützung der Baublöcke in waagerechter Richtung werden die Bewegungsfugen verzahnt. In Sonderfällen können auch Verdübelungen vorteilhaft sein. Bei Pfahlrostmauern wird die waagerechte Verzahnung in der Rostplatte untergebracht. Fugenspalten sind gegen ein Auslaufen der Hinterfüllung zu sichern.

10.2.5 Rissbreitenbegrenzung

Wegen der erhöhten Korrosionsgefahr müssen bewehrte Ufereinfassungen so ausgeführt werden, dass Risse, die die Dauerhaftigkeit beeinflussen, nicht auftreten. Sofern betontechnologische Maßnahmen allein nicht ausreichen, ist ein Nachweis der Begrenzung der Rissbreiten unter Beachtung der Umgebungsbedingungen und Einwirkungen erforderlich (DIN 1045-1, Abschn. 11.2).

Die Rissbreite ist so zu wählen, dass sich eine Selbstheilung einstellen kann. Hiervon kann in der Regel bei rechnerischen Rissbreiten von $w_k \leq 0,25$ mm ausgegangen werden.

Bei erhöhter Korrosionsgefahr, z. B. in den Tropen und bei Spannstahl, sind höhere Anforderungen an die Rissbreitenbeschränkung zu stellen. Alle sich nicht von allein zusetzenden Risse müssen nach ZTV-ING [216] dauerhaft injiziert werden.

Eine sinnvolle Betonierfolge, bei der die Eigenverformungen nachfolgender Betonierabschnitte infolge abfließender Hydratationswärme und Schwinden nicht durch bereits früher hergestellte und weitgehend abgekühlte Baulieder zu stark behindert werden, kann die Zwangsbeanspruchung reduzieren. Dies kann bei größeren Bauteilen – z. B. einer Pierkonstruktion – erreicht werden, wenn Balken und Platten in einem Betoniervorgang hergestellt werden.

Die Beschränkung der Rissbreiten bei großen Querschnittsabmessungen kann durch eine Mindestbewehrung nach den Zusätzlichen Technischen Vertragsbedingungen – Wasserbau (ZTV-W) – (Leistungsbereich 215), Teil 1, Abschn. 11.2 [118] erreicht werden. Weitere Grundlagen finden sich bei Rostasy [230].

10.3 Schalungen in Seegebieten (E 169)

10.3.1 Grundsätze für den Entwurf der Schalungen

(1) Im Einflussbereich der Tide und/oder im Wellen-Angriffsbereich sollten Schalungen möglichst vermieden werden, beispielsweise durch Einsatz von Fertigteilen (Bild E 169-1, Wasserseite), Höherlegen der Sohle der Betonkonstruktion oder Ähnliches.

(2) Betonierarbeiten im Einflussbereich von Tide und/oder Wellen sollten möglichst in Perioden ruhigen Wetters ausgeführt werden.

(3) Schwer zugängliche Bereiche, wie die Unterseite von Rostplatten, sollten möglichst unter Verwendung verlorener Schalung, z. B. Betonplatten, Wellbleche o. Ä. eingeschalt werden.

10.3.2 Konstruktion der Schalungen

(1) Mehrfach einzusetzende Schalungen sollten robust und leicht reparier- sowie umsetzbar sein.

Bewährt haben sich vorgefertigte Holzschalungen oder großflächige Stahlschalungselemente, die sich schnell und in großen Einheiten einbauen und umsetzen lassen, sodass ihr Einsatz im gefährdeten Bereich auf verhältnismäßig kurze Zeiten beschränkt ist. Hierzu sei auch auf fahrbare Schalungen hingewiesen.

(2) Schalungen im Seegebiet sollten den Wellenangriff weitgehend elastisch abfedern können, was beispielsweise bei einer Wellblech-Sohlenschalung bei zweckmäßiger Konstruktion und Höhenlage (Bild E 169-1) gegeben ist.

Die Wellblechtafeln müssen als verlorene Schalung gegen Abheben gesichert und für die spätere Verbindung mit dem Beton, beispielsweise mit verzinkten Drähten oder sonstigen Verankerungen, ausgerüstet werden.

Bei Verwendung von Wellblechschalung darf diese wegen der Verlegefugen nicht als Teil des Korrosionsschutzes für die Plattenbewehrung herangezogen werden.

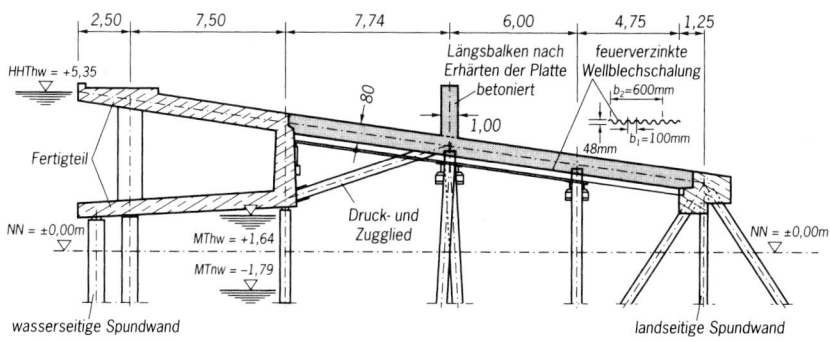

Bild E 169-1. Ausführungsbeispiel einer Kaimauer im Seegebiet mit Stahlbeton-Fertigteil und hinterer Wellblechschalung

10.4   Befahrene Stahlbetonplatten von Pieranlagen (E 76)

10.4.1   Für die Einwirkungen auf befahrene Pieranlagen gilt E 5, Abschn. 5.5. Ist damit zu rechnen, dass auf Pierplatten auch Umschlaggüter gestapelt werden, wird empfohlen, eine gleichmäßig verteilte Verkehrslast von mindestens 20 kN/m^2 in der ungünstigsten Stellung zu berücksichtigen.

10.4.2   Die Dicke von Pierplatten soll abweichend von 1045-1, Abschn. 13.3.1 mindestens 20 cm betragen.

10.5   Schwimmkästen als Ufereinfassungen von Seehäfen (E 79)

10.5.1   Allgemeines

Für das Einfassen schwer belasteter hoher senkrechter Ufer in Bereichen mit tragfähigen Böden und dabei vor allem bei Vorbau ins freie Hafenwasser können Schwimmkästen wirtschaftliche Lösungen ergeben. Schwimmkästen bestehen aus aneinandergereihten, nach oben offenen Stahlbetonkörpern, die i.d.R. durch zusätzliches Ballastieren schwimmstabil gemacht werden. Sie werden nach dem Einschwimmen und Absetzen auf tragfähigen Boden mit Sand, Steinen oder anderem geeigneten Material gefüllt und hinterfüllt. Die seeseitigen Kammern werden oft nicht verfüllt, um die Kantenpressungen zu verringern. Im eingebauten Zustand ragen sie nur wenig über den niedrigsten Arbeitswasserstand hinaus. Darüber werden sie mit einer aufgesetzten Stahlbetonkonstruktion versehen, die das Bauwerk zusätzlich aussteift und den Vorderwandkopf bildet. Durch eine geeignete Formgebung des Stahlbetonaufsatzes können die beim Absetzen und Hinterfüllen entstehenden ungleichmäßigen Setzungen und waagerechten Verschiebungen ausgeglichen werden. Die Vorderwand der Kästen muss gegen mechanische und chemische Angriffe widerstandsfähig sein.

10.5.2   Berechnung

Abgesehen von den Nachweisen der Standsicherheit für den Endzustand sind die Bauzustände wie Schwimmstabilität der Kästen beim Zuwasserbringen, Einschwimmen, Absetzen und Hinterfüllen zu untersuchen. Für den Endzustand ist auch die Sicherheit gegen Sohlenerosion nachzuweisen.

Im Gegensatz zu DIN 1054 darf die Bodenfuge unter keiner Einwirkungskombination der charakteristischen Lasten klaffen.

Die Standsicherheit für einen Schwimmkasten muss auch für die Längsrichtung nachgewiesen werden. Hierbei muss sowohl ein Reiten des Kastens auf dem Mittelteil als auch umgekehrt eine Auflagerung auf den Randstreifen berücksichtigt werden. Bei diesen Grenzfalluntersuchungen darf der im normalen Belastungsfall für Stahlbeton maßgebende Teilsicherheitsbeiwert γ durch 1,3 dividiert werden.

10.5.3 Sicherheit gegen Gleiten

Besonders aufmerksam muss untersucht werden, ob sich im Zeitraum zwischen dem Fertigstellen der Bettung und dem Absetzen der Schwimmkästen Schlamm auf der Gründungsfläche ablagern kann. Ist dies möglich, muss nachgewiesen werden, dass noch eine ausreichende Sicherheit gegen Gleiten der Kästen auf der verunreinigten Gründungssohle vorhanden ist. Gleiches gilt sinngemäß für die Fuge zwischen dem vorhandenen Untergrund und der Verfüllung einer Ausbaggerung.

Die Sicherheit gegen Gleiten kann wirtschaftlich durch eine rauhe Unterseite der Bodenplatte vergrößert werden. Dabei muss der Grad der Rauhigkeit auf die durchschnittliche Korngröße des Materials der Gründungsfuge abgestimmt werden. Bei entsprechend rauher Ausführung ist der Reibungswinkel zwischen dem Beton und der Gründungsfläche gleich dem inneren Reibungswinkel φ' des Gründungsmaterials anzunehmen, bei einer glatten Unterseite aber nur mit $^2/_3\,\varphi'$ des Gründungsmaterials. Die Sicherheit gegen Gleiten daneben kann durch eine vergrößerte Gründungstiefe gesteigert werden. Im Nachweis gegen Gleiten ist die ungünstigste Kombination von Wasserdrücken an Sohle und Seiten der Kästen anzusetzen. Diese können vom Einspülen der Hinterfüllung oder aus Tidewechsel, Niederschlägen usw. herrühren. Weiter ist Pollerzug zu berücksichtigen.

10.5.4 Bauliche Ausbildung

Die Fuge zwischen zwei nebeneinanderstehenden Schwimmkästen muss so ausgebildet werden, dass die zu erwartenden ungleichen Setzungen der Kästen beim Aufsetzen, Füllen und Hinterfüllen ohne Gefahr einer Beschädigung aufgenommen werden können. Andererseits muss sie im endgültigen Zustand eine zuverlässige Dichtung gegen ein Ausspülen der Hinterfüllung gewährleisten.

Eine über die ganze Höhe durchlaufende Ausführung mit Nut und Feder darf auch bei einwandfreier Lösung der Dichtung nur angewandt werden, wenn die Bewegungen benachbarter Kästen gegeneinander gering bleiben.

Als zweckmäßig hat sich eine Lösung nach Bild E 79-1 erwiesen. Hier sind auf den Seitenwänden der Kästen je vier senkrechte Stahlbetonleisten derart angeordnet, dass sie beiderseits der Fuge einander gegenüberstehen und nach dem Einbau der Kästen drei Kammern bilden. Sobald der Nachbarkasten eingebaut ist, werden die beiden äußeren Kammern zur Abdichtung mit Mischkies von geeignetem Kornaufbau gefüllt. Die mittlere Kammer wird nach Hinterfüllen der Kästen, wenn die Setzungen größtenteils abgeklungen sind, leergespült und sorgfältig mit Unterwasserbeton oder Beton in Säcken aufgefüllt.

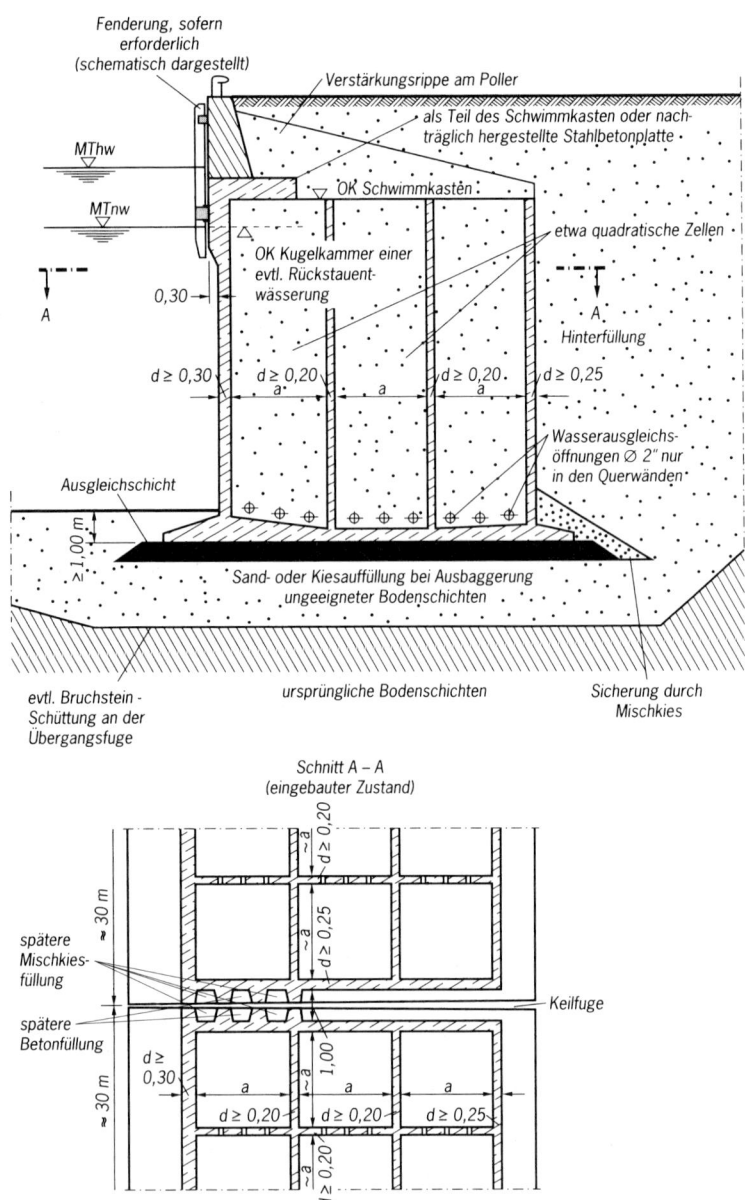

Bild E 79-1. Ausbildung einer Ufermauer aus Schwimmkästen

Bei hohen Wasserstandsunterschieden zwischen Vorder- und Hinterseite der Kästen besteht die Gefahr des Ausspülens von Boden unter der Gründungssohle. In solchen Fällen müssen die Schichten der Bettung untereinander und gegenüber dem Untergrund filterstabil sein. Zum Abbau hoher Wasserüberdrücke können Rückstauentwässerungen nach E 32, Abschn. 4.5 mit Erfolg angewendet werden.
Der Kolkgefahr infolge von Strömungs- und Wellenkräften kann durch ausreichende Kolksicherungen nach E 83, Abschn. 7.6 begegnet werden.

10.5.5 Bauausführung

Die Schwimmkästen müssen auf eine gut geebnete tragfähige Bettung aus Steinen, Kies oder Sand abgesetzt werden. Wenn im Gründungsbereich wenig tragfähige Bodenschichten vorhanden sind, müssen diese vorher ausgebaggert und durch Sand oder Kies ersetzt werden (E 109, Abschn. 7.9).

10.6 Druckluft-Senkkästen als Ufereinfassungen von Seehäfen (E 87)

10.6.1 Allgemeines

Für die Einfassung hoher Ufer können Druckluft-Senkkästen vorteilhafte Lösungen ergeben, wenn ihr Einbau von Land vorgenommen werden kann. Dann werden zunächst die Druckluft-Senkkästen der Ufermauern vom vorhandenen Gelände aus eingebracht und anschließend die Baggerarbeiten, im Hafenbecken, ausgeführt.
Druckluft-Senkkästen können auch als Schwimmkästen ausgebildet werden, wenn eine genügend tragfähige Bettung in der Absetzfläche nicht vorhanden und nicht zu schaffen ist, oder wenn die Einebnung der Gründungssohle besondere Schwierigkeiten bereitet, wie bei felsigem Untergrund. Die in E 79, Abschn. 10.5.1 angegebenen Konstruktionsgrundsätze sind dann in gleicher Weise auch für Druckluft-Senkkästen gültig.

10.6.2 Nachweise

Gültig ist E 79, Abschn. 10.5.2. Hinzu kommen für die Absenkzustände im Boden noch die üblichen Nachweise auf Biegung und Querkraft in lotrechter Richtung infolge ungleicher Auflagerung der Senkkastenschneiden und auf Biegung und Querkraft in waagerechter Richtung aus ungleichen Erddrücken.
Da Druckluft-Senkkästen hinsichtlich Lage und Ausbildung der Gründungssohle und wegen der guten Verzahnung der Senkkastenschneiden und des Arbeitskammerbetons mit dem Untergrund als normale Flächengründungen gelten, darf hier im Gegensatz zu E 79, Abschn. 10.5.2, Abs. 2 die Bodenfuge klaffen, jedoch soll der Mindestabstand der Resultierenden von der Kastenvorderkante bei Einwirkungen von charakteristischen Lasten nicht kleiner als der Wert $b / 4$ sein.

Bei hohem Wasserüberdruck ist die Gefahr des Ausspülens von Boden vor und unter der Gründungssohle zu untersuchen. Eventuell sind besondere Sicherungen gegen Unterspülen vorzunehmen, wie Bodenverfestigungen von der Arbeitskammer aus oder Ähnliches. Eine Tieferlegung oder Verbreiterung der Gründungssohle kann jedoch wirtschaftlicher sein.

Im Endzustand braucht beim Druckluft-Senkkasten ein besonderer Spannungsnachweis aus ungleichmäßiger Auflagerung für die Längsrichtung nicht berücksichtigt zu werden. Bei besonders großen Abmessungen empfiehlt es sich aber, auch die Beanspruchungen des Bauwerks für eine Sohldruckverteilung nach BOUSSINESQ nachzuweisen.

10.6.3 Sicherheit gegen Gleiten

Es gilt E 79, Abschn. 10.5.3.

10.6.4 Bauliche Ausbildung

Gültig ist E 79, Abschn. 10.5.4, Abs. 1–3. Bei Druckluft-Senkkästen sind gute Erfahrungen mit einer Fugenlösung nach Bild E 87-1 gemacht worden. Nach dem Absenken der Kästen werden in der 40 bis 50 cm breiten Fuge federnde Passbohlen zwischen einbetonierte Spundwandschlösser getrieben. Anschließend wird der Zwischenraum innerhalb der Bohlen ausgeräumt und bei festem Baugrund mit Unterwasserbeton bzw. bei nachgiebigem Baugrund mit einem Steingerüst verfüllt, das später ausgepresst werden kann. Der Rücken der vorderen Passbohle kann bündig mit der Vorderkante der Kästen liegen. Er kann aber auch etwas zurückgesetzt werden, um eine flache Nische zur Aufnahme einer Steigeleiter oder dergleichen zu bilden.

Treten hohe Wasserstandsdifferenzen auf, ist die Höhenlage der Bodenfuge so zu wählen, dass eine ausreichende Sicherheit gegen Unterspülen vorhanden ist oder durch geeignetes Hinterfüllungsmaterial und Entwässerungsvorrichtungen die Differenzwasserdrücke ausgeglichen werden.

10.6.5 Bauausführung

Von Land eingebrachte Druckluft-Senkkästen werden von dem Planum aus abgesenkt, auf dem sie vorher hergestellt worden sind. Der Boden in der Arbeitskammer wird in der Regel fast ausschließlich unter Druckluft ausgehoben oder durch Spülen gelöst und hochgepumpt. Erweist sich der Boden in der vorgesehenen Gründungstiefe als noch nicht genügend tragfähig, muss der Kasten entsprechend tiefer abgesenkt werden. Ist die erforderliche Gründungstiefe erreicht, wird die Sohle hinreichend eingeebnet und die Arbeitskammer unter Druckluft ausbetoniert.

Eingeschwommene Druckluft-Senkkästen müssen zunächst auf die vorhandene oder vertiefte Sohle abgesetzt werden. Im Allgemeinen genügt

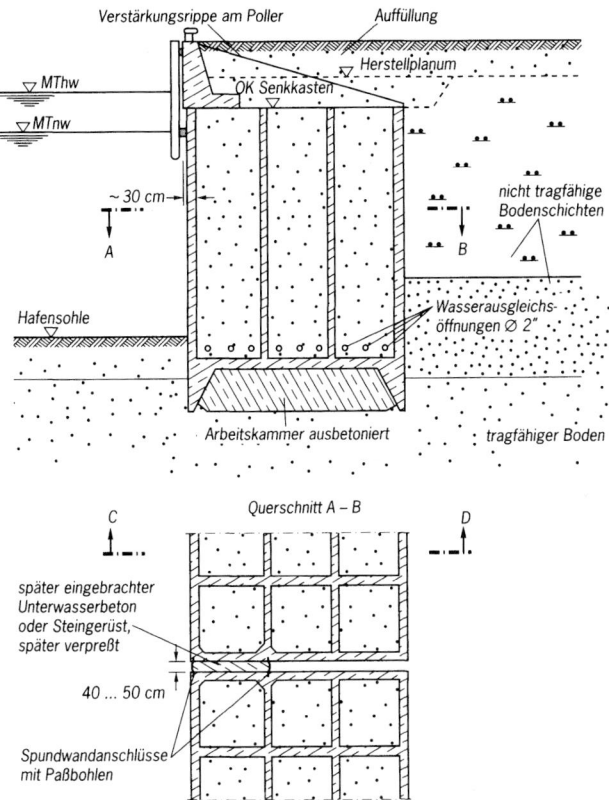

Bild E 87-1. Ausbildung einer Kaimauer aus Druckluft-Senkkästen bei nachträglicher Hafenbaggerung

ein grobes Planieren dieser Sohle, da die Schneiden wegen ihrer geringen Aufstandsbreite leicht in den Boden eindringen, wobei kleinere Unebenheiten der Aufsetzfläche belanglos sind. Anschließend werden die Kästen in der beschriebenen Weise abgesenkt und ausbetoniert.

10.6.6 Reibungswiderstand beim Absenken

Der Reibungswiderstand ist von den Eigenschaften des Untergrunds von der Lage des Senkkastens zum Grundwasser und von der Konstruktion des Senkkastens abhängig.

Er wird beeinflusst von:
(1) Bodenart, Dichte und Festigkeit der anstehenden Schichten (nicht-bindige und bindige Böden).

521

(2) Grundwasserstand.

(3) Tiefenlage des Senkkastens.

(4) Grundrissform und Größe des Senkkastens.

(5) Geometrie der Schneide und der äußeren Wandflächen.

Die Festlegung des notwendigen „Absenk-Übergewichts" für den jeweiligen Absenkzustand ist weniger eine Sache der genauen Berechnung als der Erfahrung. Im Allgemeinen genügt es, wenn das „Übergewicht" (Summe aller Vertikalkräfte ohne Berücksichtigung der Reibung) ausreicht, um eine Mantelreibung von 20 kN/m^2 am einbindenden Senkkastenmantel zu überwinden. Bei kleinerem Übergewicht (moderne Stahlbetonsenkkästen) empfiehlt sich die Berücksichtigung zusätzlicher Maßnahmen zur Reibungsverminderung, wie der Einsatz von Schmiermitteln, z. B. Bentonit.

10.7 Ausbildung und Bemessung von Kaimauern in Blockbauweise (E 123)

10.7.1 Grundsätzliches zur Konstruktion und zur Bauausführung

Ufereinfassungen in Blockbauweise können mit Erfolg nur ausgeführt werden, wenn unterhalb der Gründungssohle tragfähiger Baugrund ansteht. Gegebenenfalls ist die Tragfähigkeit des anstehenden Bodens zu verbessern (beispielsweise durch Verdichten) oder nicht tragfähiger Boden auszutauschen.

Die Abmessungen und das Gewicht der einzelnen Blöcke werden bestimmt nach den zur Verfügung stehenden Baustoffen, den Anfertigungs- und Transportmöglichkeiten, der Leistung der Geräte für das Versetzen, den zu erwartenden Verhältnissen bezüglich Baustellenlage, Wind, Wetter und Wellenangriffen im Bau- sowie im Betriebszustand. Vom Standpunkt der Wirtschaftlichkeit aus betrachtet sollte man möglichst wenige, große Blöcke wählen, da beim Ein- und Ausschalen, beim Transport und beim Verlegen die Zeitdauer einzelner Tätigkeiten nicht von der Größe der Bauelemente abhängig ist. Beim Transport zur Einbaustelle kann der Auftrieb zur Entlastung der Transportmittel herangezogen werden, soweit die Blöcke in eingetauchtem Zustand transportiert werden können.

Häufig wird der Auftrieb beim Einbau der Blöcke dazu benutzt, durch Verminderung der wirksamen Eigenlast eine entsprechend größere Ausladung des Absetzkrans zu ermöglichen. Die Blöcke müssen aber in jedem Fall so groß bzw. schwer sein, dass sie dem Wellenangriff standhalten. Danach ist der erforderliche Geräteeinsatz auszulegen.

Vor allem bei Einbau mit einem Schwimmkran werden häufig Blöcke mit 600 bis 800 kN wirksamer Einbaulast gewählt.

Die Blöcke sind so zu formen und zu verlegen, dass Einbauschäden vermieden werden. Wenn die Blöcke nur lotrecht übereinander gestapelt werden, was bei setzungsempfindlichem Untergrund empfehlenswert ist, lassen sich größere Fugenbreiten nur mit großem Aufwand vermeiden. Sie können bei geeignetem Hinterfüllungsmaterial aber auch in Kauf genommen werden. Ganz allgemein sollte bezüglich der zugelassenen Fugenbreite einerseits und der Wahl der Hinterfüllung andererseits ein wirtschaftliches Optimum angestrebt werden. Die Blöcke können mit Nut und Feder oder I-förmig miteinander verzahnt werden. Sollen in der Lotrechten durchlaufende Fugen vermieden werden, so kann dies z. B. erreicht, wenn die Blöcke in einer Neigung von 10° bis 20° gegen die Lotrechte verlegt werden. Das Auflager kann z. B. aus waagerecht verlegten Blöcken, einem abgesenkten Schwimmkasten oder dergleichen, geschaffen werden, den Übergang bilden keilförmige Blöcke. Letztere können auch eingesetzt werden, wenn eine Neigungskorrektur erforderlich wird. Durch die geneigte Einbaulage der Blöcke wird eine möglichst geringe Fugenbreite zwischen den einzelnen Blöcken erreicht, jedoch die Anzahl der Blocktypen vergrößert. Alle Blöcke erhalten bei dieser Ausführung in den Seitenflächen nut- und federartige Verzahnungen. Der Federvorsprung liegt an der Außenseite der bereits verlegten Blöcke, so dass die weiteren Blöcke beim Einbau mit ihrer Nut über diese Feder geführt nach unten rutschen.

Zwischen dem tragfähigen Baugrund und der Blockmauer wird eine mindestens 1,0 m dicke Bettung aus Bruchstein und hartem Schotter eingebaut (Bild E 123-1). Die Oberfläche muss – in der Regel mit Spezialgerät und Taucherhilfe – sorgfältig planiert und eingeebnet wer-

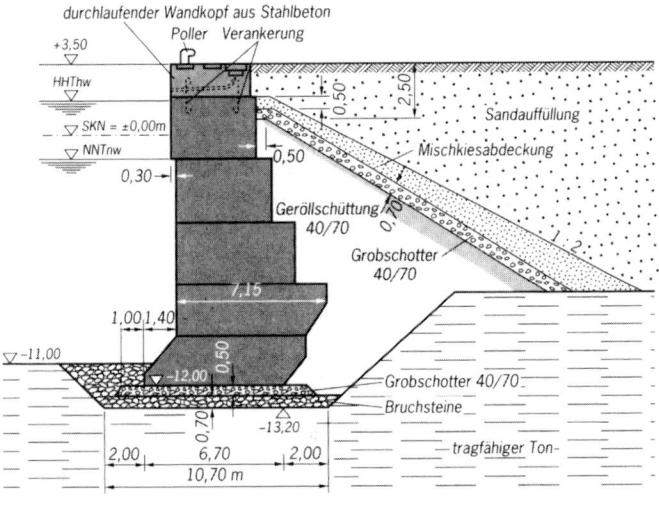

Bild E 123-1. Querschnitt durch eine Ufermauer in Blockbauweise den. In sinkstoffführendem Wasser muss sie vor dem Versetzen der Blöcke auch noch besonders gesäubert werden, damit die Gründungsfuge nicht zu einer Gleitfuge wird. Dies ist insbesondere bei senkrecht übereinander gestapelten Blöcken wichtig.

Um vor allem bei feinkörnigem, nichtbindigem Baugrund ein Einsinken der Bettung in den Untergrund zu vermeiden, muss ihr Porenvolumen mit geeignet gekörntem Mischkies aufgefüllt werden. Außerdem kann zwischen Gründungsbett und Baugrund ein Mischkiesfilter angeordnet werden. Wenn der Gründungsboden sehr feinkörnig, aber nicht bindig ist, sollte unter dem Mischkiesfilter ein Trennvlies zur Lagesicherung von Gründungsboden und Mischkiesfilter eingebracht werden.

Die Blockbauweise bietet sich – abhängig vom verfügbaren Gerät – vor allem in Gebieten mit stärkerem Wellengang und in Ländern mit Facharbeitermangel an. Sie erfordert neben dem Einsatz schwerer Geräte aber vor allem auch einen aufwendigen Tauchereinsatz, um die erforderliche sorgfältige Ausführung sowohl der Bettung als auch der Verlege- und Hinterfüllarbeiten zu gewährleisten und zu überwachen. Weitere Hinweise zur Ausführung können [255] entnommen werden.

10.7.2 Ansatz der angreifenden Kräfte

10.7.2.1 Erddruck und Erdwiderstand

Es darf aktiver Erddruck angesetzt werden, da die Mauerbewegungen zu dessen Aktivierung vorausgesetzt werden können. Bei der in der Regel sehr geringen Gründungstiefe der Blockmauern ist der Erdwiderstand nicht in Rechnung zu stellen.

10.7.2.2 Wasserüberdruck

Wenn die Fugen zwischen den einzelnen Blöcken gut durchlässig sind und wenn durch die Wahl des Hinterfüllungsmaterials (Bild E 123-1) ein schneller Wasserspiegelausgleich gewährleistet ist, braucht der Wasserüberdruck auf die Ufermauer nur in halber Höhe der im Hafenbecken zu erwartenden größten Wellen – in ungünstigster Höhenlage nach E 19, Abschn. 4.2 – angesetzt zu werden. Andernfalls ist zur halben Wellenhöhe noch der Wasserüberdruck nach E 19 hinzuzufügen. In Zweifelsfällen können auch bei Wellenschlag verlässlich arbeitende Rückstauentwässerungen angeordnet werden. Umgekehrt ist ein einwandfreies Abdichten der Blockfugen erfahrungsgemäß nicht möglich. Zwischen der Ufermauer bzw. zwischen einer Hinterfüllung mit Grobmaterial und einer anschließenden Auffüllung aus Sand und dergleichen ist ein dauerhaft wirksamer Filter anzuordnen, der Ausspülungen mit Sicherheit verhindert (Bild E 123-1).

10.7.2.3 Beanspruchung durch Wellen

Wenn Ufereinfassungen in Blockbauweise in Gebieten gebaut werden müssen, in denen mit hohen Wellen zu rechnen ist, sind besondere Untersuchungen hinsichtlich der Standsicherheit erforderlich. Insbesondere ist – im Zweifelsfall durch Modellversuche – festzustellen, ob brechende Wellen auftreten können. Ist dies der Fall, liegen bezüglich der Standsicherheit und der Lebensdauer einer Blockmauer so große Risiken vor, dass diese Bauweise nicht mehr empfohlen werden kann. Zur Beurteilung, ob brechende oder reflektierte Wellen auftreten, kann das Verhältnis zwischen der Wassertiefe d vor der Mauer zur Wellenhöhe H benutzt werden. Ist die Wassertiefe $d \geq 1,5 \cdot H$, kann man im Allgemeinen davon ausgehen, dass nur reflektierte Wellen auftreten (siehe auch E 135, Abschn. 5.7.2 und E 136, Abschn. 5.6).

Der Wellendruck greift nicht nur an der Vorderseite der Blockmauer an, er pflanzt sich auch in den Fugen zwischen den einzelnen Blöcken fort. Der Fugenwasserdruck kann vorübergehend das wirksame Blockgewicht stärker vermindern als der Auftrieb, sodass die Reibung zwischen den einzelnen Blöcken so weit herabgesetzt werden kann, dass die Standsicherheit der Mauer gefährdet ist. Zum Zeitpunkt des Rücklaufs der Welle findet der Druckabfall in den engen Fugen, der auch vom Grundwasser beeinflusst wird, langsamer statt als entlang der Außenfläche der Ufermauer, so dass in den Fugen ein größerer Wasserdruck als dem Wasserstand vor der Mauer entsprechend auftritt. Gleichzeitig bleiben jedoch Erddruck und Wasserüberdruck von hinten voll wirksam. Auch dieser Zustand kann standsicherheitsrelevant sein.

10.7.2.4 Trossenzug, Schiffsstoß und Kranlasten

Hierfür gelten die einschlägigen Empfehlungen, wie E 12, Abschn. 5.12, E 38, Abschn. 5.2, E 84, Abschn. 5.14 und E 128, Abschn. 13.3.

10.7.3 Nachweise, Bemessung und Gestaltung

10.7.3.1 Wandfuß, Bodenpressungen, Standsicherheit

Der Blockmauerquerschnitt ist so auszubilden, dass bei der Beanspruchung durch die ständigen Lasten in der Gründungssohle möglichst gleichmäßig verteilte Bodenpressungen auftreten. Dies ist durch eine geeignete Fußausbildung mit wasserseitig vor die Wandflucht vorkragendem Sporn und durch die Anordnung eines zur Landseite hin auskragenden Sporn („Tornisters") in der Regel ohne Schwierigkeiten zu erreichen (Bild E 123-1).

Sollen bei Auskragungen an der Rückseite der Wand Hohlräume unter den Kragblöcken vermieden werden, müssen sie hinten unterschnitten werden. Hierbei muss die Schrägneigung steiler sein als der Reibungswinkel der Hinterfüllung (Bild E 123-1).

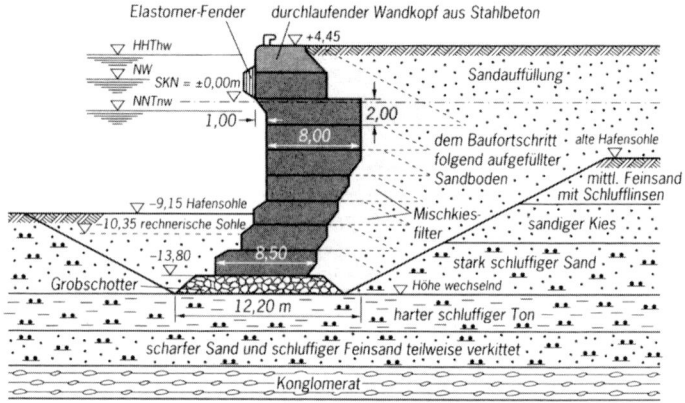

Bild E 123-2. Entwurf einer Ufermauer in Blockbauweise in einem Erdbebengebiet

Die Bodenpressungen sind für alle wichtigen Phasen des Bauzustands nachzuweisen. Soweit erforderlich, muss die Ufermauer etwa gleichzeitig mit dem Verlegen der Blöcke hinterfüllt werden, um zum Land hin gerichteten Kippbewegungen bzw. zu hohen Bodenpressungen am landseitigen Ende der Gründungssohle entgegenzuwirken (Bild E 123-2). Neben den zulässigen Bodenpressungen sind die Gleitsicherheit, die Grundbruchsicherheit und die Geländebruchsicherheit nachzuweisen. Bezüglich des Gleitens wird vor allem auf E 79, Abschn. 10.5.3 verwiesen.

Mögliche Veränderungen der Hafensohle aus Kolken, vor allem aber auch aus absehbaren Vertiefungen sind zu beachten. Im späteren Hafenbetrieb sind Kontrollen der Sohlenlage vor der Mauer in regelmäßigen Abständen durchzuführen und im Bedarfsfall sofort geeignete Schutzmaßnahmen zu ergreifen.

Um eine Kippbewegung der Wand unter Betrieb in Richtung Hafenseite zu berücksichtigen, soll die Ufermauer mit einer geringen Neigung zur Landseite ausgebildet werden. Die Kranspurweite kann sich infolge unvermeidlicher Wandbewegungen verändern und muss deshalb nachjustierbar sein.

10.7.3.2 Waagerechte Fugen der Blockmauer

Die Gleitsicherheit und die Lage der Resultierenden der angreifenden Kräfte müssen auch in den waagerechten Fugen der Blockmauer für alle maßgebenden Bauzustände und den Endzustand nachgewiesen werden. Im Gegensatz zur Gründungsfuge darf hier bei gleichzeitigem Ansatz aller ungünstig wirkenden Kräfte ein rechnerisches Klaffen der Fugen bis zur Schwerachse zugelassen werden.

10.7.3.3 Kopfbalken aus Stahlbeton

Der am Kopf jeder Blockmauer anzuordnende, vor Ort hergestellte Balken aus Stahlbeton dient dem Ausgleich von Verlegeungenauigkeiten, der Verteilung konzentriert angreifender waagerechter und lotrechter Lasten, zum Ausgleich örtlich unterschiedlicher Erddrücke und Stützverhältnisse in der Gründung sowie von Bauungenauigkeiten. Er darf wegen der in der Blockmauer auftretenden Setzungsunterschiede erst nach dem Abklingen der Setzungen betoniert werden. Um den Setzungsvorgang zu beschleunigen, ist eine vorübergehende höhere Belastung der Mauer zweckmäßig, z. B. durch zusätzliche Auflasten in Form von Betonblöcken. Das Setzungsverhalten ist dabei ständig zu verfolgen. Aushubentlastungen in bindigen Boden brauchen in den statischen Nachweisen im Allgemeinen nicht berücksichtigt werden, weil sie durch die der wachsenden Mauerlast kompensiert werden.

Bei der Berechnung der Schnittkräfte des Wandkopfs aus Schiffsstoß, Pollerzug und Kranseitenschub kann in der Regel davon ausgegangen werden, dass der Kopfbalken im Vergleich zu der ihn stützenden Blockmauer starr ist. Diese Annahme liegt im Allgemeinen auf der sicheren Seite.

Bei der Bemessung des Kopfbalkens für die lotrechten Kräfte, vor allem die Kranraddrücke, kann im Allgemeinen das Bettungsmodulverfahren angewendet werden. Falls mit größeren ungleichmäßigen Setzungen oder Sackungen der Blockmauer zu rechnen ist, sind die Schnittkräfte des Wandkopfs durch Vergleichsuntersuchungen mit verschiedenen Lagerungsbedingungen – ‚Reiten‘ in der Mitte oder in den Endbereichen – einzugrenzen. Hierbei ist auch das Wandkopfeigengewicht zu berücksichtigen. Ein Nachweis zur Beschränkung der Rissbreite nach E 72, Abschn. 10.2.5 ist zu führen. Gegebenenfalls sind Blockfugen anzuordnen.

Die Kopfbalken werden an den Blockfugen nur zur Übertragung waagerechter Kräfte verzahnt. Eine Verzahnung für lotrechte Kräfte ist wegen des unübersichtlichen Setzungsverhaltens von Blockmauern zu vermeiden.

An den Blockfugen soll die Schienenlagerung konstruktiv durch zwischengeschaltete kurze Brücken gegen Setzungsstufen gesichert werden, wobei die Kranschienen ungestoßen durchlaufen können.

Zur Übertragung waagerechter Kräfte zwischen Wandkopf und Blockmauer sollen beide gegeneinander wirksam verzahnt werden. Statt einer Verzahnung kann auch eine Verankerung ausgeführt werden.

10.8 Ausbildung und Bemessung von Kaimauern in offener Senkkastenbauweise (E 147)

10.8.1 Allgemeines

Offene Senkkästen – oft auch offene Brunnen genannt – werden in Seehäfen für Ufereinfassungen und Anlegeköpfe, aber auch als Gründungskörper sonstiger Bauten verwendet, allerdings sehr selten. Ähnlich wie die Druckluft-Senkkästen nach E 87, Abschn. 10.6 können sie auf einem im Absenkbereich über dem Wasserspiegel liegenden Gelände bzw. in einem gerammten oder schwimmenden Spindelgerüst hergestellt oder als fertige Kästen mit Hubinseln oder Schwimmkörpern eingeschwommen und anschließend abgesenkt werden. Die offene Absenkung erfordert geringere Lohn- und Baustelleneinrichtungskosten als die unter Druckluft und kann bis zu wesentlich größeren Tiefen ausgeführt werden. Es kann dabei jedoch nicht die gleiche Lagegenauigkeit erreicht werden. Außerdem führt sie nicht zu gleich zuverlässigen Auflagerbedingungen in der Gründungssohle. Beim Absenken angetroffene Hindernisse sind nur unter Schwierigkeiten zu durchfahren oder zu beseitigen. Das Aufsetzen auf schräge Felsoberflächen erfordert stets zusätzliche Maßnahmen.

Die in E 79, Abschn. 10.5.1 für Schwimmkästen angegebenen Konstruktionsgrundsätze für Ufermauern sind sinngemäß auch für offene Senkkästen gültig.

Im übrigen wird auch auf Abschn. 3.3 „Senkkästen" im Grundbau-Taschenbuch [7] besonders hingewiesen.

10.8.2 Nachweise

Es sind E79, Abschn. 10.5.2 und Abschn. 10.5.3, wie auch E87, Abschn. 10.6.2 zu beachten.

10.8.3 Bauliche Ausbildung

Der Grundriss offener Senkkästen kann rechteckig oder rund sein. Für die Grundrisswahl sind betriebliche und auch ausführungstechnische Überlegungen maßgebend.

Offene Senkkästen mit rechteckigem Grundriss stehen infolge des trichterförmigen Aushubs nicht so gleichmäßig auf ihren Schneiden wie solche mit rundem Grundriss. Daraus folgt ein erhöhtes Risiko für Abweichungen aus der Soll-Lage. Wo eine rechteckige Form nötig ist, soll sie daher gedrungen ausgeführt werden. Da der Aushub- und damit der Absenkvorgang schlecht kontrolliert werden können und der offene Senkkasten nur in geringem Umfang ballastierbar ist, sollten kräftige Wanddicken gewählt werden, sodass die Eigenlast des Kastens unter Berücksichtigung des Auftriebs die erwartete Wandreibungskraft mit Sicherheit überschreitet.

Die Füße der Außenwände erhalten eine steife stählerne Vorschneide. Alternativ dazu ist eine Schneide aus hochfestem Beton (mindestens C 80/95) oder auch Stahlfaserbeton denkbar. Im Schneidenkranz unten nach innen austretende Spüllanzen können das Lösen nichtbindigen Aushubbodens unterstützen (Bild E 147-1, Querschnitt C-D, wasserseitig dargestellt).

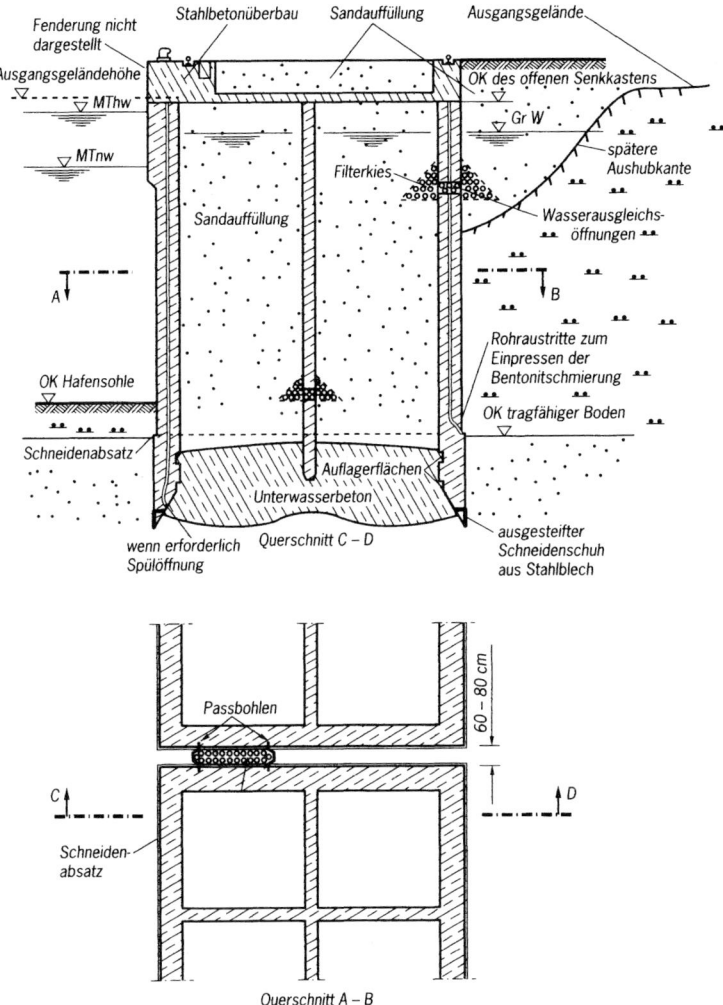

Bild E 147-1. Ausbildung einer Kaimauer aus offenen Senkkästen bei nachträglicher Hafenbaggerung

Die Unterkante von Zwischenwänden muss mindestens 0,5 m über der Unterkante der Senkkastenschneiden enden, damit daraus keine Lasten in den Baugrund abgeleitet werden können.

Außen- und Zwischenwände erhalten zuverlässige, nach dem Absenken leicht zu reinigende Sitzflächen für das Einleiten der Lasten in die Unterwasserbetonsohle.

Die beim Absenken mit offener Senkkästen unvermeidliche Auflockerung des Bodens in der Gründungssohle und im Mantelbereich führt zu Setzungen und Schrägstellungen des fertigen Bauwerks. Dies muss bei der Bemessung und konstruktiven Ausbildung, aber auch beim Bauablauf berücksichtigt werden.

Die Ausführungen nach E 79, Abschn. 10.5.4, zweiter und dritter Absatz, bleiben uneingeschränkt gültig. Für die Fugen ist eine Lösung nach E 87, Abschn. 10.6, Bild E 87-1 zu empfehlen. Dabei ist aber die Füllung des Raums zwischen den Bohlen mit Filterkies einer starren Füllung vorzuziehen, weil sie den eintretenden Setzungen schadlos folgen kann.

Der Abstand von 40 bis 50 cm zwischen den Kästen, den E 87, Abschn. 10.6.4 für Druckluft-Senkkästen angibt, genügt mit Rücksicht auf die Aushubmethode bei offenen Senkkästen nur dann, wenn die eigentliche Absenktiefe gering ist und Hindernisse – auch durch eingelagerte feste bindige Bodenschichten – nicht zu erwarten sind. Bei schwierigen Absenkungen sollte ein Abstand von 60 bis 80 cm gewählt werden. Als Abschlüsse können dann entsprechend breite Passbohlen oder schlaufenartig angeordnete, stärker verformbare Bohlenketten verwendet werden.

10.8.4 **Hinweise zur Bauausführung**

Beim Herstellen an Land muss die Tragfähigkeit des Baugrunds unter der Aufstellebene besonders überprüft und beachtet werden, damit der Boden unter der Schneide nicht zu stark bzw. zu ungleich nachgibt. Letzteres kann auch zu einem Bruch der Schneide führen. Der Boden im Kasten wird mit Greifern oder Pumpen ausgehoben, wobei der Wasserstand im Innern des Senkkastens stets mindestens in Höhe des Außenwasserspiegels zu halten ist, um hydraulischen Grundbruch zu vermeiden.

Für das Absenken einer Reihe von Kästen kann die Reihenfolge 1, 3, 5 ... 2, 4, 6 zweckmäßig sein, weil bei ihr an beiden Stirnseiten eines jeden Kastens ausgeglichene Erddrücke wirken.

Das Absenken des Kastens kann durch Schmieren des Mantels oberhalb des Absatzes über dem Fuß mit einer thixotropen Flüssigkeit, beispielsweise mit einer Bentonitsuspension, wesentlich erleichtert werden. Damit das Schmiermittel auch tatsächlich am gesamten Mantel vorhanden ist, sollte es nicht von oben eingegossen, sondern über Rohre, die in den Mantel einbetoniert werden und unmittelbar über dem Fußabsatz

– gegebenenfalls im Schutz eines verteilenden Stahlblechs – enden, eingepresst werden (Bild E 147-1, landseitig dargestellt). Es muss aber so vorsichtig eingepresst werden, dass die thixotrope Flüssigkeit nicht nach unten in den Aushubraum durchbrechen und abfließen kann. Entsprechend hoch ist der Fußteil des offenen Senkkastens bis zum Absatz am Mantel zu wählen. Besondere Vorsicht ist geboten, wenn infolge einer Einrüttelung des aufgelockerten Sands unter der Aushubsohle deren Oberfläche in größerem Umfang absinkt.

Nach Erreichen der planmäßigen Gründungstiefe wird die Sohle sorgfältig gereinigt. Erst dann wird die Sohlplatte aus Unterwasser- oder Colcretebeton eingebracht.

10.8.5   Reibungswiderstand beim Absenken

Die in E 87, Abschn. 10.6.6 für Druckluft-Senkkästen gegebenen Hinweise gelten auch für offene Senkkästen. Da der offene Senkkasten aber nicht im gleichen Maße wie der Druckluft-Senkkasten ballastiert werden kann, kommt bei größeren Absenktiefen einer thixotropen Schmierung des Mantels eine besondere Bedeutung zu. Sie reduziert die mittlere Mantelreibung erfahrungsgemäß auf weniger als 10 kN/m^2.

10.8.6   Baugrundvorbereitung

Verflüssigungsfähiger, nichtbindiger Boden ist über den eigentlichen Gründungsbereich hinaus zu verdichten bzw. auszutauschen. Wegen der im offenen Kasten mit dem Bodenaushub verbundenen Auflockerungen ist bei offener Senkkastenbauweise eine nachträgliche Verdichtung des Bodens unter der Aushubsohle erforderlich.

10.9   Ausbildung und Bemessung von massiven Ufereinfassungen (z. B. in Blockbauweise, als Schwimmkästen oder als Druckluft-Senkkästen) in Erdbebengebieten (E 126)

10.9.1   Allgemeines

Neben den allgemeinen Bedingungen nach E 123, Abschn. 10.7 muss auch E 124, Abschn. 2.13 berücksichtigt werden.

Bei der Ermittlung der waagerechten Massenkräfte der Ufereinfassung muss beachtet werden, dass sie aus der Masse der jeweiligen Bauteile und ihrer auflastenden Hinterfüllungen hergeleitet werden müssen. Hierbei ist die Masse des Porenwassers des Bodens mit zu berücksichtigen.

10.9.2   Erddruck, Erdwiderstand, Wasserüberdruck, Verkehrslasten

Die Ausführungen in den Abschn. 2.13.3, 2.13.4 und 2.13.5 von E 124 gelten sinngemäß.

10.9.3 Sicherheiten

Hierzu wird vor allem auf E 124, Abschn. 2.13.6 verwiesen. Bei der Blockbauweise darf auch bei Berücksichtigung der Erdbebeneinflüsse die Ausmittigkeit der Resultierenden in den waagerechten Fugen zwischen den einzelnen Blöcken nur so groß sein, dass unter charakteristischen Lasten kein rechnerisches Klaffen über die Schwerachse hinaus eintritt.

10.9.4 Wandfuß

In der Gründungsfuge, in der auch im Fall ohne Erdbeben kein Klaffen zugelassen wird, darf unter den charakteristischen Lasten kein Klaffen über die Schwerachse hinaus eintreten.

10.10 Anwendung und Ausbildung von Bohrpfahlwänden (E 86)

10.10.1 Allgemeines

Bohrpfahlwände können bei entsprechender Ausbildung, konstruktiver Gestaltung und Bemessung auch bei Ufereinfassungen angewendet werden. Für sie spricht neben wirtschaftlichen und technischen Gründen auch die Forderung nach einer sicheren, weitgehend erschütterungsfreien und/oder wenig lärmarmen Bauausführung.

10.10.2 Ausbildung

Durch Aneinanderreihen von Bohrpfählen können im Grundriss gerade oder gekrümmt verlaufende Wände hergestellt werden, die gut der jeweils gewünschten Form angepasst werden können.

Abhängig vom Pfahlabstand ergeben sich folgende Bohrpfahlwandtypen:

(1) Überschnittene Bohrpfahlwand (Bild E 86-1)
Der Achsabstand der Bohrpfähle ist kleiner als der Pfahldurchmesser. Zuerst werden die Primärpfähle (1, 3, 5, …) aus unbewehrtem Beton eingebracht. Diese werden beim Herstellen der zwischenliegenden bewehrten Sekundärpfähle (2, 4, 6 …) angeschnitten (in Sonderfällen können auch drei unbewehrte Pfähle nebeneinander angeordnet werden). Die Überschneidung beträgt i.d.R. 10 bis 15 % des Durchmessers, mindestens jedoch 10 cm. Die Wand ist dabei im Allgemeinen so gut wie wasserdicht. Ein statisches Zusammenwirken der Pfähle kann bei Belastung senkrecht zur Pfahlwand und in der Wandebene zumindest teilweise vorausgesetzt werden, wird jedoch bei der Bemessung der tragenden Sekundärpfähle im Allgemeinen nicht berücksichtigt. Lotrechte Belastungen können außer durch lastverteilende Kopfbalken bei ausreichender Rauhigkeit und Sauberkeit der Schnittflächen in einem gewissen Umfang auch durch Scherkräfte zwischen den benachbarten Pfählen verteilt werden. Bei im Grundriss kurzen Wänden muss dabei aber

durch Einbinden der Pfahlfüße in einem besonders gut tragfähigen Baugrund ein Ausweichen der Pfahlfüße in der Wandebene nach außen hin ausreichend verhindert werden.

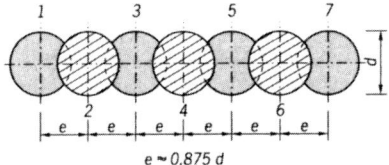

Bild E 86-1. Überschnittene Bohrpfahlwand

(2) Tangierende Bohrpfahlwand (Bild E 86-2)
Der Achsabstand der Bohrpfähle ist aus arbeitstechnischen Gründen mindestens 5 cm größer als der Pfahldurchmesser. In der Regel wird jeder Pfahl bewehrt. Eine Wasserdichtigkeit dieser Wand ist nur durch zusätzliche Maßnahmen – beispielsweise durch sich überschneidende Säulen nach dem Düsenstrahlverfahren (HDI) oder andere Injektionsverfahren – erreichbar. Ein scheibenartiges Zusammenwirken der Pfähle in der Wandebene kann nicht erwartet werden.

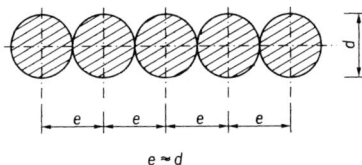

Bild E 86-2. Tangierende Bohrpfahlwand

(3) Aufgelöste Bohrpfahlwand (Bild E 86-3)
Der Achsabstand der Bohrpfähle kann bis zum mehrfachen Pfahldurchmesser betragen. Die Zwischenräume werden beispielsweise durch Verbau aus Holz, Spritzbeton oder mittels Stahlplatten geschlossen.

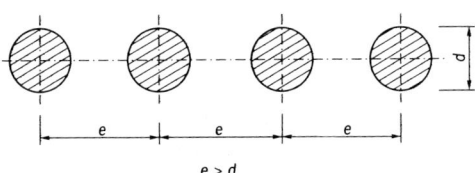

Bild E 86-3. Aufgelöste Bohrpfahlwand

10.10.3 Herstellen der Bohrpfahlwände

Das Herstellen geschlossener Bohrpfahlwände nach den Bildern E 86-1 und E 86-2 setzt eine hohe Bohrgenauigkeit voraus, die im Allgemeinen eine gute Führung des Bohrrohrs erfordert.

Bohrpfahlwände werden möglichst vom gewachsenen Gelände oder aber von einer Inselschüttung oder einer Hubinsel aus hergestellt.

Die Bohrung wird im Greifer-, Drehbohr-, Saug- oder Lufthebeverfahren hergestellt. Bei ausreichend standfesten Böden kann unverrohrt mit Wasserüberdruck oder unter Verwendung einer Stützflüssigkeit gebohrt werden. Hindernisse werden durch Meißeln oder Durchkernen gelöst. Es ist auf einen ausreichenden Überdruck aus der Wasserfüllung bzw. der Stützflüssigkeit im Bohrloch oder im Bohrrohr zu achten, der i.d.R. mindestens 1,5 m über dem Grundwasserspiegel gehalten werden muss. Bei entsprechender Führung können verrohrte Bohrungen auch geneigt ausgeführt werden.

Überschnittene Bohrpfahlwände werden meist mit Geräten hergestellt, bei denen das Bohrrohr mit Hilfe einer Verrohrungsmaschine oder einem Drehbohrkopf drehend und/oder drückend in den Boden vorgetrieben wird. Dabei ist die Unterkante der Verrohrung als Schneide ausgebildet. Die unbewehrten Primärpfähle werden zweckmäßig mit CEM III B oder einem Gemisch aus Portlandzement und Flugasche (mindestens 25 bis 40 %) betoniert, wobei die Arbeitsfolge so gewählt wird, dass die Betonfestigkeit beim Anschneiden durch die Sekundärpfähle – abhängig von der Leistung des Bohrgeräts – im Normalfall 3 bis 10 MN/m^2 möglichst nicht übersteigt. Der Festigkeitsunterschied benachbarter anzuschneidender Primärpfähle ist so gering wie möglich zu halten, um Richtungsabweichungen der Sekundärpfähle zu vermeiden. Für die unbewehrten Primärpfähle von überschnittenen Bohrpfahlwänden ist Beton mit geringerer Festigkeitsklasse als C 30/37 zulässig.

Beim Herstellen der Pfähle im freien Wasser sind über der Gewässersohle verlorene Hülsenrohre erforderlich, sofern nicht vorgefertigte Pfähle in die Bohrung gesetzt und durch Verguss mit dem Untergrund oder dem Ortbeton des Pfahlfußes verbunden werden. Hinsichtlich Säubern der Sohlfuge, Einbringen des Betons, Betonüberdeckung und Bewehrungsausbildung gelten DIN EN 1536 und DIN 1045.

Bei der Verwendung von Stützflüssigkeiten ist stabilitätsmindernden Einflüssen aus Boden und/oder Grundwasser (z. B. erhöhter Salzgehalt, organische Bodenanteile) und dergleichen durch die Wahl geeigneter Tone und/oder Zusatzstoffe entgegenzuwirken.

10.10.4 Konstruktive Hinweise

Bei verrohrter Bohrung ist ein unbeabsichtigtes Verdrehen des Bewehrungskorbs beim Ziehen der Verrohrung nicht auszuschließen. Deshalb darf nur bei sehr sorgfältiger Arbeitsweise und Kontrolle von einer radialsymmetrischen Anordnung der Bewehrung abgegangen werden. Ein unbeabsichtigtes Ziehen des Bewehrungskorbs kann durch Frischbetonauflast auf einer in den Fuß des Korbes eingebauten Platte, und/oder durch entsprechende Abstimmung zwischen Größtkorn des Betons und Zwischenraum zwischen Bewehrungskorb und Bohrrohr und durch entsprechende Betoniergeschwindigkeit vermieden werden.

Die Pfahlbewehrung muss in ausreichendem Umfang ausgesteift werden, um die erforderliche Betondeckung einzuhalten und eine Verformung des Bewehrungskorbs auszuschließen.

Bewährt haben sich eingeschweißte Aussteifungen (sog. „Rhönräder") nach ZTV-ING, Teil 2 [216]. Die angegebenen Mindestmaßnahmen sind nur bei Pfählen mit geringem Durchmesser bis etwa 1 m ausreichend. Für Pfähle mit großem Durchmesser (ca. $d = 1{,}30$ m) werden beispielsweise bei 1,60 m Abstand Aussteifungsringe 2 Ø 28 mm BSt 420 S mit 8 Distanzhaltern Ø 22 mm, $l = 400$ mm, empfohlen, die miteinander und mit der Längsbewehrung des Pfahls verschweißt werden.

Die Pfähle werden auf der Grundlage der DIN 1054 und DIN EN 1997-1 bemessen. Die Beschränkung der Rissbreiten richtet sich nach E 72, Abschn. 10.2.5. Es ist eine konstruktive Mindestbewehrung von 0,8 % des Pfahlbetonquerschnitts bei Schaftdurchmesser $D < 50$ cm bzw. Ø 20, $e \leq 20$ cm und eine Wendel- bzw. Bügelbewehrung Ø 10 im Abstand von 24 cm bei Schaftdurchmesser $D \geq 50$ cm einzulegen ([118], Abschn. 11.2).

Sofern die Pfähle nicht in eine ausreichend steife Überbaukonstruktion mit geringem Abstand zur Verankerungsebene einbinden, sind zur Aufnahme der Ankerkraft in der Regel lastverteilende Gurte erforderlich. Bei rückverankerten überschnittenen bzw. tangierenden Bohrpfahlwänden kann bei mindestens mitteldicht gelagerten nichtbindigen bzw. halbfesten bindigen Böden auf Gurte verzichtet werden, wenn bei überschnittenen Wänden mindestens jeder zweite Pfahl bzw. bei tangierenden Wänden jeder zweite Zwickel zwischen den Pfählen durch einen Anker gehalten wird. Gleichzeitig müssen jedoch die Anfangs- und die Endbereiche der Pfahlwand auf ausreichender Länge mit zugfesten Gurten versehen werden.

Anschlüsse an benachbarte Konstruktionsteile sollten möglichst nur durch die Bewehrung am Pfahlkopf hergestellt werden, im übrigen Wandbereich nur in Sonderfällen und dann über Aussparungen oder besonders eingebaute Anschlussverbindungen.

10.11 Anwendung und Ausbildung von Schlitzwänden (E 144)

10.11.1 Allgemeines

Bezüglich der Anwendung von Schlitzwänden gilt E 86, Abschn. 10.10.1 sinngemäß.

Als Schlitzwände werden Ortbetonwände bezeichnet, die nach dem Bodenschlitzverfahren abschnittweise hergestellt werden. Dabei werden mit einem Spezialgreifer oder einer Fräse zwischen Leitwänden Schlitze ausgehoben, in die fortlaufend eine Stützflüssigkeit eingefüllt wird. Nach Säuberung und Homogenisieren der Stützflüssigkeit wird die Bewehrung eingehängt und Beton im Kontraktorverfahren eingebracht, wobei die Stützflüssigkeit von unten nach oben verdrängt und abgepumpt wird.

Die Schlitzwände werden in DIN EN 1538 (DIN 4126, DIN 4127) eingehend beschrieben. Darin werden vor allem detaillierte Angaben gemacht über:

- das Liefern der Schlitzwandtone mit Herstellen, Mischen, Quellen, Lagern, Einbringen, Homogenisieren und Wiederaufbereiten der Stützflüssigkeit,
- die Bewehrung, das Betonieren und
- die Standsicherheit des flüssigkeitsgestützten Schlitzes.

Die Ausführungen in DIN EN 1538 (DIN 4126) sind auch bei Schlitzwänden für Ufereinfassungen sorgfältig zu beachten. Im übrigen wird zusätzlich auf folgendes Schrifttum hingewiesen: [82–88], DIN EN 1538, DIN 4126 und [7], Abschn. 3.5.

Schlitzwände werden im Allgemeinen durchgehend und so gut wie wasserdicht in Dicken von 60, 80 und 100 cm, bei Uferwänden mit großen Geländesprüngen auch in Dicken von 120 und 150 cm hergestellt. Bei hohen Beanspruchungen kann anstelle einer einfachen auch eine aus aneinandergereihten T-förmigen Elementen bestehende Wand ausgebildet werden. Da die Ecken zwischen der Wand und dem abknickenden T-Steg insbesondere im oberen Bereich zum Einbrechen neigen (geringer hydrostatischer und auch Fließdruck), ist dieses beim Entwurf der Leitwände (ausreichende Tiefe) und den Boden- und Betonmassen zu berücksichtigen. Bei sehr locker gelagerten oder weichen Böden ist die Ausführung solcher T-förmigen Elemente nur mit Zusatzmaßnahmen, wie z. B. vorheriger Bodenverbesserung, zu empfehlen.

Ein im Grundriss gekrümmter Wandverlauf wird durch den Sehnenzug ersetzt. Die mögliche Länge eines Einzelelements (Lamelle) wird durch die Standsicherheit des flüssigkeitsgestützten Schlitzes begrenzt. Das Größtmaß von 10 m wird bei hohem Grundwasserstand, fehlender Kohäsion im Boden, benachbarten schwerbelasteten Gründungen, empfindlichen Versorgungsleitungen und dergleichen bis auf etwa 2,80 bzw.

3,40 m verringert, was den üblichen Öffnungsweiten eines Schlitzwandgreifers entspricht.

Bei geeigneten Bodenverhältnissen und fachgerechter Ausführung können Schlitzwände hohe waagerechte und lotrechte Belastungen in den Untergrund abtragen. Anschlüsse an andere lotrecht oder waagerecht angeordnete Konstruktionsteile sind mit einbetonierten oder nachträglich eingedübelten Anschlusselementen – gegebenenfalls verbunden mit Aussparungen – möglich. Gute Betonsichtflächen können mit eingehängten Fertigteilen erzielt werden, deren Einsatz aber wegen des hohen Eigengewichts auf Tiefen von 12 bis 15 m begrenzt ist.

10.11.2 Nachweis der Standsicherheit des offenen Schlitzes

Zum Nachweis der Standsicherheit des offenen Schlitzes wird das Gleichgewicht an einem Gleitkeil untersucht. Belastend wirken das Bodeneigengewicht und etwaige Auflasten aus benachbarter Bebauung, Baufahrzeugen oder sonstigen Verkehrslasten und der Wasserdruck von außen. Widerstehend wirken der Druck der Stützflüssigkeit, die volle Reibung in der Gleitfläche, die zum aktiven Erddruck führt, und Reibung in den Seitenflächen des Gleitkeils sowie eine etwaige Kohäsion. Zusätzlich kann die ausgesteifte Leitwand berücksichtigt werden. Diese ist insbesondere für hochliegende Gleitfugen bedeutsam, weil hier die Scherverspannung bei nichtbindigem Boden noch wenig wirksam ist. Bei tiefreichenden Gleitfugen ist der Einfluss der Leitwand vernachlässigbar klein.

Bezüglich der Standsicherheit des offenen Schlitzes und der Sicherung der Aushubwandungen gegen Nachfall wird auf DIN EN 1538, DIN 4126 und [7], Abschn. 3.5 verwiesen.

Der Nachweis gegen Einbruch eines Gleitkörpers muss für alle Tiefenlagen erfolgen, sofern Lasten aus Bauwerken vorhanden sind. Dabei sind die während der Bauausführung zu erwartenden höchsten Grundwasserstände zu berücksichtigen.

In Tidegebieten muss, ausgehend von dem vorgesehenen Stützflüssigkeitsspiegel, der kritische Außenwasserstand festgelegt bzw. ermittelt werden. Bei zu erwartender Überschreitung des zulässigen Außenwasserspiegels, z. B. infolge von Sturmfluten, muss ein offener Schlitz rechtzeitig verfüllt werden.

10.11.3 Zusammensetzung der Stützflüssigkeit

Als Stützflüssigkeit wird eine Ton- oder Bentonitsuspension verwendet. Hinsichtlich ihrer Zusammensetzung, Eignungsprüfung, Verarbeitung mit Misch- und Quellzeiten, Entsandung usw. wird auf DIN EN 1538, DIN 4126 und DIN 4127 hingewiesen.

Besonders zu beachten ist, dass bei Bauten im Meerwasser bzw. in stärker salzhaltigem Grundwasser das Ionengleichgewicht der Tonsuspension durch Zutritt von Salzen ungünstig verändert wird. Es entstehen Ausflockungen, die zur Verminderung der Stützfähigkeit der Suspension führen können. Deshalb müssen beim Herstellen von Schlitzwänden in solchen Bereichen salzwasserresistente Bentonitsuspensionen eingesetzt werden. In der Praxis haben sich unter anderem folgende Rezepte bewährt:

(1) Die Suspension wird mit Süßwasser (Leitungswasser), 30 bis 50 kg/m^3 Na-Bentonit und 5 kg/m^3 CMC (Carboxy-Methyl-Cellulose) Schutzkolloid angemacht.

(2) Die Suspension wird aus Meerwasser und mindestens 100 kg/m^3 Tongehalt und salzfesten Mineralien, beispielsweise Attapulgit oder Sepiolith, angemacht. Zur Kontrolle der Filtratwasserabgabe können der Suspension 1 bis 5 kg/m^3 eines Polymers zugegeben werden.

Die Variationsbreite der Rezepturen ist groß. In jedem Fall sind vor der Bauausführung Eignungsprüfungen vorzunehmen. Diese müssen die Salzgehalte des Wassers, die Bodenverhältnisse und andere etwaige Besonderheiten (z. B. Durchfahren von Korallen) berücksichtigen. Die Verschmutzung einer Suspension unter Salzwasserbedingungen zeigt sich am besten durch das Ansteigen der Filtratwasserabgabe (DIN 4127). Besondere Vorsicht ist bei Bodenverunreinigungen (Altlasten), bei Bodenbestandteilen aus Torf bzw. Braunkohle und dergleichen geboten. Durch entsprechende Zusatzmittel können ungünstige Einflüsse teilweise ausgeglichen werden. Eignungsversuche hinsichtlich der Stützflüssigkeiten werden in solchen Fällen dringend empfohlen.

10.11.4 Einzelheiten zur Herstellung einer Schlitzwand

Im Allgemeinen wird eine Schlitzwandlamelle vom Gelände aus zwischen Leitwänden ausgehoben. Diese sind in der Regel 1,0 bis 1,5 m hoch und bestehen aus leichtbewehrtem Stahlbeton. Sie werden je nach Bodenverhältnissen und Belastung durch die Aushub- und Ziehgeräte der Abschalrohre als durchlaufende, außerhalb der Aushubbereiche gegenseitig abgestützte Wandstreifen oder als Winkelstützwände ausgebildet. Vorhandene Bauwerksteile sind als Leitwände geeignet, wenn sie ausreichend tief reichen und den Druck der Stützflüssigkeit und sonstiger auftretender Lasten aufnehmen können sowie den Einsatz der Ziehgeräte erlauben.

Die Stützflüssigkeit reichert sich während der Aushubarbeiten mit Feinstteilen an und ist daher regelmäßig zu überprüfen und, wenn die geforderten Suspensionsdichten nicht mehr vorliegen, auszutauschen. In der Regel ist ein mehrfaches Verwenden der Stützflüssigkeit möglich. Zur sicheren Kontrolle sind auf den Baustellen Dichte, Filtratwasserabgabe, Sandgehalt und Fließgrenze der Stützflüssigkeit zu überprüfen.

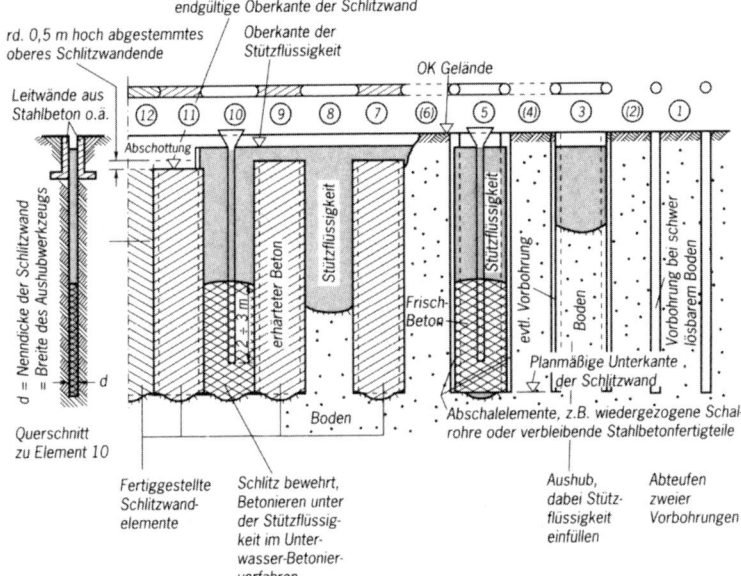

Bild E 144-1. Beispiel für das Herstellen einer Schlitzwand

Vor allem um ein Entspannen des Bodens zu vermeiden, soll unter Beachtung von DIN EN 1538 und DIN 4126 einem zügigen Bodenaushub unverzüglich das Einsetzen der Bewehrung und das Betonieren folgen. Ist ein unverzügliches Bewehren und Betonieren nicht möglich, ist vor dem Bewehren der Schlitzgrund von eventuell abgesunkenen Bodenteilchen zu reinigen.

Einzelheiten der Schlitzwandherstellung können Bild E 144-1 entnommen werden.

In manchen Fällen ist eine schrittweise Herstellung der Lamellen in der Reihenfolge 1, 2, 3 usw. vorzuziehen. Die Abschalelemente sollten so schmal wie möglich ausgebildet sein, um die bewehrungsfreie Zone gering zu halten.

10.11.5 Beton und Bewehrung

Hierzu wird vor allem auf die detaillierten Ausführungen in DIN EN 1538 und DIN 4126 verwiesen.

Beim Entwurf der Bewehrung müssen strömungstechnisch ungünstige Bewehrungskonzentrationen und Aussparungen vermieden werden. Profilierte Bewehrungsstähle sind wegen der besseren Verbundeigenschaft zu bevorzugen. Um die Betonüberdeckung von mindestens 5 bis 10 cm – je nach Verwendung als Baugrubensicherung oder als Dauerbauwerk

– sicherzustellen, sind großflächige Abstandhalter in reichlicher Anzahl anzuordnen.

Als Regel für die Ausbildung der Mindestbewehrung wird empfohlen:

- in lotrechter Richtung je Seite:
  $\varnothing$ 20, $e \leq 20$ cm bei Rippenstahl BSt 500 S,

- in waagerechter Richtung je Seite:
  $\varnothing$ 14, $e \leq 20$ cm mit ausreichender Verbügelung bei Rippenstahl BSt 500 S.

Auf eine ausreichende Einbausteifigkeit der Körbe ist zu achten, insbesondere im Falle von Mindestbewehrung.

10.11.6 Hinweise zur Berechnung und Bemessung von Schlitzwänden

Wegen ihrer hohen Biegesteifigkeit und geringen Verformungen müssen Schlitzwände in der Regel für einen erhöhten aktiven Erddruck bemessen werden. Der Ansatz des aktiven Erddrucks ist nur dann zu vertreten, wenn durch eine ausreichende Nachgiebigkeit des Wandfußes, der Stützungen, bei genügend nachgiebiger Verankerung sowie der horizontalen Durchbiegung der erforderliche Verschiebungsweg für eine volle Aktivierung der Scherspannungen in den Gleitfugen vorhanden ist.

Bei hohen Geländesprüngen mit Kopfverschiebungen im cm-Bereich, z. B. bei Kaimauern für Seeschiffe mit einem Geländesprung ≥ 20 m, ist eine Erddruckumlagerung nach E 77, Abschn. 8.2.2 möglich. Das mögliche Verformungsverhalten ist in jedem Einzelfall zu berücksichtigen.

Eine volle Einspannung des Wandfußes im Boden ist bei oberer Verankerung oder Abstützung wegen der hohen Biegesteifigkeit der Wand im Allgemeinen nicht erreichbar. Es ist deshalb zweckmäßig, bei einer Wandberechnung mit dem Ansatz nach BLUM eine teilweise Einspannung zu berücksichtigen oder aber mit elastischer Fußeinspannung nach dem Bettungs- oder Steifemodulverfahren zu rechnen. Wird mit der Finite-Elemente-Methode gearbeitet, sind vor allem zutreffende Stoffgesetze anzusetzen. Die Neigungswinkel im aktiven und passiven Bereich hängen im Wesentlichen von der Bodenart, dem Arbeitsfortschritt und der Standzeit des freien Schlitzes ab. Grobkörnige Böden ergeben eine hohe Rauhigkeit der Aushubwand, während feinkörnige Böden zu verhältnismäßig glatten Aushubflächen führen. Langsamer Arbeitsfortschritt und längere Standzeiten begünstigen Ablagerungen aus der Stützflüssigkeit (Bildung von Filterkuchen). Die Neigungswinkel können wegen der Abhängigkeit von den zuvor genannten Faktoren im Regelfall in den folgenden Grenzen angesetzt werden:

$$0 \leq \delta_{a,k} \leq \tfrac{1}{2} \cdot \varphi'_k \quad \text{bzw.} \quad -\tfrac{1}{2} \cdot \varphi'_k \leq \delta_{p,k} \leq 0$$

Gurte für Abstützungen bzw. Verankerungen können durch zusätzliche Querbewehrung innerhalb der Elemente ausgebildet werden. Bei geringer Breite der Elemente genügt eine mittig liegende Abstützung bzw. Verankerung, bei breiteren Elementen werden zwei oder mehrere benötigt, die symmetrisch zum Element angeordnet werden. Gegebenenfalls ist ein Durchstanznachweis zu führen.

Bemessen wird nach DIN 1045 und DIN 19 702. Der Nachweis zur Beschränkung der Rissbreite richtet sich nach E 72, Abschn. 10.2.5 Im Hinblick auf den ungünstigen Einfluss eines möglicherweise verbleibenden Restfilms der Stützflüssigkeit am Stahl oder von Feinsandablagerungen sollen die Verbundspannungen bei waagerechten Bewehrungsstählen nach DIN 1045, Abschn. 12.4 mäßigen Verbundbedingungen entsprechen. Bei senkrechten Stählen können in der Regel gute Verbundbedingungen angesetzt werden, jedoch wird empfohlen, im Fuß- und im Kopfbereich der Schlitzwand die Verankerungslängen zu vergrößern.

10.12 Anwendung und Herstellung von Dichtungsschlitz- und Dichtungsschmalwänden (E 156)

10.12.1 Allgemeines

Dichtungsschlitz- und -schmalwände bestehen aus einem Material geringer Durchlässigkeit, das häufig als Gemisch von Ton, Zement, Wasser, Füllstoffen und Zusätzen hergestellt wird. Dieses Material wird in fließfähiger Konsistenz nach unterschiedlichen Verfahren in gewachsene Böden oder in Aufschüttungen größerer Durchlässigkeit in erforderlicher Dicke eingebracht und erhärtet zu einem Körper mit geringer Durchlässigkeit.

Mit diesen Dichtwänden wird der Durchtritt von Grundwasser oder anderer (oft schädigender) Flüssigkeiten auf ein sehr geringes Maß eingeschränkt. Dichtungsschmalwände können nicht eingesetzt werden, wenn sich während der Bau- und Abbindezeit größere Druckgradienten wirken.

Als wesentliche Anwendungsgebiete von Dichtungsschmalwänden ergeben sich in Verbindung mit Hafenanlagen und Ufereinfassungen verschiedenster Art:

- Einfassungen von umweltgefährdenden Massen aus Unterhaltungsbaggerungen von Häfen, Hafenzufahrten, Flussstrecken in Industriegebieten und dergleichen.
- Abdichten von Uferdämmen an der Küste und an Binnengewässern gegen hohe Außenwasser- bzw. gestaute Flusswasserstände.
- Sichern wasserbelasteter Dämme gegen Erosion, Suffosion, Grundwasserein- oder -austritt usw.
- Hydraulische Trennung von Industrieanlagen, Tanklagerbereichen usw. gegen umgebendes Hafen- und Grundwasser als Schutz gegen die Ausbreitung schädlicher Flüssigkeiten.

- Vermindern landseitiger Wasserüberdrücke auf Ufereinfassungen.
- Umschließen großer Baugruben in Hafenbereichen, sodass Wasserspiegelabsenkungen ohne Gefährdung benachbarter Uferbauwerke und anderer Anlagen ausgeführt werden können.

Bei der Wahl des Herstellverfahrens sind neben wirtschaftlichen Überlegungen die Anwendungsgrenzen der verfügbaren Verfahren zu beachten. Wesentlich sind hierbei:

- Tiefe der Dichtwand.
- Dicke der Dichtwand abhängig von ihrer Widerstandsfähigkeit gegen Erosion. Maßgebend hierfür sind das hydraulische Gefälle i, die Durchlässigkeitsbeiwerte k bei erhärteter Dichtwandmasse und des angrenzenden Bodens, die einaxiale Druckfestigkeit und nicht zuletzt die Beanspruchungsdauer.
- Eignung der vorgesehenen Herstellmethode für das Herstellen einer lückenlos dichten Wand (mit Überschneidung der einzelnen Wandelemente) bei den anstehenden Bodenverhältnissen und zu erwartenden Hindernissen.
- Sicheres Einbinden in gering durchlässigen Untergrund.

10.12.2 Herstellverfahren

(1) Dichtungsschlitzwand [7, 89, 90, 155, 190–196]
Die Dichtwand wird nach dem Schlitzwandverfahren hergestellt (DIN V 4126-100 und DIN 4127 und E 144, Abschn. 10.11.1 bis 10.11.4). Die Wanddicken betragen in der Regel aber 60 cm und mehr. Aushubtiefen bis zu 100 m sind bekannt. Die Dicke der Dichtwand richtet sich nach dem wirksamen hydraulischen Gefälle und ist abhängig von den Bewegungen der Wand, die unter Wasserüberdruckbelastung im Bereich von Schichtwechseln zu erwarten sind.

Dichtungsschlitzwände sind auch bei Einlagerungen von Steinblöcken oder ähnlichem anwendbar, da diese Hindernisse im Schlitz zerkleinert und gefördert werden können. Durch Kontrolle des Aushubmaterials ist der sichere Anschluss an eine gering -durchlässige Schicht prüfbar. Bei Fels wird das Einbinden der Dichtwand durch Meißeln oder Einfräsen erreicht.

Die Wand wird im Allgemeinen abschnittsweise ohne Abschalelemente zwischen benachbarten Lamellen hergestellt, wobei im Bereich der Lamellengrenzen mit einem Übergriff von 25 bis 50 cm gearbeitet wird (Bild E 156-1).

Für die Ausführung von Dichtungsschlitzwänden haben sich zwei Arbeitsmethoden bewährt:

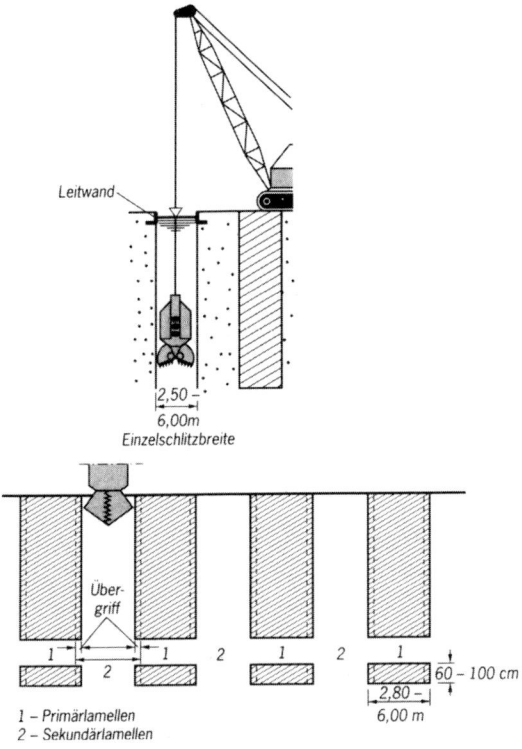

Bild E 156-1. Herstellen einer Dichtungsschlitzwand

(2) Einphasenverfahren

Der Schlitz wird im Schutz einer Stützflüssigkeit, der Zement beigemischt wird, abgeteuft. Nach Beendigung des Aushubs (Phase 1) verbleibt die Stützflüssigkeit im Schlitz und erhärtet. Das Herstellen jeder Lamelle in einem Arbeitsgang begünstigt den erforderlichen schnellen Baufortschritt, so dass das nach etwa 6 Stunden eintretende Abbinden der Dichtwandmasse nicht beeinträchtigt wird. Bei behindertem Baufortschritt kann unter Verwendung von Spezialmischungen bis zu 12 Stunden im Schlitz gearbeitet werden. Mehrverbrauch an Stützflüssigkeit tritt ein, wenn stark durchlässige Bodenschichten durchfahren werden, aber auch, wenn der Greifer zu schnell gefahren und dadurch der Aufbau eines Filterkuchens verhindert wird.

Bei langen Aushubzeiten und beim Durchfahren feinkörniger Böden kann sich die Suspension so stark mit Feststoffen anreichern, dass der Greifer „aufschwimmt" und nicht auf Tiefe gelangt. Dieser Fall ist auch bei hoher Filtratwasserabgabe bei tiefen Schlitzen möglich.

543

Eine Sonderform des Einphasenverfahrens ist die bei Erddämmen verwendbare Trockenschlitzwand [90], auch Grabenwand genannt. Dabei wird keine Stützflüssigkeit verwendet. Der immer nur etwa 1 bis 2 m tiefe standfeste Wandabschnitt wird mit Tonbeton gefüllt.

(3) Zweiphasenverfahren
Der Schlitz wird in herkömmlicher Weise unter Verwendung einer Stützflüssigkeit hergestellt. Nach Erreichen der Endteufe wird in einem zweiten Arbeitsgang (Phase 2) die Dichtwandmasse im Kontraktorverfahren eingebracht und die Stützflüssigkeit abgezogen. Der Dichteunterschied zwischen Dichtwandmasse und bodenhaltiger Stützflüssigkeit sollte 0,5 bis 0,6 t/m^3 betragen, da sonst der Massenaustausch nicht sichergestellt werden kann.
Diese Methode ist aufwendiger als das Einphasenverfahren. Die Dichtwandmasse ist jedoch im Allgemeinen homogener als beim Einphasenverfahren. Das Zweiphasenverfahren wird beispielsweise bei langsamem Arbeitsfortschritt in hindernisreichen Böden oder großen Tiefen (> 30 m) angewendet.

(4) Dichtungsschmalwand
Zur Herstellung von Dichtungsschmalwänden wird ein Stahlprofil (Schmalwandbohle) von 500 bis 1000 mm Steghöhe in die abzudichtenden Bodenschichten eingebracht, vorzugsweise mit Vibrationsrammen eingerüttelt, und in den so entstandenen Hohlraum wird beim Ziehen des Stahlprofils Dichtwandmaterial verpresst. Durch fortschreitende, überlappende Wiederholung dieses Vorgangs entsteht eine durchgehende schmale Dichtwand. Statt Stahlprofile in Form von I-Trägern können auch andere Formen verwendet werden (z. B. Tiefenrüttler mit Zusatzlaschen).
Als Dichtwandmaterial wird ein Gemisch mit möglichst hoher Dichte von Zement, Ton oder Bentonit, Steinmehl oder Flugasche und Wasser verwendet.
Dichtungsschmalwände werden vorzugsweise für temporäre Maßnahmen eingesetzt.
Die Dichtwandmasse wird unter Druck eingebracht und dringt dabei bei grobkörnigen Böden auch in den Porenraum ein.
Maßgebend für die Beurteilung der Wirksamkeit ist die minimale Dicke der Dichtwand, die durch die Profildicke des Bohlenfußes bzw. anderer Formteile für das Herstellen des Schlitzes bestimmt wird. Die einzelnen Arbeitsschritte werden mit Übergriff ausgeführt [91]. Ein ausreichendes Überlappen benachbarter Abschnitte muss gewährleistet sein (Bild E 156-2).
Der Vorteil der Dichtungsschmalwände gegenüber den Dichtungsschlitzwänden liegt in den niedrigeren Kosten und im geringeren Zeitbedarf.

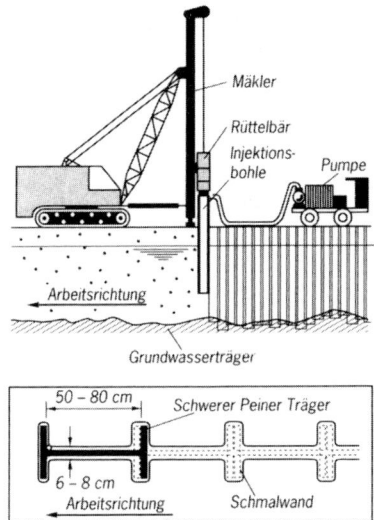

Bild E 156-2. Herstellen einer Schmalwand

Die Anwendung wird jedoch eingeschränkt,

- wenn Boden mit Hindernissen und ohne Eignung für Rammen und Rütteln ansteht,
- wenn die Wandtiefe bei Einsatz üblicher Geräte mehr als 15 bis 30 m beträgt, je nach Art des Baugrunds,
- wenn verhältnismäßig hoher Wasserüberdruck auf eine Dichtwand geringer Dicke wirkt,
- wenn über einer grobkörnigen durchlässigen Bodenschicht eine zum Fließen neigende Bodenschicht ansteht, kann von oben keine Dichtmasse nachströmen, welche den Suspensionsverlust der unteren Schicht – verstärkt durch Ramm- und Rütteleinflüsse – ausgleicht. Es besteht dann die Gefahr, dass die Dichtwandmasse in der Übergangszone abreißt,
- wenn der anstehende Boden zu starken Fließ- und/oder Setzungserscheinungen neigt,
- wenn der Übergang zum Grundwasserträger, insbesondere bei veränderlicher Kornzusammensetzung im Übergangsbereich nur schwer erkennbar ist. Zusätzlich zur Beobachtung des von den Ramm- oder Rüttelbohlen zutage geförderten Bodens sind dann geeignete Messungen und weitere Beobachtungen erforderlich.

10.12.3 Grundstoffe der Dichtwandmassen

(1) Ton

Neben geeigneten natürlichen Tonen und Tonmehl wird vorzugsweise Bentonit verwendet. Die Eigenschaften handelsüblicher Bentonite sind unterschiedlich. Die Fließeigenschaften und das Wasserbindevermögen von Bentonitsuspensionen werden außerdem durch Zementzusatz augenfällig verändert. Beim Herstellen der Dichtwandmassen ist hierauf zu achten.

(2) Zement

Bewährt haben sich die handelsüblichen Zemente. Besonders vorteilhaft sind Hochofenzemente mit hohem Hüttensandanteil oder Portlandzement-Flugasche-Gemische mit hohem Aschenanteil.

(3) Füllstoffe

Grundsätzlich können alle neutralen Sande, Stäube, Mehle und Granulate verwendet werden, deren Größtkorn in der Ton-Zement-Suspension in Schwebe bleibt. Hinsichtlich der Absetztendenz bieten Füllstoffe mit niedriger Dichte Vorteile. Andererseits wird jedoch das selbstverdichtende Fließen durch hohe Dichte begünstigt. Bei Dichtungsschlitzwänden im Einphasenverfahren ist die Feinstoffanreicherung durch die anstehende Bodenart vorgegeben. Beim Zweiphasenverfahren kann dem Dichtwandmaterial (abhängig von Schlitzwanddicke und Aufbereitungsanlage) Zuschlag in der Größenordnung bis 30 mm zugegeben werden. Der Kornaufbau bedarf bei feinen Füllstoffen keiner besonderen Beachtung. Bei groben Körnungen muss er stetig verlaufen.

(4) Schadstoffresistente Dichtwandmassen

Für schadstoffresistente Dichtwandmassen werden anstelle von Zement silikatische Bindemittel verwendet. Diese Dichtwandmassen weisen eine hohe Dichte auf und müssen im Zweiphasenverfahren eingebaut werden.

(5) Wasser

Das Anmachwasser soll neutral sein. Saures Wasser kann zum Ausflocken des Bentonits führen und – wie auch sauer reagierende Füller – die Fließgrenze des Dichtwandmaterials herabsetzen. Ein leichtes Alkalisieren des Anmachwassers durch geringe Soda- oder Ätznatronzusätze hat sich bewährt.

(6) Zusätze

Bei schwierigen Grundwasserverhältnissen werden zur Stabilisierung der Tonsuspension Schutzkolloide empfohlen. Diese Zusätze vermindern die Filtratwasserabgabe und erhöhen gleichzeitig die Fließgrenze der Stützflüssigkeit.

10.12.4 Anforderungen an die Dichtwandmasse

Materialeigenschaften und Verhalten der Dichtwandmasse im Einbau-
und Endzustand sind auf die Art der Dichtwand und ihre Aufgabe abzustimmen und durch Versuche nachzuweisen. Bewährt haben sich Dicht-
wandfertigmischungen.
Die Zusammenarbeit mit einem in Materialprüfungen von Dichtwandmassen erfahrenen Institut wird empfohlen.

(1) Einbauzustand
Das Fließverhalten der Dichtwandmasse wird von der Fließgrenze τ_F
bestimmt. Sie muss so hoch liegen, dass die in der Dichtwandmasse
enthaltenen körnigen Anteile mindestens bis zum Erstarrungsbeginn
sicher in Schwebe bleiben.
Beim Einphasenverfahren ist die obere Begrenzung der Fließgrenze τ_F
der Dichtwandmasse so zu wählen, dass der Aushub nicht erschwert
und nicht zuviel Dichtwandmasse mit ausgehoben wird.
Für das Zweiphasenverfahren ergibt sich die obere Begrenzung von τ_F
durch die Forderung nach selbstverdichtendem Fließen in der Stützflüssigkeit. Die lückenlose Verdrängung der Stützsuspension setzt außerdem voraus, dass die Dichtwandmasse eine wesentlich höhere Dichte
aufweist als die Stützflüssigkeit. Daher ist es notwendig, die Stützflüssigkeit vor dem Einbringen der Dichtwandmasse gegen eine gerei-
nigte oder Frischsuspension auszutauschen.
Die Dichtwandmasse muss stabil sein. Sie soll möglichst wenig Wasser
aufnehmen oder abgeben und darf sich während der Abbindephase nur
begrenzt absetzen. Nur bei Beanspruchung durch hydrostatischen
Wasserdruck kann eine teilweise Sedimentation des Zements und erhöhte Filtratwasserabgabe der Suspension zur partiellen Erhöhung des
Zementanteils im stärker beanspruchten unteren Bereich der Dichtwand
erwünscht sein.
Das Erstarrungsverhalten der Dichtwandmasse muss gewährleisten, dass
beim Einphasenverfahren der Abbindevorgang durch die Aushubarbeiten
nicht qualitätsmindernd gestört wird.

(2) Zustand nach dem Abbinden der Wand
Durch Eignungsprüfungen muss ein definierter Durchlässigkeitsbeiwert
k der abgebundenen Dichtwandmasse (28 Tage) bis zu einem hydraulischen Gefälle von $i = 20$ nachgewiesen werden. Die Forderungen an die
Durchlässigkeit der Dichtwandmasse und die der abgebundenen Wand
sind unterschiedlich. Die Durchlässigkeit der im Labor aus den Grund-
stoffen hergestellten Wandmasse (siehe Abschn. 10.12.5) sollte eine
Zehnerpotenz kleiner sein als die an Wandproben festgestellten Durchlässigkeiten. Da auch die durch die Dichtwand tretende Sickerwasser-
menge pro Zeiteinheit von Bedeutung ist, sollte im Entwurf für das
maximal auftretende hydraulische Gefälle $i = \Delta h/d$ (Δh = Wasserstands-

unterschied innen bis außen) auch das erwünschte Verhältnis von k zur Wanddicke d (Leitfähigkeitsbeiwert in s^{-1}) angegeben werden. Üblicherweise wird bei Dichtungsschlitzwänden eine einaxiale Druckfestigkeit nach DIN 18 136 von 0,2 bis 0,3 MN/m^2, bei Schmalwänden von 0,4 bis 0,7 MN/m^2, gefordert. Diese Festigkeit ist nach 28 Tagen an aus dem Mischer entnommenen Proben nachzuweisen. Eine wesentliche Erhöhung der Festigkeit ist nicht erwünscht, weil dadurch die Verformbarkeit der Dichtwandmasse verringert wird und Verformungen im Boden zu örtlichen Schäden mit größerer Erosionsanfälligkeit führen können. Soweit realisierbar, sollte die Verformbarkeit der Dichtwandmasse von der gleichen Größenordnung sein wie die des Bodens.

Im Hinblick auf die Erosionsfestigkeit der Dichtwandmasse muss bei Dauerbeanspruchung einer Einphasendichtwand mit einer Festigkeit von 0,2 bis 0,3 MN/m^2 das hydraulische Gefälle auf $i = 20$ beschränkt werden.

Bei Dichtungsschmalwänden, deren Dichtwandmasse in der Regel feststoffreicher ist als bei Dichtungsschlitzwänden, sollte bei Dauerbeanspruchung bei der nachgewiesenen Mindestdicke ein hydraulisches Gefälle von $i = 30$ nicht überschritten werden.

Einflüsse, die auf das Verhalten der Wände im Gebrauchszustand Auswirkungen haben können, wie beispielsweise Konsolidierung, Schrumpfung usw., sind bei der Materialzusammensetzung der Wände angemessen zu berücksichtigen.

10.12.5   Prüfverfahren für die Dichtwandmasse

Für die Prüfung sind DIN V 4126-100 und DIN 4127 maßgebend.

Das Fließverhalten der Dichtwandmasse kann durch Messen der Fließgrenze mit dem Kugelharfengerät bzw. der Auslaufzeiten nach dem Marsh-Trichterversuch oder Kasumeterversuch ermittelt werden.

Die Stabilität der Dichtwandmasse im Einbauzustand lässt sich am Absetzmaß (prozentuale Setzung) erkennen, das in der Regel nicht mehr als 3 % betragen soll.

Die Grenze der Verarbeitbarkeit, bis zu der die Dichtwandmasse ohne Schaden durch Greiferarbeit bewegt werden darf, wird über die Festigkeit an Probezylindern ermittelt, die aus entsprechend lange bewegter Dichtwandmasse hergestellt worden sind.

Die Durchlässigkeit wird im Labor nach DIN 18 130 ermittelt. Gegebenenfalls ist auch die Durchlässigkeit gegenüber definierten Prüfflüssigkeiten im Hinblick auf die Dauerbeständigkeit zu bestimmen. Untersucht werden üblicherweise 28 bzw. 56 Tage alte Proben. Bei der praktischen Anwendung ist die im Allgemeinen größere Durchlässigkeit der Dichtwand im ausgeführten Bauwerk gegenüber den Laborversuchen zu berücksichtigen.

Die einaxiale Druckfestigkeit wird nach DIN 18 136 ermittelt, wobei die Abmessungen der Proben auf das zu untersuchende Material abzustimmen sind. Sie ist ein geeignetes Maß zur Beurteilung der Tragfähigkeit, sofern dies von Bedeutung ist. Das Probealter beträgt in der Regel 28 bzw. 56 Tage.

Die Entnahme und Untersuchung von Proben aus der fertig abgebundenen Wand sollte nur in Sonderfällen und dann in Zusammenarbeit mit einem erfahrenen Institut, das Umfang und Art der Probenentnahme festlegt, vorgenommen werden.

10.12.6 Baustellenprüfungen der Dichtwandmasse

Verglichen werden die Eigenschaften der Dichtwandmasse vor dem Einbau mit den aus dem Eignungsversuch ermittelten Sollwerten.

Bei Dichtungsschlitzwänden nach dem Einphasenverfahren sind aus dem Schlitz mit Greifer oder speziellen Entnahmebuchsen gewonnene Proben aus verschiedenen Tiefen zu untersuchen.

Bei der Baustellenkontrolle werden im Feldlabor die folgenden Eigenschaften der Dichtwandmasse gemessen:

1. Wichte,
2. Stützeigenschaften (Kugelharfengerät bzw. Pendelgerät),
3. Fließeigenschaften (Marsh-Trichter),
4. Stabilität (Absetzversuch, Filterpresse),
5. Sandanteile in verschiedenen Tiefen,
6. pH-Wert.

Die Wasserdurchlässigkeit der fertigen Wand wird zweckmäßig, abhängig von der Zeit, beginnend nach etwa 28 Tagen an Rückstellproben im Labor nach DIN 18 130 und/oder durch Absinkversuche in Bohrlöchern [144] bestimmt. Diese Messwerte sind i.d.R. für die Dichtwirkung zu berücksichtigen.

10.13 Bestandsaufnahme vor dem Instandsetzen von Betonbauteilen im Wasserbau (E 194)

10.13.1 Allgemeines

Bauliche Maßnahmen zur Instandsetzung von Betonbauteilen sind nur erfolgversprechend, wenn sie die Ursachen der Mängel bzw. Schäden zutreffend berücksichtigen. Da meist mehrere Ursachen beteiligt sind, ist vorweg eine systematische Untersuchung des Istzustands durch einen qualifizierten Ingenieur vorzunehmen.

Da die richtige Beurteilung der Mängel- und Schädenursachen für eine dauerhafte Instandsetzung eine wesentliche Voraussetzung ist, werden nachfolgend außerdem einige Empfehlungen zur Feststellung des Istzu-

stands und zur Ursachenfindung gegeben (siehe auch Teilbereich Nr.1.2 von DIN 31 051).
Die nachfolgenden Regeln gelten im Wesentlichen auch für die Prüfung von Betonteilen im Rahmen der Erhebungen nach E 193, Abschn. 15.1. Die aufgeführten Einzeluntersuchungen gehen fallweise aber über den Umfang einer normalen Prüfung hinaus und werden hier deshalb besonders aufgeführt.

Folgende Daten sind vorab zu erheben:

(1) Objektbeschreibung
- Baujahr
- Beanspruchung aus Nutzung, Betrieb und Umwelt
- Vorhandene Standsicherheitsnachweise
- Baugrundaufschlüsse
- Ausführungszeichnungen
- Besonderheiten bei der Erstellung des Bauwerks

(2) Bestandsaufnahme der vom Schaden betroffenen Bauteile
- Art, Lage und Abmessungen der Bauteile
- Verwendete Baustoffe (Art und Güteklasse)
- Schadensbild (Art und Umfang des Schadens mit Abmessungen der Schadstellen)
- Dokumentation (Fotos und Skizzen)

(3) Erforderliche Untersuchungen
Aufgrund der Feststellungen nach Abschn. 10.13.1 (1) und 10.13.1 (2) werden Art und Menge der zur Ursachenfindung erforderlichen Untersuchungen festgelegt

10.13.2 Untersuchungen am Bauwerk
Nähere Erkenntnisse über den Istzustand des Bauwerks lassen sich durch folgende Untersuchungen am Bauwerk gewinnen:

(1) Beton
- Verfärbungen, Durchfeuchtungen, organischer Bewuchs, Ausblühungen/Aussinterungen, Betonabplatzungen, Fehlstellen
- Oberflächenrauheit
- Haftzugfestigkeit
- Dichtheit, Zuschlagnester
- Carbonatisierungstiefe
- Chloridgehalt (quantitativ)
- Rissverläufe, -breiten, -tiefen, -längen
- Rissbewegungen
- Zustand der Fugen

(2) Bewehrung
- Betondeckung
- Korrosion, Abrostungsgrad
- Querschnittsminderung

(3) Spannglieder
- Betondeckung
- Zustand der Verpressung (erforderlichenfalls Ultraschall-, Durchstrahlungsprüfungen, Endoskopie)
- Zustand des Spannstahls
- Vorhandener Vorspanngrad
- Verpressmörtel (SO_3-Gehalt)

(4) Bauteile
- Verformungen
- Kräfte
- Schwingungsverhalten

(5) Probenentnahme am Bauwerk
- Ausblühungs-/Aussinterungsmaterial
- Betonteile
- Bohrkerne
- Bohrstaub
- Bewehrungsteile

10.13.3 Untersuchungen im Labor

(1) Beton
- Rohdichte
- Porosität/Kapillarität
- Wasseraufnahme
- Wassereindringtiefe (WU)
- Verschleißwiderstand (nach DIN 52 108)
- Mikroluftporengehalt
- Chloridgehalt (quantitativ in verschiedenen Tiefenzonen)
- Sulfatgehalt
- Druckfestigkeit (nach DIN 1048)
- E-Modul (nach DIN 1048)
- Mischungszusammensetzung (nach DIN 52 170)
- Kornzusammensetzung
- Spaltzugfestigkeit (nach DIN 1048)
- Carbonatisierungstiefe
- Oberflächenzugfestigkeit (nach DIN 1048) in verschiedenen Tiefenhorizonten

(2) Stahl
- Zugversuch
- Dauerschwingversuch

10.13.4 Theoretische Untersuchungen

Statische Berechnung der Tragsicherheit und des Verformungsverhaltens des Bauwerks oder einzelner Teile vor und nach der Instandsetzung. Abschätzung des Carbonatisierungsfortschrittes und/oder der vorläufigen Chloridanreicherung ohne bzw. mit Instandsetzung.

10.14 Instandsetzung von Betonbauteilen im Wasserbau (E 195)

10.14.1 Allgemeines

Wasserbauten unterliegen besonderen Umweltbeanspruchungen, die sich aus physikalischen, chemischen und biologischen Einwirkungen ergeben können. Außerdem ist beispielsweise bei Hafenanlagen und anderen betriebsbedingt zugänglich zu haltenden Flächen mit der Einwirkung von Tausalzen und anderen schädlichen Fremdstoffen zu rechnen, bisweilen auch mit betonangreifenden Umschlaggütern.

Die physikalischen Einwirkungen resultieren, abgesehen von Nutzlasten, Stoß- und Reibekräften der Schiffe, vorwiegend aus dem wiederholten Austrocknen und Feuchtwerden des Betons, den ständigen Temperaturwechseln mit schroffer Frosteinwirkung auf wassergesättigten Beton und den Wirkungsformen des Eises. Chemische Beanspruchungen werden, neben fallweise nutzungsbedingten Einwirkungen aus Tausalz und Umschlaggütern, vor allem durch die Salze des Meerwassers verursacht. In den Beton eingedrungene Chloride können die Passivschicht der Bewehrung zerstören. Hierdurch kann in Bereichen, in denen gleichzeitig ein ausreichendes Sauerstoff- und Feuchtigkeitsangebot im Beton vorliegt, wie beispielsweise oberhalb der Wasserwechselzone, Korrosion der Bewehrung hervorgerufen werden. Biologische Beanspruchungen entstehen in erster Linie durch Bewuchs und dessen Stoffwechselprodukte.

Die genannten Einflüsse können zu Rissen und Oberflächenschäden am Beton und zu Korrosionsschäden an der Bewehrung führen. Besonders gefährdet sind Bauteile im Spritz- und Wasserwechselbereich, und hier vor allem Bauteile mit Meerwasserbeaufschlagung bzw. Bauteile in unmittelbarer Küstennähe in stark salzhaltiger Luft. In Bild E 195-1 ist der Angriff von Meerwasser auf Stahlbeton schematisch dargestellt. Werden aufgrund festgestellter Schäden Instandsetzungsarbeiten an Betonbauteilen erforderlich, muss für die Erfassung des Istzustands, für die Beurteilung des Schadens und für die Planung der Instandsetzungsmaßnahmen stets ein sachkundiger Ingenieur gem. Richtlinie für Schutz und Instandsetzung von Betonbauteilen [134] hinzugezogen werden. Der

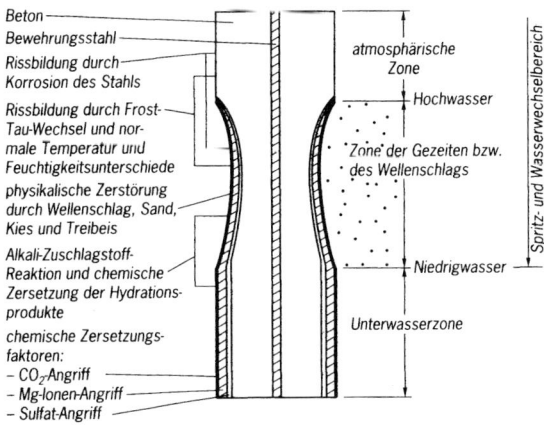

Beton
Bewehrungsstahl
Rissbildung durch Korrosion des Stahls
Rissbildung durch Frost-Tau-Wechsel und normale Temperatur und Feuchtigkeitsunterschiede
physikalische Zerstörung durch Wellenschlag, Sand, Kies und Treibeis
Alkali-Zuschlagstoff-Reaktion und chemische Zersetzung der Hydrationsprodukte
chemische Zersetzungsfaktoren:
– CO_2-Angriff
– Mg-Ionen-Angriff
– Sulfat-Angriff

atmosphärische Zone
Hochwasser
Zone der Gezeiten bzw. des Wellenschlags
Niedrigwasser
Unterwasserzone

Spritz- und Wasserwechselbereich

Bild E 195-1. Schema des Angriffs von Meerwasser auf Stahlbeton nach [133]

dauerhafte Erfolg der Arbeiten hängt wesentlich von der Sachkenntnis des ausführenden Fachpersonals, der Qualität und der Eignung der eingesetzten Baustoffe und der aufgewendeten Sorgfalt in der Ausführung und Überwachung ab.

Schutz- und Instandsetzungsmaßnahmen an Bauteilen, die zumindest während der Durchführung der Maßnahmen vor dem Zutritt von Wasser geschützt werden können (Arbeiten über Wasser), sollten auf Basis der ZTV-W LB 219 [138] erfolgen. Beim Füllen von Rissen und Hohlräumen in derartigen Bauteilen sollte die ZTV-ING [216] als Grundlage herangezogen werden.

Bei Schutz- und Instandsetzungsmaßnahmen, die unter Wasser durchgeführt werden müssen (Arbeiten unter Wasser), sollte durch Probeinstandsetzungen nachgewiesen werden, dass die vorgesehenen Maßnahmen unter den gegebenen Randbedingungen des jeweiligen Einzelfalles zielführend sind. Der Nachweis der Güte der Baustoffe sollte durch Eignungs- und Güteprüfungen erbracht werden, die auf die jeweiligen Bauteilverhältnisse abgestimmt sind.

Maßnahmen in Verbindung mit kathodischem Korrosionsschutz sollten auf der Basis von [179] geplant werden.

Für die Durchführung von Instandsetzungsarbeiten sollten nur Unternehmen herangezogen werden, die über ausreichende Sachkenntnisse und Erfahrungen auf diesem Gebiet verfügen und die Anforderungen an Ausstattung und Personal gemäß [134], [138] bzw. [216] erfüllen.

10.14.2 Beurteilung des Istzustandes

Auf Basis einer sorgfältigen Bestandsaufnahme nach E 194, Abschn. 10.13, ist der Einfluss der Mängel und Schäden auf die Standsicherheit,

553

die Gebrauchsfähigkeit und die Dauerhaftigkeit des Bauwerkes zu beurteilen.

Die Einwirkungen und Beanspruchungen, denen das instandzusetzende Bauteil unterliegt, sollten möglichst genau erfasst werden, weil hieraus die Anforderungen an die einzusetzenden Baustoffe bzw. Bauverfahren resultieren.

10.14.3 Planung der Instandsetzungsarbeiten

10.14.3.1 Allgemeines

Aus der Gegenüberstellung des Istzustandes gemäß Abschn. 10.14.2 und des vorgesehenen Sollzustandes nach Abschluss der Instandsetzungsmaßnahmen ergibt sich der Instandsetzungsbedarf. Die mit den Instandsetzungsmaßnahmen angestrebten Instandsetzungsziele sollten möglichst exakt definiert werden. Dabei sollte gemäß [134] und [138] grundsätzlich unterschieden werden zwischen Maßnahmen, die dem Schutz und der Instandsetzung des Betons an sich dienen, und Maßnahmen zur Wiederherstellung bzw. Aufrechterhaltung des Korrosionsschutzes der Bewehrung. Beim Füllen von Rissen sollte deutlich gemacht werden, ob ein Schließen oder Abdichten des Risses erreicht werden soll bzw. ob die Rissufer kraftschlüssig oder dehnfähig miteinander verbunden werden sollen.

Die möglichen Auswirkungen von Schutz- und Instandsetzungsmaßnahmen auf die Dauerhaftigkeit und das Tragverhalten des Bauteiles bzw. des gesamten Bauwerkes sind zu untersuchen. Hierbei sollten insbesondere eventuelle bauphysikalisch ungünstige Veränderungen sowie Änderungen im Tragverhalten (Erhöhung des Eigengewichtes, Lastumlagerungen etc.) berücksichtigt werden.

Bei der Erarbeitung des Instandsetzungskonzeptes sind die grundsätzlich unterschiedlichen Randbedingungen für Bewehrungskorrosion in Bauteilen über bzw. unter Wasser, in erster Linie die unterschiedliche Zufuhr des korrosionsnotwendigen Sauerstoffes, zu berücksichtigen.

Bei Rissen ist zu prüfen, welche Ursachen die Rissbildung hat und welche Beanspruchungen bzw. Verformungen diesbezüglich in Zukunft noch zu erwarten sind.

10.14.3.2 Instandsetzungsplan

Für jede Instandsetzungsmaßnahme sollte durch einen sachkundigen Ingenieur ein Instandsetzungsplan aufgestellt werden, in dem alle bei der Durchführung der Instandsetzungsmaßnahmen relevanten Details von der Untergrundvorbehandlung über die Art und Qualität der einzusetzenden Stoffe, die zu wählenden Bauverfahren, die Nachbehandlung bis hin zur Qualitätssicherung beschrieben werden.

Der Instandsetzungsplan sollte möglichst auf Basis von [138] bzw. [134] erstellt werden.

Der Instandsetzungsplan sollte u. a. Angaben zu folgenden Punkten enthalten:

(1) Instandsetzungsgrundsätze/Grundsatzlösungen gemäß [134] und [138].

(2) Anforderungen an Unternehmen/Personal, beispielsweise
- Eignungsnachweis des Düsenführers bei Spritzbetonarbeiten
- Eignungsnachweis für den Umgang mit Kunststoffen im Betonbau

(3) Untergrundvorbehandlung
- Ziel der Untergrundvorbehandlung und Art des Vorbehandlungsverfahrens
- Ausmaß des Betonabtrages bzw. der Bewehrungsfreilegung
- erforderlicher Entrostungsgrad der Bewehrung

(4) Betonersatz
- Art und Qualität der zu verwendenden Stoffe bzw. Verfahren, beispielsweise
  - Beton
  - Spritzbeton
  - Spritzmörtel/Spritzbeton mit Kunststoffzusatz (SPCC)
  - Zementmörtel/Beton mit Kunststoffzusatz (PCC)
- Schalung
- Schichtdicken
- zusätzliche Bewehrung
- Arbeitsfugen

(5) Risse
- Füllgüter
- Füllarten

(6) Fugen
- Vorarbeiten
- Art des Fugendichtungsmaterials
- Ausführung

(7) Oberflächenschutzsysteme
- Systemart
- Schichtdicken

(8) Nachbehandlung
- Art
- Dauer

(9) Qualitätssicherung
- Grundprüfungen
- Eignungsprüfungen
- Güteüberwachung

10.14.4 Durchführung der Instandsetzungsarbeiten

10.14.4.1 Allgemeines

Die Durchführung von Instandsetzungsarbeiten über Wasser werden detailliert in der ZTV-W LB 219 [138] bzw. der ZTV-ING [216] beschrieben.

Vor Aufbringen von zementgebundenem Betonersatz (Beton, Spritzbeton, SPCC, PCC) sollte der Betonuntergrund ausreichend (erstmals 24 Stunden vorher) vorgenässt werden. Die Auftragsflächen müssen vor dem Einbau des Betonersatzes jedoch so weit abgetrocknet sein, dass sie mattfeucht erscheinen.

Eine ausreichende Nachbehandlung ist von ausschlaggebender Bedeutung für den Erfolg von Instandsetzungsarbeiten. Zementgebundener Betonersatz sollte in den ersten Tagen nach dem Einbau durch wasserzuführende Maßnahmen nachbehandelt werden. Dies gilt in ganz besonderem Maße für geringere Schichtdicken bei Betonersatz mit PCC.

Aufgrund der unterschiedlichen Ausgangsstoffe ist bei lokaler Instandsetzung mit zementgebundenem Betonersatz stets mit farblichen Unterschieden zwischen Altbeton und Betonersatz zu rechnen.

Die folgenden Hinweise gelten i.d.R. nicht für Maßnahmen mit kathodischem Korrosionsschutz.

10.14.4.2 Untergrundvorbehandlung

(1) Allgemeines
Nicht die Art der Untergrundvorbehandlung, sondern das mit der Untergrundvorbehandlung angestrebte Ziel sollte vorgegeben werden.

Nach Abschluss der Untergrundvorbehandlung ist zu prüfen, ob der Betonuntergrund die für die vorgesehene Instandsetzungsarbeiten erforderlichen Abreißfestigkeiten aufweist.

(2) Arbeiten über Wasser
Für einen guten Verbund muss der Betonuntergrund gleichmäßig fest und frei von trennenden, arteigenen oder artfremden Substanzen sein. Lockerer und mürber Beton sowie alle Fremdstoffe wie Bewuchs, Muscheln, Öl oder Farbreste sind zu entfernen. Der darüber hinaus zum Erreichen des Instandsetzungszieles erforderliche Betonabtrag sowie das Freilegen der Bewehrung ist abhängig vom gewählten Verfahren gemäß [134] bzw. [138] und sollte dem Instandsetzungsplan zu entnehmen sein.

Vor Aufbringen eines zementgebundenen Betonersatzes sollten nach Abschluss der Untergrundvorbehandlung i.d.R. oberflächennahe, fest eingebettete Zuschlagkörner mit einem Durchmesser ≥ 4 mm kuppenartig freiliegen.

Nach Abschluss der Untergrundvorbehandlung müssen lose Korrosionsprodukte an freiliegender Bewehrung und ggf. an freiliegenden Einbauteilen entfernt sein. Der Entrostungsgrad muss bei Korrosionsschutz durch Wiederherstellung des alkalischen Milieus gemäß [134] bzw. [138] mindestens dem Normreinheitsgrad Sa 2, bei Korrosionsschutz durch Beschichten der Bewehrung mindestens dem Normreinheitsgrad Sa 2½ entsprechen. Zur Entrostung der Bewehrung bei chloridinduzierter Bewehrungskorrosion ist nur Hochdruckwasserstrahlen (≥ 600 bar) zulässig. Für die Untergrundvorbehandlung eignen sich je nach Verwendungszweck beispielsweise:

- Stemmen,
- Fräsen,
- Schleifen,
- Strahlen mit
  - festem Strahlmittel,
  - Wasser/Sandgemisch,
  - Hochdruckwasser.

Bei der Untergrundvorbehandlung anfallender Abtrag und verfahrensbedingte Vermischungen sind nach den geltenden abfallrechtlichen Bestimmungen zu entsorgen.

(3) Arbeiten unter Wasser
Die Hinweise gemäß Abschn. 10.14.4.2 (2) gelten sinngemäß. Für die Untergrundvorbehandlung eignen sich je nach Verwendungszweck beispielsweise:

- hydraulisch angetriebene Reinigungsgeräte,
- Unterwasserstrahlen mit
  - festem Strahlmittel,
  - Hochdruckwasser.

10.14.4.3 Instandsetzen mit Beton

(1) Allgemeines
Die Instandsetzung mit Beton ist insbesondere bei großflächiger Instandsetzung mit größeren Schichtdicken sowohl unter technischen wie auch wirtschaftlichen Gesichtspunkten zu bevorzugen.

(2) Arbeiten über Wasser
Das Instandsetzen mit Beton sollte auf Basis der ZTV-W LB 219 [138] erfolgen. Dort werden in Abhängigkeit von den auf das Bauteil einwirkenden Beanspruchungen bestimmte Anforderungen an die Zusammensetzung und die Eigenschaften des Betons gestellt.

(3) Arbeiten unter Wasser
Diese Arbeiten sind in Anlehnung an Abschn. 10.14.4.3 (1) auszuführen. Das fachgerechte Einbringen und Verdichten des Betons ohne Ent-

mischung ist durch Zugabe eines geeigneten Stabilisierers mit Zulassung des DIBt (Deutsches Institut für Bautechnik, Berlin) oder nach den Regeln für Unterwasserbeton gemäß DIN 1045, Abschn. 6.5.7.8 sicherzustellen.

10.14.4.4 Instandsetzen mit Spritzbeton

(1) Allgemeines
Das Spritzbetonverfahren hat sich für das Instandsetzen von Betonbauteilen im Wasserbau bei Arbeiten über Wasser gut bewährt und dürfte wohl das am häufigsten eingesetzte Instandsetzungsverfahren sein.

(2) Arbeiten über Wasser
Siehe Abschn. 10.14.4.3 (2). In [138] werden in Abhängigkeit von den auf das Bauteil einwirkenden Beanspruchungen bestimmte Anforderungen an die Zusammensetzung des Bereitstellungsgemisches und die Eigenschaften des fertigen Spritzbetons gestellt.
Grundsätzlich wird in der ZTV-W LB 219 unterschieden in Spritzbeton bis zu etwa 5 cm Schichtdicke, der unbewehrt ausgeführt werden kann, und Spritzbeton mit mehr als 5 cm Schichtdicke, der zusätzlich zu bewehren und über Verankerungsmittel mit dem Bauteil zu verbinden ist.
Die Oberfläche des Spritzbetons ist spritzrauh zu belassen. Wird eine glatte oder besonders strukturierte Oberfläche gewünscht, ist nach Erhärten des Spritzbetons in einem getrennten Arbeitsgang ein Mörtel bzw. Spritzmörtel aufzubringen und entsprechend zu bearbeiten.

(3) Arbeiten unter Wasser
entfällt

10.14.4.5 Instandsetzen mit Spritzbeton mit Kunststoffmodifizierung (SPCC)

(1) Allgemeines
Der Einsatz von SPCC kann insbesondere bei dünneren Schichten vorteilhaft sein, da durch die Kunststoffzusätze bestimmte Betoneigenschaften wie Wasserrückhaltevermögen, Haftfestigkeit oder Dichtigkeit verbessert werden. Außerdem lässt sich durch Kunststoffzusätze ein dem Altbeton vergleichbares Verformungsverhalten erzielen. Es dürfen nur feuchtigkeitsunempfindliche Kunststoffzusätze verarbeitet werden.

(2) Arbeiten über Wasser
Siehe Abschn. 10.14.4.3 (2). Die Schichtdicke des SPCC sollte bei flächigem Auftrag zwischen 1 und 5 cm betragen. Bei derartigen Auftragsstärken kann auf zusätzliche Bewehrung verzichtet werden.
Die Oberfläche des SPCC sollte spritzrauh belassen werden. Wird eine glatte oder besonders strukturierte Oberfläche gewünscht, ist

- bei einlagigem Auftrag nach Erhärten des SPCC in einem getrennten Arbeitsgang ein mit dem SPCC verträglicher Mörtel aufzubringen und entsprechend zu bearbeiten,
- bei mehrlagigem Auftrag die letzte Spritzlage entsprechend zu bearbeiten.

(3) Arbeiten unter Wasser
entfällt

10.14.4.6 Instandsetzen mit Zementmörtel/Beton mit Kunststoffzusatz (PCC)

(1) Allgemeines
PCC ist insbesondere zum Instandsetzen kleiner Ausbruchflächen geeignet. PCC wird von Hand aufgetragen oder maschinell zur Auftragsfläche gefördert. Die Verdichtung erfolgt jedoch, anders als bei Spritzbeton oder SPCC, in beiden Fällen händisch. Es dürfen nur feuchtigkeitsunempfindliche Kunststoffzusätze verarbeitet werden.

(2) Arbeiten über Wasser
Siehe Abschn. 10.14.4.3 (2). Die Schichtdicke des PCC kann bei lokaler Instandsetzung bis zu etwa 10 cm betragen.

(3) Arbeiten unter Wasser
Für diesen Anwendungsbereich stehen Spezialprodukte zur Verfügung.

10.14.4.7 Instandsetzung mit Reaktionsharzmörtel/Reaktionsharzbeton (PC)

(1) Allgemeines
PC sind nahezu wasserdampfdicht. Nicht zuletzt aus diesem Grund ist die Verwendung von PC auf lokale Instandsetzungen bzw. auf Arbeiten unter Wasser beschränkt.

(2) Arbeiten über Wasser
PC sollten nur im Ausnahmefall und nur für lokale Instandsetzungen eingesetzt werden [216].

(3) Arbeiten unter Wasser
Für diesen Anwendungsbereich stehen Spezialprodukte zur Verfügung.

10.14.4.8 Ummanteln des Bauteils

(1) Allgemeines
Das geschädigte Bauteil wird mit einer dichten, gegenüber den zu erwartenden mechanischen, chemischen und biologischen Angriffen ausreichend widerstandsfähigen Hülle ummantelt. Die Schutzhülle kann ohne oder mit Haftverbund um das zu schützenden Bauteil gelegt werden. Das Ziel des Verfahrens ist es, Zutritt von Wasser, Sauerstoff oder

sonstigen Stoffen zwischen Hülle und Bauteil zu verhindern. Das Verfahren ist sowohl über als auch unter Wasser anwendbar.

(2) Säubern und Vorbehandeln des Untergrunds
Die Arbeiten werden entsprechend Abschn. 10.14.4.2 (2) bzw. Abschn. 10.14.4.2 (3) ausgeführt.

(3) Ummanteln des Betons mit einer vorgefertigten Betonvorsatzschale
Anforderungen an das Fertigteil:
- dichter, kapillarporenfreier Beton ($W/Z \leq 0,4$) mit hohem Frostwiderstand,
- beschichtete Bewehrung.

Ausfüllen des Zwischenraums zwischen Vorsatzschale und vorbehandeltem Beton durch Einpressen eines schwindarmen Zementmörtels mit hohem Frostwiderstand.

(4) Ummanteln des Betons mit einer vorgefertigten faserverstärkten Betonvorsatzschale
Geeignete Fasern:
- Stahlfasern,
- alkalibeständige Glasfasern.

Anforderungen und Ausführung entsprechend Abschn. 10.14.4.8 (3).

(5) Ummantelung des Betons vor Ort mit faserverstärktem Beton
wie Abschn. 10.14.4.8 (4)

(6) Ummanteln des Betons mit einer Kunststoffschale,
anwendbar bei Stützen
Anforderungen an die Kunststoffschale:
- beständig gegenüber UV-Strahlung (nur über Wasser),
- beständig gegenüber dem anstehenden Wasser,
- wasser- und ausreichend diffusionsdicht,
- wenn nötig, ausreichende mechanische Widerstandsfähigkeit gegen die zu erwartenden Einwirkungen, beispielsweise gegen Eislast, Geschiebe und Schiffsberührung.

Ausfüllen des Zwischenraums zwischen Schale und vorbehandeltem Beton wie bei Abschn. 10.14.4.8 (3).

(7) Umwickeln des Bauteils mit flexibler Folie,
anwendbar bei Stützen
Säubern und Vorbehandeln des Untergrunds entsprechend Abschn. 10.14.4.2 (2) bzw. 10.14.4.2 (3).
Herstellen des Korrosionsschutzes der Bewehrung und Auffüllen der Schadstellen gem. Abschn. 10.14.4.3 bis 10.14.4.7, Umwickeln der Stützen mit flexibler Folie.

Anforderungen an das System:

- beständig gegenüber UV-Strahlung,
- beständig gegenüber dem anstehenden Wasser,
- wasser- und gasdicht,
- ausreichende mechanische Widerstandsfähigkeit gegen die zu erwartenden äußeren Einwirkungen, beispielsweise gegen Eislast,
- dichte Verschlüsse der Folienränder untereinander und dichte obere und untere Anschlüsse an die Stütze, sodass weder flüssige noch gasförmige Stoffe zwischen Folie und Untergrund gelangen können.

10.14.4.9 Beschichten des Bauteils

(1) Allgemeines
Als zusätzliche Maßnahme gegen das Eindringen schädlicher Stoffe in den Beton, insbesondere von Chloriden und Kohlendioxid bei Stahl- und Spannbetonbauteilen (wenn keine Ummantelung entsprechend Abschn. 10.14.4.8 vorgesehen ist), kann eine Beschichtung auf dem gesäuberten, vorbehandelten und ggf. mit Betonersatz instandgesetzten Bauteil sinnvoll sein.

(2) Arbeiten über Wasser
Siehe Abschn. 10.14.4.3 (2).
Beschichtungen dürfen nur verwendet werden, wenn die Gefahr einer rückseitigen Durchfeuchtung ausgeschlossen werden kann.

(3) Arbeiten unter Wasser
Für diesen Anwendungsbereich stehen Spezialprodukte zur Verfügung.

10.14.4.10 Füllen von Rissen

Die Arbeiten sollten möglichst auf Basis der ZTV-ING [216] durchgeführt werden. Für das Füllen von Rissen in Bauteilen des Wasserbaues mit ihren oftmals hohen Sättigungsgraden haben sich für kraftschlüssige Verbindungen Zementleime/Zementsuspensionen, für dehnfähige Verbindungen Polyurethane bewährt.

10.14.4.11 Herrichten von Fugen und Fugenabdichtung

- Reinigen der Fugen und gegebenenfalls Erweitern der vorhandenen Fugenspalte,
- Ausbessern beschädigter Kanten mit Epoxidharzmörtel,
- Einbringen der Fugendichtung nach den maßgebenden Vorschriften und Richtlinien.

Das Schließen und Füllen der Fugen kann singemäß nach DIN 18 540 vorgenommen werden. Für Fugen in Verkehrsflächen ist [137] zu beachten.

11 Pfahlrostkonstruktionen

11.1 Allgemeines

Bei den in den nachfolgenden Abschnitten behandelten Pfahlrost-konstruktionen sind stets auch die horizontalen Kopfverformungen zu ermitteln und auf Gebrauchstauglichkeit hin zu überprüfen. Bei großen Geländesprüngen ist zu überlegen, ob zur Begrenzung der Verformungen zusätzlich zu den Pfahlböcken auch Schrägverankerungen gemäß Abschn. 9 eingesetzt werden sollen. Hierbei ist auf Verformungs-kompatibilität zu achten.

Bedingt durch u. a. Pollerzug, Kranseitenstoß und Tideeinfluss können Pfähle wechselnder Belastung (Zug/Druck) ausgesetzt werden. Die Eignung des gewählten Pfahlsystems für Wechsellasten ist daher zu überprüfen.

Den unter diesem Abschn. aufgeführten Empfehlungen zur statischen Berechnung liegt das Teilsicherheitskonzept zugrunde (vgl. Abschn. 0.2).

11.2 Ermittlung der Erddruckabschirmung auf eine Wand unter einer Entlastungsplatte bei mittleren Geländeauflasten (E 172)

Durch eine Entlastungsplatte kann, abhängig vor allem von der Lage und der Breite der Platte sowie von der Scherfestigkeit und Zusammen-drückbarkeit des Bodens, hinter der Wand und unter der Sohle des Bauwerks der Erddruck auf eine Wand mehr oder weniger abgeschirmt werden. Die für die Schnittkraftermittlung maßgebende Erddruckverteilung wird dadurch günstig beeinflusst. Bei einheitlichem nichtbindigem Boden und mittleren Geländeauflasten (üblich 20 bis 30 kN/m² als gleich-

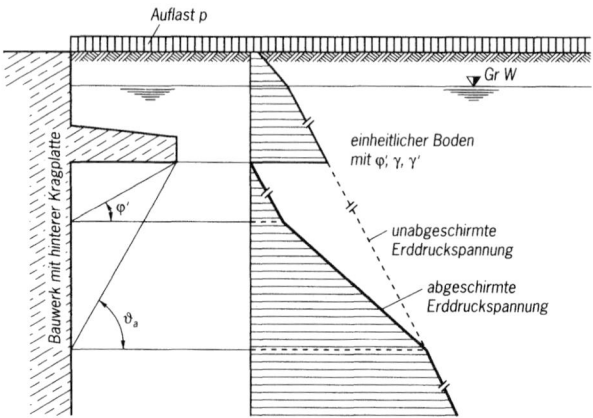

Bild E 172-1. Lösung nach LOHMEYER bei einheitlichem Boden

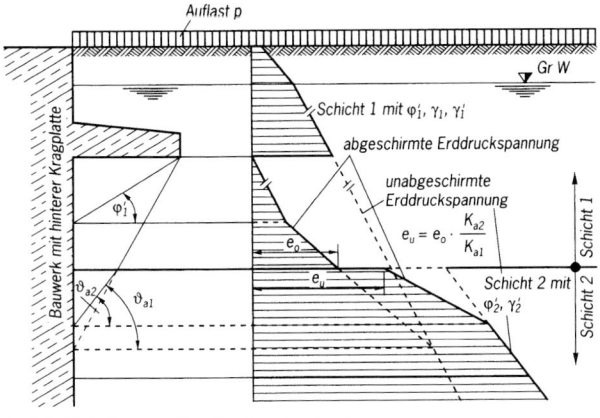

im Beispiel sind: $\varphi_2' < \varphi_1'$; $K_{a2} > K_{a1}$; $\vartheta_{a2} < \vartheta_{a1}$; $\gamma_2' < \gamma_1'$

Bild E 172-2. Lösung nach LOHMEYER mit Erweiterung für geschichteten Boden (Lösungsmöglichkeit 1)

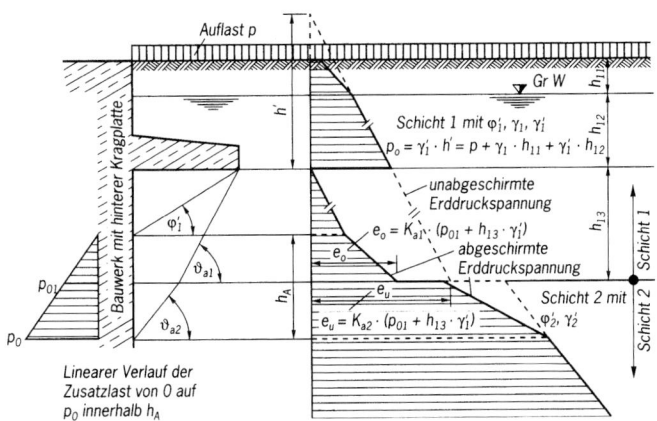

Bild E 172-3. Lösung nach LOHMEYER mit Erweiterung für geschichteten Boden (Lösungsmöglichkeit 2)

mäßig verteilte Last) kann die Erddruckabschirmung nach LOHMEYER [93], Bild E 172-1, ermittelt werden. Wie durch CULMANN-Untersuchungen nachgewiesen werden kann, trifft unter den obigen Voraussetzungen der LOHMEYER-Ansatz gut zu.

Bei geschichtetem nichtbindigem Boden bieten die Ansätze nach Bild E 172-2 bzw. E 172-3 Näherungslösungen, wobei die Berechnung nach Bild E 172-3 auch bei mehrfachem Schichtwechsel mit einem PC einfach durchgeführt werden kann.

563

In Zweifelsfällen kann bei mehrfachem Schichtwechsel oder bei unterschiedlichen Geländeauflasten der Erddruck mit Hilfe eines Verfahrens nach E 171, Abschn. 2.4.3 oder nach DIN 4085 ermittelt werden.
Hat der Boden auch eine Kohäsion c', kann der abgeschirmte Erddruck angenähert in der Weise angesetzt werden, dass zunächst die abgeschirmte Erddruckverteilung ohne Berücksichtigung von c' ermittelt und dieser anschließend der Kohäsionseinfluss:

$$\Delta e_{ac} = c' \cdot K_{ac}$$

überlagert wird (K_{ac}: Beiwert für den aktiven Erddruck zur Berücksichtigung der Kohäsion, siehe DIN 4085). Diese Vorgehensweise ist aber nur zulässig, wenn der Kohäsionsanteil im Verhältnis zum Gesamterddruck gering ist. Eine genauere Ermittlung ist auch hier unter Anwendung des erweiterten CULMANN-Verfahrens nach E 171, Abschn. 2.4 möglich.
Gleiches gilt zur Erfassung des Einflusses von Erdbeben unter Berücksichtigung von E 124, Abschn. 2.13.
Die Ansätze nach den Bildern E 172-1 bis E 172-3 sind nicht in Fällen anwendbar, in denen mehrere Entlastungsplatten übereinander angeordnet sind. Außerdem ist, unabhängig von der Abschirmung, die Gesamtstandsicherheit des Bauwerks für die entsprechenden Grenzzustände nach DIN 1054 nachzuweisen, wobei in den maßgebenden Bezugsebenen der volle Erddruck anzusetzen ist.

11.3 Erddruck auf Spundwände vor Pfahlrostkonstruktionen (E 45)

11.3.1 Allgemeines
Immer häufiger müssen Pfahlrostkonstruktionen mit hinten liegender Spundwand durch eine zusätzlich vorgerammte und tiefere Spundwand für größere Wassertiefen verstärkt werden. Die neue vordere Spundwand wird dann von dem Erdauflagerdruck der vorhandenen vorderen Spundwand und oft auch schon knapp unter der vertieften Hafensohle durch Bodenspannungen aus den Pfahlkräften belastet.
Auch bei Pfahlrostneubauten kann es vorkommen, dass eine neue vordere Spundwand im Einflussbereich der Pfahlkräfte liegt.
Die auf die Gleitkörper und auf die neue Spundwand wirkenden Lasten können nur angenähert ermittelt werden. Die folgenden Ausführungen gelten zunächst für nichtbindigen Boden zur Ermittlung der Schnittkräfte. Hierfür wird vorausgesetzt, dass der Nachweis der Gesamtstandsicherheit nach DIN 4084 für GZ 1C geführt worden ist und die Einbindetiefe der neuen vorderen Uferwand damit festliegt.
Bild E 45-1a zeigt hierzu als Beispiel einen der in Frage kommenden Bruchmechanismen. Weitere Bruchmechanismen, bei denen in erster Linie die Neigung der äußeren Gleitlinien der Gleitkörper 1 und 3 variiert

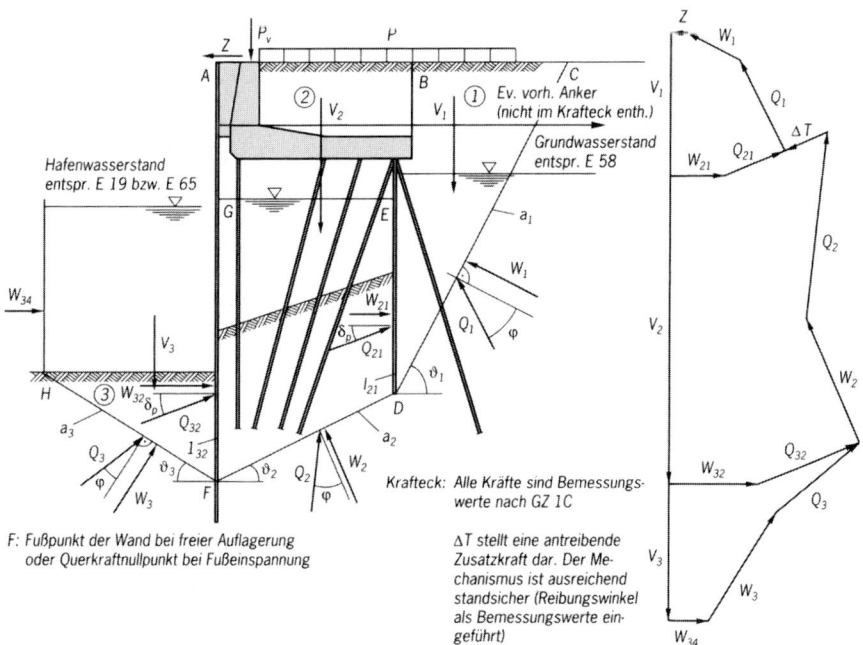

Bild E 45-1a. Gesamtstandsicherheit einer überbauten Böschung, Beispiel für einen Bruchmechanismus

werden, müssen zeigen, ob sich das Krafteck mit den Bemessungswerten von Einwirkungen und Widerständen immer ohne stützende Zusatzkraft ΔT schließen lässt.

In Bild E 45-1a bedeuten:

V_1, V_2, V_3 Eigenlasten der Gleitkörper 1, 2, 3, einschließlich der auf sie entfallenden veränderlichen und ständigen Nutzlasten sowie der vertikalen Wasserlasten

W_1, W_2, W_3 Wasserdruckkräfte auf die äußeren Gleitflächen a_i der Gleitkörper 1, 2, 3, normal zu den Gleitflächen a_i

Q_1, Q_2, Q_3 Gleitflächenkräfte der äußeren Gleitflächen a_i der Gleitkörper 1, 2, 3, unter dem Reibungswinkel φ gegen die Normale auf die Gleitfläche geneigt

Q_{21}, Q_{32} Gleitflächenkräfte der inneren Gleitflächen i_{21}, i_{32}, unter δ_p bei Spundwänden, unter φ im Boden, geneigt

W_{21}, W_{32} Wasserdruckkräfte auf die senkrechten inneren Gleitflächen i_{21} (DEB), i_{32} (FG) von links nach rechts wirkend

565

W_{34}	Wasserdruckkraft auf die Lotrechte durch H, nach rechts wirkend
P_V	Vertikallast
Z	Horizontallast
ΔT	Zusatzkraft zur Erfüllung des Gleichgewichts
a_1, a_2, a_3	äußere Gleitflächen der Gleitkörper 1, 2, 3,
i_{21}, i_{32}	innere Gleitflächen zwischen den Gleitkörpern 2 und 1, 3 und 2
φ	Reibungswinkel
δ_p	Erdwiderstandsneigungswinkel
$\vartheta_1, \vartheta_2, \vartheta_3$	Gleitflächenwinkel

11.3.2 Lasteinflüsse

Der auf die neue vordere Spundwand wirkende Erddruck wird beeinflusst von:

(1) Dem Erddruck aus dem Boden hinter dem Bauwerk. Er wird im Allgemeinen auf die Ebene einer ggf. vorhandenen hinteren Spundwand oder auf die lotrechte Ebene durch die Hinterkante des Überbaues bezogen (hintere Bezugsebene). Er wird mit ebenen Gleitflächen für die vorhandene Höhe des Geländes und der Auflast berechnet. Der Erddruckneigungswinkel ist gemäß DIN 4085 anzusetzen.

(2) Der Fußauflagerkraft einer ggf. vorhandenen hinteren Spundwand (Q_1 in Bildern E 45-1b bis d, unter δ_p zur Horizontalen geneigt).

(3) Dem Strömungsdruck im Erdkörper hinter der vorhandenen vorderen Spundwand, hervorgerufen durch den Unterschied zwischen Grundwasser- und Hafenwasserspiegel.

(4) Der Eigenlast der zwischen vorhandener vorderer Spundwand und hinterer Bezugsebene liegenden Bodenmassen, im Zusammenwirken mit dem Erddruck nach Absatz (1). Bei vorhandener hinterer Spundwand ist dies die für das Gleichgewicht der hinteren Spundwand erforderliche Fußauflagerkraft, die in das Erdreich zwischen den beiden Spundwänden eingeleitet wird.

(5) Den Pfahlkräften, die sich aus den lotrechten und waagerechten Überbaubelastungen ergeben. Beim Berechnen der Pfahlkräfte müssen die oberen Auflagerreaktionen der vorderen vorhandenen Spundwand einbezogen werden, sofern nicht eine vom Pfahlrost unabhängige Zusatzverankerung angewendet wird (Bild E 45-1a).

(6) Dem Widerstand Q des Bodens zwischen vorderer Spundwand und hinterer Bezugsebene nach Absatz (1) bei einer Bewegung des Bauwerks nach vorn (Bild E 45-1b bis d).

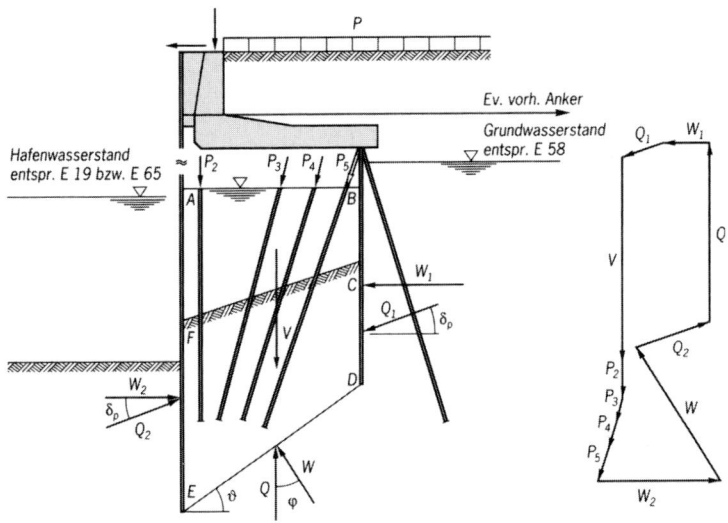

Bild E 45-1b. Untersuchung verschiedener Bruchmechanismen zur Ermittlung der Einwirkungen auf eine neue vordere Spundwand bei einer überbauten Böschung; 1. Beispiel für einen Bruchmechanismus

In Bild E 45-1b bedeuten:

V	Eigenlast des Bodens $FCDE$ einschl. Wasserlast $ABDE$
W_1, W_2	Wasserdruckkräfte von rechts, links
W	Wasserdruckkraft auf die Gleitfläche ED
Q	Gleitflächenkraft der Gleitfläche ED
Q_1	charakteristischer Wert der erforderlichen Fußauflagerkraft der hinteren Spundwand
Q_2	für Gleichgewicht erforderliche Stützkraft
P_2–P_5	Axialkräfte, die im Gleitkörper $CDEF$ aufgenommen werden
φ	Reibungswinkel
δ_p	Erdwiderstandneigungswinkel
ϑ	Gleitflächenwinkel

567

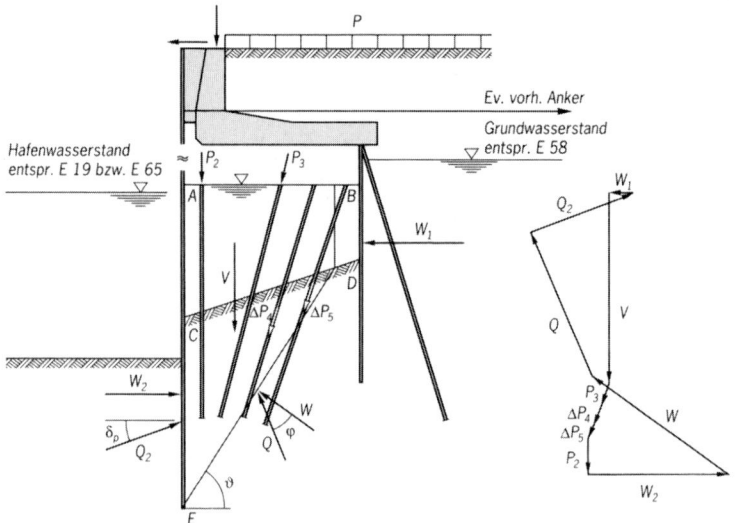

Bild E 45-1c. Untersuchung verschiedener Bruchmechanismen zur Ermittlung der Einwirkungen auf eine neue vordere Spundwand bei einer überbauten Böschung; 2. Beispiel für einen Bruchmechanismus

In Bild E 45-1c bedeuten:

V	Eigenlast des Bodens *CDE* einschl. Wasserlast *ABDE*
W_1, W_2	Wasserdruckkräfte von rechts, links
W	Wasserdruckkraft auf die Gleitfläche *ED*
Q	Gleitflächenkraft der Gleitfläche *ED*
Q_2	für Gleichgewicht erforderliche Stützkraft
$P_2\text{–}P_3$	Axialkräfte, die im Gleitkörper *CDE* aufgenommen werden
$\Delta P_4, \Delta P_5$	Axialkräfte aus Mantelreibung, die im Gleitkörper *CDE* aufgenommen werden
φ	Reibungswinkel
δ_p	Erdwiderstandsneigungswinkel
ϑ	Gleitflächenwinkel

568

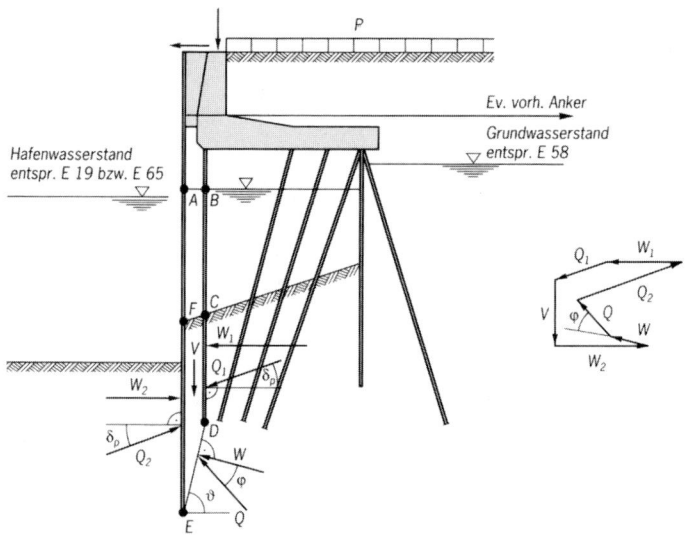

Bild E 45-1d. Untersuchung verschiedener Bruchmechanismen zur Ermittlung der Einwirkungen auf eine neue vordere Spundwand bei einer überbauten Böschung, 3. Beispiel für einen Bruchmechanismus

In Bild E 45-1d bedeuten:

V	Eigenlast des Bodens *FCDE* einschl. Wasserlast *ABDE*
W_1, W_2	Wasserdruckkräfte von rechts, links auf die Schnittflächen *DB*, *EA*
W	Wasserdruckkraft auf die Gleitfläche *ED*
Q	Gleitflächenkraft der Gleitfläche *ED*
Q_1	charakteristischer Wert der erforderlichen Fußauflagerkraft der vorhandenen vorderen Spundwand
Q_2	für Gleichgewicht erforderliche Stützkraft
φ	Reibungswinkel
δ_p	Erdwiderstandsneigungswinkel
ϑ	Gleitflächenwinkel

11.3.3 Lastansätze zur Ermittlung des Erddrucks auf die neue vordere Spundwand

Die Lastansätze bei einer nachträglich vorgerammten Spundwand sind in den Bildern E 45-1b bis d dargestellt. Nach DIN 1054 ist für den Nachweis der Standsicherheit des Fußauflagers der vorgesetzten Spundwand der GZ 1B anzuwenden. Das Vorgehen ist in Abschn. 0.2.3 dargestellt: zunächst sind die Einwirkungen und Widerstände mit charakteristischen Werten zu ermitteln. Der maßgebende charakteristische Wert

569

der Fußauflagerkraft Q_2 ergibt sich aus der Untersuchung mehrerer Bruchmechanismen, wie sie beispielhaft in den Bildern E 45-1b bis d dargestellt sind. Veränderliche Einwirkungen sollten bei diesen Untersuchungen im Verhältnis γ_Q/γ_G vergrößert werden, so dass der Nachweis des Grenzzustandes nur mit dem Teilsicherheitsbeiwert für ständige Einwirkungen γ_G geführt zu werden braucht.

Der Wert der Fußauflagerkraft Q_1 der gegebenenfalls vorhandenen hinteren Spundwand (Abschn. 11.3.2 (2)) wird aus den charakteristischen Werten der Auflager- und Schnittkräfte dieser Wand gewonnen. Er wird auf den Erdkörper zwischen ihr und der neuen vorderen Spundwand als Einwirkung angesetzt. Dabei wird ein innerer Schnitt betrachtet, der auf der aktiven Seite der vorderen neuen Spundwand geführt wird und die Spundwände P_1 und P_2 sowie die Pfähle P_3 bis P_5 unterhalb der Pfahlrostplatte freischneidet.

Bild E 45-1b zeigt das statische System und einen der zu untersuchenden Bruchmechanismen sowie das zugehörige Krafteck. Maßgebend ist der Mechanismus (siehe Bilder E 45-1c und d), der die größte Fußauflagerkraft Q_2 benötigt. Diese Kraft ist dann als charakteristische Einwirkung auf den Erdkeil vor der neuen vorderen Spundwand anzusetzen. Dem Bemessungswert der Fußauflagerkraft Q_2 ist in der Grenzzustandsgleichung der Bemessungswert des Erdwiderstandes für den GZ 1B gegenüber zu stellen.

Bei der Wahl der Richtung von Q_2 dürfen die Erddruckgrenzbedingungen an der neuen vorderen Wand nicht verletzt werden. Die Erddruckverteilung auf die neue vordere Wand richtet sich nach deren Bewegungsmöglichkeiten. Sie darf entsprechend Abschn. 8.2 oder nach DIN 4085 gewählt werden. Die Pfahlkräfte sind aus einem Standsicherheitsnachweis des Überbaus mit charakteristischen Werten der Einwirkungen zu ermitteln. In den Erdkörper zwischen den beiden Wänden sind die Kräfte einzuleiten, die dort über Mantelreibung und Spitzendruck abgetragen werden (ΔP-Kräfte in den Bildern E 45-1b bis d).

Die Wirkung einer Strömungskraft infolge eines Spiegelunterschiedes zwischen Grundwasser und Hafenwasser ist durch den Ansatz der Wasserdruckkräfte in allen untersuchten Gleitlinien bzw. Lamellengrenzen in Verbindung mit der Wichte des gesättigten Bodens zu berücksichtigen. Die Bilder E 45-1c und d zeigen beispielhaft weitere zu untersuchende Mechanismen, die durch steilere Gleitlinien gekennzeichnet sind bis hin zu einer Gleitlinie zwischen dem Fuß oder dem Querkraftnullpunkt bei einer eingespannten neuen vorderen Wand und dem Fuß der vorhandenen vorderen Wand (Bild E 45-1d). Die Kraft Q_1 ist nun die Auflagerkraft der vorhandenen vorderen Spundwand und ergibt sich in analoger Weise wie Q_1 für die hintere Spundwand.

11.3.4 Berechnung bei bindigen Böden

Hier kann sinngemäß verfahren werden. Bei Böden, die eine wirksame Kohäsion c' aufweisen, wird zusätzlich die Kohäsionskraft $C' = c' \cdot l$ entlang der jeweils untersuchten Gleitfläche berücksichtigt. Bei erstbelasteten wassergesättigten Böden tritt anstelle von c' der Wert c_u, wobei $\varphi' = 0$ anzusetzen ist.

11.3.5 Belastung durch Wasserüberdruck

Der auf die vordere Spundwand wirkende Wasserüberdruck richtet sich unter anderem nach den Bodenverhältnissen, der Bodenhöhe hinter der Wand und einer etwaigen Entwässerung. Er wird bei Neubauten mit nur vorderer Spundwand und hochliegendem, bis unter die Rostplatte reichendem Boden nach E 19, Abschn. 4.2 unmittelbar auf die Spundwand wirkend angesetzt. Liegt in Fällen mit hinterer Spundwand die Erdoberfläche unter dem freien Wasserspiegel, und besitzt die neue Wand genügend viele Wasserausgleichsöffnungen, gilt E 19 für den Wasserüberdruckansatz auf die alte Spundwand und den Strömungsdruckansatz nach Abschn. 11.3.2 (3). In solchen Fällen wird unmittelbar auf die vordere Spundwand vorsorglich ein Wasserüberdruck in halber Höhe der im Hafen zu erwartenden Wellen angesetzt. In der Regel genügt hierfür die Annahme eines Wasserspiegelunterschieds von 0,5 m als charakteristischer Wert.

11.4 Berechnung ebener Pfahlrostkonstruktionen (E 78)

Für ebene Pfahlrostkonstruktionen zur Abfangung von Geländesprüngen kommen hauptsächlich zwei Varianten zur Ausführung (vgl. auch Prinzipskizzen in E 200, Abschn. 6.8.2):

- Frei über einer Unterwasserböschung stehender Pfahlrost mit landseitiger Spundwand, die den am Böschungskopf verbleibenden Geländesprung abfängt.

- Pfahlrost mit wasserseitiger Spundwand:
  - Verstärkungskonstruktion vor und über bestehendem Pfahlrost zur Vergrößerung der Entwurfstiefe, wobei eine vorhandene Böschung in der Regel erhalten bleibt. Die Spundwand sollte bis zu einer gewissen Tiefe – zumindest bis zum Böschungsfuß – in einer nicht geschlossenen Bauweise ausgeführt werden, damit sich kein Differenz-Wasserdruck aufbauen kann.
  - Konstruktion eines neuen Pfahlrostes mit voll hinterfüllter Spundwand. Die auf den Pfählen gelagerte Überbauplatte schirmt den Erddruck auf die Spundwand wirkungsvoll gegen Auflasten ab (Bild E 78-1).

Der Tragwerksquerschnitt der vorgenannten Uferbauwerke, die in Längsrichtung eindimensionale Linienbauwerke sind, stellt sich als ebener

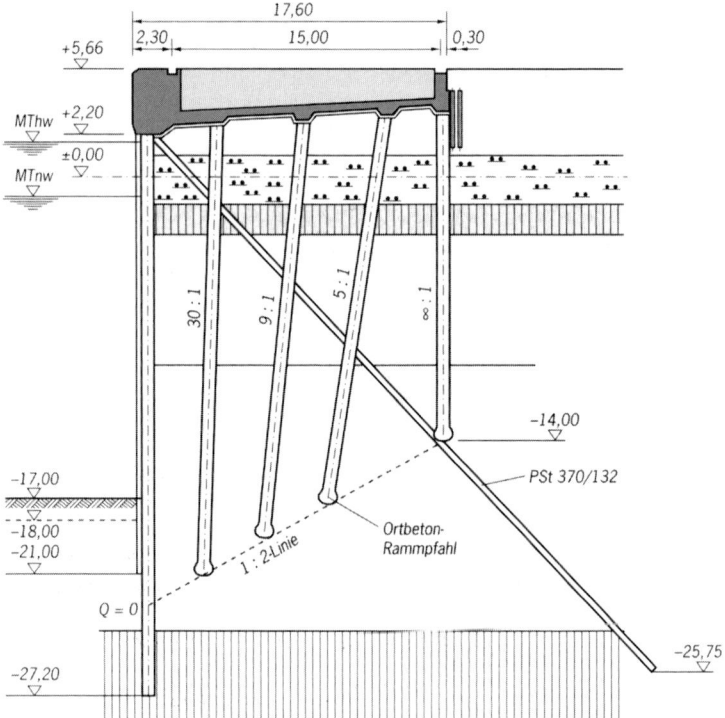

Bild E 78-1. Ausgeführtes Beispiel einer Pfahlrostkonstruktion mit wasserseitiger Spundwand

Pfahlrost dar, dessen Einwirkungs- und Widerstandsbreite pro lfdm. oder pro Systemrastermaß angegeben werden kann.

Auch Poller- und Fendereinwirkungen können wegen der Scheibenwirkung der Rostplatte innerhalb eines Bauwerksabschnitts anteilig auf den Berechnungsquerschnitt verteilt werden. Ergeben sich dennoch aus konstruktiven Gründen konzentrierte hohe Zuglasten, die von einer Gruppe von Ankerpfählen aufgenommen werden sollen, so ist durch geeignete erdstatische Berechnungsverfahren die Tragfähigkeit der Pfahlgruppe nachzuweisen.

Die Ermittlung der Schnittgrößen für Pfähle und Überbau ist für den ebenen Fall auf elementare Weise möglich:

Das statische Problem des Plattenstreifens mit den in seiner Ebene angeordneten Pfählen kann durch einen elastisch gestützten Durchlaufträger korrekt dargestellt werden. Die Pfähle werden hierbei durch Federn in Richtung der Pfahlachse abgebildet, die zugehörigen Federsteifigkeiten

572

ergeben sich aus den Pfahlkenndaten. Dabei muss sichergestellt sein, dass sich die Pfähle bei der Lastabtragung nicht gegenseitig beeinflussen, z. B. durch ausreichende Abstände, und eine Wechselwirkung zwischen der Rostplatte und den Pfählen vernachlässigbar ist. Handelt es sich um sehr dehnsteife Pfähle, wie z. B. bei Ortbetonrammpfählen, kann auch mit einer starren Stützung gerechnet werden. Zum elastisch gestützten Durchlaufträger äquivalent ist ein ebenes Rahmentragwerk, bestehend aus mehreren Pfahlstielen und einem den Überbau darstellenden Riegel.

Eingespannte oder gelenkige Lagerung der Pfähle im Boden und an der Überbauplatte, seitliche Bettung (und damit Pfahlbiegung) sowie axiale Bettung lassen sich bereits mit 2D-Standardsoftware erfassen.

Die Berechnung von Uferbauwerken mit „starrem" Überbau wird demnach nur in Sonderfällen angebracht sein, z. B. wenn vorhandene, alte Kaianlagen mit massiven Pfahlkopfblöcken nachzurechnen sind (Bild E 157-1).

Beim Nachweis der Verankerung einer nachträglich vorgerammten Spundwand ist unter Beachtung des Lastverformungsverhaltens der Pfahlsysteme zu berücksichtigen, dass die Verankerung der vorhandenen Spundwand unter Last steht und sich ebenfalls an der Aufnahme der neuen Erd-, Wasserdruck- und Pollerzuglasten beteiligt. Es müssen Überlegungen darüber angestellt werden, wie die Gesamtlasten sich auf die alten und neuen Ankerpfähle verteilen. Um die Verformungswege

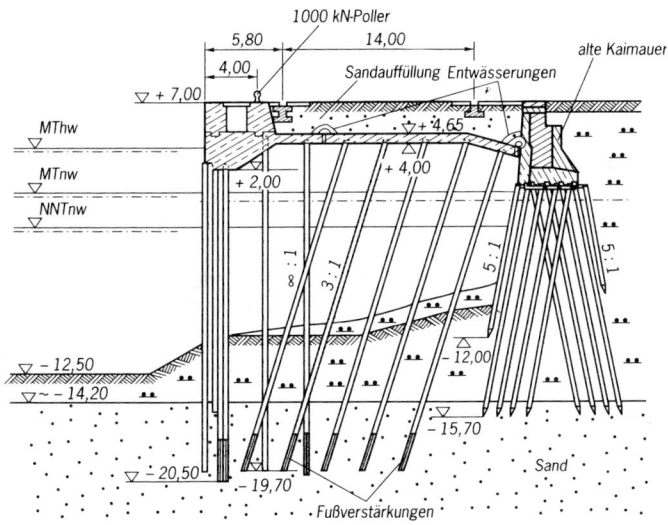

Bild E 157-1. Ausgeführtes Beispiel eines Kaimauervorbaus mit elastischer Stahlbetonrostplatte auf Stahlpfählen

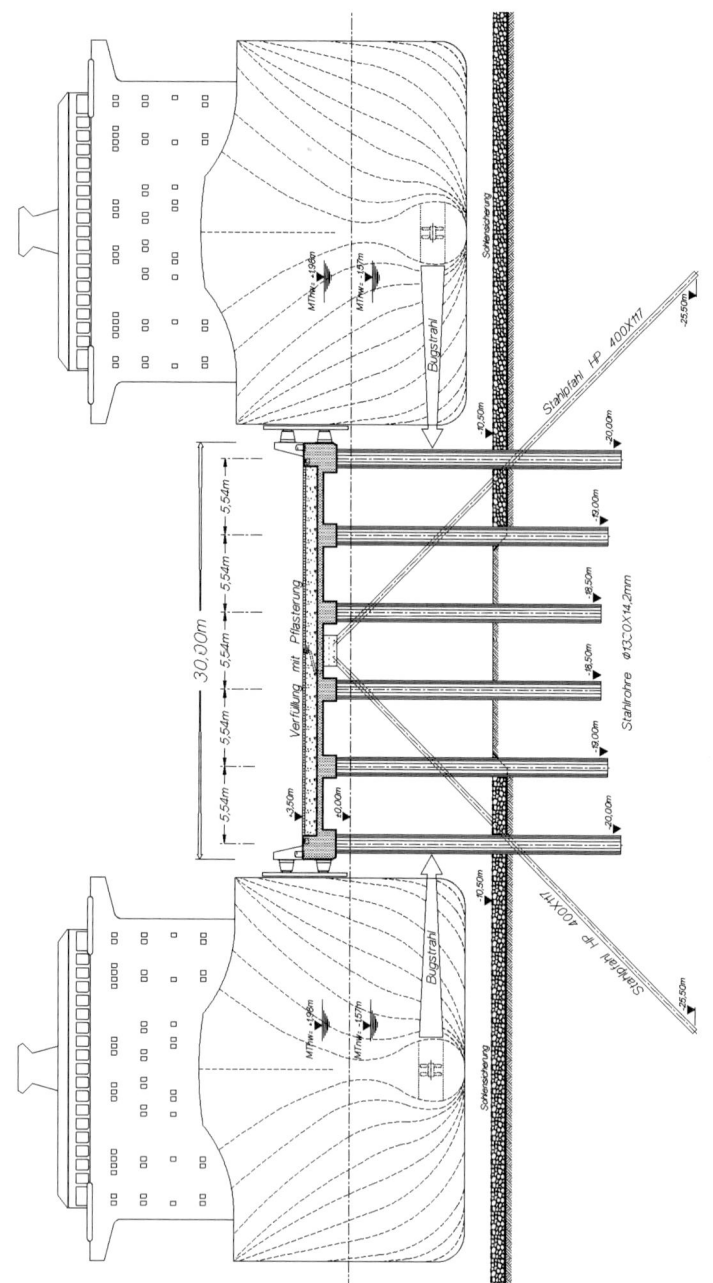

Bild E 157-2. Ausgeführtes Beispiel eines Hafenpiers

klein zu halten und eine Überlastung der alten Verankerung zu vermeiden, kann die Verankerung einer nachträglich vorgerammten Spundwand unter Zulassung eines den örtlichen Verhältnissen anzupassenden Verschiebungsweges des Ankeranschlusspunktes vorgespannt werden.

11.5 Ausbildung und Berechnung allgemeiner Pfahlroste (E 157)

Ein allgemeiner Pfahlrost kann als dreidimensionales Stabwerk angesehen werden, auf dem eine Rostplatte als Überbau gelagert ist. Die darauf einwirkenden Lasten werden über die kombinierte Tragwirkung des Überbaus als Platte und Scheibe auf alle Pfähle verteilt, so dass eine wirksame Lastabtragung erzielt wird.

11.5.1 Sonderbauwerke im Verlauf von Linienbauwerken

Weisen die in E 78, Abschn. 11.4 beschriebenen Pfahlrostmauern in Teilbereichen nichtstetige Trassierungselemente wie Knick- u. Eckausbildungen, Molen- und Pierköpfe auf oder gibt es Versatze und Höhenversprünge der Kaivorderkante – z. B. bei RoRo-Rampen, entstehen Sonderbauwerke: Die einzubringenden Gründungspfähle müssen hier so angeordnet werden, wie es die Geometrie dieses Bauwerks und damit der zur Verfügung stehende Raum unter der Rostplatte zulässt.

Eine ebene Anordnung der Pfähle wird dann in aller Regel nicht mehr möglich sein, vielmehr entstehen dabei ausführungstechnisch sehr anspruchsvolle Bereiche mit einer Vielzahl von Kreuzungspunkten und sich räumlich durchdringender Pfähle, deren Anschlusspunkte am Überbau zudem auf mehreren unterschiedlichen Höhenkoten liegen können.

11.5.2 Freistehende Pfahlroste

Freistehende, hohe Pfahlroste mit Überbauplatte werden hauptsächlich in folgenden Fällen angewendet:

- Der ausreichend tragfähige Boden steht erst in größerer Tiefe an.
- Es soll ein weitgehend freier Durchgang für Wellenbewegungen geschaffen werden.
- Abbau von Wellenenergie durch Anordnung von Böschungen oder pfahlgestützten Bauwerken anstelle der Anordnung von Ufermauern oder sonstiger Hafenanlagen mit senkrechten Wänden.
- Wirtschaftliche Fragen stehen im Vordergrund.

Die Rostplatten von Kaianlagen werden überwiegend aus Stahlbeton hergestellt, während als Gründungspfähle in den meisten Fällen Stahlprofile zum Einsatz kommen.

In warmen Gegenden kommen jedoch oftmals auch Stahlbeton- oder Spannbetonpfähle zum Einsatz, weil hier die spezifischen Anforderungen aus den Einwirkungen durch Eisgang nicht erforderlich sind.

Die Auflagerung der Überbauplatte auf den Gründungspfählen kann nach funktionalem Erfordernis oder aufgrund spezifischer Abmessungen des Überbaus zu wählen sein: Es ist hierbei die ganze Bandbreite von statisch bestimmter Lagerung bis hin zu einer Lagerung mit sehr wenigen Freiheitsgraden denkbar, wobei in Hinsicht auf geringe Systemverschiebungen eine weitgehende Fesselung der möglichen Freiheitsgrade vorteilhaft sein kann.

Festgehaltene Freiheitsgrade der Lager äußern sich bei der Berechnung des Systems nur in der höheren Anzahl von simultan zu lösenden Gleichungen. Dies ist jedoch beim Einsatz von geeigneten Rechenprogrammen nicht relevant, weil hiermit nur ein rechentechnisches und kein prinzipielles statisches Problem vorliegt.

Bei der Pfahldimensionierung und Rammtiefenfestlegung muss beachtet werden, dass sich auch unter dem Ansatz der ungünstigsten Einwirkungskombination keine bleibenden Pfahlsetzungen einstellen.

Die Anordnung eines Teils der Gründungspfähle muss in Form von Pfahlböcken so erfolgen, dass sich die Rostplatte auch in waagerechter Richtung nicht nennenswert verschieben kann. Dadurch reduziert man gleichzeitig in allen Pfählen die Biegemomentenbeanspruchung, falls ansonsten keine weiteren äußeren Horizontaleinwirkungen mit großem Einfluss auftreten, wie z. B.:

- Seitendruck auf Pfähle aus fließenden Bodenmassen,
- starke Strömung, Eisdruck, Eisstoß und dergleichen.

Sind die vorgenannten Annahmen zutreffend, können die Pfähle in der Berechnung mit ausreichender Genauigkeit an der Rostplatte und am Pfahlfußpunkt gelenkig angenommen gerechnet werden, auch wenn sie konstruktiv nicht so ausgebildet werden. Zur Abdeckung ungewollter Einspannungen sind konstruktive Maßnahmen am Pfahlkopf anzuordnen. Dies kann evtl. bei großen Längenänderungen der Überbauplatte durch Temperaturunterschiede erforderlich sein.

Pfahlkopfverschiebungen aus Schwindeinwirkungen während der Bauzeit können dadurch beherrscht werden, dass jeweils Teilabschnitte der langen Überbauplatte mit dazwischen angeordneten breiten Betonierfugen hergestellt werden. Diese Fugen werden nach dem Abklingen des Großteils des Schwindvorganges mit Konstruktionsbeton geschlossen. Durch diese sog. Schwindplomben können die Schwindeinflüsse auf die Konstruktion im Allgemeinen in unschädlichen Grenzen gehalten werden.

Rostplatten werden üblicherweise nur 50 bis 75 cm dick ausgeführt, womit sie bezogen auf die Längenänderungen der Pfähle als biegeweich anzusehen sind. Damit ist das Weiterleiten von größeren Biegemomenten vermieden, wenn gleichzeitig die Pfahlanordnung den möglichen Laststellungen sinnvoll angepasst wird. Am jeweiligen Lastort angreifende Einwirkungen werden dann weitgehend von den direkt benachbarten Pfählen abgetragen, so dass bei weiter entfernt stehenden Pfählen nur eine sehr geringe Einwirkung zu verzeichnen ist.

Die Wahl der Plattendicke erfolgt durch die Biegebemessung und auch in Hinsicht auf die Sicherstellung einer statisch und konstruktiv einwandfreien Überleitung der Querkräfte aus der Betonplatte als Pfahllast in die Pfahlköpfe, bei Kopfeinspannung gilt dies auch für die anzuschließenden Pfahlbiegemomente.

Rostplatten sollten nicht unmittelbar befahren werden, eine Sandauffüllung auf der Platte bietet betriebliche und konstruktive Vorteile: Versorgungsleitungen, Kanäle usw. können innerhalb der Sandschicht untergebracht werden und die Beanspruchungen der Rostplatte und der Pfähle aus lokal begrenzt angreifenden Einwirkungen lassen sich aufgrund dieser Ausgleichsschicht niedriger halten.

Besonders Auffüllungen ab 1,0 m Dicke wirken sich im Allgemeinen sehr günstig aus, weil bereits bei dieser Schichtdicke alle erforderlichen Leitungen innerhalb der Auffüllung angeordnet werden können, und weil für den Unterbau keine Schwingeinwirkungen aus Fahrzeugbetrieb berücksichtigt werden müssen.

Sollen die Einwirkungen aus Straßen- und Schienenverkehr als gleichmäßig verteilte Flächenlasten angesetzt werden, muss die Schichtdicke nach E 5, Abschn. 5.5 gewählt werden.

11.5.3 Statisches System und Berechnung

Bildet man die Rostplatten mit räumlichem Pfahlwerk für eine statische Berechnung zutreffend ab, erhält man die elastische Platte auf elastischen Stützen, d. h. aus statischer Sicht und bei der Lastabtragung wirkt die Pfahlrostplatte wie eine Flachdecke, die sich ohne oder mit Stützenkopfausbildungen auf den Pfählen abstützt. Wie in E 78, Abschn. 11.4 werden Pfähle als elastische Federn mit Wirkungsrichtung in ihrer Achse idealisiert und die Pfahllänge zwischen den Gelenkpunkten wird als elastische Länge angesetzt.

Kann man sich nicht auf Näherungslösungen wie elastische Durchlaufträgerberechnungen mit Lastabtragung in zwei orthogonalen Richtungen nach E 78 beschränken, müssen anspruchsvollere Berechnungsverfahren zur Anwendung kommen, die wegen des großen numerischen Aufwands nur computergestützt ausgeführt werden.

Diese Berechnungsverfahren sind in Form von Softwarepaketen für Platten und Faltwerke verfügbar und arbeiten z. B. nach der Deformationsmethode oder der Finite-Element-Methode.

Mit diesen Werkzeugen kann die beliebig komplexe Aufgabenstellung einer elastischen Rostplatte auf elastischen Pfählen ohne grundsätzliche Schwierigkeiten mit zutreffender Genauigkeit gelöst werden.

Außerdem stellen Programme für Trägerroste auf elastischer Stützung eine Möglichkeit dar, mit der die Berechnung des vorliegenden Tragwerks in guter Näherung erfolgen kann. Rostplatten mit Verstärkungsbalken über den Pfahlköpfen werden wirklichkeitsnah als Trägerrost mit Balken unterschiedlicher Steifigkeit erfasst.

Die adäquate Abbildung des räumlichen Pfahlwerks, das als Stützung der Platte oder des Trägerrostes dient, muss im Einzelfall mit den in der Software verfügbaren Elementen und Hilfsmitteln erarbeitet werden.

Die Beanspruchung für die gesamte Pfahlrostkonstruktion ist dann am günstigsten, wenn die Anordnung der Pfähle so geplant wird, dass die negativen Biegemomente über sämtlichen Stützen einer Achse und auch die maximalen Pfahllasten annähernd gleich groß sind.

Wegen meistens vorhandener Randstörungen, wie Einflüssen aus Kranbetrieb, Pollerzug, Schiffsstoß und dgl. ist dieses anzustrebende Optimum jedoch nicht immer zu erreichen, zumal konstruktiv und ausführungstechnisch bedingte Ungleichmäßigkeiten in der Pfahlstellung hinzukommen können.

11.5.4 Konstruktive Hinweise (vgl. auch [96])

Um zu einer möglichst wirtschaftlichen Gesamtlösung zu kommen, ist u. a. folgendes zu beachten:

- Anlegekräfte großer Schiffe werden, falls erforderlich, über eine vor dem Rost stehende Fenderung mit schwerer Fenderschürze aufgenommen. Wenn das nicht vollständig möglich ist, muss der Fender einen Teil der Stoßeinwirkung in den Pfahlrost weiterleiten.
- Im Fenderbereich kann ein schwerer Festmachepoller am Wandkopf mit der Fenderkonstruktion kombiniert werden.
- Lokal begrenzt angreifende Horizontallasten wie Pollerzug und Schiffsstoß werden durch die in ihrer Ebene sehr steife Überbauplatte auf alle Pfähle eines Blocks verteilt.
- Bei Kleinschifffahrt sind zum Schutz der Bauwerkspfähle und der Schiffskörper Reibepfähle anzuordnen.
- Kranbahnbalken werden als konstruktiver Bestandteil mit in die Stahlbeton-Rostplatte eingebunden.
- Vertikallasten aus Kranbetrieb werden, falls erforderlich, durch zusätzliche Pfähle in der Kranbahnachse aufgenommen.
- Um den Verlauf der Biegemomente möglichst wenig zu beeinflussen, sollen Knickstellen der Rostplatte nur über einer Pfahlreihe angeordnet werden (Bild E 157-1).
- In Tidegebieten ist es zweckmäßig, die Rostplatte ausreichend hoch oberhalb von MThw zu planen, um bei der Herstellung des Pfahlrostes von der normalen Tide unabhängig zu sein (Bilder E 157-1 und E 157-2).

- Bei der Bemessung der Schalung für die Rostplatte sind auch Welleneinwirkungen zu berücksichtigen.
- Die Reihen mit lotrechten und schrägen Pfählen werden gegeneinander versetzt angeordnet (Bild E 157-1).
- Horizontalverzahnungen zwischen den Blöcken von Rostplatten sind im Regelfall anzuordnen.
- Bei einem langen Block einer freistehenden Pierplatte werden Horizontaleinwirkungen in Längsrichtung durch in Blockmitte angeordnete Pfahlböcke mit möglichst flach geneigten Pfählen aufgenommen.
- Bei einem langen und darüber hinaus auch breiten Block werden Horizontaleinwirkungen in Querrichtung durch zusätzliche Pfahlböcke an den beiden Blockenden (ca. in Bauwerkslängsachse) aufgenommen, ebenfalls mit möglichst flach geneigten Pfählen.
- Durch die Aufnahme aller horizontalen Einwirkungen auf die zuvor beschriebene Art werden die sich daraus ergebenden Beanspruchungen in der Rostplatte und den Pfählen minimiert.
- Die Rostplatte einer großen Pierbrücke kann auch auf einer verschiebbaren oder fahrbaren Schalung betoniert werden, die sich dabei vorwiegend auf Lotpfählen abstützt.
- Auf mögliche Korrosionsprobleme am Einspannbereich von Stahlpfählen ist ein besonderes Augenmerk zu richten. Dies gilt vor allem in korrosionsgefährdeten Zonen (Salzwasser, Brackwasser).

Die Rostplatte einer großen Pierbrücke kann auch auf einer verschiebbaren oder fahrbaren Schalung betoniert werden, die sich dabei vorwiegend auf Lotpfählen abstützt. Vom Standardquerschnitt abweichende und damit den Baufortschritt störende Bauteile, wie z. B. die Knotenpunkte der zuvor erwähnten Schrägpfahlböcke, erfordern Zusatzmaßnahmen:
Soweit es möglich ist, werden die Schrägpfähle erst nach dem Betonieren durch im Überbau freigehaltene Rammnischen von der Rostplatte aus gerammt und der Pfahlbock mittels örtlicher Stahlbetonplomben im Zweitbeton angeschlossen.
Als Rammnischen können auch die unter Abschn. 11.5.2 genannten Schwindplomben dienen, die zu diesem Zweck evtl. örtlich noch verbreitert werden müssen.
Es muss geprüft werden, inwieweit die Standsicherheit der durch Fugen getrennten Blöcke gewährleistet ist und ob temporäre Aussteifungen über diese Nischen hinweg erforderlich sind.

11.6 Wellendruck auf Pfahlbauwerke (E 159)

Im Abschn. 5.10 behandelt.

11.7   Nachweis der Sicherheit gegen Geländebruch von Bauwerken auf hohen Pfahlrosten (E 170)

Im Abschn. 3.4 behandelt.

11.8   Ausbildung und Bemessung von Pfahlrostkonstruktionen in Erdbebengebieten (E 127)

11.8.1   Allgemeines

Bezüglich der allgemeinen Auswirkungen von Erdbeben auf Pfahlrostkonstruktionen, der zulässigen Spannungen und der geforderten Sicherheiten wird auf E 124, Abschn. 2.13 verwiesen. Bei besonders hohen und schlanken Bauwerken sollte aber auch die Gefahr von Resonanzerscheinungen überprüft werden.

Bei der Ausbildung von Pfahlrostkonstruktionen in Erdbebengebieten muss beachtet werden, dass durch den Überbau einschließlich seiner Auffüllung, Nutzlasten und Aufbauten infolge der Erdbebenwirkungen zusätzliche waagerecht wirkende Massenkräfte entstehen, die das Bauwerk und seine Gründung belasten. Der Querschnitt muss daher so ausgebildet werden, dass ein Optimum erreicht wird zwischen dem Vorteil der Erddruckabschirmung durch die Rostplatte und dem Nachteil der zusätzlich aufzunehmenden waagerechten Kräfte aus der Erdbebenbeschleunigung.

11.8.2   Erddruck, Erdwiderstand, Wasserüberdruck, Verkehrslasten

Die Ausführungen in den Abschn. 2.13.3, 2.13.4 und 2.13.5 von E 124 gelten sinngemäß. Es muss jedoch beachtet werden, dass im Erdbebenfall der Einfluss der hinter der Rostplatte vorhandenen Verkehrslast einschließlich der zusätzlichen Bodeneigenlast – infolge der zusätzlichen waagerechten Erdbebeneinwirkungen – unter einem flacheren Winkel als sonst angreift und die Abschirmung daher weniger wirksam wird.

11.8.3   Aufnahme der waagerecht gerichteten Massenkräfte des Überbaus

Die durch Erdbeben entstehenden waagerechten Massenkräfte können in beliebiger Richtung wirken. Rechtwinklig zum Uferbauwerk ist ihre Aufnahme im Allgemeinen ohne Schwierigkeit durch Schrägpfähle möglich.

In Bauwerkslängsrichtung wird das Unterbringen von Pfahlböcken u. U. problematisch. Wenn die Bodenhinterfüllung einer vorderen Spundwand bis unmittelbar unter die Rostplatte reicht, können die in Längsrichtung wirkenden waagerechten Lasten auch vorteilhaft durch Bettung der Pfähle im Boden über Pfahlbiegung abgetragen werden. Es muss aber nachgewiesen werden, dass die dabei auftretenden Verschiebungen nicht zu groß werden. Als Grenzwert hierfür können etwa 3 cm gelten.

Die überbaute Böschung führt zu einer wesentlichen Verminderung der auf das Bauwerk insgesamt wirkenden Erddrucklasten.
Im Fall einer überbauten Böschung sollte die Rostplatte so leicht wie möglich ausgebildet werden, um ein Minimum an waagerechten Massenkräften zu erreichen.

11.9 Aussteifen der Köpfe von Stahlrohr-Rammpfählen (E 192)
Beim Einrammen von Stahlrohren besteht die Gefahr, dass die Pfahlköpfe ausbeulen, besonders bei Rohren mit verhältnismäßig geringen Wanddicken. Dies kann bedeuten, dass die Rohre nicht auf die geplante Tiefe herabgebracht werden können. Um in solchen Fällen ein Ausbeulen zu verhindern, muss der Pfahlkopf ausgesteift werden. Es haben sich verschiedene Maßnahmen bewährt:

(1) Anschweißen mehrerer ca. 0,80 m langer Stahlwinkel lotrecht an die Außenwand des Rohres (Bild E 192-1). Diese Maßnahme ist verhältnismäßig einfach und preiswert, da nur außen geschweißt wird.
(2) Einschweißen von ca. 0,80 m langen Stahlblechen im Rohrkopf mit kreuzweiser Anordnung (Bild E 192-2). Diese Maßnahme ist jedoch im Vergleich mit der unter (1) beschriebenen arbeitsaufwendiger.

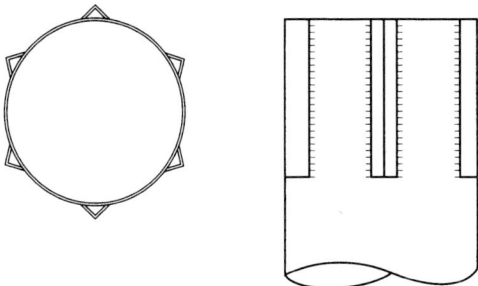

Bild E 192-1. Aussteifung mit außen angeschweißten Winkelprofilen

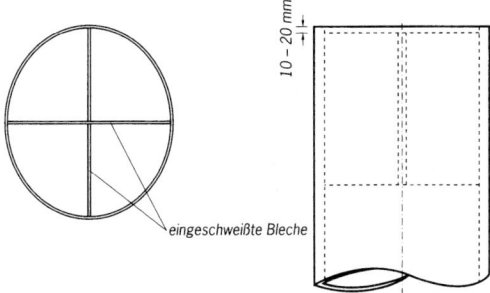

Bild E 192-2. Aussteifung mit eingeschweißten Blechen

581

12   Uferböschungen

12.1   Ausbildung von Böschungssicherungen (E 211)

12.1.1   Allgemeines

Uferböschungen im Lockergestein sind gegen instationäre hydraulische Belastungen nur in sehr flacher Neigung dauerhaft stabil. Bei steileren Ufern sind Böschungssicherungen erforderlich, die die Stabilität gegenüber den hydraulischen Lasten und die ausreichende Gesamtstandsicherheit der Böschung gewährleisten.

Bei der Wahl der Böschungsneigung ist den technischen Vorteilen eines flacheren Ufers der Nachteil der größeren Sicherungsfläche und des größeren unproduktiven Geländebedarfs gegenüberzustellen. Daher müssen die Bau- und Unterhaltungskosten im richtigen Verhältnis zum Wert und wirtschaftlichen und ökologischen Nutzen des Geländes stehen.

Für den Entwurf gelten folgende Bedingungen:
• die Neigung der Sicherungsstrecke sollte so steil sein, wie die Standsicherheit es erlaubt und
• die Konstruktion soll – soweit möglich – maschinell ausgeführt werden können.

Die folgenden Ausführungen beziehen sich häufig auf Binnenwasserstraßen, gelten aber dem Sinne nach grundsätzlich.

12.1.2   Belastungen an Binnenwasserstraßen

Durch die Schifffahrt erzeugte hydraulische Lasten können aufgeteilt werden in Propellerstrahl, Wasserspiegelabsenkung an beiden Seiten des Schiffs (begrenzt von der Bug- und Heckquerwelle), Rückströmung, Nachlaufströmung und sekundäre Wellensysteme. Diese Komponenten bilden jede für sich eine Belastung der Ufer und der Uferdeckwerke. So greift die Rückströmung vor allem entlang der Böschung unter dem Ruhewasserspiegel an, während beispielsweise die Heckquerwelle und die sekundären Wellensysteme auf und in der Nähe des Ruhewasserspiegels angreifen. Angaben über Wellenlasten aus Wasserein- und -ableitung und aus Schifffahrt enthalten E 185, Abschn. 5.8 und E 186, Abschn. 5.9.

Die Uferdeckwerke müssen so entworfen werden, dass sie den hydraulischen Schubkräften und Strömungsdrücken widerstehen können. Welche Belastungskomponente für den Entwurf ausschlaggebend ist, hängt jeweils von der erwarteten Schifffahrt sowie von der Antriebsleistung der Schiffe und vom Querschnitt des Schifffahrtswegs ab.

Auch die Wasserspiegeldifferenzen, die durch die Schifffahrt und Gezeiten entstehen oder natürlich vorhanden sind, führen zu einer Belastung des Ufers. Hierbei muss ein Unterschied gemacht werden zwischen dem aufwärts gerichteten Wasserdruck unter der Abdeckung des Ufers, der um so größer ist, je weniger durchlässig die Abdeckung ist, und dem hydraulischen Gefälle in den Filterschichten und im Untergrund.

Böschungssicherungen müssen so bemessen werden, dass sowohl ein Abgleiten als auch ein Anheben der Steine durch aufwärts gerichteten Wasser- oder Strömungsdruck vermieden wird.

Bei durchlässigen Deckwerken tritt das freie Wasser mit dem Grundwasser in Wechselwirkung. Bei begrenztem Fahrwasserquerschnitt erfolgt der Wasserspiegelabsunk bei Vorbeifahrt eines Schiffes je nach Durchlässigkeit des Untergrundes schneller als der entsprechende Druckabfall im Porenwasser. Die Folge ist ein Porenwasserüberdruck im Boden, dessen Abnahme zur Oberfläche hin in guter Näherung mit einer Exponentialfunktion dargestellt werden kann [223]. Porenwasserüberdruck im Boden setzt dessen Scherfestigkeit herab und führt damit zu einem Stabilitätsverlust, der bei der Bemessung der Uferböschung und der Deckwerke berücksichtigt werden muss. Besonders gefährdet sind Böden mit geringer Durchlässigkeit, die aber noch keine Kohäsion aufweisen wie z. B. schluffige Feinsande.

12.1.3 Aufbau von Böschungssicherungen

Eine Böschungssicherung kann aus folgenden Elementen bestehen, wobei nicht immer alle Elemente vorkommen müssen:

Deckwerk bestehend aus (von oben (außen) nach unten (innen)):
- Deckschicht,
- Polsterschicht,
- Filter/Trennlage,
- Dichtung,
- Ausgleichsschicht.

Weitere Elemente eines Deckwerks sind eine Fußsicherung und gegebenenfalls Anschlüsse an andere Bauteile.

12.1.3.1 Deckschicht

Die Deckschicht ist die oberste, erosionsfeste Schicht einer Ufersicherung, die durchlässig oder dicht ausgeführt werden kann. Sie wird im Wesentlichen nach hydraulischen Gesichtspunkten bemessen: Strömung und Wellenangriff dürfen nicht zu einer Verlagerungen von Bauelementen führen, Druckschläge müssen schadlos aufgenommen werden können. Gleichzeitig soll Energie dissipiert werden. Die Hinweise zu Kolkschutzschichten in E 83, Abschn. 7.6.3 gelten grundsätzlich auch für Deckschichten auf Böschungen.

Häufig wird als Deckwerk geschüttetes Material verwendet. Auf experimentelle Weise und durch Grundlagenforschung sind in den letzten Jahren für die Bemessung solcher Deckwerke sehr gut anzuwendende Formeln entwickelt worden (siehe z. B. [100, 100a]). Das Steinmaterial des Deckwerks muss fest, hart, von hohem spezifischen Gewicht sowie licht-, frost- und wetterbeständig sein. Anstelle von Natursteinen werden auch Betonsäulen verwendet.

Um den Widerstand gegen instationäre hydraulische Belastungen zu erhöhen, können Schüttmaterialien teilweise oder voll mit hydraulisch gebundenem Mörtel vergossen werden. Ein Teilverguss muss so ausgeführt werden, dass eine ausreichende Flexibilität und Durchlässigkeit der Deckschicht erhalten bleibt. Idealerweise entstehen durch Teilverguss Konglomerate, die gegeneinander gut verzahnt sind und die Anpassungsfähigkeit und den Erosionswiderstand großer Einzelelemente besitzen. Eine ähnliche Wirkung wird mit pflasterartig verlegten Formsteinen erzielt, wenn die Deckschicht ausreichend durchlässig ist und die Steine miteinander verbunden sind. Das mit Formsteinen erreichbare Flächengewicht ist jedoch begrenzt.

Undurchlässige (voll vergossene) Deckschichten wirken gleichzeitig als Dichtung (siehe auch Abschn. 12.1.3.5) und als Schutzschicht mit erhöhtem Widerstand gegen Erosion und andere mechanische Beschädigungen. Sie benötigen eine geringere Bauhöhe als durchlässige Deckwerke, sind jedoch starr und in ökologischer Hinsicht umstritten.

12.1.3.2 Polsterschicht

Polsterschichten werden in besonderen Fällen zum Schutz gegen sehr große Beanspruchungen (z. B. besonders große Wasserbausteine auf geotextilem Filter) angeordnet. Sie müssen die Filterkriterien gegenüber den angrenzenden Schichten erfüllen (s. Abschn. 12.1.3.3)

12.1.3.3 Filter

Grundsätzlich muss eine Böschungssicherung so aufgebaut sein, dass ein Materialtransport aus dem Untergrund vermieden wird. Hierfür sind bedarfsweise zwischen dem Untergrund und der Deckschicht Filterschichten mit entsprechend aufeinander abgestimmten Eigenschaften anzuordnen. Alle Schichten müssen untereinander filterstabil sein.

Der Filter ist nach geohydraulischen (d. h. durch Porenwasserströmungen und ihren Wechselwirkungen mit dem Korngerüst bestimmten) Gesichtspunkten zu dimensionieren. Neben Kornfiltern eignen sich geotextile Filter (siehe E 189, Abschn. 12.5). In beiden Fällen sind Wasserdurchlässigkeit und Filtersicherheit (Filterfunktion und Trennungsfunktion) charakteristische Entwurfsanforderungen.

Infolge der turbulenten Anströmung und der wechselseitigen Durchströmung unterliegen Kornfilter und geotextile Filter in Böschungs- und Sohlensicherungen im Gegensatz zum Einsatz bei Dränanwendungen mit nur einsinniger Durchströmung hohen instationären hydraulischen Belastungen. Die Eigenschaften der Filter sind daher besonders sorgfältig auf den Boden, die Decklage und die Belastung abzustimmen.

Durchpresstechnik - kostengünstig und umweltschonend

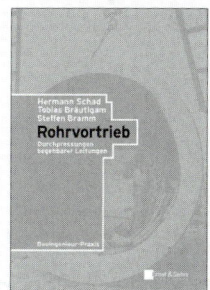

Hermann Schad,
Tobias Bräutigam,
Steffen Bramm
Rohrvortrieb
Durchpressungen
begehbarer Leitungen
2003. 272 S., 90 Abb.,
Broschur.
€ 55,-* / sFr 81,-
ISBN 3-433-02858-3

Kanäle und Leitungen werden in stark bebauten Gebieten oft in geschlossener Bauweise, wie Tunnel, hergestellt. Eine besondere Technik dabei ist der Rohrvortrieb, das Durchpressen begehbarer Leitungen. Vor allem die Fortschritte in der Maschinen- und Steuerungstechnik innerhalb des letzten Jahrzehntes haben den kostengünstigen und umweltschonenden Einsatz der Durchpresstechnik stark erweitert, so daß für die Planer, Hersteller und Betreiber der Kanalnetze dieses umfassende Buch eine große Hilfe sein wird.

Ernst & Sohn
Verlag für Architektur und
technische Wissenschaften GmbH & Co. KG

Für Bestellungen und Kundenservice:
Verlag Wiley-VCH
Boschstraße 12
69469 Weinheim
Telefon: (06201) 606-400
Telefax: (06201) 606-184
Email: service@wiley-vch.de

A Wiley Company

www.ernst-und-sohn.de

* Der E-Preis gilt ausschließlich für Deutschland
006114106L.my Irrtum und Änderungen vorbehalten.

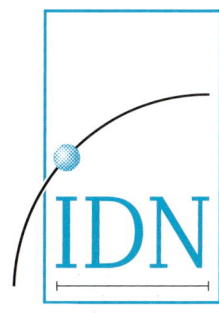

Ingenieurbüro DOMKE Nachf.

Gesellschaft Beratender
Ingenieure für Bauwesen VBI

Prüfingenieure für Baustatik

Gesellschafter:
Dr.-Ing. Michael Fastabend
Dipl.-Ing. Elmar Fischer
Dipl.-Ing. Wilfried Hackenbroch
Dr.-Ing. Dietmar Streck

Industriebau

Brückenbau

Hochbau   Tragwerksplanung
           Objektplanung für
           Ingenieurbauwerke
Wasserbau Bautechnische Prüfungen
           Brandschutzplanung/
           -prüfung
Spezialtiefbau Beratung / Gutachten
           Bauphysik
           Bauüberwachung
Brandschutz

Mannesmannstraße 161
47259 Duisburg
Telefon: 0203 - 7 58 40-0
Telefax: 0203 - 75 04 55
E-Mail: idn@idn-du.de

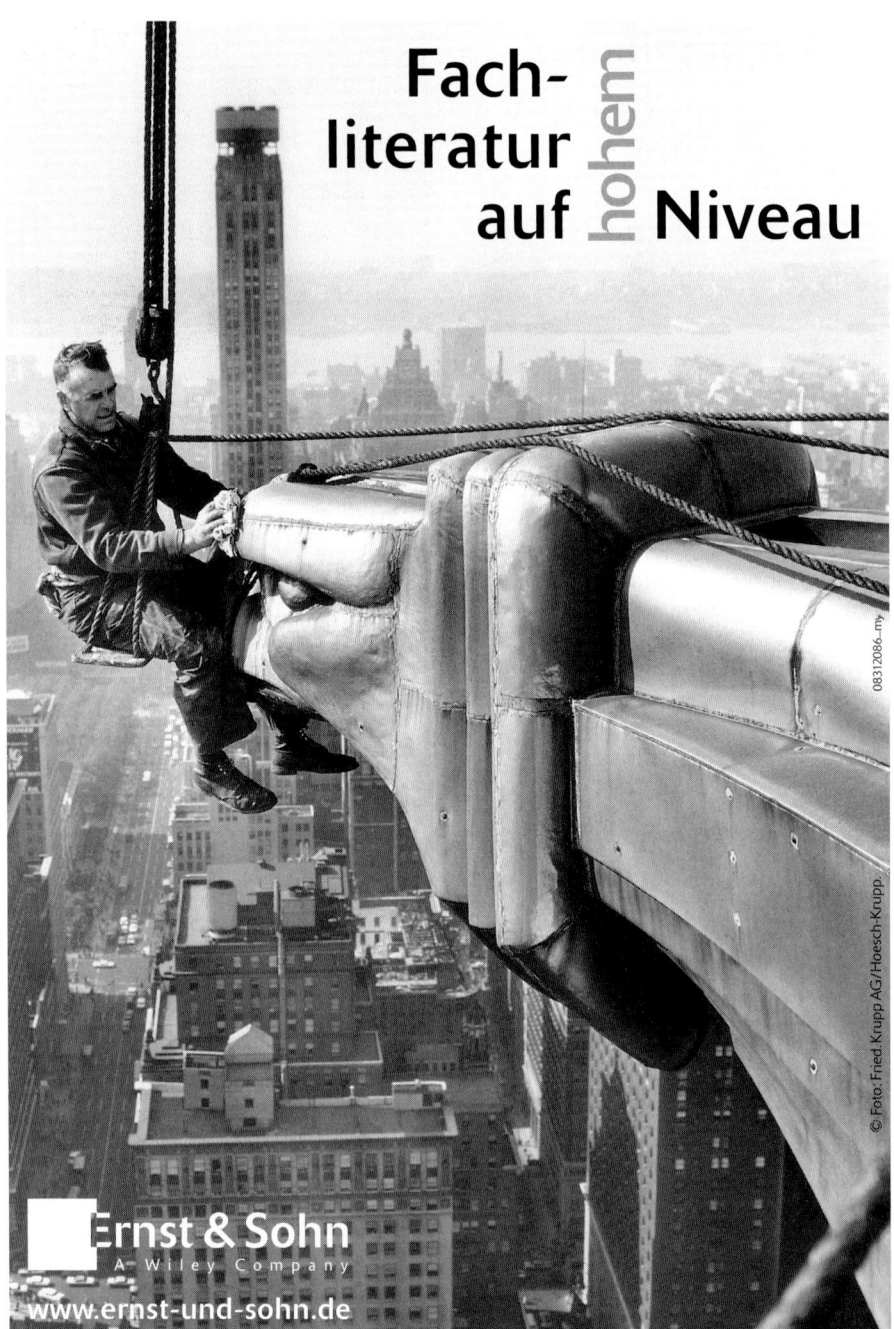

12.1.3.4 Ausgleichsschicht

Ausgleichsschichten werden verwendet, um für das Deckwerk ein ebenes Planum zu schaffen, wenn dies nicht durch Abgraben erreicht werden kann. Eine Ausgleichsschicht kann ferner im Sinne einer Filterschicht eingesetzt werden, wenn sehr inhomogener Boden ansteht, so dass der Filter lokal sehr unterschiedlich dimensioniert sein müsste. Die Ausgleichsschicht wird in diesen Fällen in ihrer Kornverteilung etwa dem anstehenden gröberen Erdstoff angepasst und wirkt gegenüber dem feineren als Filter. Eine Ausgleichsschicht kann einem Bodenaustausch entsprechen, z. B. wenn eine Böschung nicht sauber profiliert werden kann, weil der anstehende Boden ausfließt.

12.1.3.5 Dichtung

Dichtungen werden erforderlich, wenn der Wasserverlust (z. B. aus einer Wasserstraße) zu groß wird oder wenn eine Interaktion mit dem Grundwasser vermieden werden soll. Grundsätzlich sind zwei Dichtungsbauweisen zu unterscheiden: Dichte Deckschichten (Beläge oder Vollverguss aus Asphalt oder hydraulisch gebundenem Mörtel), die Dichtungs- und Schutzwirkung kombinieren und eigene Dichtungsschichten (Naturton, Erdstoffgemische, Geosynthetische Tondichtungsbahn (GTD, Bentonitmatte)). Hinweise zu mineralischen Dichtungen enthält E 204, Abschn. 7.15.

Bei einem dichten Deckwerk entstehen – im Gegensatz zur voll durchlässigen Lösung – Wasserüberdrücke in begrenztem Umfang. Sie sind bei der Bemessung entsprechend zu berücksichtigen. Die Größe dieser Wasserüberdrücke hängt von der Größe und Geschwindigkeit der Schwankungen des Wasserstands an der Böschung und den gleichzeitig auftretenden Grundwasserständen hinter dem Deckwerk ab. Diese Überdrücke vermindern die mögliche Reibungskraft zwischen dem Deckwerk und dem darunter liegenden Material.

Asphalt hat ein viskoses Verhalten. Dadurch können zum einen Wurzeln und Rhizome solche Deckschichten durchdringen und zum anderen unerwünschte Kriecherscheinungen auftreten. Asphalt-Deckschichten in Form von Belägen oder Vollverguss sind als starre Lösungen anzusehen, wenn eine nicht unwesentliche Bodenverformung unter dem Deckwerk infolge Erosion, Suffosion oder Sackung rascher entsteht als der stets sehr langsam ablaufende Kriechvorgang im Asphalt. Da das viskose Verhalten des Deckwerks noch nicht ausreichend erforscht ist, muss bei Asphaltdeckwerken als Sicherheit gegen das Kriechen gefordert werden, dass der Reibungswiderstand nie kleiner sein darf als die Komponente der Eigenlast des Deckwerks in Richtung der Böschung (Kriechkriterium).

Für alle Belastungsfälle wird gefordert, dass die Komponente der Eigenlast des Deckwerks normal zur Böschung stets größer ist als der unmittelbare darunter auftretende größte Wasserdruck, so dass die Deckschicht nie abgehoben werden kann (Abhebekriterium).

12.1.3.6 Fußsicherung

Die hangabtreibenden Kräfte werden ggf. nur zum Teil durch Reibung zwischen Deckwerk und Untergrund aufgenommen, der Rest muss über eine Fußstützung in den Untergrund abgeleitet werden. Die Forderung, alles über Reibung abzutragen, würde oftmals zu unwirtschaftlich dicken Deckwerken oder zu flachen Böschungen führen. Bei Böschungen, die bis zur Gewässersohle reichen, wird das Böschungsdeckwerk daher i. Allg. mit gleicher Neigung in den Untergrund weitergeführt, sofern sich nicht ein Sohldeckwerk anschließt. Die Einbindetiefe soll bei erosionsgefährdeten Böden nicht weniger als 1,5 m betragen (siehe z. B. [124, 129]).

Alternativ ist eine Fußspundwand in allen rammbaren Böden anwendbar. Dies entspricht der Ausbildung bei Teilböschungen hinter Spundwandufern (siehe auch E 106, Abschn. 6.4 und E 119, Abschn. 6.5).

12.1.3.7 Anschlüsse

Besondere Beachtung erfordern die Übergangskonstruktionen an Bauwerken sowie die Übergänge zum Abdeckmaterial oder zum Untergrund, wobei evtl. Änderungen der Konstruktionshöhen oder der Belastungen zu berücksichtigen sind. In der Praxis sind viele Schadensfälle auf Entwurf und/oder Ausführungsfehler bei den Übergangskonstruktionen zurückzuführen. Beim Anschluss eines Deckwerks an eine Spundwand oder ein anderes Bauteil ist für einen guten Kraftschluss, für Filterstabilität und für Erosionssicherheit an der Stoßstelle Sorge zu tragen.

Auch die Anschlüsse von Filterschichten und Dichtungen an Bauwerke sind besonders sorgfältig zu planen und auszuführen.

12.2 Böschungen in Seehäfen und in Binnenhäfen mit Tide (E 107)

12.2.1 Allgemeines

In Hafenbereichen mit Massengutumschlag, an Uferliegeplätzen sowie im Bereich der Hafeneinfahrten und Wendebecken können die Ufer, wenn keine länger andauernden starken Schlickablagerungen vorkommen, auch bei großem Tidehub und sonstigen großen Wasserstandsschwankungen dauernd standsicher geböscht ausgeführt werden. Hierbei müssen bestimmte konstruktive Grundsätze beachtet werden, wenn größere Unterhaltungsarbeiten vermieden werden sollen.

Da große Seeschiffe in den Häfen in der Regel nicht mit eigener Kraft fahren dürfen, sind es vor allem die großen Schlepper und die Binnenschiffe sowie fallweise die kleinen Seeschiffe und die Küstenmotorschiffe, die durch ihre Schraubeneinwirkungen und ihre Bug- und Heck-welle das Ufer bis auf etwa 4 m unter dem jeweiligen Wasserstand an-greifen können (siehe E 83, Abschn. 7.6). Besondere Einwirkungen ent-stehen durch die sich stets weiterentwickelnden Antriebe (Bug- und Heckstrahlruder, Azimutantriebe), die im Einzelfall (z. B. Fährhäfen) besondere Lösungen erfordern.

12.2.2 **Ausführungsbeispiele mit durchlässigem Deckwerk**
Bild E 107-1 zeigt eine in Bremen ausgeführte Lösung.
Der Übergang vom ungesicherten zum gesicherten Abschn. wird durch eine 3,00 m breite, waagerechte, mit Wasserbausteinen abgedeckte Berme hergestellt. Oberhalb dieser Berme wird das Steindeckwerk in der Neigung 1 : 3 angelegt. Die obere Begrenzung des Deckwerks bil-det ein im Hafenplanum liegender 0,50 m breiter und 0,60 m hoher Beton-balken aus B25. Das Deckwerk wird aus schweren Wasserbausteinen hergestellt, die bis knapp über MTnw in einer rd. 0,70 m dicken Schicht in Schüttbauweise eingebracht werden. Darüber wird die Deckschicht rd. 0,5 m dick als gepacktes rauhes Steindeckwerk hergestellt. Beim Packen der Wasserbausteine ist für einen guten Verband und eine ausreichende gegenseitige Stützung der Steine zu sorgen, damit diese durch die Wellenenergie nicht aus dem Verbund gerissen werden kön-nen.
Zur Unterhaltung des Steindeckwerks und als Zuwegung zu den Schiffs-liegeplätzen wird 2,50 m hinter dem erwähnten Betonbalken ein 3,00 m breiter, für schwere Fahrzeuge ausgebauter Uferpflegeweg angeordnet (Bild E 107-1). Im Streifen zwischen dem Betonbalken und dem Ufer-pflegeweg werden – soweit erforderlich – die Kabel für die Stromver-sorgung der Hafenanlage und der Uferfeuer sowie die Telefonleitungen usw. verlegt.

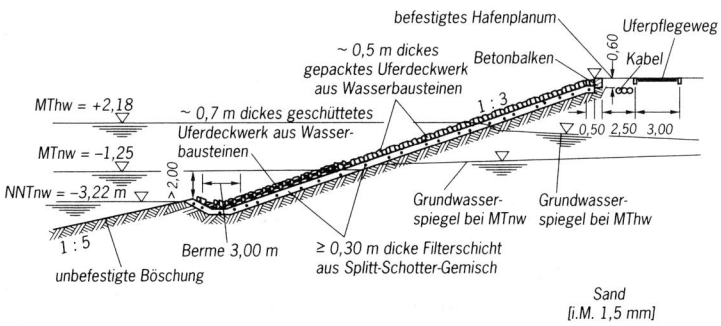

Bild E 107-1. Ausführung einer Hafenböschung mit durchlässigem Deckwerk in Bremen, Beispiel

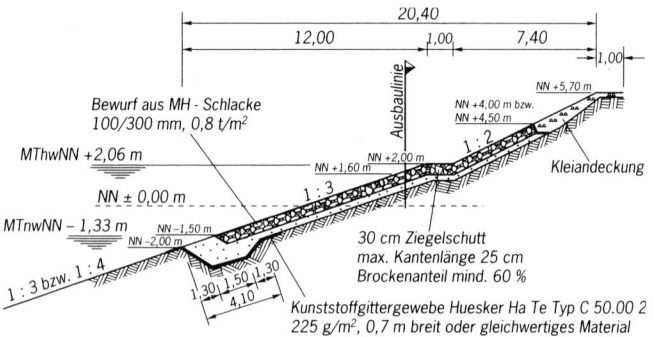

Bild E 107-2. Ausführung einer Hafenböschung mit durchlässigem Deckwerk in Hamburg, Beispiel

Bild E 107-2 zeigt einen kennzeichnenden Böschungs-Querschnitt aus dem Hamburger Hafen. Bei dieser Lösung wurde am Deckwerksfuß ein Widerlager aus Ziegelschutt, ca. 3,5 m^3/m, auf Kunststoffgittergewebe angeordnet. Darüber liegt die auf dem größten Teil der Böschungshöhe einheitlich ausgeführte zweistufige Abdeckung.

Unter Berücksichtigung der vorhandenen Bodenverhältnisse wird die Böschungssicherung im Allgemeinen nur bis 0,7 m unter MTnw geführt. Wenn darunter Ausspülungen entstehen, können diese durch einfaches Nachwerfen von Ziegelschutt wieder beseitigt werden. Bei Eisgang werden zwar Schüttsteine fortgerissen; der Aufwand für das Ergänzen des Bewurfs ist in Hamburg aber verhältnismäßig gering.

Um bei derartigen Schüttsteindeckwerken den Gedanken eines naturnahen Ausbaus von Uferböschungen zu berücksichtigen, wurde in Hamburg eine Schüttsteinböschung mit einer Begrünungstasche entwickelt. Dabei wird der Normalquerschnitt nach Bild E 107-2 im Bereich von NN + 0,40 m um ca. 8,00 bis 12,00 m, je nach vorhandenem Platz, auseinandergezogen. Die entstehende Tasche wird mit ca. 0,4 bis 0,5 m Klei aufgefüllt, wobei der Unterbau aus Ziegelschutt in diesem Bereich auf 0,5 m Dicke verstärkt wird. Zwischen Klei und Ziegelschutt wird eine 0,15 m dicke Schicht aus Elbsand als Belüftungszone eingebaut.

Die Begrünungstasche wird, gestaffelt nach Standorthorizonten, mit Simsen (*Schoeno-Plectus Tabernaemontani*), Seggen (*Carex Gracilis*) und Röhricht (*Phragmitis Australis*) bepflanzt. Oberhalb der Berme bei NN +2,0 m, dies betrifft auch das normale Schüttsteindeckwerk, werden Weidensteckhölzer in das Deckwerk eingesetzt. Wegen der besseren Wachstumsverhältnisse sollte die Bepflanzung im April/Mai erfolgen. Die Sonderform mit Begrünungstasche lässt sich jedoch nur in den Bereichen mit ausreichendem Platz bzw. geringem Schwall durch Schiffsverkehr und Wellenschlag realisieren.

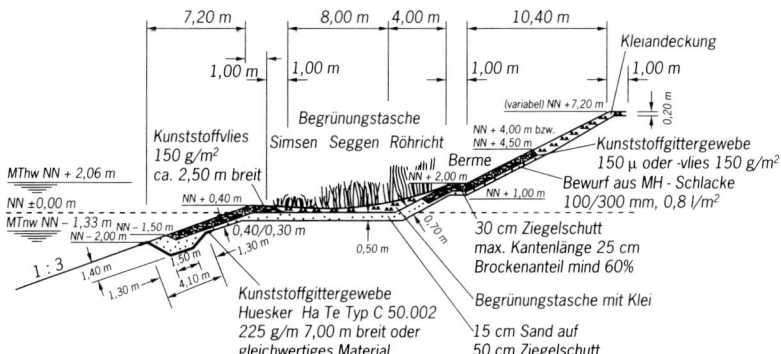

Bild E 107-3. Ausführung einer Hafenböschung mit durchlässigem Deckwerk und Begrünungstasche in Hamburg (Beispiel)

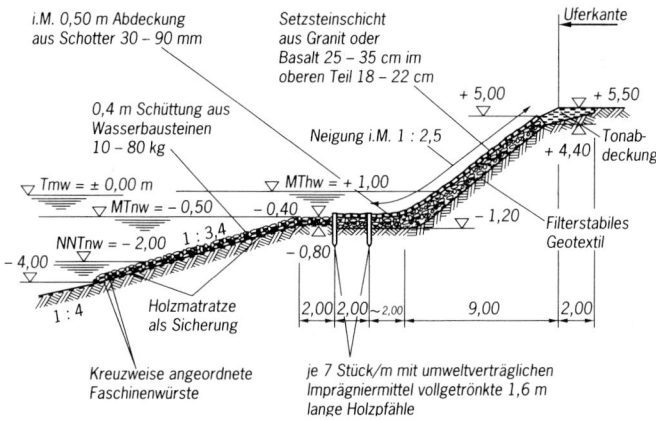

Bild E 107-4. Ausführung einer Hafenböschung mit durchlässigem Deckwerk in Rotterdam (Beispiel)

Bild E 107-3 zeigt einen entsprechenden Querschnitt.

Bild E 107-4 zeigt eine für den Hafen Rotterdam gewählte Lösung mit durchlässigem Deckwerk. Sie ähnelt, abgesehen vom Deckwerk selbst – in ihrem Aufbau weitgehend der Rotterdamer Lösung mit undurchlässigem Deckwerk, so dass bezüglich weiterer Einzelheiten auf die Ausführungen unter Abschn. 12.2.3 sinngemäß verwiesen werden kann.

Bild E 107-5 zeigt eine weitere Lösung für eine durchlässige Hafenböschung.

589

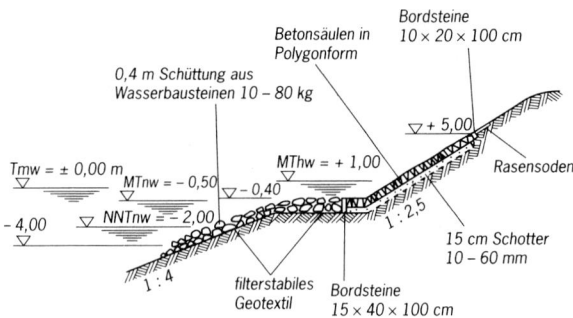

Bild E 107-5. Ausführung einer Hafenböschung mit durchlässigem Deckwerk bei Rotterdam (Beispiel)

12.2.3 Ausführungsbeispiele mit undurchlässigem Deckwerk

Die Ausführung nach Bild E 107-6 zeigt ein in Rotterdam entwickeltes und erprobtes Beispiel mit einem sogenannten „offenen Fuß" zur Abminderung des Wasserüberdrucks. Dieser Fuß besteht aus einer Grobkiesschüttung $\varnothing \geq 30$ mm, gesichert durch zwei Reihen dicht an dicht stehender Holzpfähle, die mit umweltverträglichem Imprägniermittel voll getränkt, 2,00 m lang und rd. 0,2 m dick sind. An das untere Ende der asphaltvergossenen Bruchsteinabdeckung anschließend wird die Grobkiesschicht mit 25 bis 35 cm großen Setzsteinen aus Granit oder Basalt wasserdurchlässig abgedeckt.

Unter der Grobkiesschicht, die auch unter einen wesentlichen Teil der dichten Deckschicht reicht, befindet sich ein geotextiler Filter.

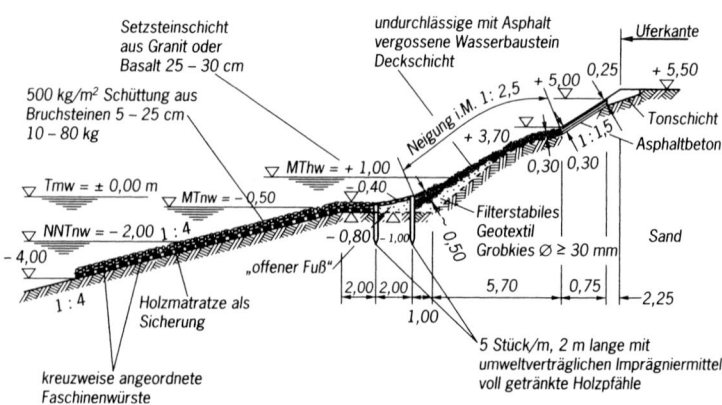

Bild E 107-6. Ausführung einer Hafenböschung mit undurchlässigem Deckwerk in Rotterdam (Beispiel)

590

Die Unterwassersicherung – bei Sand in der Neigung 1 : 4 ausgeführt – die nach einer 2,00 m langen Berme an den „offenen Fuß" anschließt, ist auf eine Tiefe von etwa 3,5 m unter MTnw mit einer Holzmatratze ausgerüstet. Darauf sind waagerecht und in der Böschungsrichtung Faschinenwürste angeordnet. Darüber liegt eine 0,30 bis 0,50 m dicke Schüttung aus Bruchsteinen, da abhängig vom Wellenangriff die Auflast aus der Deckschicht etwa 3 bis 5 kN/m^2 betragen soll.

Das asphaltvergossene Bruchstein-Deckwerk reicht von der landseitigen Holzpfahlreihe bis etwa 3,7 m über MTnw und weist eine mittlere Neigung 1 : 2,5 auf. Seine Dicke muss sich im Einzelfall nach der Größe der maßgebenden Wasserdrücke an seiner Unterseite richten. Im Regelfall vermindert sie sich von unten nach oben von rd. 0,5 auf rd. 0,3 m. Die Bruchsteine haben ein Stückgewicht von 10 bis 80 kg.

An das Deckwerk schließt sich nach oben in der Neigung 1 : 1,5 auf 1,3 m Höhe eine 0,30 bis 0,25 m dicke Asphaltbetonschicht an und darüber in gleicher Neigung auf 0,50 m Höhe eine Tonabdeckung. Diese soll etwaige spätere Rohr- oder sonstige Leitungsverlegungen erleichtern.

12.3 Böschungen unter Ufermauerüberbauten hinter geschlossenen Spundwänden (E 68)

12.3.1 Belastung der Böschungen

Neben den erdstatischen Belastungen können die Böschungen durch strömendes freies Wasser in Ufermauerlängsrichtung und durch strömendes Grundwasser quer zum Bauwerk beansprucht werden. Letzteres ist besonders nachteilig, wenn der Grundwasserspiegel in der Böschung höher liegt als der freie Wasserspiegel, so dass Grundwasser in Form einer Hangquelle austritt (E 65, Abschn. 4.3). Die Neigung der Böschung und ihre Sicherung müssen daher der Lage der maßgeblichen Wasserspiegel, der Größe und Häufigkeit der Wasserstandsschwankungen, dem seitlichen Grundwasserzustrom, dem Untergrund und dem Gesamtbauwerk angepasst werden, so dass die Standsicherheit und die Erosionsstabilität der Böschung sichergestellt sind.

12.3.2 Verschlickungsgefahr hinter der Spundwand

In Tidegebieten besteht die Gefahr einer Aufschlickung hinter der Spundwand, wenn der Eintritt von Außenwasser nicht durch entsprechende Maßnahmen sicher verhindert wird. Die damit verbundenen Zusatzkosten und statischen Folgen können erheblich sein. Im Allgemeinen wird daher der Eintritt von Außenwasser in Kauf genommen und durch Abströmöffnungen in der Spundwand kurz oberhalb des Böschungsfußpunktes die Anlandung von Schlick verhindert. Der gegenseitige Abstand und der Querschnitt der Abströmöffnungen sind den jeweiligen Verhältnissen entsprechend zu wählen. Der strömungstechnische Einflussbereich der Öffnungen ist für die im Tideverlauf auftretenden Ein- und Ausströmzustände besonders sorgfältig zu planen. Fallweise sollten Absaugmöglichkeiten für den Schlick vorgesehen werden,

12.4 Teilgeböschter Uferausbau in Binnenhäfen mit großen Wasserstandsschwankungen (E 119)

In E 119, Abschn. 6.5 behandelt. Für die Ausbildung der Böschungssicherung gilt das unter E 211, Abschn. 12.1 Gesagte.

12.5 Anwendung von geotextilen Filtern bei Böschungs- und Sohlensicherungen (E 189)

12.5.1 Allgemeines

Geotextilien werden in Form von Geweben, Vliesstoffen und Verbundstoffen bei Böschungs- und Sohlensicherungen verwendet.

Als verrottungsbeständige Materialien für geotextile Filter haben sich bisher Kunststoffe wie Polyacryl, Polyamid, Polyester, Polyvenylalkohol, Polyethylen und Polypropylen bewährt. Hinweise auf deren Eigenschaften können [129] entnommen werden.

Für Geokunststoffe, die bei Böschungs- und Sohlensicherungen zum Einsatz kommen sollen, müssen die in DIN EN 13 253 geforderten Eigenschaften beschrieben sein. Grenzwerte für diese Eigenschaften ergeben sich aus der individuellen Anwendung. Beispiele für Grenzwerte finden sich in [100a] und [131].

Der Vorteil von Geotextilien liegt in der maschinellen Vorfertigung, durch die sehr gleichmäßige Materialeigenschaften erreicht werden können. Bei Beachtung bestimmter Einbauregeln und Produktanforderungen sind Geotextilien auch für den Unterwassereinbau geeignet.

Geotextile Filter besitzen nur ein sehr geringes Eigengewicht. Dies kann sich u. U. auf die Standsicherheit auswirken und den Einbau einer dickeren Deckschicht erfordern. Bei nichtbindigen feinkörnigen Böden besteht unter der Einwirkung von Wellen in der Wasserwechselzone und darunter die Gefahr der Bodenverflüssigung und der Erosion unter dem Geotextil. Dies kann zu Verformungen des Deckwerks infolge von Bodenumlagerungen führen. Um dies zu verhindern, muss das Gewicht des Deckwerks ausreichend groß gewählt und die mechanische Filterfestigkeit sichergestellt werden [128].

12.5.2 Bemessungsgrundlagen

Die Bemessung von geotextilen Filtern bei Böschungs- und Sohlensicherungen im Hinblick auf mechanische und hydraulische Filterwirksamkeit, Einbaubeanspruchungen wie Zug- und Durchschlagkräfte und Dauerhaftigkeit gegenüber Abriebbeanspruchungen bei ungebundenen Deckschichten kann nach den in [128] und [129] angegebenen Regeln vorgenommen werden. [129] enthält für instationäre Belastungen Bemessungsregeln, die auf Erfahrungen mit statischen hydraulischen Belastungen beruhen. [128] enthält Bemessungsregeln auf der Grundlage von Durchströmungsversuchen („Bodentypverfahren"), die auf instationäre hydraulische Belastungen ausgelegt sind. Beide Verfahren bauen im Wesentlichen auf nationalen Erfahrungen auf. Internationale Erfahrungen und Bemessungsgrundlagen finden sich z. B. in [145] bis [147] und [159].

Bei geotextilen Filtern muss neben der mechanischen und hydraulischen Filterwirksamkeit auch ein ausreichender Widerstand gegen die Einbaubeanspruchungen gewährleistet sein. Für den Einbau unter Wasser bei laufendem Schiffsverkehr haben sich relativ dicke ($d \geq 4{,}5$ mm) bzw. schwere ($g \geq 650$ g/m^2) Geotextilien bewährt [128].

12.5.3 Anforderungen

Die Zugfestigkeit an der Bruchgrenze muss bei Verlegen im Nassen mindestens 1200 N/10 cm in Längs- und in Querrichtung betragen.

Bei Deckschichten aus geschütteten Steinmaterialien ist die Durchschlagfestigkeit nachzuweisen [130]. Dies ist im Allgemeinen bei Steingewichten bis zu 30 kg gegeben.

Können unter Wellen- bzw. Strömungsbelastungen Scheuerbewegungen der Deckschichtsteine auftreten, ist die Abriebfestigkeit des Geotextils nachzuweisen [130].

12.5.4 Zusatzausrüstungen

Im Bedarfsfall können die Eigenschaften des Geotextils durch besondere Maßnahmen verbessert werden. Im Folgenden sind einige Beispiele dargestellt:

Gröbere Zusatzschichten an der Unterseite des Geotextils können bei richtiger Abstimmung auf die Körnung des Untergrundes eine gewisse Verzahnung erreichen und damit zur Stabilisierung der Grenzschicht beitragen. Da mit solchen Zusatzschichten auch negative Auswirkungen verbunden sein können, ist es günstiger, die Auflast auf dem Geotextil zu erhöhen.

Faschinenroste auf der Oberseite von Geotextilien sind beim Bau von Sinkstücken seit langem bewährt. Sie ermöglichen einen faltenfreien Einbau des Geotextils und erhöhen die Lagestabilität des Schüttmaterials auf dem Geotextil. Zur Erhöhung der Reibung zwischen Geotextil und Untergrund kann eine Kombination aus Gewebe und vernadeltem Vliesstoff verwendet werden.

Eine werkseitige mineralische Einlagerung aus Sand oder anderen Granulaten („Sandmatte") erhöht das Flächengewicht des Geotextils, wodurch eine gewisse Lagestabilität bis zum Beschütten auch unter leichter Wellen- und Strömungsbelastung (bis 1 m/s bei ca. 8 bis 9 kg/m² Füllmasse) erreicht wird. Außerdem wird die Gefahr der Faltenbildung verringert.

Mit einer Einlagerung aus Bentonit lässt sich bei entsprechender Ausbildung der Überlappungen eine Dichtung herstellen, die anderen Dichtungssystemen (z. B. mineralische Dichtungen nach E 204, Abschn. 7.15 oder dichte Deckschichten wie in E 211, Abschn. 12.1.2 erwähnt) in der Dichtungsfunktion gleichwertig ist.

12.5.5 Allgemeine Ausführungshinweise

Vor dem Einbau ist in jedem Fall die vertragsgemäße Lieferung nach entsprechenden Lieferbedingungen, beispielsweise nach [130] und [131], zu prüfen. Die angelieferten Geotextilien sind sorgfältig zu lagern und gegen UV-Strahlung, Witterung und sonstige schädigende Einflüsse zu schützen.

Um Funktionsmängel auszuschließen, muss beim Verlegen von mehrschichtigen geotextilen Filtern (Verbundstoffen) mit porenmäßig abgestuften Filterlagen auf die richtige Lage von Ober- und Unterseite geachtet werden.

Beim Verlegen sollen keine Falten entstehen, damit keine bevorzugten Wasserwegigkeiten und Möglichkeiten für einen Bodentransport geschaffen werden.

Ein Vernageln mit dem Untergrund an der Böschungsoberkante ist nur zulässig, wenn dadurch beim weiteren Baufortschritt das Geotextil keine Zwängungen erleidet. Besser als eine starre Fixierung ist eine Einbindung in einem Graben an der Böschungsoberkante. Dies erlaubt ein kontrolliertes Nachgeben des Geotextils bei hoher Beanspruchung während der folgenden Bauschritte.

Da Geotextilien beim Nasseinbau schwimmen oder schweben, müssen sie durch Aufbringen der Deckschicht oder einer Polsterschicht unmittelbar nach dem Verlegen in der Lage fixiert werden. Bei Temperaturen unter + 5 °C sollten Geotextilien nicht eingebaut werden.

Besonders wichtig für das Bodenrückhaltevermögen der geotextilen Filter ist die sorgfältige Verbindung der einzelnen Bahnen, die durch Vernähen oder Überlappen hergestellt werden kann. Beim Vernähen muss die Festigkeit der Naht der geforderten Mindestfestigkeit der Geotextilien entsprechen. Beim Einbau im Trockenen mit einer Böschungsneigung von 1 : 3 oder flacher müssen die planmäßigen Überlappungen mindestens 0,5 m, beim Einbau im Nassen und bei allen steileren Böschungen mindestens 1,0 m breit sein. Bei weichem Untergrund ist zu überprüfen, ob fallweise größere Überlappungen angewendet werden sollten. Querverkürzungen der Geotextilbahnen dürfen beim Bewurf mit Schüttsteinen nicht zu offenen Stellen führen.

Baustellennähte und Überlappungen sollen grundsätzlich nur in Böschungsfallrichtung verlaufen. Sind ausnahmsweise Überlappungen in Böschungslängsrichtung unvermeidlich, muss die in Böschungsfallrichtung tiefer liegende Bahn über die obere Bahn greifen.

Beim Verlegen über Wasser ist zu verhindern, dass das relativ leichte Geotextil durch Wind verlagert wird.

Um beim Unterwassereinbau von geotextilen Filtern unter laufendem Verkehr eine faltenfreie, vollflächig und verzerrungsfrei auf dem Einbauplanum aufliegende geotextile Filterlage mit ausreichender Überlappung zu erreichen, sind die nachfolgenden Gesichtspunkte zu beachten:

- Die Baustelle ist so zu kennzeichnen, dass sie von allen Schiffen nur in Langsamfahrt passiert werden darf.
- Das Einbauplanum muss sorgfältig vorbereitet und von Steinen frei sein.
- Das Verlegegerät muss so positioniert sein, dass Strömungen und Absunk aus der durchgehenden Schifffahrt den Verlegvorgang nicht beeinträchtigen können und keine unzulässigen Kräfte auf das Geotextil einwirken (vorteilhaft sind Geräte auf Stelzen).
- Der Gefahr des Aufschwimmens der Geotextilbahnen muss durch eine entsprechende Verlegungstechnik begegnet werden. Von Vorteil ist es, das Geotextil beim Verlegen auf den Untergrund zu pressen. Der Abstand zwischen Verlegen des Geotextils und Beschütten mit Wasserbausteinen soll räumlich und zeitlich klein sein.
- Arretierungen der Geotextilbahnen auf dem Verlegegerät müssen beim Einbringen der Schüttsteine gelöst werden.
- Das Einbauen von Schüttsteinen auf Böschungen mit Geotextilien muss von unten nach oben erfolgen.
- Der Unterwassereinbau soll nur zugelassen werden, wenn der Auftragnehmer nachgewiesen hat, dass er die gestellten Bedingungen erfüllen kann.
- Taucherkontrollen sind unerlässlich.

13 Dalben

13.1 Berechnung elastischer Bündel- und Einpfahldalben (E 69)

13.1.1 Berechnungsgrundsätze und -methoden

Dalben werden als Anlegedalben für die Einwirkung Schiffsstoß und als Vertäudalben für die Einwirkungen Trossenzug, Wind- und Strömungsdruck genutzt. Sie werden nach dem Verfahren Elastisch-Elastisch berechnet und bemessen.

Bei Schiffsstoß werden die Stoßeinwirkung $F_{S,k}$ und die Querschnittswerte für Profilanzahl und -abmessungen so variiert, dass das erforderliche Arbeitsvermögen A erreicht wird (vorh $A_k = \frac{1}{2} \cdot F_{Stoß,k} \cdot f$). Unter der maßgebenden Stoßeinwirkung müssen die von den Bemessungswerten der Beanspruchungen im Dalbenprofil hervorgerufenen Spannungen kleiner als oder gleich der Streckgrenze sein und die Durchbiegung f im Angriffspunkt der Stoßeinwirkung muss einen betrieblich akzeptablen Wert aufweisen.

Unter der Einwirkung von Trossenzug $F_{Zug,k}$ bzw. Winddruck $F_{Wind,k}$ und/oder Strömungsdruck $F_{Q,k}$ müssen die von den Bemessungswerten der Beanspruchungen im Dalbenprofil hervorgerufenen Spannungen kleiner als oder gleich den Grenzspannungen sein.

Ist der Dalben für beide vorgenannten Funktionen auszubilden, ist die Bemessungsaufgabe wegen zu vieler Randbedingungen nicht eindeutig lösbar. Es kommt in solchen Fällen darauf an, einen geeigneten Kompromiss zwischen den Anforderungen und dem zu wählendem Profil zu finden, der sowohl in technischer als auch in betrieblicher und wirtschaftlicher Hinsicht zufriedenstellende Ergebnisse erzielt.

Bei der Ermittlung des Erdwiderstandes gelten folgende Ansätze:

(1) Dalbenbreite
Elastische Dalben und Bündeldalben können unter Berücksichtigung der rechtwinklig zur Einwirkungsrichtung gemessenen Gesamtdalbenbreite B berechnet werden. Bei Bündeldalben ist dies der Abstand zwischen den Außenkanten der Randpfähle.

(2) Wichte
Als wirksame Wichte der beteiligten Bodenschichten wird die Wichte $\gamma'_{k,i}$ unter Auftrieb angesetzt.

(3) Erdwiderstandsneigungswinkel
Dalben können analog zu Spundwänden mit dem maximal möglichen Neigungswinkel des Erdwiderstands berechnet werden. Bei der Berechnung mit gekrümmten Gleitflächen bedeutet dies einen Ansatz bis zu $\delta_p = -\varphi'_k$, bei der Berechnung mit ebenen Gleitflächen (dies ist zulässig bis max. $\varphi'_k \leq 35°$) einen Ansatz bis zu $\delta_p = -\frac{2}{3}\varphi'_k$, wenn die Bedin-

gung $\Sigma\, V_k = 0$ erfüllt ist (Bild E 69-1). Andernfalls ist die Neigung der Erdwiderstands-Resultierenden flacher anzusetzen. Bei Vertäudalben ist hierbei eine ungünstig nach oben wirkende lotrechte Komponente des Trossenzuges zu berücksichtigen.

Als vertikal nach unten wirkende Einwirkungen können neben dem Gewicht des Dalbens und des durch den Dalbenumriss begrenzten Bodenkörpers unter Auftrieb auch die lotrechte charakteristische Mantelreibung in den Seitenflächen $a \cdot t$ parallel zur Bewegungsrichtung des Dalbens und darüber hinaus für $\delta_p' > 0$ die lotrechte Komponente $C_{v,k}$ der Ersatzkraft C_k angesetzt werden.

Nachweis der Tragfähigkeit im Grenzzustand GZ 1B

(A) Bei vorwiegend ruhender Einwirkung sind folgende Teilsicherheitsbeiwerte anzusetzen:

(1) Anlegedalben
Diese Beanspruchungsart wird nach Abschn. 5.4.4 als Extrem-Lastfall eingestuft, sodass alle Teilsicherheiten für Einwirkungen und Widerstände zu 1,00 gesetzt werden:

- Einwirkungen:
- Stoßkraft $F_{\text{Stoß,k}}$ γ_Q =   1,00

- Widerstände:
- Erdwiderstand $E_{p,k}$ γ_{Ep} =   1,00
- Streckgrenze des Stahles $f_{y,k}$ γ_M =   1,00

(2) Vertäudalben
Diese Beanspruchungsart wird nach Abschn. 5.4.2 als Lastfall 2 eingestuft, jedoch wird die Teilsicherheit für die veränderlichen Einwirkungen zu 1,20 gesetzt. Die Teilsicherheit für den Erdwiderstand wird in Analogie zu den Spundwänden nach Abschn. 8.2.0 gewählt:

- Einwirkungen:
- Pollerzug, Trossenzug aus Winddruck und
- Strömungsdruck $F_{P,k},\ F_{W,k},\ F_{S,k}$ γ_Q =   1,20

- Widerstände:
- Erdwiderstand $E_{p,k}$ γ_{Ep} =   1,15
- Streckgrenze des Stahles $f_{y,k}$ γ_M =   1,10

(B) Bei nicht vorwiegend ruhender Einwirkung ist zu berücksichtigen, dass die Dauerfestigkeit gegenüber der statischen Festigkeit geringere zulässige Spannungswerte aufweist.
Für die Beanspruchbarkeit des Grundwerkstoffs bzw. der Rundnähte oder Stumpfnähte gelten die Angaben von E 20, Abschn. 8.2.6.1 (2),

d. h. Nachweis der Betriebsfestigkeit muss nach DIN 19 704 und mit Hinblick auf DIN 18 800, Teil 1, El. 741 geführt werden.

Bei höherer Ausnutzung der Beanspruchbarkeit aus nicht vorwiegend ruhender Einwirkung als sie nach DS 804 für die Stahlsorte S 355 J2 G3 nach DIN EN 10 025 erlaubt ist (früher als St 52-3 N bezeichnet), sind die zulässigen Nennspannungsamplituden der Dauerschwingfestigkeit im Grundwerkstoff bzw. an den Schweißverbindungen nachzuweisen. Die Dauerfestigkeit ist stark abhängig von der Beschaffenheit der Stahloberfläche. Bei Korrosionsangriff kann die Dauerfestigkeit bis zu 50 % abfallen, was vor allem bei Anlagen in tropischen Seegebieten zu beachten ist.

Da die Dauerfestigkeit von Schweißverbindungen nahezu unabhängig von der Stahlsorte ist, sollen möglichst keine vergüteten Feinkornbaustähle in nicht vorwiegend ruhend beanspruchten, durch Schweißnähte quer zur Hauptbeanspruchungsrichtung gestoßenen Bereichen verwendet werden.

13.1.2 Dalben in nichtbindigen und bindigen Böden

Die charakteristische Erdwiderstandskraft wird als räumlicher passiver Erddruck E^r_{ph} nach E DIN 4085, Abschn. 6.5.2, Gl. (88) ermittelt: $E^r_{ph,k} = E^r_{pgh,k} + E^r_{pch,k} + E^r_{pph,k}$. Hierbei ist $E^r_{ph,k}$ die Summe der von der Sohle bis zu der betrachteten Tiefe h vorhandenen Anteile der charakteristischen Erdwiderstandskräfte für Eigenlast, Kohäsion und evtl. Sohlenauflast p_0. Der räumliche Spannungszustand wird hierbei durch den Ansatz von rechnerischen Dalbenersatzbreiten nach DIN 4085, Abschn. 6.5.2, Gl. (84) bis (87) erfasst. Diese sind abhängig von der Art der Belastung und von der jeweiligen Tiefe h unterhalb der Berechnungssohle im Verhältnis zur Dalbenbreite B.

Die für Stabwerkprogramme benötigte räumliche Erdwiderstandsverteilung ergibt sich aus der Differentiation der Gl. (88). Hierbei ist zu beachten, dass für die Berechnung der Dalbenersatzbreiten die Bereiche $B \geq 0,3\,h$ und $B < 0,3\,h$ jeweils gesondert betrachtet werden müssen. Deshalb wird der Erdwiderstandsverlauf zum einen für die ‚oberflächennahe Lage‘ und von diesem Wechselpunkt aus bis zum theoretischen Fußpunkt des Dalbens (‚tiefe Lage‘) ausgewertet.

Bei bindigen Bodenschichten ist wegen der „schnellen" Belastung durch die Stoßkraft $F_{Stoß}$ mit den Scherparametern aus dem undränierten Versuch zu rechnen, d. h. Reibungswinkel $\varphi'_u = 0$ und Scherfestigkeit c'_u. Die charakteristische Ersatzkraft $C_{h,k}$ kann nach Bild E 69-1 unter der bei Dalbenberechnungen üblichen Vernachlässigung der Erddruckeinwirkung aus der Bedingung $\Sigma H = 0$ nach folgender Gleichung errechnet werden:

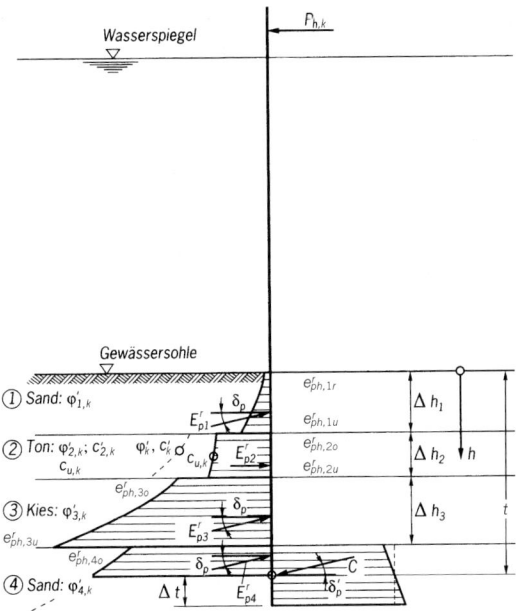

Bild E 69-1. Dalbenberechnung in geschichtetem Boden.
Räumlicher Erdwiderstand E_p^r und Erdwiderstandsordinaten e_{ph}^r nach DIN 4085

$$C_{h,k} = E_{ph,mob.} - \sum F_{h,k,i}$$

($C_{h,k}$ ist für den Nachweis $\sum V_k = 0$ zu verwenden)

$\sum F_{h,k,i}$ = Summe der charakteristischen Einwirkungen

$E_{ph,mob.}^r$ = mobilisierbarer räumlicher Erdwiderstand
 infolge der charakteristischen Einwirkungen
 = $E_{ph,k}^r / (\gamma_Q \cdot \gamma_{Ep})$

$E_{ph,k}^r$ = charakteristischer räumlicher Erdwiderstand

γ_Q = Teilsicherheitsbeiwert für die Einwirkungen

γ_{Ep} = Teilsicherheitsbeiwert für den Erdwiderstand

$C_{h,d} = C_{h,k} \cdot \gamma_Q$ = Ersatzkraft C_h für die Berechnung des
 Zuschlages Δt zur SEinbindetiefe

Der für die Aufnahme der Ersatzkraft C_h erforderliche Längenzuschlag Δt (Bild E 69-1) wird unter sinngemäßer Anwendung von E 56, Abschn. 8.2.9 und der dort benutzten Begriffe berechnet:

$$\Delta t = \frac{C_{h,d}}{2 \cdot e^{r'}_{ph,k}} = \frac{1}{2} \cdot C_{h,k} \cdot \gamma_Q \cdot \frac{\gamma_{Ep}}{e^{r'}_{ph,k}}$$

γ_{Ep}

$e^{r'}_{ph,k}$ = Ordinate des charakteristischen räumlichen Erdwiderstandes im theor. Fußpunkt auf der Ersatzkraftseite

Die Wirkungsrichtung der Blumschen Ersatzkraft C kann im Rahmen der Bedingung $\Sigma\ V = 0$ bis zu $\delta'_p = +\,^2/_3\ \varphi'$ gegen die Normale zur Dalbenachse geneigt angesetzt werden.

Bei geneigter Gewässersohle ist für den Erdwiderstandsbeiwert K_{ph} vor dem Dalben und für K'_{ph} im theoretischen Fußpunkt auf der Ersatzkraftseite der Geländeneigungswinkel β zu berücksichtigen (Bild E 69-2). Die Geländeneigung sollte innerhalb des Sektors zwischen $\beta = +\,^1/_3\ \varphi'_k$ und $\beta = -\,^2/_3\ \varphi'_k$ liegen, wobei in diesen Fällen negative Neigungswinkel für den Erdwiderstand nur bis zu $\delta_p = -\,^1/_3\ \varphi'_k$ gewählt werden dürfen.

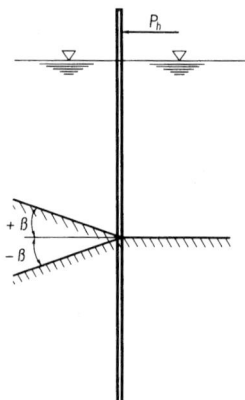

Bild E 69-2. Dalben mit geneigter Gewässersohle

13.2 Federkonstante für die Berechnung und Bemessung von schweren Fenderungen und schweren Anlegedalben (E 111)

13.2.1 Allgemeines

Die Federkonstante c [kN/m] ist das Verhältnis der angreifenden Last zu der in ihrer Wirkungslinie auftretenden elastischen Verformung:

$$c = \frac{P}{f}$$

Sie ist für die Berechnung und Bemessung schwerer Fenderungen und elastischer Anlegedalben an Großschiffsliegeplätzen von besonderer Bedeutung. Sie bestimmt die maximale Stoßkraft und Durchbiegung für das zur Energieaufnahme des anfahrenden Schiffs erforderliche Arbeitsvermögen nach den Belangen der Praxis. Dabei darf die für die betreffenden Schiffstypen größte zulässige Stoßkraft nicht überschritten werden. Für die von der Schiffsaußenhaut bzw. den Verbänden noch aufzunehmende zulässige Stoßkraft sind im Einzelfall Angaben von den in Frage kommenden Reedereien bzw. vom Germanischen Lloyd einzuholen. Im Allgemeinen sind Punktlasten zu vermeiden. Bei größeren Kräften sind daher druckverteilende Bauelemente (Fenderschürzen) anzuordnen.

Für die Wahl der Federkonstanten c sind neben den statischen und dynamischen Grundwerten vor allem auch nautische und konstruktive Gesichtspunkte von Bedeutung. Selbst unter eindeutig bestimmten Verhältnissen ist für die Federkonstante meist nur eine generelle Begrenzung nach unten und oben möglich, wobei für die endgültige Wahl der erforderliche Spielraum bleiben muss. Ausnahmsweise auftretende Überschreitungen des zulässigen Anlegedrucks werden bei hochwertigen Fendertypen bzw. Stoßdämpfern gelegentlich durch Einschalten von Bruchgliedern, Abscherbolzen und dergleichen unschädlich gemacht, ohne dass schon eine Beschädigung am Schiff oder Bauwerk auftritt. Bezüglich der zulässigen Beanspruchbarkeiten bei den verschiedenen Lastfällen und Einwirkungsarten sowie der jeweils zu wählenden Stahlsorte und Stahlgüte wird auf E 112, Abschn. 13.4 verwiesen.

Da die Federkonstante der Steifigkeit der Fenderung oder des Dalbens entspricht, bewirkt eine groß gewählte Federkonstante ein hartes, eine klein gewählte ein weiches und damit weniger riskantes Anlegen der Schiffe.

13.2.2 Bestimmende Faktoren für die Wahl der Federkonstanten

13.2.2.1 Da die Größe des benötigten Arbeitsvermögens A [kNm] von den vorkommenden Schiffsgrößen und deren Anlegegeschwindigkeiten (siehe E 128, Abschn. 13.3 in Verbindung mit E 40, Abschn. 5.3) bestimmt wird, muss für die jeweils erreichbare geringste Größe min c die Bedingung

$$\min c = \frac{2\,A}{\max f^2}$$

beachtet werden, sofern man die waagerechte Durchbiegung f bei Erreichen der Streckgrenze aus nautischen, hafenbetrieblichen oder konstruktiven Gründen mit max f festlegen oder begrenzen muss.

13.2.2.2 Ein weiteres Kriterium für die Mindeststeifigkeit eines Anlegedalbens mit oder ohne gleichzeitigen Vertäuaufgaben ergibt sich aus der statischen Beanspruchbarkeit des Bauwerks durch P_{stat} bei Einstufung in Lastfall 2. Rechnet man wegen der nur ungenauen Erfassungsmöglichkeit der maximal angreifenden statischen Belastung mit einem Sicherheitsfaktor 1,5, ist:

$$\min c = \frac{1,5 \cdot P_{\text{stat}}}{\max f}$$

13.2.2.3 Der obere Grenzwert der Federkonstanten max c wird durch die maximal zulässige Stoßkraft $P_{\text{Stoß}}$ zwischen Schiffskörper und Fender bzw. Dalben beim Anlegevorgang bestimmt, sofern nicht max f bereits für die maximal zulässige Stoßkraft $P_{\text{Stoß}}$ festgelegt wurde:

$$\max c = \frac{P_{\text{Stoß}}^2}{2 A}$$

Unter Umständen sind aber auch ständige dynamische Einwirkungen – vor allem aus starken Wellen – für die Wahl der Federkonstanten von Bedeutung.

13.2.3 Besondere Bedingungen

Die Gleichungen nach Abschn. 13.2.2 legen zunächst nur die Grenzen fest, innerhalb derer die Federkonstante einzuordnen ist. Die endgültige Festlegung muss folgende Gesichtspunkte mit berücksichtigen:

13.2.3.1 Sofern nicht besondere Umstände – zum Beispiel ein erwünschtes größeres Arbeitsvermögen bei Großschiffsliegeplätzen oder die in Abschn. 13.2.3.2 gegebenen Hinweise – dagegen sprechen, sollte max f im Allgemeinen etwa 1,5 m nicht überschreiten, da sonst beim Anlegemanöver der Berührungsstoß zwischen Schiff und Dalben so weich wird, dass der Schiffsführer die Bewegung bzw. Lage des Schiffs in Bezug auf den Dalben nicht mehr ausreichend genau beurteilen kann.

13.2.3.2 Beim Ansatz der statischen Belastung P_{stat} des Dalbens muss auch die gegenseitige Abhängigkeit im System Fender-Schiff-Trossen beachtet werden. Dies gilt vor allem bei Liegeplätzen, die starken Winden und/oder langen Dünungswellen ausgesetzt sind. In solchen Fällen, wie auch bei Liegeplätzen in offener See, sollten stets Modellversuche durchgeführt werden.

Nach bisherigen Erfahrungen ist generell folgendes zu beachten:

(1) Steife Trossen, d. h. kurze Leinen oder Stahltrossen erfordern steife Fender.

(2) Weiche Trossen, d. h. lange Leinen oder Manila-, Nylon-, Polypropylen- und Polyamidseile usw. erfordern weiche Fender.

Dabei ergeben sich im Fall (2) immer kleinere Belastungen sowohl für die Trossen als auch für die Dalben.

13.2.3.3 Die maximal zulässige Stoßkraft $P_{Stoß}$ zwischen Schiff und Anlegedalben wird einerseits vom anlegenden Schiffstyp und zum anderen von der konstruktiven Gestaltung des Dalbens, insbesondere von seiner Ausrüstung mit Fenderschürzen und dergleichen bestimmt. Auch bei Großschiffsliegeplätzen wird gefordert, dass die Anlegepressung zwischen Schiff und Dalben 200 kN/m^2 – fallweise sogar 100 kN/m^2 – nicht überschreitet. Eine höhere Anlegepressung kann zugelassen werden, wenn nachgewiesen wird, dass Außenhaut und Aussteifungen der anlegenden Schiffe diese aufnehmen können. Hinsichtlich Beanspruchung des Schiffskörpers wird auf Abschn. 13.2.1, dritter Absatz verwiesen.

13.2.3.4 Wird ein Schiff gleichzeitig an starren Bauwerken und an elastischen Anlegedalben vertäut, muss für die Federkonstante der Dalben der größtmögliche Wert angestrebt werden. Wird dabei das Fenderbauwerk für die maximal zulässige Stoßkraft beim Anlegen des Schiffes zu steif, ist eine völlige Trennung zwischen Fender- und Vertäubauwerk vorzunehmen. In jedem Fall sind gründliche Untersuchungen erforderlich. Ähnliches gilt für die Weichheitsgrade von exponierten Anlege- bzw. Schutzdalben vor Pieranlagen, an Molen, Leitwerken und Schleuseneinfahrten.

13.2.3.5 Wird ein Liegeplatz mit Anlegedalben unterschiedlichen Arbeitsvermögens ausgerüstet, ist für alle Dalben beim Erreichen ihrer Material-Streckgrenze die gleiche waagerechte Durchbiegung anzustreben. Hierdurch wird bei zentrisch auf das Schiff einwirkenden Kräften, vor allem durch Wind und Wellen, eine gleichmäßige Beanspruchung aller Dalben gewährleistet. Außerdem kann dann für den gesamten Liegeplatz in der Regel ein einheitlicher Pfahltyp für die Dalben verwendet werden.

Treten durch Tide, Windstau usw. unterschiedliche Wasserstände auf, sind die Dalben mit einer Fenderschürze auszurüsten, die eine möglichst gleichbleibende Höhenlage der aufzunehmenden Schiffsanlegedrücke gewährleistet. Einheitliche Fenderschürzen bei verschieden schweren Dalben eines Liegeplatzes sollten aber nur angewendet werden, wenn keine nennenswerten dynamischen Beanspruchungen durch Wind- oder Dünungswellen auftreten, durch die sonst die leichteren Dalben gefährdet werden könnten.

13.2.3.6 Ausgehend von der Bemessung der schweren Dalben mit dem Arbeitsvermögen A_s und der Federkonstanten c_s gilt dann für die leichteren mit dem Arbeitsvermögen A_l und der Federkonstanten c_l:

$$c_l = c_s \cdot \frac{A_l}{A_s}$$

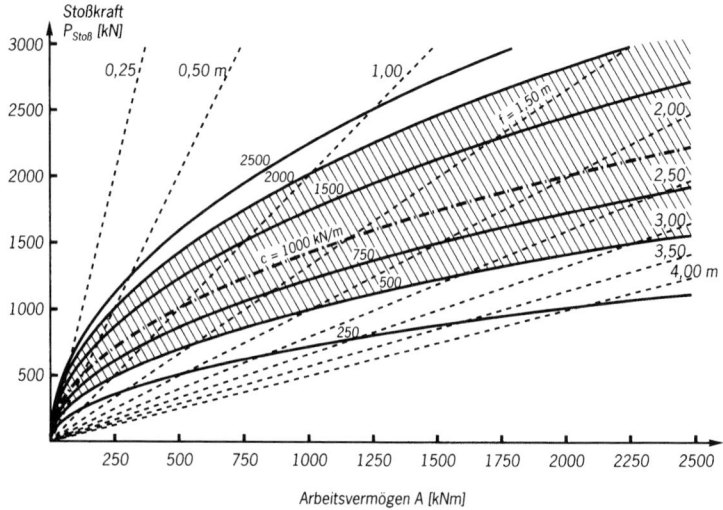

Bild E 111-1. Größe der Federkonstanten c und der Durchbiegung f bei Anlegedalben, abhängig vom Arbeitsvermögen A und der Stoßkraft $P_\text{Stoß}$

Wird die Steifigkeit der leichten Dalben hierbei zu klein, sind diese den gegebenen Erfordernissen entsprechend zuerst zu bemessen. Dann gilt für die schweren Dalben:

$$c_\text{s} = c_1 \cdot \frac{A_\text{s}}{A_1}$$

13.2.3.7 Dem Bild E 111-1 sind für Anlegedalben die Größe der Federkonstanten c sowie die der Durchbiegung f abhängig vom Arbeitsvermögen A und von der Stoßkraft $P_\text{Stoß}$ zu entnehmen. Im Normalfall ist die Federkonstante c so zu wählen, dass sie zwischen den Kurven für $c = 500$ und 2000 kN/m möglichst nahe an der Kurve für $c = 1000$ kN/m liegt.

13.3 Auftretende Stoßkräfte und erforderliches Arbeitsvermögen von Fenderungen und Dalben in Seehäfen (E 128)

13.3.1 Bestimmung der Stoßkräfte
Entsprechend E 111, Abschn. 13.2.1 ist die maximal zulässige Stoßkraft gleich dem Produkt aus der Federkonstanten und der maximal zulässigen Durchbiegung der Anlegedalben bzw. Fender, Stoßdämpfer oder dergleichen am Schiffsberührungspunkt ($P_\text{Stoß} = c \cdot f$ [kN]). Die Durchbiegung f wird bei Großschiffsliegeplätzen aus nautischen Gründen im Allgemeinen auf max. 1,50 m begrenzt (siehe auch E 111, Abschn. 13.2.3.1).

13.3.2 Bestimmung des erforderlichen Arbeitsvermögens

13.3.2.1 Allgemeines

Beim Anlegen besteht die Bewegung eines Schiffs im Allgemeinen aus einer Verschiebung in Quer- und/oder Längsrichtung und einer Drehung um seinen Massenschwerpunkt, wodurch im Allgemeinen zunächst nur ein Dalben bzw. Fender getroffen wird (Bild E 128-1). Maßgebend für die Anfahrenergie ist dabei die Auftreffgeschwindigkeit des Schiffs am Fender v_r, deren Größe und Richtung sich aus der vektoriellen Addition der Geschwindigkeitskomponenten v und $\omega \cdot r$ ergibt. Bei einem vollen Reibungsschluss zwischen Schiff und Fender wird im Verlauf des Stoßes die Auftreffgeschwindigkeit des Schiffs, die dann identisch mit der Verformungsgeschwindigkeit des Fenders ist, bis auf $v_r = 0$ abgebaut. Der Massenschwerpunkt des Schiffs wird im Allgemeinen aber weiter in Bewegung bleiben, wenn auch teilweise in veränderter Größe und Drehrichtung.

Das Schiff behält also auch zum Zeitpunkt der maximalen Fenderverformung einen Teil seiner ursprünglichen Bewegungsenergie bei. Dies kann unter bestimmten Voraussetzungen dazu führen, dass das Schiff nach der Berührung mit dem ersten Fender auf den zweiten zudreht, was dort zu einem noch größeren Anlegestoß führen kann.

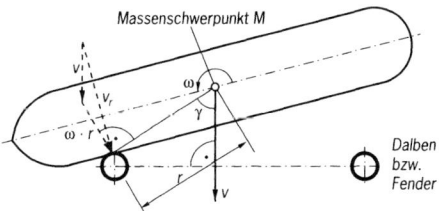

Bild E 128-1. Darstellung eines Anlegemanövers

13.3.2.2 Zahlenmäßige Ermittlung des erforderlichen Arbeitsvermögens [102]

Der von einem Dalben im Verlauf des Anlegestoßes aufzunehmende Anteil der Bewegungsenergie des Schiffs stellt das Arbeitsvermögen dar, das der Dalben besitzen muss, um Schäden am Schiff und/oder Dalben zu vermeiden. Dieses Arbeitsvermögen ergibt sich für den in Bild E 128-1 dargestellten allgemeinen Fall zu:

$$A = \frac{G \cdot C_m \cdot C_s}{2 \cdot (k^2 + r^2)} \cdot [v^2 \cdot (k^2 + r^2 \cdot \cos^2 \gamma) + 2 \cdot v \cdot \omega \cdot r \cdot k^2 \cdot \sin \gamma + \omega^2 \cdot k^2 \cdot r^2]$$

Für den Fall $\gamma = 90°$, d. h. für einen Anlegewinkel von $0°$, vereinfacht sich dieser Ansatz zu:

$$A = \frac{1}{2} \cdot G \cdot C_m \cdot C_s \cdot \frac{k^2}{k^2 + r^2} \cdot (v + \omega \cdot r)^2$$

$$= \frac{1}{2} \cdot G \cdot C_m \cdot C_s \cdot \frac{k^2}{k^2 + r^2} \cdot v_r^2$$

$$= \frac{1}{2} \cdot G \cdot C_m \cdot C_s \cdot C_e \cdot v_r^2$$

In den vorstehenden Formeln bedeuten:

A = Arbeitsvermögen [kNm]

G = Wasserverdrängung des anlegenden Schiffs nach E 39, Abschn. 5.1 [t]

k = Massenträgheitsradius des Schiffs [m]
Er kann bei großen Schiffen mit hohem Völligkeitsgrad im Allgemeinen $= 0{,}25 \cdot l$ angesetzt werden

l = Länge des Schiffs zwischen den Loten [m]

r = Abstand des Massenschwerpunkts des Schiffs vom Auftreffpunkt am Dalben [m]

v = Translative Bewegungsgeschwindigkeit des Massenschwerpunkts des Schiffs zum Zeitpunkt der ersten Berührung mit dem Dalben [m/s]

ω = Drehgeschwindigkeit des Schiffs zum Zeitpunkt der ersten Berührung mit dem Dalben [Winkel im Bogenmaß je Sekunde = 1/s]

γ = Winkel zwischen dem Geschwindigkeitsvektor v und der Strecke r [Grad], $\gamma = 90°$-Anlegewinkel gemäß E 60, Abschn. 6.14.4

v_r = resultierende Auftreffgeschwindigkeit des Schiffs am Dalben [m/s]

C_m = Massenfaktor [1], entsprechend der folgenden Erläuterung

C_s = Steifigkeitsfaktor [1], entsprechend der folgenden Erläuterung

C_e = Exzentrizitätsfaktor $= k^2 / (k^2 + r^2)$ [1]

Der Massenfaktor C_m erfasst den Einfluss aus Stauwirkung, Sog und Wasserreibung, den das mitbewegte Wasser (Hydrodynamische Masse) mit einsetzendem Stoppen auf das Schiff ausübt.

Die Auswertung und der Vergleich diverser Ansätze aus der Literatur für C_m ergibt Durchschnittswerte zwischen 1,45 und 2,18.

Es wird empfohlen [232], folgende Werte zu verwenden:
- bei großen Kielfreiheiten (0,5 t) $C_m = 1{,}5$
- bei kleinen Kielfreiheiten (0,1 t) $C_m = 1{,}8$

mit t Tiefgang des Schiffes [m]

Bei Kielfreiheiten zwischen 0,1 t und 0,5 t kann linear interpoliert werden. Der Steifigkeitsfaktor C_s berücksichtigt eine Abminderung der Stoßenergie durch Verformungen am Schiffskörper je nach Beschaffenheit von Schiff und Dalben in gegenseitiger Wechselwirkung. Er kann in der Größe $C_s = 0,90$ bis $1,0$ angenommen werden. Der obere Grenzwert gilt für weiche Dalben und kleinere Schiffe mit steifer Bordwand, der untere für harte Dalben und größere Schiffe mit relativ weicher Bordwand. Hierzu wird auch auf E 111, Abschn. 13.2 verwiesen.

13.3.2.3 Hinweise

Wird ein Schiff mit Schlepperhilfe an den Liegeplatz bugsiert, kann vorausgesetzt werden, dass es in Richtung seiner Längsachse kaum noch Fahrt macht und dass die Bordwand während des Anlegens nahezu parallel zur Flucht der Dalben liegt. Für die inneren Dalben einer Dalbenreihe stellt sich dann zwischen Schiffsschwerpunkt und berührtem Dalben zwangsläufig ein größerer Abstand ein. Daher kann in diesem Fall bei der Bemessung der inneren Dalben der Geschwindigkeitsvektor v senkrecht zur Strecke r ($\gamma = 90°$) angenommen und die vereinfachte Formel für die Ermittlung von A benutzt werden. Auf die Bilder E 40-1 und E 40-2 Abschn. 5.3 wird besonders hingewiesen. Bei der Berechnung der äußeren Dalben einer Dalbenreihe kann dagegen von dem vereinfachten Rechenansatz kein Gebrauch gemacht werden, weil hier der Schiffsschwerpunkt in Richtung der Dalbenflucht auch nahe an den Dalbenpunkt heranrücken kann.

Im Übrigen muss in allen Fällen beachtet werden, dass die Schiffe nicht immer mittig an den Liegeplatz gebracht werden können. Bei der Berechnung von Anlegedalben, beispielsweise vor einem Tankerliegeplatz, sollte daher stets ein Abstand zwischen dem Schiffsschwerpunkt und der Mitte des Schiffsliegeplatzes von $e = 0,1 \cdot l \leq 15$ m (parallel zur Fenderflucht) berücksichtigt werden.

13.3.3 Anwendung

Hat man das theoretisch erforderliche Arbeitsvermögen A ermittelt, bedarf es einer Abstimmung von erforderlichem Arbeitsvermögen A, der zulässigen Stoßkraft $P_{Stoß}$ und der sich daraus ergebenden kleinsten Federkonstanten $min\ c$. Diese kann mit den Angaben nach E 111, Abschn. 13.2.2.2 und 13.2.2.3 sowie nach praktischen Gesichtspunkten ausgemittelt werden. Unter Berücksichtigung von E 111, Abschn. 13.2.3.3 ist die maximal zulässige Stoßkraft $P_{Stoß}$ je m^2 Schiffshaut für Großschiffe bereits eingegrenzt. Auf die dort in Bild E 111-1 dargestellte gegenseitige Abhängigkeit der drei Größen A, $P_{Stoß}$ und f wird besonders hingewiesen.

Wichtig für die günstigste Ausnutzung des errechneten Arbeitsvermögens bleibt nach wie vor die in E 111, Abschn. 13.2.3.5, zweiter Absatz geforderte gleichbleibende Höhenlage der auf den Dalben bzw. die Fenderung zu übertragenden Schiffsanlegekraft. Im Bedarfsfall kann bei elastisch nachgebenden Dalben durch eine geeignete Fenderschürze mit punktförmig festgelegter Kraftübertragung das unerwünschte Abwandern des Schwerpunkts der Anlegekraft nach unten verhindert werden.

13.4 Verwendung schweißgeeigneter Feinkornbaustähle bei elastischen Anlege- und Vertäudalben im Seebau (E 112)

13.4.1 Allgemeines
Ist bei Dalben ein hohes Arbeitsvermögen erforderlich, werden sie zweckmäßig aus höherfesten, schweißgeeigneten Feinkornbaustählen hergestellt.
Werkstoffangaben sind in E 67, Abschn. 8.1.6 zusammengestellt.

13.4.2 Belastungsansätze
Bei Entwurf und Berechnung der Dalben ist zu unterscheiden, ob sie:
(1) vorwiegend ruhend (Schiffsstoß, Trossenzug) oder
(2) nicht vorwiegend ruhend (Wellengang, Dünung)
beansprucht werden.

Für die Beurteilung kann folgendes Kriterium angesetzt werden:
Dalben sind vorwiegend ruhend beansprucht, wenn der Anteil der Wechselbeanspruchung aus Wellengang bzw. Dünung gering ist im Verhältnis zu den Beanspruchungen aus Schiffsstoß und Trossenzug, und wenn bei der Überprüfung der Wechselbeanspruchungen folgende Spannungen unter Anwendung der Bemessungswellenhöhe H_{Bem} (= kennzeichnende Wellenhöhe $H_{1/3}$) bei einem Bemessungszeitraum von 25 Jahren nicht überschritten werden:

- 30 % der jeweiligen Mindeststreckgrenze $f_{y,k}$ des Grundwerkstoffs, sofern keine Stumpfnähte quer zur Hauptbeanspruchungsrichtung verlaufen,
- 100 MN/m^2 für den Grundwerkstoff, wenn Stumpfnähte quer und durchlaufende Flankenkehlnähte längs zur Hauptbeanspruchungsrichtung verlaufen,
- 50 MN/m^2 für den Grundwerkstoff, wo Flankenkehlnähte enden oder Kehlnähte quer zur Hauptbeanspruchungsrichtung verlaufen.

Dalben in Gebieten mit starker Dünung sind nicht vorwiegend ruhend beansprucht, sofern sie nicht durch besondere Zusatzmaßnahmen – wie beispielsweise durch Vorspannen gegen ein Bauwerk – gegen die Dünungseinflüsse gesichert werden.
Liegt nicht vorwiegend ruhende Einwirkung vor, ist im Allgemeinen dieser Belastungsfall für die Bemessung maßgebend.

Auf den Einfluss der Spannungs- und Stabilitätsprobleme bei Pfählen größerer Querschnittsform und geringerer Wanddicke wird ganz allgemein und besonders bei Lastfällen mit Ausnutzung bis zur Streckgrenze hingewiesen. Bei Großrohren ist hierfür ein statischer Nachweis zu liefern (vgl. DIN 18 800-4).

13.4.3 Bauliche Gestaltung

13.4.3.1 Je nach Art der Einwirkung ergeben sich grundsätzliche Anforderungen für:

(1) die Wahl der Stahlsorte, der Beanspruchbarkeit und gegebenenfalls der Querschnittsform der Einzelpfähle,
(2) die Verarbeitung und die Materialdicken sowie für
(3) die bauliche Durchbildung und schweißtechnische Verarbeitung.

13.4.3.2 Das oberste Teilstück – z. B. der oberste Rohrschuss – eines Dalbens wird zweckmäßig aus schweißgeeignetem Feinkornbaustahl geringerer Festigkeit hergestellt. Dadurch wird das Anschweißen von Verbänden und sonstigen Konstruktionsteilen vereinfacht.
Die Wanddicke ist so zu wählen, dass alle notwendigen Schweißarbeiten auf der Einbaustelle möglichst ohne Vorwärmen ausgeführt werden können. Dies ist besonders in Tidehäfen und bei starkem Wellengang zu beachten.

13.4.3.3 Schweißnähte zwischen den einzelnen Teilstücken – z. B. den Rohrschüssen – sollen nach Möglichkcit in Bereiche geringerer Beanspruchung gelegt und als Werkstattnähte ausgeführt werden.

13.4.3.4 Bei nicht vorwiegend ruhender Einwirkung kommt den geschweißten Stoßstellen quer zur Biege-Zug-Beanspruchung besondere Bedeutung zu. Daher ist bei Rundnähten bzw. Stumpfstößen quer zur Kraftrichtung folgendes zu beachten:

(1) Bei unterschiedlichen Wanddicken am Schweißstoß ist der Übergang des dickeren Blechs zum dünneren im Verhältnis 4 : 1, wenn irgend möglich aber flacher, spanend zu bearbeiten. Bei Großrohren ist für die Kraftüberleitung mindestens ein überschläglicher statischer Nachweis zu liefern.
(2) Decklagen sind kerbfrei auszubilden. Die Nahtüberhöhung soll möglichst 5 % der Materialdicke nicht überschreiten.
(3) Bei nicht begehbaren Pfählen ist die Wurzel einwandfrei durchzuschweißen. Der Übergang zwischen Naht und Blech ist flach zu halten, ohne schädigende Einbrandkerben. Wird mit Einlegeringen gearbeitet, dürfen nur solche aus Keramik verwendet werden.

(4) Bei begehbarenPfählen sind die Stöße von beiden Seiten zu schweißen. Wurzellagen sind auszukreuzen.

(5) Bei Dalbenpfählen aus hochfesten, schweißgeeigneten Feinkornbaustählen ist ein vom Lieferwerk empfohlener Zusatzwerkstoff zu verwenden, dessen Gütewerte denen des Grundwerkstoffs entsprechen sollen.

(6) Die Schweißdaten sind so zu wählen, dass die vom Lieferwerk angegebenen Werte für das Wärmeeinbringen eingehalten werden.

(7) Die Richtlinien des Stahl-Eisen-Werkstoffblatts 088 [103] sind zu beachten.

(8) Nach dem Schweißen ist ein örtlich begrenztes Spannungsarmglühen mit entsprechender Temperaturkontrolle möglich. Ansonsten ist Abschn. 13.4.3.3 zu beachten.

13.4.3.5 Für alle Schweißarbeiten gilt E 99, Abschn. 8.1.18 sinngemäß. Sämtliche Rundnähte und Stumpfstöße müssen zerstörungsfrei geprüft – möglichst geröntgt – werden.

13.4.3.6 Dalbenpfähle aus Feinkornbaustählen haben im Allgemeinen lange Lieferfristen und sollten daher rechtzeitig bestellt werden. Es empfiehlt sich, für etwaige Havarien eine gewisse Vorratshaltung an Dalbenpfählen einzuplanen.

14 Erfahrungen mit Ufereinfassungen

14.1 Mittleres Verkehrsalter von Ufereinfassungen (E 46)

Große Seehäfen müssen häufig mit Rücksicht auf den Hafenbetrieb oder Hafenverkehr vertieft und ihre Ufereinfassungen verstärkt oder ersetzt werden, lange bevor die Standsicherheit ihrer Ufereinfassungen gefährdet ist. Ihr Verkehrsalter liegt demnach oft weit unter ihrer baulichen Lebensdauer, so dass bei solchen Anlagen häufig nur mit einem Verkehrsalter von etwa 25 Jahren gerechnet werden kann. Demgegenüber ist das mittlere Verkehrsalter von Spundwandbauwerken an den Binnenwasserstraßen bzw. in den kleinen Fischerei-, Fähr-, oder Sielhäfen der Nord- und Ostsee mit 50 bis 60 Jahren anzusetzen.

Eine möglichst genaue Einschätzung des jeweiligen mittleren Verkehrsalters leistet beispielsweise bei der Aufstellung von Nutzen-/Kosten-Analysen, beim Entwurf sowie bei innerbetrieblicher Kalkulation und steuerlicher Bewertung gute Dienste. Die Angaben sind aber nicht als Grundlage für die Wertermittlung bei Schadensfällen bestimmt, da es dort nicht auf einen statistisch errechneten, sondern auf den effektiv zutreffenden Wert zum Zeitpunkt des Schadensfalls ankommt.

In Anpassung an das zu erwartende mittlere Verkehrsalter sind Bauweisen zu bevorzugen, bei denen das Bauwerk später mit vertretbaren Kosten und den geringsten betrieblichen Störungen verstärkt und einer vertieften Hafensohle angepasst werden kann.

Ufereinfassungen, bei denen ein besonders niedriges Verkehrsalter erwartet wird, sollen so gebaut werden, dass sie leicht wieder abgebrochen und erneuert werden können.

Die obigen Ausführungen über das mittlere Verkehrsalter gelten nicht für Beschädigung oder Ausfall durch Havarie und generell auch nicht für Dalben aller Art.

In Havariefällen ist die Restlebensdauer des havarierten Dalbens außer von der konstruktiven Ausbildung in besonderem Maße von der Nutzungsart und Nutzungsintensität abhängig, so dass allgemein anwendbare Empfehlungen zur Ermittlung der Restlebensdauer nicht gegeben werden können.

14.2 Betriebsbedingte Schäden an Stahlspundwänden (E 155)

14.2.1 Ursachen der Schäden

Stahlspundwände im Uferbereich von Häfen unterliegen neben den vorwiegend statischen Belastungen, die den Rechnungsansätzen zugrunde gelegt werden, meist auch starken dynamischen Beanspruchungen aus dem Schifffahrts- und dem Umschlagbetrieb. Diese Gefahr erhöht sich mit zunehmender Öffnungsweite der Spundwandtäler.

Die kastenförmige Bauart moderner Schubleichter, Gütermotor- und Tankmotorschiffe kann insbesondere im Binnenschiffsverkehr bei Anlegemanövern zu Beschädigungen der Spundwand durch Berührung mit den Ecken und Kanten der Schiffskörper führen. Eine weitere Schadensursache kann das Festhaken spitzer Gegenstände, beispielsweise von Schiffsankern in den Spundwandtälern oder von Kranhaken unter dem Holm sein. Im Seehafenbau sind solche Schäden eher selten, da Spundwände zunehmend hinter der Kaivorderkante zurückgesetzt angeordnet werden.

Besonders starke Beeinträchtigungen des Uferbauwerks treten auf, wenn im Havariefall der Schiffsstoß frontal stattfindet, z. B. wenn ein Schiff aus dem Ruder läuft oder die Koppeldrähte eines Schubverbands reißen. Beim Umschlag aggressiver Stoffe (beispielsweise Salz) können diese mit der Spundwand in Berührung kommen und sie angreifen. Diese Gefahr besteht auch bei aggressivem Grundwasser.

Spundwände ohne Fendersysteme oder Reibepfähle sind einer ständigen mechanischen Belastung und damit erhöhter Korrosion ausgesetzt, da die schützende Deckschicht aus Korrosionsprodukten ständig durch Schiffe abgerieben wird. Gleiches gilt auch für die häufig im Ostseeraum verwendeten Schlengel (schwimmende pontonartige Holzfender). Mechanisch verursachte Scheuerstellen und daraus folgende vorzeitige Durchrostungen (s. auch E 35, Abschn. 8.1.8.2 (2)) können auch durch Ketten und unten angehängte Kettengewichte entstehen, mit denen Fendersysteme häufig an Spundwänden befestigt sind.

14.2.2   Art der Schäden

Beim Berühren mit dem Schiffskörper können Beulen mit Quetsch- und Stauchzonen entstehen. Insbesondere bei älteren Spundwänden, die noch nicht die heutigen Stahlgüten besitzen, sind auch Risse, Brüche, Löcher und Schlossbrüche – hier insbesondere bei Z-Bohlen – festzustellen. Außerdem können Holmbleche abgerissen werden. Überbelastungen des Uferbauwerks oder Korrosion können zu einem Abreißen der Ankeranschlusskonstruktionen und anschließendem Ausweichen der Spundwand führen. Schließlich können Spundwände auch durch erhöhte Ankerzugkräfte im Bereich der Ankeranschlüsse einreißen.

Der Einfluss aggressiver Stoffe führt zu einer Verminderung der Blechdicken, insbesondere bei langem Einwirken im Bereich der Wasserwechselzone.

14.2.3   Schadensbeseitigung

Wird ein Schaden an einer Spundwand festgestellt, ist zunächst sein Umfang genau zu ermitteln und die Frage zu prüfen, ob dadurch einzelne Bauglieder oder die Standsicherheit des gesamten Uferbauwerks gefährdet sind.

Die Behebung des Schadens kann durch Aufschweißen von Blechen und Winkeln oder durch das Vorsetzen von Stahltafeln, die ein Spundwandtal oder gegebenenfalls auch mehrere überbrücken, vorgenommen werden, sofern der Spundwandstahl schweißbar ist. Bei der Schwächung in den Spundwandtälern des Spundwandprofils bietet sich der Einbau von Verstärkungsprofilen, die nicht über die Flucht hinausragen, und deren Verbindung mit der bestehenden Spundwand an. Bei größeren Beschädigungen kann es erforderlich sein, einzelne Bohlen oder ganze Abschnitte der Spundwand zu ziehen und durch neue Bohlen zu ersetzen. Bei leichteren Schäden genügt es oft, Bohlen herauszutrennen und die betreffenden Bohlen mit neuem Material wieder aufzustocken. Besondere Vorsicht ist geboten, wenn es sich um eine verankerte Bohle handelt und der Anker gelöst werden muss. Dann ist die Frage zu prüfen, ob eine Hilfsverankerung einzubauen ist. Bei besonders schweren Schäden, z. B. beim Ausweichen der Spundwand um ein größeres Maß, kann es erforderlich werden, einen Uferabschnitt durch den Einbau einer neuen Spundwand an der Wasserseite zu sichern.

In jedem Fall ist festzustellen, ob der Spundwandschaden das Austreten von Bodenmaterial zur Folge hatte und eine Hohlraumbildung hinter der Spundwand stattfinden konnte.

14.2.4 Vorbeugende Maßnahmen zur Verhinderung bzw. Verminderung von Schäden

Bei der Bemessung eines Spundwandbauwerks ist zu untersuchen, in welchem Umfang über die statisch-konstruktiven Erfordernisse hinaus Zuschläge aus Gründen des Hafenbetriebs zu machen sind. Diese können beispielsweise darin bestehen, das nächst stärkere Profil für alle oder nur für die wasserseitigen Bohlen zu wählen. Verstärkungsbleche können auf die Bohlenrücken geschweißt werden. Eine geeignete Ausführung ist die gepanzerte Spundwand, die in E 176, Abschn. 8.4.15, behandelt ist. Durch ein frühzeitiges Erkennen von Unregelmäßigkeiten am Spundwandbauwerk können Maßnahmen eingeleitet werden, die größere Schäden verhindern oder vermindern. Deshalb sind Kontrollen durch Wanddickenmessungen und durch Taucherinspektionen mit systematischer Schadensdokumentation (Abrostungen, Risse usw.) – eventuell mit einer Unterwasserkamera – zu empfehlen (E 193, Abschn. 15). Entsprechend der Bedeutung des jeweiligen Bauwerkes sind spätere Messungen bereits bei der Planung und Baudurchführung zu berücksichtigen (z. B. durch den Einbau von Neigungsmessrohren).

14.3 Uferbauwerke aus Stahlspundwänden bei Brandbelastung (E 181)

14.3.1 Allgemeines

Brandbelastungen können durch auf dem Wasser schwimmende brennende Stoffe ausgelöst werden, beispielsweise bei einem austretenden brennbaren Produkt infolge einer Havarie oder durch einen Brand an Land. Auch ein am Ufer liegendes brennendes Schiff kann die Ursache für Temperatureinwirkungen auf die Ufereinfassung sein.

Die Temperaturentwicklung lässt sich aus der Einheits-Temperaturzeitkurve nach DIN 4102 ableiten, die für einen geschlossenen Brandraum gilt. Danach wird die max. Temperatur von ca. 1100 °C nach 180 Minuten erreicht. Bei Uferbauwerken liegen jedoch wesentlich günstigere örtliche Gegebenheiten vor. Hier handelt es sich um einen Brand im Freien, bei dem die entstehende Wärme ungehindert abziehen kann. Bei einem Brand auf der Wasseroberfläche wird die Wärme zusätzlich noch vom Wasser gebunden.

Bei Bränden im Freien werden Temperaturen von 800 °C in der Flammzone nicht überschritten [119]. Allgemein kann daher angenommen werden, dass bei im Freien stehenden Ufereinfassungen der abgeminderte max. Wert von 800 °C sicher nicht erreicht wird, wenn der Brand vor dem Ablauf von drei Stunden gelöscht wird. Die Brandbekämpfung soll daher die Brandtemperatur möglichst schnell absenken und die Zufuhr von weiteren brennbaren Stoffen verhindern. Darüber hinaus sollte, wenn möglich, die Stahlspundwand entlastet werden, beispielsweise durch Entfernen von Verkehrslasten und Lagergut.

Brandschutzmaßnahmen haben im übrigen den öffentlichen rechtlichen Vorschriften zu entsprechen. Dabei sind die Brandschutzanforderungen anhand der örtlichen Gegebenheiten zu ermitteln und festzulegen. Deshalb wird besonders auf die „Richtlinien für Anforderungen an Anlagen zum Umschlag gefährdender flüssiger Stoffe im Bereich von Wasserstraßen" hingewiesen [120].

14.3.2 Einflüsse der Brandbelastung auf ein Uferbauwerk aus Stahlspundwänden

Bei Belastung des Stahls durch hohe Temperaturen ändern sich seine mechanischen Eigenschaften. Von besonderer Bedeutung ist hierbei die kritische Stahltemperatur (crit T). Das ist jene Temperatur, bei der die Streckgrenze des Stahls auf die in der Spundwand vorhandene Stahlspannung absinkt.

Bei den Spundwandstählen nach E 67, Abschn. 8.1.6 beträgt crit T 500 °C.

Wird im brandbeanspruchten Bereich die zulässige Beanspruchbarkeit nicht ausgenutzt, erhöht sich crit T, und zwar bis auf 650 °C, wenn die vorhandene Beanspruchung nur 1/3 der zulässigen beträgt.

Bleiben die Temperaturen unter 500 °C, besteht bei Spundwandstählen in keinem Fall eine Gefahr für die Standsicherheit des Bauwerks. Nach dem Abkühlen können die in der statischen Berechnung angesetzten Ausgangswerte für die mechanischen Eigenschaften wieder zugrunde gelegt werden.

Bei Brandbelastung wird nur die luftseitige Fläche der Spundwand angegriffen, soweit sie oberhalb des Wasserspiegels liegt. Alle übrigen Flächen werden nicht belastet.

Die der Brandeinwirkung abgekehrte Spundwandfläche trägt zur Abkühlung der belasteten Fläche bei, wenn sie von Luft und/oder Wasser umgeben ist. Dies trifft aber auch für Boden zu, insbesondere bei Grundwasser in durchlässigem Boden.

Im Allgemeinen liegt die Zone der größten Wärmeentwicklung nicht in den Bereichen, in denen die Stahlspundwand voll ausgelastet ist. Bei einfach verankerten Spundwänden mit geringem Überankerteil befindet sich der Bereich der größten Beanspruchung im Allgemeinen unterhalb des Wasserspiegels und ist somit der Brandbelastung nicht ausgesetzt.

Ähnlich günstig sind die Verhältnisse bei einer im Wasser stehenden unverankerten, im Boden eingespannten Spundwand. Umgekehrt ist bei einer am Kopf eingespannten Spundwand zu beachten, dass das Einspannmoment im Bereich der Brandbelastung oberhalb des Wasserspiegels liegen kann.

Bei der verankerten, im Boden oder am Kopf eingespannten Spundwand können sich in dem durch Brand belasteten Bereich Fließgelenke bilden, die zwar die Durchbiegung erhöhen, andererseits aber auch die Sicherheit gegenüber dem Bruchzustand vergrößern. Eine statisch unbestimmt gelagerte Spundwand dieser Art ist deshalb günstiger zu beurteilen als eine statisch bestimmte, im Boden frei aufgelagerte, einfach verankerte Spundwand.

Je größer die Wanddicke bei gleicher Oberfläche ist, umso langsamer erwärmt sich das Bauteil und umso größer wird die Feuerwiderstandsdauer, was sich aber bei den verhältnismäßig dünnen Spundbohlen nur wenig auswirkt. Eine gepanzerte Spundwand (E 176, Abschn. 8.4.15) ist wegen der glatten und damit kleineren Oberfläche bei vergrößerter Stahlmenge und wegen der dämmenden Wirkung des Zwischenraums zur tragenden Spundwand beständiger gegen Hitzeeinwirkungen als eine nicht gepanzerte, sofern die Panzerung statisch nicht berücksichtigt wird.

Die Anschlusskonstruktion einer verankerten Spundwand hat eine verhältnismäßig kleine Oberfläche bei großer Wanddicke, so dass sich die Konstruktion langsamer erwärmt. Das hinter der Spundwand im Boden liegende Verankerungselement ist der Brandbelastung nicht ausgesetzt und kann einen begrenzten Teil der Wärme ableiten. Bei besonders gefährdeten Uferstrecken empfiehlt sich aber stets eine besondere Abdeckung der Ankeranschlüsse.

14.3.3 Untersuchungsergebnisse über Brandbelastungen an einem Spundwandbauwerk

Eine auf dem Wasserspiegel schwimmende, brennende Ölschicht beflammte bis zu einer Stunde eine 2,70 m hohe freie Spundwandfläche, die durch einen Stahlbetonholm mit Kantenschutz und anschließend mit einer gepflasterten Böschung entsprechend Bild E 129-1, Abschn. 8.4.5 versehen war. Nach dem Brand wurde folgendes festgestellt: Die Stahlspundwand zeigte im Brandbereich deutliche Farbveränderungen. Die mechanischen und technologischen Eigenschaften, ermittelt an Proben aus dem am stärksten belasteten Abschn. der Spundwand, entsprachen aber noch immer den Technischen Lieferbedingungen. Durch die Brandbelastung hatte der Stahl demnach keine Qualitätseinbußen erlitten.

Messungen bis 7 m unter OK Spundwand ließen erkennen, dass sich bei der Brandbelastung keine außergewöhnlichen Verformungen ergeben hatten. Nach der statischen Berechnung war die Spundwand in Höhe des Wasserspiegels mit 1/3 der Streckgrenze beansprucht.

Sichtbare Schäden zeigten sich an der Oberfläche des Stahlbetonholms in Form von örtlichen 1 bis 2 cm dicken Abplatzungen. Der stählerne Kantenschutz hatte sich fast durchgehend vom Betonholm gelöst und war an den geschweißten Stoßstellen gerissen. Im Bereich der Leiternische war der Stahlbetonholm so stark belastet worden, dass stellenweise die Bewehrung freigelegt wurde und Risse zu beobachten waren. Die Steigeleitern waren teilweise verbogen, offensichtlich durch Umflammung der gesamten Oberfläche.

Schäden sind auch in der gepflasterten Böschung sowie in den Deckwerken aufgetreten. Das Sandsteinpflaster mit vermörtelten Fugen hat sich stellenweise aufgewölbt, wobei die Mörtelfugen gerissen sind.

An einem frei im Wasser stehenden als geschlossener Stahlpfahl ausgebildeten Dalben hatte die allseitige Brandbelastung zu einer Ausbeulung geführt, die etwa 4 m oberhalb des Wasserspiegels bzw. 6 m unter OK Dalben lag. Die mechanischen und technologischen Eigenschaften der Stahlsorte entsprachen nach der Brandbelastung dem Spundwand-Sonderstahl S 355 GP. Die entnommenen einzelnen Proben zeigten gleiche Ergebnisse, obwohl sie unterschiedlichen Höhen mit auch unterschiedlichen Brandbelastungen entnommen waren.

Die geschilderten Schäden lassen vermuten, dass Dauer und Intensität der Brandbelastungen nicht gering gewesen sind. Trotzdem hat die Stahlspundwand einen hohen Feuerwiderstand gezeigt, da offensichtlich die Randbedingungen (Bodenhinterfüllung) den Einfluss der Brandbelastung stark abgeschwächt haben. Mit Boden hinterfüllte Stahlspundbauwerke müssen deshalb nicht nach DIN 4102, Teil 2 eingestuft werden [126].

15 Überwachung und Prüfung von Ufereinfassungen in Seehäfen (E 193)

15.1 Allgemeines

An Ufereinfassungen sind unter Beachtung des Einzelfalles regelmäßige Bauwerksinspektionen erforderlich, um rechtzeitig Veränderungen in der Standsicherheit, Funktionsfähigkeit und dem baulichen Zustand zu erkennen. Dies ist die eigentliche Grundlage, auf der die Verkehrssicherheit des Bauwerks gewährleistet werden kann.

Die sorgfältige und regelmäßige Inspektion der Bauwerke ermöglicht rechtzeitige Instandsetzungsarbeiten und kann damit größere Reparaturkosten oder eine vorzeitige Erneuerung des Bauwerks vermeiden. Die Bauwerksinspektion besteht unter Berücksichtigung des Einzelfalls aus der

- Bauwerksüberwachung durch einfache Sichtprüfung ohne größere Hilfsmittel und aus der
- Bauwerksprüfung durch Untersuchung unter Benutzung der erforderlichen Hilfsgeräte durch einen sachkundigen Ingenieur.

Bei der Planung und Durchführung der Bauwerksinspektion sind die in bestimmten Bereichen geltenden Bestimmungen gegebenenfalls mit zu berücksichtigen:

- DIN 1076,
- DIN 19 702,
- VV-WSV 2101 [139],
- VV-WSV 2301 [163],
- ETAB [45],
- „Life cycle management of port structures – general principles" [136],
- „Inspection, maintenance and repair of maritime structures exposed to material degradation caused by a salt water environment" [258].

15.2 Unterlagen und Protokolle

Für die Beurteilung notwendiger Instandsetzungsmaßnahmen ist die Erfassung von Überwachungs- und Prüfergebnissen einschließlich durchgeführter Maßnahmen und ihrer Kosten wichtig. Daher sind alle Inspektionsergebnisse zu dokumentieren.

Grundlage der Überwachung und Prüfung sind die Bestandspläne des Bauwerks und gegebenenfalls ein Bauwerksbuch, das die wichtigsten Daten wie Querschnitte, Lastannahmen, Wasserstände und Bodenkennwerte, statische Berechnungen, durchgeführte Umbauten und Instandsetzungen sowie frühere Inspektionsergebnisse enthält.

15.3 Durchführung der Bauwerksinspektion

15.3.1 Bauwerksüberwachung

Art und Umfang der Bauwerksüberwachung ist für jedes Bauwerk in Abhängigkeit von den örtlichen Randbedingungen festzulegen. Beispielsweise sollte u. a. Folgendes durch Besichtigung erfasst und dokumentiert werden:

- Oberflächenschäden bzw. -veränderungen,
- Setzungen, Sackungen, Verschiebungen,
- Veränderungen an Fugen und Bauwerksanschlüssen,
- Fehlen oder Beschädigung von Ausrüstungsteilen,
- unsachgemäße Benutzung,
- Funktionsfähigkeit der Entwässerungen,
- Spundwandbeschädigungen,
- Kolke bzw. Auflandungen vor der Spundwand
  (siehe E 80, Abschn. 7.1 und E 83, Abschn. 7.6).

Auch schwer zugängliche Bauteile wie Gänge, Stege und Schächte sollten nach Möglichkeit besichtigt werden.

15.3.2 Bauwerksprüfung

Die Bauwerksprüfung sollte in jedem Fall durch einen mit dem Bauwerk vertrauten Ingenieur vorgenommen werden, der auch die statischen, konstruktiven und hydromechanischen Verhältnisse des Bauwerks vor dem Hintergrund der nutzungsbedingten Anforderungen beurteilen und einen erforderlichen Tauchereinsatz anleiten kann. Art und Umfang der Bauwerksprüfung ist ebenfalls für jedes Bauwerk in Abhängigkeit von den örtlichen Randbedingungen festzulegen. Je nach Bedeutung und Randbedingungen sollte beispielsweise Folgendes aufgemessen bzw. untersucht werden:

- Lage und Größe von Schädigungen an der Uferwand, auch mittels Taucher,
- Zustand und Funktionsfähigkeit von Dränanlagen,
- Zustand früherer Reparaturen,
- Zustand der Korrosionsschutzbeschichtung,
- Zustand der Kathodenschutzanlage,
- Sackungen und Setzungen hinter der Uferwand,
- Peilung der Gewässersohle vor der Uferwand,
- Dichtungen in den Fugen und Bauwerksanschlüssen,
- Fugen- und Lagerbewegungen,
- Betonschädigungen (auch Bewehrungsstahl),
- Messungen der Horizontalbewegung (auch Kopfverformungen) sowie der Vertikalbewegung (Setzungen, Hebungen),

- Messung der Restwanddicken bzw. mittlere und maximale Abrostungen (z. B. durch Ultraschall-Messungen, siehe E 35, Abschn. 8.1.8.2).

Weitere Messungen können im Einzelfall sinnvoll sein. Sofern spezielle Messungen (Ankerkräfte, Inklinometer, Potenzialfeld etc.) durchgeführt werden, sollte ein Fachmann zur Durchführung und Beurteilung hinzugezogen werden.

Die Ergebnisse der Bauwerksinspektion sind im Hinblick auf die Standsicherheit bzw. Verkehrssicherheit und dauerhafte Funktionsfähigkeit des Bauwerks zu bewerten.

Die festgestellten Mängel sind hinsichtlich vermuteter oder festgestellter Ursachen zu beurteilen. Die darauf aufbauende weitere Vorgehensweise ist in den Unterlagen zu dokumentieren.

15.4   Inspektionsintervalle

Die Häufigkeit und Intensität der Inspektionen von Ufereinfassungen richtet sich nach dem Alter des Bauwerks, dessen allgemeinem Zustand, den verwendeten Baumaterialien, den Baugrundverhältnissen, Umwelteinflüssen und den betrieblichen Anforderungen und Belastungen. Um eine ordnungsgemäße Überwachung und Prüfung sicherzustellen, kann eine an den aufgeführten Merkmalen orientierte Festlegung von Inspektionsintervallen in einem Bauwerksbestandsverzeichnis hilfreich sein. In den unter Abschn. 15.1 angegebenen Literaturstellen sind Hinweise zu Inspektionsintervallen zu finden, die dem Einzelfall entsprechend anzupassen sind.

Eine erste Bauwerksinspektion sollte im Rahmen der Abnahme des Bauwerks und eine weitere vor Ablauf der Gewährleistungsfrist(en) durchgeführt werden. Darin sollten Nivellements und Alignements mit enthalten sein, auch eine Nullmessung nach Lage und Höhe. Weitere Folgemessungen sind als Bestandteil der Bauwerksprüfungen festzulegen.

Nach außergewöhnlichen Beanspruchungen, durch welche Schäden am Bauwerk entstanden sein können, z. B. durch Havarien, extreme Belastungen durch Hochwasser oder Brand, sind die möglichen Auswirkungen auf das Tragverhalten des Bauwerks durch Sonderuntersuchungen zu ermitteln.

Anhang I Schrifttum

I.1 Jahresberichte

Grundlage der Sammelveröffentlichung sind die in den Zeitschriften „DIE BAUTECHNIK" (ab 1984 „Bautechnik") und „HANSA" veröffentlichten Technischen Jahresberichte des Arbeitsausschusses „Ufereinfassungen", und zwar in

HANSA   87 (1950), Nr. 46/47, s. 1524

DIE BAUTECHNIK   28 (1951), Heft 11, Seite 279 – 29 (1952), Heft 12, Seite 345
                     30 (1953), Heft 12, Seite 369 – 31 (1954), Heft 12, Seite 406
                     30 (1953), Heft 12, Seite 369 – 31 (1954), Heft 12, Seite 406
                     32 (1955), Heft 12, Seite 416 – 33 (1956), Heft 12, Seite 429
                     34 (1957), Heft 12, Seite 471 – 35 (1958), Heft 12, Seite 482
                     36 (1959), Heft 12, Seite 468 – 37 (1960), Heft 12, Seite 472
                     38 (1961), Heft 12, Seite 416 – 39 (1962), Heft 12, Seite 426
                     40 (1963), Heft 12, Seite 431 – 41 (1964), Heft 12, Seite 426
                     42 (1965), Heft 12, Seite 431 – 43 (1966), Heft 12, Seite 425
                     44 (1967), Heft 12, Seite 429 – 45 (1968), Heft 12, Seite 416
                     46 (1969), Heft 12, Seite 418 – 47 (1970), Heft 12, Seite 403
                     48 (1971), Heft 12, Seite 409 – 49 (1972), Heft 12, Seite 405
                     50 (1973), Heft 12, Seite 397 – 51 (1974), Heft 12, Seite 420
                     52 (1975), Heft 12, Seite 410 – 53 (1976), Heft 12, Seite 397
                     54 (1977), Heft 12, Seite 397 – 55 (1978), Heft 12, Seite 406
                     56 (1979), Heft 12, Seite 397 – 57 (1980), Heft 12, Seite 397
                     58 (1981), Heft 12, Seite 397 – 59 (1982), Heft 12, Seite 397
                     60 (1983), Heft 12, Seite 405 – 61 (1984), Heft 12, Seite 402
                     62 (1985), Heft 12, Seite 397 – 63 (1986), Heft 12, Seite 397
                     64 (1987), Heft 12, Seite 397 – 65 (1988), Heft 12, Seite 397
                     66 (1989), Heft 12, Seite 401 – 67 (1990), Heft 12, Seite 397
                     68 (1991), Heft 12, Seite 398 – 69 (1992), Heft 12, Seite 710
                     70 (1993), Heft 12, Seite 755 – 71 (1994), Heft 12, Seite 763
                     72 (1995), Heft 12, Seite 817 – 73 (1996), Heft 12, Seite 844
                     75 (1998), Heft 12, Seite 992 – 76 (1999), Heft 12, Seite 1062
                     77 (2000), Heft 12, Seite 909 – 78 (2001), Heft 12, Seite 872
                     79 (2002), Heft 12, Seite 850 – 80 (2003), Heft 12, Seite 903

I.2 Bücher, Abhandlungen

[1] Report of the Sub-Committee on the Penetration Test for Use in Europe, 1977. (Exemplare dieses Berichts sind erhältlich bei: The Secretary General, ISSMFE, Department of Civil Engineering, King's College London Strand, WC 2 R 2 LS, U. K.)

[2] SANGLERAT: The penetrometer and soil exploration. Amsterdam, London, New York – Elsevier Publishing Company 1972.

[3] LANGEJAN, A.: Some aspects of the safety factor in soil mechanics, considered as a problem of probability. Proc. 6.Int. Conf. Soil MecH. Found. Eng. Montreal 1965, Bd. 2, S. 500.

[4] ZLATAREW, K.: Determination of the necessary minimum number of soil samples. Proc. 6. Int. Conf. Soil Mech. Found. Eng. Montreal 1965, Bd. 1, S. 130.

[5] ROLLBERG, D.: Bestimmung des Verhaltens von Pfählen aus Sondier- und Rammergebnissen, Forschungsberichte aus Bodenmechanik und Grundbau FBG 4, Techn. Hochschule Aachen, 1976.

[6] ROLLBERG, D.: Bestimmung der Tragfähigkeit und des Rammwiderstands von Pfählen und Sondierungen, Veröffentlichungen des Instituts für Grundbau, Bodenmechanik, Felsmechanik und Verkehrswasserbau der Techn. Hochschule Aachen, 1977, H. 3, S. 43–224.

[7] Grundbau-Taschenbuch, 6. Auflage, Teil 1-2001, Teil 2-2001, und Teil 3-2001, Ernst & Sohn Verlag, Berlin.

[8] KAST, K.: Ermittlung von Erddrucklasten geschichteter Böden mit ebener Gleitfläche nach CULMANN. Bautechnik 62 (1985), H. 9, S. 292.

[9] MINNICH, H. und STÖHR, G.: Erddruck auf eine Stützwand mit Böschung und unterschiedlichen Bodenschichten. Die Bautechnik 60 (1983), H. 9, S. 314.

[10] KREY, H.: Erddruck, Erdwiderstand und Tragfähigkeit des Baugrundes. 5. Aufl., Berlin: Ernst & Sohn 1936 (vergriffen); siehe in [7].

[10a] JUMIKIS: Active and passive earth pressure coefficient tables. Rutgers, The State University. New Brunswick/New Jersey: Engineering Research Publication (1962) No. 43. CAQUOT, A., KÉRISEL, J. und ABSI, E.: Tables de butée et de poussée. Paris: Gauthier-Villars 1973.

[11] BRINCH HANSEN, J. und LUNDGREN, H.: Hauptprobleme der Bodenmechanik. Berlin: Springer 1960.

[12] BRINCH HANSEN, J: Earth Pressure Calculations. The Danish Technical Press, Kopenhagen 1953.

[13] HORN, A.: Sohlreibung und räumlicher Erdwiderstand bei massiven Gründungen in nichtbindigen Böden. Straßenbau und Straßenverkehrstechnik 1970, H. 110, Bundesminister für Verkehr, Bonn.

[14] HORN, A.: Resistance and movement of laterally loaded abutmentS. Proc. 5. Europ. Conf. Soil Mech. Found. Eng. Madrid, Bd. 1 (1972), S. 143.

[15] WEISSENBACH, A.: Der Erdwiderstand vor schmalen Druckflächen. Mitt. Franzius-Institut TH Hannover 1961, H. 19, S. 220.

[16] PIANC-Report „Seismic Design Guidelines for Port Structures". MarCom Report of WG 34, Balkema Publishers 2001.

[17] TERZAGHI, K. VON und PECK, R. B.: Die Bodenmechanik in der Baupraxis. Berlin/ Göttingen/Heidelberg: Springer 1961.

[18] DAVIDENKOFF, R.: Zur Berechnung des hydraulischen Grundbruches. Die Wasserwirtschaft 46 (1956), Heft 9, S. 230.

[19] KASTNER, H.: Über die Standsicherheit von Spundwänden im strömenden Grundwasser. Die Bautechnik 21 (1943), Heft 8 und 9, S. 66.

[20] SAINFLOU, M.: Essai sur les digues maritimes verticales. Annales des Ponts et Chaussées, tome 98 II (1928), übersetzt: Treatise on vertical breakwaters, US Corps of Engineers (1928).

[21] SPM: Shore Protection Manual. US Army Corps of Engineers, Coastal Engineering Research Center, Vicksburg, USA, 1984.

[22] HEIBAUM, M.: Kleinbohrpfähle als Zugverankerung – Überlegungen zur Systemstandsicherheit und zur Ermittlung der erforderlichen Länge. In: Institut für Bodenmechanik, Felsmechanik und Grundbau der Technischen Universität Graz (Veranst.): Bohrpfähle und Kleinpfähle – Neue Entwicklungen (6. Christian Veder Kolloquium, Graz, 1991). Graz: Institut für Bodenmechanik der Technischen Universität.

[23] WALDEN, H. und SCHÄFER, P. J.: Die winderzeugten Meereswellen, Teil II, Flachwasserwellen, H. 1 und 2. Einzelveröffentlichungen des Deutschen Wetterdienstes, Seewetteramt Hamburg 1969.

[24] SCHÜTTRUMPF, R.: Über die Bestimmung von Bemessungswellen für den Seebau am Beispiel der südlichen Nordsee. Mitteilungen des Franzius-Instituts für Wasserbau und Küsteningenieurwesen der Technischen Universität Hannover, 1973, H. 39.

[25] PARTENSCKY, H.-W.: Auswirkungen der Naturvorgänge im Meer auf die Küsten – Seebauprobleme und Seebautechniken –. Interocean 1970, Band 1.

[26] LONGUET-HIGGINS, M. S.: On the Statistical Distribution of the Heights of Sea Waves. Journal of Marine Research, Vol. XI, No. 3 (1952).

[27] KOHLHASE, S.: Ozeanographisch-seebauliche Grundlagen der Hafenplanung, Mitteilungen des Franzius-Instituts für Wasserbau und Küsteningenieurwesen der Universität Hannover (1983), Heft 57.

[28] WIEGEL, R. L.: Oceanographical Engineering. Prentice Hall Series in Fluid Mechanics, 1964.

[29] SILVESTER, R.: Coastal Engineering. Amsterdam/London/New York. Elsevier Scientific Publishing Company, 1974.

[30] HAGER, M.: Untersuchungen über Mach-Reflexion an senkrechter Wand. Mitteilungen des Franzius-Instituts für Wasserbau und Küsteningenieurwesen der Technischen Universität Hannover, (1975), H. 42.

[31] BERGER, U.: Mach-Reflexion als Diffraktionsproblem. Mitteilungen des Franzius-Instituts für Wasserbau und Küsteningenieurwesen der Technischen Universität Hannover (1976), H. 44.

[32] BÜSCHING, F.: Über Orbitalgeschwindigkeiten irregulärer Brandungswellen. Mitteilungen des Leichtweiß-Instituts für Wasserbau der Technischen Universität Braunschweig, (1974), H. 41.

[33] SIEFERT, W.: Über den Seegang in Flachwassergebieten. Mitteilungen des Leichtweiß-Instituts für Wasserbau der Technischen Universität Braunschweig, (1974), H. 40.

[34] BATTJES, J. A.: Surf Similarity. Proc. of the 14th International Conference on Coastal Engineering. Copenhagen 1974, Vol. I, 1975.

[35] GALVIN, C. H. Ir.: Wave Breaking in Shallow Water, in Waves on Beaches, New York: Ed. R. E. MEYER, Academic Press. 1972.

[36] FÜHRBÖTER, A.: Einige Ergebnisse aus Naturuntersuchungen in Brandungszonen. Mitteilungen des Leichtweiß-Instituts für Wasserbau der Technischen Universität Braunschweig (1974), H. 40.

[37] FÜHRBÖTER, A.: Äußere Belastungen von Seedeichen und Deckwerken. Hamburg: Vereinigung der Naßbaggerunternehmungen e. V., 1976.

[38] MORISON, J. R., O'BRIEN, M. P., JOHNSON, J. W. und SCHAAF, S. A.: The Force Exerted by Surface Waves on Piles. Petroleum Transaction, Amer. Inst. Mining Eng. 189 (1950).

[39] MACCAMY, R. C. und FUCHS, R. A.: Wave Forces on Piles: A Diffraction Theory. Techn. Memorandum 69, U. S. Army, Corps of Engineers, Beach Erosion Board, Washington, D. C. Dec. 1954.

[40] Reports of the International Waves Commission, PIANC-Bulletin No 15 (1973) und No.25 (1976), Brüssel.

[41] HAFNER, E.: Bemessungsdiagramme zur Bestimmung von Wellenkräften auf vertikale Kreiszylinder. Wasserwirtschaft 68 (1978), H. 7/8, S. 227.

[42] HAFNER, E.: Kraftwirkung der Wellen auf Pfähle. Wasserwirtschaft 67 (1977), H. 12, S. 385.

[43] STREETER, V. L.: Handbook of Fluid Dynamics. New York 1961.

[44] KOKKINOWRACHOS, K., in: „Handbuch der Werften", Bd. 15, Hamburg 1980.

[45] Bundesverband öffentlicher Binnenhäfen, Empfehlungen des Technischen Ausschusses Binnenhäfen, Neuss.

[46] EAK 2002 – Empfehlungen für Küstenschutzbauwerke: Ausschuss für Küstenschutzwerke der DGGT und der HTG, „Die Küste" Heft 65-2002, Westholsteinische Verlagsanstalt Boyens &Co., Heide i. Holst.

[47] BURKHARDT, O.: Über den Wellendruck auf senkrechte Kreiszylinder. Mitt. Franzius-Institut Hannover, H. 29, 1967.

[48] DET NORSKE VERITAS: Rules for Design, Construction and Inspection of Fixed Offshore Structures 1977.

[49] DIETZE, W.: Seegangskräfte nichtbrechender Wellen auf senkrechte Pfähle. Bauingenieur 39 (1964), H. 9, S. 354.

[50] DANTZIG, D. VON: Economic Decision Problems for Flood Prevention. „Econometrica" Vol. 24, Nr. 3, S. 276. New Haven 1956.

[51] Report of the Delta Committee. Vol. 3 Contribution II. 2, S. 57. The Economic Decision Problems Concerning the Security of the Netherlands against Storm Surges (Dutch Language, Summary in English). Den Haag 1960, Staatsdrukkerij en uitgeversbedrijf.

[52] Richtlinien für Regelquerschnitte von Schiffahrtskanälen, Bundesverkehrsministerium, Abt. Binnenschiffahrt und Wasserstraßen, 1994.

[53] Beziehung zwischen Kranbahn und Kransystem, Ausschuss für Hafenumschlagtechnik der Hafenbautechnischen Gesellschaft e. V., Hansa 122 (1985), H. 21, S. 2215 und 22, S. 2319.

[54] KRANZ, E.: Die Verwendung von Kunststoffmörtel bei der Lagerung von Kranschienen auf Beton. Bauingenieur 46 (1971), H. 7, S. 251.

[55] Construction and Survey Accuracies for the execution of dredging and stone dumping works. Rotterdam Public Works Engineering Department. Port of Rotterdam. The Netherlands Association of Dredging, Shore and Bank Protection Contractors (VBKO). International Association of Dredging Companies (IADC), March 2001.

[56] KOPPEJAN, A. W.: A Formular combining the TERZAGHI Load-compression relationship and the BUISMAN secular time effect. Proceedings 2nd Int. Conf. on Soil Mech. and Found. Eng. 1948.

[57] HELLWEG, V.: Ein Vorschlag zur Abschätzung des Setzungs- und Sackungsverhaltens nichtbindiger Böden bei Durchnässung. Mitt. Institut für Grundbau und Bodenmechanik, Universität Hannover 1981, H. 17.

[58] KWALITEITSEISEN VOR HOUT (K. V. H. 1980)

[59] WIRSBITZKI, B.: Kathodischer Korrosionsschutz im Wasserbau. Hafenbautechnische Gesellschaft e. V., Hamburg 1981.

[60] WOLLIN, G.: Korrosion im Grund- und Wasserbau. Die Bautechnik 40 (1963), H. 2, S. 37.

[61] BLUM, H.: Einspannungsverhältnisse bei Bohlwerken, Ernst & Sohn, Berlin 1931.

[62] ROWE, P. W.: Anchored Sheet-Pile Walls. Proc. Inst. Civ. Eng. London 1952, Paper 5788.

[63] ROWE, P. W.: Sheet-Pile Walls at Failure. Proc. Inst. Civ. Eng. London 1956, Paper 6107 und Diskussion hierzu 1957.

[64] ZWECK, H. und DIETRICH, Th.: Die Berechnung verankerter Spundwände in nichtbindigen Böden nach ROWE [62], Mitteilungsblatt der Bundesanstalt für Wasserbau, Karlsruhe 1959, Heft 13.

[65] BRISKE, R.: Anwendung von Erddruckumlagerungen bei Spundwandbauwerken. Die Bautechnik 34 (1957), Heft 7, S. 264, und Heft 10, S. 376.

[66] BRINCH HANSEN, J.: Spundwandberechnungen nach dem Traglastverfahren. Internationaler Baugrundkursus 1961. Mitteilungen aus dem Institut für Verkehrswasserbau, Grundbau und Bodenmechanik der Technischen Hochschule Aachen, Aachen (1962), H. 25, S. 171.

[67] LAUMANS, Q.: Verhalten einer ebenen, in Sand eingespannten Wand bei nichtlinearen Stoffeigenschaften des Bodens. Baugrundinstitut Stuttgart, Mitteilung 7 (1977).

[68] OS, P. J. VAN: Damwandberekening: computermodel of BLUM. Polytechnisch Tijdschrift, Editie B, 31 (1976), Nr. 6, S. 367–378.

[69] FAGES, R. und BOUYAT, C.: Calcul de rideaux de parois moulées et de palplanches (Modèle mathématique intégrant le comportement irréversible du sol en état élastoplastique. Exemple d'application, Etude de l'influence des paramètres). Travaux (1971), Nr. 439, S. 49–51 und (1971), Nr. 441, S. 38–46.

[70] FAGES, R. und GALLET, M.: Calculations for Sheet Piled or Cast in Situ Diaphragm Walls (Determination of Equilibrium Assuming the Ground to be in an Irreversible Elasto-Plastic State). Civil Engineering and Public Works Review (1973), Dec.

[71] SHERIF, G.: Elastisch eingespannte Bauwerke, Tafeln zur Berechnung nach dem Bettungsmodulverfahren mit variablen Bettungsmoduli, Ernst & Sohn, Berlin/ München/Düsseldorf 1974.

[72] RANKE, A. und OSTERMAYER, H.: Beitrag zur Stabilitätsuntersuchung mehrfach verankerter Baugrubenumschließungen. Die Bautechnik 45 (1968), H. 10, S. 341–350.

[73] LACKNER, E.: Berechnung mehrfach gestützter Spundwände, 3. Aufl., Berlin, Ernst & Sohn, 1950. Siehe auch in [7].

[74] KRANZ, E.: Über die Verankerung von Spundwänden, 2. Aufl., Berlin, Ernst & Sohn, 1953.

[75] WIEGMANN, D.: Messungen an fertigen Spundwandbauwerken. Vortr. Baugrundtag. Dt. Ges. für Erd- und Grundbau, Mai 1953, Hamburg 1953, S. 39–52.

[76] BRISKE, R.: Erddruckverlagerung bei Spundwandbauwerken, 2. Aufl., Berlin, Ernst & Sohn, 1957.

[77] BEGEMANN, H. K. S. Ph.: The Dutch Static Penetration Test with the Adhesion Jacket Cone (Tension Piles, Positive and Negative Friction, the Electrical Adhesion Jacket Cone) LGM-Mededelingen (1969), H. 13, No. 1, 4 und 13.

[78] SCHENK, W.: Verfahren beim Rammen besonders langer, flachgeneigter Schrägpfähle. Bauingenieur 43 (1968), Heft 5.

[79] LEONHARDT, F.: Vorlesungen über Massivbau, 4. Teil, 2. Aufl., Springer, Berlin/ Heidelberg/New York 1978.

[80] Dynamit Nobel: Sprengtechnisches Handbuch, Dynamit Nobel Aktiengesellschaft (HRSG.), Troisdorf, 1993.

[81] PRIEBE, H.: Bemessungstafeln für Großbohrpfähle. Die Bautechnik 59 (1982), H. 8, S. 276.

[82] WEISS, F.: Die Standfestigkeit flüssigkeitsgestützter Erdwände. Bauingenieur-Praxis Berlin/München/Düsseldorf: Ernst & Sohn, 1967, H. 70.

[83] MÜLLER-KIRCHENBAUER, H., WALZ, B. und KILCHERT, M.: Vergleichende Untersuchung der Berechnungsverfahren zum Nachweis der Sicherheit gegen Gleitflächenbildung bei suspensionsgestützten Erdwänden. Veröffentlichungen des Grundbauinstituts der TU Berlin, Heft 5, 1979.

[84] FEILE, W.: Konstruktion und Bau der Schleuse Regensburg mit Hilfe von Schlitzwänden. Bauingenieur 50 (1975), H. 5, S. 168.

[85] LOERS, G. und PAUSE, H.: Die Schlitzwandbauweise – große und tiefe Baugruben in Städten. Bauingenieur 51 (1976), H. 2, S. 41.

[86] VEDER, Ch.: Beispiele neuzeitlicher Tiefgründungen. Bauingenieur 51 (1976), H. 3, S. 89.

[87] VEDER, Ch.: Die Schlitzwandbauweise – Entwicklung, Gegenwart und Zukunft, Österreichischer Ing. Z. 18 (1975), H. 8, S. 247.

[88] VEDER, Ch.: Einige Ursachen von Mißerfolgen bei der Herstellung von Schlitzwänden und Vorschläge zu ihrer Vermeidung. Bauingenieur 56 (1981), H. 8, S. 299.

[89] CARL, L. und STROBL, Th.: Dichtungswände aus einer Zement-Bentonit-Suspension. Wasserwirtschaft 66 (1976), H. 9, S. 246.

[90] LORENZ, W.: Plastische Dichtungswände bei Staudämmen. Vorträge Baugrundtagung 1976 in Nürnberg, Deutsche Gesellschaft für Erd- und Grundbau e. V., S. 389.

[91] KIRSCH, K. und RÜGER, M.: Die Rüttelschmalwand – Ein Verfahren zur Untergrundabdichtung. Vorträge Baugrundtagung 1976 in Nürnberg, Deutsche Gesellschaft für Erd- und Grundbau e. V., S. 439.

[92] KAESBOHRER, H.-P.: Fortschritte an der Donau im Dichtungsverfahren für Stauräume. Die Bautechnik 49 (1972), H. 10, S. 329.

[93] BRENNECKE/LOHMEYER: Der Grundbau, 4. Auflage, II. Bd. Ernst & Sohn, Berlin 1930.

[94] NÖKKENTVED, C.: Berechnung von Pfahlrosten, Ernst & Sohn, Berlin 1928.

[95] SCHIEL, F.: Statik der Pfahlgründungen. Berlin: Springer, 1960.

[96] AGATZ, A. und LACKNER, E.: Erfahrungen mit Grundbauwerken, Springer, Berlin 1977.

[97] Technische Lieferbedingungen für Wasserbausteine – Ausgabe 2003 (TLW) – des Bundesministers für Verkehr, Bau- und Wohnungswesen, Verkehrsblatt (2004), H. 11.

[98] Uferschutzwerke aus Beton, Schriftenreihe der Zementindustrie, Verein deutscher Zementwerke e. V., Düsseldorf (1971), H. 38.

[99] FINKE, G.: Geböschte Ufer in Binnenhäfen, Zeitschrift für Binnenschiffahrt und Wasserstraßen (1978), Nr. 1, S. 3.

[100] Report of the PIANC Working Group I-4, Guidelines for the design and construction of flexible revements incorporating geotextiles for inland waterways, Supplement to PIANC-Bulletin No 57, Brüssel 1987.

[100a] Report of the PIANC Working Group II-21 „Guidelines for the design and construction of flexible revetments incorporating geotextiles in marine environment, Supplement to PIANC-Bulletin No 78/79, Brüssel 1992.

[101] BLUM, H.: Wirtschaftliche Dalbenformen und deren Berechnung. Die Bautechnik 9 (1932), Heft 5, S. 50.

[102] COSTA, F. V.: The Berthing Ship. The Dock and Harbour Authority. Vol. XLV, (1964), Nos 523 to 525.

[103] Stahl-Eisen-Werkstoffblatt 088. Schweißbare Feinkornbaustähle, Richtlinien für die Verarbeitung, Düsseldorf: Verlag Stahleisen.

[104] Zulassungsbescheid für hochfeste, schweißgeeignete Feinkornbaustähle StE 460 und StE 690, Institut für Bautechnik, Kolonnenstraße 30l, 10829 Berlin.

[105] BINDER, G.: Probleme der Bauwerkserhaltung – eine Wirtschaftlichkeitsberechnung, BAW-Brief Nr. 1, Karlsruhe 2001.

[106] LUNNE, T., ROBERTSON, P. K., POWELL, J. J. M.: Cone Penetration Testing in Geotechnical Practice, Spon Press, London 1997.

[107] BYDIN, F. I.: Development of certain questions in area of river's winter regime, III. Hydrologic Congress, Leningrad 1959.

[108] SCHWARZ, J., HIRAYAMA, K., WU, H. C.: Effect of Ice Thickness on Ice Forces, Proceedings Sixth Annual Offshore Technology Conference, Houston, Texas, USA 1974.

[109] KORZHAVIN, K. N.: Action of ice on engineering structures, English translation, U. S. Cold Region Research and Engineering Laboratory, Trans. T. L. 260.

[110] Germanischer Lloyd: Vorschriften für Konstruktion und Prüfung von Meerestechnischen Einrichtungen, Band I – Meerestechnische Einheiten – (Seebauwerke). Hamburg: Eigenverlag des Germanischen Lloyd, Juli 1976.

[111] Ice Engineering Guide for Design and Construction of Small Craft HarborS. University of Wisconsin, Advisory Report SG-78-417.

[112] HORN, A.: Bodenmechanische und grundbauliche Einflüsse bei der Planung, Konstruktion und Bauausführung von Kaianlagen. Mitt. d. Inst. f. Bodenmechanik und Grundbau, HSBw München, H.4, und Mitt. des Franzius-Instituts für Wasserbau, (1981), H. 54, S.110.

[113] HORN, A.: Determination of properties for weak soils by test embankments. International Symposium „Soil and Rock Investigations by in-situ Testing"; Paris, (1983), Vol. 2, S. 61.

[114] HORN, A.: Vorbelastung als Mittel zur schnelleren Konsolidierung weicher Böden. Geotechnik (1984), H. 3, S. 152.

[115] SCHMEDEL, U.: Seitendruck auf Pfähle. Bauingenieur 59 (1984), S. 61.

[116] FRANKE, E. und SCHUPPENER, B.: Horizontalbelastung von Pfählen infolge seitlicher Erdauflasten. Geotechnik (1982), S. 189.

[117] DBV-Merkblatt. Begrenzung der Rißbildung im Stahlbeton- und Spannbetonbau. Deutscher Beton-Verein e. V.

[118] Zusätzliche Technische Vertragsbedingungen – Wasserbau (ZTV-W) für Wasserbauwerke aus Beton und Stahlbeton (Leistungsbereich 215).

[119] RÜPING, F.: Beitrag und neue Erkenntnisse über die Errichtung und Sicherung von großen Mineralöl-Lagertanks für brennbare Flüssigkeiten der Gefahrenkasse A I. Dissertation, Hannover 1965.

[120] Richtlinien für Anforderungen an Anlagen zum Umschlag gefährdender flüssiger Stoffe im Bereich der Wasserstrassen. Erlaß des Bundesministers für Verkehr vom 24.7.1975, Verkehrsblatt 1975, S. 485.

[121] MAYER, B. K., KREUTZ, B., SCHULZ, H.: Setting sheet piles with driving aids, Proc. 11th Int. Conf. Soil MecH. Found. Eng. San Francisco, 1985.

[122] ARBED, S. A., Luxembourg: Europäisches Patent 09. 04. 86, Patenterteilung am 9.4.86, Patentblatt 86/15.

[123] PARTENSCKY, H.-W.: Binnenverkehrswasserbau, Schleusenanlagen. Berlin, Heidelberg, New York, Tokio: Springer-Verlag, 1986.

[124] Merkblatt „Anwendung von Regelbauweisen für Böschungs- und Sohlensicherungen an Wasserstraßen (MAR)", Ausgabe 1993. Bundesanstalt für Wasserbau, Karlsruhe.

[125] Kanal- und Schiffahrtsversuche 1967. Schiff und Hafen, 20 (1968), H. 4–9. Siehe auch 27. Mitteilungsblatt der Bundesanstalt für Wasserbau, Karlsruhe, Sept. 1968.

[126] TUNNEL-SONDERAUSGABE APRIL 1987. Internationale Fachzeitschrift für unterirdisches Bauen. Gütersloh: Bertelsmann.

[127] DEUTSCH, V., und VOGT, M.: Die zerstörungsfreie Prüfung von Schweißverbindungen – Verfahren und Anwendungsmöglichkeiten. Schweißen und Schneiden 39 (1987), H.3.

[128] Merkblatt „Anwendung von geotextilen Filtern an Wasserstrassen (MAG)", Ausgabe 1993, Bundesanstalt für Wasserbau, Karlsruhe.

[129] „Grundlagen zur Bemessung von Böschungs- und Sohlensicherungen an Binnenwasserstraßen". Bundesanstalt für Wasserbau: Mitteilungsheft 87, Karlsruhe 2004.

[130] Richtlinien für die Prüfung von geotextilen Filtern im Verkehrswasserbau (RPG), Bundesanstalt für Wasserbau, Karlsruhe 1994.

[131] Technische Lieferbedingungen für Geotextilien und geotextilverwandte Produkte an Wasserstraßen (TLG) – Ausgabe 2003 – des Bundesministeriums für Verkehr, Bau- und Wohnungswesen, Verkehrsblatt 2003, H. 18.

[132] Zusätzliche Technische Vertragsbedingungen – Wasserbau (ZTV-W) für Böschungs- und Sohlensicherungen (Leistungsbereich 210).

[133] Concrete International. Detroit 1982, S. 45–51.

[134] Richtlinie für Schutz und Instandsetzung von Betonbauteilen, Teile 1 bis 4; Deutscher Ausschuss für Stahlbeton DAfStB 1990, 1991, 1992.

[135] DIERSSEN, G., GUDEHUS, G.: Vibrationsrammungen in trockenem Sand. Geotechnik 3/1992, S. 131.

[136] PIANC-Report of Working group II-31 „life cycle management of port structures – General principles" in PIANC-Bulletin N°99, Brüssel 1998.

[137] FGSV-820, Merkblatt für die Fugenfüllung in Verkehrsflächen aus Beton. Forschungsgesellschaft für Straßen- und Verkehrswesen e. V., Fassung 1982.

[138] Zusätzliche Technische Vertragsbedingungen – Wasserbau (ZTV-W) für Schutz und Instandsetzung der Betonbauteile von Wasserbauwerken (Leistungsbereich 219).

[139] VV-WSV 2101 BAUWERKSINSPEKTION, herausgegeben vom Bundesminister für Verkehr, Bonn, 1984, erhältlich bei der Drucksachenstelle der Wasser- und Schiffahrtsdirektion Mitte, Hannover.

[140] Report of the PIANC Working Group II-9, Development of modern Marine Terminals Supplement to PIANC-Bulletin No 56, Brüssel 1987.

[141] BJERRUM, L.: General Report, 8, ICSMFE, (1973) Moskau, Band 3, S. 124.

[142] WROTH, C. P.: „The interpretation of in situ soil tests", 1984, Géotechnique 34, No. 4, S. 449–489.

[143] SELIG, E. T. und MCKEE, K. E.:„Static and dynamic behavior of small footings", Am. Soc. Civ. Eng., Journ. Soil Mech. Found. Div., Vol. 87 (1961), No. SM 6, Part I, S.29–47). (Vgl. Horn, A. – Bauing. (1963) 38, H. 10, S. 404).

[144] HORN, A.: „Insitu-Prüfung der Wasserdurchlässigkeit von Dichtwänden" (1986), Geotechnik l, S. 37.

[145] RANKILOR, P. R.: „Membranes in ground engineering" (1981), Wiley, New York.

[146] VELDHUYZEN VAN ZANTEN, R.: „Geotextiles and Geomembranes in Civil Engineering" (1994), Balkema, Rotterdam/Boston.

[147] KOERNER, R. M.: „Design with Geosynthetics", Prentice-Hall (1997), Englewood Cliffs, N. Y.

[148] HAGER, M.: Eisdruck, Kap. 1.14 Grundbau-Taschenbuch, 5. Aufl., Teil 1, Ernst & Sohn, Verlag für Architektur und technische Wissenschaften, 1996.

[149] Merkblatt Anwendung von Kornfiltern an Wasserstrassen (MAK), Ausgabe 1989, Bundesanstalt für Wasserbau, Karlsruhe.

[150] Kunststoffmodifizierter Spritzbeton. Merkblatt des Deutschen Betonvereins e. V. Wiesbaden.

[151] HEIN, W.: Zur Korrosion von Stahlspundwänden in Wasser, Mitteilungsblatt der BAW Nr. 67, Karlsruhe 1990.

[152] HEIN, W.: Korrosion von Stahlspundwänden im Wasser, Hansa, 126. Jg. 1989, Nr. 3/4 Schiffahrtsverlag „Hansa", C. Schroedter & Co., Hamburg.

[153] Richtlinie für die Prüfung von Beschichtungssystemen für den Korrosionsschutz im Stahlwasserbau (RPB), Ausgabe 2001, Bundesanstalt für Wasserbau, Karlsruhe.

[154] FEDERATION EUROPÉENNE DE LA MANUTENTION, Section I, Rules for the design of hoisting appliances, Booklet 2: Classification and loading on structures and mechanisms F. E. M. 1.001. 3rd Edition, 1987. Deutsches National-Komitee Frankfurt/Main.

[155] Deutscher Verband für Wasserwirtschaft und Kulturbau e. V. (DVWK): Dichtungselemente im Wasserbau DK 626/627 Wasserbau; DK 69.034.93 Abdichtung Hamburg, Berlin, Verl. Paul Parey 1990.

[156] HENNE, J.: Versuchsgerät zur Ermittlung der Biegezugfestigkeit von bindigen Böden Geotechnik 1989, H. 2, S. 96 ff.

[157] SCHULZ, H.: Mineralische Dichtungen für Wasserstraßen, Fachseminar „Dichtungswände und Dichtsohlen", Juni 1987 in Braunschweig, Mitteilungen des Instituts für Grundbau und Bodenmechanik, Techn. Universität Braunschweig, H. 23, 1987.

[158] SCHULZ, H.: Conditions for day sealings at joints, Proc. of the IX. Europ. Conf. on Soil MecH. and Found. Eng., Dublin, 1987.

[159] HOLTZ, R., CHRISTOPHER, R., BERG, R.: Geosynthetic Engineering. Richmond (Canada), BiTech, 1997.

[160] HTG Kaimauer-Workshop SMM '92 Conference: Kaimauerbau, Erfahrungen und Entwicklungen, Beiträge, HANSA 129. Jg. 1992, H. 7, S. 693 ff. und H. 8, S. 792 ff.

[161] DÜCKER, H. P. und OESER, F. W., Der Bau von Umschlag- und Werft-Kaimauern, erläutert am Beispiel von 4 Neubauprojekten, der Bauingenieur 59 (1984), S. 15 ff.

[162] SPARBOOM, U.: Über die Seegangsbelastung lotrechter zylindrischer Pfähle im Flachwasserbereich; Mitteilungen des Leichtweiß-Instituts der TU Braunschweig, Heft 93, Braunschweig 1986.

[163] VV WSV 2301 Damminspektion, herausgegeben vom Bundesminister für Verkehr, Bonn, erhältlich bei der Drucksachenstelle der WSD Mitte, Hannover.

[164] Zusätzliche Technische Vertragsbedingungen – Wasserbau (ZTV-W) für Technische Bearbeitung (LB 202).

[165] Deutscher Verband für Wasserwirtschaft und Kulturbau e. V. (DYWK): Anwendung von Geotextilien im Wasserbau DVWK Merkblatt 221/1992.

[166] DAVIDENKOFF, R. und FRANKE, O. L.: Untersuchungen der räumlichen Sickerströmung in einer umspundeten Baugrube im Grundwasser, Bautechnik 42, Heft 9, Berlin 1965.

[167] DAVIDENKOFF, R.: Deiche und Erddämme, Sickerwasser-Standsicherheit, Werner-Verlag Düsseldorf, 1964.

[168] DAVIDENKOFF, R.: Unterläufigkeit von Bauwerken, Werner-Verlag Düsseldorf, 1970.

[169] ALEXY, M., FÜHRER, M., KÜHNE, E., Verbesserung der Schiffahrtsverhältnisse auf der Elbe bei Torgau: Vorbereitung, Ausführung und Erfolgskontrolle, Jahrbuch der Hafenbautechnischen Gesellschaft e. V., Hamburg, 50. Band 1995, S. 71 ff.

[170] RÖMISCH, K.: Propellerstrahlinduzierte Erosionserscheinungen in Häfen HANSA, 130.Jg. 1993, Nr. 8 und – Spezielle Probleme – HANSA, 131. Jg. 1994, Nr. 9.

[171] PIANC Report of the 3rd International Wave Commission, Supplement of the Bulletin No 36, Brüssel 1980.

[172] Report of the PIANC Working Group II-12: Analysis of Rubble Mound Breakwaters, Supplement to PIANC-Bulletin No 78/79, Brüssel 1992.

[173] CIRIA/CUR: Manual on the use of rock in coastal and shoreline engineering. CIRIA Special Publication 83, CUR Report 154, Rotterdam, A. A. Balkema 1991.

[174] BRUNN, P.: Port Engineering, London 1980.

[175] STÜCKRATH, T.: Über die Probleme des Unternehmers beim Hafenbau. Mitteilungen d. Franziusinstituts für Wasserbau und Küsteningenieurwesen der TU Hannover, Heft 54, Hannover 1983.

[176] ALBERTS, D. und HEELING, A.: Wanddickenmessungen an korrodierten Stahlspundwänden; statistische Datenauswertung, Mitteilungsblatt der BAW Nr. 75, Karlsruhe 1996.

[177] Zusätzliche Technische Vertragsbedingungen – Wasserbau (ZTV-W) für Korrosionsschutz im Stahlwasserbau (Leistungsbereich 218).

[178] Zusätzliche Technische Vertragsbedingungen – Wasserbau (ZTV-W) für kathodischen Korrosionsschutz im Stahlwasserbau (Leistungsbereich 220).

[179] Kathodischer Korrosionsschutz für Stahlbeton, Hafenbautechnische Gesellschaft e. V. (HTG) Hamburg 1994.

[180] Allgemeine Verwaltungsvorschrift zum Schutz gegen Baulärm – Geräuschemissionen, sowie – Emissionsmeßverfahren, Carl Heymanns Verlag KG, Köln 1971.

[181] Richtlinie 79/113/EWG vom 19. 12. 1978 zur Angleichung der Rechtsvorschriften der Mitgliedsstaaten betreffend die Ermittlung des Geräuschemissionspegels von Baumaschinen und Baugeräten (Amtsbl. EG 1979 Nr. L 33 S. 15).

[182] 15. Verordnung zur Durchführung des BImSchG vom 10. 11. 1986 (Baumaschinen-LärmVO).

[183] VDI-Richtlinie 2714 (01/88) Schallausbreitung im Freien – Berechnungsverfahren.

[184] VDI-Richtlinie 3576: Schienen für Krananlagen, Schienenverbindungen, Schienenbefestigungen, Toleranzen.

[185] Empfehlungen und Berichte des Ausschusses für Hafenumschlagtechnik (AHU) der Hafenbautechnischen Gesellschaft e.V, Hamburg.

[186] EAB-100: Empfehlungen des Arbeitskreises „Baugruben" (EAB) auf der Grundlage des Teilsicherheitskonzeptes EAB-100; Hrsg. Deutsche Gesellschaft für Geotechnik (DGGT), Essen, Ernst & Sohn Verlag für Architektur und technische Wissenschaften, Berlin 1996.

[187] RADOMSKI, H.: Untersuchungen über den Einfluß der Querschnittsform wellenförmiger Spundwände auf die statischen und rammtechnischen Eigenschaften, Mitt. Institut für Wasserwirtschaft, Grundbau und Wasserbau der Universität Stuttgart, Heft 10, Stuttgart 1968.

[188] CLASMEIER, H.-D.: Ein Beitrag zur erdstatischen Berechnung von Kreiszellenfange-dämmen, Mitt. Institut für Grundbau und Bodenmechanik, Universität Hannover, Heft44/1996.

[189] FEDDERSEN, I.: Das Hyperbelverfahren zur Ermittlung der Bruchlasten von Pfählen, eine kritische Betrachtung. Bautechnik 1982, Heft 1, S. 27 ff.

[190] BAUMANN, V.: Das Soilcrete-Verfahren in der Baupraxis, Vorträge der Baugrund-tagung 1984 der DGEG in Düsseldorf, S. 43 ff.

[191] BAUER, K.: Einsatz der Bauer-Schlitzwandfräse beim Bau der Dichtwand am Brom-bachspeicher und an der Sperre Kleine Roth, Tiefbau-BG 10/1985, S. 630 ff.

[192] STROBL, TH. und WEBER, R.: Neuartige Abdichtungsverfahren im Sandsteingebirge, Vorträge der Baugrundtagung 1986 der DGEG.

[193] STROBL, Th.: Ein Beitrag zur Erosionssicherheit von Einphasen-Dichtungswänden, Wasserwirtschaft 7/8 (1982), S. 269 ff. und Erfahrungen über Untergrundabdichtungen von Talsperren. Wasserwirtschaft 79 (1989) Heft 7/8.

[194] GEIL, M.: Entwicklung und Eigenschaften von Dichtwandmassen und deren Über-wachung in der Praxis, s+t 35, 9/1981, S. 6 ff.

[195] KARSTEDT, J. und RUPPERT, F.-R.: Standsicherheitsprobleme bei der Schlitzwand-bauweise, Baumaschinen und Bautechnik 5/1980, S. 327 ff.

[196] MESECK, H., RUPPERT, F.-R., Simons, H.: Herstellung von Dichtungsschlitzwänden im Einphasenverfahren, Tiefbau, Ingenieurbau, Straßenbau 8/79, S. 601 ff.

[197] ROM Recomendaciones para Obras Maritimas (Englische Fassung) Maritime Works Recommendations (MWR): Actions in the design of maritime and Harbor Works (ROM 0.2-90), Ministerio de Obras Publicas y Transportes, Madrid 1990.

[198] Japan Society of Civil Engineering: The 1995 Hyogoken-Nanbu Earthquake – Investigation into Damage to Civil Engineering Structures – Committee of Earth-quake Engineering, Tokyo 1996.

[199] Report of the joint Working Group PIANC and IAPH, in cooperation with IMPA and IALA, PTC II-30: Approach Channels – A Guide for Design; Supplement to PIANC-Bulletin No 95, Brüssel 1997.

[200] Report of the PIANC Working Group PTC I-16: Standardisation of Ships and Inland Waterways for River/Sea Navigation; Supplement to PIANC-Bulletin No. 90, Brüssel 1996.

[201] Verordnung über die Schiffs- und Schiffsbehältervermessung (Schiffsvermessungs-verordnung SchVmV) vom 5. Juli 1982 (BGBl. I S. 916) geändert durch die Erste Verordnung zur Änderung der Schiffsvermessungsverordnung vom 3. September 1990 (BGBl. I S. 1993).

[202] HUDSON, R. Y.: Design of quarry stone cover layers for rubble mound breakwaters. Waterway Experiment Station, Research Report No. 2-2, Vicksburg, USA 1958.

[203] HUDSON, R. Y.: Laboratory investigations of rubble mound breakwaters. Waterway Experiment Station Report, Vicksburg, USA 1959.

[204] MEER, J. W. VAN DER: Rock slopes and gravel beaches under wave attack. Delft Hydraulics Publication No. 396, Delft 1988.

[205] MEER, J. W. VAN DER: Conceptual design of rubble mound breakwaters Delft Hydrau-lics Publication No. 483, Delft 1993.

[206] OWEN, M. W.: Design of seawalls allowing for wave overtopping. Hydraulics Research, Wallingford, Report No. Ex 294, 1980.

[207] MEER, J. W. VAN DER; JANSSEN, J. P. F. M.: Wave run-up and waver overtopping at dikes and revetments. Delft Hydraulics Publication No. 485, Delft 1994.

[208] ABROMEIT, H.-U.: Ermittlung technisch gleichwertiger Deckwerke an Wasserstraßen und im Küstenbereich in Abhängigkeit von der Trockenrohdichte der verwendeten Wasserbausteine. Mitteilungsblatt der Bundesanstalt für Wasserbau, Heft 75, Karlsruhe 1997.

[209] KÖHLER, H.-J.: Messungen von Porenwasserüberdrücken im Untergrund. In: Mitteilungsblatt der Bundesanstalt für Wasserbau, Karlsruhe 1989, Heft 66, S. 155–174.

[210] KÖHLER, H.-J.,HAARER, R.:Development of excess pore water pressure in over-consolidated clay, induced by hydraulic head changes and its effect on shett pile wall stability of a navigable lock. In: Proc. Of the 4th Intern. Symp. On Field Measurements in Geomechanics (FMGM 95), Bergamo 1995, SGEditorial Padua, pp. 519–526.

[211] KÖHLER, H.-J.: Porenwasserdruckausbreitung im Boden, Messverfahren und Berechnungsansätze. In: Mitteilungen des Instituts für Grundbau und Bodenmechanik, IGB-TUBS, Braunschweig 1996, Heft 50, S. 247–258d.

[212] KÖHLER, H.-J.: Grundwasserabsenkung – Einfluss auf die Baugrubensicherheit. In: Tagungsband Seminar Grundwasserabsenkungsanlagen, Landesgewerbeanstalt Bayern (LGA), Nürnberg 1997, S. 1–21.

[213] ANDREWS, J. D.; MOSS, T. R.: Reliability and Risk Assessment, Verlag Longman Scientific & Technical, Burnt Mill (UK), 1993.

[214] RICHWIEN, W.; LESNY, K.: Risikobewertung als Schlüssel des Sicherheitskonzepts – Ein probabilistisches Nachweiskonzept für die Gründung von Offshore-Windenergieanlagen. In: Erneuerbare Energien 13 (2003), Heft 2, S. 30–35.

[215] SCHUELLER, G. I.: Einführung in die Sicherheit und Zuverlässigkeit von Tragwerken, Verlag Ernst und Sohn, Berlin 1981.

[216] Zusätzliche Technische Vertragsbedingungen und Richtlinien für Ingenieurbauten (ZTV-ING). Bundesanstalt für Straßenwesen (Hrsg.), Verkehrsblatt-Sammlung Nr. S 1056, Verkehrsblatt-Verlag, Dortmund 2003.

[217] HERDT, W.; ARNDTS, E.: Theorie und Praxis der Grundwasserabsenkung. Ernst & Sohn, Berlin 1973.

[218] Hochwasserschutz in Häfen – Neue Bemessungsansätze – Tagungsband zum HTG-Sprechtag Oktober 1996, Hafenbautechnische Gesellschaft (HTG) e. V., Hamburg.

[219] OUMERACI, H., KORTENHAUS, A.: Anforderungen an ein Bemessungskonzept, Hansa, 134. Jhg., 1997, Seite 71 ff.

[220] KORTENHAUS, A., OUMERACI, H.: Lastansätze für Wellendruck, Hansa, 134. Jhg., 1997, Nr. 5, Seite 77 ff.

[221] HEIL, H., KRUPPE, J., MÖLLER, B.: Berechnungsansätze für HWS-Wände und Uferbauwerke, Hansa, 134. Jhg., 1997, Nr. 5, S. 77 ff.

[222] Richtlinie „Berechnungsgrundsätze für private Hochwasserschutzwände und Uferbauwerke im Bereich der Freien und Hansestadt Hamburg", Mai 1997, Amtlicher Anzeiger, Teil II des Hamburgischen Gesetz- und Verordnungsblattes, Nr. 33, 1998.

[223] KÖHLER, H.-J.; SCHULZ, H.: Bemessung von Deckwerken unter Berücksichtigung von Geotextilien. 3. Internationale Konferenz über Geotextilien in Wien 1986, Rotterdam, A. A. Balkema, 1986.

[224] TAKAHASHI, S.: Design of Breakwaters. Port and Harbour Research Institute, Yokosuka, Japan 1996.

[225] CEM: Costal Engineering Manual Part VI. Design of Coastal Projects Elements. US Army Corps of Engineers, Washington, D. C. 2001.

[226] CAMFIELD, F. E.: Wave Forces on a Wall. J. Waterway, Port, Coastal and Ocean Engineering, ASCE, New York (1991), Vol. 117 No. 1, S. 76–79.

[227] HEIBAUM, M.: Zur Frage der Standsicherheit verankerter Stützwände auf der tiefen Gleitfuge. Technische Hochschule Darmstadt, Fachbereich Konstruktiver Ingenieurbau, Diss., 1987. Erschienen in: Franke, E. (Hrsg.): Mitteilungen des Instituts für Grundbau, Boden- und Felsmechanik der Technischen Hochschule Darmstadt, Heft 27, 1987.

[228] IAHR/PIANC: Intern. Ass. For Hydr. Research/Permanent Intern. Ass. Of Navigation Congresses. List of Sea State Parameters. Supplement to Bulletin No. 52, Brüssel 1986.

[229] OUMERACI, H.: Küsteningenieurwesen. In: Lecher, K. et al.: Taschenbuch der Wasserwirtschaft, 8. völlig neu bearbeitete Auflage, Berlin 2001, Paul Parey Verlag, Kap. 12, S. 657–743.

[230] ROSTASY, F. S., ONKEN P.; Wirksame Betonzugfestigkeit bei früh einsetzendem Temperaturzwang; Deutscher Ausschuss für Stahlbeton – Heft 449, Beuth Verlag, Berlin, 1995.

[231] HAGER, M.: Ice loading actions, Geotechnical Engineering Handbook, Vol 1: Fundamentals, Chap. 1.14, Ernst & Sohn, Berlin 2002.

[232] PIANC-Report „Guidelines for the Design of Fender Systems: 2002". MarCom Report of WG 33, 2002.

[233] DREWES, U., RÖMISCH, K., SCHMIDT E.: Propellerstrahlbedingte Erosionen im Hafenbau und Möglichkeiten zum Schutz für den Ausbau des Burchardkais im Hafen Hamburg, Mitteilungen des Leichtweiß-Instituts für Wasserbau der Technischen Universität Braunschweig 1995, H. 134.

[234] Report of the PIANC Working Group 22 „Guidelines for the Design of Armoured Slopes under open Piled Quay Walls", Supplement to PIANC-Bulletin No 96 (1997) of the Permanent International Navigation Congress.

[235] RÖMISCH, K.: Strömungsstabilität vergossener Steinschüttungen. Wasserwirtschaft 90, 2000, Heft 7–8, S. 356–361.

[236] RÖMISCH, K.: Scouring in Front of Quay Walls Caused by Bow Thruster and New Measures for its Reduction. V. International Seminar on Renovation and Improvements to Existing Quay Structures, TU Gdansk (Poland), May 28–30, 2001.

[237] EAO – Empfehlungen zur anwendung von Oberflächendichtungen an Sohle und Böschung von Wasserstrassen. Mitteilungsblatt der Bundesanstalt für Wasserbau, Karlsruhe 2002, Heft 85.

[238] RAITHEL, M.: Zum Trag- und Verformungsverhalten von geokunststoffummantelten Sandsäulen, Schriftenreihe Geotechnik, Universität Kassel, Heft 6, 1999.

[239] Deutsche Gesellschaft für Geotechnik DGGT: Empfehlungen für Bewehrungen aus Geokunststoffen – EBGEO, Verlag Ernst & Sohn, Berlin 1997.

[240] KEMPFERT, H.-G.: Embankment foundation on geotextile-coated sand columns in soft ground. Proceedings of the first european geosynthetics conference EurGeo 1/ Maastricht/Netherlands, October 1996.

[241] ZAESKE, D.: Zur Wirkungsweise von unbewehrten und bewehrten mineralischen Tragschichten von pfahlartigen Gründungselementen, Schriftenreihe Geotechnik, Universität Kassel, Heft 10, 2001.

[242] KEMPFERT, H.-G., STADEL, M: Berechnung von geokunststoffbewehrten Tragschichten über Pfahlelementen, Bautechnik Jahrgang 75, 1997, Heft 12, S. 818–825.

[243] MÖBIUS, W., WALLIS, P., RAITHEL, M., KEMPFERT, H.-G., GEDUHN, M.: Deichgründung auf Geokunststoffummantelten Sandsäulen. HANSA, 139. Jg., 2002, Nr. 12, S. 49–53.

[244] KEMPFERT, H. G., RAITHEL, M., GEDUHN, M.: Practical Aspects of the Design of Deep Geotextile Coated Sand Columns for the Foundation of a Dike on very soft soils. International Symposium Earth Reinforcement IS Kyushu, Fukuoka, Japan 2001.

[245] EAG-GTD 2002: Empfehlungen zur Anwendung geosynthetischer Tondichtungsbahnen. Hrsg: Deutsche Gesellschaft für Geotechnik, Ernst & Sohn, Berlin 2002.

[246] ALBERTS, D.: Korrosionsschäden und Nutzungsdauerabschätzung an Stahlspundwänden und -pfählen im Wasserbau, 1. Tagung „Korrosionsschutz in der maritimen Technik" Germanischer Lloyd, Hamburg, Dez. 2001.

[247] ALBERTS, D., SCHUPPENER, B.: Comparison of ultrasonic probes for the measurement of the thickness of sheet-pile walls, Field Measurements in Geotechnics, Sørum (ed.), Balkema, Rotterdam 1991.

[248] HEISS, P., MÖHLMANN, F. UND RÖDER, H.: Korrosionsprobleme im Hafenbau am Übergang Spundwandkopf zum Betonüberbau, HTG-Jahrbuch, 47. Bd., 1992.

[249] BINDER, G., GRAFF, M.: Mikrobiell verursachte Korrosion an Stahlbauten, Materials and Corrosion 46, 1995, S. 639–648.

[250] GRAFF, M., KLAGES, D., BINDER, G.: Mikrobiell induzierte Korrosion (MIC) in marinem Milieu, Materials and Corrosion 51, 2000, S. 247–254.

[251] CUDMANI, R. O.: Statische, alternative und dynamische Penetration in nichtbindigen Böden, Veröffentlichung des Instituts für Bodenmechanik und Felsmecanik der Universität Karlsruhe, Karlsruhe 2001.

[252] HOLEYMAN, A.: HYPERVIBIIa, A detailed numerical model for future computer implementation to evaluate the penetration speed of vibratory driven sheet piles, BBRI, 1993.

[253] MIDDENDORP, P.: VDPWAVE, TNO Profound, 2001.

[254] Unfallverhütungsvorschrift „Sprengarbeiten" der Steinbruchs-Berufsgenossenschaft vom April 1985, Fassung vom 1.1.1997,Kommentar zum § 48 (Bohrlöcher), S. 89.

[255] ZDANSKY, VLADAN: Kaimauern in Blockbauweise, Bautechnik Nr. 79, Heft 12, Ernst & Sohn, 2002.

[256] WEISSENBACH, A.: Baugruben, Teil III: Berechnungsverfahren, Ernst & Sohn, Berlin 2001.

[257] PIANC-Report „Effect of earthquakes on port structures", MarCom Report of WG 34, 2001.

[258] PIANC-Report „Inspection, maintenance and repair of maritime structures exposed to material degradation caused by a salt water environment (revised report)", MarCom Report of WG 17, 2004.

I.3   Technische Bestimmungen

Maßgebend sind die Normblätter (EN und DIN, auch Vornormen), DS, DASt-Richtlinien und SEW in der jeweils gültigen Fassung. (Teile sind gekennzeichnet als T 1 usw.).
In den Empfehlungen sind alle Normblätter ohne den Bearbeitungsstatus zitiert. Nachfolgende Auflistung gibt den aktuellen Bearbeitungsstatus im Oktober 2004 wieder.

I.3.1   Normblätter

DIN Fachbericht 101	Einwirkungen auf Brücken
DIN EN 206 T 1	Beton – Teil 1: Festlegung, Eigenschaften, Herstellung und Konformität

DIN EN 288 T 3	Anforderung und Anerkennung von Schweißverfahren für metallische Werkstoffe
DIN EN 440	Schweißzusätze: Drahtelektroden und Schweißgut zum Metall-Schutzgasschweißen von unlegierten Stählen und Feinkornstählen, Einteilung
DIN EN 499	Schweißzusätze: Umhüllte Stabelektroden zum Lichtbogenhandschweißen von unlegierten Stählen und Feinkornstählen, Einteilung
DIN 536 T 1–2	Kranschienen
DIN EN 729 T3	Schweißtechnische Qualitätsanforderungen – Schmelzschweißen metallischer Werkstücke – Teil 3: Standard-Qualitätsanforderungen
DIN EN 756	Schweißzusätze – Massivdrähte, Fülldrähte und Drahtpulver-Kombinationen zum Unterpulverschweißen von unlegierten Stählen und Feinkornbaustählen
DIN EN 996	Rammausrüstung – Sicherheitsanforderungen
DIN 1045 T 1–4	Tragwerke aus Beton: Stahlbeton und Spannbeton
DIN 1048 T 1, 2, 4, 5	Prüfverfahren für Beton; Frischbeton
E DIN 1052	Entwurf, Berechnung und Bemessung von Holzbauwerken; Allgemeine Bemessungsregeln und Bemessungsregeln für den Hochbau
DIN 1054	Sicherheitsnachweise im Erd- und Grundbau
DIN 1055 T 1–10, 100	Einwirkungen auf Tragwerke
DIN 1076	Ingenieurbauwerke im Zuge von Straßen und Wegen; Überwachung und Prüfung
DIN 1080 T 1–9	Begriffe, Formelzeichen und Einheiten im Bauingenieurwesen
DIN 1301 T 1–3	Einheiten
DIN EN 1536	Ausführung von besonderen geotechnischen Arbeiten (Spezialtiefbau) – Bohrpfähle
DIN EN 1537	Ausführung von besonderen geotechnischen Arbeiten (Spezialtiefbau) – Verpressanker
DIN EN 1538	Ausführung von besonderen geotechnischen Arbeiten (Spezialtiefbau) – Schlitzwände
DIN 1681	Stahlguß für allgemeine Verwendungszwecke; Technische Lieferbedingungen
DIN EN ISO 1872 T 1–2	Kunststoffe – Polyethylen (PE)-Formmassen
DIN EN 1990	Grundlagen der Tragwerksplanung
DIN V ENV 1991	Einwirkungen auf Tragwerke
DIN V ENV 1992	Entwurf, Berechnung und Bemessung von Stahlbetonbauten
DIN V ENV 1993	Entwurf, Berechnung und Bemessung von Stahlbauten
DIN V ENV 1994	Entwurf, Berechnung und Bemessung von Stahl-Beton-Verbundbauten
DIN V ENV 1995	Entwurf, Berechnung und Bemessung von Holzbauten
DIN V ENV 1996	Entwurf, Berechnung und Bemessung von Mauerwerksbauten
DIN V ENV 1997	Entwurf, Berechnung und Bemessung in der Geotechnik
DIN V ENV 1998	Auslegung von Bauwerken gegen Erdbeben
DIN V ENV 1999	Entwurf, Berechnung und Bemessung von Aluminiumkonstruktionen

E DIN 4017	Baugrund – Berechnung des Grundbruchwiderstands von Flach-gründungen
DIN 4018	Baugrund – Berechnung der Sohldruckverteilung unter Flächen-gründungen
DIN V 4019-100	Baugrund – Setzungsberechnungen – Teil 100: Berechnung nach dem Konzept mit Teilsicherheitsbeiwerten
DIN 4020	Geotechnische Untersuchungen für bautechnische Zwecke
DIN 4021	Baugrund – Aufschluß durch Schürfe und Bohrungen sowie Entnahme von Proben
DIN 4022 T 1–3	Baugrund und Grundwasser – Benennen und Beschreiben von Boden und Fels
DIN 4030 T 1–2	Beurteilung betonangreifender Wässer, Böden und Gase;
DIN 4049 T 1–3	Hydrologie
DIN 4054	Verkehrswasserbau; Begriffe
E DIN 4084	Baugrund/Geländebruchberechnungen
E DIN 4085	Baugrund – Berechnung des Erddrucks
DIN 4093	Baugrund – Einpressen in den Untergrund – Planung, Aus-führung, Prüfung
DIN 4094 T 1–5	Baugrund – Felduntersuchungen
DIN 4102 T 1–9, 11–19, 21–22	Brandverhalten von Baustoffen und Bauteilen
DIN V 4126-100	Schlitzwände – Teil 100: Berechnung nach dem Konzept mit Teilsicherheitsbeiwerten
DIN 4127	Erd- und Grundbau; Schlitzwandtone für stützende Flüssigkei-ten; Anforderungen, Prüfverfahren, Lieferung, Güteüber-wachung
DIN 4128	Verpreßpfähle (Ortbeton- und Verbundpfähle) mit kleinem Durchmesser; Herstellung, Bemessung und zulässige Be-lastung
E DIN 4149	Bauten in deutschen Erdbebengebieten – Lastannahmen, Bemessung und Ausführung üblicher Hochbauten
DIN 4150 T 2–3	Erschütterungen im Bauwesen
DIN ISO 9613 T 2	Akustik – Dämpfung des Schalls bei der Ausbreitung im Freien
E DIN EN 10 025 T 1–6	Warmgewalzte Erzeugnisse aus Baustählen,
DIN EN 10 028-1 T 1–7	Flacherzeugnisse aus Druckbehälterstählen
DIN EN 10 113 T 1–3	Warmgewalzte Erzeugnisse aus schweißgeeigneten Feinkorn-baustählen
E DIN EN 10 204	Metallische Erzeugnisse: Arten von Prüfbescheinigungen
E DIN EN 10 219 T 1–2	Kaltgefertigte geschweißte Hohlprofile für den Stahlbau aus unlegierten Baustählen und aus Feinkornbaustählen
DIN EN 10 248 T 1–2	Warmgewalzte Spundbohlen aus unlegierten Stählen
DIN EN 10 249 T 1–2	Kaltgeformte Spundbohlen aus unlegierten Stählen
DIN EN 12 063	Ausführung von besonderen geotechnischen Arbeiten (Spezialtiefbau) – Spundwandkonstruktionen
DIN EN 12 699	Ausführung von besonderen geotechnischen Arbeiten (Spezialtiefbau) – Verdrängungspfähle
DIN EN 12 715	Ausführung von besonderen geotechnischen Arbeiten (Spezialtiefbau) – Injektionen

DIN EN 12 716	Ausführung von besonderen geotechnischen Arbeiten (Spezialtiefbau) – Düsenstrahlverfahren (Hochdruckinjektion, Hochdruckbodenvermörtelung)
DIN EN ISO 12 944 T 1–8	Beschichtungsstoffe – Korrosionsschutz von Stahlbauten durch Beschichtungssysteme
DIN EN 13 253	Geotextilien und geotextilverwandte Produkte – Geforderte Eigenschaften für die Anwendung in Erosionsschutzanlagen (Küstenschutz- und Deckwerksbau)
E DIN EN 14 199	Ausführung von besonderen geotechnischen Arbeiten (Spezialtiefbau) – Pfähle mit kleinen Durchmessern
DIN 15 018 T 1	Krane; Grundsätze für Stahltragwerke, Berechnung
DIN 16 972	Gepreßte Tafeln aus Polyethylen hoher Dichte (PE-UHMW), (PE-HMW), (PE-HD) – Technische Lieferbedingungen
DIN 18 122 T 1–2	Baugrund – Untersuchung von Bodenproben – Zustandsgrenzen (Konsistenzgrenzen)
DIN 18 125 T 1–2	Baugrund – Untersuchung von Bodenproben – Bestimmung der Dichte des Bodens
DIN 18 126	Baugrund – Untersuchung von Bodenproben – Bestimmung der Dichte nichtbindiger Böden bei lockerster und dichtester Lagerung
DIN 18 127	Baugrund – Untersuchung von Bodenproben – Proctorversuch
DIN 18 130 T 1–2	Baugrund – Untersuchung von Bodenproben – Bestimmung des Wasserdurchlässigkeitsbeiwerts
DIN 18 134	Baugrund – Versuche und Versuchsgeräte – Plattendruckversuch
E DIN 18 135	Baugrund – Untersuchung von Bodenproben – Eindimensionaler Kompressionsversuch
DIN 18 136	Baugrund – Untersuchung von Bodenproben – Einaxialer Druckversuch
DIN 18 137 T 1–2	Baugrund – Versuche und Versuchsgeräte – Bestimmung der Scherfestigkeit
DIN 18 137 T 3	Baugrund – Untersuchung von Bodenproben – Bestimmung der Scherfestigkeit, Teil 3: Direkter Scherversuch
DIN 18 195 T 1–4, 6, 8–10	Bauwerksabdichtungen
DIN 18 196	Erd- und Grundbau; Bodenklassifikation für bautechnische Zwecke
DIN 18 300	VOB Vergabe- und Vertragsordnung für Bauleistungen, Teil C: Allgemeine Technische Vertragsbedingungen für Bauleistungen (ATV), Erdarbeiten
DIN 18 311	VOB Verdingungsordnung für Bauleistungen, Teil C: Allgemeine Technische Vertragsbedingungen für Bauleistungen (ATV), Nassbaggerarbeiten
DIN 18 540	Abdichten von Außenwandfugen im Hochbau mit Fugendichtstoffen
DIN 18 800 T 1–5, 7	Stahlbauten
DIN 18 801	Stahlhochbau; Bemessung, Konstruktion, Herstellung
DIN 19 666	Sickerrohr- und Versickerrohrleitungen – Allgemeine Anforderungen

DIN 19 702	Standsicherheit von Massivbauwerken im Wasserbau
DIN 19 703	Schleusen der Binnenschiffahrtsstraßen – Grundsätze für Abmessungen und Ausrüstung
DIN 19 704 T 1–3	Stahlwasserbauten
DIN 31 051	Grundlagen der Instandhaltung
DIN 45 669 T 1–3	Messung von Schwingungsimmissionen
DIN 50 929 T 1–3	Korrosion der Metalle; Korrosionswahrscheinlichkeit metallischer Werkstoffe bei äußerer Korrosionsbelastung
DIN 51 043	Traß; Anforderungen, Prüfung
DIN 52 108	Prüfung anorganischer nichtmetallischer Werkstoffe; Verschleißprüfung mit der Schleifscheibe nach Böhme, Schleifscheiben-Verfahren
DIN 52 170 T 1–4	Bestimmung der Zusammensetzung von erhärtetem Beton
DIN 53 505	Prüfung von Kautschuk und Elastomeren – Härteprüfung nach Shore A und Shore D
DIN 55 928 T 8, 9	Korrosionsschutz von Stahlbauten durch Beschichtungen und Überzüge

I.3.2 Richtlinien der Deutschen Bahn AG

| RIL 804 | Eisenbahnbrücken (und sonstige Ingenieurbauwerke) planen, bauen und instandhalten |
| RIL 836 | Erdbauwerke planen, bauen und instandhalten |

I.3.3 DASt-Ri (Richtlinien des Deutschen Ausschusses für Stahlbau)

DASt-Ri 006	Überschweißen von Fertigungsbeschichtungen (FB) im Stahlbau
DASt-Ri 007	Lieferung, Verarbeitung und Anwendung wetterfester Baustähle
DASt-Ri 012	Beulsicherheitsnachweise für Platten; nur in Verbindung mit DIN 18 800-1 (3.81)
DASt-Ri 014	Empfehlungen zum Vermeiden von Terrassenbrüchen in geschweißten Konstruktionen aus Baustahl
DASt-Ri 015	Träger mit schlanken Stegen
DASt-Ri 016	Bemessung und konstruktive Gestaltung von Tragwerken aus dünnwandigen kaltgeformten Bauteilen
DASt-Ri 017	Beulsicherheitsnachweis für Schalen – spezielle Fälle; nur in Verb. mit DIN 18 800 T 1 bis T 4(11.90)
DASt-Ri 103	Nationales Anwendungsdokument (NAD) für DIN V ENV 1993, Teil 1-1 (11/93)
DASt-Ri 104	Nationales Anwendungsdokument (NAD) für DIN V ENV 1994, Teil 1-1 (2/94)

I.3.4 SEW (Stahl-Eisen-Werkstoffblatt des Vereins Deutscher Eisenhüttenleute)

| SEW 088 | Schweißgeeignete Feinkornbaustähle; Richtlinien für die Verarbeitung, besonders für das Schmelzschweißen |

Anhang II Zeichenerklärung

II.1   Zeichen

Im folgenden sind die wichtigsten der im Text sowie in den Formeln und Bildern verwendeten Formelzeichen und Abkürzungen aufgeführt. Sie entsprechen soweit wie möglich DIN 1080. Die Einheiten sind nach DIN 1301 angegeben. Die Bezeichnungen der Wasserstände entsprechen DIN 4049 und DIN 4054.
Alle Formelzeichen werden auch in den jeweiligen Textpassagen erläutert.

Zeichen	Begriffsbestimmung	Einheit
A	Ankerkraft	kN/m, MN/m
	bzw. kN, MN	
A	Arbeitsvermögen (Dalben, Fender)	kNm
A	Fläche, Querschnittsfläche	m²
BRT	Bruttoregistertonne	2,83 m³
BRZ	Bruttoraumzahl	1
C	Ersatzkraft (Bodenreaktion)	kN/m
C	Kohäsionskraft in einer Gleitfläche	kN/m, MN/m
C_D	Widerstandsbeiwert des Strömungsdrucks	1
C_e	Exzentrizitätsfaktor	1
C_m	Massenfaktor	1
C_M	Widerstandsbeiwert der Strömungsbeschleunigung	1
C_s	Steifigkeitsfaktor	1
D	Lagerungsdichte von Stoffen	1
D	Pfahldurchmesser	m
D_{pr}	Verdichtungsgrad nach Proctor	1
E	Elastizitätsmodul	MN/m²
E	kinetische Energie	kNm, MNm
E_a	aktive Erddrucklast	MN/m
E_s	Steifemodul	MN/m²
E_p	passive Erddrucklast (Erdwiderstand)	MN/m
F	Kraft	kN, MN
F	Querschnittsfläche	m²
G	Eigenlast eines Bodenkörpers	kN/m, MN/m
G	Wasserverdrängung eines Schiffs als Masse	t
GK	Geotechnische Kategorie im Sinne von DIN 1054	
GRT	Gross Register Tonnage	1
GS	Stahlguß nach DIN 1681	
GZ	Grenzzustand im Sinne von DIN 1054	
H	Gesamthöhe einer Stützwand	m
H	größte Freibordhöhe eines Schiffes	m
H	Wellenhöhe	m
H_b	Wellenhöhe der brechenden Welle	m
H_d	Bemessungswellenhöhe	m

Zeichen	Begriffsbestimmung	Einheit
H_m	Mittelwert der Wellenhöhe	m
H_{max}	maximale Wellenhöhe	m
H_{rms}	root mean square- Wellenhöhe	m
$H_{1/3}$	Mittelwert der 33 % höchsten Wellenhöhen	m
$H_{1/10}$	Mittelwert der 10 % höchsten Wellenhöhen	m
$H_{1/100}$	Mittelwert der 1 % höchsten Wellenhöhen	m
I	Trägheitsmoment	m^4
I_c	Konsistenzzahl	1
I_D	bezogene Lagerungsdichte	1
I_p	Plastizitätszahl von Stoffen	%
K_a	Beiwert des aktiven Erddrucks	1
K_{ac}	Beiwert des aktiven Erddrucks aus Kohäsion	1
K_{ah}	waagerechter Anteil von K_a	1
K_{ag}	Beiwert des aktiven Erddrucks aus Bodeneigenlast	1
K_o	Beiwert des Erdruhedrucks	1
K_p	Beiwert des Erdwiderstands	1
K_{pc}	Beiwert des Erdwiderstands aus Kohäsion	1
K_{ph}	waagerechter Anteil von K_p	1
K_{pg}	Beiwert des Erdwiderstands aus Bodeneigenlast	1
L	Wellenlänge	m
L_o	Wellenlänge im Tiefwasserbereich	m
$L_{ü}$	Schiffslänge über alles	m
M	Masse	t
M	Moment	kNm
M_E	Einspannmoment	kNm
M_{Feld}	Feldmoment	kNm
N	Normalkraft	MN
N_{10}	Schlagzahl der Sondierung pro 10 cm Eindringung	1
N	Newton: Einheit der Kraft	N
kN	Kilonewton = $10^3 \cdot$ N	kN
MN	Meganewton = $10^6 \cdot$ N	MN
NN	Normal-Null	m
P	Auflast, Wellenlast, Eislast, Kraft	MN/m bzw. MN
P	Wahrscheinlichkeit	1
P_f	Versagenswahrscheinlichkeit	1
$P_{1...n}$	Pfahlkräfte der Pfähle $1...n$	kN, MN bzw. kN/m, MN/m
P_{Stat}	statische Kraft (Dalben, Fender)	MN
$P_{Stoß}$	Stoßkraft (Dalben, Fender)	MN
Q	Querkraft	kN/m, MN/m
Q	Bodenreaktionskraft	kN/m, MN/m
Q_a	Bodenreaktionskraft in der Erddruckgleitfläche	kN/m, MN/m
Q_p	Bodenreaktionskraft in der Erdwiderstandsgleitfläche	kN/m, MN/m
Q'	Grenzzuglast (Pfähle)	kN/m, MN/m
R	Widerstand im Sinne von DIN 1054	kN/m^2
R_d	Bemessungswert der Widerstände	kN/m^2

Zeichen	Begriffsbestimmung	Einheit
Re	REYNOLDSsche Zahl	1
R_k	Charakteristischer Wert der Widerstände	kN/m^2
S	Einwirkungen im Sinne von DIN 1054	kN/m^2
S	Sättigungsgrad	1
S	Strömungskraft	kN/m
S	Flächenmoment 1. Grades	m^3
S_d	Bemessungswert der Einwirkungen	kN/m^2
S_k	Charakteristische Werte der Einwirkungen	kN/m^2
T	Schubfluss	MN/m
T	Wellenperiode	s
TEU	Twenty Feet Equivalent Unit	1
U	Ungleichförmigkeitszahl	1
U	Porenwasserdruckkraft	kN/m, MN/m
V	Vertikallast	kN/m, MN/m
W	Wasserauflast, Wasserdruckkraft	kN/m, MN/m
W	Widerstandsmoment	m^3
W_i	Windlastkomponente	kN
W_{instat}	Wasserdruckkraft bei instationärer Strömung	kN/m, MN/m
Z	Ankerkraft	kN, MN bzw. kN/m, MN/m
a	Abstand Wandkopf-Ankerkopf	m
a	Beschleunigung	m/s^2
a	halber mittlerer Tidehub	m
a	Schweißnahtdicke	mm
b	Porenwasserdruckparameter bei instationärer Strömung	$1/m$
b	Breite	m
c	Federkonstante	kN/m
c	Wellengeschwindigkeit	m/s
c'	wirksame Kohäsion	kN/m^2
c_c	scheinbare Kohäsion, Kapillarkohäsion	kN/m^2
c_{fu}	korrigierte Scherfestigkeit aus Flügelsondierung	kN/m^2
c_{fv}	Messwert der Scherfestigkeit aus Flügelsondierung	kN/m^2
c_f	Formbeiwert	[1]
c_u	Kohäsion des undränierten (nicht entwässerten) Bodens	kN/m^2
d	Dicke, Schichtdicke	m
d	Pfahldicke	m, cm
d	Wassertiefe	m
dB	Dezibel	dB
d_b	Grenzwassertiefe	m
d_f	Wassertiefe am Bauwerk	m
d_s	Bezugstiefe unter GW oder HaW	m
d_s	Schichtdicke des Bodens	m
d_w	Wassertiefe eine Wellenlänge vor dem Bauwerk	m
d_{wo}	freie Wassertiefe hinter der Wand (Oberwasser)	m
d_{wu}	freie Wassertiefe vor der Wand (Unterwasser)	m

640

Zeichen	Begriffsbestimmung	Einheit
dwt	Tragfähigkeit in engl. Tonnen (1 ton = 1016 kg)	ton
d_{50}	mittlere Korngröße	mm
e	Porenzahl	1
e_A	Anfangsporenzahl	1
e_{ah}	horizontale Ordinate der Erddruckspannung	kN/m^2
e_{ph}	horizontale Ordinate der Erdwiderstandsspannung	kN/m^2
f	Durchbiegung	m
$f_{y,k}$	Streckgrenze	N/mm^2
g	Erdbeschleunigung = 9,81	m/s^2
h	Höhe, Wasserspiegelanhebung, Standrohrspiegelhöhe	m
h'	durchströmte Bodenhöhe auf der Landseite	m
h_F	Standrohrspiegeldifferenz am Fuß einer Spundwand	m
h_r	Potentialdifferenz am Wandfuß	m
h_{so}	durchströmte Bodenhöhe oberwasserseitig (hinter einer Stützwand)	m
h_{su}	durchströmte Bodenhöhe unterwasserseitig (hinter einer Stützwand)	m
h_{wo}	Wasserstand Oberwasser	m
h_{wu}	Wasserstand Unterwasser	m
$h_{wü}$	hydrostatische Überdruckhöhe	m
dh	Standrohrspiegeldifferenz zweier Potentiallinien	m
Δh	Standrohrspiegeldifferenz	m
i	hydraulisches Gefälle	1
k	Durchlässigkeitsbeiwert	m/s
k	Massenträgheitsradius eines Schiffs	m
k	Wellenzahl	1/m
k_e	Exzentrizitätskoeffizient	1
k_s	Bettungsmodul	kN/m^3
$k_{s,h}$	Bettungsmodul für horizontale Bettung	kN/m^3
$k_{s,v}$	Bettungsmodul für lotrechte Bettung	kN/m^3
l	Länge	m
l_a	Länge des Ankerpfahls	m
l_k	obere, statisch nicht wirksame Ankerpfahllänge	m
l_r	Mindestverankerungslänge	m
l_s	Länge des Ankerpfahlfußes	m
n	prozentuale Wellenhöhe	m
n	Porenanteil	1
n_{pr}	Porenanteil bei optimalem Wassergehalt im Proctorversuch	1
p	Auflast	kN/m^2
Δp	zusätzliche Auflast	kN/m^2
p_{Bruch}	mittlerer Sohldruck beim Bruch des Bodens	kN/m^2
p_d	dynamische Wellendruckordinate	kN/m^2
p_D	Strömungsdruckkraft	kN/m
p_M	Trägheitskraft	kN/m
q	Belastung je lfd. Meter Gurt	kN/m

Zeichen	Begriffsbestimmung	Einheit
q	Durchfluss	$m^3/s \cdot m$
q_c	Sondierspitzenwiderstand	MN/m^2
q_u	einaxiale Druckfestigkeit des undränierten Bodens	kN/m^2
r	Radius	m
s	Setzung	cm
s	Weglänge	m
s	Verschiebungsweg	mm
s_B	Bruchverschiebungsweg	mm
t	Rammtiefe	m
t	Tiefgang eines Schiffs	m
t	Zeit	s, d, a
t	Temperatur	°C
t_L	Lufttemperatur	°C
t_E	Eistemperatur	°C
Δt	Rammtiefenzuschlag für die Aufnahme der Ersatzkraft	m
t_o	rechnerische Rammtiefe bis zur Wirkungslinie der Ersatzkraft C	m
u	horizontale Komponente der Geschwindigkeit von Wasserteilchen	m/s
u	Porenwasserdruckspannung	kN/m^2
u	Tiefe des Additionsnullpunkts N der Belastungsfläche unter der Gewässersohle	m
v	Geschwindigkeit	m/s
v_r	resultierende Geschwindigkeit	m/s
v_e	Steifebeiwert, empirischer Parameter zur Berechnung des Steifemoduls	1
w	Ordinate der Wasserdruckspannung	kN/m^2
w	Wassergehalt	1
w_e	Steifexponent, empirischer Parameter zur Berechnung des Steifemoduls	1
w_e	Wegbeiwert	1
$w_ü$	Wasserüberdruckspannung	kN/m^2
x	Tiefe des theoretischen Spundwandfußpunkts F unter dem Additionsnullpunkt	m
α	Neigungswinkel der Sohle	Grad
α	Reduktionswert für das Feldmoment	1
α	Wandneigung	Grad
α	Winkel der Windrichtung	Grad
α_t	Wärmedehnzahl	$°C^{-1}$
β	Böschungswinkel	Grad
β, β_s	Streckgrenze	N/mm^2
β_{wN}	Beton-Nennfestigkeit	N/mm^2
γ	Teilsicherheitsbeiwert, siehe Tabellen E 0-1 und E 0-2	1
γ	Wichte des Bodens	kN/m^3
γ'	Wichte des Bodens unter Auftrieb	kN/m^3

642

Zeichen	Begriffsbestimmung	Einheit
γ_w	Wichte des Wassers	kN/m^3
γ_r	Wichte des wassergesättigten Bodens	kN/m^3
δ_a	Erddruckneigungswinkel	Grad
δ_C	Reibungswinkel der Ersatzkraft C	Grad
δ_p	Erdwiderstandsneigungswinkel	Grad
η	Sicherheitsbeiwert	1
ϑ	Gleitflächenwinkel	Grad
ϑ	Phasenwinkel	Grad
ϑ_a	Gleitflächenwinkel des aktiven Erddrucks zur Horizontalen	Grad
ϑ_p	Gleitflächenwinkel des Erdwiderstands zur Horizontalen	Grad
ρ	Dichte	t/m^3
ρ_d	Trockendichte	t/m^3
ρ_{pr}	Trockendichte bei optimalem Wassergehalt (Proctorversuch)	t/m^3
ρ_w	Dichte des Wassers	t/m^3
ν	kinematische Zähigkeit	m^2/s
ξ	Brecherkennzahl	1
σ	Normalspannung	kN/m^2
σ_{at}	atmosphärischer Druck	kN/m^2
σ'	wirksame Normalspannung	kN/m^2
σ_v	Vergleichsspannung	kN/m^2
τ	Scherspannung	kN/m^2
τ_f	Scherfestigkeit im Bruchzustand	kN/m^2
τ_r	Scherfestigkeit im Gleitzustand (Restscherfestigkeit)	kN/m^2
τ_u	Scherfestigkeit des undrainierten Bodens	kN/m^2
φ	Stoßfaktor	1
φ	Reibungswinkel	Grad
φ'	wirksamer Reibungswinkel	Grad
φ'_f	wirksamer Reibungswinkel für den Bruchzustand	Grad
φ'_k	charakteristischer Wert des wirksamen Reibungswinkels	Grad
φ'_r	wirksamer Reibungswinkel für den Gleitzustand	Grad
φ_u	Reibungswinkel des undränierten Bodens	Grad
κ_R	Reflektionskoeffizient	1
ω	Winkelgeschwindigkeit	$1/s$
ω	Wellenkreisfrequenz	$1/s$

II.2   Indizes

Zeichen	Begriffsbestimmung
d	Bemessungswert
k	charakteristischer Wert
wü	aus Wasserüberdruck
G	aus ständigen Einwirkungen
Q	aus veränderlichen Einwirkungen
f	im Bruchzustand
r	im Gleitzustand

II.3   Nebenzeichen

Zeichen	Begriffsbestimmung
abs	absolut
cal	rechnerisch (calculative)
crit	kritisch
eff	wirksam (effective)
erf	erforderlich
max	maximal
min	minimal
pl	plastisch
red	reduziert
stat	statisch
vorh	vorhanden
zul	zulässig

II.4   Wasserstandszeichen

Zeichen	Begriffsbestimmung
	Wasserstände ohne Tide
GrW, Gw	Grundwasserstand
HaW	Normaler Hafenwasserstand
NHaW	Niedrigster Hafenwasserstand
HHW	Höchster Hochwasserstand
HW	Hochwasserstand
MHW	Mittlerer Hochwasserstand
MW	Mittelwasserstand
MNW	Mittlerer Niedrigwasserstand
NW	Niedrigwasserstand
NNW	Niedrigster Niedrigwasserstand
HSW	Höchster Schifffahrtswasserstand

Zeichen	Begriffsbestimmung
	Wasserstände mit Tide
HHThw	Allerhöchster Tidehochwasserstand
MSpThw	Mittlerer Springtidehochwasserstand
MThw	Mittlerer Tidehochwasserstand
Tmw	Tidemittelwasserstand
T½w	Tidehalbwasser
MTnw	Mittlerer Tideniedrigwasserstand
MSpTnw	Mittlerer Springtideniedrigwasserstand
NNTnw	Allerniedrigster Tideniedrigwasserstand
SKN	Seekartennull (entspricht etwa MSpTnw)

Anhang III Stichwortverzeichnis

646

651

653

662